ARTHUR M. LESK

생물정보학 입문

INTRODUCTION TO

BIOINFORMATICS

대표역자

이용석

공동역자

강병철 · 김익수

조용훈 · 최광식

한연수

INTERNATIONAL

제2판

월드사이언스
worldscience.co.kr

생물정보학 입문 INTERNATIONAL 2판

인　　쇄 | 2024년 8월 10일
발　　행 | 2024년 8월 20일

저　　자 | ARTHUR M. LESK
대표역자 | 이용석
공 역 자 | 강병철 · 김익수 · 조용훈 · 최광식 · 한연수

발 행 인 | 신정숙
발 행 처 | (주)도서출판 월드사이언스
주　　소 | 서울특별시 서초구 도구로 115 (월드빌딩 3층)

등록일자 | 1988년 2월 12일
등록번호 | 제 16-1601호
대표전화 | (02) 581-5811~3
팩　　스 | (02) 521-6418

E-mail | worldscience@hanmail.net
U R L | http://www.worldscience.co.kr

정　　가 | **30,000원**
I S B N | 978-89-5881-323-1

차례

2판 머리말

2000년 6월 26일, 생물학과 의학은 완전히 바뀌었다. Tony Blair 영국 총리와 Bill Clinton 미국 대통령이 위성을 통해 공동 기자회견을 열어 인간 게놈의 초안 완성을 발표하였다. New York Times는 '인간 생명의 유전자 코드가 과학자들에 의해 해독되었다'라는 배너로 헤드라인을 장식하였다. 30억 개의 염기서열 분석은 10년이 넘어가는 엄청난 작업이었다. 그 동안 목표는 항상 명확하게 보였으며, 유일한 질문은 기술이 얼마나 빨리 발전할 수 있는가 그리고 자금이 얼마나 풍부하게 지원될 것인가 이었다. 표에는 매우 중요한 사건 중 일부가 표기되어 있다.

정치인들 옆에는 과학자들이 있어 왔다. 영국 Wellcome Trust Sanger Institute의 소장이었던 故 John Sulston(이하 Sir John, CH, FRS)은 대용량 서열분석(high-throughput sequencing) 방법이 시작된 후 핵심적인 역할을 해왔다. 그는 프로젝트의 초기 소규모 단계에서부터 대규모 국제 컨소시엄으로 성장하는 과정까지 함께했다. 미국에서는 Bill Clinton 대통령과 함께 미국 국립인간게놈연구소(National Human Genome Research Institute) 소장인 Francis Collins가 미국 공적 자금 지원 활동을 대표하였으며, Celera Genomics Corporation의 사장 겸 최고 과학책임자인 J. Craig Venter가 상업 부문을 대표하였다. '이 코너에... 그리고 이 코너에...'라는 생각을 제외하고는 이 두 가지를 소개하기 어렵다. 실제로 물리적 충돌은 없었지만, 후반부에는 경주와 같은 치열한 경쟁이 분명하게 있었다.

그 경주는 단순히 1등으로 결승선을 통과하고 우선권에 대한 과학적 인정을 받기 위한 노력 그 이상이었다. 그것은 참가자들이 약물을 복용했는지 여부가 아니라, 그들과 다른 사람들이 약물을 발견할 수 있는지 여부를 테스트 받게 되는 경주였다. 임상 응용이 인간 게놈 프로젝트를 지원하는 주요 동기였다. 법원이 유전자 서열이 특허를 받을 수 있다고 판결한 후, 이를 기반으로 하는 약물 및 진단 도구로부터 막대한 잠재적 이익이 발생하게 되었다. 이에 따라, 상업 부문은 자신들이 결정한 유전자 서열 집합에 대한 특허를 만들기 위해 서둘렀고, 학계 그룹은 Celera나 다른 누군가가 특허를 신청하지 못하도록 자신들이 결정한 각 서열 정보를 공공 영역에 배포하기 위해 서둘렀다.

Celera에 맞선 학술 그룹은 주로 영국과 미국에 기반을 두고 있는 연구실들로, 영국에 있는 웰컴 트러스트 생어 연구소(Wellcome Trust Sanger Institute), 미주리 주의 세인트루이스에 있는 워싱턴 대학교, 매사추세츠 주의 케임브리지에 있는 매사추세츠 공과대학교의 화이트헤드 연구소, 텍사스 주의 휴스턴에 있는 베일러 의과대학교, 캘리포니아 리버모어에 있는 로렌스 리버모어 국립 연구소의 공동 게놈 연구소 그리고 일본의 요카하마에 있는 RIKEN 게놈 과학 센터 등이 포함된다.

양측 모두 막대한 자금을 활용할 수 있었다. Celera에게는 벤처 자본가들, 현재의 모회사인 PE corporation 그리고 상장한 뒤에는 주식을 사고자 하는 투자자들이 있었기 때문이다. 영국의 의학 연구위원회와 웰컴 트러스트가 생어 연구소를 지원했다. 미국의 국립보건원(National Institutes of Health)과 에너지부(DOE ; Department of Energy)는 미국 학술연구실을 지원했다.

2000년 6월 26일, 양측의 연구진은 인간 게놈 해독을 위한 경주를 무승부로 선언하기로 합의하였고, 초점이 잘 맞지 않아 판독이 어려운 사진을 최소화한 상태의 결과로 마무리하기로 했다.

인간 게놈의 서열 분석은 제2차 세계대전 중에 원자 무기를 생산한 맨해튼 프로젝트, 사람을 달에 보낸 우주 프로그램과 더불어 지난 세기의 위대한 기술적 성취 중 하나이다. 이들 프로젝트는 기초과학에 기반을 두고 있으며, 대규모이면서 비용이 많이 드는 공학적 개발과 지원을 필요로 한다는 공통점을 가지고 있다. 생물학에서는 현황도 예산도 분명 예전과 같지 않을 것이다. 예를 들어, 이제 '한 사람과 개 프로젝트'는 두 포유류 게놈의 서열 분석 및 비교를 위한 학부생의 오후 실습 실험 수준을 의미하게 될 것이다.

인간 게놈은 알려진 많은 완전한 게놈 서열 중 하나일 뿐이다. 종합해 보면, 생명의 나뭇가지에 분포된 다양한 생물들의 게놈 서열은 지구 상의 모든 생명체가 매우 세부적인 면에서 큰 통일성을 지니고 있다는 것을(이전에는 암시만 되었던 것을) 우리가 실감하게 해준다. 이러한 결과는

인간 게놈 프로젝트의 이정표	
1953	Watson & Crick에 의해 DNA 구조가 밝혀짐
1975	F. Sanger 및 A. Maxam과 W. Gilbert가 독립적으로 DNA 염기서열 방법을 발전시킴
1977	박테리오파지 ϕX-174의 완전한 유전체 서열이 최초로 완성됨
1980	미국 대법원은 유전자 변형 박테리아가 특허를 취득할 수 있다고 판결함. 이 결정은 유전자 특허의 기초가 됨
1981	인간 미토콘드리아 DNA 염기서열이 해독됨 : 16,568 bp
1984	Epstein–Barr 바이러스의 유전체 서열이 해독됨 : 172,281 bp
1990	인간 게놈 프로젝트 국제 콘소시엄을 구성함 : 목표 기간 15년
1991	J. Craig Venter와 동료 과학자들은 EST(expressed sequence tags) 기법, 즉 mRNA에 상보적인 DNA(cDNA) 시작 부분의 서열을 분석하여 발현되는 유전자를 식별하는 기술을 개발함
1992	저해상도 인간 게놈 연관지도를 완성함
1992	예쁜꼬마선충(*Caenorhabditis elegans*) 서열 분석 프로젝트를 시작함
1992	웰컴 트러스트 재단과 영국 의학연구회는 J. Sulston가 이끄는 대용량 게놈 서열 분석 프로젝트를 위해 Sanger 센터를 설립함.
1992	J. Craig Venter는 유전자 동정 및 신약 개발 등 상업적인 목적을 위한 유전체 연구소인 TIGR(The Institute for Genome Research)를 설립함.
1995	TIGR이 박테리아 유전체인 *Haemophilus influenzae*의 완전한 염기서열을 최초로 해독함
1996	고해상도 인간 유전체 지도 (~600,000 염기쌍 간격으로 마커를 배치)
1996	진핵생물 유전체 효모의 완전한 염기서열을 최초로 해독함
May 1998	Celera는 2001년까지 인간 게놈을 완성할 수 있다고 주장함. 웰컴 재단은 Sanger 센터에 자금 지원을 늘려서 대응함.
1998	예쁜꼬마선충(*Caenorhabditis elegans*) 서열이 출판됨
September 1, 1999	노랑초파리(*Drosophila melanogaster*)의 유전체 서열이 Celera에 의해 해독됨(2000년 봄 공개).
1999	인간 게놈 프로젝트의 목표: 2001년까지 인간 게놈의 초안을 완성하는 것(90%의 유전자를 95% 이상의 정확도로 해독).
December 1, 1999	최초의 인간 염색체의 서열이 공개됨.
June 26, 2000	인간 유전체 서열의 초안 완성을 공동 발표함.
2003	DNA 구조 발견 50주년. 인간 유전체 서열 완성을 공표함.

우리의 인식을 변화시켰다. 이는 마치 우주에서 처음으로 촬영한 지구의 사진이 우리 행성에 대한 통합된 시각을 만들어낸 것과 같다.

이 책의 이전 판이 출판된 이후, 분자생물학에서는 네 가지의 주요 돌파구가 있었다.

- 차세대 게놈 서열 분석의 폭발적인 성장
- 아미노산 서열로부터 단백질 구조의 예측을 일관되고 성공적으로 예측할 수 있게 되었다.
- 저온전자현미경의 원자 분해능 달성
- 게놈 편집을 위한 CRISPR 유전자 가위.

네 가지 중 첫 번째에서 세 번째까지는 컴퓨팅이 필수적인 요소이며, CRISPR 유전자 가위는 생물정보학 지원을 촉발하고 있다.

이것은 어디로 이어질까? 현재 우리는 원하는 만큼 연구를 철저히 수행할 수 있으며, 과거를 가능한 한 광범위하게 연구할 수 있다. 미래는 어떻게 될까? 분자생물학자는 연구대상을 관찰하는 것이 가능하지만, 그것에 영향을 미칠 수 없다는 점에서 천문학자와 같았다. 하지만, 이제는 그렇지 않다. 우리는 이미 우리 자신을 포함하여 많은 생물들을 직접 통제할 수 있는 능력과 도전에 직면해 있다.

이러한 진보의 만족스러운 결과는 의학, 농업, 기술에 대한 기여이다. 생명현상을 더 잘 이해하게 되면 문제가 발생했을 때 해결할 수 있고, 문제가 없을 때에도 더 좋아지게 할 수 있다.

인간 게놈은 본질적으로 정보에 대한 것이고, 컴퓨터는 서열을 결정하는 데 필수적이었으며, 이를 통해 생명과학과 의학에 응용하는 데에 중요한 역할을 하였다. 컴퓨팅은 데이터의 처리와 저장을 위한 단순한 용량뿐만 아니라, 결과 달성을 위해 필요한 수학적으로 정교한 방법들도 제공하였다.

생명과학과 컴퓨터 과학의 결합은 생물정보학이라는 새로운 분야를 만들어냈다. 오늘날의 생물정보학은 응용과학이다. 컴퓨터는 서열, 구조 그리고 기타 데이터 유형을 결정하는 프로젝트들의 필수요소였다. 우리는 컴퓨터 프로그램을 사용하여 분자생물학과 의학 데이터에서 추론을 만들고, 이 데이터들을 연결하며, 유용하고 흥미로운 예측을 할 수 있다.

이 책은 게놈과 단백질 등의 데이터 저장소에 접근하는 방법, 이러한 저장소를 다루기 위해 개발된 도구를 사용하는 방법, 그리고 이 데이터와 도구를 통해 답을 찾을 수 있는 질문들에 대하여 배우고자 하는 학생과 과학자를 위한 것이다. 실질적으로, 이러한 정보의 출처는 매우 많다. 생물정보학 주제를 다루는 웹사이트들이 웹 전반에 걸쳐서 널리 퍼져 있다. 우리의 도전은 이러한 자료의 필수 핵심을 선별하고, 필요한 생물학적 배경과 함께 명확하게 일관되도록 설명하여 입문 수준에서 이해 가능하게 하는 것이다. 독자는 이미 현대 분자생물학에 대한 지식이 있고, 컴퓨터를 사용할 능력을 어느 정도 갖추고 있다고 가정한다. 이 책의 목적은 이러한 배경지식을 바탕으로 더 발전시키는 것이다.

이 책은 진보적인 학부생 또는 초급 대학원생을 위한 교재로 적합하다. 다양한 예제가 본문에 통합되어 있으며, 유용한 웹사이트와 추천 도서에 대한 참고자료도 제공된다. 유용한 의생명 강좌목록은 https://www.science.co.il/biomedical/Courses.php에 나와 있다.

문제들은 이해를 시험하고 견고하게 하며, 기술 연습 기회를 제공하고 추가적인 주제를 탐구한다. 두 가지 유형의 문제가 각 장의 본문을 보완한다. 연습문제는 짧고 간단한 응용문제이다. '웹 문제'는 월드 와이드 웹에 접속해야 한다. 웹 문제는 독자가 이 분야에서 추가 학습과 연구에 필요한 도구를 연습할 수 있게 설계되어 있다.

예제와 연습문제는 본문에 나온다. 웹 문제는 책과 함께 제공되는 웹사이트인 온라인 리소스 센터에 있다.

이 책에서는 주로 많이 사용되는 언어인 PERL을 기반으로 한 일부 컴퓨팅이 소개된다. PERL은 비교적 간단하지만, 매우 효과가 좋은 프로그래밍 언어다. 이 언어는 생물정보학 커뮤니티에서 인기 있는 언어 중 하나이다. 유사한 언어로는 PYTHON과 RUBY가 있으며(이전 페이지의 박스 참조), 각 언어마다 그 지지자들이 있다.

PERL, PYTHON과 RUBY

언어로서, PERL, PYTHON 및 RUBY는 거의 동일한 표현 범위를 갖는다. 하지만 생물정보학의 응용분야는 PYTHON을 중심으로 통합되기 시작했다. PYTHON은 교육자료와 사용가능한 프로그램 모듈 모두에서 더 풍부한 문헌을 보유하고 있다고 할 수 있다 (예; http://rosalind.info/problems/locations/).

그럼에도 불구하고, 본문에 나오는 예제 프로그램들은 PERL로 작성되어 있다. 여기에는 두 가지 이유가 있다. 주된 이유는 PERL 프로그램이 더 독립적이라는 것이다. PYTHON 프로그램은 외부 라이브러리, 즉 '블랙 박스'를 더 많이 사용하기 때문에 이해하기가 더 어렵다. PYTHON이 PYTHON 2와 PYTHON 3으로 나뉘어 있어 어느 것을 선택해야 할지 고민해야 한다는 점도 사실이다. 안타깝게도 이 둘은 완전히 호환되지 않는다. PYTHON 3가 결국 주도권을 잡게 될 가능성이 크지만, 많은 기존 소프트웨어가 여전히 큰 저항을 보이고 있다. 또한, 책에 PERL 프로그램을 제시함으로써 독자들에게 PYTHON이나 RUBY 버전을 연습 문제로 제공하도록 할 수 있다는 장점이 있다.[1]

PERL, PYTHON, 그리고 RUBY는 각각 '독립형' 모듈로 사용하거나 새로운 프로그램으로 결합할 수 있는 광범위한 구성 요소를 보유하고 있다(https://bioperl.org, https://biopython.org, https://bioruby.org 및 cookbook 쿡북). *Perl cookbook* 2판 ; Christiansen, T. & Torkington, N. (2009). *Python cookbook* 3판 ; Beazley, D. & Jones, B.K. (2013). *Ruby cookbook* 2판; Carlson, L. & Richardson, L. (2015). 이 모든 책은 캐나다 Sebastopol에 있는 O'Reilly Media에서 출판되었다.

[1] PERL에서 PYTHON으로의 변환에 대한 내용은 http://code.activestate.com/lists/python-list/292576/ 를 참조하면 된다.

간단한 프로그램의 예제는 생물학적 문제의 맥락에서 제시된다. 많은 간단한 프로그래밍 과제가 각 장의 마지막 부분의 연습문제 또는 웹 문제로 할당되어 있다.

생물정보학은 이 책의 초판이 나온 이후 폭발적으로 성장했다. 이러한 급성장의 근간에는 데이터 스트림의 증가와 성장이 있다. 이러한 데이터의 흐름에는 유전체학 이외에도 전사체학, 대사체학, 조절 네트워크 등이 포함된다. 초판이 출간되었을 때 초안 형태로 제공되었던 인간 유전체는 이제 완성되었다. 대규모 인간 게놈 시퀀싱 프로젝트가 진행 중이다. 이러한 결과와 더불어 수백 가지의 다른 진핵생물 종, 매우 많은 수의 원핵생물, 기타 많은 세포소기관 및 바이러스 염기서열의 완전한 게놈이 포함되어 있다. 메타 유전체학으로의 확장은 비교적 최근에 발전한 기술이지만, 육지, 해양 또는 인체의 특정 부위에서 서열의 분포를 조사하는 과정에서 방대한 양의 데이터를 생산하고 있다. 이러한 데이터들은 서로를 밝혀준다. 그 데이터들이 전하는 이야기 중 한 가지는 형태와 생활 방식이 명백하고 깊은 심오한 차이가 있음에도 불구하고, 모든 생명체가 예상하지 못한 근본적인 통일성을 가지고 있다는 사실이다.

이러한 게놈 데이터는 새롭고 더 강력한 DNA 서열 분석 방법의 수확이다. 물론 특별한 관심은 인간 게놈에 집중되어 있다. 수십만 개의 개별 게놈이 알려져 있다. 미화 1,000달러에 인간 게놈 서열을 해독하고자 하는 목표가 달성되었다. 이 사업은 계속 성장하고 있다. 많은 독자들의 생애 동안 인간 게놈 서열 분석이 많은 국가에서 보편화될 가능성이 매우 크다. 게놈 서열은 다른 데이터 흐름으로 보완된다.

유전자 발현 패턴 그리고 조절 상호작용 네트워크는 세포와 생명체가 DNA에 담긴 정보를 어떻게 구현하는지 보여준다. 생명체의 잠재력은 게놈에 포함되어 있지만, 그것으로부터 생애 전반을 추론하는 것은 불가능하다. 게놈은 공식이나 대본이 아니다. 생명 활동의 전체를 이해하기 위해서는 RNA와 단백질, 그리고 이들이 DNA와 상호작용하는 방식을 찾아야 하는데, 이러한 활동은 발달 프로그램이나 환경에 따라 달라지고 반응한다.

가장 눈에 띄는 태도 변화는 통합에 대한 재조명이다. 즉, 생명 현상을 통합되어진 시스템으로 이해하려는 시도이다. '단백질 과학 입문'의 서문 마지막 부분에 서술한 것처럼, '지난 세기 동안 분자생물학자는 생명체를 분해해 왔다. 이제 우리의 과제는 그것들을 어떻게 다시 조립을 해야 할지 이해하는 것이다. 우리는 많은 양의 데이터를 가지고 있다. 이제 우리는 그것들이 어떻게 상호 관련되어 있는지 확인하고 싶어 한다. 생명 현상의 중심에는 공간과 시간의 구성 요소들 사이의 복잡한 상호작용 패턴이 있다. 이러한 패턴을 이해하기 위해서, 이 분야는 정보를 네트워크로 통합하고, 그 구조와 동력을 분석하는 방향으로 나아가고 있다. 네트워크를 저장하고, 시각화하며, 분석하고, 비교할 수 있는 많은 도구들이 존재한다. 현대 생물정보학은 이러한 도구 없이는 불가능하다.

연구 및 응용은 데이터가 유용한 형태로 제공되는 것을 필요로 한다. 데이터를 공개하는 것만으로는 충분하지 않다. 정보는 품질관리와 주석 작업을 거쳐야 하며, 정보 검색이 가능하도록 논리적인 구조를 갖춰야 한다. 이를 위해 데이터 보관, 관리, 조직 및 배포를 담당하는 기관들에게 감사해야 한다. 이러한 기관들이 대륙을 넘나드는 협력 프로젝트로 통합되는 경향이 나타났다. 다양한 유형의 데이터를 통합하여 연구해야 하는 필요성에 따라, 우리는 대규모 통합 생물학 데이터 아카이브 및 저장소로 나아가고 있다. 반대로, 개별 과학자들은 특정 필요와 관심에 맞춰 정보를 접근할 수 있도록 '가상 데이터뱅크'를 정의할 수 있을 것이다.

정보 유통의 주요 변화는 종이 도서관에서 전자 도서관으로의 전환을 포함한다. 과학 연구에 대한 영향은 웹의 발전으로부터 발생한 거대한 사회적 혁명의 일부일 뿐이다. 이는 500년 전 인쇄기가 촉발한 혁명과 맞먹거나 그 이상일 수도 있다. 연결만 하면 된다.

생물정보학의 진정한 터전은 웹이다. 과학적 목표를 달성하기 위해 대부분의 프로젝트는 하나 이상의 웹사이트에서 관련 데이터를 식별하는 것부터 시작된다. 그 후 주로 웹에서 제공되는 도구를 사용하여 데이터를 분석하고, 확고하게 정당화된 결론에 도달하며, 궁극적으로 웹을 통해 배포되는 출판물로 이어진다.

그러나 웹의 심각한 문제는 그 변동성이다. 웹사이트는 생겼다가 사라지며, 그 뒤에는 끊어진 링크만 남는다. 데이터베이스의 급증. 많은 새로운 데이터베이스는 다른 자원에서 정보를 '자르고 나누는' 다양한 방식을 나타낸다. 원본 데이터베이스의 변경 사항은 파생된 자원에 천천히 반영되거나 전혀 반영되지 않을 수 있다. 그로 인한 일관성 부족은 심각한 문제이다.

존재를 계속 유지할 뿐만 아니라 내용과 링크가 최신 상태로 유지되는 몇 가지 안정적인 게이트웨이를 찾는 것이 필요하다. 몇 가지 이러한 웹사이트를 제안했지만, 다른 많은 웹사이트들도 그만큼 좋다. 문제는 유용한 웹사이트의 긴 목록을 만드는 것이 아니다. 이것은 이미 여러 번 이루어졌고, 비교적 쉽다. 하지만 짧은 목록을 만드는 것은 훨씬 더 어렵다! https://www.science.co.il/biomedical/databases/는 포괄적이지만 유용하다.

현대 생명과학, 의학의 모든 연구는 데이터와 이를 검색하고 분석하는 프로그램에 의존한다. 모든 의생명 과학자들은 최소한의 프로그래밍 능력을 갖춰야 한다는 점에는 합의가 되어 있지만, 그 최소의 수준이 어느 정도여야 하는지에 대해서는 활발한 논쟁이 있다. 이 책의 저자는 제4판의 서문에서 '이 책에서 표현된 관점은, 주로 wet-lab 즉 습식 실험실에 기반을 둔 분자생물학자가 흐름에 발가락만 담그면 안 된다는 것이다. 주로 컴퓨터를 사용하는 사람은 허리까지는 담가야 할지도 모른다. 하지만 컴퓨터 과학과 소프트웨어 개발을 전문으로 하는 사람들의 경우 완전히 몰입을 해야 한다는 사실이다.'라고 기술한 적이 있다. 오늘날, 다음과 같은 점을 고려할 때 이는 심각한 과소평가로 보인다.

1. 데이터의 양과 종류의 증가. 전통적인 입력 데이터 흐름인 DNA 서열뿐만 아니라 조직에 따라 달라지는 RNA 목록(전사체학)과 같은 새로운 데이터 흐름도 방대한 출력을 생성한다. 너무 가벼운 태도를 취하는 것은 위험할 수 있다.
2. 데이터 접근 방식의 혁신은 데이터의 구조가 그 값만큼이나 중요하다는 인식이다. (더 중요하다고 말하는 것은 조금 지나칠 수 있다.)
3. 데이터를 재조합하는 다양한 방법이 새로운 접근법을 제공한다. 예를 들어, 게놈 서열을 단백질 기능의 시그니처와 결합하여 유전자 산물의 역할을 할당하는 방법이 있다.
4. 데이터는 분석과 응용을 위한 새로운 도구 세트를 이끌어냈다. 소프트웨어 문헌의 폭이 매우 넓어서 연구 응용은 종종 새로운 도구를 만드는 것보다 기존 도구를 선택하는 방식으로 진행된다. 많은 프로그램이 무료로 제공된다. 데이터와 마찬가지로, 도전 과제는 종종 이용 가능한 프로그램을 재조합하는 것이다. 카트를 만드는 것은 바퀴를 새로 발명하는 것이 아니라, 그것들을 조립하는 것이다.

생물정보학 실무자는 이러한 태도를 습득하고, 이를 자신의 훈련에 반영해야 한다.

따라서 이번 판에서는 이전 판들보다 컴퓨터 과학과 관련된 주제가 좀 더 많이 언급된다. 이는 부분적으로는 비판적인 의견이 접수되었기 때문이기도 하지만, 이러한 도구들을 사용하는 것이 이전보다 더 쉬워졌기 때문이기도 하다. 정교한 프로그램을 직접 작성할 필요 없이, 이미 배포된 프로그램이나 웹 서버를 찾는 것이 가능한 경우가 종종 더 많다.

실제로, 정교한 프로그래밍 기술이 일반적으로 필요하지 않다는 주장 중 하나는 인정받는 전문가가 작성한 많은 무료 프로그램이 존재한다는 점이다. 중요한 것은 이러한 프로그램들을 사용하는 기술을 개발하고, 그 결과를 지능적으로 해석하는 기술을 개발하는 것이다.

이것이 본문과 온라인 리소스 센터의 연습문제와 프로젝트의 목표이다. 이들 중 많은 부분이 웹상의 데이터와 기능을 기반으로 한 '웹 문제'이다. 일부는 프로그래밍 연습문제이다. 이 중 일부는 프로그램 수정이 포함된다. 이러한 도전 과제는 처음부터 프로그램을 작성하는 것보다 더 집중될 수 있다. 또한, 이러한 연습문제는 실제 연구에서 발생하는 상황을 더 잘 예시한다.

일부 연습문제와 웹 문제는 프로그래밍을 필요로 하지 않지만, 짧은 프로그램을 작성하여 더 쉽게 해결할 수 있다. 여러분은 필요한 경우 이 방법을 시도해 보기를 권장한다.

의생명 과학자에게 필수적인 최소한의 컴퓨팅 기술에는 소셜 미디어를 사용한 의사소통 능력도 포함된다(독자들이 Facebook과 YouTube에 익숙하다고 가정하지만, 과학자들 사이에서 사용되는 다른 소셜 미디어도 있다). 또한 웹사이트를 만드는 능력도 필요하다. 이 책과 온라인 리소스 센터를 통해 학습하면, 이러한 기술을 연습할 기회가 제공된다. 예를 들어, 숙제 답안을 웹 페이지에 모아서 제출할 수도 있다. 교수님의 강의나, 어쩌면 이 책에서도 여러분과 다른 학생들이 불명확하게 느낀 진술에 관한 질문을 블로그에 공유하고 토론할 수 있다. 실제로, 웹사이트와 소셜 미디어를 통합하는 추세가 있다. 하지만 보안 문제도 있다. 첫 번째로 답안을 게시한 학생의 답을 다른 학생들이 모두 복사한다면, 교수님은 언짢을 수 있다. 이 책으로 진행되는 수업은 이러한 가능성과 도전을 탐구할 수 있는 훌륭한 기회를 제공할 것이다.

분자생물학을 다양한 시각에서 접근할 수 있다. 그중 하나가 생물정보학이다. 본 저자는 유전체학과 단백질에 관한 책도 집필하였으며, 이 책들은 모두 옥스퍼드 대학교 출판부에서 출판된 동반서이며, "단백질 과학 입문: 구조, 기능, 유전체학"과 "유전체학 입문"이 있다. 이러한 이유로, 이 책은 생물정보학의 응용과학에 더 집중하고 있다. 독자들은 생명의 경이로움을 더 잘 이해하려면, 이 책들과 함께 다른 책들도 읽어보기를 권장한다.

웹 상에서의 생물정보학 소개

생물정보학은 월드 와이드 웹과 밀접하게 연관되어 있다. 이 책은 자체 웹사이트인 https://learninglink.oup.com/access/leskbioinf5e-student-resources#tag_answers-to-end-of-chapter-exercises과 긴밀하게 연계되어 있다.

이 웹사이트에는 다음이 포함되어 있다:

1. 책에서 언급된 모든 사이트에 대한 참고 자료를 문맥에 맞게 제공하여, 독자가 해당 위치를 직접 입력할 필요 없이 바로 연결할 수 있게 한다.
2. 이전 판에서는 웹 문제가 본문에 포함되어 있었다. 이제 이 문제들은 온라인 리소스 센터에 있다. 이들은 발전되어 비교적 간단한 연습 문제부터 확장된 프로젝트에 이르기까지 다양한 난이도의 도전을 제공한다.
3. 구조 다이어그램의 애니메이션.
4. 특정 주제의 설명을 보완하기 위한 월드 와이드 웹 자원. 이러한 사이트 중 일부는 서열 정렬이나 단백질 구조의 상동 모델링과 같은 방법을 구현한다. 다른 사이트들은 발현 데이터베이스와 같은 특정 주제에 특화된 웹사이트로 연결되는 관리된 링크 목록을 제공한다.
5. 일반적으로 연습용 데이터와 모든 프로그램을 포함하여, 독자가 컴퓨터로 읽을 수 있는 형식으로 유용하다고 생각하는 책의 모든 자료는 온라인 리소스 센터에 포함되어 있다.

감사의글

이 책을 준비하는 동안 토론과 조언을 해준 많은 동료들에게 감사드리며, 이 자료를 시험해 볼 수 있는 기회를 제공한 웁살라 대학교, 우메오 대학교, 로마 '토르 베르가타' 대학교, 볼로냐 대학교, 케임브리지 대학교에도 감사드립니다.

S. Adhya, D.J. Abraham, S. Aparicio, M.M. Babu, T. Baglin, D. Baker, S. Balaji, M. Bashton, A. Bateman, A. Bench, J.M. Bollinger, V. Bonazzi, M. Brand, A. Brazma, A. Buckle, C. Cantor, R.W. Carrell, S. Chavali, C. Chothia, D. Crowther, T. Dafforn, A. P. Diz, I. Dodd, R.B. Eckhardt, J.G. Ferry, R. Foley, A. Friday, M. Galperin, M.B. Gerstein, T. Gibson, J. Gough, J. Irving, B. Jorden, J. Karn, K. Karplus, P. Klappa, A.S. Kon- agurthu, E.V. Koonin, M. Krichevsky, P. Lawrence, E.L. Lesk, M.E. Lesk, V.E. Lesk, V.I. Lesk, A. Lister, Lo Conte, D.A. Lomas, A.D. MacKerell Jr, T. Madden, J. Magré, M. McFall-Ngai, J. McInerney, P. Miller, C. Mitchell, J. Moult, E. Nacheva, C. Notredame, C. Ouzounis, A.P. Pandurangan, H. Parfrey, D. Parkinson, A. Pastore, M. Peitsch, D. Penny, J. Pettitt, C.A. Praul, C. Ravarani, S. Reikine, F.W. Roberts, G.D. Rose, P.B. Rosenthal, B. Rost, B. Santhanam, E.J. Simon, M. Segal, O. Skovegaard, G. Slodkowicz, E.L. Sonnhammer, R. Srinivasan, R. Staden, J. Sulston, I. Tickle, A. Tramontano, A.A. Travers, A.R. Venki- taraman, G. Vriend, P. Welsch, J.C. Whisstock, Wildersten, A.S.Wilkins, S.H. White, V.E. Womble에게 감사드리고, 조언과 비판적 정독을 해 주신 E.B. Ziff에게 고맙다는 말을 전합니다.

A.M.L.

캠브리지, 2018년 7월

역자 머리말

생물정보학 분야는 최근 눈부신 발전을 하고 있습니다.

인간 게놈 프로젝트가 완전히 완성된 무렵인 2003년, 국내에서도 생물정보학 분야의 학위과정이 생기는 등 많은 변화가 시작되었으며, 차세대 염기서열 분석기(NGS)가 등장하면서 또 다른 새로운 변화가 점점 더 가속화하고 있습니다. 생물정보 생산에 소요되는 비용이 문제시 되었던 시기도 있었으나, 대용량 데이터 생산 비용이 급감하면서 이제는 생물정보학을 통한 과학적 데이터의 분석이 더 큰 숙제가 되었습니다.

이렇게 빠르게 발전해 나아가고 있는 생물정보학 분야에 입문하고자 하는 학생들을 위한 생물정보학 교과서를 추천해 달라는 문의에 대해 본 교재의 역자들은 그간 제대로 된 대답을 하기 조금 어려웠습니다.

그렇다고 하여 '지금 출간하게 된 이 번역서 교재가 너무나 좋은 교재입니다!'라고 이야기하기도 매우 어렵습니다. 그 이유는 생물정보학 분야가 너무나도 빠르게 발전하고 있기 때문입니다.

실질적으로, 미국 국립생명공학정보센터인 NCBI의 SRA(Sequence Read Archive ; 짧게 읽은 NGS 서열 공개 저장소) 및 각종 공공 데이터베이스에 쌓여가는 생명정보 데이터의 규모가 기하급수적으로 늘어나고 있으며, 이러한 데이터들을 분석하기 위해 개발된 인공지능을 포함한 각종 소프트웨어 도구들이 대량으로 쏟아지고 있습니다.

생물정보학 도구를 다양하게 활용하고 있는 역자들은 한결같이 이야기했습니다. "언젠가 교재 한 권은 제대로 만들고 싶다." 하지만 지금 현재까지도 그 꿈을 이루지 못하였습니다.

그럼에도 불구하고, 세계적인 생물정보학 교재로 각광받고 있는 Arthur M. Lesk의 Introduction to Bioinformatics의 한글판 출간이라도 먼저 해보자는 생각에 6명의 역자가 모여 이 책을 출간하게 되었습니다.

역자들은 각 장별 내용의 요약을 다음과 같이 설명하고 있습니다.

제1장 생물정보학을 학습하기 전에 반드시 알아야만 할 매우 기초적인 지식과 생물정보학의 필요성에 대해 언급한 장으로 실질적으로는 일반생물학, 분자생물학에서 다루고 있는 기초적인 내용들을 개괄적으로 요약하여 설명하고 있으며, 생물정보학에서 많이 활용되는 각종 데이터베이스들도 소개하고 있습니다.

제2장 유전학으로부터 유전체학에 이르기까지 생물정보학이 발전하게 된 학문적 발전 과정을 설명하고 있습니다. 특히 이 장에서는 서열 결정, 분석 및 활용에 이르기까지의 발전 과정을 다루고 있으며, 개인의 유전정보의 활용에 있어 윤리적 관점에서 이해할 수 있도록 서술하고 있습니다.

제3장 유전체, 전사체 및 단백체의 기본 개념 및 상관관계를 진화적 관점에서 설명하고 있습니다. 원핵생물인 박테리아 및 고세균, 그리고 진핵생물인 선충, 초파리, 애기장대 및 사람에 이르는 게놈 정보를 설명하고 있으며, 다음 세대로의 유전자 전달 및 종간의 비교유전체학을 아우르는 방대한 내용을 다루고 있습니다.

제4장 서열의 정렬과 계통도 작성은 서열 생산의 주요 목적 중 하나입니다. 4장에서는 서열 정렬에 대한 개요, 점도표의 이해, 서열 유사성 측정, 역동연산법 등 서열 정렬의 방법, 원리 및 관련 프로그램에 대해 다루고 있습니다. 또한 정렬된 서열을 이용한 계통도 작성 원리와 계통분류에 대해 서술하고 있습니다.

제5장 구조 생물정보학의 기본 원리와 실제 적용 사례를 설명합니다. 구조 생물정보학은 현대 생명과학과 신약 개발에 필수적인 도구로서 자리잡고 있으므로, 이론과 실제를 연결하는 구체적인 설명에 주목하여 핵심 개념과 신약 개발에서의 중요성을 이해하는 데 도움을 주고 있습니다.

제6장 연구 활동의 최종 성과인 과학 출판과 그 공유 체계를 설명합니다. 과학 출판의 다양한 매체와 아카이브 시스

템을 이해하고, 이를 통해 효과적으로 지식을 공유하고 접근할 수 있는 방법을 배우기를 바랍니다. 구미 지역의 역사와 문화에 바탕을 둔 비유가 많아서, 역주에 풀이를 두어 독자들의 이해를 돕고자 했습니다.

제7장 생물정보를 분석하는 데 있어 인공지능과 머신러닝의 활용은 최근에 가장 중요한 분야로 대두되고 있습니다. 이 장에서는 신경망의 논리를 비롯하여 기초가 되는 이론 및 용어들에 대해 다루었기에 매우 빠르게 변화하고 있는 인공지능 분야를 학습할 수 있는 기본기를 익힐 수 있습니다.

제8장 데이터 기반의 시스템 생물학에 대한 전반적인 이론과 개념 및 용어를 간결하고 명확하게 설명하여 분자 수준이 아닌 시스템 수준에서 생물학을 이해할 수 있는 배경지식을 설명하고 있습니다.

제9장 대사과정의 각 과정을 생물정보학적 분석 방법(대사체학)을 통해서 세포 내의 생명현상 과정을 통합적으로 해석할 수 있는 방법을 배울 수 있습니다.

제10장 생명현상의 구성과 조절을 이해하기 위해서, 유전체학(genomic)과 단백질체학 등 다양한 방법을 활용하여 생명체의 유전자 발현 체계가 어떻게 구성되어 있고, 전사활동이 어떻게 조절되는지를 설명하는 메커니즘을 기반으로 제어 네트워크(control networks)를 이해하고 익힐 수 있습니다.

앞서 말씀드린 것처럼, 매우 빠른 속도로 발전하고 있는 생물정보학를 교육할 수 있는 교과서를 만드는 일은 매우 어려운 일입니다. 하지만 모든 학문들과 마찬가지로 가장 기본이 되는 내용들은 항상 변하지 않는 진리와 같이 탄탄할 것입니다.

마지막으로, 이 책이 출간되기까지 고생해 주신 모든 분들에게 감사드립니다.

특히 통독을 도와준 순천향대학교 한국자생동물자원활용 융복합연구소 박지은 박사와 초벌 번역을 도와준 순천향대학교 생물학과 대학원생인 홍찬의, 김용태, 신현준, 이혁 학생에게 감사의 마음을 전합니다.

역자 소개

대표역자

이용석 순천향대학교 생명과학과

공역자

강병철 (주) 디이프 대표

김익수 전남대학교 응용생물학과

조용훈 순천향대학교 생명과학과

최광식 경북대학교 생물학과

한연수 전남대학교 응용생물학과

CHAPTER 1

서론

이 장은 프롤로그로서 책의 뒷부분에 서술되는 확장된 토론의 기초이다. 서론의 주요 구성 요소는 (a) 생물학적 기초지식, (b) 인간 유전체 : 분석 그리고 임상적 응용, (c) 컴퓨팅의 순서로 소개한다.

생명과학은 전통적으로 연역적 과학이라기보다는 관찰과학(귀납적)이었다. 최신 과학기술의 발전으로 인한 과학 데이터의 특성이 급격하게 변화되었으나 이러한 기본적인 특성은 변화되지 않았다. 최근까지 대부분의 생물학적 관찰 데이터들의 정밀도는 다양하지만, 기본적으로 극히 일부의 단편적인 데이터라는 지적은 논쟁의 여지로 남아있으며 실제로도 그렇다.

하지만, 최근에 만들어지는 데이터들은 그 양이 매우 크고, 더 정확하며, 포괄적으로 변화되었다. 염기서열과 아미노산 서열의 경우 **불연속적인** 데이터가 되었다. 개체별 유전체 서열을 완전하게 결정할 수 있을 뿐만 아니라 매우 **정확하게** 결정할 수 있다. 실험적인 오류를 완전히 배제할 수는 없지만 최신 유전체 서열 분석 방법의 품질은 매우 높다. 하지만, 이러한 발전이 생명과학을 연역적 과학으로 전환시킨 것은 아니다. 생명현상은 물리와 화학의 원리를 따르고 있지만, 현재의 과학 수준으로는 매우 복잡하고, 예측하기 어려운 요소가 많은 생명현상을 기본 원칙으로 하여 어떠한 속성을 추론하는 것은 불가능하다.

생물정보학 데이터의 또 다른 주요한 속성은 그 양이 **매우 크다는** 사실이다. 현재 염기서열 데이터베이스는 거의 3×10^{12}(3,000 Gbp 또는 기가베이스 쌍)을 포함하고 있다. 인간 유전체, 즉 게놈(genome)의 문자 길이인 3×10^{9}를 한 개의 단위로 사용한다면, 이는 1,000명의 인간 유전체 정보와 대등하다(이 단위는 1,000 *huges*, 1 *huge*는 *The New York Times*에 6년 동안 등장하는 화재의 인물수 정도를 의미함). 거대분자 구조 데이터베이스는 전형적으로 400개 이상의 잔기를 가진 많은 종류의 단백질의 완전한 3차 구조를 포함하고 있는데, 그 수는 약 14만 개 이상을 포함하고 있다. 개별 대용량 데이터베이스는 매우 빠른 속도로 증가하고 있어 앞으로의 크기를 추정하는 것은 매우 어렵다. 그림 1.1은 염기서열 데이터뱅크(핵산 서열을 보관하는 저장소)와 전 세계 단백질 데이터뱅크(거대 분자 구조를 보관하는 저장소)의 성장을 보여준다. 이러한 성장 곡선을 활용하여 데이터의 성장속도를 추정하는 것은 위험할 수 있다.

염기서열, 단백질의 아미노산 서열, 단백질 구조 및 단백질-핵산 복합체의 저장고(archive)를 보완하면서 생명과학 데이터베이스가 급증하였다. 염기서열연구 분자생물학 온라인 데이터베이스(*Nucleic Acids Research* online Molecular Biology Database) 컬렉션에는 거의 1,800개의 데이터베이스를 포함하고 있다. 이는 신규 데이터의 흐름 및 다양한 전문가의 접근 방식을 모두 반영하고 있다.

이에 따라 생물정보학의 도전도 증가하고 있으며, 유용한 의생명데이터베이스(https://www.science.co.il/biomedical/ databases/)가 등장하였다.

데이터의 질, 양 그리고 다양성이 증가함에 따라서 과학자들은 이에 따른 엄청난 과제를 안고 있으며, 다음과 같은 내용들을 포함하고 있다.

- '생명현상 전체를 명확하게 보았다'라고 말할 수 있도록 만드는 일; 즉, 미시적, 거시적인 수준에서 일관성 있는 복잡한 조직으로 간주되는 세포, 개체 및 생태계의 생명과학적 통합 측면을 이해하는 것;
- 사용 가능한 데이터를 선별하고, 주석 달린 구조를 제공하여 접근 가능하도록 하는 것;

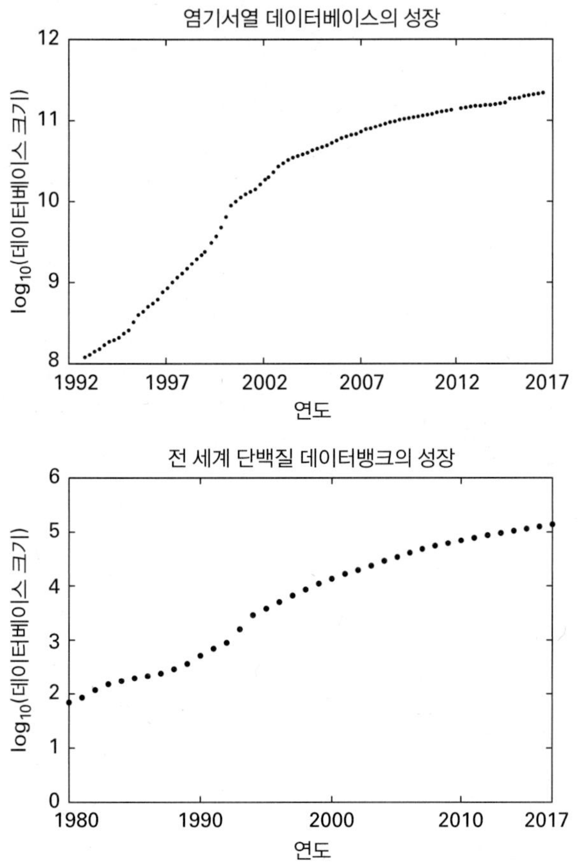

그림 1.1 (a) 염기서열 데이터뱅크의 성장. (b) 전 세계 단백질 데이터뱅크의 성장, 생물학적 거대 분자 3차원 구조 뱅크. 이 그래프는 세미-로그 플롯임을 기억하자.

- 서열, 단백질의 발현 패턴 및 상호작용 그리고 특정 단백질의 기능, 염기서열, 단백질-핵산 복합체 등의 상호 연관성 구명;
- 서로 다른 환경 속 생명체의 세포 또는 개체에 대한 그 구조와 역학에 대한 '시스템'을 통합하여 설명하는 것;
- 현시대 생물 데이터를 과거 생물의 데이터와 비교하여 미래로 여행할 수 있다 : 과거 진화 사건을 추론하고, 향후 발생할 수 있는 생물학적 시스템에 대한 변화를 과학적으로 추론;
- 의학, 농업 및 기술에 응용할 수 있도록 지원

실제로, 생명과학은 인류 역사를 통틀어서 보면 응용과학이었다. 현대 인류사회는 극히 심각한 문제들에 직면해 있으며, 이 중 일부의 문제들에 대해서는 다음과 같은 잠재적인 과학적 해결 방법을 가지고 있다.

- 게놈의 돌연변이로 인해 발생하는 질병의 경우, 곧 CRISPR 또는 기타 게놈 공학 기술을 사용하여 fix(고정, 교정 또는 수정)하는 것이 가능할 수 있다. 또 다른 가능성은 질병을 예방하거나 적어도 질병의 위험을 낮추는 생활 방식 그리고 질병이 발생했을 때 질병을 치료하는 더 좋은 방법을 식별하는 것이다. 이때 생물정보학이 필수적인 역할을 할 것이라는 합의가 있다. 예를 들어, 게놈 서열 데이터의 분석은 위험을 식별하고, 질병의 진단 및 예후를 예측하는 일을 도와주며, 환자에게 맞춤화된 치료법을 알아낼 수 있다(약물유전체학이라고 함);
- 증가하는 인구에게 충분한 영양 제공이 가능하다;
- 산업, 교통, 통신 및 컴퓨터, 전화, 뮤직 플레이어 등과 같은 개인용 기기를 작동할 수 있는 에너지 제공;
- 새로운 소재 개발;
- 기후 변화의 원인과 영향을 구명하고, 이를 늦추는 방법 개발;
- 보존하려는 노력, 특히 멸종 위기종의 보전에 중점을 둔다.

한 두 세대 전의 물리학은 저렴하고 깨끗한 에너지를 제공함으로써, 우리가 직면한 문제에 대한 기술적 해결 방법에 대한 희망을 보여주었다. 이제 생물학의 차례이다.

물리학 이상으로, 생물학은 데이터를 기반으로 한다. 주어진 연속적 데이터 또는 그보다 더한, 대용량 데이터 분석은 더더욱 도적적인 일이 되었다. 오래된 기술과 새로운 기술을 체계적으로 적용하는 것은 이러한 문제 해결에 대한 방향성을 제공한다. 예를 들면 다음과 같다.

- 인간 게놈의 대규모 시퀀싱;
- 진화 과정에서 특정 유전자의 기원과 변화를 이해하기 위한 계통학적 연구;
- 조직 특이적, 질병 특이적 그리고 연령 특이적 서열, 후생유전학적 신호와 발현 패턴을 측정한다.

생물정보학은 이러한 사례를 포함하여 강력한 도구를 개발했을 뿐만 아니라 그 방법이 의생명 기업에 더욱 깊이 통합되고 있다. 주요 게놈 센터에는 일반적으로 Wet Lab(실험하는 연구실)의 과학자들이 많이 있다. 게다가 컴퓨팅은 전문가들만의 영역이 아니다. 생물정보학 과정은 일반대학 커리큘럼의 공통 구성 요소이다. 데이터 분석 결과는 임상 실습에 포함되어, 진단, 예후 및 치료에 활용된다. 이 책의 대상 독자는 컴퓨터 전문가가 될 생각은 없지만 자신의 연구를 수행함에 있어 생물정보학의 기여가 필수적이라는 것을 인식하는 과학자들을 포함한다.

공간과 시간 속의 생명

생명을 정의하는 것은 어렵다. 컴퓨터의 성능이 향상되고 실리콘 생명 인터페이스(Silicon-life interface)가 더욱 친밀해짐에 따라 생명의 정의를 수정해야 할 수도 있다. 일단, 이것을 시도해보자: 생명체는 물질, 에너지, 그리고 정보의 통제된 조작에 영향을 미치는 자연적으로 발생하는 자가복제 장치이다.

가장 먼 관점에서 보면, 지구 상의 생명체는 시공간에 분포하는 복잡하고, 영구적이며, 진화하는 시스템이다. 그것은 각각 유한한 수명을 가지며, 클론 개체군을 제외하고 고유한 특징을 가진 독립된 **개별** 유기체로 주로 구성되어 있다는 것이 가장 중요하다.

공간적으로, 먼 곳에서 시작하여 점진적으로 확대해 보면, 사람들은 생물권 내에서, 그들의 환경 조건이 바뀌거나 침해되기 전까지는 안정적인 지역 **생태계**를 유지한다. 생태계 내의 각각의 종들은 독립적이지는 않지만 개별적인 활동을 수행하는 **생명체**로 구성되어 있다. 생명체는 **세포**로 구성된다. 모든 세포들은 환경으로부터 분리되어 있지 않으면서 인접하여 구체적이고 통제된 방식으로 상호작용하는 생태 시스템이다. 진핵세포는 핵, 세포소기관 그리고 세포골격을 포함한 복잡한 내부 구조를 포함하고 있다. 그리고 마지막으로 분자 수준으로 내려갈 수 있다.

생명은 공간적 개념뿐 아니라 시간적 개념도 포함하고 있다. 자연선택 이론은 생명의 발달 과정을 설명하는 데 매우 성공적이었다. 오늘날 우리는 적어도 37억[1] 년 가까이 시간을 거슬러 올라가는 생명 역사의 한 단계에 대한 일부를 본다. 멸종된 생물의 DNA는 분자 수준의 역사적 기록에 제한적으로 접근할 수 있다. 대신, 우리는 동시대의 게놈에서 과거를 읽으려고 노력해야 한다. 미국 대법관 Felix Frankfurter는 다음과 같이 썼다. '... 미국의 헌법은 단순한 문서가 아니고, 역사적 흐름이다.' 이것은 자신 과거의 기록을 포함하고 있는 genome(유전체, 게놈)에 있어서도 똑같다.

표현형(Phenotype) = 유전자형(genotype) + 환경(environment) + 생활사(life history) + 후생유전학(epigenetics)

우리의 게놈 정보가 우리가 누구인지에 대해 어느 정도까지 결정지을 수 있는가?

이 책을 읽는 독자 개개인은 신체적, 생화학적, 심리적 특성을 지니고 있다. (이러한 구분이 점점 더 희미해져도 놀라지 마세요!) 우리 각자는 모든 인간이 가지고 있는 공통적인 일반적인 형태와 대사활동을 가지고 있으며, 분자 수준에서도 다른 종들과도 매우 공통적이다. 하지만 인간이라는 종 내에서 개별적인 외모와 성격을 부여할 수 있는 상당한 변이를 가지고 있다. 당신의 건강상태는 건강함과 질병 사이의 어딘가에 속해 있다. 당신의 심리상태는 현재의 기분, 당신의 성격 그리고 현재 하고 있는 활동을 반영하고 있다.

[1] 10억 = 10^9.

- 당신의 **유전자형**은 핵 및 미토콘드리아가 가지고 있는 DNA 서열이다(식물의 경우에는 엽록체의 서열도 포함). 이러한 유전자형은 부모로부터 물려받는다.
- 당신의 **표현형**은 유전자형 이외의 눈으로 직접 볼 수 있는 특성의 모음을 말한다. 여기에는 키, 몸무게, 눈 및 머리 색깔과 같은 거시적 특성 그리고 낫모양 적혈구 빈혈증을 앓고 있는지 여부, 주요 조직 적합성 복합체(MHC) 유전자좌의 일배체형과 같은 미시적 특성을 포함한다.
- 당신의 **인생 역사**는 성장하는 데 있어 신체적, 심리적 환

경을 포함한 모든 경험의 총합이다. 당신의 영양이력, 즉 무엇을 주로 먹었었는지가 당신의 신체 발달에 영향을 미친다. 많은 경우에서, 가정의 양육 환경과 교육의 정도는 심리적 발달을 향상시켰다. 당신의 성장곡선 그리고 심지어 성인이 된 당신의 특징을 결정하는 데 있어서 당신의 생애 전체의 영향보다는 덜 하지만, **자궁** 내 환경의 영향력에 대한 인식이 점차 더 커지고 있다는 점이다.

- 게놈과 삶의 경험 사이의 인터페이스에는 유전자 발현 조절이라는 **후생유전학적 요인**이 있다. 정자 또는 난자 세포, 적혈구 및 면역체계 세포를 제외한 신체의 거의 모든 세포는 사실상 동일한 DNA 서열을 가지고 있다. 하지만 당신의 조직은 간, 뇌 등 여러 기관에서 서로 다른 세트의 유전자 발현 또는 침묵되는 조건에 의해 분화된다. 이러한 조절 신호들 중 일부는 세포 분열에서 잔존한다. (간세포가 분열하면 2개의 간세포로 나뉜다.) 당신의 부모가 살아온 과정으로 인해 그들 세포의 후생유전학적 패턴이 변경되었을 수 있으며, 그 이후 당신을 형성시킨 수정란에는 이러한 '전분화' 신호 중 일부가 포함되어 있다. 후생유전학 분야에 의해 후천적 특성을 지니는 유전 현상은 생명과학의 주연구 분야로 다시 진입하였다.

당신의 표현형을 결정하는 이러한 요소들의 상대적 중요성은 특성마다 다르다. 일부 특성은 단일 특정 유전자에 대한 대립유전자에 의해서 독점적으로 결정된다. 다른 특성들은 당신의 유전자와 생활사 사이의 복잡한 상호작용 그리고 부모의 후생유전학적 신호에 의존한다.

진화는 생물의 세계에서 시간이 지남에 따라 변화하는 것이다

진화의 과정은 세대를 거치면서 유전자형과 표현형 분포를 변화시킨다. 유전자형은 부모로부터 유전되며, 돌연변이 또는 유전물질의 측면 유전자 전이에 의해 변화된다. 표현형은 유전자형과 환경의 영향을 받는 유기체의 발달을 제어하는 후생유전학적 신호에 따라서 달라진다.

유전자형과 표현형 사이의 **비대칭성**은 진화의 원동력이다.

- 유전자형의 변화는 유전될 수 있다. 예를 들어, 환경이나 생활 방식이 표현형에 미치는 영향, 더 큰 신체 크기로 이어지는 더 나은 영양 섭취 또는 질병이나 부상에 의해 쇠약해지는 효과 등은 대개 직접 유전되지 않는다.
- 모든 생명체의 발생 과정에서 유전자형은 표현형에 영향을 준다. 표현형은 유전자형에 영향을 미치지 않는다.
- 많은 유전자형이 동일한 표현형을 생성할 수 있다. 따라서:
  - 단백질을 암호화하는 유전자의 많은 돌연변이는 아미노산 서열을 변경하지 않고 그대로 두거나 기능에 명백한 영향을 주지 않고 수정된다.
  - **대립유전자**는 동일한 유전자의 다른 형태(서열)이다. 게놈의 동일한 위치에 2개의 유전자 사본을 가지는 생명체는 해당 위치에서 동일한 대립유전자의 2개 사본(동형접합성) 또는 2개의 다른 대립유전자(이형접합성)를 가질 수 있다. 포유동물에서는 전형적으로 약 20%의 좌위가 이형접합체이다. 동형접합체와 이형접합체는 유전자형이 다르지만, 단일 유전자가 형질을 배타적으로 제어하고 하나의 대립유전자가 우성인 경우 동형접합체와 이형접합체는 동일한 표현형을 가질 수 있다.

진화는 어떤 수준에서 작동하는가? 대부분의 생명체는 분리된 **유기체**로 구성되어 있다. **개체군**은 상호작용하는 유사한 유기체의 그룹이다. 성적으로 번식하는 유기체의 개체군은 서로 교배한다; 개체군에 속한 각 개체는 자원을 놓고 경쟁한다. 진화의 과정은 개체군에서 유전자 풀과 표현형의 구성 및 분포를 변경하는 것이다. 개체군이 진화 활동의 진정한 단위라는 것은 논쟁의 여지가 있다. ['Deme(지역교배집단) 같은 것은 없다.']

진화의 메커니즘은 무엇인가? 개체군 내에서, 다양한 유전자형을 가진 개체가 생겨나는데, 이들은 다양한 표현형을 보여준다. 자연선택이 유전자형에 **직접적인** 영향을 미치지는 않지만, 다른 표현형을 가진 개체는 생식에서 차별적인 성공을 보인다. 결과적으로, 새로운 세대는 유전자형과 표현형의 분포가 변경될 수 있다. '적합한' 개체에 의한 자연선택이 강화된 번식은 진화의 가장 중요한 메커니즘이다. 진화의 또 다른 메커니즘은 선택에 대한 반응이 아닌 대립유전자 빈도의 무작위적 변화인 **유전적 부동**(*genetic drift*)이다. 유전적 부동은 작고 고립된 집단에서 특히 중요하다.

유전적 다양성을 생성하는 메커니즘은 진화의 **잠재력**을 창출하는 데 필수적이다.

- 점 대체(point substitutions), 삽입(insertions) 및 삭제(deletions) 그리고 전위(transpositions)와 같은 **돌연변이**. 점 돌연변이의 생성률은 세대당 약 10^{-12}~10^{-10}개 염기쌍으로 추정된다(이는 모집단의 대립유전자 교체율과 동일하지 않으며, 돌연변이는 진화적 변화의 후보를 제안할 뿐이다);
- **재조합**은 서로 다른 유전자좌를 모으거나 분리할 수 있다. 유전자 내에서의 재조합은 새로운 대립유전자를 생성할 수 있지만, 유전자 외부에서의 재조합은 유전자와 조절 요소 사이의 관계에 영향을 미칠 수 있다. 전좌는 재조합을 다른 염색체로 확장시킬 수 있다;
- **유전자 복제** 또는 복제수 변이(Copy Number Variation, CNV), 이에 따른 분기;
- 결실 또는 발현이나 기능을 파괴하는 돌연변이에 의한 **유전자 손실**. 어떤 경우에는 '죽은' 유전자가 새로운 기능으로 복원될 수 있다;
- 개체군의 혼합으로 인한 **유전자 흐름** 또는 종간 유전자 전달.

진화는 유전자 풀의 다양성을 증가시키거나 감소시킬 수 있다. 새로운 돌연변이가 동형 접합 상태에서만 선택적인 이점을 준다면, 그 유전자는 개체군 전체에 퍼질 수 있다. 개체군의 모든 구성원이 대립유전자를 채택하면 유전자 풀의 다양성이 **감소**할 수 있다. 이형접합 상태에서만 선택적 이점을 부여하는 유전자가 생겨나면 유전자 풀이 더 다양한 방향으로 이동할 수 있다. 일부 돌연변이는 동형접합 상태에서만 유해한 열성 대립유전자를 생성한다. 특히 이형접합체가 약간의 보상 이점이 있는 경우 개체군에서 제거하기가 더 어렵다. 예를 들어, 낫모양 적혈구 빈혈증(sickle-cell anemia) 유전자 이형접합체는 말라리아에 대한 향상된 저항성을 가진다.

소진화는 소수의 유전자에서 일어나는 상대적으로 작은 변화를 말하며, 대부분 표현형에서 상대적으로 작은 변화를 초래한다. 소진화는 개체군 내의 개체들에게 영향을 미친다. 현대 기술을 사용하면 게놈 서열과 RNA 전사체 및 단백질 발현 패턴을 측정하여 분자 수준에서 소진화를 추적할 수 있다. **대진화**는 새로운 종의 형성을 포함하여 전체적으로 개체군의 더 큰 규모의 변화를 말한다. 화석 기록은 대진화의 부분적인 역사를 제공하고, 계통발생학적 관계를 밝히며, 사건의 연대를 측정하는 지질학적 방법에 활용된다. 비교해부학과 생리학, 발생학은 추가적인 단서를 제공한다.

소진화와 대진화의 관찰은 서로를 설명해 준다. 게놈 서열은 종의 분류에 도움이 된다. 화석은 분자 수준의 관찰을 통해 과거 사건의 연대 측정을 허용한다. 현대 생물학의 주요 과제는 새로운 종의 형성과 같은 대규모 사건이 소진화적 변화의 복합적인 결과에 의해서 어떻게 발생할 수 있는지 이해하는 것이다.

생물학적 분류 및 명명법

학문의 세계가 어떤 측면에서, 더 단순했던 18세기로 돌아가 보자.

생물학적 명명법은 살아 있는 것들이 종이라고 불리는 공통 유전자 풀을 가진 유사한 그룹이라는 단위로 나뉜다는 생각을 기반으로 하고 있다. (생물이 개별적인 종으로 '단위화'되어야 하는 이유는 매우 복잡한 질문이다.) 스웨덴의 생물학자인 Linnaeus는 생물의 계통을 문, 강, 목, 과, 속, 종의 카테고리에 따라 분류했다(Box 1.1 참조). (현대 분류학자들은 추가적인 카테고리를 추가했다.) 종동정을 위해서 이명법에 의해 학명을 지정한다 : 종소명(속)과 종명; 예를 들어, 인간의 경우 *Homo sapiens*, 초파리의 경우 *Drosophila melanogaster*. 이명법에 의한 학명이 정해진 생물종은 일반적으로 잘 알려진 이름으로 고유하게 정한다. 예를 들어, *Bos taurus* = 소. 물론, 대부분의 종에는 일

BOX 1.1

린네 분류 계층 구조

표 1.1 인간과 초파리의 분류 카테고리

	인간	초파리
계(Kingdom)	Animalia (동물계)	Animalia (동물계)
문(Phylum)	Chordata (척삭동물문)	Arthropoda (절지동물문)
강(Class)	Mammalia (포유강)	Insecta (곤충강)
목(Order)	Primata (영장목)	Diptera (파리목)
과(Family)	Homonidae (사람과)	Drosophilidae (초파리과)
속(Gunus)	*Homo* (사람속)	*Drosophila* (초파리속)
종(Species)	*sapiens*(사람)	*melanogaster* (노랑초파리)

반명(common name = 향명)이 없다.

Linnaeus의 분류 기법은 관찰되어진 유사성을 기반으로 한 분류 방법에 불과하였다. 진화론이 도입된 뒤 이러한 분류 기법에 생물학적 조상을 반영한다는 사실이 밝혀졌다. 하지만, 이러한 유사점이 진정한 공통 조상을 반영할까? 공통 조상에서 파생되어진 특성은 **상동성**이다; 예를 들면, 독수리의 날개와 인간의 팔. **수렴진화**에 의해 독립적으로 발생했을 가능성이 있는 다른 유사한 특성이 있을 수 있다; 예를 들어, 독수리의 날개와 벌의 날개, 독수리와 벌의 공통 조상은 날개를 가지고 있지 않았다. 이와 반대로, 실제 비슷한 특성(형질)이 구조와 기능이 다르게 분지될 수 있다. 사람의 귓속 중이뼈는 원시어류의 턱 뼈와 유사하다; 우리의 유스타키오관은 아가미 열(새열)과 유사하다. 대부분 전문가들은 수렴진화로 인한 유사성과 진정한 상동성을 구별할 수 있다.

염기서열 분석은 종간의 관계에 대한 가장 명백한 증거를 제공한다. 이러한 시스템은 고등생물에 잘 작동하는데, 이러한 서열 분석은 비교해부학, 고생물학, 발생학 등의 고전적 도구와 일관된 그림을 제공한다. 미생물의 분류는 더 어렵다. 부분적으로는 미생물을 분류할 특징을 선택하는 방법이 명확하지 않고, 부분적으로 많은 양의 유전자 전달이 상황을 완전히 뒤집을 위험이 있기 때문이다.

Ribosomal RNA는 모든 생명체에 존재하며, 적절한 다양성도 포함하고 있는 것으로 밝혀졌다. 너무 많거나 너무 적은 차이를 통해서는 관계가 보이지 않는다.

C. Woese는 16S ribosomal RNA를 기반으로 모든 생물을 3개의 영역[도메인(Domain); Kingdom의 상위 수준]으로 나누었다; 박테리아(Bacteria), 고세균(Archaea), 진핵생물(Eukarya)(그림 1.2 참조). 박테리아와 고세균은 원핵생물로 그들의 세포에는 핵(막)이 없다. 박테리아는 전염병을 일으키는 전형적인 미생물(병균)을 포함하고 있으며, 분자생물학에서 많이 활용되는 대장균(*Escherichia coli*)을 포함하고 있다. 고세균에는 초고온성 세균, 호염성 세균, 황산염 환원균 및 메테인균(메탄 생산 세균)이 포함되지만 이에 국한되지 않는다. 우리는 핵을 가진 많은 세포로 이루어진 효모와 다른 다세포생물을 포함한 진핵생물이다.

고세균은 핵이 없고, 생활 방식의 명백한 차이를 가지고 있지만, 분자 수준으로 살펴보면, 어떤 면에서는 박테리아

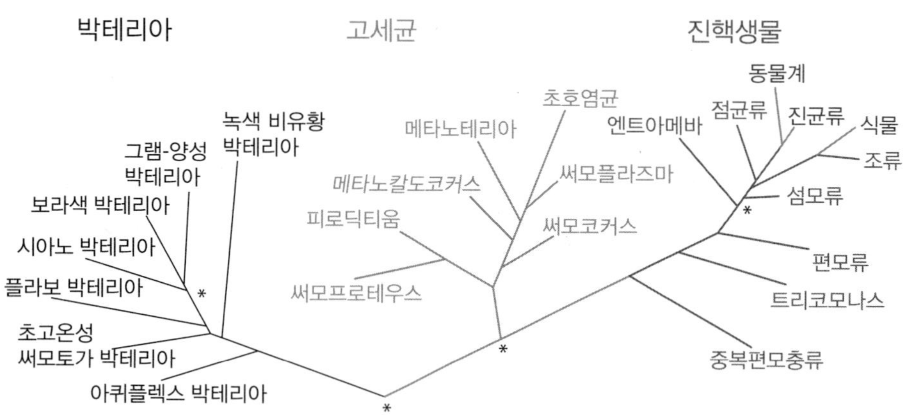

그림 1.2 C. Woese의 16S RNA 서열 분석 방법에 의한 생명체의 3영역.

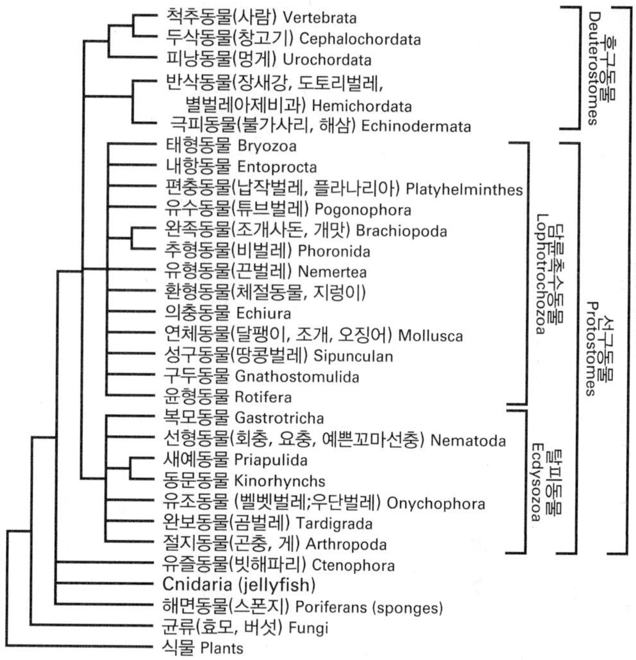

그림 1.3 후생동물의 계통수. 이배엽동물은 좌우대칭의 특징을 공유하는 모든 동물을 포함한다. 선구동물 그리고 후구동물은 6억 7천만 년 전으로 추정되는 진화 초기 단계에서 분리되어진 2개의 주요한 계통이다. 그들은 발생학적 분열패턴이 매우 다른데, 초기의 난할 패턴, 포배 초기의 함입과 연관된 정반대 방향의 소화관 성숙 그리고 중배엽(후구동물) 또는 외배엽(선구동물)으로부터 유래한 골격기원을 포함하고 있다. 선구동물은 18S RNA(작은 리보솜 서브유닛 유래) 및 HOX 유전자의 서열을 기초로 하여 구분이 되는 2개의 하위 그룹으로 구성된다. 형태학적으로 탈피동물은 탈피 가능한 큐티클을 가진다; 딱딱한 유기물질 층으로 이루어져 있다. 촉수담륜동물은 부드러운 몸체를 가진다.

Based on Adouette, A., Balavoine, G., Lartillot, N., Lespinet, O., Prud'homme, B., and de Rosa, R. (2000). The new animal phylogeny: reliability and implications. *Proc. Natl. Acad. Sci.* USA., **97**, 4453-4456. [Copyright (2000) National Academy of Sciences, USA.]

보다 진핵세포와 더 밀접하게 관련되어 있다. 또한 고세균은 생명나무의 뿌리에 가장 가까운 살아있는 생명체일 가능성이 있다.

그림 1.2는 계통수의 가장 깊은 수준을 보여준다. 진핵생물의 가지는 동물계, 식물계 그리고 진균류를 포함한다. 진핵생물 가지의 끝에는 후생동물(다세포 생물)이 있다(그림 1.3). 우리와 가장 가까운 친척은 후구동물이다(그림 1.4).

경쟁 패러다임에는 고세균으로부터 분지한 진핵생물이 있다(Box 1.2 참조).

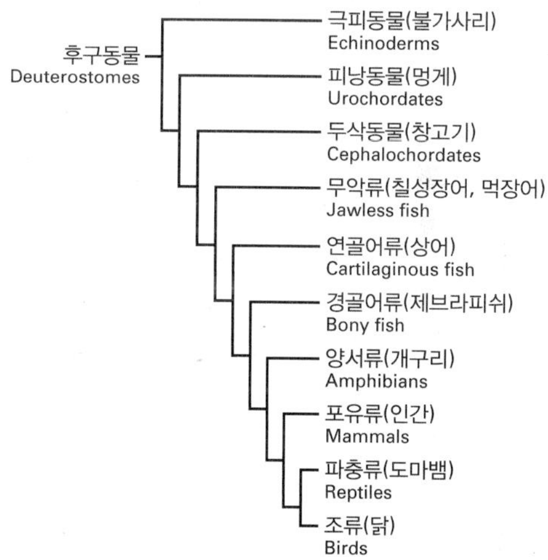

그림 1.4 척추동물의 계통수 그리고 가장 가까운 근연동물. 척추동물과 극피동물을을 포함한 척삭동물은 모두 후구동물이다.

BOX 1.2

3개의 도메인 또는 2개의 도메인?

Woese의 계통수처럼 생명체를 박테리아, 고세균 그리고 진핵생물 3개의 도메인으로 분류하였다(그림 1.2). 게놈 서열과 일부 단백질의 상동성은 최근 발견된 lokiarchaeota가 진핵생물과 공통 조상을 공유할 수 있음을 보여주었다. 즉, 진핵생물은 고세균의 가지에서 분지되었다. 이는 생물이 3개 도메인에 기초한 계통발생이 아닌 2개의 도메인이라는 설명을 도출할 수 있다. 이 가설에 대한 판단은 합의를 도출하지 못하고 있다.

이 논의에 대한 증빙 계통수는 다음의 논문들에 실려져 있다. Zhou, Z., Liu, Y., Li, M. & Gu, J.-D. (2018). Two or three domains: a new view of tree of life in the genomics era, *Applied Microbiology and Biotechnology* **102**, 3049–3058; for a defence of three domains, see: van der Gulik, P.T.S., Hoff, W.D. & Speijer, D. (2017). In defence of the three-domains of life paradigm. *BMC Evol Biol.* **17**, 218.

도그마(원리): 중심원리와 주변원리

DNA는 RNA를 만들고, RNA는 단백질을 만든다
(DNA makes RNA makes protein)

— Francis Crick, 1958

그림 1.5는 분자생물학의 중심원리를 보여준다.

잠재적 발달 및 활동에 대한 목록을 제공하는 각 생명체의 정보 기록물은 유전 물질이다: DNA 또는 일부 바이러스 등에서는 RNA를 유전물질로 가지고 있다. DNA와 RNA 분자는 4글자 알파벳으로 된 문자를 담고 있는 긴 **선형** 사슬 분자이다(Box 1.3 참조). 미생물의 경우에도 문자는 길며, 일반적으로 ~10^6 글자 정도이다. 진핵생물의 세포는 일반적으로 염색체 DNA를 포함한 핵을 가지고 있다. 인간 염색체 DNA는 약 3.2×10^9 bp를 포함하고 있다. 소기관인 미토콘드리아와 엽록체도 DNA를 가지고 있다. 인간의 미토콘드리아 DNA는 보통 16,568 bp이다.

DNA 구조에는 자가 복제 및 단백질의 아미노산 서열을 암호화하는 메커니즘이 내포되어 있다. 정확한 복제를 제공하는 이중나선과 상보성은 상징적일 정도로 잘 알려져 있다(그림 1.6 참조). 거의 완벽한 복제는 유전의 안정성에 필수적이지만, 일부 불완전한 복제 또는 외래 유전 물질의 도입 메커니즘도 필수적이다. 그렇지 않으면, 무성의 생명체에서 진화가 일어날 수 없다.

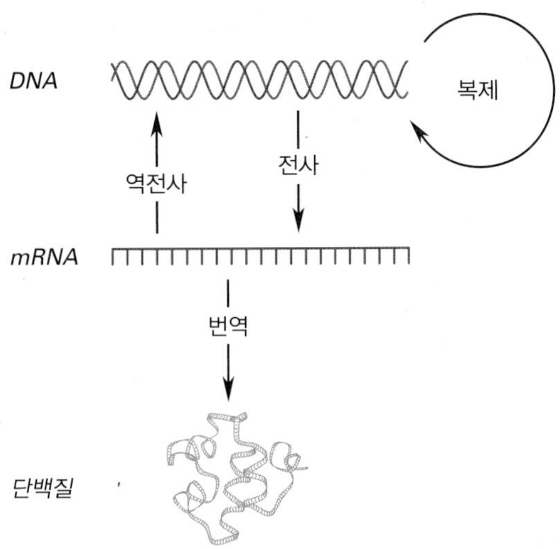

그림 1.5 분자생물학의 중심원리(central dogma): *DNA는 RNA를 만들고 RNA가 단백질을 만든다.*

DNA의 복제는 유전 정보를 보존하고 전달한다. 단백질을 생산하기 위해서는, 먼저 메신저 RNA(mRNA)로 전사한 다음 자연적으로 접히는 단백질의 아미노산 서열로 번역해야 한다. 1958년, Francis Crick은 정보 흐름의 단방향을 강조하면서 이 원리를 발표하였다. 그 이후 우리는 RNA를 DNA로 역전사하여 특정 바이러스 RNA 유전체를 숙주의 DNA에 통합할 수 있다는 것을 알게 되었다.

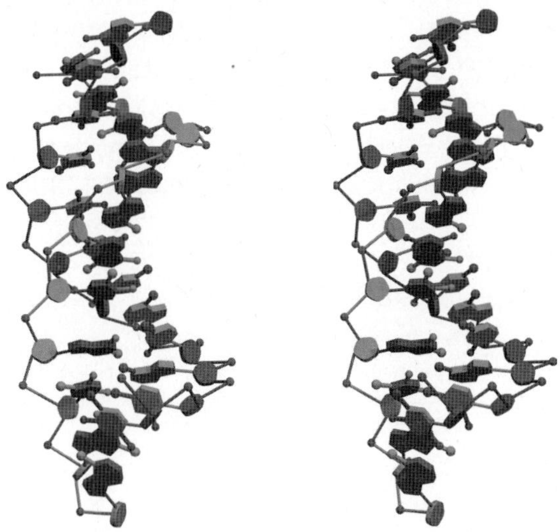

그림 1.6 DNA의 구조. 2개의 나선형 가닥이 구조물의 바깥쪽을 따라서 감긴다. 염기는 내부에 위치하며, 이중나선의 축에 수직 방향 평면으로 계단의 발판 모양처럼 쌓여 있다. 염기는 넓은 홈과 좁은 홈을 통해 볼 수 있으며, 그 결과 단백질과 상호작용할 수 있도록 접근이 가능하다.

DNA의 구조

20세기 초 DNA의 화학적 분석은 염기, 당의 구성 요소와 이들의 연결 특성을 특징지었다. DNA는 당과 인산이 반복되어진 단위를 골격으로 해서, 각 당에 부착된 아데닌(A), 티민(T), 구아닌(G) 및 시토신(C)이 부착되어진 폴리뉴클레오티드의 사슬이다(그림 1.7 참조). 사슬을 따라 염기가 분포한다는 것이 알려지지 않았을 뿐만 아니라, 그 중요성 또한 완전히 알려진 바 없었다.[2] DNA가 어떻게 유전 정보

[2] 물리학자 Erwin Schrödinger가 Max Delbrück의 아이디어를 바탕으로 하여 1944년에 발표한 영향력 있는 저서 '**생명이란?**'에서 언급한 "우리는 유전자 또는 아마도 전체 염색체 섬유가 비주기적 고체라고 믿는다."라고 논평을 한 것 이외에는 언급된 바 없었다. 고체에 대한 언급을 했다고 해서 오해하지 말아야 한다. Schrödinger는 그 스스로 다음과 같은 각주를 포함시켰다. '염색체가 매우 유연하다는 사항에 대해서는 반론이 없다. 그러므로 얇은 구리선과 같다'.

BOX 1.3

핵산과 단백질의 구성 요소

DNA(RNA)에서 자연적으로 발생하는 4가지 뉴클레오티드

a 아데닌	g 구아닌	c 시토신	t 티민	(u 우라실)

단백질에서 자연적으로 발생하는 20가지 아미노산

비극성 아미노산

G 글리신	A 알라닌	P 프롤린	V 발린
I 이소류신	L 류신	F 페닐알라닌	M 메티오닌

극성 아미노산

S 세린	C 시스테인	T 트레오닌	N 아스파라긴
Q 글루타민	Y 티로신	W 트립토판	

전하를 띤 아미노산

D 아스파르트 산	E 글루탐산	K 리신	R 아르기닌
H 히스티딘			

전형적인 생리학적 조건에서는 많은 히스티딘이 전하를 띤다.

아미노산의 다른 분류 또한 유용할 수 있다. 예를 들어, 히스티딘, 페닐알라닌, 티로신 및 트립토판은 방향족이며, 막 단백질에서 특별한 구조적 역할을 하는 것으로 관찰된다.

아미노산 이름은 표에 주어진 한 글자 코드 외에도 종종 세 글자로 축약된다. 예를 들어, Gly은 글리신을 의미한다. 이소류신, 아스파라긴, 글루타민 및 트립토판은 예외이며, 각각 Ile, Asn, Gln, Trp로 약칭된다. 희귀한 아미노산인 셀레노시스테인과 피롤리신은 세 글자 약어인 Sec와 Pyl, 그리고 한 글자 코드인 U와 O를 가지고 있다.

뉴클레오티드는 소문자를 쓰고, 아미노산은 대문자를 쓰는 것이 일반적이다. 따라서 atg는 아데닌-티미-구아닌을 의미하고, ATG는 알라닌-트레오닌-글리신을 의미한다.

를 저장하고 전달하는지 이해하기 위해서는 상세한 3차원 구조가 필요했다.

1950년대에 분자 구조를 결정하기 위해 선택한 방법은 X-선 결정학이었다. 하지만 DNA 분자는 유연하며, 고전적인 결정을 형성하지 않는다. 2차원적 섬유축 주위는 무질서한 또는 결정질로 여겨지는 섬유로 생각되어질 수 있다. 이러한 무질서는 사용가능한 데이터를 매우 빈곤하게 만든다. X-선 회절 패턴을 통해 관찰한 3차원 결정의 구조에서 개별 원자의 위치를 객관적으로 결정할 수 있다. 대조적으로, 섬유의 회절 데이터는 복잡한 퍼즐로 보여진다. 이용가능한 모든 단서에 따라 분자생물학자는 알려진 공유결합 구조 및 X-선 회절 패턴과 일치하는 모델을 구상해야 한다.

DNA 섬유의 X-선 회절 패턴은 런던, 킹스 대학교의 Rosalind Franklin과 Maurice Wilkins를 포함하는 그룹에

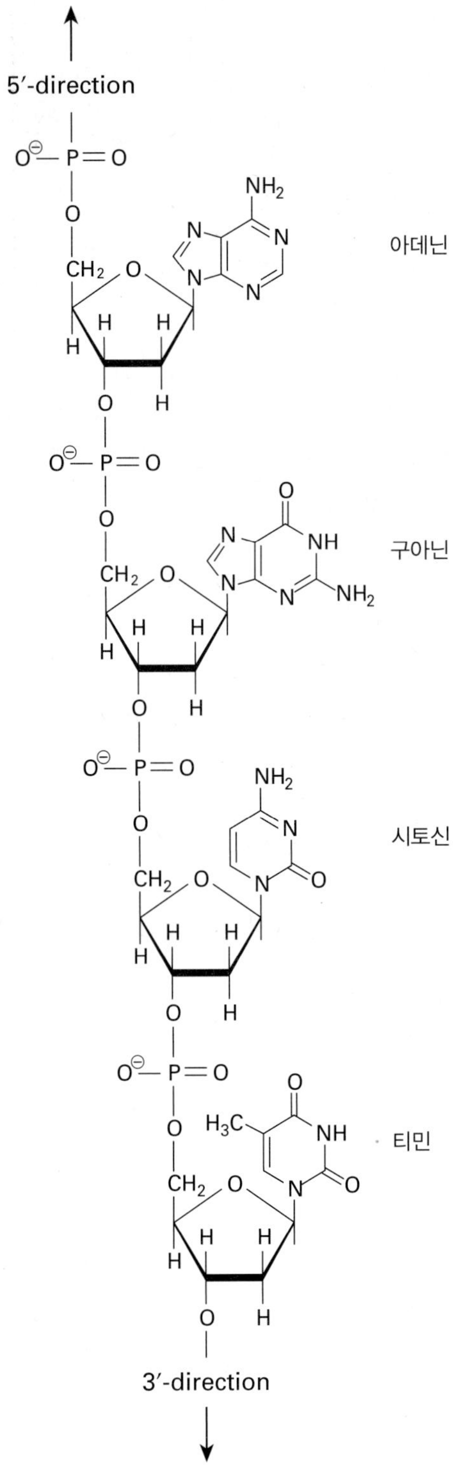

그림 1.7 DNA의 한 가닥의 화학적 구조. 뼈대는 포스포다이에스터 결합에 의해 연결된 2′-디옥시리보스 당으로 구성되어 있다. 화학적 결합 패턴에서 뼈대는 염기와 무관한 규칙적인 반복 구조이다. 각 당에 하나씩 붙어 있는 각 염기는 네 가지 선택 중 하나가 될 수 있다. 염기서열에서 DNA는 논리적으로 네 글자의 알파벳으로 쓰여진 선형 메시지와 동등하다.

의해 측정되었다. 1951년 5월 Wilkins는 나폴리에서 열린 회의에서 이를 발표했다. 청중들 중에 James Watson이라는 박사후 과정 중인 젊은 미국 과학자도 있었다. Watson의 생각은 전환되었다. 그는 X-선 구조 결정에 대한 그의 새로운 관심을 캠브리지 대학교로 가져갔고, 그곳에서 그는 Francis Crick이라는 대학원생을 만나 DNA 구조를 함께 찾았다.

경쟁을 통해 인정받았다. 킹스 대학교의 Franklin 및 Wilkins와 캘리포니아의 Linus Pauling이 Watson과 Crick에 맞서 줄을 섰다. Pauling은 이미 많은 중요한 발견을 한 위험한 경쟁자였다. 그는 앞서 캠브리지 그룹을 제치고 단백질의 나선 구조를 밝혀냈다.

Franklin은 섬유 회절 자료를 계속 개선하여, 1952년 의학연구위원회 보고서에 실린 중요한 사진을 제작하였지만, 이는 Franklin도 모르는 사이에 Watson과 Crick에게 제시되었다. 그 자료는 사슬이 회전당 10개의 잔기(즉, 연속적인 염기 사이에 3.4 Å)를 포함하는 34 Å의 반복 거리를 갖는 나선을 형성함을 시사한다. Franklin이 사망했을 때 남긴 원고에 따르면, 그녀는 구조를 밝혀내는 데 근접하였음을 시사하였지만, Watson과 Crick이 그녀를 앞서서 목표에 도달하였다. Watson과 Crick의 모델에 활기를 불어넣은 것은 AT와 GC 쌍이 호환 가능한 입체화학을 가지고 있다는 인식과 함께 특정 염기쌍의 상보성에 대한 중요한 아이디어였다. 즉, 규칙적인 구조 안에서 상호교환 가능하게 맞을 수 있다(그림 1.8 참조). Watson과 Crick의 논문에 나오는 유명한 문장 '우리가 상정한 특정 쌍이 유전 물질에 대한 가능한 복제 메커니즘을 즉시 암시한다'는 사실을 우리는 바로 알아채지 못했다. 모델을 즉각적이고 완전히 설득력 있게 만든 것은 생물학적 활동에 대한 명확한 구조적 기초였다.

기본 쌍이 인식되면서 퍼즐 조각이 빠르게 맞춰졌다. DNA는 염기 사이의 상보적인 수소 결합에 의해 결합된 가닥과 함께 이중나선을 형성한다. 1953년 2월 28일, Crick은 실험실 근처 캠브리지 중심가의 술집인 이글로 성큼성큼 걸어가서 듣고 있는 모든 사람들에게 그와 Watson이 생명의 비밀을 발견했다고 발표했다(그림 1.6). 4월 25일 네이처 주제로 DNA 구조에 관한 3개의 논문이 실렸는데, 하나는 Watson과 Crick이, 나머지 2개는 킹스 그룹에서 나왔다. 네이처 주제로 구조의 유전적 의미에 대한 Watson과

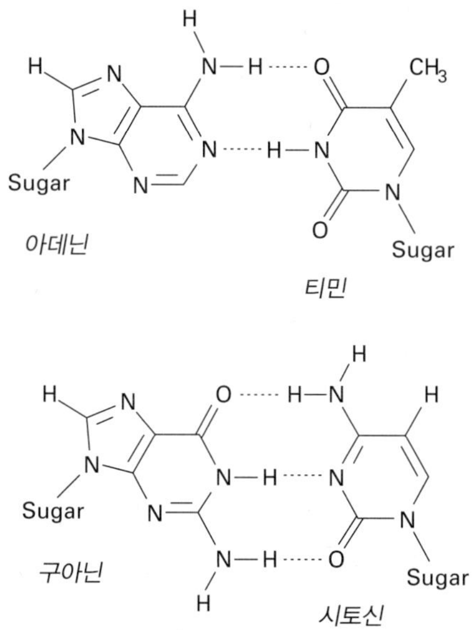

그림 1.8 상보적 염기쌍: 아데닌–티민 및 구아닌–시토신.

Crick의 두 번째 논문이 5월 30일자에 실렸다.[3]

Rosalind Franklin은 1958년에 사망하였다. 노벨상은 생존해 있는 사람에게만 수여되기에, 1962년 생리의학상은 Watson, Crick, Wilkins에게 수여되었다. 이 이야기는 인쇄물, 영화, 심지어 오페라에서도 여러 차례 다뤄졌다. 1968년 Watson의 자서전 *The Double Helix*는 과학사를 이례적으로 감각적으로 다룬 책으로 유명하다. 그것이 이끌어낸 리뷰 모음은 여전히 흥미로운 독서물이다.[4] DNA 구조 발견에 대한 Franklin의 공헌이 과소평가되었고, 특히 이중나선에서 그녀를 전문적으로 그리고 개인적으로 무자비하게 폄하한 Watson에 의해 과소평가되었다는 의견 일치가 있다. 이러한 현상을 바로잡기 위한 수많은 시도 중에서도 Aaron Klug 경의 강의가 가장 권위가 있다.[5]

3 다사다난한 봄이었다. Stalin은 3월 5일에 사망했다. Edmund Hillary와 Tenzing Norgay는 5월 29일 에베레스트 정상에 도달했다. 6월 2일 Elizabeth 2세 여왕이 즉위했다.

4 Stent, G. (ed.) (1980). 이중나선: **텍스트, 논평, 리뷰, 원본 논문**. W.W. Norton, 뉴욕 및 런던.

5 Klug, A. (2003). DNA 이중나선의 발견. **변화하는 과학과 사회**에서. T. Krude (ed.) Cambridge University Press, Cambridge, pp. 5–43.

전사 및 번역

이중나선의 가닥은 역평행이다. 각 가닥을 따른 방향을 3′ 및 5′(데옥시리보스 고리의 위치)라고 한다. DNA를 RNA로 전사하고, messenger RNA(mRNA)를 단백질로 번역할 때 염기서열은 항상 5′ → 3′ 방향으로 읽힌다.

유전 정보의 발생과 개시는 RNA와 단백질의 합성을 통해서 발생한다.

센트럴 도그마('DNA는 RNA를 만들고, RNA는 단백질을 만든다')에서 말하는 RNA는 messenger RNA이다. mRNA는 단백질을 암호화하는 유전자에서 복제되며, 진핵생물에서는 비암호화 인트론을 제거하기 위해 스플라이싱이 필요할 수 있다. 가변적인 스플라이싱은 엑손의 다른 선택에 의해 동일한 유전자에서 여러 다른 단백질의 생산으로 이어질 수 있다.

현재는 RNA 세계가 구조와 기능이 매우 다양하다는 것이 인식되고 있다. 리보자임은 효소 활성을 가진 RNA 분자이다. 대부분은 RNA의 절단 및/또는 연결을 촉매한다. 리보솜 자체는 놀라운 예외이다. 리보솜은 RNA 단백질 복합체이지만, 리보솜의 촉매 활성 mRNA는 RNA의 폴리펩티드 사슬 합성 잔기에 직행한다. small interfering RNA(siRNA), microRNA(miRNA) 및 piwi-interacting RNA(piRNA)와 같은 다른 유형의 RNA는 번역을 제어하는 기능을 한다.

단백질의 구조

단백질은 유기체의 구조와 생화학적 활동의 대부분을 담당한다. (한 동료가 '유전자는 금성에서, 단백질은 화성에서'라는 기조강연을 한 적이 있다.) 우리의 머리카락, 근육 섬유 , 소화 효소 및 항체는 모두 단백질이다.

핵산과 마찬가지로, 단백질은 긴 선형 사슬 분자이다. 유전적 '암호'는 사실 암호이다. DNA 서열에서 문자의 연속적인 3쌍은 특정한 연속적인 아미노산을 지정한다(Box 1.4 참조). DNA 서열의 긴 구간은 단백질의 아미노산 서열을 암호화한다. 대안적인 유전자 암호는 소기관 엽록체와 미토콘드리아에 나타나며, 일부 종에서는 산발적으로 나타난다.

일반적으로, 단백질은 200~400개의 아미노산 길이를 가지는데, 이를 특정하기 위해서는 600~1,200개의 발현된 DNA 메시지가 필요하다. DNA 서열은 또한 일례로서 리

BOX 1.4 표준 유전 암호

ttt	Phe	tct	Ser	tat	Tyr	tgt	Cys
ttc	Phe	tcc	Ser	tac	Tyr	tgc	Cys
tta	Leu	tca	Ser	taa	STOP	tga	STOP
ttg	Leu	tcg	Ser	tag	STOP	tgg	Trp
ctt	Leu	cct	Pro	cat	His	cgt	Arg
ctc	Leu	ccc	Pro	cac	His	cgc	Arg
cta	Leu	cca	Pro	caa	Gln	cga	Arg
ctg	Leu	ccg	Pro	cag	Gln	cgg	Arg
att	Ile	act	Thr	aat	Asn	agt	Ser
atc	Ile	acc	Thr	aac	Asn	agc	Ser
ata	Ile	aca	Thr	aaa	Lys	aga	Arg
atg	Met	acg	Thr	aag	Lys	agg	Arg
gtt	Val	gct	Ala	gat	Asp	ggt	Gly
gtc	Val	gcc	Ala	gac	Asp	ggc	Gly
gta	Val	gca	Ala	gaa	Glu	gga	Gly
gtg	Val	gcg	Ala	gag	Glu	ggg	Gly

보솜의 RNA 구성성분과 같은 RNA 분자의 합성을 지시한다. 그러나 모든 DNA가 단백질이나 구조적 RNA로 발현되는 것은 아니다. 고등 유기체에 있는 대부분의 유전자는 내부의 번역되지 않은 영역 또는 인트론을 포함한다. DNA 서열의 일부 영역은 조절 메커니즘에 사용되며 고등 유기체 게놈의 상당 부분은 '쓰레기'라고 불린다. 이는 우리가 아직 그 기능을 이해하지 못한다는 의미일 수 있다. 아마도 놀라운 관찰은 인간 게놈의 많은 부분이 알려진 기능이 없더라도 전사적으로 불활성이 아니라는 것이다.

DNA에서 알파벳을 구성하는 분자는 화학적으로 유사하고, DNA의 구조는 어림잡아 말해서 균일하다(일부 DNA−단백질 상호작용이 DNA 구조를 왜곡하지만). 대조적으로 단백질 및 RNA 구조는 3차원 구조에서 매우 다양함을 보여준다. 이들은 매우 다양한 구조적 및 기능적 역할을 지원하는 데 필요하다.

개별 원자의 좌표인 원자 분해능에서 단백질 구조를 결정함으로써, 단백질 구조, 기능 및 진화에 대한 상세한 분석의 시대를 열었다(Box 1.5 참조).

세균의 포스포프룩토키나제의 구조

포스포프룩토키나제는 해당 과정의 3번째 반응을 촉매하는 다량체 효소이다.

$$\text{과당-6-인산} + \text{ATP} \rightleftharpoons \text{과당-1, 6-이중인산과당} + \text{ADP}$$

그림 1.10은 *Bacillus stearothermophilus*의 기질 과당-6-인산(F6P)과 ATP의 결합시키는 포스포프룩토키나제의 구조를 보여준다. 리간드는 '활성 부위'라는 틈을 사용한다. (효소와 리간드 사이의 상보적 구조는 친화도와 특이성을 설명하며, Fischer의 고전적인 '자물쇠와 열쇠' 모델을 보여준다.) 더욱이 효소는 2개의 리간드를 근접하게 유지하고 인산기의 전달을 위한 올바른 방향으로 유지한다. 과당-6-인산과 ATP가 용액에서 자유로이 회전하면서 무작위로 충돌하여 반응을 위한 올바른 방향을 이루는 것은 가능성이 매우 낮다. 활성 부위의 아스파르트산 잔기는 과당-6-인산의 탄소-1에 있는 수산기로부터 양성자 수용체 역할을 하여 ATP의 말단 인산염에 대한 친핵성 공격을 촉진한다.

이 단백질은 또한 알로스테릭 반응기인 ADP에 결합한다. ADP의 결합자리는 촉매 부위에서 멀리 떨어져 있다. 결합 반응기는 단백질 활동을 조절한다. ATP 대 ADP의 높은 비율은 PFK를 억제하여 해당 작용을 통한 수송을 줄인다.

단백질의 아미노산 서열은 단백질의 3차원 구조를 결정한다

대부분 자연의 아미노산 서열에는 적절한 조건하에서 자연스럽게 취하는 독특하고 안정적인 **타고난 상태**가 있다(Box 1.6 참조). 정제된 단백질을 가열하거나 정상적인 생리학적 환경에서 멀리 떨어진 조건에 놓이면 무질서하고 생물학적으로 비활성 구조로 '비접힘'된다. (이것이 우리 몸이 거의 일정한 내부 조건을 유지하는 메커니즘을 포함하는 이유이다.) 정상적인 조건이 복원되면, 단백질 분자는 일반적으로 원래 상태와 구별할 수 없는 기본 구조를 다시 취한다. 그러나 중요한 예외가 있다. 불용성 응집체의 형성으로 이어지는 비가역적 변성은 우리가 계란을 완숙할 때 가장 친숙하다. 이러한 응집체는 알츠하이머병 및 소 해면상 뇌병증(소위 '광우병' 등)을 비롯한 다양한 질병과 관련 있다.

BOX 1.5 단백질 및 핵산 구조의 실험적 결정 방법

(a) **X-선 결정학**에 의한 분자 구조의 결정은 100년 이상 된 것이다. John Kendrew와 Max Perutz는 60년 전 미오글로빈과 헤모글로빈의 구조를 해결하면서 처음으로 단백질에 성공적으로 확장시켰다. 이 기술은 그 이후 번창해 왔다: 전세계 단백질 데이터뱅크의 항목 90%는 X-선 구조 측정 결과이다.

(b) K. Wüthrich와 R. Ernst는 1980년대에 **핵자기공명 분광법**을 단백질 구조 측정에 적용했다. NMR은 결정학의 대안으로 부상했다. 그것은 단백질 역학에 대한 보완적인 정보를 제공한다.

(c) 최근의 획기적인 발전에서, **극저온전자현미경**은 원자 해상도를 달성했다(그림 1.9 참조). X-선 결정학에서 요구하는 샘플의 결정화가 필요하지 않으며, NMR에서 요구하는 크기 제한도 없다. 많은 기관들이 필요한 장비와 소프트웨어를 갖추기 위해 움직이고 있다.

컴퓨터 사용은 세 가지 방법 모두에서 필수적인 구성 요소이다. X-선 결정학 및 NMR의 경우 측정값에 맞는 모델을 결정하기 위한 프로그램이 필요하다. 저온-전자현미경에서, 데이터는 서로 다른 방향으로 분자의 많은 수의 이미지를 보여준다. 영상의 방향을 계산적으로 할당하면 고유한 3차원 구조를 재구성할 수 있다.

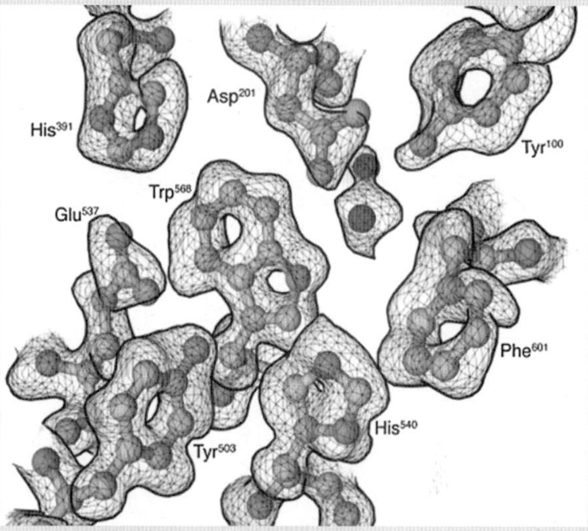

그림 1.9 저온-전자현미경법에 의해 결정된, β-갈락토시다아제내의 선택된 활성 부위 잔기에 대한 밀도 맵 및 원자 모델.

Reprinted from *Structure*, Vol.26. Bartesaghi, A., Aguerrebere, C., Falconieri, V., Banerjee, S., Earl, L.A., Grigorieff, N., Milne, J.L.S., Sapiro, G., Wu, X., Subramaniam, S. (2018). Atomic resolution Cryo-EM structure of β-galactosidase. *Structure* **26**, 848–856. (Copyright 2018, with permission from Elsevier.)

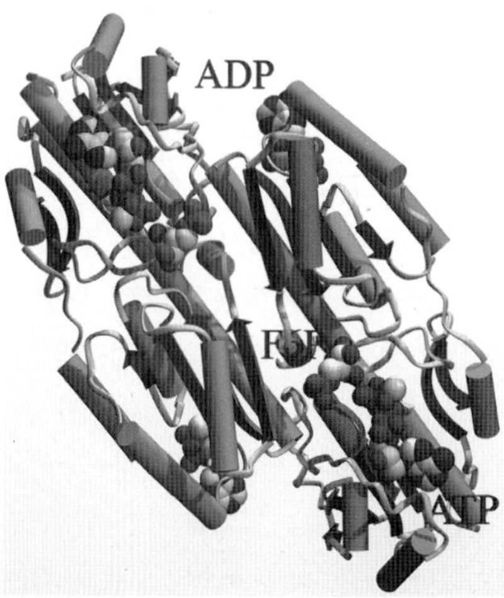

그림 1.10 바실러스 스테아로모필러스의 포스포프럭터 키나아제, 결합 기질 과당-6-인산(F6P), 보조 인자 ATP 및 알로스테릭 작동자 ADP. 효소가 기질과 보조 인자를 정확한 상대 기하학적 구조로 유지하여 효과적인 인산염 전달을 가능하게 한다. ADP는 효소의 활성을 조절하기 위해 작용한다. 활성 부위 자체에서 멀리 떨어진 위치에서 결합한다는 점에 주목하자.

완전한 분자는 사중합체이며, 그중 단 2개의 소단위만이 보여진다. 포유류에서 상동효소는 팔중합체이다.

BOX 1.6

1차원에서 3차원으로

자연이 유전자와 단백질 서열의 1차원 세계에서 우리가 살고 있는 3차원 세계로 거대한 도약을 이루는 지점은 단백질이 자생적 상태를 형성하기 위해 자연히 접히는 것이다. 역설이 있다; DNA 서열을 아미노산 서열로 번역하는 것은 논리적으로 설명하기에 매우 간단하다; 유전자 코드에 의해 지정된다. 폴리펩티드 사슬을 정확한 3차원 구조로 접는 것은 논리적으로 설명하기 매우 어렵다. 그러나 번역은 리보솜, tRNA 및 관련 분자의 매우 복잡한 기계를 필요로 하지만, 단백질 접힘은 자발적으로 발생한다(그림 1.11 참조).

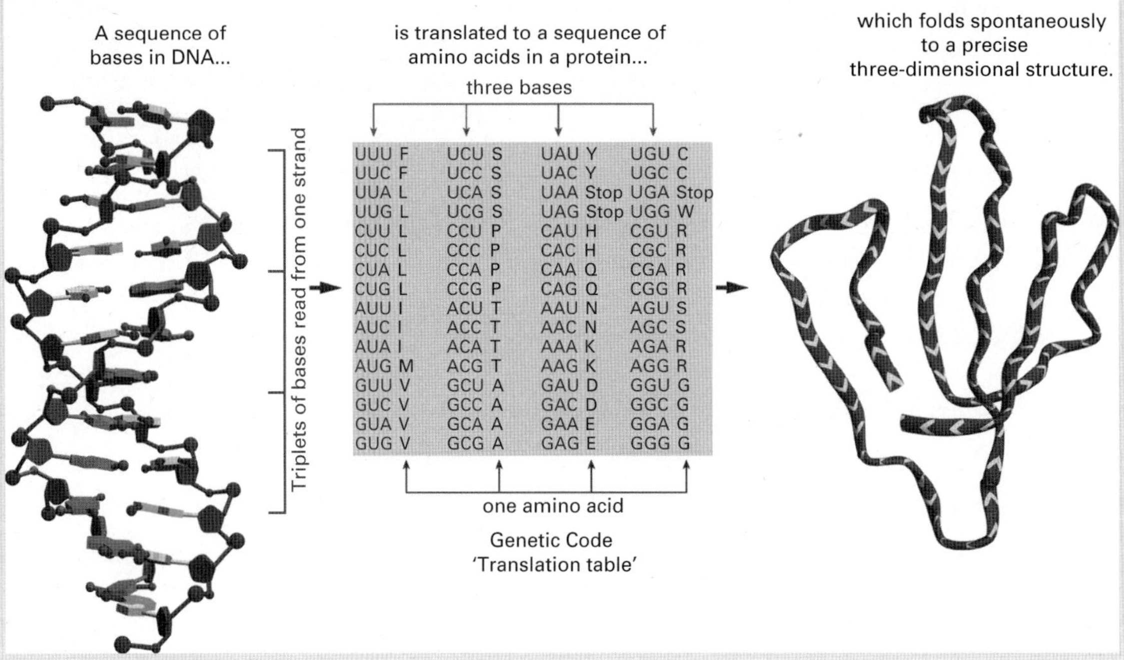

그림 1.11 '가장 기발한 역설': DNA 서열을 아미노산 서열로 번역하는 것은 논리적으로 설명하기에 매우 간단하다; 유전자 코드에 의해 지정된다. 폴리펩티드 사슬을 정확한 3차원 구조로 접는 것은 논리적으로 설명하기 매우 어렵다. 그러나 번역에는 리보솜, tRNA 및 관련 분자의 매우 복잡한 기계가 필요하지만 단백질 접힘은 자발적으로 발생한다.

대부분의 경우, 자연 상태는 전체 폴리펩티드 사슬의 고유한 형태를 보여준다. 헤모글로빈과 같은 일부 경우에는 두 가지 구조가 가능하다. 결합된 산소가 없는 구조는 산소가 결합된 구조와 다르다. 데옥시- 및 옥시-헤모글로빈 구조는 둘 다 조밀하고 상대적으로 단단하다. 그러나 많은 단백질의 경우에는 단백질의 특정 영역에서 무질서가 나타난다. 때때로 단백질의 자유 상태에서 무질서한 영역은 결합 리간드에 고정된 형태를 취한다.

단백질의 기능은 고유의 3차원 구조를 취하는 것에 달려 있다. 예를 들어, 효소의 고유 구조는 포스포프럭토키나아제의 경우처럼 작은 분자를 결합하고 촉매 잔류물에 병치하는 표면에 빈 부분을 가질 수 있다. 많은 조절 메커니즘은 단백질이 다른 단백질이나 DNA에 결합하는 것에 의존한다. 따라서 다음과 같은 예시가 있다.

- DNA 서열은 단백질 서열을 결정한다;
- 단백질 서열은 단백질 구조를 결정한다;
- 단백질 구조는 단백질 기능을 결정한다;
- 규제 메커니즘(발현 패턴 제어를 포함하지만 이에 국한되지 않음)은 적시적소에 적량의 기능을 제공한다.

생물정보학의 조직화된 활동의 대부분은 이러한 과정과 관련된 데이터 분석에 중점을 두었다.

게놈에 대한 단백질 구조 지정

게놈 서열은 잠재적인 생명에 대한 완전한 표현이다. 유전자 산물의 구조 배치는 유기체가 게놈 정보를 구현하는 방법을 이해하는 첫 번째 단계이다.

우리는 게놈에 암호화된 분자의 구조, 개별 활동 및 상호작용, 유기체의 수명 동안 시공간에서 이러한 활동 및 상호작용의 구성을 이해하고자 한다. 우리는 한 개인의 게놈에 암호화된 분자 간의 관계와 다른 암호화된 분자 및 다른 종의 분자와의 관계를 이해하고자 한다.

개개의 단백질의 경우 구조를 아는 것이 기능과 상호작용의 메커니즘을 이해하는 데 필수적이다. 전체 유기체의 경우, 구조를 아는 것은 가능한 단백질 접힘의 목록이 어떻게 호출되는지, 그리고 그것이 다른 종의 다른 기능적 범주에 어떻게 분포되어 있는지 알려준다. 종간 비교의 경우, 단백질 구조는 고도로 분기된 서열에서 보이지 않는 관계를 드러낼 수 있다.

구조와 기능의 부여에는 여러 가지 방법이 적용되었다.

- **실험적 구조 결정**: 가장 좋은 방법!
- **서열에서 상동성 검출**: 정교한 서열 비교 방법은 유기체 내에서 그리고 종들 사이에서 단백질 간의 관계를 발견할 수 있다. 동족체의 구조가 실험적으로 알려진 경우, 단백질은 적어도 일반적인 접힘 패턴을 공유할 가능성이 있다.
- **컴퓨터 구조 예측**: 아미노산 서열에서 단백질 구조를 예측하는 알고리즘이 견고하고 신뢰할 수 있게 되었다.
- **서열의 유사성 또는 구조의 유사성으로부터 기능을 추론하는 것은 그다지 신뢰할 수 없다.** 특히 영향을 받은 특정 잔기가 촉매 메커니즘에 기여하는 경우에서는 전체 구조에 작은 변화만 일으키는 서열의 사소한 변화도 기능을 변경할 수 있다.

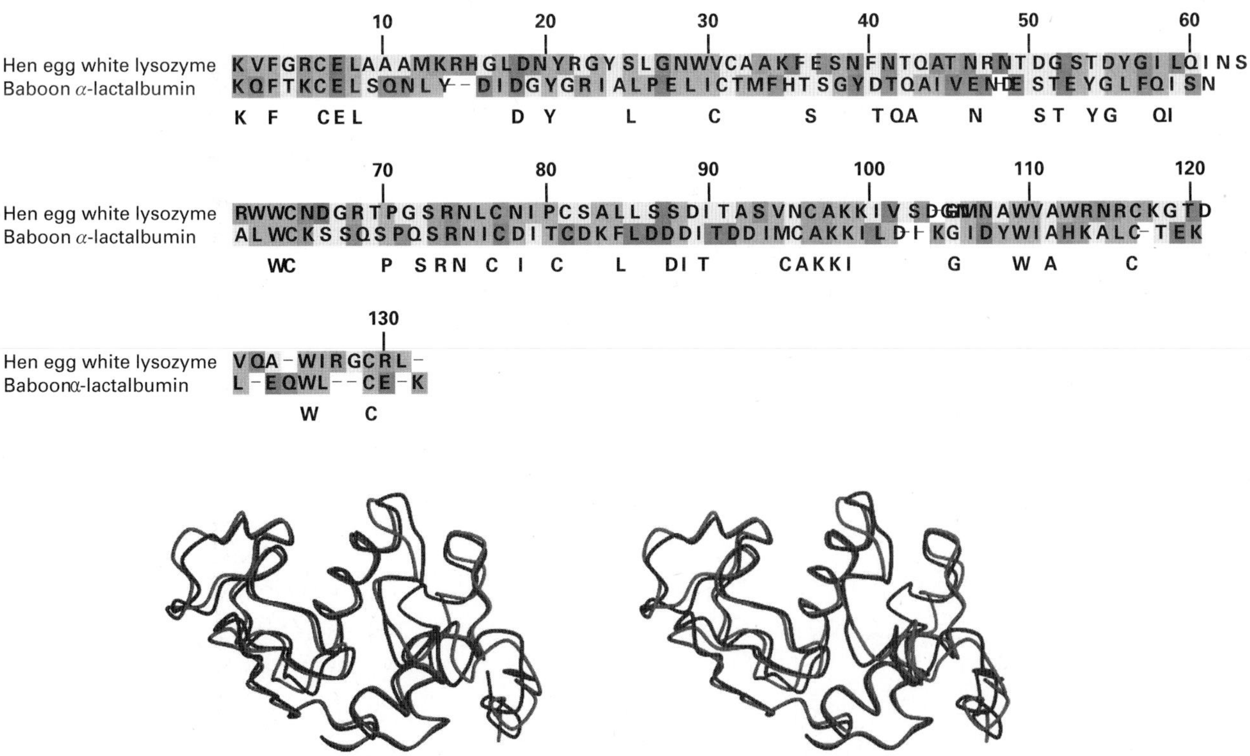

그림 1.12 계란 흰자 리소자임 및 개코원숭이 α-락탈부민의 서열 정렬. (b) 계란 흰자 리소자임 및 개코원숭이 α-락탈부민의 구조 중첩.

단백질군

단백질 진화의 한 메커니즘은 개별 부위에서의 일련의 돌연변이이다. 많은 경우에서, 몇 가지 아미노산만 바꾸면 교란되지만 구조가 파괴되지는 않는다. 한 종 내에서, 유전자 복제 후 또는 다른 종 사이에서 이러한 분기는 관련 단백질 계통을 생성한다. 그림 1.12는 계란 리소자임과 개코원숭이 α-락트알부민 같은 관련 단백질의 정렬된 서열과 중첩된 구조를 보여준다. 정렬된 서열에서 오직 37%의 동일한 잔기에도 불구하고 구조는 매우 유사하다. 반대로 기능은 보존되지 않는다. 리소자임은 박테리아 세포벽에서 다당류를 가수분해한다. α-락트알부민은 유당 합성 효소의 조절 소단위이며 우유에서 유당 합성을 조절한다.

시퀀스의 정렬과 구조의 중첩은 생물정보학의 기본 작업이다.

정적 및 역학

세포의 게놈 서열과 여기에 포함된 RNA와 단백질의 레퍼토리는 세포가 무엇이 **될 수 있고**, 무엇을 **할 수 있는지**를 시사한다. 그러나 세포는 선택을 한다. 조밀하고 논리적으로 통합된 제어 메커니즘 네트워크는 세포 전사 및 대사 활동의 동적 상태를 통제한다(10장 참조).

세포와 유기체의 분자생물학의 역학에는 분자 수준보다 높은 구조 및 조직 수준이 포함된다. 예를 들면, 발생 과정에서 조직이 어떻게 분화되는지 또는 더 일반적으로 환경 영향이 유전적 사건을 어떻게 통제하는지와 같은 질문이다. 간단한 피드백 루프의 일부 경우에는 분자 수준에서 반응물의 양을 늘리는 것이 변환을 촉매하는 효소의 생산을 증가시키는 방법을 이해한다. *Escherichia coli*의 *lac* 오페론이 그 예이다.

공급된 영양소를 포도당에서 유당으로 변경하면 유당 대사 유전자의 발현이 유발된다. 더 복잡한 것은 유기체의 일생 동안 펼쳐지는 발달 프로그램이다. 궁극적으로, 신경계의 구조와 역학의 변화에 반영되어야 하는 학습은 실제로 발달 과정이다. 유기체의 정보 흐름과 제어에 관한 이러한 매혹적인 문제는 이제 주류 생물정보학의 범위에 들어왔다. 예를 들어, 최근 꿀벌의 경우 DNA 메틸화 패턴, 즉 후생유전학적 신호가 행동 패턴을 가역적으로 제어한다는 사실이 보고되었다. 암은 세포의 발현 패턴 재프로그래밍을 포함한다.

많은 새로운 데이터 흐름은 분자생물학의 동적 측면에 대한 실험을 반영한다. 여기에는 다음과 같은 새로운 기술이 포함된다.

- 전사체, 공간적 및 시간적 변이를 측정하기 위한 세포의 RNA을 함량한 서열 분석;
- DNA 메틸화 패턴 결정;
- 스플라이스 변이체 및 단백질의 번역 후 변형 식별;
- 파트너 식별:
    - 단백질–단백질 상호작용,
    - 전사 조절에서의 DNA–단백질 상호작용: 단백질과 DNA의 표적 영역과 이에 결합하는 단백질과 DNA 둘 다;
- 개별 규제 단계를 네트워크로 통합.

시스템 생물학

시스템 생물학의 표어는 통합이다. 통합에는 두 가지 측면이 있다. 하나는 **세포 또는 유기체 내의 패턴**에 대한 연구이다: 단백질–단백질 및 단백질–핵산 상호작용의 패턴, 대사경로 및 제어 캐스케이드의 패턴, 단백질 발현의 패턴. 패턴에는 정적 및 동적 측면이 모두 있다. 서로 결합하는 단백질 쌍을 식별하고 쌍별 상호작용을 네트워크로 조립하면 정적 패턴이 생성된다. 효소 네트워크를 통한 대사산물의 흐름 또는 제어 캐스케이드를 통한 정보의 흐름은 동적 패턴이다.

통합의 다른 측면은 **다른 종에 걸쳐** 유전자와 단백질의 발생, 활동 및 상호작용을 비교하는 것이다. 비교 접근법이 생물학에서 그토록 강력한 이유는 우리가 이해하려는 시스템이 진화 과정을 통해 생겨났기 때문이다. 서로 다른 종들이 서로를 밝힌다. 인간이 된다는 것이 무엇을 의미하는지 이해하기 위해 우리는 다른 종과 공통점이 무엇인지, 그리고 우리가 어떻게 다른지를 인식해야 한다.

유전체학 및 단백질체학의 고처리량 방법은 서열, 발현 패턴, 물리적 및 규제 상호작용에 대한 데이터를 제공한다. 대형 크기의 게놈 서열로부터 우리는 상당 부분 유기체의 단백질 보충물의 아미노산 서열을 추론할 수 있다. 단백질체학은 유기체 내에서 이러한 단백질의 발현 패턴이 어떻게 다른지, 발달 중 또는 조건 변화에 대한 반응에 따라 어떻게 변하고 어떻게 서로 협력하는지 알려준다. 시스템 생물학은 이러한 데이터를 공간과 시간 모두에서 확장되는 직소 퍼즐의 조각으로 받아들인다. 살아 있는 세포라는 복잡하고 섬세한 도구를 이해하려면 조각을 틀에 맞춰야 한다.

네트워크

생물학에서 중요한 것은 살아 있는 시스템의 구성 요소가 상호작용하는 방식이다. 모든 분자에는 서로 다른 방식으로 상호작용하는 여러 파트너가 있을 수 있다. 서로 다른 분자의 상호작용 세트는 네트워크를 형성한다.

네트워크는 상호작용하는 독립체들에 해당하는 노드; 노드 쌍 간의 상호작용을 나타내는 가장자리를 포함하는 수학적 구조인 **그래프**로 나타낼 수 있다. 런던 지하철은 네트워크이다. 표준 튜브 지도에서 역은 노드이고, 가장자리는 하나 이상의 라인에서 인접한 정류장인 역을 연결한다. 화학 구조는 원자가 노드이고, 가장자리가 서로 결합된 원자 쌍을 연결하는 그래프로 나타낼 수 있는 네트워크이다. 대사경로는 네트워크를 형성한다. 한 가지 가능한 표현에서 대사산물은 노드이고, 가장자리는 단일 반응의 기질 및 생성물인 분자 쌍을 연결한다. (대사경로 네트워크를 효소가 노드인 그래프로 나타낼 수 있는가? 가장자리는 무엇인가?) 물론 World Wide Web은 네트워크이다. 개별 웹 페이지는 노드이고, 링크(포함된 URL)는 가장자리를 정의한다.

세포에는 유전자, 단백질 및 대사산물의 네트워크가 있다. 실제로 동일한 분자 세트가 서로 **다른** 유형의 상호작용 또는 관계에 의해 연결되어 서로 **다른** 네트워크를 형성할 수 있다(아래 표 참조). 일부 네트워크에는 물리적 상호작용이 포함된다. 일부는 조절 네트워크와 같이 세포에서 활성화되는 논리적 관계이다. 다른 것들은 데이터베이스 내 정보의 상관관계로만 발생한다.

네트워크	네트워크 구성 요소	구성 요소 간 연결
유전체	유전자	Homology 상동 관계 Linkage 결합 공유 표현 패턴
단백질	단백질	Homology 상동 관계 조절 관계 공유 표현 패턴 물리적 복합체 형성
대사산물	화합물	효소 반응의 기질 및 생성물 구조의 유사성 반응성의 유사성

세포 내에서도 단백질–단백질과 단백질–핵산 복합체의 **물리적** 네트워크와 제어 캐스케이드의 **논리적** 네트워크라는 두 가지 유형의 상호작용 네트워크가 작동한다. 물리적 및 논리적 네트워크는 병렬로 작동한다. 상호작용은 물리적이거나 논리적일 수 있으며, 둘 다인 경우가 많다. 리보솜과 같은 거대분자 복합체는 어셈블리에서 **물리적** 접촉을 통해 상호작용하는 단백질과 RNA의 네트워크이다. 전사 조절 네트워크는 특정 DNA-결합 단백질의 합성을 통해 발현 패턴을 **논리적**으로 제어하는 유전자 네트워크이다. DNA에 결합하여 작용하는 전사 인자는 발현을 제어하는 단백질과 물리적으로 절대 상호작용하지 않을 수 있다. 대사경로에는 유사한 이중성이 있다. 전부는 아니지만 많은 대사경로가 물리적 단백질–단백질 상호작용에 의해 매개되고 논리적 상호작용에 의해 조절된다.

특정 콤플렉스가 물리적 및 논리적 네트워크 모두에 참여할 수 있지만, 이 둘은 조직 및 생물학적 기능 측면에서 구별되며, **특히** 중복되는 경우에도 둘 사이의 구별을 염두에 두는 것이 유용한다.

인간 게놈

생물학적 데이터 생산의 질과 양의 혁명의 최전선에는 인간 게놈이 있다.

우리 각자는 염색체에 약 3.2×10^9 염기쌍, 각 미토콘드리아에 16,568 염기쌍의 DNA 서열을 포함한다. 이제 모든 개인의 완전한 DNA 서열을 쉽게 결정할 수 있다. 실제로 인간 게놈 서열 분석이 널리 보급되고 있다. 500,000개의 인간 게놈 서열 분석이 밝혀진 것으로 추정된다. 질병 위험 정보, 개인 식별 또는 계보를 위해 선택한 지역의 서열 분석이 훨씬 더 널리 퍼져 있다. 영국 정부의 NDNAD(National DNA Database)에는 500만 명이 넘는 사람들의 프로필이 포함되어 있다. 여러 국가의 프로젝트는 대규모 게놈 서열 분석을 목표로 한다. 가까운 장래에 포괄적인 인간 게놈 서열 분석으로 추정하는 것은 불합리하지 않다.

이 데이터는 근본적인 인간 생물학과 임상 적용에 영향을 미친다. 게놈의 상대적으로 작은 부분인 약 ~1%는 항체를 제외한 약 23,000개의 단백질을 암호화한다(Box 1.7 참조). (우리의 면역체계는 변이를 생성하는 자체 메커니즘을 가지고 있어 ~10^{10}–10^{12}개의 항체를 생성한다.) 게놈의 다른 영역은 비메신저 RNA를 암호화하거나 발현 조절에 관여한다. 현재의 과제는 가능한 한 많은 지역의 기능을 식별하는 것이다.

게다가, 우리 몸에 있는 인간 세포의 DNA 외에도 마이크로바이옴의 DNA가 있다. 우리 몸이 미생물의 숙주라는 것은 오랫동안 이어진 상식이었다. 최근 알려진 것은 동료 미생물의 범위와 분포에 대한 더 나은 정의와 건강과 질병에 있어서 개인 마이크로바이옴의 역할에 대한 인식이다. 미생물은 우리 몸과 우리 안에 있다. 인간 마이크로바이옴에는 박테리아, 고세균, 바이러스 및 곰팡이가 포함되어 있

BOX 1.7

인간의 '평균' 단백질 암호화 유전자는 어떻게 생겼을까?

인간의 단백질을 암호화하는 유전자는 평균 27,000개의 염기쌍을 가지고 있다. 대부분은 교대 엑손과 인트론으로 나뉜다; 평균 8.8 엑손으로, 각각의 평균 크기는 145개의 기본 쌍이다. (단백질의 일반적인 도메인이 ~100개의 아미노산을 포함하고 있다면, 이것은 평균적인 엑손이 평균적인 전체 단백질 도메인을 암호화하지 않는 것을 의미한다.) 평균 인트론 길이는 3,365 염기쌍으로 훨씬 더 길다. 일반적으로 평균 770개의 염기쌍인 5′-번역되지 않은 영역이 있고, 평균 300개의 염기쌍인 3′-번역되지 않은 영역이 있다.

성숙한 메신저 RNA는 평균 1,340개의 염기쌍의 암호화 서열(전체 유전자 길이의 약 5%)과 3′ 및 5′ 번역되지 않은 영역을 포함한다. 물론 이것들은 단지 평균적인 숫자일 뿐이다. 가변성은 매우 넓다. 인간 1번 염색체의 경우:

유전자 수	평균 길이		표준 편차	
	엑손	인트론	엑손	인트론
2514	167	4737	229	14268

인간 유전체에서 가장 긴 단백질 암호화 유전자는 *RBFOX1*이며, 총 2.47×10^6개 염기쌍에 걸쳐 있다. 그것은 RNA 결합 단백질인 fox-1 homolog 1을 암호화하는데, 이것은 가변적인 스플라이싱을 조절한다. 티틴은 가장 긴 암호화 서열을 가지고 있고, 114,414개의 염기쌍을 가지고 있으며, 가장 많은 수의 엑손 363개를 가지고 있고, 가장 긴 단일 엑손 17,106개의 염기쌍을 가지고 있다. 티틴의 형태는 약 30,000개의 아미노산이다.

티틴은 근육 섬유의 탄력성과 관련된 스프링으로서 기능한다. 전사 후 나타나는 가변성의 근원은 대부분의 초기 메신저 RNA 전사가 한 가지 이상의 방식으로 연결될 수 있다는 것이다. 즉, 선택된 엑손의 하위 집합만 유지하는 것이다. 인간 단백질 암호화 유전자의 ~90%가 가변 스플라이싱을 보이는 것으로 추정된다.

어떤 경우에는 RNA 서열의 개별 염기가 전사와 번역 사이에서 '편집'된다. 예를 들어, 와인 포도(*Vinus vinifera*)에서, 모든 미토콘드리아 단백질-암호화 유전자로부터 발생하는 mRNA는 다수의 C→U 편집 이벤트의 대상이 되며, 대부분은 암호화된 아미노산을 변경한다. 인간의 경우, 핵 단백질 암호화 유전자는 아데닌을 이노신으로 바꾸는 편집의 대상이 된다(이노신은 구아닌의 암호화 특성을 가지고 있다). 편집과 그에 따른 최종 아미노산 서열은 조직에 따라 달라질 수 있다.

다. 일반적인 사람이 '수축 포장'된 경우 동봉된 부피에 대략 동일한 수의 인간 세포와 박테리아 세포가 포함될 것이라는 유전자 평균 길이 표준 편차의 추정치이다.

실제로, 마이크로바이옴은 질병을 일으키기보다는 종종 유용한 기능을 제공하는 우리 몸의 필수적인 부분이다. 마이크로바이옴은 '대화방'에 비유된다. 미생물과 숙주 사이의 상호작용에는 숙주 유전자 발현 패턴의 조절과 면역체계 형성에 중요한 역할이 포함된다.

현대 기술은 마이크로바이옴을 생태학의 문제로 취급하고, 군유전체학 방법을 적용함으로써 마이크로바이옴을 더 잘 정의한다.

인간 게놈 서열의 변이

인간 내부 및 인간 사이에 얼마나 많은 서열 변이가 있는가?

단일 개인 내에서, 대부분 세포의 DNA 서열은 거의 동일하다. 예외는 다음과 같다.

- 정자와 난자 세포는 반수체 핵형을 포함하며, DNA는 감수분열 시 염색체 선택에 따라 다르다.
- 적혈구와 같은 일부 세포는 포유류에서 핵을 제거하고 (몇몇 먼 관련 종에서 산발적으로) 미토콘드리아를 포함하지 않는다. 그들은 DNA가 전혀 없다.
- 일부 세포에는 많은 핵이 포함되어 있다. 여기에는 간과 근육의 건강한 세포와 종양 세포 또는 바이러스에 감염된 세포가 포함된다. 그들은 게놈의 여러 사본을 가지고 있지만 반드시 사본 간의 서열 차이는 아니다.
- 나이가 들면, 텔로미어가 짧아진다. 게다가 소량의 돌연변이가 모든 조직에서 산발적으로 발생한다.
- 종양 세포는 동일한 환자의 건강한 세포에 비해 돌연변이를 가질 수 있다. 암 유전체학—건강한 환자의 게놈 서열과 동일한 환자의 종양 세포의 게놈 서열을 비교하는 것—은 중요한 일이다.
- 면역체계는 항체를 암호화하는 영역에서 다양한 DNA 서열을 가진 B 세포를 생성한다.

게다가, DNA 염기서열의 변이 외에도 메틸화에는 조직 및 연령별 차이가 있다.

서로 다른 개인은 서열의 약 0.5%가 다르다[6]

변이는 여러 형태를 취할 수 있다.

- **단일 뉴클레오티드 다형성**(*SNP*). 이들은 단일 위치에서의 염기 치환이다. 어떤 경우에는 하나의 SNP가 단백질을 기능 장애로 만들어 질병을 일으키기에 충분하다. 예를 들어, 단일 아미노산을 변경하는 단일 염기 치환으로 인한 겸상-혈구 헤모글로빈은 정상 헤모글로빈과 다르다. 반대로, 돌연변이는 선택적 이점을 전달할 수 있다. 조상 상태는 인간이 젖을 뗀 대략적인 시점에 젖당을 소화하는 능력을 상실하는 것이다. 일생 동안 식이 성분으로 동물성 우유를 사용하는 집단은 어떤 경우에는 단일 돌연변이에 의해서 젖당 분해 지속성을 발달시켰다.
- **복사-개수 변형**. 변종 게놈은 '야생형'과 비교하여 더 많거나 더 적은 지역 사본을 가질 수 있다. 일부 복제 수 변이는 질병과 관련이 있다. 다른 변이들은 다른 집단의 생활 방식을 기반으로 해서 진화에 의해 받아들여진다. 예를 들어, 타액의 α-아밀라아제 유전자인 *AMY1*은 녹말을 당으로 분해하는 효소를 암호화한다. 다양한 개체군에서 이 유전자의 복제 수는 일반적인 식단에서 전분의 비율과 상관관계가 있다.
- **삭제 및 삽입**. 암호화 영역에서 발생하는 경우 단백질 기능 장애와 질병을 일으킬 수 있다. 낭포성 섬유증을 유발하는 가장 흔한 돌연변이는 ΔF508이다. 암호화된 단백질에서 페닐알라닌 508의 결실을 야기하는 게놈에서의 3염기쌍 결실이다.
- **전좌**. 만성 골수성 백혈병과 관련된 필라델피아 염색체는 22번 염색체와 9번 염색체 사이의 전위(염색체 부분의 교환)로 인해 발생하는 비정상적이고 짧아진 22번 염색체이다. 두 중단점 부위는 모두 유전자 내에 있다. 이것은 9번 염색체의 티로신 키나제인 ABL1(Abelson murine leukemia virus oncogene homologue 1)과 22

[6] 심지어 일란성 쌍둥이도 몇 가지 차이점을 보이다. 한 경우에는 쌍둥이 사이에 5개의 안정적으로 결정된 기본 차이가 있었다. 이러한 돌연변이는 수정란이 분열된 후에 발생했다. 개인 식별에 적용하려면 일란성 쌍둥이의 메틸화 패턴의 차이를 구별하는 것이 더 쉽다.

번 염색체의 중단점의 유전자 클러스터인 *BCR*과 결합한 2개의 키메라 또는 융합 단백질을 만들 수 있는 유전자를 생성한다. 22번 염색체의 *BCR-ABL1* 융합 유전자는 *ABL1*의 정상적인 조절에 둔감한 티로신 키나아제 활성을 가진 단백질을 암호화한다. (9번 염색체에 있는 *ABL1-BCR* 유전자는 명백히 침묵한다.) 이 비정상 유전자의 산물이 암과 관련이 있다는 좋은 증거가 있다: (1) 융합 단백질은 증식하는 세포에서 발현된다; (2) 약물 — 키나아제 활성을 억제하는 imatinib mesylate(Gleevec®) — 은 치료법으로서 효과적이다.

개인 간의 게놈 차이는 유전자형 — 표현형 상관관계를 결정하는 데 유용한다. 특정 특징을 담당하는 유전자는 무엇인가?: 특히 질병? 서열 변이의 다른 응용은 친자 확인, 범죄 현장 조사를 포함한 개인 식별이다.

인간 게놈과 의학

의료 서비스의 개발 및 제공은 생의학, 공학, 산업 및 정부에 개별적으로 그리고 그들의 조화에 도전한다. 의학적 치료의 과학적 정교함이 증가하고 실험실 발견과 임상 실습 사이의 거리와 시간이 줄어들었다.

인간 및 기타 게놈의 서열을 포함하되 이에 국한되지 않는 현재 '오믹스 흐름의 데이터가 인간 건강의 개선으로 이어질 것이라는 합의가 있다. 일부 과장된 주장을 제외하더라도—과장은 영원히 지속—적용 분야의 범주에는 다음과 같은 것들이 포함된다.

(1) **질병 및 질병 위험 진단.** DNA 염기서열 데이터에서 질병과 관련된 특정 유전자 염기서열을 식별하면 (a) 환자가 증상을 나타낼 때, (b) 후천성 유전병 검사처럼 증상이 나타나기 전에 상태를 빠르고 정확하게 진단할 수 있다. 예를 들어, 헌팅턴병(Box 1.8 참조), (c) 자녀를 계획하는 부부의 유전 상담, (d) 낭포성 섬유증과 같은 잠재적 이상에 대한 자궁 내(*in utero*) 진단.

DNA 염기서열 변이와 증상 사이의 상관관계는 질병을 직접 유발하거나 위험 요인을 증가시키는 특정 유전자형과 관련될 수 있다. 간단한 멘델 유전은 조건이 유전적으로 단순하다는 단서이다. 천식과 같은 다른 상태는 복잡한 게놈 기질을 가지고 있다(Box 1.9 참조).

일부 돌연변이는 질병의 독단적인 원인은 아니지만 위험을 높일 수 있다. 아마도 가장 잘 알려진 예시는 유방암과 난소암의 위험을 증가시키는 돌연변이인 BRCA1, BRCA2 및 PALB2 유전자일 것이다. 많은 여성이 게놈의 이러한 영역의 서열을 분석했다.

유전적 수준에서 감지할 수 있는 또 다른 위험 인자는 폐포에서 엘라스타아제에 의한 단백질 분해를 억제하는 단

BOX 1.8 헌팅턴 질병

헌팅턴병은 미국에서 약 3만 명에게 영향을 미치는 유전성 신경퇴행성 질환이다. 통제할 수 없는 춤과 같은 움직임, 정신적 장애, 성격 변화, 지적 장애 등 증상이 매우 심각하다. 사망은 보통 증상이 발생한 후 10~15년 이내에 발생한다. 해당 유전자는 식민지 시대인 17세기에 뉴잉글랜드에 도착했다. 그것은 마녀사냥에 대한 일부 비난의 원인이 될 수 있었다. 유전자는 집단에서 제거되지 않았는데, 그 이유는 발병 연령이 30~50살 이후여서 일반적으로 생식 시기 이후이기 때문이다.

이전에, 피해를 입은 가족의 구성원들은 자신들이 그 병을 물려받았는지 아닌지에 대한 불확실성과 초기 성인기에 이르러서 직면하는 것 외에 다른 대안이 없었다. 1993년 헌팅턴병의 유전자가 발견됨에 따라 병에 걸린 사람을 확인할 수 있게 되었다. 이 유전자는 해당 단백질인 헌팅틴에 폴리글루타민 블록에 해당하는 트리뉴클레오티드 CAG의 확장된 반복을 포함하고 있다. (헌팅턴병은 트리뉴클레오티드 반복으로 인한 신경퇴행성 질환 계열 중 하나이다.) CAG의 블록이 클수록 발병 시기가 빨라지고 증상이 더 심해진다. 정상 유전자는 11~28번의 CAG 반복을 포함한다. 29~34번 반복을 가진 사람은 질병에 걸릴 가능성이 낮고, 35~41번의 반복을 가진 사람은 비교적 가벼운 증상만 나타날 수 있다. 하지만 41회 이상 반복되는 사람들은 거의 확실하게 헌팅턴병으로 고통받을 가능성이 높다.

그 유전은 *기대*라고 불리는 현상으로 특징지어진다: 연속적인 세대에서 반복이 더 길어지고, 병의 심각성을 점진적으로 증가시키며, 발병 연령을 감소시킨다. 어떤 이유에서인지 이 효과는 모성 유전자보다 부계에서 더 크다. 그러므로 29~41번 반복되는 유전자를 가진 경계 영역에 있는 사람들도 자녀에 대한 위험에 대해 상담을 받아야 한다.

BOX 1.9

염기서열의 변화를 질병과 연관시키는 데이터베이스

OMIM — Online Mendelian Heristance in Man (www.omim.org) — 및 DisGeNet(www.disgenet.org)은 질병과 관련된 유전체 변형 범주이다.

- OMIM은 인간 유전자와 유전자 질환에 대한 데이터베이스이다. 이름에서 알 수 있듯이, OMIM 항목은 일반적으로 단일 유전자를 포함하거나 몇 개 이하의 유전자를 포함한다. 보통 관찰된 질병과 돌연변이를 연관시키는 명확한 생화학적 메커니즘이 있다.
- DisGeNET은 여러 유전자와 환경과의 상호작용을 포함하는 복잡한 장애에 대한 정보를 수집한다. 이러한 경우에는 관찰된 질병과 유전적 변이를 연관시키는 단순한 생화학적 메커니즘을 도출하는 것이 더 어렵다.

백질인 α_1-항트립신과 관련이 있다. α_1-항트립신(342Glu → Lys)의 Z 돌연변이에 대해 동형접합성인 사람은 비정상적인 단백질만 발현한다. 그들은 정상적인 억제 활성에 의해 확인되지 않은 내인성 엘라스타아제로 인한 폐 손상으로 인해 폐기종의 위험이 있으며, 합성되는 간세포에 중합체 형태의 α_1-항트립신이 축적되기 때문에 간 질환의 위험도 있다. 하지만 확실하게 흡연은 폐기종의 발생을 야기한다. Z-항트립신 동형접합을 가진 중증 흡연자는 일반적으로 50세까지 호흡기 질환으로 사망한다. 이 질병은 유전적 요인과 환경적 요인이 복합적으로 작용하여 발생한다.

> 유전학은 총을 장전하고 환경은 방아쇠를 당긴다.
>
> — J. Stern

종종 유전자형과 질병 위험 간의 관계를 파악하는 것이 훨씬 더 어렵다. 일부 질병은 많은 유전자의 상호작용과 환경 요인에 따라 달라진다.

GWAS(Genome Wide Association Studies)는 질병의 원인이 되는 위치를 결정하는 일반적인 접근 방식입니다(Box 1.10 참조). 환자의 게놈 염기서열을 대조군의 게놈 염기서열과 비교하면 질병과 염기서열 변화의 상관관계를 통계적으로 분석할 수 있다. 이러한 변화는 일반적으로 단일 염기 다형성(SNP)의 형태를 취한다. 이러한 연구는 엑손 서열로 제한함으로써 연구를 단순화할 수 있다고 생각할 수 있다. 그러나 더 많은 질병 관련 SNP는 암호화 영역보다 조절 영역에 있다.

현재 GWAS 연구는 표현형 특성과 관련된 개별 SNP를 식별한다. 이론적으로 SNP의 조합을 확인하는 것이 가능해야 한다. 예를 들어, 2개(또는 그 이상)의 SNP가 나타나거나 2개(또는 그 이상) 중 하나만 나타나는 경우에만 특성이 나타난다. 그러나 SNP 조합의 수가 너무 많으므로 이러한 문제를 다루기 위해서는 매우 큰 컴퓨터 자원이 필요하다. 이것은 현재 연구의 주제이다.

다른 경우에서, 유전자가 존재하고 정확할 수 있지만 다른 곳의 돌연변이로 인해 발현 수준이나 조직 간 분포가 변경될 수 있다. 이러한 이상들은 단백질 활동을 측정하여 감지할 수 있다. 게다가 서열 분석 외에도 발현 패턴의 분석도 중요한 임상적 응용 분야이다. 많은 암을 조기에 발견하면 보다 간단하고 성공적인 치료가 가능하다. 종종 이용 가능한 다양한 치료 전략을 통한 정확한 진단이 질병의 예상 경과를 더 잘 예측하고 최적의 치료를 결정할 수 있다. 일례로서, 종양 전문의는 백혈병을 7가지 하위 유형으로 분류한다. 유전자 발현 패턴을 통해 하위 유형을 결정하면 더 나은 예후와 치료가 가능하다.

(2) **개인 맞춤형 치료.** 많은 약물은 환자마다 효과가 다르다. 약물은 일부 환자에게는 잘 작동하지만, 다른 환자에게는 효과가 없을 수 있다. 일부 환자는 치료를 쉽게 견딜 수 있다. 다른 사람들은 통증을 통한 불편함에서부터 사망에까지 이르는 부작용을 겪을 수 있다. 환자의 유전자와 단백질 분석을 통해 개별 환자에게 최적인 약물과 용량을 선택할 수 있는데, 이를 '맞춤 의학' 또는 약물유전체학(pharmacogenomics)이라고 한다(그림 1.14 참조). 그렇게 함으로써, 의사는 다른 치료법, 때로는 치명적일 수도 있고, 어떤 경우에는 비경제적인 부작용 측면에서 위험한 수술하는 것을 피할 수 있다. 처방약의 부작용에 대한 환자 치료에 수십억 달러의 의료 비용이 소요된다. 반대로, 개별 환자의 반응을 예측할 수 있다면, 소수의 환자에게는 안전하고 효과적이지만, 대다수의 환자에게는 비효율 또는 심각한 부작용으로 인해 임상시험 전이나 도중에 거부된 약물을 구

BOX 1.10 게놈 전체 협회 연구(GWAS)

게놈 전체 연관 연구의 목표는 게놈에서 서열 차이가 특정 표현형과 상관관계가 있는 영역을 확인하는 것이다. 많은 경우에서, 대상 특성은 유전체 배열의 돌연변이로 인한 질병, 질병과 관련된 위험 또는 완화 요인, 또는 약물에 대한 임상적 반응이다. 일반적인 프로토콜은 2개 집단의 피실험자를 선택한다. 하나는 관심 있는 표현형을 보여주는 사람들의 집단이고, 다른 하나는 그렇지 않은 집단이다: 즉, 정상적인 사람들(대조군)이거나, 질병의 경우 건강한 사람들이다. 각 집단의 각 피험자는 많은 수의 SNP(일반적으로 500,000~2,000,000개)가 존재하는지 선별된다. 이 작업을 지원하는 것은 광범위한 인간 SNP 데이터베이스이다.

SNP의 뉴클레오티드와 특성의 존재 사이에 유의한 상관관계가 있으면 해당 부위를 관심 영역으로 식별한다. 이 절차는 집단 간의 차이에 책임이 있는 후보 유전자나 유전자에 대한 어떠한 추정도 하지 않으며, 심지어 그들의 염색체 위치에 대한 어떠한 암시도 하지 않는다. 유전체 전반의 연관성 연구는 하나 혹은 그 이상의 소수의 장소가 어떤 특성에 책임이 있는 경우에 가장 강력하다는 것을 보여준다. 다수의 부위에서 유전자의 작은 효과가 결합하여 결정되는 특성의 경우, 각 개별 SNP는 통계적 유의성을 얻기 위해 고군분투할 수 있다.

한 예로 겸상적혈구 질환과 관련된 연구가 있다. 겸상적혈구 질환을 생성하는 주요 유전적 장애는 헤모글로빈의 β-사슬을 암호화하는 단일 유전자의 SNP이다. 그러나 다른 유전자들이 표현형을 변형시킬 수 있다. 돌연변이를 포함하는 헤모글로빈의 β-사슬 유전자의 버전인 HbS에 대한 대립유전자를 가진 사람은 약 6개월 전까지 겸상적혈구 질환을 보이지 않는다. 프로그램된 발달 스위치 전에, 그들은 정상적인 성인 헤모글로빈을 가진 사람들처럼 태아 헤모글로빈인 HbF를 합성한다. 태아 헤모글로빈은 디옥시 상태에서 중합되지 않으며, HbS와 함께 응집될 수도 없다. 결과적으로, 유아기 이후에도 태아 헤모글로빈을 계속 발현하는 HbS 대립유전자를 가진 사람들은 질병의 심각도가 감소했다.

이것은 태아 헤모글로빈 합성을 '끄는' 메커니즘의 붕괴가 겸상적혈구 질환의 증상을 개선하거나 심지어 치료할 수도 있음을 시사한다. 태아 헤모글로빈 합성의 지속성과 관련된 유전적 신호를 검색하는 GWAS 연구에서는 유전자 *BCL11A*의 두 번

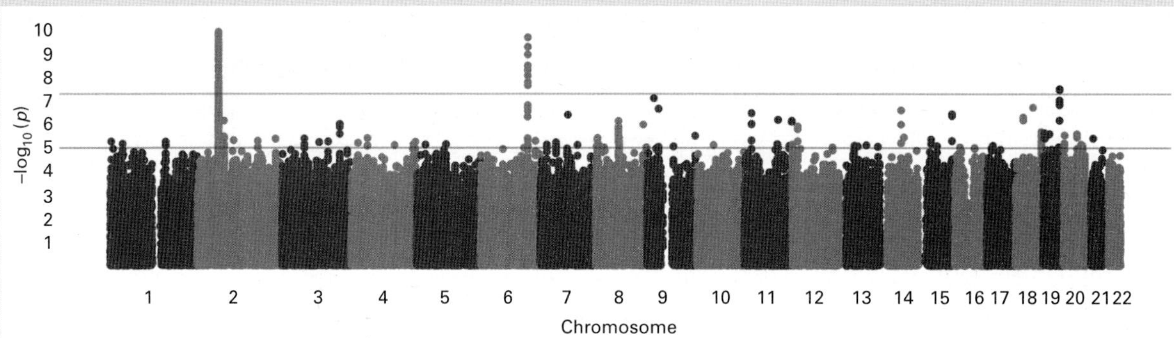

그림 1.13 탄자니아 출신 인구의 태아 헤모글로빈 수준에 대한 게놈 전체 연관 연구 결과. 낫모양 적혈구 질환은 탄자니아에서 널리 퍼져 있으며, 태아 헤모글로빈 합성의 지속성이 증상 개선의 주요 요인이다. 피실험자는 약물치료가 아닌 HbS에 대해 동형인 1,213명을 포함했다. ~2.4×10^6 SNP로 구성된 패널은 태아 헤모글로빈 수준과 유의한 연관성이 있는지 시험받았다.

이 그림은 스카이라인과 유사한 것으로 추정되기 때문에 '맨하탄 플롯'이라고 불린다(맨하탄이 속한 뉴욕이 초고층 건물을 가진 유일한 도시는 결코 아니지만). x 축은 염색체 순서대로 SNP의 게놈 분포를 보여준다. y 축은 태아 헤모글로빈 수준과 특정 지역 연관성의 통계적 유의성을 보고한다. P는 SNP가 HbF 수준과 무관한 경우 결과를 관찰할 확률이다. (P의 음의 값이 높으면 결과를 관찰할 확률이 매우 작음을 의미한다.) 위쪽 가로선 표시는 $P = 5 \times 10^{-8}$이다. 아래 선은 $P = 10^{-5}$를 표시한다.

피크 > 8은 BCL11A (SNP rs1427407), 염색체 2q16, HMIP (SNP rs9494145) 염색체 6q23에 해당한다. (rs 번호는 SNP를 식별한다.) 본문에서는 BCL11에 대해 설명한다. HMIP는 적혈구 생성과 조혈을 조절하는 전사 인자인 cMYB를 암호화하는 유전자의 인핸서 내에 있다.

다른 관련 대립유전자가 더 널리 퍼져 있는 다른 모집단에 대한 연구는 β-글로빈 위치 자체를 포함하여 태아 헤모글로빈 발현과 관련된 추가 대립유전자를 식별한다.

From: Mtatiro, S.N., Singh, T., Rooks, H., Mgaya, J., Mariki, H., Soka, D., Mmbando, B., Msaki, E., Kolder, I., Thein, S.L., Menzel, S., Cox, S.E., Makani, J. 및 Barrett, J.C. (2014) Genome wide association study of fetal hemoglobin in sickle cell anemia in Tanzania.. *PLoS One* **9(11)**:e111464.

째 인트론(SNP rs1427407; rs numbers index SNPs in database)을 포함한 여러 위치가 확인되었다(그림 1.13 참조). *BCL11A*는 헤모글로빈 유전자 전환, 특히 태아 헤모글로빈 발현의 주요 조절인자이다. 이는 태아 헤모글로빈 합성의 지속성을 인위적으로 유도하는 것이 겸상적혈구 질환에 대한 유용한 치료적 접근법이 될 것이며, *BCL11A* 또는 그 약품이 이 접근법의 표적이 될 수 있음을 시사한다.

이 질병의 쥐 모형으로 실험한 결과에서 이를 확인할 수 있었다. *BCL11A*의 완전한 동형접합성 생식선 녹아웃은 신생아 치사율을 유발한다. 그 유전자는 면역체계 발달에 필수적인 역할을 한다. 하지만, 성인에게서만 유전자를 비활성화시키는 조건부 녹아웃을 만드는 것이 가능하다. 겸상적혈구 질환에 대한 형질전환 마우스 모델에서, 성인 *BCL11A* 녹아웃은 태아 헤모글로빈과 혈리학적으로 정상적인 표현형의 풍부한 생성으로 이어졌다.

*BCL11A*의 적혈구-조직 특이적 인핸서에서 녹아웃을 조작하는 것이 가능하다. 그 결과 적혈구의 전구체에서 *BCL11A* 발현이 감소함으로써 다른 조직에 영향을 주지 않는다. 형질전환 마우스의 태아 헤모글로빈 발현 수준은 *BCL11A* 자체가 녹아웃된 세포와 유사한 정도로 향상되었다. 지금은 유전자 편집보다 유전자 녹아웃이 더 쉽다. 물론 이상적인 것은 돌연변이 인간 헤모글로빈 β-사슬 유전자를 편집해서 돌연변이를 '역전'시키는 것이다.

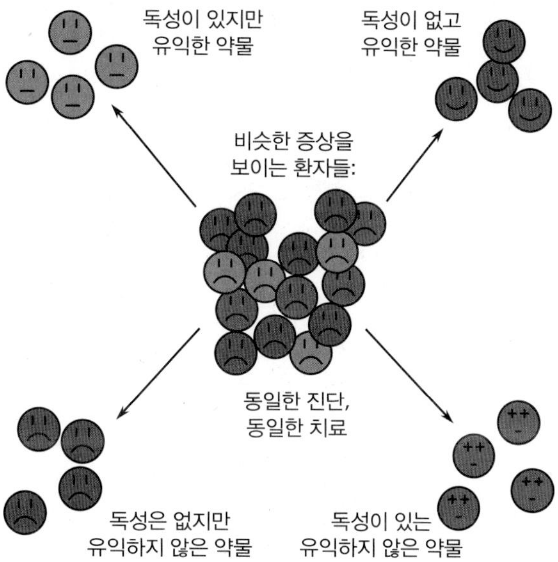

그림 1.14 현재의 의료 행위에서, 의사는 동일한 증상을 보이는 많은 환자들과 마주칠 수 있다. 여러 가지 가능한 약물 중 하나가 처방된다. (a) 오른쪽 상단이 결과가 될 수 있다: 약물은 독성이 없고 유익하다. 만족 스럽습니다! 문제는 이 결과를 달성할지 여부는 운이 좋아야 한다는 것이다. (b) 왼쪽 아래: 그 약은 독성은 없지만 유익하지는 않다. 환자는 같은 불만을 가지고서 의사에게 돌아와 다른 약물을 시도한다. 그 동안 환자는 누군가가 돈을 지불했을 쓸모없는 약을 복용해 왔고, 효과적인 치료가 없다면 증상이 더 악화됐을 수도 있다. (c) 왼쪽 상단: 약은 유익하지만 독성이 있다. 환자는 부작용에 대처해야 한다. 심각할 수 있다. 다른 약을 사용했다면 부작용 없이 효과가 있었을까? (d) 오른쪽 아래: 최악의 경우, 그 약은 독성이 있지만 아무런 도움이 되지 않는다. 환자의 형편이 전보다 더 나빠졌다. 개인 맞춤형 의약품, 즉 약유전체학의 개념은 환자의 유전체 배열을 사용함으로써 의사가 환자에게 처방할 수 있는 가장 좋은 약을 정보에 입각해서 선택을 할 수 있다는 것이다. 치료를 받는 사람들 가운데 더 많은 비율의 사람들이 오른쪽 상단으로 가는 길을 택할 것이다.

제할 수 있다.

두 가지 예는 자신의 병력에 대한 정보를 자발적으로 공개한 피험자와 관련이 있다.

Francis Crick과 함께 이중나선을 발견한 James D. Watson은 말년에 β-차단제라고 하는 일종의 약물로 고혈압 치료를 받았다. β-차단제는 스트레스 반응에 활성되는 β-아드레날린 수용체를 표적으로 한다. Watson은 약물이 그를 부적절하게 졸리게 만든다는 것을 발견했다. 그의 게놈 서열은 그가 사이토크롬 P450 유전자의 변이체에 대해 동형접합체임을 나타내었고, 그 결과 약물의 대사가 평소와 달리 느려졌다. 복용량을 줄임으로써 원하지 않는 부작용을 피할 수 있었다.

스탠포드 대학교의 Michael Snyder는 그의 게놈 서열에서 제2형 당뇨병에 대한 소인을 발견했다. 그의 혈당 수치에 대한 시험은 이후에 상태의 발전을 보여 주었고, 이는 생활 방식의 변화로 역전되었다. 게놈 서열 'tipoff'는 Snyder에게 신속한 탐지 및 신속한 치료라는 이점을 제공했다.

(3) **유전 상담 — 보유자 상태.** 많은 질병의 유전은 단순한 멘델식 상염색체 열성이다. 낫모양 적혈구 빈혈증, 낭포성 섬유증, 테이삭스병이 그 예이다. 장래의 부모는 그러한 질병이 없을 수 있지만 가족력은 보인자가 될 가능성을 경고할 수 있으며, 이 경우 자녀가 위험에 처할 수 있다.

DNA 서열 분석은 유전자 상담에 유용할 수 있다. 건강하지만, 각각 낭포성 섬유증 가족력이 있는 두 사람이 결혼과 가족 부양을 생각한다고 가정해 보자. 낭포성 섬유증 돌연변이는 열성이다: 증상은 유전자의 두 사본이 **모두** 돌연변이된 경우에만 나타난다. 가족력에서 각 잠재적 부모가 돌연변이 유전자에 대해 이형접합일 가능성이 있으며(즉, 보인자일 수 있음), 이 경우 자녀의 1/4이 질병을 앓을 가능성이 있다. 반면에, 부모 중 한 사람이 2개의 정상 대립유전자를 가질 가능성이 있으며, 이 경우 자녀는 질병에 걸리지 않을 것이다. 이러한 정보는 계획 세우기에 유용한다. 돌연변이를 '고정'하는 게놈 공학은 이제 기술적으로 가능하다.

(4) **약물 발견.** 질병에 대한 효과적인 치료의 주요 구성 요소는 약물 개발과 관련이 있다. 심각한 질병(백신 접종을 통해 피할 수 있는 질병 무시)을 앓았을 때 적어도 한 번의 약물 치료 없이 현재 살아있을 학생이 얼마나 될지 학생들로 가득 찬 교실에서 물어보거나 또는 정기적인 약물 치료가 없으면 삶의 질이 크게 저하되는 조부모가 몇 명이나 되는지 학생들에게 묻는 것은 정신이 번쩍 들게 하는 경험이다. 대답은 설득력이 있다. 그들은 감염성 미생물의 새로운 항생제 내성 변종에 대한 두려움을 불러일으킨다.

많은 약물은 특정 단백질과 상호작용하여 기능을 변경함으로써 질병의 증상이나 근본적인 원인에 영향을 미친다. 이 단백질은 약물 발견 과정의 **표적**이다. 상호작용의 특이성이 중요하다. 표적 이외의 단백질과 약물의 상호작용은 받아들일 수 없는 부작용을 초래할 수 있다. 표적 식별은 약물-설계 과정의 후속 단계에 대한 초점을 제공한다. 현재 사용 중인 약물 중 약 절반은 수용체, 약 1/4은 효소, 약 1/4은 호르몬을 표적으로 한다. 약 7%는 알려지지 않은 표적에 작용한다.

백신 접종은 감염병에 대한 선제 공격이다. 백신은 병원체를 인식하기 위해 최고의 면역체계를 준비시킨다. 일부 백신은 (거의) 매우 효과적이다. 백신은 천연두와 전 세계 대부분의 소아마비를 완전히 종식시켰다. 부분적으로 효과적인 백신일지라도, 예를 들어 인플루엔자와 같은 파괴적인 전염병과 통제가능한 국지적 발병 사이의 균형을 맞출 수 있다.

생물정보학은 약물과 백신 설계에 중요한 기여를 한다. GWAS는 약물의 표적을 식별하는 데 도움이 될 수 있다. 프로그램은 단백질 구조에서 약물이 결합할 수 있는 부위를 식별하고, 리간드를 설계할 수 있다. 백신의 기초를 형성할 수 있는 항원 결정 부위를 식별한다.

신약 개발의 시급성은 개발의 기반이 되는 데이터의 가용성이 증가함에 따라 경감된다. 유전체학은 표적들을 제안할 수 있다. 병원성 박테리아의 약물 민감성 균주와 약물 내성 균주 사이의 **차등 유전체학** 및 단백질 발현 패턴의 비교를 통해 약물 내성을 담당하는 단백질을 정확히 찾아낼 수 있다. 종양 세포와 정상 세포 사이의 유전적 변이에 대한 연구는 차별적으로 발현되는 단백질을 항암제의 잠재적 표적으로 식별할 수 있다.

> 항생제에 대한 박테리아 내성의 증가는 질병 통제 위기를 불러일으키고 있다. 우리의 후손은 20세기 후반을 세균 감염을 통제할 수 있었던 좁은 창으로, 그 이전과 이후에는 통제할 수 없었던 시기로 되돌아 볼 가능성이 매우 높다.

(5) **유전자 치료.** 유전자가 없거나 결함이 있는 경우, 이를 교체하거나 최소한 산물을 공급하고자 한다. 유전자가 과활성되어 있으면, 우리는 그것을 *끄고* 싶어진다.

단백질의 직접 공급은 많은 질병에 가능한데, 그중에서도 당뇨병에 대한 인슐린 대체와 일반적인 형태의 혈우병에 대한 인자 VIII가 가장 잘 알려져 있을 것이다.

유전자 전달은 동물에서 성공했다. 양과 소의 젖에서 인간 단백질을 생산하며, 심지어 식물에서 의약품을 생산한다('파밍'이라고 함). 인간 환자에서 면역결핍, 레베르 선천성 흑암시, 부신백질이영양증, 만성 골수성 백혈병 및 파킨슨병 치료에서 임상적 성공이 있었다.

유전자를 차단하는 한 가지 접근 방식은 '안티센스 치료'이다. 그 발상은 유전자의 영역에 특정 순서로 결합하는 짧은 길이의 DNA 또는 RNA를 도입하는 것이다. 내인성 DNA에 결합하면 전사를 방해할 수 있다. mRNA에 결합하면 번역을 방해할 수 있다. 안티센스 치료는 시토메갈로바이러스와 크론병에 대해 일부 효능을 보여주었다.

안티센스 치료는 표적 서열에서 차단제로 직접 이동하여 약물-설계 과정의 여러 단계를 단축시키기 때문에 매우 매력적이다. 최근에 발견된 게놈-편집 기술인 CRISPR/Cas 시스템은 진정한 '게임-체인저'이다. 표적으로서 간단하고 정확하며 개인과 전체 생태계에 적용할 수 있다(Box 1.11 참조). CRISPR/Cas 기술은 뒤센형 근이영양증 마우스 모델에서 디스트로핀 유전자의 돌연변이를 정정하는 데 성공했다.

과학자들은 또한 CRISPR 기술을 돼지 내에서 이식용 췌장과 같은 인간 장기 성장에 적용하고 있다. 그 발상은

BOX 1.11

CRISPR(클러스터된 주기적으로 짧은 회문 반복) 및 유전공학에 적용

CRISPR는 바이러스 감염을 방어하는 원핵생물 유전체의 영역이다. 그들은 바이러스 도전에 대응하여 생성될 수 있다는 점에서 척추동물 면역체계와 유사한다. 또한 이들은 유전적으로 물려받을 수 있다. (이는 후천적 특성의 상속에 대한 명확한 예를 제공한다.)

CRISPR 좌위에는 스페이서로 구분된 반복 서열의 복사본이 들어 있다. 이들은 핵효소로서 기능하는 Cas(CRISPR-연관) 단백질을 암호화하는 유전자와 관련이 있다(그림 1.15). 반복 서열은 바이러스 서열의 부분을 복사한 것이다. 이전 감염 사건의 기억을 저장한다. CRISPR는 '지명수배 포스터'에 비유되어 왔다. 바이러스에 의해 후속적으로 재감염되면, 세포는 CRISPR 서열과 일치하는 DNA를 감지하여 Cas nuclease가 그것을 절단하도록 유발한다.

세포가 생존한다는 가정하에, 파지가 박테리아를 감염시킬 때, 파지 DNA의 영역들은 잘라내고, 복제되고, 스페이서에 의해 분리된 새로운 CRISPR 좌위에 통합된다. 그 지역의 전사는 Cas 단백질에 결합하는 CRISPR RNA를 생산한다. Cas 단백질은 결합된 RNA를 일종의 탐침으로 사용한다. 침입 바이러스의 DNA 영역에 일치하는 것이 발견되면 Cas 단백질이 바이러스 DNA를 고정한다. 바이러스 DNA의 이러한 분해는 세포의 방어 메커니즘이다(그림 1.16 참조). 감염에 대한 반응의 '기억'

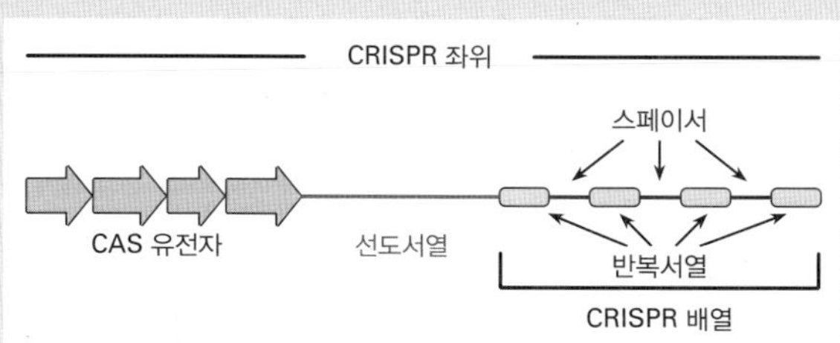

그림 1.15 CRISPR 좌위를 포함하는 영역의 구조 및 CRISPR 연관(Cas) 단백질에 대한 유전자. 크리스퍼 좌위 자체는 이전에 접했지만 생존한 바이러스 감염에서 추출된 부분과 동일한 반복을 포함한다. cas 유전자는 CRISPR 관련 단백질을 암호화하는데, 이는 반복 과정에 저장된 서열을 포함하는 바이러스에 의해 후속 감염에서 만나게 되는 DNA를 절단하는 핵산분해효소이다.

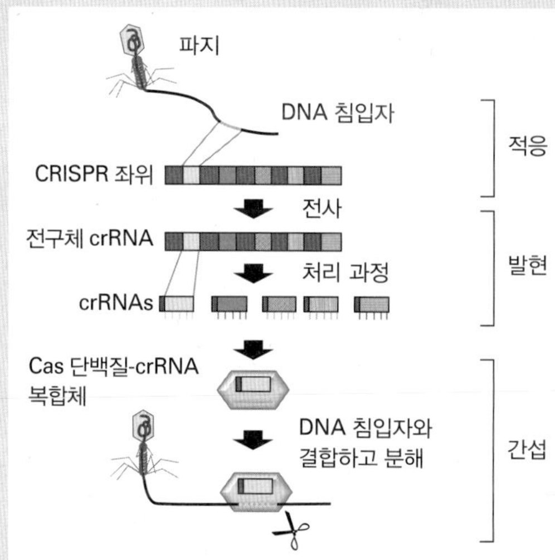

그림 1.16 CRISPR/Cas 메커니즘을 이용한 박테리아 방어 메커니즘. 유전체가 CRISPR 좌위에 저장된 부분을 포함하는 바이러스에 의한 감염은 유전자의 발현을 유발하여 Casnuclease와 CRISPR로부터 전사된 가이드 RNA 사이의 복합체를 생성한다. 이 복합체는 침입 바이러스 DNA와 결합하며, CRISPR 반복에 대한 보완성으로 인식된다. 이 복합체는 바이러스 DNA를 절단한다.

이 그림은 RIKEN의 허가를 받아 제공되었다.

과 유발은 비록 그 메커니즘이 완전히 다르지만, 척추동물 면역체계를 연상시킨다.

몇몇 그룹은 CRISPR/Cas 시스템을 실험실로 가져왔다. 그 메커니즘은 진핵세포에서 작동한다. 이 방법은 의학 연구와 임상 개입을 위한 포유류 세포, 농업에 적용하기 위한 식물과 동물, 그리고 말라리아와 지카 바이러스 같은 다른 곤충 매개 병원체를 통제하기 위한 가능한 접근 방식의 곤충에 적용할 수 있다. 예를 들어, Cas nuclease의 삽입은 HIV-1 LTR 프로모터 U3 서열로부터 유래된 CRISPR와 함께, 에이즈에 면역성이 있는 인간 세포 라인을 조직 배양에 만들었다. 이것은 세균의 사용법을 직접 모방한 것이다.

CRISPR-관련 핵산분해효소는 '가이드 RNA'를 제공함으로써 내인성 유전자를 표적화할 수 있다. 이것은 깨끗하고 간단한 녹아웃 절차를 제공한다. 한 번에 많은 유전자를 잘라내는 것이 가능하다. 대안적으로, 대체 유전자를 제공함으로써, 그 체계는 그 틈을 줄이기 위해 진핵세포 수리 메커니즘을 사용하여 새로운 유전자를 그것이 '잘린' 공간에 '붙일' 수 있다. 이를 통해 게놈 편집이 용이해진다(그림 1.17 참조). 잠재적인 임상적 적용은 질병을 일으키는 돌연변이 유전자의 치료와 약물 내성 유전자를 제거하는 것을 포함한다.

이 방법의 힘은 인간에게 사용할 때 지침에 대한 의문을 제기해왔다. 2018년 3월, 유럽의 과학자들은 강력한 유전자 편집 기술 개발로 인해 발생하는 윤리적, 사회적 문제를 해결하기 위한 포럼으로 조직 ARRIGE(Association for Research and Innovation in Genome Editing)를 설립했다.[i] (Webles 1.6 및 1.7 참조.)

CRISPR 기술은 혁명적인 기술이다. 매우 큰 규모의 중요한 학문적, 임상적 발전을 기대할 수 있다.

[i] Chneiweiss, H. et al. (2017). Fostering responsible research with genome editing technologies: a European perspective. *Transgenic research* **26**, 709–713.

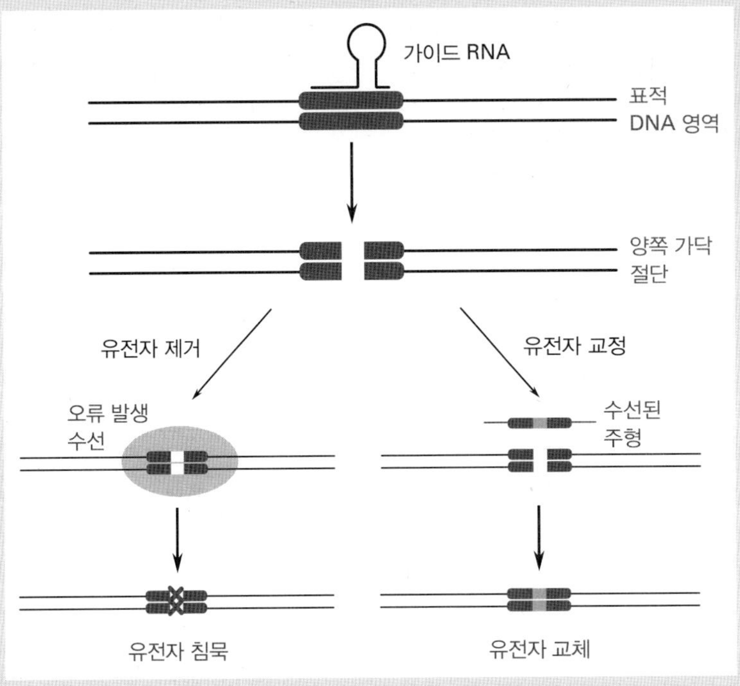

그림 1.17 전체 녹아웃 또는 편집에 CRISPR/Cas 기법 적용. 유전자 공학에 CRISPR/Cas 시스템을 적용하는 것은 관심이 있는 게놈 영역을 대상으로 하는 합성 가이드 RNA를 제공하는 것을 포함한다. 유전자 녹아웃 모드(왼쪽)에서는 두 가닥의 절단이 오류가 발생하기 쉬운 수리 체계에 의해 영역을 떠난다. 그들의 생성물은 비록 온전한 이중나선이지만 기능적인 유전자 생성물(단백질 암호화 영역의 경우)을 제공하기 위해 원래의 서열을 복제하지 않는다. 유전자 편집 모드에서 수리 체계에는 삽입하고자 하는 새 시퀀스가 포함된 템플릿이 제공된다. 원래 원핵생물의 기원이지만, CRISPR/Cas 시스템은 진핵세포로 확장되었다.

CRISPR을 사용하여 일반적으로 돼지 췌장의 발달로 이어지는 돼지 게놈의 영역을 제거한다. 그런 다음, 돼지 내에 인간 췌장으로 발달할 인간 줄기세포를 삽입한다.

미래

금세기는 의료 개발 및 전달 분야에서 혁명을 보게 될 것이다. '푸른 하늘' 연구와 임상 실습 사이의 장벽이 무너지고 있다. 이 책을 읽는 독자는 자신을 죽일 수도 있는 질병에 대한 치료법을 발견할 가능성도 있다. SzentGyörgi의 '암을 죽이는 것보다 더 많은 사람을 지원한다'는 말이 실현될 가능성이 매우 높다. 연구 시설이 종양의 통제되지 않은 성장을 단순히 모방하는 것이 아니라 종양에 대한 치료 또는 예방 방안을 확립하는 데 성공하였기에 이것이 일어나기를 희망한다.

분자생물학의 데이터베이스

서열 분석 및 주석이 완료된 후 게놈 또는 다른 측정된 세트는 '사회에서 자리를 잡기 위해' 분자생물학의 데이터뱅크에 입력된다.

많은 데이터베이스가 연동 네트워크를 형성한다. 주요 보관 프로젝트에 게놈을 공개하는 것은 호수에 돌을 던지는 것과 같이 전체 시스템에 파문을 일으킨다. 게놈 자체는 핵산 서열이지만 그것이 포함하는 단백질 암호화 유전자는 아미노산 서열로 번역된 후 단백질 서열 데이터뱅크에 기여할 것이다.

분자생물학의 데이터베이스는 최근 믿기 힘들만큼 빠른 속도로 확산되었다. 그들의 발달은 그들만의 규칙을 따른다. 여기서 우리는 일반적인 원칙을 설명하고 독자가 이 세계를 탐험하도록 안내할 수 있을 뿐이다.

원래 데이터베이스는 작고 전문적이며, 포스트 웹 표준에 따라 격리되었다. 다양한 유형의 정보는 적절한 전문 지식을 가진 사람들이 엄선해야 한다는 것은 항상 사실이었다. 원래는 생물학의 여러 분야의 전문가들이 자신의 관심사와 관련된 데이터 보관을 조직했다. 한 가지 문제는 일례로 데이터가 중복되는 경우에도 아미노산 서열이 단백질 서열 및 구조 데이터베이스에 공통적이라는 것이다. 국제 과학 연맹과 CODATA(국제 과학 연맹 협의회 데이터 위원회)가 중요한 기여를 했지만, 문제는 여전히 남아 있었다.

(1) 생물학 연구에 대한 생물정보학의 중요성에 대한 인식이 커지면서, (2) 데이터량의 눈부신 증가, 그리고 무엇보다도 (3) 인터넷과 월드 와이드 웹의 출현은 데이터뱅크의 성장과 통합에 대한 압력을 가했다. 대규모 자금 조달에 대한 요구 사항과 생물학적 및 컴퓨터 전문 지식의 결합에 대한 필요성으로 인해 데이터 보관 및 큐레이팅을 담당하는 국내 및 국제기관이 설립되었다.

'데이터뱅크'라는 용어는 아마도 시대에 뒤떨어진 것이라는 은유를 암시한다. 귀중품을 안전하게 보관할 수 있는 은행에 예치하고, 인출한 후 은행을 떠나 거리를 돌아다니며 쇼핑을 할 수 있다. 이 설명은 데이터뱅크의 파일 보관, 큐레이션 및 배포 활동을 강조한다. 물론 이러한 활동은 여전히 필수적이다. 그러나 데이터뱅크는 복구된 정보의 컴퓨터 분석을 위한 시설 또는 최소한의 링크도 제공한다. 데이터뱅크는 단순히 데이터의 수동적 축적 및 유통이 아니라 정보 검색 및 분석을 위한 도구를 제공함으로써, 그 내용을 기반으로 한 연구 프로젝트에 적극적으로 참여하고 있다.

서로 다른 데이터 유형이 지적인 섬이 아니라, 이에 대한 조직화된 접근이 필요하다는 사실을 연구자들이 깨달은 후에 데이터베이스 간의 연결이 구축되었다. 월드 와이드 웹이 이를 가능하게 했다. 그 결과들로는 (1) 다양한 컬렉션의 데이터가 호환되도록 형식과 어휘의 체계화; (2) 관련 자료에 대한 액세스를 용이하게 하는 각각의 데이터뱅크에서 다른 데이터뱅크로의 포인터 또는 링크; (3) 서로 다른 데이터뱅크에 대한 접근을 간소화하고 데이터 검색에서 결과 분석으로 원활하게 이동할 수 있는 정보 검색 소프트웨어의 개발이 있다. '인간 단백질과 유사한 조류의 모든 서열을 수집하는 것'은 정보 검색의 문제이다. 이러한 서열의 다중 서열 정렬을 형성하는 것은 컴퓨터 분석이다. 순조로운 통행은 데이터베이스 검색에서 반환된 시퀀스에서 다중 시퀀스 정렬 프로그램으로의 간단한 파이프라인을 의미한다.

데이터베이스의 엄청난 성장과 확산과 함께 이전에는 개별 프로젝트의 영역이었던 다양한 범주의 정보를 결합하기 위해 데이터베이스를 더 크고 포괄적인 데이터베이스로 통합하는 경향이 아마도 역설적으로 나타났을 것이다. 이것은 학계와 정치 세력 모두에 의해 추진되고 있다.

요약하면, 주요 데이터베이스 프로젝트의 요구 사항은 다음과 같다.

1. 데이터와 주석을 수집하고 큐레이팅한다. 즉, 정확성과 형식을 모두 확인하고 배포한다.
2. 데이터가 손실되지 않도록 추적하고 백업한다. 출처를 기록한다. 질문이 있을 경우 데이터의 출처를 역추적하고 데이터에 대해 수행되는 모든 후속 작업을 검토할 수 있어야 한다.
3. PubMed와 같은 서지 라이브러리를 포함하여 다른 데이터뱅크의 관련 항목에 대한 데이터 링크를 제공한다.
4. 선택한 데이터의 복구 및 계산을 모두 포함하는 연구를 지원하기 위해 정보 검색 및 분석 소프트웨어를 제공한다.
5. 사용자가 이 시설을 효과적으로 사용할 수 있도록 충분한 문서 및 사용 지침 정보를 제공하여야 한다.
6. 생물학과 정보학 모두에서 과학적 진보를 따라잡아야 한다. 이들은 프레젠테이션 및 시설의 개선을 제안할 수 있다.
7. 사용자의 요구에 부응하여야 한다.

Observables 및 데이터 아카이브

데이터베이스에는 (1) 정보 보관소, (2) 스키마라고 하는 해당 정보의 논리적 조직 또는 '구조' 및 (3) 여기에 접근할 수 있는 도구가 포함된다. 분자생물학의 데이터베이스에는 핵산 및 단백질 서열, 거대분자 구조 및 기능, 발현 패턴, 대사경로 네트워크 및 조절 캐스케이드가 포함된다. 여기에는 다음이 포함된다.

- 생물학적 정보의 보관 데이터베이스:
  - 주석을 포함한 DNA 및 단백질 서열(Box 1.12 참조)
  - SNP(single-nucleotide polymorphisms) 변이 목록, 일배체형 모음 또는 질병 관련 돌연변이와 같은 변이
  - 주석을 포함한 핵산 및 단백질 구조
  - 게놈 브라우저를 포함하여 유기체에 초점을 맞춘 데이터베이스
  - 단백질 발현 패턴 데이터베이스
  - 대사경로 데이터베이스
  - 상호작용 및 조절 네트워크의 데이터베이스
- 파생된 데이터베이스: 기록 데이터베이스에서 수집한 정보와 내용 분석을 통해 추론한 정보를 포함한다. 예를 들어:
  - 서열 모티프(단백질 패밀리의 특징적인 '시그니처 패턴')
  - 분류 또는 관계(아카이브 항목 간의 연결 및 공통 기능). 예시에는 단백질 서열 패밀리의 데이터베이스 또는 단백질 접힘 패턴의 계층적 분류가 포함된다.
- 서지 데이터베이스. 과학 문헌 자체가 데이터이다. PubMed는 데이터베이스이다. 연구자들은 다른 데이터베이스와 마찬가지로 '데이터마인'으로 PubMed를 사용한다.
- 웹사이트 데이터베이스:
  - 생물학적 정보를 포함하는 데이터베이스들의 데이터베이스
  - 데이터베이스 간의 링크.

효과적인 접근 방법이 없는 데이터베이스는 데이터 무덤에 불과하다

데이터에 대한 유용한 접근에는 다음과 같은 질문에 답하기 위한 일련의 도구가 필요하다.

- '데이터베이스에 필요한 정보가 포함되어 있는가?' (예시: 인간 알코올 탈수소 효소의 아미노산 서열을 검색할 수 있는가?)
- '데이터베이스에서 선택한 정보를 유용한 형태로 조합하려면 어떻게 해야 하는가?' (예시: 글로빈 서열 목록을 컴파일하거나 더 나은 방법으로 정렬된 글로빈 서열 테이블을 작성한다.)

> **BOX 1.12**
> ### 핵산 및 단백질 서열 아카이브
>
> 핵산 서열의 아카이브는 메릴랜드주 베데스다에 위치한 미국 국립 생명공학 정보센터에 기반을 둔 GenBank로 구성된 국제 뉴클레오티드 서열 데이터베이스 협업이라는 3중 파트너십에 의해 유지된다; 영국 힌스턴에 있는 유럽 생물정보학 연구소(EBI)와 일본 미시마에 있는 국립 유전학 연구소의 생물정보학 및 DNA 데이터뱅크 센터에 본부를 둔 유럽 뉴클레오티드 아카이브(ENA). 이들 세 곳은 공통 범위를 보장하기 위해 매일 들어오는 제출물을 교환한다. 그러나 형식, 주석 및 내장된 링크는 데이터베이스별로 공개되는 해당 항목마다 다르다.
>
> 이제 거의 독점적으로 유전자 서열의 번역으로부터 결정된 단백질의 아미노산 서열의 아카이브는 스위스-프로트(SWISS-PROT), 단백질 식별 자원(PIR) 및 번역된 EMBL(TrEMBL) 데이터베이스의 합병인 United Protein Database(UniProtKB)에 의해 유지된다.
>
> 아카이브에는 서열 선택 및 검색을 위한 도구가 포함되어 있다. EBI에는 데이터베이스의 여러 구성 요소를 가리키는 여러 검색 엔진이 있다. 미국 국립 생명공학정보센터는 ENTREZ를 제공한다. 두 곳 모두 여러 데이터 아카이브에서 병렬 검색이 가능하다.
>
> 많은 파생 데이터베이스들은 그들 서열의 유사성에 기초하여 단백질 또는 서브유닛들의 패밀리들을 조립한다. '우산' 데이터베이스인 InterPro는 단백질 계열, 도메인 및 기능 부위의 여러 개별 데이터베이스의 내용, 특징 및 주석을 통합하고, 유전자 온톨로지 컨소시엄 기능 분류를 포함한 다른 리소스와의 링크를 포함한다. 인터프로는 구조 데이터베이스를 포함한 다른 데이터베이스를 통합한다.
>
> 게놈 브라우저: 일부 기관은 완전한 게놈이 결정된 개별 종에 초점을 맞춘 데이터베이스를 유지하고, 가능한 한 DNA 염기서열에 주석을 달며, 다른 유형의 관련 데이터를 통합한다. Ensembl (Wellcome Trust Sanger Institute, Hinxton, UK), 인간 및 기타 게놈에 대한 University of California at Santa Cruz 브라우저 및 FlyBase. FlyBase가 주목할 만하다.

- '특정 정보를 어디에서 찾을 수 있는가?', 응답에 유용한 데이터베이스 색인들(예시: 호저 트립신의 아미노산 서열을 포함하는 데이터베이스는 무엇인가?) 물론 내가 원하는 것을 정확히 알고 명시할 수 있다면 문제는 비교적 간단한다.

효과적인 접근을 허용하는 메커니즘은 이상적으로는 사용자에게 숨겨야 하는 데이터베이스 설계 문제이다. 구조화되지 않은 아카이브에는 쿼리 시스템을 결합하여 효과적인 접근을 제공할 수 없다. 대신 정보 저장의 논리적 구성은 접근을 염두에 두고서 사용자가 어떤 종류의 질문을 하고 싶어할지 고려하여 설계해야 한다. 아카이브의 구조는 정보 검색 소프트웨어와 원활하게 맞물려야 한다.

생물정보학에서는 다양한 데이터베이스 쿼리가 발생한다. 다음의 일반적인 예를 비교해 보자.

1. 서열 또는 서열의 조각이 주어지면 데이터베이스에서 이와 유사한 서열을 찾는다. 이것은 생물정보학의 핵심 문제이다. 우리는 이러한 문자열 일치 문제를 컴퓨터 과학의 많은 분야와 공유한다. 예를 들어, 워드 프로세싱 및 편집 프로그램은 문자열 검색 기능을 지원한다.

2. 단백질 구조 또는 조각이 주어지면 데이터베이스에서 이와 유사한 단백질 구조를 찾는다. 이것은 문자열 일치 문제를 3차원으로 일반화한 것이다.

3. **구조**가 알려지지 않은 단백질의 서열이 주어졌을 때 데이터베이스에서 유사한 3차원 구조를 취한 구조를 찾는다. 탐침 서열과 유사한 서열을 가진 단백질에 대한 서열 데이터뱅크를 조사하여 구조가 일치한다고 말하고 싶은 유혹을 느낄 수 있다. 두 단백질이 충분히 유사한 서열을 가지고 있다면 유사한 구조를 가질 것이기 때문이다. 하지만 그러한 설명은 완전한 사실이 아니며, 서열 비교에 의해 유사한 것으로 인식될 수 있는 지점을 넘어 그들의 서열이 분기되었음에도 불구하고 유사한 구조의 단백질을 찾을 더 강력한 검색 기술을 만들 수 있기를 희망할 수 있다.

4. 주어진 단백질 구조에서 유사한 구조에 해당하는 **서열**을 데이터뱅크에서 찾는다. 다시 말해서, 단백질 구조 데이터뱅크 조사를 통해 명확하지 않는 비슷한 구조를 찾을 수 있다. 하지만 서열이 존재하지만 구조가 밝혀지지 않은 경우가 더 많이 존재하므로 성공 확률은 제한적일 수 있다. 따라서 서열에서 가장 비슷한 구조를 골라낼 수 있는 방법을 찾는 것이 바람직하다.

포인트 1과 2는 해결된 문제이다. 이러한 검색은 하루에 수천 번 수행된다. 포인트 3과 4는 활발한 연구 분야이다.

데이터베이스 검색 방법에는 **민감도**와 **선택도** 간의 균형이 필요하다. 방법이 실제로 존재하는 예제의 전부 또는 대부분을 찾는가 아니면 많은 부분을 놓치는가? 정반대로 보고하는 '히트' 중 잘못된 항목은 몇 개인가? 데이터베이스에 1,000개의 글로빈 서열이 포함되어 있다고 가정한다. 글로빈에 대한 이 데이터베이스의 검색은 900개의 결과를 보고했으며, 그중 700개는 실제 글로빈 서열이었지만 200개는 그렇지 않았다. 이 결과는 300개의 잘못된 음성(오류)과 200개의 잘못된 양성이 존재한다. 감도와 선택성 사이에는 균형이 있다. 허용 한계를 낮추면 잘못된 음성 수는 줄어들지만 잘못된 양성 수는 증가한다. 종종 사람들은 중요할 수 있는 어떤 것도 놓치지 않기 위해 기꺼이 낮은 기준값으로 작업하려고 한다. 그러나 이렇게 하려면 결과에 대한 잘못된 양성을 제거하기 위해 결과를 자세히 조사해야 한다.

생물정보학의 정보 흐름

데이터는 과학자가 아카이브에 실험 결과를 저장하거나 문헌에 나타나는 결과를 데이터베이스에 기록할 때 생물정보학 기관에 입력된다. 아카이브는 데이터를 선별하고 주석을 달아 적절한 내용과 형식의 항목을 생성한다. 품질 검사는 큐레이션 과정의 일부이다. 그런 다음, 새 항목이 아카이브의 공개형 자료에 나타난다.

아카이브를 항목으로 나누는 것은 데이터의 출처에 따라 결정된다. 즉, 항목은 하나의 일관된 실험 측정 세트에 해당하며 종종 하나의 게재된 기사에 해당한다. 경우에 따라서는 전체 서열의 일부가 여러 기사에 나타난다. 데이터베이스는 결과를 결합하여 완전한 생물학적 독립체를 포함하는 항목을 형성할 수 있다. 현재 많은 뉴클레오티드 서열 데이터 세트가 주석이 달린 게놈 또는 조립되지 않은 메타게놈 조각으로 데이터베이스에 입력된다.

아카이브와 관련되거나 독립적인 기타 정보 검색 프로젝트는 새로 출시된 항목을 개별 시스템에 통합할 수 있다. 데이터 구조를 선택하거나 재구성하고 분석을 위한 새로운 도구를 제공할 수 있다.

데이터 재구성에는 다음이 포함될 수 있다.

- 단순히 새 항목을 일반 또는 전문 검색 엔진에 통합한다. 예를 들어, Google에 '땅돼지 마이오글로빈'을 입력하면 UniProtKB 항목에 대한 링크가 반환된다.
- 유용한 데이터 하위 집합 추출. 예를 들면 (1) 박테리아 게놈 또는 진핵 염색체와 같이 관련된 DNA 서열에서 유전자 식별, (2) 검색 시간을 단축하고 통계적 편향을 줄이기 위한 중복되지 않는 단백질 서열 세트 추출이 있다.
- 원본 데이터에서 새로운 유형의 정보 도출. 간단한 예시: DNA 서열 아카이브에 의한 단백질 암호화 유전자의 공개는 단백질 서열 데이터베이스에서 아미노산 서열 번역의 출현을 촉발할 것이다. (그렇게 간단하지 않은 측면: DNA 서열은 스플라이스 변이나 4차 구조와 같은 단백질과 관련된 다른 중요한 정보에 대해 알려주지 않는다.)
- 다양한 방식으로 데이터 재결합. 많은 프로젝트는 상동 단백질 계열의 서열이나 구조 또는 기능을 공유하는 단백질을 분류한다. MEROPS 프로테아제 데이터베이스가 그 예시이다. 일부 아카이브는 출처의 명확성을 유지하기 위해 관련 항목을 별도로 보관하는 경향이 있다. 일부 데이터베이스는 특정 유기체 또는 관련 유기체 집합에 대한 데이터를 통합한다. FlyBase가 그 예시이다.
- 서로 다른 링크 배치 제공을 포함하여 데이터에 주석을 다시 달기. 통합은 수평 또는 수직일 수 있다. 즉, 링크는 동일한 유형의 다른 항목에 대한 관계를 나타낼 수 있다(예를 들어, 상동 유전자 사이 또는 동일한 대사경로와 관련된 유전자 사이의 게놈 내 대응). 또는 링크는 유전자 또는 단백질에 대한 다양한 정보를 제공할 수 있다(예시: 유전자와 돌연변이의 임상 결과 간의 링크).

많은 사이트가 아카이브와 데이터 분석에 사용할 수 있는 컴퓨터 도구 사이의 관문 역할을 한다. 정보 검색은 연구 프로젝트의 구성 요소를 제공하기 위해 데이터의 선택 및 추출을 허용한다. 많은 생물정보학 자원은 정보 검색을 제공할 뿐만 아니라 선택한 항목의 '후속 과정'처리를 용이하게 한다. 전형적인 예는 상동 유전자 세트의 서열을 검색한 다음 정렬하는 것이다. 목표는 데이터 저장, 검색 및 분석을 위한 도구 간의 밀접한 연결을 통해 연구 프로젝트에 필요한 모든 데이터 처리 단계를 원활하게 통합하는 것이다.

데이터베이스에 대한 동시 접근의 중요성이 커지면서 데이터베이스 상호작용에 대한 연구로 이어졌다. 각 데이터베이스가 데이터베이스의 개별 기능에 적합한 방식으로 자체 데이터를 구조화할 수 있는 자유를 너무 많이 희생하지 않고서 데이터베이스가 어떻게 '서로 대화'할 수 있는가? 포함된 물질은? 분산 쿼리 시스템을 구축하려는 노력에도 불구하고 가장 효과적인 솔루션은 생물정보학에서 데이터 자원의 병합 및 통합에 대한 강력한 경향에 반영된다. 이에 대한 몇 가지 이유는 정치적이다. '제국 건설' 대립형질은 과학 인구에서 상당히 높은 빈도로 존재하며, 계속되고 강화된 자금 지원에 대한 '대마불사' 논쟁이 이어진다. 과학적으로, 데이터베이스를 통합하면 '원스톱 쇼핑'이 가능하고, 다양한 범주의 정보에 액세스해야 하는 쿼리를 쉽게 처리할 수 있으며, 데이터 큐레이팅에서 범주 간 일관성 검사를 용이하게 할 수 있다. 또한 대규모 데이터베이스 조직에는 사이트 사용 및 과학적 배경에 대한 지침서 가이드를 제공하는 재원이 있다. 대규모 조직은 업무 지원 센터를 지원할 수 있다. 불만스러워하는 사용자는 데이터 생산 통합으로 인해 지침이 **필요할** 정도로 사이트가 복잡해진다고 반박할 수 있다. 그러나 사용자가 혼란스러워하는 작은 전문적인 데이터베이스가 많이 있다.

아카이브의 내용에 대한 중앙 집중식 또는 파트너십 이상, 내용 제어에 대한 좋은 주장이 있지만, 아카이브에 접근하는 방법을 제한할 필요는 없다. 일반적으로 데이터베이스의 '프론트 엔드' 디자인이다. 전문적인 사용자 커뮤니티는 데이터의 하위 집합을 추출하거나 다른 소스에서 데이터를 재결합하고 전문적인 접근 방법을 제공할 수 있다. 이러한 '부티크' 데이터베이스는 포함된 정보의 소스로서 주된 아카이브에 의존하지만 조직 및 제공 방식을 재설계한다. 실제로, 서로 다른 파생 데이터베이스는 동일한 정보를 서로 다른 방식으로 쪼개어 분석할 수 있다. 이는 연간 *Nucleic Acids Research* 개론서에 보고된 전문화된 데이터베이스의 엄청난 확산을 설명한다.

합리적인 추정은 아카이브에 기반을 두지만 개별 연구 그룹 또는 개별 과학자의 요구에 맞게 개별 범위와 기능을 제공하는 전문화된 '가상 데이터베이스'의 개념을 제안한다.

큐레이션, 주석 및 품질 관리

과학 및 의료계는 데이터베이스의 품질에 의존한다. 품질 색인들은 오류 수정을 허용하지 않더라도 잘못된 결론에 도달하는 것을 방지하는 데 도움이 될 수 있다.

데이터베이스 항목은 가공되지 않은 실험 결과와 보충 정보 또는 주석으로 구성된다. 이들 각각에는 고유한 실수 원천이 있다. 데이터 자체의 품질을 결정하는 가장 중요한 요소는 실험 기술 수준이다.

이전 데이터는 이전 기술에 의해 제한되었다. 예를 들어, 단백질의 아미노산 서열은 한때 펩티드 서열 분석에 의해 결정되었지만, 지금은 DNA 서열에서 번역된다(질량 분석법에 의한 부분 서열 분석은 제외). 데이터 폭발의 한 가지 결과는 대부분의 데이터가 현재 기술로 생성된 새로운 데이터이며, 대부분의 경우 상당히 잘 작동한다는 것이다.

주석에는 데이터 소스 및 이를 결정하는 데 사용되는 방법에 대한 정보가 포함된다. 책임 있는 조사자를 식별하고 관련 간행물을 인용한다. 다른 데이터베이스의 관련 정보에 대한 링크를 제공한다. 일부 시퀀스 데이터베이스에서 주석에는 생물학적 중요성이 있는 서열의 부분 목록인 **기능 테이블**이 포함된다; 예를 들어, 단백질을 암호화하는 DNA 서열의 영역. 이들은 컴퓨터 구문 분석이 가능한 형식으로 나타나며 내용은 통제된 어휘로 제한된다. 통제된 어휘의 각 데이터베이스에 의한 진술과 어휘에 나타나는 용어의 정의는 정보 검색 작업에 필수적이다. (이것은 브리지 토너먼트의 '컨벤션 카드'와 같다.)

이전에는 단일 연구 그룹에서 일반적인 DNA 서열 항목을 생성하여 일관된 방식으로 유전자와 그 산물을 조사했다. 주석은 실험 데이터에 근거하고 전문가가 작성했다. 대조적으로, 전체 게놈 서열 분석 프로젝트는 대부분의 추정 유전자 발현에 대한 실험적 확인이나 제품의 특성화를 제공하지 않는다. 데이터베이스의 큐레이터는 주석의 대부분을 컴퓨터 프로그램에 의한 서열 분석에 기초한다.

주석은 유전체학 기업의 가장 취약한 구성 요소이다. 주석 자동화는 제한된 범위에서만 가능하다. 올바른 작업은 여전히 노동 집약적이고, 할당된 재원은 불충분하다. 그러나 적절한 주석의 중요성을 과소평가할 수 없다. P. Bork는 유전자 과제의 실수가 서열 데이터 자체의 높은 품질을 손상시킨다고 지적했다.

게놈 데이터의 증가는 통계적 방법의 정확도가 증가함에 따라 주석의 품질을 향상시킬 수 있다. 이렇게 하면, 항목의 **재주석**을 개선할 수 있다. 주석의 개선은 좋은 일이 될 것이다. 그러나 그것은 주석이 유동적일 것이라는 불안감을 주는 수반을 의미한다. 네트워크 링크들이 점점 더 조밀해지는 웹사이트의 확산으로 인해 문제가 악화된다. 웹사이트 네트워크는 응용 프로그램에 유용한 방안을 제공한다. 그러나 웹은 또한 전염의 매개체이기도 하며, 원시 데이터의 전파되는 오류, 나중에 수정되었지만 전달되지 않은 미성숙 데이터, 다양한 주석의 오류를 전파한다.

아마도 유일하게 가능한 해결책은 **분산된 동적** 오류 수정 및 주석 과정일 것이다. 데이터베이스 직원이 분산되어 있으면 작업에 대한 시간도 전문 지식도 없다. 전문가가 큐레이터 역할을 해야 한다. 동적 주석 및 오류 식별/수정의 자동화 진행에서 데이터베이스의 재주석을 허용한다. 그러나 처음 배포되었을 때 정확하고 고정된 항목으로 구성된 안정적인 데이터베이스에 대한 안전한 발상을 포기해야 한다. 데이터베이스는 펄펄 끓어오르는 정보의 수프가 될 것이며, 크기가 커지고 품질이 향상되길 바란다.

월드 와이드 웹

모든 독자는 참조 자료, 뉴스, 분자생물학 데이터베이스 접근, 개인 친구, 동료 또는 유명인에 대한 개인 정보 확인 또는 검색을 위해 월드 와이드 웹을 사용했을 것이다. 웹은 네트워크를 통한 개인 및 컴퓨터 간의 연락 수단이다. 도서관, 우체국, 상점, 학교에 대응하는 모든 것이 갖춰진 지구촌을 제공한다.

저장소로서 웹은 거대한 전 세계 멀티미디어 게시판으로 생각할 수 있다. 여기에는 글, 이미지, 영화 및 소리가 포함된다. 컴퓨터에 저장할 수 있는 거의 모든 것을 웹을 통해 사용할 수 있고 접근할 수 있다. 흥미로운 예시는 Walt Whitman의 시를 다루는 사이트이다(http://www.whitmanarchive.org). 최상위 페이지에는 목록이 포함되어 있다. 이 사이트에는 다양한 시의 인쇄된 원문이 포함되어 있다. 다양한 버전들을 비교할 수 있다. 시에 대한 중요한 분석에 접근할 수 있다. 원고에서 일부 시의 버전을 볼 수 있다. Whitman이 시의 일부를 읽는 것을 들을 수 있는 오디오 파일 링크도 있다.

웹사이트에 포함된 링크는 내부 또는 외부일 수 있다. 내부 링크는 현재 문서 원문의 다른 부분이나 관련 이미지, 영화 또는 소리로 이동한다. 외부 링크를 사용하면 보다 전문적인 문서, 보다 일반적인 문서(아마 기술 자료에 대한 배경 정보 제공), **병렬** 문서(동일한 주제에 대한 다른 논문) 또는 그 **위로** 사용할 수 있는 다른 관련 자료를 보여주는 디렉토리로 이동할 수 있다.

웹도 일방통행이 아니다. 많은 웹 문서에는 정보를 입력하고 프로그램을 시작할 수 있는 양식이 포함되어 있다. 검색 엔진이 일반적인 예시이다. 생물정보학의 많은 계산은 이제 이러한 웹 서버를 통해 시작된다. 계산이 길면 결과가 세션 내에서 반환되지 않고 전자 메일로 전송될 수 있다.

웹을 효과적으로 사용하기 위해 해야 할 가장 중요한 일은 유용한 진입점을 찾는 것이다. 세션이 활성화되면 링크를 통해 원하는 곳으로 이동할 수 있다. 가장 중요한 사이트 중에는 전체 웹을 색인화하고 키워드 검색을 허용하는 Google과 같은 **검색 엔진**이 있다. '인산화효소', '알로스테릭 변화' 또는 '결정 구조'와 같이 하나 혹은 하나 이상의 용어를 입력하면 검색 프로그램이 이러한 용어를 포함하는 웹사이트 링크 목록을 반환한다.

성공적인 세션을 완료한 후, 다음에 로그인할 때는 브라우저의 세션 간 메모리 기능이 중단한 부분부터 다시 시작할 수 있게 해준다. 세션 중에 돌아가고 싶은 문서를 보고 싶은 경우에는 **책갈피** 또는 **즐겨찾기** 파일에 링크를 저장할 수 있다. 후속 세션에서는 처음에 해당 사이트로 연결되었던 링크를 따라가지 않고도 이 목록에 있는 모든 사이트로 직접 이동할 수 있다.

개인 **홈페이지**는 간략한 자서전적 스케치이다(물론 링크 포함). 당신과 당신의 동료는 일반적으로 이름, 기관 소속, 서류 및 전자 메일 주소, 전화 및 팩스 번호, 출판물 목록 및 현재 연구 관심사를 포함하는 자신의 홈페이지를 갖게 된다. 홈페이지에는 취미, 배우자 및 자녀와 함께 있는 개인의 사진, 심지어 가족의 반려견과 같은 개인 정보까지도 포함되는 것이 일반적이다! (그러므로, 신원 도용에 취약한 정보를 포함하지 **않는** 것이 중요한다.)

전자출판

우리는 종이 없는 출판으로 전환하는 시대에 있다. 점점 더 많은 출판물이 웹에 나타나고 있다. 과학 저널은 목차만 게시하거나 기사의 초록 또는 전체 기사와 함께 목차를 게시할 수 있다. 많은 기관 간행물 소식지 및 기술 보고서가 웹에 올려져 있다. 다른 많은 잡지와 신문도 게재되고 있다. https://www.theguardian.com/uk를 시도해 볼 수 있다. 현재 많은 인쇄 출판물에는 종이에는 결코 나타나지 않는 보충 자료가 포함된 웹 링크에 대한 참조가 실려 있다.

종이를 전자 도서관으로 전환하는 주요 요인은 전자 형식 전용 저널의 출현과 여러 주요 도서관의 콘텐츠를 스캔하고자 하는 Google의 프로젝트이다. 저작권 제한은 정보 흐름을 방해한다. 이것은 오픈 엑세스 출판을 향한 움직임에 동기를 부여했다. 우리는 6장에서 이 주제를 발전시킬 것이다.

컴퓨터 및 컴퓨터 과학

생물정보학은 컴퓨터 하드웨어와 소프트웨어의 발전 없이는 불가능하다. 아카이브를 유지하기 위해서라도 빠르고 고용량의 저장 매체는 필수이다. 정보 검색 및 분석에는 프로그램이 필요하다. 일부는 상당히 간단하고 일부는 매우 정교한다. 정보의 배포에는 컴퓨터 네트워크와 월드 와이드 웹의 시설이 필요하다.

컴퓨터 과학은 정보 기술 하드웨어를 가장 효과적으로 사용하는 것을 목표로 하는 상대적으로 신생이면서 번창하는 분야이다. 컴퓨터 과학의 특정 영역들은 생물정보학에 가장 직접적으로 영향을 미친다. 발달에 필수적인 유전자인 인간 *PAX-6* 서열과 유사한 모든 서열을 데이터베이스에서 검색하는 특정 생물학적 문제를 고려하자. 이 문제에 대한 좋은 해결책은 컴퓨터 과학에 매력적일 것이다:

- **알고리즘 분석.** 알고리즘은 문제 해결 방법에 대한 완벽하고 정확한 설명서이다. 유사한 서열 검색을 위해서 데이터베이스의 모든 서열에 대한 탐침 서열의 유사성을 측정해야 한다. 가능한 모든 병렬에서 모든 쌍의 위치를 확인하는 순수한 접근 방식보다 훨씬 더 잘 수행할 수 있다. 이 방법은 간격을 허용하지 않더라도 탐침 서열에서의 문자수와 데이터베이스의 문자수의 곱에 비례하는 시간이 필요하다. 구어체로 '문자열학'으로 알려진 컴퓨터 과학의 전문 분야는 이러한 유형의 문제에 대한 효율적인 방법을 개발하고 효과적인 성능을 분석하는 데 중점을 둔다.
- **데이터 구조 및 정보 검색.** 쿼리에 대한 효율적인 응답을 위해서 데이터를 어떻게 구성할 수 있는가? 예를 들어, 서열 유사성 검색을 보다 효율적으로 만들기 위해 데이터를 색인을 달거나 '전처리'하는 방법이 있는가? 쿼리 구성 및 실행에서 사용자를 지원하는 인터페이스를 어떻게 제공할 수 있는가?
- **소프트웨어 엔지니어링.** 더 이상 과거의 컴퓨터 언어로 작성하는 사람은 거의 없다. 프로그래머는 C, C++, PYTHON, PERL, RUBY, JAVA 또는 FORTRAN과 같은 더 높은 언어로 작업한다. 프로그래밍 언어의 선택은 알고리즘 및 관련 데이터 구조의 특성과 프로그램의 예상 용도에 따라 달라진다. 물론 생물정보학에서 사용되는 대부분의 복잡한 소프트웨어는 이제 전문가가 작성하므로 생물정보학자에게 프로그래밍 전문 지식이 얼마나 필요한가에 대한 질문이 제기된다.

프로그램 작성

벽돌 쌓기가 건축학에 있는 것처럼 프로그래밍은 컴퓨터 과학에 해당한다. 둘 다 창의적이다; 하나는 예술이고 다른 하나는 공예이다.

생물정보학을 전공하는 많은 학생들은 정교한 컴퓨터 프로그램을 작성하는 방법을 배우는 것이 필수적인지 묻는다. 내 조언(분야의 모든 사람이 동의하지는 않음)은 '하지 마십시오. 당신이 그것을 전문화하고 싶지 않다면.' 생물정보학 분야에서 일하려면 웹에서 사용할 수 있는 도구를 사용하는 데 대한 전문 지식을 성장시켜야 한다. 웹

사이트를 만들고 유지하는 방법을 배우는 것은 필수적이다. 물론 워드 프로세서 및 프리젠테이션 도구와 같은 범용 응용 프로그램을 포함하여 컴퓨터 운영체제를 사용할 수 있는 능력이 필요하다. PERL, PYTHON 또는 RUBY와 같은 언어로 간단한 스크립트를 작성하는 기술은 운영체제의 기본 기능에 필수적인 확장을 제공한다. 분자 구조를 표시하는 그래픽 프로그램에 대한 능숙도는 중요한 기술이다(소프트웨어 소스는 https://www.science.co.il/biomedical/software/Molecular graphics.php 참조).

다른 한편으로, 데이터 아카이브의 크기와 우리가 다루고자 하는 질문이 점점 더 정교해짐에 따라서 존중이 요구된다. 현장에서 진정으로 창의적인 프로그래밍은 컴퓨터 과학에 대한 고급 교육을 받은 전문가에게 맡기는 것이 가장 좋다. 또한 고도로 세련된(화려하지 않은) 웹 인터페이스를 통해 프로그램을 **사용한다고** 해서 프로그램 작성 및 오류 수정과 관련된 활동의 특성을 알 수는 없다. Bismarck의 말에 따르면 '소시지나 법을 사랑하는 사람은 소시지가 만들어지는 것을 지켜보지 말아야 한다.' 아마도 컴퓨터 프로그램이 그의 목록에 추가되어야 할 것이다.

PERL, PYTHON를 사용하여 기본적인 기술을 배우는 것이 좋다. 이들은 매우 강력하며 모든 컴퓨터 시스템에서 사용할 수 있다. 그것들은 많은 유용한 간단한 작업을 매우 쉽게 수행할 수 있게 해주므로, 많은 계산을 요구하는 프로젝트에서도 효과적일 수 있다.

생물정보학에서 유용하게 쓰일 수 있는 프로그래밍을 어떻게 배워야 할까? 많은 기관에서 강좌를 운영한다. 동료의 인내심에 대한 당신의 적성 비율에 따라 동료로부터 배우는 것도 좋다. 책을 사용할 수 있다. 매우 유용한 접근 방식은 웹에서 강의를 찾는 것이다. 검색 엔진에 'PERL(또는 PYTHON 또는 RUBY) 자습서'를 요청하면 기본 사항을 직접 안내해 주는 많은 유용한 사이트를 찾을 수 있다. 그리고 물론 가능한 한 많이 연습하여야 한다. 이 책은 프로그래밍을 가르치지는 않지만 다른 곳에서 배운 것을 연습할 수 있는 기회를 제공할 것이다. 프로그래밍 야망이 단순한 작업을 넘어서는 경우에는 생물정보학 분야에 자유롭게 사용 가능한 프로그램 및 구성 요소의 출처인 프로젝트(http://bioperl.org, biopython.org, bioruby.org)를 확인하자.

간단한 PERL 프로그램의 예시가 이 책에 나와 있다. 문자열 처리에서 PERL의 강점은 생물학의 서열 분석 작업에 적합하다는 것이다. 다음은 표준 유전자 코드에 따라 뉴클레오티드 서열을 아미노산 서열로 변환하는 매우 간단한 PERL 프로그램이다. 첫 번째 라인인 `#!/ usr/bin/perl`은 다음에 오는 것이 PERL 프로그램이라는 UNIX-(또는 LINUX) 운영체제에 대한 신호이다. 프로그램 내에서 '#'로 시작하여 줄 끝까지 서술된 모든 문장은 단지 주석이다. 모든 프로그램을 포함해서, 독자가 컴퓨터에서 읽을 수 있는 형식으로 유용하다고 여겨지는 모든 자료는 이 책과 관련된 온라인 리소스 센터(http://www.oxfordtextbooks.co.uk/orc/leskbioinf5e/)에 있다.

사례 연구 1.1의 간단한 프로그램도 PERL 언어의 여러 기능을 표시한다. 이 파일에는 배경 정보(표준 유전자 코드 번역 테이블), 컴퓨터에 작업을 지시하는 명령문 및 입력 데이터가 포함되어 있다. 주석은 프로그램의 섹션을 요약하고 각 명령문의 효과를 설명한다.

주어진 입력 데이터에서 이 프로그램을 실행하면 다음과 같은 출력이 생성된다.

```
atgcatccctttaat
MetHisProPheAsn

tctgtctga
SerValTER
```

프로그램은 중괄호로 묶인 블록으로 구성된다..., 실행 흐름을 제어하는 데 유용한다. 블록 내에서 개별 명령문(각각 세미콜론 ;으로 끝남)은 나타나는 순서대로 실행된다. 하지만 외부 블록은 **루프**이다.

```
while ($line = <DATA>) {
...
}
```

여기서 `<DATA>`는 순차적으로 입력 데이터의 행을 나타낸다(`END` 다음에 나타남). 블록은 각 입력 행에 대해 한 번씩 실행된다. 즉, 입력 라인이 남아 있는 동안이다.

세 가지 유형의 데이터 구조가 프로그램에 나타난다. `$line`이라고 하는 입력 데이터 행은 **단순 문자열**이다. 3개의 **배열** 또는 벡터로 분할된다. 배열은 여러 항목을 선

사례 연구 1.1 표준 유전자 코드를 이용한 아미노산 서열로의 DNA 서열 번역

```
#!/usr/bin/perl
#translate.pl -- 핵산 서열을 표준 유전 암호에 의하면 단백질 서열로 번역한다

#  표준 유전자 코드표를 설정한다
    % standard genetic code = (
"ttt"=> "Phe",    "tct"=> "Ser",    "tat"=> "Tyr",    "tgt"=> "Cys",
"ttc"=> "Phe",    "tcc"=> "Ser",    "tac"=> "Tyr",    "tgc"=> "Cys",
"tta"=> "Leu",    "tca"=> "Ser",    "taa"=> "TER",    "tga"=> "TER",
"ttg"=> "Leu",    "tcg"=> "Ser",    "tag"=> "TER",    "tgg"=> "Trp",
"ctt"=> "Leu",    "cct"=> "Pro",    "cat"=> "His",    "cgt"=> "Arg",
"ctc"=> "Leu",    "ccc"=> "Pro",    "cac"=> "His",    "cgc"=> "Arg",
"cta"=> "Leu",    "cca"=> "Pro",    "caa"=> "Gln",    "cga"=> "Arg",
"ctg"=> "Leu",    "ccg"=> "Pro",    "cag"=> "Gln",    "cgg"=> "Arg",
"att"=> "Ile",    "act"=> "Thr",    "aat"=> "Asn",    "agt"=> "Ser",
"atc"=> "Ile",    "acc"=> "Thr",    "aac"=> "Asn",    "agc"=> "Ser",
"ata"=> "Ile",    "aca"=> "Thr",    "aaa"=> "Lys",    "aga"=> "Arg",
"atg"=> "Met",    "acg"=> "Thr",    "aag"=> "Lys",    "agg"=> "Arg",
"gtt"=> "Val",    "gct"=> "Ala",    "gat"=> "Asp",    "ggt"=> "Gly",
"gtc"=> "Val",    "gcc"=> "Ala",    "gac"=> "Asp",    "ggc"=> "Gly",
"gta"=> "Val",    "gca"=> "Ala",    "gaa"=> "Glu",    "gga"=> "Gly",
"gtg"=> "Val",    "gcg"=> "Ala",    "gag"=> "Glu",    "ggg"=> "Gly"
);

#  프로세스 입력 데이터

while  ($line = <DATA>) {                                  # 입력 줄에서 읽음
     print "$line";                                        # 출력에 전사
     chop();                                               # 끝 글자 제거
     @triplets = unpack("a3" x (length($line)/3), $line);  # 연속 트리플렛 꺼내기
     foreach $codon (@triplets) {                          # 트리플렛을 반복하다
        print "$standardgeneticcode{$codon}";              # 각각의 번역을 출력한다
     }                                                     # 트리플렛의 반복 종료
     print "\n\n";                                         # 출력에서 줄 건너뛰기
}                                                          # 입력 라인의 반복 종료
#     다음은 입력 데이터이다
__END__
atgcatccctttaat
tctgtctga
```

형 순서로 저장하며, 개별 데이터 항목은 배열의 해당 위치에서 검색할 수 있다.

대조적으로, 트리플렛에 의해 암호화된 아미노산을 쉽게 찾기 위해 유전자 코드는 **연관 배열**로 저장된다. 연관 배열 또는 해시 테이블은 단순 또는 순차 배열의 일반화이다. 단순 배열의 요소는 연속된 정수로 색인을 단다. 연관 배열의 요소는 임의의 문자열(이 경우 64개의 트리플렛)에 의해 색인을 단다.

우리는 뉴클레오티드 서열에서 나타나는 순서대로 입력된 트리플렛을 이용하지만, 입력 데이터에서 트리플렛의 연속에 의해 지시된 임의의 순서로 유전자 코드 테이블의 요소에 접근해야 한다. 문자열의 단순 배열 또는 벡터는 연속적인 트리플렛을 처리하는 데 적합하며, 연관 배열은 이에 해당하는 아미노산을 찾는 데 적합하다.

사례 연구 1.2의 프로그램은 제공된 데이터 세트에서 잘 작동한다. 모든 문서의 모든 조각에서 작동하는가? 독자가 프로그램의 약점을 발견할 수 있는가?

사례 연구 1.2 겹친 조각 조립

여기 언어의 추가적인 측면을 보여주는 또 다른 PERL 프로그램이 있다. 그것은 좋은 프로그래밍 스타일의 필수적인 부분으로서 설명적 주석의 중요성을 계속 강조한다. 이 프로그램은 문장을 재조립한다:

All the world's a stage,
And all the men and women merely players;
They have their exits and their entrances,
And one man in his time plays many parts.

after it has been chopped into random overlapping fragments (nn in the fragments represents end-of-line in the original):

the men and women merely players;nn
one man in his time
All the world's
their entrances,nnAnd one man
stage,nnAnd all the men and women
They have their exits and their entrances,nn
world's a stage,nnAnd all
their entrances,nnAnd one man
in his time plays many parts.
merely players;nnThey have

이런 종류의 계산은 겹친 조각들로부터 DNA 염기서열을 조립하는 데 중요하다.

```
#!/usr/bin/perl
#assemble.pl -- 중복되는 문자열 조각을 조립한다

#  조각 입력
while ($line = <DATA>)                    # 조각 단위로 읽음, 한 줄에 1개
   chop($line);                              # 후행 캐리지 리턴 제거
   push(@fragments,$line);                # 각 조각을 배열로 복사

#  이제 array @fragments에 조각들이 포함되어 있다

#  우리는 파편 사이에 두 가지 관계가 필요하다:
#  (1) 다른 조각의 접미사와 접두사를 공유하지 않는 조각
#        * 어떤 파편이 먼저 오는지 알 수 있다
#  (2) 다른 접두사와 가장 긴 접미사를 공유하는 단편
#        * 이것은 어떤 파편이 어떤 파편 뒤에 있는지 알려준다

#  접두사 배열을 기본값 "noprefixfound"로 처음 설정한다
#        나중에 접두사가 발견되면 이 기본값을 변경한다
```

```
#           기본값을 유지하는 단 하나의 조각이 먼저 와야 한다

#   그런 다음, 조각 쌍을 반복하여 최대 중첩을 결정한다
#           이것이 각 조각의 후속을 결정한다

#   전달할 때 주의할 점은 만약 조각에 후계자가 있다면
#                후계자는 접두사가 있어야 한다

foreach $i (@fragments) {                         # 각 조각의 접두사 초기 설정
     $prefix$i = "noprefixfound";                 # - "찾을 수 없음"
     }                                               # 접두사가 발견되면 덮어쓴다

#   각 쌍에 대해 하나의 접두사와 다른 접두사의 가장 긴 겹침을 찾는다
#              이것은 우리에게 어떤 조각이 어떤 조각 뒤에 있는지 알려준다

foreach $i (@fragments) {                         # 조각 반복
     $longestsuffix = "";                         # 가장 긴 접미사를 null로 초기화
     foreach $j (@fragments) {                    # 조각 쌍 반복
          unless ($i eq $j) {                     # 자기 자신에 대한 조각을 확인하지 않는 한
               $combine = $i. "XXX". $j;          # 울타리 XXX와 연결된 조각
               $combine =~ /([\S ]{2,})XXX\1/;  # 반복되는 서열 확인
               if (length($1) > length($longestsuffix)) {  # 가장 길게 겹침 유지
                    $longestsuffix = $1;          # 가장 긴 접미사
                    $successor{$i} = $j;          # $j 뒤에 $i라고 기록한다
               }
          }
     }
      $prefix{$successor{$i}} = "found";          # $j가 $i 뒤에 있으면 $j는 접두사를 사용해야 한다
}
foreach (@fragments) {                            # 접두사가 없는 조각을 찾는다. 그것이 시작이다
     if ($prefix{$_} eq "noprefixfound") {$outstring = $_;}
}
$test = $outstring;                               # 접두사 없는 조각으로 시작
while ($successor{$test}) {                       # 조각을 순서대로 추가하는 동안
     $test = $successor{$test};                   # 다음 조각 선택
     $outstring = $outstring . "XXX" . $test;      # 문자열에 추가
     $outstring =~ s/([\S ]+)XXX\1/\1/;           # 중복되는 조각 제거
}
$outstring =~ s/\\n/\n/g;                         # 신호 변경 \n 실제 캐리지 리턴으로
print "$outstring\n";                             # 최종 결과 인쇄

__END__
the men and women merely players;\n
one man in his time
All the world's
their entrances,\nAnd one man
stage,\nAnd all the men and women
They have their exits and their entrances,\n
world's a stage,\nAnd all
their entrances,\nAnd one man
in his time plays many parts.
merely players;\nThey have
```

Après moi, le déluge? 너무 늦어서 죄송합니다!

'빅 데이터'의 문제에 직면하여 이 도입부를 마무리하는 것이 신중해져야 한다. 물론 이러한 문제는 생물정보학에만 국한되지 않는다. 그들은 만연하게 널리 퍼져 있다. 2020년까지 디지털 세계는 44 제타바이트[7]를 포함할 것으로 예상되며, 물리적 우주와 마찬가지로 빠르게 확장되고 있다. 인터넷 데이터의 90%는 2016년 이후 생성되었다. 데이터 센터는 영국 에너지 생산량의 약 3%를 소비한다.

2020년 인구가 8×10^9인 경우, 44 ZB는 1인당 약 2,000개의 게놈에 해당한다. 모든 살아 있는 사람의 게놈을 서열 분석하여도 디지털 세계의 크기는 불과 0.05% 정도 증가한다.

Hilbert는 정보 자원의 역사를 차트로 작성하였다(그림 1.18 참조). y 축의 로그 범위에 유의한다. 지난 세기와 그 이전에 정보 저장은 아날로그식이었다. 책, 그 다음에는 영화와 오디오 테이프 녹음도 마찬가지였다. 독자의 생애 동안 디지털 방식의 아카이브가 등장하였다.

[7] 1 ZB = 10^{21} 바이트. bytes = B 및 bases = b로 축약하여 기술한다.

이러한 확장을 가능하게 하고, 이에 압도당하지 않도록 방어하는 것은 저장 및 전송 용량의 향상과 매우 큰 데이터 세트를 처리할 수 있는 알고리즘이다.

이전에는 다루기 어려웠던 많은 문제가 지금은 해결될 수 있다. 이것은 주로 컴퓨터 성능이 증가한 결과이다. 처리 장치의 가격이 너무 급격스럽게 떨어졌기 때문에 이제는 계산에 관련된 막대한 컴퓨터 성능을 제공하는 것이 가능하다. 양자 컴퓨터 사용은 전망을 완전히 바꿀 것이다. 지금은 초기 단계에 있지만 아마도 많은 독자들의 생애 동안 번창할 가능성이 크다.

특정 문제에는 시간과 공간(=저장) 요구 사항이 있다. 압축은 공간 요구 사항을 줄이는 일반적인 처리 방법 중 하나이다(Box 1.13 참조). 더 작은 파일 크기의 진정한 이점

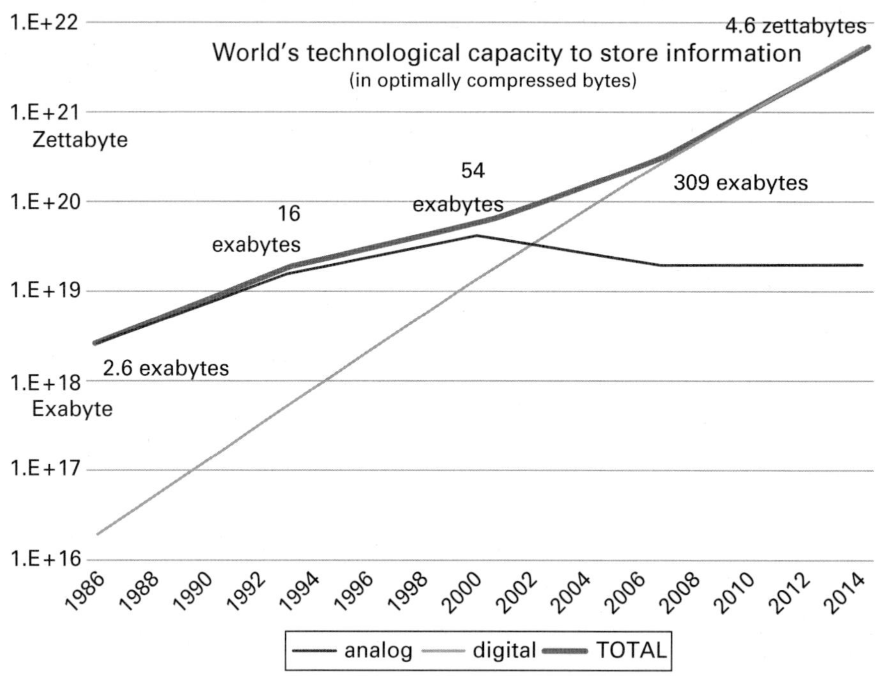

그림 1.18 정보 저장을 위한 다양한 미디어 사용 동향.

(Reprinted by permission from Springer, Cham, M. Hilbert, Information Quantity, appearing in: Schintler L., McNeely C. (eds) *Encyclopedia of Big Data*, Copyright 2017.)

BOX 1.13

압축

압축 알고리즘은 동일한 정보를 포함하지만 크기가 작은 두 번째 파일을 생성한다. 예를 들어, 인간 게놈 서열을 압축하는 명백한 방법은 참조 서열과의 차이점만을 기록하는 것이다.

압축은 '무손실' 또는 '유손실'일 수 있다. 무손실 압축은 원본 파일의 어떤 정보도 희생시키지 않는다. 원래 파일을 정확하게 복구할 수 있다. 물론 유전체 서열과 같은 정보를 저장하기 위해서는 무손실 압축이 필수적이다. 전화선을 통한 음성 전송을 위해서는 손실 압축이 필요하다. 압축 알고리즘은 수신자가 음성을 이해할 수 있게 보정된다.

많은 응용프로그램의 경우 파일을 한 번만 압축하고 여러 번 압축을 해제해야 한다. 이 경우 압축이 느리고 압축 해제가 빠른 경우에도 허용 가능하다.

표는 현재 알고리즘에 의해 달성된 압축 인자의 대략적인 추정치를 제공한다:

압축 요소	
문자	~5
오디오	12
영상	80-160
유전체	800

파일을 압축하는 데에는 두 가지 목적이 있다. 첫 번째는 고정된 저장량에 더 많은 정보를 맞추는 것이다. 예를 들어, 많은 노트북에는 다양한 TB의 디스크 용량이 포함되어 있지 않다. 하지만 클라우드가 이를 바꾸고 있다. 저장소 가격이 급락하고 있고, 클라우드는 이러한 절감 효과를 사용자에게 제공하고 있다. Box CEO Aaron Levie는 저장소가 '자유롭고 무한한' 미래를 전망하였다.

두 번째 목적은 파일을 전송하는 시간이 파일의 길이에 따라 선형적으로 달라진다는 점이다. 대역폭과 지연 시간은 제한적이다. 그들은 증가하고 있지만, 많은 정부가 인터넷 연결과 속도가 국가 인프라의 필수 요소임을 인식하고 있다.

대역폭	한 지점에서 다른 지점으로 초당 전송할 수 있는 데이터의 양
지연 시간	데이터 패킷이 한 지점에서 다른 지점으로 이동하는 데 걸리는 시간

차이를 명확하게 하기 위해 제한속도가 70 km인 4차선 고속도로를 고려해 보자. 교통체증으로 인한 지연은 없다고 가정한다. 인터넷과 유사한 점은 대역폭에 해당하는 차선의 수와 대기 시간에 대한 제한 속도이다. 차선 수를 4개에서 6개로 늘렸지만 속도 제한은 그대로 유지한다고 가정하자. 도로 용량은 늘리지만 주행 시간은 늘리지 않는다. 그 결과 파일을 전송하는 전체 시간(또는 4대 이상의 트럭으로 운반되는 벽돌의 선적)이 단축된다. 따라서 대역폭을 늘리면 실시간 애플리케이션(예: Skype 전화 통화)을 제외하고는 대기 시간이 길어지는 것을 줄일 수 있다.

은 저장 공간을 절약하는 것이 아니라 파일 다운로드 및 계산 중에 로컬에서 접근 시간을 줄이는 것이다.

대부분의 문제를 해결하는 데 필요한 시간은 처리되는 데이터 세트의 크기에 따라 다르다. '빅 데이터' 문제에 대한 접근 방식을 추진하기 위한 가장 중요한 고려 사항은 알고리즘의 순서이다. 이는 문제의 크기에 따라 실행 시간이 어떻게 확장되는지 정의한다. 예를 들어, 알고리즘이 문제의 크기에 따라 연속적으로 실행 시간이 증가하는 경우 $\mathcal{O}(n/m)$이라고 한다. 정해진 숫자를 합산하는 것이 예시이다. 두 배의 숫자를 포함하는 목록을 합산하는 데는 두 배의 시간이 걸린다. 예를 들면 다음과 같다.

$\mathcal{O}(1)$	문제 크기와 무관한 실행 시간. 사례 연구 1.1에서 코돈에 해당하는 아미노산을 찾는 것과 같은 사전 조회가 그 예이다.
$\mathcal{O}(\log n)$	알파벳순으로 정렬된 목록에서 단어 찾기
$\mathcal{O}(n)$	문제 크기에 연속적인 실행 시간
$\mathcal{O}(n \log n)$	숫자 목록을 정렬하는 최상의 알고리즘이다. 예를 들어, 'heapsort' (https://brilliant.org/wiki/sorting-algorithms/ 참조)
$\mathcal{O}(n^2)$	숫자 목록을 정렬하기 위한 순수한 알고리즘 ('버블 정렬')
$\mathcal{O}(2^n)$	실행 시간은 문제 크기에 따라 기하급수적으로 증가한다. 예를 들어, 합계가 12인 숫자 목록의 하위 집합이 있다면 무엇인가?
$\mathcal{O}(n!)$	문제 크기의 계승에 따라 실행 시간이 늘어난다. 예: 정렬된 집합의 모든 순열을 생성한다.

때때로 차수가 더 낮은 개선된 알고리즘을 통해 계산을 더 큰 데이터 세트로 실행할 수 있다. (일부 문제의 경우, 이를 해결하는 알고리즘이 다항식 순서를 가질 수 없다는 것이 **증명될 수 있다**. 예시를 찾기 위해 시간을 낭비하지 마시오.) 또는 솔루션의 필수 기능을 희생하지 않고 빠른 실행을 허용하는 영리한 근사치를 만드는 것이 가능할 수 있다. 서열 분석 데이터베이스 검색을 위한 BLAST 방법이 그 예이다(4장 참조).

계산 복잡성

컴퓨터 과학자들은 본질적인 어려움에 따라 문제를 평가한다. 문제 해결을 위한 최적의 알고리즘의 순서를 결정하는 것은 이론적, 즉 비건설적인 결과이며 명백한 알고리즘을 제공하지 않는다. 반대로, 최적 차수의 알고리즘이 알려져 있더라도 동일한 차수를 가진 더 빠른 알고리즘의 형태로 상당한 개선이 가능할 수도 있다.

경우에 따라서, 차선의 '최악의 경우' 순서를 가진 알고리즘은 병리학적 경우를 제외한 모든 경우에 잘 작동하며 실제 응용 프로그램에서 매우 유용할 수 있다. 선형 프로그래밍 문제를 해결하기 위한 '단일어 알고리즘'이 유명한 예이다. 표준 압축 알고리즘 gzip은 또 다른 것이다.

때때로 다항식 차수 알고리즘은 큰 문제에 실용적인 유용성을 가지고 있으며, 다항식 차수 알고리즘보다 더 나쁘다. 이 진술의 두 번째 부분은 확실히 사실이다. 그럼에도 불구하고, 다항식 차수 알고리즘이 존재해야 하는지 여부를 아는 것은 가치가 있다.

이를 해결하기 위한 다항식 차수 알고리즘이 있는 일련의 문제를 **클래스** *P*라고 한다.

추정상의 해결책이 주어졌을 때, 그것이 실제로 해결책인지 시험하는 것이 다항식 시간 내에 수행될 수 있는 경우 문제는 **클래스** *NP*에 속한다. (NP는 비결정론적 다항식을 의미한다.) 어떤 경우에는 해결책을 찾는 것이 다항식 시간 내에 수행될 수 없는 경우에도 가능할 수 있다. 예를 들어, 큰 정수 I를 주고 I를 인수분해하는 것은 매우 어려운 문제이다. 그러나 두 숫자의 곱이 I와 같은지 확인하는 것은 쉽다. 많은 암호화 체계가 이러한 불일치에 의존한다. (인수를 찾지 않고 I가 소수인지 아닌지를 결정하는 것이 다항식 시간에 이루어질 수 있다는 점이 흥미롭다.)

차이점을 설명하기 위한 비유: 해결책을 **찾아야** 하는 학생들은 할당된 모든 문제가 어렵다고 불평한다. 숙제를 채점하는 조교는 학생의 답변만 **확인하면** 되므로 NP 문제만 알고 있으면 된다.

분명히 문제가 클래스 P에 있다면 그것은 클래스 NP에 있다. (왜?) 따라서 $P \subset NP$. $NP \subset P$이면 또한 $P = NP$이다. 이것이 사실인지 여부는 컴퓨터 과학에서 해결되지 않은 뛰어난 문제이다.

생물정보학은 폭발적인 정보 증가에 참여하고 있다. 그것의 기여를 지배하는 것은 무엇인가?

세상에 얼마나 많은 시퀀싱 파워가 있는가?

전체 서열 분석 능력의 한 기준은 데이터뱅크의 크기이다. The International Nucleotide Sequence Database Collaboration(INSDC; http://www.insdc.org)에 조립되고, 주석이 달린 서열 보유량이 2012년 450,481,663,919 염기에서 2018년 12월 4,516,426,893,424 염기로 증가했다. 성장은 기하급수적이다(그림 1.1 참조). '가공되지 않은' 즉 조립 전 서열 분석 데이터를 포함하는 시퀀스 읽기 아카이브에는 26개의 페타베이스($= 26 \times 10^{15}$ 염기)가 포함되어 있다.

또 다른 접근 방식은 기반 시설 인구 조사이다. 웹사이트 omicsmaps.com은 전 세계의 서열 분석 기기 분포를 보여준다. 매우 큰 집중이 있다: 예를 들면, BGI(구 Beijing Genomics Institute); 영국 힝스턴에 있는 Wellcome Trust Sanger Institute; 미국의 워싱턴 대학교와 베일러 의과대학. 그러나 전 세계에 약 70개 밖에 없는 구조 생물학용 싱크로트론과 달리 서열 분석용으로는 집에서 더 가까운 곳에 있을 것이다. 기니의 에볼라 바이러스 발발과 같은 전염병의 게놈 감시를 위한 현장 작업(실험실용)을 위한 휴대용 장치도 있다. 현장 작업의 과제는 소형화뿐 아니라 엔지니어의 정기적인 교정 및 조정이 필요하지 않은 장치를 생산하는 것이다.

omicsmaps.com 웹사이트와 관련된 데이터를 통합할 수 있다. Stephenset *et al.*[8]은 2016년에 전 세계 합계 서열

[8] Stephens, Z.D., Lee, S.Y., Faghri, F., Campbell, R.H., Zhai, C., Efron, M., Iyer, R., Schatz, M.C., Sinha, S. and Robinson, G.E. (2015). Big data: astronomical or genomical? *PLoS Biol.* **13**:e 1002195.

분석 용량을 연간 약 10^{17} bp 또는 100 페타바이트(1 PB = 10^{15} 바이트)로 추정한다. 이것은 약 300만 개의 인간 게놈에 해당한다. 미래에 대한 예측은 신뢰할 수 없지만, 현재 추세에서 Illumina의 추측은 2026년 서열 분석 용량이 연간 10^9개의 인간 게놈이 될 것이라고 제안한다(이는 상대적으로 보수적인 추정치임).

생물정보학의 데이터량은 다른 대규모 과학 정보 아카이브와 어떻게 비교되는가?

예를 들면, 천문학[9]에서 SkyMapper Southern Sky Survey는 500 테라바이트의 데이터를 생성했다(500 TB = 500 × 10^{12} 바이트). 프로젝트 목표는 2020년까지 1 페타바이트 데이터를 생성하는 것이다. LSST(Large Synoptic Survey Telescope) 프로젝트는 매일 밤 30 테라바이트를 수집한다. 그 목표는 약 200 페타바이트의 아카이브이다.

[9] Zhang, Y. and Zhao, Y. (2015). Astronomy in the big data era. *Data Science Journal* **14**, 11.

유럽 기후 연구 활동을 지원하는 World Data Center for Climate에는 5,000 TB의 기후 데이터가 포함되어 있다. 연간 1 PB씩 증가하도록 설계되었다.

정부 및 산업 데이터베이스는 이러한 과학적 데이터베이스보다 훨씬 더 크지만, 대부분은 자세한 정보를 공개하지 않는다.

소셜 미디어도 매우 빠르게 성장하고 있다. 1분마다 300시간 분량의 동영상이 유튜브에 업로드된다. 실제로, 현재 인터넷 통신의 대부분은 비디오이다. 그러나 Stephens *et al.*에서 10년 후에는 DNA 서열 데이터가 모든 데이터를 능가할 수 있음을 시사한다. 이것이 사실이든 아니든, 대규모 데이터 세트의 저장 및 배포가 분자생물학자에게 계속해서 심각한 기술적 과제를 야기할 것이라는 점은 의심의 여지가 없다.[10]

[10] 또한 http://whatsthebigdata.com/2014/09/15/us-governments-data-explosion-infographic/, https://peter-jaesthomas.com/2017/01/16/the-big-data-universe/ 및 http://www.iflscience.com/technology/how-much-data-dos-the-world-generate-every-minute/ 참조.

연습문제

연습문제 1.1. 서로 다른 인간은 DNA 서열의 약 0.5%가 다르다. 이것은 대략 몇 개의 염기에 해당하는가?

연습문제 1.2. 그림 1.8의 사진에서 개별 염기를 잘라내거나 다시 그려서 구아닌과 티민이 2개의 수소 결합을 포함하는 비표준 염기쌍을 형성할 수 있음을 보여준다. 표준 염기쌍의 사본과 비교하여 구아닌 티민 쌍이 표준 구조의 이중나선에서 표준 염기쌍과 입체화학적으로 호환되도록 당의 정확한 상대 위치 및 방향과 일치하지 않는 정도를 보여준다. 우라실은 티민과 동일한 수소 결합 특이성을 가지고 있다. (구아닌–우라실 '워블' 염기쌍은 대부분의 비메신저 RNA에 나타나며, tRNA와 mRNA 사이의 코돈–안티코돈 상호작용에 관련되어 있다.)

연습문제 1.3. 몸의 모든 세포에 있는 모든 DNA가 끝에서 끝까지 놓여 있을 경우, 그것이 태양계의 지름보다 길다면 놀라겠는가? 결과를 계산하고 비교하시오. 명왕성 궤도의 반장축은 5,906,376,272 km이다. 성인 인체의 세포 수는 10^{13}개로 추정된다.

연습문제 1.4. 그림 1.12(a)는 두 서열에서 동일한 잔기의 위치를 보여준다. 이 정렬의 경우 두 서열에서 동일하거나 보존적 돌연변이에 의해서만 다른 잔기의 부분은 무엇인가? (실용적인 목적을 위해 두 서열의 잔기 색상이 동일한 돌연변이를 보존적 돌연변이의 정의로 삼는다.) 두 서열의 해당 잔기가 반대 전하를 갖는 위치가 있는가? 그러한 위치에 있는 잔기의 측쇄가 구조를 가리키거나 용매를 가리킬 것이라고 예상하는가?

연습문제 1.5. 인간 β-헤모글로빈 유전자의 말단은 다음의 뉴클레오티드 서열을 갖는다:

```
... ctg gcc cac aag tat cac taa
```

(a) 이 서열을 아미노산 서열로 번역하는 것은 무엇인가? (b) 이 영역에서 침묵 돌연변이를 생성하는 단일 염기 변화의 뉴클레오티드 서열을 쓰시오. (침묵 돌연변이는 아미노산 서열을 변경하지 않고 그대로 두는 돌연변이이다.) (c) 이 영역에서 미스센스 돌연변이를 생성하는 단일 염기 변화의 뉴클레오티드 서열과 아미노산 서열로

의 번역을 쓰시오. (d) 이 영역에서 단백질의 조기 절단을 초래하는 돌연변이를 생성하는 단일 염기 변화의 뉴클레오티드 서열과 아미노산 서열로의 번역을 작성하시오. (e) 이 영역에서 돌연변이를 일으키는 단일 염기 변화의 뉴클레오티드 서열을 적으시오. 이는 단백질의 확장을 초래하는 부적절한 사슬 종결을 초래한다.

연습문제 1.6. (a) 류신, (b) 아스파르트산, (c) 트레오닌과 유사한 물리화학적 특징을 가진 아미노산을 말하시오. 우리는 그러한 대체가 대부분의 경우 단백질의 구조와 기능에 상대적으로 거의 영향을 미치지 않을 것이라 예상한다. (d) 류신, (e) 아스파르트산, (f) 트레오닌과 매우 다른 물리화학적 특성을 가진 아미노산을 말하시오. 이러한 치환은 특히 단백질 구조의 내부에서 발생하는 경우 단백질의 구조와 기능에 심각한 영향을 미칠 수 있다.

연습문제 1.7. (a) Sloan Digital Sky Survey – III의 3세대는 (거의 독점적으로) 북쪽 하늘의 지도이다. 공개된 12의 데이터는 약 116 테라바이트(1 바이트 = 1 문자, 1 테라바이트 = 1 TB = 10^{12} 바이트)이다. 이것은 얼마나 많은 인간 게놈 대응물에 해당하는가? (b) 매일 밤 SDSS 망원경은 200 GB의 데이터를 생성한다. 이것은 얼마나 많은 인간 게놈에 해당하는가? (c) EOS/DIS(Earth Observing System/Data Information System)에서 수집한 일련의 장기간 지구 관측 데이터는 2020년까지 65 페타바이트(1 페타바이트 = 1 PB = 10^{15} 바이트)로 증가할 것으로 예상된다. 이것은 얼마나 많은 인간 게놈 대응물에 해당하는가?

연습문제 1.8. 사례 연구 1.1의 PERL 프로그램에서 주석 자료가 포함된 프로그램 텍스트의 비율을 추정하시오. (완선과 반선을 센다.)

연습문제 1.9. 주식 시장에서 '스피드 트레이딩'은 일시적으로 유리한 가격 패턴을 활용하기 위해 밀리초 단위로 알고리즘에 의해 자동으로 조치가 시작되는 것이다. 많은 고속 거래자들은 컴퓨터를 증권거래소에 더 가깝게 옮긴다. 일부는 교환 서버 근처에 컴퓨터를 설치하기 위해 비용을 지불하기도 한다. 이들의 목표는 대역폭을 늘리는 것인가 아니면 대기 시간을 줄이는 것인가? (Box 1.13 참조.)

CHAPTER 2

유전학에서 게놈까지

고전 유전학의 배경

사람의 가족 내에, 그리고 동물과 식물에서 부모와 자식 사이에 유사성은 항상 명백하게 나타났다. 유전이 어떻게 작용하는지에 대한 이해는 최근에 밝혀졌다.

그 역사는 1850년대 후반부터 10년 동안 전개되었다. 그 후 세계적인 변화가 일어나기 위해 한 세기가 더 필요했다.

- 1858년 7월 1일, Charles Darwin과 Alfred Russel Wallace는 런던에서 개최된 Linnean Society에서 유전형질의 자연선택을 통한 종의 발생에 대한 아이디어를 발표했다. 그리고 이듬해인 1859년 11월 22일, Darwin은 종의 기원(*The Origin of Species*)이라는 제목의 책을 출간했다.[1]
- 1860년, Louis Pasteur는 푸른곰팡이(*Penicillium glaucum*)가 하나는 왼손잡이성(left-handed)이고, 다른 하나는 오른손잡이성(right-handed)인 점을 제외한 나머지가 동일한 두 거울상 분자 중 하나인 L형 주석산(tartaric acid)을 우선적으로 대사한다는 것을 관찰하여 보고했다. Pasteur가 수동 선택 방법을 통해 다른 형태의 결정으로부터 라세믹 타르타르산(racemic tartaric acid)을 분리한 연구는 3차원 분자 구조에 대한 아이디어를 생물학에 도입하는 계기가 되었다: 생물학적 과정이 어떻게 작동하는지 이해하려면 관련 분자의 상세한 공간 구조를 알아야 한다. 이에 따라, 생물학과 구조화학 사이에 학문적 교류가 시작되었고, 결과를 도출하게 되었다.
- 1865년 2월 8일과 3월 8일, 수도사 Gregor Mendel은 모라비아에 있는 브륀의 자연사학회에서 식물 교잡 실험에 대한 자신의 논문을 발표했다. Mendel의 논문은 이듬해 Society's Proceedings 저널에 게재되었다. Mendel은 식물학 시험에 탈락하자 교사가 되는 대신 수도원에 들어갔다. 이는 아마도 독창적인 아이디어를 고집한 대가일 것이다.

유전 메커니즘에 대한 이해 부족은 Darwin의 통찰력을 발전시키는 데 장애가 되었다. 따라서 Mendel의 연구는 유전 전달 요소의 불연속성과 지속성에 대한 중요한 견해가 누락되었다. 브륀 자연사학회 회보의 사본이 과학계에 배포되었음에도, Mendel의 연구결과는 20세기 초에 재발견될 때까지 크게 주목받지 못했다. [Wilhelm Johannsen은 1909년에 '유전자(genes)'라는 단어를 만들었다.]

이러한 상황에는 몇 가지 아이러니한 측면이 존재한다.

1. 브륀 학회의 회보 수신자 중에는 런던왕립학회(Royal Society of London)와 린네학회(Linnean Society)가 있었다. Darwin은 두 학회의 회원이었기에 그들의 도서관에 드나들 수 있었다. 더욱이 Darwin은 1880년에 출판된 Wilhelm Olbers Focke의 저서인 "*Plant Hybridisation*"을 개인적으로 소유하고 있었는데, 이 책에는 Mendel의 연구와 그 의미를 설명하는 섹션이 포함되어 있었다. George John Romanes는 브리태니커 백과사전의 잡종(hybrids)에 관한 기사를 준비하면서 Darwin에게 검토를 완료하는 데 필요한 도움을 요청했고, Darwin은 Romanes에게 Focke의 저서를 보냈다. 그러나

[1] William Charles Wells와 Patrick Mayhew를 포함한 이전의 몇몇 학자들이 자연 선택의 아이디어를 제안했다. 예를 들어, Mayhew는 1831년 저서인 "*On Naval Timber and Arboriculture*"의 부록에서 새로운 종을 만들 가능성을 노골적으로 언급하였다. (Mayhew의 관심은 영국 해군용 선박 건조를 위한 나무의 성장을 최적화하는 것이었다.) Mayhew는 종의 기원이 처음 발간되었을 때 항의하였고, Darwin은 후속 판에서 Wells와 Mayhew의 공로를 인정했다.

과학 역사상 가장 아슬아슬했던 사건(near-misses) 중 하나는 Darwin뿐만 아니라 Romanes도 Mendel의 연구에 대한 섹션을 읽지 않았다는 것이다. (우리는 이것을 어떻게 알게 되었을까? Mendel의 연구와 관련된 페이지를 읽은 흔적이 없었기 때문이다! Darwin의 이 책은 현재 케임브리지 대학교 도서관에 보관되어 있으며, 관련 페이지가 그대로 남아 있다.)

2. 부모 사이의 서로 다른 특성이 자손에게 섞이는 것이 아니라 유지된다는 Mendel 연구결과가 출판되기 이전에, Darwin은 Mendel의 결론과 유사한 독립된 의견을 피력하였다. 1857년, Thomas Henry Huxley에게 보낸 편지에서 Darwin은 다음과 같이 표현했다:

> 나는 최근에 진정한 수정에 의한 번식은 서로 다른 두 개체 또는 각 부모가 부모와 조상을 가지고 있는 것처럼, 무수한 개체의 진정한 융합이 아니라 일종의 혼합으로 밝혀질 것이라고, 아주 조잡하고 불명료하게 추측하게 되었습니다. 나는 교차 형태가 조상 형태로 상당 부분 거슬러 올라가는 방식에 대한 다른 견해를 이해할 수 없습니다. 물론 이 모든 견해는 한없이 조잡합니다.

사실, Darwin 자신도 완두콩 식물을 교배시켜서, 특성의 분리를 관찰했다! 1866년, Darwin은 Wallace에게 다음과 같이 편지를 썼다.

> 나는 색상이 매우 다른 품종인 페인티드 레이디(Painted Lady)와 퍼플 스위트피(Purple sweetpeas)를 교배했는데, 같은 완두콩 껍질(pod)에서 나왔음에도 두 품종 모두 완벽하지만 중간은 없었습니다.

같은 편지에서, Darwin은 혼합 유전이 아닌 개별 유전의 명백한 예로서 남성과 여성 부모가 남성과 여성 자손을 낳는다고 지적했다.

Darwin, Pasteur, 그리고 Mendel의 이 10년의 유산은 1869년 Friedrich Miescher의 DNA 발견으로 완성되었다. 당시에는 DNA의 구조와 기능이 모두 알려지지 않았었다. 그러나 수정 과정에서 염색질(chromatin)의 역할에 대한 현미경적 관찰은 Miescher의 물질이 '유전 특성의 전달을 위한... 의 반응'이라는 제안을 이끌어냈다.[2] 세포생물학자가 그 결론에 먼저 도달했으며, 옳은 결론이었다. 유전 물질로서의 DNA에 대한 견해는 수년 동안 잊혀졌다. 따라서 그 의견이 다시 등장했을 때는 상당한 저항에 부딪힐 수밖에 없었다.

유전자를 구체화하는 DNA

1931년, Frederick Griffith는 폐렴구균(*Streptococcus pneumoniae*)의 독성 균주와 비독성 균주를 연구한 결과, 독성 균주가 죽더라도 독성이 없는 균주를 독성 균주로 전환시킬 수 있는 물질을 포함하고 있고, 유도된 독성이 유전된다는 사실을 알게 되었다.

1944년, Oswald Avery, Colin Munro MacLeod 및 Maclyn McCarty는 형질전환 활성에 대해 폐구균 세포의 다양한 화학 성분을 실험했다. 그 결과, 그들은 독성 균주의 DNA가 형질전환을 유도한 분자임을 확인하였다. (현재, 우리는 박테리아 형질전환을 '수평적 유전자 전달'로 해석한다.) 대조군으로, 그들은 형질전환이 DNA 분해효소에 의해 억제되지만 단백질 분해효소에 의해서는 억제되지 않음을 보여주었다. 하지만, 동시대 사람들은 그들의 결론을 받아들이지 않았다.

1952년, Alfred Hershey와 Martha Chase의 실험 이후에 DNA가 유전 물질이라는 견해가 받아들여졌다. 그들은 T2 박테리오파지가 대장균(*Escherichia coli*)에 감염되어 자신을 복제할 때, 숙주 세포에 들어가서 바이러스의 유전적 특성을 전달하는 것은 바이러스 단백질이 아니라 바이러스 DNA임을 밝혀냈다.[3]

[2] Hertwig, W.A.O. (1885). Das Problem der Befruch-tung und der Isotropie des Eies, eine Theorie der Vererbung. *Jenaische Zeitsch. f. Medizin u.* Naturwiss. 18, 276–318. For an article about Miescher's scientific career, see Dahm, R. (2005). Friedrich Miescher and the discovery of DNA. *Dev. Biol.* 278, 274–288.

[3] 1944년, 과학자들은 DNA가 유전 물질을 포함하고 있다는 견해를 받아들이지 않다가(Avery, Colin MacLeod, McCarty 실험), 불과 8년 후인 1952년, Hershey, Chase 실험으로부터 도출된 결론을 일반적으로 받아들인 이유는 미스터리이다. 그 이유 중 일부는 DNA가 가변적인 서열을 가지고 있지 않기 때문에 정보를 암호화할 수 없다라고 널리 퍼져 있는 완전히 잘못된 믿음이 내포된 기술적 요인을 포함한다. 다른 이유는 사람들의 관심을 끌기 위한 전쟁의 요구를 포함하되, 이에 국한되지 않는 개인적인 이유도 있었다. 또한, Salvador Luria와 Max Delbrück의 연구를 통해서 원핵생물이 다른 종과 유사한 유전성을 가지고 있다는 것이 널리 인식되었다. '과학은 한 번에 하나의 장례를 진행한다'는 Max Planck의 말은 분명 관련이 있다.

유전자 지도와 해석

지도는 어디에 무엇이 있는지 알려준다. 보다 구체적으로, 지도는 어떤 물질이 다른 물질과 관련된 위치를 알려준다. 게놈학에서 지도는 유전 물질의 구성을 밝히는 데 필수적이다. 다양한 유형의 지도는 다양한 관찰 유형을 설명한다:

1. 유전자의 연결 지도
2. 염색체의 밴딩 패턴
3. 제한지도
4. DNA 절단 조각 패턴
5. DNA 염기서열

Mendel이 발견한 유전자는 완전히 추상적인 실체였다. 대조적으로, 염색체는 눈에 보이는 표식으로 밴딩 패턴이 있는 물리적 개체이다. 오직 DNA 서열만이 명시적인 형태로 저장된 유전 정보를 직접적으로 다루고 있다. 제한지도(restriction maps)는 부분적인 DNA 서열로서, DNA 분자 내 특정 올리고뉴클레오티드의 상대적인 위치를 제공하기 위해 서열-특이적 절단 패턴을 반영한다.

이러한 지도들 사이의 연결을 구축한 것은 생물학 분야에서 지난 세기의 가장 위대한 업적이다.

지도 제작 과정에서 도출된 중요한 견해는 유전 정보의 구성이 **선형**이라는 것이다. 첫 번째 단계(실제로 엄청난 진전)는 모든 염색체 내에서 유전자 분포가 **1차원 배열**을 형성한다는 것이다. 사실, 이러한 유형의 지도는 모두 1차원적이며 동일선상에 존재한다. 이제 모든 학생은 유전자가 염색체를 따라 늘어서 있고, 각 유전자가 DNA 서열에 해당한다는 것을 알고 있다. 그러나 이러한 사실을 증명하는 과정에서 수많은 노벨상 수상자를 배출했다.

게놈 서열의 완성은 전체 매핑 작업의 정점이다. 그러나 게놈 서열은 유기체의 유전 정보를 일차원적이고 정적인 형태로만 기술한다는 점을 다시 한번 강조할 필요가 있다. 게놈 지도는 (a) 이 정보가 시공간에서 어떻게 구현되는지; (b) 순차적 발달 프로그램에 의해서, 유전자 발현이 어떻게 구성되는지; 그리고 (c) 게놈 자체를 넘어, 유전자 발현에 대한 제어를 포함하여 유기체의 구조와 활성이 환경과 경험 및 후생유전학에 미치는 영향에 대한 정보를 우리에게 제시하지 못한다.

연결 지도

유전자 지도는 고전적으로 표현형 특성의 유전 패턴에서 결정된다(Box 2.1 참조).

Mendel은 유전 요소가 개별적이고 혈통을 통해 지속된다는 사실을 발견했다. 그는 한 세대에 사라지지만 다음 세대에 다시 나타나는 열성 특성을 관찰했다. 현대 용어로 표현하자면, 그는 우성 대립유전자(*D*)와 열성 대립유전자(*d*)가 존재하는 단일 유전자 자리(locus)에 의존하는 특성을 관찰한 것이다. 또한 Mendel은 표현형의 분포가 단순한 통계적 규칙을 따르고 있음을 관찰했다. *Dd*와 *Dd* 부모의 자손은 열성보다 3배 더 자주 우성 표현형을 보였다. 그는 유전 요소가 생식세포 내에 분리되어 있고, 자손에게 독립적으로 전달되기 때문에 자손 세대에서의 유전자형이 *DD*, *Dd*, *dD*(단일 *D* 대립유전자는 우성 표현형을 생성하기에 충분) 및 *dd*(열성 표현형을 생성)로 발생한다고 추론했다.

여러 특성의 동시 유전을 연구하면서, Mendel은 분리되어 분포하는 유전 요소의 안정성, 독립성 그리고 지속성을 포함한 추가 통계적 규칙성을 발견했다. 유전 요소들은 섞이고, 하나의 특성이 각 자손에게 넘어간다.

Mendel은 그가 연구하고 있는 유전 요소의 물리적 특성에 대한 개념이 없었기 때문에 추상적인 용어로 유전 요소의 작용 과정을 설명하는 것에 만족해야만 했다.

연결

Mendel은 어떤 경우에 있어서, 서로 다른 특성을 갖는 유전자가 독립적으로 구분되어 있지 않고 연결되어 있음을 관찰했다. 즉, 그들의 대립유전자는 공동 유전된다는 것이다. 하지만, Mendel은 이 결과를 보고하지 않았다.

연결된 형질은 동일한 염색체의 유전자에 의해 지배된다. 그러나 많은 경우에서 연결이 불완전하다. 배우자가 형성되는 동안 상동 쌍의 다른 염색체에 있는 대립유전자가 재조합될 수 있다. 유전자 재조합은 감수분열에서 복제하

BOX 2.1

고전 유전학으로부터 유래한 용어

다음은 고전 유전학으로부터 유래한 용어의 전통적인 의미이다. 우리는 이 용어들이 최근의 이해에 비춰 어떻게 정의될 필요가 있는지 고려해야 한다.

Gene 유전정보의 보유자.[i]

[i] A.S. Eddington에게 사과합니다.

Trait 개별 유기체의 관찰 가능한 속성 또는 특징.

Phenotype 게놈 서열을 제외한 모든 개인의 관찰 가능한 특성의 집합.

Genotype 특정 유전자 자리에 있는 개인의 게놈 서열.

Allele 특정 특성을 지배하는 특정 유전자 자리에서 가능한 유전자 변이 세트 중 하나. (상염색체 유전자에 유전자 복제가 있는 경우, 유기체는 2개의 유전자 자리 각각에 2개의 대립유전자를 가지고 있다고 말할 수 있다. 두 유전자 자리에 의해 암호화되는 단백질을 paralogues라고 한다.)

Homozygote 특정 유전자 자리에 2개의 동일한 대립유전자를 갖고 있는 개체.

Heterozygote 특정 유전자 자리에 2개의 서로 다른 대립유전자를 갖고 있는 개체.

Segregation 생식 과정, 특히 감수분열에서 상응하는 대립유전자의 분리.

Independent assortment 각 부모가 자녀에게 전달하는 서로 다른 특성에 대한 유전자의 연관성이 없는 선택.

Linkage 동일한 염색체에 있기 때문에 일반적으로 함께 전달되는 부모 유전자의 독립유전(Independent assortment)의 부재 또는 감소.

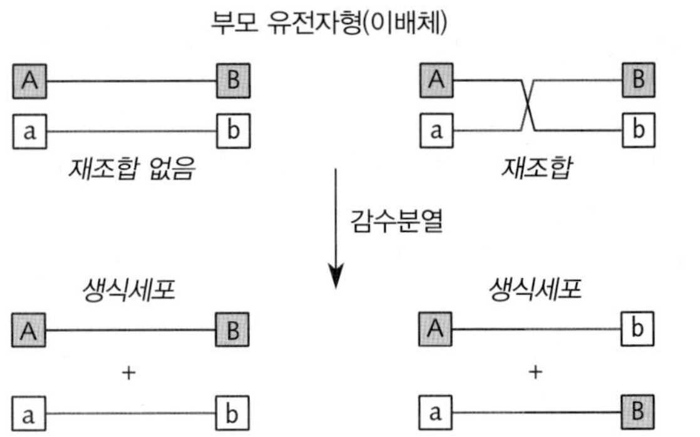

그림 2.1 염색체 쌍에 있는 2개의 유전자 자리의 관계. 하나의 유전자 자리에는 대립유전자 A와 a가 있고, 다른 유전자 자리에는 대립유전자 B와 b가 있다. 상단: 한 개인은 한 염색체(회색)에 대립유전자 A와 B를 가지고 있고, 다른 염색체에는 대립유전자 a와 b(흰색)를 가지고 있다. 이 개체의 생식세포는 재조합 없이 형성되어 대립유전자 A와 B를 포함하는 반수체 생식세포와 대립유전자 a와 b를 포함하는 또 다른 반수체 생식세포를 제공할 수 있다(왼쪽 아래). 각 생식세포는 적어도 이러한 유전자 자리에 관한한 부모 염색체 중 하나와 동일한 염색체를 포함한다.

반면에, 두 유전자 자리 사이의 교차는 재조합 생식세포를 생성할 수 있다: 대립유전자 A와 b를 포함하는 하나의 반수체 생식세포와 대립유전자 a와 B를 포함하는 다른 반수체 생식세포(오른쪽 아래). 어느 생식세포도 부모의 염색체와 동일한 염색체를 포함하지 않는다. 재조합을 나타내는 생식세포의 비율은 여러 요인, 특히 유전자 자리 사이의 거리에 따라 달라진다. (부모가 어느 형질에 대해 동형접합성일 경우에도 동일한 양의 재조합 및 비재조합 생식세포가 생성될 것이다. 적어도 이 두 위치에 대해서는 구별하기 어려울 수 있다.)

선택할 수 없는 경우에, 생성된 생존 가능한 재조합 및 비재조합 생식세포의 부분은 이를 생산한 개인의 유전자형(genotype)에만 의존한다. 이 결과는 인구의 대립유전자 분포와는 아무런 관련이 없다. 하지만, 먼 후손이 위 그림에 표시된 부모 유전자형을 가지고 있다면, 그 생식세포는 재조합체와 비재조합체의 동일한 부분을 보일 것이다.

는 동안 상동 염색체 사이의 물질 교환인 교차의 결과로 인해 발생한다(그림 2.1).

미국 컬럼비아 대학교의 Thomas Hunt Morgan은 서로 다른 유전자 쌍에서 다양한 정도의 연결을 관찰했다. Morgan은 재조합 정도를 염색체 상에 존재하는 유전자 사이의 거리로 측정할 수 있다고 제안했다.

당시 Morgan의 학부생이던 Alfred Sturtevant는 데이터가 유전자의 선형 분포와 일치한다는 중요한 사실을 관찰했다. Sturtevant는 교차 빈도로 측정한 유전적 거리가 가산적임을 발견했다. 3개의 유전자 A, B, C를 생각해보자. A에서 B까지의 거리, 즉 재조합률의 역수가 5이고, B에서 C까지의 거리가 3이라고 가정한다. 그런 다음, A에서 C까지의 거리가 8 = 3 + 5이면, 관찰 결과는 유전자 순서가

A—B—C인 선형 및 추가 구조와 일치한다. (또는 A에서 C까지의 거리가 2이면 거리가 추가돼서, 유전자 순서 A—C—B를 의미한다.) 거리의 가산성은 선이 아닌 삼각형의 꼭지점에 있는 점에 대해서는 적용되지 않는다.

Sturtevant의 분석은 각 염색체를 따라 유전자의 순서를 결정하고, 그들 사이의 거리와 일치하는 위치에 선을 따라 표시하는 것을 가능하게 했다. 유전자 지도의 길이 단위는 Morgan으로서, 1 cM은 1% 재조합 빈도에 해당한다는 관계로 정의되는 단위이다. 우리는 현재 1 cM이 인간에서 ~10^6 bp라는 것을 알고 있지만, 게놈의 위치, 유전자 사이의 거리 및 부모의 성별에 따라 다르게 나타난다. 남성의 경우 1 cM은 ~1.05 Mb이지만, 여성의 경우 1cM은 ~0.88 Mb이다. [cM의 M은 Morgan을, Mb의 M은 Mega (10^6)를 의미한다.] 교차는 동원체 영역(pericentromeric regions)에서 감소한다. 다른 특정 영역은 교차를 위한 '과열점(hot spots)'이다. 약 80%의 유전자 재조합이 우리 게놈의 약 25% 이하에서 일어나는 것으로 추정된다.

염색체 밴딩

밴딩 패턴은 염색체에서 볼 수 있는 특징이다(Box 2.2 참조). 가장 일반적으로 사용되는 패턴은 Giemsa 염색으로 생성되는 G-밴딩이다. 밴드는 염기 구성과 염색체 루프 구조를 반영한다. 더 어두운 영역은 상대적으로 낮은 GC/AT 비율과 유전자 함량이 드문 고도로 응축된 이질염색질(heterochromatin)을 포함하는 경향이 있다.

개인의 핵형(karyotype)은 개별 염색체의 구조를 포함한다. 핵형은 한 종 내의 모든 개체에 대해서 대체로 일정하지만, 종 사이에서는 차이가 있다. 이는 진화 과정에서 염색체 재배열의 결과이다. 부적합한 핵형을 가진 대부분의 세포가 염색체를 적절하게 짝지을 수 없다는 것은 생식력에 대한 장벽이 되어 종의 분기에 기여한다.

염색체 밴딩 패턴에 대한 연구는 여러 유형의 조사를 지원한다.

비정상적인 핵형 및 질병

한 종의 대부분 개체에 존재하는 대부분의 세포는 동일한 핵형을 갖지만, 때때로 비정상적인 염색체가 나타난다. 일부는 치명적이고, 또 다른 일부는 질병과 관련이 있다. 인간의 경우:

- 다운증후군은 여분의 염색체, 즉 21번 삼염색체성(trisomy)으로 인해 발생한다.

BOX 2.2 염색체 밴드의 명명법

많은 유기체에서 염색체는 번호가 크기 순으로 매겨지며, 1이 가장 크다. 중심체(centromere)에 의해 분리된 인간 염색체의 두 팔은 p(petite = 짧은) 팔과 q(queue, 대기열) 팔이라고 불린다. 염색체 내의 영역은 중심체에서 바깥쪽으로 p1, p2... 및 q1, q2...로 번호가 매겨진다. 추가 숫자는 대역 세분화를 나타낸다. 예를 들어, 인간 염색체 15의 q 팔에 있는 특정 밴드는 15q11.1, 15q11.2 및 15q12로 표시된다. 밴드 15q11과 15q12가 초기에 정의되었다. 이후 15q11은 15q11.1과 15q11.2로 구분되어졌다.

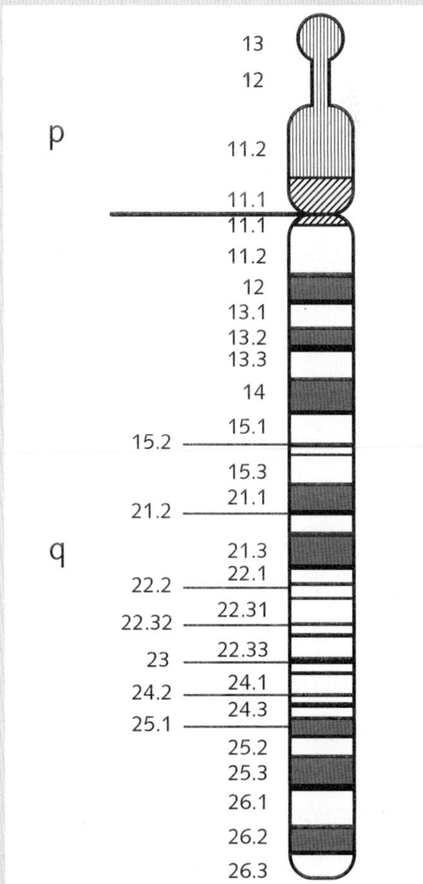

- 만성 골수성 백혈병과 관련된 필라델피아 염색체는 22번 염색체와 9번 염색체 사이의 전위(염색체 단편의 교환)로 인해 발생하는 비정상적이고 짧아진 22번 염색체이다. 구분점(breakpoints)은 밴드 9q34 및 22q11에 존재하며, 이러한 전위는 t(9;22)(q34;q11)로 표시한다(그림 2.2 참조). 두 구분점 위치는 모두 유전자 내에 존재한다: 9번 염색체의 티로신 키나제인 *ABL1* (Abelson murine leukaemia viral oncogene homologue 1); 그리고 22번 염색체의 구분점 클러스터 영역 유전자인 *BCR*(breakpoint cluster region). 전위의 결과, 22번 염색체는 BCR−ABL1 융합을 암호화하고, 9번 염색체는 ABL1−BCR 융합을 암호화한다. BCR−ABL1 융합 단백질은 *ABL1*의 정상적인 조절에 둔감한 티로신 키나아제 활성을 가지고 있다. 이러한 유전자 전위는 질병을 유발하게 된다. (9번 염색체에 있는 *ABL1−BCR* 유전자는 분명히 침묵하게 된다.)

- 15q11-13 영역의 결실은 프라더-윌리 증후군(Prader-Willi Syndrome) 및 안젤만 증후군(Angelman Syndrome)과 관련이 있다. 이러한 증후군은 영향을 받은 염색체가 부계인지(프라더-윌리 증후군으로 이어짐) 또는 모계인지(안젤만 증후군으로 이어짐)에 따라 다른 임상적 결과가 나타난다는 흥미로운 특징을 가지고 있다. 게놈 각인에 대한 이러한 관찰은 수정란의 유전 정보가 단순히 부모가 제공한 DNA 염기서열이 아님을 보여준다. 부계 및 모계 기원의 염색체는 서로 다른 메틸화 상태를 가지는데, 이는 유전자의 서로 다른 발현에 대한 신호이다. 발달의 분화 과정에서 일어나는 DNA 변형 과정은 이미 접합체에 존재한다.

유전자 연결 지도와 염색체 구조의 상관관계

염색체 이상에는 결실(deletion), (한 염색체에서 다른 염색체로 물질의) 전위(translocation) 및 역위(inversion)가 포함된다. 한 쌍의 상동 염색체 중 단 하나의 짧은 결실(삭제된 영역에 매핑되는 특성에 대한 2개의 대립유전자 대신 단 하나의 대립유전자)의 유전적 결과로 인해 염색체 상에 위치한 유전자를 직접 매핑할 수 있었다. 이 방법에서, 추상적인 유전적 연결 지도는 염색체에 중첩될 수 있다.

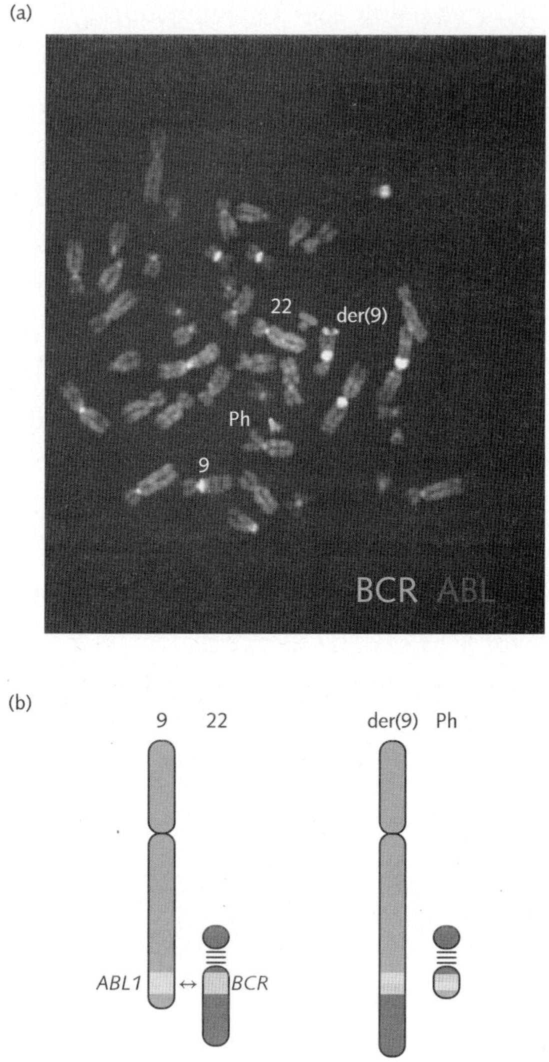

그림 2.2 (a) 만성 골수성 백혈병과 관련된 필라델피아(Ph) 염색체의 Fluorescence *in-situ* hybridization(FISH) 탐침에 의한 검출. 만성 골수성 백혈병은 9번과 22번 염색체 사이의 상호 교환에 의해 발생한다. 이 그림은 Ph 및 der(9) 염색체를 표시하는 FISH에 의한 융합 신호를 분석한 만성 골수성 백혈병 환자의 중기 세포의 대표적인 이미지를 보여준다(der은 파생물을 의미: 파생 염색체는 2개 이상의 정상 염색체로부터 만들어진 단편들과 결합한다). 그림 제공: Dr E. Nacheva, Royal Free and University College Medical School, UK. (b) 염색체 9번과 22번 사이의 유전자 전위는 만성 골수성 백혈병과 관련된 필라델피아 염색체(Ph)를 형성한다. 왼쪽: *ABL1* 유전자를 포함하는 정상 9번 염색체 및 *BCR* 유전자를 포함하는 정상 22번 염색체. 화살표는 유전자 전위를 위한 구분점의 위치를 표시한다. 오른쪽: 하단의 유전자 전위를 보여주는 der(9) 및 Ph 염색체. 각 염색체의 전위 부위는 각 유전자 내에 위치한다는 것에 주목하자.

이것은 초파리(*Drosophila melanogaster*) 타액선에서 매우 큰 염색체가 발견된 후 1930년대에 처음 수행되었다. 염색체 이상과 유전적 연결 패턴의 변화 사이에 상관관계는 두 지도의 동일 선형성을 입증한다. X 염색체에 대한 성 관련 특성의 매핑과 함께, 염색체 결실의 유전적 결과는 염색체가 유전 정보를 전달한다는 이전에 제시된 가설을 입증한다.

1992년 효모 염색체 III의 완전한 해독(sequencing)은 유전적 연결 지도와 DNA 서열의 위치를 직접 비교할 수 있는 첫 번째 기회를 제공했다.

핵형에서 진화적 변화

사람의 염색체를 침팬지의 염색체와 비교하면, 일부 대규모 재배열이 발생한 영역을 확인할 수 있다. 인간의 2번 염색체는 침팬지에서 2개의 개별 염색체로 나뉜다(그림 2.3 참조). 하지만, 두 종의 해당 염색체에서 대부분의 영역은 밴딩 패턴이 잘 보존되어 있음을 보여준다. 이러한 영역을 신테닉 블록(syntenic block)이라고 한다. 인간과 침팬지의 경우, 전체 게놈 서열이 분석되어 있다. 따라서 밴딩 패턴의 비교에 의해 제안된 관계가 DNA 서열 수준에서 보존성을 반영한다는 것을 확인하였다.

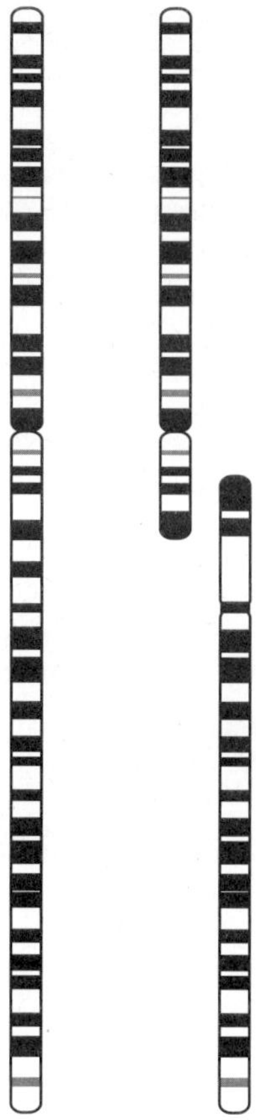

그림 2.3 인간의 2번 염색체(왼쪽). 침팬지의 일치하는 염색체(오른쪽).

DNA 서열에 기초한 고해상도 지도

이전에는 표현형의 반사광을 통해서만 유전자형을 볼 수 있었다. 현재는 표지자는 표현형적으로 관찰 가능한 유전자(인간 게놈의 고해상도 지도를 작성하기에 너무 드물게 나타남)에 국한되지 않는다. 이제 우리는 DNA 서열을 직접 조사할 수 있으므로, 개인마다 다른 DNA의 모든 특징이 직접 표지자 역할을 할 수 있다.

제한 엔도뉴클레아제(restriction endonuclease)는 일반적으로 4, 6 또는 8 bp 길이의 특정 서열을 인식하여 DNA를 절단하는 효소이다(그림 2.4 참조). 예를 들어, *Eco*RI의 특이성(Box 2.3 참조)은 다음과 같다(|는 절단 부위를 나타냄).

```
G|AATTC
CTTAA|G
```

효소는 두 가닥을 절단하는데, 이 경우에는 대립하는 위치가 아니라 '점착성 말단(sticky ends)'이라고 하는 단일가닥의 작은 부분이 남는다. 다른 제한효소는 대립하는 위치에서 절단되어 '평활 말단(blunt ends)'을 남긴다. *Eco*RI의 표적 서열은 회문(palindromic)구조이다. 즉, 서열은 역상보(reverse complement) 서열과 동일하다. 이는 제한효소 표적 서열에 있어서 흔한 특성이다.

효소가 작용하는 서열은 DNA를 통해 분포되므로, 절단은 다양한 길이의 '제한 단편(restriction fragments)' 세트를 생성한다. 이 길이는 다른 DNA 분자를 특성화하고 구별한다. 젤에 분리하면 '제한 맵(restriction map)'이라는 특징적인 패턴이 생성된다(다음 절 참조).

다른 유용한 표지자 유형은 다음과 같다:

- 미니위성(minisatellites)으로 불리는 Variable number tandem repeats(VNTR)은 10−100 bp 길이의 영역을

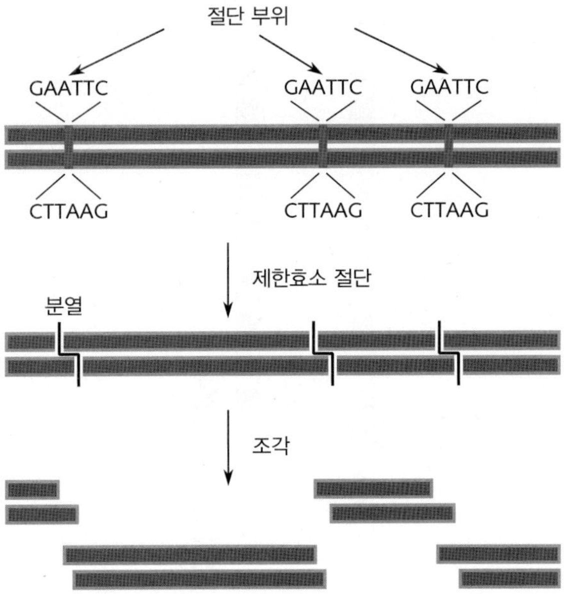

그림 2.4 제한효소는 DNA 분자 전체에 분포된 특정 서열을 포함하는 부위를 절단한다. 제한 부위 사이의 거리가 다르므로 단편의 길이도 다양하다. 젤에 조각을 분리하면, DNA 시료의 특징을 포함하는 일종의 '바코드'를 얻을 수 있다.

BOX 2.3

*Eco*RI을 이용한 제한효소의 명명법

*Eco*는 원산지 종(대장균, *Escherichia coli*)에 대한 속명의 첫 글자와 종명의 첫 두 글자를 사용한 약어이다. 글자 R은 균주를 의미한다. (모든 제한효소 이름에는 균주 식별자가 포함되어 있지 않을 수 있다.) 이 경우, 로마숫자 I은 동일한 균주에서 파생된 서로 다른 제한효소를 구별한다. 따라서 *Eco*RI는 대장균 균주 RY13로부터 파생된 첫 번째 제한효소이다. 다른 예로는 *Haemophilus aegyptius*에서 유래한 *Hae*III, *Haemophilus influenzae*에서 유래한 *Hin*fI, 그리고 *Thermus aquaticus*에서 유래한 *Taq*I 등이 있다.

포함하며, 동일한 염기서열이 가변적으로 반복되는 특성을 가지고 있다. 모든 개인에서 동일한 반복 모티프를 기반으로 하는 VNTR은 게놈에서 한 번만 나타날 수도 있고, 서로 다른 염색체에서 서로 다른 길이로 여러 번 나타날 수도 있다. 이 반복의 크기 분포가 표지자 역할을 한다. VNTR의 유전은 가족 내에서 나타날 수 있으며, 유전병을 포함한 표현형 특성과 상관관계가 있다. VNTR은 친자 확인 및 형사 사건에서 개인 식별[유전자 지문(genetic fingerprints)]에 사용된 최초의 유전자 서열 데이터였다.

- 미소위성(microsatellites)으로 불리는 Short Tandem Repeat Polymorphisms(STRP)은 약 2–5 bp의 영역이지만 여러 번 반복된다. 일반적으로 10–30번 연속적으로 반복된다. STRP는 VNTR에 비해 표지자로서 몇 가지 장점이 있는데, 그중 하나는 인간 게놈에 더 균일하게 분포되어 있다는 것이다. 이러한 표지자는 발현된 유전자 내에 위치할 필요가 없으며, 종종 발현된 유전자 내에 위치하지 않는다. 헌팅턴병 및 특정 다른 질병 유전자에 존재하는 CAG 반복은 예외이다.

표지자는 다양한 분야에서 응용된다. 표지자의 의학적 응용에는 이식에 적합한 기증자 식별을 위한 조직형 검사, 질병 감수성 감지, 그리고 개인의 약물 반응 변이 예측(약물 게놈학) 등이 포함된다. 법률 분야에서는 개인 식별, 친자 확인 및 임신 검사, 그리고 범죄 현장 조사를 포함한다. 인류학자는 표지자를 사용하여 인구 간 이동 및 관계를 추적한다.

이전에는 미토콘드리아 DNA 또는 일배체형(haplotypes)을 직접 사용하여 서열 데이터를 수집하고 적용했지만, 현재는 전체 게놈 서열 분석(whole-genome sequencing)이 이전 기술의 대부분을 대체하고 있다.

DNA 서열 자체의 어떤 영역이라도 표지자로 사용될 수 있다. 물리적으로, 이들은 염기의 서열이다; 계산적으로는 A, T, G 및 C의 문자열이다. 제한지도는 게놈 서열을 분석하는 매우 중요한 접근법이다.

제한지도

DNA를 제한효소로 자르면 일련의 조각이 생성된다(그림 2.4 참조). 서로 다른 특이성을 가진 다른 제한효소로 동일한 DNA를 자르면 겹치는 조각이 생성된다. 개별 효소와 조합에 의해 생성된 단편의 크기로부터 제한효소 절단 부위 사이의 순서와 거리를 나타내는 제한지도를 구축하는 것이 가능하다(그림 2.5 및 Box 2.4 참조).

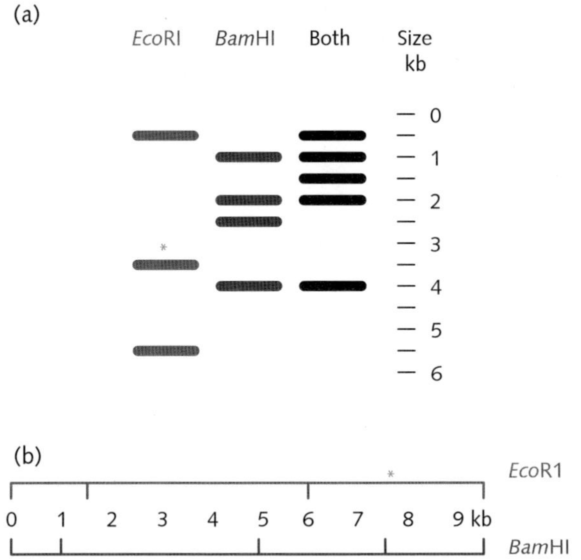

그림 2.5 (a) *Eco*RI, *Bam*HI 또는 둘 다에 의해 생성된 제한 조각의 크기를 보여주는 젤의 패턴. (두 효소로 잘랐을 때 생성된 어떤 조각도 단일 효소로 자를 때 생성된 가장 긴 조각보다 길 수 없다: 왜 그럴까?) (b) (a)의 측정 결과로 추론된 절단 부위의 위치. (a)의 젤에서 각 밴드는 (b)의 연속적인 절단 부위 사이의 조각의 길이에 해당한다. 예를 들어, *는 *Eco*RI에 의해 생성된 조각을 젤에서 밴드로 나타낸다. 이 경우, 모든 데이터를 설명하는 조각의 고유한 순서를 결정하는 것은 비교적 쉽다. (단일 자르기 효소만 사용한 젤에서는 이것이 불가능하다: 왜 그럴까?) 더 복잡한 경우에는 지도화 중인 조각의 양 끝에 방사성 태그를 부착하거나 부분 소화를 수행하여 추가 조각을 생성함으로써 문제를 단순화할 수 있다.

BOX 2.4

제한지도에 대한 평가

제한지도과 유사하게: 뉴욕시티의 브로드웨이(http://www.marktaw.com/local/MarksWalkingTour.html 참조) 전역을 걸어가면서 모든 스타벅스 커피숍의 위치를 지도에 표시하고 연속된 지점 사이의 블록 수를 계산한다. 그런 다음, 모든 시티은행 지점의 위치를 표시하고 연속 지점 사이의 블록 수를 계산하여 그래프에 표시한다. 그 후 스타벅스 또는 시티뱅크가 발생할 때마다 블록 수를 계산한다. 절단 부위의 돌연변이(스타벅스나 씨티은행 지점을 열거나 닫는 것과 동일)는 조각의 크기를 변경하여 지도상에서 돌연변이의 위치를 파악할 수 있게 한다. (뉴욕대학교 B. Misra 교수님께 감사드린다.)

DNA 서열 결정

1953년, Hershey−Chase 실험과 이중나선 발표 이후, 분자생물학자들은 DNA가 유전 정보를 포함한다는 사실을 알게 되었다. 그들은 세포 기계가 염기쌍 보완성을 이용해서 이에 접근하는 방법을 관찰했다. 그러나 염기의 서열은 누구나 읽고 싶어 하지만, 아무도 읽을 수 없는 텍스트처럼 보였다. DNA 서열이 알려지지 않았기 때문에, 이것은 알려지지 않은 언어의 텍스트일 뿐만 아니라 해당 언어의 어떤 예도 존재하지 않았다. DNA 서열을 결정하는 문제의 중요성은 분명했지만, 어려움으로 인해 대부분의 사람들이 이 도전을 받아들이기를 꺼려했다.

Frederick Sanger와 DNA 서열 결정법의 개발

케임브리지 생화학자 Frederick Sanger는 생물학적 거대분자의 서열 결정에 자신의 경력을 바쳤다. 먼저 단백질 인슐린의 아미노산 서열을 결정함으로써, 단백질이 확실한 서열을 가지고 있음을 처음으로 입증했다. 이 연구를 통해서, 그는 1958년 노벨 화학상을 수상했다. 이어서 그는 RNA의 서열 결정에 관심을 기울였고, 그 후에는 DNA로 관심을 돌렸다. Sanger의 DNA 서열 분석 방법은 1980년 Paul Berg, Walter Gilbert와 함께 두 번째 노벨 화학상을 수상할 수 있는 계기가 되었다. 해당 분야에 대한 Sanger의 전문적인 유산과 그의 많은 학생과 동료에 대한 개인적인 영향력은 타의 추종을 불허한다.

1970년대 초의 최신 기술을 이해하기 위해서는 그 당시에는 서열 분석을 위해 단일가닥 DNA의 순수한 시료를 준비하는 것조차 매우 어려웠다는 점을 인식하는 것이 중요하다. 제한효소는 새롭게 발견된 기술이었으며, 오늘날 당연하게 여겨지는 발전된 다양한 기술을 제공하지 않았다. Sanger의 초기 연구에 천연물질 공급원으로 사용된 박테리오파지 ϕX-174는 정제 가능한 단일가닥 DNA의 5,386 염기쌍을 제공하여 최초의 전체 게놈 서열을 결정하는 데 일조했다.

심지어 ϕX-174 조차도 '한 번에' 서열을 결정하기에는 너무 길었다. 이후의 모든 *de novo* 게놈 서열 결정 프로젝트와 마찬가지로, 조각의 서열을 결정하고 다시 조립하는 'Humpty Dumpty 문제'를 해결하는 것에 의존했다. [사례 연구 1.2에서는 서열 조립(assembly) 문제를 소개했다.] Sanger의 업적은 상대적으로 긴 조각의 서열을 결정하는 믿을 수 있고 편리한 방법을 개발함으로써 정확한 조립을 가능하게 했다는 점이다.

Sanger의 방법은 DNA 중합효소(polymerase)를 사용하여 DNA의 새 가닥을 합성하며, 이 합성의 일부로서 서열을 나타내는 반응을 포함했다. DNA 중합효소는 단일가닥 DNA 조각에 상보적인 가닥을 합성하는 복제 효소이다. 이것은 연속적인 뉴클레오티드의 추가에 의해 확장될 짧은 상보적 가닥인 프라이머(primer)를 필요로 한다(그림 2.6 참조). 중합효소는 뉴클레오시드 삼인산의 공급을 필요로 한다. 연이어 일어나는 단계에서, 효소는 단일가닥의 주형(template) DNA에 상보적인 뉴클레오티드를 성장 중인 프라이머 가닥에 추가한다.

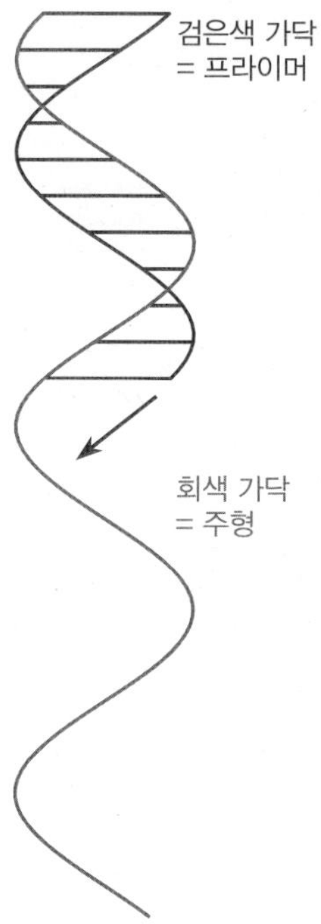

그림 2.6 프라이머 확장. 주형(회색)인 단일가닥 DNA 조각의 복제는 프라이머에 상보적인 뉴클레오티드를 추가하여 짧은 프라이머(검은색)를 확장함으로써 발생한다. 확장의 방향은 화살표로 표시하였다. DNA 서열 결정을 위한 Sanger 방법의 기초는 확장을 계속하는 데 필요한 반응기가 부족한 변형된 염기(디데옥시뉴클레오시드 삼인산)로 반응시켜 확장을 종료하는 것이다.

연쇄 복제의 종료를 통한 DNA 서열 결정

DNA 중합효소는 새롭게 추가된 뉴클레오티드의 5′에 위치한 하이드록시기(hydroxyl)를 프라이머의 끝에 있는 3′ 위치에 결합시킨다. 활성화된 삼인산의 가수분해는 에너지를 공급한다. Sanger의 아이디어는 뉴클레오시드 삼인산의 혼합물에 반응성 있는 3′ 위치가 없는 분자의 일부를 포함시키는 것이다(그림 2.7 참조). 하나의 반응 혼합물에는 일반적인 디옥시ATP, 일반적인 디옥시GTP, 일반적인 디옥시TTP, 일반적인 디옥시CTP 및 디데옥시CTP의 혼합물이 포함된다. 프라이머 확장이 진행됨에 따라 주형에서 짝을 이루지 않은 다음 염기가 구아닌일 때 효소는 정상적인 데옥시시티딘(deoxycytidine)을 무작위로 통합한 후 확장이 계속된다. 하지만, 디데옥시시티딘(dideoxycytidine)을 사용하면 더 이상의 확장이 발생하지 않는다. (네 가지 일반 삼인산과 디데옥시ATP, 디데옥시GTP 또는 디데옥시TTP를 모두 포함하는 세 가지 다른 반응은 병렬로 실행된다.) 이 반응은 서로 다른 길이의 조각 혼합물을 생성하며, 각 조각은 디데옥시시티딘(dideoxycytidine, c)으로 끝난다.

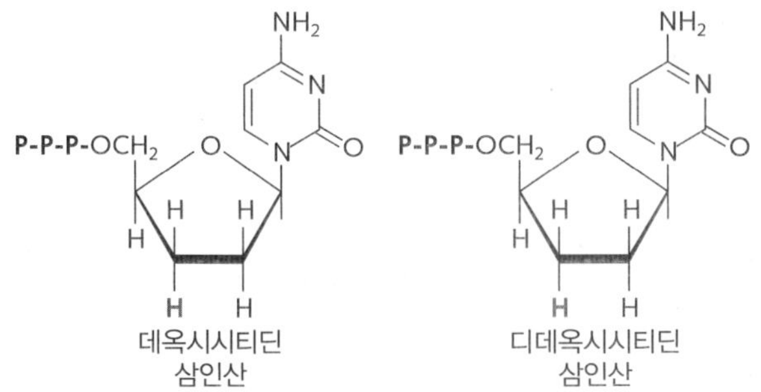

그림 2.7 왼쪽: 삼인산 유도체로 활성화된 반응성 5′-하이드록실을 모두 포함하는 일반 데옥시시티딘 삼인산이 성장하는 프라이머 가닥의 다음 뉴클레오티드가 부착될 3′-하이드록시기(회색)에 추가되도록 허용한다. 오른쪽: 3′ 위치가 반응하지 않는 디데옥시시티딘 삼인산. 디데옥시시티딘은 성장하는 가닥에 통합될 수 있지만, 후속 확장은 불가능하다. P-P-P는 삼인산염 그룹을 단순화한 것이다.

```
3′-atacagagaatctagatacagagttgttcgag
                                        - Template
5′-tatgtctcttagat                       - Primer

5′-tatgtctcttagatc                      - Fragments
5′-tatgtctcttagatctatgtc                  produced
5′-tatgtctcttagatctatgtctc
5′-tatgtctcttagatctatgtctcaac
5′-tatgtctcttagatctatgtctcaacaagc
5′-tatgtctcttagatctatgtctcaacaagctc
```

중요한 점은 조각들이 **중첩**되어 있다는 것이다. 확장된 프라이머 내의 시토신 잔기의 위치를 결정하기 위해서는 조각의 길이를 결정하는 것으로 충분하다. 폴리아크릴아마이드 젤 전기영동은 길이에 따라 올리고뉴클레오티드를 분리할 수 있으며, 서열 결정에 있어 높은 정확성을 보인다. 길이가 1,000 염기 정도인 분자까지 단일 염기의 차이가 있는 폴리뉴클레오티드를 분리하는 것이 가능하다.

초기부터 오늘날 가장 일반적으로 사용되는 방법에 이르기까지 거의 모든 DNA 서열 결정 방법은 긴 DNA 분자를 조각내서 조각들의 서열을 결정하고, 그 후에 겹침을 통해 완전한 서열로 조립하는 것에 의존한다. Sanger의 방법 그리고 Allan Maxam과 Gilbert의 방법은 각각 알려진 뉴클레오티드로 끝나는 일련의 중첩된 조각을 생성해서, 이를 젤에서 분리할 수 있게 한다. 조각의 길이와 끝에 위치한 뉴클레오티드를 알게 되면, 서열을 젤로부터 '읽어낼' 수 있다.

Sanger의 원래 절차에서 디데옥시시티딘은 방사성 표지를 가지고 있었고, 젤은 자동방사선촬영법(autoradiography)에 의해 개발되었다. 나머지 세 뉴클레오티드의 위치를 결정하려면, 네 가지 서로 다른 반응을 병렬로 실행해야 했다. 각각의 반응에는 네 뉴클레오시드 삼인산 중 하나의 방사성 디데옥시 유사체가 포함되어 있다. 네 가지 별도의 반응이 필요한 이유는 각 뉴클레오티드가 방사성 스팟에서 필름이 어두워지는 동일한 신호를 제공하기 때문이다. 네 가지 반응의 생성물을 동일한 젤의 평형 레인(parallel lanes)에서 분리하면 자동방사선촬영기에서 서열을 읽을 수 있다(그림 2.8 참조).

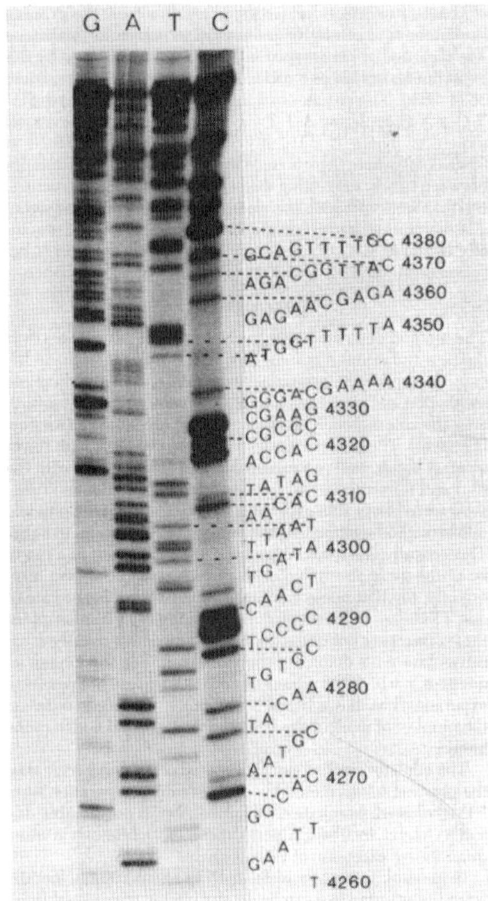

그림 2.8 DNA 서열 결정의 초기 단계에서 얻은 젤로, 박테리오파지 ϕX-174의 일부를 보여준다.

출처: Sanger, F., Nicklen, S., & Coulson, A.R. (1977). DNA sequencing with chain-terminating inhibitors. *Proc. Natl. Acad. Sci. USA* 74, 5463–5467. (MRC 분자생물학연구소 제공; F. Sanger, S. Nicklen 및 A.R. Coulson의 저작권 소유.)

네 가지 디데옥시뉴클레오시드 삼인산을 서로 구별 가능한 색상의 다른 형광 염료로 표시하면, '원팟-원레인(one-pot–one-lane)' 서열 결정 반응이 가능해진다.

DNA 서열 결정의 자동화

방사능 대신에 형광 염료를 리포터로 사용하는 것은 서열 결정에서 중요한 기술적 발전이었다. 방사성 동위원소는 사용 및 처분 양측에서 건강 위험을 가지며 비용이 많이 든다. (1970년대 유행처럼 긴 머리를 하고 있던 Sanger의 '박사후 연구원' 중 한 명은 머리카락이 눈 밖으로 자주 밀려 나면서 발생하는 오염으로 인해 머리카락을 어쩔 수 없이 잘라야 했다.) 네 가지 디데옥시뉴클레오시드 삼인산에 서로 다른 형광 염료를 부착하면, 각 조각이 연장을 중단시킨 디데옥시뉴클레오티드에 따라 다른 신호를 생성한다. 네 가지 반응은 '같은 포트에서' 수행될 수 있으며, 전기영동은 이를 단일 레인(single lane)에서 분리한다. 고정된 지점에 집중된 레이저는 조각이 지나갈 때마다 그것들을 식별한다. 결과는 서열의 연속된 염기에 해당하는 연속된 정점(peak)으로 표시될 수 있다(그림 2.9 참조).

품질은 중요하다. Phred 점수 q는 서열 결정의 정확도를 측정한다. q = 20은 각 염기당 최대 1%의 오류를 나타낸다(Box 2.5 참조). q = 20 정확도로 결정된 1,000개 염기의 서열은 10개 이상의 오류가 없을 것으로 기대된다. 서열 결정의 공통 단위 비용은 q = 20 정확도로 결정된 1,000개 염기당 미국 달러이다.

1986년, Leroy E. Hood, Lloyd M. Smith 및 동료들은 염기 특이적 형광 태그의 검출을 기반으로 하는 기기를 개발하여 DNA 서열 결정을 자동화하였다. Applied Biosystems에서 생산된 기기는 DuPont의 J.M. Prober 및 동료들의 개선을 통해 Hood, Smith 및 동료들의 결과를 구현했다. 평판 젤을 대체하기 위한 조각 분리용 모세관 시스템은 또 다른 중요한 발전이었다. 자동 DNA 서열 결정 장비의 수요가 증가함에 따라 인간 및 기타 완전한 게놈을 생성하기 위한 고속 대량(high-throughput) 시설을 가득 채웠다. 1998년에 사용 가능한 기기는 하루에 약 1 Mb의 서열을 생산할 수 있었다. 현재의 기기는 성능이 몇 배나 향상되었다. 미국 국립보건원(NIH)은 2009년까지 1억 달러로 인간 게놈을, 그리고 2014년까지 1,000달러로 인간 게놈을 결정하는 목표를 세웠다. 1,000달러로 인간 게놈을 결정하는 목표가 달성되었다.

DNA 염기서열 분석 기술의 획기적인 발전을 이룬 개발자에게는 상당한 보상이 기다리고 있다. 서열 결정은 인간의 복지를 향상시킬 수 있다는 것이 입증되었다. 서열에서의 추론은 이미 임상 실무에 도입되었다. 다른 응용 분야에는 더 효과적이고 안전한 식품 생산 및 안전하고 풍부한 소비 에너지를 생성하기 위한 생물 기술 접근법을 포함한다.

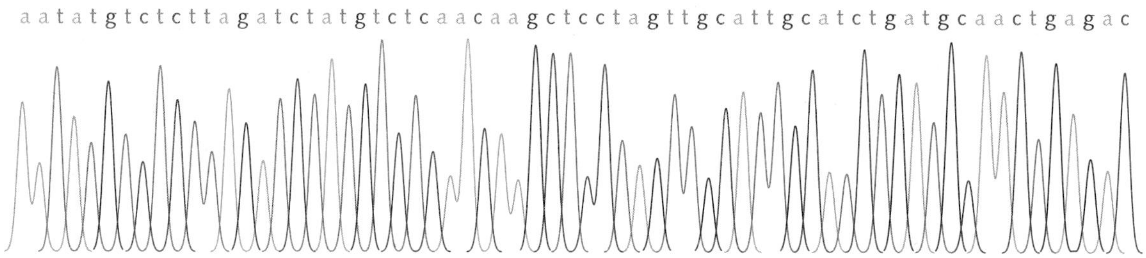

그림 2.9 서열 결정 형광 크로마토그램의 추적(시뮬레이션). 다양한 색상의 피크(여기서는 회색 음영으로 표시됨)는 다양한 염기에 해당된다.

BOX 2.5

Phred 점수: 서열 결정의 품질 측정 지표

서열 결정의 Phred 점수는 보고된 염기가 정확할 확률을 보여준다. 만약 p가 염기가 오류인 확률이라면, 해당 Phred 점수 q = $-10 \log_{10} p$가 된다.

Phred 점수 q	오류 확률	오류율
10	0.1	10개 중 1개의 염기가 잘못됨
20	0.01	100개 중 1개의 염기가 잘못됨
30	0.001	1000개 중 1개의 염기가 잘못됨
40	0.0001	10000개 중 1개의 염기가 잘못됨

또한 재정적 보상도 있다. 서열 결정은 수십억 달러 규모의 산업이다. 새로운 아이디어로 벤처 투자자에게 접근하려면, 여러 면에서 현재 기술 수준과 비교했을 때 이점을 가지고 있음을 설득할 수 있어야 한다. 더 긴 리드 길이를 제공하고, 더 정확하며, 더 빠르고, 더 저렴하며, 더 쉬운 준비 과정을 포함한다는 것을 설득할 준비가 필요하다.

지적으로 보면, 현대 생물학의 모든 영역은 DNA 서열 결정을 기반으로 하고 있다. 게놈 서열은 생물체의 비밀을 드러내는 데 있어 경쟁 상대가 없다. 대량의 고품질 데이터로 인해 조사를 더 높은 수준으로 끌어올렸다. 더 나은 적용 범위를 생각하거나 더 큰 표본 집단을 다룰 수 있다는 것은 세부 사항을 더 선명하게 드러내는 확대경처럼 작용한다.

차세대 염기서열 결정

그림 2.10에서 보이는 바와 같이, 기술 발전의 속도 변화가 약 10년 전에 시작되었다. 빠른 변화는 전체 게놈 서열 결정을 비용이 많이 드는 국제적인 사업에서 단순한 실험실 기술로 전환시켰다. 이 변화는 '다음 세대(next generation)'라고 불릴 정도로 급격하게 이루어졌다. Box 2.6은 관련 어휘 몇 가지를 보여준다.

여러 경쟁 플랫폼이 DNA 서열 결정을 위한 데이터를 생성한다. 도구적 또는 '습식' 방법을 기초로 한 조사는 동반 도서인 게놈학 소개(*Introduction to Genomics*)[4]에 언급되었다. 여기서는 이 과정의 계산적인 측면에 주목하고자 한다.

새로운 기술은 긴 분자의 매핑된 조각들을 분리하고 서열을 결정하는 전략에서 '샷건 서열 결정(shotgun sequencing)'으로 전환할 수 있게 했다. DNA는 작은 조각으로 잘려지고, 각 조각에서 수집된 서열 정보는 전체적으로 일관된 서열로 조립된다. 이 접근법은 먼저 1981년에 컬리플라워 모자이크 바이러스(8,024 bp)와 1995년에 헤모필루스 인플루엔자(*Haemophilus influenzae*; 1,830,137 bp)에서 적용할 수 있다는 점이 입증되었다. 2000년에 초파리의 게놈(약 120 Mb)을 결정함에 따라 이 방법을 유핵생물에까지 확장했다(Box 2.7 참조). Box 2.8은 크기의 범위를 보여준다.

[4] Lesk, A.M. (2017). *Introduction to genomics* 3rd. edn. Oxford University Press, Oxford.

BOX 2.6 **고속 대량(high-throughput) DNA 서열 결정을 위한 용어**

Fragment 일반적으로 길이가 수백 bp에 달하는 작은 게놈 DNA 조각으로서, 개별적인 부분 서열이 결정되거나 판독됨.

Single-end read 조각의 한쪽 끝에서만 서열이 보고되는 기술.

Paired-end read 단편의 양쪽 끝에서 서열이 보고되는 기술(읽기 사이에 대략적으로만 알려진 결정되지 않은 염기의 수가 존재).

Read length 단일 실험에서 단일 단편에 대해 보고된 염기 수.

Assembly 각 조각 데이터를 겹치게 조립하여 해당 지역의 완전한 서열을 추론하는 것.

Coverage 단편으로부터 서열이 결정된 총 염기 수와 반수체 서열의 총 길이 비율.

Contig 서로 겹치는 조각들의 데이터를 부분적으로 조립해서 연속적인 서열 영역을 형성한 것. 중첩된 조각의 데이터를 연속적인 영역의 서열로 조립한 것.

Scaffold 콘티그의 연쇄: 콘티그의 상대적인 위치와 방향은 알려져 있지만 그 사이의 갭(gap)의 길이는 알려져 있지 않음.

Gap 두 지역의 알려진 서열 사이에 알려지지 않은 서열 영역.

***De novo* sequencing** 조립 단계를 피하기 위해 종의 개체로부터 알려진 참조 서열을 사용하지 않고 전체 게놈 서열을 결정하는 것.

Resequencing 참조 게놈 서열이 알려진 종의 개체 서열을 결정하는 것. 조립 과정은 단편을 참조 게놈에 매핑하여 대체됨.

Exome sequencing 발현된 단백질(엑손)의 일부를 암호화하는 DNA 영역의 표적화된 서열 분석. 인간 게놈에는 약 180,000개의 엑손이 있으며, 총 길이는 약 3,000만 bp임.

Variability, single-nucleotide polymorphisms (SNPs) 변이성은 같은 종의 다른 개체로부터 나온 게놈 서열 사이의 차이 또는 같은 개체의 다른 세포 사이의 차이의 집합을 의미함. 관찰된 일부 변동성은 개별 위치에서 분리된 치환 형태 또는 단일 뉴클레오티드 다형성(SNP)의 형태를 가짐.

RNAseq RNA를 상보적인 DNA로 역전사하여 서열을 결정함으로써, 세포 내 RNA 즉 전사체의 내용과 구성을 서열화하는 것. 직접적 RNA 염기서열 결정은 현재 떠오르는 기술임.

ChIP-seq or chromatin immunoprecipitation 특정 단백질이 결합하는 것으로 알려진 DNA 단편의 서열을 결정하는 것. ChIP-seq을 사용하면 게놈에서 DNA 결합 단백질의 표적을 식별할 수 있음.

Methylation-pattern determination 메틸화되지 않은 C를 U로 변환하기 위해 중아황산염(bisulphite)으로 처리한 후의 DNA와 천연 DNA의 서열을 비교하는 것. 5′ 위치에 있는 CpG 디뉴클레오티드에 존재하는 C 잔기의 메틸화는 동물에서 전사 억제에 대한 가장 일반적인 표지자임.

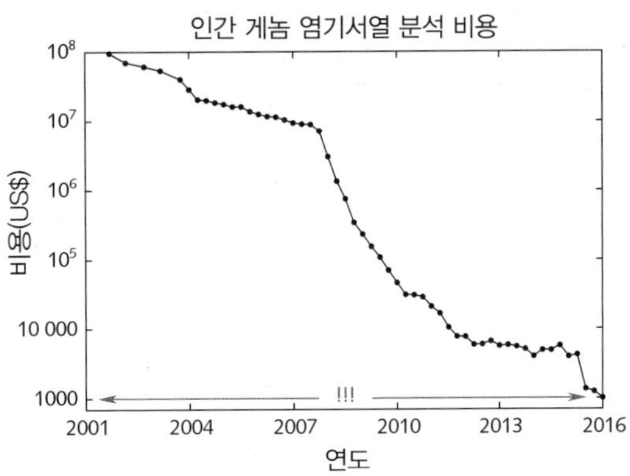

그림 2.10 시간이 흐름에 따른 서열 결정 비용의 하락을 보여준다. 비용 축의 로그 눈금을 참고하면, 2008년 차세대 염기서열 분석 플랫폼 도입에 의한 획기적인 변화가 두드러진다. US $1,000 게놈이 달성되었다.

Data from: http://www.genome.gov/sequencingcosts/

BOX 2.7 전체 게놈 샷건 서열 결정의 발전

전체 게놈 샷건 서열 결정은 상대적으로 내부 반복 서열이 적은 원핵생물에 대해 원활하게 작동한다. 반복은 조립 단계에 문제를 일으키기 때문에 복잡한 진핵생물 게놈에 대한 샷건 접근 방식의 타당성에 대해 회의론이 생겼다. 실제로 초파리 게놈은 포유류 게놈보다 반복 횟수가 적었으므로 샷건 방법을 통한 성공적인 염기서열 결정에 기여했다. 또한 초파리 게놈은 고도로 근친교배된 실험실 균주를 기반으로 했다. 자연적인 이종 교배 개체군에서 개인의 DNA 서열을 분석하는 것은 더 심각한 문제가 될 수 있다.

*Plasmodium falciparum*과 같이 고도로 치우친 염기 구성(약 80 mol% AT 포함) 또한 전체 게놈 샷건 기술의 적용을 복잡하게 만든다.

2000년에 발표된 초파리 게놈에는 약 1,600개의 갭(gap)이 있는 120 Mb의 완성된 서열이 포함되어 있었다. 최근에 발표된 초파리 게놈에는 갭이 전체 서열의 1% 미만으로 감소되었다.

Celera는 초파리의 전체 게놈 샷건 서열 결정의 성공을 '원리 증명(proof of principle)'으로 받아들여 인간 게놈 프로젝트에서의 사용을 정당화했다. 학문적 및 상업적 인간 게놈의 동시 발표에도 불구하고, 사업이 진행되는 중간인 2000년 6월 26일에 학술 그룹은 그 결과를 공개했고(주로 특허를 배제하기 위해), Celera는 이러한 데이터를 조립에 활용했다.

새로운 기술로 생성되는 매우 많은 양의 데이터와 강력한 컴퓨터 및 알고리즘의 가용성으로 인해 샷건 서열 결정 방법은 이제 대규모 진핵생물 게놈에 대해서도 선택되는 방법이다.

BOX 2.8 게놈 크기의 범위

소스	크기 범위	예시	
바이러스 및 플라스미드	1 kb−1.2 Mb	HIV 9189 bp	
		Megavirus chilensis	1.2 Mb
원핵세포	1 Mb−10 Mb	대장균	4.6 Mb
단순 진핵생물	10 Mb−100 Mb	효모	12.1 Mb
고등 진핵생물	100 Mb−100 Gb	인간	3.2 Gb
		Paris japonica	130 Gb (그림 2.11b)

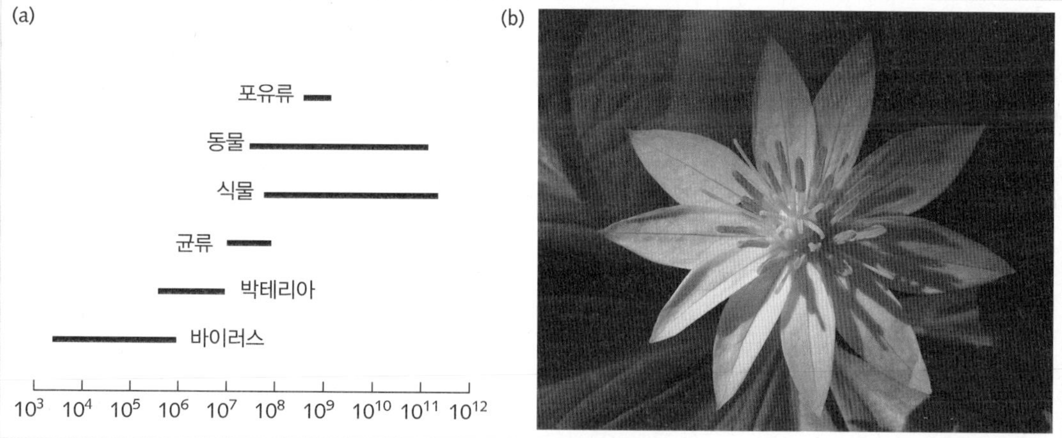

그림 2.11 (a) 다양한 생물군에서 게놈 크기의 범위. 가로 축은 염기 또는 염기쌍의 수를 나타낸다. 가장 큰 바이러스 게놈은 일부 박테리아 게놈보다 크다는 점에 유의하자. (b) 알려진 가장 큰 게놈: 일본의 아고산 지역이 원산지인 '캐노피 식물'로 알려진 *Paris japonica*로 명명된 꽃. 게놈은 어떻게 그렇게 커졌을까? *Paris japonica*의 게놈은 8배체이고, 이배수체(allopolyploid)인 4종의 잡종일 수 있다.

https://commons.wikimedia.org/wiki/File:Paris_japonica_with_10_petals.JPG

서열 결정 방법의 중요한 특징 중 하나는 **리드 길이**(*read length*)이다. 이는 각 조각에서 결정된 염기쌍의 수이다. 싱글-엔드 리드(single-end reads)는 조각의 한쪽 끝으로 제한되지만, 페어드-엔드 리드(paired-end reads)는 양쪽 끝에서 서열 영역을 보고하며, 중간 염기의 수는 대략적으로만 알려져 있다(그림 2.12 참조). 중첩된 영역을 기

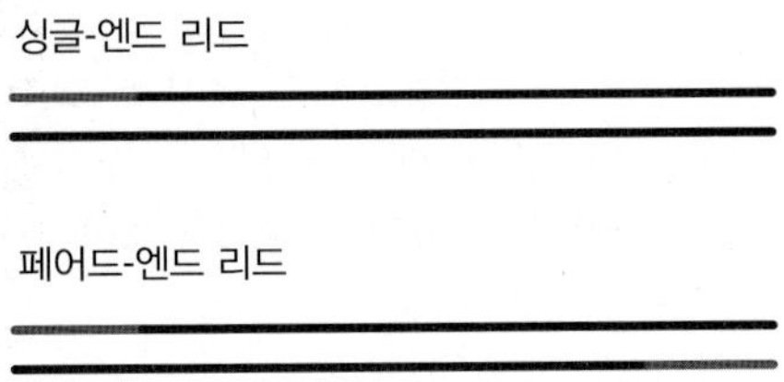

그림 2.12 싱글-엔드 서열 결정(single-end sequencing) 및 페어드-엔드 서열 결정(paired-end sequencing) 기술을 사용하여 조각에서 보고된 서열 데이터. 보고된 데이터는 회색 지역에서 발생한다. 이는 *read length*를 정의한다. 검은색 영역의 길이는 조각 길이를 통해 대략적으로만 알 수 있다. 일반적으로 사용되는 단편의 길이는 약 200 bp이고, 오차는 약 10% 정도이다.

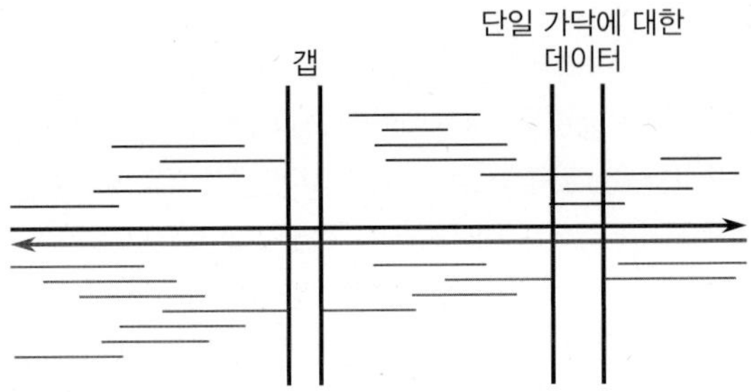

그림 2.13 샷건 조각으로부터의 DNA 영역을 조립(assembly)한 다이어그램. DNA의 염기쌍은 회색과 검정으로 표시되었으며, 각 염기쌍에서 나온 조각의 '리드(read)'는 회색과 검정색으로 표시되었다. 실제로는 긴 조각의 양쪽 끝에서 약 500 염기쌍에 대한 서열만 결정된다. 이 중첩된 영역을 기반으로 한 조립은 한 개의 갭을 남긴다. 한 지역에 대한 모든 데이터가 하나의 염기쌍에서 나온 조각에서 비롯되었더라도 갭으로 남지는 않는다.

반으로 한 연속된 조각의 조립(assembly)은 사례 연구 1.2에서와 같이 **콘티그**(*contig*)라고 한다. 목표는 콘티그를 계속해서 더 큰 영역으로 병합하여, 궁극적으로 완전한 서열을 얻는 것이다.

처리량이 많은 서열 결정 방법은 개별 단편의 서열에 대해 매우 많은 양의 데이터를 생성한다. 참조 게놈(reference genome)이 이미 존재하는 경우에 문제는 비교적 간단하다. 예를 들어, 새로운 인간 게놈으로부터 단편 서열을 결정한 후 이를 참조한 인간 게놈 서열에 매핑하는 것이 가능하다. 이를 통해서 참조 서열과의 차이점을 수집할 수 있다. 또한, 정상 세포의 게놈 서열과 개별 암 환자의 종양 세포를 비교할 때 유용하다.

만약 참조 서열이 없다면, 도전 과제는 *de novo* 어셈블리이다(그림 2.13 참조). 사례 연구 1.2에서는 이 문제를 제시했다. 그 예는 어셈블리에서 모호성이 없다는 점을 제외하면 비현실적으로 간단했다. 또한, 단순화된 문제에 효과가 있었던 접근 방식은 전체 게놈 크기의 문제로 확장되지 않는다.

커버리지(*coverage*)는 각 염기가 조각에서 나타나는 평균 횟수이다. G = 게놈 길이, N = 리드 수, L = 리드 길이인 경우, 커버리지 = NL/G이다. Eric S. Lander와 Michael S. Waterman은 커버리지와 게놈 크기의 함수로 예상되는 갭 수에 대한 공식을 도출했다. 예를 들어, 1 Mbp 게놈의 경우, 8–10배 정도의 커버리지가 리드를 5개의 콘티그로 조립할 수 있게 허용해야 한다.

프로세스 완료 단계, 즉 피니싱(finishing)은 갭을 메우기 위한 특정 조각들의 합성과 서열 결정을 포함한다.

어셈블리 방법을 설계할 때:

- 문제는 반복적인 하위 염기서열(subsequences)과 서열 결정 오류이다. 참조 서열에 매핑을 통한 어셈블리의 경우, 오류를 진짜 시퀀스 차이와 구별하는 것은 어려운 문제이다. *De novo* 어셈블리의 경우, 오류는 중첩된 영역을 감지하는 데 방해가 될 수 있다.
- 해결 방법은 더 긴 리드 길이와 서열 결정 오류 감소이다.

성공적인 어셈블리를 위해서는 리드 길이가 반복 길이보다 길어야 한다. Box 2.9는 인간 게놈의 반복 구조를 보여준다. 주요 서열 결정 기기의 리드 길이와 반복 길이를 비교해 보라:[5]

기기	읽기 길이 (염기)
Sanger ABI 3730	600–1000
Ion Torrent	200
454 (Roche) GS FLX+	700
Illumina HiSeq 2500 (High Output)	2×125
Illumina HiSeq 2500 (Rapid Run)	2×250
SOLiD 5500	2×60
PacBio RS II: P6-C4	$1.0–1.5\times10^4$ (평균)
Oxford Nanopore MinION	$2–5\times10^3$ (평균)

[5] From: Rhoads, A. and Au, K.F. (2015). PacBio sequencing and its applications. *Genomics Proteomics & Bioinformatics* **13**, 278–289. (This article gives citations of sources of data.)

BOX 2.9

인간 게놈의 반복 부분

반복은 게놈에서 여러 번 발생하는 DNA 부분(segments)이다. 텐덤 반복은 연속적으로 반복되는 서열을 포함하며, 이는 동일방향 또는 역방향으로 위치할 수 있다. 반복 서열은 다양한 위치에서 나타날 수 있다.

인간 게놈에는 여러 유형의 반복 서열이 포함되어 있다. 여기에는 다음이 포함된다:

- SINES = 짧게 삽입된 핵 원소(Short Interspersed Nuclear Elements).
- LINES = 길게 삽입된 핵 원소(Long Interspersed Nuclear Elements).
- 미소위성. 예를 들어, TTAGGG 반복(~2,500 반복 수)의 긴 배열은 인간 및 일부 다른 종의 염색체의 텔로미어를 특정한다. 서열은 종에 따라 다르다.
- 트리뉴클레오티드(trinucleotide) 반복은 몇 가지 질병의 원인이 된다. 예를 들어, 헌팅턴병에서는 ~29–35개의 연속된 CAG 반복이 발생한다(그림 2.14 참조).
- 단백질 암호 영역을 포함한 여러 개별 영역에서 복사 수 변이가 나타난다.
- CRISPR은 인간에서는 자연적으로 나타나지 않지만 원핵생물에서는 반복 서열이다.

반복되는 영역은 다양한 길이를 보인다:

반복 클래스	T = 병렬 I = 삽입	길이 (bp)
미니위성, 미소위성 또는 위성	T	2–100
SINES	I	100–700
DNA 트랜스포존	I	200–2,000
LTR 레트로트랜스포존	I	200–5,000
LINES	I	6,000–8,000
rDNA (16S, 18S, 5.8S 및 28S)	T	2,000–43,000
세그먼트 중복 및 기타 클래스	T 또는 I	1,000–100,000

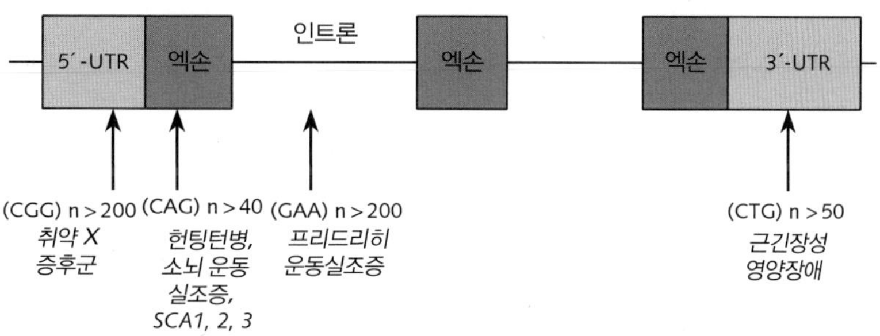

그림 2.14 여러 질병은 게놈의 트리뉴클레오티드(trinucleotides) 반복으로 인해 발생한다. 이 반복은 서로 다른 위치에 나타날 수 있으며, 반드시 유전자의 엑손에 있을 필요는 없다. (UTR = untranslated region, 번역되지 않은 영역.) 이러한 질병은 (a) 증상이 나타나기 전에 반복 횟수에서의 한계점 및 (b) 연속 세대에서 반복 횟수가 증가하는 경향을 보인다. 트리뉴클레오티드는 CGG, CGA, CAG 또는 CTG일 수 있다. 이들은 각각 Arg (CGG 및 CGA), Gln(CAG) 또는 Leu(CTG)을 나타낸다. 예를 들어, 헌팅턴병은 폴리글루타민 질병이라고 불린다. 경우에 따라 (헌팅턴병이 그런 예이다) 반복은 발현된 단백질의 응집을 유도할 수 있다. 엑손 내의 트리뉴클레오티드 확장으로 인한 질병은 DNA 또는 RNA 수준에서 추가적인 설명이 필요하다. 프리드리히 운동실조증은 미토콘드리아 단백질 프라타신(frataxin)의 발현 감소로 인해 발생한다.

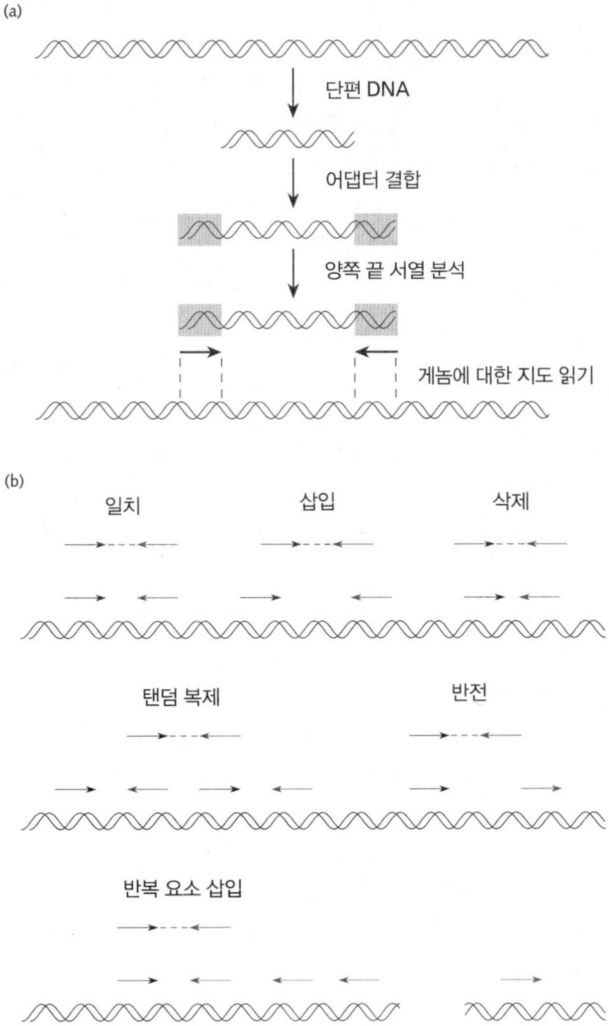

그림 2.15 (a) 조각들의 페어드-엔드 서열 결정은 가능한 경우에는 참조 게놈에 매핑을 허용한다. (b) 일치하지 않는 경우에는 삽입, 삭제 및 구조적 재배열을 나타낸다. 여기서 회색 부분은 반복될 수 있다. 동일한 염색체 상에서 근처에 나타날 수 있고, 뒤집힌 방향으로 나타날 수도 있다.

기존 Sanger 서열 결정의 판독 길이가 실제로 초기 차세대 시퀀싱 방법의 판독 길이보다 길다는 점에 주목해야 한다. 새로운 방법 중 일부는 더 높은 커버리지로 짧은 리드 길이를 보완한다. 이와 대조적으로, PacBio RS II의 리드 길이는 매우 길다. 달성된 최대 리드 길이는 92.7 kb이다!

처리량/비용 비율을 개선하기 위한 일반적인 접근 방식에는 소형화 그리고 병렬화 또는 다중화가 포함된다. 모든 것은 아니지만, 다수에 포함된 공통적인 새로운 방법은 표적 DNA가 단편화되고, 공통 어댑터가 한쪽 또는 양쪽 끝에 부착되어 결과가 증폭되는 준비 단계를 필요로 한다. 이는 원래 서열을 포함하는 짧은 영역의 라이브러리를 생성한다. 라이브러리의 요소는 분리되어 병렬로 서열을 결정한다.

일부 방법에는 특정 공통 주제가 존재한다. 많은 경우에서 프라이머의 확장 합성을 통해 진행된다. 이들은 성장 중인 가닥과 중합효소를 4개의 뉴클레오시드 삼인산(흔히 형광으로 표지된 유도체)에 차례로 노출시킨다. 베이스 콜은 어떤 염기가 형광 폭발과 같은 신호를 제공할 때 이를 감지하여 염기서열을 읽어낼 수 있다. 대부분의 경우에 많은 개별 조각이 단일 지지대에 수집되며, 모든 조각의 서열 결정이 병렬로 이루어진다.

페어드-엔드 리드

DNA 시료에서 시작하여 대략 500 bp 길이의 단편 라이브러리를 생성하고, 양 끝에 어댑터를 연결하며, 양 끝에서 ~50 bp 정도 떨어진 부분의 서열을 결정한다. 서열이 결정된 영역 간의 거리는 대략적으로만 알려져 있다. 참조 게놈이 있는 경우, 이 단편의 서열을 그 위에 매핑하는 것이 가능하다(그림 2.15 참조).

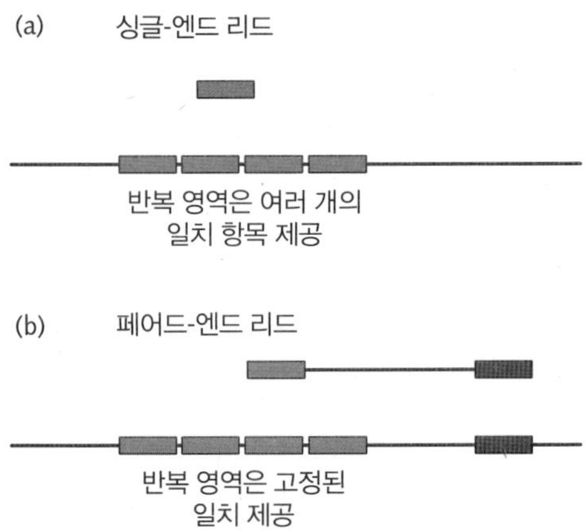

그림 2.16 페어드-엔드 리드는 반복 서열을 포함하는 영역을 조립하는 데 도움이 된다. (a) 반복적인 영역의 일부와 일치하는 싱글-엔드 리드는 정확하게 매핑될 수 없다. (b) 페어드-엔드 리드의 한쪽 끝이 반복되지 않는 영역(진한 회색)과 일치하는 경우, 다른 한쪽 끝이 반복 영역(옅은 회색)과 일치하는 위치를 식별하는 데 도움이 된다. 페어드-엔드 영역의 길이에 대한 모호성이 반복의 길이보다 긴 경우, 페어드-엔드와 일치하는 위치를 다른 정보 없이 정확하게 지정할 수 없다.

게놈을 새롭게 조립하기 위해 페어드-엔드 리드는 짧은 콘티그를 이어주고 연결할 수 있다. 끝부분에 중첩된 짧은 단편의 서열을 이용하여 페어드-엔드 리드 간의 갭을 채우는 것이 가능하다. 특히 반복되는 서열은 조립이 어렵다는 점을 고려하면, 조각의 한쪽 끝이 LINE 또는 SINE과 같은 반복 서열을 포함하며, 다른 쪽 끝이 비반복 서열에 단단히 고정되어 있는 경우에는 고정된 서열에서 반복 서열까지 거리가 얼마나 멀리 있는지 대략적으로 알 수 있다(그림 2.16 참조). 얼마나 멀리 떨어져 있는지 정확하게 수정하기 위해서는 다른 조각 서열의 추가 정보가 필요하다.

조립의 후반 단계에서, 페어드-엔드 리드는 콘티그가 어떻게 정렬될 수 있는지를 나타낼 수 있다(그림 2.17 참조).

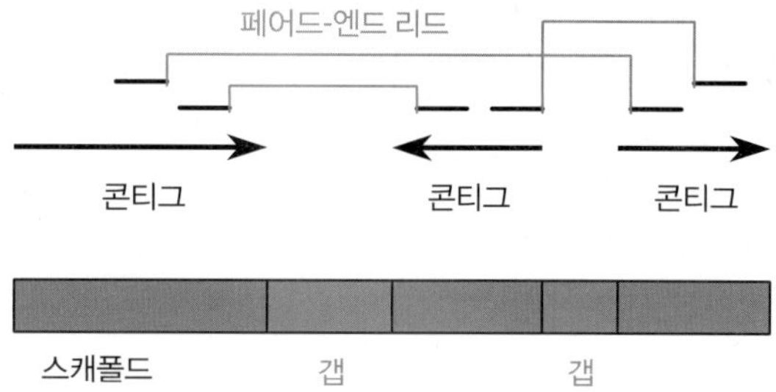

그림 2.17 상당한 콘티그가 결정되었지만 갭으로 인해 콘티그의 순서가 불확실해지는 조립 단계를 생각해 보면, 서로 다른 콘티그를 연결하는 페어드-엔드 조각은 콘티그를 통합된 스캐폴드로 결합시킬 수 있다.

고속 대량 서열 결정의 응용

고-커버리지 게놈 서열 결정은 생물학과 의학 연구에서 일반화되었다. 사용 가능한 기술에는 자동화된 샘플 준비, 단편 라이브러리의 생성 및 서열 결정, 그리고 조립을 위한 강력한 소프트웨어가 포함된다. 동일 종 또는 밀접한 유사 종으로부터 얻은 참조 게놈은 조립 단계를 간소화하거나 대체할 수 있다. 이러한 방법은 다양한 종류의 최종 서열 결정을 지원할 수 있다(Box 2.10 참조).

대부분의 새로운 게놈 정보는 대규모 국제 컨소시엄에서 제공한다. 그중 다수는 임상적 중요성을 가진 인간 게놈으로, 특히 암 환자의 종양과 건강한 세포의 서열을 비교하는 것이다. 그러나 개별 연구 그룹이나 초보 연구 학생들도 사용 가능한 인프라의 강력함과 광범위한 접근성을 고려할 때 전체 게놈 서열 결정을 시도하는 데 겁먹을 필요는 없다.

BOX 2.10 고속 대량 서열 결정의 응용

Whole-genome sequencing *de novo* 및 리시퀀싱(= 동일한 종의 개체로부터 참조 게놈에 매핑하여 짧은 리드를 조립하는 것)

Metagenome sequencing 천연 시료(토양, 해수, 인체 등)에서 발생하는 혼합된 생물의 게놈 서열 결정

Transcriptome sequencing, or RNA-seq 메신저 RNA, 구조적 RNA 및 기타 유전자 발현과 관련된 RNA 종류를 포함하는 시료로부터 RNA의 서열 결정. RNA 서열 결정은 RNA를 역전사하고, cDNA 서열을 결정함으로써 수행된다. 다양한 RNA 양을 측정하면 유전자의 발현 양상을 확인할 수 있다.

Small RNA sequencing 크기에 따라 선택된 RNA 전사물의 RNA 서열 결정; 예를 들면 단백질 발현을 조절하는 작은 RNA 분자인 마이크로 RNA(miRNA)의 서열 결정.

Targeted resequencing 게놈 내 선택된 영역의 서열 결정; 예를 들어, 특정 유전자 하위 집합의 선택적 서열 결정. *BRCA1*, *BRCA2*, *PALB2* 등 암 발생 위험이 높은 다른 유전자들의 선택적 서열 결정이 여기에 해당된다.

Exome sequencing 발현된 단백질에 해당하는 게놈 부분의 서열 결정.

ChIPSeq(chromatin immunoprecipitation sequencing)—전사인자와 상호작용하는 DNA의 분리된 영역의 서열 결정.

Epigenetic or methylation sequencing 게놈의 어떤 염기가 메틸화되었는지 결정. CpG 디뉴클레오티드에서 시토신의 5′ 위치의 메틸화는 유전자 발현을 감소시킨다. N6-메틸아데닌은 또 다른 널리 퍼진 후생유전학적 표지자이다. (염기쌍이 영향을 받고 오류가 복구되지 않으면 화학 시약에 의한 염기의 메틸화로 인해 돌연변이가 발생할 수 있다.)

조립(assembly)—컴퓨터적 측면

실험실의 기기들은 게놈의 단편에 대한 풍부한 서열 정보를 제공한다. 단편에서 DNA 서열을 재구성하는 것은 세계에서 가장 큰 직소 퍼즐을 맞추는 것이다. 전통적인 직소 퍼즐과 마찬가지로, 솔루션을 찾는 핵심은 일치하는 패턴을 식별하는 것이다.

패턴 매칭

패턴 매칭은 일반적으로 컴퓨터 과학, 특히 분자생물학에 적용할 때 다양한 문제를 제시한다. 여기에는 다음이 포함된다.

1. **1차원 문제; 예를 들어, 문자열 매칭.** 문자열(예: 게놈)과 짧은 모티프(예: restriction site 서열)가 주어졌을 때 문자열에서 해당 모티프의 발생을 찾는다.

물론 문자열 매칭 문제는 텍스트 편집 문맥에서도 발생한다. 대부분의 시스템에는 문자열 매칭 및 대체 기능이 포함되어 있다. 예를 들어, UNIX 명령어 `grep` 및 `sed`가 있다. [컴퓨터 텍스트 처리가 시작되기 전에, 영국의 잘 알려진 학자는 출판 과정의 매우 늦은 시점에서야 책 전체에서 새뮤얼 피프스의 전기(Samuel Pepys' Dairy)로 잘못 작성한 사실을 발견했다. 그는 거의 모든 오류를 "수작업"으로 찾아 수정해야 했다. 오늘날에는 워드 프로세서가 Dairy를 모두 찾아서 Diary로 쉽게 변경해준다.]

2. **2차원 문제; 예를 들어, 이미지 매칭.** 극저온전자현미경을 사용한 단백질 구조 결정에서는 한 분자 또는 복합체의 많은 이미지가 무작위 방향으로 기록된다. 컴퓨터 작업은 각 이미지를 단일 모델의 적절히 회전된 이미지에 일치시켜서 각 현미경 사진에 해당하는 방향을 결정하는 것이다. CCTV 출력에서 얻은 컴퓨터 얼굴 인식은 또 다른 응용 분야이다.

3. **3차원 문제; 예를 들어, 단백질이나 핵산의 구조 또는 하위 구조 매칭.** (제5장 참조)

여기서는 문자열 매칭에 초점을 맞출 것이다. 긴 문자열에서 비교적 짧은 모티프의 모든 발생을 찾는 가장 간단한 방법은 모티프를 긴 문자열을 따라 이동시켜서 각 문자의 일치를 확인하는 것이다. 많은 문자열과 모티프를 다루어야 한다면, 이와 같은 작업(영리한 방법으로 구현) 외에는 대안이 없다. 이것은 서로 다른 사용자가 서로 다른 작업 세트를 제시하므로 시스템 루틴(systems routines)의 경우에 해당된다.

서로 다른 많은 모티프를 **동일한** 긴 문자열에서 찾고 싶다고 가정해 보자. 문자열이 긴 아미노산 서열이거나 아미노산 서열 데이터베이스 전체인 경우이고, 세 문자의 길이인 모티프로 제한할 것이다. 아미노산이 20종류뿐이므로 20^3 = 8,000가지 가능한 모티프가 존재한다. 긴 아미노산 서열에 색인을 만드는 것이 가능하다. 즉, 8,000개의 가능한 모티프 각각에 대하여 해당 모티프가 긴 문자열에서 어느 부분에 있는지를 지정하는 사전을 만들 수 있다. 그런 다음, 쿼리 모티프가 제출되는 경우 해당 모티프가 발생하는 위치 목록을 찾아보기만 하면 된다. 이것이 BLAST가 수행하는 작업이다(제4장 참조).

그러나 고정 길이의 검색 모티프로 제한하고 싶지 않다면 어떻게 해야 할까? 매칭을 용이하게 하기 위해 검색할 문자열을 전처리하는 방법이 있을까? **서픽스 트리**(*Suffix trees*)는 강력하고 일반적인 기술을 제공한다.

서픽스 트리

문자열의 각 위치에 대해서, 해당 위치에서 시작하여 문자열 끝까지 이어지는 부분 문자열을 해당 위치의 **서픽스**라고 한다. 단어 "*inning*"의 경우 서픽스는 다음과 같다:

```
inning
 nning
  ning
   ing
    ng
     g
```

해당 서픽스 트리는 그래프로서, 노드는 문자열의 문자에 해당하며, 간선은 문자열에서 인접한 문자나 문자 집합을 연결한다.

그림 2.18은 단어 "*inning*"의 서픽스 트리를 보여준다.

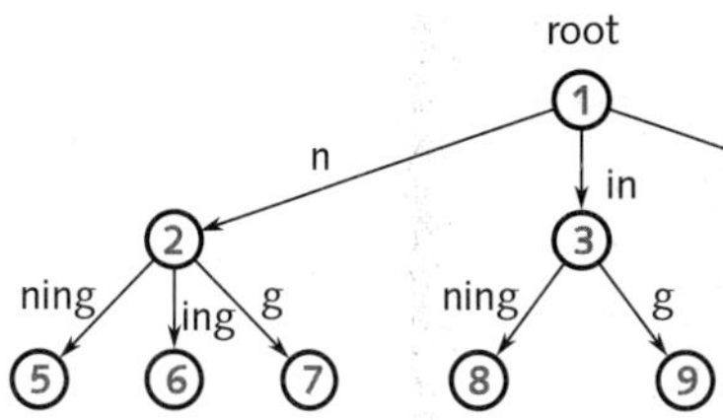

그림 2.18 *inning* 단어의 서픽스 트리

각 서픽스는 트리를 통한 경로에 해당하며, 루트 노드에서부터 내려가게 된다. 들어오는 간선과 나가는 간선이 모두 있는 노드를 가지치기 노드(*branch nodes*)라고 한다. 나가는 간선이 없는 노드를 잎(*leaf*)이라고 한다. 노드에서 해당하는 잎까지의 각 경로는 문자열의 서픽스에 해당한다. 트리를 통해 루트에서 잎까지의 모든 경로가 어떤 서픽스에 해당하므로 잎의 수는 문자열의 문자수와 동일하다.

Esko Ukkonen의 알고리즘을 사용하면, 길이가 n인 문자열의 서픽스 트리를 $\mathcal{O}(n)$의 시간 안에 구성할 수 있다.

다음 예제에는 서픽스 트리를 사용한 일부 패턴 매칭 작업이 제시되어 있다.

사례 연구 2.1

패턴 "ing"을 문자열 "inning"에서 검색한다. 검색 문자열 "ing"의 첫 번째 문자는 "i"이다. 루트 노드 1에서 시작하여 서픽스 트리에서 "i"로 시작하는 부분 문자열로 레이블이 지정된 간선을 선택한다. 이것은 노드 3으로 이어지는 중앙 경로이며, in으로 레이블이 지정된 간선을 따라가서 패턴의 첫 두 문자가 일치한다. 검색 문자열의 다음 문자는 "g"이다. 노드 3에서 "g"로 시작하는 경로를 따라가면 노드 9에 도달한다. 패턴의 모든 문자가 일치하면, 문자열에 해당 패턴이 포함되어 있음을 결론짓는다. 노드 9가 잎이므로, 패턴 "ing"가 "inning"의 접미사 자체임을 알 수 있다(중간 부분 문자열이 아님).

사례 연구 2.2

패턴 "inin"을 검색한다. 패턴의 첫 번째 문자는 "i"이고, 이는 노드 3으로 이어진다. 이 시점에서 패턴 문자열 "inin"의 첫 두 문자가 일치한다. 노드 3에서 다음 문자인 i로 시작하는 레이블을 가진 간선을 찾는다. 그러한 간선이 없다. 따라서 패턴 "inin"은 "inning"의 어떤 부분 문자열과도 일치하지 않다고 결론짓는다.

사례 연구 2.3

패턴 "g"의 모든 발생을 찾는다. 예제 2.1과 같이 접미사 트리를 검색한다. 이는 노드 4에서 성공한다. 노드 4에서 내려가는 간선이 없으므로, 패턴 "g"는 한 번만 나타난다.

사례 연구 2.4

패턴 "in"의 발생 횟수를 찾는다. 예제 2.2와 같이 접미사 트리를 검색한다. 이는 노드 3에서 성공한다. 노드 3 아래의 리프 노드(즉, 노드 8 및 9)의 수는 발생 횟수인 2: "inning"와 같다: inning.

사례 연구 2.5

"inning"에서 가장 긴 반복 시퀀스를 찾는다. 루트 노드에서의 경로에 따라 적어도 2개의 리프가 있는 노드를 찾는다. 이 중에서 라벨 길이의 합이 가장 큰 노드를 찾는다. "inning"의 경우에 이것은 노드 3이고, 가장 긴 반복 시퀀스는 "in"이다.

사례 연구 2.6

"inning"과 "mining" 그리고 "ninety"의 가장 긴 공통부분 문자열을 찾는다. 이를 위해 세 문자열을 결합하여 "inning#mining&ninety"와 같은 다중 문자열 접미사 트리를 만든다. 여기서 #와 &는 두 문자열의 알파벳 외부의 구분 문자이다. 결합된 접미사 트리에서 각 리프 노드에서 첫 번째 # 또는 & 이후의 모든 문자를 제거한다. 이렇게 하면, 개별 문자열의 접미사를 분리하여 두 문자열의 일부를 포함하는 엣지 라벨을 피할 수 있다. 루트 노드에서부터 경로를 따라 라벨의 길이 합이 최대이고, 적어도 하나의 #를 포함하는 노드와 하나의 &를 포함하는 노드로 나가는 경로가 있는 노드 N을 찾는다. 이 경우 가장 긴 공통부분 문자열은 루트 노드에서 N까지의 경로를 따라 라벨을 연결한 것인 "nin"이다.

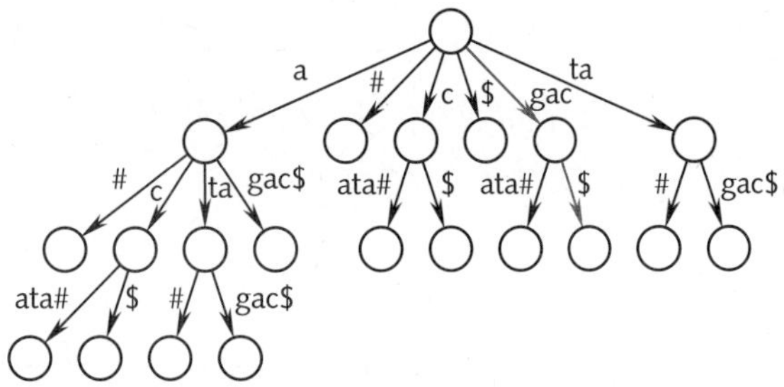

그림 2.19 "gacata#atagac$"의 접미사 트리.

이 접근 방식의 수정은 게놈 어셈블리에서 한 리드의 접미사와 다른 리드의 접두사 간의 일치를 식별하는 데 사용될 수 있다.

"gacata"와 "atagac" 2개의 문자열을 고려해보자. 첫 번째 문자열에는 구분 문자 "#"을 추가하고, 두 번째 문자열에는 "$"를 추가하면 결합된 문자열 "gacata#atagac$"이 된다. 결합된 문자열에서 생성된 일반화된 접미사 트리는 그림 2.19에 나와 있다.

상단 회색 화살표는 "gac"로 레이블이 지정된 가장자리에 해당한다. 이는 해당 문자열이 "gac"로 시작한다는 것을 의미한다. 하단 회색 화살표는 두 번째 문자열이 "gac$"로 끝난다는 것을 나타낸다. 이는 첫 번째 문자열의 처음 세 글자 "gac"가 두 번째 문자열의 마지막 세 글자와 일치한다는 것을 시사한다:

```
    gacata
atagac
```

다른 순서로 문자열을 결합하면 "gacata"의 마지막 세 문자와 "atagac"의 처음 세 문자 사이의 "ata" 일치가 나타날 것이다.

또 다른 수정으로는 문자열에서 가장 긴 회문(palindrome)을 감지할 수 있다. "inning"에서 가장 긴 회문구조를 찾는 것은 "inning"과 그 반전 "gninni" 간의 가장 긴 공통부분 문자열을 찾는 것과 동일하다. "inning#gninni$"에서 일반화된 접미사 트리를 형성하고, 예제 2.6과 같이 진행한다.

RNA 서열은 서로 반대로 보완되는 두 영역을 포함하는 경우 헤어핀 루프를 형성할 수 있다. 다음 예제를 보자:

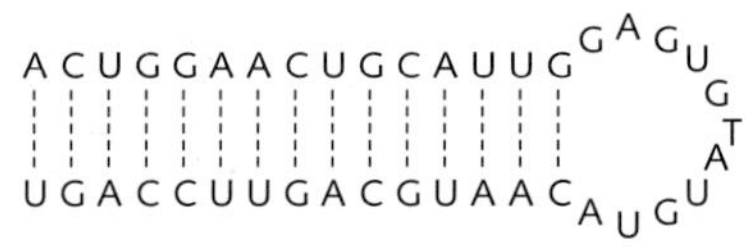

RNA 서열을 가지고 있는 경우, 잠재적인 헤어핀을 감지하려면 일반화된 접미사 트리를 서열과 해당 역순 보완(reverse complement)의 결합으로부터 생성하고 일치 여부를 확인하거나, 서열과 해당 보완(complement)의 결합으로부터 트리를 형성하고 회문을 찾을 수 있다.

문자열 조립

두 문자열이 중첩되는 경우는 첫 번째 문자열의 끝 문자가 두 번째 문자열의 시작 문자와 **일치할** 때이다(예: atagac와 gacata). 리드(reads)가 노드인 그래프를 형성하고 서로 겹치는 리드를 연결하는 엣지를 생성한다. 만약 반복이나 서열 오류가 없다면 조각들을 조립하는 것은 간단하다: 고유한 연속 조각을 연결하는 그래프에는 고유한 경로가 있다. 이 경로를 따라가면 조립이 재구성된다(사례 연구 1.2와 같이).

반복이나 오류가 있는 경우, 조각들의 순서는 고유하지 않으며 조립은 더 복잡해진다. 조각들에서 그래프를 형성하면 문제가 드러난다. 조립 중의 모호성은 그래프를 통해 서로 다른 가능한 경로로 나타낸다.

두 가지 접근 방법은 (1) 중첩 그래프와 (2) 드 브루인(de Bruijn) 그래프이다(그림 2.20 참조):

(1) 중첩 그래프에서 노드는 리드이며, 엣지는 겹치는 리드를 연결한다. 그림 2.20b에서, 반복은 그래프에서 갈라짐을 생성한다. 추이적인 겹침을 제거한 후에는 두 가지 가능한 경로가 존재한다.

리드와 일치하는 조립을 찾으려면 중첩 그래프를 통해 그래프를 따라가면서 각 노드를 정확하게 한 번 방문하는 경로를 찾아야 한다.

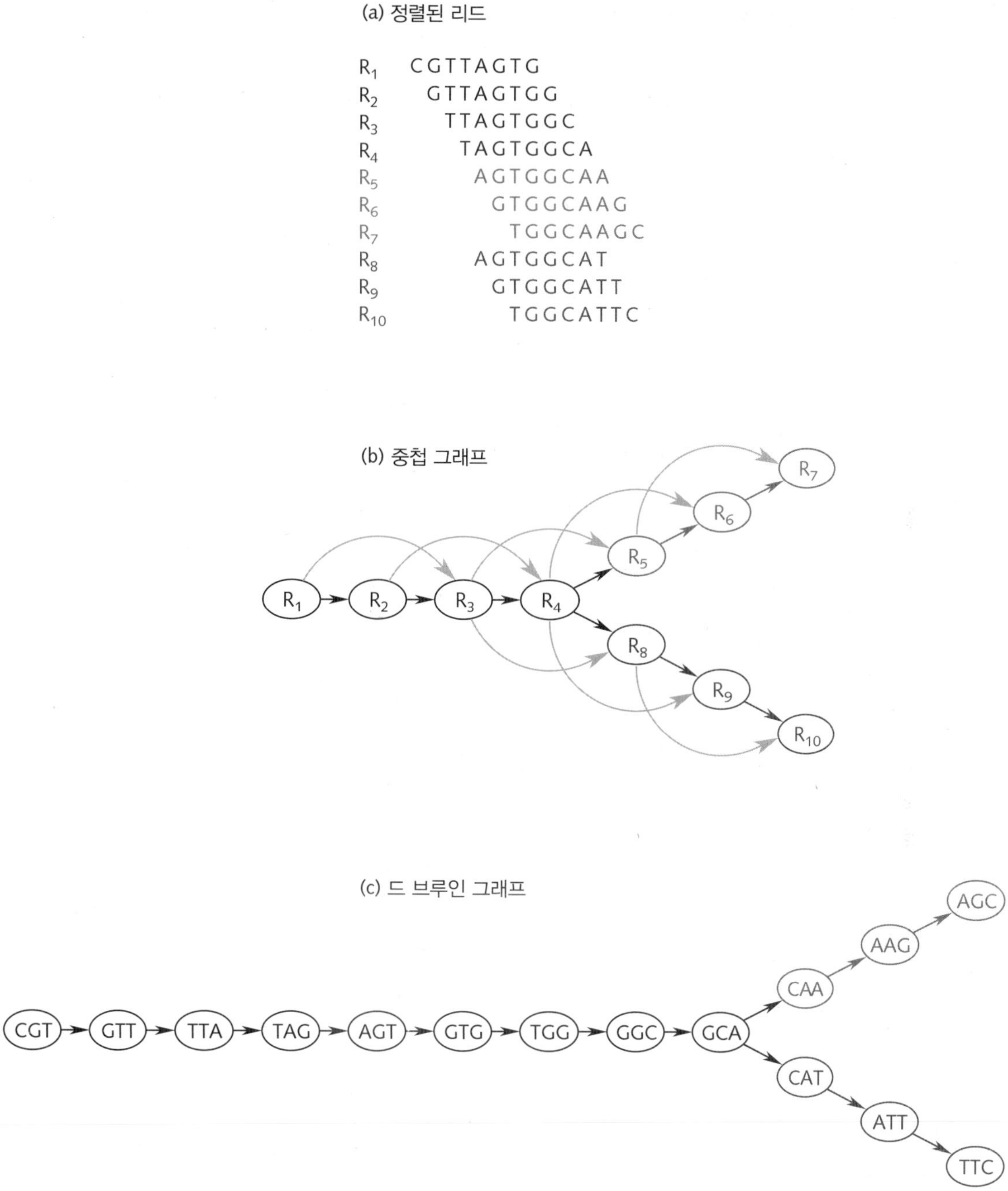

그림 2.20 (a) 10개의 여덟 염기서열 리드는 정렬되어 있지만 조립되어 있지 않다. 동일한 색조로 표시된 리드 간의 중첩은 명확하다. 서로 다른 색조로 표시된 리드 간의 중첩은 고유하지 않다. (b) 중첩 그래프. 노드는 리드에 해당하며, 엣지는 5개 이상의 염기의 중첩을 의미한다. 곡선 화살표는 '전이적 중첩(transitive overlaps)'을 보여준다. 즉, R1과 R3 사이의 화살표는 R1과 R2, 그리고 R2와 R3 사이의 중첩을 포함한다. R1과 R4 사이의 엣지로 확장되지 않는다. 왜냐하면, R1과 R4 간의 겹침은 5개의 염기 만큼이기 때문이다. R4 리드의 말단 서열 AGTGGCA가 R5와 R8 리드의 초기 서열과 일치하므로 갈라짐이 발생한다. (c) 드 브루인(de Bruijn) 그래프. 노드는 리드에서 나온 연속된 3개의 염기서열 조각이다. 엣지는 2개의 염기 중첩에 해당한다: 상류 노드를 레이블링하는 삼중항(triplet)의 2–3 염기가 하류 노드를 레이블링하는 삼중항의 1–2 염기와 중첩된다. (왼쪽에서 두 번째 노드의 GTT가 오른쪽 아래의 마지막 노드의 TTC와 중첩되지만, 이러한 삼중항은 어떤 리드에서도 연속되지 않아 엣지가 그려지지 않는다.) 오른쪽 가장자리의 검은색 노드(R4의 끝)의 GCA는 R5(드 브루인 그래프의 가장 왼쪽 옅은 회색 노드)의 CAA 및 R8(드 브루인 그래프의 가장 왼쪽 어두운 회색 노드)의 CAT의 분기점이다. 중첩 그래프 및 드 브루인 그래프 모두에서 최대 경로는 통과된 리드의 조립에 해당한다. 모호함의 해결은 이러한 리드를 게놈의 더 큰 구성 요소를 포괄하는 전체 조립에 통합하는 것에 달려 있어야 한다.

그래프 이론에서는 이를 해밀턴 경로라고 한다. 원형 게놈의 경우 해밀턴 경로는 회로가 될 것이다(그림 2.21 참조).

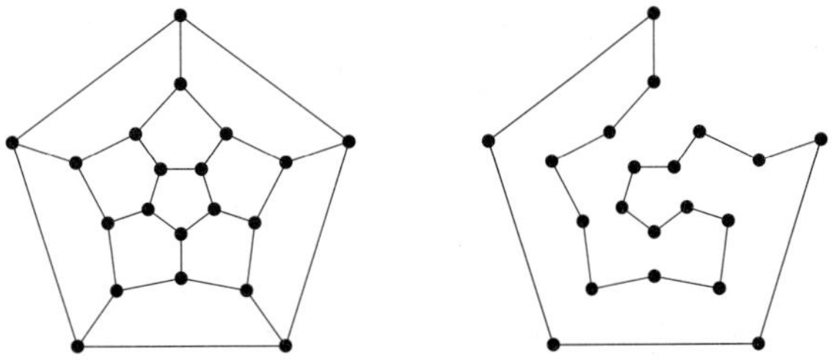

그림 2.21 왼쪽: 꽤 높은 연결성을 가진 그래프. 오른쪽: 해밀턴 회로 부분 그래프—유일하지 않음.

(2) **드 브루인 그래프**에서 알려진 조각들은 동일한 길이의 영역으로 더 세분화된다. 그림 2.20c에서는 리드가 3-bp 하위 조각 또는 3-mer로 세분화된다. 이들은 그래프의 노드를 형성하며, 엣지는 2-bp의 겹침으로 노드를 연결한다. 즉, 하나의 3-mer의 마지막 두 문자가 다음 3-mer의 처음 두 문자와 일치한다. 중첩 그래프와 마찬가지로 반복은 분기점을 생성한다. 드 브루인 그래프의 방향성 있는 엣지는 노드의 조각들이 하나 이상의 리드에서 연속적으로 발생한다는 것을 나타낸다. 노드가 하나의 들어오는 엣지와 하나의 나가는 엣지만 갖는 경우에는 조립에서의 맥락이 명확하다. 그러나 2개 이상의 엣지를 갖는 노드를 조립하는 것은 좀 더 미묘한 문제이다.

드 브루인 그래프에서 리드와 일치하는 조립을 찾으려면 그래프를 통과하는 모든 엣지를 정확하게 한 번씩 방문하는 경로를 찾아야 한다. 이를 “오일러 경로(Eulerian path)”라고 한다. Box 2.11에 명시적인 예제가 포함되어 있다.

Leonhard Euler는 이러한 경로를 소개하고서 실제 문제를 해결했다. 18세기에 프러시아의 쾨닉스베르크 시는 강을 가로지르는 7개의 다리가 본토와 2개의 섬을 연결하고 있었다(그림 2.22). 주민들은 산책 중에 각 다리를 한 번만 건너면서 두 제방과 두 섬을 모두 방문하는 것이 가능할지 궁금하였다. 1736년에, Euler는 이것이 불가능하다는 것을 증명하였다. 이것이 그래프 이론의 시작이었다.

비교해보면, 해밀턴 경로는 모든 엣지를 통과하지 않을 수 있지만, 오일러 경로는 반드시 모든 엣지를 통과해야 한다. 오일러 경로는 하나 이상의 정점을 여러 번 통과할 수 있지만, 해밀턴 경로는 그렇게 할 수 없다. 계산적으로, 해밀턴 경로를 찾는 것은 오일러 경로를 찾는 것보다 훨씬 어렵다.

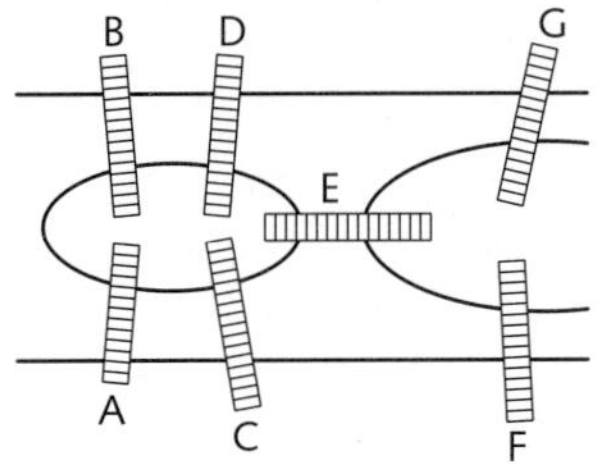

그림 2.22 18세기 쾨닉스베르크의 섬과 다리 배치에 대한 개요도. 문자는 다리, 즉 엣지를 나타낸다. (1905년의 정확한 지도는 https://upload.wikimedia.org/wikipedia/commons/thumb/4/40/K%C3%B6nigsberg_Stadtplan_1905.svg/2000px-K%C3%B6nigsberg_Stadtplan_1905.svg.png에서 확인할 수 있다. 다리들이 보인다.)

BOX 2.11

서열로부터 드 브루인 그래프의 구성

주어진 문자열을 연속적인 *k*-mer(부분 문자열의 길이인 *k*의 선택은 임의적)로 나누고, 각 *k*-mer를 왼쪽 및 오른쪽 (*k* − 1) mer로 나눈다.

문자열 aaaccca를 고려하고, *k* = 3을 선택한다. (여기서 k − 1 = 2; 그림 2.20 (c)에서 k − 1=3이다.) 그런 다음, 분할은 다음과 같다:

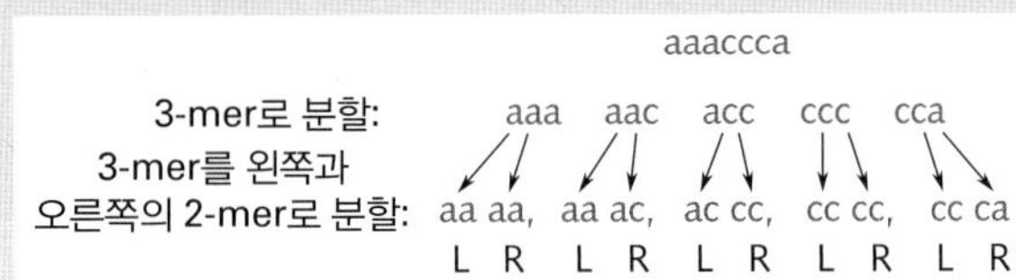

드 브루인 그래프를 형성하려면 2-mer를 노드로 사용해야 한다. 2-mer cc는 시퀀스에서 두 번 나타나지만 하나의 노드만 생성한다. 각각의 왼쪽 2-mer에서 해당하는 오른쪽 2-mer로 방향성 있는 엣지를 그려 그래프를 형성한다. (엣지의 레이블은 각 엣지가 어떤 삼중항에서 나왔는지를 나타낸다).

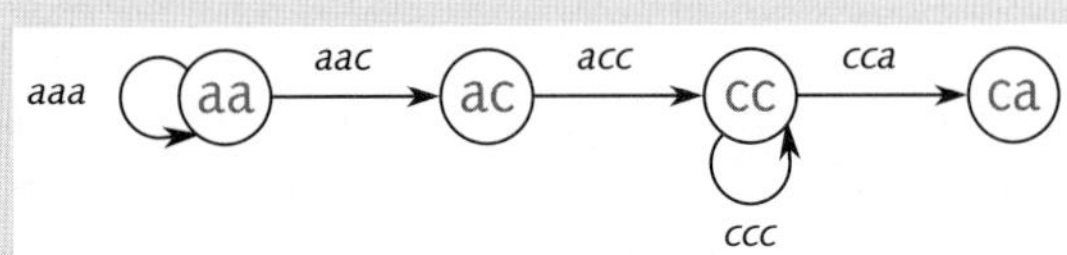

이 그래프에는 독특한 오일러 경로가 존재한다. 다음은 원래 시퀀스를 복구하는 것이다.

다음은 더 복잡한 예이다:

acg, cga, cgc, cgt, gac, gcg, gta, tcg의 리드가 있다고 가정하자. 드 브루인 그래프(k = 3)는 다음과 같다:

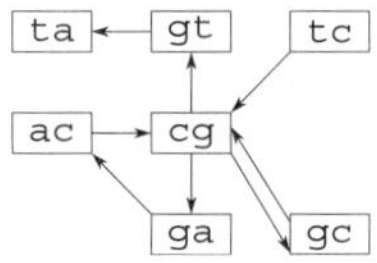

이 그래프에는 오일러 경로가 존재하는가? 네:

이는 콘티그인 tcgcgacgta를 의미한다.

고속 대량 데이터 수집과 강력한 컴퓨터 하드웨어 및 소프트웨어의 결합 덕분에 게놈 서열 결정이 빠르고 저렴해졌다. 서열 결정은 다른 고속대량 데이터 스트림에 기초한다(Box 2.10 참조). 이 책의 여러 절에서 데이터의 임상 응용에 대해 다룰 것이다.

급증한 또 다른 응용 분야는 개인 식별을 위해 DNA 서열 정보를 사용하는 것이다. 가족 관계 확인, 범죄 수사 등이 포함된다.

개인 식별에서의 게놈학

DNA 서열 분석의 법적 응용은 여러 사실에 의존한다:

- 모든 개인의 게놈(심지어 단일 배아 쌍둥이, 즉 '동일한' 형제자매까지)은 고유하다. 지문과 마찬가지로, 게놈은 고유한 개인 식별정보를 제공한다. 범죄 현장의 혈흔은 지문 세트처럼 특정 개인로 연결될 수 있다.
- 각 개인의 게놈은 부모로부터 유래한 염색체의 결합을 통해 형성된다. 따라서 지문과 달리, 게놈은 가족 관계를 나타낼 수 있다. 특히 친자 확인과 관련이 있다.
- 각 개인의 게놈에는 눈 색깔과 같은 인식 가능한 특징에 영향을 미치는 유전자가 포함되어 있다. 따라서 범죄 현장에서 알 수 없는 개인이 남긴 DNA는 해당 개인의 물리적 특성을 분석하는 데 사용할 수 있다.
- 따라서 지문과 달리, 게놈은 개인에 대한 단순한 식별보다 훨씬 더 많은 정보를 포함하고 있다. 정부 기관 및 상업 기관에 의한 이 정보의 처리는 윤리적 및 법적 문제를 제기할 수 있다.
- 한 세기 전부터 사람들과 관계를 식별하는 데 분자 특성이 사용되었다. 초기 방법은 고전적인 혈액형(A, B, AB 및 O)을 적용했다. O형 혈액형을 가진 용의자는 A형 혈액형을 가진 사람에 의한 범죄의 무죄를 증명해야 한다. O형 혈액형을 가진 사람은 AB형 아이의 부모가 될 수 없다. 하지만, 많은 사람이 동일한 혈액형을 가지고 있다. 따라서 혈액형 검사는 무죄를 입증할 수 있지만 유죄를 입증할 수는 없다. MHC 일배체형을 포함한 더 넓은 혈청형 특성을 기반으로 한 시험은 훨씬 더 탁월한 식별력을 제공한다. 대조적으로, DNA 서열은 유죄나 아버지의 식별을 긍정적으로 입증할 수 있다.

DNA 식별은 미국에서 세간의 이목을 끄는 여러 사례에서 증거를 제공했다:

- 1994~1995년, 미국의 유명한 (미식)축구 선수이자 영화배우인 O.J. Simpson의 아내 살해 사건 재판에서 검찰 측이 그가 범죄 현장에서 발견된 혈액의 원천임을 입증했음에도 불구하고 무죄가 선고되었다.
- 백악관 인턴 복장에 묻은 얼룩이 1998년 William J. Clinton 미국 대통령의 부적절한 행동의 증거가 되었다.
- 19세기 초 미국 대통령 Thomas Jefferson과 버지니아 농장의 노예였던 Sally Hemmings의 자녀 DNA를 비교한 결과, Jefferson이 Hemmings 자녀의 아버지임이 입증되었다.

세간의 주목을 받지는 않지만, 일상적인 법 집행에서 더 중요한 사실은 DNA 증거가 충분히 명확하여 널리 인정됨에 따라 많은 재판에서 자신의 무죄를 입증하지 않아도 된다는 것이다.

DNA '지문'

1984년, 레스터 대학교의 Alec John Jeffreys(현 Alec FRS, CH)는 동료들과 함께 가족(아버지, 어머니 및 자녀)을 포함한 DNA 시료의 제한 단편 크기를 비교함으로써 DNA 지문(fingerprinting)을 발견했다. 서로 다른 개인은 서로 다른 패턴을 생성하였으며, 젤은 각 개인에게 고유한 '바코드'를 제공하였다. 또한 아이의 DNA에서 나온 패턴은 부모의 패턴 조합이었다(그림 2.23 참조).

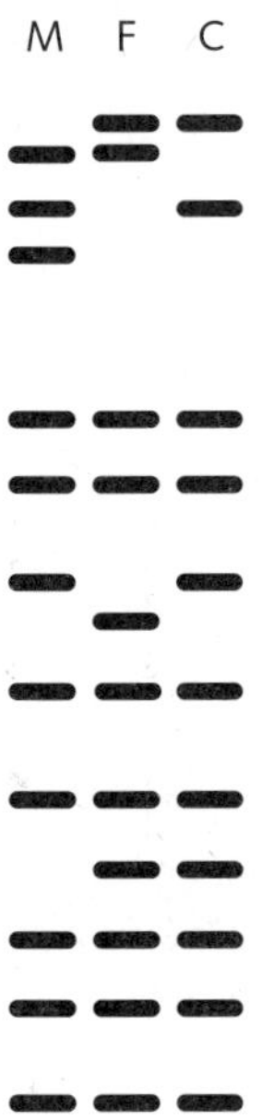

그림 2.23 어머니(M), 아버지(F), 그리고 자녀(C)의 DNA 지문을 보여주는 젤의 패턴. C 레인의 각 밴드는 F 레인이나 M 레인 또는 둘 모두에 나타난 밴드와 일치한다. 젤 상의 밴드들은 *Hin*fI에 의해 완전히 절단된 제한 단편에 해당한다. 젤은 크기에 따라 단편을 분리되었다.

다른 개인들이 제한 단편 크기의 다른 패턴을 보이는 이유 중 하나는 제한 부위에서 돌연변이가 발생하여 해당 부위가 절단되지 않기 때문이다. 이 경우에, 변이가 없는 DNA에서 나온 2개의 단편이 돌연변이 표본에서 나온 하나의 더 긴 단편에 해당된다. (제한지도와 뉴욕시 브로드웨이에 연이어 위치한 스타벅스 카페와 거리에 대한 우리의 비유적 표현으로 이해하면, 한 카페가 폐점할 때 패턴에 미치는 영향을 상상해보자.) 또는 두 제한 부위 사이에 DNA의 짧은 반복 구간이 있을 수 있으며, 복제 중에 이 중복이 불안정할 수 있다. 여기에서 중합효소가 '더듬거리는' 현상이 발생한다. 이러한 반복의 확장은 해당 반복이 나타나는 제한 단편을 연장시킨다. 이 단편은 크기에 따라 단편을 분리하는 젤 상에서 다른 위치를 차지할 것이다.

이러한 짧은 반복 단편의 DNA를 가변연쇄반복(variable number tandem repeat, VNTR)이라고 한다. VNTR은 일반적으로 동일한 제한효소에 대한 인식 부위로 둘러싸여 있고, 이 효소는 VNTR을 깔끔하게 잘라내서 서로 다른 길이의 단편을 생성한다. 이러한 단편의 길이가 다른 부분이 바로 개인 간에 변이가 있는 부분이며, 이를 제한 단편 길이 다형성(restriction fragment length polymorphisms, RFLP)이라 한다. VNTR은 게놈 서열의 특성이고, RFLP는 VNTR을 식별하기 위해 연구실에서 만든 짧은 DNA 조각의 인위적인 혼합물을 나타낸다.

Jeffreys와 그의 동료들은 제한 단편 길이 패턴이 개인마다 독특하고, '유전 지문'을 제공한다는 것을 확인했다. 이 기술의 첫 번째 법적 응용은 1985년에 영국 가족 사이의 분쟁이 된 식별 사례에 사용되었다. 이 가족의 한 아이가 가나를 방문한 후 영국으로 돌아왔을 때, 이민 당국은 그를 영국 거주자 자격이 없는 사기꾼으로 의심했다. A, B, AB, O 및 기타 혈액형을 포함한 전통적인 혈액 검사와 훨씬 더 높은 식별력을 제공하는 MHC 일배체형 검사에서도 확실한 결과를 내지 못했다. 실제로, 아이가 어머니라고 주장한 여성과 관련이 있을 수 있었지만, 이 아이가 아들이 아닌 조카일 수도 있었다. 이에 따라서 매우 미묘한 차이가 중요했다. Jeffreys의 DNA 지문법으로 아이의 DNA 패턴을 영국 가족 구성원의 패턴과 비교함으로써, 내무부가 만족할 정도로 그의 신원을 입증할 수 있었고, 가족들은 다시 재회하였다.

Jeffreys는 그의 방법을 범죄 식별에도 적용했다. 첫 번째 사례에서, DNA 지문은 사실 두 번의 범죄를 자백한 용의자의 무죄를 입증했다. 실제 범인은 해당 지역에 거주하는 약 4,000여 명의 DNA 시료를 조사한 후에 발견되었다. 이 단일 사례에서, DNA 지문은 유죄 판결로 인한 처벌의 위험에 처해 있던 체포된 남성의 무죄를 밝혔고, 실제 범죄자의 유죄를 입증하였다.

Jeffreys의 발견 이전에 유죄 판결을 받고서 교도소에 있던 상당수의 사람들이 그들의 재판에 제출된 증거로부터 채취된 시료의 분석을 통해 무죄임이 입증되었다. (https://www.innocenceproject.org/ 참조.)

특정 지역의 증폭을 통한 개인 식별은 RFLP 접근법을 대체하게 됨

이러한 성공에도 불구하고, RFLP의 젤 분리에 의한 식별은 실제로 단점이 존재한다. 이를 위해서는 비교적 많은 양의 분해되지 않은 DNA(20,000~25,000 bp 이상의 물질 10~50 ng)를 필요로 한다. 중합효소 연쇄반응(PCR, Box 2.12 참조)이 발명된 이후, DNA 기반 식별 방법은 존재하는 영역을 증폭시키기 위해 PCR을 사용하여 집단에서 다양하다고 알려진 선택된 영역의 존재를 시험해 왔다. 이에 따라 감도가 크게 향상되었다. 수 나노그램(nanogram)의 양은 100 bp 영역을 식별하는 데 충분하다. 사람의 머리카락(어떤 경우에는 범죄자 부모의 애완 고양이의 털)이나 혀로 핥은 봉투의 타액을 통해서도 확실한 신원 확인이 가능하다.

현재 일반적으로 사용되는 방법은 주로 2~5 bp를 포함하고 있는 짧은 텐덤 반복(STR)을 PCR으로 증폭하는 것이다. 증폭은 약 200~500 bp 길이의 조각을 생성한다. 일반적으로 사용되는 유전자좌는 5~20개의 공통 대립유전자를 보여준다. 일반적으로, 11개 또는 13개의 상염색체 유전자좌와 성별에 대한 아멜로제닌 테스트(Box 2.13 참조)가 사용된다.

인간의 아멜로제닌 유전자는 X 및 Y 염색체 모두에 나타난다. X 복사본은 Y 버전에 비해 1에서 6 bp의 인트론 삭제가 나타난다. 기존 성별 시험에서는 적절한 프라이머를 사용하여 PCR을 통해 Y 염색체에서 112 bp, X 염색체에서 106 bp의 조각을 증폭한다. 젤 상의 2개의 밴드는 남성 DNA 원본을 의미하고, 1개의 밴드는 여성을 의미한다.

돌연변이가 이 시험을 무효화하는 경우, 다른 Y 염색체 표지자를 사용할 수 있다. 어떤 경우에는 X 염색체 특이적

BOX 2.12

중합효소 연쇄반응

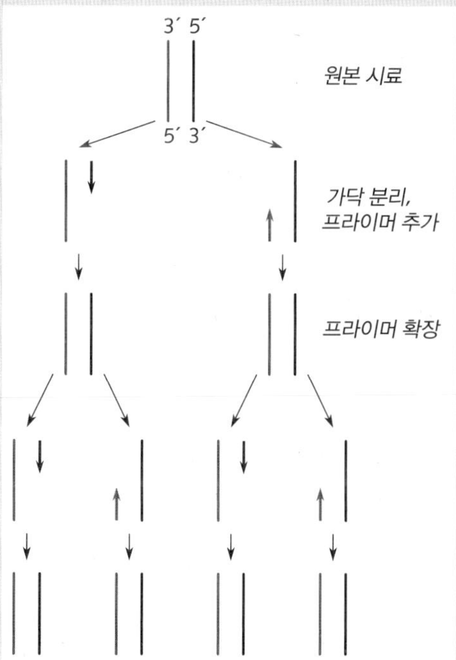

중합효소 연쇄 반응(PCR)은 시료 내의 아주 작은 양의 DNA를 선택적으로 증폭할 수 있는 분자 복제 기술이다. 이 도표에서 회색 가닥은 검은색 가닥에 상보적이다.

대상 서열을 amplicon이라고 한다. 이는 보다 긴 서열 내의 영역일 수 있다. 한 사이클은 양을 2배로 증가시킨다. 먼저 원본 시료의 가닥을 분리하고 대상 지역의 양 끝에 상보적인 프라이머를 추가한다. (짧은 회색 및 검은 화살표는 프라이머를 나타낸다.) DNA 중합효소에 의한 프라이머 연장은 원본 시료의 두 복사본을 재생성한다. 이러한 작업의 반복은 각 단계에서 amplicon 양을 2배로 증가시킨다. 이 도표에서는 첫 번째와 두 번째 사이클만 표시되었다. 기하급수적인 성장은 원하는 서열을 대량으로 빠르게 생산한다.

특이성은 프라이머를 대상 서열에 맞게 맞춤으로써 달성된다. 대량의 다른 DNA의 백그라운드 속에 표적 서열이 소량 존재하더라도 표적 DNA의 증폭은 효과적이다.

실시간 PCR의 개발을 통해 먼저 시료를 cDNA로 변환한 다음 형광 표지의 삽입을 측정하여 증폭 반응 속도를 추적함으로써, 시료 내 mRNA 수준을 정량적으로 측정할 수 있다. 기본 아이디어는 혼합물에 서열이 더 풍부할수록 PCR 증폭 산물이 더 빨리 형성된다는 것이다.

PCR을 이해하는 데 매우 유용한 것은 웹에서 사용할 수 있는 애니메이션이다. 검색하면 여러 사이트가 나타난다. http://users.ugent.be/~avierstr/principles/pcrani.html

BOX 2.13

DNA 프로파일링

범죄 수사 및 친자확인 시험에 사용되는 정부 DNA 데이터베이스는 전체 게놈 서열을 필요로 하지 않는다. 선택된 짧은 반복 서열(STRs)의 길이와 성별을 통해 개인을 식별할 수 있다.

모집단에서 선택된 각 STR은 길이의 가변성을 보여준다. 각 부위의 대립유전자 수는 상대적으로 적다. 인구의 약 5~20%가 특정 STR 길이를 갖는다. 따라서 개인의 DNA를 고유하게 식별하려면 여러 부위의 조합을 필요로 한다.

영국 국립 DNA 데이터베이스는 양쪽 가닥의 직렬 반복수를 10개의 STR로 지정하고, 값이 XX 또는 XY인 아멜로게닌 테스트를 사용하는 SGM+ 프로토콜을 사용한다. 즉, 개인의 DNA 지문에는 20개의 숫자와 2개의 문자가 포함된다. 영국 검찰청은 위양성, 즉 관련 없는 개인 간의 일치 가능성을 10^9명 중 1명으로 추정하고 있다. (현재 영국 인구는 약 6.5×10^7명이다.) 형제 사이의 일치 가능성은 1/1000 정도로 더 높다. 미국의 해당 체계는 13개의 STR과 성별을 보고하는 아멜로게닌이 포함된다. 두 시스템에는 8개의 공통 유전자좌가 존재한다.

클라인펠터 증후군(XXY)처럼 핵형에 이상이 있는 사람은 성별과 일치하는 정상적인 염색체 내용을 유지하면서 데이터뱅크에 나타날 것이다. 예를 들어, 클라인펠터 증후군의 경우 남성으로 태어난다. 소수의 사람들은 유전적으로 서로 다른 2개의 세포 집단을 포함하는 키메라이다. 이것은 태아 단계에서 쌍둥이 간의 세포 교환으로 인해 발생한다고 알려져 있다. 따라서 때때로 DNA 지문을 식별을 위해 사용하는 데 모호함이 발생할 수 있다.

영국 정부는 실종자, 실종자의 친척, 신원 미상의 시체, 실종자나 신원 미상의 시체를 추적할 수 있는 일부 범죄 현장 표본의 DNA 프로필 기록을 포함하는 실종자 DNA 데이터베이스(MPDD)를 유지관리하고 있다. 예를 들어, 시체나 시체 일부가 없는 명백한 살인현장에서 수집된 것이다. 미국에도 유사한 데이터베이스가 존재한다. NamUS(National Missing and Unidentified Persons System) 및 UCP(UnClaimed Persons Database)에는 신원이 확인되지 않은 사망한 사람에 대한 정보가 포함되어 있다.

영국과 미국 군대는 전쟁 피해자 식별을 위해 군인들로부터 DNA 서열 정보를 수집한다. 해당 정보는 일반 국가 DNA 데이터베이스와 병합되지 않는다.

인 표지자가 유용할 수 있다. 아버지가 될 수 있는 두 사람이 모두 아버지와 아들인 경우 친자관계에 대한 의문이 생길 수 있다. Y 염색체 특이적인 STR은 다른 개인의 체액 혼합이 포함된 경우에 유용한데, 이는 남성 가해자/여성 피해자 강간 사례와 같은 경우이다.

미토콘드리아의 DNA

인간 미토콘드리아 DNA는 37개의 밀집된 유전자를 암호화하는 16,568 bp 길이의 원형 분자이다. 폴리펩티드를 암호화하는 13개의 유전자, 리보솜 RNA(rRNA)를 암호화하는 2개의 유전자, 그리고 tRNA를 암호화하는 22개의 유전자를 포함한다. 관련이 없는 사람들 간의 미토콘드리아 DNA는 일반적으로 8군데에서 차이가 난다.

그러나 각 개인은 그의 또는 그녀의 어머니로부터 미토콘드리아 DNA를 물려받게 된다. 따라서 미토콘드리아 DNA 서열 비교는 아버지 동정에는 쓸모가 없다. 그러나 표본과의 서열 일치를 통해 개인을 식별할 수 있고, 모계 혈통으로 연결된 사람들 간의 관계를 식별할 수 있다. 예를 들어, 미토콘드리아 DNA는 러시아 왕실 유적의 최초 식별에 사용되었다(Box 2.14 참조).

Richard 3세는 1483년부터 1485년까지 통치한 영국의 마지막 플랜태넷가의 왕이었다. (그는 Shakespeare 연극의 주인공으로 가장 잘 알려져 있다.) Richard 3세는 장미전쟁의 중요한 전투 중 하나였던, 볼스워스 필드에서 1485년 8월 22일 사망했다.

2012년 고고학 발굴 현장인 레스터의 시의회 주차장에서 Richard 3세의 것으로 추정되는 유적이 발견되었다. 해골은 역사적 기록과 일치하는 척추측만증[6]을 보였고, 전투

[6] http://www.theguardian.com/science/blog/2013/feb/04/richard-iii-skeleton-last-plantagenet-king-live를 보라.

BOX 2.14

Tsar Nicholas 2세 가족의 유해 동정

우리 대다수의 경우, 우리의 모든 미토콘드리아는 유전적으로 동일하며, 이를 동질성이라고 한다. 그러나 일부 개인에서는 서로 다른 미토콘드리아가 서로 다른 DNA 서열을 포함할 수 있으며, 이를 이질성이라고 한다. 미토콘드리아 게놈에 존재하는 질병 유전자에서의 이러한 서열 변이는 관찰된 질병의 유전 패턴을 복잡하게 만들 수 있다. 이질성의 가장 유명한 사례 중 하나는 러시아의 Tsar Nicholas 2세와 관련이 있다. 1917년 혁명 이후 황제와 그의 가족은 중앙 러시아의 예카테린부르크로 추방되었다. 1918년 7월 16일부터 17일까지의 밤에 황제, 황비, 그들의 다섯 자녀, 그들의 의사, 그리고 가족을 수행한 3명 신하는 살해되었고, 시체는 암매장되었다. 시체가 1991년에 재발견되었을 때, 뼈를 조립하고 이빨을 조사한 결과에서 예상되는 가족 구성원의 대부분이 포함되어 있음을 시사하였으며, 서열 분석에서도 이를 확인했다. 황비의 시체 신원은 미토콘드리아 DNA 서열을 모친의 친척인 캠브리지 대학교의 전 총리인 필립 왕자와 대조하여 확인했다.

그러나 Nicholas 2세 추정 유해의 미토콘드리아 DNA 서열과 두 모계 친척의 미토콘드리아 DNA 서열을 비교한 결과, 16,169번째 염기에서 차이가 드러났다. Tsar는 C를, 친척들은 T를 가졌다. 극단적인 정치적, 심지어 종교적 민감성으로 인해 어떠한 의심도 용인될 수 없었다. 추가 시험에서, Tsar가 이형질성(heteroplasmic)이었음이 밝혀졌다. T는 16,169번째에 위치한 그의 미토콘드리아 DNA의 마이너 구성 요소였다. 합리적인 의문을 넘어 신원을 확실히 하기 위해 Tsar의 형제인 Duke Georgij 대공의 시신을 발굴하였고, 동일한 희귀 이형질성을 가졌음이 밝혀졌다.

2007년에는 황제와 그의 가족, 그리고 수행원의 무덤에서 약 45마일 떨어진 곳에서 두 사람의 뼈 조각이 발견되었다.

이 발견으로 인해 핵 DNA의 서열 분석을 포함하여 이용가능한 모든 물질에 대한 완전한 재검토가 이루어졌다. 여기에는 Tsar Alexander 3세(재위 1881~1894, Nicholas 2세의 아버지)의 무덤을 발굴하여 수집한 표본과 예루살렘에 묻힌 Tsarina Alexandra의 여동생 Elizabeth Fyodorovna 대공비의 무덤에서 얻은 추가 DNA 서열도 포함되었다.

결과는 결정적이었다. Tsar Nicholas의 신원이 확인되었고, 2007년 유해가 Tsarevich Alexei와 실종된 딸 Marie 대공비의 것임을 보여주었다. Tsar 유적의 Y 염색체 표지자는 적합한 남성 친척인 Tsarevich Alexei(2007년 발견된 파편 중 한 세트)의 시료, 그리고 상트페테르부르크의 에르미타주 박물관에 보관된 셔츠에 묻은 Tsar의 것으로 알려진 혈액 표본으로부터 얻은 시료의 서열과 일치했다.[i] 셔츠에서 채취된 미토콘드리아 DNA는 예상되는 이형질성을 나타냈다.

[i] 1891년, 왕위 계승자인 Nicholas는 시베리아 횡단 철도 건설 착공식을 위해 블라디보스토크로 가는 길에 일본을 방문했다. 오사카에서 그는 경찰 호위대원이었던 Tsuda Sanzō의 암살 시도로부터 살아남았다. 그리스의 George 왕자(Philip 왕자의 삼촌)는 암살자의 두 번째 사브르 공격을 지팡이로 막아 Philip 왕자를 구했다. 공격으로 인해 얼룩진 셔츠는 에르미타주 박물관에 보존되어 있다.

보고와 일치하는 상처를 지니고 있었다. 뼈대에서 나온 미토콘드리아 DNA를 Richard의 여동생인 Anne of York의 살아 있는 후손과 일치시킨 결과에서 희귀한 공유 미토콘드리아 DNA 일배체형이 나타났다.

핵 DNA가 골격에서 온전하게 복구될 수 있다면, Y 염색체 서열도 일치시킬 가능성이 존재한다. Richard의 조상인 John of Gaunt는 추적 가능한 4명의 살아 있는 남성 후손이 존재한다. (John of Gaunt는 Shakespeare의 Richard 2세에도 등장한다. 그의 가장 유명한 대사인 '이 다른 에덴, 반낙원...'로 표현된 그의 증손자가 묻힌 정원이 현재는 주차장으로 포장되어 있다는 점을 생각하면 다소 아이러니해 보인다.)

비인간 DNA 서열의 분석

DNA 식별 기술을 동물에 적용한 응용 사례로는 돌리 양이 실제 클론인지 여부, 말과 개의 혈통 확인, 슈퍼마켓에 진열된 육류의 원산지 표시 검증, 상업용 고래 고기에서 멸종 위기종 확인, 새의 성별 결정 등이 있다. 일부 지역에서는 개 라이센스 발급 조건으로 DNA 표본 제출을 요구함으로써, 주인이 애완동물 배설물을 처리하지 않는 경우에 이를 식별하여 벌금 부과하는 경우도 있다. [동부 런던의 바킹(Barking)이 한 예이다.]

2008년에 학교 과학 프로젝트를 수행하던 2명의 10대 학생이 뉴욕시 스시바에서 생선 시료를 채취했다. 그들은 식별할 수 있는 시료 가운데 25%가 라벨이 잘못 표시되어 광고된 것보다 저렴한 종에서 나온 것임을 발견했다. 그들은 라벨을 제대로 표시한 일부 식당을 식별했다. 하지만, 소송을 두려워하여 그렇지 않은 식당은 언급하지 않았다.

동물의 시료 식별은 범죄 수사에서 유용하게 사용된다. 동물은 피해를 입힐 수도 있고, 범죄의 피해자가 될 수도 있으며, 인간 범죄자와 관련성을 제공할 수도 있다. 용의자의 애완동물에서 나온 털이 피해자에게서 발견된 흔적 물질과 연관돼서 많은 유죄 판결에 기여했다.

친자 확인

친자 확인은 가장 일반적이다. 모든 자녀는 어머니와 아버지로부터 VNTR을 물려받는다. 상염색체 VNTR의 경우, 자녀는 각 부모로부터 각 염색체 쌍 중 하나만 물려받는다. 따라서 각 부모의 VNTR 중 절반이 자녀에게서 나타난다. 반대로, 자녀의 모든 VNTR은 어느 한 부모로부터 나와야 한다(그림 2.23 참조). 어머니가 알려져 있고 후보 아버지가 있는 경우, 자녀에게 어머니나 후보 아버지에게 나타나지 않는 어떤 VNTR이 있다면 친자관계가 반증된다. 자녀의 모든 테스트된 VNTR이 어머니나 후보 아버지 중 한 명에게서 나타나면, 친자 관계 가능성은 연구된 유전자좌의 수에 따라 달라진다.

일반적으로, 15~20개의 상염색체 유전자좌가 테스트된다. 결과는 자녀, 어머니, 그리고 후보 아버지에 대한 이 유전자좌의 VNTR 길이이다. 아버지와 어머니가 VNTR 길이를 공유하는 경우, 자녀에게 나타나는 정보는 불충분하다. 자녀와 후보 아버지가 공유하지만 어머니에게는 없는 각 VNTR에 대해 친자 관계 추론의 강도는 모집단에서 해당 VNTR 길이가 나타나는 빈도에 따라 다르다. 한 VNTR 좌위에서의 부계 지수는 후보 아버지가 생물학적 아버지일 때 관찰된 대립유전자의 발생 가능성을 해당 인구 집단에서 무작위로 선택된 남성이 생물학적 아버지일 때의 발생 가능성과 비교한 값이다. 따라서 자녀와 후보 아버지가 희귀 대립유전자를 공유하는 경우에는 관련 친자관계지수(PI)가 높다. 값의 범위는 일반적으로 0~40이다. CPI (Combined Parentage Index)는 모든 유전자좌의 친자관계 지수를 곱한 것이다. 많은 국가에서, CPI가 100을 넘으면 친자 관계 추정의 법적 기준이 된다. CPI는 일반적으로 친자관계 확률(Probability of Paternity)로 번역되며, 약어로는 (놀랍지도 않게) POP이다.

모성 검사는 분명한 이유로 덜 흔하게 나타나지만, 다음과 같은 질문이 나올 수 있다:

- 출생 부모를 찾는 입양된 아이들 또는 입양을 포기한 아이를 찾는 부모들
- 아르헨티나의 군사 독재 시기(1976~1983년)에 많은 아이들이 납치돼서 다른 가정에 입양되었다. 많은 경우에서 아버지들이 죽임을 당했다. '플라자 드 메이(Plaza de Mayo)의 어머니들'은 아이를 생물학적 어머니와 재회시키는 것을 목표로 하는 아르헨티나의 단체이다. 다른 경우에서는 임신한 여성이 아이를 낳을 때까지만 감금되어 생존했다. 'Plaza de Mayo의 할머니들'이라는 별개의 단체는 손녀와 그녀들의 딸의 운명을 추적하려고 노력하고 있다.
- 병원에서 우연히 아기가 바뀌는 매우 드문 사례가 존재한다.

태아 DNA는 임신 중에 어머니의 혈액에 존재하며, 임신 후 7주부터 검출된다. 어머니의 혈액 시료를 채취하는 것은 양수흡인술보다 훨씬 안전한 절차이다. 태아 DNA를 추출하거나 서열을 분석하는 것이 가능하며, 이를 통해서 태아의 (a) 아버지 확인 및 (b) 질병 관련 돌연변이 유전자 검출을 할 수 있다. 또한 아버지의 확인이 의심스러울 수 있지만, 태아가 자리 잡은 상태에서 태아의 모성이 의심스러울 수는 없다고 여겨진다. 그러나 체외수정의 경우에는 의문이 들 수 있다.

역순 아버지 확인 테스트

현재는 어머니와 아이 또는 태아 그리고 특정 아버지 후보자로부터 시료를 얻을 수 있을 경우 친자 관계를 결정하는

것이 표준이 되었다. 하지만, 후보 시료가 없는 경우에는 어떨까? 독자는 이러한 상황이 발생할 수 있는 여러 가지 방법을 생각해 볼 수 있다. 아버지로 추정되는 사람이 있고, 다른 자녀나 그 사람의 가까운 친척의 서열 데이터가 있다면, 이를 어머니와 자녀의 데이터와 비교할 수 있다. 그렇지 않다면, 아버지의 유전적 구성을 '재구성'하는 것이 여전히 가능할 수도 있다. 이를 통해 그의 특정 표현형 특징을 식별하거나 유전자 서열 데이터베이스에서 그를 검색하는 것이 가능해질 수 있다.

신체적 특징의 추론 (심지어 성씨까지)

범죄 현장에서 DNA가 포함된 시료가 수집되었고, 범인이 이를 남긴 것으로 의심되는 경우가 있다고 가정해보자. 이 시료를 사용하여 식별할 수 있다. 하지만, 제보자가 법의학 데이터베이스에 나타나지 않고, 일반적인 또는 특이한 용의자 목록에 없는 경우를 가정해 보자. 경찰이 찾고 있는 사람에 대해 어느 정도 추론하는 것은 기술적으로 여전히 가능하다.

DNA 서열 분석을 통해서 특정 물리적 특성을 예측하는 것이 가능하다. 물론 성별뿐만 아니라 머리카락, 눈, 피부색, 민족적 배경도 마찬가지로 예측 가능하다. 용의자 프로파일링을 위해 이러한 예측을 사용하는 것은 효과적이지만 논란의 여지가 있다.

어떤 경우에는 시료를 제공한 개인의 성씨를 추론하는 것도 가능하다. 예를 들어, 옥스퍼드 대학교 교수인 Brian Sykes는 영국의 모든 Sykes라는 성을 가진 남성들이 공통 조상을 가지며, Y-염색체 서열의 특정 진단적 특징을 공유한다는 사실을 발견했다. 이 정보를 사용하면, 경찰은 범죄 현장에 남은 시료를 통해 용의자의 성이 Sykes인지 아닌지를 추론할 수 있다(물론 성을 변경하지 않은 경우).

게다가: (1) DNA 메틸레이션의 정도는 나이와 상관관계가 있다; (2) 멜라토닌과 같은 특정 화합물은 혈액과 침에서 정기적인 생체 리듬을 따라 농도가 변할 수 있다. 따라서 범죄 현장에 남겨진 혈액을 분석하면 해당 혈액이 보존된 시간을 추정할 수 있다. 이러한 시험은 DNA를 포함하지 않는다.

이 모든 것을 종합해 보면, 수사관이 '그럼 Sykes 할아버지, 어젯밤 오후 11시에 어디 계셨습니까?'라고 묻는 것을 상상하는 것은 그리 환상적이지 않을 것이다(Box 2.15 참조).

BOX 2.15

게놈학이 '해결한' 미해결 사건

게놈학에 의해 '해결된' 두 가지 사례는 다음과 같다:

(1) '골든 스테이트 연쇄 살인범'은 최소 13건의 살인, 50건 이상의 강간, 그리고 100건 이상의 절도를 저질렀다. 그는 미국 캘리포니아에서 1974년부터 1986년까지 활동했다.

변호사/계보학자인 Barbara Rae-Venter가 이끄는 조사관은 Ventura 카운티 범죄 연구소에서 보관된 DNA 시료에 최신 기술과 데이터베이스를 적용해서 개인 게놈 데이터베이스 및 계보 웹사이트인 GEDmatch를 사용하여 범죄자의 먼 친척 12명 이상을 식별했다. 다른 계보 단서와 함께 게놈 데이터를 통해 확장된 가계도를 구축할 수 있었다. DNA 시료에 대한 추가 분석에서는 파란 눈 색깔과 조기 대머리 경향이 예측되었다. 이러한 신체적 특징은 용의자 James de Angelo와 일치했다. 그의 DNA는 보관된 시료의 DNA와 일치했다. 그는 2018년 4월 24일에 체포되었으며, 캘리포니아 주 새크라멘토에서 재판을 받고 있다.

(2) 1998년 8월, 11세의 네덜란드 남학생 Nicky Verstappen이 살해되었다. 그의 시신은 그가 참석하고 있던 네덜란드 남동쪽 림부르크에서 개최된 여름 캠프 근처에서 발견되었다. DNA 서열 분석 방법의 발전을 인식한 후 사건을 재검토한 네덜란드 당국은 림부르크 지역에서 약 16,000명의 남성을 대상으로 대규모 검사를 수행했다. 이를 통해 유력한 용의자인 Jos Brech의 가까운 친척이 확인되었다. 그의 집에서 발견된 DNA는 피해자의 몸에서 발견된 미량의 시료와 완벽하게 일치했다. 유럽 전역에서 수색을 벌여 2018년 8월 26일 스페인에서 체포되었다. 그는 2018년 9월 6일 네덜란드로 송환되었다.

윤리, 법률 및 사회적 문제

지식은 권력을 창출한다. 권력은 통제를 필요로 하며, 통제는 결정을 필요로 한다.

게놈학의 발전은 개인과 사회가 직면해야 하는 문제를 만들어냈다. 미국 에너지부와 국립보건원이 인간 게놈 프로젝트를 설립할 때, 윤리, 법률 및 사회적 문제의 중요성을 인식하고서 여기에 3~5%의 자금을 할당했다.

DNA 데이터베이스는 한 나라의 모든 국민에 관한 정보를 포함하는 것이 기술적으로 가능하다. 특정 유전질환에 대한 모든 신생아의 정기검사는 일반적이다. 2015년에는 미국의 여러 병원이 모인 연합체가 부모의 동의를 받아 신생아의 전체 게놈의 서열을 결정하는 프로젝트를 시작했다. 심지어 태아의 게놈 또한 서열을 결정할 수 있다. 이 정보를 결정해야 할까? 만약 결정된다면, 누구에게 여기에 접근할 권한이 있을까?

인구 5만 명의 페로 제도에서는 원하는 국민에게 전체 게놈 서열 분석을 제공했다. 아이슬란드와 영국은 대규모 게놈 서열 분석 프로젝트를 수행했다. 많은 독자들의 생애 동안, 전 세계적으로 전체 게놈 서열 분석이 보편화될 가능성이 매우 높다. 쿠웨이트는 400만 명의 인구를 가진 국가로서, 2015년에 모든 국민과 거주자가 DNA 시료를 제출하도록 법을 제정했다. 그러나 쿠웨이트의 헌법재판소는 2017년 10월에 이 법안이 헌법에 어긋난다고 선언하면서 개인의 자유를 보장하는 권리를 침해했다고 판단했다.

아무도 DNA 서열 정보가 사람들에게 혜택을 줄 수 있다는 것을 의심하지 않는다. 개인적으로는 더 나은 건강관리를 받을 수 있고, 사회는 수집된 정보를 기반으로 한 연구 결과로부터 혜택 받을 수 있을 것이다. 영국의 최고 의료 책임자(CMO)이자 영국 정부의 최고 의료 고문인 Dame Sally Davies 교수는 2016년 연차 보고서에서 게놈 검사가 NHS 의료 서비스의 정상적인 부분이 되어야 한다고 권고했다. 실제로, 영국 NHS는 2017년 10월부터 가장 효과적인 치료법을 결정하기 위해 영국의 특정 유형의 암 환자를 대상으로 전체 게놈 서열을 결정할 예정이다.

단점은 무엇인가?

널리 접근 가능한 데이터베이스에 정보를 수집하는 것에 대한 논쟁이 일어난다. 대부분의 사람들은 범죄자, 특히 범죄를 반복할 가능성이 있는 범죄자를 체포하는 데 도움이 되는 활동을 받아들이는 데 아무런 문제가 없을 것이다. 대부분의 사람들은 전쟁터에서나 테러 공격 후에 사망한 희생자를 식별하기 쉽게 만들어줄 활동을 수용하는 데 문제가 없을 것이다. 임상 기록과 상관관계가 있는 게놈 서열 데이터는 연구에 있어 매우 귀중한 자원이 될 것이고, 질병 예방 및 치료 개선에 기여할 것이다. 하지만, 특히 법 집행 기관이 게놈 서열 데이터를 사용하는 것에 대해서 다음과 같은 의문이 제기되었다:

- 개인 정보 보호 문제: 개인에 대한 게놈 정보를 데이터뱅크에 포함하려면 개인의 동의가 필요한가?
- 어떤 데이터를 보관해야 하는가? 데이터는 표준 식별 절차에 필요한 최소한으로 제한되어야 하는가 아니면 더 광범위해야 하는가? (예를 들어, 신체적 특징이나 인종적 특성을 식별하기 위해 충분한 추가 데이터를 보관해야 하는가?)
- 기밀성: 이 정보에 접근할 권한은 누구에게 있는가?

인간 대상 연구에서의 DNA 서열 분석 사용

원칙적으로, 연구에 DNA 시료를 사용하려면 자료를 기증하는 개인의 동의가 필요하다. 즉, 수집뿐만 아니라 시료를 사용할 특정 용도에 대한 동의도 필요하다. 제한된 범위의 분석을 허가한 후 해당 시료를 다른 연구에 사용하는 '연구 목표 확장(research goal creep)' 사례도 존재한다.

2010년 4월, 미국에서 피험자로부터 자발적으로 수집된 시료 사용의 적절성을 시험하였다. 그랜드 캐년의 접근하기 어려운 지역에 거주하는 아메리카 원주민 부족인 하바수파이(Havasupai)는 제2형 당뇨병 발병률이 가장 높은 것으로 알려진 집단 중 하나이다. 1991년에는 하바수파이 여성의 55%와 하바수파이 남성의 38%가 영향을 받았다. 애리조나 주립대학교의 과학자들은 그 부족으로부터 시료를 수집하고, 당뇨병에 대한 감수성에 초점을 맞춘 것으로 믿은 피험자들을 대상으로 연구 프로젝트를 수행했다. 하지

BOX 2.16

DNA 서열 데이터베이스 간의 상호작용

인간 DNA 서열에 대한 여러 유형의 데이터베이스가 존재한다.

- '1000 Genomes' 프로젝트와 같은 연구 데이터베이스. 참가자에게는 익명이 보장된다.
- 임상 데이터베이스. 개인정보 보호는 기타 의료기록에 따른다.
- 법 집행기관과 관련된 데이터베이스. 접근 권한은 합법적인 공식 조직의 구성원으로 제한된다. 국제적인 데이터 공유가 증가하고 있다.
- 개인 계보 데이터베이스. 기업은 시료를 제출하는 피험자에게 데이터를 제공한다. 주체는 자신의 데이터를 웹에 게시할지 여부를 결정할 수 있다. 이러한 게시물은 종종 익명이 아니다. 이것이 알려지지 않은 가족을 찾는 목적이다. 문제는 계보 게시물에 담긴 공개 정보로 인해 '1000 genomes' 프로젝트 등 데이터베이스의 익명성이 무너질 수 있다는 점이다. 법 집행기관은 개인 서열 데이터베이스가 범죄자를 식별하는 데 유용하다는 사실을 발견했다(Box 2.15).

만, 동일한 시료를 사용하여 과학자들은 정신분열증에 대한 유전적 민감성과 이주 패턴에 대한 증거도 조사했다. 피험자들은 이에 반대했다. 연구자들은 동의서의 문구를 지적했다. 하바수파이의 대표자들은 (무엇보다도) 그 표현이 너무 모호해서 진정한 사전 동의를 구성할 수 없다고 주장했다. 이어진 소송에서 대학교를 담당하는 애리조나 주립기관이 하바수파이에 US $700,000를 지불하고, 시료를 반환하는 데 동의하면서 해결되었다.

연습문제

연습문제 2.1. 그림 2.3의 사본에 인간에서는 연결되어 있지만 침팬지에서는 연결되지 않은 두 유전자를 찾을 수 있는 인간 염색체의 위치를 표시하시오.

연습문제 2.2. 그림 2.4의 제한 단편은 젤에서 실행된다. 그림 2.4의 사본과 함께 젤의 모양을 스케치하시오. 이동 방향을 나타내시오. 젤의 어떤 밴드가 어떤 제한 단편에 해당하는지 라벨이나 화살표로 표시하시오.

연습문제 2.3. PacBio RS II가 달성한 최대 읽기 용량은 92.7 kb이다. 그림 2.11에서 이것이 어디에 해당하는지 표시하시오.

연습문제 2.4. 그림 2.13의 사본에 주어진 데이터에서 사용할 수 있는 가장 긴 콘티그를 표시하시오.

연습문제 2.5. DNA 중합효소에 의한 프라이머 확장을 포함하는 서열 결정 방법을 사용하여 쌍방향 판독을 결정할 때, 두 말단에 대한 원시 서열 데이터가 필연적으로 다른 가닥에서 나오는 이유는 무엇인가? (물론 역보체를 계산하여 동일한 가닥의 양쪽 끝에서 데이터를 얻는 것은 쉽지 않다.)

연습문제 2.6. 핵과 미토콘드리아 DNA의 혼합 단편 서열 분석에서, 미토콘드리아 DNA에 해당하는 판독을 추출하는 데 있어 한 가지 어려움은 핵 게놈에 numts라고 불리는 미토콘드리아 게놈 영역과 유사한 영역이 포함되어 있다는 것이다. 포유류 게놈에는 ~50 kb의 numts가 포함되어 있다. (인간 게놈에는 평균 길이 446 bp의 764개 세그먼트가 포함되어 있다.) 매머드 DNA 조각에서 numts로 추정되는 리드를 추정하시오. 매머드 게놈의 길이는 약 4.7×10^9 염기이다.

연습문제 2.7. 그림 2.18의 6개 복사본에 'inning'이라는 단어의 6개 접미사에 해당하는 경로를 형광펜으로 표시하시오.

연습문제 2.8. 케니히스베르크(Königsberg) 다리 주변의 오일러 경로를 걷는 것이 불가능하다는 사실에 실망한 당신은 다리를 복원하고 다른 다리를 추가하기로 결정했다. 오일러 걷기를 가능하게 하려면 다리를 어디에 추가하면 되는가?

연습문제 2.9. 그림 2.23의 복사본에서 레인 M을 C로, 레인 F를 M으로, 레인 C를 F로 다시 지정한다. 이제 M은 자녀 C의 부양을 위해 친자 관계를 주장하며 F를 고소한다. F는 이 데이터를 통해 자신이 C의 아버지가 아니라는 것을 증명할 수 있을까?

연습문제 2.10. 영국 여성의 이름이 Sykes인지 여부를 DNA 분석으로 결정할 수 없는 이유는 무엇인가?

연습문제 2.11. Richard 3세의 유해에서 확인된 미토콘드리아 DNA 서열은 연속적인 여성 혈통을 공유하는 2명의 살아 있는 친척의 DNA 서열과 일치했다. 유사한 분석에서, 유해의 Y 염색체 서열 데이터는 살아 있는 남성 혈통이 끊어지지 않은 것으로 추정되는 사람과 일치하지 않았다. 가장 그럴듯한 설명은 무엇인가?

연습문제 2.12. Henry Fielding의 소설 Tom Jones에서 Jenny Jones는 자신이 한 아이의 어머니라고 고백하지만 아버지의 이름을 밝히지 않았다. 소년(Tom Jones)은 Squire Allworthy의 집에서 자랐다. 나중에 Jenny는 그의 어머니가 아니고, 아기의 진짜 부모를 숨기기 위해 돈을 받았음이 밝혀졌다. 현재의 유전 검사가 이 상황을 해결하는 데(가장 위대한 영국 소설 중 하나의 줄거리 전개를 중단하는 데) 어떻게 도움이 될까?

CHAPTER 3

인생의 전경

게놈, 전사체 및 단백체

전형적인 박테리아의 게놈은 약 5백만 개의 염기서열로 이루어진 단일 DNA 분자로 구성되어 있다. 이는 꽤 큰 책 한권 분량과 비슷한 양이다. 대장균 게놈과 Shakespeare 연극의 최초 판본의 글자 수는 0.1% 미만으로 차이가 난다. 박테리아 게놈을 늘리면 약 2 mm가 된다. (직경이 약 0.001 mm 정도인 세포에 맞추어야 하기 때문이다!) 고등생물의 DNA는 염색체로 구성되어 있다. 정상적인 인간 세포에는 23개의 염색체 쌍을 포함한다. 세포당 유전 정보의 총량인 DNA 염기서열은 종 내 모든 개체에 대해서는 거의 일정하지만 종간에는 크게 다르다. 표는 분자생물학자들에 의해 연구된 종의 게놈 크기를 보여준다(자세한 목록은 Box 3.1 참조). 게놈 크기와 암화화된 단백질 수 사이에는 단순한 비례 관계가 없다.

생물	게놈 크기 (base pairs)
엡스타인바 바이러스 (Epstein–Barr virus)	0.172×10^6
박테리아(*Escherichia coli*)	4.6×10^6
효모(*Saccharomyces cerevisiae*)	12.5×10^6
선형동물(*Caenorhabditis elegans*)	100.3×10^6
애기장대(*Arabidopsis thaliana*)	115.4×10^6
초파리(*Drosophila melanogaster*)	128.3×10^6
사람(*Homo sapiens*)	$3\,234.83 \times 10^6$
상층 식물(*Paris japonica*)	130×10^9

다양한 종 및 유기체 내의 다양한 조직들은 전사된 RNA 및 번역된 단백질의 서로 다른 패턴을 나타낸다.

단백질 암호화에 관여하는 mRNA와 같은 몇 가지 RNA는 일시적으로 발현된다. 리보솜 RNA 구성 요소와 같은 다른 것들은 안정적이다. 일부 RNA는 유전자 조절에 관여한다. 여기에는 mRNA 번역 억제를 위해 mRNA와 상호작용하는 마이크로 RNA(miRNA), 소규모 간섭 RNA (siRNA) 및 파이-상호작용 RNA(piRNA)가 포함된다. 세포 RNA가 예전에 오랫동안 충분히 인식되었던 것보다 훨씬 더 복잡한 영역(domain)이라는 것은 분명하다.

DNA 함량과 단백질 함량 사이의 관계는 직접적이지 않다. 매우 대략적인 규칙으로, 모든 동물은 약 20,000개 이상의 단백질을 암호화하는 유전자를 가지고 있다. (인간 게놈은 약 23,000개의 유전자를 포함하며, 항체를 제외한 약 100,000개의 가변적으로 스플라이싱된 단백질을 생성한다.) 그러나 모든 DNA가 단백질을 암화화하는 것은 아니다. 역으로 몇몇 유전자는 복수의 사본으로 존재한다. 진핵생물에서는 많은 유전자가 가변 스플라이싱을 통해 여러 다른 단백질을 생성한다. 따라서 세포 내의 단백질 서열 정보량, 더 나아가 다양한 단백질의 표현된 수와 패턴은 게놈 크기에서 쉽게 추정될 수 없다(Box 3.1 참조). 우리 몸에서는 다양한 항체의 수가 매우 큰 요소이며 다른 단백질의 수를 훨씬 능가한다.

유전자

특정 단백질을 암호화하는 단일 유전자는 염기서열에 해당한다. 세포 내에서 유전자는 DNA의 양쪽 가닥에 나타날 수 있다.

BOX 3.1

유전체 크기 (대략적 유전자 개수)

생물	염기쌍의 수	유전자 수	설명
ϕX-174	5386	10	대장균을 감염시키는 바이러스
인간 미토콘드리아	16 568	37	세포내 소기관
엡스타인바 바이러스	172 282	80	선열의 원인
Mycoplasma pneumoniae	816 394	680	주기적 폐렴 전염병의 원인
Rickettsia prowazekii	1 111 523	878	발진티푸스의 원인
Treponema pallidum	1 138 011	1039	매독의 원인
Borrelia burgdorferi	1 471 725	1738	라임병의 원인
Aquifex aeolicus	1 551 335	1749	온천의 세균
Thermoplasma acidophilum	1 564 905	1509	세포벽이 없는 고세균 원핵생물
Campylobacter jejuni	1 641 481	1708	식중독의 흔한 원인
Methanocaldococcus jannaschii	1 664 970	1783	고세균 원핵생물 호열성 생물
Helicobacter pylori	1 667 867	1589	위궤양의 주요 원인
Haemophilus influenzae	1 830 138	1738	중이염의 세균성 원인
Thermotoga maritima	1 860 725	1879	해양 박테리아
Archaeoglobus fulgidus	2 178 400	2437	또 다른 고고학자
Deinococcus radiodurans	3 284 156	3187	방사선 저항성 박테리아
Synechocystis	3 573 470	4003	시아노박테리움, '청록조류'
Vibrio cholerae	4 033 460	3890	콜레라의 원인
Mycobacterium tuberculosis	4 411 529	4275	결핵의 원인
Bacillus subtilis	4 214 814	4779	분자생물학에서 인기가 있음
Escherichia coli	4 639 221	4406	분자생물학자들이 가장 좋아하는 것
Pseudomonas aeruginosa	6 264 403	5570	아직까지 서열이 밝혀진 가장 큰 원핵생물
Saccharomyces cerevisiae	12.1×10^6	6172	효모; 최초의 진핵생물 게놈 서열 분석
Caenorhabditis elegans	95.5×10^6	19 099	벌레
Arabidopsis thaliana	1.17×10^8	25 498	꽃 피는 식물(속씨식물)
Drosophila melanogaster	1.8×10^8	13 601	초파리
Takifugu rubripes	3.9×10^8	30 000	복어 물고기
Human	3.2×10^9	23 000	
Wheat	16×10^9	30 000	
Psilotum nudum	71×10^9	?	단순한 식물인 털고사리
Necturus lewisi	118×10^9		걸프 코스트 도롱뇽(salamander)
Paris japonica	130×10^9		캐노피 식물

가장 큰 게놈 중 일부는 배수체화에 의해 발생했다.

박테리아의 단백질을 암호화하는 유전자는 DNA의 연속적인 영역이다. DNA의 염기서열과 해당 단백질의 아미노산 서열은 동일선상에 위치한다. 따라서 박테리아의 유전 서열 정보의 기능적 단위는 3*N* 염기로 된 *N*개의 아미노산을 부호화하는 문자열이거나, *N*개의 염기로 된 구조적 RNA 분자를 암호화하는 문자열과 관련된 제어 서열이다. 이러한 문자열은 주석과 함께 구성된 경우, 유전 서열을 보관하는 전형적인 항목을 형성한다.

진핵생물에서는 단백질의 아미노산 서열을 암호화하는 염기 서열이 더 복잡한 방식으로 조직되어 있다. 종종 하나의 유전자가 게놈 DNA 내에서 별도의 조각(segments)으로 분할되어 나타난다. 발현 영역인 **엑손**은 리보솜이 단백질로 번역하는 성숙 mRNA로 전사되는 DNA의 연속적인 부분이다. **인트론**은 두 엑손 사이의 중간 영역이다. 세포내 기계적 기작은 RNA 서열 자체에서 엑손 주변에 위치한 신호 서열을 기반으로 해서 초기 RNA 전사체의 조각을 잘라 연결한다. 많은 인트론은 매우 긴데, 경우에 따라서는 엑손보다 상당히 길 수 있다. 많은 경우, 동일한 전사체에서 파생된 다양한 성숙 mRNA 분자에는 다양한 엑손 선택이 포함되어 있다. 이러한 가변 스플라이싱은 DNA에 암호화된 단백질 목록을 풍부하게 만든다.

단백질과 구조적 *RNA* 분자를 암호화하는 유전자들은 게놈의 정적인 그림만을 제시한다. 제어 정보는 유전자의 발현을 구성한다. 제어 메커니즘은 유전자를 켜고 끌 수 있거나 유전자 발현을 미세하게 조절할 수 있다. 일련의 조절은 영양분 농도, 스트레스 또는 세포 주기 조절에 반응한다. 규제 네트워크는 고등생물의 생애 동안 복잡한 발달 프로그램을 조율한다.

DNA의 많은 제어 영역은 단백질을 암호화하는 영역의 근처에 위치한다. 여기에는 DNA 서열을 전사하는 분자의 결합 부위 역할을 하는 신호 서열 또는 전사를 차단할 수 있는 조절 분자와 결합하는 서열이 포함되어 있다. 박테리아 게놈은 모든 동일한 조절 서열의 제어 하에 통합된 반응 순서대로 연속적인 단계를 촉매하는 몇몇 단백질을 암호화하는 연속된 유전자를 포함하고 있다. Francois Jacob, Jacques Lucien Monod 및 Elie Wollman은 이를 오페론(operon)이라고 명명했다. 대표적으로 대장균(*E. coli*)의 *lac* 및 *trp* 오페론이 잘 연구된 사례이다. 이를 통해 병렬 제어 메커니즘의 유용성을 쉽게 이해할 수 있다.

고등생물에서는 DNA 메틸화 및 히스톤 변형과 같은 후성유전 신호(epigenetic signals)가 발달 조절 유전자의 조직 특이적 발현을 직접적으로 돕는다. DNA 메틸화는 조직 분화 과정 동안 안정적이며, 세포 분열 과정에도 존재한다. 세포가 분열하면, 효소가 메틸화 패턴을 복사하여 조절 스위치의 설정을 보존한다. 어떤 경우에는 이러한 패턴이 상속될 수도 있다.

진핵생물의 염색체는 히스톤과 DNA의 복합체를 포함한다. 염색질(chromatin) 리모델링은 전사 제어의 중요한 메커니즘이다. 탈아세틸화(deacetylation), 메틸화(methylation), 탈카르복시화(decarboxylation), 인산화(phosphorylation), 유비퀴틴화(ubiquitinylation) 및 수모화(sumoylation)를 비롯하여 다양한 반응에 의한 히스톤의 가역적인 화학적 변형은 전사 개시 부위에 어느 정도 접근 가능하게 하는 DNA−히스톤 상호작용의 변경을 초래한다.

특정 유전자의 산물은 세포가 자살하는 과정인 **세포자멸사**(*apoptosis*)를 유발한다. 세포자멸사 메커니즘의 결함은 일부 암에서 관찰되며, 이러한 메커니즘을 자극하는 것은 암 치료의 일반적인 접근법이다. 결론적으로, 유전 데이터를 개별 암호화 서열로 축소하는 것은 그들 사이의 매우 복잡한 상호작용의 본질을 감추게 되고, 게놈의 역사적 및 통합적 측면을 무시하게 된다. R.J. Robbins는 개선 불가능한 상황을 다음과 같이 표현했다:

> '. . . 3.2 GB의 인간 게놈은 목적을 알 수 없는 어떤 컴퓨터 시스템의 대용량 저장 장치에 저장되어 있는 3.2 GB의 파일과 동일한 것으로 여겨진다. 서열을 얻는 것은 해당 대용량 저장 장치에 저장되어 있는 이미지를 얻는 것과 같다. 서열을 이해하는 것은 알려지지 않은 컴퓨터 시스템(하드웨어와 3.2 GB 소프트웨어 모두)을 전체 설계 및 유지 관리 사양 세트로 역설계하는 것과 같다.'
>
> '대량 저장 장치의 결과 이미지가 파일별 복사본이 아닌 장치에 입력된 바이트의 순서대로 스트리밍 덤프가 될 것이라는 사실로 인해 서열의 역설계가 복잡해진다. 또한 파일이 파편화되어 있는 것으로 알려져 있다. 또한 일부 장치에는 지워진 파일이나 기타 쓰레기가 포함되어 있다. 쓰레기가 인식되어 폐기되고 조각난 파일이 재조립되면 코드가 실행되는 CPU를 부분적으로, 때로는 부정확하게 이해해서 코드의 역설계를 수행할 수 있다. 3.2 GB 중 일부는 CPU를 제작하는 컴퓨터 보조 제조 공정을 위한 2진법의 규격이기 때문에, 실제로 CPU의 구조와 기능을 추론하는 것도 프로젝트의 일부이다. 게다가, 거대한 데이터베이스에는 문자 그대로 수백만 건의 유지 관리 과정에 생성된 코드도 포함되어 있다는 점도 고려해야 한다. 여기에는 이상적이지 못한 프로그래머들에 의해 수행된 정비 작업 과정에서 생성된 조잡하고 복잡한 구조의 코드를 포함한다.'
>
> −Robbins, R.J. (1992). Challenges in the human genome project. *IEEE Eng. Med. Biol.*, 11, 25−34 (©1992 IEEE).

단백질체학 및 전사체학

생물의 게놈은 개인의 **잠재적인** 삶에 대한 완전한 사양을 제공한다. 그에 반해, 분자 수준에서 어느 순간이든 세포의 활동을 나타내는 것은 전사되는 RNA 세트와 합성되는 단백질 세트이다. 이러한 것들은 또한 다양한 조직의 발달 상태를 나타내고, 경우에 따라서는 질병의 존재를 나타낼 수 있다. DNA 자체에는 발현의 변화, 특히 후성유전학적 표지자(marker)에 대한 몇 가지 단서가 포함되어 있다. 그러나 세포 내 RNA 분자와 단백질의 목록은 세포 상태와 활동을 보다 직접적이고 통합적인 방식으로 다룬다. 이러한 데이터가 **전사체**(*transcriptome*) 및 **단백질체**(*proteome*) 프로젝트의 주제이다.

어떤 종류의 데이터를 측정하고, 이를 결정하기 위해서 어떤 완성된 실험 기술이 존재할까? 기본 목표는 개체의 RNA 및 단백질의 목록과 배치에 대한 사항을 시공간적으로 설명하는 것이다. 이는 조직, 세포 유형 및 활동 상태에 따라 다르다. 여러 유전자의 전사 패턴을 효율적으로 분석하는 방법이 존재한다.

단백질체학

단백질을 암호화하는 RNA 전사의 측정은 게놈 서열보다 세포 단백질에 대한 더 많은 정보를 제공한다. 그러나 단백질은 서로 다른 속도로 합성되고 '전환'되기 때문에 직접적으로 단백질을 측정하는 것도 필요하다. 고해상도 이차원 폴리아크릴아미드 젤 전기영동(2D PAGE)은 샘플 내 단백질 함량의 패턴을 보여준다. 질량 분석 기술은 샘플이 분리된 단백질을 식별한다. 게놈이 잠재적인 단백질의 완전한 세트를 제공하므로, 이러한 방법은 생물의 실제 단백질 기반 활동에 대한 그림을 제공한다. R. Simpson은 게놈이 오케스트라의 악기 목록이라면, 단백질체는 교향곡을 연주하고 있는 오케스트라라고 비유했다.

역사적으로 단백질의 아미노산 서열을 직접 결정하는 화학적 문제는 유전 암호가 확립되고 DNA의 뉴클레오티드 서열을 결정하는 방법이 개발되기 전에 해결되었다. 그러나 전부는 아니지만 유기체 단백질의 아미노산 서열에 관한 많은 정보가 게놈 서열에 유전 암호로 내재되어 있다. 실제로, 새로운 단백질 서열 데이터는 이제 단백질의 직접적인 서열 분석이 아닌 DNA 서열의 번역에 의해 결정되고 있다.

그러나 DNA의 번역을 통해 유추되는 아미노산 서열과 실제 단백질 서열을 구별하는 것이 중요하다. 먼저, 우리는 DNA 서열 내에서 단백질을 암호화하는 영역을 정확하게 식별하는 것이 가능하다고 가정해야 한다. 이 문제를 해결하는 패턴 인식 프로그램에는 여러 유형의 오류가 발생할 수 있다. 예를 들어, 실제 단백질 서열이 완전히 누락되거나 불완전한 단백질이 보고될 수 있다. 가변 스플라이싱을 포함한 전사에 대한 여러 변형이 복잡성을 가중시킨다. 유전자는 다른 방식으로, 다른 조직에서, 심지어 개별 세포에서 엑손으로부터 조립될 수 있다. 서로 다른 단백질의 유전자가 겹칠 수 있다. 드문 경우지만, 종의 유전 암호에는 표준과 약간 다른 코돈/아미노산 매핑이 포함될 수 있다. 어떤 경우에는 mRNA가 번역되기 전에 편집되어 유전자 서열에서 추론할 수 없는 방식으로 아미노산 서열이 변경된다. 반대로, 단백질을 암호화하는 것으로 보이는 일부 유전적 서열은 실제로 결함이 있거나 발현되지 않을 수 있다. **게놈 서열로부터 유추된 단백질은 실험을 통해 그 존재가 확인되고 그 특성이 측정되기 전까지는 가상의 대상이다.**

단백질을 암호화하는 영역이 정확하게 식별되더라도 단백질의 다른 몇 가지 중요한 특징은 게놈 서열로부터 얻을 수 없다. 게놈 서열은 단백질의 4차 구조에 대한 단서를 제공하지 않는다. 예를 들어, 성인 인간 헤모글로빈이 2개의 α-사슬과 2개의 β-사슬을 포함하는 사량체라는 것을 게놈 서열로부터 어떻게 추론할 수 있는가? 많은 단백질이 보조기(group)에 결합한다. 이것들은 게놈에서는 보이지 않는다. 시스테인 잔기 사이의 주요 화학 결합인 이황화결합의 패턴은 아미노산 서열에서 직접 추론할 수 없다.

기본 구조에 필수적인 리간드와 결합하는 것 외에도, 많은 단백질은 세포 내에서 공유결합 변형을 거쳐 유전자 서열의 번역에 의해 제안된 것과 크게 다른 **성숙한** 단백질을 만든다. 많은 경우에서, **번역 후 변형**의 누락된 세부 사항(단백질의 수정 또는 변형)이 매우 중요하다. 번역 후 변형에는 리간드 추가(예: 시토크롬 *c*의 공유결합 헴 그룹), 글리코실화(glycosylation), 메틸화(methylation), 인산화(phosphorylation), 펩티드 절단 등이 포함된다.

펩티드의 절단은 일반적인 번역 후 변형이다. 어떤 경우에는 절단이 비활성 형태의 단백질을 활성 형태로 전환한다. 음식의 소화와 혈액 응고에 활동하는 단백질분해효소

(proteases)가 그 예이다. 다른 경우에는 올바른 접힘을 촉진하는 효과가 있다. 예를 들어, 인슐린은 적절하게 접히는 단일 사슬 전구체로 합성된 후 펩티드를 절단하여 성숙한 올리고머 형태를 생성한다.

대부분의 번역 후 절단 반응은 단백질분해효소에 의해 수행된다. 대조적으로 **인테인**(*inteins*)은 '자가-접합' 활성을 갖는 단백질이다. 그들은 자가촉매적으로 내부 펩티드를 절제하고 끝부분을 연결한다. (반대로, 프로인슐린의 펩티드 절단은 펩티드 결합으로 연결되지 않은 2개의 사슬을 남긴다.)

전사체학

'게놈과 단백질체 사이에 전사체가 존재한다.' 이는 다소 그럴듯하지만 불완전한 설명이다. 어떤 면에서 단백질체학과 유사한 전사체학은 세포 내 RNA 분자의 목록을 다룬다.

이제 우리는 RNA 세계가 이전에 생각했던 것보다 훨씬 더 복잡하다는 것을 인식하고 있다. 실제로, 우리는 생성된 많은 RNA의 기능을 알지 못하더라도 인간 게놈의 약 75%가 전사적으로 활성화되어 있음을 알고 있다. 이는 전사체와 단백질체가 한때 생각했던 것만큼 밀접하게 관련되어 있지 않다는 것이다. 즉, 많은 RNA 전사체는 단백질을 암호화하지 않는다.

RNA-seq 방법은 RNA 분자 목록에 현대적인 서열 결정 기술을 적용한다. RNA 단편은 상보성 DNA(cDNA)로 변환되고, 처리량이 높은 서열 결정 방법이 적용된다. 그러나 서로 다른 단편의 수율이 다르고, RNA → cDNA 단계의 수율이 다양하기 때문에, 전사 수준을 정량적으로 측정하는 것은 어렵다. 현재 RNA를 직접 서열 분석하는 방법을 개발하려는 노력이 진행되고 있다.

유전 정보 전달 과정의 이해

유전 정보가 어떻게 저장되고, 전달되며, 구현되는지는 아마도 생물학의 근본적인 문제일 것이다.

게놈 서열 결정 프로젝트

서열이 완전하게 결정된 게놈에는 현재 100,000개 이상의 원핵생물, 많은 바이러스 및 세포 소기관, 5,000개 이상의 진핵생물이 있다(몇 가지 예는 표 3.1 참조). 거의 모든 결과는 웹에서 무료로 제공된다. 그 외 다수의 서열 결정 작업이 진행 중이다. 메타게노믹스(Metagenomics) 서열 결정 프로젝트는 많은 부분 조립(assemblies)을 생성한다.

다른 많은 생물의 게놈 서열 결정 연구가 진행 중이다(표 3.2 및 https://www.ncbi.nlm.nih.gov/genome/browse/#!/overview/ 참조).

많은 전체 게놈 서열 결정 프로젝트에 참여하는 그룹은 개별 종에 초점을 맞춘 데이터베이스를 만들고 유지한다. 전문 지식을 갖춘 과학자는 데이터의 가치 부여 및 주석을 담당한다. 분석에는 유전자 식별 및 해당 생산물에 대한 기능 할당이 포함된다. 결과는 단백질체학과 같은 다른 데이터 스트림에서 발생하는 개별 종에 대한 다른 정보의 내용이 게놈에 포함된다.

예를 들어, 미국 캘리포니아주 스탠포드 의과대학 유전학과에 기반을 둔 종합 효모 게놈 데이터베이스(CYGD)는 *S. cerevisiae*의 서열, 구조, 기능 및 분자 상호작용에 대한 정보를 구성하고 제공한다(https //yeastgenome.org/).

많은 그룹이 게놈의 정보 검색 및 비교 분석에 특화된 도구를 개발했다. 주목할 만한 분석 도구로는 ENSEMBL (Wellcome Trust Sanger Institute, http://www.ensembl.org) 그리고 University of California at Santa Cruz (http://genome.ucsc.edu) 게놈 브라우저가 있다.

표 3.1 서열 결정이 완료된 진핵생물 게놈의 시료

포유동물	
사람	*Homo sapiens*
침팬지	*Pan troglodytes*
원숭이	*Macaca mulatta*
생쥐	*Mus musculus*
노르웨이 또는 갈색 쥐	*Rattus norvegicus*
개	*Canis familiaris*
소	*Bos taurus*
아프리카 코끼리	*Loxodonta africana*
주머니쥐	*Monodelphis domestica*

고등식물	
애기장대	*Arabidopsis thaliana*
쌀	*Oryza sativa*
옥수수	*Zea mays*
도초	*Lotus japonicus*
배럴 메딕	*Medicago truncatula*
토마토	*Lycopersicon esculentum*
블랙 미루나무	*Populus trichocarpa*
카카오나무	*Theobroma cacao*

척색동물	
닭	*Gallus gallus*
개구리	*Xenopus tropicalis*
제브라피시	*Danio rerio*
자주복	*Takifugu rubripes*
녹색 점박이 복어	*Tetraodon nigroviridis*
멍게류(Tunicate)	*Ciona intestinalis*
멍게류(Tunicate)	*Ciona savignyi*

다른 진핵생물	
초파리	*Drosophila melanogaster*
학질 모기	*Anopheles gambiae*
뎅기열 모기	*Aedes aegypti*
꿀벌	*Apis mellifera*
선충류	*Caenorhabditis elegans*
베이커 효모	*Saccharomyces cerevisiae*
핵분열 효모	*Schizosaccharomyces pombe*
진균류	*Candida glabrata* CBS138
진균류	*Debaryomyces hansenii* CBS767
미포자체	*Encephalitozoon cuniculi*

표 3.2 완료된 게놈 서열 결정 프로젝트의 수(2018년 3월 기준)

바이러스(Viruses)	13 988
원핵생물(Prokaryotes)	132 810
진핵생물(Eukaryotes)	5265

원핵생물의 유전체

대부분의 원핵생물 세포의 유전 물질은 일반적으로 길이가 5 Mb 미만인 이중가닥 DNA의 큰 단일 원형 조각 형태로 존재한다. 또한, 세포에는 플라스미드가 포함될 수 있다.

박테리아 게놈의 단백질 암호화 영역에는 인트론이 포함되어 있지 않다. 많은 원핵생물 게놈에서 단백질 암호화 영역은 부분적으로 오페론으로 구성되어 있다. 연이어 존재하는 유전자가 공통의 전사 제어 하에 단일 mRNA 분자로 전사된다. 박테리아에서는 많은 오페론 유전자가 관련 기능을 가진 단백질을 암호화한다. 예를 들어, 대장균의 *trp* 오페론에 있는 연속적인 유전자는 트립토판 생합성의 연속적인 단계를 촉매하는 단백질을 암호화한다(그림 3.1 참조). 고세균에서는 오페론의 유전자 간 대사 관계가 더 적게 관찰된다.

고세균 및 진핵생물에서, 일부 tRNA 유전자에는 인트론이 포함되어 있다. 스플라이싱 효소는 진핵생물에서 단백질을 암호화하는 mRNA를 스플라이스하는 메커니즘과 다르다. 일부 박테리아의 tRNA 유전자에는 스스로 스플라이싱되는 인트론이 포함되어 있다.

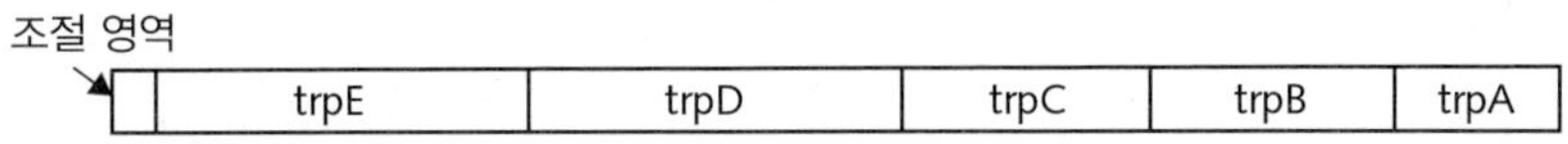

그림 3.1 *E. coli*의 *trp* 오페론은 프로모터, 오퍼레이터 및 리더 서열을 포함하는 제어 영역으로 시작된다. 5개의 구조 유전자는 chorismate 전구체로부터 아미노산 트립토판 합성의 연속 단계를 촉매하는 단백질을 암호화한다.

Chorismate → anthranilate → phosphoribosylanthranilate → indoleglycerolphosphate → indole → tryptophan
(1) (2) (3) (4) (5)

반응 단계 (1): *trpE*와 *trpD*는 anthranilate synthase의 두 성분을 암호화한다. 이 사량체 효소는 각 아단위의 두 복사본으로 이루어져 있으며, chorismate를 anthranilate로 전환한다.

반응 단계 (2): *trpD*에 의해 암호화된 단백질은 후속으로 anthranilate의 인산리보스화(phosphoribosylation)를 촉매한다.

반응 단계 (3): *trpC*는 또 다른 이중 기능 효소, phosphoribosylanthranilate isomerase-indoleglycerolphosphate synthase를 암호화한다. 이 효소는 phosphoribosyl anthranilate를 indoleglycerolphosphate로 변환하며, 중간체인 carboxyphenylaminodeoxyribulose phosphate이 포함된다.

반응 단계 (4) 및 (5): *trpB*와 *trpA*는 각각 세 번째 이중 기능 효소, tryptophan synthase (an $\alpha_2\beta_2$ tetramer)의 β 및 α 아단위를 암호화한다. 이 효소 구조의 터널은 α 하위 단위(indoleglycerolphosphate에서 indole로)에 의해 생성된 중간체를 용매로 방출하지 않고 indole을 tryptophan으로 전환하는 β 하위 단위의 활성 부위로 전달한다.

이 오페론과 밀접하게 연결되지 않은 별도의 유전자 *trpR*은 *trp* 억제인자(repressor)를 암호화한다. 억제자는 트립토판과 결합할 때만 DNA(제어 영역 내)의 작동자(operator) 서열에 결합할 수 있다. 억제인자의 결합은 RNA 중합효소가 프로모터에 접근하는 것을 차단하며, 트립토판이 풍부할 때 경로를 차단한다. 트립토판 수준에 반응하여 전사를 추가로 제어하는 것은 리더 서열 내 mRNA의 약화 요소(attenuator element)에 의해 수행된다. 약화(attenuator) 영역(a)은 2개의 직렬 *trp* 코돈을 포함하고(b) 대체 2차 구조를 채택할 수 있으며, 그중 하나는 전사를 종료한다. 트립토판 수준은 리보솜을 통한 직렬 *trp* 코돈의 진행 속도를 제어하는 *trp*-tRNA 수준을 제어한다. 낮은 트립토판 수준에 반응하여 직렬 *trp* 코돈의 리보솜에 정체되면 전사를 종결시키는 mRNA 2차 구조의 형성이 감소된다.

전형적인 원핵생물 게놈은 서열 전체에 분포되어 있는 상대적으로 적은 양의 비암호화 DNA(진핵생물과 비교하여)만을 포함한다. *E. coli*에서는 DNA의 약 11%만이 비암호화되어 있다.

박테리아 *Escherichia coli*의 게놈

Escherichia coli K-12 균주는 오랫동안 분자생물학의 주역이었다. 위스콘신 대학교 Frederick Blattner 연구 그룹이 1997년에 발표한 MG1655 균주의 게놈은 플라스미드가 없는 하나의 원형 DNA 분자에 4,639,221 bp를 포함한다. 서열의 약 89%가 단백질이나 구조적 RNA를 암호화한다. 목록은 다음과 같다:

- 4,284개의 단백질 코딩 유전자
- 122개의 구조적 RNA 유전자
- 비암호화 반복 서열
- 조절 요소
- 전사/번역 가이드
- 전위효소
- 프로파지 잔해
- 삽입 서열 요소
- 수평 이동으로 인해 유입된 외부 요소일 가능성이 있는 특이한 구성의 패치

게놈 서열 분석에는 단백질을 암호화하는 유전자 및 기타 기능 영역의 식별과 주석이 필요했다. 수 년 간의 집중적인 조사를 통해서 서열 분석이 완료되기 전에 많은 *E. coli* 단백질이 알려졌다. 게놈 서열이 공개되기 전에 1,853개의 단백질이 기술되었다. 다른 유전자에는 서열 데이터 뱅크를 검색해서 상동체를 식별하여 기능을 할당할 수 있다. 상동체 기능의 특이성 범위가 좁을수록 기능 할당이 더 정확해질 수 있다. 현재, 단백질의 60% 이상이 최소한 일반적인 기능을 담당할 수 있다(Box 3.2 참조). 게놈의 다른 영역은 다른 생물에서 알려진 상동 서열과의 유사성에 기초하여 조절 부위 또는 이동 유전 요소로 인식된다.

우리는 박테리아와 세포 소기관 게놈의 내용을 동심원 다이어그램으로 시각화하였는데, 이는 모호하게 'tie-dyed' 패턴처럼 보인다(그림 3.2 참조).

BOX 3.2 22개 기능 그룹 중 대장균 단백질의 분포

기능적 분류	개수	%
규제 기능	45	1.05
추정 규제 단백질	133	3.10
세포 구조	182	4.24
추정 막 단백질	13	0.30
추정 구조 단백질	42	0.98
파지, 트랜스포존, 플라스미드	87	2.03
수송 및 결합 단백질	281	6.55
추정 수송 단백질	146	3.40
에너지 대사	243	5.67
DNA 복제, 조합, 수정 및 수리	115	2.68
전사, RNA 합성, 대사 및 수정	55	1.28
번역, 포스트-트랜슬레이션 단백질 수정	182	4.24
세포 과정 (적응, 보호 포함)	188	4.38
코팩터, 프로스테틱 그룹 및 캐리어의 생합성	103	2.40
추정 샤페론	9	0.21
뉴클레오티드 생합성 및 대사	58	1.35
아미노산 생합성 및 대사	131	3.06
지방산 및 인지질 대사	48	1.12
탄소 화합물 분해	130	3.03
중심 중간 대사	188	4.38
추정 효소	281	5.85
다른 알려진 유전자 (유전자 생산물 또는 표현형이 알려짐)	26	0.61
가상의, 분류되지 않은, 알려지지 않은	1632	38.06

From Blattner, F.R., Plunkett, 3rd, G., Bloch, C.A., Perna, N.T., Burland, V. et al. (1997). The complete genome sequence of *Escherichia coli* K12. *Science*, **277**, 1453–1462.

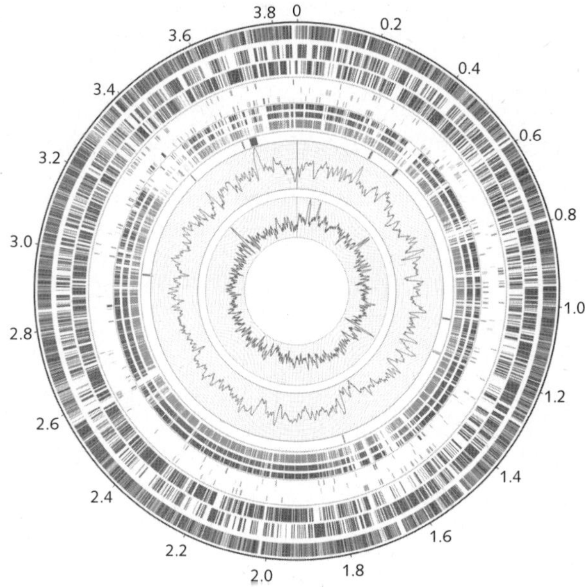

그림 3.2 가장 바깥쪽 원(원 1)은 Mbp 단위를 나타낸다. 원 2는 CDS의 기능적 범주(CDS = 암호화 서열)를 나타낸다: 세포 외막 및 관련 과정; 중간대사; 정보 경로; 기타 기능; 다른 단백질과 유사한 기능이 알려지지 않은 단백질; 다른 단백질과 유사성이 없고, 기능이 알려지지 않은 단백질. 원 3과 4는 양성(3) 및 음성(4) 가닥의 CDS(전위효소 제외)를 나타낸다. 원 5는 삽입 서열을 나타낸다. 원 6은 rRNA 및 tRNA 유전자를 나타낸다. 원 7은 거짓유전자(pseudogenes)를 나타낸다(전위효소에 대한 거짓유전자 제외). 원 8, 9 및 10은 세 가지 환경 Arthrobacter 균주의 유전자와 CDS 예측 상동유전자(othologs)를 나타낸다: *A. chlorophenolicus* A6(원 8), *Arthrobacter* sp. FB24(원 9) 및 *A. aurescens* TC1(원 10). 원 11은 사이드로포어(siderophore) 생합성 및 분비(어두운 부분) 그리고 Fe^{3+}/사이드로포어 복합체 세포 내 유입(밝은 부분)에 관여하는 유전자를 나타낸다. 원 12 및 13은 각각 10-kb 창을 사용하여 표시된 G+C 함량 및 GC 왜곡도(skew) (G–C)/(G+C)를 각각 나타낸다.

From: Monnet, C., Loux, V., Gibrat, J.-F., Spinnler, E., Barbe, V, *et al*. (2010). The *Arthrobacter arilaitensis* Re117 genome sequence reveals its genetic adaptation to the surface of cheese. *PLoS ONE* **5**, e15489. (Creative Commons Attribution 2.5 Generic license.)

색상 코딩의 복잡한 패턴은 시각적인 '특징 표' 역할을 한다. 웹사이트 bacmap.wishartlab.com에는 박테리아 게놈 다이어그램의 지도책이 포함되어 있다.[1]

CiVi, Centre for Molecular and Biomolecular Informatics (CMBI), Radboud University Medical Centre,

[1] Cruz, J., Liu, Y., Liang, Y., Zhou, Y., Wilson, M., Dennis, J.J., Stothard, P., Van Domselaar, G. & Wishart, D.S. (2012). BacMap: an up-to-date electronic atlas of annotated bacterial genomes. *Nucleic Acids Res.* **40**, D599–D604.

Stothard, P., Van Domselaar, G., Shrivastava, S., Guo, A., O'Neill, B. et al. (2005). BacMap: an interactive picture atlas of annotated bacterial genomes. *Nucleic Acids Res.*, **33**, D317–D320.

Nijmegen, 네덜란드에서 제공하는 서버이다(http://civi.cmbi.ru.nl/).[2]

E. coli 게놈 전체에 걸쳐서 DNA 한 가닥 또는 다른 가닥을 따라 단백질을 암호화하는 유전자의 분포는 어떠한 간단한 규칙도 따르지 않는 것 같다. 실제로, 계통을 비교하면 유전자가 이동성이 있음을 알 수 있다.

E. coli 게놈은 상대적으로 유전자 밀도가 높다. 단백질이나 구조적 RNA를 암호화하는 유전자는 서열의 약 89%를 차지한다. ORF의 평균 크기는 317개의 아미노산이다. 유전자가 고르게 분포된 경우, 평균 유전자 간 영역은 130 bp이다. 관찰된 유전자 사이의 평균 거리는 118 bp이다. 그러나 유전자 간 영역의 크기는 상당히 다양하다. 일부 유전자 간 영역은 넓다. 여기에는 조절 기능 부위와 반복되는 순서가 포함된다. 가장 긴 유전자 간 영역인 1,730 bp에는 비암호화 반복 서열이 포함되어 있다.

대략 4분의 3 정도의 전사 단위는 하나의 유전자만을 포함하고 있으며, 나머지는 여러 연이은 유전자 또는 오페론을 포함하고 있다. *E. coli* 게놈에는 630~700개의 오페론이 포함되어 있는 것으로 추정된다. 오페론은 크기가 다양하지만, 5개 이상의 유전자를 포함하는 오페론은 거의 없다. 오페론의 유전자는 관련된 기능을 갖는 경향이 있다. 이는 공통된 발현 제어 하에 있는 일련의 단백질에 대해 합리적이다.

어떤 경우에는 동일한 DNA 서열이 하나 이상의 폴리펩티드 사슬의 일부를 암호화한다. 하나의 유전자는 DNA 중합효소 III의 τ 및 γ 하위 단위(subunits)를 모두 암호화한다. 전체 유전자의 번역은 τ 하위 단위를 형성한다. γ 하위 단위는 대략 τ 하위 단위의 N 말단 2/3에 해당한다. 이 시점에서 리보솜의 프레임 이동은 50%의 확률로 사슬 종결을 일으켜서 발현된 τ 및 γ 하위 단위의 비율이 1:1이 된다. *E. coli* 및 인간 게놈을 포함한 다른 종에는 유전자가 중복되는 경우가 많다.

다른 경우에는 동일한 폴리펩티드 사슬이 하나 이상의 효소에 나타난다. 자체적으로 리포에이트 탈수소효소(Lipoate dehydrogenase)로 기능하는 단백질은 피루베이트 탈수소효소(pyruvate dehydrogenase), 2-옥소글루타레이트 탈수소효소(2-oxoglutarate dehydrogenase) 및 글리신 절단 복합체의 필수 하위 단위이기도 하다.

완전한 게놈을 가지고 있으면 *E. coli*의 단백질 목록을 조사할 수 있다. 가장 큰 종류의 단백질은 효소로서 전체 유전자의 약 30%를 차지한다. 많은 효소 기능은 하나 이상의 단백질에 의해 공유된다. 기능적으로 유사한 효소 세트 중 일부는 매우 밀접하게 관련되어 있으며, *E. coli* 자체나 조상 또는 유전자 기증자 종에서 중복에 의해 발생한 것으로 보인다. 기능적으로 유사한 다른 효소 세트는 서열이 매우 다르며, 특이성, 조절 또는 세포 내 위치에서 차이가 있다.

*E. coli*의 풍부한 효소의 여러 특징은 다양한 대사 능력을 제공하여 다양한 조건에서 성장하고 경쟁할 수 있게 해준다:

- 단백질과 핵산(아미노산, 뉴클레오티드)의 모든 구성 요소와 보조 인자를 합성할 수 있다.
- 대사 유연성이 있다. 다양한 에너지 포착 경로를 활용하여 유산소 및 무산소 성장이 모두 가능하다. 다양한 탄소원에서 자랄 수 있다. 주어진 시간에 모든 대사 경로가 활성화되는 것은 아니다. 대체 경로는 조건 변화에 반응할 수 있게 해준다.
- 특정 대사 반응의 경우에도 여러 효소가 작용하는 경우가 많다. 이는 중복성을 제공하고 보완적인 제어 메커니즘을 통해서 다양한 조건에 맞게 신진대사를 조정하는 기능을 한다.
- 그러나 *E. coli*는 완전한 범위의 효소 능력을 갖고 있지 않다. CO_2나 N_2를 고정할 수는 없다.

우리는 *E. coli* 게놈과 그 단백질 목록의 정적 특징 중 일부를 여기에 설명하였다. 현재 연구는 시간과 공간에서 단백질 발현 패턴을 지배하는 메커니즘을 포함하여 역동적인 측면을 밝혀내었다. 우리는 이 주제를 10장에서 설명할 것이다.

고세균 *Methanocaldococcus jannaschii*의 유전체

Salvador Luria는 모든 생명체의 공통된 특징을 결정하려면 모든 것을 조사하려고 할 것이 아니라, 오히려 우리와

[2] Overmars, L., van Hijum, S.A., Siezen, R.J. & Francke, C. (2015). CiVi: circular genome visualization with unique features to analyze sequence elements. *Bioinformatics* **31**, 2867–2869.

가장 다른 유기체를 찾아 그 생물과 우리가 갖고 있는 공통점을 살펴봐야 한다고 제안했다. 이를 수행하는 방법은 가장 다른 환경에 적응된 생물을 찾는 것이라고 가정했다.

심해 탐사를 통해 공상 과학 소설에서 묘사되었던 익숙한 환경과는 거리가 먼 환경이 드러났다. 열수분출공은 해저의 균열을 통해 뜨거운 용암과 가스를 방출하는 수중 화산이다. 이것들은 분화구에서 무기영양소로서 방출되는 광물에 의존하는 생물 군집을 위한 서식지를 만든다. 이것들은 에너지원을 직간접적으로 햇빛에 의존하지 않는 유일한 알려진 생명체인 미생물의 살아있는 공동체를 지원한다.

미생물 *M. jannaschii*는 1983년 멕시코 바하 캘리포니아 해안 깊이 2,600 m의 열수분출공에서 수집되었다. 이 미생물은 호열성 유기체로 48~94°C의 온도에서 생존하며, 최적 온도는 85°C이다. 이는 무기 성분으로부터 자가 번식이 가능한 엄격한 혐기성 미생물이다. 전반적인 대사 방정식은 다음과 같이 총 반응에 따라 H_2와 CO_2로부터 메탄을 합성하는 것이다.

$$4H_2 + CO_2 \rightarrow CH_4 + 2H_2O$$

*M. jannaschii*는 박테리아, 진핵생물과 함께 생명체의 세 가지 주요 분류 중 하나인 고세균에 속한다(그림 1.2 참조). 고세균은 높은 온도와 압력 또는 높은 염분 농도와 같은 극한 환경 조건에 적응한 유기체를 포함하는 원핵생물 그룹으로 구성된다. 그러나 많은 고세균은 극한생물이 아니다.

1996년, TIGR(The Institute for Genomic Research)에 의해 *M. jannaschii*의 게놈 서열이 분석되었다. 이는 최초로 결정된 고세균 게놈 서열이었다. 길이가 1,664,976 bp인 원형 이중가닥 DNA 분자와 58,407 및 16,550 bp의 두 염색체 외 요소를 포함하는 큰 염색체를 포함한다. 1,784개의 예측된 단백질 암호화 영역이 있으며, 그중 1,728개는 염색체에 존재하고, 크고 작은 염색체 외 요소에는 각각 44개와 12개가 존재한다. 일부 RNA 유전자에는 인트론이 포함되어 있다. 다른 원핵생물 게놈과 마찬가지로 비암호화 DNA가 거의 없다.

*M. jannaschii*는 현존하는 가장 먼 친척을 찾는 Luria의 목표를 충족시키는 것으로 보인다. 게놈 서열을 다른 것과 비교하면, 그것이 다른 형태의 생명체와 먼 관계를 가지고 있음을 알 수 있다. 기능이 할당된 유전자는 전체의 52%에 불과하다. 하지만 놀랍게도, 고세균은 어떤 면에서는 박테리아보다 진핵생물과 더 밀접하게 관련되어 있다! 진핵생물이 고세균의 후손이라는 증거가 있는데, 이는 Woese의 생명의 세 영역 구분을 두 영역에 의한 설명으로 대체한 것이다(Box 1.2 참조).

고세균은 복잡한 혼합물이다. 전사, 번역, 조절에 관여하는 단백질은 진핵생물의 단백질과 더 유사하다. 대사에 관여하는 고세균 단백질은 박테리아의 단백질과 더 유사하다.

가장 간단한 생물 중 하나인 마이코플라스마 제니탈리움(*Mycoplasma genitalium*)의 게놈

*Mycoplasma genitalium*은 비임균성 요도염(nongonococcal urethritis)의 원인이 되는 감염성 세균이다. 1995년 TIGR, 존스홉킨스 대학교, 노스캐롤라이나 대학교의 공동 연구 그룹에 의해서 그 게놈 서열이 밝혀졌다. 게놈은 580,070 bp를 포함하는 단일 DNA 분자이다. 당시 이것은 서열이 분석된 가장 작은 세포 게놈이었다. 이는 지금까지 우리가 알고 있는 **최소 유기체**, 즉 독립생활이 가능한 가장 작은 유기체에 가장 가까운 것이다. (반대로 바이러스는 숙주의 세포 기계를 필요로 한다.)

게놈은 암호화 영역이 밀집되어 있다. 468개의 유전자가 발현된 단백질로 확인되었다. 서열의 일부 영역은 유전자가 풍부하고, 다른 영역은 유전자가 부족하지만 전체 서열의 85%가 암호화하고 있다. 암호화 영역의 평균 길이는 1,040 bp이다. 다른 박테리아 게놈과 마찬가지로, 단백질 암호화 영역에는 인트론이 포함되어 있지 않다. 게놈의 추가 압축은 서로 겹치는 유전자에 의해 이루어진다. 이들 중 다수는 종결 코돈의 상실로 인해 발생한 것으로 보인다.

*M. genitalium*의 유전자 목록에는 DNA 복제, 전사 및 번역에 관여하는 단백질과 리보솜 및 전달 RNA와 같은 독립적인 번식에 필수적인 단백질을 암호화하는 일부 단백질이 포함되어 있다. 다른 유전자는 감염 활동에 특이적인 감염된 세포와의 결합을 중재하는 부착단백질(adhesins), 숙주의 면역체계에 대해 방어를 위한 분자 및 다수의 수송 단백질을 포함한다. 숙주와의 기생 생활에 대한 적응으로 인해 아미노산 생합성을 담당하는 효소를 포함하여 대사 효소가 광범위하게 손실되었다.

메타게노믹스(Metagenomics): 일관된 환경 시료로부터 유전체 수집

전통적으로, 미생물학의 목표는 전염병을 일으키는 병원성 유기체를 식별하는 것이었다. 순수 균주의 분리, 복제 및 특성화는 임상 진단을 촉진하고 약물 시험을 허용하게 하는 계기가 되었다. 이 방법이 강력하고 의료 응용에 중요하더라도, 이러한 방법은 자연 환경에서의 다양성과 상호작용을 완전히 이해하는 데 제약을 주었다. 실제로, 많은 종들은 자연 환경에서 독립적인 생존이 어려워 복제가 불가능한 경우가 있다. 반대로, 전체 미생물 군집에 대한 연구는 생태계와 진화의 일반 원리를 밝히는 데 필수적이다.

메타게노믹스(*metagenomics*)는 복잡한 혼합물을 포함하는 천연 시료에서 개별 균주를 배양하지 않고 직접 서열을 결정하는 것을 가능하게 한다. 이를 통해서 전통적인 방식으로 복제할 수 없는 종에 대한 정보에 접근할 수 있다. 바닷물 1 mL에는 100~200종의 생물이 포함될 수 있다. 토양 1 g에는 4,000종의 미생물이 포함될 수 있다. 인간의 장에는 약 500종의 다양한 미생물이 포함되어 있다(그 중 10%가 아마도 전체 박테리아 개체수의 99%를 차지하고 있을 것으로 추정된다).

원핵생물 외에도 많은 천연 시료에는 풍부한 바이러스 혼합물이 포함되어 있다.

메타게놈 서열 결정의 주제는 다음과 같다:

- **일반 환경 시료**: 해양(Box 3.3 참조), 빙하, 토양, 광산 찌꺼기, (심지어) 차량 유리에 튄 오염물 등을 포함한다. 그러한 연구는 공간적, 시간적(일별 및 계절적) 변화를 고려해야 한다.
- **인간 미생물 군집**: 신체의 여러 부위에서 채취한 시료, 건강한 상태와 질병 상태의 비교(암 환자의 종양세포와 정상 세포 비교 포함), 모유 수유 아기와 분유 수유 아기의 뚜렷한 차이 관찰을 포함한 유아 발달 연구, 정상적으로 분만되거나 제왕절개로 분만된 아기 등;
- **농업 시료**: 밀, 벼, 옥수수, 대두의 근권(뿌리 바로 근처)의 세균총(flora).

메타게놈 시료에 새로운 고처리량 서열 결정 기술을 적용하면 매우 많은 양의 데이터가 생성된다. 인간의 장에서의 시료 서열 결정에서는 567.7 Gb의 서열 데이터에서 3 × 10^6개 이상의 유전자가 식별되었다. 이는 엄청난 수치이다. 데이터가 복잡하고 단편화되어 있으며, 복잡한 혼합물에서 나온 것임을 인식해야 한다. (중요한 특징인 판독 길이는 사용된 서열 결정 기술에 따라 다르다.) 많은 메타게놈 데이터 세트의 경우에는 완전한 게놈을 조립하는 것이 불가능하다.

하지만, 단편에 대해 BLAST 검색을 수행해서 소스와 (일부 단백질 암호화 서열의 경우) 기능을 식별하는 것이 종종 가능하다. 이는 어떤 종이 어떤 비율로 존재하는지에 대한 목록을 추정하는 데 충분할 수 있다. 비교 연구를 통해서 공간적, 시간적 변화는 물론 다양한 표본 간의 진화 관계까지 명확하게 할 수 있다. 더 어려운 점은 생태계의 다양한 구성 요소 간의 기능적 관계와 상호작용을 이해하는 것이다.

이전에는 Woese의 방법에 따라 16S rRNA 서열을 사용하여 메타게놈 시료에서 개별 종을 특성화하는 것이 일반적이었다. 그러나 복사 수 변화는 종 빈도에 대한 신뢰할 수 없는 지표를 만든다. 수평적 유전자 전달은 정확성을 더욱 저하시킨다.

게다가, 바이러스는 리보솜을 포함하지 않으므로, 16S rRNA에 대한 탐침자(probe)는 감지할 수 없다. 바이러스는 생명의 '암흑 물질'이다. 바이러스는 예상하지 못할 정도의 수와 다양성이 존재한다. 자연계에는 10^{30}개의 꼬리 박테리오파지(tailed bacteriophages)가 존재하는 것으로 추정된다. 바다에서는 바이러스의 수가 세포보다 적어도 10배 이상 많다(바이러스는 세포보다 훨씬 작기 때문에 전체 바이오매스의 5%를 넘지 않는다). 많은 바이러스 단백질은 우리에게 익숙한 세포성 생물의 분자 세트와는 매우 다르다. 일반적으로, 메타게놈 시료에서 발견되는 바이러스 단백질의 90%는 UniProt의 어떤 것과도 일치하지 않는다. 현재 구조 유전체학 프로젝트의 결과를 기반으로 해서 단백질 접힘 패턴의 목록을 도출하려는 모든 사람들은 결합된 바이러스 단백질이 무엇을 드러낼지 두려워해야 한다. 해양 바이러스는 우리의 무지를 폭로하는 것 외에도 세포 간 수평적 유전자 전달 메커니즘을 통한 원핵생물의 유전적 다양성 확립에 기여한다.

BOX 3.3

소서러 II 글로벌 오션 샘플링 원정대

메타게노믹스 데이터의 매우 야심찬 수확이 *소서러 II* 글로벌 오션 샘플링 원정대에서 이루어졌다.[i] 2003년 8월 8일부터 2004년 5월 22일까지 전 세계를 일주하는 동안 8,000 km 이상의 거리를 따라 ~320 km 간격으로 시료를 수집했다. 시작은 캐나다의 할리팩스에서 시작하여 미국 동부, 멕시코만, 갈라파고스 제도를 거쳐 태평양을 가로지른 다음, 오스트레일리아로 가는 길에 인도양을 건너 남아프리카로 이동한 다음, 대서양을 건너 미국으로 돌아왔다. 이 원정대는 1872년부터 1876년까지 진행된 해양 지질, 기후 및 생물 조사인 HMS *Challenger* 원정대에 영향을 받았다.

문 또는 과	분획
α-프로테오박테리아	0.32
미분류된 프로테오박테리아	0.155
γ-프로테오박테리아	0.132
박테로이데스	0.13
시아노박테리아	0.079
펌리쿠테스	0.075
액티노박테리아	0.046
해양 A 군	0.022
β-프로테오박테리아	0.017
OP11	0.008
미분류된 박테리아	0.008
δ-프로테오박테리아	0.005
플랑크토마이세스	0.002
ε-프로테오박테리아	0.001

0.1~0.8 μm 크기의 세포를 가진 선택된 분획을 여과하여 박테리아에 초점을 맞추었다. 이 시료에서 나온 770만 개의 서열 결정 리드는 총 6.3×10^9 bp에 달하며, 중복된 서열을 계산하면 거의 6 Gb의 고유 염기서열이 남는다. 리드의 절반 이상이 고유한 염기서열이었다. 즉, 이전에 보고된 서열과 98% 이하의 서열 유사성을 가졌다. 콘티그는 300만 개가 넘는 전체 게놈 스캐폴드로 조립될 수 있었다.

샷건 서열 결정으로부터 얻은 16S RNA 데이터는 97% 이하의 동일성(identity)을 가진 811개의 서로 다른 서열 유형을 보였다. 이 중 절반 이상이 신종으로 추정되었다. 가장 많이 표현된 분류군에서 고세균이 없음을 주목하자.

유전자 서열이 번역을 통해 600만 개 이상의 박테리아 및 바이러스 단백질을 식별했다. 이 중 6,000개는 이전에 알려진 단백질과 유사성이 없었다. 이것이 정말로 새로운 단백질이라면(서열 기반 분석 도구가 진화적 거리가 먼 관련 단백질의 구조적 유사성을 항상 성공적으로 식별하는 것은 아니라는 점을 기억하라), 결과는 알려진 단백질 계열의 수를 거의 두 배로 늘리게 된다.[ii]

[i] From Rusch, D.B., Halpern, A.L., Sutton, G., Heidelberg, K.B., Williamson, S., et al. (2007). The *Sorcerer II* Global Ocean Sampling Expedition: Northwest Atlantic through Eastern Tropical Pacific. *PLoS Biol.*, **13**, e77.

[ii] Yooseph, S. et al. (2007). The Sorcerer II Global Ocean Sampling Expedition: expanding the universe of protein families. *PLoS Biol.*, **13**, e16; Rusch, D.B. et al. (2007). The Sorcerer II Global Ocean Sampling Expedition: Northwest Atlantic through Eastern Tropical Pacific. *PLoS Biol.*, **13**, e77.

메타게노믹스의 응용 분야에는 다음이 포함된다:

- 인간 건강: 우리 몸에는 대략 인간 세포만큼이나 많은 박테리아 세포가 포함되어 있다. 그들은 소화를 돕고, 필수 비타민과 아미노산을 합성하며, 식품의 특정 유해 화학 물질을 해독하고, 병원균 감염으로부터 몸을 방어함으로써 건강한 상태를 유지하는 데 기여한다. 이는 질병의 신호를 보낼 수도 있고, 질병을 유발할 수도 있다. 노벨상 수상자인 Barry Marshall의 유명한 이야기를 떠올려 보라. *H. pylori*가 소화성 궤양의 원인임을 입증하기 위해 Marshall은 시료를 섭취하여 스스로 질병을 유발했다.

또 다른 일화는 치료가 어려운 단측성 귀 감염 환자에 대한 내용이다. 의사들이 모든 수단을 동원해도 치료되지 않았지만, 환자는 우연히 감염되지 않은 귀에서 채취한 귀지(및 관련 미생물)를 감염된 귀에 이식하여 스스로 치료했다.

이러한 예에 대해 오해를 불러일으킬 수 있는 점은 인간의 미생물 군집이 복잡하고, 건강과 질병에서 미생물 군집의 변화가 일반적으로 훨씬 더 미묘할 수 있다는 것이다. 동물의 건강과 질병에도 비슷한 원칙이 적용된다.

- **농업**: 식물과 공생하는 미생물(가장 잘 알려진 것은 콩과 식물의 뿌리혹과 관련된 질소 고정 박테리아)은 작물에 필수 영양소를 제공하고 병원균으로부터 보호할 수 있다.
- **환경 개선**: 미생물 군집 프로필은 심각한 환경 피해를 모니터링하고 기후 변화와 같은 장기적인 변화를 추적할 수 있다. 박테리아는 손상된 환경을 해독하는 데도 도움이 될 수 있다. 딥워터 호라이즌 석유 시추선의 침몰로 인해 멕시코만으로 4×10^6 배럴의 석유가 방출되었을 때, 박테리아가 탄화수소 구성 요소를 소화함으로써 정화에 도움을 주었다.
- **인류학**: 인간 미생물 군집 프로필은 인간 게놈 DNA 변이보다 더 다양하다. 그들은 다양한 인구 집단에서 *H. pylori* 계통의 유전적 다양성을 사용하여 이동 패턴을 추적하기 위한 데이터를 제공한다. 이는 사회 조직과 식습관에 대한 지표이다.
- **생명공학**: 대부분의 생명체에서 대사의 핵심은 공통적이지만, 개별 종은 산업 규모에서 유용한 제품의 합성에 적용할 수 있는 특이한 효소를 생산한다. 여기에는 경제적인 대체 에너지원의 개발이 포함되지만, 이에 국한되지는 않는다. 예를 들어, 잎꾼개미는 셀룰로오스와 리그닌을 효과적으로 분해하여 당으로 전환시키는 공생 박테리아를 가지고 있으며, 이 당은 에탄올로 발효되어 연료로 사용할 수 있다. (또한 지향적 진화와 연역적 계산 설계를 통해 새로운 촉매 활동을 생성하는 것도 가능하다.)

사람 미생물 군집

인체에는 다양한 미생물 군집(microbiome)이 서식할 수 있는 여러 생태학적 틈새가 존재한다. 여기에는 내장과 같은 내부 서식지와 환경과 미생물을 더 쉽게 교환할 수 있는 피부 및 코 점막과 같은 노출된 영역이 포함된다. 인체에 서식하는 미생물 군집 전체의 무게는 약 0.2 kg 정도이다. 이 세포에는 인간 게놈의 약 ~23,000개(면역체계 제외)를 뛰어넘는 수백만 개의 유전자를 포함하고 있다. 우리는 유기체가 아니라 생태계이다.

건강과 질병에 있어 인간 미생물 군집의 중요성에 대한 인식은 비교적 최근에 일어난 현상이다. 많은 사람들은 그 중요성이 여전히 과소평가되고 있다고 생각한다. 이 분야의 수많은 새로운 발견은 이러한 관점을 뒷받침한다.

미국 국립보건원(National Institutes of Health)은 우리 몸 안팎에 살고 있는 미생물의 특성을 파악하고, 건강과 질병에서의 역할을 결정하기 위해 인간 마이크로바이옴 프로젝트(Human Microbiome Project)를 설립했다(https://hmpdacc.org/). 이 미생물 군집의 생물 다양성과 구조는 무엇인가? 그것들은 서로, 그리고 주변 환경과 어떻게 상호작용하는가? 그것들은 개인마다 그리고 지구 상의 장소마다 어떻게 다른가? 그것들은 건강과 질병에 어떻게 기여하고 이를 드러내는가?

전체적으로, 인간 마이크로바이옴 프로젝트는 거의 1,000종에 달하는 인간과 관련된 미생물 종을 확인했다. 분포는 매우 편향되어 있다. 신체의 대부분의 부위에는 소수의 우세한 종과 소수의 희귀종이 존재한다. 주로 박테리아가 두드러지게 나타나지만, 미생물 군집에는 고세균, 곰팡이 및 바이러스도 포함된다. 이 분포는 토양 및 바다와 같은 외부 환경과 다르며, 우리 몸이 단순히 주변 환경을 반영하는 것이 아님을 보여준다. 예를 들어, 인간 미생물 군집에는 피르미쿠테스(Firmicutes), 악티노박테리아(Actinobacteria), 프로테오박테리아(Proteobacteria), 박테리오데테스(Bacteriodetes)가 풍부한 반면, 외부 환경에서는 피르미쿠테스가 드물게 나타난다.

인체 안팎의 다양한 서식지에는 다양한 패턴의 미생물총이 서식하고 있다. 서로 다른 부위에서 개인별 차이의 정도가 다르게 나타난다. 예를 들어, 입은 개인 간 차이가 가장 적다. 몇 달 간격으로 재측정했을 때 구강 세균총은 변하지 않았다.

인간 마이크로바이옴 프로젝트의 임상적 적용은 미생물총이 건강과 질병에 미치는 영향을 인식하는 데 달려 있다. *H. pylori*–궤양 연관성 외에도 장내 세균총은 과민성 대장증후군, 크론병, 궤양성 대장염 및 다양한 위장 감염에 관여하는 것으로 알려져 있다. 인간 건강에 영향을 미치는 두 가지 특정 메커니즘은 다음과 같다.

1. 장 내의 미생물이 식이성 콜린을 대사하여 동맥경화를 유발하는 물질을 생성함으로써, 심혈관 질환을 야기할 수 있다. 이때 항생제 치료가 효과적이다.

2. 장내 미생물이 경구 투여된 약물을 대사한다. 예를 들어, *Eggerthella lenta*는 디고신(digoxin)이라는 약물을 비활성화시킬 수 있다. *E. lenta* 개체군의 개별 및 개체군별 변이는 '표준' 용량을 사용한 치료에 대한 다양한 반응을 일으킬 수 있다. 이 새로운 분야를 약물미생물학(pharmacomicrobiomics)이라 한다.

진핵생물 게놈

과학에서 전혀 예상하지 못한 현상이 포함된 완전히 새로운 세계를 만나는 것은 드문 일이다. 진핵생물 게놈의 복잡성이 바로 그러한 세계이다.

진핵세포에서, 대부분의 DNA는 핵단백질과 결합된 염색체로 분리돼서 핵 안에 존재한다. 각 염색체에는 단일 이중가닥 DNA 분자가 포함되어 있다. 미토콘드리아와 엽록체와 같은 소기관에는 더 적은 양의 DNA가 존재한다. 세포소기관은 세포 내 기생충으로 시작되었다. 소기관 게놈은 일반적으로 원형 이중가닥 DNA의 형태를 가지지만, 때로는 선형이고, 때로는 여러 개의 원형으로 나타난다. 소기관 유전자가 번역되는 유전 암호는 핵 유전자의 유전 암호와 다르다.

다양한 종의 핵 게놈은 크기가 매우 다양하다(Box 3.1 참조). 게놈 크기와 생물의 복잡성 사이의 상관관계는 매우 대략적이다. 그것은 확실히 인간이 정점에 서 있다는 어떤 선입견도 뒷받침하지 않는다. 많은 경우에서, 게놈 크기의 차이는 단순 반복 서열 또는 배수체화의 양이 다르다는 것을 반영한다.

DNA 함량의 변화 외에도 진핵생물 종은 염색체 수와 유전자 분포도 다양하다. 일부 염색체 간의 유전자 분포의 차이는 전좌(translocations), 염색체 단편화 또는 결합이 포함된다. 예를 들어, 인간은 23쌍의 염색체를 가지고 있다. 침팬지의 염색체 수는 24개이다. 인간의 2번 염색체는 침팬지의 염색체 12번과 13번이 융합된 것과 비슷하다(그림 2.2 참조). 이러한 염색체 구조의 차이는 접합체의 유사분열 동안 염색체 쌍 형성(pairing)에 치명적인 어려움을 야기할 수 있으며, 이에 따라 종 분리와 관련된 종간의 생식 차단에 기여한다.

염색체 보완(complement)의 다른 차이는 중복 또는 교잡 사건을 반영한다. 적어도 10,000~15,000년 전에 중동에서 농업에 처음 사용된 밀은 14쌍의 염색체를 포함하는 아인코른(einkorn, *Triticum monococcum*)이라는 이배체였다. 마찬가지로, 구석기 시대부터 재배된 에머 밀(emmer wheat, *Triticum turgidum* ssp. *dicoccum*)과 듀럼 밀(durum wheat , *T. turgidum* ssp. *durum*)은 아인코른의 친척 종과 다른 야생풀의 융합 잡종으로 4배체 종을 형성하였다. 다양한 야생풀을 사용한 추가 교배를 통해서 스펠트밀(*Triticum aestivum* ssp. *spelta*)과 현대의 일반 밀(*T. aestivum* ssp. *aestivum*)을 포함한 6배체 형태가 탄생하였다. 현대 농업에서 개발되어 현재 동물 사료로 주로 사용되는 강력한 작물인 라이밀(triticale)은 듀럼 밀(*T. turgidum* ssp. *durum*)과 호밀(*Secale cereale*)을 교배하여 생성한 인공 속(genus)이다. 대부분의 라이밀 품종은 6배체이다(표 3.3 참조).

이 모든 종은 여전히 (일부는 극히 일부만) 재배되고 있으며, 요리에 개별적으로 사용된다. 스펠트(이탈리아어로 *farro*)는 잘 알려진 수프의 바탕이며, 파스타는 듀럼 밀로,

표 3.3 밀의 배수체 발달

밀의 다양성	분류	핵형
아인코른	*Triticum monococcum*	AA
에머 밀	*Triticum turgidum* ssp. *dicoccum*	AABB
듀럼 밀	*Triticum turgidum* ssp. *durum*	AABB
스펠트밀	*Triticum aestivum* ssp. *spelta*	AABBDD
일반 밀	*Triticum aestivum* ssp. *aestivum*	AABBDD
라이밀	*Triticosecale*	AABBRR

A = 원래 이배체 밀 또는 친척 종의 게놈; B = 야생풀 *Aegilops speltoides* 또는 *Triticum speltoides* 또는 친척 종의 게놈; D = 다른 야생풀인 *Triticum tauschii* 또는 친척 종의 게놈; R = 호밀 *Secale cereale*의 게놈.

빵은 일반 밀로 만든다.

밀의 역사에 대한 최근 연구는 단순한 염색체 수 조사를 넘어 게놈 수준에서 종과 아종 간의 관계에 대한 연구까지 확장되었다. 일반적인 결과는 배수체화(polyploidization) 후 이종상동(orthologous) 영역 사이의 신테니(synteny) 붕괴와 삽입 및 삭제 매핑을 측정했다. 특별한 결과에는 농업에 유리한 특성을 부여하는 돌연변이의 식별이 포함된다. 이러한 특성에는 스트레스가 많은 기후 또는 토양 조건에서의 생존, 그리고 곡물이 이삭에 더 단단하게 부착됨으로써 바람에 의한 흩어짐으로부터 수확을 보존하는 능력이 포함된다.

배수체화와 같은 혁명적인 게놈 변화를 겪는 종은 유전적 다양성의 상실이라는 형태로 불이익을 당할 수 있다. 왜냐하면, 이러한 변화가 초기에 새로운 집단의 창시자인 하나 또는 소수의 개체에게서만 발생했기 때문이다. 개량 밀과 야생 밀 사이의 유전자 흐름에 대한 증거는 유전적 다양성의 회복과 유지를 위한 메커니즘을 시사한다. (옥수수 재배에 대한 해당 논의는 9장 **유전체학 소개** 참조.)

유전자군

전체 염색체의 중복뿐만 아니라, 개별 유전자의 중복도 불균형 교차로 인해 흔하게 발생한다. 따라서 단일 염색체에서 유전자군은 진핵생물에서 흔하게 나타난다.

일부 유전자군은 동일한 종에서 별도의 기능을 제공하기 위해 갈라진 관련 유전자인 동종 **상동 유전자**(*paralogue*)이다. [반대로, **동원체**(*orthologue*)는 서로 다른 종에서 동일한 기능을 수행하는 상동체이다. 예를 들어, 인간 α 및 β 글로빈은 동종 상동 유전자이고, 인간과 말 미오글로빈은 동원체이다.] 다른 관련 서열은 중복 또는 mRNA로부터의 역전위(retrotransposition)에 의해 기능 손실의 정도에 이르기까지 돌연변이가 누적되어 발생한 거짓 유전자일 수 있다. 사람의 글로빈 유전자 클러스터가 좋은 예이다(Box 3.4 참조).

Saccharomyces cerevisiae (베이커 이스트)의 게놈

효모는 양조, 제빵 및 분자생물학에서 중요한 역할을 해왔다.

효모는 알려진 가장 간단한 유핵 생물 중 하나이다. 효모 세포는 사람의 세포와 유사하게 핵 및 다른 특수한 기능을 수행하는 세포 내 구획을 포함하고 있다. 1992년에 약 100개의 연구소가 참여한 국제 연구팀에 의해 효모의 게놈 서열이 결정되었다. 효모 게놈은 16개의 염색체에 분포된 12,057,500 bp의 핵 DNA를 포함하고 있다. 염색체의 크기는 1,352 kbp 염색체 IV에서부터 230 kbp 염색체 I에 이르기까지 다양하다.

효모 게놈은 6,172개의 예측된 단백질 암호화 유전자, 약 140개의 rRNA 유전자, 40개의 작은 핵 RNA 유전자(snRNA) 및 275개의 tRNA 유전자를 포함하고 있다. 두 가지 이유로 효모 게놈은 예쁜꼬마선충(*C. elegans*), 초파리(*D. melanogaster*) 및 사람과 같은 더 복잡한 진핵생물의 알려진 게놈보다 암호화 영역이 더 밀집되어 있다: (1) 인트론이 비교적 드물게 나타나고, 상대적으로 작다(효모는 231개의 유전자만이 인트론을 포함하고 있음). 그리고 (2) 더 복잡한 진핵생물에 비하여 반복되는 서열이 더 적다.

약 1억 5천만 년 전에 효모 전체의 복제가 발생한 것으로 보인다. 그 후 복제된 DNA 조각의 전좌가 일어나고, 대부분 유전자(약 92%의 유전자) 복사본이 손실되었다.

6,172개의 단백질을 암호하고 있는 유전자 중 4,000에서 5,000개는 다양한 정도의 신뢰도를 가진 기능이 할당될 수 있는 분자에 해당된다. 효모 단백질 중 약 1/3만이 인간 게놈에서 식별 가능한 상동체(homologues)를 가지고 있다.

유전자 조사에서 그 기능을 넓은 범주로 분류하는 것이 유용했다. 표 3.4에 나와 있는 효모 단백질 기능 분류는 http://mips.gsf.de/genre/proj/yeast/Search/Catalogs/catalog.jsp에서 가져온 것이다.

효모는 유전자 산물의 기능 연구 방법을 개발하기 위한 최적의 실험 모델이다. 상동체 검색은 철저해야 하며, 지속되어야 한다. 모든 유전자에 대한 녹아웃(유전자의 기능이 상실된) 돌연변이체가 존재한다. 각 돌연변이체에 도입된 고유한 서열 '바코드'는 선택된 조건에서 성장하는 돌연변이체의 식별을 용이하게 한다. 세포 내 위치 및 발현 양상이 조사되고 있다. 이량체를 형성할 수 있는 단백질 쌍에 대한 전사의 활성을 기반으로 하는 여러 유형의 측정을 통해 단백질 간 상호작용 목록이 생성되었다.

BOX 3.4 글로빈 유전자 군

인간 헤모글로빈 유전자 및 거짓 유전자는 염색체 11과 16에 군집으로 나타난다. 정상 성인 인간은 주로 헤모글로빈 $\alpha_2\beta_2$ 사량체를 형성하는 α- 및 β-사슬 그리고 근육에서 찾을 수 있는 단량체 단백질인 미오글로빈을 포함하는 세 가지 종류의 글로빈 사슬을 합성한다. 군집 내의 다른 유전자에 의해 암호화된 헤모글로빈의 다른 형태는 태아 및 태아시기에 합성된다. 다른 글로빈은 연결되어 있지 않으며, 이 군집이 분화되기 훨씬 전에 발생했다.

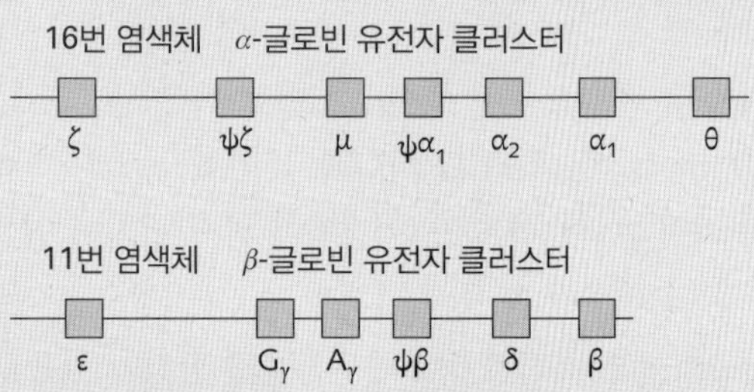

16번 염색체의 α 유전자 군은 28 kbp 이상으로 확장된다. 여기에는 ζ와 코딩 영역에서 동일한 2개의 α 유전자인 α_1 및 α_2; 3개의 유사 유전자인 $\psi\zeta$, μ 및 $\psi\alpha_1$; 그리고 기능이 불분명한 또 다른 동종 유전자인 θ를 포함한 3개의 기능성 유전자가 포함된다. 염색체 11의 β 유전자 군은 50 kbp 이상으로 확장된다. β 유전자 군은 5개의 기능적인 유전자가 포함되어 있다: ε, 2개의 γ 유전자(서로 아미노산 하나가 다른 G_γ와 A_γ), δ 및 β; 그리고 하나의 거짓 유전자($\psi\beta$)가 존재한다. 미오글로빈, 뉴로글로빈 및 사이토글로빈의 유전자는 이 두 유전자군 모두와 연결되어 있지 않다.

모든 인간 헤모글로빈 및 미오글로빈 유전자는 동일한 인트론/엑손 구조를 가지고 있다. 이들은 2개의 인트론으로 구분된 3개의 엑손을 포함한다:

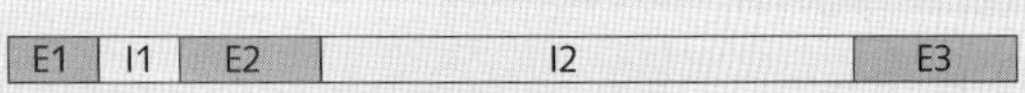

여기서 E는 엑손을 의미하고, I는 인트론을 의미한다. 이 그림에서 영역의 길이는 인간 β 글로빈 유전자의 구조를 반영한다. 이 엑손/인트론 패턴은 대부분의 표현된 척추동물의 글로빈 유전자, 헤모글로빈 α 및 β 사슬 및 미오글로빈을 포함하여 보존되어 있다. 이와 대조적으로 식물 글로빈의 유전자는 추가적인 인트론을 가지고 있으며, 짚신벌레(*Paramecium*) 글로빈의 유전자는 인트론이 하나 더 적고, 곤충 글로빈의 유전자는 인트론이 존재하지 않는다. 뇌에서 낮은 수준으로 발현되는 인간 뉴로글로빈 유전자는 식물 글로빈 유전자와 마찬가지로 3개의 인트론을 포함한다.

염색체의 헤모글로빈 유전자와 거짓 유전자의 분포는 복제와 분화를 통한 진화를 반영하는 것으로 보인다:

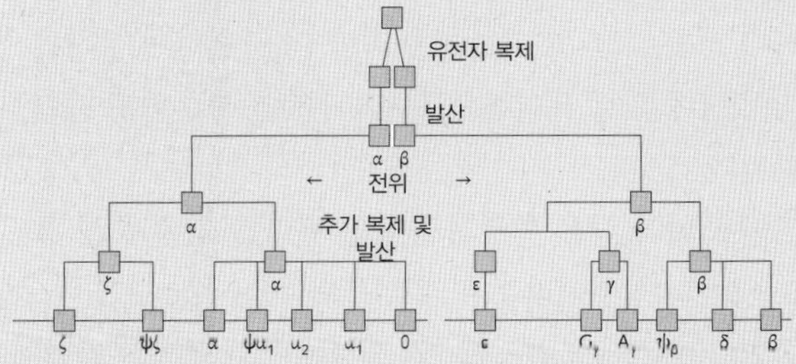

이러한 유전자들의 발현은 엄격한 발달 패턴을 따른다. 태아(임신 후 6주까지)에서는 주로 두 가지 헤모글로빈 사슬, 즉 ζ 및 ε가 합성되어 $\zeta_2\varepsilon_2$ 사량체를 형성한다. 임신 후 6주부터 출생 후 약 8주까지는 태아 헤모글로빈인 $\alpha_2\gamma_2$가 주로 발현된다. 그 후에는 성인 헤모글로빈인 $\alpha_2\beta_2$가 나타난다.

지중해빈혈(Thalassaemias)은 결함이 있거나 결실된 헤모글로빈 유전자와 관련된 유전 질환이다. 대부분의 백인은 정상적인 성인 헤모글로빈의 α-사슬에 대한 4개의 유전자, 즉 2개의 유전자 α_1과 α_2 각각에 대한 2개의 대립유전자를 가지고 있다. 따라서 α-지중해빈혈은 얼마나 많은 유전자가 정상적인 α-사슬을 발현하는지에 따라 임상적으로 다양한 정도의 증증도로 나타날 수 있다. 일반적으로, 2개 미만의 활성 유전자가 남아 있을 때 증상이 나타난다. 관찰된 유전적 결함에는 두 유전자의 결실(직렬 유전자 배열과 반복적 서열에 의해 교차가 더 자주 발생할 수 있음)과 사슬 종결의 상실로 인해 전사적 '읽기'가 발생하여 불안정한 확장된 폴리펩티드 사슬이 생성되는 것을 포함한다.

β-지중해빈혈은 대개 점 돌연변이이며, 미스센스 돌연변이(아미노산 치환) 또는 넌센스 돌연변이(아미노산을 암호화하는 삼중체에서 정지 코돈으로의 변화)를 포함하여 조기 종료 및 단백질 절단을 초래한다. 스플라이스 부위의 돌연변이 또는 조절 지역의 돌연변이도 존재한다. 정상적인 종결 코돈과 δ와 β 유전자 사이의 유전자 간 영역을 포함한 특정 결실은 $\delta-\beta$ 융합 단백질을 생성한다.

예쁜꼬마선충의 게놈

선충류인 예쁜꼬마선충(*Caenorhabditis elegans*)은 Sydney Brenner에 의해 1960년대에 생물학 연구 모델로 자리 잡게 되었다. Brenner는 선충이 세포 수준에서 유전학, 발달 및 신경 회로를 완벽하게 분석할 수 있을 만큼 충분히 복잡하지만 단순한 구조를 형성하고 있어서, 연구 모델로서 잠재성이 있음을 인식했다.

1998년에 완성된 예쁜꼬마선충 게놈은 다세포 유기체의 최초 전체 DNA 서열을 제공했다. 예쁜꼬마선충 게놈은 I, II, III, I V, V 및 X 염색체쌍에 분포된 ~97 Mbp의 DNA를 포함한다(표 3.5 참조). Y 염색체가 없다. 예쁜꼬마선충의 성별은 자가수정 자웅동체인 XX 유전자형과 수컷인 XO 유전자형에서 나타난다.

예쁜꼬마선충 게놈은 효모의 게놈보다 약 8배 더 크며, 19,099개의 예측 유전자는 효모의 게놈 수의 약 3배이다. 진핵생물의 경우, 유전자 밀도는 ~1 유전자/5 kb DNA로 상대적으로 낮다. 엑손은 게놈의 약 27%를 차지하고 있다. 유전자에는 각각 평균 5개의 인트론이 포함되어 있다. 유전자의 약 25%가 관련 유전자의 클러스터에 존재한다.

다수의 예쁜꼬마선충 단백질은 다른 생명체에 공통적으로 나타나는 상동체이다. 다른 것들은 분명히 선충류에 특이적인 것 같다. 단백질의 42%는 다른 문(phylum)에 상동성을 가지고 있고, 34%는 다른 선충류의 단백질과 상동성을 가지며, 24%는 예쁜꼬마선충에 특이적이다. 많은 단백질이 구조와 기능에 따라 분류되었다(표 3.6 참조).

여러 종류의 RNA 유전자가 확인되었다. 예쁜꼬마선충 게놈에는 tRNA에 대한 659개의 유전자가 포함되어 있으며, 그중 거의 절반(44%)이 X 염색체에 있다. Spliceosomal RNA는 종종 동일한 복사본이 분산되어 나타난다. (스플라이세오솜은 인트론을 잘라내고 엑손을 함께 연결해서 pre-mRNA 전사물을 성숙한 mRNA로 변환하는 소기관이다.) rRNA는 염색체 I의 끝 부분에 긴 직렬 배열로 나타난다. 리보솜의 구성 요소이기도 한 5S RNA는 염색체 V에 길게 나열된 형태로 나타난다. 일부 RNA 유전자는 단백질 암호화 유전자의 인트론 내에 나타난다.

예쁜꼬마선충 게놈에는 많은 반복 서열이 포함되어 있다. 게놈의 약 2.6%가 직렬 반복(tandem repeat)으로 구성된다. 게놈의 약 3.6%가 역반복을 포함한다. 이는 유전자 사이보다는 인트론 내에서 우선적으로 나타난다. 육량체 서열 TTAGGC의 반복이 여러 곳에서 나타난다. 수백에서 수만 킬로베이스(kb)를 포함하는 단순한 복제도 있다.

표 3.4 효모 단백질의 기능적 범주 분포

기능 분류	단백질 수
대사	1514
에너지	367
세포주기 및 DNA 처리	1007
전사	1078
단백질 합성	480
단백질 운명(접힘, 변형, 목적지)	1154
결합 기능 또는 보조 인자 요구 사항(구조적 또는 촉매적)이 있는 단백질	1048
신진 대사 및 단백질 기능 조절	249
셀룰러 운송, 운송 시설 및 운송 경로	1038
세포간 통신/신호 변환 메커니즘	234
세포 구조, 방어 및 독성	554
환경과의 상호작용	463
전위 가능 요소, 바이러스 및 플라스미드 단백질	120
세포의 운명	273
발달 과정(전신)	69
세포 구성 요소의 생물 발생	862
세포 유형 분화	452
기능적으로 분류된 총 단백질	4778
기능적으로 분류되지 않은 단백질	1394

초파리 게놈

초파리(*Drosophila melanogaster*)는 한 세기가 넘게 유전학과 발달 과정에 대한 상세한 연구의 대상이었다. Celera Genomics와 Berkeley *Drosophila* Genome Project 간의 공동연구를 통해서 게놈 서열이 1999년에 발표되었다.

초파리의 염색체는 핵단백질 복합체로 길이에 따라 구조가 다양하다. 게놈의 약 1/3은 동원체 주변에 배치되어 있는 고도로 감겨 있고 조밀한(따라서 조밀하게 염색되는) 영역인 이질염색질(heterochromatin)에 포함되어 있다. 나

표 3.5 예쁜꼬마선충 유전자의 분포

염색체	크기(MB)	단백질 유전자 수	단백질 유전자의 밀도 (kb/유전자)	tRNA 유전자 수
I	7.9	2803	5.06	13
II	8.5	3259	3.65	6
III	7.6	2508	5.40	9
IV	9.2	3094	5.17	7
V	9.8	4082	4.15	5
X	10.1	2631	6.54	3

표 3.6 예쁜꼬마선충: 20가지 가장 일반적인 단백질 도메인

영역 유형	Number
7개 막횡단 화학수용체	650
진핵생물의 단백질 키나제 도메인	410
2개의 도메인, C4형 징크핑거	240
콜라겐	170
7개 막횡단 수용체(로돕신 계열)	140
C2H2형 징크핑거	130
C형 렉틴	120
RNA 인식 모티프	100
C3HC4형(RING 핑거) 징크핑거	90
단백질 티로신 포스파타제	90
안키린 반복	90
WD 도메인 G-β 반복	90
호메오박스 도메인	80
신경전달물질 개폐 이온 채널	80
시토크롬 P450	80
보존된 C-말단 헬리카제	80
단쇄 및 알코올 탈수소효소	80
UDP-글루쿠로노실 및 UDP-글루코실 전이효소	70
EGF 유사 도메인	70
면역글로불린 슈퍼패밀리	70

From the *C. elegans* genome consortium paper in *Science* **282**, 2012–2018, published 11 December 1998.

머지 2/3는 상대적으로 풀리고 덜 조밀한 형태인 진정염색질(euchromatin)이다. 활성 유전자의 대부분은 진정염색질에 존재한다. 초파리의 이질염색질에는 aataacatag 서열의 직렬 반복이 많이 포함되어 있으며, 유전자는 상대적으로 적다.

초파리의 전체 염색체 DNA는 약 180 Mbp를 포함한다. 1999년에 발표된 서열은 약 120 Mbp의 진정염색실의 부분으로 구성되어 있다. 2007년에는 약 15 Mbp의 이질염색질 서열이 추가로 조립되었다.

게놈은 5개의 염색체에 분포되어 있다: 3개의 큰 상염색체, 1개의 Y 염색체, 약 1 Mbp의 진정염색질을 포함하는 5번째 작은 염색체. 초파리의 13,601개 유전자는 효모의 수보다 대략 2배이지만, 예쁜꼬마선충보다 적은 것은 놀라운 일이다. 진정염색질 서열에 있는 유전자의 평균 밀도는 1개 유전자/9 kb인데, 이는 원핵생물 게놈의 일반적인 1개 유전자/kb 밀도보다 훨씬 낮다.

이질염색질에는 적어도 ~250개의 단백질 암호화 유전자가 포함되어 있다. 이들은 더 긴 인트론을 포함한다는 점에서 전형적인 진정염색질성 단백질 암호화 유전자와는 다르다. 대부분의 인트론 서열은 반복적이고, 주로 조각난 전이 요소이다.

곤충이 포유동물과 밀접한 관련이 없다는 사실에도 불구하고, 초파리의 게놈은 인간 질병 연구에 유용하다. 이는 심혈관 질환, 신경 질환, 내분비 질환, 신장 질환, 대사 질환, 혈액 질환은 물론 암을 포함한 다양한 질병과 관련된 289개 인간 유전자의 상동체를 포함한다. 이러한 상동체 중 일부는 인간과 파리에서 서로 다른 기능을 가지고 있다. 다른 인간 질병 관련 유전자를 초파리에 도입하여 연구할 수 있다. 예를 들어, 인간 3형 척수소뇌 운동실조증에 대한 유전자가 파리에서 발현되면 유사한 신경 세포 퇴화를 일으킨다. 현재는 파킨슨병과 말라리아에 대한 초파리 모델이 존재한다.

초파리 게놈의 비암호화 영역(noncoding regions)에는 시공간적 발달 패턴을 제어하는 영역이 포함되어야 한다. 초파리의 발달 생물학은 매우 집중적으로 연구되어 왔다. 따라서 발생유전체학에 대한 연구에서 매우 유익한 유기체이다.

애기장대 게놈

애기장대(*Arabidopsis thaliana*)는 꽃을 피우는 식물로서 게놈 서열을 이용할 수 있는 대부분의 다른 고등 진핵생물과는 매우 먼 친척이다. 일반적인 그리고 특화된 특징을 식별하기 위해 비교 분석이 수행되었다. 애기장대는 상대적으로 작은 게놈(146 Mb)이 5개의 염색체에 걸쳐 분포되어 있다. 옥수수 게놈은 이보다 거의 20배가 더 크다. 이처럼 조밀한 게놈은 애기장대를 연구 종으로 채택한 이유 중 하나였다. 애기장대는 '식물학의 초파리'로 알려져 있다.

Arabidopsis Genome Initiative는 2000년에 115.4 Mbp의 게놈 서열을 보고했다. 여기에는 25,498개의 예측 유전자를 포함하는 5쌍의 염색체가 존재한다(표 3.7 참조). 게놈은 평균 1개 유전자/4.6 kb로서 상대적으로 작다. 이 수치는 원핵생물과 초파리의 중간 수준이고, 예쁜꼬마선충과는 대략 유사하다. 애기장대의 유전자는 상대적으로 작다. 엑손의 길이는 일반적으로 250 bp이며, 인트론의 평균 길이는 170 bp로서 상대적으로 작다. 식물 유전자의 전형적인 특징은 암호화 영역에서 GC 함량이 풍부하다는 것이다.

대부분의 애기장대 단백질은 동물에서 상동체를 가지고 있지만, 고등 유기체 중에서 식물에서만 일부 고유한 단백질이 존재한다. 여기에는 세포벽 생산과 광합성이 포함된다. 이러한 기능에는 동물과 공유되지 않는 특별한 단백질이 필요할 것으로 예상된다. 더욱이, 동물과 공유되는 많은 단백질은 마지막 공통 조상 이후로 광범위하게 분기되어 왔다. 식물과 동물의 전형적인 또 다른 차이점은 핵 유전자의 25%가 세포 소기관(미토콘드리아 및 엽록체)으로의 수송을 조절하는 신호서열(signal sequences)을 갖고 있다는 점이다. 이와 달리, 동물의 경우에는 미토콘드리아를 표적으로 삼는 핵 유전자가 5% 정도이다.

애기장대 핵 게놈은 상대적으로 작다. 단백질 암호화 유전자는 평균 5.4개의 엑손을 포함하며, 평균 길이는 276 bp이고, 약 165 bp 길이의 상대적으로 짧은 인트론을 포함한다. 유전자 사이 간격도 약 4.6 kb로 짧다. 식물 유전자의 특징은 엑손의 G+C 함량(44%)이 인트론의 G+C 함량(32%)보다 높다는 점이다.

애기장대 게놈의 구조는 국소 부위 및 게놈 전체에 걸쳐 중복을 나타낸다. 적어도 3개의 배수체가 존재하는데, 배수체 발생 시기에 대한 추정치는 매우 다양하다. 첫 번째 범위는 2억 2,500만~3억 년 전, 두 번째 범위는 1억 5,000만~1억 7,000만 년 전, 가장 최근의 경우 2,500만~4,000만 년 전으로 제안됐다. 또한, 국소 복제는 ~17%의 유전자에 영향을 미쳤다. 양배추와 꽃양배추(cauliflower) 같은 가까운 친척들은 애기장대에서 갈라진 이후 1,200만 년 동안 추가적인 배수체화를 겪었다.

고등식물은 세 가지 게놈, 즉 핵, 엽록체, 미토콘드리아의 효과를 통합해야 한다. 소기관 게놈은 훨씬 더 작다(표 3.8 참조). 핵 유전자에 의해 합성되어 세포 소기관으로 운반되는 단백질과 관련된 많은 유전자는 세포 소기관에서 유래하여 핵으로 전달된 것으로 보인다.

게놈 분석은 노동에 대한 분업 문제를 해결해야 한다. 동물 세포에 비해 식물 세포의 소기관은 엽록체의 활동으로 인해 대사 부담이 더 크다. 엽록체 게놈은 상대적으로

표 3.7 *A. thaliana* 게놈

	염색체					합계
	1	2	3	4	5	
길이(bp)	29 105 111	19 646 945	23 172 617	17 549 867	25 353 409	115 409 949
유전자의 수	6543	4036	5220	3825	5874	25 498
밀도(kb/유전자)	4.0	4.9	4.5	4.6	4.4	
평균 유전자 길이(kb)	2078	1949	1925	2138	1974	

표 3.8 *A*. 애기장대의 핵과 소기관 사이의 유전자 분포

	핵	염록체	미토콘드리아
크기(kb)	125,100	154	367
단백질 유전자	25,498	79	58
밀도(kb/단백질 유전자)	4.5	1.2	6.25

유전자 밀도가 높고, 유전자 순서가 보존되어 있다. 식물 미토콘드리아에서는 유전자의 간격이 더 넓고, 재조합이 더 흔하게 나타난다. 미토콘드리아와 엽록체 유전자에는 더 적은 수의 인트론이 포함되어 있다:

게놈	핵	염색체	미토콘드리아
인트론을 포함하는 유전자	80%	18.4%	12%

애기장대 단백질체에는 광합성 및 세포벽 구성 요소의 대사에 관여하는 여러 식물 특이 유전자가 포함되어 있다.

- 식물에는 광합성과 세포벽 성분, 알칼로이드(alkaloids), 옥신(auxins) 및 지베렐린(gibberelins) 같은 성장 조절 물질의 대사를 위한 많은 특별한 대사 경로가 존재한다. 복잡한 신진대사를 위해서는 게놈이 크고 다양한 효소 세트를 암호화해야 한다.
- 식물은 병원체의 위협을 받고 있으며, 다른 척추동물의 면역체계와는 다른 방어체계를 진화시켰다. 병원체에 대항하는 한 가지 무기는 활성 산소종의 생산과 관련이 있다. 식물은 동물에 대항하기 위한 일부 방어 분자와 반대로 화분 매개자를 유인하는 다른 분자를 합성한다. 이는 전통적인 '약초'와 현대 약리학을 포괄하는 향미, 향 및 약물의 유용한 자원을 제공했다.
- 식물 생활에서 빛의 필수적인 역할을 유지하기 위해 애기장대는 발달과 일주기 반응을 조절하는 많은 광센서를 가지고 있다.
- 애기장대는 물 수송 채널, 펩티드 호르몬 수송 단백질, 대사 및 생합성 효소, 그리고 방어, 해독 및 환경 감지에 관여하는 단백질을 암호화하는 유전자가 풍부하다.

애기장대의 핵 게놈에 암호화된 단백질을 인간 단백질과 비교한 결과, 관찰된 상동체의 비율이 기능적 범주에 따라 다르게 나타났다. 단백질 합성의 경우, 60%의 핵에 암호화된 애기장대 유전자는 인간 상동체를 가지고 있다. 전사 조절의 경우, 그 수치는 30%에 불과하다. 식물 게놈에서, 전사가 제대로 표현되지 않는다는 것이 아니라 전사를 다르게 수행할 뿐이다. 실제로, 식물은 초파리보다 몇 배나 많은 전사 인자를 가지고 있다. 동물에게 친숙한 신호전달 경로의 많은 구성 요소가 식물에는 없으며, 식물은 동물에서 알려지지 않은 특정 전사 인자 계열을 발전시켰다.

많은 애기장대 유전자는 질병과 관련된 인간 유전자와 유사하다. 예를 들어, 식물과 동물은 유사한 DNA 복구 시스템을 가지고 있으며, 애기장대는 *BRCA2*의 상동체를 가지고 있다. 일부 인간 질병 관련 유전자의 경우, 식물 상동체는 초파리나 예쁜꼬마선충의 단백질보다는 인간 단백질과 더 유사하다. 애기장대가 인간을 대상으로 하는 약물의 임상시험에 적합하지 않더라도 식물 상동체의 기능에 대한 연구는 중요하다!

사람 게놈

주의

이 이야기에서 동기를 찾으려는 자는 기소될 것이고; 이 속에서 교훈을 찾으려는 자는 추방될 것이며; 여기에서 구성을 찾으려는 자는 총에 맞을 것이다.

–마크 트웨인(Mark Twain),
허클베리 핀의 모험 서문

2001년 2월 국제 인간 게놈 서열 결정 컨소시엄(International Human Genome Sequencing Consortium)과 Celera Genomics이 인간 게놈의 초안을 각각 발표했다. 2003년 4월 14일에 오류율이 감소하고, 대부분의 빈 공간(gap)이 채워진 완성된 게놈이 발표되었다. 이 목표 날짜는 DNA 구조에 대한 왓슨-크릭 모델이 출판된 지 50주년이

되는 날로부터 며칠 이내였다.

서열은 약 3.2×10^9 bp로 예쁜꼬마선충 또는 초파리의 게놈보다 30배 정도 더 크다. 이러한 크기 차이의 한 가지 이유는 암호화 서열이 인간 게놈의 5% 미만을 형성하고, 반복 서열이 50% 이상이라는 것이다. 가장 놀라운 특징은 확인된 유전자의 수가 적다는 점이다. 약 20,000~25,000개의 유전자만 발견된다는 것은 다양한 스플라이싱 패턴이 우리의 단백질 레퍼토리에 매우 중요한 기여를 한다는 것을 시사한다. 인간 유전자의 약 35%가 다양한 스플라이싱 패턴을 보이는 것으로 추정된다.

인간 게놈은 22개의 염색체 쌍과 X 및 Y 염색체를 포함하고 있다. 상염색체의 DNA 함량은 279에서 48 Mbp까지 다양하게 나타난다. X 염색체에는 163 Mbp가 포함되어 있고, Y 염색체에는 51 Mbp만 포함되어 있다.

인간 단백질을 암호화하는 유전자의 엑손은 다른 알려진 진핵생물 게놈의 엑손에 비해서 상대적으로 작고, 인트론은 비교적 길다. 결과적으로, 많은 단백질을 암호화하는 유전자가 긴 DNA에 걸쳐 존재하고 있다. 예를 들어, 3,685개 아미노산 단백질을 암호화하는 디스트로핀(dystrophin, 영양실조에 관여하는) 유전자의 길이는 2.4 Mbp 이상이다.

단백질 암호화 유전자

게놈 서열에 의해 암호화되어 있는 인간 단백질 레퍼토리의 분석은 유전자를 확실하게 검출하는 문제와 다양한 스플라이싱 패턴으로 인해 어려움을 겪었다. 약 20,000~25,000개의 유전자에 대한 기능적 분류의 상위 범주는 표 3.9에 정리되어 있다.

구조에 따른 분류를 통해 가장 일반적인 유형의 단백질 접힘 패턴이 밝혀졌다(표 3.10 참조).

반복 서열

반복 서열은 게놈의 50% 이상을 차지한다:

- 전이 가능한 요소 또는 산재된 반복: 전체 게놈의 거의 절반! 여기에는 LINE과 SINE(Box 2.10 참조)이 포함된다;
- 역전된 거짓 유전자;
- 단순 '반복': 짧은 올리고머의 반복. 여기에는 소형 위성과 미소 위성이 포함된다. 해당 단백질의 글루타민 반복

표 3.9 인간 유전자 산물의 기능적 분류

기능	개수	게놈의 %
핵산 결합	2207	14.0%
DNA 결합	1656	10.5%
DNA 복구 단백질	45	0.2%
DNA 복제 인자	7	0.0%
전사인자	986	6.2%
RNA 결합	380	2.4%
리보솜의 구조 단백질	137	0.8%
번역 인자	44	0.2%
전사 인자 결합	6	0.0%
세포주기 조절기	75	0.4%
샤페론	154	0.9%
모터	85	0.5%
액틴 결합	129	0.8%
방어/면역 단백질	603	3.8%
효소	3242	20.6%
펩티다아제	457	2.9%
엔도펩티다아제	403	2.5%
단백질 인산화효소	839	5.3%
단백질 탈인산화효소	295	1.8%
효소 활성화제	3	0.0%
효소 억제제	132	0.8%
세포자멸사 억제제	28	0.1%
신호 변환	1790	11.4%
수용체	1318	8.4%
막횡단 수용체	1202	7.6%
G 단백질 연결 수용체	489	3.1%
후각 수용체	71	0.4%
저장 단백질	7	0.0%
세포 부착	189	1.2%
구조 단백질	714	4.5%
세포골격 구조 단백질	145	0.9%
운송 단백질	682	4.3%
이온 채널	269	1.7%
신경전달 물질 수송체	19	0.1%
리간드 결합 또는 캐리어	1536	9.7%
전자 이동	33	0.2%
시토크롬 P450	50	0.3%
종양억제제	5	0.0%
분류되지 않음	4813	30.6%
합계	**15 683**	**100.0%**

표 3.10 가장 일반적인 유형의 단백질

단백질	Number
면역글로불린 및 주조직 적합성 복합체 영역	591
징크핑거, C2H2형	499
진핵생물의 단백질 인산화효소	459
로돕신 유사 GPCR 슈퍼패밀리	346
세린/트레오닌 단백질 인산화효소 계열 활성 부위	285
EGF 유사 영역	259
RNA 결합 영역 RNP-1(RNA 인식 모티프)	214
G-단백질 β WD-40 반복	196
Src 상동성 3(SH3) 영역	194
플렉스트린 상동성(PH) 영역	188
EF-hand 패밀리	185
호메오박스 영역	179
티로신 키나제 촉매 영역	173
면역글로불린 V형	163
RING 손가락	159
프롤린이 풍부한 익스텐신	156
피브로넥틴 유형 III 영역	151
안키린 반복	135
크라브 상자	133
면역글로불린 아형	128
카드헤린 영역	118
PDZ 영역(DHR 또는 GLGF라고도 함)	117
류신이 풍부한 반복	113
세린 프로테아제, 트립신 계열	108
Ras GTPase 슈퍼패밀리	103
Src 상동성 2(SH2) 영역	100
BTB/POZ 영역	99
TPR 반복	92
AAA ATPase 슈퍼패밀리	92
아스파르트산 및 아스파라긴 수산화 부위	91

DHR, Dig-homologous region; GLGF, glycine-leucine-glycine-phenylalanine domain; GPCR, G-protein-coupled receptor.

From http://www.ebi.ac.uk/proteome/.

에 해당하는 CAG와 같은 3중 뉴클레오티드 반복은 수많은 질병과 관련이 있다(그림 2.14 참조);

- ~10-300 kb 블록의 분절 중복: 염색체 간 중복은 비동종 염색체에 나타나며, 때로는 여러 부위에 나타난다. 일부 염색체 내 중복된 영역은 매우 유사한 서열이 수 킬로베이스 길이로 밀접하게 간격을 둔 것이며, 이는 유전 질환과 관련되어 있다. 예를 들어, 1A형 Charcot-Marie-Tooth 증후군은 말초 미엘린 단백질 22 유전자를 포함하는 영역의 중복으로 인해 발생하는 진행성 말초 신경병증이다;
- 직렬 반복 블록: 유전자군을 포함.

RNA

인간 게놈의 RNA 유전자에는 다음이 포함된다:

- 497개의 tRNA 유전자: 큰 클러스터 중 하나는 6번 염색체의 4 Mbp 영역에 140개의 tRNA 유전자를 포함한다;
- 150~200개 복사본의 44 kb 직렬 반복 단위로 나타나는 28S 및 5.8S rRNA에 대한 유전자: 5S RNA 유전자는 또한 200~300개의 유전자를 포함하는 직렬 배열로 나타나며, 그중 가장 큰 것은 1번 염색체에 존재한다;
- 소형 핵 RNA(snRNA)에는 rRNA를 자르고 처리하는 두 가지 종류의 분자가 포함된다;
- U1, U2, U4, U5 및 U6 snRNA를 포함한 spliceosomal snRNA의 대부분은 거의 동일한 서열의 직렬 반복 클러스터 또는 역반복 클러스터로 나타난다;
- 다른 비암호화 RNA는 게놈 주위에 분포한다. 여기에는 유전자 발현 조절에 활성이 있는 siRNA, miRNA 및 piRNA가 포함된다.

단일 염기 다형성(SNP) 및 일배체형(haplotypes)

일란성 형제를 제외한 모든 사람은 거의 모든 세포에 독특한 DNA 서열을 가지고 있다. 관련 없는 개인 간의 비교는 전체 게놈 서열 간에 ~0.1%의 차이를 나타낸다. 개인 간에 나타나는 대부분의 차이점은 **단일 염기 다형성**(*single-nucleotide polymorphisms, SNPs*)의 형태로 나타난다. 또한 짧은 삭제도 많이 나타난다.

SNP('스닙'으로 발음)는 개인 간의 유전적 변이로서, 대체, 삽입 또는 삭제가 가능한 단일 염기쌍으로 제한된다. 낫모양 적혈구 빈혈증은 특정 SNP에 의해 발생하는 질병의 예이다. β-글로빈 유전자의 A → T 돌연변이는 글루탐산(Glu)을 발린(Val)으로 변경해서 헤모글로빈 분자에 끈

인간 게놈의 전이 요소 유형			
성분	크기 (bp)	사본 수	게놈의 비율
짧은 간격으로 산재하는 핵 요소 (SINEs)	100–300	1,500,000	13%
긴 간격으로 산재하는 핵 요소 (LINEs)	6,000–8,000	850,000	21%
긴 단락 반복	15,000–110,000	450,000	8%
DNA 전사체 화석	80–3,000	300,000	3%

적끈적한 표면을 만들어 데옥시 형태의 중합을 유도한다.

모든 SNP가 질병과 연관되어 있는 것은 아니다. 많은 경우에서 기능적인 영역 내에 위치하지 않는다(비록 SNP의 밀도는 유전자를 포함하는 영역의 평균보다 높지만). 엑손 내에서 발생하는 일부 SNP는 동일한 아미노산을 암호화하는 코돈에 대한 돌연변이이거나 단백질 기능에 크게 영향을 미치지 않는 치환을 유발한다. 다른 유형의 SNP는 단백질에 국소적인 이상을 초래할 수 있다: (1) 센스 코돈에서 정지 코돈으로의 돌연변이 또는 그 반대로 인해 단백질 합성이 조기 절단되거나 지속적 번역이 발생하고 (2) 삭제 또는 삽입으로 인해 번역의 위상 변화가 발생할 수 있다.

혈액형 유전자의 A, B, O형 대립유전자는 이러한 가능성을 보여준다. A와 B형 대립유전자는 4개의 SNP 치환으로 나타난다. 이들은 적혈구 표면의 항원에 다양한 당류 단위를 추가하는 관련 단백질을 암호화한다.

대립 유전자	서열	당류
A	...gctggtgacccctt...	*N*-acetylgalactosamine
B	...gctcgtcaccgcta...	galactose
O	...cgtggt–acccctt...	–

O형 대립 유전자는 위상 변화를 일으키는 돌연변이로 인해 활성 효소를 생산하지 않는다. O형 적혈구에는 A 항원과 B 항원이 모두 포함되어 있지 않다. 이것이 O형 혈액을 가진 사람들이 수혈에서 보편적인 기증자가 되는 이유이다. 단백질의 활성 상실은 어떠한 부작용을 나타내지 않는 것으로 보인다. 실제로 B형과 O형 혈액형을 가진 사람들은 천연두에 대한 저항력이 더 높다.

질병과 특정 SNP의 강력한 상관관계는 영향을 받은 사람이나 보균자에 대한 시험이 상대적으로 쉬우므로 임상작업에 유리하다. 그러나 특정 단백질의 기능 장애로 인해 질병이 발생하는 경우에는 비활성화를 유발할 수 있는 돌연변이 부위가 많이 존재해야 한다. 그러나 다음의 경우에는 특정 부위가 우세할 수 있다: (1) 해당 유전자의 모든 보유자가 돌연변이가 발생한 단일 개체의 후손인 경우, 및/또는 (2) 질병이 특정 특성의 상실보다는 획득으로 인해 발생하는 경우(예: 낫모양 적혈구 헤모글로빈의 중합 능력), 및/또는 (3) 특정 부위의 돌연변이 비율이 비정상적으로 높은 경우[예: 연골 발육 부전(저신장을 포함한 증후군)과 관련된 섬유아세포 성장 수용체 유전자 *FGFR3*의 ^{380}Gly → Arg 돌연변이].

대조적으로, 조기 발병 유방암 및 난소암에 대한 발병 증가와 관련된 유전자좌(loci)인 *BRCA1*, *BRCA2* 및 *PALB2* 유전자에서 많은 독립적인 돌연변이가 발견되었다. 정상적인 유전자 산물은 종양 억제 인자의 기능을 수행한다. 위상 변화를 일으키는 삽입 또는 결실 돌연변이는 일반적으로 누락되거나 비활성 상태의 단백질을 생성한다. 하지만, 새로운 치환 돌연변이가 위험을 증가시키는지 여부를 사전에 추론할 수 없다.

결함이나 결핍된 단백질로 인한 질병의 치료법은 다음과 같다:

1. **정상 단백질 공급.** 우리는 당뇨병에 대한 인슐린과 가장 흔한 유형의 혈우병에 대한 인자 VIII에 대해 언급했다. 또 다른 예는 정상 수준에 비해서 존재하지 않거나 심각하게 감소한 환자에게 인간성장호르몬을 투여하는 것이다. 재조합 단백질을 사용하면 수혈을 통한 AIDS 전염 위험이나 뇌하수체 조추출물에서 분리된 성장호르몬으로 인한 크로이츠펠트-야콥병(Creutzfeld–Jakob disease)의 전염 위험이 제거된다.
2. **기능을 불필요하게 만드는 생활 습관 조정.** 페닐케톤뇨증

(PKU)은 페닐알라닌을 티로신으로 전환시키는 효소인 페닐알라닌 수산화효소의 결핍으로 인해 발생하는 유전 질환이다. 높은 수준의 페닐알라닌이 축적되면 정신 지체를 포함한 발달 결함이 발생한다. 이 경우 페닐알라닌이 없는 식단을 통해 증상을 피할 수 있다. 미국 및 기타 여러 국가에서는 신생아의 혈중 페닐알라닌 수치를 검사하는 것이 법적으로 의무화되어 있다.

3. 존재하지 않는 단백질을 대체하는 **유전자 치료**는 활발히 연구되는 분야이다. CRISPR(1장 참조)는 진정한 '전환점(game-changer)'이다.

SNP의 다른 임상적 적용은 유전자형과 치료에 대한 반응 사이의 상관관계를 반영한다(약리유전체학, 그림 1.8 참조). 예를 들어, *N*-아세틸트랜스퍼라제(*NAT-2*) 유전자의 SNP는 결핵의 일반적인 치료법인 이소니아지드(이소니코틴산 히드라지드) 처리에 대한 부작용인 말초 신경 장애(팔, 다리, 손 또는 발의 쇠약, 무감각 및 통증)와 상관관계가 있다. 이 SNP에 대해 양성 반응을 보이는 환자에게는 대체 치료제가 제공된다.

SNP는 게놈 전체에 분포되어 있으며, 평균 2,000 bp당 하나의 빈도로 발생한다. 이들은 돌연변이로 발생했지만, 많은 SNP를 포함한 위치는 돌연변이율이 낮고 유전자 매핑을 위한 안정적인 표지자를 제공한다.

우리 각자는 조상에게서 발생한 돌연변이를 반영하는 축적된 SNP 모음을 가지고 있다. SNP의 일부 집합은 블록으로 공동 상속된다. 다른 것들은 그렇지 않다: 이배체 염색체의 서로 다른 DNA 분자의 돌연변이는 분류에 의해 단일 세대 내에서 분리된다. 동일한 염색체의 돌연변이는 재조합에 의해 더 천천히 분리된다. 대부분의 인간 Y 염색체나 미토콘드리아 DNA와 같은 반수체 서열은 재조합되지 않는다. 이 서열에서 돌연변이는 함께 유지된다.

이배체 염색체에 존재하는 동일한 DNA 분자의 돌연변이는 해당 유전자좌 사이에서 발생하는 재조합(recombination) 사건에 의해 연결이 해제되게 된다. 두 부위 사이의 분리가 클수록 재조합 빈도도 높아진다. 그러나 게놈에 따라 재조합은 몇 배나 차이난다. 재조합이 일어난 지역의 반대편에 위치한 SNP는 어떤 세대에서든 분리될 가능성이 더 높다. 재조합이 적은('cold') 영역에 존재하는 SNP는 함께 유지되는 경향이 있다.

일배체형(*haplotype*)은 공동 유전되는 경향을 보이는 유전적 다형성의 국소적 조합이다. 인간에서는 많은 100 kb 영역이 그대로 유지되는 경향이 있다. 예상되는 SNP 수를 보여주지만, 잠재적인 조합은 상대적으로 적다. 0.1%의 평균 SNP 밀도, 즉 1 SNP/kb는 100 kb당 ~100개의 SNP를 의미한다. 어떤 개인의 게놈에는 SNP가 있을 수도 있고 없을 수도 있어 매우 많은 수(2^{100})의 가능한 조합이 발생한다. 그러나 많은 100 kb 영역에는 5개 미만의 SNP 조합이 표시된다. 재조합이 약한 영역에 존재하는 이러한 SNP의 개별 조합은 개인의 '*haplo*id geno*type*' 또는 *haplotype*을 정의한다(Box 3.5 참조).

BOX 3.5

일배체형의 분포

우리 개인의 게놈은 유전적 표지의 분포에 의해 특징지어진다. SNP는 인구 집단 내에서 관찰하고 연구하는 데 편리한 특징이다. 우리 게놈에 존재하는 SNP의 전체 밀도는 ~1 SNP/5 kb이지만, 많은 100 kb 영역은 SNP의 가능한 조합 중 단지 몇 가지(일반적으로 2~4개)만을 보여주는데, 이는 해당 영역 내에서 재조합이 드물다는 것을 암시한다. 그대로 유지되는 이러한 세그먼트는 재조합이 더 자주 발생하는 간격으로 분리된다.

SNP의 몇 가지 별개의 조합이 개인의 일배체형을 정의한다. International HapMap 프로젝트는 여러 인구 집단으로부터 일배체형 분포를 수집하고 정리했다.

일배체형은 동일한 DNA 가닥에 어떤 SNP가 나타나는지를 결정하는 것이 필수적이기 때문에 측정하기 어렵다. 분명히, 여러 개인의 혼합 시료에 대한 연구는 개별 SNP의 빈도를 결정할 수 있지만, 일배체형과의 상관관계는 결정할 수 없다. 이배체 세포의 두 염색체를 모두 포함하는 시료일지라도 해당 영역의 두 복사본의 기여를 혼합한다. 하지만, 희석에 의해 생성된 증폭된 단일 복제 DNA 분자의 질량 분광 연구는 동일한 염색체에 함께 나타나는 SNP의 조합을 식별할 수 있으므로, 명확한 일배체형 분석이 가능하다.

일배체형은 전체 게놈을 매우 효율적으로 특성화한다. 이는 질병을 담당하는 유전자 또는 기타 표현형-유전자형 상관관계 검색을 단순화한다. 일배체형은 인류학자를 포함한 현장 생물학자에게 인구 집단의 이동 및 이종 교배 패턴을 탐지하는 데 도움을 준다.

질병이나 기타 표현형 특성을 담당하는 유전자를 찾을 때 일배체형은 돋보기 역할을 한다. 목표는 표현형을 유전자 서열과 연관시키는 것이다. 표적은 3×10^9 중 하나의 염기를 식별하는 것일 수 있다. 표현형을 일배체형과 연관시킴으로써, 일배체형 블록(아마도 ~100 kb) 내에 있는 몇 개의 유전자만 포함하면 되므로, 위치를 지정하기 위해 수집해야 하는 염기서열 데이터가 훨씬 줄어든다. 이를 확인하는 또 다른 방법은 일배체형 블록 사이의 경계를 한 입 크기의 조각으로 쉽게 부서질 수 있게 만든 초콜릿 바의 홈과 같다고 간주하는 것이다.

SNP의 체계적인 측정 및 수집

인간 게놈의 변이는 여러 대규모 프로젝트의 주제이다. NCBI의 dbSNP는 인간 SNP를 수집하고, dbVar는 보다 일반적인 유형의 변이를 수집한다. 데이터베이스에는 현재 ~10^9개의 항목이 포함되어 있다. International HapMap 프로젝트는 11개의 지리적으로 다양한 인구 집단으로부터 1,184명의 참조 개체의 일배체형 분포를 수집한 후 선별했다(Box 3.6 참조). 이로부터 SNP와 복제수 다형성을 결정했다.

International HapMap 컨소시엄의 연구는 다른 연구들과 함께 다음과 같은 사실을 밝혔다:

- 대부분의 변이는 수집된 모든 모집단에서 나타난다. 몇몇 인구 간 차이는 동일한 SNP의 상대적인 양이 다른 것을 보여주지만, 극소수의 SNP는 특정 집단에서 고유하게 나타난다. 예를 들어, 100만 개가 넘는 SNP 중 단 11개만이 연구된 표본의 모든 유럽 출신 개인과 표본의 모든 중국 또는 일본 출신 개인 사이에서는 일관되게 다르다;
- 일본과 중국의 개체 게놈은 매우 유사하며, 이는 연구에 참여한 다른 개체군보다 더 최근의 공통 조상을 암시한다;
- X 염색체는 다른 염색체보다 인구 집단 간에 차이가 더 크다. 이는 남성이 단 하나의 X 염색체만을 갖고 있어서 X 염색체에 대한 유전자가 더 강한 선택압을 받기 때문이다. X 염색체의 재조합이 발생할 수 있지만 여성에서만 가능하다;
- 일배체형 블록의 길이는 다양한 표본 원천에 따라 다르다. 일배체형 블록의 길이는 아프리카 출신 인구 사이에서 더 짧은 경향이 있는데, 이는 인류의 아프리카 기원에 대한 생각과 일치한다.

International HapMap 컨소시엄은 윤리적, 법적, 사회적 문제에 충분한 주의를 기울였다. 표본 수집에 앞서 기증자의 사전 동의가 이루어졌다. 사전 동의 절차에는 개별 동의뿐만 아니라, 프로젝트에 대한 대화형 설명을 포함하여 커뮤니티 참여도 포함되어 있다. 표본에는 익명의 라벨이 지정되었다. 실제로 사용된 것보다 더 많은 표본이 수집되었다(어떤 면에서는 소대에 빈 탄환을 지급하는 원칙과 유사하다). 그럼에도 불구하고, 인구 집단의 특성은 개인정보를 구성하며, 그 정보의 공개는 표본 제공을 요청받은 적

BOX 3.6

International HapMap 프로젝트 시료의 기원[iii]

인구 기원	지역	개체수	관계
요루바족	나이지리아 이바단	90	30명의 부모/자식 트리오(trios)
북부 및 서부 유럽 출신	미국 유타	90	30명의 부모/자식 트리오(trios)
한족	중국 베이징	45	
일본인	일본 도쿄	45	

[iii] The International HapMap Consortium (2005). A haplotype map of the human genome. *Nature*, **437**, 1299–1320.

부모/자손 조합을 선택하는 이유는 무엇인가? 이배체 자식 서열의 이형접합성 영역에서 부모와 결정된 일배체형을 비교하면 관찰된 SNP를 반수체 염색체로 분류할 수 있지만, 어떤 SNP가 기여하는지 확인하는 일은 어렵다.

이 없는 사람과 심지어는 이를 거부한 사람까지도 포함하여 인구 집단의 모든 개인에게 영향을 미칠 수 있다. 이러한 이유에 따라, HapMap 컨소시엄은 동의 및 익명성의 보호 하에서도 표본 기여자에 대한 의료 정보를 수집하지 않았다.

HapMap 프로젝트가 단계적으로 중단되었고, UK 100,000 Genomes Project와 같은 대규모 시퀀싱 프로젝트가 그 뒤를 잇고 있다.

인류학에서 유전적 다양성

SNP 데이터는 인류학에서 매우 유용하며, 인구 규모와 이주 패턴의 역사적 변화에 대한 단서를 제공한다. 유전적 다양성의 정도는 창립 인구의 규모 관점에서 해석할 수 있다. 창립자는 전체 인구가 기원한 초기 개체 집합이다. 창립자는 뉴질랜드에 처음 정착한 폴리네시아인과 같은 최초의 식민지 주민이거나 거의 멸종위기에 처한 생존자들일 수 있다. 치타는 10,000년 전에 발생한 것으로 추정되는 개체군 병목 현상의 영향을 보여준다. 살아있는 모든 치타는 인간의 형제자매만큼 서로 밀접하게 연관되어 있다. 현대 인류의 미토콘드리아 DNA 변이를 추정하면, 14만~20만 년 전에 살았던 단일 모계 조상이 있음을 암시한다. 그녀를 Eve라고 부르는 것은 그녀가 최초의 여성임을 암시한다. 그러나 인간과 유사한 조상에 대한 화석 증거는 훨씬 더 오래 전으로 거슬러 올라간다. 미토콘드리아 이브는 멸종위기에 처한 이후 살아남은 개체군의 창시자였다.

이제는 호모 사피엔스(*H. sapiens*)가 약 20만 년 전에 아프리카에서 발생했다는 합의가 이루어졌다. 인간의 기원이 아프리카에 있다는 증거는 현대의 유전적 다양성이 아프리카에서 가장 높다는 것이다. 현존하는 가장 오래된 일배체형으로 여겨지는 미토콘드리아 DNA 일배체 그룹 L1(Box 3.7 참조)은 남부아프리카 칼라하리 사막의 코이산(KhoiSan)과 중앙아프리카 열대우림의 비아카 피그미족에서 발견된다.

백그라운드의 변이가 낮을 경우에는 질병 유전자 매핑이 더 쉬워지므로, 인류유전학은 고립된 집단에 대한 연구를 통해서 의학에 유용한 데이터를 제공한다. 유럽의 유전적으로 고립된 인구에는 바스크인, 핀란드인, 아이슬란드인, 웨일스인, 랍스인이 포함된다.

약 60,000년 전에 시작된 이주로 인해, 우리 조상들은 전 세계로 이주하였으며 지금도 계속되고 있다. 역사에 기록된 현대의 인구 흐름과는 달리, 우리는 고고학 유물, 현대 유전체학, 언어학에 의존해서 고대 이주 시기, 경로, 개인 수, 심지어 동기까지 추론한다. (제9장 **유전체학 소개** 참조.)

인구별 SNP는 이주에 대한 정보를 제공한다. 미토콘드리아 서열은 여성 조상에 대한 정보를 제공하고, Y 염색체 서열은 남성 조상에 대한 정보를 제공한다. 예를 들어, 약 1,100년 전에 처음 거주했던 아이슬란드 인구는 스칸디나

BOX 3.7

인간 미토콘드리아 DNA 일배체 그룹

인간 미토콘드리아 DNA는 길이가 16,568 bp인 이중가닥의 닫힌 원형 분자이다. 미토콘드리아 DNA는 모계를 통해서만 유전된다. 수정란에는 산모의 미토콘드리아가 들어있다. 정자는 운동성을 위한 에너지를 제공하는 데 필수적인 미토콘드리아를 포함하고 있지만, 난자에 들어가는 소수의 부계 미토콘드리아는 선택적으로 제거된다. 따라서 반수체 개체로서 미토콘드리아 DNA는 재조합되지 않으며, 돌연변이에 의해서만 변한다.

미토콘드리아 DNA는 25,000년마다 하나의 돌연변이가 일어나는 것으로 추정된다. 이는 인간 이주 패턴을 추적하기 위한 합리적인 발산율을 제공한다. (핵 DNA는 다음과 같은 이유로 인해 돌연변이가 미토콘드리아 DNA보다 약 10배 더 느리게 발생한다: (1) 히스톤이 이를 보호하고, (2) 활성 복구 메커니즘이 일부 돌연변이를 편집하고, (3) 호흡 시 미토콘드리아의 활동이 DNA를 돌연변이 유발 산소 라디칼에 노출시킴.)

인간 미토콘드리아 DNA에는 22개의 tRNA, 2개의 rRNA 및 13개의 단백질에 대한 유전자가 포함되어 있다. 주요 비암호화 영역은 복제의 조절과 시작에 관여하는 제어 영역 또는 D-루프이다. 이 영역의 길이는 약 1 kb이다. 이 영역은 미토콘드리아 게놈의 나머지 부분보다 약 4배 더 높은 치환율을 보여준다.

다양한 미토콘드리아 DNA 서열은 다양한 집단과 연관되어 있다. 돌연변이는 캠브리지 참조 서열(Cambridge Reference Sequence)이라고 불리는 최초의 인간 미토콘드리아 DNA 서열을 참조한다. 관련 서열 그룹을 일배체 그룹(haplogroup)이라고 한다. (인구 내 서로 다른 개체 사이의 서열 차이 수 분포는 아프리카인의 경우 약 70개, 비아프리카인의 경우 약 30개로 최고점을 나타내다.) 서열 변이체의 원래 분류는 제한 부위의 변화에 의존한다(그림 3.3 참조). 그 다음에는 2개의 다형성이 매우 강한 세그먼트에 초점을 맞춘 제어 영역의 명시적인 서열 결정이 이어졌다. 최고의 분해능을 위해 현대 연구에서는 복구한 DNA가 단편일 가능성이 있는 고대 DNA의 경우를 최대한 제외하고서, 전체 미토콘드리아 DNA 서열을 결정하고 있다.

MITOMAP (http://www.mitomap.org) 및 mtDB (www.mtdb.igp.uu.se/)와 같은 여러 데이터베이스가 인간 미토콘드리아 유전체에 중점을 둔다.

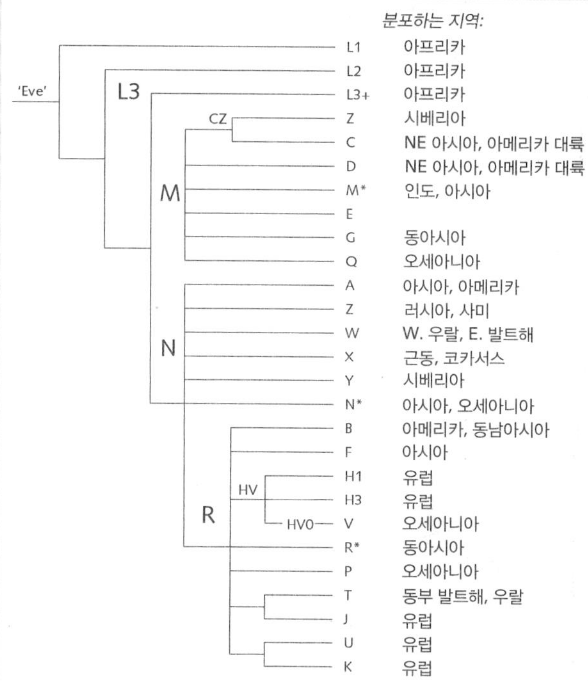

그림 3.3 주요 미토콘드리아 일배체 그룹의 계통수. 명명법은 아메리카 원주민(Amerinds)에 대한 연구에서 시작되었으며, 문자 A, B, C 및 D가 이들에게 할당되었다. 보다 자세한 서열 데이터가 나타남에 따라 다른 글자가 도입되었으며, 필요에 따라 세분화되었다(HV0은 이전에 pre-V라고 불림).

비아 남성과 스칸디나비아 및 영국 제도 여성의 후손이라는 주장이 제기되었다. 중세 아이슬란드 문헌에는 영국 제도의 정착지에 대한 습격이 언급되어 있다.

사냥에서 농업으로의 전환과 같은 인간 사회 조직의 다른 중요한 전환은 옥수수와 개 같은 다른 종의 가축화로부터 확인할 수 있다. 게놈 데이터는 가축화의 시기와 장소를 밝히기 위해 고전적인 고고학적 증거와 결합하고 있다(Box 3.8 참조).

BOX 3.8 가축화된 소의 유전적 분석

동물자원은 인간 문화의 필수적인 부분이다. DNA 서열 분석은 가축의 역사적 발전과 현대 육종 개체군을 특징짓는 유전적 다양성을 밝혀준다.

현대 가축에는 서유럽과 북미에서 친숙한 소(*Bos taurus*) 및 아프리카와 인도의 인도혹소(*Bos indicus*)가 포함된다. 외관상 가장 눈에 띄는 차이점은 인도혹소의 등에 혹이 있다는 점이다. 소의 가축화가 약 8,000~10,000년 전에 한 번 발생하였고, 이후에는 두 종이 갈라졌다는 주장이 널리 받아졌다.

그러나 유럽, 아프리카 및 아시아 소의 미토콘드리아 DNA 서열을 분석한 결과에서, (1) 모든 유럽 및 아프리카 품종은 인도 품종보다 더 밀접하게 관련되어 있고, (2) 두 그룹은 약 20만 년 전에 갈라졌음이 밝혀졌는데, 이는 서로 다른 종들이 최근에 독립적으로 가축화되었음을 암시해준다. 아프리카와 인도혹소의 물리적 외양의 유사성(및 분자 수준의 기타 유사성, 예를 들어 핵 DNA의 VNTR 표지자)은 인도에서 동아프리카로 수입된 수컷 소로 인한 것이다.

DNA 서열과 언어

Luigi Luca Cavalli-Sforza와 동료들은 인간 DNA 서열과 언어군 사이의 흥미로운 관계를 조사했다. 이러한 연구는 아메리칸 인디언 언어 간의 상호 관계를 연구하는 데 유용한 것으로 입증되었다. 그들은 언어적으로 고립된 인구로 알려진 바스크인이 유전적으로도 고립되어 있음을 확인했다.

게놈의 진화

게놈 서열에 대한 완전한 정보의 이용 가능성은 연구의 방향을 바꾸었다. 게놈 분석의 일반적인 과제는 '흥미로운 사건'을 식별하는 것이다.

비교유전체학이라는 새로운 분야는 이제야 해결될 수 있는 다음과 같은 질문을 다루고 있다:

- 서로 다른 문(phyla)은 어떤 **유전자**를 공유하는가? 다른 계통에 고유한 유전자는 무엇인가? 게놈에서 이러한 유전자의 배열은 문마다 다양한가?
- 서로 다른 문(phyla)이 공유하는 상동 **단백질**은 무엇인가? 다른 문(phyla)에 고유한 단백질은 무엇인가? 이러한 단백질의 활성의 통합은 문마다 다양한가? 이러한 단백질의 발현 패턴을 제어하는 메커니즘은 문마다 다양한가?
- 서로 다른 문이 공유하는 **생화학적 기능**은 무엇인가? 서로 다른 문에 고유한 생화학적 기능은 무엇인가? 이러한 생화학적 기능의 통합은 문마다 다양한가? 2개의 문이 기능을 공유하고 한 문에서 이 기능을 수행하는 단백질이 다른 문에 상동성을 갖고 있다면, 상동성 단백질이 동일한 기능을 수행하는가?

각 문의 다른 종에 대해서도 동일한 질문을 할 수 있다.

암호화 서열에서 배경(background) 돌연변이 비율은 **동의어** 뉴클레오티드 치환, 즉 아미노산을 변경하지 않는 코돈의 변화를 반영한다. 이를 기준으로 **비동의어** 뉴클레오티드 치환 비율이 상당히 높은 사례, 즉 해당 단백질에 돌연변이를 일으키는 코돈의 변화를 검색할 수 있다. (단, 동의어 변경이 반드시 선택적으로 중립적인 것은 아니다.)

2개의 정렬된 유전자 서열이 주어지면, 동의어 치환 수 K_s와 비동의 치환 수(K_a)를 계산할 수 있다. (계산에는 가능한 여러 변경 사항을 추정하고 수정해야 하기 때문에 단순한 계산 이상의 작업이 포함된다.) K_s/K_a의 높은 비율은 심지어 기능적 변화를 나타내는 양성 선택을 나타내는 서열 쌍을 식별할 수 있나.

M.A. Andrade, C. Ouzounis, C. Sander, J. Tamames 및 A. Valencia는 박테리아(*Haemophilus influenzae*), 고세균(*M. jannaschii*), 진핵생물(*S. cerevisiae*, 효모)을 포함하는 세 가지 주요 종의 단백질 레퍼토리를 비교했다. 단백질 기능에 대한 분류는 에너지, 정보, 그리고 통신과 관련된 과정을 주요 범주로 포함했다(Box 3.9 참조).

BOX 3.9 일반 기능 클래스

- 에너지
  - cofactor 및 아미노산 생합성
  - 중심 및 중간 대사
  - 에너지 대사
  - 지방산 및 인지질
  - 뉴클레오티드 생합성
  - 수송
- 정보
  - 복제
  - 전사
  - 번역
- 통신
  - 규제 기능
  - 세포 표피/세포벽
  - 세포 과정

연구 당시 알려진 3종의 유전자 수는 다음과 같다:

종	유전자 수
H. influenzae	1,680
M. jannaschii	1,735
S. cerevisiae	6,278

이 중에서 공유 기능을 위한 공유 단백질이 있을까? 에너지(energy) 범주에서 단백질은 세 가지 영역에 걸쳐 공유된다. 통신(communication) 범주에서 단백질은 각 영역마다 고유하다. 정보(information) 범주에서 고세균은 일부 단백질을 박테리아와 공유하고 다른 단백질은 진핵생물과 공유한다.

생명의 모든 영역에서 공유되는 기능을 분석하면서 사람들은 최소 유기체를 정의하는 것이 가능한지 묻게 되었다. **최소 유기체**는 중심 DNA → RNA → 단백질 도그마(즉, RNA에만 기반한 바이러스 및 단백질 없는 생명체 제외)를 기반으로 하는 독립적인 생명체를 유지할 수 있는 최소한의 유전자 보완체를 가진 유기체이다. 최소 유기체는 번식 능력이 있어야 하지만, 성장 및 번식 속도에서 다른 유기체와 경쟁할 필요는 없다. 유기체의 생합성 단계를 완화하고 스트레스 반응 기능을 없애는 풍부한 영양 배지를 사용할 수 있다.

알려진 가장 작은 독립 유기체는 *M. genitalium*으로, 468개의 예측된 단백질 서열을 가지고 있다. 1996년, A.R. Mushegian과 E.V. Koonin은 *M. genitalium*과 *H. influenzae*의 게놈을 비교했다. (당시 이것은 완벽하게 서열이 분석된 유일한 박테리아 게놈이었다.) 이 두 근본적으로 다른 박테리아의 마지막 공통 조상은 약 20억 년 전에 살았다. *H. influenzae*의 단백질 암호화 유전자 1,703개 중 240개는 *M. genitalium* 단백질의 상동체이다. Mushegian과 Koonin은 이들 모두가 필수적이지만 자율적 생명에는 충분하지 않을 수 있다고 추론했다. 왜냐하면, 일부 필수 기능은 두 유기체의 관련 없는 단백질에 의해 수행될 수 있기 때문이다. 예를 들어, 240개 단백질의 공통 세트는 필수 경로에 공백을 남겼는데, 이는 *M. genitalium*의 22개 효소를 추가하여 채울 수 있다. 마지막으로, 기능적 중복성과 기생충 특이적 유전자를 제거하여 제안된 필요충분한 최소한의 유전자 목록이 256개가 된다.

제안된 최소 유전체에는 무엇이 포함되어 있는가? 포함된 기능적 클래스는 다음과 같다:

- 단백질 합성을 포함한 번역
- DNA 복제
- 재조합 및 복구: DNA 복제에 관여하는 필수 단백질의 두 번째 기능
- 전사 장치
- 샤페론 유사 단백질
- 중간 대사: 해당과정
- 뉴클레오티드, 아미노산 또는 지방산 생합성의 부재
- 단백질 수출 기계
- 대사산물 수송 단백질의 제한된 레퍼토리

이러한 단백질을 가진 유기체의 생존 가능성이 입증되지 않았다는 점에 주목해야 한다. 더욱이 실험을 통해 일부 최소 유전자 함량(제안된 세트 또는 다른 세트)이 필요충분하다는 것이 입증되었다하더라도, 이것이 *M. genitalium*과 *H. influenzae*의 공통 조상 또는 최초의 세포 형태의 생명체의 유전자 보완체를 식별하는 관련 질문에 대하여 답해주지는 않는다. 제안된 256개 단백질 세트 중 단 71%만이 진핵생물 또는 고세균 단백질 중에서 인식 가능한 상동체를 가지고 있다.

그럼에도 불구하고, 모든 형태의 생명체에 필연적으로 공통되는 기능을 식별하면 다양한 형태의 생명체가 이러한 기능을 얼마나 유사한 방식으로 수행하는지 조사할 수 있다. 유사한 반응이 상동성 단백질에 의해 다른 종에서 촉매되는가? 게놈 분석을 통해 고세균, 박테리아 및 진핵생물에서 상동성을 갖는 단백질군이 밝혀졌다. 일부는 수평 이동의 영향일 수도 있지만, 일련의 종분화 및 복제 사건을 통해 공통 조상 유전자에서 진화했을 것으로 추측된다. 공통 기능과 공통 단백질을 매핑하는 것이 도전 과제이다.

수천 개의 단백질군이 고세균, 박테리아 및 진핵생물에서 상동체를 갖는 것으로 확인되었다. 종마다 이러한 공통 단백질 계열의 양이 다르다. 박테리아의 경우, 그 범위는 단백질의 83%가 고세균과 진핵생물의 동족체를 갖는 *Aquifex aeolicus*부터 단백질의 52%만이 고세균과 진핵생

물의 동족체를 갖는 *Borrelia burgdorferi*까지이다. 고세균 게놈은 박테리아와 진핵생물의 상동체를 지닌 단백질의 비율이 다소 더 높다(62~71%). 그러나 효모 단백질의 35%만이 박테리아와 고세균에 대한 상동체를 가지고 있다.

공통 단백질 세트가 공통 기능 세트를 수행하는가? *M. genitalium*에서 확인된 최소 세트의 단백질 중 약 30%만이 알려진 모든 게놈에서 상동체를 가지고 있다. 다른 필수 기능은 관련이 없는 단백질이나 인식할 수 없는 동족체에 의해 수행되어야 한다. 고세균, 박테리아, 진핵생물에서 상동체가 공통 기능을 수행하는 단백질군에는 번역 및 생합성에 관여하는 단백질군이 풍부하다(표 3.11 참조).

그림은 진화가 다양한 유형의 기능에 대해 다양한 범위에서 단백질의 광대한 잠재력을 탐구했음을 나타내고 있다. 단백질 합성 분야에서 가장 보수적이었다.

유전자를 전달해주세요: 수평 유전자 전달

Streptomyces griseus 트립신이 다른 미생물 단백질 분해효소보다 소의 트립신과 더 밀접하게 관련되어 있다는 사실을 알게 된 Brian Hartley는 1970년에 다음과 같이 말했다. '. . . 그 박테리아는 소에 의해 감염되었음에 틀림없다.' 이는 측면 또는 수평 유전자 전달의 명백한 사례였다. 박테리아는 자신이 살아가던 토양에서 다른 종의 유기체가 그곳에 축적한 유전자를 채취했다. DNA를 유전 물질로 확인한 O. Avery, C. MacLeod 및 M. McCarthy의 폐렴구균 형질전환에 대한 고전적인 실험은 또 다른 예이다. 일반적으로, 수평적 유전자 전달은 복제 또는 교배 중에 부모로부터의 후손이 아닌 다른 수단을 통해서, 실험실 절차가 아닌 자연적인 방법을 통해서, 한 유기체가 다른 유기체로부터 유전물질을 획득하는 것을 의미한다. 폐렴구균 형질전환 실험과 같이 직접 흡수나 바이러스 매개체를 통한 수평적 유전자 전달의 여러 메커니즘이 알려져 있다.

표 3.11 많은 종에 공통적으로 존재하는 단백질의 기능적 분류

단백질 기능적 분류	알려진 모든 게놈에 나타나는 단백질군의 수
리보솜 구조를 포함한 번역	53
전사	4
복제, 재조합, 수리	5
대사	9
세포 과정(샤페론, 분비, 세포 분열, 세포벽 생합성)	9

게놈 서열 분석에 따르면, 수평적 유전자 전달은 드문 일이 아니지만 미생물의 대부분 유전자에 영향을 미쳤다. 이를 위해서는 우리의 사고방식을 일반적인 '클론' 유전 모델이나 부모의 유전 모델에서 바꾸는 것이 필요하다. 수평적 전달에 대한 증거에는 (1) 서로 다른 유전자로 구성된 진화계통 간의 불일치와 (2) 서로 다른 종의 유전자 간의 직접적인 서열 비교가 포함된다.

- *E. coli*에서는 1억 년 전 *Salmonella* 계통에서 분기된 후, 755개의 ORF(총 547.8kb, 게놈의 ~18%)가 수평 이동을 통해 게놈에 들어간 것으로 보인다.
- 미생물 진화에서 수평적 유전자 전달은 정보 유전자나 전사 및 번역과 같은 조직적 활동을 담당하는 유전자보다 생합성과 같은 '관리' 활동을 담당하는 작동 유전자에서 더 많이 발생한다. 예를 들어, 고등식물과 공생하는 질소 고정 박테리아인 *Bradyrhizobium japonicum*은 2개의 글루타민 합성 효소 유전자를 가지고 있다. 하나는 박테리아 친척과 유사하고, 다른 하나는 고등식물과 50% 동일하다. 광합성의 캘빈회로(Calvin cycle) 진입 시 처음으로 이산화탄소를 고정하는 효소인 루비스코(ribulose-1,5-bisphosphate carboxylase/oxygenase)는 박테리아, 미토콘드리아 및 조류의 세포(plastids) 사이를 통과할 뿐만 아니라 유전자 복제를 거치기도 한다. *E. coli* 게놈에 나타나는 많은 파지 유전자는 추가 예를 제공하고 전달 메커니즘을 나타낸다.

수평적 유전자 전달 현상은 원핵생물에만 국한되지 않는다. 진핵생물과 원핵생물은 모두 키메라이다. 진핵생물은 주로 *Methanocaldococcus*와 관련된 유기체에서 정보 유전자를 얻었고, 작동 유전자는 주로 시아노박테리아(cyanobacteria)와 메탄생성균(methanogens)의 일부 기여와 함께 프로테오박테리아(proteobacteria)에서 얻었다. *Methanocaldococcus* 자체의 거의 모든 정보 유전자는 효모의 정보 유전자와 유사하다.

관찰은 '글로벌 생물(global organism)' 모델, 유전적 공동 시장, 심지어 마음대로 유전자를 다운로드하는 '전 세계 DNA 웹' 모델에 대한 힌트를 제공한다! 종의 분리가 유지되었다는 사실과 이것이 어떻게 조화를 이룰 수 있는가? 전통적인 설명은 살아있는 세계는 개별 종이 적응하기 위한 생태학적 '서식지(niches)'를 포함하고 있다는 것이다. 구분된 서식지는 종의 구분을 설명한다. 그러나 이 설명은 종의 적합성을 유지하기 위한 정상적인 유전의 안정성에 달려 있다. 대중문화에 대한 전 세계적인 접근이 국가와 민족 문화유산 사이의 경계선을 무너뜨리는 위협을 가하는 것과 같이, 글로벌 생물은 왜 종 사이의 경계선을 무너뜨리지 않을까? 아마도 대답은 종의 정체성을 결정하는 것은 수평적 전달의 영향을 덜 받는 것처럼 보이는 정보 유전자라는 것이다.

수평적 유전자 전달의 중요성에 대한 증거가 압도적임에도 불구하고, 오랫동안 드물고 중요하지 않은 것으로 여겨져 왔다는 점이 흥미롭다. 이러한 학문적 불편함의 원인은 분명하다. 유전자의 부모에서 자식으로의 전달은 부모 표현형의 선택(차별적 생식)이 다음 세대의 유전자 빈도를 변경하는 다윈주의 생물학적 진화 모델의 핵심이다. 자손이 부모가 아닌 다른 곳에서 유전자를 얻는다는 것은 Lamarck와 패러다임에 대한 다른 신뢰할 수 없는 대안을 연상하게 한다. 생물학적 관계를 구성하는 원리로서의 진화나무는 깊이 뿌리박힌 개념이다. 과학자들은 나무가 관계 네트워크의 적절한 모델이 아닐 때에도 높은 신뢰도를 보여준다(4장 참조). 아마도 Darwin은 유전자에 대해 전혀 몰랐고, 선택이 작동할 수 있는 변이를 생성하는 메커니즘은 그에게 미스터리였다는 점을 기억하는 것이 좋을 것이다. 아마도 Darwin은 그의 추종자들보다 수평적 유전자 전달을 더 쉽게 받아들였을 것이다!

진핵생물의 비교유전체학

효모, 파리, 벌레 및 인간의 게놈을 비교함으로써, 네 가지 게놈 모두에 나타나는 1,308개의 단백질 그룹이 밝혀졌다. 이들은 대사, DNA 복제 및 복구, 번역을 포함한 기본 기능을 위한 보존된 단백질의 핵심을 형성한다.

이러한 단백질은 단일 영역 단백질, 올리고머 단백질 및 많은 영역을 포함하는 모듈형 단백질(가장 큰 근육 단백질 티틴은 250~300개의 영역을 포함함)을 포함한 개별 단백질 영역으로 구성된다. 벌레와 파리의 단백질은 효모 단백질보다 약 3배 많은 영역을 포함하는 구조적 레퍼토리로 구성된다. 인간의 단백질은 벌레와 파리보다 약 2배 더 많은 단백질로 구성된다. 이러한 영역의 대부분은 박테리아와 고세균에도 나타나지만, 일부는 척추동물에만 해당된다(아마도 척추동물에 의해 고안된 것 같다).

여기에는 방어 및 면역 단백질, 신경계 단백질처럼 척추동물 고유의 활동을 중재하는 단백질이 포함된다. 그중 하나는 리보뉴클레아제라는 효소이다.

예측된 인간 단백질의 가능한 동족체 분포	
척추동물만	22%
척추동물 및 다른 동물	24%
동물 및 다른 진핵생물	32%
진핵생물 및 원핵생물	21%
동물에서의 동종자가 없음	1%
원핵생물만	1%

새로운 단백질을 만들 때 새로운 도메인을 도입하는 것은 일반적으로 흔한 사건이 아니다. 기존 도메인의 다양한 조합을 점점 복잡한 방식으로 만드는 것이 더 흔한 방법이다. 일반적인 메커니즘은 모듈식 단백질의 끝에 도메인을 증가시키는 것이다(그림 3.4 참조). 이 과정은 독립적으로 발생할 수 있으며, 다른 문(phyla)에서 다른 과정을 거칠 수 있다.

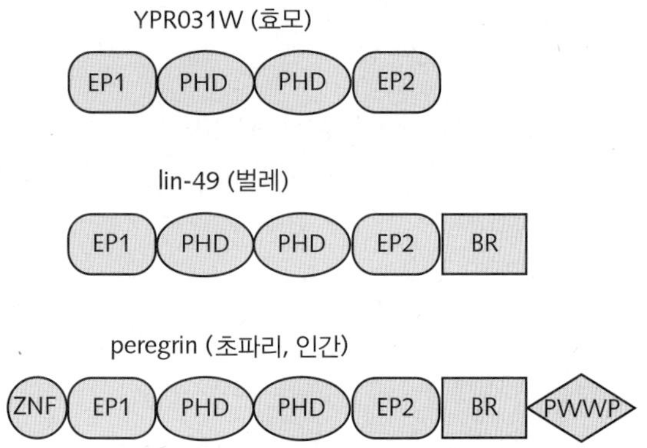

그림 3.4 전사 조절 기능을 하는 것으로 추정되는 인간 단백질인 페리그린과 관련된 분자의 도메인의 축적에 의한 진화. 예쁜꼬마선충 동족체인 lin-49는 벌레의 정상적인 발달에 필수적이다. 효모 동족체는 히스톤 아세틸라제(histone acetylase)이다. 이 단백질은 다음 도메인을 포함한다: ZNF, C2H2형 징크핑거(아세틸렌과 혼동하지 말 것. C와 H는 시스테인과 히스티딘을 나타냄); EP1(enhancer of polycomb 1) 및 EP2; PHD(plant homeodomain), 징크핑거의 $C_4H_3C_3$ 유형을 포함하는 억제 도메인; BR (bromo domain); PWWP, 서열 모티프 Pro-Trp-Trp-Pro를 포함하는 도메인.

유전자 복제 후 분기는 단백질군을 생성하는 메커니즘이다. 예를 들어, 인간 게놈에는 후각 수용체에 대한 906개의 유전자 + 거짓 유전자가 존재한다. 이들은 약 10,000개의 냄새 분자와 결합할 수 있는 것으로 추정된다. 효모와 기타 곰팡이에서 상동체가 밝혀졌지만(일부 비교에서는 후각 수용체가 존재), 후각 수용체군을 그토록 크게 증가시키고 전문화한 것은 척추동물에게 고도로 발달된 후각이 필요하기 때문이다. 인간 후각 수용체 유전자의 80%가 군집 내에 존재한다. 이는 다양성이 크게 필요하지 않은 호흡 고정 지역의 글로빈 유전자 군집의 크기와 비교된다(Box 2.9 참조).

연습문제

연습문제 3.1. *E. coli* 게놈에는 동일한 반응을 촉매하는 효소 쌍이 여러 개 존재한다. 이것이 기능을 식별하기 위한 녹아웃 실험(개별 유전자의 삭제 또는 비활성화)의 사용에 어떤 영향을 미칠까?

연습문제 3.2. 사람이 달에 착륙한 것과 심해열수구의 발견 중 어느 것이 먼저일까? 먼저 추측한 다음 찾아보시오.

연습문제 3.3. 망막아세포종에 대한 유전자는 밀접하게 연결된 에스테라제 D 유전자와 함께 전달된다. 그러나 에스테라제 D에 대한 두 대립유전자 중 하나가 망막아세포종에 대한 대립유전자와 함께 전달될 수 있다. 망막아세포종이 에스테라제 D 유전자형의 직접적인 영향이 아니라는 것을 어떻게 알 수 있을까?

연습문제 3.4. 당신이 인간에게 질병을 일으키는 유전자를 확인하려 한다고 가정해보자. 질병 유전자에서 0.75 cM 떨어진 유전적 표지자를 발견한다. 찾고 있는 유전자는 대략 몇 bp 내에서 위치하고 있을까? 이 영역에는 대략 몇 개의 유전자가 포함될 가능성이 존재하는가?

연습문제 3.5. 포도당-6-인산염 탈수소효소(Glucose-6-phosphate dehydrogenase) 결핍증은 수억 명의 사람들에게 영향을 미치는 단일 유전자 열성 X-연관 유전적 결함이다. 임상적 결과에는 용혈성 빈혈과 지속성 신생아 황달이 포함된다. 이 유전자는 말라리아에 대한 저항성을 부여하므로 인구 집단에서 제거되지 않았다. 이 경우에서, 대사경로에 대한 일반적인 지식을 통해 결함을 일으키는 단백질이 식별되었다. 단백질의 아미노산 서열이 주어진 경우, 해당 유전자의 염색체 위치를 어떻게 결정하는가?

연습문제 3.6. 인간 장의 표면적은 약 200 m^2이다(비교를 위해 싱글 테니스 코트의 면적은 196 m^2이다). 표준 페트리 접시의 직경은 100 mm이다. 인간의 장과 동일한 표면적을 채우기 위해서는 몇 개의 페트리 접시가 필요한가?

연습문제 3.7. 생물의 게놈은 데이터베이스와 어느 정도 비슷할까? 다음 중 살아있는 게놈과 컴퓨터 데이터베이스가 공유하는 속성은 무엇인가? 데이터베이스가 아닌 생물 게놈의 속성은 무엇인가? 생물 게놈이 아닌 데이터베이스의 속성은 무엇인가? (a) 정보 저장소 역할을 한다. (b) 자기 해석을 한다. (c) 다른 사본은 동일하지 않다. (d) 과학자가 오류를 발견할 수 있다. (e) 과학자가 오류를 수정할 수 있다. (f) 정보를 수집하고 전파하기 위한 계획적이고 조직적인 책임감이 필요하다.

CHAPTER 4

서열 정렬 및 계통도

서열 정렬 개요

2개 이상의 서열이 주어졌을 때:

- 이들의 유사도를 측정하고
- 서열내 잔기(residue, 염기 또는 아미노산 서열) 간 일치 정도를 결정하고
- 보존된 영역과 변이를 보이는 영역의 유형을 확인하고
- 진화적 관계를 추론한다.

이와 같은 일을 수행할 수 있다면 데이터뱅크에 가서 서로 관련이 있는 염기서열을 찾아낼 준비가 된 것이다. 이를 통해 아무리 많은 양의 유전자일지라도, 유전자를 암호화하는 서열을 찾고 그들의 구조와 기능을 할당하는 것을 포함하는 유전체의 주석화에 응용할 수 있다.

서열 유사성 정도를 어떻게 양적으로 측정할 수 있을까? 2개 또는 그 이상의 서열에서 서로 상응하는 위치에 존재하는(또는 상동성의) 염기 또는 아미노산을 비교하기에 앞서 먼저 이들 서열이 관련성이 있음을 해야 한다. **서열 정렬은 서열 내 잔기 사이의 상관성을 식별**하는 생물정보학의 기본적인 도구다.

서열의 정렬이란 서열 내에서 일정 순서를 갖는 서열(잔기)에 대하여 상관성 정도를 부여하는 것이며, 이를 위해 공백이 도입될 수 있다.

```
두 행의 서열이 주어질 때:
첫 번째 행    =    a b c d e
두 번째 행    =    a b d c f
적정 정렬시:       a b c d e -
                   a - c d e f
```

연산법이 **최상**의 정렬을 선택할 수 있도록 기준을 정의해야 한다. 염기서열 gctgaacg와 ctataatc에 대해서:

```
충분하지 않은              - - - - - - - g c t g a a c g
정렬:                      c t a t a a t c - - - - - - -
공백 없이 정렬할 때:       g c t g a a c g
                           c t a t a a t c
공백을 넣어 정렬할 때:     g c t g a - a - - c g
                           - - c t - a t a a t c
다른 방식으로 정렬할 때:   g c t g - a a - c g
                           - c t a t a a t c -
```

대부분은 이 네 가지 정렬 중에서 마지막의 정렬이 가장 좋다고 생각할 것이다. 이를 확인하고서, 이것이 **모든** 가능성 중에서 가장 좋은 것인지를 결정하기 위해서는 가능한 모든 정렬을 체계적으로 검사할 방법이 필요하다. 그러기 위해서는 가능한 모든 정렬의 적절성을 반영하는 점수를 계산해야 하고, 이를 통해 가장 최적의 점수를 받는 정렬을 확인할 수 있다. 많은 경우에서, 최적의 정렬은 하나만 있는 것이 아니라 여러 개의 다른 정렬이 동일한 최상의 점수를 부여 받을 수 있다. 더욱이 사소한 점수 부여 방식이 변해도 최적 서열의 순위가 바뀔 수 있다.

이러한 예들은 **짝간 서열 정렬**에서 나타날 수 있다. 그러나 대개 종이 다름에도 불구하고 상동서열을 확인하면 유사성이 있는 유사한 서열 군(families)을 발견할 때가 많다. 3개 이상 서열의 상호 정렬을 **다중 서열 정렬**이라고 하는데, 이 다중 서열 정렬은 짝간 서열 정렬에 비해서 정렬시 보전 영역에 대하여 보다 더 보전 패턴을 구체적으로 보여준다는 측면에서 훨씬 더 많이 유익하다.

점도표

점도표는 두 서열 간의 유사도에 대한 개요를 제공하는 간단한 그림이다. 다소 명확하지 않은 것은 서열의 정렬과 점도표의 일치 정도이다.

염기서열 정렬

염기서열 정렬은 잔기 간 일치하도록 배치하는 것이다. 그러므로 다음과 같은 점을 찾도록 한다.

- *포괄적 일치*: 하나의 모든 서열을 다른 모든 서열들과 비교한다.

```
--My.care.is.loss.of.care,.by.old.care.done,
    |||||||||    |||||||||||||   |||||| ||
Your.care.is.gain.of.care,.by.new.care.won--
```

or

```
And.--so,.from.hour.to.hour,.we.ripe.and.ripe
||||    ||||||||||||||||||||||||    ||||||
And.then,.from.hour.to.hour,.we.rot-.and.rot-
```

상기 정렬에는 불일치, 삽입, 결실을 포함한다. 서열 말미의 돌출부는 삽입 또는 결실을 보여준다.

- *국지적 일치*: 한 서열의 일부분이 다른 서열의 일부분과 일치하는 영역을 찾는다.

```
 Hers.by.thy.beauty.tempting.her.to.thee,
      |||||||||||||
Thine.by.thy.beauty.being.false.to.me.
```

국지적 일치에 의한 정렬을 위해서는 일치하는 영역을 벗어나 불일치하는 영역은 공백으로 처리하지 않는다.

- *모팁(motif) 일치*: 긴 서열 내에서 한 곳 또는 그 이상에서 보존된 모팁 영역을 찾는다.

```
    match
    |||||
The match is made; she seals it with a curtsy.
```

한편 불일치하는 서열을 허용하기도 한다:

```
        match
         ||||
for the watch to babble and to talk is most tolerable
```

또는
```
    match                               match
      |||                               ||  |
And witch the world with noble horsemanship.
```

또는 삽입 및/또는 결실 허용:

```
          mat--ch     mat-ch
          ||    |     ||   |
Fear not, Macbeth; no man that's born of woman
Shall e'er have power upon thee.
```

- *다중 서열 정렬*: 많은 서열의 다중 정렬

```
no.sooner.---met.---------but.they.-look'd
no.sooner.look'd.---------but.they.-lo-v'd
no.sooner.lo-v'd.---------but.they.-sigh'd
no.sooner.sigh'd.---------but.they.--asked.one.another.the.reason
no.sooner.knew.the.reason.but.they.-------------sought.the.remedy
no.sooner.                .but.they.
```

마지막 열은 다중 정렬의 모든 열에서 완전히 일치하는 서열이다.

점도표는 표나 행렬로 표시된다. 가로축(행)과 세로축(열)은 각 서열의 잔기들을 보여주고 있다. 가장 간단한 형태의 예를 들면, 가로축과 세로축의 잔기가 다를 경우 공백으로 남겨지고, 일치하면 채워진다. 가로축과 세로축 사이에 일치하는 서열 구간은 왼쪽 위에서 오른쪽 아래 (북서에서 남동) 방향의 대각선에 보여진다.

예제 4.1

유명한 단백질 결정학자 Dorothy Crowfoot Hodgkin의 짧은 이름(DOROTHYHODGKIN)과 전체 이름(DOROTHYCROWFOOTHODGKIN) 사이의 유사성을 보여주는 점도표.

	D	O	R	O	T	H	Y	C	R	O	W	F	O	O	T	H	O	D	G	K	I	N
D	**D**																	D				
O		**O**		O						O			O	O			O					
R			**R**						**R**													
O		O		**O**						**O**			O	**O**			O					
T					**T**										**T**							
H						**H**										**H**						
Y							**Y**															
H						H										**H**						
O		O		O						O			O	O			**O**					
D	D																	**D**				
G																			**G**			
K																				**K**		
I																					**I**	
N																						**N**

격리되어 *단독으로* 일치하는 글자는 굵지 않은 글씨로 표시되었다. 가장 길게 일치하는 영역은 이름과 성인 DOROTHY와 HODGKIN로서, 이는 굵은 글씨체로 표시되었다. dorOTHy와 crowfoOTHodgkin의 OTH 부분과 doROthy와 cROwfoot의 RO 부분은 짧게 일치하는 부분으로서, 이들은 도움이 안 되는 영역(noise)이다.

예제 4.2

반복 서열(ABRACADABRA)을 갖는 서열 간의 유사성을 보여주는 점도표. 반복 구간은 주요 대각선과 나란히 여러 개의 보조 대각선에 나타난다.

	A	B	R	A	C	A	D	A	B	R	A	C	A	D	A	B	R	A
A	**A**			A		A		**A**			A		A		**A**			A
B		**B**							**B**							**B**		
R			**R**							**R**							**R**	
A	A			**A**		A		A			**A**		A		A			**A**
C					**C**							**C**						
A	A			A		**A**		A			A		**A**		A			A
D							**D**							**D**				
A	**A**			A		A		**A**			A		A		**A**			A
B		**B**							**B**							**B**		
R			**R**							**R**							**R**	
A	A			**A**		A		A			**A**		A		A			**A**
C					**C**							**C**						
A	A			A		**A**		A			A		**A**		A			A
D							**D**							**D**				
A	**A**			A		A		**A**			A		A		**A**			A
B		**B**							**B**							**B**		
R			**R**							**R**							**R**	
A	A			**A**		A		A			**A**		A		A			**A**

예제 4.3

회문구조(palindrome)를 갖는 서열 MAX I STAY AWAY AT SIX AM 사이의 유사성을 보여주는 점도표. 회문구조의 서열은 주요 대각선에서 *수직으로* 일치하는 서열로 나타난다(오른쪽 위에서 왼쪽 아래 방향의 대각선).

	M	A	X	I	S	T	A	Y	A	W	A	Y	A	T	S	I	X	A	M
M	**M**																		**M**
A		**A**					A		A		A		A					**A**	
X			**X**														**X**		
I				**I**												**I**			
S					**S**										**S**				
T						**T**								**T**					
A		A					**A**		A		A		**A**					A	
Y								**Y**				**Y**							
A		A					A		**A**		**A**		A					A	
W										**W**									
A		A					A		**A**		**A**		A					A	
Y								**Y**				**Y**							
A		A					**A**		A		A		**A**					A	
T						**T**								**T**					
S					**S**										**S**				
I				**I**												**I**			
X			**X**														**X**		
A		**A**					A		A		A		A					**A**	
M	**M**																		**M**

이것은 단순한 말장난이 아니다. 전사 조절자 또는 제한효소에 의해 인식되는 DNA 영역은 하나의 가닥에서 다른 가닥으로 교차하는 식의 회문구조 서열을 갖고 있다:

EcoRI이 인식하는 위치: GAATTC
CTTAAG

어떤 가닥의 서열은 일부에 역방향의 대응 가닥 서열(reverse complement)이 있는 경우가 있다. 제법 긴 DNA 또는 RNA 서열 중 도치(inverted)된 반복서열을 갖을 경우 머리핀 구조(stem-loop structure)를 형성할 수 있다. 더욱이 어떤 식물의 전이인자(transposable element)는 진정한 (대략적인) 회문구조의 서열을 갖고 있는데, 이는 대응 가닥이 아닌 *동일* 가닥에 비상보적인 서열이 도치된 형태로 반복되어 있다. 다음 예시는 밀 왜소 바이러스(wheat dwarf virus) 유전체에서 나타난다: `ttttcgtgagtgcgcggaggctttt`.

점 도표는 두 서열 간의 관계에 대하여 서열 간 유사도가 높은 구간이 잘 드러날 수 있도록 간단한 그림 형태로 보여준다. 예를 들어, 미토콘드리아 DNA의 ATPase-6 유전자에 대한 칠성장어(lamprey, *Petromyzon marinus*)와 돔발상어(dogfish, *Scyliorhinus canicula*)의 점도표를 보면 서열의 시작 부분의 유사성이 가장 낮음을 보여준다. 이 유전자는 ATPase 복합체의 소단위(subunit)를 암호화한다. 인간에 있어서 이 유전자의 돌연변이는 유아의 발육시기 동안 뇌의 산화적 대사에 장애를 일으켜서 유아의 신경학적 장애, 레이 증후군(Leigh syndrome)을 일으킨다.

점도표의 단점은 관계가 먼 서열의 경우 실체에 도달하기가 어렵다는 점이다. 점도표를 이용한 서열을 분석할 때, 항상 아주 명백한 결과를 놓치지 않도록 해야 하지만, 더 적절한 방법을 적용할 준비를 해야 한다.

칠성장어/돔발상어 ATPase

초파리 eyeless

생쥐 PAX-6

종종 유사성이 있는 영역은 동일 선상의 대각선이 아니라 병렬로 나타나서 대체되기도 한다. 이는 유사 영역의 일부에 결실과 삽입이 발생했음을 나타낸다. 쥐의 PAX-6 단백질과 *D. melanogaster*의 eyeless 단백질에 대한 점도표는 서로 길이가 다른 세 군데 서열에서 유사성을 갖는 부분이 나타나는데, 두 군데는 서열이 시작되는 부근에, 한 군데는 중간 근처에 있다. 두 번째와 세 번째 사이에 유사성이 낮은 부분이 있는데, 이는 *Drosophila*보다는 쥐에서 더 길다.

결과를 필터링하면 점도표의 잡음을 줄일 수 있다. ATPase 서열의 비교시, 점들은 최소한 일치하는 잔기 6개 이상을 포함한 15개 연속 서열이 중앙에 있지 않으면 점도표에 나타나지 않는다. PERL 프로그램(Box 4.1 참조)의 점도표는 *window* 값(연속 서열의 길이)과 임계값(window 내에서 요구되는 일치 잔기의 수)을 설정할 수 있다.

Web 자료 점도표

점도표 작성을 위한 여러 웹사이트가 있다.

- EMBOSS는 European Molecular Biology Open Software Suite의 약자로, 대규모 도구 저장소임:
http://emboss.sourceforge.net/

간단한 점도표가 포함됨:
http://emboss.sourceforge.net/apps/cvs/emboss/apps/ alignment_dot_plots_group.html

서열 집합의 전체 대 전체 비교를 위한 점도표 그리기:
http://emboss.sourceforge.net/apps/cvs/emboss/apps/ polydot.html

- 사용 가능한 소프트웨어 링크 주석 목록:
https://omictools.com/dot-plot-generation-category

- 스위스 생물정보학 연구소:
https://www.sib.swiss/services-resources/databases-tools

스위스 생물정보학 전문 단백질 분석 연구소 시스템(ExPASy) 생물정보학 리소스 포털:
https://www.expasy.org/resources

BOX 4.1

PERL 프로그램을 이용한 점도표 그리기

프로그램은 다음과 같이 읽는다.

1. 수행 작업에 대한 일반 제목은 결과물 화면의 맨 위에 인쇄됨(입력 파일의 첫 번째 행)
2. *window* 값과 *임계값*(*threshold*) 등의 필터링 매개 변수 지정(입력 파일의 두 번째 행). *일치* 수가 *임계값*보다 같거나 큰 경우 점이 일련의 서열 중심에 있다면 점도표에서 점(dot)으로 나타남
3. 두 서열은 각 제목 행으로 시작하여 *로 끝남

프로그램은 본문에 표시된 것과 비슷한 점도표를 보여준다. 결과물은 그래픽 언어인 PostScript™으로 보여주는데, 이는 많은 장치에서 사용되는 것으로 일반적인 pdf 형식으로 변환할 수 있음. 프로그램은 결과물을 다음과 같이 파일로 지정하여 실행할 수 있다.

```
dotplot.pl > output.ps
```

그러고 나서 ghostview와 같은 viewing 프로그램을 이용하여 `output.ps` 파일에 나타나게 하거나 또는 다음과 같이 pdf 파일에 변환:

```
ps2pdf output.ps output.pdf
```

PDF 파일을 볼 수 있다.

```
#!/usr/bin/perl -w
#dotplot.pl -- 두 개의 시퀀스를 읽고 점도표를 출력한다

#입력 데이터 형식: (만약 입력 줄에 #이 포함되어 있다면, 프로그램은 #과 #
#                        오른쪽의 모든 내용을 무시한다)
#      라인 1      점묘도의 제목
#      라인 2      윈도우와 임계값을 지정하는 두 개의 정수
#      라인 3      첫 번째 시퀀스의 제목
#      라인 4부터 *로 끝나는 행까지 *     첫 번째 시퀀스
#      다음 라인   두 번째 시퀀스의 제목
#      *로 끝나는 라인까지 *              두 번째 시퀀스

# 입력 읽음

$/ = "";                                  # 전체 단락을 읽기 위한 스위치 설정
$_ = <DATA>; $_ =~ s/#(.*)\n/\n/g;        # 각 줄의 오른쪽에 있는
                                          #      주석(#으로 시작) 제거

# 입력을 라인으로 분할하고 구문 분석
$_ =~ /^(.*)\n\s*(\d+)\s+(\d+)\s*\n(.*)\n([A-Z\n]*)\*\s*\n(.*)\n([A-Z\n]*)\*/;

#제목, 윈도우 크기 및 임계값을 추출
$title = $1; $nwind = $2; $thresh = $3;

#시퀀스 추출
$seqt1 = $4; $seq1 = $5; $seqt2 = $6; $seq2 = $7;

#라인 끝 문자를 삭제하여 시퀀스 수집
$seq1 =~ s/\n//g; $seq2 =~ s/\n//g; $n = length($seq1); $m = length($seq2);

#  포스트스크립트 헤더 인쇄

print <<EOF;
%!PS-Adobe-

/s /stroke load def /l /lineto load def /m /moveto load def
/r /rlineto load def /n /newpath load def /c /closepath load def
/f /fill load def
```

```
1.75 setlinewidth 30 30 translate /Helvetica findfont 16 scalefont setfont
EOF
# 행렬 인쇄

$dx = 500.0/$n; $mdx = -$dx; $dy = 500.0/$m;
if ($dy < $dx) {$dx = $dy;} $dy = $dx; $xmx = $n*$dx; $ymx = $m*$dx;

print "3 510 m ($title window = $nwind  threshold = $thresh) show\n";
printf "0 0 m 0 %9.2f l %9.2f %9.2f l %9.2f 0 l c s\n", $ymx,$xmx,$ymx,$xmx;

# 두 시퀀스를 모두 반복하면서 동일한 문자의 실행을 기록

for ($k = $nwind - $m + 1; $k < $n - $nwind; $k++) {
  $i = $k; $j = 1; if ($k < 1) {$i = 1; $j = 2 - $k;}

  while ($i <= $n - $nwind && $j <= $m - $nwind) {
      $_ = (substr($seq1,$i -1,$nwind) ^ substr($seq2,$j -1,$nwind));
      $mismatch = ($_ =~ s/[^\x0]//g);
      if ($mismatch < $thresh) {
          $xl = ($i - 1)*$dx; $yb = ($m - $j)*$dy;
          printf "n %9.2f %9.2f m %9.2f 0 r 0 %9.2f r %9.2f 0 r c f\n",
                 $xl,$yb,$dx,$dy,$mdx;
      }
      $i++; $j++;
  }
}

print "showpage\n";                    # 포스트스크립트 파일 종료

# __END__ 다음에 오는 내용은 프로그램에 입력되는 데이터이다

__END__
ATPases lamprey / dogfish                         #제목
15 6                                              #윈도우와 임계값
Petromyzon marinus mitochondrion                  #시퀀스 1
ATGACACTAGATATCTTTGACCAATTTACCTCCCCAACA
ATATTTGGGCTTCCACTAGCCTGATTAGCTATACTAGCCCCTAGCTTA
ATATTAGTTTCACAAACACCAAAATTTATCAAATCTCGTTATCACACACTA
CTTACACCCATCTTAACATCTATTGCCAAACAACTCTTTCTTCCAATAAAC
CAACAAGGGCATAAATGAGCCTTAATTTGTATAGCCTCTATAATATTTATC
TTAATAATTAATCTTTTAGGATTATTACCATATACTTATACACCAACTACC
CAATTATCAATAAACATAGGATTAGCAGTGCCACTATGACTAGCTACTGTC
CTCATTGGGTTACAAAAAAAACCAACAGAAGCCCTAGCCCACTTATTACCA
GAAGGTACCCCAGCAGCACTCATTCCCATATTAATTATCATTGAAACTATT
AGTCTTTTTATCCGACCTATCGCCCTAGGAGTCCGACTAACCGCTAATTTA
ACAGCTGGTCACTTACTTATACAACTAGTTTCTATAACAACCTTTGTAATA
ATTCCTGTCATTTCAATTTCAATTATTACCTCACTACTTCTTCTATTA
CTAACAATTCTGGAGTTAGCTGTTGCTGTAATCCAGGCATATGTATTTATT
CTACTTTTAACTCTTTATCTGCAAGAAAACGTTT*
Scyliorhinus canicula mitochondrion               #시퀀스 2
ATGATTATAAGCTTTTTTGATCAATTCCTAAGTCCCTCCTTTCTAGGA
ATCCCACTAATTGCCCTAGCTATTTCAATTCCATGATTAATATTTCCAACACCAACC
AATCGTTGACTTAATAATCGATTATTAACTCTTCAAGCATGATTTATTAACCGATTTATT
TATCAACTAATACAACCCATAAATTTAGGAGGACATAAATGAGCTATCTTATTTACAGCC
CTAATATTATTTTTAATTACCATCAATCTTCTAGGTCTCCTTCCATATACTTTTACGCCT
ACAACTCAACTTTCTCTTAATATAGCCTTTGCCCTGCCCTTATGGCTTACAACTGTATTA
ATTGGTATATTTAATCAACCAACCATTGCCCTAGGGCACTTATTACCTGAAGGTACCCCA
ACCCCTTTAGTACCAGTACTAATCATTATCGAAACCATCAGTTTATTTATTCGACCATTA
GCCTTAGGAGTCCGATTAACAGCCAACTTAACAGCTGGACATCTCCTTATACAATTAATC
GCAACTGCGGCCTTTGTCCTTTTAACTATAATACCAACCGTGGCCTTACTAACCTCCCTA
GTCCTGTTCCTATTGACTATTTTAGAAGTGGCTGTAGCTATAATTCAAGCATACGTATTT
GTCCTTCTTTTAAGCTTATATCTACAAGAAAACGTATAA*
```

점도표와 서열 정렬

점도표는 두 서열의 전반적인 유사성뿐만 아니라 다른 모든 가능한 정렬과 이들의 상대적 정확성을 단일 화면으로 보여준다. 각 동쪽, 남쪽 또는 남동 방향의 각 점에서 이동하는, 즉 왼쪽 위에서 오른쪽 아래를 통하는 점도표의 어떤 경로도 가능한 정렬에 해당한다. 두 서열이 밀접하게 관련되어 있다면, 점도표에서 직접 정렬을 읽을 수 있다.

그림 4.1은 Dorothy Hodgkin 점도표를 기반으로 한 예를 보여준다.

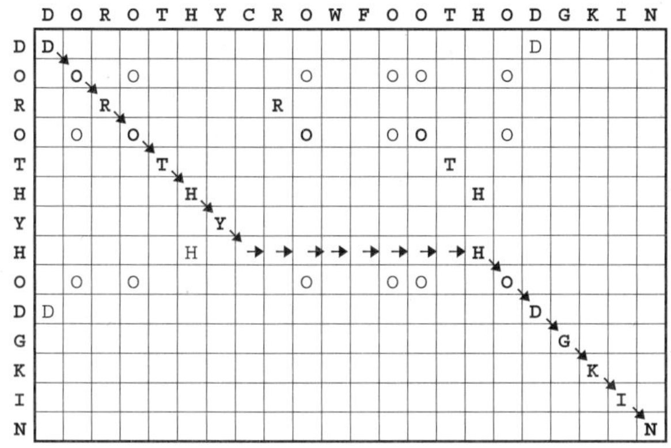

그림 4.1 점도표의 모든 경로는 *각 경로에서 각 행과 각 열로부터 선발된, 정렬에 의해 일치하는 한 쌍씩의 칸을 읽고 또한 두 서열 중 하나의 서열에 공백이 있는 한 쌍 씩의 칸을 읽으며 왼쪽 상단에서 오른쪽 아래로 통과한다.* 경로는 채워진 칸 만을 통과할 필요는 없다. 그러나 경로에 채워진 칸이 많을수록 정렬에서 일치하는 잔기가 많음을 나타낸다.

연속적인 칸들 사이의 '이동' 방향이 대각선일 때, 두 쌍의 연속된 서열은 삽입 없이 정렬된다. 이동 방향이 수평인 경우 행을 인식하며 서열에 공백이 생성된다. 이동 방향이 수직인 경우 그 열을 인식하며 서열에 공백이 생성된다. 어떠한 이동도 위 또는 왼쪽으로 향할 수 없다는 점에 유의해야 하는데, 이는 한 서열의 여러 잔기를 다른 한 서열의 하나의 잔기와 정렬시키거나 두 서열 모두에 공백을 도입하는 방식이기 때문이다. 화살표로 표시된 경로는 잘 정렬된 경로에 해당한다.

```
DOROTHY--------HODGKIN

DOROTHYCROWFOOTHODGKIN
```

점도표를 통해 경로를 고려해 볼 수 있는 또 다른 방법은 **편집 스크립트**(*edit script*)이다. 즉, 행을 인식하는 서열(수평 서열)을 열을 인식하는 서열(수직 서열)로 변환하는 일련의 작업 방안이다. 이동시마다 작업, 즉 치환, 삽입 또는 결실 등을 수행하게 한다. 경로의 끝에 도달하면, 그 효과는 한 서열을 다른 서열로 변경하는 것이다. 많은 경우, 편집 작업(edit operations)을 수행한 여러 다른 서열은 동일한 단계를 통해서 하나의 서열 열이 다른 서열 열로 바뀔 수도 있지만, 궁극적으로 여러 다른 정렬을 만들어낸다.

최적의 정렬로부터 얻은 편집 작업이 이루어진 하나의 서열은 **아마도** 실질적인 일련의 진화적 사건과 일치할 수도 있겠지만, 실질적으로 진화적 사건과 일치한다는 것을 **증명할** 수는 없다는 점은 강조되어야 한다. 편집 거리가 클수록 두 서열 간의 합리적인 진화 경로의 수는 더 커진다. 또한 짝 간 서열 정리는 진화의 과정에서 발생한 서열의 변화 **순서**에 관한 어떠한 정보도 담고 있지 않다.

사례 연구 4.1 점도표와 정렬

점차적으로 관계가 멀어지는 단백질 쌍들 사이의 점도표 모양을 비교해보자. 그림 4.2는 파파야(papain)의 설피드릴 계열 단백질 분해효소(sulphydryl proteinase)인 papain과 4개의 상동체(papain과 가까운 키위의 actinidin, 그리고 점진적으로 더 먼 관계를 가진 인간 유래 procathepsin L, 인간 유래 cathepsin B 및 황색포도상구균(*Staphylococcus aureus*) 유래 staphopain의 점도표 및 서열 정렬 결과를 보여주고 있다. 서열이 점차적으로 멀어질수록 점도표에서 올바른 정렬을 찾아내는 것이 점점 더 어려워진다. 여기에 나타난 정렬은 구조 비교를 통해 이루어졌다. 구조가 중첩된 사진은 *Introduction to Protein Science*에서 볼 수 있다.

(a)

```
NPOS = 219 NIDENT = 102  %IDENT = 46.58

IPEYVDWRQKGAVTPVKNQGSCGSCWAFSAVVTIEGIIKIRTGNLNQYSEQELLDCDR--
LPSYVDWRSAGAVVDIKSQGECGGCWAFSAIATVEGINKITSGSLISLSEQELIDCGRTQ

RSYGCNGGYPWSALQ-LVAQYGIHYRNTYPYEGVQRYCRSREKGPYAAKTDGVRQVQPYN
NTRGCDGGYITDGFQFIINDGGINTEENYPYTAQDGDCDVALQDQKYVTIDTYENVPYNN

QGALLYSIANQPVSVVLQAAGKDFQLYRGGIFVGPCGNKVDHAVAAVGYGP----NYILI
EWALQTAVTYQPVSVALDAAGDAFKQYASGIFTGPCGTAVDHAIVIVGYGTEGGVDYWIV

KNSWGTGWGENGYIRIKRGTGNSYGVCGLYTSSFYPVKN
KNSWDTTWGEEGYMRILRNVGGA-GTCGIATMPSYPVKY
```

PAPA_CARPA/ACTN_ACTCH

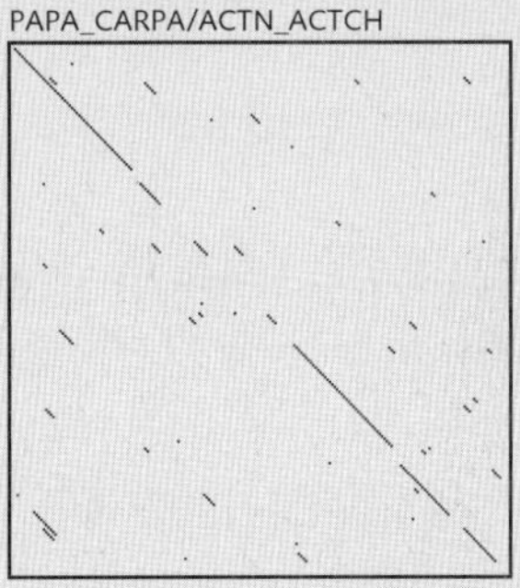

(c)

```
NPOS = 251  NIDENT  = 66  %IDENT = 26.29

IPEYVD-WRQKGAVTPVKNQGSCGSCWAFSAVVTIEGIIKIRTGNLNQYSEQELLD-C-D
--DAREQWPQCPTIKEIRDQGSCGSCWAFGAVEAISDRICIHTNVSVEVSAEDLLTCCGS
+
RRSYGCNGGYP------WSALQLVAQYGI--HYRN-TY-----P--YEGVQRYCRSREKG
MCGDGCNGGYPAEAWNFWTRKGLVSGGLYESHVGCRPYSIPPCEHHVNGSRPPCTGEGDT

PYAAK------TDGVRQVQPYNQGALLYSIANQPVSV-V-----LQ---AAGKDFQLYRG
PKCSKICEPGYSPTYKQDKHYGYNSYSVSNSEKDIMAEIYKNGPVEGAFSVYSDFLLYKS

GIFVGPCGNKV-DHAVAAV--GY--GPNYILIKNSWGTGWGENGYIRIKRGTGNSYGVCG
GVYQHVTGEMMGGHAIRILGWGVENGTPYWLVANSWNTDWGDNGFFKILRGQ-DHCGIES

LYTSSFYPVKN
EVVAGI-PRTD
```

PAPA_CARPA/CATB_HUMAN

(b)

```
NPOS = 220 NIDENT  = 81  %IDENT = 36.82

IPEYVDWRQKGAVTPVKNQGSCGSCWAFSAVVTIEGIIKIRTGNLNQYSEQELLDCD--R
V----DWREKGYVTPVKNQGQCGSSWAFSATGALEGQMFRKTGRLISLSEQNLVDCSGPE

RSYGCNGGYPWSALQLVAQY-GIHYRNTYPYEGVQRYCRSREKGPYAAKTDGVRQVQPYN
GNEGCNGGLMDYAFQYVQDNGGLDSEESYPYEATEESCKYNPKYS-VANDAGFVDIPKQE

QGALLYSIANQPVSVVLQAAGKDFQLYRGGIFVGP--CGNKVDHAVAAVGYG---PNYIL
KALMKAVATVGPISVAIDAGHESFLFYKEGIYFEPDCSSEDMDHGVLVVGYGFESNKYWL

IKNSWGTGWGENGYIRIKRGTGNSYGVCGLYTSSFYPVKN
VKNSWGEEWGMGGYVKMAKDRRN-H--CGIASAASYPTV-
```

PAPA_CARPA/CATL_HUMAN

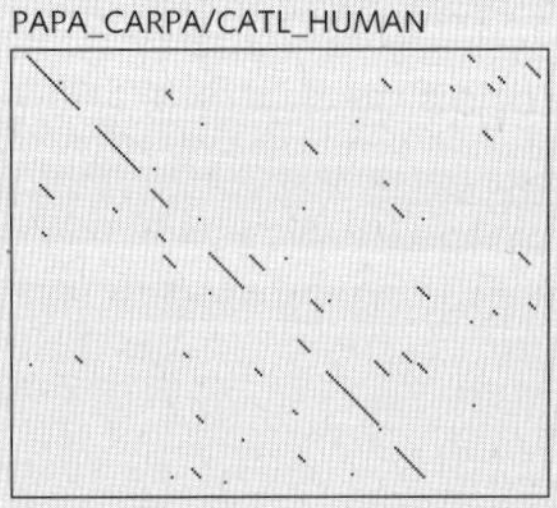

(d)

```
NPOS = 219  NIDENT  = 25 %IDENT = 11.42

IPEYVDWRQKGAVTPVKNQGSCGSCWAFSAVVTIEGIIKIRTGNLNQYSEQELLDCDRRS
-------------------------------------------EQYVNKLENFKIRE

YGCNGGYPWSALQLVAQYGIHYRNTYPYEGVQRYCRSREKG-PYAAKTDGVRQVQPY---
TQGNNGWCAGYTMSALLNATYNTNKYHAEAVMRFLHPNLQGQQFQFTGLTPREMIYFGQT

--NQGALLYSIANQPVSVVLQAAGKDFQLYRGGIFVGPCGNKVDHAVAAVGYGPNYILIK
QGRSPQLLNRMTTYNEVDNLTKNNKGIAIL-GSRVESRNGMHAGHAMAVVGNAKLNNGQE

NSWGTGWGENGYIRIKRGTGNSYGVCGLYTSSFYPVKN-
VIIIWNPWDNGFMTQDAKNNVIPVSNGDHYQWYSSIYGY
```

PAPA_CARPA/STPA_STAAU

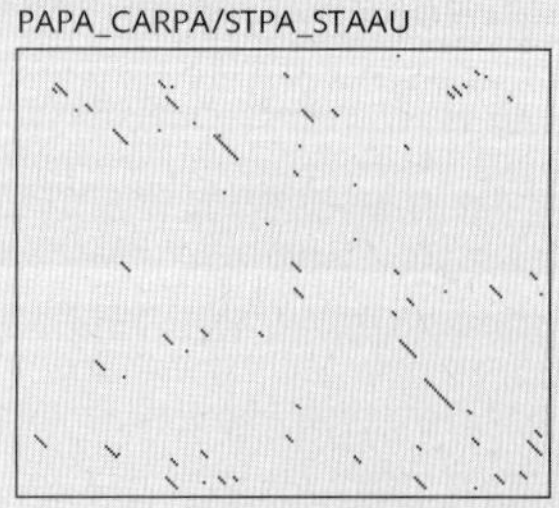

그림 4.2 (a) 파파야의 papain 단백질 유전자와 키위의 actinidin의 정렬 및 관련 점도표. (b) 파파야의 papain 단백질 유전자와 인간 유래 procathepsin L의 정렬 및 관련 점도표. 이 점도표는 몇 군데 유사한 영역이 있음을 보여 주지만 점도표에서 서열을 완전하게 정렬하는 것은 어려운 실정이다. (c) 파파야의 papain 단백질 유전자와 인간 간 유래 cathepsin 5의 정렬 및 관련 점도표. 정렬된 서열과 점도표 둘 다 중간 영역보다 서열의 시작과 끝에서 더 높은 유사성을 보여주고 있다. (d) 파파야의 papain 단백질 유전자와 황색포도상구균(*S. aureus*)의 staphopain의 정렬 및 관련 점도표. 이 정렬은 본 점도표로부터 얻어질 수 없다.

서열 유사성 측정

점도표를 통한 '눈으로(eyeball) 정렬'을 넘어서기 위해서는 서열의 유사도와 차이점에 대한 양적 측정에 대하여 정의해야 한다.

두 행의 서열이 주어졌을 경우, 이들 간의 거리에 대한 측정법은 다음과 같은 두 가지가 있다.

1. 동일한 길이의 두 염기서열을 가르키는 **해밍 거리**(*Hamming distance*)는 서열의 삽입과 결실을 추가하지 않은 채 서열 내 일치하지 않는 서열 수를 정의한다.
2. 길이가 다른 두 서열을 위한 *Levenshtein* **편집**, 또는 거리는 한 행을 다른 행으로 변경하는 데 필요한 최소한의 편집 작업을 포함한다. 편집 작업은 둘 중 어느 행의 서열이든 각 서열에 결실, 삽입 또는 변경을 하는 것이다. 서열의 편집 작업이 이루어진 서열은 고유한 정렬을 만들어내지만, **그 반대** 즉 편집 작업이 이루어지지 않은 서열은 그렇지 않다.

   예를 들면:

```
agtc        Hamming distance = 2
cgta

ag-tcc      Levenshtein distance = 3
cgctca
```

분자생물학에 적용할 경우, 서열내 특정한 변화는 다른 것보다 발생할 가능성이 높다는 것을 알 수 있다. 예를 들어, 아미노산 치환은 보존적인 경향이 있다. 즉, 유사한 크기 또는 유사한 물리 화학적 성질을 갖는 아미노산으로 치환되는 것은 그 외 다른 아미노산으로 치환되는 것보다 더 잘 발생하는 경향이 있다. 또한 인접한 염기 또는 아미노산의 결실은 인접하지 않은, 독립적인 위치에 있는 동일한 수의 염기 또는 아미노산의 결실보다 더 많이 발생하는 경향이 있다. 따라서 편집 작업시 이러한 점을 반영한 가변 가중치를 할당할 수 있다. 이 경우, 컴퓨터 프로그램은 최소한의 편집 거리가 아닌 최적의 정렬을 수행할 수 있다. 각 단계의 점수를 합산하여 각 경로에 점수를 매길 수 있다. 치환의 경우, 관련된 잔기 쌍의 수에 따라 돌연변이 점수를 더하게 된다. 수평 및 수직 이동의 경우 적절한 공백 벌점(gap penalty)이 추가된다.

정렬 점수 계산법

정렬 점수 부여 방식은 반드시 잔기의 치환, 삽입 또는 결실을 고려해야 한다. 서열 내 결실과 공백은 길이에 따라 점수가 매겨진다.

Hamming 및 Levenshtein 거리는 두 서열의 비유사성을 측정한다. 즉, **비슷한** 서열은 **작은** 거리를 가진 것으로 처리되고, **유사하지 않은** 서열은 **큰** 거리를 가진 것으로 처리된다. 점수 부여란 서열이 얼마나 **유사하는지**를 측정하는 것으로서, 이는 분자생물학에서 공통적이다. 즉, 유사한 서열에 **높은** 점수를 부여하고, **유사하지 않은** 서열에 **낮은** 점수를 부여한다. 이 과정은 공통적으로 적용되는 공식이다. 최적의 정렬을 위한 연산법이란 유사하지 않은 서열에 점수를 최소화하거나 점수를 부여하는 기능을 극대화하는 것이다.

염기서열의 경우, 치환에 대하여 일치하면 +1, 불일치하면 −1을 부여하는 단순한 점수 부여 방식을 사용하거나, 염기교차(transversion) 변이보다 염기전이(transition) 변이가 더 높은 빈도로 발생하는 데 근거한 좀더 복잡한 방식을 사용하기도 한다.

예제 4.4

염기*전이* 변이(*purine* ↔ *purine*, *pyrimidine* ↔ *pyrimidine*, 즉, a ↔ g 및 t ↔ c)는 염기*교차* 변이((purine ↔ pyrimidine, 즉 (a, g) ↔ (t, c)) 보다 높은 빈도로 발생한다. 이를 반영하는 정렬점수표를 살펴 보자. (점수표의 점수가 높을수록 정렬 점수에 기여하는 바가 크다.) 한 가지 예는 다음과 같다.

한 가지 가능성:		a	g	t	c
	a	20	10	5	5
	g	10	20	5	5
	t	5	5	20	10
	c	5	5	10	20

단백질 서열의 경우, 다양한 점수 부여 방식이 제안되었다. 아미노산을 물리 화학적으로 유사한 종류로 그룹화하여 동일 잔기 그룹 내에서 일치하는 경우 +1을, 다른 그룹의 경우 −1을 부여하는 방식이 있다. 또한 아미노산 특성

의 조합으로부터 보다 정교한 치환 점수를 부여할 수도 있다. 한편, 단백질이 우리에게 적절한 점수 부여 방식을 알려주게 할 수도 있다. M.O. Dayhoff는 먼저 알고 있는 단백질 서열의 치환 빈도에 대한 통계를 수집함으로써 이와 같은 방식을 처음 수행하였다. 이러한 방식은 여러 해 동안 서열 정렬에 점수를 부여하는 방안으로 사용되었다. 하지만 이러한 방식은 이후 대량의 서열에 기초한 새로운 행렬의 점수표로 대체되었다.

치환 점수표 도출: PAM 점수표

서열이 분화됨에 따라 돌연변이는 축적된다. 특정 치환의 상대적 확률을 측정하기 위해, 예를 들면 serine이 threonine으로 치환되는 경우, 정렬된 상동의 서열 쌍에서 serine→threonine의 치환 수를 셀 수 있고, 이를 이용해 상대적 빈도를 구함으로써 치환 점수표를 만들 수 있다. 드문 치환보다 자주 발생하는 치환이 보다 높은 점수를 받게 된다. 그러나 임의의 아미노산 서열의 일정 위치(잔기)에 여러 번의 치환이 발생했다면 어떨까? 이는 정렬된 서열에 나타나지 않을 뿐만 아니라 통계가 왜곡될 것이다. 이러한 통계적 왜곡 문제는 비교하고자 하는 서열 쌍을 특정 위치에서 한 번 이상 치환이 일어나지 않았을 만큼 충분히 유사한 서열로 비교대상을 제한함으로써 피할 수 있다.

서열 차이의 척도는 PAM이며, 여기서 1 PAM = 1% 돌연변이를 말한다. 따라서 1 PAM 간격을 가진 2개의 서열은 99%의 서열이 동일하다. 1 PAM의 수준에서 분화된 2개의 서열은 서열 내 어떤 위치도 단 한 번만의 치환이 있었을 가능성이 높다. 여기의 예처럼 밀접한 관련이 있는 서열 쌍으로부터 통계를 가능한 한 수집하고, 이들 내 빈도를 통해 다른 아미노산 서열을 보정하면 *1 PAM* **치환 점수표**가 완성된다.

더 크게 분화된 서열에 대한 점수표를 도출하고자 할 때 이 PAM 점수표의 유용성을 활용할 수 있다. 이 경우 각 위치에서 다중 치환의 영향을 고려해야 한다. 서열 간 약 20% 정도의 상동성에 일치하는 PAM250 수준은 간단한 서열 짝 비교만으로 정확한 정렬이 생성되기를 기대할 수 있는 가장 낮은 수준의 유사도이다. 그러므로 이는 실질적으로 활용할 수 있는 최저의 수준이다. (몇몇 저자는 다른 정도의 분화된 서열을 다룰 수 있는 치환 점수표를 도출한 바 있다.)

직접적 복귀(reversion) 또는 다른 잔기로 진화 후 다시 복귀하는 것은 서열의 진화는 점차적으로 분화한다는 점에서 보면 돌연변이율을 저평가하게끔 한다. PAM 점수와 서열의 유사도(% identity) 상관관계는 다음과 같다.

PAM	0	30	80	110	200	250
% 유사도	100	75	50	60	25	20

점수는 각 다른 치환의 상대적 가능성을 반영하며, 점수표는 다음과 같은 돌연변이율의 **로그 값**(*log-odd*)으로 표현된다.

$$\text{Score of mutation } i \leftrightarrow j = \log_{10} \text{ of } \frac{\text{observed i} \leftrightarrow \text{j mutation rate}}{\text{돌연변이율은 아미노산 빈도에 대한 기대치이다.}}$$

점수표에 보여지는 숫자는 단순히 소수점을 피하기 위해 숫자에 10을 곱한 것이다. 점수표 항목은 돌연변이 사건에 대한 확률을 반영한다(Box 4.2 참조). 예를 들어, 만약 E ↔ Q 돌연변이에 대하여 +2란 값이 주어진다면, 이는 무작위의 두 서열에 비해 유사한 서열에서는 이러한 돌연변이가 1.6배 더 자주 일어날 것으로 예상된다는 것을 의미한다. 즉, 점수표의 2는 실제 값 0.2에 해당하고, 0.2는 돌연변이의 상대적 기대치의 $\log_{10}$ 값이므로, 기대치 $10^{0.2} = 1.6$이 된다.

2개의 독립적인 돌연변이 사건이 일어날 확률은 각 확률의 산물(곱한 값)이다. 그러므로 로그 값을 사용하는 것은 계산상의 간편성을 위해 곱한 값보다는 더한 값을 얻는다.

S. Henikoff와 J.G. Henikoff는 아미노산 서열 비교시 치환 점수를 매기기 위한 BLOSUM 점수표 군(family)을 개발했다. 그들의 목표는 Dayhoff 점수표 이후 매우 방대한 서열 정보에 적용할 수 있고, 먼 관계를 확인하는 데 최적화된 점수표를 만들어서 Dayhoff 점수표를 대체하고자 하는 것이었다.

BLOSUM 점수표는 정렬된 단백질 서열의 BLOCKS 데이터베이스에 기초한다. 따라서 이름은 BLOcks SUbstitution Matrix이다. 공백 없이 정렬할 수 있는 밀접한 관련 단백질 영역에서, Henikoff와 Henikoff는 각 위치에서 관찰된 아미노산 쌍의 수를 전체 아미노산 빈도에서 예상되는 아미노산 쌍의 수로 나눈 값을 계산했다. Dayhoff 점수표와 마찬가지로, 결과는 로그 값으로 표시된다. 밀접한 관

BOX 4.2

아미노산 서열의 유사도 점수 부여를 위한 BLOSUM62 점수표

아미노산의 명칭은 알파벳순으로 세 글자의 아미노산 약자로 사용되었다. 치환 확률은 대칭으로 주어지므로 점수표의 하위 삼각형에만 표시된다. [이는 어떤 치환율도 역전율(rate of its reverse)과 비슷하다고 확신할 수 있어서가 아니라 두 비율 간의 차이를 판단 할 수 없기 때문이다.]

Ala (A)	4																			
Arg (R)	−1	5																		
Asn (N)	−2	0	6																	
Asp (D)	−2	−2	1	6																
Cys (C)	−0	−3	−3	−3	9															
Gln (Q)	−1	1	0	0	−3	5														
Glu (E)	−1	0	0	2	−4	2	5													
Gly (G)	0	−2	0	−1	−3	−2	−2	6												
His (H)	−2	0	1	−1	−3	0	0	−2	8											
Ile (I)	−1	−3	−3	−3	−1	−3	−3	−4	−3	4										
Leu (L)	−1	−2	−3	−4	−1	−2	−3	−4	−3	2	4									
Lys (K)	−1	2	0	−1	−3	1	1	−2	−1	−3	−2	5								
Met (M)	−1	−1	−2	−3	−1	0	−2	−3	−2	1	2	−1	5							
Phe (F)	−2	−3	−3	−3	−2	−3	−3	−3	−1	0	0	−3	0	6						
Pro (P)	−1	−2	−2	−1	−3	−1	−1	−2	−2	−3	−3	−1	−2	−4	7					
Ser (S)	1	−1	1	0	−1	0	0	0	−1	−2	−2	0	−1	−2	−1	4				
Thr (T)	0	−1	0	−1	−1	−1	−1	−2	−2	−1	−1	−1	−1	−2	−1	1	5			
Trp (W)	−3	−3	−4	−4	−2	−2	−3	−2	−2	−3	−2	−3	−1	1	−4	−3	−2	11		
Tyr (Y)	−2	−2	−2	−3	−2	−1	−2	−3	2	−1	−1	−2	−1	3	−3	−2	−2	2	7	
Val (V)	0	−3	−3	−3	−1	−2	−2	−3	−3	3	1	−2	1	−1	−2	−2	0	−3	−1	4
	A	R	N	D	C	Q	E	G	H	I	L	K	M	F	P	S	T	W	Y	V

련이 있는 서열에 대한 과도한 점수 부여를 피하기 위해, Henikoffs는 임계값보다 높은 서열 유사성을 갖는 단백질군은 단일 대표(representative) 또는 가중 평균(weighted average)으로 대체했다. 임계값 62%를 적용하여 일반적으로 사용되는 BLOSUM62 점수표를 만들었다(Box 4.2 참조). 이것은 모든 프로그램에서 선택사항으로 제시되며, 또 대부분의 경우는 기본 값으로 적용되기도 한다. 이로써 BLOSUM 점수표는 Dayhoff 점수표를 대체하였다.

그외 많은 다른 점수표는 만들어졌으며, 계통수를 추론하기에는 WAG와 LG[1]의 연구결과가 선호되고 있다.

[1] Discussed by Le, S.Q. & Gascuel, O. (2008). An improved general amino acid replacement matrix. *Mol. Biol. Evol.* **25**, 1307–1320.

삽입/결실 또는 공백 점수

정렬에 대한 완전한 채점 방식을 마련하려면 치환 점수표 이외에도 공백에 대한 점수 방안이 필요하다. 치환에 비해 삽입과 결실이 얼마나 중요할까? 아래 서열에 대하여 공백 시작(gap initiation)과:

```
aaagaaa
aaa-aaa
```

공백 연장(gap extension)을 구분해 보자:

```
aaaggggaaa
aaa----aaa
```

DNA 염기서열을 정렬하기 위해, CLUSTAL-Omega는 치환(일치의 경우 +1, 불일치의 경우 0)과 공백 감점(각 잔기당 공백 시작 감점은 10, 공백 연장 감점은 한 잔기당 0.1)

을 위한 동일성(identity) 점수표를 사용한다. 단백질 서열의 경우 치환에 대해서는 BLOSUM62 점수표를 사용하기를 권장하며, 각 잔기당 공백 시작 감점은 11 그리고 공백 연장 감점은 각 1을 부가하기를 권장한다.

두 서열의 정렬 계산

이제 점수 계산 방식이 정리되었으므로, 이를 최적 정렬, 즉 점수를 최대화할 수 있는 정렬을 찾는 데 적용할 수 있다. 두 서열의 전역 최적 정렬을 결정하기 위한 유명한 알고리즘으로는 수학적 방법에 기반한 역동연산법(dynamic programming algorithm)이 있다(자세한 내용은 다음 절에 기술됨). 이 알고리즘은 분자생물학에서 매우 중요하며 주요한 특징은 다음과 같다.

- 이 방법의 장점은 최적의 전역 정렬을 반드시 제공한다는 것이다. 애매한 근사치가 아니라 치환 점수표와 공백 감점에 대한 변수를 선택하면 최적의 정렬 점수를 제공한다.
- 이 방법의 단점은 여러 가지 정렬에 대하여 동일한 최적의 점수를 부여한다는 것이다. 그리고 이들 중 어떤 것도 생물학적으로 올바른 정렬이 아닐 수 있다는 것이다. 예를 들어, 닭 헤모글로빈의 α와 β 사슬을 비교할 때, W. Fitch와 T. Smith는 17개의 정렬을 발견했는데, 17개 정렬 모두 동일한 최적 점수를 부여받았으나 그중 하나만이 정확했으며(최후의 방법인 구조에 기반했을 때), 최적 5% 범주 내의 점수를 받은 서열이 무려 1,317개에 이른다.
- 또 다른 단점은 길이 n과 m의 두 서열을 정렬하는 데 필요한 시간이 $n \times m$에 비례적이다. 왜냐하면, 이것이 반드시 채워야 하는 편집 점수표의 크기이기 때문이다. 즉, 역동연산법은 전체 서열 데이터베이스에서 탐색 서열에 일치하는지를 검색하는 것으로 그다지 편리하지 않다. 또한 심지어 모든 것의 모든 것에 대한(all-against-all) 정렬도 더더욱 편리하지 않다. 데이터베이스 검색의 문제는 사실상 탐색 서열을 매우 긴 서열, 즉 전체 데이터베이스 길이에서 한 영역을 일치시키는 문제이다.

변형과 일반화

역동연산법은 세 가지 변형된 정렬, 즉 전체 서열에 대한 전체 서열 정렬, 두 서열 중 한 전체 서열에 대한 다른 서열의 일부 영역의 정렬 및 두 서열 중 한 서열의 일부 영역에 대한 다른 서열의 일부 영역의 정렬에 적용된다. 전역 정렬 알고리즘은 S. B. Needleman과 C. D. Wunsch에 의해 생물학적 서열 정렬에 처음 적용되었으며, T. Smith와 M. Waterman은 이들을 수정하여 부분 서열의 일치 여부를 확인하기 위해 사용했다.

빠른 데이터베이스 스크리닝을 위한 근사치법

새로운 게놈의 유전자가 어떤 유전자와 유사한지를 데이터베이스에서 스크리닝하는 것은 일상적이다. 근사치법

BOX 4.3

BLAST 프로그램의 종류

프로그램	문의 서열 유형	데이터베이스 검색
BLASTP	아미노산 서열	단백질 서열
BLASTX	번역된 염기서열	단백질 서열
TBLASTN	아미노산 서열	번역된 염기서열
TBLASTX	번역된 염기서열	번역된 염기서열
PSI-BLAST	아미노산 서열	단백질 서열

상기 모든 프로그램은 기본적으로 BIOSUM62 점수표를 사용하여 아미노산 서열 간 비교를 수행한다. 찾고자 하는 (query) 서열(문의 서열) 또는 데이터베이스에서 검색하고자 하는 서열이 염기서열일 경우, 6개의 모든 판독 프레임에 대하여 염기서열을 아미노산 서열로 번역하여 수행된다. 다만 BLASTN은 찾고자 하는 염기서열을 염기서열 데이터베이스에 직접 비교한다.

(approximate method)은 가까운 관계에 대해서는 신속하게 잘 찾을 수 있지만, 이는 먼 관계에 있는 정확한 한 개의 서열을 찾는 데는 한계가 있다. 실질적으로 근사치 스크린닝법은 탐색 서열에 대하여 데이터베이스에 있는 한 개 또는 그 이상의 상당히 유사도가 높은 서열은 매우 잘 찾는다. 따라서 우선은 이러한 방법을 먼저 시도해 볼 가치가 있다.

일반적인 근사치 스크린닝법은 작은 정수 *k*를 취하고, 데이터베이스의 어떤 서열에서 확인되는 탐색 서열에서 잔기의 각 *k*-튜플(tuble, 유한 개수 사물의 순서 있는 열거)의 모든 경우를 결정한다. 후보 서열은 데이터베이스에서 탐색 서열과 동등한 공백을 가지며, 다수의 일치하는 *k*-튜플을 갖는 서열이다.

스크린닝 방법은 원래의 BLAST(Basic Local Alignment Search Tool) 프로그램을 포함하여 이와 유사한 프로그램에 다양한 변형이 있다(Box 4.3 참조). 다음으로 일련의 선택된 후보 서열에 대해 근사치법에 의한 최적 정렬 계산이 수행된다. 이때 점수표를 통한 경로는 시간 및 공간 절약을 위한 제한이 이루어진 가운데 다수의 일치하는 *k*-튜플이 있는 대각선 주변의 띠(band)로 국한된다. 이러한 과정은 점도표로 표시하는 것이 가장 명확하다(그림 4.3 참조).

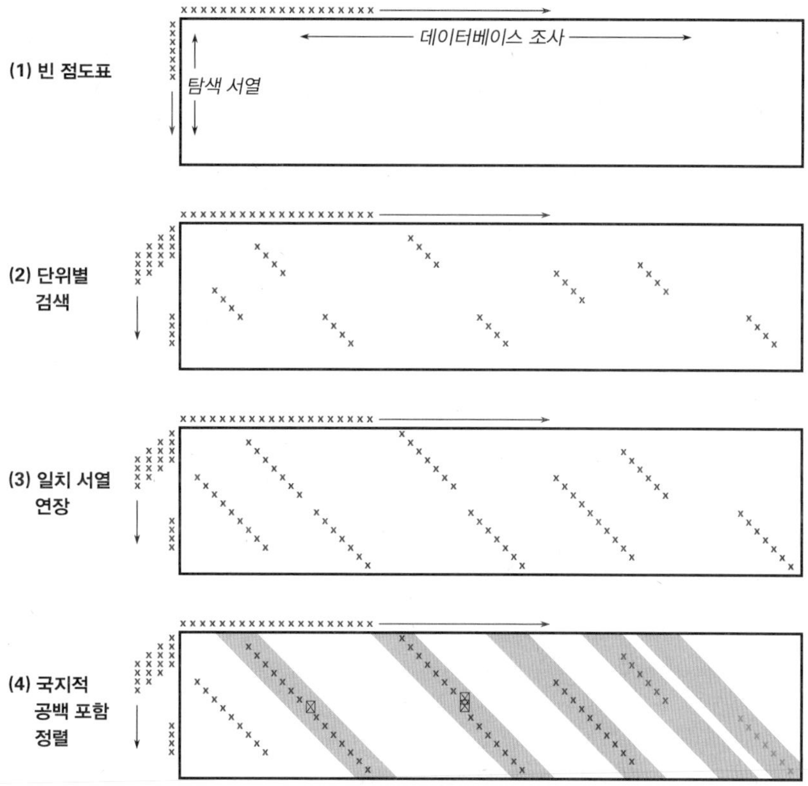

그림 4.3 그림으로 표현한 BLAST 검색 원리.
BLAST는 탐색 서열보다 훨씬 긴 전체 게놈 혹은 전체 데이터베이스의 서열에서 탐색 서열과 일치하는 서열을 찾는 문제를 해결한다.
(1) 정확한 정렬 방법이 문제의 핵심인 것처럼, BLAST 알고리즘의 실행 영역이 점도표의 요점이다.
(2) BLAST는 먼저 탐색 서열을 고정된 길이의 서열로 나눠서 *k* 길이의 서열이 되게 하며, 여기서 $k = 4$이다. 그 다음 전체 데이터베이스에서 불일치가 없고, 공백이 없는 *k* 길이의 서열을 모두 찾아낸다. 탐색 서열내 동일한 4개의 서열이 여러 번 있을 수 있고, 4개의 서열은 데이터베이스 내에서 여러 번 일치할 수 있다. 4개의 서열이 일치하는 부분을 찾아내서 미리 기록한 데이터베이스를 이용한다면 이 단계를 빠르게 진행할 수 있다.
(3) BLAST 검색은 각 일치하는 서열을 시작으로 양방향으로 일치하는 서열을 연장해서 검색하며, 이때 여전히 불일치와 공백은 허용되지 않는다.
(4) 연장 검색까지 검색이 완료되면, BLAST는 이제 불일치와 공백을 *허용한* 상태로 다시 전체적으로 정렬을 하게 되지만 이는 일차적으로 일치하는 서열 부분(회색 부분)에만 국한된다. 이 단계에서 일치하는 서열에는 별표(⋆)로 표시된다. 이러한 과정을 통해 길게 일치하는 영역이 생성된다.

정밀 스크리닝 절차는 전체 점수표에 적용할 때 보다 속도감 있게 진행되는 반면, 상대적으로 짧은 영역에는 제한적이다. 또한 결합된 일치 영역이 회색 영역 밖에 있다면 이러한 일치 서열은 놓치게 된다. 예시에서 설명된 바와 같이, 행렬의 가장 오른쪽에 있는 일치 영역은 결합되지 않고 개별적인 히트로 보고된다.

최적의 짝간 서열 정렬을 위한 역동연산법[2]

모든 정렬을 포함하는 도표는 점도표를 그리는 데 사용되는 것과 비슷한 표로 작성될 수 있다. 두 서열 중 한 서열의 잔기들은 행에 표시하고, 다른 서열의 잔기들은 열에 표시한다. 왼쪽 위부터 오른쪽 아래의 행렬을 통과하는 모든 경로는 정렬된 것을 의미한다. 이 작업은 최저 비용이 드는 경로를 찾는 것이며, 어려운 점은 매우 많은 경로를 고려해야 한다는 것이다.

예를 들어, 스웨덴 남부의 Malmö에서 노르웨이 북부의 Tromsø까지 운전한다고 가정하자. 이 경로는 여러 도시를 통과하는 수많은 작은 경로가 있을 수 있다(그림 4.4 참조). 목적지를 향한 완전하고 지속적인 경로를 만들기 위하여 수 많은 작은 경로들의 조합을 선택할 수 있다.

컴퓨터를 통한 최적의 경로를 찾는 것은 여행에 있어 개별 소경로에 대한 비용을 수치화하는 것이다. 경로를 선택할 때 여행의 전체적인 비용은 개별 부분들의 비용의 합이다. 그러나 경로에 관한 비용은 단순히 금전적인 경비뿐만이 아니라 다른 여러 가지 소경로에 있는 각각의 가치를 고려하여 여행자가 결정하는, 보다 일반적인 추산치가 될 것이다. 여행시 그 거리가 얼마나 먼가 하는 것은 분명 문제로서 중요한 요소인 것은 틀림이 없지만, 다른 요인들, 즉 도로가 얼마나 좋은지, 주변 경치를 구경할 수 있는지 등도 중요한 요인이 될 수 있다. 어떤 경로를 선택하든 여행의 전반적인 경비는 각 요인들의 총합이 될 것이다. 분명한 것은 여행에서 행보를 반복하거나 같은 도시를 두 번 방문

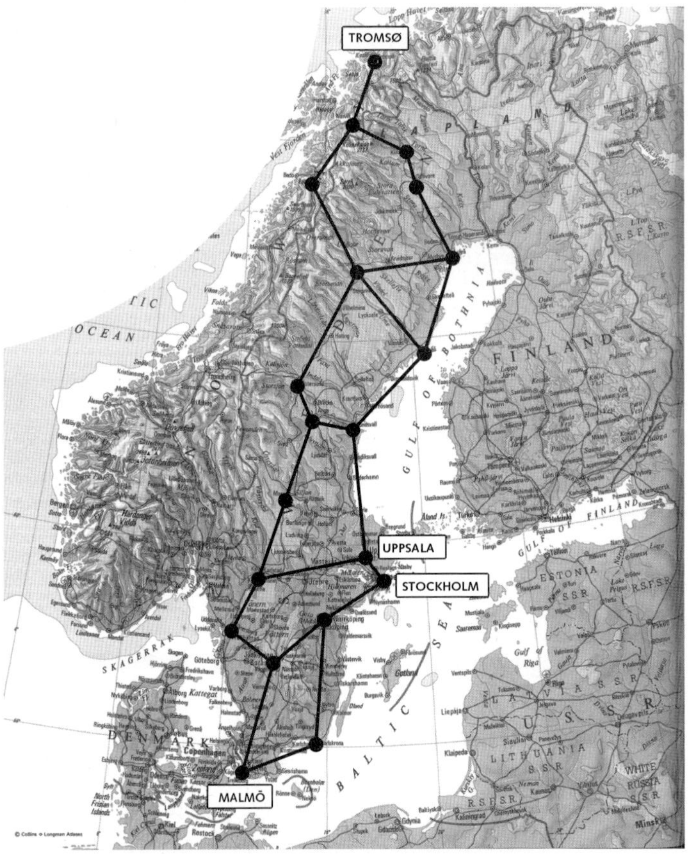

그림 4.4 Malmö에서 Tromsø까지 가능한 경로. 최적의 경로를 어떻게 결정할 것인가?

[2] Optional section. Readers in doubt may consider the remarks in Lesk, A.M. (1988). TATA for now . . . *Trends Biochem. Sci.* **13**, 410.

하는 것은 비효율적이므로 중간에 멈추는 곳은 반드시 먼저 번 장소보다 북쪽일 것이라는 점에 동의할 것이다. 이러한 정형화는 값을 최대화하기보다는 비용을 최소화하는 방식으로 표현된다. 여기서는 목적상 두 가지가 다 동등하다. 그러므로 알고리즘은 최적의 전체 경로를 결정하기 위하여 가능한 조합을 탐색하게 된다.

다음은 역동연산법의 기본적인 개요를 설명하기 위한 문제의 요약본이다.

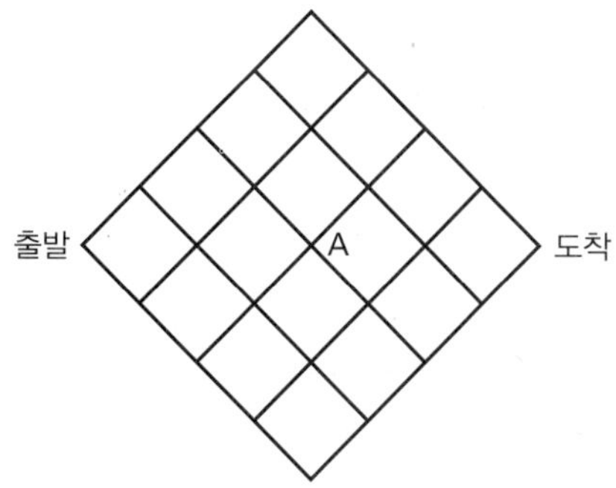

첫째: A 지점을 통과하여 출발지부터 도착지까지 가는 경로는 몇 개가 있을까? 출발해서 A까지 가는 경로는 6개가 있다(방법들을 모두 써보라). 이와 대칭하여 A에서 도착지까지 가는 경로 역시 6개가 있으므로, A를 거쳐서 출발지부터 도착지까지 가는 경로는 총 36개가 있다(왜 일까?). 개별 경로에 소요 비용을 매긴 후 A를 통과해서 출발지부터 도착지까지 가는 최소 비용의 경로를 찾기 위해 36개의 경로를 다 확인해야 할까? 아니다. 여기에 중요한 관찰 내용이 있는데, **A에서 도착지까지 가는 최적의 경로 선택은 출발지부터 A까지 가는 경로 선택과는 독립적이다**. 만약 시작에서 A까지 가는 경로와 A에서 목적지까지 도착하는 경로 중 최적의 경로가 각각 6개라고 판단한다면, A를 거쳐서 출발지부터 도착지까지 도착하는 최적의 경로는 출발지에서 A까지 가는 최적의 경로와 A에서 목적지까지 가는 최적의 경로를 포함해야 하므로, A를 거쳐서 목적지까지 이르는 12개의 경로만을 고려하면 된다.

문제를 체계적으로 더 세분화함으로써 보다 더 단순하게 할 수 도 있다. 행렬을 통해 최적의 경로를 찾는 역동연산법은 이러한 원리에 기초한다.

최적의 정렬을 이루어내고 역동연산법으로 그 문제를 푸는 것에 대한 설명은 다음과 같다. 두 행의 서로 다른 길이를 가진 알파벳 세트($A = a_1a_2 \ldots a_n$과 $B = b_1b_2 \ldots b_m$, 여기서 a_i과 b_j는 알파벳 세트 $\mathcal{A}$에 속함)가 주어졌을 때 A와 B를 공통의 서열로 바꾸는 편집 작업(edit operation)의 서열을 생각해 봐야 한다. 개별적인 편집 작업은 다음과 같다.

a_i을 b_j로 대체하는 것은 (a_i, b_j)가 된다.
서열 A로부터 a_i를 결실하는 것은 (a_i, ϕ)가 된다.
서열 B에서 b_j를 결실하는 것은 (ϕ, b_j)가 된다.

알파벳 세트에 무효의 ϕ를 포함해서 알파벳 세트를 확장한다면:

편집 작업의 서열인 $\mathcal{A}^+ = \mathcal{A} \cup \{\phi\}$는 x, y $\mathcal{A}^+$인 가운데 순서를 갖는 쌍인 (x, y)가 $x, y \in \mathcal{A}^+$된다.
비용 함수인 d는 편집 작업에서 다음과 같이 정의된다:

$d(a_i, b_j)$ = A 서열의 위치는 B 서열의 위치와 일치하는 정렬 서열의 돌연변이 값이고, 돌연변이는 $a_i, \leftrightarrow b_j$.

$d(a_i, \phi)$ 또는 $d(\phi, b_j)$ = 결실 또는 삽입의 비용. A와 B 서열 간 최소의 가중치를 고려한 거리를 찾는다면:

$$D(A, B) = \min_{A \to B} \Sigma\ d(x, y)$$

이며, 여기서 $x, y \in \mathcal{A}^+$와 최솟값은 A와 B를 공통의 서열로 바꾸는 편집 작업의 모든 서열을 취하게 된다.

문제는 $D(A, B)$를 찾는 것으로서, 이에 일치하는 하나 또는 그 이상의 정렬을 찾는 것이다.

두 서열 길이의 곱에 비례하는 긴 실행 시간이 요구되는 이러한 문제를 해결하기 위하여 $\mathcal{D}(i, j)$, $i = 0, \ldots n; j = 0, \ldots m$과 같은 행렬을 만들면, $\mathcal{D}(i, j)$는 A의 첫 i과 B의 첫 j로 구성된 두 행 서열 사이의 최소 거리이다. 그러면 $\mathcal{D}(n, m)$은 요구되는 최소 거리인 $D(A, B)$가 된다.

알고리즘은 반복에 의해 $\mathcal{D}(i, j)$를 계산한다. $\mathcal{D}(i, j)$의 값은 시작 단계의 소단위 서열(subsequences)인 $A_i = a_1a_2 \ldots a_i (i \le n)$와 $B_j = b_1b_2 \ldots b_j (j \le m)$를 두 행 서열에서 서열의 순서를 늘려 적용되는 L 편집 작업인 S_k, $k = 1, \ldots L$에 의해서 공통의 서열로 변환한다. 마지막 편집 작업을 **수행하지 않는** 것도 고려해 볼 수 있다. 편집 작업의 절단된 서열인 S_k, $k = 1, \ldots L - 1$은 A_i의 부분서열과 B_j의 부분서열을 변환하기 위한 편집 작업의 서열이기 때문이다. 더욱이 이러한 부분서열을 위해서는 편집 작업의 **최적** 서열이 되어야 한다. 왜냐하면, 만약 일부 다른 서열인 S'_k가 이러한 부분서열을 만들기 위해 낮은 비용의 편집 작업을 요구하는 서열이라면, S'_k에 이은 S_L도 A_i와 B_j를 전환하기 위한 S_k 보다 편집 작업을 위한 저비용이 요구되는 서열이기 때문이다. 그러므로, $\mathcal{D}(i, j)$를 계산하기 위한 반복적인 방법이 존재해야 한다.

행렬에서 인접한 사각형과 개별 편집 작업의 각 단계 사이의 일치 여부에 대해 인식해야 한다(그림 4.1 참조).

$(i-1, j-1) \rightarrow (i, j)$	a_i를 b_j로 치환하는 것에 해당
$(i-1, j) \rightarrow (i, j)$	A에서 a_i를 삭제하는 것에 해당
$(i, j-1) \rightarrow (i, j)$	A의 i 번째 위치에 b_j를 삽입하는 것에 해당

$0 \le i_{k+1} - i_k \le 1$, $(0 \le k \le n-1)$, $0 \le j_{k+1} - i_k \le 1$ $(0 \le k \le m-1)$ 조건에서 수정 작업의 서열은 다음과 같은 행렬을 통한 순차적 경로와 일치한다:

$$(i_0, j_0) = (0, 0) \rightarrow (i_1, j_1) \rightarrow \cdots (n, m)$$

수정 작업이 가능한 서열을 고려하고 행렬을 통한 해당 경로를 고려할 때 $(i-1, j)$, $(i-1, j-1)$, 또는 $(i, j-1)$인 조건에서 (0, 0)으로부터 (i, j)에 이르는 수정 작업의 최적 서열의 직전 단계는 하나에 이르게 하는 수정 작업의 최적 서열이어야 한다. 즉, (i, j)로 가기 위해서는 이전에 $(i-1, j)$, $(i-1, j-1)$, $(i, j-1)$ 중 한 곳으로 이동해야 한다. 이는 최적의 수정 작업 서열을 찾기 위한 중요한 규칙 중 하나이다. 이와 마찬가지로, $\mathcal{D}(i, j)$는 비용 함수 d에 의해 함께 지정된 매개변수화와 함께 $\mathcal{D}(i-1, j)$, $\mathcal{D}(i-1, j-1)$, $\mathcal{D}(i, j-1)$의 값에 의존한다.

이에 대한 알고리즘은 다음과 같다.

다음을 적용하여 $(m+1) \times (n+1)$ 행렬 $\mathcal{D}$를 계산해 보면,

1. 상단 행과 왼쪽 열의 초기 조건은

$$\mathcal{D}(i, 0) = \sum_{k=0}^{i} d(a_k, \phi)$$

$$\mathcal{D}(0, j) = \sum_{k=0}^{j} d(\phi, b_k)$$

이다. 이 값들은 서열 시작 부분의 일치하지 않는 잔기들에 공백 벌점을 부가한다.

2. 반복 관계:

$$\begin{aligned}\mathcal{D}(i, j) = \min\{&\mathcal{D}(i-1, j) + d(a_i, \phi),\\ &\mathcal{D}(i-1, j-1) + d(a_i, b_j),\\ &\mathcal{D}(i, j-1) + d(\phi, b_j)\}\end{aligned}$$

$i = 1, \ldots n$; $j = 1, \ldots m$. 즉, 다음과 같이 $\mathcal{D}(i, j)$의 세 단계를 모두 고려한다:

작업	누적 비용
서열 A에 공백을 삽입	$\mathcal{D}(i-1, j) + d(a_i, \phi)$
$a_i \leftrightarrow b_j$로 대체	$\mathcal{D}(i-1, j-1) + d(a_i, b_j)$
서열 B에 공백을 삽입	$\mathcal{D}(i, j-1) + d(\phi, b_j)$

이로부터 최솟값의 누적 비용을 선택한다. 각각의 셀(cell)에서 $\mathcal{D}(i, j)$의 값뿐만 아니라 최소화 작업으로 선택된 셀인 $(i-1, j)$, $(i-1, j-1)$ 또는 $(i, j-1)$ 이전의 지시 신호(pointer)를 기록한다. 한 번 이상의 선행 작업은 같은 값을 제공할 수 있다는 것에 유의해야 한다.

계산이 완전히 끝나면, $\mathcal{D}(n, m)$이 최적 거리 $D(A, B)$가 된다. 지시 신호에 의해 기록된 편집 서열과 일치하는 정렬은 (n, m)에서 (0, 0)까지 행렬을 통해 역방향 경로를 추적함으로써 회복할 수 있다. 최소 거리 $D(A, B) = \mathcal{D}(n, m)$에 해당하는 이 정렬은 고유하지 않을 수 있다.

예제 4.5

염기서열 A = `ggaatgg`와 염기서열 B = `atg`를 간단한 점수 계산표(일치 염기 = 0, 불일치 염기 = 20, 삽입 혹은 결실 = 25)에 따라 정렬한다.

현재 상단 행과 가장 왼쪽 열(이탤릭체로 표시됨)에 대하여 점수가 부여되었으며, 두 번째 행과 두 번째 열은 **20**(굵은 글씨로 표시됨)으로 입력된 상황이다.

	ϕ	a	t	g
ϕ	*0*	*25*	*50*	*75*
g	*25*	**20**		
g	*50*			
a	*75*			
a	*100*			
t	*125*			
g	*150*			
g	*175*			

20이란 값은 25 + 25(수평 이동 또는 `atg` 서열에 공백 삽입), 0 + 20(치환 a ↔ g) 그리고 25 + 25(수직 이동 또는 `ggaatgg` 서열에 공백 삽입)의 최솟값을 선택한 것이다. 치환(대각선 이동)의 경우 최솟값을 제시하였으므로, 점수표의 왼쪽 위 모서리에 0으로 기록된 셀은 방금 20이라고 입력한 셀의 이전 단계 작업이다. 역추적을 위한 목적으로 방금 입력한 값 20으로부터 역으로 왼쪽 상단의 0으로 향하는 화살표를 표시할 수도 있다(만약 두 번 또는 심지어 세 번의 이동이 동일한 값을 생성한다면 그 셀에는 여러 번의 선행 작업이 있었던 것임).

다음은 계산이 완료된 점수표이다.

	ϕ	a	t	g
ϕ	*0*	←*25*	←*50*	←*75*
	↑	↖	↖	↖
g	*25*	*20*	←*45*	*50*
	↑	↖↑	↖	↖
g	*50*	*45*	*40*	*45*
	↑	↖	↖↑	↖
a	*75*	*50*	*65*	*60*
	↑	↖↑	↖	↖↑
a	*100*	*75*	*70*	*85*
	↑	↑	↖	↖
t	*125*	*100*	*75*	*90*
	↑	↑	↑	↖
g	*150*	*125*	*100*	*75*
	↑	↑	↑	↖↑
g	*175*	*150*	*125*	*100*

이 점수표는 화살표의 형태로 각 셀에서 이전 선행 작업 셀로 향하는 추적 정보를 포함한다. 일부 응용 프로그램의 경우 *D*(*A*, *B*) 값만 필요하지만 정렬은 필요하지 않을 수 있다. 이 경우 지시 신호를 저장할 필요는 없다. 굵게 표시된 화살표는 오른쪽 아래로부터 역으로 왼쪽 상단 방향으로 선행 작업의 자취를 되짚어가며 최적 정렬의 경로를 기술한다. 경우에 따라 하나의 셀이 2개의 선행 작업을 보여주는데, 이는 같은 점수의 선택 가능한 정렬을 의미한다.

추적 경로가 분지하는 2개의 셀이 있다. 이 경우 동일한 점수를 가진 4개의 최적 정렬이 생기게 된다.

```
ggaatgg    ggaatgg    ggaatgg    ggaatgg
---atg-    ---at-g    --a-tg-    --a-t-g
```

공백 시작 감점보다 공백 연장 감점이 더 작은 공백 감점 방식인 경우 개별 공백의 길이와 상관 없이 가장 적은 수의 공백을 포함하기 때문에 공백의 수가 적은 처음 2개의 정렬이 나머지 정렬보다 더 좋은 점수를 받게 된다. 그러나 점수표를 채우는 데 있어 보다 더 복잡한 공백 점수 부가방식은 더 복잡한 반복 공식이 필요하다.

이 연산법은 두 서열 간 최적의 전역 *최적* 정렬을 결정한다. 이는 유사한 서열 *바깥쪽*에 공백 벌점을 부여하기 때문에 두 서열에서 유사도가 높은, 부분 영역을 찾거나 짧은 서열로 긴 서열을 탐색하기에 적절하지 않다. T. Smith와 M. Waterman은 기본적인 역동연산법의 이러한 문제점을 해결했는데, 2개의 서열에서 서로 가장 유사한 부분 서열을 선발하는 것이다. 이로 인해 다음과 같은 변화가 생기게 된다.

1. *행렬의 시작*: 점수표의 상단 행과 왼쪽 열의 값을 설정하는 것이다. Smith-Waterman 방법은 상단 행과 왼쪽 열의 값을 0으로 정한다. 그 결과, 두 서열은 정렬이 시작되기 전 정렬을 위해 지나가는 잔기에 공백 벌점을 부가하지 않은 채 다른 쪽으로 미끄러져 지나간다.

2. *행렬 채우기*: 전역의 최적 정렬시 각 단계에서 적합한 부분 영역을 포함하는 경로를 따라가며, 일치, 삽입, 결실 중 어떤 것도 일치하지 않더라도 또한 적절하지 않은 선택으로 인해 점수가 나빠지더라도 일치, 삽입, 결실 중 하나가 선택되어야 한다. 여기에 Smith–Waterman 방법은 네 번째 선택을 추가한다: 즉, 정렬된 서열을 끝내는 것이다.

3. *점수와 역추적*: 전역 정렬 점수는 오른쪽 하단의 수이다. Smith–Waterman 방법에서 언제든 점수표에 나타나는 것은 최적의 값이다. 전 구역 정렬시 실질적인 정렬을 결정하기 위한 역추적은 오른쪽 하단의 셀에서 시작한다. Smith–Waterman 방법에서 역추적은 최적의 값을 포함하는 셀에서 시작하고 부분적 유사성이 지속되는 한 역추적은 계속된다.

Smith–Waterman 방법을 적용하면, 위의 예의 경우 다음의 정렬만이 전역 최적 정렬에 해당한다.

```
ggaatgg
   atg
```

이상의 정렬은 일치하는 영역 밖으로 공백이 없는 것을 알 수 있다.

(이상의 예는 다음의 논문으로부터 발췌하였다. Tyler, E.C., Horton, M.R., and Krause, P.R. (1991). A review of algorithms for molecular sequence comparison. *Computers and Biomedical Research*, **24**, 72–96.)

정렬의 중요성

정렬을 통해 두 서열 간 흥미로운 유사성이 밝혀졌다고 가정해 보자. 정렬로 인한 유사 정도는 유의해 보이는 것일까? 아니면 우연에 의한 결과일까? 동전이나 주사위를 던져 예측되는 간단한 확률처럼 정렬에 의한 결과의 예상 분포와 특정 결과의 확률은 정확하게 계산될 수 있다. 서열 정렬은 전체 모집단의 서열로부터 정렬이 이루어지므로 모집단을 정의하는 것은 사소한 일이 아니다. 예를 들어, 염기서열 또는 아미노산 서열을 대조군으로 무작위적으로 취하면 작위적 구성의 서열 집단과 비교시 서열 정렬에 치우침이 발생하게 된다.

이 문제에 대한 실질적인 접근 방법은 다음과 같다: 관찰된 정렬 점수가 **무작위 순열**(*random permutation*)의 관찰된 정렬과 다를 바 없다면, 이는 우연히 일어났을 가능성이 있다. 그러므로 서열 중 하나를 여러 번 임의로 지정하고, 각 결과를 두 번째 서열에 재정렬한 다음 이로 인해 얻어진 점수 분포를 수집한다. 그림 4.5는 일반적인 예시이다. 데이터베이스 검색을 위하여 전체 데이터베이스로부터 얻어진 결과의 모집단을 통계 작성을 위한 모집단으로 사용한다.

분명한 것은 원래의 서열과 무작위로 선발된 서열의 점수가 일치한다면 정렬은 유의하지 않다. 무작위로 선발된 서열의 정렬 점수에 대한 평균값과 표준편차를 구하면 원래 서열의 점수가 얼마나 비정상적으로 높은지를 알 수 있다. *Z* **점수**는 원래의 결과가 어느 정도까지 모집단의 평균치에서 크게 벗어나 있는지를 나타낸다.

$$\text{Z-점수} = \frac{\text{점수} - \text{평균}}{\text{표준편차}}$$

Z 점수가 0이면 관찰된 유사도가 무작위로 선발된 순열의 평균보다 좋지 않음을 의미하며, 이는 우연히 생길 수 있다. 유의 정도를 판단하는 데 사용되는 다른 값으로는 **P**가 있는데, 이는 관찰된 일치 서열이 우연히 발생했을 확률이며, 데이터베이스를 검색할 경우 **E** 값이 제공되는데, 이는 데이터베이스에서 임의의 크기를 가진 서열을 탐색했을 때 우연히 얻어질 수 있는 예측 관찰치에 견줄 수 있는 일치 서열의 수에 해당한다(Box 4.4 참조).

많은 '경험 법칙'은 최적의 정렬에서 동일한 잔기의 백분율로 표현된다. 2개의 단백질이 최적 정렬에서 45% 이상 동일 잔기를 갖는다면, 이들은 매우 유사한 구조를 가질 것으로 추측할 수 있으며, 동일의 또는 적어도 유사한 기능을 가질 가능성이 매우 높다고 판단할 수 있을 것이다. 한편 2개의 단백질이 25% 이상의 동일 잔기를 갖는다면, 이들은 유사한 단백질 접힘(folding) 양상을 보일 가능성이 높다. 그럼에도 불구하고, 낮은 유사성을 갖는 서열 간 상동성을 배제할 수는 없다. 18~25%의 서열 동일성을 갖는 영역은 "상동성이 있다"라고 말하기 애매한 "경계불분명 지대(twilight zone)"라고 한 R.F. Doolittle의 정의는 매우 위험하다. 이러한 경계불분명 지대보다 낮은 영역에 대해 서열 짝 비교로부터 얻을 수 있는 것은 거의 없다. 그럼에도 불구하고, 유의한 정도의 서열 유사성이 없을지라도 진정한 상동성이 존재할 가능성을 배제할 수는 없다.

경계불분명 지대는 믿을 수 없는 구역이지만, 완전히 도움이 안 되는 것은 아니다. 진짜 관련이 있는지를 결정하는 데 있어, 정렬 내 구성요소들은 중요하다. 유사한 서열이 독립적으로 발생하는지, 전체 서열 내에 분산해 있는지, 아니면 빙산(icebergs)처럼 발생하는지(군데군데 유사한 서열이 있는 경우) 등이 중요하다. 높은 유사성을 갖는 부분 영역(Doolittle's의 또 다른 용어)이 공유하는 활성 영역인지 또한 중요하다. 또한 공유 배위자(ligand) 영역인지 아니면 기능을 공유하는 영역인지 등에 대한 정보 역시 중요하다. 물

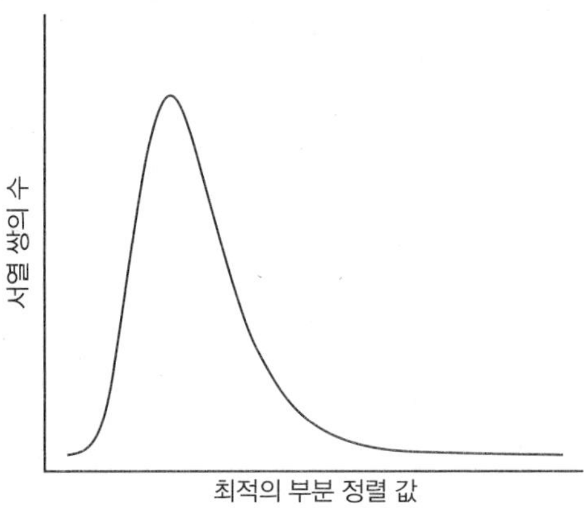

그림 4.5 동일한 길이의 임의의 아미노산 서열 쌍에 대한 최적의 부분 정렬 값은 극단적인 점수 분포를 보여준다. 임의의 값 X에 대해 값을 관찰할 확률은 다음과 같음: $P(값 \geq x) = 1 - \exp(-Ke^{-\lambda x})$이며, 여기서 K와 λ는 최대의 분포 위치와 분포의 넓이에 관한 변수이다. 오른쪽의 긴 꼬리 부분에 주목해 보면, 이는 평균 이상의 표준편차 점수는 점수가 정규 분포일 때에 비해 우연히 발생했을 확률이 높다는 것을 의미한다(즉, 덜 유의함을 의미함).

BOX 4.4

불을 내지 않고 성냥을 가지고 노는 법

서열의 짝 정렬과 데이터베이스 검색 결과, 종종 빈약하지만 약간의 서열 유사성만을 보이는 결과를 나타내는 경우도 있다. 이 경우 이들 결과가 진정한 연관성을 나타내는지 여부를 어떻게 결정할 수 있을까? 생물학적 질문에 대한 직접적인 답을 통계적 결과로 구할 수는 없지만, 우리가 직접 관찰할 수 있을 정도의 유사성을 서로 관련이 없는 많은 서열 중에서 우연하게라도 찾을 확률은 있다고 알려준다. 이를 위해 얻어진 정렬 결과와 동일 서열을 사용하여 대규모 집단에 대조군으로 비교해 볼 수 있다. 이렇게 생성된 "대조군" 집단은 우리가 정렬한 서열과 일반적인 특징이 유사하겠지만, 관련된 서열은 거의 포함하지 않을 것이다. 만약 대조군 집단에서 일치하는 서열이 두드러진다면 그것을 유의한 정렬이라고 간주할 수 있다.

우리의 정렬을 어떤 서열 집단까지 비교해야 할까? 서열 짝 정렬을 위해서 두 서열 중 하나를 선택하고, 난수생성기(random-number generator)를 사용하여 여러 복사본을 순서 없이 만들고, 각 재배치된 복사본을 두 번째 서열에 정렬할 수 있다. 데이터베이스 탐색을 위해 전체 데이터베이스가 비교 집단을 제공한다.

대조군의 각 구성원에 우리의 서열을 정렬시키면 광범위한 점수 세트가 생성된다. 본래의 우리 정렬 점수는 어느 정도일까? 다음과 같이 정렬의 중요성을 평가하기 위해 몇 가지 통계적 매개변수가 사용된다.

- *Z* 점수는 본래 우리의 정렬이 얼마나 비정상적인지에 대하여 집단 점수의 평균과 표준편차로 나타낸다. 만약 본래의 정렬 점수가 S일 경우,

$$\text{S의 Z-점수} = \frac{\text{S} - \text{평균}}{\text{표준편차}}$$

  Z 점수가 0인 경우 관찰된 유사성이 대조군의 평균보다 더 높지 않음을 의미하며, 이것은 우연히 발생할 수 있다. Z 점수가 높을수록 관찰된 정렬이 우연히 발생하지 않았을 확률이 커진다. 일반적으로 Z 점수가 5점 이상일 경우 유의하다.

- 많은 프로그램들이 **P** 값은 정렬이 무작위로 이루어진 것보다 우수할 가능성을 말한다. **Z**와 **P** 사이의 관계는 대조군으로부터 얻어진 점수 분포에 의존하며, 이는 정규 분포를 따르지 *않는다.*

  P 값을 해석하는 대략적인 방법은 다음과 같다.

P 10^{-100}	정확한 일치
범위 10^{-100}~10^{-50}의 **P**	매우 유사한 서열, 예를 들어 대립유전자 또는 SNPs
범위 10^{-50}~10^{-10}의 **P**	가까운 관련 서열, 상동이 확실함
범위 10^{-5}~10^{-1}의 **P**	보통, 먼 친척
P > 10^{-1}	일치하지 않을 가능성

- 데이터베이스를 검색할 때 일부 프로그램들(PSI-BLAST를 포함하여)은 **E 값**을 제공한다. 정렬에서 **E 값**은 데이터베이스가 임의 서열로 탐색이 되었을 경우 동일한 *Z* 점수 이상을 제공하는 기대 서열 수에 해당한다. *E*는 *P*의 값을 탐색된 데이터베이스의 크기에 곱해서 구한다. **P**가 아닌 **E**가 데이터베이스 크기에 따라 달라진다는 것에 주의해야 한다. **P**의 값은 0과 1.0 사이로 나타난다. **E**의 값은 0에서 검색된 데이터베이스에 있는 서열 수 사이의 값으로 나타난다.

E 값에 대한 대략적인 해석은 다음과 같다.

E ≤ 0.02	상동 서열일 가능성이 있음
E는 0.02와 1 사이	상동성은 입증되지 않았지만 배제할 수 없음
E > 1	우연히 높은 상동성이 나타났을 확률이 높음

통계는 유용한 방안이지만, 결과에 대해 신중히 고찰하고 유망한 것을 찾아 추가적으로 분석하는 것을 대신하지는 못한다!

론 구조가 알려져 있다면 이를 직접 확인할 수도 있다.

몇 가지 예시:

- 향유고래의 미오글로빈(myoglobin)과 식물인 루핀(lupin, 콩과의 루피너스속 식물)의 레그헤모글로빈(leghaemoglobin)은 최적 정렬에서 15% 동일 잔기를 갖고 있다. 이는 Doolittle가 정의했던 경계불분명 지대보다 낮은 정도의 유사도이다. 그러나 두 단백질은 3차원 구조가 비슷하고, 둘 다 haem 영역을 갖고 있으며, 산소에 결합한다. 두 단백질은 관련성이 멀지만 진화적으로 의미가 있는 상동성의 단백질이다.
- 로다네제(rhodanese)의 N- 및 C-말단 반쪽 서열은 최적 정렬시 11%의 동일 잔기를 갖고 있다. 만약 이들이 다른

단백질에서 나타난다면, 단백질 서열만으로는 이들이 관련이 있다고 결론짓지 못할 것이다. 그러나 이들이 동일 단백질에 있으므로 유전자 중복(duplication)과 분화를 통해 존재한다고 제시할 수 있다. 또한 현저하게 유사한 구조는 이들이 진화적으로 관련이 있음을 확신하게 한다.

- 단백질분해효소인 chymotrypsin과 subtilisin을 고려해 보자. 이 두 단백질은 최적 정렬시 12%의 동일 잔기를 갖고 있다. 이 두 효소는 공통된 기능을 갖고 있으며, 공통된 촉매 삼중체(catalytic triad)를 갖고 있다. 그러나 이들은 서로 접는 패턴이 유사하지 않으며 서로 관련성이 없다. 이들이 공통적 기능과 작동 원리를 갖는 것은 수렴 진화(convergent evolution)의 한 예에 해당한다. 이처럼 기능과 작동 기작은 유사하지만 서열의 상동성이 낮은 단백질이 있음을 유의해야 한다!

다중 서열 정렬

'하나의 아미노산 서열은 수줍은 체하고; 한 쌍의 상동 서열은 속삭이며; 여러 개의 정렬된 서열은 크게 소리친다'. 사실상 단 하나의 서열도 단백질 접힘에 필요한 모든 정보를 포함한다. 그렇다면, 다중 서열 정렬은 어떤 방식으로 이러한 정보를 보다 쉽고 유용하게 만들 수 있는가? 서열의 정렬표는 아미노산의 보존 패턴을 잘 드러나게 하는데, 이를 통해 관계가 먼 서열도 잘 확인할 수 있다. 구조를 예측하는 도구도 단일 서열보다는 다중 서열을 근거로 할 때 더 신뢰할 수 있는 결과를 제시한다.

다중 서열 정렬표를 육안을 관찰하는 것은 분자생물학자가 실험실 벤치로부터 떨어져서 수행할 수 있는 가장 유익한 활동 중 하나이다. 생리화학적 유형이 다른 아미노산들에 대해 단일 색상으로 표현할 생각은 말자. 합리적인 색 구성표(다른 방식도 가능)는 다음과 같다.

색상	잔기 유형	아미노산
노란색	작은 비극성	Gly, Ala, Ser, Thr
초록색	소수성	Cys, Val, Ile, Leu, Pro, Phe, Tyr, Met, Trp
선홍색	극성	Asn, Gln, His
빨간색	음전하	Asp, Glu
파란색	양전하	Lys, Arg

유익한 정보가 되기 위해서는 다중 정렬이 밀접하게 관련된 그리고 관계가 먼 일련의 서열들을 포함해야 한다. 만약 모든 서열이 매우 밀접한 관련이 있다면, 이들이 포함하는 정보는 매우 중복적일 것이며, 이를 통한 추론은 거의 어려울 것이다. 만약 모두 관계가 먼 서열만 포함된다면, 정확한 정렬을 구성하기 어려울 것이며(모든 구조가 사용될 수 없다면), 이런 경우 결과의 완성도와 이를 통한 추론은 의심스럽다고 밖에 할 수 없다. 이상적인 것은 일련의 밀접한 관계를 통해 연결된 관계가 먼 서열들은 물론 완전한 범주 내의 유사 서열을 포함하는 것이다.

다중 정렬을 위한 많은 프로그램들이 있다. 그중 Clustal Omega는 가장 인기 있는 프로그램일 것인데, 이는 일반적 UniProt를 통해 공용 데이터에 등록된 서열 정보를 확보하고 Clustal Omega에서 정렬할 수 있도록 해주는 반면, 다른 프로그램들은 등록 과정이 필요하기 때문이다.[3] 만약 구조가 가능하다면, 이들 프로그램은 특히 먼 관계에 대하여 정렬을 위한 보다 확실한 근거를 제시한다(5장 참조).

[3] Thompson, J.D., Linard, B., Lecompte, O. & Poch, O. (2011). A comprehensive benchmark study of multiple sequence alignment methods: Current challenges and future perspectives. *PLoS ONE* **6**, e18093.

데이터베이스 검색을 위한 다중 서열 정렬의 응용

알려진 단백질의 상동체에 대한 데이터베이스 검색은 생물정보학의 핵심 주제이다. 효과적인 절차를 구축하기 위해 이용 가능한 정보를 가장 잘 활용할 수 있는 방법은 무엇일까? 목표는 거리가 먼 관계까지도 선발할 수 있는 높은

감도(*sensitivity*) 그리고 높은 **선택성**(*selectivity*)이며, 등록된 서열 중 정확하지 않은 상동체의 개수를 최소화하는 것이다. 여기서 우리는 이 문제에 대해 다중 서열 정렬을 적용하는 방법을 논의하고자 한다. 5장에서는 구조 정보를 추가로 적용하는 방법에 대해 논의할 예정이다.

사례 연구 4.2 다중 서열 정렬을 통한 티오레독신(thioredoxin)의 구조 추론

티오레독신(thioredoxin)은 모든 세포에서 발견되는 효소이다. 이는 세포 증식, 혈액 응고, 종자 발아, 인슐린 분해, 산화적 손상 복구 및 효소 조절을 포함한 광범위한 생물학적 과정에 관여한다. 이러한 활동들의 공통 기작은 단백질 내 이황화 결합(protein disulphide bond)들의 탈산소화(reduction, 환원)이다.

그림 4.6은 16개 티오레독신의 다중 서열 정렬을 보여준다. 대장균(*E. coli*)의 티오레독신에서는 중심 5개 가닥으로 꼬인 β sheet 구조와 이들의 양쪽 측면에 α helix 구조가 위치한다. 이러한 나선과 가닥은 기호 α와 β로 표시되었다. 다른 티오레독신은 대장균과 비교시 모든 이차 구조는 아니지만 대부분의 이차구조를 공유할 것으로 예상된다. 또한, 도표는 아미노산의 비율을 문자 크기로 나타내는 서열 로고로서 정렬의 요약본을 보여준다. (T. Schneider와 M. Stephens이 서열 로고들을 제작함; 예시는 웹 서버 http://weblogo.berkeley.edu/logo.cgi를 이용하여 작성함).

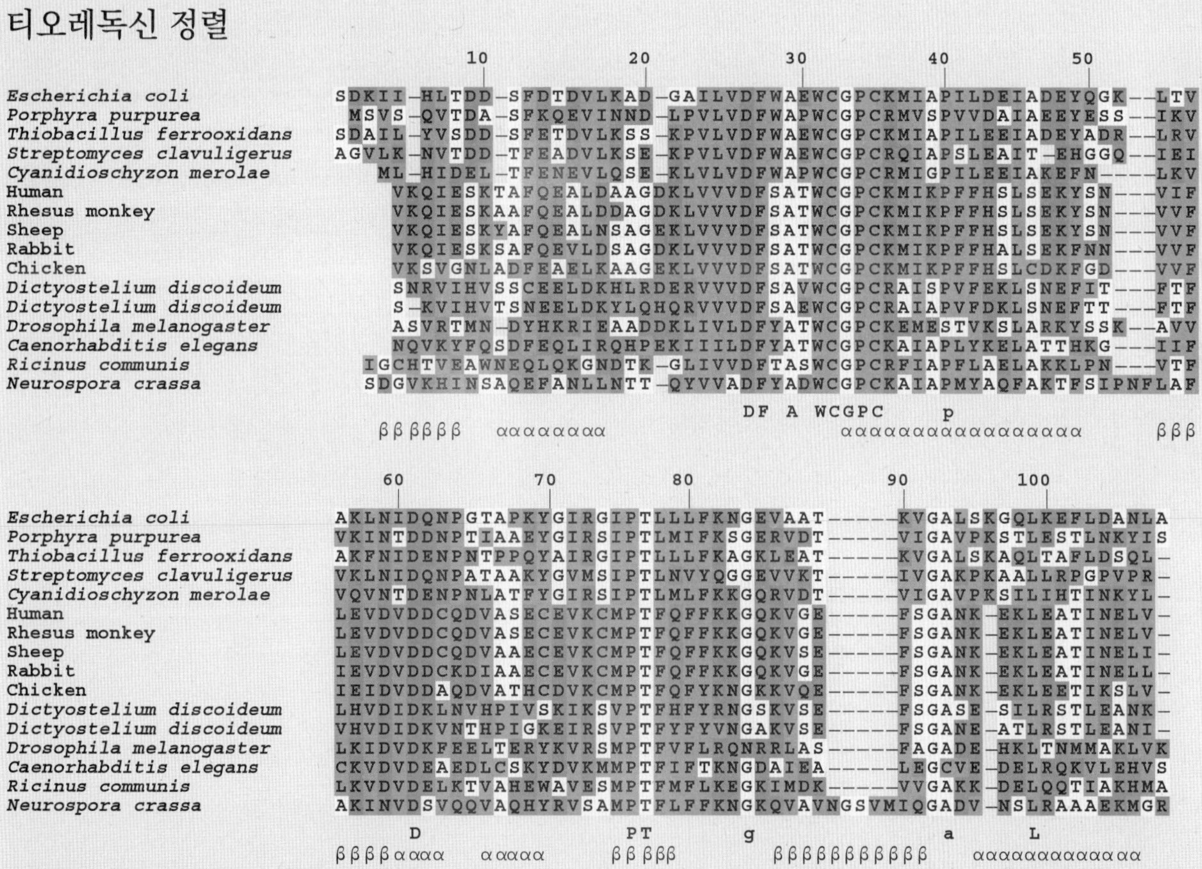

그림 4.6 (a) 대장균의 티오레독신과 상동체의 아미노산 서열 정렬. 말단의 일부 서열은 제거되었다. 이 표의 잔기 번호는 대장균 서열(상단 행)의 위치에 해당한다. 대장균의 티오레독신에 대한 α helix 및 β sheet 배치는 PDB 항목 2trx으로부터 취하였다.

그림 4.6 (b) 다중 서열 정렬로부터 얻어진 서열 로고(logo).

다중 서열 정렬을 통해 우리가 확인하고자 하는 티오레독신의 구조적 및 기능적 특성은 다음과 같다(그림 4.7 참조).

- *가장 잘 보존된 지역은 아마 활성 영역에 해당할 것이다.* 대장균 티오레독신의 잔기 32와 35 사이의 이황화 결합은 과(family) 내에서 보존적인 WCGPC[K 또는 R] 모티프(motif)의 한 부분이다. 잔기 75−77의 PT 및 잔기 92−93의 GA를 포함하는 다른 보존적인 서열 영역은 기질 결합에 관여한다.
- *삽입과 결실이 많은 영역은 아마도 고리들의 표면(surface loop)에 해당할 것이다. 보존된 글라이신(Gly) 또는 프롤린(Pro)을 포함하는 위치는 회전(turn) 부분에 해당한다.* 삽입과 결실이 연루된 회전 부분은 9, 20, 60 및 95번 위치에서 발생한다. 대장균 티오레독신의 92번 위치에 보존된 글라이신은 실제로 회전 부분의 일부이다. 이는 글리신에 쉽게 접근할 수 있는 드문 형태의 구조이다(제5장 참조). 대장균 티오레독신의 76번 위치에 보존된 프롤린 또한 회전과 연관되어 있다. 이 역시 프롤린에만 쉽게 접근할 수 있는 또 다른 드문 구조이다.
- *2개 잔기마다 (사이에 끼어드는 잔기가 더 가변적이고 친수성의 잔기들을 포함함) 나타나는 보존된 소수성 패턴은 표면이 β 가닥임을 나타낸다.* 이 패턴은 잔기 50과 60사이의 β 가닥에서 관찰된다.
- *약 4개의 간격을 갖는 소수성의 보존된 패턴은 α 나선임을 나타낸다.* 이 패턴은 잔기 40과 49 사이에서 관찰된다.

티오레독신은 먼 관계의 많은 상동체를 포함한 큰 그룹의 일원이다. 여기에는 글루타레독신(glutaredoxin, DNA 합성에서 리보뉴클레오타이드 환원을 위한 수소 공여체), 단백질 이황화물 이성질화 효소(protein disulphide isomerase, 단백질 접힘에서 불일치된 이황화 결합의 교환을 촉매), 포스듀신(phosducin, G-단백질 신호전달 경로 조절인자), 글루타치온-S-전달효소(glutathione-S-transferase, 화학적 방어 단백질) 등이 포함된다. 티오레독신 자체의 다중 서열 정렬표의 함축된 의미는 먼 관계에 있는 이들 단백질을 확인하는 데 적용될 수 있는 패턴을 보여준다는 것이다.

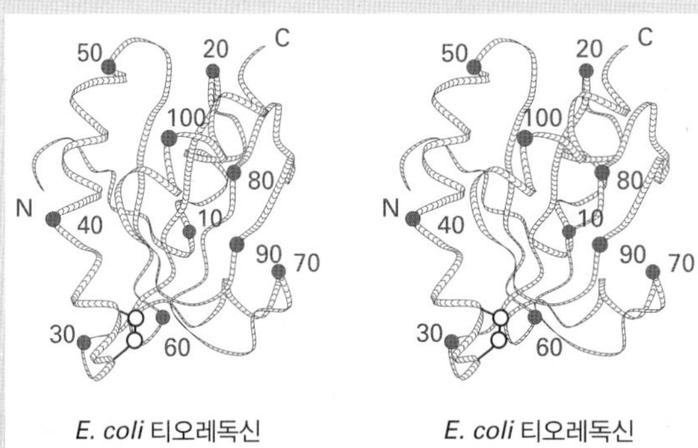

그림 4.7 대장균 티오레독신 [2trx] 구조는 양쪽 측면 α helix와 중앙부에 5개 가닥 β sheet를 포함한다. 잔기 번호는 다중 서열 정렬표에 있는 번호와 일치한다. N과 C 말단 또한 표시했다. 구체(sphere)는 매 10번째 잔기의 Cα 원자의 위치를 나타낸다. Cys32과 Cys35 사이의 반응성 이황화 결합은 "이중의 막대사탕(double lollipop)"으로 표시하였다.

지난 10년 간 데이터베이스 검색을 통해서 관련 서열을 확인하기 위해 알려진 단백질의 다중 서열 정렬을 적용하는 방법이 아주 크게 발전하였다. 이는 게놈 해석을 포함한 생물정보학의 당대 핵심 응용 방안이다. 세 가지 주요 방법은 프로파일(profile), PSI-BLAST(Position-specific Iterative-BLAST) 그리고 은닉 마르코프 모델(Hidden Markov models, HMMs)이다.

프로파일

프로파일(profiles)은 일련의 상동체 서열의 다중 서열 정렬에 내재하는 고유한 패턴을 표현하며, 이들은 여러 응용에 이용가능하다.

- 먼 관계의 서열 정렬에서 큰 정확도를 갖는다.
- 고도로 보존된 일련의 잔기는 활성 부위의 일부일 가능성이 높아 기능에 대한 단서를 제공한다.
- 보존된 패턴은 다른 상동체 서열의 확인을 용이하게 한다.
- 서열 내 패턴은 일련의 상동체에서 서로 관련이 있는 부분 그룹을 분류하는 데 유용하다.
- 보존 영역이 거의 없고, 삽입과 결실이 있는 일련의 잔기들은 고리 부분의 표면일 가능성이 높다. 이러한 영역은 본래(native)의 구조와 교차 반응이 잘 일어나는 항체를 유도할 개연성이 높으므로, 이러한 정보는 백신(vaccine) 제작에 적용되어 왔다.
- 대부분의 구조 예측 방법은 단일 서열보다 다중 서열 정렬을 기반으로 하였을 때 신뢰도가 높다. 예를 들어, 상동성 모델링(homology modeling)은 정확한 서열 정렬에 따라 결정적으로 달라지며, 이때 다수의 조상 구조(parent structure)에서 보이는 구조적 변이를 효율적으로 활용할 수 있다. 서로 관련된 돌연변이가 공간적으로 일치하는 잔기라면, 이는 선험적으로 그 구조를 예측하는데 활용될 수 있다.

상동체를 확인하기 위해 프로파일 패턴을 사용하는 기본 개념은 가변적인 위치보다 보존된 위치에 더 큰 가중치를 부여한 가운데 데이터베이스로부터의 문의(query) 서열을 정렬표의 서열에 일치시키는 것이다. 티오레독신의 WGCPC 모티프와 같이 한 영역이 완전하게 보존되었다면, 그것을 찾는 것을 강조하는 절차는 제외되어야 한다. 그러나 지나치게 이러한 면을 강조할 경우 흥미로운 먼 관계를 놓칠 수 있으므로, 약간의 허용이 주어져야 한다.

필요한 것은 보존된 부분에 대한 양적 측정이다. 정렬된 서열표에서 각 위치에 대한 아미노산의 분포 목록을 취해야 한다. 예를 들어, 아래 표의 티오레독신 정렬의 25~30번 위치를 참조하라.

잔기 번호	발생 횟수																			
	A	C	D	E	F	G	H	I	K	L	M	N	P	Q	R	S	T	V	W	Y
25	1									2								13		
26			16																	
27					16															
28																7	1		5	3
29	16																			
30			1		4								2			1	7	1		

[서열 로고(그림 4.6(b) 참조)는 프로파일을 그림으로 보여줌.]

잠정적인 티오레독신 상동체의 문의 서열이 주어졌을 때, 절대적으로 보존된 위치(예를 들어, 26, 27 및 29번 위치)가 알려진 서열과 일치할 경우에는 매우 높은 점수를 부여하며, 불일치할 경우에는 매우 낮은 점수를 부여하는 방식으로 문의 서열에 대한 유사성을 평가한다. 28번째와 같이 적당히 보존된 위치의 경우, 문의 서열이 이 위치에서 S 또는 W를 갖는 경우에는 어느 정도의 점수를 부여하고, T 또는 Y를 갖는 경우에는 더 작은 정도의 점수를 부여한다. 일반적인 개념은 다중 서열 정렬표에 문의 서열의 해당 잔기에 어떤 아미노산이 발생하는지를 기준으로 점수를 부여하는 것이다.

목록을 직접적인 점수로 사용하는 것은 솔깃한 일이다. 예를 들어, 티오레독신의 25~30번째 위치에 해당하는 문의 서열의 잔기들이 VDFSAE를 포함하는 경우, 이 조각의 점수는 13 + 16 + 16 + 6 + 16 + 4 = 71이 된다. 이 점수는 거의 최대 가능 수치이다. 또 다른 문의 서열 ACGVAP는 1 + 0 + 0 + 5 + 16 + 2 = 24로 훨씬 낮은 점수를 부여받는다. 물론 각 문의 서열에 대해 다중 정렬표를 사용하여 가능한 모든 정렬을 시험하고 최고 점수를 구해야 한다. 최고 점수를 부여받는 서열은 표에 내재된 패턴을 가장 잘 나타낸다.

이 간단한 접근법은 표에서 티오레독신 서열의 수가 많고 그 서열들이 편향되지 않은 표본(sample)이 포함된 경우에 효과적인 방법이 될 것이다. 그러나 이러한 간단한 목록은 이러한 경우에 한해서 각 아미노산 위치에서 잔기들의 **잠재적인** 분포를 정확하게 보여줄 수 있을 것이다. 만약 우리의 표본 수가 적다면, 얻어진 패턴은 완전한 레퍼토리를 반영하지 않을 개연성이 높다. 또는 표본이 유사한 서열들 중 어느 하나의 큰 부분 집단만을 포함한다면 이러한 부분이 목록에서 지나치게 강조될 것이다. 예를 들어, 그림 4.6(a)를 보면 척추동물의 티오레독신은 매우 밀접하게 유사한 그룹을 형성한다는 것을 알 수 있다. 만약 20개 이상의 척추동물 티오레독신을 정렬에 포함시킨다면, 프로파일은 단지 척추동물의 티오레독신만을 효과적으로 인식할 것이다.

치환 행렬(substitution matrix)은 보다 일반적인 목록을 만드는 방법을 제시한다.

어떤 하나의 잔기 위치에서 관찰된 아미노산 분포는 20개로 그 배열이 갈라지고(a_1, a_2, a_3, ... a_{20}), 여기서 a_i는 그 위치에서 관찰된 유형 i의 아미노산 개수이다. (티오레독신 25번째 위치의 경우, 하나의 알라닌이 관찰되기 때문에 $a_1 = 1$이고, $a_{18} = 13$은 valines를 나타낸다.) 그러면 간단한 '목록 점수표(inventory scoring)' 방식에 의하면, 25번 위치의 알라닌 점수는 1점에 불과하고, 발린의 점수는 13점이 된다. 일반적으로 유형 i의 아미노산 점수는 a_i이다. 이러한 방식에서 목록 자체의 행은 각 위치를 채점하는 데 필요한 배열 a를 제공한다.

더 나은 채점 방식으로는 관측된 아미노산 중 하나의 아미노산으로 치환될 가능성에 따라 모든 아미노산을 평가하는 것이다. 만약 $D(i, j)$가 아미노산의 치환 점수표인 경우(예를 들면, BLOSUM62), 아미노산 i는 $a_1D(i, 1) + a_2D(i, 2) \ldots a_{20}D(i, 20)$의 점수를 얻을 수 있다. 이 방식은 치환 확률에 따라 가중치를 부여한, 관측된 아미노산에 대하여 점수를 분배하는 방식이다. 문의 서열의 아미노산은 해당 위치의 목록에서 빈번하게 나타나거나 이 위치에서 공통적으로 볼 수 있는 잔기 유형들로부터 돌연변이로 인해 발생할 가능성이 높은 경우 높은 점수를 부여받는다. 이 접근법은 일련의 서열들이 제한적으로 알려져 있을 때 먼 관계를 발견하는 데 효과적이다. 이러한 경우, 어떤 위치든 아미노산의 점수화 매개변수는 치환 점수표와 배열된 목록 내의 행의 곱(product)에서 행이 된다. 보다 좋은 접근법으로는 관찰된 목록과 아미노산 구성의 일반적인 배경 수준의 조합을 아미노산 분포로 사용하는 것이다.

결과는 정렬 서열의 각 위치에서 각 아미노산(또는 공백)에 대한 일련의 확률 점수이며, 이는 **위치 특이적 채점표**(*position-specific scoring matrix*)라고 불린다. 또 다른 3차원 구조(three-dimensional structure)를 기반으로 한, 위치 특이적 채점표를 도출하는 방법은 제5장에 설명되어 있다.

문의 서열 및 프로파일로부터 얻어진 위치 특이적 채점표가 주어졌다면, 프로파일과 문의 서열의 모든 정렬에서 최적의 점수를 찾는 데 필요한 계산은 두 서열을 정렬하기 위한 역동연산법을 확장하는 것이다.

간단한 프로파일의 단점은 다중 서열 정렬이 미리 제공되어야 하고, 고정된 채 취해야 한다는 것이다. PSI-BLAST 및 은닉 마르코프 모델은 통계의 수집과 정렬 단계를 통합하고 있다는 것이 그 장점이다.

PSI-BLAST

PSI-BLAST는 문의 서열과 유사한 서열을 데이터 은행에서 검색하는 프로그램이다. 이는 이전 프로그램인 BLAST로부터 개발되었다. BLAST 프로그램 및 그 변형체들은 문의 서열에 대하여 데이터 은행의 각 항목을 **독립적으로** 검색한다. PSI-BLAST는 한 번에 하나씩 검색하는 것으로 시작한다. 그런 다음, 최초 탐색으로 얻어진 다중 서열 정렬로부터 패턴 정보를 추출하고, 이 패턴을 이용하여 데이터베이스를 탐색한다. 그런 다음, 사이클에서 패턴을 미세 조정하면서 이러한 과정을 반복한다(그림 4.8 참조).

BLAST는 본래 역동연산법이 전면적 탐색을 할 경우 대량의 데이터 은행에서 완전한 검색을 하기에는 다소 느리다는 점을 해결할 목적으로 고안되었다. 데이터 은행은 종종 문의 서열에 가깝게 일치한 것들이 포함되어 있다. 덜 민감하지만 BLAST처럼 빠른 프로그램들은 제법 가깝게 일치한 것을 잘 확인할 수 있다. 이러한 목적하에서는 BLAST도 괜찮다. 예를 들어, 인간 게놈에서 쥐 단백질의 상동체를 검색한다면, 유사성이 매우 높을 것이고 근사치법이 이를 찾을 수 있을 것이다. 그러나 예쁜꼬마선충(*C. elegans*) 또는 효모(yeast)에서 인간 단백질의 상동체를 검색하면 그 관계는 더 빈약하게 나타날 것이다. 개략적이고 느린 방법이 필요할 수 있다. (그 결과는 놀랄만하지만, 컴퓨터 요구 시간은 여전히 고려사항이다. 컴퓨터 사용 관련 비용은 저렴해지고 있는 반면, 전 세계적으로 데이터 은행의 크기와 원하는 검색의 수는 증가하고 있다. 결국 컴퓨터를 이용한 정보 탐색 압력은 증가 추세에 있다.)

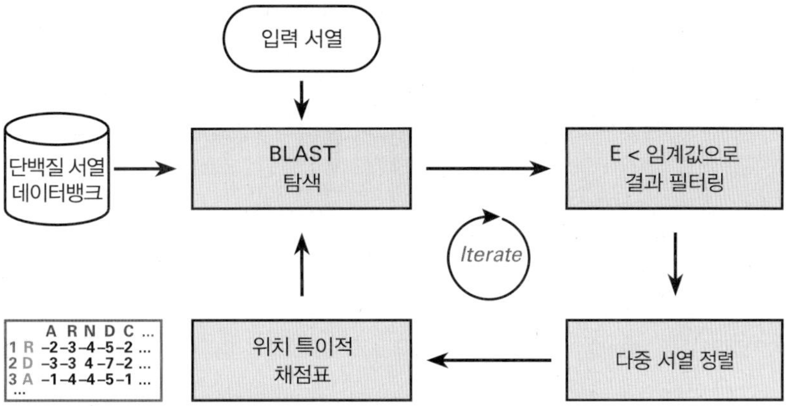

그림 4.8 탐색 서열과 유사한 단백질 서열을 데이터베이스에서 검색하기 위한 PSI-BLAST 계산에 대한 도식 흐름도. 사용자는 입력 서열을 제출하고 탐색할 단백질 서열 데이터 은행을 선택한다.

첫째, BLAST 계산은 입력 서열과 BIOSUM62와 같은 표준 치환 행렬을 사용하여 데이터베이스에서 유사 서열을 확인하고, 각 탐색마다 통계적 유의 값인 *E*를 할당한다. *E*는 데이터베이스에서 우연히 찾을 것으로 기대되는 탐색 서열과 동등하거나 높은 유사성을 갖는 서열의 개수이다.

프로그램은 *E*값이 지정된 임계치보다 크지 않은(흔히 0.005로 선택됨) 서열을 선택하고 이들의 다중 서열 정렬을 수행한다.

다중 서열 정렬 각 열의 서로 다른 아미노산의 상대적 빈도를 계산함으로써, 프로그램은 위치 특이적 채점표를 도출한다. 왼쪽 하단의 상자는 위치 특이적 채점표의 일부를 보여준다. 각 열에는 20개의 일반적인 아미노산이 표시되어 있다(A R N D C ...). 각 행은 채점이 이루어질 서열 (1 2 3 ...)과 아미노산(R D A ...)을 표시하였다. 이 경우 점수를 매길 서열의 N 말단은 RDA...이다. 행의 항목들은 다중 정렬의 임의의 위치에서 임의의 아미노산을 찾는 로그 값(log-odd scores)이다. 예를 들어, 3행의 A 항목은 −1이다. 따라서 세 번째 위치에서 A를 찾을 확률은 10^{-1}에 비례한다.

서열의 점수를 찾기 위해서는 첫 번째 행의 R열, 두 번째 행의 D열, 세 번째 행의 A열 등의 값을 더하여 $10^{-3} + 10^{-7} + 10^{-1}$의 값을 얻는다. 이 예시에서 확률은 비율처리되지 않은(unscaled) 상태로 표현되고, 기본(base) 10에 대한 log로 표현된다. 채점 시 서열에 공백이 있을 수 있다는 점에 유의하라.

이 행렬은 BLAST 검색에서 또 다른 입력 서열과 치환 행렬로 사용될 수 있다. 이후 각 BALST 검색은 이전 단계에서 얻어진 행렬에 기반하여 일련의 또 다른 탐색 결과를 제공할 것이다. 합리적인 입력 매개변수들을 사용한다면, 이 방법은 첫 번째 단계에서 수행된 입력(input) 서열에 대한 단순 BLAST 검색에 의해 얻어진 것보다 보다 더 신뢰할 수 있는 일련의 유사한 서열을 생성하게 될 것이다.

BLAST가 사용하는 방법은 어떤 의미에서 점도표 접근법으로 돌아가 잘 일치하는 부분 영역들을 조사하는 것이다. 데이터베이스의 각 항목에 대해 공백을 허용하지 않은 채 치환점수표를 이용하여 문의 서열의 짧고 연속적인 영역과 일치하는 연속 영역을 확인하는 것이다. 고정된 길이의 후보 영역은 검색표(lookup table)를 이용하여 초기에 매우 빠르게 확인할 수 있다.

일단 BLAST가 적합한 영역을 확인하면, 이어서 그것을 확장한다. 일부 버전에서는 공백이 허용된다. BLAST의 결과물은 일련의 일부분이 일치하는 서열이다. 예를 들면:

```
  My.care.is.loss.of.care,.by.old.care.done,
     ||||||||    |||||||||||||    |||||| ||
Your.care.is.gain.of.care,.by.new.care.won
```

심지어 아주 간단한 연산법도 5개의 연속 잔기들이 일치하는 영역을 찾아내고, 그것들을 결합하고 확장시킬 수 있다.

PSI-BLAST는 반복적 패턴 검색법(Box 4.5와 그림 4.8 참조)을 이용하여 단순한 쌍방향(pairwise) BLAST보다 먼 관계를 찾아내는 데 있어 훨씬 강력하다.

PSI-BLAST는 서열 유사도가 30% 이하인 영역에서 BLAST보다 3배 더 많은 상동체들을 정확하게 식별한다. 따라서 이는 전체 게놈을 분석하는 데 매우 유용한 방법이다. PSI-BLAST는 구조가 알려진 단백질 영역에 대하여 마이코플라즈마 제니탈리움(*M. genitalium*, 또는 성병균) 유전자의 39%, 효모 유전자의 24% 그리고 예쁜꼬마선충(*C. elegans*) 유전자의 21%와 일치시킬 수 있었다.

서열 분석에 전적으로 기반을 두는 방법 중 PSI-BLAST보다 더 나은 유일한 방법은 은닉 마르코프 모델이다. 이것은 다음 부분에 설명되어 있다. 현저하게 더 나은 성과를 얻기 위해서는 구조 정보를 보다 철저하게 사용할 필요가 있다. 이에 대해서는 다음 장에서 논의될 것이다.

BOX 4.5

PSI-BLAST의 순서도

1. 공백을 허용한 채 BLAST 유형 검색을 사용하여 문의 서열에 대한 부분 영역의 유사도를 찾기 위해 각각의 서열을 각각의 선택된 데이터베이스에서 독립적으로 탐색하라.
2. 유효한 탐색 결과들을 수집하라. 문의 서열과 중요한 부분 일치 서열들 간 다중 서열 정렬표를 작성하라.
3. 다중 서열 정렬로부터 프로파일을 구성하라.
4. 이 프로파일로 데이터베이스를 재탐색하되, 여전히 부분 일치 서열들만 탐색하라.
5. 어떤 탐색이 통계적으로 유의한지 결정하고, 유의한 것들만 취하라.
6. 하나의 사이클이 거의 또는 전혀 바뀌지 않을 때까지 2단계로 돌아가라. 바로 이러한 점 때문에 프로그램의 타이틀에 '반복됨(iterated)'이 있음을 언급하고 있다.

사례 연구 4.3 데이터베이스에서 유사 서열 찾기: PSI-BLAST

탐색하고자 하는 서열을 데이터베이스에서 찾는 것이 공통의 목적이다. 만약 새로운 단백질을 연구하거나 인간 유전체에서 질병에 관련된 어떤 단백질의 유전자를 확인하고자 한다면, 우선 데이터베이스에 유사한 단백질이 나타나는지를 알고 싶을 것이다.

EBI PSI-BLAST server https://www.ebi.ac.uk/Tools/sss/psiblast/에 인간의 PAX-6 protein (Uniprot entry P26367, PAX6_HUMAN(https://www.uniprot.org/uniprot/P26367)

```
MQNSHSGVNQLGGVFVNGRPLPDSTRQKIVELAHSGARPCDISRILQVSNGCVSKILGRY
YETGSIRPRAIGGSKPRVATPEVVSKIAQYKRECPSIFAWEIRDRLLSEGVCTNDNIPSV
SSINRVLRNLASEKQQMGADGMYDKLRMLNGQTGSWGTRPGWYPGTSVPGQPTQDGCQQQ
EGGGENTNSISSNGEDSDEAQMRLQLKRKLQRNRTSFTQEQIEALEKEFERTHYPDVFAR
ERLAAKIDLPEARIQVWFSNRRAKWRREEKLRNQRRQASNTPSHIPISSSFSTSVYQPIP
QPTTPVSSFTSGSMLGRTDTALTNTYSALPPMPSFTMANNLPMQPPVPSQTSSYSCMLPT
SPSVNGRSYDTYTPPHMQTHMNSQPMGTSGTTSTGLISPGVSVPVQVPGSEPDMSQYWPR
LQ
```

서열을 제시하면 프로그램은 보고된 E-값으로 측정된 통계적 유의성에 따라 낮은 순서대로 제시된 서열과 유사한 서열 목록을 반환한다.

PSI-BLAST에 의해 확인된 3개의 정렬은 다음과 같다. 목록의 최상위에 있는, 매우 가까운 친척인 제브라피쉬의 PAX-6, $E = 3 \times 10^{-171}$; 다음으로 보다 먼 친척인 초파리의 eyeless, $E = 8 \times 10^{-59}$; 마지막은 초파리 circadian clock 단백질로서, 매칭이 더 짧고 불완전한 $E = 0.42$를 가진다. 여기서 일치하는 영역은 데이터베이스의 전 영역이 아니라 단백질 일부 영역임을 주지하여야 한다. 다음은 인간 PAX-6 단백질과 노랑초파리(*Drosophila melanogaster*)의 eyeless에 대한 완전한 짝 비교 정렬 서열이 제공된다.

E-값은 확인된 유사성이 우연히 관찰될 확률에 관련된 수치이다. E-값은 만약 같은 데이터베이스 하에서 무작위의 서열을 찾을 때 고려하고 있는 서열과 일치도가 유사하거나 높은 서열의 수를 의미한다. $E = 2 \times 10^{-64}$는 초파리의 유사체는 물론 단 하나의 무작위 서열도 일치할 확률이 없음을 의미한다. 약 0.05 이하 정도의 E-값일 경우 유의하다고 간주할 수 있는데, 최소한 이들은 고려할 필요가 있다. 이 경계에 있는 수치일 경우 일치하지 않는(mismatch) 서열이 보존적인가? 이에 어떤 패턴이 있는가? 서열 전반적으로 일치하거나 일치하지 않는 서열이 무작위적으로 분포하고 있는가 등도 한 번 더 고민을 해봐야 할 것이다. 우리의 마지막 결정은 "구조가 유사한가"라는 물음에 의할 수 있으나 이에 대한 정보는 대부분 없다.

```
UniProtKB - P26630 (PAX6_DANRE) | paired box gene 6a [Danio rerio]
Length=451

 Score =  662 bits (1707),  Expect = 0.0, Method: Composition-based stats.
 Identities = 404/436 (92%), Positives = 409/436 (93%), Gaps = 18/436 (4%)

Query  1    MQNSHSGVNQLGGVFVNGRPLPDSTRQKIVELAHSGARPCDISRILQ------------  47
            MQNSHSGVNQLGGVFVNGRPLPDSTRQKIVELAHSGARPCDISRILQ
Sbjct  20   MQNSHSGVNQLGGVFVNGRPLPDSTRQKIVELAHSGARPCDISRILQTHADAKVQVLDNE  79

Query  48   -VSNGCVSKILGRYYETGSIRPRAIGGSKPRVATPEVVSKIAQYKRECPSIFAWEIRDRL  106
             VSNGCVSKILGRYYETGSIRPRAIGGSKPRVATPEVV KIAQYKRECPSIFAWEIRDRL
Sbjct  80   NVSNGCVSKILGRYYETGSIRPRAIGGSKPRVATPEVVGKIAQYKRECPSIFAWEIRDRL  139

Query  107  LSEGVCTNDNIPSVSSINRVLRNLASEKQQMGADGMYDKLRMLNGQTGSWGTRPGWYPGT  166
            LSEGVCTNDNIPSVSSINRVLRNLASEKQQMGADGMY+KLRMLNGQTG+WGTRPGWYPGT
Sbjct  140  LSEGVCTNDNIPSVSSINRVLRNLASEKQQMGADGMYEKLRMLNGQTGTWGTRPGWYPGT  199

Query  167  SVPGQPTQDGCQQQEGGGENTNSISSNGEDSDEAQMRLQLKRKLQRNRTSFTQEQIEALE  226
            SVPGQP QDGCQQ +GGGENTNSISSNGEDSDE QMRLQLKRKLQRNRTSFTQEQIEALE
Sbjct  200  SVPGQPNQDGCQQSDGGGENTNSISSNGEDSDETQMRLQLKRKLQRNRTSFTQEQIEALE  259

Query  227  KEFERTHYPDVFARERLAAKIDLPEARIQVWFSNRRAKWRREEKLRNQRRQASNTPSHIP  286
            KEFERTHYPDVFARERLAAKIDLPEARIQVWFSNRRAKWRREEKLRNQRRQASN+ SHIP
Sbjct  260  KEFERTHYPDVFARERLAAKIDLPEARIQVWFSNRRAKWRREEKLRNQRRQASNSSSHIP  319

Query  287  ISSSFSTSVYQPIPQPTTPVSSFTSGSMLGRTDTALTNTYSALPPMPSFTMANNLPMQPP  346
            ISSSFSTSVYQPIPQPTTPV SFTSGSMLGR+DTALTNTYSALPPMPSFTMANNLPMQP
Sbjct  320  ISSSFSTSVYQPIPQPTTPV-SFTSGSMLGRSDTALTNTYSALPPMPSFTMANNLPMQP-  377

Query  347  VPSQTSSYSCMLPTSPSVNGRSYDTYTPPHMQTHMNSQPMGTSGTTSTGLISPGVSVPVQ  406
              SQTSSYSCMLPTSPSVNGRSYDTYTPPHMQ HMNSQ M  SGTTSTGLISPGVSVPVQ
Sbjct  378  --SQTSSYSCMLPTSPSVNGRSYDTYTPPHMQAHMNSQSMAASGTTSTGLISPGVSVPVQ  435

Query  407  VPGSEPDMSQYWPRLQ  422
            VPGSEPDMSQYWPRLQ
Sbjct  436  VPGSEPDMSQYWPRLQ  451
```

```
UniProtKB - O96791 (O96791_DROME) | Eyeless protein Drosophila melanogaster

 Score =  224 bits (572),  Expect = 8e-59, Method: Composition-based stats.
 Identities = 133/212 (62%), Positives = 143/212 (67%), Gaps = 2/212 (0%)

Query  2    QNSHSGVNQLGGVFVNGRPLPDSTRQKIVELAHSGARPCDISRILQVSNGCVSKILGRYY  61
               HSGVNQLGGVFV GRPLPDSTRQKIVELAHSGARPCDISRILQVSNGCVSKILGRYY
Sbjct  35   HKGHSGVNQLGGVFVGGRPLPDSTRQKIVELAHSGARPCDISRILQVSNGCVSKILGRYY  94

Query  62   ETGSIRPRAIGGSKPRVATPEVVSKIAQYKRECPSIFAWEIRDRLLSEGVCTNDNIPSVS  121
            ETGSIRPRAIGGSKPRVAT EVVSKI+QYKRECPSIFAWEIRDRLL E VCTNDNIPSVS
Sbjct  95   ETGSIRPRAIGGSKPRVATAEVVSKISQYKRECPSIFAWEIRDRLLQENVCTNDNIPSVS  154

Query  122  SINRVLRNLASEKQQMGADGMYDKLRMLNGQTGSWGTRPGWYPGTSVPGQPTQDGCQQQE  181
            SINRVLRNLA++K+Q             N  +         G       G
Sbjct  155  SINRVLRNLAAQKEQQSTGSGSSSTSAGNSISAKVSVSIGGNVSNVASGSRGTLSSSTDL  214
```

```
Query  182  GGGENT--NSISSNGEDSDEAQMRLQLKRKLQ  211
                    +S S    +S E   +  +  KL+
Sbjct  215  MQTATPLNSSESGGATNSGEGSEQEAIYEKLR  246

UniProtKB - P49021 (TIM_DROME) | circadian clock protein Drosophila melanogaster
Length=1398

 Score = 33.5 bits (75),  Expect = 0.42, Method: Composition-based stats.
 Identities = 22/145 (15%), Positives = 37/145 (25%), Gaps = 31/145 (21%)

Query  113  TNDNIPSVSSINRVLRN-------LASEKQQMGADGMYDK----LRMLNGQTGSWGTRPG  161
             N   P+ S+    L N           +    A     K        +      G +
Sbjct  411  NNTTNPTSSAPQGCLGNEPFKPPPPLPVRASTSAHAQMQKFNESSYASHVSAVKLGQKSP  470

Query  162  WYPGTSV-------------PGQPTQDGCQQQEGGGENTNSISSNGEDSDEAQMRLQLKR  208
                  +               Q     C       EN  SIS++  D D  Q + Q ++
Sbjct  471  HAGQLQLTKGKCCPQKRECPSSQSELSDCGYGT-QVENQESISTSSNDDDGPQGKPQHQK  529

Query  209  K------LQRNRTSFTQEQIEALEK  227
                     + RT  +    + L +
Sbjct  530  PPCNTKPRNKPRTIMSPMDKKELRR  554
```

인간 *PAX-6* 단백질과 노랑초파리 *eyeless* 유전자의 짝 비교

```
PAX6_human    ---------------------------------MQNSHSGVNQLGGVFVNGRPLPDSTRQ 27
                                                ++ HSGVNQLGGVFV GRPLPDSTRQ
eyeless       MFTLQPTPTAIGTVVPPWSAGTLIERLPSLEDMAHKGHSGVNQLGGVFVGGRPLPDSTRQ 60

PAX6_human    KIVELAHSGARPCDISRILQVSNGCVSKILGRYYETGSIRPRAIGGSKPRVATPEVVSKI 87
              KIVELAHSGARPCDISRILQVSNGCVSKILGRYYETGSIRPRAIGGSKPRVAT EVVSKI
eyeless       KIVELAHSGARPCDISRILQVSNGCVSKILGRYYETGSIRPRAIGGSKPRVATAEVVSKI 120

PAX6_human    AQYKRECPSIFAWEIRDRLLSEGVCTNDNIPSVSSINRVLRNLASEKQQ----------- 136
              +QYKRECPSIFAWEIRDRLL E VCTNDNIPSVSSINRVLRNLA++K+Q
eyeless       SQYKRECPSIFAWEIRDRLLQENVCTNDNIPSVSSINRVLRNLAAQKEQQSTGSGSSSTS 180

PAX6_human    ------------MG-------------------------------------------ADG 141
                          +G                                            +
eyeless       AGNSISAKVSVSIGGNVSNVASGSRGTLSSSTDLMQTATPLNSSESGGATNSGEGSEQEA 240

PAX6_human    MYDKLRMLNGQTGS--------------------WGTRP--------------------- 160
              +Y+KLR+LN Q  +                     GTR
eyeless       IYEKLRLLNTQHAAGPGPLEPARAAPLVGQSPNHLGTRSSHPQLVHGNHQALQQHQQQSW 300

PAX6_human    -------GWYPG-------TSVP------------------------------GQP---- 172
                      WYP        +S P                              G+
eyeless       PPRHYSGSWYPTSLSEIPISSAPNIASVTAYASGPSLAHSLSPPNDIKSLASIGHQRNCP 360

PAX6_human    ----------TQDGCQQQEGG---GENTNSISSNGEDSDEAQMRLQLKRKLQRNRTSFTQ 219
                          DG Q +E G   GEN+N  +SN  ++++ Q RL LKRKLQRNRTSFT+
eyeless       VATEDIHLKKELDGHQSDETGSGEGENSNGGASNIGNTEDDQARLILKRKLQRNRTSFTN 420
```

```
PAX6_human     EQIEALEKEFERTHYPDVFARERLAAKIDLPEARIQVWFSNRRAKWRREEKLRNQRRQAS 279
               +QI++LEKEFERTHYPDVFARERLA KI LPEARIQVWFSNRRAKWRREEKLRNQRR
eyeless        DQIDSLEKEFERTHYPDVFARERLAGKIGLPEARIQVWFSNRRAKWRREEKLRNQRRTPN 480

PAX6_human     NTPSHIPISSSFSTSVYQPIPQPTTPVSSFTSGSMLG----------------------- 316
                T +    SS+ +T+     P+  +  SS+ SGS  G
eyeless        STGASATSSSTSATASLTDSPNSLSACSSLLSGSAGGPSVSTINGLSSPSTLSTNVNAPT 540

PAX6_human     ------------------------------------------------------------

eyeless        LGAGIDSSESPTPIPHIRPSCTSDNDNGRQSEDCRRVCSPCPLGVGGHQNTHHIQSNGHA 600

PAX6_human     ----------------------------RTDTALTNTYSALPPMPSFTMANNLPMQPPVP 348
                                           +T  +++++Y A+ P+PSF  +   P+ PP P
eyeless        QGHALVPAISPRLNFNSGSFGAMYSNMHHTALSMSDSYGAVTPIPSFNHSAVGPLAPPSP 660

PAX6_human     S-------QTSSYSCMLPTSP---------------------------------SVNGRS 368
                        +S Y C +   P                                 S  G
eyeless        IPQQGDLTPSSLYPCHMTLRPPPMAPAHHHIVPGDGGRPAGVGLGSGQSANLGASCSGSG 720

PAX6_human     YDTYTP-----------------------------PHMQTHMNSQP----------MGTS 389
               Y+  +                              PH     +S P           + S
eyeless        YEVLSAYALPPPPMASSSAADSSFSAASSASANVTPHHTIAQESCPSPCSSASHFGVAHS 780

PAX6_human     GTTSTGLISPGVS----------------VPVQVPGS----EPDMSQYWPRLQ----- 422
                  S+  ISP VS                 P    G+     P   Q++
eyeless        SGFSSDPISPAVSSYAHMSYNYASSANTMTPSSASGTSAHVAPGKQQFFASCFYSPWV 838
```

마르코프 모델

은닉 마르코프 모델(hidden Markov models, HMMs)은 상동 서열군을 한정하는 데 있어 감지하기 힘든 미묘한 패턴을 설명하기 위한 컴퓨터 상의 구조이다. HMMs은 먼 관계들을 발견하고 단백질의 접힘 패턴을 예측하는 강력한 도구이다. 이 방법은 전적으로 서열에 기초하는 유일한 방법으로(구체적인 구조 정보가 없는 가운데) 먼 관계의 상동체를 확인하기 위한 PSI-BLAST에 필적하는 방법이다. 또한, CASP 프로그램에서 평가된 바와 같이 아미노산 서열로부터 단백질의 접힘 패턴을 확인하는 데도 유용하다.

HMM 내부에는 다중 서열 정렬이 있다. 그러나 HMMs는 주로 **서열 생성의 절차**로 나타난다. 전통적인 다중 서열 정렬의 결과는 연속하는 위치에서 아미노산을 선택하여 서열을 생성하기 위해 사용될 수 있는데, 이때 각 아미노산은 프로파일로부터 도출된 위치-특이적 확률 분포로부터 선택될 수 있다. 그러나 HMMs는 프로파일보다 더욱더 일반적이다:

1. HMMs는 위치에 따른 공백 벌점을 부여하며, 생성된 서열에 공백을 도입할 수 있는 가능성을 포함한다;
2. 프로파일 적용을 위해서는 다중 서열 정렬을 미리 구체화해야 한다; 그러면, 정렬로부터 패턴들의 통계 수치가 도출된다. 반대로, HMMs는 정렬과 배치 확률 계산을 함께 수행한다.

HMM의 내부 구조는 서열 생성의 원리를 보여준다(그림 4.9). Start(시작)에서 출발하고, End(끝)에 도착할 때까지 일련의 화살표를 따라간다. 각 화살표는 시스템의 각 단계(상태, state)로 안내한다. 각 단계에서 (1) 일정의 조치를 취해야 하고(아마 잔기를 방출하거나), 그 후 (2) 다음 단계로 이동하기 위한 화살표를 선택한다. 후속 단계의 조치와 선택은 일련의 확률에 의해 통제된다. 각 잔기의 방출은 20개 아미노산 중 하나의 아미노산 확률 분포와 후속 단계 선택을 위한 다음의 확률 분포로 이루어진다. 이 두 확률 분포는 특정 서열군에 관한 정보를 암호화하도록 계산된다. 이와 같은 방식으로 동일의 일반적인 컴퓨터 상의 체계가

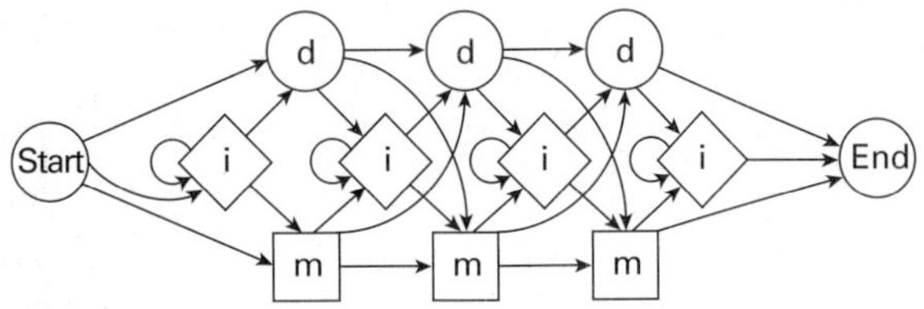

그림 4.9 은닉 마르코프 모델(HMM)의 구조. 다중 서열 정렬의 각 잔기 위치와 일치하도록 HMM은 일치 상태(match state, m)와 결실 상태(delete state, d)를 포함한다. 삽입 상태(insert state, i)는 잔기들 사이에, 그리고 시작과 끝 사이에 나타난다.

- *일치 상태*는 잔기를 방출한다. 여기서 일치라는 말은 HMM을 구성하는 모델과 방출된 서열 모두에 일정의 아미노산이 있다는 것을 의미하며, 이들이 동일 아미노산이라는 것은 아니다. 각 일치 상태에서 20개 아미노산 중 각 아미노산을 방출할 확률은 모델의 속성이다. 프로파일처럼 확률은 위치 특이적이다.
- *결실 상태*는 다중 서열 정렬에서 열을 건너뛴다. 일치 또는 삽입 상태에서 결실 상태에 도달하는 것은 공백 시작에 해당하며, 이러한 이행의 확률은 위치-특이적 공백-시작 벌점을 반영한다. 이전의 결실 상태로부터 결실 상태로 도달하는 것은 공백 연장에 해당한다.
- *삽입 상태*는 정렬에서 2개의 연속된 위치 사이에 나타난다. 시스템이 삽입 상태를 생성하면 정렬표의 위치와 일치하지 않는 새로운 잔기가 방출된 서열로 나타난다. 한 개 이상의 잔기를 삽입하기 위해 삽입 상태 바로 다음에 삽입 상태가 따라 올 수 있다. 일치 및 삽입 상태에서 방출된 일련의 잔기는 출력 서열을 생성한다.

단계 (m, d 또는 i) 유형에 적합한 조치를 취한 후 또 다른 확률 분포가 다음 단계의 선택을 제어한다. 가능한 모든 단계의 연속에서 삽입된 정렬의 모든 열을 반드시 조사하여 일치시키거나 혹은 제거시켜야 한다: 각 위치에서 일치 단계 또는 결실 단계를 거치지 않고 네트워크를 건널 수 있는 방법은 없다.

여러 다른 특정의 서열군에 관한 정보를 계산한다.

이 시스템의 역동성은 현재의 단계만이 후속의 선택에 영향을 미치도록 한다는 점에 있어서 지난 과정에 대한 '기억'이 없다. 이는 19세기 러시아 수학자 A.A. Markov에 의해 연구된 이 과정의 특성이다. 출력 서열을 구성하기 위해 방출된, 연속된 아미노산(succession of amino acids)으로부터 연속 단계(succession of states)를 구분해야 한다. 시스템을 통한 여러 경로들은 동일한 서열을 생성할 수 있다. 방출된 서열에서 단지 연속적인 문자열만 보이게 된다. 문자열을 생성했던 상태의 서열은 은닉(hidden) 상태로 시스템 내부에 계속 남아 있게 된다. 개별 상태와 관련된 확률 분포에 의해 시스템은 서열군에 내재된 패턴을 포착하거나 모델을 만든다. 이에 따라, 은닉 마르코프 모델(hidden Markov model)이라고 명명되었다.

생물학적 서열 분석에 HMM을 적용하는 소프트웨어를 이용해서 다음과 같은 일을 수행할 수 있다.

1. **훈련:** 정렬되지 않은 일련의 상동체 서열군이 주어졌을 때, 이들을 정렬할 수 있고, 제출된 서열에 내재하는 패턴을 포착하는 HMM을 정의하기 위해 이행(transition)과 잔기의 출력 확률을 조정할 수 있다.
2. **먼 관계의 상동체 탐지:** HMM과 시험 서열이 주어질 경우, HMM이 시험 서열을 생성할 확률을 계산한다. 만일, 알려진 일련의 서열군에 대해 훈련된 HMM이 상대적으로 높은 확률로 시험 서열을 생성한다면, 이 시험 서열은 그 군에 속할 확률이 높다.
3. **추가 서열 정렬:** 어떠한 상태의 서열에 대한 확률도 개별 단계별 이행 확률로부터 계산될 수 있다. HMM이 하나 이상의 시험 서열들을 생성하는 데 사용할 가장 유력한 연속 단계를 찾는 것은 해당 군에 대한 최적의 정렬을 나타내게 될 것이다.

취합된 결과: Pfam은 여러 다중 서열 정렬 그리고 HMM은 많은 단백질 영역의 데이터베이스이다. http://pfam.xfam.org/

유럽의 생물정보학 기관은 다음과 같은 여러 은닉 마르코프 모델을 이용한 서열 분석 도구를 유지하고 있다.

사이트	검색 유형
https://www.ebi.ac.uk/Tools/hmmer/search/phmmer	단백질 서열 대 단백질 서열 데이터베이스
https://www.ebi.ac.uk/Tools/hmmer/search/hmmscan	단백질 서열 대 프로파일-HMM 데이터베이스
https://www.ebi.ac.uk/Tools/hmmer/search/hmmsearch	단백질 정렬/프로파일-HMM 대 단백질 서열 데이터베이스
https://www.ebi.ac.uk/Tools/hmmer/search/jackhmmer	반복 검색 대 단백질 서열 데이터베이스

계통 분류

우리는 단백질과 게놈에서 진화의 몇 가지 예시를 보았다. 이는 Darwin 이후, 심지어 Darwin 이전의 생물학자들을 점령한 분자 수준의 관심사가 확장될 수 있게 하였다. 기본적 원리는 '**유사성의 기원은 공통 조상인 것이다**'. 비록 수렴진화나 수평적 유전자 전달(horizontal gene transfer)과 같은 예외는 있지만, 현대의 관찰을 합리화하고 생명의 역사를 들여다 볼 수 있는 창구를 제공하는 이 진화 원칙의 중요성은 과소평가될 수 없다.

계통 분류(phylogeny)는 종, 개체군, 개체 또는 유전자 사이의 관계를 분석하는 목표를 가지고 있다. [일반 용어는 분류군(taxa)이다.] **관찰할 수 있는 분류군**(예를 들어, 조상의 패턴을 알아내고자 하는 현존하는 종들)은 '운영 분류 단위(operational taxonomic units)'로 불리며, 약어는 OTUs로 표기된다. 계통 분류에서 관계란 문자 그대로 친족(kinship)이나 가계(genealogy, 또는 계보)로 받아들여진다; 즉, 공통 조상으로부터 유래된 후손들의 배치 체계를 의미한다(Box 4.6 참고). 진화적 관계는 생명의 역사적 발달을 엿볼 수 있게 해준다(Box 4.8 참조). 분자 자체로는 연대를 추정할 수 없지만 분자 수준에서 관찰된 진화적 사건들은 화석 기록으로 연대 추정이 가능하다.

계통 분석의 결과들은 대개 진화적 계통도 형태로 제시된다. 전형적인 예로 주금류(ratites, 또는 주조류)의 분류를 들 수 있다(그림 4.10a 참조). 주금류의 조상은 날 수 있는 새로 여겨지며, 아마도 현존하는 티나무(tinamous, 중남미산의 메추라기와 비슷한 새)와 관련이 있을 것이다.

단일 기원 조상 종의 모든 후손들을 보여주는 계통도를 **뿌리가 있는 것**(*rooted*)이라 한다. (계통도의 뿌리는 일반적으로 상단이나 측면에 나타난다; 식물학자들은 이러한 표현에 익숙해져야 한다.) 한편, 관계는 보다 구체화할 수 있지만 진화의 역사에 따라 그들의 순서를 정하지 못할 수도 있다. Darwin에 의해 연구된 갈라파고스 제도의 핀치새(finch)들과 근처 코코스 섬(Cocos Island)의 관련 종들의 관계는 **뿌리가 없는** 계통도(*unrooted tree*, 무근 계통도)로 나타냈다(그림 4.9b 참조). 섬 핀치새의 조상 종인 남아메리카 대륙 종의 데이터를 추가하면 **뿌리를 부여한** 계통도가 될 수 있을 것이다. [많은 경우 계통수에서 교점(node) 간 분화 유형은 어느 교점이 뿌리에 가까운지를 나타낸다.]

계통도의 관계에 대한 표현은 계통도의 연관성 확

BOX 4.6 ***Et in terra PAX hominibus, muscisque . . .***

인간, 파리, 문어의 눈은 그 구조가 매우 다르다. 시각을 갖는다는 것은 아주 어마한 선택적 장점이 될 수 있음을 감안할 때 일반 통념으로 눈은 각기 다른 분류학적 문(phyla)에서 독립적으로 기원했다고 알려져 있다. 따라서 인간의 눈을 조절하는 유전자가 초파리의 눈 발달에 관여하는 상동체로부터 발달했다는 사실은 아주 놀랄만한 일이다.

PAX-6 유전자는 쥐와 인간에서 처음으로 클론닝되었다. 이는 눈 발달 과정에서 복잡한 연속사건을 조절하는 종합적 조절 유전자이다. 인간 PAX-6 유전자의 돌연변이는 *무홍채증*(*aniridia*), 즉 안구의 홍채가 없거나 기형으로 만들어지는 결함이 있는 발육을 야기한다. PAX-6 상동체인 초파리의 "*eyeless*" 유전자도 눈 발육의 조절에 관여한다. 이 유전자에 돌연변이를 일으킨 초파리는 눈이 없는 상태로 발육한다. 역으로 초파리의 날개, 다리 또는 안테나에 이 유전자를 발현시키면 이소성(정상 위치가 아닌)의 눈이 되는 것이다. (초파리의 "*eyeless*" 유전자 돌연변이는 1915년에 처음 보고되었지만, 이후 이 유전자와 포유동물 사이에 관련성이 있을지는 거의 아무도 몰랐다.)

곤충과 포유동물 사이에서 이 유전자의 서열이 유사할 뿐만 아니라, 종을 막론하고 그 기능이 유사하여 분류군 간 매우 가깝게 연관이 있다. 쥐의 PAX-6 유전자를 초파리에서 발현시켰을 경우, 초파리 고유의 "*eyeless*" 유전자 돌연변이처럼 이소성의 눈이 발육되었다.

편형동물, 우렁쉥이, 성게, 선충 등 여러 동물 문에도 PAX-6 유전자 상동체가 존재한다. 망막을 공통의 발색단(chromophore)으로 갖는 일련의 단백질군인 Rhodopsins(감각 색소 단백질)가 빛에 민감한 색소로 작용한다는 것을 여러 동물문에서 확인한 것은 여러 다양한 빛 수용 체계가 공통의 기원이라는 증거이다. 눈처럼 거시적 해부 형태가 구조적으로 서로 다르다는 것은 고차원 구조가 동물 문에서 상당히 분화했다는 것을 의미하며, 동시에 이들은 독립적으로 발달해 왔음을 말하고 있다.

BOX 4.7

분류와 계통에 관련된 개념

상동성(Homology)이란 정확히 표현하자면 한 조상으로부터 나온 후손들을 의미한다.

유사성(Similarity)은 유사함과 다름을 측정하는 것으로서 유사함의 근원과는 무관하다. 유사성은 현재 수집 가능한 데이터에서 관찰될 수 있으나 역사적 의미를 내포하지는 않는다. 이와 대조적으로, 상동성이란 보통 관찰할 수 없는 역사적 사건에 대한 추론(inference)을 필요로 한다.

군집화(Clustering)는 유사한 항목을 결합시키고, 서로 더 유사한 개체들의 종류(class)를 그렇지 않은 다른 종류들로부터 구별하는 것이다. 대부분의 사람들은 유사한 정도는 동의하겠지만, 군집화는 좀 더 주관적이다. 대상을 분류할 때, 어떤 사람들은 다양한 변이를 받아들일 수 있는 더 큰 종류를 선호하는 반면, 다른 사람들은 더 작고 촘촘한 종류를 선호한다. 전자를 *병합파*(*grouper* 또는 *lumpers*)라 하고, 후자를 *세분파*(*splitter*)라고 한다.

계층적 군집화(Hierarchical clustering)는 어떤 것들에 대한 군집화의 군집화를 형성하는 것이다.

계통(Phylogeny)은 생물학적 관계를 서술한 것으로 보통 계통도(tree)로 표현된다. 개체 사이의 계통이란 상동성을 추정하며, 분류에 따라 결정된다. 계통은 한 개 혹은 그 이상 형질의 유사성에 따른 분류(classification) 또는 진화 과정에 관한 모델에 기초한 관계에 대한 배치(topology)를 말한다. 많은 경우에서, 서로 다른 형질에 기초한 계통적 관계는 일관되며 서로를 지지한다. 서로 다른 형질이 일관성 없는 계통적 관계를 일으킨다면, 이들 형질은 모두 의심스럽다. 동일한 유사도 데이터라도 배치 또는 계통도가 다르게 나타날 수 있다는 점에 유의하여야 한다.

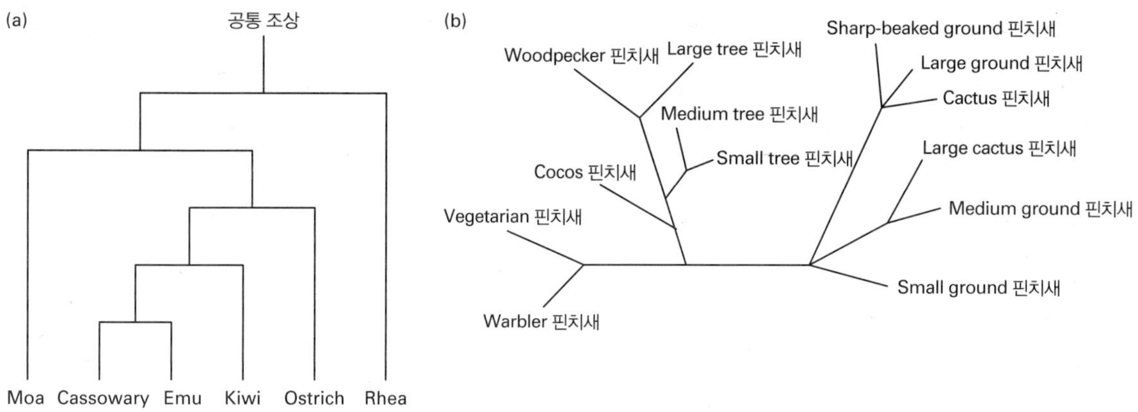

그림 4.10 (a) 미토콘드리아 DNA 서열에 근거한 주금류(몸집이 크고 날개가 없는 새)의 계통도. 공통 조상은 이 계통도의 *뿌리*(*root*)에 있다. 이 DNA 서열의 놀랄만한 내용은 moa와 kiwi가 서로 가장 가까운 관계가 아니므로, 뉴질랜드는 주금류 혹은 그들의 조상에 의한 두 번 정착(colonized)의 역사가 있었을 것으로 추정된다. (b) 갈라파고스 제도와 코코스 섬의 핀치새 사이의 관계에 대한 *무근 계통도*. Darwin은 1835년에 부리의 모양과 식습관과의 상관관계에 주목하여 갈라파고스 핀치새를 연구했다. 과일을 먹는 핀치새는 앵무새와 같은 부리를 갖고 있었고, 곤충을 먹는 핀치새는 좁고 캐기에 적합한 부리(prying beak)를 갖고 있었다. 이러한 관찰은 Darwin의 생각을 발전시키는 데 중요한 역할을 했다. 일찍이 1839년 '*비글호 항해기*(*The voyage of the Beagle*)'에서 '이 작은 섬에 있는 밀접하게 관련된 새들의 무리가 단계적이고 다양한 구조를 보이는 것은 이 군도에 서식하던 소수의 새로부터 하나의 종이 선택되고 이어 다양한 종으로 변형되었다고 상상할 수 있다.'라고 집필하였다.

은 계통도 내 배치로만 나타나기도 하는데, 이 경우 분지(branch)의 길이 정보는 포함되지 않는다. 더 야심차게 공통 조상으로부터 분화된 시간을 분지에 표시함으로써, 분류군 사이의 거리를 양적으로 보여 줄 수도 있다.

분자 특성으로부터 분류학적 관계 결정

다른 그룹의 생물체를 특징짓는 일련의 데이터가 주어졌을 때(예를 들어, DNA나 단백질 서열, 단백질의 구조, 혹은 다른 동물 종들 간의 이빨의 모양), 관찰한 생물체들의 관

BOX 4.8

지구 역사의 시간 척도

지질학적 시대(era)(예: Cenozoic, 신생대), 세(epochs, 예: 제4기), 대격변적 사건(cataclysmic event, 예: 소행성 충돌, 대량 멸종)들은 검은색으로 표시되어 있다. 다른 형태 생명체의 첫 출현 혹은 우점은 녹색의 이탤릭체로 표시되어 있다(mya = millions of years ago, 단위, 백만 년 전).

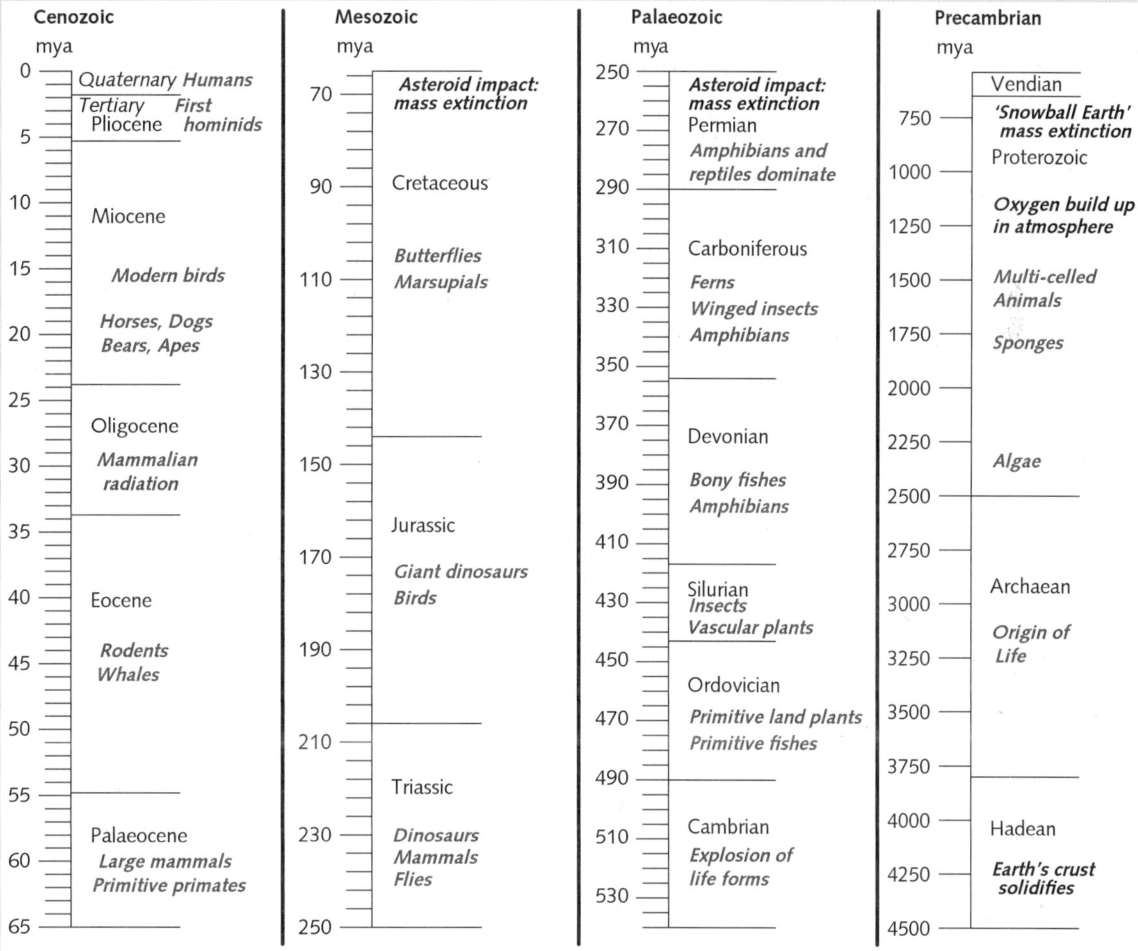

계에 대한 정보를 어떻게 도출할 수 있을까? 진화의 계통도는 유사성의 패턴에 기반한 추론을 근간으로 한다. 비롯 위험한 추정이기는 하지만 일반적으로 형질들이 더 유사할수록 밀접한 관련이 있는 종이라고 추정한다. 예를 들면, 수렴진화의 결과인 태즈메이니아 늑대(thylacine)가 속하는 유대목 동물과 늑대가 속하는 포유동물은 유사성을 보여주는 예이지만, 사실 이들은 관계가 아주 멀다. 그럼에도 불구하고, 우리는 형질들 사이의 관계로부터 조상의 패턴, 즉 계통발생학적 관계의 배치(비공식적 용어로, 가계도)를 추론하기 원한다.

관계의 배치는 형질 선택에 따라 어느 정도까지 달라지는가? 특히, 분자와 고생물학 분석 사이에 조직적인 모순은 없는가?

계통 발생에 대한 분자적 접근법은 다양한 형태학적 형질, 발생학, 그리고 화석의 경우, 지질학적 맥락(지질층위학, stratigraphy)에 기반한 전통적인 분류법의 배경에 대응하여 개발되었다. 전통적 방법들에는 몇 가지 장점이 있다. 전통적 분류학자들은 화석 기록을 이용하므로 멸종된 생물체에 대한 접근이 훨씬 덜 제한적이다. 그들은 지질학적 방법에 의해 종의 출현과 소멸 연대를 추정할 수 있다.

분자 방법을 받아들이는 데 있어 결정적인 사건은 1967년 V.M. Sarich와 A.C. Wilson이 면역학적 자료를 바탕으로 침팬지로부터 인간의 분화 시기를 500만 년 전으로 추정하면서이다. 그 당시 고생물학자들은 이러한 분할을 1,500만 년 전으로 측정했기에 분자접근법을 받아들이기를 꺼려했다. 화석 기록의 재해석으로 더 최근의 분할을 받아들이게 됐고, 분자 방법들의 일반적 수용에 대한 장벽이 사라졌다. 현재는 인간과 침팬지 계열은 600만~800만 년 전 사이에서 분기되었다는 것이 일반적으로 받아들여지고 있다.

사실 놀랍게도, 오래 전에 많은 분자 특성이 계통발생학 연구에 사용되어 왔다. 지난 세기 초부터 서열을 직접적으로 사용하게 될 때까지 혈청학적 교차 반응(serological cross-reactivity)이 사용되었다. 저자가 알고 있는 가장 이른 시기의 과학 연구 중 하나는 E.T. Reichert와 A.P. Brown가 거의 1세기 전에 헤모글로빈 결정체에 기초한 물고기의 계통발생학적 분석에 관한 연구 결과이다. 그들의 연구는 같은 물질의 다른 결정체는 서로 다른 치수(하나는 크고 다른 하나는 작고)를 가지고 있지만, 그들은 결정체 내에서 미시적 배열(microscopic arrangement)이나 원자나 분자 단위의 포장에 있어서 유사성을 반영하는 동일한 계면각(interfacial angle)을 가지고 있다라고 말하는 Stenö의 법칙[1669년, 결정학(crystallography)이라고도 함]에 기초하였다. Reichert와 Brown은 여러 종에서 분리된 헤모글로빈 결정체들의 계면각은 종의 분류학적 관계와 병행할 수 있는 유사성과 다양성의 패턴을 보인다는 것을 증명했다.

Reichert와 Brown의 결과는 중요한 암시로 가득 차 있다. 그들은 그 당시에 결코 인식하지 않았던 생각인, 단백질은 한정적이고 고정된 모양을 가지고 있음을 보여주었다. 그들은 종들이 계속해서 분화함으로써 그들의 헤모글로빈 구조도 꾸준히 분화함을 암시하였다. 1909년에는 핵산이나 단백질 서열에 대한 단서를 아무도 가지고 있지 않았다. 따라서, 원론적으로 단백질 구조가 진화한다는 인식은 서열 진화의 개념보다 수십 년 앞선다.

오늘날, DNA 서열은 계통발생학적 분석에서 종간의 유사성을 측정하는 최적 기준을 제공한다. 자료들은 디지털화된다. 심지어 코돈의 세 번째 위치, 또는 위유전자(pseudogene)들과 같은 비번역 영역, 또는 비동의 코돈 치환(nonsynonymous codon substitutions)에 대한 동의(synonymous)의 비율을 이용하여 선택적 유전적 변화와 비선택적 유전적 변화를 구별할 수 있다. 많은 유전자는 비교가 가능하다. 주어진 일련의 연구 대상 종을 고려할 때, 이에 적절한 변이율을 갖는 유전자를 찾을 필요가 있으므로, 이는 다행스러운 일이다. 관심 종들 사이에서 변이가 없는 유전자들은 유사도의 차이를 제공하지 못한다. 너무 많은 차이가 나는 유전자는 정렬될 수 없다. 결정하고자 하는 시간 간격에 따라 이에 적합한 크기의 반감기를 가진 동위원소를 선택해야 하는 방사성연대측정법(radioactive dating)도 이와 유사한 비유가 될 수 있다.

다행히도 유전자는 그 변화율이 매우 다양하다. 포유류 미토콘드리아 게놈은 길이가 약 16,000 bp인 원형의 이중가닥 DNA 분자로서, 밀접하게 관련된 종들 사이의 진화 연구를 위해 유용하고, 빠르게 변하는 일련의 서열을 제공한다. 이와는 대조적으로, 리보솜 RNA(rRNA) 서열은 C. Woese에 의해 3개의 주요 생물계(kingdom)인 고세균, 세균, 진핵생물을 확인하기 위해 사용되었다(그림 1.2 참조).

반대로, 서로 다른 유전자 서열의 서로 다른 변이율은 계통 연구에서 서로 다르고 심지어 모순되는 결과를 초래할 수도 있다. 특히, 원하는 것이 관계의 배치뿐만 아니라 분지의 길이일 경우에 그러하다. 더욱이, 수평적 유전자 전달 및 수렴 진화는 계통발생학적 관계의 추론을 방해하는 현상이다.

서열 분석 방법의 한 가지 한계점은 멸종된 종에 대한 정보의 부족이다. 지난 한 두 세기 전인 비교적 최근에 멸종된 콰가(quagga, 얼룩말과 친척 관계), 타일러사인(thylacine, 태즈메이니아산 주머니 늑대, 유대목 동물)과 몇몇 뉴질랜드의 새들(모아새를 포함하여)과 같은 반화석(subfossil, 또는 준화석) 상태의 종들은 분석이 가능한 DNA를 가지고 있다. 또한 매머드(mammoth)의 서열도 보게 될 것이다. 네안데르탈인과 데니소반인(인간과 밀접한 관련이 있는 인류)의 유전체 서열은 약 3만 년 전에 죽은 개체들로부터 분석된 바 있다.

지속적으로 동결된 환경에서 적절하게 보존된 경우, 고대 시료로부터 증폭된 DNA의 서열을 분석하는 것이 가능해졌다. 유용한 서열을 제공하는 대부분의 시료는 북극과 남극 근처에서 온 것들이다. 일부는 열대 지방의 산꼭대기 빙하에서 온 것들도 있다.

고대 DNA 추출 및 분석에 관한 현재 시대의 기록자들은 그린란드에서 추출한 얼음 중심부로부터 DNA 조각 서열을 분석한 E. Wilerslev와 동료들이다.[4] 이 중심부 중 가장 긴 것은 깊이가 2 km 내지 3 km 정도되며, 이들의 시간은 500,000년 이상 거슬러 올라간다.

지질학자들은 화석 자료로부터 고대의 환경과 생태를 재구성해 왔다. 실질적으로 서열 데이터는 훨씬 더 명확한 초점을 제공할 수 있다. 그린란드 중남부에 위치한 Dye 3(65° 11′ N, 45° 50′ W)에서 채취한 얼음 중심부의 표본 중 하나는 오리나무(alder), 가문비나무(spruce), 소나무, 주목나무(yew)를 포함한 여러 종의 나무의 서열을 포함하고 있었다. 동물 DNA로는 확실하게 나비류와 나방류 그리고 딱정벌레류, 파리류, 거미류 및 네발나비류(brushfoots, 아마도) 등이 포함되어 있었다. 이들 동식물군은 현재 그린란드 남부의 생태적 특징을 나타내지 않는다. 이들 결과는 그 당시 시료들이 놓여졌을 때 겨울에는 −17°C 이하로 떨어지지 않았고, 여름에는 영상 10°C보다 높게 올랐을 것이라고 제시한다. 이는 현재의 남부 그린란드보다 훨씬 더 따뜻한 것으로서, 현재의 핀란드 헬싱키나 러시아의 무르만스크의 상태와 일치한다(http://worldclimate.com 참조).

[4] Willerslev, E., et al. (2007). Ancient biomolecules from deep ice cores reveal a forested Southern Greenland. *Science*, **317**, 111−113

계통적 관련을 결정하기 위한 서열의 이용

사례 연구 4.4 우선 쉬운 문제: 말, 밍크고래, 붉은캥거루의 췌장(pancreatic) 리보핵산 가수분해효소(ribonuclease)의 아미노산 서열을 이용하여 어느 두 종이 가장 진화적으로 가까운지를 결정하시오!

말과 고래는 태반이 있는 포유류인 점과 캥거루는 유대목 동물(캥거루 · 코알라처럼 육아낭에 새끼를 넣어 가지고 다니는 동물)인 점을 알고 있는 상황에서 말과 고래가 가장 가까운 짝이 될 것임을 기대할 수 있다. 3종의 리보핵산 가수분해 효소 유전자를 공공 데이터로부터 확보한 후 이들을 정렬하면 다음과 같다.

```
                    10        20        30        40        50        60        70        80
RNP_HORSE  KESPAMKFERQHMDSGSTSSSNPTYCNQMMKRRNMTQGWCKPVNTFVHEPLADVQAICLQKNITCKNGQSNCYQSSSSMH
RNP_BALAC  RESPAMKFQRQHMDSGNSPGNNPNYCNQMMMRRKMTQGRCKPVNTFVHESLEDVKAVCSQKNVLCKNGRTNCYESNSTMH
RNP_MACRU   ETPAEKFQRQHMDTEHSTASSSNYCNLMMKARDMTSGRCKPLNTFIHEPKSVVDAVCHQENVTCKNGRTNCYKSNSRLS
            EsPAmKF RQHMDsg    snp YCNqMMkrR MTqG CKPvNTFvHEpl dV A C QkN tCKNG  NCY S S mh

                    90       100       110       120
RNP_HORSE  ITDCRLTSGSKYPNCAYQTSQKERHIIVACEGNPYVPVHFDASVEVST
RNP_BALAC  ITDCRQTGSSKYPNCAYKTSQKEKHIIVACEGNPYVPVHFDNSV----
RNP_MACRU  ITNCRQTGASKYPNCQYETSNLNKQIIVACEG-QYVPVHFDAYV----
           ITdCR T  SKYPNCaY TSqke hIIVACEGnpYVPVHFDasV
```

위 정렬 서열의 각 위치에서 대문자는 3종에서 완전히 일치하는 서열이며, 소문자는 3개 중 2개가 일치하는 경우이다. 대부분의 경우 캥거루의 서열이 다른 두 종과 다름을 알 수 있다.

3종 간 상당히 긴 부분의 서열이 동일하며, 여러 개의 치환이 보이는 가운데 서열 내에 한 개의 결실이 있다. 2개의 서열 간 짝 비교 결과 서열이 동일한 위치 수는 다음과 같다.

정렬된 리보뉴클레아제 A 서열에서 동일한 잔기의 수 (총 122−128잔기 중)			
말	그리고	밍크고래	95
밍크고래	그리고	붉은캥거루	82
말	그리고	붉은캥거루	75

말과 고래가 일치하는 서열이 가장 많다. 이는 매우 중요한 결과로 우리가 예측했던 것을 확인시켜 주고 있다. *Warning: Or is the logic really the other way round?*

사례 연구 4.5 좀 더 어려운 문제! 코끼리과(Elephantidae)의 계통

코끼리는 아프리카 코끼리, 아시아 코끼리, 매머드(mammoth) 등 3개의 주요 그룹이 있으며, 이들은 코끼리과(Elephantidae)를 구성한다. 이 과에는 3개의 주요 속이 있는데, 이들은 아프리카종인 *Loxodonta africana*를 포함하는 *Loxodonta*, 아시아종인 *Elephas maximus*를 포함하는 *Elephas* 그리고 시베리아종인 *Mammuthus primigenius*를 포함하는 *Mammuthus* 등이다. 참고로 인간, 침팬지, 고릴라, 오랑우탄은 사람과(Hominidae)를 구성한다.

코끼리과의 속들은 약 6백만 년 전 아프리카에서 분화되었는데, 이 시기는 인간과 침팬지의 조상이 분화한 시기와 대략적으로 일치한다. 오늘날 "매머드"는 멸종한 북극 동물"이란 의미를 갖고 있다. 그러나 동굴에 그려진 벽화에서 보듯이, 우리의 조상은 남유럽에서 매머드를 사냥하였다.

현존하고 있는 코끼리속으로는 *Loxodonta africana*로 대표되는 아프리카 코끼리와 *Elephas maximus*로 대변되는 인도 코끼리가 있다. NADH-ubiquinone oxidoreductase chain 3 유전자의 아미노산 서열로부터 시베리아종인 *M. primigenius*가 현존하는 이 2종의 코끼리 중 어느 종과 계통적으로 더 가까운지를 결정할 수 있을까?

아미노산 서열을 정렬하면 아래와 같다.

```
                        10        20        30        40        50        60        70        80
                         |         |         |         |         |         |         |         |
M. primigenius  MNLMATLLTNTMLTSLMVLIAFWLPQTYTYSEKTSPYECGFDPMGSARLPFSMKFFLVAITFLLFDLEIALLLPLPWAIQ
E. maximus      MNLMTTLLTNTMLTSLMVLIAFWLPQTYTYSEKTSPYECGFDPMGSARLPFSMKFFLVAITFLLFDLEIALLLPLPWAIQ
L. africana     MNLMITLLTNTMLTSLMVLIAFWLPQTYNYSEKTSPYECGFDPVGSARLPFSMKFFLVAITFLLFDLEIALLLPLPWAIQ
                MNLM TLLTNTMLTSLMVLIAFWLPQTYtYSEKTSPYECGFDPmGSARLPFSMKFFLVAITFLLFDLEIALLLPLPWAIQ

                        90       100       110
                         |         |         |
M. primigenius  ANNTNLTLLMSFMLIIILLAIGLAYEWLQKGLEWTK
E. maximus      ANNTNLTLLMSFMLIIILLAIGLAYEWLQKGLEWTK
L. africana     ANNTSLTLLMSFMLIIILLAIGLAYEWLQKGLEWTK
                ANNTnLTLLMSFMLIIILLAIGLAYEWLQKGLEWTK
```

매머드와 아프리카 코끼리의 서열은 4개의 불일치가 있고, 매머드와 인도 코끼리의 서열은 1개의 불일치가 있는데, 이는 매머드와 아프리카 코끼리의 서열의 불일치 위치와 일치한다. 이를 통해 결론을 내리자면, 매머드는 인도 코끼리에 더 가깝다고 제시해야 할 것이다. 그러나 이 결과는 전번의 예보다 확신이 떨어질 수밖에 없다. 왜냐하면, 단지 몇 개의 차이만 있기 때문이다. 이들 차이가 매우 중요할까? 이 경우 이들 차이가 중요하다고 결정하기는 어렵다. 왜냐하면, 중요한지 여부를 결정할 만한 사전 지식이 없기 때문이다.

사례 연구 4.5에 대한 질문:

1. 우리는 아프리카 코끼리와 인도 코끼리가 가까워야 한다는 것을 "알고 있다". 그러나 이들 아미노산 서열로만 두 코끼리가 가까운 종이라는 것을 말할 수 있을까?
2. 이처럼 겨우 몇 개의 차이가 진정 진화적 분화의 결과인가? 아니면 단지 무작위적인 잡음이나 유전자 표류에 의한 결과인가?

이러한 질문에 대한 배경 설명으로서, **유사성**(*similarity*)과 **상동성**(*homology*)의 차이에 대하여 다시 한 번 강조하고자 한다. 유사성은 닮음, 유사함, 비슷함(resemblance)의 근원이 무엇인지와 관계 없이 "resemblance" 정도를 관찰한 것이나 측정한 것이다. **상동성**이란 의미는 서열이나 생명체가 공통의 조상으로부터 파생된 것을 의미하며, 이로 인해 그 유사성이 공유 조상 형질이라는 의미이다. 서열의 **유사함**(또는 육안으로 보이는 생물학적 형질)은 위 예에서 볼 수 있으며, 이는 과거의 역사에 대한 가설을 포함하고 있지는 않다. 반대로, 상동성이라고 단언하는 경우는 거의 모든 경우가 역사 속의 관찰할 수 없는 사건이다. 대개 상동성은 유사성의 관찰 결과로부터 추론하는 것이다. 상동성도 간혹 직접적으로도 관찰할 수 있다. 예를 들면, Hapsburg lip(쑥 내민 아랫입술), 실험실 집단, 그리고 각 개인 환자에게 바이러스 감염을 통한 임상실험 등과 같이 특이한 표현형을 갖는 가계도를 서열 수준에서 관찰하는 경우를 들 수 있다. 군유전체학(Metagenomics) 또한 다른 예들을 제시하고 있다.

아프리카 코끼리와 인도 코끼리의 NADH-ubiquinone oxidoreductase chain 3 서열이 상동성이라는 단언은 유일의 NADH-ubiquinone oxidoreductase chain 3 유전자를 갖는 공통의 조상이 있었고, 이로부터 돌연변이에 의해 각 매머드와 현대 코끼리의 NADH-ubiquinone oxidoreductase chain 3 단백질이 진화해 왔음을 의미하는 것이다. 그렇다면, 매우 높은 서열의 유사성은 상동성임을 증명하는 것인가? 아니면 또 다른 설명이 가능한가?

- NADH-ubiquinone oxidoreductase chain 3 유전자가 촉매작용을 하는, 기능을 갖고 있는 효소가 되기 위해서는 이 유전자의 상동성 여부에 관계 없이 모든 동물처럼 매머드와 코끼리에서도 여러 군데 위치에서 보존된 서열이 있어야 할 것이다. 이를 시험하기 위하여 다른 종들의 NADH-ubiquinone oxidoreductase chain 3 유전자를 살펴볼 필요가 있다. 그 결과를 요약하면, 다른 동물의 일치 서열은 코끼리와 매머드와 상당히 다르다.
- 두 번째 가능성은 코끼리와 같은 크기와 형태를 갖는 동물에서 이 단백질의 기능을 잘 하기 위해서는 특별한 생리적 요구사항이 있을 가능성이 있고, 상기 3개의 서열은 독립적인 조상으로부터 시작했을 수도 있으며, 동일한 선택압이 3개의 서열에 작용하여 유사성을 보일 수도 있을 것이다. 우리는 현재 서열만을 두고서 무엇을 연역할 수 있는지를 찾고 있다.
- 매머드가 아프리카 코끼리와 더 가까울 수도 있겠지만, 마지막 공통의 조상시기부터 아프리카 코끼리의 NADH-ubiquinone oxidoreductase chain 3 유전자는 돌연변이를 더 많이 축적하며, 인도 코끼리나 매머드보다 빨리 진화한 결과일 수도 있다.
- 네 번째 가능성은 모든 코끼리의 공통 조상과 매머드는 매우 다른 NADH-ubiquinone oxidoreductase chain 3 유전자를 갖고 있었지만, 현생하는 코끼리와 매머드는 바이러스 감염을 통해 다른 과의 종으로부터 유전자 전이에 의해 공통의 유전자를 얻게 되었을 수도 있을 것이다.

그러나 코끼리와 매머드 서열의 유사성이 충분히 상동성이라고 여길 만큼 높다는 것에 만족한다면, 먼저의 예에서 보인 리보핵산 가수분해효소 유전자 서열은 어떠한가? 말, 고래 그리고 캥거루 사이의 큰 차이는 상동성이 아니라는 것을 의미하는 것인가?

이러한 질문에 우리는 어떻게 답해야 할까? 전문가들은 전통적인 분류 방법으로 분류학적 관계를 정립해 온 많은 종들의 단백질로부터 서열의 유사성과 분화 정도를 정밀하게 계산해 왔다. 쥐장의 리보핵산 가수분해효소 유전자의 경우 유사성 대신 상동성이라는 추론이 정당화된 바 있다. 본 책자의 두 번째 판에서 본 저자는 "매머드가 아프리카 코끼리에 더 가까운지 아니면 인도 코끼리에 더 가까운지에 대한 질문에 대하여 최근 아프리카 코끼리라고 결정되었다"라고 기록한 바 있다. 그러나 이후 동일한 전문가를 포함한 여러 전문가들은 인도 코끼리가 매머드에 가장 가깝다는 결론으로 바뀐 바 있다.

이런 질문이 왜 어려울까? 이는 바로 아주 오래 전에 서로 가까운 종들에서 벌어진 일들에 대하여 현재 우리가 얻은 데이터에 적용할 수 있는 도구가 제한적임을 말하는 것이다. 매머드와 현대의 코끼리는 약 6백만 년 전 분화하였고, 아프리카와 인도 코끼리의 조상은 단지 440,000년 전에 분화하였다. 사실상 진화적 시간 측면에서 이 두 사건은 거의 동시에 발생하였기에 두 분화 사건의 순서를 판단하기는 어려운 것이다.

매머드 화석은 종의 멸종에 대한 생각을 정리하는 데 도움이 된다

Cuvier는 1796년의 논문에서 처음으로 아프리카 코끼리, 아시아 코끼리 그리고 매머드 그룹을 구분하였다. Cuvier는 진화 이론의 발달에 전제 조건이라 할 수 있는 종의 멸종을 인정하였다. 그러나 그 시대의 많은 사람들은 종의 불변성을 믿었다. 미국 대통령이었던 Thomas Jefferson도 그중 한 명이었다. 그는 1803년 프랑스부터 구입한 미국 Louisiana를 탐험 중이던 Meriwether Lewis와 William Clark에게 지속적으로 살아 있는 매머드를 찾으라고 지시했다.

진정한 분화 과정을 확인하는 것을 어렵게 하는 다른 요인으로는:

- 비교를 위해 사용할 수 있는 비교적 가까운 종의 서열(외분류군으로 사용할 수 있는)이 있는가 하는 점이다. 매머드 유전체에 대한 가장 최초의 연구는 dugong(주로 인도양에 사는 거대한 초식 동물) 또는 hyrax(바위너

구리)를 외분류군으로 사용하였다. 이들은 코끼리로부터 약 6천5백만 년 전 분화한 종들이다. 최근의 연구에서는 American mastodon(*Mammut americanum*, 코끼리와 닮은 신생대 3기의 큰 포유동물)의 서열이 더 적합한 외분류군임이 입증되었다.

- 크기가 작은 개체군은 변동의 가능성이 높을 것이라는 점이다.
- 종들은 계통에 관계 없이 일정한 진화율을 가질 것이라는 추측이 아직 입증되지 않았다는 점이다.

현재의 데이터와 분석은 매머드는 아시아 코끼리와 더 가깝다고 제시하고 있다.

코끼리-매머드 문제의 어려움에도 불구하고, 유전체와 단백질에 대한 서열 유사성을 분석하는 것은 종종 그 결과가 중요하지 않거나 간혹 틀린 답을 제시하더라도 계통적 관련을 세우는 데 보다 신뢰할 만한 방법이라고 여겨지고 있다. 현존하는 종들은 엄청난 양의 데이터가 존재하며, 구체적인 질문을 풀기 위한 효과적인 도구와 강력한 분석도구들이 있다. 멸종한 종은 보다 어려운 부분들이 있지만 보존이 잘된 경우 전문가가 유전체 서열을 분석할 수 있다. 그럼에도 신중한 과학적 판단보다 더 중요한 것은 없다고 할 수 있다.

계통 추론을 위한 SINES와 LINES의 사용

유전자와 단백질 서열의 비교를 통한 계통분류 시 주요 문제점으로는 (1) 광범위하게 존재하는 변이에 나름 유사성이 있을 경우 이로 인해 통계적 유의성이 떨어지게 되고, (2) 계통수의 다른 분지에 위치하는 그룹 간 진화율의 차이가 있다는 점을 들 수 있다. 서열의 유사성으로 계통적 관련성을 확실히 세우더라도 많은 경우에서 계통수 내 일련의 분류군의 분화 순서를 결정하는 것은 매우 어렵거나 거의 불가능하다(코끼리과가 그 예임). 계통분류학자들은 어떤 형질이 'all-or-none' 형질(모두 동일하거나 어떤 종도 동일하지 않는)의 특징을 갖거나 출현된 어떤 형질이 다시 되돌아가지 않음으로써 분화의 순서를 확실히 결정할 수 있게 되는 형질이기를 바라는데, 이러한 경우는 종종 유전체 내 일련의 비번역 서열(non-coding sequences)로부터 얻기도 하다.

SINES와 LINES(Short and Long Interspersed Nuclear Elements)는 진핵생물 유전체의 큰 부분을 차지(인간 유전체의 경우 최소 30%, 고등식물의 경우 50% 이상을 차지함)하는 반복적, 비번역 영역을 말한다. SINES는 주로 ~70−700 base pairs 길이(평균 길이는 253 bp)로 최대 10^6 반복을 갖는다. LINES는 최대 7,000 bp의 길이로 최대 10^5 반복을 갖는다. SINES는 RNA에서 DNA로의 역전사에 의해 유전체 내로 진입한다. 대부분의 SINES는 5′ 영역이 tRNA와 상동성을 갖고, 중심 영역은 tRNA와 다르며, 3′ 영역은 AT 서열의 함량이 높다.

SINES가 계통 연구를 위해 유용한 이유는 다음과 같다.

- 하나의 SINE은 존재하거나 없다. 어떤 특정 위치에 SINE이 있다면 유사성을 검정하는 데 복잡하지도 않고 변수를 수반하지도 않는다.
- SINES는 유전체 내 비번역 영역에 무작위적으로 삽입된다. 그러므로 두 종에서 동일한 위치에 유사한 SINES이 있다면, 이는 삽입이 있었던 공통의 조상을 공유한다는 것을 의미한다. 수렴진화에 의한 유사체가 이러한 해석을 흐리게 하지는 않는다. 왜냐하면, 삽입된 위치에 대한 진화적 선택은 없기 때문이다.
- 한번 삽입된 SINE는 되돌릴 수 없다: SINES의 상실 원리에 대해서는 드물게 나타나는 대용량의 결실이나 SINE의 위치를 포함하는 영역의 전좌를 제외하고 알려져 있지 않다. 따라서 만약 두 종이 동일 좌위에서 SINE을 공유하는 경우, 세 번째 종에서 이 SINE이 없다는 것은 처음 두 종이 각각 세 번째 종보다 더 가깝다는 것을 의미한다.
- SINES는 관계를 제시하는 것뿐만 아니라 어느 종이 먼저 분화했는지까지 보여준다. 공통의 SINE을 갖는 마지막의 공통 조상을 공유하는 종은 이 SINE을 갖지 않는 또 다른 종과 SINE을 갖는 종을 연결하는 공통 조상에 이어 분화한 것이다.

N. Okada와 그의 동료들은 SINE 서열을 계통 관련 질문에 적용한 바 있다.

오스트레일리아인처럼, 고래는 수생의 생활방식에 잘 적응한 포유동물이다. 지상 생물 중 고래와 가장 가까운 포유류는 무엇인가? 전통 고생물학은 고래, 돌고래, 알락돌고래(porpoises) 등으로 구성된 고래목(Cetacea)을 짝수 발굽을 가진 우제목[소목(Artiodactyla), 예: 소, 양]과 연결하였다. 고래류는 현존하는 세 가지 아목, 즉 돼지를 포함

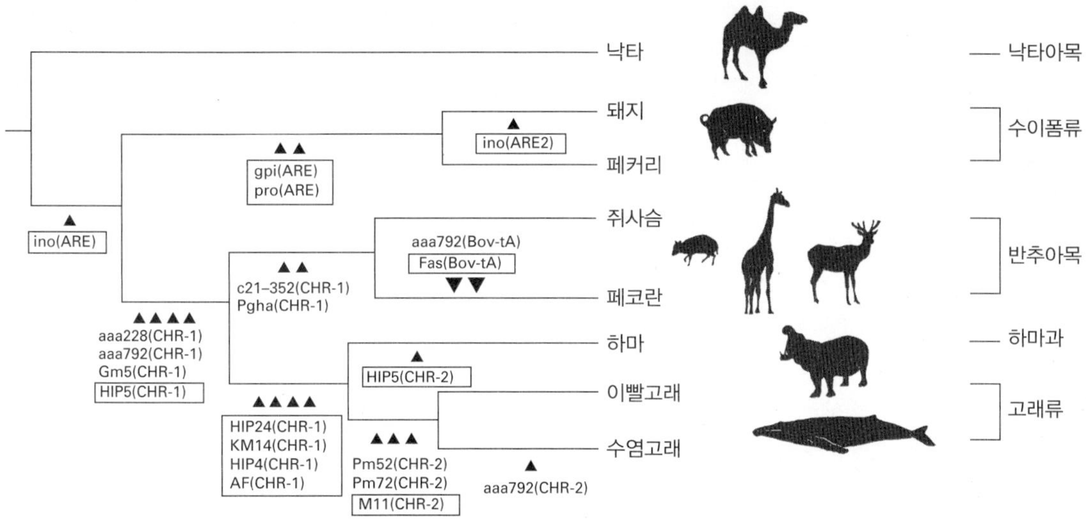

그림 4.11 SINE 염기서열 분석을 통한 고래류와 다른 유제류 소그룹 간의 계통 관계. 작은 화살촉은 삽입 사건을 가리킨다. 각 화살촉은 특정 좌위에 화살촉 오른쪽 분류군의 모든 종에 SINE 또는 LINE가 있다는 것을 가리킨다. 각 노드 아래의 소문자는 유전자 좌위를, 대문자는 서열 패턴을 가르킨다. 예를 들면, ARE2 패턴은 ino 좌위에서 단지 돼지에게만 나타난다. ARE 패턴은 gpi와 pro 좌위에서 돼지와 페커리(peccary, 아메리카 대륙에 분포하는 돼지 비슷한 동물) 유전체에서 두 번 나타난다. ARE 삽입은 돼지와 페커리 조상 종에서 발생하였지만, 다른 종에서는 발생하지 않았다. 이는 돼지와 페커리가 본 연구의 다른 동물보다 더 가까운 친적임을 의미한다. 이상의 내용은 다음 논문으로부터 인용되었다. Nikaido, M., Rooney, A.P. & Okada, N. (1999). Phylogenetic relationships among cetartiodactyls based on insertions of short and long interpersed elements: hippopotamuses are the closest extant relatives of whales. *Proc. Nat. Acad. Sci. U.S.A.* **96**, 10261–10266. (Copyright 1999, National Academy of Sciences, U.S.A. Reproduced by permission.)

하는 돼지아목(Suiformes, 돼지), 낙타와 라마(llama)를 포함하는 낙타아목(Tylopoda) 및 사슴, 소, 염소, 양, 영양 및 기린 등을 포함하는 반추아목(Ruminantia)의 공통 조상 이전에 분화했다고 생각했다. 이들 그룹에서 고래류를 보다 적절히 배치하기 위해서 DNA 염기서열을 이용한 여러 연구가 수행된 바 있다. 미토콘드리아 DNA와 리보핵산 가수분해효소, 감마-피브로노겐(g-fibrinogen) 등 단백질 유전자의 비교 결과, 고래와 가장 가까운 친척은 하마였다. 고래와 하마는 우제목 내에서 독립적인 그룹을 형성하였으며, 반추아목과 가장 가까운 친척임을 제시하였다.

SINES 분석 결과는 이러한 관계를 확인하고 있다. 반추아목, 하마, 고래는 공통적으로 여러 SINES를 갖고 있다. 4개의 SINES가 하마와 고래류에만 존재한다. 이는 SINE 삽입 사건이 표시된 그림. 4.11의 계통도에 암시되어 있다.

최근에 발견된 고래류의 육상 조상 화석은 고래목와 우제목의 연결을 다시 확인시켜준 바 있다. 이는 분자 방법과 고생물학적인 방법의 상호보완성을 보여준 좋은 예라고 할 수 있다. DNA 염기서열은 생존하는 종의 관계를 매우 정확히 특정하는 반면, 화석은 생존하지 않는 이들 조상의 관계를 알려준다.

계통도

우리는 계통 유연 관계를 계통도로 설명한다. 컴퓨터 과학에서 계통도는 특정한 그래프다. 그래프(graph)는 지점 간 연결된 선으로 나타나며, 엣지(edge, 교점과 교점을 연결하는 선)에 의해 연결된 교점(node, 교점, 접속점, abstract points)들을 포함하는 구조이다(Box 4.9 참조). Box 4.10에 간단한 계통수를 그리는 프로그램을 소개하고 있다. 한 교점에서 다른 교점으로 가는 **경로**(*path*)는 그림 4.4의 Malmö에서 Tromsø로 가는 경로처럼, 한 지점에서 시작하여 다른 지점에서 끝나는, 일련의 연속된 엣지다. **연결된 그래프**(*connected graph*)는 임의의 두 교점 사이에서 최소 하

BOX 4.9 그래프와 관련된 용어

Graph 교점과 교점을 연결하는 선(엣지)를 포함하는 요약 구조

Path 연속적인 일련의 엣지

Connected graph 모든 2개의 교점에 최소한 하나 이상의 경로가 있는 그래프

Tree 모든 두 교점 사이에 정확히 하나의 경로가 있는 연결된 그래프

Edge length 어떤 의미에서 엣지로 연결된 교점 사이의 거리를 강조하는 각 엣지에 부여된 숫자

Path length 경로를 구성하는 엣지 길이의 합

나의 경로를 포함하는 그래프이다. 이로서 **계통도**(*tree*)를 정의할 수 있다. 즉, 계통도란 모든 2개의 교점이 **정확히 하나**의 경로로 연결된 그래프라고 정의할 수 있다. 특정한 교점을 뿌리로 선택할 수 있지만, 이것은 필수적인 것은 아니다: 개요적인 계통도(abstract tree)는 뿌리를 부여할 수도(rooted) 부여하지 않을수도(unrooted) 있다(그림 4.8 참조). 무근계통도(unrooted tree)는 관계의 배치는 보여주지만, 계통 내에서 자손들 간의 분지 유형을 나타내지는 않는다. 모든 교점에서 2개의 자손이 나타나게 하는 유근계통도(rooted tree)를 이진 계통도(binary tree)라고도 한다(PERL 프로그램 참조). 완전히 연결된 그래프는 모든 교점 쌍에 엣지를 가지고 있다.

또 다른 특별한 종류의 그래프로는 각 엣지가 한 방향의 길을 나타내는 **유방향 그래프**가 있다. 이에 대한 예는 유전자 온톨로지(Gene Ontology) 서브 네트워크(9장 참조), 그림 4.7의 은닉 마르코프 모델 다이어그램 및 5장의 신경 네트워크(neural network)에 나타나 있다. 유근계통도는 함축적인 유방향 그래프이며, 각 엣지는 조상과 자손의 관계를 의미한다.

어떤 의미에서는 엣지로 연결된 교점 사이의 거리를 강조하기 위해 그래프의 엣지에 숫자를 할당할 수 있다. 그 다음 그래프는 할당된 길이에 비례하는 엣지의 크기를 척도로 그릴 수 있다. 따라서 그래프를 통과하는 경로의 길이는 엣지 길이의 합이다.

계통도에서, 엣지 길이는 두 종간의 차이 정도 또는 두 종이 분화한 이후로부터 시간의 길이를 말한다. 살아 있는 종의 특성 차이의 정도가 분기 시기(divergence time)를 반영한다는 가설은 분화율이 계통도의 모든 분지에서 동일할 경우에만 사실일 것이다. 이에 대한 많은 예외가 알려져 있는데, 예를 들어 포유류의 설치류(rodents)는 많은 단백질에서 비교적 빠른 진화율을 나타낸다.

계통도를 도출하는 데에는 두 가지 접근법이 있다. 하나는 유연관계에 대하여 역사적인 모델을 전혀 참조하지 않는 것이다. 종간 일련의 거리를 측정한 후, 계층적 군집화 절차에 따라 계통도를 도출하는 것이다. 이것을 **표현론적 접근법**(*phenetic* approach)이라고 한다. 계통도를 추론하는 다른 대안은 진화 가능 경로를 고려하고, 각 교점에서 조상의 특색을 추론하고, 진화적 변화 모델에 따라 최적의 계통도를 선택하는 **분기적 접근법**(*cladistic* approach)이 있다. 표현론(phenetics)은 유사도에 근거하고, 분기론(cladistics)은 계보(genealogy)를 근거로 계통도를 추론한다.

BOX 4.10 이진 계통도(binary tree)를 그리는 PERL 프로그램

괄호 계통수 (A, ((BC), D), (E, F))는 대부분의 프린터에서 인쇄되고, 대부분의 단말기에서 표시되는 포스트스크립(PostScript) 파일로 변환될 수 있으며, PDF로 변환될 수 있다.

계통수의 묘사를 표준으로 특정하는 것을 *Newick* 양식이라고 하는데, 괄호 계통수 "(A((BC)D)(EF))"라고 입력된 것은 이 프로그램에서 일반적으로 사용하는 것보다 더 일반적이다. *Newick* 양식은 분지의 길이를 특정화할 수 있게 하며 교점에 한 글자 이상을 표시할 수 있다.

이 계통도의 묘사는 가능한 한 단순하게 하는 것이 중요하다. 복잡한 계통도를 명확히 묘사하기 위해서, 곡선이나 3차원 표현을 포함한 멋진 그림을 만들수 있는 많은 프로그램을 웹에서 이용할 수 있다.

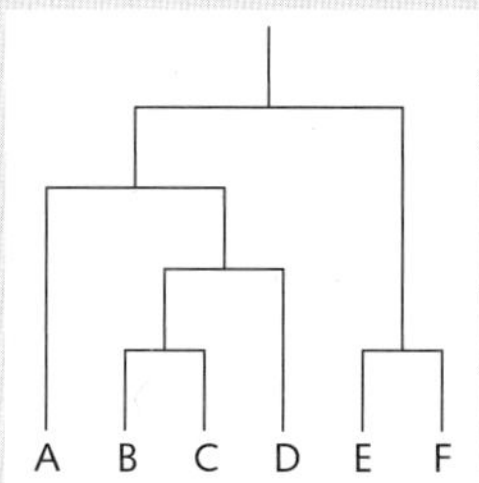

```
#!/usr/bin/perl
#drawtree.pl -- draws binary trees (root at top)
#usage:  echo '(A,((B,C),D),(E,F));' | drawtree.pl > output.ps

print <<EOF;
%IPS-Adobe-

/n /newpath load def /m /moveto load def /l /lineto load def
/rm /rmoveto load def /rl /rlineto load def /s /stroke load def
1.0 setlinewidth 50 100 translate 2 2 scale
/Helvetica findfont 10 scalefont setfont
EOF

$tree = <>; chop($tree);
s/[,;]//g;                    # Simplify notation from full Newick
$_ = reverse($tree); s/[()]//g;

$x = 0; $y = 0;
while ($nd = chop()) {
    print "$x $y m ($nd) stringwidth pop -0.5 mul 0 rm ($nd) show\n";
    $xx{$nd} = $x; $x+=20; $yy{$nd} = 10;
}

while ($tree =~ s/\(?([A-Z])([A-Z])\)?/$1/) {
    print "n $xx{$1} $yy{$1} m\n";
    ($yy{$1} > $yy{$2}) || {$yy{$1} = $yy{$2}}; $yy{$1} += 20;
    print "$xx{$1} $yy{$1} l $xx{$2} $yy{$1} l $xx{$2} $yy{$2} l s\n";
    $xx{$1} = 0.5*($xx{$1} + $xx{$2});
}
print "n $xx{$tree} $yy{$tree} m 0 20 rl s showpage\n";

$rx = 2*$x + 30; $yt = 2*$yy{$tree} + 146;
print "%%BoundingBox: 40 95 $rx $yt\n";
```

군집화 방법

계통적 관련을 결정하기 위한 표현론법 또는 군집화법은 절대적으로 역사적 과정을 반영하는 것은 아니다. 실제로, 계층적 군집화 방법은 진화적 관계가 없음에도 불구하고 계통도를 완벽하게 생성할 수 있다. 백화점에는 제품의 유형에 따라 섹션으로 상품들을 군집화시키고(예를 들면, 옷과 가구처럼) 더 세분화해서 남성 신발과 여성 신발로 좀 더 하위 유형으로 군집화한다. 남성과 여성 신발에는 신발이라는 공통 조상이 있지만 신발과 가구는 관련이 없다.

간단한 군집화 절차로는 일련의 종이 주어졌을 때 그들 사이에 존재하는 모든 쌍에 대한 유사도 또는 차이점을 측정한다. 이 경우에서, 두 종의 성인 평균 신장 차이와 같은 신체적 특성을 이용할 수 있다. 또는 미토콘드리아 DNA 염기서열을 비교하여 그 차이를 사용할 수 있다. 이러한 차이점(비유사도) 데이터로부터 계통도를 생성하려면, 우선 가장 밀접하게 관련된 두 종을 선택하고 공통 조상을 표시하기 위한 교점을 삽입해야 한다. 그런 다음, 선택된 두 종을 이들 쌍을 포함하는 일련의 종들로 대체하고, 다음으로 이 쌍의 다른 종 쌍들과의 평균거리로 대체한다. 이를 통해 개별 종간이 아닌 일련의 종들 간의 쌍별 비유사도 데이터를 갖게 된다(남아 있는 각 개별 종은 하나의 요소만을 갖는 집합으로 간주한다). 그런 다음, 예제 4.6과 같이 그 과정을 반복한다.

예제 4.6 겹친 조각 조립

상동체 서열 ATCC, ATGC, TTCG 및 TCGG로 특징되는 4가지 종을 고려해보자. 각 종 쌍 간의 비유사도를 서열의 개수 차이라고 간주하고서, 계통도 작성을 위한 간단한 군집화 과정을 사용한다.

유전적 거리 점수표는 다음과 같다.

	ATCC	ATGC	TTCG	TCGG
ATCC	0	1	2	4
ATGC		0	3	3
TTCG			0	2
TCGG				0

점수표는 대칭적이므로, 대각선의 위쪽 절반만 채우면 된다. 가장 짧은 거리는 ATCC와 ATGC 사이의 **1**(진한 숫자)이 된다. 그러므로, 첫 군집은 ATCC, ATGC이며, 계통도는 다음과 같이 일부분의 계통을 포함할 것이다.

축소한 점수표는 다음과 같다.

	{ATCC, ATGC}	TTCG	TCGG
{ATCC, ATGC}	0	$\frac{1}{2}(2+3)=2.5$	$\frac{1}{2}(4+3)=3.5$
TTCG		0	2
TCGG			0

다음 군집은 TTCG, TCGC로 거리는 **2**가 된다. 최종적으로 ATCC, ATGC와 TTCG, TCGC 군집이 연결되며 다음과 같은 계통도가 된다.

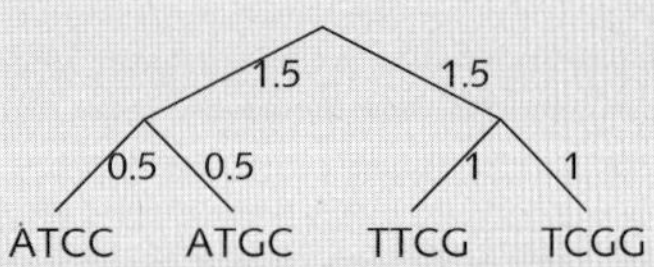

분지 길이는 다음과 같은 규칙에 따라 할당되었다: 교점 X와 Y 사이 엣지의 분지 길이는 X와 Y 거리의 1/2 거리이다. 그러나 분지 길이가 교점으로 표시된 분류군의 분화 시기에 진정 비례하는지 여부는 외부 증거로부터 결정되어야 한다.

이러한 방식에 의한 계통도 작성법을 산술평균 비가중 쌍별 그룹법(unweighted pair group method with arithmetic mean, UPGMA)이라고 한다. N. Saitou와 M. Nei에 의해 수정된 방법인 근친연결법(Neighbour Joining)은 계통도의 분지마다 동등하지 않은 진화율을 수정하기 위하여 고안되었다.

최우추정법

최우추정법(*maximum-likelihood method*)에 의한 계통추론은 일련의 분류군들을 관련짓는 가운데 절대적으로 계통(혈통)을 추론하는 방식이다. 목표는 진화적 과정을 명쾌하게 담고 있는 모델을 이용하여 올바른 계통수를 선택하는 것이다. 최우추정법은 서열 데이터를 위해 고안된 것으로 다중 서열 정렬로 시작된다. 그러나 형태 특성, 예를 들면 성인 키 평균치라던지 핀치새의 부리 크기나 모양 측정치는 계통 추론에 사용될 수 없다.

최우추정법은 단순히 돌연변이 사건의 숫자(mutational events)를 계산하는 대신 돌연변이 사건에 양적 확률(quantitative probabilities)을 할당한다. 최우추정법은 각 계통도의 모든 교점에서 조상을 도출하고 상정된 돌연변이 사건의 확률에 기반하여 분지 길이를 할당한다. 주어진 서열이 관찰될 수 있는 최대 가능성을 제공하는 매개변수를 찾기 위해 추정된 치환율은 달라지게 해서 각각의 가능 계통도를 작성하게 된다. 그 결과 최적의 계통도는 관찰된 데이터를 생성할 가능성이 가장 큰 계통도이다.

최우추정법은 군집화 방법보다 우수하다. 이 방법은 전통적인 고생물학과 같은 독립적인 증거에서 그리고 시뮬레이션 데이터(컴퓨터를 이용하여 진화해 가는 서열을 생성하여)에서 그 우수성이 입증된 바 있다.

조상 서열의 재구성

계통도 작성을 위한 최우추정법은 그 절차의 일부로 현존하는 종들의 조상에 존재하였을 수 있다고 예측되는 서열을 결정한다. L. Pauling과 E. Zuckerkandl은 1963년 논문에서 멸종된 생물체의 단백질 서열을 결정할 수 있다면, 그 생물은 단백질의 합성에 의해 재현될 수 있다고 제안했다.[5]

조상 서열의 재구성에 관한 좋은 예로는 후생동물(Metazoa)의 탄산무수화효소(carbonic anhydrase)의 진화에 대한 연구를 들 수 있다.

[5] Pauling, l. and Zuckerkandl, E. (1963). Chemical paleogenetics: molecular restoration studies of extinct forms of life. *Acta Chem. Scand.* **17**, Suppl. 1, 9–16.

탄산무수화효소는 다음과 같은 촉매 작용을 한다.

$$CO_2 + H_2O \rightleftharpoons HCO_3^- + H^+$$

상기 활성을 갖는 효소는 바이러스를 포함한 모든 종에 있다. $\alpha, \beta, \gamma, \delta$로 명명된 4가지 계열의 단백질이 탄산무수화 활성을 갖는다. 이 계열들은 상호 서열 유사성이 높지 않으며, 단백질의 접힘 유형이 다르다. 이는 공통의 기능을 갖는 수렴진화의 예라고 할 수 있다. 이들 계열은 각 계열 내에서도 그 분화 정도가 크다. 예를 들면, 인간의 경우 16개의 탄산무수화효소가 있다. 진화적으로 다양한 탄산무수화 활성을 갖는 탄산무수화효소가 있다는 사실은 다수의 대사 활동을 위해서 이 촉매 반응이 매우 중요하다는 것을 말하는 것이다.

탄산무수화효소 계열의 분포	
α	박테리아, 동물
β	박테리아, 고세균, 식물
γ	고세균
δ	Weblem 4.9 참조

고등생물에 있어서 탄산무수화효소는 공통의 촉매작용을 갖고 있지만 다른 생리적 역할을 담당한다. 즉, 광합성 작용에서 CO_2의 고정, 호흡을 통한 CO_2의 배출 그리고 pH의 조정 등을 들 수 있다. 많은 동물 그룹은 $CaCO_3$를 저장한다. 가장 잘 알려진 예로서 연체동물의 바다조개 그리고 산호초를 들 수 있다(보다 덜 알려진 예로 식물은 $CaCO_3$를 구조물질로 이용하기도 한다).

탄산무수화효소 활성의 공통적인 주제는 대기와 생물체액 사이의 CO_2 운반을 가속화한다는 것이다. 세포내 수액에서 $CO_2 \rightleftarrows HCO_3^-$의 평형은 HCO_3^-의 건너편에 있다. 즉, HCO_3^-가 아닌 CO_2가 대기와 교환을 할 수 있다. 그러므로 촉매 작용에 의하지 않는 $HCO_3^- \rightarrow CO_2$의 변환 그리고 기체-액체의 경계로 단순히 확산하는 방식으로 CO_2를 흡수하고 방출하는 것은 여러 가지 목적에 비춰서 그 비율이 매우 느리다. 우리의 폐에서 CO_2를 방출하고, 식물이 광합성에 의해 CO_2를 흡수하는 것은 모두 효소의 도움으로 이루어진다.

더욱이 광합성에서 캘빈 회로를 시작하기 위한 CO_2를 고정하는 효소인 ribulose-1,5-bisphosphate carboxylase(RUBISCO)는 기질로서 CO_2를 갖고 있지만 HCO_3^-는 없다. 식물 세포는 두 가지의 탄산무수화효소를 갖고 있다. 하나는 CO_2를 붙들기 위한 것이고 다른 하나는 그것을 RUBISCO에 전달하기 위한 것이다.

무척추동물에서, 탄산무수화효소는 조개껍질을 만들기 위한 무기물의 탄산칼슘 침전에 관여한다.

$$Ca^{2+} + 2HCO_3^- \rightleftharpoons CaCO_3 \text{ (주로 산석, aragonite)} + CO_2 + H_2O$$

초기 후생동물의 진화에 있어 탄산무수화효소의 특성을 구명하기 위해서, D.J. Jackson과 6명의 과학자[6]는 해면동물문에 속하는 *Astrosclera willeyana*의 탄산무수화효소 활성을 연구하였다. 이 원시의 해면동물이 $CaCO_3$를 침전시켜 뼈대를 형성하는 가장 오래된 후생동물이다.

다음 페이지의 표는 선발된 후생동물의 탄산무수화효소 서열짝 간의 % 유사성과 계통수에 기반하여 조상을 재구성한 것이다.

조상이 되는 후생동물의 탄산무수화효소를 재건한 결과, 현존하는 효소에서 촉매 작용을 하는 것으로 여겨지는 아미노산 잔기를 포함하고 있다. 이 중 하나가 아연 이온의 결합 부위인데, 아연은 물에서 양성자를 방출을 촉진하여 수산화 이온을 형성하고, 이 수산화 이온이 CO_2와 반응해서 HCO_3^-를 형성한다.

트라이아이스기 후기로 알려진 *Astrosclera*속의 초기 기원을 보면, 이러한 해면동물은 초기 후생동물이 확산하던 중 또는 확산을 시작한 무렵에 발생하였음을 제시한다. 무척추동물과 척추동물의 탄산무수화효소 계열들의 상동체를 정렬한 결과, 후생동물에서 발견되는 많은 탄산무수화효소는 모두 단 하나의 비후생동물 조상으로부터 유래되었음을 제시하는 계통수를 도출하였다. 이들 공통 조상 단백질의 서열을 통한 예측은 탄산무수화효소의 초기 진화를 밝히는 데 매우 유용한 결과를 제시해 왔다.

현재까지는 큰 문제가 없다.

[6] Jackson, D.J., Macis, L., Reitner, J., Degnan, B.M. & Wörheide, G. (2007). Sponge paleogenomics reveals an ancient role for carbonic anhydrase in skeletogenesis. *Science* **316**, 1893–1895.

	Human CAH-2	D. melanogaster	C. elegans CAH-3	Astrosclerin-1	Astrosclerin-2	Astrosclerin-3	Ancestral metazoan
Human CAH-2	100	47	37	28	28	28	50
D. melanogaster		100	34	27	27	27	43
C. elegans CAH-3			100	30	29	30	38
Astrosclerin-1				100	86	95	39
Astrosclerin-2					100	83	38
Astrosclerin-3						100	39
Ancestral metazoan							100

피루브산탈카르복시효소: 합성, 활성, 예측 조상의 결정체 구조

조상의 서열을 재구성하는 어려움 중 하나는 거의 모든 경우에서 과연 예측된 서열이 진짜 멸종한 조상 종에 존재하던 서열인지를 증명할 수 없다는 점이다. 다만 단백질을 합성하고 최소한 그 단백질 효소의 활성이 있는지를 확인한다면 좀 더 확신을 가질 수 있을 것이다. 반대로, 촉매 활성이 없다면 회의적이라고 판단할 수 있을 것이다.

Buddrus *et al.*[7]은 피루브산탈카르복시효소의 조상 서열을 연구하는 가운데, 이 효소의 촉매 활성을 측정하기 위하여 그 단백질을 합성하고 결정 구조를 확정하고자 하였다.

피루브산탈카르복시효소의 반응은 다음과 같다.

$$\text{피루브산} \rightarrow CO_2 + \text{아세트알데하이드}$$

$$CH_3\overset{\displaystyle O}{\overset{\|}{C}}COO^- \longrightarrow CO_2 + CH_3CHO$$

이 반응을 위해 티아민 피로인산염(thiamine pyrophosphate)과 Mg^{2+}를 보조인자로서 필요로 한다. 효모의 경우, 이 반응은 발효 과정에서 비루브산(pyruvate) → 아세트알데히드(acetaldehyde) → 에탄올(ethanol)로 바꾸는 경로의 일부이다. (이산화탄소가 밀가루 반죽을 부풀어 오르게 하고, 알코올이 와인의 핵심 요소인 것은 전형적인 효모 생물공학의 예시이다.)

피루브산탈카르복시효소는 진핵생물에 광범위하게 존재하지만, 박테리아에는 드물다. Buddus *et al.*은 BLAST 조사를 통해 유전자 은행에 등록된 25개의 피루브산탈카르복시효소 아미노산의 주석을 달았다. 그 결과, 조상으로 예측된 하나의 서열과 한 개를 제외한 나머지 서열들은 서로 60.9~77.7%의 변이를 나타냈으며, *Sarcina ventriculi*는 최저인 33%의 상동성을 나타냈다.

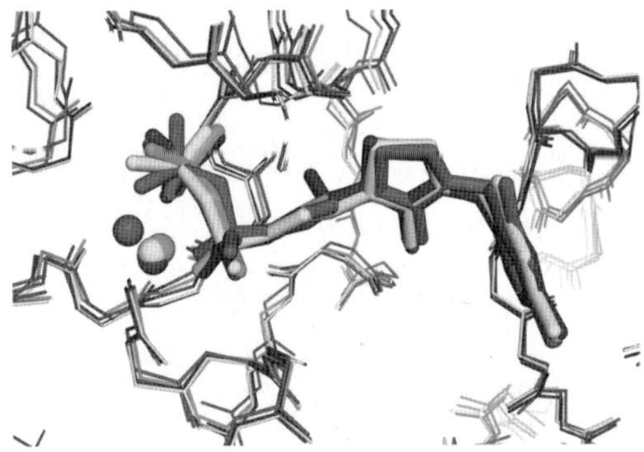

그림 4.12 알려진 박테리아 피루브산탈카르복시효소의 배위자(ligand) 결합 구조 비교. *Acetobacter pasteurianus*(어두운 회색, wwPDB entry 2vbi), *Zymomonas mobilis*(검은색, wwPDB entry 1zpd), and *Zymobacter palmae*(옅은 회색, wwPDB entry 5euj), 조상으로 예측된 효소(중간 회색, wwPDB entry 5npu). 두꺼운 선은 티아민 피로인산염의 보조인자를, 구형은 Mg^{2+}를 나타낸다. 조상으로 예측된 단백질의 구조에서 명백하게 Mg^{2+}가 치환된 것은 물 분자의 위치를 정확하게 지정하지 못한, 낮은 해상도 때문이다.

From Buddrus, L., Andrews, E.S.V., Leak, D.J., Danson, M.J., Arcus, V.L. & Crennell, S.J. (2018). Crystal structure of an inferred ancestral bacterial pyruvate decarboxylase. *Acta Cryst*. **F74**, 179–186.

Z. Yang(http://web.mit.edu/6.891/www/lab/paml.html)의 PAML(Phylogenetic Analysis by Maximum Likelihood) 프로그램을 이용한 계통도를 통해 예측된 조상 서열을 유추하였다. 이때 아미노산 서열, 염기 서열, 코

[7] Buddrus, L., Andrews, E.S.V., Leak, D.J., Danson, M.J., Arcus, V.L. & Crennell, S.J. (2018). Crystal structure of an inferred ancestral bacterial pyruvate decarboxylase. *Acta Cryst.* **F74**, 179–186.

돈 서열 등 세 가지 방법을 이용한 결과에서 3%의 위치만 이 불확실하였다. 이들 3%는 아미노산의 물리-화학적 성상을 고려하고 알려진 구조 및 현존하는 종들의 서열과 비교를 통해 그리고 코돈 서열의 일반적인 진화적 특성을 설명함으로 해결하였다.

피루브산탈카르복시효소는 동형사량체(homotetrameric) 효소이다. 각 소단위는 대략 560개의 아미노산 잔기를 갖는다(조상으로 예측된 서열은 563 아미노산 길이임).

단백질에서 조상 서열이라고 예측된 서열을 합성한 결과 효소 활성을 보였다. K_M 값은 알려진 박테리아 피루브산탈카르복시효소에서 얻은 값의 범주 내에 있지만, V_{max}는 일반적인 값보다 5배나 높았다. 그러나 k_{cat}/K_M는 현존하는 박테리아의 피루브산탈카르복시효소의 범주 내에 있었다.

그림 4.12는 조상으로 예측된 효소와 알려진 박테리아 피루브산탈카르복시효소의 배위자(ligand) 결합 구조를 비교한 결과이다. 효소 활성의 결과와 마찬가지로 활성 부위가 잘 보존되어 있다.

그림을 보면, 서열에서 보존된 패턴이 조상으로 예측된 분자에서도 잘 나타나고 있음을 알 수 있다. 이와 함께, 알려진 서열과 예측된 서열이 유사한 경우, 구조 역시 잘 보존될 수 있음을 보여주는 놀랍지 않은 결과이다. 정말 이 효소의 조상 서열이 진짜인지를 확인하는 방법은 작은 구조 변이에도 매우 민감한 활성을 시험하는 것이다.

진화율이 부분적으로 다른 문제

A, B, C, D의 4종은 다음과 같은 계통도를 갖는다고 가정해 보자.

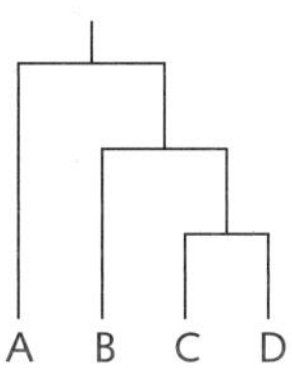

이 계통도는 다음의 비유사도 점수표와 일치한다:

	A	B	C	D
A	0	3	3	3
B		0	2	2
C			0	1
D				0

다음은 계통도는 달라지지 않았지만, D종이 매우 빠르게 분화했다고 가정해 보자. 그러면 비유사도 점수표는 다음과 같이 관찰될 수 있다.

	A	B	C	D
A	0	3	3	20
B		0	2	20
C			0	20
D				0

이 경우 다음과 같은 틀린 계통도를 도출할 것이다:

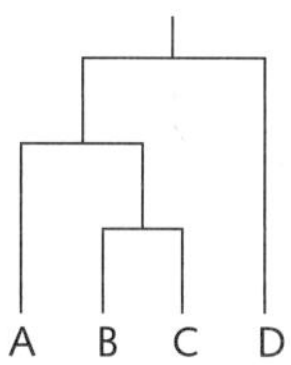

진화적 변이율이 계통도의 분지마다 다르다면, 여기에서 논의된 방법들은 이런 종류의 오류를 겪을 수 있다. 각 분지마다 변이율이 다른지를 시험하기 위해 주어진 종들을 **외분류군**과 비교해 보라! 이때 외분류군은 주어진 모든 종의 어떤 쌍보다 그 관계가 멀어야 한다. 예를 들어, 우리가 영장류 종을 연구하고 있다면, 젖소와 같은 비영장류 포유동물이 적절한 외분류군이 될 것이다. 만약 영장류 사이의 진화율이 일정하다면 영장류들은 소와 모두 비슷한 수준의 비유사도를 나타낼 것이다. 만약 그렇지 않다면 영장류사에에서 진화율은 다르다는 것을 의미하며, 이는 곧 사용된 형질이 정확한 계통도를 제시하지 않을 수도 있음을 의미한다.

베이시안(Bayesian)법

우리가 풀고자 하는 문제는 주어진 다중 서열 정렬을 근거로 종 간의 관계를 나타내는 모든 가능한 계통도 중 진화적 변화를 반영하는 모델 가운데서 주어진 다중 서열 정렬을 가장 잘 반영할 확률이 가장 높은 계통도는 무엇인가 하는 것이다. 이 모델이라 함은 돌연변이율 등을 고려하여 지정된다. 현재로서 이 접근법의 약점은 모델을 명시적이고 정확하게 지정하는 방법을 알기 어렵다는 것이다.

그럼에도 불구하고, 진화적 변화를 담고 있는 모든 모델로부터 관찰된 다중 서열 정렬이 계통도로 반영될 수 있는 가능성을 계산할 수 있다. 만약 어떠한 모델도 신뢰할 수 없나면 어떻게 해야 할까? 이 경우 처음에는 모든 삼새석인 계통도가 우리가 아는 한 모두 동등한 가능성이 있다고 간주한다. 다음으로 Bayes의 규칙에 따라 관찰된 다중 서열 정렬을 나타낼 가능성이 가장 높은 계통도를 선택하게 된다. 이 접근법이 아주 강력한 이유는 관찰된 데이터를 계통수로 또 진화적 변화를 반영하는 다른 모델로 생산해낼 가능성을 최적화할 수 있기 때문이다. 이 방법은 계통도의 다른 분지에 동일한 분자 시계를 적용하는, 즉 모든 서열에 동일한 돌연변이율을 지정하는 등과 같이 지나치게 제한된 추측을 막아준다. 그럼에도 계산은 가능하다. 베이시안법에 기반한 프로그램은 다중 서열 정렬로부터 계통도를 유추해내는 가장 강력한 도구라는 것은 모두가 공감하고 있다.

프로그램	접근성	웹사이트
Phylip	Various choices	http://evolution.genetics.washington.edu/phylip.html
MEGA	Various choices	http://www.megasoftware.net/
PhyML	Maximum likelihood	http://www.atgc-montpellier.fr/phyml/
RAxML	Maximum likelihood	http://sco.h-its.org/exelixis/software.html
MrBayes	Bayesian	http://mrbayes.sourceforge.net/
BEAST	Bayesian	http://beast.bio.ed.ac.uk/

계통수 작성을 위해서 다양한 소프트웨어가 이용 가능하다. 사용자는 계산법이 매우 복잡하고, 프로그램이 매우 강력하지만 사용자가 원하는 대로 사용하기 위해서는 이들을 이해하기 위한 노력이 필요하다는 것을 알아야 한다. MEGA가 일반적인 용도를 위해 가장 간단할 것이다. Phylip은 여러 해 동안 독자적인 영역을 갖고 있었다.

계통도는 계통 유연관계를 나타내는 올바른 방식인가?

진화란 혈통으로 이어지고 분화에 의한다는 고전적 진화 모델에서, 생물학적 과정은 종들 사이의 관계가 계층적임(hierarchy)을 말한다. 계통도의 구조는 이러한 것을 자연스럽게 그리고 적절하게 표현하는 방법이다. 우리가 정확하고 확실하게 계통도가 옳은지 여부를 판단하는 것은 별도의 문제이다. 하지만, 경우에 따라 계통도 구조는 데이터를 적절하게 설명하지 못하는 경우도 있다. 특히, 바이러스 진화에서 또는 대량의 유전자가 수평적으로 이동했던 상황에서 자주 관찰된다.

H.-J. Bandelt와 A.W.M. Dress는 분할 분해(*split decomposition*)라고 하는 보다 일반적인 그래픽 군집화 방법을 개발하였으며, 이는 계통도 구조보다 일련의 거리에 대해 더 잘 설명할 수 있다. 여기에 간단한 예를 제시하였다.

예제 4.7 유사도 데이터의 대안적 방안

Bandelt와 Dress[i]는 다음과 같이 거리를 나타내는 점수표를 이용하였다:

	A	B	C	D	E	F	G
A	0	4	5	7	13	8	6
B	4	0	1	3	9	12	10
C	5	1	0	2	8	13	11
D	7	3	2	0	6	11	13
E	13	9	8	6	0	5	7
F	8	12	13	11	5	0	2
G	6	10	11	13	7	2	0

UPGMA를 적용하여 다음과 같은 계통도를 얻었다:

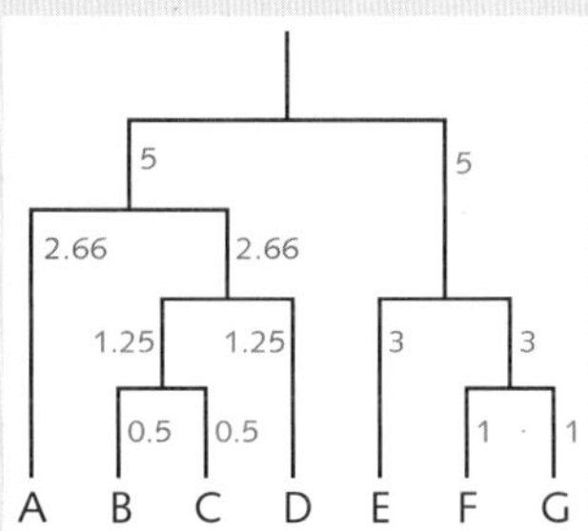

B와 C 사이 경로의 합은 0.5 + 0.5 = 1로 거리 점수표에서 B-C 점수와 동일하다. 하지만, A와 D 사이의 경로의 합은 2.66 + 2.66 + 1.25 = 6.57로서 이는 대략적으로 7이 된다. 계통도는 모든 거리 데이터를 정밀하게 고려하지는 않는다.

Bandelt와 Dress는 분할 분해 방법(split decomposition method)이라는 보다 복잡한 네트워크에 기반하여 거리 점수표를 반영한다:

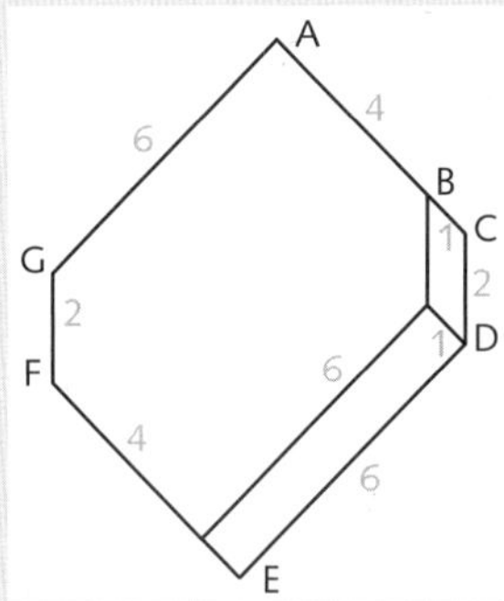

이것은 우리에게 익숙한 계통도는 아니다. 그러나 최단 경로를 따라 임의의 교점을 연결하는 엣지의 지수 합은 거리 데이터를 재생산한다. 그래프에서 A와 D 사이의 거리는 최단 거리를 따라 (B와 C 사이의 경로를 통한) 4 + 1 + 2 = 7이며, 이는 본래 데이터의 거리와 동일하다. 그래프에 원본 데이터 교점과 일치하지 않는 중간 교점이 있는지 관찰해보라.

어느 계통도에서 군집들이 더 자연스럽게 보이는가? UPGMA 그래프에서 엣지 길이가 거리에 비례적으로 표시되어 군집화가 더 명확하게 나타날 수 있도록 그려졌다고 생각하는가?

[i] Bandelt, H.-J. & Dress, A.W.M. (1992). Split decomposition: A new and useful approach to phylogenetic analysis of distance data. *Mol Phylogen Evol*. **1**, 242–252.

컴퓨터 작업상 고려 사항

최우추정법과 같은 분기론적(cladistics) 방법들은 UPGMA와 같은 단순한 군집화 방법에 비해 정확하지만, 종 수가 많을 경우 상당한 양의 컴퓨터 처리 시간이 필요하다. 분기론적 방법들이 사용되어 생성될 계통도의 가능한 총수는 종 수의 증가에 따라 매우 빠르게 증가한다. 이로 인해, 많은 경우 본질적인 추론이 있음에도 불구하고 대략적인 답만 해줄 수 있다.

계산된 계통들은 종종 추정치이기 때문에, 그 계통도들을 시험해 보는 것이 중요하다. 방법은 다음과 같다.

1. 동일한 분류군에 관해 다른 형질들로부터 얻은 계통도와 비교: 그 계통들이 일관성이 있는가? 만약 다른 형질들로부터 생성된 계통도에서 하나의 하위 계통 부분(subtree)만을 공유하는 경우, 아마도 그 부분의 계통은

확실하게 결정될 것이지만, 다른 부분은 그렇지 않을 것이다.

2. 분류군의 부분 집합(subset)에 대한 분석 결과는 전체 분류군에서 나타나는 결과와 동일해야 한다.
3. 원래 데이터의 부분 집합을 계산하는 공식적인 통계 시험으로는 잭나이핑(*jackknifing*) 및 붓스트랩핑(*bootstrapping*)이 알려져 있다.

   잭나이핑(jackknifing)은 원래의 데이터로부터 무작위로 샘플링한 일련의 데이터를 사용하여 다중 계산하는 것이다. 다중 서열 정렬로부터 계통을 계산하기 위해서 정렬된 데이터 중 서로 다른 부분 집합을 선택하고 계산을 다시 실행한다. 각 부분 집합이 동일한 계통도를 제공한다면, 이는 신뢰성이 높다고 할 수 있다. 각 부분 집합이 다른 계통을 제공한다면, 그들 중 어느 것도 신뢰할 수 없다.

   부트스트랩핑(bootstrapping)은 샘플링의 통계학적 특성을 유지하기 위해 임의로 선택한 위치와 동일 위치에 대한 다수의 복사본을 포함하여 원래 크기와 동일한 일련의 데이터를 구성한다. 이를 제외하고는 잭나이핑과 유사하다.

4. 매우 긴 엣지가 있다면, 계산을 교란했을 수 있는 진화율의 불균등한 변이 가능성을 심각하게 고려하여야 한다. 이를 확인하기 위한 외분류군을 도입해야 한다.

종합

생물정보학에서 상당히 표준적인 작업 순서는 다음을 포함한다.

1. 관심 서열을 선택하고, PSI-BLAST 또는 은닉 마르코프 모델을 이용하여 유사한 서열군을 추출한다.
2. 추출한 서열의 다중 정렬을 수행한다.
3. 다중 서열 정렬로부터 보존 유형을 도출하고 연구하며, 서열들 사이의 전반적인 유사성과 차이점으로부터 계통도를 계산하고 구한다.

확보된 서열을 CLUSTAL Omega와 같은 다중 서열 정렬 프로그램에 연동해 주는 여러 웹사이트들이 있다. CLUSTAL Omega는 입력 서열의 유사성을 기반으로 계통도를 계산하며, 이 입력 서열은 다시 계통도 그리기 프로그램에 입력 서열로 사용될 수 있다. 계통 분석의 다양한 측면에서 현재 가장 많이 사용되는 프로그램은 K. Tamura, D. Peterson, N. Peterson, G. Stecher, M. Nei 및 S. Kumar에 의해 개발된 Molecular Evolutionary Genetics Analysis (MEGA)이다(http://www.megasoftware.net/).

www.phylogeny.fr 사이트는 계통도 작성, 계통수 보기 및 기타 소소한 기능 등 관련 분석 도구를 제공한다.

연습문제

연습문제 4.1. BIOINFORMATICS와 CONFORMATION이라는 단어 사이의 리벤슈타인 거리(Levenshtein distance)는 얼마인가?

연습문제 4.2. 일련의 연관된 서열에서 정확한 서열의 정렬을 위해, 각 다른 위치에 있는 서열의 보존 유형을 파악하는 것이 왜 필요한가?

연습문제 4.3. DOROTHYHODGKIN의 점도표에서 단일 일치(singletons) 문자들을 제거하고 그 외는 유지하려면, 윈도우(window)와 임계점(threshold)의 어떤 값들(Box 4.1 프로그램 참조)을 사용할 수 있는가?

연습문제 4.4. 다음 점도표에 일치하여 통과하는 경로는 어떤 정렬 서열인가?

연습문제 4.5. 제한효소의 인식 부위처럼 각 가닥에 부분적으로 나타나는 회문구조의 DNA 서열을 선택하고자 할 때, 점도표를 어떻게 사용할 수 있는가?

연습문제 4.6. 점도표 MAXISTAYAWAYATSIXAM을 얻을 수 있도록 Box 4.1의 PERL 프로그램을 수정하시오.

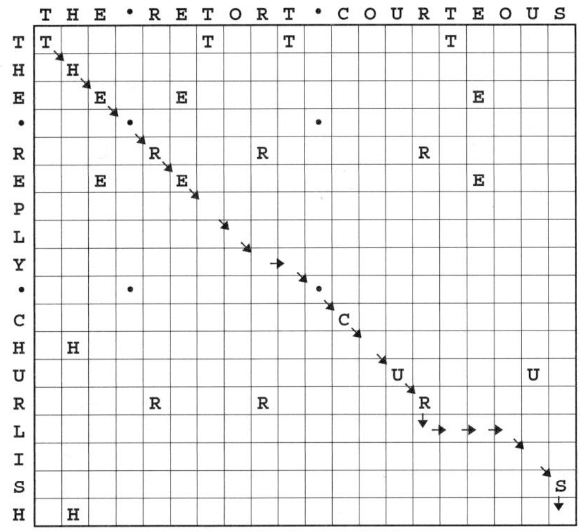

연습문제 4.7. 정규 분포에서 *P*의 어떤 값까지가 *Z* 점수의 1에 해당하는가?

연습문제 4.8. 그림 4.2a는 파파야(papaya) 파파인(papain) 유전자와 키위의 actinidine 유전자의 서열 정렬과 해당 점도표를 나타내었다. 정렬된 서열을 보면 파파인 서열에 하나 혹은 그 이상의 아미노산 잔기들이 결실된 위치가 두 군데 보이고, actinidine 서열에는 하나의 아미노산 잔기가 삭제된 곳이 한 군데 보인다. 그림 4.2a 사진의 점도표에 이러한 삽입과 결실이 있는 대략적인 위치를 표시하시오.

연습문제 4.9. 각기 다른 사람의 상동 염색체의 DNA 서열을 비교하면, 평균적으로 비부호화(noncoding) DNA의 700 bp마다 하나씩 다르다는 것을 알 수 있다. 인간 게놈의 95%는 비부호화 영역이다. 잠재적인 DNA 표지자 수를 파악하기 위하여 인간 게놈의 다형성(polymorphism)을 계산해 보시오.

연습문제 4.10. 대장균(*E. coli*) 티오레독신(thioredoxin)에서 32–49 아미노산 잔기에 의해 형성된 α helix는 중단된다. 그림 4.6의 사진에 중단된 곳을 표시해 보자. 정확히 어느 잔기에서 이러한 중단이 발생하는가?

연습문제 4.11. (a) 그림 4.6(a)의 티오레독신 정렬에서 잔기 90–95 영역까지 목록을 부분 프로파일 (profile)의 표와 비슷하게 만드시오. 이 잔기들과 정렬되는 다음의 서열들은 목록을 가중치로 사용하여 간단한 프로파일 (profile) 점수를 만드는 데 어떤 기여를 할 수 있는가? (b) ISSAVK. (c) FVGAKE.

연습문제 4.12. (a) 다음 쌍의 계통도는 배치 측면에서 동일한가? (b) 다음 쌍의 계통도는 배치 측면에서 동일한가?

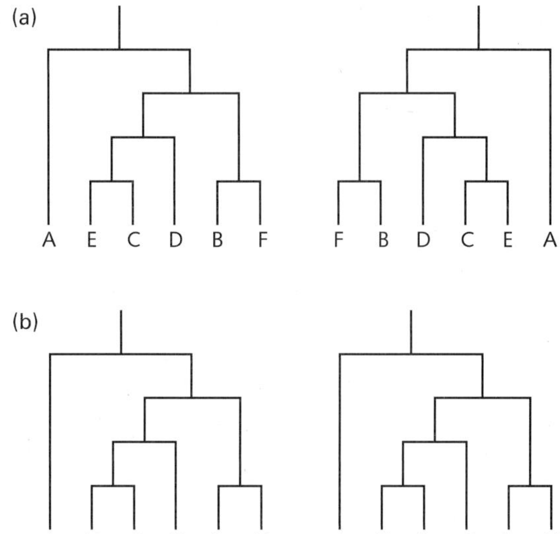

연습문제 4.13. 예시 4.6의 마지막 그래프에서 군집 ATCC, ATGC와 군집 TTCG, TCGG를 연결하는 교점의 분지 길이 1.5는 어떻게 구하였는가?

연습문제 4.14. 5개의 교점를 포함하는, 계통수가 아닌 연결된 그래프의 한 예시를 그려보시오.

연습문제 4.15. 유럽, 아프리카, 아시아 소의 미토콘드리아 DNA 서열은 유럽과 아프리카 품종이 인도 품종보다 서로 더 가까운 유연관계를 보인다고 제시한다. 이를 두 혈통에서만 다른 진화율로 인해 이러한 유연관계가 발생했을 것이라는 비논리적인 결과를 배제하기 위하여, 외분류군으로서 타당한 종을 선택해 보시오.

연습문제 4.16. n 길이의 두 서열을 정렬하기 위한 역동연산법에서 요구되는 실행 시간은 n^2가 된다는 점을 알았다. 그러면 알고리즘의 단순한 실행을 위해 요구되는 저장 공간은 n과 어떤 비율의 관계가 있는가: (a) 만약 우리가 최적의 정렬을 결정하고 싶을 경우, 역추적(traceback) 정보는 저장되어야만 하는가? 그리고 (b) 만약 우리가 점수(score)만 원하고, 정렬은 원하지 않는다면, 역추적 정보는 저장할 필요가 없는가? [참고: 알고리즘을 간단하게 시행하는 방법은 본래의 시행 방법에 비해 공간 요구량을 크게 줄일 수 있다.]

CHAPTER 5

구조 생물정보학과 신약 개발

서론

단백질은 세포가 생명 현상을 만들어내는 '실행기관'의 주요 구성 요소이다.

세포가 생물학적 역할을 수행할 수 있도록 하기 위해, 단백질은 세 가지 기본적이면서도 중요한 성질을 가지고 있다:

1. 단백질은 세포와 유기체의 신진대사, 성장, 구조 및 조절을 구현하기 위해 매우 다양한 구조와 기능을 나타낸다.
2. 단백질은 구조적 형태(주쇄에 더해진 측쇄들, 측쇄 서열은 유전자 서열에 따라 결정됨)의 통일성 덕분에 리보솜(ribosome)이라는 단일 기구를 통해서 모든 단백질이 합성될 수 있다. 분자생물학에 미치는 영향은 활자[역주 1)]가 인쇄 기술에 미치는 영향과 비슷하다.
3. 단백질은 스스로 접히면서 활성 상태의 자연스러운[역주 2)] 3차원 구조가 된다. 바로 여기가 생명이 1차원의 염기서열에서 우리가 살고 있는 3차원 세계로 거대한 도약을 하는 지점이다(*Box 1.5* 참조). 그러므로, 아미노산 서열을 유전체에 있는 1차원 염기서열로 부호화하는 것만으로도 충분하다. 진화(evolution)는 이 염기서열 정보의 유전 전파(hereditary transmission)와 자연선택이 작용할 수 있는 변이 생성이라는 이점을 얻는다.

단백질은 매우 다양한 3차원 구조와 기능을 가지고 있으며, 이는 근본적인 공통 화학적 특징을 공유하는 분자에서 발생한다. 단백질은 크리스마스 트리 조명의 전선과 같다. 거의 모든 단백질은 서로 다른 아미노산 측쇄가 일정한 간격으로 연결된 선형(즉, 분지하지 않은) 중합체 주쇄로 구성된다:

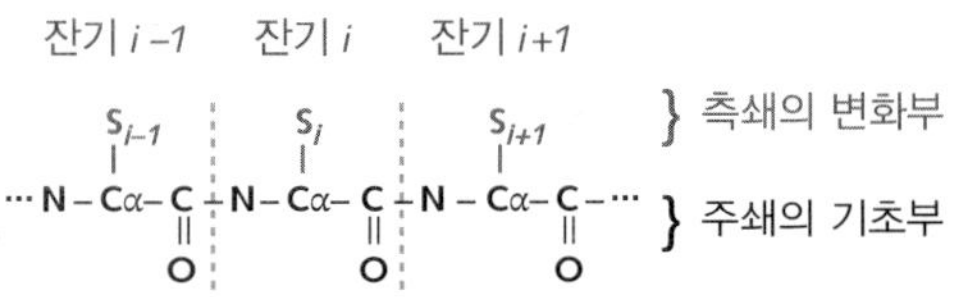

조명의 띠를 이은 전선은 반복되는 주쇄 또는 백본(backbone)에 해당하며, 조명의 다양한 색상 순서는 각 단백질에 고유한 측쇄 서열의 고유성에 해당한다.

단백질의 아미노산 서열은 유전자의 뉴클레오티드 서열에 의해 특정된다. 3차원 구조의 단백질 분자는 핵산의 추가 작용 없이 아미노산의 1차원 서열에 의해 결정된다. 단백질은 자연스레 고유한 형태로 접힌다.

아미노산 서열은 어떻게 3차원 구조를 부호화(encode)할까? 주쇄가 접히면 다른 잔기들이 접촉하게 된다. 측쇄와 주쇄의 상호작용, 다른 주쇄나 측쇄와의 상호작용, 용매와의 상호작용, 그리고 측쇄 운동성에 대한 제약이 서로 다른 형태들에 대한 상대적 안정성을 결정한다. 이것은 열역학 제2 법칙의 결과인데, 일정한 온도와 압력의 시스템이 안정(낮은 엔탈피, H)과 자유(높은 엔트로피, S) 사이에서 타협할 수 있는 평형 상태를 찾아 최소 깁스(Gibbs) 자유 에너지 $G = H - TS$를 갖게 됨을 말한다. 여기서 T는 절대 온도이다. (인간관계에서 결혼은 바로 이러한 타협이다.)

단백질은 주쇄마다 하나의 접힘 패턴이 다른 형태보다 열역학적으로 훨씬 더 유리하도록 진화했다. 이것이 기본 상태(native sate)이다. 다양한 형태의 에너지와 엔트로피를 충분히 정확하게 계산할 수 있다면, 그리고 올바른 형태를 포함할 수 있을 정도로 많은 수의 가능한 형태를 계산

* 역주는 이 장의 끝에 기술되어 있음

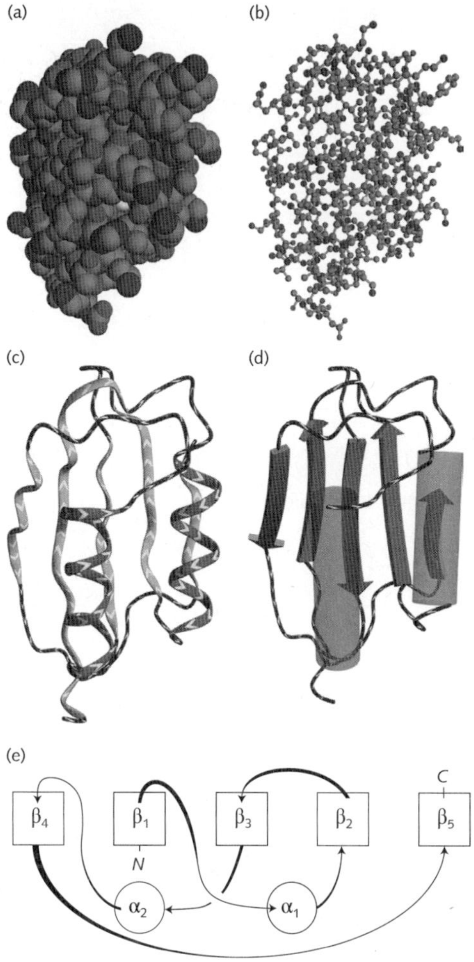

그림 5.1 단백질은 복잡한 구조이었기에, 이를 충분히 표현하기 위한 특수 도구를 개발해야 했다. 이 그림은 상대적으로 작은 단백질을 여러 표현법으로 보여준다(어떤 단백질인가? 이것은 일련의 웹 기반 프로젝트의 주제이다[역주 3)]). (a) 수소를 제외한 모든 원자의 표현으로, 각각 반데르발스 반경 크기의 구체로 표시된다. 인접한 구체들이 겹쳐서 있는 것은 두 원자가 *서로 결합되어 있을 때* 반데르발스 반경의 합보다 작은 거리로 서로 접근할 수 있음을 보여준다. 여기서 원자는 다음과 같이 표시된다; 탄소, 밝은 회색; 질소, 짙은 회색; 산소, 중간 회색; 유황, 흰색이다. 이 그림에서 구조를 이해하는 것은 어렵지만(α-헬릭스를 발견할 수 있는가?) 단백질이 *원자들의 조밀한 집합체*임을 강조하는 데는 도움이 된다. 이 그림에서는 물 분자를 단백질에 통과시킬 수 없다는 것이 분명하지만, 다른 그림에서는 그렇지 않다.

(b) '공-막대기' 표현, 여전히 모든 비 수소 원자를 보여준다.

(c) 사슬의 궤적은 $C\alpha$ 원자를 통해 보강된 부드러운 곡선으로 표현되어 있다. 측쇄는 표시되지 않는다. 그림 앞쪽의 두 영역은 표시된 방향에서 축이 거의 수직인 헬릭스 형태를 띠고 있다. 이 구조는 또한 시트를 형성하는 5개의 가닥을 포함하며, 이 또한 방향이 거의 수직이다. 각 가닥에서 사슬은 거의 선형에 가깝게 확장되어 있다. 가닥들은 측면으로 상호작용하여 β-시트로의 조립을 안정시킨다.
2차 구조 요소 사이의 루프는 더 얇다. 방향 표식[역주 4)]은 N-말단에서 C-말단으로 진행하는 사슬의 방향을 나타낸다. 거기서부터 아래쪽 중앙에 있는 C-말단까지 사슬을 시각적으로 추적할 수 있는가? 온라인 리소스 센터에 있는 동영상을 사용하는 것이 더 쉬울 수 있다.

(d) 원통은 헬릭스를 나타내고, 화살표는 시트 가닥을 나타내는 대체 작도 또는 '카툰'[역주 5)] 표현이다. 그림의 입체 객체들은 '반투명'으로 표시된다. (c)와 (d) 같은 그림은 저널 기사, 달력, 마우스 매트, 커피 컵, 심지어 문신에서도 자주 사용된다.

(e) 2차 구조 요소 사이의 배열과 연결의 위상을 보여주는 추상 다이어그램이다.

적으로 검토할 수 있다면, 선험적인 물리-화학적 원리를 바탕으로 해서 아미노산 서열로부터 단백질 구조를 예측하는 것이 일상적으로 가능해질 것이다.

기본 상태에서 각 단백질의 주쇄는 공간에서 곡선을 띤다. 우리는 현재 10만 개 이상의 단백질 구조를 알고 있다. 이들은 매우 다양한 접힘 패턴을 보인다. 이런 구조를 분석하는 데 가장 먼저 마주치는 문제는 시각화 방법이다. 그림 5.1은 아주 상세히 있는 그대로 그린 것을 해석하는 것이 얼마나 어려운지, 그리고 우리에게 시각적 접근성을 제공하기 위해 컴퓨터 프로그램이 생성한 간략화된 그림조차 해석하는 것이 얼마나 어려운지를 보여준다. 이 분야는 활발한 창작 분야로 다양한 표현 방법을 만들어냈다. 숙련된 분자 일러스트레이터는 다양한 표현법을 조합하여 구조의 여러 부분을 세밀하게 조정하고 높은 수준의 상세함을 보여준다.

그림 5.1(a)는 주쇄와 측쇄를 포함한 구조를 가장 상세하게 표현한 것이다. 이는 작은 단백질이라도 이해하기 쉬운 그림을 만들기 위해서는 단순화가 얼마나 중요한지 보여준다. 또한 단순화된 표현으로는 알 수 없는 구형 단백질의 구조가 원자의 조밀한 집합체라는 점을 명확하게 보여준다. 이 그림의 다른 프레임에서 볼 수 있듯이, 단백질을 통해 물 분자 1개를 통과시킬 수도 없다.

그림 5.1(b)는 또한 '모든 원자(all-atom)' 그림으로, '공-막대기(ball-and-stick)' 표현의 구조를 보여준다.

그림 5.1(c)는 주쇄의 공간에서 경로를 따라가는 단순화된 표현을 담고 있다. 측쇄는 표시되지 않았다. 그림 앞쪽의 두 영역은 고전적인 이발소 기둥과 같은 나선형으로, 축이 표시된 방향에서 거의 수직에 가깝다. 이 구조는 또한 시트를 형성하는 5개의 가닥으로 구성되어 있으며, 이 가닥들 역시 방향이 거의 수직이다. 각 가닥에서 체인은 거의

선형적으로 확장된다. 가닥들은 측면으로 상호작용하여 β-시트로의 조립을 안정시킨다.

그림 5.1(d)에서 나선과 가닥은 '아이콘'으로 표시되어 있다. 나선은 원통으로, 시트 가닥은 큰 화살표로 표시되어 있다.

단백질의 안정성과 접힘

원래의 구조를 형성하기 위해 단백질은 주사슬이 따라가는 공간 곡선의 제약 조건에 따라 잔기 내부 및 잔기 간의 상호작용을 최적화해야 한다. 주사슬의 선호되는 형태는 α 헬릭스와 β 시트를 포함한 반복되는 구조 요소로 접힘 패턴에 영향을 준다(그림 5.2 참조).

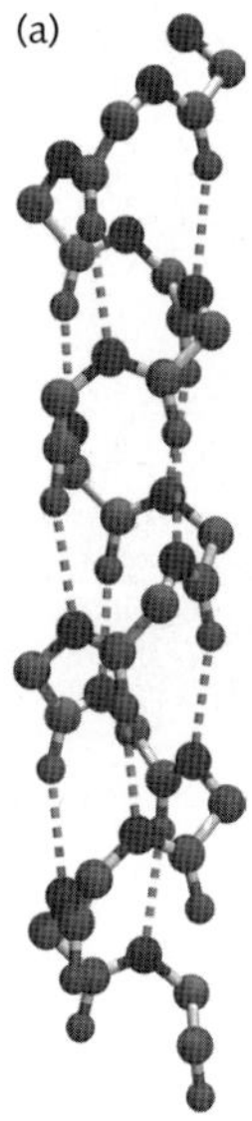

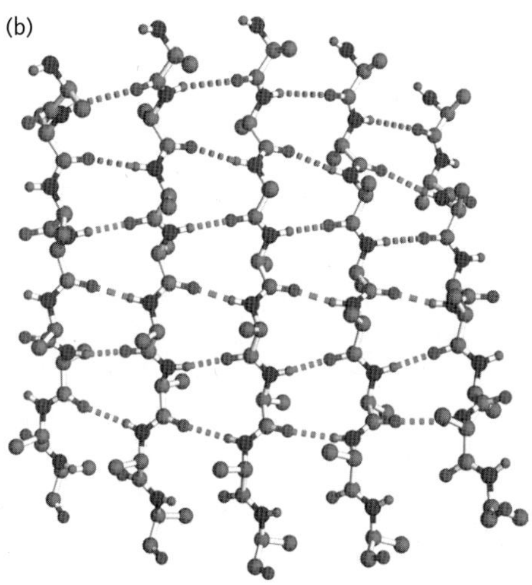

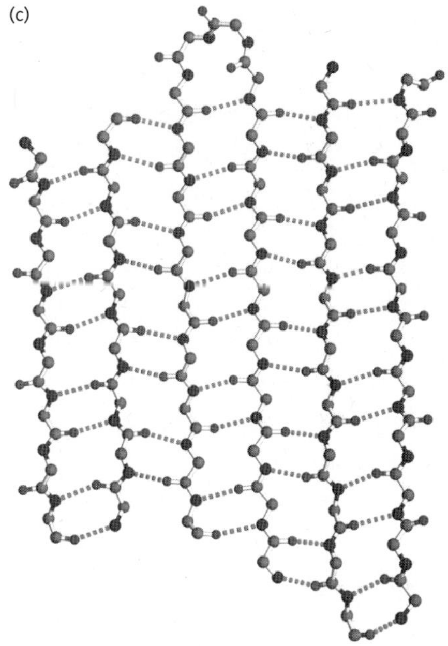

그림 5.2 다수의 단백질에서 나타나는 반복 구조들. (a) α 헬릭스. (b) 평행 β 시트. (c) 반평행 β 시트.

허용되는 주쇄 형태를 설명하는 사시세카란–라마크리슈난–라마찬드란 도표

잘 근사(approximation)한 것에 따르면, 단백질 내 각 비글리신(nonglycine) 잔기의 주쇄 구조는 2개의 개별적인 구조 상태로 한정된다.

모든 단백질 구조에 공통적인 폴리펩티드 사슬의 단편이 그림 5.3에 나와 있다. 회전은 모든 잔기의 N−Cα 및 Cα−C 단일 결합 주위에서 허용된다 (한 가지 예외 : 프롤린). 이러한 결합 주위의 각도 ϕ 및 ψ, 펩티드 결합 주위의 회전 각도 ω는 잔기의 형태를 정의한다. 펩티드 결합 자체는 평면인 경향이 있으며, 두 가지 허용 상태가 있다. 즉, *trans*, $\omega \approx 180°$ 및 *cis*, $\omega \approx 0°$이다. 단백질에서 대부분의 펩티드 결합은 트랜스 상태이다. 시스 펩티드는 드물며, 대부분의 경우 프롤린(proline) 잔기를 포함한다. 단백질의

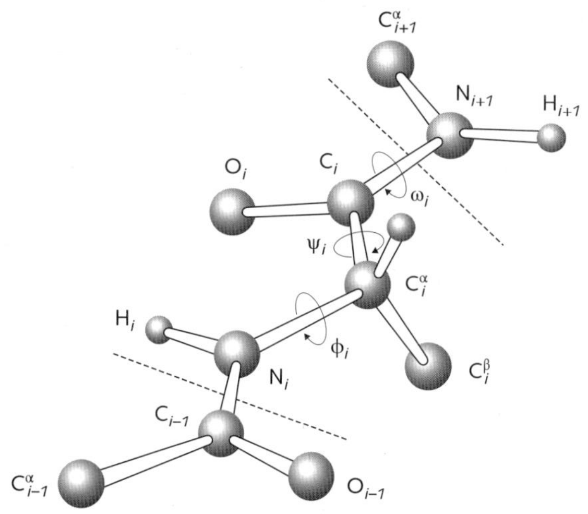

그림 5.3 폴리펩티드 골격의 구조적 각도의 정의.

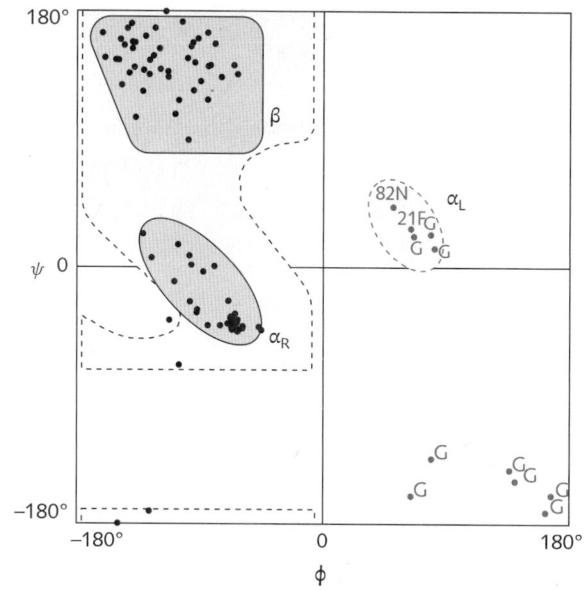

그림 5.4 아실포스파타제(acyl phosphatase, PDB 코드는 2ACY)의 사시세카란-라마크리시난-라마찬드란 도표이다. α 영역과 β 영역에서 잔기들의 군집화와 대부분의 예외가 글리신 잔기(라벨이 G로 표시된)에서 발생함을 주목하자.

모든 잔기의 ϕ, ψ 및 ω 각도의 순서는 골격 형태를 정의한다.

비결합 원자 2개가 동일한 공간을 차지할 수 없다는 원칙은 구조의 각도를 제한한다. ω = 180°인 경우, ϕ와 ψ의 허용되는 범위는 사시세카란-라마크리슈난-라마찬드란(Sasisekharan-Ramakrishnan-Ramachandran) 도표라는 그래프의 정의역에 놓인다. 일반적으로 '라마찬드란(Ramachandran) 플롯'으로 줄여 부른다(그림 5.4 참조). 그림에서 실선은 ϕ와 ψ의 에너지적으로 선호되는 영역을 구분하며, 파선 바깥의 영역은 입체적으로 허용되지 않는다. 대부분 아미노산의 형태는 α_R 또는 β 영역 중 하나에 속한다. 단지 하나의 수소 원자를 갖는 측쇄인 글리신은 추가적인 형태에 접근할 수 있다. 특히 왼손 나선인 α_L을 형성할 수 있다. 그림 5.4는 잘 결정된 단백질 구조에서 잔기 형태의 전형적인 분포를 보여준다. 대부분의 잔기는 허용되는 영역 내 또는 근처에 위치하지만, 몇몇은 접힘에 의해 에너지적으로 덜 선호되는 상태로 강제된다.

허용된 영역은 표준 구조를 형성한다. α 구조의 연속적인 잔기들로 이루어진 구간(보통 구형 단백질의 원래 상태에서 6개에서 20개 사이)은 α-헬릭스를 생성한다. β 구조가 반복되면 확장된 β-스트랜드가 생성된다. 2개 이상의 β-스트랜드는 그림 5.1 및 5.2(b)와 5.2(c)와 같이 측면 상호작용을 통해 β-시트를 형성할 수 있다.

헬릭스와 시트는 대부분의 단백질의 형태를 구성하는 '표준' 또는 '미리 제작된' 구조적 부품이다. 그들은 주쇄 원자들 사이의 상대적으로 약한 상호작용인 **수소 결합**에 의해 안정된다. 예를 들어, 양모는 α-나선을 포함하고, 실크는 β-시트를 포함하는 것처럼, 일부 섬유질 단백질에서는 거의 모든 잔기들이 이러한 유형의 구조 중 하나에 속한다. 질병 상태에서 많은 단백질로 형성되는 아밀로이드 섬유소도 광범위한 β-시트를 포함한다.

전형적인 구형 단백질은 여러 헬릭스 및/또는 시트를 포함한다. 일반적으로 헬릭스 또는 스트랜드 영역의 끝은 단백질 구조의 도메인 표면에 나타난다. 그것들은 회전 또는 루프로 연결된다: 사슬이 방향을 변경하여 구조물을 다시 가리키는 영역(그림 5.1c 참조). 전부는 아니지만, 많은 회전은 하전 또는 극성 잔기를 포함하는 짧고 표면에 노출된 영역이다.

주쇄는 어떻게 허용 가능한 구조 형태 중에서 하나를 선택할까? 각 단백질의 독특한 점은 측쇄의 서열이다. 따라서 측쇄와 관련된 상호작용이 주쇄의 형태를 결정한다.

측쇄

측쇄는 모든 서로 다른 접힘 패턴을 생성하는 데 필요한 물리 화학적 다양성을 제공한다(Box 5.1 참조).

BOX 5.1 단백질 내 아미노산 잔류물의 화학 구조

유리 아미노산은 아미노기와 카르복실기를 포함한다. 펩티드 결합이 형성되면, 잔기는 $-N-C\alpha-C(=O)-$와 $C\alpha$에 연결된 측쇄로 환원된다. 이 그림은 완전한 글리신 잔기를 보여준다. 다른 아미노산의 경우, 프롤린을 제외하고 측쇄만 나타난다. 프롤린은 측쇄가 백본 N을 포함하는 피롤리디드(pyrrolidine) 링을 형성하기 때문에 특별하다. 다른 모든 아미노산은 하나의 수소 원자와 $^{+}NH_3$ 및 COO^{-}기(표시되지 않음)가 $C\alpha$와 측쇄에 결합되어 있다.

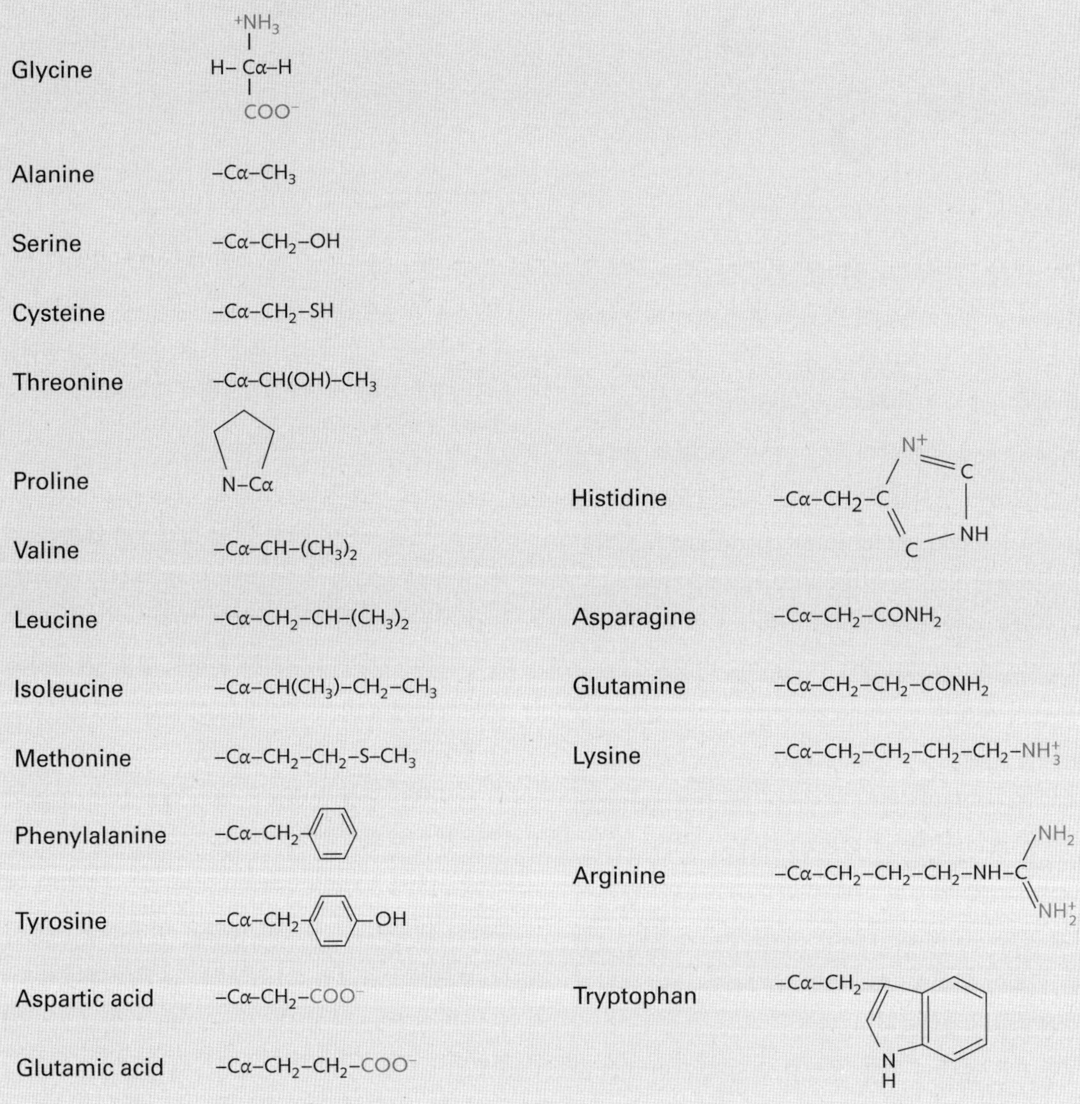

20개의 아미노산 측쇄는 다음과 같은 방식으로 다양하다.

- **크기:** 가장 작은 글리신은 수소 원자 하나로 구성되어 있고, 가장 큰 페닐알라닌은 벤젠 링을 포함한다.
- **전하:** 일부 측쇄는 정상 pH에서 순 양전하 또는 음전하를 띠고 있다. 아스파라진산과 글루타민산은 음전하를 가진다. 라이신, 아르기닌, 그리고 대부분 히스티딘은 양

전하를 가진다. 반대 부호의 전하가 있는 잔기는 **염기다리**(*salt bridges*)라고 불리는 끌어당기는 쌍방향 상호작용을 형성할 수 있다.

- **극성**: 일부 측쇄는 극성이며, 다른 극성 측쇄나 주쇄, 물과 수소 결합을 형성할 수 있다. 다른 측쇄들은 전기적으로 중성이다. 이 중 일부는 메탄이나 벤젠과 같은 보통의 탄화수소와 관련된 화학 기능 그룹을 포함한다. 탄화수소와 물 사이의 열역학적으로 불리한 상호작용 때문에, 이들을 '소수성' 잔기라고 부른다. W.J. Kauzmann에 의해 예측된 단백질 내부의 소수성 잔기의 결합은 단백질 안정성에 중요한 기여를 한다. 이 효과는 샐러드 드레싱에서 오일이 분리되는 것과 유사하다(Box 5.2 참조).
- **모양과 강성**: 측쇄의 전체적인 모양은 그 화학 구조와 내부 구조의 자유도에 따라 달라진다.

아미노산의 많은 쌍들이 유사한 성질을 가지고 있다. 예를 들어, Glu(글루타민산)과 Asp(아스파라진산)은 둘 다 원위 카르복실기를 포함한다. Leu(류이신)과 Ile(이소류신)은 둘 다 소수성이며, 같은 측쇄 부피를 가진다. Glu ↔ Asp 또는 Leu ↔ Ile을 변화시키는 돌연변이는 보존적인 변화로 간주되며, 단백질의 구조와 기능에 미세한 변화만을 일으킬 것으로 예상된다. Leu에서 Glu로의 변이는 특히 단백질 내부의 잔기에서는 심각한 손상을 입힐 것으로 예상된다. 대규모 유전자 스크리닝을 통해 단일염기 다형성(SNPs)을 수집하는 동기 중 하나는, 단백질에 손상을 입혀 질병을 일으키는 돌연변이를 찾는 것이다. (그러나 많은 질병과 관련된 SNPs는 단백질 암호화 영역 외부에서 발견된다!)

단백질 안정성 및 변성

단백질 구조를 안정시키는 화학적 힘은 무엇일까? 단백질이 변성된 형태의 앙상블에서 독특한 고유 상태로 접히는 과정은 무엇일까?

BOX 5.2 소수성 효과

단백질 구조의 지배 원리 중 하나는 아미노산 측쇄가 수성 또는 유성 환경에 대한 선호도에서 차이가 나는 것이다.

소수성 효과는 무엇일까? 기름/물 혼합물의 상 분리(예: 샐러드 드레싱)가 일반적인 한 가지 예이다. 또 다른 하나는 기체(대부분의 고체와 달리)는 온도가 증가함에 따라 물에 덜 용해된다는 것이다. 휘파람 찻주전자가 있는 독자는 물이 적절하게 끓기 전에 낮은 수준의 소리를 들을 수 있다. 이것은 물이 가열될 때 용해된 공기가 용액에서 나올 때 발생한다.

소수성 효과의 기원은 무엇일까? 차가운 물은 고도로 구조화된 액체이다. 수소 결합을 많이 포함하고 있어 기화열이 높고 밀도가 낮다. 그러나 물은 순수한 액체보다 용질 주변에서 훨씬 더 많이 정렬된다. 물에 용해된 메탄(약간만 용해되지만 연구하기에 충분히 용해됨)은 포접 화합물(clathrate complex)이라고 불리는 물 분자 울타리로 둘러싸여 있다. 결과적으로, 메탄을 물에 용해시키면 용매가 더 정렬되어 엔트로피가 낮아진다. 높은 엔트로피 상태를 향한 자연적 경향이 메탄이 물에 용해되는 것을 억제한다. 비극성 기체의 용해도는 차가운 물에서 이미 작은 값이었던 것이 가열되면 감소하는데, 온도가 증가함에 따라 엔트로피가 평형 상태를 결정하는 데 훨씬 더 중요한 역할을 하기 때문이다.

1959년에 W.J. Kauzmann이 단백질 구조에 대한 소수성 효과의 중요성을 인식했을 때, 단순한 비극성 용질의 수용액에서의 소수성 효과는 물리 화학자들에게 잘 알려져 있었다.

단백질의 비극성 측쇄는 기름과 같은 용질과 유사하다. 즉, 물과의 상호작용은 불리하다. Kauzmann은 이러한 단백질이 용매로부터 멀리 떨어진 단백질 내부에 격리될 것이라고 예측했다. 이 *기름방울(oil-drop) 모델은 과립 단백질*의 X-선 결정 구조에 의해 확인되었다. 이제 우리는 단백질 내부의 고밀도 패킹의 중요성을 인식하고서, 접힌 단백질의 내부를 유기 액체보다는 결정과 같다고 여기는 것이 더 낫다고 본다. 그러나 소수성 효과의 중요성은 여전히 유지된다.

소수성 효과의 결과로, 단백질 내부에서는 전하가 있는 잔기가 대부분 제외된다. 드문 경우에는 내부 염기 다리를 형성하거나, 양성자를 얻거나 잃어 중성 상태를 형성한다. 그러나 단백질 내부는 전적으로 '기름방울'이 아니다. 분명히, 백본은 단백질의 내부를 가로질러 있으며, 극성인 N과 O 원자를 함께 가져가서 다른 극성 주쇄 원자와 스레오닌이나 아스파라진과 같은 극성 측쇄와 상호작용한다. 따라서 내부는 완전히 오일처럼 되어 있지 않다. 반대로, 단백질의 표면은 전용 전하 또는 극성이 아니다. 단백질 표면의 약 절반의 잔기는 비극성이다.

이러한 의문을 해결하기 위해, 생화학자들은 열 또는 소수성 용매 요소 또는 구아니딘 염산염의 농도 증가에 대한 단백질의 변성을 연구했다. 다양한 조건에서 평형 상태의 원상태와 변성 상태의 양을 측정하거나 전이에 따른 지점에서 방출되는 열을 측정하는 등 일부 측정은 **정적**인 것이다. 다른 측정은 **동적**인데, 예를 들어 접힘 또는 펼쳐짐의 속도를 측정하거나, 과정 동안 일시적으로 나타나는 구조를 확인한다.

이러한 연구에서 얻은 중요한 메시지 중 하나는 단백질이 **약간만 안정적**이라는 것이다. 일반적으로 구형(globular) 단백질의 고유 상태는 변성 상태보다 약 20−60 $kJ \cdot mol^{-1}$ (5−15 $kcal \cdot mol^{-1}$) 정도만 더 안정적이다. 이는 대략 1개 또는 2개 물 사이의 수소 결합에 해당한다.

단백질이 한계 안정성을 왜 가지는지에 대한 정확한 이유는 명확하지 않다. 일부 사람들은 이것이 단백질 접힘을 쉽게 한다고 믿는다. 다른 이들은 단백질이 그들이 필요한 만큼 안정적이기 때문(덜 비공식적으로: 선택적 이점이 없다)에 안정화 상호작용을 더 최적화하기 위해 '왜 신경 쓰겠어'라고 제안한다. 우리는 고유 단백질을 안정시키는 상호작용이 훨씬 더 높은 안정성을 가진 단백질 구조를 형성할 수 있다는 것을 알고 있다.

수용액에 있는 구형 단백질이 안정한 기본 상태를 얻고자 한다고 가정해 보자. 가장 큰 문제는 변성 상태의 대규모 집합체에 비해 고유한 형태를 채택하는 데 필요한 구조 자유도가 크게 손실된다는 것이다. 이는 엔트로피의 큰 감소를 수반하며, 열역학적으로 바람직하지 않다. 이를 보완할 수 있는 한 가지 방법은 조밀한 구형 상태를 형성하여 물과 접촉하지 않게 내부에 많은 잔기를 묻어두는 것이다. 단백질의 비극성 원자와의 상호작용으로 인한 물의 방출은 **소수성 효과**로 인해 발생하는 엔트로피의 유리한 **증가**를 상쇄한다(Box 5.2 참조).

조밀한 상태를 형성하기 위해 주쇄 질소와 카르보닐 산소를 포함한 많은 극성 원자를 내부에 묻는다는 것을 알게 된다. 변성 상태에서, 이러한 원자들은 물과 수소 결합을 형성한다. 내부에 묻힐 때, 그들의 수소 결합 가능성을 어떻게든 만족시켜야 한다. (1개 또는 2개의 보상되지 않은 수소 결합이 있으면 실패한 것이다; 고유 상태가 불안정해진다는 것을 잊지 마시오.) 주쇄의 수소 결합 가능성을 만족시키는 상당히 일반적인 방법은 헬릭스 또는 시트를 형성하는 것이다.

여기에 보너스가 있다: 2차 구조의 형성 역시 라마찬드란 플롯에 의해 제한되는 대로 주쇄가 입체화학적으로 허용 가능한 형태가 되도록 보장한다. α-헬릭스에 있는 모든 잔기는 α_R 형태(conformation)에 있고, β-시트의 스트랜드에 있는 모든 잔기는 β 형태에 있다.

어떤 영역에서 헬릭스 또는 시트가 형성되는지 결정되는 방법은 무엇인가? 대부분의 잔기에서 헬릭스와 시트는 엔탈피학적으로 상당히 유사하다. 그러나 엔트로피적으로 일부 측쇄들은 헬릭스보다 시트에서 더 방해받는다(Ile, Val, Thr); 이들은 시트를 선호한다. 이러한 효과들은 2차 구조 형성에 편향을 준다. 측쇄-주쇄 수소 결합을 제공하는 특정 서열이 **헬릭스 캡**을 형성하여 α-헬릭스의 시작과 끝을 결정한다.

구형 상태는 얼마나 조밀해야 하나? 물 분자 크기인 반경 1.4 Å보다 큰 채널이 없는 한, 상당히 느슨하게 포장해도 내부에서 물을 배척할 수 있다(Box 5.3 참조). 그러나 원자를 더 가깝게 밀착시킬수록 반데르발스 힘(물질에 일반적인 응집력을 부여하는 원자 사이의 일반적인 인력)을 더 잘 활용할 수 있다. 단백질 내부는 조밀하게 밀집되어 있다. 측쇄를 서로 맞추는 것은 마치 직소 퍼즐을 맞추는 것과 같다. 그러나 퍼즐 조각(잔기)은 변형이 가능하므로, 접는 과정은 일반 직소 퍼즐의 조각을 딱딱하게 맞추는 것보다 더 복잡하다.

요약하면, 동시에 다음 모든 문제를 해결하는 사슬의 형태를 찾아야 한다.

1. 모든 잔기는 입체화학적으로 허용되는 형태를 가져야 한다. 이것은 주쇄과 측쇄 모두에 해당한다. 입체적 충돌은 구조의 에너지를 높여 불안정하게 만든다.
2. 내부의 극성 원자는 다른 내부 극성 원자와 수소 결합해야 한다. 몇 개의 수소 결합을 놓치면, 이 불안정 극성 원자가 용매에 수소 결합을 형성하도록 변성 상태를 형성하는 것이 단백질이 선호하는 방식이다.
3. 충분한 소수성 표면이 매립되어야 하며, 내부는 구조적 엔트로피 손실을 보상할 수 있을 정도로 충분히 밀집되어야 한다. 엔탈피를 낮추는 인력 작용은 구조적 엔트로피 손실을 보상할 수 있다.

BOX 5.3 접근 가능한 표면적과 매립 표면적

단백질 구조의 전산 분석의 선구적인 개발에서 B.D. Lee와 F.M. Richards는 단백질의 용매 접근 가능 표면적을 정의하고 측정했다.

단백질 또는 단백질 복합체의 접근 가능한 표면적은 단백질 외부를 구르는 물 분자(반경 1.4 Å의 구형으로 모델링됨)에 의해 휩쓸린 면적을 말한다. 접근 가능한 표면에는 단백질 표면의 구석진 곳과 폭이 2.8 Å보다 크지만 미세한 주름 위로 매끄럽게 처리된 부분이 포함된다. 접근 가능한 표면적을 계산하면 단백질 접힘과 상호작용의 열역학에 대한 소수성 기여도를 파악할 수 있다. 관찰된 규칙성에는 다음을 포함한다.

1. 초티아(C. Chothia)는 기본 보정치를 확립: 매립 표면적의 1 $Å^2$는 안정화의 자유 에너지의 6 J(25 cal)에 기여한다.
2. 최대 약 300개 잔기의 단량체 단백질의 접근 가능한 표면적(ASA)은 분자량 *M*의 2/3 거듭 제곱에 따라 변한다: ASA = $11.1M^{2/3}$.
3. 단량체(monomer)로부터 올리고머 단백질(oligomer protein)의 형성은 추가로 1000–5000 $Å^2$의 표면을 매립한다. 낮은 값은 단량체 구조가 단독으로 안정한 단백질을 나타내며, 더 높은 값은 단량체의 구조뿐만 아니라 복합체(complex)를 안정화해야 하는 단백질을 나타낸다.
4. 기본 단백질 구조에서 접근 가능하고 매립된 면적의 성질: 단량체 단백질의 평균 용매 접근 가능 표면(단백질 외부)은 ~58%가 비극성(소수성이고), ~29%가 극성, ~13%가 전하이다. 단량체 단백질의 평균 매립 표면적(단백질 *내부*)은 ~60%의 비극성(소수성), ~33%의 극성, ~7%의 전하를 띠고 있다. 많은 사람들이 *매립된* 소수성 표면이 클 것으로 예상하지만 외부 소수성 영역이 큰 것에 놀란다. 사실, 표면과 내부의 차이에 대한 주요 '핵심 메시지'[역주 6)]는 단백질이 하전된 그룹을 거의 매립하지 않는다는 것이다.

대부분의 단백질에는 고유 상태를 정의하는 이러한 모든 문제에 관한 해결 방법이 있다. 그러나 많은 단백질은 리간드와 결합하거나 기능 메커니즘의 일부로서 준안정 상태를 통과할 때 형태를 변경한다. 상당수의 단백질은 본질적으로 무질서한 영역을 포함하고 있으며, 때로는 상당히 광범위한 영역이 포함되기도 한다.

단백질의 한 형태인 기본 상태가 다른 상태보다 훨씬 더 큰 안정성을 갖는다는 것은 복잡하지만 신비롭지는 않다. 이는 사용 가능한 상호작용을 최적화하고, 이 최적값이 다른 값들에 비해 독특하고 상당히 낮은 서열을 선택하는 문제이다. 대부분의 영역에서, 지역 구조는 지역 상호작용에 의해 결정되거나 적어도 강하게 편향된다. 따라서 기본 상태가 고유하지 않은 경우에 주어진 조각 집합을 함께 맞추는 방법이 두 가지 이상 있어야 한다. 이것은 작은 독립적인 서브 유닛에 대해 가능하다. 많은 작은 무기 및 유기 분자가 다른 형태로 결정을 이룬다. 그러나 폴리펩티드 사슬의 연결성에 의해 부과된 제약은 단백질을 훨씬 더 어렵게 만든다. 그 결과 생물학적 활성 기작에 의해 요구되는 경우가 아니라면, 진화에 의해 여러 가지 안정적인 형태를 쉽게 피한다.

단백질 접힘 프로세스

여러분이 단백질이고 변성되었다고 다시 가정하자. 이제 기본 상태가 어떻게 안정화되는지 이해했다면, 이를 어떻게 찾아야 할까? 분명히 모든 구조를 시도할 수는 없다. 수년 전 C. Levinthal은 내부 회전 속도에 대한 합리적인 가정을 사용한 간단한 구조 검색으로는 관찰된 접힘 시간만큼 짧은 시간 내에 원하는 결과를 얻을 수 없다는 것을 계산해냈다.

단백질이 원래 상태로 접히는 과정이 이해하기 어려운 이유는 두 가지가 있다.

첫 번째는 단백질이 약간만 안정적이라는 사실이다. 이는 단백질 접힘의 준안정 중간체가 훨씬 덜 안정적이어야 하며, 그렇지 않으면 접힘 과정이 중간체에 갇히게 된다는 것을 의미한다. 실제로, 많은 단백질의 경우, 온도나 변성물 농도의 함수로서 원래 상태 및 변성 상태의 분자 비율을 측정하면, 단순히 두 상태 즉 **자연 상태 ↔ 변성 상태**의 평형이며, 자연이나 변성이 아닌 분자는 감지할 수 없을 만큼 극히 일부만 있다는 것을 나타낸다. 이것은 이러한 경우 한계 안정성 이상을 가진 중간체가 없음을 확인시켜준다. 하지만, 이것은 구조적인 접힘 변화를 추적하기 어렵게 만든다.

단백질 접힘을 이해하기 어렵게 만드는 두 번째 상황은 변성 상태가 너무 불규칙[역주 7)]해서 안정적인 중간체가 없으면 전체 경로를 확인할 수 있는 편리한 방법이 없다는 것이다.

단백질 접힘을 다른 두 가지 구조 형성과 비교해 보자.

1. DIY 가구를 조립할 때 잘 정의된 중간 상태를 연속적으로 거친다. 먼저 A와 B를 고유 상태의 구조처럼 나사로 고정한다. A–B 조각의 구조는 순전히 A와 B 사이의 상호작용에 의해 결정되고 안정화된다. 그러나 단백질은 안정적인 중간체를 형성할 수 있는 여력이 없다.
2. 홍예석(voussoirs)[역주 8)]으로 아치를 조립할 때 구조는 이맛돌(keystone)이 삽입될 때까지 전체적으로 안정성이 없다. 완성된 아치만이 독립적인 안정성을 가지고 있고, 안정적인 중간체가 없으며, 구조를 조립하는 유일한 방법은 이후에 제거되는 비계를 사용하는 것이다. 그러나 단백질은 외부 비계를 사용할 여유가 없다.

단백질이 해야 할 일은 불안정한 중간체와 함께 일하고, 중간체가 분해되기 전에 작업을 완료하거나 그렇지 않으면 계속 변형하고 다시 시도하는 것이다.

단백질 접힙 중 일시적인 구조의 식별은 동위원소 교환 측정을 통해 실험적으로 확인할 수 있다. 모든 수소 원자가 중수소로 대체되는 변성 단백질 시료를 준비한다. 재접힘이 일어나는 여러 시간 중에 시료를 별도의 실험에서 양성자 펄스에 노출시킨다. 자연 상태가 형성된 후, 구조에서 D ↔ H 교환이 언제 어디서 발생했는지를 검출한다. (NMR 실험에서 H와 D의 신호를 분리하는 것이 가능하다.) 이러한 연구는 많은 단백질이 분자를 최종 형태로 고정하는 3차 구조적 상호작용 없이 일부 기본 2차 구조를 포함하는 '용융 소구체'의 초기 형성에 의해서 접힌다는 모델을 뒷받침한다. 이어서 이미 형성된 유닛의 계층적 응축이 뒤따르며, 결국 고유 상태로 축적된다. 대부분의 단백질에서는 비고유 구조가 생산적인 접힘 경로를 따라 준안정 중간체로 존재하는 증거가 없지만, 올바르지 않은 프롤린 이성체와 같은 비고유 구조는 접힘 과정을 느리게 만들어 줄 수 있다.

결론적으로, 지역 구조는 주로 지역 상호작용에 의해 결정되며, 이러한 상호작용은 지역 구조를 분리할 수 있는 수준까지 안정화하는 데 부족할 수 있지만, 구조 조립을 위한 저에너지 경로를 제공하는 데 충분하다는 것이다.

단백질 접힘 과정에 대해서, 우리가 이해하는 대부분은 희석 용액의 정제된 단백질에 대한 측정으로 얻어진다. 세포 내에서 단백질 접힘은 분자 간 밀집으로 인해 더 어려워진다. 설상가상으로 잘못 접힌 단백질은 응집하는 경향이 증가한다. 단백질 응집체는 해면상 뇌병증 및 알츠하이머병을 포함한 많은 질병과 관련이 있다. 세포에는 적절한 접힘을 촉진하고 응집을 줄이는 **샤페론**(*chaperone*)이 포함되어 있다.

샤페론의 기능은 원하지 않는 상호작용을 방지하는 것이다. 샤페론의 '기질'은 잘못 접힌 단백질이다. 샤페론은 소수성 표면의 노출을 통해 이들을 인식한다. 샤페로닌 시스템 GroEL과 GroES는 이러한 잘못 접힌 단백질을 울타리에 집어넣어 거대 포접 화합물을 형성한다. 샤페로닌은 잘못 접힌 단백질을 변성시키고 방출하여 다른 단백질이 제대로 접히게 한다. 샤페로닌에는 샤페로닌이 작용하는 특정 단백질의 기본 상태에 대한 정보가 포함되어 있지 않다. 따라서 샤페론은 기본 단백질 접힘에 대한 모든 정보가 아미노산 서열에 포함되어 있다는 생각과 일치한다.

소수성의 응용

소수성 척도는 각 아미노산에 값을 할당한다: phe은 매우 높은 소수성을 가지고 있다. Arg은 매우 낮다. 단백질의 서열을 따라 소수성의 변화를 그릴 수 있다. 이것을 소수성 프로파일이라고 한다. 소수성 프로파일은 2차 구조의 요소, 노출된 잔기 및 매립된 잔기, 막에 걸쳐 있는 세그먼트 및 항원 부위 사이의 회전 위치를 예측하는 데 사용된다(예제 5.1 및 5.2 및 Box 5.4 참조).

예제 5.1 소수성 프로파일을 사용하여 헬릭스와 시트 가닥 사이의 회전 위치 예측

그림 5.5(a)는 난백 리소자임(hen egg white lysozyme)의 소수성 프로파일을 보여준다. 이 그림에서는 17, 44, 70, 93, 117번째 아미노산에서 뚜렷한 최솟값이 나타난다. 그림 5.5(b)는 난백 리소자임의 구조를 보여주며, 이를 통해 구조의 꺾임과 소수성 프로파일의 최솟값 위치 사이의 상관관계를 확인할 수 있다.

소수성 프로파일의 주요 최솟값 중 4개는 회전 위치 또는 그 근처에 나타난다. 또 다른 최솟값은 표면 노출 영역에서 발생하지만, 구조에서 이것은 회전이 아닌 β-시트의 가닥에 해당한다. 최솟값 중 하나는 헬릭스 안에 있다. 반대로, 일부 회전은 소수성 플롯의 최솟값에 해당하지 않는다. 소수성 프로파일은 유용한 정보를 제공하지만, 단백질 구조의 모든 회전을 정확하게 예측하지는 못한다. 그들은 비교적 무딘 도구이다.

코일-코일 단백질

헬리컬 휠 다이어그램은 2개의 α-헬릭스형 영역이 서로 감겨 있는 코일-코일 구조를 분명하게 보여준다. α 케라틴과 같은 구조 단백질과 전사 조절을 비롯한 다양한 기능과 관련된 구형 단백질에서 코일-코일을 포함하는 단백질이 알려져 있다. 피치[역주 9](축을 따라 완전히 한 바퀴 회전하여 상승된 높이)는 14.7 nm이다. 그림 5.6은 전형적인 예인 JUN-DNA 복합체를 보여준다.

이러한 코일-코일 도메인은 아미노산 서열에서 특징적인 패턴을 보인다. 이 패턴은 **헵타드 반복**(7개의 잔기 패턴)을 나타내며, *a*, *b*, *c*, *d*, *e*, *f*, *g*로 표시된 위치를 포함하며, 이 중 첫 번째와 네 번째 위치인 *a*와 *d*는 일반적으로 소수성이다. 코일-코일 영역의 서열은 종종 '류신 지퍼'라는 모티프를 포함하는데, 그 이유는 류신이 7개의 잔기마다 반복되기 때문이다. 2개의 헬릭스에 있는 류신 조각이 간극을

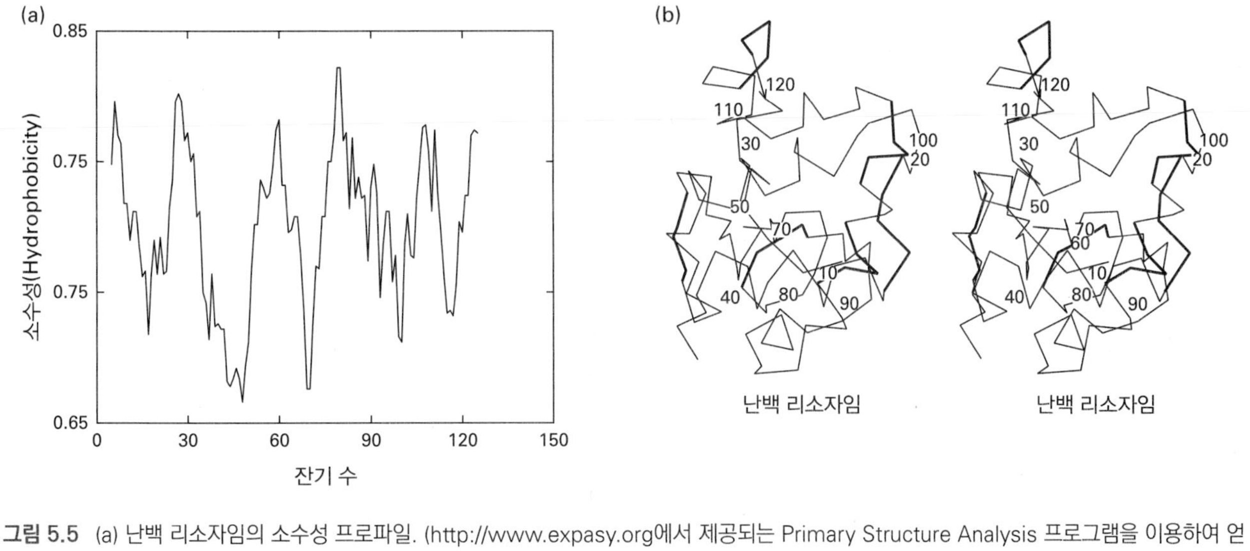

그림 5.5 (a) 난백 리소자임의 소수성 프로파일. (http://www.expasy.org에서 제공되는 Primary Structure Analysis 프로그램을 이용하여 얻음.) (b) 난백 리소자임의 구조. 굵은 선이 소수성이 최소인 영역이다.

예제 5.2 헬리컬 휠

O.B. Ptitsyn은 구형 단백질의 α-헬릭스가 종종 단백질 내부를 향해 안쪽으로 향하는 '소수성 면'을 가지고 있고, '친수성 면'이 용매를 향해 바깥쪽으로 향하고 있음을 관찰했다. α-헬릭스의 각 잔기는 이전 것으로부터 헬릭스 둘레 100° 떨어진 위치에 나타난다. 따라서 Ptitsyn 효과를 얻으려면, 아미노산의 순서가 소수성과 친수성 사이를 대략 4의 주기로 번갈아 나타나야 한다.

이 관계를 확인하기 위해서, 잔기를 헬릭스 축에 수직인 평면에 투영할 수 있으며, 이것이 *헬리컬 휠*이라고 하는 다이어그램이다. 이 예는 향유고래 미오글로빈의 α-헬릭스 서열을 보여준다. 하전 및 극성 잔기는 회색으로 나타내고 다른 것은 검은색으로 나타낸다.

헬릭스는 구조물의 내부를 가리키는 소수성 면과 외부를 가리키는 친수성 면을 가지고 있다. 이 그림에서 친수성 면은 다이어그램의 맨 아래에 있다. 이러한 소수성 패턴으로부터, 우리는 아미노산 서열의 영역이 자연 단백질 구조에서 α-헬릭스를 형성할 가능성이 있는지 여부를 예측할 수 있다.

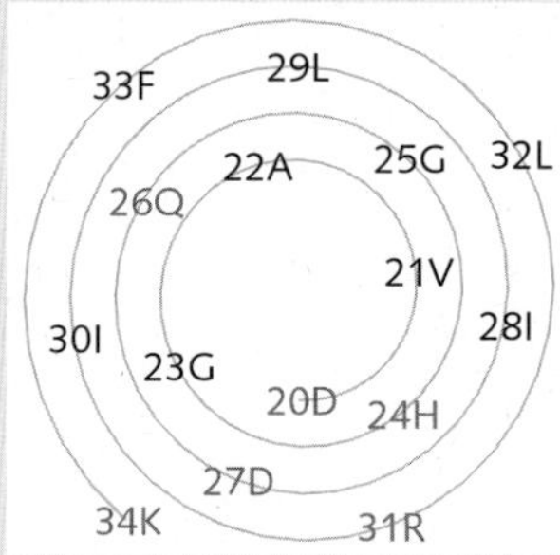

Box 5.4는 헬리컬 휠을 그리는 PERL 프로그램을 보여준다.

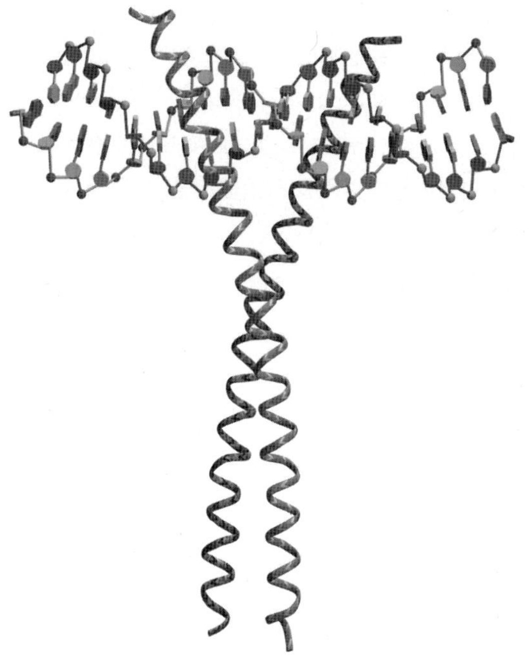

그림 5.6 cAMP 반응 요소(CRE) DNA 표적에 결합된 원발암 유전자 *c-jun*의 코일-코일 BZIP 도메인.

이룬다. 다음은 GCN4의 코일-코일 영역의 순서이며, 헵타드가 구분되고 소수성 위치가 별표로 표시된다.

```
   abcdefg abcdefg abcdefg abcdefg
   *  *    *  *    *  *    *  *
R|MKQLEDK|VEELLSK|NYHLENE|VARLKKL|VG
```

헬리컬 휠로 표시하면, 류신 잔기(회색)의 분포가 명확히 보인다.

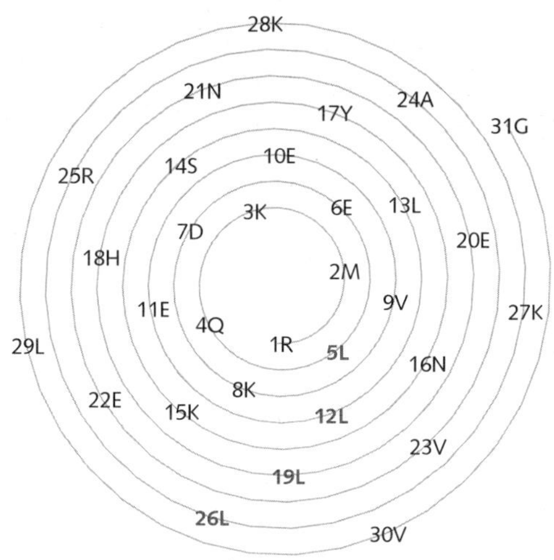

막횡단 단백질과 신호 펩티드 예측

많은 단백질은 막 안에 위치하도록 설계되었다. 막 단백질은 세포 내부, 세포 기관 및 주변 환경 간의 물질, 에너지 및 정보 교환을 매개한다. 막 단백질 기능의 예는 세포 또는 세포소기관 막을 가로지르는 농도 구배의 생성 또는 방출을 통한 에너지 전달, 신호의 수신과 전달 등을 포함한다.

인간 유전체에서 유전자의 약 30%가 막 단백질을 암호

BOX 5.4

헬리컬 휠을 그리는 PERL 프로그램

```
#!/usr/bin/perl
#helwheel.pl -- draw helical wheel
#사용법: echo DVAGHGQDILIRLFKSH | helwheel.prl > output.ps
#  또는      echo 20DVAGHGQDILIRLFKSH | helwheel.prl > output.ps
#            서열의 앞 숫자는 첫 번째 잔기의 위치를 설정하는 것이다.

# 이 프로그램의 출력은 포스트스크립트(PS) 형식이다.
#            PS는 그래픽을 표현하는 범용 언어이다.

# 아래의 다음 섹션은 PS파일의 헤더를 출력하는 것이다.
print <<EOF;
%!PS-Adobe-

297.5 421. translate 2 setlinewidth 1 setlinecap
/Helvetica findfont 20 scalefont setfont 0 0 moveto
EOF

# 각 아미노산에 해당하는 폰트를 정의한다.
$font{"G"} = "Helvetica";        $font{"A"} = "Helvetica";        $font{"S"} = "Helvetica";
$font{"T"} = "Helvetica";        $font{"C"} = "Helvetica";        $font{"V"} = "Helvetica";
$font{"I"} = "Helvetica";        $font{"L"} = "Helvetica";        $font{"F"} = "Helvetica";
$font{"Y"} = "Helvetica";        $font{"P"} = "Helvetica";        $font{"M"} = "Helvetica";
$font{"W"} = "Helvetica";        $font{"H"} = "Helvetica-Bold";   $font{"N"} = "Helvetica-Bold";
$font{"Q"} = "Helvetica-Bold";   $font{"D"} = "Helvetica-Bold";   $font{"E"} = "Helvetica-Bold";
$font{"K"} = "Helvetica-Bold";   $font{"R"} = "Helvetica-Bold";
$_ = <>;                                            # 입력에서 줄(라인)을 읽고,
chop();$_ =~ s///g;                                 # 공백이나 개행 문자를 제거하고,
if ($_ =~ s/^(\d+)//)                               # 만약 입력이 정수(integer)로 시작하면,
    {$resno = $1;}                                  # 그 숫자를 잔기의 초기 위치값으로 추출하고,
else {$resno = 1}                                   # 만약 숫자가 아니면, 잔기의 초기 위치값을 1로 정의한다.
$radius = 50;                                       # 반경과
$x = 0; $y = -50; $theta = -90;                     # x, y 와 각도 theta의 초기값을 정의한다.
#   연회색 나선형 호를 연속 선분으로 작도한다(잔기당 10도)
$npoints = 10*(length($_) - 1);
print "0.8 0.8 0.8 setrgbcolor\n";                  # 색상을 연회색으로 정의하고,
print "newpath\n";                                  # 회전 호를 그린다.
printf("%8.3f %8.3f moveto\n",$x,$y);
foreach $d (1 .. $npoints) {                        # 잔기 하나에 10 포인트씩 그리고,
    $theta += 10; $radius += 0.6;                   # 반경과 각도(theta)를 증가시키고,
    $x = $radius*cos($theta*0.01747737);            # 새로운 x 값과
    $y = $radius*sin($theta*0.01747737);            # y 값을 계산한다.
    printf("%8.3f %8.3f lineto\n",$x,$y);
}
print "stroke\n";

#   잔기와 잔기 번호를 출력한다.

$radius = 50;                                       # 반경과
$x = 0; $y = -50; $theta = -90;                     # x, y와 각도(theta)를 재초기화하고,
```

```
print "0 setgray\n";                                # 색상은 검은색으로 설정한다.
foreach (split ("",$_)) {                           # 입력의 각 문자마다 루프를 도는데,
    print "/$font{$_} findfont ";                   # 사전의 정의한
    print "20 scalefont setfont\n";                 # 아미노산별 폰트로 설정하고,
    printf("%8.3f %8.3f moveto\n",$x,$y);           # 현재 포인트로 이동하여,
    print " ($resno$_) stringwidth";                # 잔기의 중앙 위치로 조정하고,
    print " pop -0.5 mul -7 rmoveto\n";             #    나선에서 포인트를 식별하고,
    print " ($resno$_) show\n";                     # 잔기 번호와 아이디를 출력한다.
    print "% $theta $resno$_\n";
    $theta += 100; $radius += 6;                    # 반경, 각도를 새로 설정(증가)하고,
    $x = $radius*cos($theta*0.01747737);            # x 값과
    $y = $radius*sin($theta*0.01747737);            #    y 값을 새로 계산한다.
    $resno++;                                       # 잔기 번호를 증가시킨다.

}
print "showpage\n";                                 # x와 y의 한계를
print "%%BoundingBox:";                             # 출력한다
$xl = 297.5 - 1.05*$radius;                         # x
$xr = 297.5 + 1.05*$radius;                         #  and
$yb = 421. - 1.05*$radius;                          #   y
$yt = 421. + 1.05*$radius;                          #    limits
printf("%8.3f %8.3f %8.3f %8.3f\n",    $xl,$xr,$yb,$yt);

print "%%EOF\n";                                    # 포스트스크립트 종료
```

화하는 것으로 추정된다. 약물의 알려진 대상 중 약 70%가 막 단백질로 주로 수용체이다. 막 단백질이 매우 흔하므로, 그들을 식별하기 위한 신뢰할 수 있는 도구를 갖추는 것이 중요하다. 막 단백질은 결정화하기 어렵기 때문에 실험적으로 결정된 막 단백질 구조는 상대적으로 적다. 이러한 막 단백질의 식별과 특성화는 염기서열 분석을 위한 계산 도구에 더 큰 부담을 준다.

막횡단 단백질은 대부분 비극성 잔기로 이루어진 영역을 포함하고 있으며, 이 영역은 유기층과 상호작용한다. 따라서 소수성 내부와 친수성 외부에 편향성을 보이는 수용성 단백질과는 다르다. 또한 대부분은 막 내부 및/또는 외부의 수성 영역에 추가 도메인을 포함한다. 많은 막횡단 단백질은 막 평면에 거의 수직인 방향으로 막을 가로지르는 7개의 연속된 α-헬릭스 세트를 포함한다. 이 헬릭스는 수용성 환경으로 뻗는 고리로 연결되어 있다. (다른 막 관련 단백질 구조는 β-배럴을 포함한다.) 막 횡단 헬릭스는 일반적으로 15~30개의 잔기로 이루어져 있다. 소수성 잔기가 풍부하지만, 일반적으로 구조에서 함께 모여 있는 헬릭스 사이의 계면에는 극성·측쇄가 포함되어 있다.

막을 가로지르는 헬릭스의 방향에 대한 유용한 단서는 '정-내부(positive-inside) 규칙'이다. 헬릭스 사이의 고리는 세포 또는 세포소기관의 전체 내부 또는 외부에 있다. 내부에는 양전하를 띤 잔기가 우세하다(예제 5.3 참조).

다양한 단백질 구조에 대한 설명

구형 단백질의 기본 상태에서, 폴리펩티드 사슬은 공간에서 곡선을 따라 형성된다. 이 곡선의 일반적인 공간 배치가 접힘 패턴을 정의한다. 우리는 현재 100,000개 이상의 단백질 구조를 알고 있다. 다양성은 매우 크지만 무한하지는 않다. 많은 단백질이 유사한 접힘 패턴을 가지고 있으며, 기본 상태는 방대하지만 유한한 조합에서 선택된다.

예제 5.3 막횡단 헬릭스 세그먼트 검출

박테리오호돕신(Bacteriorhodopsin)은 고리로 연결된 7개의 헬릭스가 막을 가로지르는 구성을 보여주는 최초로 해독된 구조이다(그림 5.7 참조).

막을 관통하는 부분에 있는 아미노산은 거의 모두 소수성을 가지고 있는데, 이는 전체 헬릭스가 수성이 아닌 환경에 놓여 있기 때문이다. 이들은 극성 아미노산을 포함하는 영역으로 분리된다.

할로박테리움 살리나리움 박테리오로돕신의 아미노산 서열에 대한 필터를 걸지 않은 소수성 프로파일은 최대치를 나타내는 7개의 영역을 보여주며, 이는 7개의 막 횡단 헬릭스에 해당한다(수평 막대로 표시된 위치).

소수성 플롯에서 단백질이 7개의 막 헬릭스 구조를 가지고 있는지 여부를 확실하게 결정할 수 있다고 생각하는가?

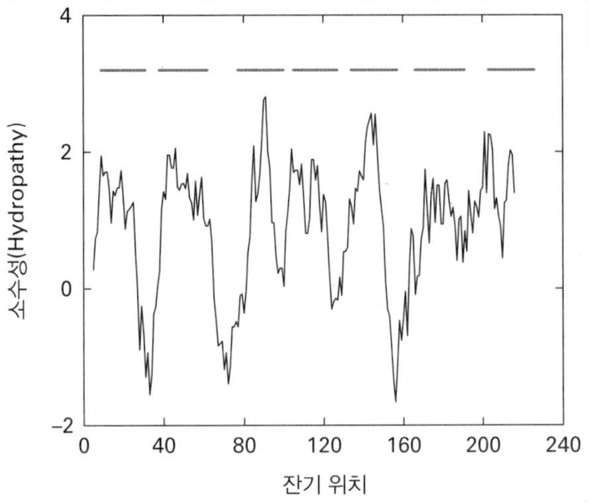

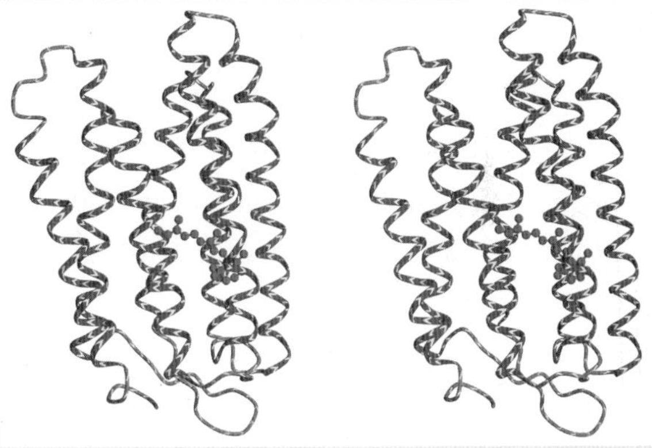

그림 5.7 박테리아 *Halobacterium salinarum*(예전에는 *H. halobium*이라고 불리던)의 박테리오로돕신[1FBB]을 막의 평면에서 본 모습. 볼-앤-스틱으로 표시된 리간드는 망막의 발색단이다.

덴마크의 단백질 화학자 K.U. Linderstrøm-Lang은 접힘 패턴을 설명하면서 단백질 구조 수준의 계층 구조를 제시했다. 아미노산 서열(대략 화학 결합의 집합)을 **기본 구조**라고 한다. 주쇄의 수소 결합 패턴인 헬릭스와 시트의 배치를 **2차 구조**라고 한다. 헬릭스와 시트의 공간적 배치와 상호작용을 **3차 구조**라고 한다. 하나 이상의 서브유닛으로 구성된 단백질의 경우, J.D. Bernal은 단량체들의 집합을 **4차 구조**라고 하였다.

다른 수준의 구조가 소개된다. **도메인**은 독립적인 안정성을 갖는 것으로 보이는 폴리펩티드 구조의 조밀한 서브유닛이다. 도메인은 2차 구조와 3차 구조의 중간이다. 단백질 진화의 한 가지 메커니즘은 서로 다른 도메인 세트를 '혼합하고 매치'시키는 것이다. **초2차 구조**(*superseconday structure*)는 사슬에서 연속적으로 나타나는 상호작용하는 2차 구조로 구성된 도메인의 조밀한 하위 단위이다. 초2차 구조는 도메인보다 작다. 일반적인 초2차 구조에는 α-헬릭스 헤어핀, β-헤어핀 및 β-α-β 유닛이 포함된다(그림 5.8).

이러한 구성 요소를 조립하여, 단백질 구조는 다양한 접힘 패턴을 보여준다. 일부 단백질은 유사한 접힘 패턴을 보여주며, 경우에 따라서는 충분한 구조, 순서 및 기능의 특징을 공유하여 진화적 관계를 제시하기도 한다. 그러나 관련 없는 단백질도 종종 유사한 구조적 테마를 보인다.

단백질 구조 분류는 생물정보학에서 중요한 위치를 차지하며, 특히 서열과 기능 사이의 가교 역할을 한다. 결과 및 관련 웹 사이트를 설명하기 위해 이 주제로 돌아갈 예정이다. 한편, 작은 구조의 모음은 시각적 분석과 중요한 공간 패턴의 인식을 연습할 수 있는 기회를 제공한다(그림 5.9). 사슬을 시각적으로 추적하여 헬릭스와 시트를 찾아낸

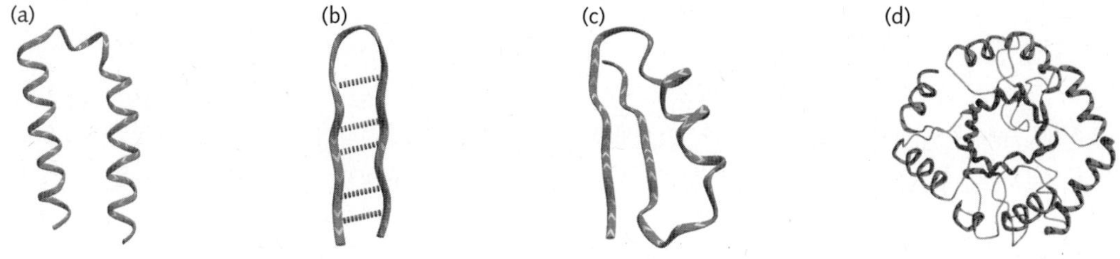

그림 5.8 일반적인 2차 구조 : (a) α-헬릭스 헤어핀, (b) β-헤어핀, (c) β-α-β 유닛. (d) 시금치 글리콜레이트 산화 효소, 연속적인 β-α 단위로 형성된 β-배럴 구조. 8가닥 시트는 실린더로 닫힌다. β-배럴의 대체 가닥은 검은색과 회색으로 표시된다. 헬릭스는 바깥쪽에 나타낸다. [1GOX]이다.

다. (갈매기 모양은 체인의 방향을 나타낸다.)

다른 많은 예가 Lesk, A.M. (2001)에 나와 있다. *Introduction to Protein Architecture: The Structural Biology of Proteins*. Oxford University Press, Oxford and Lesk, A.M. (2016). *Introduction to Protein Science: Architecture, Function, and Genomics*, 3판, Oxford University Press, Oxford.

구조의 중첩과 구조 정렬

서열 분석의 일부 측면은 구조 분석에서 상당히 직접적으로 적용되고, 일부는 일반화되어야 하며, 다른 일부는 전혀 유사하지 않다.

서열의 경우와 마찬가지로, 구조 분석의 근본적인 질문은 유사성의 척도를 고안하고 계산하는 것이다. 두 분자가 매우 유사한 구조를 가지고 있다면 해당 점들이 가능한 한 가깝게 겹쳐지는 것을 상상할 수 있다. 그런 다음, 해당 점들 사이의 평균 거리가 구조적 유사성의 척도가 된다. 실제로 해당 원자의 제곱 평균 제곱근(r.m.s.) 편차를 보고하는 것이 일반적이다.

$$\text{r.m.s.d.} = \sqrt{\frac{\Sigma d_i^2}{n}}$$

여기서 d_i는 최적 맞춤이 된 i 번째 원자 쌍 사이의 거리이고, n은 점의 수이다. 이것은 점들 간의 대응이 미리 지정되었다고 가정한다.

대응이 알려져 있지 않으면, 먼저 이를 결정한 다음 정렬 가능한 하위 구조의 r.m.s. 편차를 계산해야 한다. 각 점이 단백질 또는 핵산 구조의 연속적인 잔기(단백질의 Cα 원자 또는 핵산의 인 원자)를 나타내는 원자에 대응하는 경우, 이 문제는 문자 그대로 정렬 문제(= 잔기-잔기 대응의 할당)이다(예제 5.4 및 Box 5.5 참조). 실제로, 2개 이상의 단백질의 구조적 중첩을 통한 잔기-잔기 대응의 결정은 서열 정렬의 강력한 방법이다. 구조는 진화 과정에서 서열보다 더 보수적으로 다양화되는 경향이 있으므로, 구조 정렬은 상동성을 감지하고 관련성이 낮은 단백질의 서열을 정렬하는 데 쌍 서열 정렬보다 더 강력한 방법이다.

DALI와 MUSTANG

단백질이 진화하면서 그 구조도 변한다. 진화가 강하게 보존하려고 한 미묘한 세부 사항 중 하나는 잔기 사이의 접촉 패턴이다. 즉, 한 단백질 내에서 2개의 잔기가 접촉하는 경우, 관련 단백질에서도 이들 2개와 정렬된 잔기도 접촉할 가능성이 있다. 이것은 매우 먼 상동체에서도, 그리고 잔기 크기가 변하는 경우에도 마찬가지이다. 밀폐된 매립 잔기의 크기를 변경하는 돌연변이는 헬릭스와 시트가 서로에 대해 패킹을 조정하고, 그 결과로서 조립체의 상대 기하학적 구조를 바꾼다.

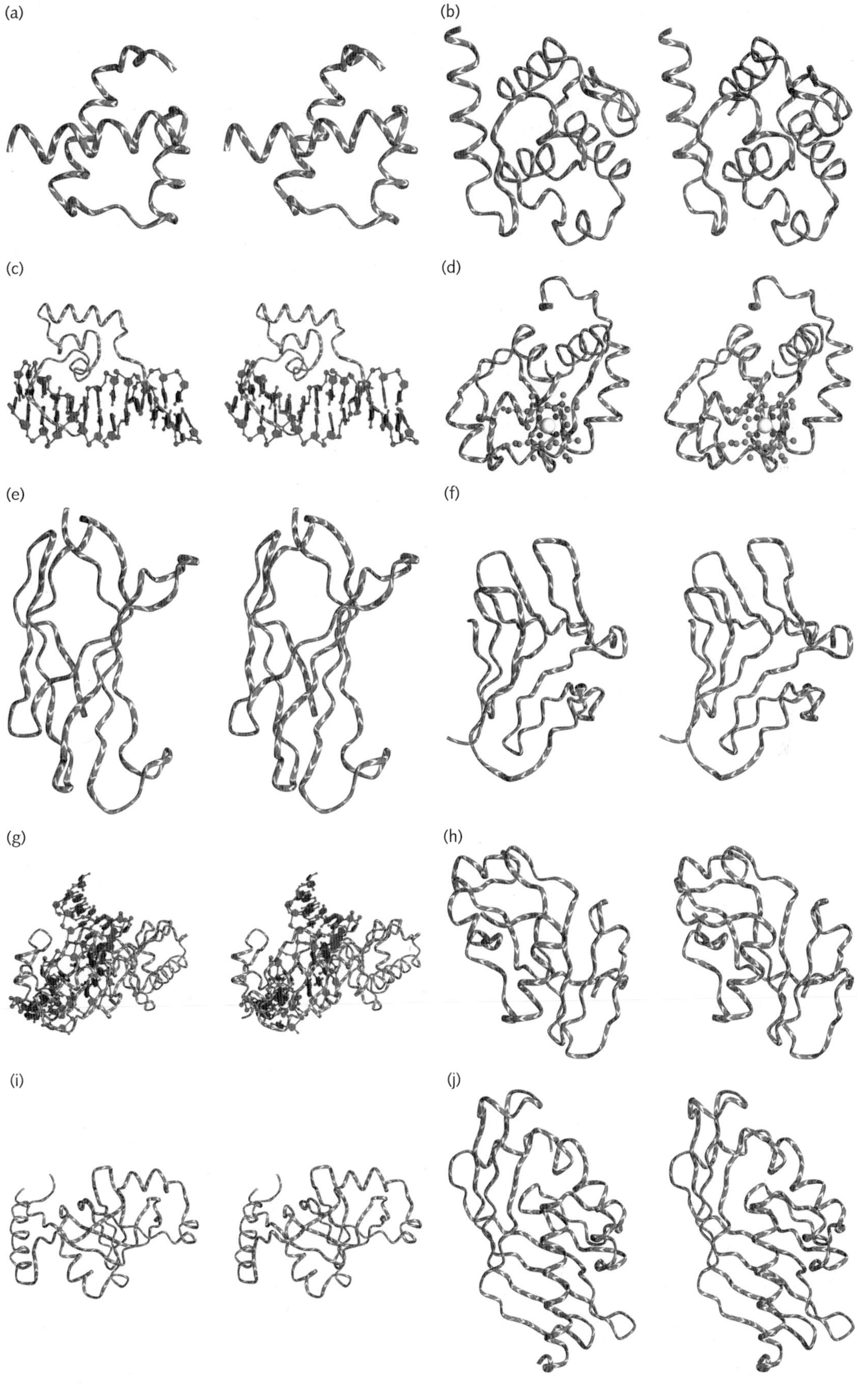
(a)
(b)
(c)
(d)
(e)
(f)
(g)
(h)
(i)
(j)

(k) (l)

(m) (n)

(o)

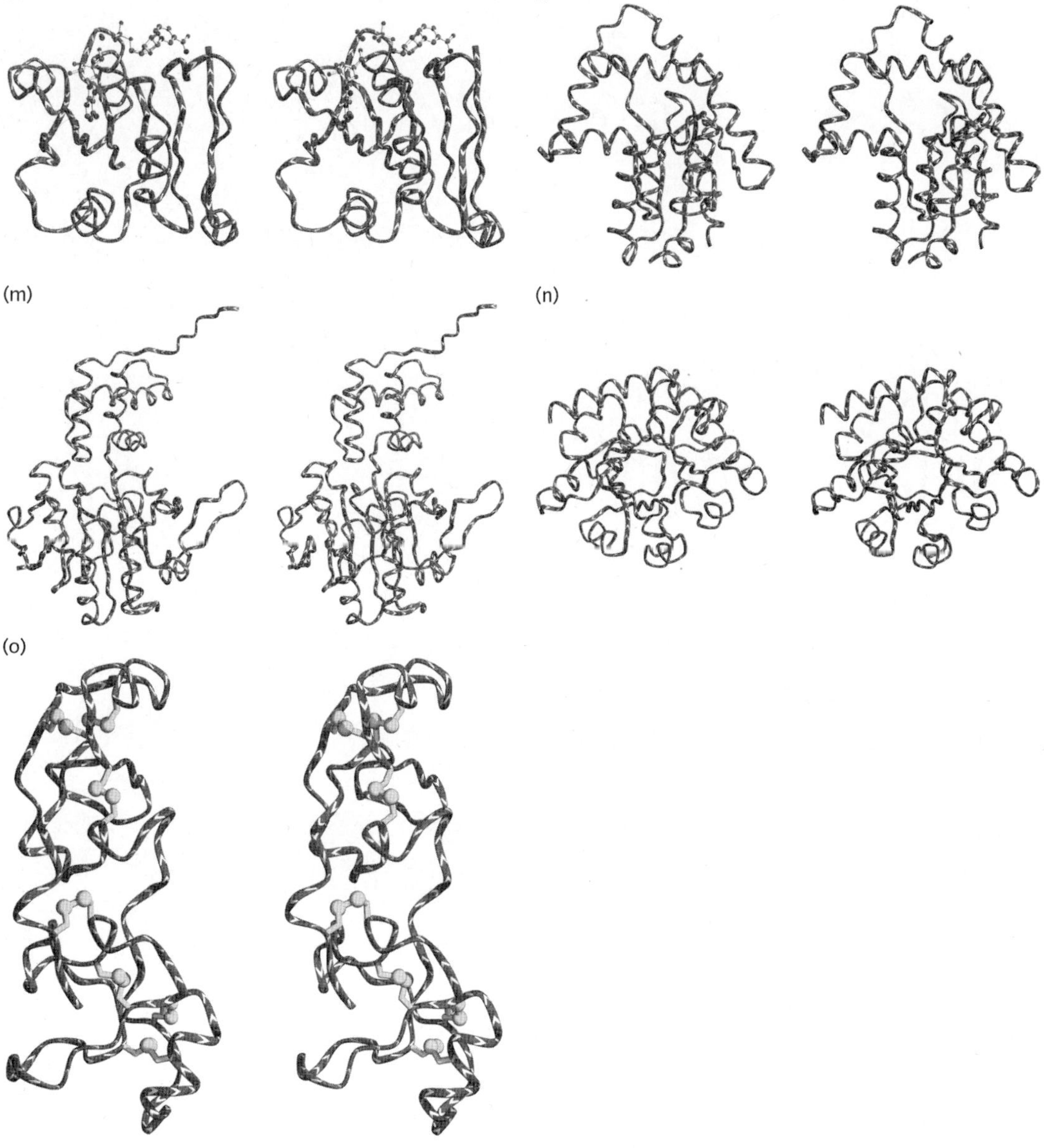

그림 5.9 단백질 구조의 앨범 : (a) engrailed homeodomain [1ENH], (b) 유트로핀 칼모듈린(utrophin calmodulin) 상동 도메인 [1BHD], (c) HIN 재조합효소, (d) 벼 배아 시토크롬 *c*[1CCR], (e) 피브로넥틴 세포-부착 모듈 III-10형[1FNA], (f) 만노오스-특이적 응집소(렉틴)[1NPL], (g) TATA-box-결합 단백질 코어 도메인[1CDW], (h) 바나제[1BRN], (i) 리실-tRNA 합성효소[1BBW], (j) 사이톨론 탈수효소[3STD], (k) 알코올 탈수소효소, NAD-결합 도메인[1EE2], 결합 NAD, (l) 아데닐레이트 키나아제[3ADK], (m) 화학주성 수용체 메틸트랜스퍼라제[1AF7], (n) 티아민 포스페이트 합성효소[2TPS] 및 (o) 돼지 췌장 경련 폴리펩티드[2PSP](이중 막대사탕은 이황화 다리를 나타냄).

L. Holm과 C. Sander는 이러한 관찰을 단백질의 구조 정렬 문제에 적용했다. 멀리 관련된 단백질에서 잔기 간 접촉 패턴이 보존되어 있다면, 보존된 접촉 패턴을 감지하여 멀리 관련된 단백질을 식별할 수 있어야 한다.

계산적으로, 두 단백질에서 접촉 패턴 행렬을 만들고(이것은 매우 쉽다), 최대 일치하는 부분 행렬을 찾는다(이것

예제 5.4 소의 γ-키모트립신과 *S. aureus* 표피 용해 독소 A의 구조 정렬

소 키모트립신과 *S. aureus* 표피 용해 독소 A는 모두 키모트립신 계열의 프로테이나아제에 속한다. 그림 5.10은 PDB 항목 8GCH (γ-키모트립신)(검은색) 및 1AGJ (*S. aureus* 표피 용해성 독소 A) (점선)의 구조적 중첩을 보여준다. 분자는 일반적인 키모트립신 계열 세린 프로테이나아제 접힘 패턴과 Ser-His-Asp 촉매 트라이어드를 공유한다.

중첩에서 파생된 서열 정렬은 다음과 같다.

```
8gch CGVPAIQPVLIVNG------------------------------EEAVP--GS----WPWQVSLQ-DKTG
1agj --------------EVSAEEIKKHEEKWNKYYGVNAFNLPKELFSKVDEKDR-QKYPYNTIGNVFVK-G-

8gch FH--FCGGSLINE-NWVVTAAHC-GV-T---T-SDVVVAGEFDQG---SSSEKI--QKLKIAKVFK-NS-
1agj --QTSATGVLIG-KNTVLTNRHIAK-FANGDPSKVSFRPSI-NTDDNGNT-E-TPYGEYEVKEILQEP-F

8gch KYNSLTINNDITLLKLST-----AAS--FSQTVSAVCLPSASD--DFAAGTTCVTTGWG-LTRYNTPD-R
1agj GAG-----VDLALIRLKPDQNGVSL-GDK---ISPAKIGT---SNDLKDGDKLELIGYPFDH----KVNQ

9gch LQQASLPLL-SNTNCKKYWGTKIKDAM--ICAGASGV-SSCMGDSGGPLVCKKNGAWTLVGIVSWGSSTC
1agj MHRSEIELTTLS---------------RGLRYY----GFTVPGNSGSGIFNSN---GELVGIHSSK----

8gch STST---------PGVYARVTA-LVNWVQQTLAAN-
1agj ----VSHLDREHQINYGVGIGNYVKRIINEKN---E
```

이 두 서열 사이의 유사성은 '애매한 영역'역주 10) 내에 있다. 두 서열의 표준 쌍 정렬만으로는 올바르게 도출될 수 없다. 그림 1.12에서 계란 난백 리소자임과 개코원숭이 α-락트알부민의 정렬을 비교하시오.

그림 5.10 γ-키모트립신[8GCH](검은색)과 *S. aureus* 표피용해성 독소 A[1AGJ](점선)의 구조적 중첩. 촉매 트라이어드의 측쇄가 표시된다(회색). 활성 부위의 주변 영역이 단백질에서 가장 잘 보존된 부분인지 관찰해보자.

은 어렵다). Holm과 Sander는 정교하게 선택된 근사법을 사용하여 DALI(Distance-matrix ALIgnment의 약자)라는 효율적인 프로그램을 작성했으며, 이제는 쿼리 구조와 유사한 접기 패턴을 가진 단백질을 식별하기 위한 일반적인 용도로 사용된다. 이 프로그램은 전체 단백질 데이터 뱅크(Protein Data Bank)에서 새로 결정된 구조와 유사한 구

BOX 5.5

전산 화학의 유사성 및 정렬 결정

구조 분자생물학에 적용되는 세 가지 관련 문제가 있다.

1. 대응이 알려진 두 원자 집합의 유사도:

$$p_i \leftrightarrow q_i, i = 1, \ldots N$$

서열에서 유사한 개념은 햄밍 거리(Hamming distance)이며, 불일치만 계산한다.

2. 대응이 알려지지 않았지만, 분자 구조, 특히 잔기의 선형 순서가 가능성을 제한하는 두 원자 집합의 유사도. 단백질이나 핵산의 경우, 사슬을 따라 순서를 유지하는 대응에 제한된다:

$$p_{i(k)} \leftrightarrow q_{j(k)}, k = 1, \ldots K \leq N, M$$

$k_1 > k_2$인 경우에는 반드시 $i(k_1) > i(k_2)$ 및 $j(k_1) > j(k_2)$이어야 한다(N과 M은 원자 집합의 원자 수이다). 이는 레벤슈타인(Levenshtein) 거리에 해당하거나 갭(gap)이 있는 서열 정렬에 해당할 수 있다. 이러한 계산의 결과는 시퀀스의 일부 또는 전체에 대한 구조적 정렬이다.

3. 대응에 대한 제한이 없는 알 수 없는 대응을 가진 두 원자 세트 사이의 유사도:

$$p_{i(k)} \leftrightarrow q_{j(k)}$$

이 문제는 다음과 같은 중요한 경우에 발생한다. 2개(또는 그 이상)의 분자가 공통의 약리학적 활동과 같은 비슷한 생물학적 효과를 가지고 있다고 가정하자. 이 경우, 구조들은 대부분 생물학적 활동에 책임이 있는 상대적으로 작은 부분 집합의 원자들의 공통적인 형태를 공유하게 된다. 이러한 원자들을 약물작용 구소(*pharmacophore*)라고 한다. 이들을 식별하는 문제가 발생하며, 이를 위해서는 유사한 구조를 가진 분자에서 원자의 최대 부분 집합을 찾을 수 있는 것이 유용하다.

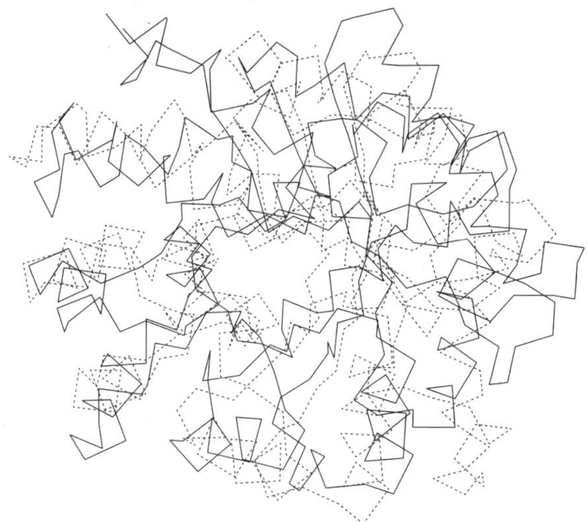

그림 5.11 L. Holm과 C. Sander의 프로그램 DALI에 의해 결정된 공통 접힘 영역은 TIM-배럴 단백질 생쥐 아데노신 데아미나제[1FKX](검은색) 및 *슈도모나스 디미누타* 포스포트리테라아제[1PTA](점선)에서 확인되었다. 이 그림에 표시된 정렬에서 두 서열의 동일한 잔기는 13%에 불과하며, 황혼 지대보다 자정에 더 가깝다.

조를 일상적으로 검색하고, 전체 비교를 통해 단백질 도메인 구조를 분류할 수 있을 정도로 빠르게 실행된다. Holm과 Sande는 쌍 서열 정렬 수준에서는 감지할 수 없는 예상하지 못한 유사성을 몇 가지 발견했다.

매우 먼 구조적 유사성을 인식하는 DALI의 '성능'[역주 11)]의 예는 생쥐 아데노신 데아미나제(adenosine deaminase), 클렙시엘라 에어로제네스 우레아제(*Klebsiella aerogenes* urease) 및 슈도모나스 디미누타 포스포트리에테라제(*Pseudomonas diminuta* phosphotriesterase) 사이의 관계를 식별한 것이다(그림 5.11 참조).

DALI는 웹에서 사용할 수 있다. 웹 사이트 http://ekh-idna.biocenter에 좌표를 제출하면 유사한 구조들의 집합과 쿼리와의 정렬을 결과를 받을 수 있다.

MUSTANG, A.S. Konagurthu가 작성한 것으로, DALI의 거리 행렬 접근법을 바탕으로 한 다중 구조 정렬에 대한 개발이다(http://www.csse.monash.edu.au/~karun/Site/mustang.html).

단백질 구조의 진화

현재 알려진 100,000개의 단백질 구조에는 분자가 거의 동일성에 가까운 서열 차이부터 20% 미만의 보존도까지 다양한 범위에서 동일한 기본 접힘 패턴을 유지하는 몇 가지 계열이 포함되어 있다. 세린 단백분해효소(γ-키모트립신 및 황색포도상구균 표피 용해 독소 A)(그림 5.10)와 아데노신 데아미나제/포스포트리에스테라아제 계열(그림 5.11)이 그 예이다.

돌연변이에 대한 일반적인 반응은 구조적 변화이다. 우리가 관찰하는 특정 형태를 가진 물체는 유사하지만 동일하지 않은 형태를 가진 관련 물체로부터 진화를 통해 생겨났다는 것이 생물학적 시스템의 특징이다. 따라서 생물 시스템은 견고해야 하며, 약간의 변이를 용인할 수 있는 자유를 가져야 한다. 이러한 견고성을 분석에 활용할 수 있다. 관련 객체를 식별하고 비교함으로써, 가변적인 특징과 보존된 특징을 구분하여 구조와 기능에 중요한 것이 무엇인지 결정할 수 있다.

공통된 기능을 유지하는 상동 단백질군의 자연적인 변이는 구조가 아미노산 서열의 변화를 어떻게 수용하는지 보여준다. 기능에 관여하지 않는 표면 잔기는 일반적으로 돌연변이가 자유롭게 일어난다. 표면의 고리는 종종 국소적인 재접힘을 통해 변화를 수용할 수 있다. 묻혀 있는 잔기의 부피를 변화시키는 돌연변이는 일반적으로 개별 헬릭스나 시트의 형태를 변화시키지 않지만 공간적 조립의 왜곡을 일으킨다. 단백질 구조를 안정화시키는 힘의 특성은 이러한 형태 변화에 대한 일반적인 제한을 설정한다. 기능에서 파생된 특정 제약 조건은 경우에 따라 다르며, 활성 부위가 잘 보존되어 있는 경우가 많다.

관련 단백질의 계열은 공통적인 접힘 패턴을 유지하는 경향이 있다. 그러나 일반적인 접힘 패턴은 유지되지만 아미노산 서열이 점차 갈라짐에 따라 왜곡이 증가한다. 이러한 왜곡은 구조 전체에 균일하게 분포되어 있지 않다. 일반적으로 구조의 큰 중앙 코어는 동일한 질적 접힘을 유지하고, 구조의 다른 부분은 더 급격하게 형태를 변경한다. 간단한 비유로 문자 B와 R을 생각해 보자. 구조체로서 문자 P에 해당하는 공통 코어가 있지만, 공통 코어 바깥쪽에는 오른쪽 아래 B에는 루프가 있고, R에는 대각선 획이 있는 등 서로 다르다. 종종 중앙 코어에는 활성 부위가 포함된다.

그림 5.12는 시금치 플라스토시아닌과 오이 스텔라시아닌을 비교한 것이다.[1]

관련 단백질 쌍 간의 구조적 차이에 대한 체계적인 연구는 단백질 구조군의 핵심 아미노산 서열의 발산과 구조의 발산 사이의 정량적 관계를 정의했다. 서열이 갈라짐에 따라 주쇄 구조의 왜곡이 점진적으로 증가하며, 일반적으로 코어의 잔기 비율이 감소한다. 이러한 효과는 서열에서 동일한 잔기의 비율이 약 40~50% 이하로 떨어질 때까지 비교적 미미하다. 거의 모든 구조가 코어에 남아 있고 주쇄 원자의 변형은 평균 1.0 Å를 넘지 않는다. 서열 발산이 증가함에 따라 대부분의 경우 일부 영역이 완전히 접혀서 코어의 크기가 줄어들고, 코어 내에 남아 있는 잔기의 왜곡이 점점 커진다.

서열과 구조의 발산 사이의 상관관계는 모든 단백질 계열에 적용된다. 그림 5.13(a)는 최적 중첩 후 주쇄 원자의

[1] 상동 단백질의 구조 비교에 대한 다른 예시와 분류 체계에 대한 논의에 대해서는 다음과 같은 자료를 참고할 수 있다: (출처 *Introduction to Protein Architecture: The Structural Biology of Proteins*. Oxford University Press, Oxford.) 이 책에는 놀랍도록 다양한 단백질 접힘 패턴을 탐구하는 데 관심이 있는 독자를 위해서, 찾아보기에 적합한 단백질 구조 사진이 많이 포함되어 있다.

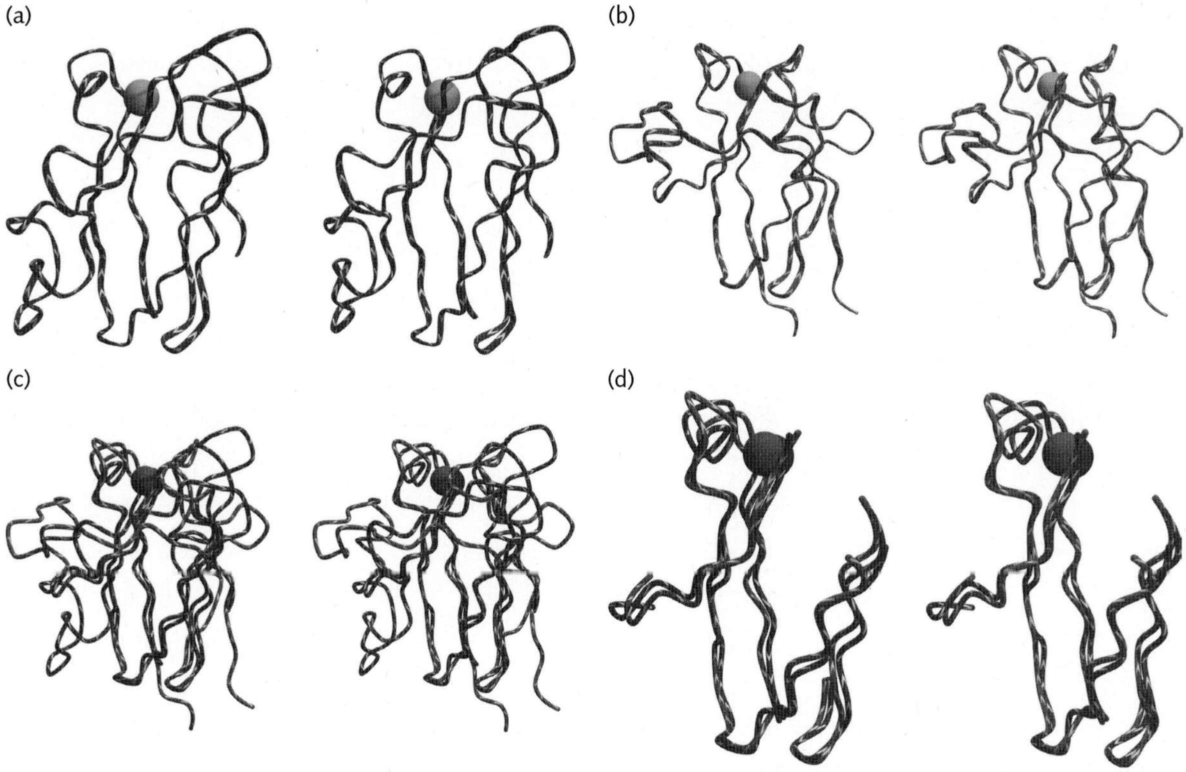

그림 5.12 일반적인 접힘 패턴은 같지만 세부적으로 다른 두 가지 관련 단백질. 구체는 구리 이온을 나타낸다. (a) 시금치 플라스토시아닌[1AG6], (b) 오이 스텔라시아닌[1JER], (c,d) 겹쳐서 (c)는 전체 구조를, (d)는 잘 맞는 코어만 보여준다. 이 단백질의 주요 이차 구조 요소는 2개의 β-시트가 서로 마주보고 있다. 중첩에서 여러 가닥의 β-시트가 보존되어 있지만 변위되어 있으며, 오이 스텔라시아닌의 오른쪽에 있는 헬릭스에는 시금치 플라스토시아닌 구조에 대응하는 헬릭스가 없는 것을 볼 수 있다. 비교적 잘 맞는 코어조차도 접히는 위상학의 보존을 보여 주지만, 그럼에도 불구하고 상당한 왜곡을 드러낸다.

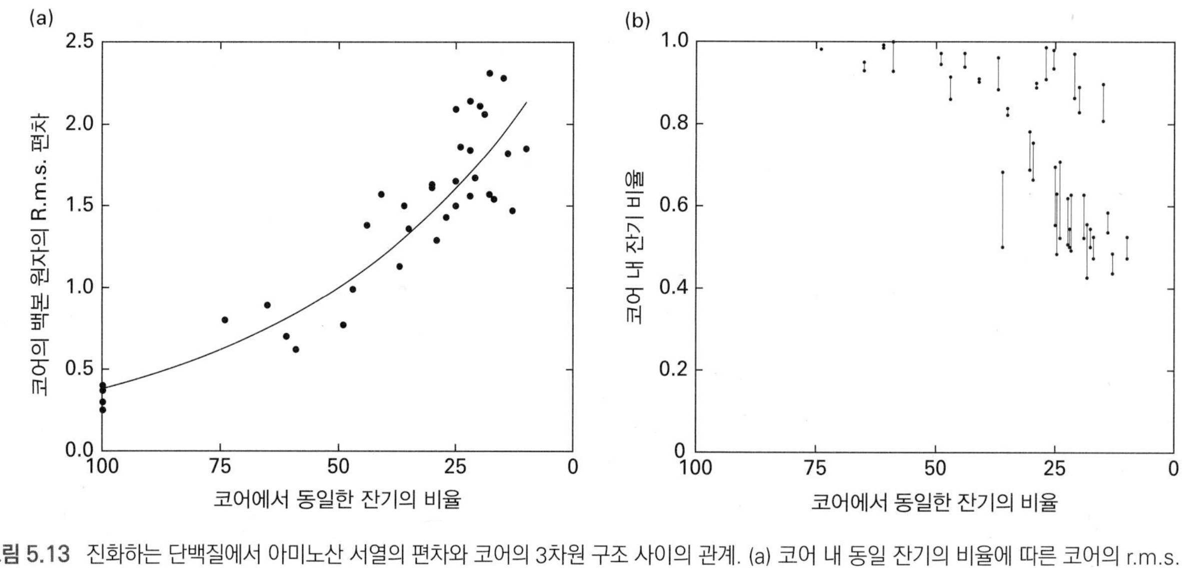

그림 5.13 진화하는 단백질에서 아미노산 서열의 편차와 코어의 3차원 구조 사이의 관계. (a) 코어 내 동일 잔기의 비율에 따른 코어의 r.m.s. 편차 변화. (b) 코어 내 동일 잔기의 비율에 따른 코어의 크기 변화. 이 그림은 다양한 구조 유형의 32쌍의 상동 단백질에 대하여 계산된 결과를 보여준다.

Adapted from Chothia, C. and Lesk, A.M. (1986). Relationship between the divergence of sequence and structure in proteins.. *EMBO J.*, **5**, 823–826.

r.m.s. 편차로 표시된 코어의 구조 변화를 최적 정렬 후 코어의 보존된 아미노산 비율로 표시된 서열 차이와 비교하여 도시한 것이다. 점들은 많은 관련 계열의 상동 단백질 쌍에 해당한다. (잔기 동일성이 100%인 단백질은 2개 이상의 결정 환경에서 구조가 결정된 단백질이며, 편차는 결정 패킹 힘과 용매 및 온도에 따라 단백질의 형태가 약간 변경될 수 있음을 보여 준다.) 그림 5.13(b)는 서열 차이에 따른 코어 내 잔기 비율의 변화를 보여준다. 멀리 떨어져 있는 단백질의 코어 내 잔기 비율은 매우 다양할 수 있다. 어떤 경우에는 코어 내 잔기 비율이 높게 유지되는 반면, 어떤 경우에는 구조의 50% 이하로 떨어질 수 있다.

단백질 구조의 분류

접힘 패턴에 따른 단백질 구조의 구성은 PDB의 항목에 매우 유용한 논리적 구조를 부여한다. 이는 구조 중심의 정보 검색을 위한 기반을 제공한다. PDB에서 파생된 여러 데이터베이스는 단백질 구조의 분류를 중심으로 구축되었다. 키워드 또는 서열 검색, 다양한 수준의 분류 계층에서 유사한 구조 탐색, 구조 사진 제시, 데이터 뱅크에서 새로운 구조와 유사한 구조 검색, 다른 사이트로의 링크 등 단백질 구조 세계를 탐색하는 데 유용한 기능을 제공한다.

가장 널리 사용되는 것은 다음과 같다:

- SCOP: 단백질의 구조 분류 scop.mrc-lmb.cam.ac.uk/scop/
- CATH: 클래스/아키텍처/토폴로지/호모로고스 슈퍼패밀리 www.cathdb.info

이러한 사이트에서는 거시 분자 좌표의 기본 보관 데이터베이스에서 파생된 결과를 제공한다. 단백질 구조 데이터에 대한 유용한 일반 진입점이다. SCOP은 진화 관계와 접힘 패턴의 유사성을 기반으로 해서 모든 단백질 도메인을 계층적으로 분류하는 것으로 시작되었다. 원래 SCOP은 단백질 도메인 구조를 다음과 같이 정리했다: 클래스, 폴드, 슈퍼패밀리, 패밀리. SCOP2는 이를 확장하고 발전시킨 것이다. CATH도 비슷한 분류 체계를 제시한다. 각 글자는 계층 구조의 수준을 나타낸다: 클래스, 아키텍처, 토폴로지, 호모로고스 슈퍼패밀리이다. SCOP와 CATH의 계층 구조 수준 간의 대응은 대략적이지만 정확하지는 않다.

SCOP

A.G. Murzin, L. Lo Conte, B.G. Ailey, S.E. Brenner, T.J.P. Hubbard, A. Andreeva, C. Chothia의 SCOP는 진화적 기원과 구조적 유사성에 따라 단백질 구조를 계층 구조로 정리한다.

계층 구조의 가장 낮은 수준에는 개별 도메인이 있다. SCOP는 구조와 서열(때로는 기능)의 유사성이 공통의 진화적 기원을 의미하는 상동체군으로 도메인 집합을 그룹화한다. 구조와 기능이 유사하고, 진화적 관계에 대한 증거가 암시적이지만 설득력이 없는 단백질을 포함하는 클러스터는 슈퍼패밀리를 형성한다. 구조의 적어도 큰 중앙의 부분에 대해 공통의 접힘 토폴로지를 공유하는 슈퍼패밀리는 폴드로 그룹화된다. 마지막으로, 각 폴드 그룹은 일반 클래스 중 하나에 속한다.

SCOP의 주요 클래스는 α, β, $\alpha + \beta$, α/β 및 기타 '작은 단백질'로서, 이들은 종종 이차 구조가 거의 없고 이황화 가교 또는 리간드로 서로 결합되어 있다. Box 5.6은 대장균 CheY의 SCOP 분류를 보여준다.

최신 SCOP 릴리스에는 38,221개의 PDB 항목이 110,800개의 도메인으로 나뉘어 있다. 계층 구조의 여러 수준에서, 항목의 분포는 표 5.1에 나와 있다. 확장 버전인 SCOPe는 미국 버클리 캘리포니아 대학교의 스티븐 브레너 그룹에서 유지 관리한다(http://scop.berkeley.edu/).

SCOP에서 관심 있는 단백질을 찾고자 하는 경우, 사용자는 구조 계층을 탐색하거나 단백질 이름, wwPDB 코드, 기능(효소 위원회 번호 포함), 접힘 이름(예: 배럴) 등의 키워드를 통해 검색할 수 있다. 각 구조에 대해 SCOP는 텍스트 정보, 사진, 다른 데이터베이스에 대한 링크를 제공한다.

BOX 5.6 대장균의 CheY 단백질의 SCOP 분류

1 Root: SCOP
2 Class: $\alpha + \beta$ proteins (α/β)
Mainly parallel β-sheets (β-α-β units)
3 Fold: Flavodoxin-like
Three layers, α-β-α; β-sheet of 5 strands, order 21345
4 Superfamily: CheY-like
5 Family: CheY-related
6 Protein: CheY protein
7 Species: Escherichia coli

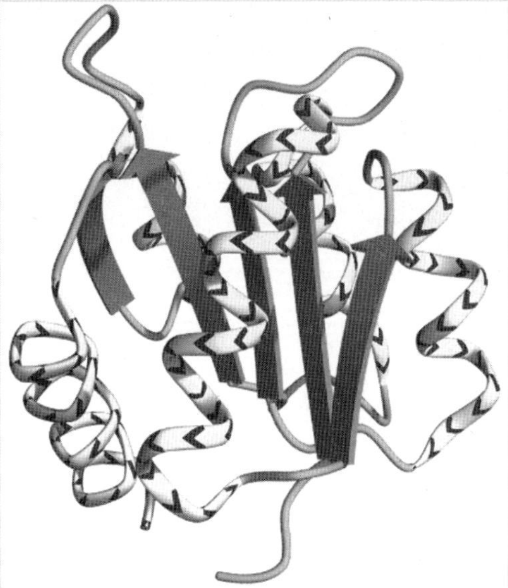

그림 5.14 대장균 CheY 단백질. CheY는 화학 주성에서 편모 역학 조절에 관여하는 박테리아 신호 전달 단백질이다. 수용체의 활성화는 CheY의 인산화를 유발한다. 인산화된 CheY는 편모 단백질 FliM과 상호작용해서 텀블링을 유도한다[3CHY].

SCOP2

SCOP이 단백질 구조와 진화에 대한 이해에 큰 기여를 했다는 데는 의견이 일치한다. 사용자 커뮤니티의 찬사와 모방자들의 충실한 모방이 그 증거이다. SCOP2(scop2.mrc-lmb.cam.ac.uk)는 SCOP의 후속 버전으로 새롭게 디자인되었다. SCOP2를 발표하면서 Andreeva 등은 다음과 같이 서술하였다:[2]

> . . . 단백질 간의 관계가 예상보다 복잡하고 단백질 진화 경로가 항상 동일한 규칙을 따르지 않는다는 것이 분명해졌다. 또한 방대한 양의 구조 정보는 분자 인식과 단백질 구조 진화의 기초가 되는 메커니즘에 대한 새로운 통찰력을 제공했다.
>
> . . .
>
> 따라서 우리는 단백질 관계를 표현하기 위한 보다 진보된 프레임워크, 즉 특정 사례와 진화 시나리오에 적용할 수 있는 새로운 분류 체계를 개발하기 위해 노력하고 있다.

SCOP2는 노드가 단백질의 선택된 영역 간의 관계를 나타내는 방향성 비순환 그래프의 형태를 갖는다. 이 그래프 형태는 유전자 온톨로지 컨소시엄 분류(9장 참조)와 유사하지만, 그래프가 트리였던 기존 SCOP의 단순한 계층 구조와는 상당한 차이가 있다. SCOP2에서는 노드가 여러 개의 '부모'를 가질 수 있어 더 풍부한 관계 네트워크를 형성할 수 있다. 예를 들어, SCOP2에서는 구조적 유사성을 나타내는 관계와 진화적 사건을 기록하는 관계가 분리되어 있다.

SCOP2 그래프에서 가장 낮은 수준의 노드 유형은 종(Species)이다. 종은 거의 모든 경우에서 특정 종의 개별 유전자 산물의 전체 아미노산 서열에 해당하며, UniProt에 연결된다. 예를 들어, 한 종은 여러 wwPDB 항목에 대응할 수 있다(예: wwPDB에는 향유고래 미오글로빈 구조 297개가 포함되어 있다).

SCOP2에서는 모든 종에서 추출된 서로 다른 하위 구조가 서로 다른 진화적 또는 구조적 관계에 참여할 수 있다. 이것은 SCOP의 중요한 일반화이다.

SCOP2 그래프에서 일부 엣지는 Species 노드를 다른 관계 노드와 연결한다. 이 엣지들은, 예를 들어 공통 Fold를 보여주는 다른 Species의 영역을 연결하는 관계에 참여

[2] Andreeva, A., Howorth, D., Chothia, C., Kulesha, E. & Murzin, A.G. (2014). SCOP2 prototype: a new approach to protein structure mining. *Nucleic. Acids Res.* 42, D310–D314.

표 5.1 계층 구조의 서로 다른 수준에서 SCOP 항목의 분포

클래스	접힘의 개수	수퍼패밀리의 수	패밀리의 수
모든 α 단백질	284	507	871
모든 β 단백질	174	354	742
$\alpha + \beta$ 단백질	147	244	803
α 그리고 β 기타 단백질	376	552	1055
다중 도메인 단백질	66	66	89
막과 세포표면 단백질	58	110	123
소(小) 단백질	90	129	219
전체	1195	1962	3902

하는 Species의 영역을 선택한다. 따라서 하나의 Species에 해당하는 단백질은 여러 구조 도메인을 포함할 수 있으며, 이 도메인들은 각각 다른 Fold에 할당된다. Family 영역은 이러한 구조 도메인 여러 개를 포함할 수 있고, 이 도메인들이 모든 Family의 구성원에서 동일한 배열로 나타나는 경우에만 가능하다. 또한, 이러한 구조 도메인 각각은 개별적으로 또는 다른 도메인과의 조합으로, 다른 Superfamily 관계에 참여할 수 있다. Family에 해당하는 부분 구조는 일반적으로 Superfamilies에 해당하는 부분 구조보다 길게 나타난다. (왜 그럴까?)

그래프의 다른 엣지들은 일반적인 관계 카테고리를 그들이 포함하는 더 구체적인 관계들과 연결한다. 예를 들어, 진화 관계는 Hyperfamily, Superfamily, Family, Protein, 그리고 Species를 포함한다. (SCOP2에서의 Hyperfamily는 다른 Superfamily에 의해 공유되는, 아마도 파편적인 영역을 의미한다.)

현재 프로토콜에 나타나는 SCOP2의 설명에는 저자가 여러분과 함께 진행하면서 '손을 잡아주는' 세션에 대한 여러 스크립트가 있다. 독자들은 이러한 예제들을 통해 작업해야 한다.

단백질 구조 예측 및 모델링

각 단백질이 고유한 3차원 자연 형태로 자연적으로 접힌다는 관찰은 아미노산 서열로부터 단백질 구조를 예측하는 알고리즘이 자연에 있다는 것을 의미한다.

이 알고리즘을 이해하려는 시도 중 일부는 일반적인 물리적 원리에만 기반한 것이고, 다른 일부는 알려진 아미노산 서열과 단백질 구조에 대한 관찰을 기반으로 한 경험적 시도이다. 아미노산 서열로부터 단백질 구조를 예측할 수 있는 컴퓨터 프로그램에서 알고리즘을 재현할 수 있다면 우리가 이 알고리즘을 이해하고 있다는 증거가 될 수 있다.

아미노산 서열로부터 단백질 구조를 예측하는 방법은 다음과 같다.

- 이러한 영역을 3차원으로 조립하지 않고 **2차 구조**를 예측하려고 시도한다. 결과는 α-헬릭스를 형성할 것으로 예측되는 서열의 영역과 β-시트 가닥을 형성할 것으로 예측되는 영역의 목록이다.
- **상동성 모델링**: 하나 이상의 관련 단백질의 알려진 구조로부터 단백질의 3차원 구조를 예측한다. 결과는 주쇄와 측쇄에 대한 완전한 좌표 집합으로, 최소한 중간 해상도의 실험 구조에 필적하는 고품질 구조 모델이 될 수 있다.

- 접힘 인식: 알려진 구조 라이브러리가 주어지면, 그중 어떤 구조가 서열은 알려져 있지만 구조가 알려지지 않은 쿼리 단백질과 접힘 패턴을 공유하는지를 결정한다. 대상 단백질의 접힘 패턴이 라이브러리에 없는 경우, 이 방법은 이 상황을 인식해야 한다. 결과는 쿼리 단백질과 동일한 접힘을 가진 알려져 있는 구조의 후보를 추천하거나 라이브러리에 쿼리 단백질과 동일한 접힘을 가진 단백질이 없다는 문장으로 표시된다.
- 선험적 또는 지식 기반 방법으로 새로운 접힘을 예측한다. 결과는 최소한 주쇄와 때로는 측쇄에 대한 완전한 좌표 집합이다. 이 모델은 올바른 접힘 패턴을 갖도록 고안되었으며, 실험 구조와 품질 면에서 비슷할 수도 있다. D. Jones는 선험적 모델링과 접힘 인식의 차이점을, 시험에서의 논술과 객관식 문제의 차이에 비유했다.

선험적이고 경험적인 방법

기본적인 물리적 원리만으로 단백질 구조를 예측하려는 시도는 단백질의 원자 간 상호작용을 재현해서 모든 형태와 관련된 계산 가능한 에너지를 정의하려고 시도한다. 계산적으로 단백질 구조 예측 문제는 이 형태 에너지 함수의 전역 최솟값을 찾는 작업이 된다. 지금까지 이 접근법은 부분적으로는 에너지 함수의 부적절성, 부분적으로는 알고리즘이 국부적 최솟값에 갇히는 경향, 부분적으로는 계산에 쉽게 사용할 수 있는 것보다 더 많은 컴퓨터 리소스가 필요하기 때문에 만족스럽지 못했다.

구조 예측에 대한 다른 선험적 접근 방식은 문제를 단순화해서 어떻게든 핵심을 포착하려는 시도에 기반한다.

두 극단 사이에 분포된 다양한 접근 방식이 있다.

1. 단백질 내 및 단백질과 용매 사이의 원자 간 상호작용에 대한 가장 상세하고 정확한 모델을 수립한다. 분자 역학을 적용하여 변성된 형태(아마도 확장된 사슬)에서 시작하여 자연 상태에 가까운 형태로 끝나는 시스템의 움직임을 시뮬레이션한다. 이 문제의 물리학은 세부적인 미시적 수준까지 상당히 잘 이해되어 있다는 것을 전제로 한다. 어려운 것은 계산인데, 어떻게 해야 자연 상태에 도달할 수 있을 만큼 충분히 오랫동안 시스템을 시뮬레이션하는가이다.
2. 정답을 제공할 수 있는 가장 상세하고 정확도가 낮은 모델을 수립한다. 핵심만 파악할 수 있다면, 엄청난 계산 능력이 필요하지 않을 수도 있다. 이 아이디어는 문제의 물리학은 미시적인 세부 사항을 제외하고는 잘 이해되지 않는다는 것이다. 물론, 모두가 역학과 열역학의 원리를 받아들이지만, 많은 세부 사항은 관련이 없고 명확하지 않으므로, 이 자체가 그림의 중요한 부분이다. 단백질은 그다지 까다롭지 않다. 녹는 온도에서는 분자의 절반이 자연 상태에 있지만, 정상적인 생리학적 조건에 비해 자유 에너지의 다양한 조건의 상대적 강도가 매우 크게 변화한다. 이는 상세한 계산으로 포착하기 어렵거나 포착하더라도 설명하기 어려운 구조 결정 요인이 매우 견고하다는 것을 주장한다. 이는 구조 결정 인자와 안정성 결정 인자를 구분해야 한다고 주장하며, 이 역시 상세한 계산으로 설명하기 어렵다. 또한 상당한 서열 차이를 가진 많은 단백질은 매우 유사한 자연 상태로 접힌다. 그러나 어떤 경우에는 접히는 경로에 큰 차이가 있다.

이 분야에는 창의적인 긴장감으로 연결된 두 끝점(end-points) 사이에 널리 흩어져 있는 많은 사람들이 있다.

이는 부분적으로 목표 선택의 문제이다. 자연 상태의 예측을 넘어 접힘 궤적, 전이 상태, 중간체(있는 경우), 용융 온도까지 고려하려면 상세한 시뮬레이션이 필요할 수 있다. 아미노산 서열이 단백질 구조를 어떻게 결정하는지에 대한 명쾌하고 만족스러운 설명을 원할지라도, 완전히 상세하고 성공적인 계산조차도 이를 제공하지 못할 수도 있다.

분자 역학 지지자는 (1) 완전히 상세한 계산에 성공하면 큰 그림을 그대로 유지하면서 근사치를 만들어 일련의 단순화된 모델을 생성할 수 있고, (2) 성공한 단순화된 모델은 흥미롭지만 비현실적이거나 현실적이라 하더라도 불완전하다고 주장할 수 있다. 결국, 많은 단순화된 모델이 있을 수 있고, 모두 작동하지만 본질적인 것에 동의하지 않을 수 있다. 이것이 사실일 수 있다고 의심하는 이유는 접힌 단백질이 입체 화학, 패킹, 수소 결합, 엔트로피 보상 등의 문제를 한 번에 해결한다는 관찰 때문이다. 이러한 기능 중 하나를 최적화하고 다른 기능은 무시하는 것을 기반으로 성공적인 예측을 할 수 있다: 모든 스포크가 허브로 연결될 수 있다.

선험적 방법의 대안으로는 알려진 구조를 활용하여 목표 서열의 구조에 대한 단서를 조합하는 접근 방식이 있다. 자연에는 아미노산 서열로부터 단백질 고유 구조를 계산하는 알고리즘이 있다. 이 계산에 필요한 모든 정보는 서열 자체에 포함되어 있으므로, 단백질은 데이터베이스에서 정보를 찾을 필요가 없다. 우리가 해야 한다. 경험적 또는 '지식 기반' 방법은 매우 강력해졌다.

구조 예측의 비판적 평가회[역주 12]

구조 예측의 비판적 평가회(CASP)는 단백질 구조 예측에 대한 블라인드 테스트를 조직해서, 참여 결정학자와 NMR 분광학자가 조사 중인 단백질의 아미노산 서열을 공개하고 예측자가 모델을 제출할 기회가 있을 때까지 실험 구조를 비밀로 유지하는 데 동의하는 방식으로 진행된다. 극저온 전자현미경에 의한 구조 결정은 예측 표적도 제공할 가능성이 높다. CASP는 2년 주기로 운영된다. 2년마다 봄에 염기서열이 발표되고, 가을에 예측이 마감된다. 연말에는 뒷풀이(갈라) 미팅을 통해 예측자들이 모여 현재 결과를 논의하고 진행 상황을 측정한다.

CASP의 단백질 구조 예측은 전통적으로 세 가지 주요 범주로 나뉜다. (1) 비교 모델링(사실상 상동성 모델링), (2) 접힘 인식, (3) 새로운 접힘 모델링.

CASP 분류	대상의 성격
CASP의 단백질 구조 예측 과제의 전통적인 범주는 다음과 같다.	
비교 모델링	알려진 근접한 상동성 구조를 사용할 수 있다. 상동성 모델링 방법이 적용될 수 있다.
접힘 인식	유사한 접힘을 가진 구조들이 사용 가능하지만, 상동 모델링에 충분히 가까운 유사 구조[역주 13]
새로운 접힘	동일한 접힘 패턴을 가진 구조는 알려져 있지 않으며, 완전한 선험적 방법 또는 여러 구조의 특징을 결합할 수 있는 지식 기반 방법이 필요하다.

단백질–단백질 상호작용 또는 '도킹'을 예측하는 방법을 평가하는 별도의 블라인드 테스트 프로그램이 있다. 이것은 CAPRI 또는 예측된 상호작용의 비판적 평가회[역주 14]라고 불린다.

이 분야가 발전함에 따라 CASP도 진화해 왔다. 2차 구조 예측은 핵심 개선의 속도가 둔화되면서 제거되었다. (물론 가장 좋은 방법은 꽤 잘 작동했으며 여전히 사용 가능하다. 그러나 많은 사람들이 2차 구조 예측을 발전시키는 방법은 3차 구조 예측에 포함시키는 것이라고 생각했다.) 일반적인 **선험적** 방법이 전문화된 방법만큼 잘 수행되었을 때 접힘 인식이 제거되었다(큰 차이로 일관되게 최고였던 A.G. Murzin을 제외하면).

최신 CASP는 다음과 같은 문제에 도전장을 던졌다:

- '고정밀 모델링' 범주의 표적의 경우, 제출된 많은 모델이 주쇄 및 측쇄 입체 화학 및 형태, 수소 결합 및 접촉 패턴에 대한 상세한 분석에 충분히 정확할 것이다. 이 분류에는 알려진 구조의 상동체가 없는 표적이 포함되며, 완전한 **선험적** 방법을 시험한다. 그러나 많은 경우에서, **선험적** 방법이 템플릿에 기반한 방법만큼 좋은 결과를 제공하므로 상동성 모델링과 **선험적** 예측의 구분이 줄어들고 있다. 최근 잔기-잔기 접촉을 예측하는 방법이 개발되면서 이러한 방법의 성능을 크게 향상시켰으며, 이는 중요한 돌파구였다.
- '생물학적 관련성' 범주는 실험 구조와 비교해서, 기능 주석에 대한 모델의 유용성을 평가한다.
- '데이터 지원' 범주는 추가 실험 '힌트'를 통해 모델을 얼마나 개선할 수 있는지 평가한다. 이러한 데이터에는 시뮬레이션 및 실제 희소 NMR 데이터, 교차연결 데이터, 저각도 X-선 산란 데이터가 포함된다.
- '접촉 예측' 카테고리는 표적의 3차원 접촉에 대한 예측을 평가한다.
- '세분화' 범주는 2단계 프로세스의 일부이다. 표적에 대한 예측 모델이 주어졌을 때, 예측을 개선할 수 있는 방법을 사용할 수 있는가?
- '어셈블리' 범주는 도메인–도메인, 서브유닛–서브유닛, 단백질–단백질 상호작용에 대한 예측을 시험한

다. 이 카테고리에 대한 평가는 CASP와 자매기관인 CAPRI(Critical Assessment of PRedicted Interactions)가 공동으로 진행한다.

- **정확도 추정**에서는 표적의 실험 구조에 대한 접근 없이도, 예측의 정확도를 추정할 수 있는지를 시험한다.

많은 예측은 연구자 그룹이 컴퓨터 프로그램으로 생성된 결과를 연구하고, 제출하기 전에 선택 및 편집하여 준비한다. 또한 표적 서열은 사람의 개입 없이 예측 결과를 반환하는 웹 서버로 전송된다. CAFASP, 즉 완전 자동화된 구조 예측의 중요 평가 프로그램은 이러한 예측의 품질을 모니터링한다. 이를 통해서, 어느 정도의 성공적인 절차가 완전 자동화가 가능한지 여부를 판단할 수 있다. 세 가지 과제가 있다:

인간 대 단백질	CASP
컴퓨터 대 단백질	CAFASP
인간 대 컴퓨터	CASP versus CAFASP

2차 구조 예측

(1) 3차 구조보다 2차 구조를 예측하는 것이 더 쉬워야 하고, (2) 3차 구조를 예측하는 것이 더 쉬워야 하는데, 진행하는 합리적인 방법은 먼저 시트의 헬릭스와 가닥을 예측한 다음 조립하는 것이다. 이러한 명제가 옳든 옳지 않든 간에, 많은 사람들이 그것을 믿고 행동했다. 구조가 알려지지 않은 단백질의 아미노산 서열이 주어지면, 그들은 2차 **구조 예측**, 즉 서열의 영역을 헬릭스 또는 시트 가닥으로 할당한다.

2차 구조 예측의 품질을 평가하기 위해서, 실험 3차원 구조의 잔기를 세 가지 범주(헬릭스 = H, 가닥 = E(확장) 및 기타 = -)로 분류한다. 정확하게 예측된 잔기의 백분율은 Q3으로 표시된다. 2000년 CASP 프로그램에서 B. Rost의 PROF 서버는 *Thermus aquaticus* 불일치 복구 단백질 MutS의 도메인에 대한 좋은 예측을 달성했다. Rost의 예측에 대한 Q3 값은 81%이다:

```
                             10        20        30        40        50
                              |         |         |         |         |
Amino acid sequence ALVEDPPLKVSEGGLIREGYDPDLDALRAAHREGVAYFLELEERERERTG
Prediction          HH------------EEE------HHHHHHHHHH-HHHHHHHHHHHHHHH-
Experiment          -E-------------E-----HHHHHHHHHHHHHHHHHHHHHHHHHHHH-

                             60        70        80        90       100
                              |         |         |         |         |
Amino acid sequence IPTLKVGYNAVFGYYLEVTRPYYERVPKEYRPVQTLKDRQRYTLPEMKEK
Prediction          --EEEEEEEEEEEEEEEE-----------EEEEEEEE--EEEE-HHHHHH
Experiment          ----EEEEE---EEEEEEEHHHHHH-----EEEEE---EEEEE-HHHHHH

                            110       120
                              |         |
Amino acid sequence EREVYRLEALIRRREEEVFLEVRERAKRQ
Prediction          HHHHHHHHHHHHHHHHHHHHHHHHHHHH-
Experiment          HHHHHHHHHHHHHHHHHHHHHHHHHHH--
```

그림 5.15는 예측된 2차 구조가 구분된 실험 구조를 보여준다. 짧은 3_{10} 헬릭스를 제외하고, 2차 구조 요소는 시작과 끝 위치에서 약간의 불일치를 제외하고는 정확하게 예측된다. (**세그먼트 중첩**을 확인하는 다른 점수 체계는 최종 효과에 덜 민감하다.) 이 결과의 품질은 매우 높지만, 특출하게 드문 것은 아니다. 이 목표는 CASP4(2000년에 개최된 네 번째 CASP 회의)의 평가자들에게 **중간** 난이도로 분류되었다. 현재, PROF는 평균 정확도 Q3≈77%에서 실행 중이다.

2차 구조 예측의 가장 강력한 방법은 **인공 신경망**을 기

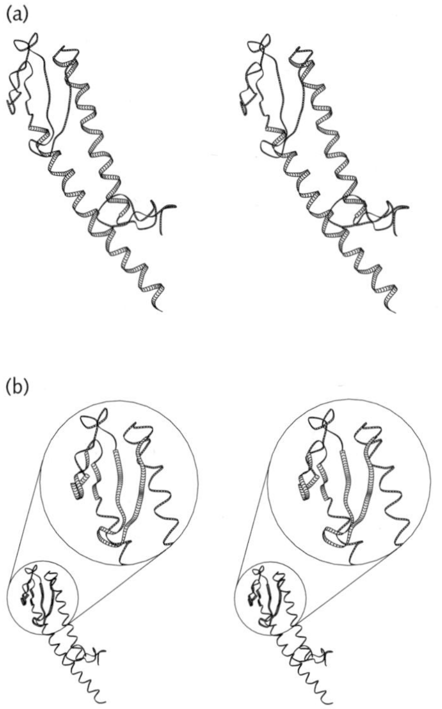

그림 5.15 *T. aquaticus* 불일치 복구 단백질 MutS [1EWQ]의 구조. (a) Rost의 PROF 서버에 의해 헬릭스형으로 예측된 영역은 더 넓은 리본으로 표시된다. 예측은 그림의 왼쪽 상단에 있는 짧은 3_{10} 헬릭스만 놓쳤다. (b) 가닥에 있을 것으로 예상되는 영역은 더 넓은 리본으로 표시된다.

반으로 한다(7장 참조).

예측 방법의 성숙도를 시험하는 것은 완전 자동으로 만들 수 있는지 여부이다. 일부 계산 방법에는 사람의 개입과 결과 편집이 필요하다. MutS의 2차 구조를 예측한 시스템인 PROF를 포함한 다른 시스템은 완전 자동이다.

상동성 모델링

상동성 모델링은 대상 단백질의 알려진 순서에 대한 구조를 예측하는 데 유용한 기법이다. 이때 대상 단백질은 알려진 순서와 구조를 가진 적어도 하나의 다른 단백질과 관련이 있어야 한다. 단백질이 밀접하게 관련되어 있다면, 알려진 단백질 구조들 — 부모라고 불린다(둘 이상일 수 있음) — 은 대상의 모델을 기반으로 할 수 있다. 목표는 부모와 대상 구조 사이의 차이를 예측하는 것이다. 이것은 단백질 구조 예측 문제의 '차분 형태'로 생각할 수 있다.

모델의 품질은 순서의 유사성 정도에 따라 달라질 것이지만, 실험 테스트를 하기 전에 이 품질을 추정하는 것이 가능하다(그림 5.13 참조). 따라서 의도된 응용 프로그램에 필요한 모델이 얼마나 좋은지를 알고 있으면, 연습의 성공 가능성을 지능적으로 예측할 수 있다.

모델링을 수행하는 성숙한 기계는 이미 가동 중이다. MODBASE(http://modbase.compbio.ucsf.edu/)와 SWISS-MODEL 저장소(http://swissmodel.expasy.org/repository/)는 알려진 순서의 단백질 동족 모델을 수집한다. Y. Zhang와 동료들이 개발한 I-TASSER는 최근 CASP 프로그램에서 뛰어난 성능을 보여주었다. 다운로드와 웹 서버로 이용할 수 있다.

그러나 **선험적** 방법론의 개선으로 인해 상동성 모델링에서 대체되고 있다.

접기 인식

탐촉자 서열에 대한 서열 데이터베이스를 검색하고, 구조 데이터베이스를 탐촉자 구조로 검색하는 것은 알려진 솔루션의 문제점이다. 구조가 있는 서열 데이터베이스 또는 서열이 있는 구조 데이터베이스를 조사하는 혼합 문제는 간단하지 않다. 주어진 서열과 주어진 접힘 패턴의 호환성을 평가하는 방법이 필요하다.

목표는 일련의 서열 또는 구조의 본질을 추상화하는 것이다. 패턴을 공유하는 다른 단백질은 유사한 구조를 채택할 것으로 예상된다.

3차원 프로파일

여러 서열 정렬에서 파생된 패턴과 프로파일, 그리고 이를 원연 상동체 검출에 적용하는 방법에 대해 논의했다. 이러한 방법의 성능을 향상시키기 위해 사용 가능한 구조 정보를 활용하는 한 가지 방법은 단백질 계열의 사용 가능한 서열 **및** 구조에서 파생된 일종의 프로파일이다.

J.U. Bowie, R. Lüthy 및 D. Eisenberg는 알려진 단백질 구조에서 각 위치의 **환경**을 분석한 후, 이러한 구조적 맥락에 대한 20개 아미노산의 선호도 세트와 연관시켰다.

단백질 구조가 주어졌을 때, 각 아미노산의 환경을 세 가지 범주로 분류한다:

1. 주쇄 수소 결합 상호작용, 즉 2차 구조;
2. 단백질 구조의 내부 또는 표면에 묻혀 있는 정도;
3. 환경의 극성/비극성 특성.

2차 구조는 **헬릭스**, **시트** 및 **기타**의 세 가지 가능성 중 하나일 수 있다. 접근 가능한 표면적이 40 Å^2 미만인 경우 측쇄가 매설된 것으로 간주되고, 접근 가능한 표면적이 40 내지 114 Å^2 사이인 경우 부분적으로 매설되고, 접근 가능한 표면적이 114 Å^{2}보다 크면 노출된 것으로 간주된다. 극성 원자로 덮인 측쇄 영역의 비율이 측정된다. 저자는 주변 환경의 접근성과 극성을 기반으로 6가지 클래스를 정의한다. 이 6개 클래스 각각의 측쇄는 세 가지 유형의 보조 구조 할당(헬릭스, 시트 또는 둘 다 없음) 중 하나를 가질 수 있다. 이것은 총 18개의 클래스를 제공한다.

각 측쇄를 18개 범주 중 하나에 할당하면 단백질 구조에 대한 코드화된 설명을 *3D* **구조 프로파일**이라고 하는 18개의 알파벳 메시지로 작성할 수 있다. 따라서 시퀀스 검색을 위해 개발된 알고리즘은 인코딩된 구조의 '시퀀스'에 적용될 수 있다. 예를 들어, 아미노산 서열이 아닌 3D 구조 프로파일을 정렬해서 원연 관계의 두 서열을 정렬하려고 시도할 수 있다. 3D 프로파일 방법은 단백질 구조를 파생된 분자의 서열이나 구조를 명시적으로 유지하지 않는 1차원 프로브(또는 프로브 가능) 개체로 변환한다.

다음으로, 3D 구조 프로파일을 알려진 단백질 접힘 패턴 세트와 어떻게 연관시킬 수 있을까? 예를 들어, 하전된 측쇄가 완전히 비극성 환경에 묻히는 것을 선호하지 않는 것처럼, 일부 아미노산도 특정 종류의 부위에서 싫어하는 것이 분명하다. 다른 선호도는 명확하지 않으며, 잘 정제된 단백질 구조 라이브러리에 대한 통계적 조사를 통해 선호도 표를 도출해야 한다.

이제 시퀀스가 주어지고, 그것이 글로빈 접힘을 차지할 가능성을 평가하고 싶다고 가정해 보자. 알려진 향유고래 미오글로빈 구조의 3D 구조 프로파일에서, 우리는 서열의 각 위치의 환경 등급을 알 수 있다. 우리는 미오글로빈의 3D 구조 프로파일과 알려지지 않은 구조의 단백질 서열의 가능한 모든 정렬을 고려해야 한다. 특정 정렬을 고려하고, 미오글로빈의 제1 잔기에 해당하는 미지의 서열 내 잔기가 페닐알라닌이라고 가정한다. 향유고래 미오글로빈의 첫 번째 잔기의 3D 구조 프로파일의 환경 클래스는 노출됨, 이차 구조 없음이다. 이 3D 구조 프로파일 클래스에 대한 특정 아미노산의 선호도 표에서, 이 구조 환경 클래스로부터 페닐알라닌을 찾을 확률을 점수화할 수 있다. (향유고래 미오글로빈 서열의 첫 번째 잔기가 발린이라는 사실은 사용되지 않으며, 실제로 해당 정보는 알고리즘에 직접 액세스할 수 없다. 향유고래 미오글로빈은 잔기의 환경 클래스 서열로만 표현되며, 선호도 표는 다양한 접힘 패턴을 가진 단백질에 대해 평균을 낸 것이다.) 이 계산을 모든 위치와 가능한 모든 정렬로 확장하면(2차 구조 영역 내의 간격을 허용하지 않음), 각 가능한 정렬에서 주어진 미지의 서열이 향유고래 미오글로빈 서열-구조 프로파일에 얼마나 잘 맞는지 측정하는 점수 집합을 얻을 수 있다. 테스트된 모든 정렬에 대한 최고 점수를 보정하여 서열과 접힘 패턴이 일치할 가능성이 있는지 여부를 결정할 수 있다.

이 방법의 특별한 장점은 알려진 염기서열 라이브러리에 대하여 새로운 염기서열을 일상적으로 스크리닝하는 것과 본질적으로 동일한 방식으로, 알려진 접힘 라이브러리의 모든 3D 프로파일에 대해서 새로운 염기서열을 점수화하여 자동화할 수 있다는 점이다.

구조의 품질을 평가하기 위한 3차원 프로파일 사용

구조에서 파생된 3D 프로파일은 아미노산 서열에 매우 간접적으로만 의존한다. 따라서 주어진 접힘과 호환되는 다른 아미노산 서열을 식별할 수 있는지 여부뿐만 아니라, 부모 서열에 대한 3D 프로파일의 점수가 서열과 구조의 호환성을 측정할 수 있는지를 묻는 것은 의미가 있다. 당연히 실제 서열이 일반적으로 자체 구조와 호환되지 않는 것처럼 보인다면, 서열과 구조 사이의 유효한 연결을 포착하는 이 방법의 신뢰성은 심각하게 손상될 것이다. 두 가지 흥미로운 결과가 관찰되었다. (1) 정확하게 결정된 단백질 구조는 다른 관련 단백질이 더 높은 점수를 줄 수 있지만 자체 프로파일에 잘 맞다. 프로파일은 개별 서열이 아닌 계열의 특성을 추상화한 것이다. (2) 서열이 해당 단백질의 실험 구조로부터 계산된 프로파일과 일치하지 않는 경우, 구조 결정에 오류가 있었을 가능성이 높다. 프로필에서 일치하지 않는 위치는 오류 영역을 식별할 수 있다.

스레딩

스레딩은 접기 인식을 위한 방법이다. 알려진 구조의 라이브러리와 알 수 없는 구조의 쿼리 단백질 시퀀스가 주어지면, 쿼리 단백질은 알려진 구조와 접힘 패턴을 공유할 것인가? 접기 라이브러리에는 PDB의 일부 또는 전부 또는 가상의 접기가 포함될 수 있다.

스레딩의 기본 아이디어는 알려진 각 구조를 기반으로 알려진 단백질과 알려지지 않은 단백질 서열의 서로 다른 가능한 정렬을 사용하여 쿼리 단백질의 대략적인 모델을 많이 구축하는 것이다. 알려진 구조의 3차원 프레임워크를 통해 쿼리 서열을 부드럽게 당겨서 모든 정렬을 시도하는 것을 상상해 보자. 정렬에 간격을 허용해야 하지만, 스레드가 충분히 탄력적이라고 생각하면 스레딩이라는 은유가 살아난다.

스레딩과 상동성 모델링은 모두 쿼리 서열과 알려진 상동체 구조의 정렬에 의해 유도되는 3차원 구조를 다룬다. 상동성 모델링은 한 세트의 정렬에 초점을 맞추고 있으며, 매우 상세한 모델을 만드는 것이 목표이다. 스레딩은 많은 정렬을 탐색하고 일반적으로 명시적으로 구성되지 않은 대략적인 모델만 다룬다.

상동성 모델링	스레드
먼저, 상동체 식별	가능한 모든 접기 시도하기
그런 다음, 최적의 정렬을 결정	여러 가지 가능한 정렬을 시도
하나의 모델 최적화	많은 개략적 모델 평가

스레딩을 통한 성공적인 접기 인식에는 다음이 필요하다:

1. 가장 좋은 모델을 선택할 수 있도록 모델에 점수를 매기는 방법;
2. 최고 점수를 받은 모델이 정답일 가능성이 높은지 판단할 수 있도록 점수를 보정하는 방법.

채점에 대한 여러 가지 접근 방식이 시도되었다. 가장 효과적인 방법 중 하나는 알려진 구조에서 도출된 잔류 이웃의 경험적 패턴을 기반으로 하는 것이다. 먼저, 20×20쌍의 모든 잔기 유형에 대해 알려진 단백질 구조에서 잔기 간 거리의 분포를 관찰한다. 각 쌍에 대해 공간에서의 분리와 아미노산 서열의 함수로 확률 분포를 도출한다. 예를 들어, Leu−Ile 쌍의 경우, 알려진 구조의 모든 Leu 및 Ile 잔기를 고려하고, 각 Leu−Ile 쌍에 대해 $C\beta$ 원자 사이의 거리와 서열에서 위치의 차이를 기록한다. 이러한 통계를 수집하면 모델에서 관찰된 분포가 알려진 구조의 분포와 얼마나 잘 일치하는지 추정할 수 있다.

볼츠만 방정식은 확률과 에너지의 관계에 관한 방정식이다. 볼츠만 방정식의 일반적인 응용은 에너지 함수에서 시작하여 확률 분포를 예측하는 것이다. (공기 분자의 중력 위치 에너지 함수에서 고도에 따른 대기 밀도를 예측하는 것이 대표적인 예이다.) 스레딩의 경우, 이를 뒤집어서 확률 분포로부터 에너지 함수를 도출한다. 그런 다음, 이 에너지 함수를 사용하여 스레딩 모델에 점수를 매긴다.

이 절차는 접힘 라이브러리의 각 구조에 대하여 가장 낮은 에너지 점수를 생성하는 잔기의 할당을 찾는다. 최적의 서열 정렬을 찾는 가장 효과적인 알고리즘은 동적 프로그래밍을 기반으로 한다(4장 참조). 그러나 스레딩은 정렬 문제이지만, 비지역 상호작용으로 인해 동적 프로그래밍으로는 해결할 수 없다.

구조적 에너지 계산 및 분자 역학

단백질은 원자의 집합체이다. 원자 간의 상호작용은 최대의 안정성을 가진 독특한 상태를 만든다. 그것을 찾기만 하면 된다!

이 접근법의 계산적 어려움은 (1) 원자 간 상호작용 모델이 완전하거나 정확하지 않고, (2) 모델이 정확하더라도 목적 함수와 제약 조건의 비선형성과 관련된 많은 변수에서 최적화 문제에 직면하여 국부적 최솟값이 많은 매우 거친 에너지 표면을 생성하기 때문에 발생한다. 벙커가 많은 골프 코스처럼 이러한 문제는 매우 어렵다.

분자 내 원자 간의 상호작용은 다음과 같이 나눌 수 있다:

1. 1차 화학 결합: 공간에서 서로 가까이 있어야 하는 원자 간의 강한 상호작용으로, 단백질의 형태가 바뀌어도 끊어지거나 형성되지 않고 많은 수의 형태와 동일하게 일관된 고정된 상호작용 집합으로 여겨진다;
2. 사슬의 형태에 따라 달라지는 약한 상호작용. 이러한 상호작용은 일부 형태에서는 중요하지만 다른 형태에서는 중요하지 않을 수 있으며, 사슬의 다른 접힘에 의해 근접한 원자 집합에 영향을 미친다.

단백질의 형태는 구조의 원자 목록, 원자 좌표, 원자 간의 주요 화학 결합 세트를 제공하여 지정할 수 있다(이는 아미노산 서열에서 약간의 모호함만 있으면 판독할 수 있다). 구조의 에너지 평가에 사용되는 용어는 일반적으로 다음과 같다:

- **결합 스트레칭:** $\sum_{\text{bonds}} K_r(r - r_0)^2$. 여기서 r_0는 평형 원자간 분리이고, K_r은 결합을 늘리기 위한 힘 상수이다. r_0 및 K_r은 화학 결합의 유형에 따라 다르다.
- **결합 각도 굽힘:** $\sum_{\text{angles}} K_r(\theta - \theta_0)^2$. 다른 두 원자 j 및 k에 화학적으로 결합된 원자 i의 경우, 각도 $i - j - k$는 평형값 θ_0과 구부리는 힘 상수 K_θ를 갖는다.
- **적절한 입체 화학을 강제하는 다른 항들**은 특정 그룹의 평면성에서 벗어나는 것에 불이익을 주거나 특정 중심에서 올바른 키랄성(양방향성)을 강제한다.
- **비틀림 각도:** $\sum_{\text{dihedrals}} \frac{1}{2} V_n[1 + \cos n\phi]$. 임의의 4개의 연결된 원자들($i$는 j에 결합, k에 결합, l에 결합)에 대해, j–k 결합 주위의 원자 i에 대한 원자 l의 회전 에너지 장벽은 주기적 전위에 의해 주어진다. V_n은 내부 회전에 대한 장벽의 높이이다. n 장벽은 전체 360° 회전 중에 발생한다. (예를 들어, 에탄의 경우 $n = 3$이다.) 주쇄인 구조각 ϕ, ψ 및 ω는 비틀림 회전의 예이다(그림 5.2 참조).
- **반데르발스 상호작용:** $A_{ij}R_{ij}^{-12} - B_{ij}R_{ij}^{-6}$. 결합되지 않은 원자 i와 j의 각 쌍에 대해 첫 번째 항은 단거리 반발력을 설명하고, 두 번째 항은 이들 사이의 장거리 인력을 설명한다. 매개변수 A와 B는 원자 유형에 따라 다르다.
- **수소 결합:** $C_{ij}R_{ij}^{-12} - D_{ij}R_{ij}^{-10}$. 수소 결합은 두 극성 원자 사이의 약한 화학적/정전기적 상호작용이다. 그 강도는 거리와 결합 각도에 따라 달라진다. 이 대략적인 수소 결합 전위는 수소 결합 강도의 각도 의존성을 명시적으로 반영하지 않으며, 다른 전위는 수소 결합 형상을 더 정확하게 설명하려고 시도한다.
- **정전기:** $Q_iQ_j/(\varepsilon R_{ij})$. 하전된 원자 i와 j의 각 쌍에 대해 Q_i와 Q_j는 원자에 대한 유효 전하이고, R_{ij}는 원자 사이의 거리이며, ε는 유전 '상수'이다. 이 공식은 단백질을 포함하여 무한하고 등방성이 아닌 매질에만 적용된다.
- **용매:** 단백질 구조의 열역학에는 용매, 물, 염, 당과 같은 공용체와의 상호작용이 매우 중요하다. 용매를 주로 유전 상수로 특징지어지는 연속적인 매질로 모델링하려는 시도는 근사치이다. 컴퓨터 성능이 향상됨에 따라서, 이제는 용매를 명시적으로 포함시켜 물 분자 상자 안에서 단백질의 움직임을 시뮬레이션하는 것이 가능해졌다.

이 형태 또는 이와 밀접하게 관련된 형태의 형태 에너지 포텐셜 세트는 수없이 많으며, 파라미터 세트를 조정하는 데 많은 노력을 기울였다. 구조의 에너지는 모든 결합 원자 및 비결합 원자에 대해 이러한 항을 합산하여 계산된다.

포텐셜 함수는 성공적인 구조 예측을 위해 필요하지만, 충분하지 않은 조건을 충족한다. 한 가지 테스트는 정답(실험적으로 결정된 단백질 구조)을 시작 구조로 삼은 다음, 거기서부터 시작하여 에너지를 최소화하는 것이다. 대부분의 고품질 에너지 함수는 시작 모델에서 약 1 Å(r.m.s. 편차) 떨어진 최소화된 형태를 생성한다. 이것은 역장의 해상도를 측정하는 척도로 생각할 수 있다. 또 다른 시험은 의도적으로 잘못 접힌 단백질을 가져와 형태 에너지를 최소화해서, 올바른 접힘 부근의 국소 최소 에너지 값이 잘못된 접힘 부근의 국소 최소 에너지 값보다 현저히 낮은지 확인하는 것이다. 이러한 시험 결과에서, 계산된 형태 에너지를 기반으로 여러 개의 국소 최솟값을 올바른 최솟값과 확실하게 구분할 수 없음을 알 수 있었다.

실제로, 형태 에너지를 최소화하여 단백질의 형태를 예

측하려는 시도는 지금까지 아미노산 서열로부터 단백질 구조를 예측하는 일반적인 방법을 제공하지 못했다. 분자 역학은 국부적 최솟값에 갇히는 문제와 단백질–용매 상호작용에 대한 좋은 정적 모델의 부재라는 문제를 극복할 수 있는 방법을 제공한다. 분자 역학 계산에서 단백질과 명시적인 용매 분자는 힘장(force field)을 통해 고전적인 뉴턴 역학에 의해 처리된다. 이를 통해 훨씬 더 넓은 위상 공간의 영역을 탐색할 수 있는 것은 사실이다. 그러나 구조 예측의 선험적 방법으로는 아직까지 일관되게 성공하지 못했다. 하지만, 이러한 계산은 매우 계산 집약적인 계산이며, 이 분야에서는 아마도 다른 어느 분야보다도 프로세서 성능 향상에 따른 발전이 영향을 미칠 것이다.

접힘 경로 시뮬레이션을 통한 단백질 구조 예측이 성공하지 못한 유일한 이유가 계산 능력 부족 때문일까? '무차별 대입'을 적용하려는 시도가 여러 차례 있었는데, 여기에는 IBM Blue Gene 슈퍼컴퓨터 프로젝트와 100만 개가 넘는 참여 CPU의 컴퓨터 성능을 활용하는 접힘의 분산 컴퓨팅 접근 방식이 포함된다. (유사한 접근 방식이 약물 설계에도 적용되었다.) 2003년에, IBM 연구팀은 20개의 잔기 펩티드를 완전히 확장된 형태에서 기본 상태의 ≈1.5 Å r.m.s. 편차 이내의 상태로 접었다(Box 5.7 참조).

한편, 분자 역학은 실험 데이터로 보완될 경우 X-선 결정학(거의 항상), 극저온전자현미경(고해상도 아님), NMR(항상) 모두에서 구조 결정에 매우 중요한 기여를 한다. 분자 역학은 구조 결정 과정에 어떻게 통합될까? 모든 형태에 대해서 실험 데이터와 모델의 일관성을 측정할 수 있다. 결정학의 경우, 실험 데이터는 결정의 전자 밀도에 대한 푸리에 변환의 절대값이다. NMR의 경우, 실험 데이터는 특정 잔기 쌍 사이의 거리에 대한 제약 조건을 제공한다. 그러나 X-선 결정학(일반적으로)과 NMR 모두에서 실험 데이터는 단백질 구조를 결정하지 못한다. 구조를 풀려면 실험 데이터와의 편차와 형태 에너지의 조합을 최소화하는 좌표 집합을 찾아야 한다. 분자 역학은 이러한 좌표 집합을 성공적으로 구할 수 있다. 분자 역학은 형태 공간에 대한 적절한 설명을 제공하며, 실험 데이터에서 파생된 편향이 계산을 매우 효과적으로 올바른 구조로 이끈다.

분자 역학은 단백질 결정학에 혁명을 일으켰다. 수작업으로 모델을 만들고 전자 밀도로 재구성하는 오랜 노동 집약적 과정을 거쳐야 했던 것을 컴퓨터가 '일괄 처리'하는 방식으로 바꿔서 전체 시간을 상당히 단축시켰다.

ROSETTA

ROSETTA는 D. Baker와 동료들에 의해서 개발된, 알려진 구조에서 작은 구조 단서를 흡수하여 아미노산 서열로부터 단백질 구조를 예측하는 프로그램이며, 전체적으로 매우 강력하다는 것이 입증되었다. 최근에는 접촉 예측 기능이 ROSETTA에 추가되었다. 이에 따라 그 성능이 크게 향상되었다.

최근 CASP 프로그램에서 ROSETTA는 어려운 선험적 예측 목표에 대해 일관된 성공을 보여주었다. 이는 중요한 돌파구이다.

ROSETTA는 먼저 알려진 구조를 사용하여 단편 구조를 생성한 다음, 이를 결합하여 단백질 구조를 예측한

BOX 5.7 분자 역학 계산을 위한 리소스 요구 사항의 스케일링

완전히 상세한 분자 역학 계산은 10^{-15}초(= 1 fs) 지속 시간의 일련의 개별 시간 단계를 실행한다. 개별 시간 단계에 필요한 컴퓨터 시간은 대략 $N \ln N$으로 확장되며, 여기서 N은 단백질의 길이다. 단백질이 접히는 데 필요한 시간은 여러 가지 특징에 따라 달라지지만, '백 오브 더 엔벨로프' 계산을 위해 단백질의 길이 N에 따라서 $\approx N^{2/3}$으로 달라진다.

따라서 단백질을 접는 데 필요한 총 컴퓨터 리소스는 대략 $N^{5/3} \ln N$으로 달라질 것이라고 예상할 수 있다. 즉, 길이 N의 단백질을 접는 데 3개월(슈퍼컴퓨터가 중단 없이 작동하는 경우)이 걸리는 경우, 동일한 시스템에서 길이 $3N$ 잔기의 단백질을 접는 데는 1.5년 이상이 소요될 것으로 예상할 수 있다.

다. 먼저, 3개 및 9개의 인접한 각 잔기의 영역에 대해 알려진 구조의 단백질에서 해당 서열의 인스턴스 및 관련 서열을 식별한다. 이 정도의 작은 조각의 경우, 표적 단백질과의 상동성을 가정하지 않는다. 단편의 형태 분포는 표적 구조의 해당 단편의 가능한 형태 분포에 대한 모델 역할을 한다.

ROSETTA는 몬테카를로 계산을 사용하여 단편들의 가능한 조합을 탐색한다(Box 5.8 참조). 에너지 함수에는 조밀도, 짝을 이루는 β-가닥, 소수성 잔기의 매몰을 반영하는 항이 있다. 이 절차는 이전에 생성된 단편 형태 분포 패턴에서 시작 구조를 선택하여 1,000개의 독립적인 시뮬레이션을 수행한다. 이러한 시뮬레이션의 결과로 생성된 구조는 클러스터링되고, 가장 큰 클러스터의 중심이 목표 구조의 예측으로 제시된다. 이 아이디어는 독립적인 시뮬레이션에서 여러 번 나타나는 구조가 유리한 특징을 가질 가능성이 높다는 것이다.

CASP11에서 Baker 그룹의 눈부신 성공은 대장균의 단백질 YaaA인 표적 806의 구조를 예측한 것이었다. 이는 초기 예측으로, 잔류물 접촉 예측을 포함하되, 이에 국한되지 않는 여러 가지 방법을 사용했다. 그림 5.16(a)는 256개 중 80%인 205개의 Cα 원자를 중첩한 결과를 보여준다. 모든 잔기가 표시되어 있지만, 잘 맞는 하위 집합은 더 두꺼운 리본 안에 있다. 그림 5.16(b)는 (a)에서 추출한 것으로, 잘 맞는 하위 집합만 보여준다. 205 Cα 원자의 r.m.s.d.는 2.78 Å이지만, 일부 편차는 도메인 간 기하학적 구조의 변화로 인한 결과이다. 그림 5.16(c)는 잔기 1−6, 85−92, 165−254로 구성된 도메인 중 하나[왼쪽 (a) 및 (b) 부분에 나타나는 도메인]의 중첩을 보여준다. r.m.s.d.는 1.4 Å이다. 이것은 정말 대단하다.

ROBETTA(http://robetta.bakerlab.org)는 최고의 단백질 구조 예측 도구를 통합하고 구현하도록 설계된 웹 서버이다. 이 소프트웨어의 중앙 파이프라인은 먼저 구조가 알려지지 않은 단백질의 아미노산 서열을 추정 도메인으로 파싱하는 과정을 포함한다. 그런 다음, 알려진 구조의 적합한 모체가 존재하는 도메인에는 상동성 모델링 기법을 적용하고, 다른 도메인에는 Baker와 동료들이 개발한 새로운 방법을 적용한다. 또한 사용자는 ROBETTA 그룹 외부에서 개발된 소프트웨어를 기반으로 한 다른 예측 방법의 결과도 얻게 된다. 예를 들어, 2차 구조, 코일 코일 및 막 통과 헬릭스의 예측 등이 여기에 해당한다.

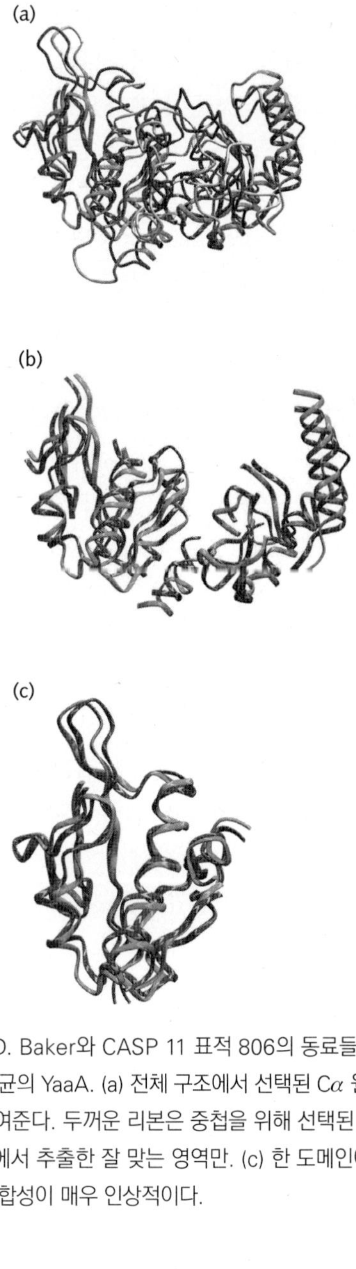

그림 5.16 D. Baker와 CASP 11 표적 806의 동료들에 의한 *Ab 개시* 예측, 대장균의 YaaA. (a) 전체 구조에서 선택된 Cα 원자의 중첩, 전체 구조를 보여준다. 두꺼운 리본은 중첩을 위해 선택된 잔류물을 나타낸다. (b) (a)에서 추출한 잘 맞는 영역만. (c) 한 도메인에서 선택된 원자의 중첩. 적합성이 매우 인상적이다.

다중 서열 정렬에서 상호 연관된 돌연변이로부터 도출된 접촉 지도를 통한 단백질 구조 예측

상동 단백질의 다중 서열 정렬은 진화 경로를 반영한다. 단백질이 진화함에 따라 돌연변이는 구조에 변형을 일으킨다. 진화가 진행됨에 따라 돌연변이 부위 주변 영역은 추가

BOX 5.8

몬테카를로 알고리즘

몬테카를로 알고리즘은 단백질 구조 계산에서 형태를 효율적으로 탐색하고 복잡한 함수의 최솟값을 찾기 위한 다른 많은 최적화 문제에서 매우 널리 사용된다. 에너지의 '내리막길' 이동을 기반으로 하는 단순한 최소화 방법은 계산이 기본 상태와 멀리 떨어진 국소 최솟값에 갇히기 때문에 성공하지 못한다.

일반적으로, 몬테카를로 방법은 난수를 사용하여 정답을 정확하게 계산하기 어려운 문제를 풀어낸다. 이 이름은 J. von Neumann이 모나코의 유명한 카지노에서 난수 생성기의 응용을 언급하면서 만들어졌다.

몬테카를로 기법을 적용하여 여러 변수의 함수(예를 들어, 단백질의 형태를 정의하는 변수의 함수로서 단백질의 최소 에너지)의 최솟값을 구하려면, 시스템의 구성이 변수 **x**로 지정되어 있고 이러한 변수의 모든 값에 대해 형태의 에너지인 $E(\mathbf{x})$를 계산할 수 있다고 가정한다. (**x**는 단백질의 원자 좌표 집합이나 주쇄 및 측쇄 비틀림 각도와 같은 전체 변수 집합을 나타낸다).

그런 다음, 메트로폴리스 절차(1953년 Los Alamos의 만찬 파티에서 발명된 것으로 추정됨)는 다음과 같이 규정하고 있다:

1. 시작 구조를 제공하기 위해 임의의 **x** 값 집합을 생성한다. 이 변형의 에너지 $E = E(\mathbf{x})$를 산출한다.
2. 변수를 섭동($\mathbf{x} \to \mathbf{x}'$)하여 이웃하는 형태를 얻는다.
3. 새 변형의 에너지 $E(\mathbf{x}')$를 계산한다.
4. 이 단계를 받아들일지, $\mathbf{x} \to \mathbf{x}'$로 이동할지, 아니면 **x**에 머물면서 다른 섭동을 시도할지 결정한다:
   a. 에너지가 감소하여 $E = E(\mathbf{x}) > E(\mathbf{x}')$, 즉 스텝이 내리막길인 경우 이를 항상 수용한다. 섭동된 형태가 새로운 현재 형태가 된다: $\mathbf{x} = \mathbf{x}'$, $E = E(\mathbf{x}')$로 설정한다.
   b. 에너지가 증가했거나 동일하게 유지된 경우, 즉 $E(\mathbf{x}) \leq E(\mathbf{x}')$, 즉 스텝이 오르막길인 경우, 때때로 새로운 형태를 사용한다. 만약 $\Delta = E(\mathbf{x}') - E(\mathbf{x})$인 경우, 확률 $\exp[-\Delta/(kT)]$로 스텝을 수락한다. 여기서 k는 볼츠만 상수이고 T는 유효 온도이다;
5. 2단계로 돌아간다.

4b 단계가 가장 독창적인 발상이다. 이 단계는 장벽을 넘고 국소 최소점에서 벗어날 수 있는 잠재력을 가지고 있다. T는 단백질 형태를 예측하고자 하는 물리적 온도가 아니라 단순히 계산을 제어하는 수치 매개변수이다.

어떤 온도에서든 오르막 에너지 차이가 높을수록 단계가 허용될 가능성이 낮아진다. E의 모든 값에 대해 T가 낮으면 $E(\mathbf{x})/(kT)$가 높고, $\exp[-E(\mathbf{x})/(kT)]$는 상대적으로 낮다. T가 높으면 $E(\mathbf{x})/(kT)$는 낮고, $\exp[-E(\mathbf{x})/(kT)]$는 상대적으로 높아진다. 온도가 높을수록 오르막길 이동이 받아들여질 확률이 높다. 이 비교적 간단한 아이디어는 단백질 구조 계산에 성공적으로 적용돼서 매우 효과적임이 입증되었다.

*시뮬레이션 어닐링*은 몬테카를로 계산을 발전시킨 것으로, 먼저 T를 높게 설정하여 형태를 효율적으로 탐색한 다음, T를 낮추어 시스템을 저에너지 상태로 떨어뜨린다.

적인 돌연변이가 구조를 완전히 파괴하지 않도록 더 높은 선택적 제약을 가질 수 있다.

따라서 여러 서열 정렬에서 상호 연관된 돌연변이를 보이는 위치는 접힌 구조의 공간에서 해당 위치가 근처에 있음을 나타낼 수 있다. 상관 돌연변이는 특정 위치의 아미노산 변화가 하나 이상의 다른 위치의 아미노산 변화에 대응하는 아미노산 치환의 패턴이다. 첫 번째 위치의 아미노산이 일정한 서열의 경우, 다른 위치에는 돌연변이가 없다(그림 5.17). 상호 연관된 돌연변이를 보여주는 일련의 위치에서 모든 위치에서 관찰되는 각 아미노산은 다른 위치에서 고유한 아미노산에 해당한다.

잔기 간 접촉 패턴에 대한 신뢰할 수 있는 이론적 추론은 NMR 데이터와 유사한 정보를 제공할 수 있다. 이론적 결과는 이상적으로는 3차원 구조를 결정하기 위해 단백질-NMR 파이프라인에 공급될 수 있다. 이 접근법의 잠재적인 힘은 오랫동안 인식되어 왔지만, 실제로 적용하는 것은 쉽지 않았다.

무엇이 문제였을까?

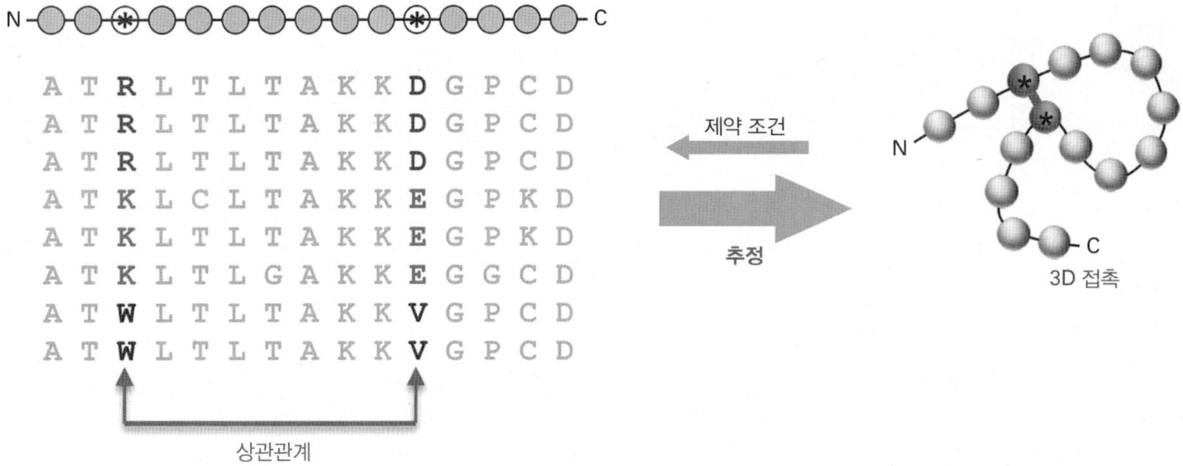

그림 5.17 다중 서열 정렬에서 두 위치는 서로 연관된 돌연변이를 나타낼 수 있다. 즉, 한 위치의 변화는 두 번째 위치의 변화에 의해 반영된다. 3차원 구조에서 해당 잔기 사이의 접촉을 추론하면, NMR로 측정한 것과 유사한 일련의 거리 제약 조건에 기여하여 접힘을 예측하는 데 사용할 수 있다.

이전에는 상호 연관된 돌연변이가 보상적일 것이라는 가설이 있었다. 즉, 한 구조에서 2개의 잔기(예: Gly-Leu)가 접촉하는 경우, 진화기 방의 층 측쇄 부피를 일정하게 유지하기 위해서, 이들을 Leu-Gly, Ile-Gly 또는 Ala-Val로 바꾸는 것으로 제한될 것이라는 가설이었다. 이렇게 하면 전체 백본의 형태는 변하지 않을 수 있다. 보상 돌연변이는 이제 규칙이 아닌 예외로 알려져 있다. 단백질은 진화하면서 토폴로지는 유지하지만 정확한 국소적 형태는 유지하지 않는다.

출처: Marks, D.S., Colwell, L.J., Sheridan, R., Hopf, T.A., Pagnani, A., Zecchina, R. and Sander C. (2011). Protein 3D structure computed from evolutionary sequence variation. *PLoS One* **6**, e28766.

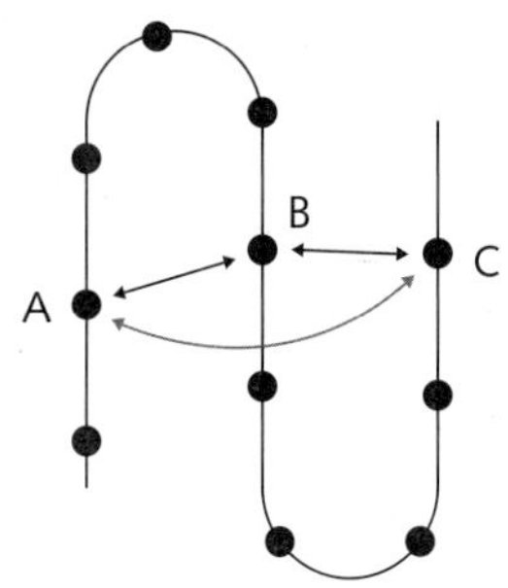

그림 5.18 폴리펩티드 사슬을 따라 검은색 원으로 표시된 잔기. 상호 연관된 돌연변이는 잔기 A와 B, 잔기 B와 C를 이웃으로 정확하게 식별할 수 있다. 위험은 분석이 A와 C가 이웃이라고 잘못 제안할 수도 있다는 것이다. A와 C는 둘 다 B와 상관관계가 있기 때문에 상관 돌연변이를 나타낼 수 있다.

근본적인 어려움은 상호 이웃 효과, 더 엄밀히 말하면 전이성 때문에 접점을 잘못 감지하는 것이었다. 위치 A가 위치 B와 공간적으로 가깝지만, 위치 C도 위치 B와 가깝다고 가정해 보겠다(그림 5.18 참조). 상호 연관된 돌연변이를 분석하면 A와 B, B와 C의 근접성을 정확하게 포착할 수 있지만, A와 C의 근접성을 거짓으로 추측할 수도 있다.

문제에 대한 인식이 해결책으로 이어졌다. 여러 변수에 따라 달라지는 데이터(예를들어, 여러 염기서열 정렬의 서로 다른 잔기 위치에 있는 아미노산의 분포와 그에 해당하는 돌연변이)가 주어졌다고 가정해보자. 우리는 모든 변수 쌍 간의 겉보기 상관관계를 계산할 수 있다. 이러한 결과에는 전이성 효과로 인해 발생하는 오해의 소지가 있는 지표가 포함된다. 필요한 것은 **부분 상관관계**, 즉 다른 모든 변수에 대한 의존성을 뺀 후 각 개별 변수 쌍 간의 상관관계를 계산하는 것이다. 이러한 종속성을 억제하면 전이성 효과를 제거하거나 최소한 상당히 줄일 수 있다. 부분 상관관계를 사용하고 적절한 크기의 알려진 단백질 구조에서 경험적으로 관찰되는 것으로 예상되는 접촉 수를 보정하면 상관된 돌연변이에서 접촉하는 잔기의 추론 정확도가 향상된다(Box 5.9 참조).

이러한 개선은 사용 가능한 서열 데이터의 일반적인 증가와 정확한 다중 서열 정렬을 생성하는 성숙한 도구에 의

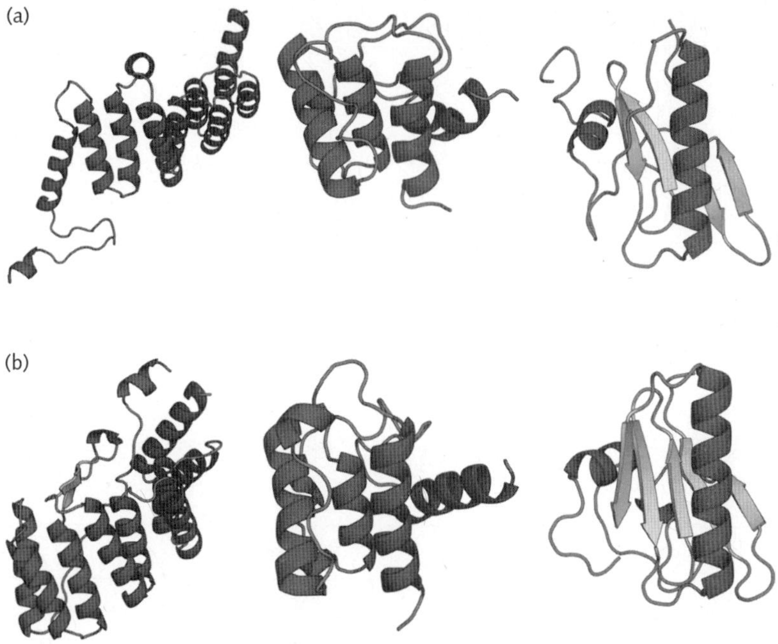

그림 5.19 (a) (왼쪽에서 오른쪽으로) 호중구 사이토솔 인자 2 p67phoX A128V의 N-말단 도메인(wwPDB 엔트리 1HH8, 사슬 A), 인간 β-스펙트린의 칼포닌 상동 도메인(1BKR, 사슬 A) 및 세레닌 도메인(1SVY, 사슬 A)의 예측 및 (b) 실험적 구조.

출처: Kosciolek, T. & Jones, D.T. (2014). De novo structure prediction of globular proteins aided by sequence variation-derived contacts. *PLoS One* **9**, e92197.

해 강화되어, 상동 계열의 단백질 서열로부터 3차원 구조를 인상적으로 예측할 수 있게 되었다(그림 5.19).

단백질의 잔기-잔기 접촉을 결정하는 것은 이제 단백질 구조 예측 방법 개선의 최첨단에 있다.

증명을 위해 추가된 참고 사항: 구글 자회사인 딥마인드의 알파폴드(AlphaFold) 프로그램은 지난 CASP 대회에서 눈부신 성공을 거두었다.

새로운 단백질의 설계

가능한 아미노산 서열의 수가 매우 많다는 점과 대부분의 아미노산이 안정적인 구형 구조로 접히지 않는다는 점을 감안할 때, 생명체는 가능한 단백질 구조와 기능의 극히 일부분만 탐구할 수 있었다고 가정해도 무방하다.

새로운 기능을 가진 자연적이지 않은 단백질을 생성하는 것이 가능하다. 이는 실험실에서 의도적 진화, 즉 의도적으로 변종을 생성하고 원하는 특성을 가진 변종을 선택하는 연속적인 단계를 통해 이루어질 수 있다. 이 접근 방식은 많은 성공을 거두었다. 예를 들어, F.H. Arnold와 동료들은 시토크롬 c를 변형해서 천연 효소가 없는 탄소–실리콘 결합의 형성을 촉매하는 반응을 일으켰다.

새로운 단백질을 컴퓨터로 설계하는 것도 가능하다. 세 가지 관련 문제를 살펴보자:

1. **구조 예측.** 아미노산 서열이 주어졌을 때, 그 서열이 접히는 구조를 예측한다.
2. **'역 폴딩 문제'.** 주쇄 형태가 주어졌을 때, 그 주쇄 형태를 가진 구조로 접히는 아미노산 서열을 고안한다.
3. **새로운 단백질 설계.** 새로운 효소 활성과 같이 원하는 특성을 가진 비지정 구조로 접히는 아미노산 서열을 고안한다.

단백질 구조 예측 방법의 확장을 통해 이러한 문제를 해결할 수 있게 되었다. 예를 들어, David Baker와 동료들은 레트로-알돌(retro-aldol) 반응, 켐프(Kemp) 제거 반응, 디엘스-알더(Diels- Alder) 반응을 촉매하는 효소를 새로 설

BOX 5.9 공분산 행렬 및 역행렬

상관관계를 조사하기 위한 기본 통계 도구는 공분산 행렬이다. 변수 집합 $x, y, z, \ldots$의 값이 표본의 각 피험자를 특징짓는다고 가정한다. 피험자의 색인을 생성한다. 간단하게 하기 위해서, 모든 개별 변수의 평균이 0, 즉 $\sum x_i = \sum y_i = \sum z_i = 0$이고, σ^2 분산은 1이라고 가정한다[x_i의 σ^2의 정의는 $\sigma^2 = \sum(x_i - \mu_x)$이다. 이 정의에서, μ_x는 x 값의 평균(여기서는 0으로 알려짐)이고, n은 점의 개수이다].

그러면 샘플의 점 i에 대한 변수 x와 y의 상관관계는 $\sum x_i y_i$이다. 이러한 합계를 행과 열에 레이블이 지정되거나 변수 $x, y, z \ldots$에 의해 인덱스가 지정된 행렬로 조합한다. 이 공분산 행렬에서 대각선을 벗어난 항인 $\sum x_i y_i$ 형식의 항은 해당 변수 간에 관계가 있는 경우, 크기가 커지게 된다. $\sum x_i y_i$의 양수 값은 직접적인 상관관계, 즉 x가 증가하면 y도 증가하는 경향이 있음을 나타낸다. $\sum x_i y_i$의 음의 값은 역의 상관관계를 나타낸다. 즉, x가 증가하면 y는 감소하는 경향이 있다. $\sum x_i y_i = 0$이면, x 값을 알고 y를 예측하는 데 유용할 수 있는 x와 y 사이에는 아무런 관계가 없는 것으로 간주된다.

예를 들어, 7개의 점이 있는 경우 몇 가지 가능성이 있다:

상관관계 정도	x_i와 y_i의 관계식	공분산 행렬의 요소
높은 양의 상관관계	$x_i = -\frac{3}{2}, -1, -\frac{1}{2}, 0, \frac{1}{2}, 1, \frac{3}{2}$ $y_i = -\frac{3}{2}, -1, -\frac{1}{2}, 0, \frac{1}{2}, 1, \frac{3}{2}$	$\sum x_i y_i = (-\frac{3}{2})\times(-\frac{3}{2}) + (-1)\times(-1) + (-\frac{1}{2})\times(-\frac{1}{2})$ $+0\times0 + (\frac{1}{2})\times(\frac{1}{2}) + 1\times1 + (\frac{3}{2})\times(\frac{3}{2}) = 7$ (양의 수)
높은 음의 상관관계	$x_i = -\frac{3}{2}, -1, -\frac{1}{2}, 0, \frac{1}{2}, 1, \frac{3}{2}$ $y_i = \frac{3}{2}, 1, \frac{1}{2}, 0, -\frac{1}{2}, -1, -\frac{3}{2}$	$\sum x_i y_i = (-\frac{3}{2})\times(+\frac{3}{2}) + (-1)\times1 + (-\frac{1}{2})\times(+\frac{1}{2})$ $+0\times0 + (\frac{1}{2})\times(-\frac{1}{2}) + 1\times(-1) + (\frac{3}{2})\times(-\frac{3}{2}) = -7$ (음의 수)
상관관계 없음	$x_i = -\frac{3}{2}, -1, -\frac{1}{2}, 0, \frac{1}{2}, 1, \frac{3}{2}$ $y_i = 1.08, -1.08, -1.08, 0, 1.08, 1.08, 1.08$	$\sum x_i y_i = 0$

이 표에 있는 x와 y의 각 세트에 대해 평균은 0이고, 분산은 1이다.

공분산 행렬은 변수 간의 쌍 관계에 대한 정보만 포함한다. 공분산 행렬의 각 요소는 두 변수(예: x와 y)의 값에만 좌우된다. $\sum x_i y_i$라는 용어는 다른 변수(예: w_i)의 값과 무관하다. 따라서 공분산 행렬은 변수 간의 상호작용에 대한 정보를 포함하지 않는다. 예를 들어, 공분산 행렬은 가짜 전이 효과를 유발하는 다변수 상호작용을 직접 반영하지 않는다. 공분산 행렬을 분석하여 전이성 효과를 억제하려면 어떻게 해야 할까?

한 가지 유용한 접근 방식은 공분산 행렬의 역을 살펴보는 것이다. (행렬 M의 역행렬은 행과 열의 수가 같은 또 다른 행렬 M^{-1}로, 행렬 곱 MM^{-1} = 단위행렬, 즉 모든 대각선 원소가 1이고 모든 대각선 외 원소가 0인 행렬을 의미한다).

일반적으로, 역행렬의 요소는 모든 공분산 항의 정보를 결합한다. 따라서 공분산 행렬에는 한 번에 2개 이상의 변수 상호작용에 대한 정보가 포함된다. 사실 공분산 행렬을 반전시키는 것은 각 변수가 다른 모든 변수에 대해 갖는 의존성을 결정하는 것과 같다. 따라서 변수 x와 y에 해당하는 역공분산 행렬의 0은 변수 x와 y가 독립적이라는 것을 의미한다. 반대로 역공분산 행렬에서 0이 아닌 대각선 밖 요소는 진정한 '이웃'을 구분한다. 이는 말 그대로 기하학적 의미의 이웃일 수도 있고, 더 일반적으로는 영향력 네트워크의 이웃일 수도 있다. 단백질의 이웃 부위와 조절 네트워크의 신호전달 계단에서 이웃을 분석하는 데에도 동일한 기법을 사용할 수 있다(분자생물학에 국한되지 않으며, 다른 많은 현상에서도 마찬가지이다).

D. Mackay의 강의에서 나온 간단한 예[i]는 역공분산 행렬이 실제 이웃과 간접 영향을 구별하는 능력을 보여준다. 그림 5.20은 스프링으로 연결된 5개의 질량 집합을 나타낸 것이다. 질량의 위치는 변수 집합인 $x, y, z \ldots$ 평형 위치는 $x = 0, y = 0, z = 0, \ldots$에 해당한다.

[i] http://videolectures.net/gpip06_mackay_gpb/

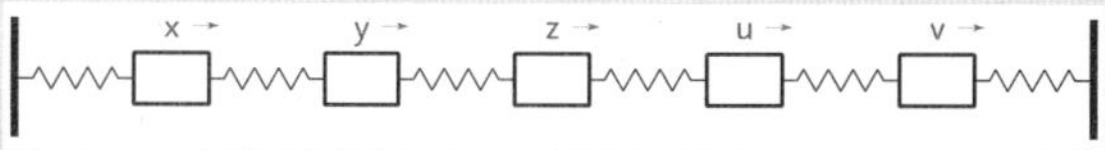

그림 5.20 스프링으로 연결된 5개의 질량이 1차원적으로 운동을 한다. 변수는 개별 질량의 변위이다. 시스템의 열 흔들림은 다변량 가우스 분포로 기술되고 해석된다.

시스템이 무작위 열운동으로 진동하고 있다. 다양한 시점에서 변수의 순간 값에 대한 데이터를 수집한다. 생각해 보면, 질량의 변위는 인접한 스프링 하나를 늘리고 다른 인접한 스프링을 압축하므로, 인접한 스프링의 길이 사이에 상관관계가 있을 것으라 예상할 수 있다. 이보다 더 친숙한 실생활 버전은 혼잡한 지하철 차량(아마도 메트로폴리탄 라인)에서 승객들이 서로 뒤엉켜 있는 모습일 것이다. 각 승객은 인접한 사람과의 충돌로 인해서 약간 이동하지만, 일반적으로 그 충격이 다른 승객에게 강하게 전파되지는 않는다. 그 반대의 경우인 럭비 스크럼을 비교해보라.

공분산 행렬의 요소는 $\Sigma x_i y_i$와 같은 합계이다. x, y, ...의 평균값이 모두 0이라고 가정한다. Mackay는 이러한 변수를 다변량 가우스 분포로 표현하였다. 공분산 행렬에는 가장 가까운 이웃 간의 상호작용을 강조하는 요소가 있지만, 이에 국한되지는 않는다.[ii] 공분산 행렬과 역공분산 행렬을 비교해보자:

공분산 행렬: 역공분산 행렬:

$$\frac{1}{6}\begin{bmatrix} 5 & 4 & 3 & 2 & 1 \\ 4 & 8 & 6 & 4 & 2 \\ 3 & 6 & 9 & 6 & 3 \\ 2 & 4 & 6 & 8 & 4 \\ 1 & 2 & 3 & 4 & 5 \end{bmatrix} \qquad \begin{bmatrix} 2 & -1 & 0 & 0 & 0 \\ -1 & 2 & -1 & 0 & 0 \\ 0 & -1 & 2 & -1 & 0 \\ 0 & 0 & -1 & 2 & -1 \\ 0 & 0 & 0 & -1 & 2 \end{bmatrix}$$

역행렬은 깔끔하게 '정리'되어 가장 가까운 이웃의 관점에서 시스템의 구조를 보여준다: 여러 염기서열 정렬에서 상호 연관된 돌연변이로부터 잔기끼리의 접촉을 안정적으로 유도하는 데 필요한 것은 바로 이러한 명확성이다.

이것은 완벽하게 작용하였다. 좋은 소식이었다. 문제는 결과가 완전한 정보를 가지고 있느냐에 달려 있다는 것인데, Mackay의 문제도 마찬가지이다. 그러나 단백질 잔기 접촉 패턴을 다룰 때, 서열이 매우 많은 계열의 경우에도 모든 아미노산이 모든 부위에 나타나는 것은 아니다. 관찰 수와 변수 수의 비율이 작을 수밖에 없다. 이러한 상황에서는 계산된 상관 행렬이 불완전해지고, 그 결과 역을 계산할 수 없게 된다. ($1/x$를 계산해야 하는데, $x = 0$이라는 결과가 나온다고 생각하면 된다.) 이와 비슷한 이유로 인해 반전할 수 없는 행렬을 *특이* 행렬이라고 한다.

C를 계산된 — 불행히도 특이 행렬인 — 상관 행렬이라고 하자. 우리가 원하는 것은 Mackay 모델의 장점인 희소성을 가진 역상관 행렬의 추정치 C^*이다. 'LASSO'(최소 절대 축소 및 선택 연산자) 방법은 단위행렬에서 CC^*의 편차를 측정하는 항과 C^*의 대각선을 벗어난 요소를 0으로 강제하는 '페널티' 항을 모두 포함하는 함수를 최소화함으로써 이를 달성한다. 간접적인 상관관계를 반영하는 항은 페널티 함수에 의해 0을 향하도록 유도하고, 실제 이웃을 정확하게 반영하는 항은 남겨두는 것이 아이디어이다.

이 방법과 다른 방법을 적용함으로써, 여러 서열 정렬에서 접촉 패턴을 강력하게 예측할 수 있게 되었다. 이를 통해 단백질 3차 구조 예측이 크게 개선되었다.

ii 공분산 행렬과 그 역행렬의 요소가 유리수임이 의미하는 것은 Mackay의 숫자가 명시적이고 현실적인 계산 또는 실험으로부터 유도된 것이 아니라는 것을 뜻한다. 또한 벽이 고정되어 있다고 가정할 때, 끝 물체들도 안쪽 물체와 동일한 변위 프로필을 보인다는 사실에 대해 일부 독자들은 가벼운 불신을 품을 수 있다.

계했다. 직접 진화와 마찬가지로, 자연계에 알려지지 않은 촉매 활성을 가진 효소를 만드는 것이 가능해졌다.

새로운 단백질 설계는 20개의 천연 아미노산 서열에서 접근할 수 있는 수준을 넘어설 수도 있다. 20개의 아미노산으로 구성된 표준 세트는 확장될 수 있다. 컴퓨터에서 이것은 사소한 일이다. 실험실에서는 부분적 또는 전체 화학 합성을 고려하거나, 리보솜이 비천연 아미노산을 단백질에 통합할 수 있게 하는 tRNA와 합성효소를 도입해서 유전자 코드를 확장하는 P.G. Schultz와 동료들의 연구를 활용할 수 있다.

신약 발굴 및 개발

신약 개발은 연구, 생명공학, 공공 및 민간 보조금 지원 기관, 산업, 특허법, 정부 규제가 교차하는 지점에 위치한다.

우리는 병원성 미생물과 전쟁을 벌이고 있으며, 암의 경우에는 우리가 자신의 세포와도 전쟁을 벌이고 있다. 효과적인 약물의 승리 뒤에는 종종 내성 발현으로 인한 역전이 뒤따른다. 기존의 약물은 일반적으로 표적 초점이 좁은 작은 분자였다. 현대 분자생물학은 신진대사와 조절이라는 더 넓은 맥락에서 신약 개발을 바라본다. 항체는 진단 및 치료 응용 분야가 있다. 특이성을 개선하고 부작용을 줄일 수 있는 게놈 정보와 결합하여 우리의 삶을 연장하고 개선할 수 있는 신약을 개발하는 것이 필요하다.

하지만, 약물이 되기는 쉽지 않다. 화합물이 약물로 인정받기 위해서는 다음과 같은 조건을 충족해야 한다:

1. 안전해야 한다.
2. 효과적이어야 한다.
3. 안정적: 화학적 및 대사적으로 모두 안정적이어야 한다.
4. 전달성: 약물이 흡수되어 작용 부위까지 전달되어야 한다.
5. 이용 가능: 천연 자원에서 분리하거나 합성을 통해 얻을 수 있어야 한다.
6. 신규성: 즉, 특허를 받을 수 있어야 한다.

의약 화학자는 오리 시험과 유사한 방법을 적용한다: 그것이 약물처럼 걷고, 수영하고, 꽥꽥거리면 약물일 가능성이 있다.[역주 15)] 신약 개발의 단계는 Box 5.10에 요약되어 있다. 이 과정에는 과학적 연구, 안전성과 효능을 입증하기 위한 임상시험, 특허 보호 및 필요한 매우 높은 투자에 대한 수익 추정과 관련된 매우 중요한 경제적 및 법적 측면이 포함된다.

의약품을 개발하려면 대상 질환을 먼저 선택해야 한다. 질병의 가능한 원인, 증상, 유전학, 역학, 다른 질병(인간 및 동물)과의 관계 및 알려진 모든 치료법에 대해 알려진 내용을 연구해야 한다. 약물의 잠재적 유용성이 약물을 개발하는 데 필요한 막대한 시간, 비용, 노력을 정당화한다고 가정하면, 이제 시작할 준비가 된 것이다.

초기 단계에서 성공을 감지할 수 있는 적절한 분석법을 개발해야 한다. 알려진 단백질이 표적인 경우에는 결합을 직접 측정할 수 있다. 잠재적인 항균 약물은 병원균의 성장에 미치는 영향을 통해 시험할 수 있다. 일부 화합물은 조직 배양에서 성장한 진핵세포에 미치는 영향을 시험할 수 있다. 실험동물이 질병에 취약한 경우, 동물 피험자에게 화합물을 시험할 수 있다. 하지만, 화합물은 동물과 사람에 따라 다른 영향을 미칠 수 있다. 예를 들어, 현재 유방암에 널리 사용되는 약물인 타목시펜은 원래 피임약으로 개발되었다. 실제로, 이 약물은 쥐에게는 훌륭한 피임약이지만 여성에게서는 배란을 **촉진**한다.

선도 화합물

신약 개발 초기 단계의 목표는 하나 이상의 **선도 화합물**을 식별하는 것이다. 선도 화합물은 원하는 생물학적 활성을 나타내는 모든 물질을 말한다. 이는 원하는 특성 중 적어도 일부를 가진 화합물이 존재한다는 것을 보여준다.

선도 화합물을 찾는 방법에는 여러 가지가 있다.

1. 우연: 페니실린이 전형적인 예이다.
2. 천연자원 조사. '갈아서 찾아라'는 의약 화학자의 좌우명이다. 때때로 전통적인 치료법은 활성 화합물의 출처를 제시하기도 한다. 일례로서, 울혈성 심부전에 사용되던 디기탈리스 잎으로부터 디기탈리스를 분리한 적이 있다. (전통적인 치료법을 왜 계속 사용하지 않을까? 활성 원리를 분리하면 복용량을 조절하고 변형을 연구할 수 있다.)
3. 질병과 관련된 단백질의 기질, 억제제 및 작용 메커니즘에 대해 알려진 것을 연구하고, 이러한 특성에서 잠재적으로 활성 화합물을 선택한다.
4. 유사한 질병에 효과적인 약물.
5. 대규모 스크리닝. 조합 화학 기술을 사용하면 관련 화합물의 대규모 세트를 병렬로 시험할 수 있다. 폴리펩티드에 적용할 수 있는 특별한 기술은 파지 디스플레이(Phage Display)이다.
6. 때때로, 기존 약물의 부작용에 의해서 발생한다. 원래 항고혈압제로 개발되었던 미녹시딜(2,4-diamino-6-piperidino-pyrimidine-3-oxide)은 모발 성장을 유도하는 것

BOX 5.10

신약 개발의 단계

1. 질병의 생물학적 특성과 증상의 이해. 질병의 원인은
   - 감염원: 박테리아, 바이러스, 기타?
   - 비생물학적 기원의 독극물?
   - 환자 게놈의 돌연변이?
2. 분석법 개발. 후보 약물이 주어졌을 때, 미생물의 성장에 미치는 영향이
   - 미생물의 성장에 미치는 영향?
   - 조직 배양에서 성장한 세포에 미치는 영향?
   - 질병이나 유사 질병을 앓고 있는 동물에 미치는 영향?
   - 알려진 단백질 표적에 대한 결합?
3. 민간요법에서 알려진 천연 유래의 효과적인 약제인가? 그렇다면 6번으로 이동한다.
4. 특정 분자 표적(보통 단백질)을 확인한다. 실험적으로 또는 모형 제작을 통해 구조를 결정한다.
5. 표적의 민감한 부위에 어떤 종류의 분자가 적합한지 대략적인 아이디어를 도출한다. 알려진 기질이나 억제제가 있는가?
6. *선도 화합물* 식별: 원하는 생물학적 활성을 측정 가능한 정도로 보여주는 모든 화학 물질. 선도 화합물은 교두보이며, 선도 화합물을 식별하는 것과 이후 이를 수정하는 것은 완전히 다른 종류의 활동이다.
7. 선도 화합물의 개발: 원하는 모든 특성을 구축하고 생물학적 활성을 향상시키는 것을 목표로 하는 화합물의 변종에 대한 광범위한 연구.
8. 효과와 안전성을 입증하기 위한 시험관 내 및 동물 대상 전임상 시험. 이 시점에서 약물은 특허를 받을 수 있다. (특허의 유효기간이 한정되어 있기 때문에 가능한 한 특허 출원을 늦추는 것이 원칙이다. 의약품이 판매되기까지는 여전히 많은 긴 단계가 남아 있다.)
9. 미국: 미국 식품의약국(FDA)에 임상시험용 신약 신청서를 제출한다. 이후 3단계의 임상시험을 거친다.
10. 임상 1상 시험. 건강한 지원자를 대상으로 화합물의 안전성을 시험한다. 약물의 흡수, 분포, 대사, 배설 등 신체가 약물을 어떻게 처리하는지 확인한다. 결과는 안전한 복용량 범위를 제시한다.
11. 임상 2상 시험. 약 200명의 자원 환자를 대상으로 해당 화합물의 질병에 대한 효능을 시험한다. 질병을 치료하거나 증상을 완화하는가? 복용량을 보정한다.
12. 임상 3상 시험. 약 2,000명의 환자를 대상으로 시험하여 해당 화합물이 가장 잘 알려진 치료법보다 낫다는 것을 결정적으로 입증한다. 위약 또는 현재 사용 중인 약물과 비교하는 무작위 이중 맹검 시험이다. 이러한 시험은 비용이 매우 많이 들기 때문에 임상 2상 시험에서 부작용이나 불만족스러운 효능이 들어날 경우 이 단계에 착수하기 전에 프로젝트를 중단하는 경우도 드물지 않다.
13. 안전성과 효능을 입증하는 근거 데이터를 포함한 신약 신청서를 FDA에 제출한다. FDA 승인을 받으면 의약품 판매가 허용된다. 이제부터 약물로서 수입을 올릴 수 있다.
14. FDA 승인 및 시판 이후 임상 4상 시험에서는 약물의 효과를 지속적으로 관찰하여 더 폭넓은 사용 경험을 반영한다. 일부 환자군에서 새로운 부작용이 나타날 수 있으며, 이로 인해 약물 사용이 제한되거나 심지어 리콜될 수도 있다.

으로 밝혀졌다. 원래 심장 약으로 개발된 비아그라 또한 그 예이다.

7. 스크리닝. 미국 국립암연구소는 수만 개의 화합물을 스크리닝했다. (선도 화합물을 발견한 후에도 변이체를 스크리닝하는 것은 매우 중요하다.)
8. 컴퓨터 스크리닝 및 초기 컴퓨터 설계.

선도 화합물의 발견은 다른 종류의 연구 활동을 촉발한다. 선도 화합물의 효과를 개선하고 다른 필수 특성을 추가하기 위해서는 다양한 변종 선도 화합물을 시험해야 한다. 예를 들어, 표적에 결합하는 화합물이 표적에 도달할 수 없다면 약물로서의 가치가 없다. 약물이 체내 표적에 전달되려면 흡수 및 전달 능력이 필요하다. 이는 대사 안정성이 요구된다. 약물이 흡수될 수 있을 만큼 수용성이지만 즉시 배설될 만큼 수용성이 아니어야 하고, 대부분의 경우 막을 통과할 만큼 지용성이지만 지방 저장소에 흡수될 만큼 지

용성이 아니어야 하는 등 적절한 용해도 프로파일이 필요하다.

선도 화합물 개선: 정량적 구조–활성 관계 분석

약리 활성이 있는 화합물의 경우, 유사한 화합물은 일반적으로 관련 활성을 나타내지만 효능과 특이성은 다양하다. 화학자들은 원하는 약리학적 특성을 최적화하기 위해 선도 화합물부터 시작하여 수많은 관련 분자를 조사해야 한다. 체계적으로 검색하려면 분자군의 구조적 및 물리화학적 특징의 변화가 약리학적 특성과 어떤 상관관계가 있는지 이해하는 것이 매우 유용하다. 문제는 분자를 특성화하기 위한 가능한 설명자가 매우 많다는 것이다. 여기에는 치환체의 성질 및 분포와 같은 구조적 특징, 수성 및 유기 용매에서의 용해도 또는 쌍극자 모멘트와 같은 실험적 특징, 개별 원자의 전하와 같은 계산된 특징이 포함된다.

정량적 구조-활성 관계(QSAR)는 시험 사례를 기반으로 분자 특징과 약리 활성 간의 관계로부터 화합물 집합의 약리 활성을 예측하는 방법을 제공한다. 이 방법은 1960년대에 C. Hansch와 동료들에 의해 개발되었으며 매우 광범위하게 사용되고 있다.

C. Hansch, J. McClarin, T. Klein, R. Langridge는 탄산 탈수효소의 억제제를 연구하기 위해 QSAR 방법을 활용하였다. 탄산탈수효소는 $CO_2 + H_2O \rightleftharpoons H^+ + HCO_3^-$ 반응을 촉매하는 효소이다(4장 참조). 임상에 적용되는 탄산탈수효소 억제제로는 이뇨제, 방수의 분비를 억제하는 녹내장의 고안압 치료, 항간질제 등이 있다. 고산 등반가는 급성 고산병 증상을 완화하기 위해 탄산탈수효소 억제제를 복용한다.

29개 페닐설폰아미드의 탄산탈수효소 결합 측정:

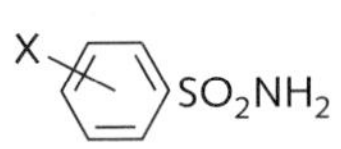

여기서 X는 구조와 위치가 모두 가변적인 고리상의 치환체 집합을 나타내며, 결합 상수는 치환체의 전자 인출 또는 공여 강도의 척도인 Hammett 전자 치환 상수 σ, 리간드 결합 형태의 옥탄올-물 분할 계수 P, 치환의 위치(직교 또는 메타)와 관련이 있음을 보였다:

$$\log K \approx 1.55\sigma + 0.65 \log P - 2.07I_1 + 3.28I_2 + 6.94$$

여기서 K = 결합 상수, I_1 = X가 메타이면 1, 그렇지 않으면 0, 또한 I_2 = X가 직교이면 1, 그렇지 않으면 0이다. 치환체 X는 −alkyl, −COO−alkyl, 또는 −CONH−alkyl 형태이다.

이러한 유형의 상관 관계에는 두 가지 의미가 있다.

1. 컴퓨터에서 많은 수의 화합물을 스크리닝하고 가장 좋은 것으로 예측된 화합물을 실험적으로 시험할 수 있다.
2. 매개변수 분석을 통해 결합 부위를 시각화할 수 있다:
   - σ의 양의 계수는 전자를 빼내는 치환체가 선호됨을 의미하며, 이온화된 형태의 $-SO_2NH_2$ 돌기가 탄산탈수효소 활성 부위의 Zn^{2+} 이온에 결합한다는 것을 시사한다;
   - 로그 P의 양의 계수는 단백질과 리간드 사이의 소수성 상호작용을 시사한다;
   - I_1 및 I_2의 음의 계수는 메타 또는 직교 위치의 치환체와의 입체 충돌을 시사한다.

결착된 탄산탈수효소의 구조는 이러한 결론을 확인시켜 준다.

신약 발굴과 개발에서의 생물정보학

컴퓨팅과 정보 검색은 신약 발견 및 개발 프로젝트의 여러 단계에 기여한다. 여기에는 표적 식별, 리간드의 설계, 분석 및 강화, 라이브러리의 선택 및 인실리시오(*in silicio*) 스크리닝이 포함된다. 정보 시스템은 이론적 예측, 실험 설계, 데이터 분석의 조직화에도 중요하다. D. Searls는 이론과 실험 간의 긴밀한 상호작용을 'wet–dry 사이클'이라고 불렀다.

표적 선택

질병에 대한 약물을 개발하려면 해당 질병과 연관된 단백질의 기능이나 발현에 영향을 미치는 것이 치료적으로 유용할 것으로 예상되는 단백질을 선택해야 한다. 특히 게놈 서열과 단백질 발현 패턴에 대한 새로운 고처리량 데이터 소스는 잠재적인 약물 표적을 식별할 수 있는 풍부한 자료를 제공한다. 건강한 사람과 질병에 걸린 사람 또는 동물을 비교하는 비교 유전체학 및 단백질체학을 통해 어떤 특정 단백질이 누락되었거나, 기능 장애가 있거나, 부적절하게 조절되거나, 영향을 받은 세포에서만 발현되는지를 정확하게 찾아낼 수 있다. 항생제 내성 박테리아와 감수성 박테리아 균주를 비교하면 내성 메커니즘을 밝힐 수 있다. 단백질-단백질 복합체에 대한 정보는 단일 단백질뿐만 아니라 특정 단백질-단백질 상호작용을 표적으로 삼을 수 있게 해준다.

원핵생물 및 바이러스 게놈에 대한 지식은 감염성 질환에 대한 약물 표적을 식별하는 데 도움이 된다. 특히 관심을 끄는 것은 미생물에 특정한 대사 경로와 이에 관여하는 단백질이다. 이러한 표적에 영향을 미치는 약물은 인간 상동체와 상호작용하여 부작용을 일으킬 가능성이 적다. 박테리아 군집 전체에 걸쳐서 유사한 서열을 가진 단백질은 광범위한 항생제의 가능성을 제공한다. 반대로, 유전자 복제는 표적의 비활성화에 대한 둔감성과 함께 잠재적인 중복 기능에 대해 경고한다. 수평적 유전자 전달 속도를 포함하여 다양한 단백질의 상대적 진화 속도에 대한 지식은 내성 균주 발생에 대한 치료법의 예상 안정성을 나타낸다.

대형 제약회사가 표적에 대한 연구를 진행하려면 막대한 자원을 투자해야 한다. 성공적인 약물을 통해 기대되는 수익은 적극적으로 추구하는 표적 선택에 매우 중요한 영향을 미친다. 현재 높은 수익을 창출하는 약물의 역사를 분석해 보면 경제적 수익을 예측하는 것은 그다지 정확한 과학이 아님을 알 수 있다. 지금은 실험실 작업보다 생물정보학적인 노력이 훨씬 적은 비용이 든다. 제약 업계에서 생물정보학을 지지하는 배경에는 신약 개발에 대한 생물정보학의 순수한 과학적 기여 외에도 계산을 통해 예측을 개선하고 수익을 높일 수 있다는 가능성에 있다. 경제 예측에 대한 이러한 기여는 회사가 새로운 종류의 표적에 대한 약물 개발과 같은 고위험 프로젝트를 고려할 때 특히 중요하다. 이러한 프로젝트는 경쟁사의 성공을 개선하려는 시도와 같은 저위험 활동과 경쟁해야 한다.

선도 화합물 예측

신약 개발을 위한 선도 화합물로 적합한 리간드를 예측하는 방법은 귀납적 접근법과 연역적 접근법으로 나눌 수 있다.

귀납적 방법은 일부 시험 화합물 세트의 알려진 친화도와 잠재적 리간드 라이브러리 전체를 특징짓는 분자적 특징 간의 상관관계에 의존한다. 이러한 특징에는 크기, 기하학적 구조, 전하 분포와 같은 구조적 특성과 수소 결합 공여체 및 수용체를 포함한 특정 작용기가 포함된다. 여기에는 수성 및 유기 용매에 대한 용해도, 쉬운 투여 경로, 신체 조직에서의 적절한 분포, 대사 회전율과 같은 일반적인 '약물 유사' 특성이 포함된다. 화합물의 관련 특성은 알려진 친화성을 가진 화합물과 전체 라이브러리 간의 전반적인 일치도를 비교하는 데 사용되는 특징 벡터로 정리된다. 저분자에 대한 정보의 구성, 인코딩, 저장, 검색에 대한 요구 사항에 따라 신약 개발 응용 분야에서 생물정보학을 보완하는 **화학정보학**이라는 새로운 분야가 탄생했다.

연역적 방법은 표적 단백질의 결합 부위를 알고 있거나 유추할 수 있는 경우에서 적용할 수 있다. 그러나 결합 친화도와 특이성은 리드 화합물에 대한 두 가지 요구 사항일 뿐이므로, 순수 귀납적 접근법에서와 같이 연역적 방법과 바람직한 특성과의 상관관계를 결합해야 한다. 정제된 시스템에 대한 결합 분석은 생물학적 맥락에서 화합물이 약물로서 어떻게 작용하는가는 대한 정보를 거의 제공하지 않는다. 생물정보학은 분자 및 세포생물학, 생리학 및 약리학에서 얻을 수 있는 정보를 통합해서, **시험관 내 실험과 생체 내 치료 활동** 사이의 간극을 메우는 데 기여한다.

신약 개발의 분자 모델링

신약 개발의 핵심 문제는 표적 단백질에 단단하고 특이적으로 결합하는 화합물을 식별하는 것이다. 낮은 농도에서도 효능을 발휘하려면 긴밀한 결합이 필요하다. 부작용을 최소화하려면 특이성이 필요하다.

실험을 통해 표적의 구조를 알고 있다면 분자 모델링을 리간드 설계에 직접 적용할 수 있다. 표적의 구조를 알 수 없는 경우에는 간접적인 증거를 통해 결합 부위의 밑그림을 그려야 하며, 리간드 설계는 그만큼 더 어렵다. 표적 구조가 없는 리간드 설계는 목격자의 설명으로 은행 강도를 잡으려는 것과 같고, 구조가 알려진 표적에 대한 리간드 설계는 CCTV에 찍힌 선명한 영상으로 은행 강도를 잡으려는 것과 같다.

약물 설계에 적용되는 분자 모델링의 목표에는 다음과 같은 것들이 포함된다:

- 이상적인 경우: 합리적인 친화도와 특이성을 보이는 선도 화합물을 제안하는 것이다.

- 표적에 결합하는 것으로 알려진 화합물의 분석. 중요한 상호작용을 이해하는 것은 잠재적 리간드의 설계 및 시험, 라이브러리의 조합 합성을 위한 구조적 특징 선택에 대한 가이드 역할을 한다. 항균 또는 항바이러스 프로젝트의 경우, 단백질-리간드 복합체 모델을 통해 병원체가 친화력을 낮추는 돌연변이에 의해서 얼마나 쉽게 내성을 갖게 되는가에 대해 어느 정도 파악할 수 있다;
- **약리 활성 식별**은 약리 활성을 공유하거나 적어도 단백질의 동일한 부위에 결합하는 많은 화합물의 공통 하위구조를 식별하는 것이다. 가설은 구조 내에 원인이 되는 원자 배열이 공통적으로 존재한다는 것이다. 화합물 집합에서 약리점을 추출하는 계산 문제는 상동 단백질 집합의 구조적 정렬 문제와 유사하다. 일반적인 리간드는 단백질보다 훨씬 작지만, 단백질 잔기의 선형 순서를 잃어버렸기 때문에 결합 문제는 더 심각하다(Box 5.6 참조). 추론된 약리학적 특성은 QSAR 방법과 통합되어 후보 리간드에 대한 화합물 라이브러리를 필터링한다;
- *in silicio* 스크리닝: 친밀도를 정성적으로도 예측하여 화학 구조 라이브러리에서 후보 리간드를 제안한다(Box 5.11 참조). 결과는 실험 테스트의 우선 순위를 설정하는 데 사용되거나 유리한 화학적 및 약리학적 특성과 상관관계가 있는 기능을 기반으로 하여 라이브러리의 컴퓨

BOX 5.11 리간드 기하학 및 친화도 예측

리간드 결합의 예측을 *도킹(docking)*이라고 한다. 여기에는 단백질에 대한 소분자의 결합과 단백질-단백질 결합에 대한 예측이 모두 포함된다. 도킹의 목표는 (1) 단백질의 결합 부위를 식별하고 리간드의 위치와 방향을 결정하고, (2) 친화도를 추정하는 것이다.

1. 결합 모드 식별. 작은 분자를 단백질에 도킹하려면 리간드를 알려진 구조의 단백질 부위와 일치시켜야 한다. 결합 부위는 미리 알려져 있을 수도 있고, 최적의 결합 부위를 예측하기 위해 리간드 및 단백질의 다양한 부착 모드를 시도할 필요가 있을 수도 있다.

   도킹의 기본은 전하의 크기, 모양, 분포, 극성, 소수성 및 수소 결합 상호작용 가능성의 상보성을 파악하는 것이다. 복잡한 문제는 두 파트너 모두의 유연성 가능성이다. 많은 단일 결합을 포함하는 작은 유기 분자는 높은 수준의 구조적 유연성을 가지고 있다. (신약 디자이너는 고리와 다리가 있는 구조를 좋아한다) 많은 단백질은 결합 리간드에서 구조적 변화를 보인다. 따라서 결찰되지 않은 단백질의 실험 구조는 도킹을 위한 단단한 표적 역할을 한다고 가정할 수 없다. 그러나 유연성을 허용하면 도킹 계산이 상당히 복잡해진다. 계면의 물 분자는 또 다른 어려움을 제시한다. 그들은 표면 상보성에 기여할 수 있으며, 가교 수소 결합을 제공할 수 있다.
2. 친화도 추정. 절대적인 친화도를 추정하기는 어렵다. 그러나 비교 도킹은 상대 친화도에 대한 유용한 정보를 제공할 수 있다. 상이한 리간드의 순위를 대략적으로 친화도 순으로 예측할 수 있는 적절한 스코어링 함수는 실험적 테스트에서 선택성 및 우선순위 설정을 가능하게 한다. 이러한 점수 체계는 구조적 에너지 계산 및 분자 역학이라는 제목의 섹션에 설명된 힘장의 종류를 기반으로 하는 *ab initio* 또는 경험적 방법일 수 있다. 반대로, 하나의 리간드를 많은 단백질에 비교 도킹하면 상호작용의 특이성을 예측할 수 있다.

도킹 계산	제공되는 정보
1개 리간드 – 1개 단백질	결합 모드, 친화도 추정치
다수의 리간드 – 1개 단백질	일련의 잠재 리간드의 친화도 순위
1개 리간드 – 여러 단백질	특이성 예측

도킹 및 스코어링은 전체 잠재적 라이브러리와 벤치에서의 테스트 사이의 필터에서 중요한 단계이다. 깔때기의 일반적인 축소는 다음과 같이 실행될 수 있다.

전체 라이브러리 크기	10^{12} 화합물
일반 필터 후	10^5
도킹	10^4
점수 부여	10^3
시각	10–100 (시험 검사용)

터 스크리닝에 대한 광범위한 접근 방식에 통합될 수 있다. 많은 독자들은 잠재적인 약물을 검색하기 위해 전 세계적으로 스크린 세이버를 활용하고 있다는 사실을 알고 있을 것이다.[3] 350만 대 이상의 컴퓨터가 이 프로젝트에 참여하였다. 그들은 320,000년 이상의 CPU 성능을 누적 축적하는 데 기여했다.

- 선도 화합물 개선: 표적 단백질에 결합하는 화합물이 확인되면, 친화도와 특이성은 낮지만 대화형 모델링을 통해 적합성을 향상시킬 것으로 예상되는 변형을 제안할 수 있다. 향상된 친화력을 보일 것으로 예상되는 화합물의 합성 및 시험, 그리고 복합체의 결정 구조 용액까지도 개선된 화합물을 찾는 데 도움이 될 수 있다. 모델링은 일반적으로 조합 화학 및 실험 라이브러리 스크리닝과 결합된다.

[3] http://www.chem.ox.ac.uk/curecancer.html을 보라.

사례 연구 5.1 및 5.2는 약물 개발과 관련된 화학 및 분자생물학적 기술의 범위를 설명하며, 몇 가지 흥미로운 유사점과 대조를 보여준다. 그들은 모르핀과 아스피린으로 대표되는 잘 알려진 진통제 계열에 관한 것이다. 두 그룹의 화합물은 서로 다른 작용 메커니즘, 서로 다른 효능 및 서로 다른 부작용 스펙트럼을 가지고 있다.

사례 연구 5.1 모르핀 기반 진통제 개발[i]

모르핀과 코데인은 아편 양귀비(양귀비속)의 라텍스에 함유된 천연 알칼로이드이다(그림 5.21). 약리학적 효과는 고대부터 알려져 왔다. 현대 화학은 많은 변종을 탐구하고 개발했다. 헤로인은 1874년에 합성되었다(그림 5.21). 천연 화합물보다 소수성이 강한 헤로인은 혈액-뇌 장벽을 더 쉽게 통과하여 작용이 더 빨리 시작된다.

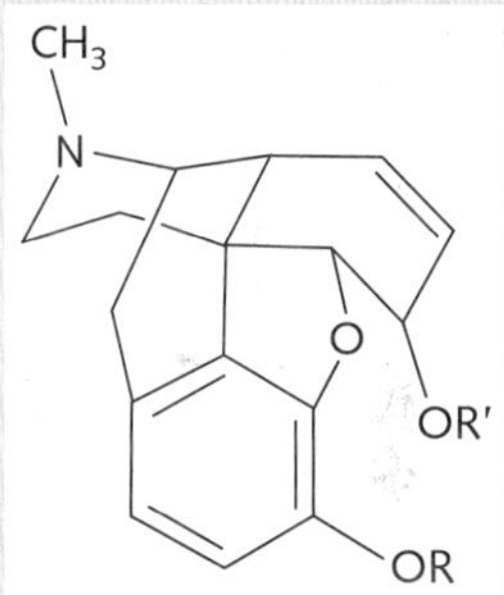

그림 5.21 모르핀, 코데인 및 헤로인은 두 위치의 치환체만 다른 구조를 가지고 있다(다음 페이지 참조)

화합물	R	R′
모르핀	−H	−H
코드인	$-CH_3$	−H
헤로인	$-COCH_3$	$3-COCH_3$

코데인과 헤로인은 모두 대사되어 활성 형태인 모르핀을 생성한다. 따라서 코데인은 활성 약물로 전환되는 비활성 약물인 전구체의 자연스러운 예이다. 이 전환은 백인의 5~10%, 아프리카계 미국인 및 아시아인의 1~3%에 없는 시토크롬인 CYP2D6에 의존한다.

모르핀과 코데인은 진통제 또는 심한 통증을 완화하는 약물로서 의학 및 수술에 적용되어 왔다. 부작용으로는 수동성과 행복감, 신체적 의존과 중독이 있다. 따라서 약물 개발자들은 오랫동안 유해한 부작용 없이 통증을 완화할 수 있는 화합물을 찾아왔다. 물론 이것이 가능하다는 보장은 없었다.

모르핀의 합성 변종은 생물학적 효과와 화학적 구조의 상관관계를 연구할 수 있게 해준다.

한 가지 접근 방식은 구조를 단순화하는 것이다. 목표는 (1) 활동에 필요한 최소한의 약리점을 추론하고, (2) 가능하면 중독을 유발하는 부분에서 통증을 완화하는 부분을 분리하는 것이다. 모르핀, 코데인, 헤로인은 5개의 고리가 융합된 단단한 화합물이다. 레보르파놀은 가교 산소(즉, 테트라하이드로푸란 고리가 제거

[i] Coop, A. & MacKerell, Jr., A.D. (2002). The future of opioid analgesics. *Am. J. Pharm. Edu.*, **66**, 153-156

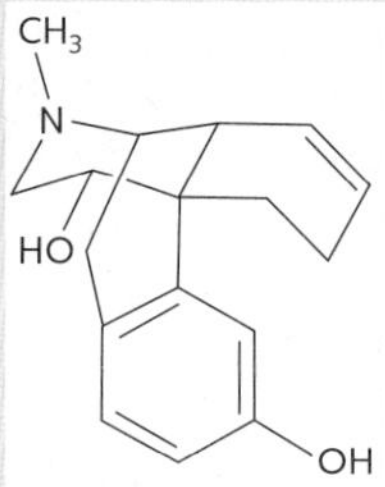

그림 5.22 레보르파놀의 구조.

됨)와 수산기 중 하나가 없어진다는 점에서 모르핀과 다르다(그림 5.22). 모르핀보다 더 강력한 진통제이지만 여전히 중독성이 있다. 벤조모르판, 사이클라조신 및 펜타조신은 사이클로헥센 고리를 끊는다(그림 5.23). 이러한 화합물의 중독성 효과는 모르핀과 레보르파놀보다 적다. 시클로헥센 고리를 여는 데메롤과 융합 고리가 없는 메타돈은 진통 작용을 유지하며, 모르핀과 더 작은 공통 하위 구조를 공유한다. 이러한 구조로부터 그림 5.24에 표시된 약리점을 유추할 수 있다.

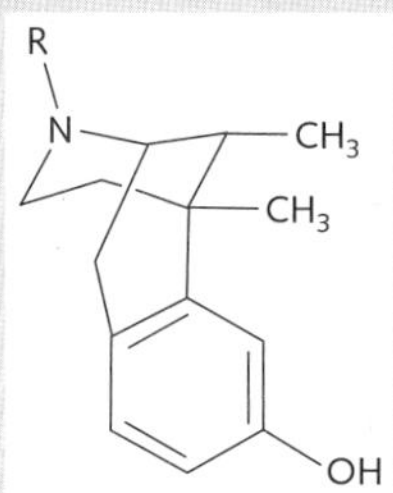

그림 5.23 벤조모르판($R = CH_3$), 시클라조신($R = CH_2-cp$, 여기서 cp = 시클로프로판) 및 펜타조신($R = CH_2CH{=}C(CH_3)_2$)의 구조.

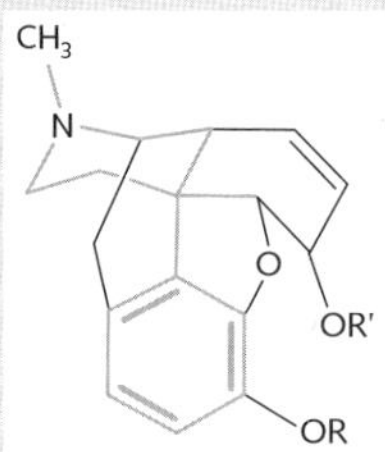

그림 5.24 모르핀 유도체 간의 구조적 비교에서 파생된 약리점(회색). A.D. MacKerell, Jr. 이후.

약리점을 식별하기 위해 분자를 단순화하는 것과는 대조적으로, 특이성을 높이려는 시도는 약리점은 유지하되 분자를 더 복잡하게 만드는 것이었다. 어느 정도 성공을 거두었다. 1960년대에 발견된 에토르핀과 부프레노르핀은 모르핀보다 훨씬 강력한 진통제이며(에토르핀은 대형 동물의 진정에 사용됨), 중독성이 낮다(그림 5.25 참조). 실제로 부프레노르핀의 가장 중요한 임상적 용도는 진통이 아닌 약물 중독 치료이다.

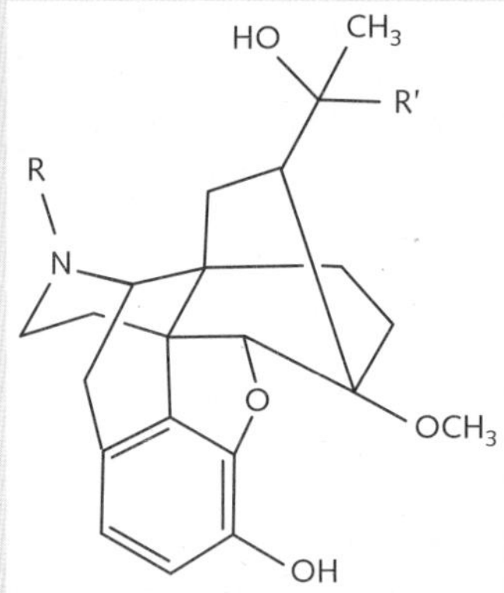

그림 5.25 에토르핀($R = CH_3$, $R' = C_3H_7$)과 부프레노르핀($R = CH_2-cp$, 여기서 cp = 시클로프로판; R′ = t-부틸).

이러한 변종에 대한 탐구는 천연 수용체가 확인되기 전부터 계속되었다. 이제 우리는 모르핀과 관련 분자의 자연적인 작용 표적이 엔도르핀이라는 내인성 펩티드의 수용체라는 것을 알게 되었다. 여기에는 다음이 포함된다:

β-Endorphin	YGGFMTSEKSQTPLVTLFKNAIIKNAYKKGE
Dynorphin	YGGFLRRIRPKLKWDNQ

그리고 그들의 분할 산물:

Leu-enkephalin	YGGFL
Met-enkephalin	YGGFM

따라서 모르핀은 천연 *펩티도모방체(peptidomimetic)*로, 펩티드와 구조 및 활성을 공유하는 비펩티드이다.

μ, κ, δ 유형과 ORL-1이라는 네 번째 유형(여기서 ORL은 오피오이드 수용체와 유사하다는 의미)을 포함한 여러 종류의 수용체가 알려져 있다. 이들은 박테리오로돕신과 구조가 유사한 G-단백질 결합 수용체이다(그림 5.7 참조). 이들의 서열은 잔기 수준에서 약 50~70% 동일하다. 천연 및 합성 리간드는 서로 다른 수용체에 대해 서로 다른 친화력을 가지며 결합 및 해리의 역학도

다르다. 모르핀의 천연 표적은 μ 수용체이다. μ 수용체가 κ 수용체보다 신체적 의존과 중독에 더 많이 관여하는 경향이 있다고 생각되지만, 이러한 상황 설명은 극도로 단순화되어 있다. 그럼에도 불구하고, 부작용을 줄이면서 진통 효과를 제공하는 약물을 생산하기 위한 접근 방식은 다양한 유형의 수용체와 화합물의 친화성 *분포*를 살펴보는 것이다.

사례 연구 5.2 컴퓨터 기반 약물 설계: 프로스타글란딘 시클로옥시게나제 2의 특정 억제제

프로스타글란딘은 다양한 생리적 과정을 매개하는 천연 화합물 계열이다. 약리학적으로 프로스타글란딘 자체의 사용과 반대로 프로스타글란딘 합성을 차단하는 약물의 사용이 포함된다. 프로스타글란딘 E_2(디노프로스톤)는 산부인과에서 분만을 유도하는 데 사용된다. 아스피린, 이부프로펜, 아세트아미노펜(파라세타몰) 및 기타 *비스테로이드성 항염증제(NSAID)*는 관절염 및 관련 질병에 효과적이다(Box 5.12 참조). 이러한 약물은 프로스타글란딘 합성 경로의 효소, 특히 프로스타글란딘 시클로옥시게나제를 억제함으로써 이러한 효과를 얻을 수 있다. 아스피린의 잘 알려진 부작용은 위벽에서 출혈이 발생하는 것이다. 이는 아스피린이 생성을 억제하는 물질인 프로스타글란딘이 위산 분비를 감소시키고 위벽을 보호하는 점액 코팅의 형성을 촉진하기 때문이다.

아스피린과 다른 NSAID는 밀접하게 관련된 *두 가지*의 프로스타글란딘 시클로옥시게나제인 COX-1과 COX-2를 억제한다. (안타깝게도 사이토크롬 산화효소 1과 2에는 동일한 약어가 사용된다.) COX-1은 위 내벽에서 구성적으로 발현된다. COX-2는 유도 가능하며 염증에 반응하여 상향 조절된다. 이는 COX-2는 억제하지만, COX-1은 억제하지 않는 약물이 NSAID의 원하는 활성은 유지하면서 원치 않는 부작용은 줄일 수 있음을 시사한다.

COX-1과 COX-2의 아미노산 서열과 결정 구조는 알려져 있다. (이 단백질들은 65%의 서열 동일성을 가지고 있다.) 그림 5.26은 아스피린 유사체인 2-브로모아세톡시벤조산(아세틸 모이티의 메틸기에 브롬화된 아스피린)에 의해 아세틸화된 COX-1의 구조 일부를 보여준다. 살리실레이트 모이오티는 근처에 결합한다. 그 효과는 활성 부위의 입구를 차단하는 것이다. 대부분의 NSAID는 효소와 결합하지만 공유 결합으로 효소를 변형시키지는 않는다.

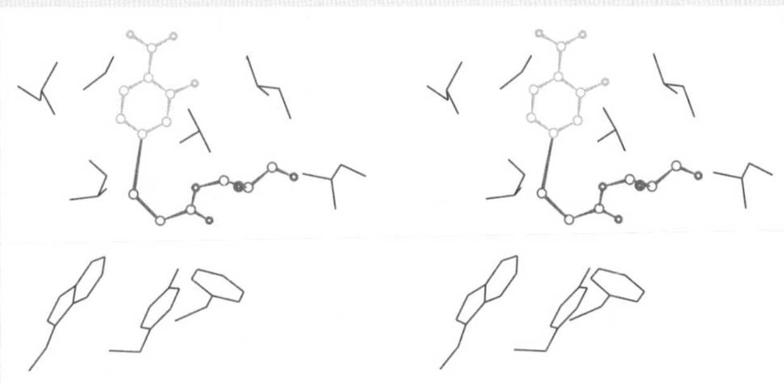

그림 5.26 아스피린 유사체인 2-브로모아세톡시벤조산에 대한 COX-1의 결합 부위. 리간드가 단백질과 반응하여 브로모아세틸기를 530Ser의 측쇄(짙은 회색)로 옮겼다. 단백질은 검은색으로 골격으로 표시되어 있다. 아스피린 유사체는 옅은 회색의 볼 앤 스틱 형태로 표시된다.

그림 5.27은 동일한 그림에 COX-2의 해당 영역이 겹쳐진 것을 보여준다. 선택적 약물 설계의 단서가 될 수 있는 구조적 차이 영역을 볼 수 있을까? 그림 5.28은 선택적 억제제 SC-558(1-phenylsulphonamide-3-trifluoromethyl-

5-parabromophenylpyrazole, Searle사 제품)을 사용한 COX-2의 영역을 보여준다. 그림 5.29에서 SC-558이 COX-1을 억제할 수 없는 이유를 알 수 있다. COX-2의 발린에 해당하는 이소류신 측쇄와 입체 충돌이 일어날 수 있기 때문이다.

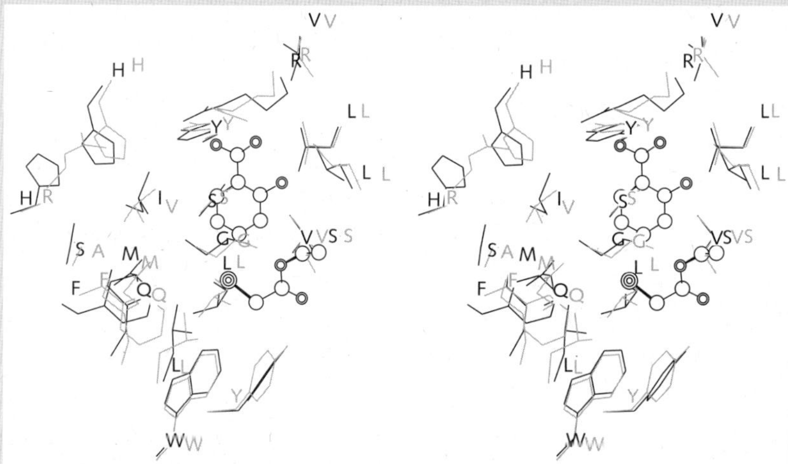

그림 5.27 아스피린 유사체인 2-브로모아세톡시벤조산에 대한 COX-1의 결합 부위(검은색)와 COX-2의 상동 잔기(회색)이다. 더 큰 리간드를 수용할 수 있는 비어 있는 공간이 부위에 존재하는 것을 볼 수 있는가? COX-2(회색)에는 결합하지만 COX-1(검은색)에는 결합하지 않는 억제제를 설계하는 데 활용할 수 있는 서열 차이를 볼 수 있을까?

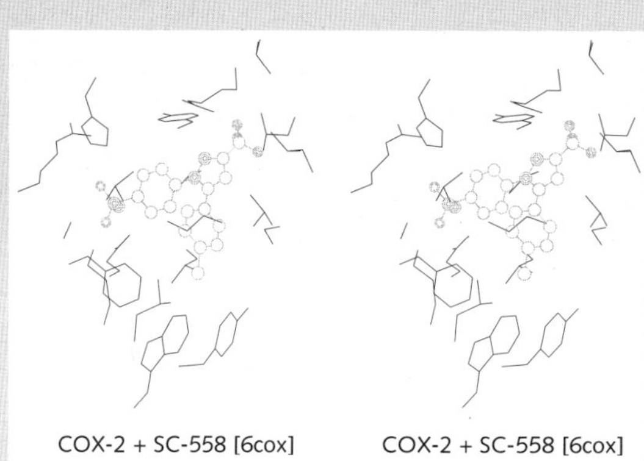

그림 5.28 COX-2(검은색)의 선택적 억제제인 SC-558(1-페닐설폰아미드-3-트리플루오로메틸-5-파라브로모페닐피라졸)에 대한 COX-2의 결합 부위(회색).

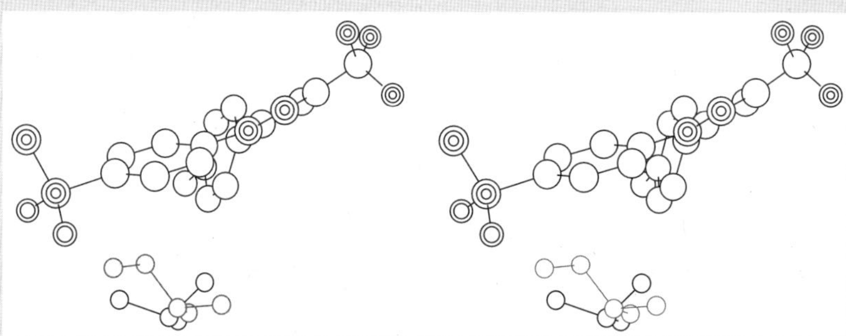

그림 5.29 SC-558과 선택성을 생성하는 것으로 보이는 COX-1(회색, 이소류신) 및 COX-2(검은색, 발린)의 잔류물. SC-558은 COX-1과 이소류신 사이에 입체 접촉이 있기 때문에 COX-1에 결합할 수 없다.

BOX 5.12

아스피린

살리실산염은 가장 오래된 민간요법 중 하나이자 가장 최신의 과학적 요법 중 하나이다. 히포크라테스는 통증을 완화하고 열을 내리는 데 버드나무 잎이나 나무껍질로 만든 약의 효과가 있다고 기록했다. 활성 성분인 살리신은 1828년에 정제되었고, 1859년에 Kolbe에 의해 합성되었다. 아스피린의 작용 메커니즘은 1970년대 J. Vane과 동료들이 아스피린이 프로스타글란딘 합성을 차단하여 작용한다는 사실을 발견하기 전까지는 알려지지 않은 채로 남아있었다. 작용 메커니즘을 알지 못한다고 해서 아스피린을 사용하는 데 장애가 되지는 않았다.

한 세기 전, 살리실산나트륨은 관절염 치료에 사용되었다. 위장 자극은 심각한 부작용었으므로, F. Hoffman은 아세틸살리실산 또는 아스피린을 형성하여 화합물의 산도를 낮추려고 했다. 아스피린은 현대 제약 산업을 시작한 최초의 합성 의약품이다. (살리신이라는 이름은 버드나무의 라틴어 이름인 *Salix*에서 유래했으며, 아스피린이라는 이름은 아세틸을 뜻하는 'a'와 살리신의 또 다른 천연 공급원인 *스피레아* 식물의 'spir'에서 유래했다).

아스피린은 열을 낮추고 통증과 통증을 완화하는 효과가 있다. 고용량으로 복용하면 관절염에 효과적이다. 아스피린은 심장마비와 뇌졸중의 예방 및 치료에도 사용된다. 심혈관 질환에 대한 응용은 혈소판 응집에 대한 프로스타글란딘 제어를 억제하여 혈액 응고를 억제하는 것에 달려 있다. 아스피린의 다양한 용도는 프로스타글란딘과 관련된 많은 생리적 과정을 반영한다.

아스피린의 다양한 용도:

소용량	중용량	대용량
혈액 응고 방해	열/통증, 관절염 및 관련 질환의 염증	통증 감소 및 관절염 염증 및 관련 질병

연습문제

연습 문제 5.1. 그림 5.9로 돌아가서, SCOP 분류(표 5.1)의 클래스에 비추어 볼 때, 그림 5.9의 구조는 어떤 일반 클래스에 속하는가?

연습 문제 5.2. 일반적인 막의 폭은 약 70 Å이고, α-헬릭스의 피치는 5.4 Å이다. 그림 5.7의 사진에서 박테리오로도핀이 내장된 막의 적당한 경계를 그리시오.

연습 문제 5.3. 그림 5.8의 각 2차 구조에 대해, 그림 5.9의 어떤 구조가 예시를 포함하고 있을까?

연습 문제 5.4. 그림 5.9(e)의 사진 사본에 2개의 β 시트를 형성하는 가닥을 두 가지 다른 색의 형광펜으로 표시하시오.

연습 문제 5.5. 그림 5.1(c)의 사본에, 다음 그림에서 X, Y, Z에 해당하는 구조의 위치를 표시하시오.

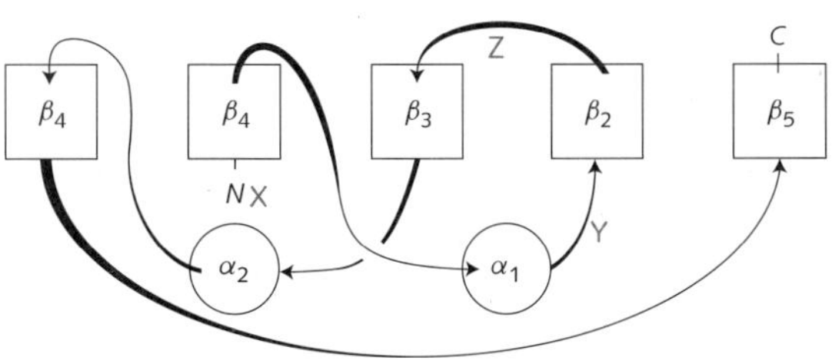

연습 문제 5.6. 다음 중 그림 5.15(b)의 β 시트의 올바른 토폴로지(순서와 방향에서 올바른 가닥 순서)를 나타내는 것은?

(a) ↑ ↑ ↑ ↑ 1 2 3 4　(b) ↑ ↓ ↑ ↓ 3 4 2 1　(c) ↑ ↑ ↓ ↑ 1 3 2 4

연습 문제 5.7. 병원체의 많은 단백질은 인간과 상동체를 가지고 있다. 두 상동 단백질의 결합 부위에서 특이성 결정 요인을 비교하는 방법이 있다고 가정해 보자. 이 방법을 사용하여 약물 설계에 적합한 표적을 어떻게 선택할 수 있을까?

연습 문제 5.8. 두 단백질 A와 B는 모두 동일한 리간드 X에 결합한다. 두 단백질은 매우 유사한 아미노산 서열을 가지고 있으며, 결합된 상태에서는 단백질의 루프 L과 거의 동일한 상호작용을 포함하여 거의 동일한 방식으로 리간드와 결합하는 거의 동일한 구조를 가진다. 결합되지 않은 상태의 단백질 A에서 루프 L은 결합된 상태와 동일한 고정된 형태를 가진다. 연결되지 않은 상태의 단백질 B에서 루프 L은 무질서하다. 결합 시 엔트로피 변화가 단백질 A와 B에 따라 다를 것으로 예상하는 이유는 무엇인가? 어떤 과정에서 ΔS가 더 음수가 될까? A + X → AX 또는 B + X → BX 중 어느 과정이 더 음수일까?

역자주

역주 1) '활자(活字, movable type)'는 개별적으로 제작되는 글자로 구성된 인쇄 기술을 말하며, 목판처럼 페이지 전체를 각인하던 기술에서 글자를 혁신적으로 분리하여 사용할 수 있어 효율적인 인쇄가 가능하게 하였다. 이 문장에서는 단백질이 인쇄 기술의 활자처럼 지대한 영향을 끼친다는 의미이다.

역주 2) 선천적 상태(native state), 일반적으로 어떤 종류의 단백질이든 모든 분자들은 하나의 형태만 허용한다. 이를 선천적 상태라고 하며, 분자가 가장 안정된 형태로 접혀져 있는 상태를 말한다. 문맥에 따라 선천적 상태로 번역하지 않고 '자연스러운'으로 번역한다, 문장에서 명확하게 용어로 사용될 때 선천적 상태로 번역한다.

역주 3) 웹 기반 프로젝트의 무엇인지에 대한 명확한 설명이 없는데, 단백질 구조와 관련된 것으로는 다음과 같은 경우가 많다. 단백질 구조와 기능에 대한 이해를 증진하고 공유하기 위한 노력의 일환으로 웹 상에서 진행되며, 온라인 상의 도구를 사용하여 단백질 구조를 시각화하고 분석하는 프로젝트이다. 대표적인 SWISS-MODEL은 Expasy 웹 서버 또는 프로그램 DeepView(Swiss Pdb-Viewer)를 통해 액세스할 수 있는 완전 자동화된 단백질 구조 상 동성 모델링 서버이다. 이 서버의 목적은 전 세계 모든 생명 과학 연구자가 단백질 모델링에 액세스할 수 있도록 하는 것이다(https://swissmodel.expasy.org/).

역주 4) 원문은 Chevrons으로 직역하면 갈매기 표식이다.

역주 5) cartoon은 만화로 번역할 수 있지만, 이 분야의 맥락에 맞지 않아서 카툰이라고 발음을 그대로 사용한다.

역주 6) take-home message를 "핵심 메시지"로 번역한다. 토론이나 미팅 사건 등에서 얻는 교훈을 말하며, 요점이나 결론 등을 의미한다. 즉, 어떤 토론 후에 집으로 가져갈 메시지 또는 교훈이라는 뜻이다.

역주 7) heterogenous는 보통 이질적인, 이형적인으로 번역하지만 맥락상 불규칙이라는 단어를 선택하였다.

역주 8) 홍예는 무지개의 한자어이다. 건축의 아치(arch) 구조를 동양에서는 홍예(虹霓)라고 했다. 홍예석, 이맛돌, 비계(飛階)는 건축 용어이다. 양쪽 곡면을 홍예석으로 쌓을 때 불안정한 구조를 지탱할 수 있는 비계가 필요하지만, 마지막 이맛돌을 넣으면 힘의 균형이 생겨 비계를 제거해도 구조가 안정된다.

역주 9) 비슷한 의미로 암나사, 숫나사에서 나사산의 간격을 피치라고 한다.

역주 10) "Twilight zone"의 번역으로 "애매한 지역"으로 하였다. 이 용어는 보통 불확실하거나 정의하기 어려운 상황이나 영역을 지칭할 때 사용된다. 과학적 맥락에서는 두 시퀀스 간의 유사성이 명확하지 않고 해석하기 어려운 경우를 의미한다.

역주 11) 원문의 reach를 맥락상 '성능'으로 번역한다.

역주 12) 구조 예측에 대한 비판적 평가(CASP)는 아미노산 서열 정보로부터 단백질 3차원(3D) 구조를 계산하는 문제에 대한 솔루션을 발전시키는 것을 목표로 하는 조직이다. 원문에는 명기되지 않았지만, 조직 의미를 가지는 '회'를 추가한다.

역주 13) relative를 문맥에 맞춰 '유사 구조'라고 번역한다.

역주 14) 맥락에 맞추어 조직을 의미하는 회(會)를 추가한다.

역주 15) 오리 테스트(duck test)는 비유적인 표현으로, 어떤 대상이나 개념을 평가할 때 그 특성이나 행동이 해당 대상과 관련된 다른 대상과 유사하다면, 그 대상을 그에 상응하는 것으로 간주하는 것을 말한다. 예를 들어, 오리처럼 걷고, 헤엄치고, 꽥꽥거리는 것을 관찰하면, 그 대상이 오리일 것이라고 추론하는 것이다. 약물 개발에서는 이 은유를 활용하여 약물로서의 필수적인 특성과 효과를 갖추는지를 평가하게 된다. 즉, 약물처럼 작용하고 특정 기준을 충족한다면, 그것이 약물로서 인정받을 수 있음을 나타낸다.

CHAPTER 6

과학 출판물 및 아카이브: 미디어, 콘텐츠, 액세스 및 프레젠테이션

과학 문헌

자연과학 출판은 얼굴을 마주하며 대화하는 것에서 시작되었다. Pythagoras 때까지 거슬러 올라가는 학교들, 강의, 세미나, 토론 등은 모두 구두 대화를 포함하며, 종종 시연(Box 6.1 참조) 또는 시청각 자료로 보충되었다. J.R. Oppenheim는 '정보를 전송하는 가장 좋은 방법은 그것을 사람으로 포장[역주 1)]하는 것이다.'라고 말하였다. 이제 컴퓨터는 사람과 사람 사이의 커뮤니케이션에서 더욱 중요한 매개체가 되고 있다. 또한 컴퓨터 간 통신은 연구와 사회 전반에서 필수적인 역할을 하고 있다.

> **BOX 6.1 왕립학회에서 로버트 후크**
>
> 1662년, Robert Hooke는 런던에 막 설립된 왕립학회의 실험 관리자가 되었다. 그의 업무는 학회의 정기 회의에서 *매주* 새로운 실험 결과를 시연하는 것이었다. 그는 이 책임을 *41년 간* 수행했다! 후크의 관심사는 1683년 4월에 발견한 세포(cell)를 비롯하여 다양한 분야에 걸쳐 있었다.

간혹 강연 내용을 필사한 것을 바탕으로 한 공식적인 논문이나 책이 통상적인 과학 문헌을 이루기도 한다. 전통적으로 과학자들은 자신의 주요 연구 결과를 단행본으로 출판했다. Euclid, Copernicus, Newton이 잘 알려진 예이다. 최초의 과학 저널인 런던의 왕립학회지(*Philosophical Transactions of the Royal Society*)와 파리의 학술지(*Journal des sçavans*) 모두 1665년에 발행을 시작했다. Darwin의 '자연선택에 의한 종의 기원', Freud의 '꿈의 해석' 등과 같이 몇몇 과학자들은 계속해서 새로운 연구 결과를 책으로 발표했다. 그러나 논문과 모노그래프(monograph)[역주 2)]가 과학적 결과를 발표하는 데 선호되는 형식이 되었다.

오늘날, 과학 출판의 형식에는 학술지 외에도 회의에서의 프레젠테이션, 책 또는 책에 기고한 장(chapter), 블로그, 영화, 라디오 또는 텔레비전 프로그램, 팟캐스트, 트위터와 같은 소셜 미디어를 포함한 웹 상의 자료가 포함된다.

웹은 과학 문헌을 배포하는 방식으로 종이를 대체할 수 있는 메커니즘을 제공한다. 웹은 새로운 미디어와 홍보 형태를 만들어냈다. 여기에는 게시판, 강의 노트, 과학 회의 또는 강좌의 프레젠테이션, 소셜 네트워킹 경로, 포럼, 위키백과와 같은 체계적인 백과사전 등이 포함된다.

정식 학술 출판물은 '동료 심사'를 통과해야 한다. 이는 완벽하지는 않지만 그럼에도 불구하고 중요한 품질 기준이다.

반면, 동료 검토를 거치지 않은 웹 기반 출판물은 품질에 있어서 편차가 상당히 크다. 일부 게시물은 전자 낙서에 불과하다. 게다가 웹사이트는 휘발성이 있다. 검색하다 보면 누구나 사라진 링크에 대한 많은 경고를 접하게 된다. 실제로, 임의의 웹 페이지의 반감기는 2년이다. 이러한 변동성으로 인해 귀중한 자료가 손실되기도 한다. 반대로, 많은 사이트가 적절한 최신 정보를 제공하지 않음에도 오랫동안 지속된다. 더 심각한 문제는 사이트가 사라져도 해당 사이트로 연결되는 '죽은' 링크가 지속된다는 것이다. 이를 '링크 부패(link rot)'라고 하지만, 문제는 링크가 오히려 썩

* 역주는 이 장의 끝에 기술되어 있음

지 않는다는 점이다. 웹은 유기체 세계와 달리 죽은 물질의 부패와 전환을 위한 효율적인 메커니즘이 없다.

웹을 연구에 효과적으로 이용하기 어렵게 만드는 특유의 장애물은 사이트가 마지막으로 수정된 시간을 나타내는 표준 지표가 없는 것이다. 구글 검색은 최근 수정된 사이트로만 결과를 제한할 수 있게 허용한다. 하지만 광고 추가와 같은 관련 없는 수정 사항들은 그 사이트가 최신 정보를 제공하는 것처럼 인식하도록 잘못된 인상을 줄 수 있다.

인터넷이 생기기 전에는 학술 자료는 학술지 형태를 갖춰서 종이로 발행되었다. 하지만 오늘날에는 학술지가 종이 출판뿐만 아니라 전자적으로도 출판된다. 이제는 과학자들이 종이 학술지를 읽기 위해 도서관에 방문하는 일이 드물어졌다. 실제로 종이 인쇄본이 생존하는 가장 큰 이유는 출판사와 구독자가 서로 만족스럽고 안전한 구독료 부과를 위한 비즈니스 모델[역주 3)]을 마련했기 때문이다(다음 절 참조). 디지털 도서관의 등장은 적어도 다음과 같은 두 가지 중요한 의미가 있다:

(1) 자료의 제공은 지역 제한이 없어졌으며, 고정된 하나 이상의 저장소에 종이 복사본이 있던 기존 방식에서, 개인 또는 기관 비밀번호와 같은 적절한 인증이 있는 웹 접속으로 변경됨에 따라 지점 어디서든 자료를 볼 수 있다.

(2) 정보 검색의 전산 방법론은 방대한 양의 정보 중에서 관련 출처를 식별하고 추출하는 데 도움이 된다. 검색이 둘러보기(탐색)를 대체했다. 이제 우연한 행운과의 작별을 고해야 할까? [과학 연구 외부에서도, "필터 버블"에 대한 엄중한 경고가 발생하고 있다. 이는 사용자의 검색 기록에 기반한 제한된 쿼리 및 응답으로 지식적 고립, 문화 및 이념적 경계조작(gerrymander)[역주 4)]을 만드는 것이다.] 예전에는 학술지 한 호의 목차를 훑어보며 관심 있는 논문을 찾아보고는 했다. 일반적인 반박은 '한 잔만 마시고 싶은데, 왜 와인 한 병을 다 사야 하느냐'지만, 검색과 탐색의 차이는 단순히 양이 아니라 다양성과 예상하지 못한 지적 연결의 마법이라는 점을 놓치고 있다. 캘리포니아대학교 산타크루즈 캠퍼스의 마스코트인 바나나슬러그(BananaSLUG) 웹사이트는 검색어 집합에 무작위 단어를 추가하여 보통의 검색어보다 많은 결과를 제공하는 것이 목표이다(http://www.bananaslug.com/). 독자들은 이를 실험해 보고 효과에 대해 스스로 결론을 내릴 수 있다. (물론 '수작업'으로도 이것을 할 수 있다.)

학술 출판물의 열람

과학 학술지의 전통적인 수익 모델은 과학 단체나 상업 출판사가 하나 이상의 논문이 포함된 종이책 '호'를 제작하여 정기적으로 발행하고 배부하는 방식이다. 학술지에는 서평이나 회의 발표와 같은 부수적인 자료가 포함되는 경우가 많다.

제작 비용에는 다음이 포함된다(그림 6.1 참조):

- **편집실의 활동**: 투고 접수, 동료 심사 조직, 채택, 수정 또는 거절 결정(때로는 길고 지루하며, 심지어 격렬한 절차);
- **수락된 원고의 준비**: 복사 편집, 레이아웃 등;
- 학술지 발행물을 실물로 **인쇄하고 배포**한다.

학술지의 **재정 조달원**은 다음과 같다:

- 판매 — 대부분 기관 구독을 통한 판매;
- 많은 경우에서, 저자에게 페이지 요금을 부과한다;
- 일반적으로 대학, 연구 기관 또는 관련 산업 시설의 직원으로 재직하면서 출판사에서 보수를 받지 않는 편집위원회 및 심사위원의 시간 기부;
- 자료 복제 권한에 대한 수수료(부수적인 요소);
- 일부 저널의 경우, 과학 학회 또는 재단으로부터 보조금을 받기도 한다;
- 일부 저널은 상업 광고를 게재한다.

비교적 최근까지 만해도 수요는 거의 변하지 않았다. 학술도서관은 교수진의 교육 및 연구 분야에서 평판이 좋은 거의 모든 학술지를 책임지고 수용했다. 한 대학교에서 중앙도서관과 하나 이상의 전문 학과 도서관을 위해 여러 권의 학술지를 구입하는 경우가 많았다. 이제 더 이상은 그렇지

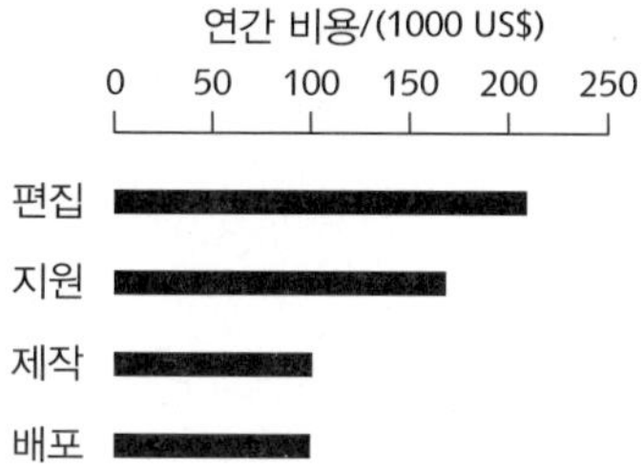

그림 6.1 일반적인 과학 학술지의 연간 제작 및 배포 비용 추정치. 평균적인 학술지 특성에 대한 가정: 권당 8.3호, 제출된 원고 205편 중 선별된 123편의 논문, 권당 논문 페이지 수 1,439페이지, 특별 그래픽 페이지 260페이지, 총 페이지 수 1,728페이지, 구독자 수 5,800명.

편집 비용에는 원고 처리, 심사위원의 신원 확인 및 커뮤니케이션, 교정 및 서식 지정, 색인, 목차 작성 등이 포함된다.

복제 비용에는 인쇄, 대조, 제본, 별쇄본 준비 등이 포함된다.

종이 버전의 *배포* 비용에는 포장, 라벨링, 우편 발송 및 구독 목록 유지 관리가 포함된다.

지원 비용에는 마케팅, 권리 및 권한 관련 질문, 관리 및 재무 관리가 포함된다.

일부 저널은 구독료보다 상업 광고로 훨씬 더 많은 수익을 올리기도 하지만, 이는 예외이다.

(데이터 출처: King, D.W. & Tenopir, C. (2004). Scholarly journal and digital database pricing: Threat or Opportunity? http://web.utk.edu/~tenopir/pub/chapters.html)

않다! 비용의 큰 증가로 인해 학술 도서관의 예산이 부족해짐에 따라 구독이 삭감되었다.

몇몇 경향이 시스템에 영향을 끼치고 있다:

- 더 많은 논문이 발표되고 있다. 결국, 더 많은 과학자들이 더 많은 활동을 하고 있다. 그 결과, 기존의 많은 학술지가 매년 더 많은 페이지를 발행하고 있다(발행 부수 및/또는 발행 빈도 증가). 이것이 비용 상승의 요인 중 하나다. 일부 저널은 적시에 전자 출판을 포기하고 인쇄 출판물이 나오기까지 긴 백로그[역주 5)]가 쌓인다; 심지어 전자적 독점 출판을 포기하기도 한다.
- 출판물의 양이 많아질수록 도서관은 더 많은 양의 자료를 구입하고, 제본하고, 구입한 저널을 보관하고 이용할 수 있는 공간을 마련하는 데 드는 비용 증가로 인해 재정적 압박을 받는다(원칙적으로 영구적인). 궁극적으로 자료는 보존과 관리가 필요하다. 도서관은 비용을 절감하기 위해 구매량을 줄이게 되고, 이는 인쇄 횟수 감소와 장당 가격 상승으로 이어져서 악순환이 반복된다.
- 전자 설비는 종이, 인쇄 및 배포 비용과 편집 비용을 절감한다. 예를 들어, 전자 조판 및 데스크톱 출판 프로그램은 기술 논문에 수식과 그래픽을 포함시키는 데 드는 비용을 크게 줄여준다.
- 전자 배포는 저널 논문의 잠재적 형식을 확장해서, 컬러, 동영상, 사운드 클립 및 웹 링크를 더 자유롭게 포함할 수 있다.
- 그럼에도 불구하고, 전자적으로 배포되는 학술지의 경우에도 도서관이 지불하는 비용은 증가하고 있다. 출판사의 합병에 의해 단일 공급업체를 통해 수수료를 자유롭게 인상할 수 있게 되었다. 이에 맞서 도서관들은 힘을 모으기 위해 연합하고 있다. 미국 중부의 오하이오주에 있는 대학 도서관과 주립 도서관의 컨소시엄인 OhioLINK가 그 선구자이다. 캘리포니아 대학교의 연합 도서관 시스템은 대형 출판사들과도 경쟁할 수 있다. 일부 전문가 그룹은 특정 출판사에 대한 보이콧을 하기도 했다.
- 대부분의 사용자 커뮤니티는 오픈 액세스를 지원한다(다음 절 참조).

독자와 출판사 사이의 주된 긴장 관계는 경제적 문제이다. 그러나 과학자들이 순수 학술적 측면에서 학술지에 결정적으로 기대고 있는 또 다른 측면은 바로 동료 심사이다. 오늘날에는 모든 연구 그룹이 연구 결과를 단순히 웹에 게시할 수 있다. 학술지가 제공하는 것은 검토 과정을 통해 게재된 논문의 신뢰성과 품질을 (추정적으로) 보장하는 것이다. 일부 잘 알려진 예외 사항과 더 많은 알려지지 않은 예외 사항이 있지만, 이 시스템은 상당히 잘 작동한다. 유럽 위원회 보고서는 다음과 같이 지적한다: '과학 저널은 지식의 인증과 보급이라는 두 가지 역할을 수행한다.'[1]

동료 심사 프로세스는 과학자의 자질에 대한 (다시 말하지만, 추정적인) 보증 및 순위 매기기 역할도 한다. 채용과 승진을 위한 경력의 지표로서 과학자를 판단하고 비교하는 데 있어 주요한 요소가 동료 심사 출판물의 기록에 달려 있다. 이 역시 예외가 없는 것은 아니지만 매우 비용이 많이 드는 해결책이며, 과학자가 이룬 성과의 질과 그 업적이 보

[1] Dewatriont, M., Ginsburgh, V., Legros, P., Walckiers, A., Devroey, J.-P., Dujardin, M., Vadooren, F., Dubois, P, Foncel, J., Ivaldi, M. & Heusse, M.-D. (2006). Study on the economic and technical evolution of the scientific publication markets in Europe. European Commission, Directorate-General for Research, Brussels.

고되는 매체 사이에는 논리적 연관성이 없어 보인다. 한 냉소주의자는 '하버드나 스탠퍼드에서 웹 게시물을 인정해 종신 교수직을 부여하는 날, 과학 저널의 90%가 하룻밤 사이에 사라질 것'이라는 말을 남겼다.

오픈 액세스

오픈 액세스[역주 6)]는 저자/출판사/독자 관계를 재정의한 것이다(Box 6.2 참조).

오픈 액세스는 출판의 기준으로서 동료 심사 프로세스를 유지한다. 그리고 다음과 같이 진행된다:

- 수락된 논문은 출판 즉시 무료로 열람할 수 있는 웹에 게재된다. (반면, 많은 상업 학술지는 종이 출판과 전자 출판 사이에 보통 6개월의 지연 시간을 두곤한다.)
- 대부분의 상업 학술지에서 요구하는 것처럼 출판사에 저작권을 양도하지 않고, 저자가 저작권을 보유한다. 그러나 독자는 논문을 열람할 수 있을 뿐만 아니라 저작자에게 적절한 저작권 표시를 하는 조건으로 콘텐츠를 자유롭게 사용할 수 있다. 예를 들어, 교육 자료 세트에 포함된 논문을 복제하여 배포하거나 프레젠테이션에 사진을 가져오는 것은 허용된다. 오픈 액세스가 적용되지 않는 자료를 이러한 방식으로 사용하려면 저작권자인 저자 또는 출판사의 동의가 필요하며, 충분히 오래된 자료의 경우 저작권 보호가 만료될 수 있다.
- 출판에 소요되는 비용은 독자로부터 저자에게 이양된다.
- 오픈 액세스 저널 디렉토리는 http://www.doaj.org에서 확인할 수 있다.

BOX 6.2 오픈 액세스의 권리와 책임

PLoS 저널에서 자료를 이용하기 위한 가이드라인은 크리에이티브 커먼즈 저작자 표시 라이선스(Creative Commons Attribution License)에 따라 작성되어 있다. 요약본은 http://www.plot.org/journals/license.html에서, 전문은 http://creativecommons.org/licenses/by/2.5/에서 확인할 수 있다.

오픈 액세스는 과학계에서 폭넓은 지지를 받고 있다. 오픈 액세스를 지지하는 쪽에는 문헌의 생산자이자 소비자인 개별 과학자와 자금 지원 기관이 모두 포함된다. 미국 국립보건원(NIH)과 영국의 여러 연구 위원회 및 웰컴 트러스트(Wellcome Trust)는 지원한 연구의 보고 출판물의 오픈 액세스를 요구하고 있다. 유럽연합 집행위원회도 2020년부터 지원하는 연구에 대해 유사한 요건을 부과했으며, 영국을 포함한 11개 유럽 국가의 국립 과학 기금 기관도 이 지침을 따른다. 몇몇 대학교에서는 교수진에게 오픈 액세스 출판에 대한 요건을 부과했다. (출판사의 정책이 변경되지 않으면 가장 권위 있는 과학 저널에 게재할 수 없다.)

미국 의회[역주 7)]는 여러 차례에 걸쳐 연방 연구 오픈 액세스 법안을 검토했지만 통과시키지 못했다. 이 법안이 통과되고 대통령이 승인하는 경우, 대규모 연구 지원과 관련된 미국 정부 기관의 자금 지원을 받은 연구 결과물인 모든 학술지 논문에 대한 인터넷 공개를 의무화함으로써 NIH 가이드라인을 뛰어넘는 효과를 거둘 수 있다. 후속 법안인 과학 및 기술 연구에 대한 공정한 접근(Fair Access to Science and Technology Research, FASTR) 법안이 미국 의회에 여러 차례 제출되었으나, 현재까지 공개된 정보에 따르면 FASTR 법안은 여전히 미국 의회의 검토 과정에 있으며, 최종적으로 법안이 어떠한 형태로 채택될지는 미정이다.

참고 1: https://www.taxpayeraccess.org/policy/fastr/
참고 2: https://en.wikipedia.org/wiki/Fair_Access_to_Science_and_Technology_Research_Act

PLoS(공공 과학 도서관; The Public Library of Science)

PLoS[역주 8)]는 오픈 액세스의 원칙을 실천하기 위해서, 2000년 10월에 H.E. Varmus, P.O. Brown, M.B. Eisen에 의해 시작되었다. 상업 출판사가 아닌 전문 과학자들로 구성된 비영리 단체이다. 이 단체의 목표는 다음과 같다:

- 과학 문헌에 대한 대중의 접근을 가능하게 한다;
- 과학 문헌을 컴퓨터로 검색할 수 있게 정리한다;
- 과학 문헌에서 정보 검색을 위한 혁신적인 접근 방식의 개발을 촉진한다.

PLoS는 Gordon 및 Betty Moore 재단 및 기타 출처의 자금 지원을 받아 일련의 저널을 발간하여 저자, 출판사, 독자 간의 경제적 측면을 포함하되, 이에 국한되지 않는 다양한 관계를 탐구할 수 있도록 지원한다.

전통적인 도서관과 디지털 도서관

대부분의 대학 캠퍼스에서는 성체 같은 대형 건물이 눈에 잘 띄는 중앙 부지에 자리 잡고 있다. 전통적인 도서관의 기능은 다음과 같다:

- 인쇄물을 보관, 목록화 및 선별한다;
- 독자가 문헌에 편리하게 열람할 수 있는 시설을 제공한다;
- 독자가 필요한 것을 찾을 수 있도록 돕는 직원. 여기에는 적절한 정보 출처를 **식별**하고 정보에 **접근**하는 데 도움을 주는 것도 포함된다. 폐쇄형 도서관에서는 자료를 반출해야 한다;
- 자료의 대출과 반납, 사진 복사, 예약을 체계적으로 관리한다. 보안 강화: 주로 분실, 도난, 손상에 대비한다. 제자리에 비치되지 않은 책에 대한 감시가 필수적이다. 제자리에 비치되지 않은 책은 도난당한 책보다 더 나쁜데, 그 이유는 책이 공간(어딘가)을 계속 차지하고 있기 때문이다;
- 단기 강좌 및 세미나 제공;
- 읽고, 공부하고, 만나고, 소통할 수 있는 장소를 제공한다;
- 다른 도서관과 상호작용하여 사용자 서비스를 향상시키는 것(예: 회원 상호 대출 조직);
- 장애인 독자를 위한 시설 제공(예: 시각장애인을 위한 책과 기사의 스캔 및/또는 오디오 녹음);
- 독자의 권리를 대변. 미국도서관협회는 2001년 미국 애국자법에 의해 독자의 사생활 보호권이 침해되는 것에 조직적으로 반대 운동을 벌였다. 물론 사서는 오픈 액세스, 구독 가격 협상 등의 분야에서 독자와 출판사 간의 중재자 역할도 한다.

디지털 도서관에서는 이와 대조적이다:

- 보관은 종이가 아닌 전자적으로 보관된다.
- 열람 제공은 선반이 아닌 컴퓨터 화면에서 이루어진다. 따라서 열람 지점과 보관 지점이 분리된다. 보관은 어디에나 있을 수 있다. 열람 접속 지점은 어디든 가능하다. 남극 대륙을 제외한 모든 대륙의 많은 도시에서 전체 지역에 무선 접속이 완전히 정착되어 있다.
- 사서가 독자를 지원하는 업무를 열람 지점에 사람이 상주할 필요 없이 이메일이나 스카이프(Skype) 또는 이와 동등한 방법으로 할 수 있다.
- 보안 문제에 있어서, 물리적 도난이나 손상에 대한 보호보다는 비밀번호 제어의 형태를 취하는 것이 일반적이다. 도서관 컴퓨터의 손상은 도서관 콘텐츠가 아니라 도서관 **시설**에 대한 손상이다.
- 공부하고, 만나고, 소통하는 장소의 디지털 아날로그[역주 9)] 공간으로는 도서관 내에 있는 컴퓨터 카페를 들 수 있다. 대부분의 도서관은 컴퓨터가 구비된 회의실을 제공한다. 또는 공동 학습, 회의, 커뮤니케이션이 모두 온라인으로 이루어질 수도 있다. 지적 교류를 위한 물리적 근접성이 불필요할 수도 있다.
- 독자의 이익을 대변하고 장애인을 위한 보조 기술을 포함하는 향상된 사용자 서비스를 개발하는 것은 도서관의 책임이자 의무이다.

본관과 열람 공간이 분리되면서 중앙도서관 건물이 꼭 필요한지에 대한 의문이 제기되고 있다. 특히 도시 대학의 경우, 건물이 점유하는 면적이 주요 부동산을 많이 차지한다. 필요하다면 수 마일 떨어진 시골 어딘가에 가서 큰 구멍을 파고 컴퓨터 장비와 연결 장치를 설치한 다음, 소수의 필수 인력만 배치하고 사용자 커뮤니티에 고속 전자 링크를 구축하는 것은 어떠할까? 그런 다음 중앙도서관을 스포츠 및 레크리에이션 시설로 바꾸면 된다. 이러한 시나리오에서 가장 중요한 손실은 집중할 수 있는 조용하고 방해받지 않는 공간을 마련하는 것이다. 일부 사람들은 집이나 사무실에서 그러한 장소를 찾을 수 있다. 대다수 사람들은 모르고, 일부만이 자신들이 뭔가를 잃어버렸다는 것을 깨달을 것이다.

디지털 도서관에 컨텐츠를 채우는 방법

많은 출판사가 전자 형식으로 자료를 배포한다. 실질적인 기술적 장애물은 없지만, 저자, 출판사, 구독자, 독자 간의 전통적인 재정 관계의 재협상 등 많은 사업적 질문은 여전히 해결되지 않은 채로 남아 있다. 종이로만 존재하는 오래된 출판물을 스캔하여 전자적으로 재배포할 수 있다. 스캔하면 일단 사람이 읽을 수 있지만 컴퓨터 검색 엔진으로는 쉽게 판독할 수 없는 페이지 이미지가 생성된다. 이 단계에서는 언어적으로 자료를 검색하기가 쉽지 않다. 광학 문자 인식 기술(optical character recognition, OCR)을 사용하여 페이지 이미지를 검색 가능한 형태로 변환할 수 있는데, 이 경우에는 적어도 텍스트로는 검색이 가능해진다.

스캔을 통해 대규모 디지털 도서관을 만드는 데 걸림돌이 되는 것은 저작권에 의한 제약이다. 영국의 저작권법은 잉글랜드와 스코틀랜드가 통일된 직후인 앤 여왕(Queen Anne) 통치 기간인 1709년에 시작되었으며, 이는 이질적인 법률 체계의 특정 측면을 조정하기 위한 조치였다. 현행 영국 법률에 따라 인쇄물은 마지막 생존 저자가 사망한 해의 말일로부터 70년 간 저작권 보호를 받는다.

법적 장애에도 불구하고, 구글 도서 라이브러리 프로젝트(the Google Books Library Project)는 하버드, 프린스턴, 스탠포드, 미시간 및 캘리포니아 대학교, 미국 뉴욕 공공 도서관, 영국 옥스퍼드 대학교 도서관, 오스트리아 및 카탈로니아 국립 도서관(및 관련 기관)을 포함한 40개 이상의 도서관에서 자료를 대규모로 스캔했다. 도서관마다 저작권이 남아 있는 자료에 대해 다른 입장을 채택하고 있다.[2] 예를 들어, 구글과 프린스턴 대학교 간의 계약은 총 600만 권의 인쇄 저작물과 500만 권의 원고로 구성된 대학 소장 자료 중 약 100만 권의 도서 가운데서 공개 영역에 있는 자료만 디지털화하는 것을 목표로 삼았다. 반면, 구글과 미시간 대학교 도서관 간의 계약은 포괄적인 스캔을 하되 제한적으로 공개하는 것을 조건으로 한다. 모든 결과를 검색할 수 있다. 그러나 저작권에 의해 제한된 자료의 경우에는 검색어 주변 몇 문장에 해당하는 소량의 자료만 열람할 수 있다(예는 http://www.lib.umich.edu/mdp/의 '프로젝트 개요' 문서 참조).

정보의 폭발적 증가

'마법사의 제자'를 떠올리면, 효율적인 배포는 감당 못할 결과를 가져올 수 있다.[역주 10)] 실제 과학자들의 수가 증가함에 따라, 기존 저널의 확장 및 새로운 저널의 증식으로 인해 출판물의 양이 증가하고 있다. 이는 특정 분야에서 모든 출판물을 읽는 것이 불가능한, 정점을 넘어섰다는 것을 의미한다. PubMed는 2018년 발행된 1,318,806개의 논문을 목록화하고 있다. 평균 10페이지 분량이라고 가정할 경우, 어림잡은 계산[역주 11)]에 따르면 2018년에는 과학 문헌이 시간당 1,500페이지 이상 성장했다. 논문을 읽는 데 30분이 걸린다고 가정한다면, 하루에 발행된 모든 논문을 읽는 데는 약 3개월이 걸릴 것이다.

상대적으로 한정된 전문 분야조차 포괄적인 지식을 구사하기는 매우 어렵다. 자신이 전문으로 하는 분야를 벗어나면 불가능하다. 이로 인해 비전문가를 대상으로 한 리뷰 혹은 안내서를 담은 보조 학술지의 발전이 촉진되었다. 이러한 저널들은 "*Review of...*", "*Trends in...*", "*Current Opinion in...*" 등의 제목을 가지고 있다.

물론 웹에는 이러한 공식적인 출판물 외에도 많은 정보원이 있으며, 그중 가장 잘 알려진 것은 위키피디아(Wikipedia)이다. 더 전문화된 버전도 존재하는데, 예를 들어 Eran Hodis, Eric Martz, Joel L. Sussman, Jaime Prilusky, David Canner가 정리한 단백질에 관한 Proteopedia(www.proteopedia.org)가 그 예이다. 이 사이트에는 독립형 논문 외에도 프레젠테이션 작성, 연구 발표 또는 교육을 위한 기능이 포함되어 있다.

결론은 독자는 선택적이어야 한다는 것이다. 검색 엔진은 키워드 조합을 기반으로 특정 주제와 일치하는 학술지 논문 및 기타 정보 소스를 선택하는 데 필수적인 역할을 한다. 하나의 관련 출판물에서 '관련 기사'로 연결되는 링크를 통해 다른 출판물을 확인할 수 있다. 전문 블로그도 도움이 된다. 그러나 아무리 논리적인 절차라 할지라도 초점이 가

2 카탈루냐 국립도서관(National Library of Catalonia)은 카탈루냐가 스페인 왕국 내 영연방에 속해 있던 제1차 세계대전 이전에 설립되었다. 카탈루냐의 자치권은 현재도 불안정한 상태이며, 스코틀랜드 국립도서관(National Library of Scotland)도 마찬가지로서 "국립"이라는 표현은 정치적인 개념보다는 문화적인 개념을 나타낸다. (역주: 카탈루냐와 스코틀랜드는 자치권을 오랫동안 주장해온 지역이기에 본문이 정치적으로 해석될 것을 우려한 저자의 부연 설명이다.)

장 좁은 경우를 제외하고는 감당할 수 있는 것보다 더 많은 자료가 포함된 열람 목록을 생성할 가능성이 있다.

웹: 더 높은 차원으로 확장

웹은 정보 배포의 편리한 채널을 제공하는 것 이상의 역할을 한다. 하이퍼텍스트(hypertext)는 서로 다른 사이트 간의 링크를 지원함으로써 정보 접근의 차원을 근본적으로 바꾸었다.

기존의 전통적인 책이나 기사에서 자료의 표현은 선형적이다. 즉, 연속된 페이지의 연속된 줄에서 연속된 단어를 읽게끔 되어 있다. 각주는 예외이다. 각주에는 본문에 대한 긴 해설이 포함되어 있거나 본문의 연장선상에 있는 경우도 있지만(유명한 사례로 Gibbon[역주 12)]이 있다), 각주는 단순히 인용에 불과한 경우가 많다. 그리고 대부분의 사람들은 적어도 처음 읽을 때는 기술적 세부 사항의 섹션을 건너뛰는 경우가 많다.

하이퍼텍스트는 차이를 만든다. 웹사이트에는 임베디드 링크(embedded link)가 포함되어 있다. 내부 링크(internal link)를 통해 현재 문서의 다른 부분이나 관련 이미지, 비디오 또는 사운드로 이동한다. 외부 링크(external link)를 통해서는 관련 정보 또는 보충 정보가 포함된 사이트로 이동한다. 이러한 사이트의 링크를 따라가면 제한 없이 어디든 이동할 수 있다.

전통적인 과학 문헌조차도 상호 관련된 아이디어와 데이터의 네트워크를 구성했다. 하이퍼텍스트는 이 네트워크를 원활하게 탐색할 수 있게 해준다. 생물학과 도서관에서 저널을 읽다가 화학과 도서관에 있는 저널에 대한 참고문헌을 발견한 후, 인용된 논문을 읽기 위해 캠퍼스를 가로질러 수학과 도서관에 있는 논문에 대한 참고문헌을 발견한 날을 기억하는 독자들도 있을 것이다...

새로운 매체: 동영상과 음향

인터넷 덕분에 그림과 수식이 산재한 전통적인 텍스트에서 다른 여러 형식의 자료를 통합하는 것까지 프레젠테이션 매체를 확장할 수 있다. 다양한 컬러 사진, 동영상 또는 오디오는 많은 경우 과학적 결과를 제시하는 가장 좋은 방법이다. 예를 들어, 복잡한 고분자 구조의 중요한 세밀한 부분을 '정지된' 사진으로 포착하는 것은 매우 어렵지만, 동영상은 3차원을 훨씬 더 잘 인식할 수 있다. 이것이 바로 프로테오피디아(Proteopedia)의 대화형 3D 보정(Interactive 3D Complements) 기능을 개발하게 된 동기이다.

예컨대 음악과 같은 특정 분야에서 사운드의 중요성은 자명하다. 마찬가지로, 생물학에서 새의 노래와 고래의 노래를 연구하는 것도 소리를 기반으로 한다. 하지만 생물 의학에도 응용 분야가 있다: 펜실베이니아 대학교 의과대학에서는 수련 중인 의사들이 아이팟에 다운로드할 수 있도록 건강한 심장 활동과 비정상적인 심장 활동의 사운드 클립을 MP3 파일로 배포했다.

인터넷은 심지어 텍스트의 배포를 개선한다. 예를 들어, 컴퓨터 프로그램 개발자가 해당 프로그램을 다운로드할 수 있도록 배포할 수 있다. 프로그램이 긴 경우, 종이에만 게시하는 것은 매우 불편하고 각 사용자가 다시 입력해야 한다. (또는 웹 이전에는 프로그래머가 CD나 플래시 드라이브를 우편으로 보낼 수 있었다. 필자는 영국에서 루마니아에 있는 동료에게 펀치 카드 한 상자를 우편으로 보낸 적이 있었다.)

과학 문헌 검색

전자 형식으로 제공되는 과학 문헌의 구성 요소는 데이터베이스를 이루는 원재료가 된다. 이 데이터베이스를 검색하려면 키워드 조합의 형태로 조건 집합을 설정해야 한다. 검색 결과는 조건에 부합하는 문서 목록으로 나온다. 여기서 '이어지는' 것은 조건을 수정하여 추가로 관련 검색을 하는 것이다. 예를 들어, 검색 결과 수년에 걸쳐 게시된 많은 수의 문서가 반환된 경우 지난 2년 동안 게시된 문서로 결과를 제한하여 다시 검색할 수 있다.

생물의학 문헌에 관심이 있는 독자의 경우, 미국 국립 의학도서관의 전문 데이터베이스인 PubMed를 이용하는 것이 일반적이다. PubMed는 미국 국립 생명공학 정보 센터(National Center for Biotechnological Information, NCBI)에서 관리하는 통합 데이터베이스 ENTREZ의 서지 구성 부분이다.

웹을 통한 대부분의 검색은 텍스트 검색이다. 그러나 사진 정보의 패턴 매칭은 전투 정찰을 위한 항공 및 위성 사진의 해석, 농업 수확량 예측, 입자 충돌 사진에서 특이 사건 감지, 마트에서 고객의 습관 분석, 얼굴 인식 등에서 매우 중요한 역할을 해왔다. 비슷하게 분자생물학에서 염색체 사진의 핵형 분석은 이미지 패턴 인식 문제이다. 고해상도 극저온 전자현미경은 투영된 시야에서 분자의 방향을 인식하는 프로그램에 의존한다. 초파리의 움직임과 행동을 추적하고 사회적 행동의 유전학을 연구하기 위한 컴퓨터 프로그램도 고안되었다.[역주 13)]

구글과 같은 일반 검색 엔진은 매우 강력해서, 과학 문헌의 논문을 비롯하여(이에 국한되지 않음) 웹사이트 목록을 보여준다. 이것이 가장 종합적인 결과이다. 구글 스칼라(Google Scholar)는 일반 구글 검색 엔진에서 파생된 전문 검색 엔진으로, 주로 서적과 저널 기사 등 학술 출판물을 다룬다. 사용의 간편성, 일반적으로 공개되지 않는 상업 학술지 자료에 대한 액세스, 선택한 출판물을 **인용**한 출판물을 나열하는 기능 등이 장점이다. 논문에서 인용된 **역방향** 참고 문헌과 논문이 인용된 **정방향** 참고 문헌 사이에서 특정 논문은 그 주제에 관한 출판물 네트워크의 노드[역주 14)]로서 자리를 차지한다.

참고 문헌 관리

주제에 대한 최신 정보 유지하기

검색 엔진, 문헌 데이터베이스 등을 사용해서 특정 주제에 대한 지식의 현황을 대략적으로 파악했다고 가정해보자. 계속 발전하는 지식을 효과적으로 흡수하려면 어떻게 해야 할까? 한 가지 방법은 동일한 일반적인 출처를 다시 방문해서 이전에 보았던 것 중에서 최근에 추가된 내용을 선별하는 것이다.

보다 효율적인 접근 방식은 '끌어오기(pull)'이 아닌 '밀어내기(push)'라는 방식으로 출처에 새로운 정보를 먼저 알려달라고 요청하는 것이다.[역주 15)] 이는 검색 엔진과 데이터베이스의 '현재 인식' 기능의 형태로 구현된다. 예를 들어, 많은 출판사가 사용자에게 선택한 논문을 인용한 출판물을 알려준다. 또는 단백질 서열을 지정하면 서열 또는 키워드의 유사성을 기준으로 여러분의 '관심사'[역주 16)]와 관련된 새로운 서열에 대한 알림을 받을 수 있다. 보다 일반적으로는 일반 검색 매개변수를 지정하고 검색을 주기적으로 반복함으로써 업데이트된 결과를 받을 수 있다(예: My NCBI, https://www.ncbi.nlm.nih.gov/books/NBK3843/ 또는 K. Wolfe의 PubCrawler 소프트웨어, http://pubcrawler. gen.tcd.ie 참조). 많은 알림 기능의 불편한 점은 이메일로 알려준다는 점이다.

다른 대안으로는 RSS(Really Simple Syndication)라고 불리는 여러 시스템 중 하나를 사용할 수 있다. 이를 위해서는 다음이 필요하다: (1) 사용자가 알림을 받고자 하는 사이트가 웹에 해당 사이트의 정보 업데이트를 브로드캐스트[역주 17)]해야 한다; (2) 사용자가 집계 프로그램(aggregator)을 실행하면, 프로그램은 피드(feed)에서 정보를 수집한 후 키워드 사양에 따라 필터링한 다음 남은 정보를 화면의 창에 표시해 줘야 한다. 현재 유사한 기능을 제공하는 여러 대안 서비스 제공 업체가 RSS와 경쟁하고 있다.

최근에는 특정 과학 주제를 다루는 전문 블로그나 포럼을 만드는 데에 소셜 네트워킹 기능이 적용되고 있다.

수집한 자료 정리와 공유

책상을 어지럽히는 많은 인쇄물 더미를 전자적으로 비유하면 무엇일까? 사람들은 선택한 논문을 다운로드해서 디렉토리에 저장할 수 있다. 브라우저에서는 '북마크' 또는 '즐겨찾기' 목록을 저장할 수 있다. 이러한 목록에는 다음의 단점이 있다: (1) 짧고 함축된 정보만 포함한 경우가 많다는 점, (2) 디스크에 로컬로 저장되기 때문에 두 대 이상의 컴퓨터를 정기적으로 사용하는 경우 저장된 URL을 동기화해야 한다는 점이다. 많은 사람이 연구실에는 데스크톱을 두고, 다른 곳에서는 노트북을 사용한다. 이 문제를 해결하기 위해 인터넷에 연결된 컴퓨터에서 운영체제의 제약 없이 **온라인**으로 문헌 참고 자료를 수집할 수 있는 여러 프로그램이 있다. 초기의 예로는 네이처 출판 그룹(Nature Publishing Group)에서 개발한 코노티아(Connotea, http://www. connotea.org/) 프로그램이 있다. 코노티아는 키워드와 함께 URL을 저장하거나 필요한 경우 기억법 역할을 하는 '태그'를 붙여서 URL이 과학 문헌의 논문과 일치하면 해당 항목에 자동으로 참조가 연결되도록 했다. 댓글 필드를 통해 더 확장된 주석을 달 수 있었다. 코노티아는 일반 소셜 네트워크 사이트와 과학자 전용 사이트인 리드큐브(ReadCube), 사이트유라이크(CiteULike), 페이퍼스(Papers)에 의해 대체되어 현재는 운영을 종료했다.

참조 문서는 어떤 형식으로 보관될까? 각 문서에는 자료의 고유 태그인 디지털 객체 식별자(Digital Object Identifier)가 할당되며, 여기에는 웹사이트에 접근할 수 있는 링크가 포함된다(Box 6.3 참조).

BOX 6.3 디지털 객체 식별자

디지털 객체 식별자(Digital Object Identifier, DOI)는 디지털로 접근 가능한 출판물(주로 저널 기사 등)에서 특정 지적 재산의 항목을 나타내는 고유한 코드이다. DOI는 객체에 영구적으로 부착되는 고유 식별자이고, URL과 달리 변경될 수 없으며 객체가 여러 웹사이트에 나타날 수 있다.

DOI는 URL에 연결되어 원본에 한 번 클릭으로 액세스할 수 있으므로 인용문을 편리하게 제시할 수 있다. (연결된 URL이 출판사가 요구하는 결제가 필요한 경우 전체 액세스를 제공하지 않을 수 있다.) DOI만 포함하는 참고문헌 목록에는 인용 자료의 제목과 저자가 누락되어 있으며, 이 정보는 기사를 읽을지 여부를 결정하는 데 중요하다.

개인의 관심 사이트를 정리할 수 있을 뿐 아니라, 해당 사이트의 계정에 수집된 결과를 공유할 수 있다. 관심사가 겹치는 동료들은 서로의 파일을 열람할 수 있다. 댓글 필드에 참여하는 여러 사람이 어떤 주제에 대한 블로그를 만들 수 있다. 선생님들은 전통적인 '읽기 목록'을 비롯하여 다른 미디어로 확장된 자료와 데이터 소스 또는 기타 참고 자료 모음을 포함한 수업용 자료를 준비하는 데 활용할 수 있다.

정보 리소스 교환은 플라이베이스(FlyBase) 리소스(http://flybase.org/)와 같은 비교적 공식적이고 전통적인 '게시판'에서부터 블로그(예: https://nsaunders. wordpress.com/blog/)와 '질문과 답변' 사이트 또는 포럼(예: https://www.researchgate. net/topic/Bioinformatics)에 이르기까지 다양한 형태로 이루어질 수 있다. 주석이 달린 URL 목록을 공유하는 인간적인 면모 때문에 전문적인 맥락에서도 순수한 참고 문헌 목록보다 더 많이 사용될 수 있다.

대개 대학교 학과에서 세미나 강연자 및 수련회 일정, 교내 스포츠 일정, (위치에 따른) 소풍, 야유회[역주 18] 등의 계획이 결합된 사이트를 운영한다. (https://xkcd.com/773 참조)

다른 사람들이 직접 읽고 편집할 수 있는 목록의 예로는 선물 항목에 구매 여부를 표시할 수 있는 공유 '쓰기 권한'이 있는 온라인 예물 목록[역주 19]이 있다. 다른 유형의 대표적인 소셜 정보 공유로는 '데이트' 및 개인 족보 사이트가 있다. 최근에는 약물이나 질병에 의해 손상되지 않는 후각이 인간 사이의 매력을 결정하는 요소로서 MHC(주요 조직 적합성 복합체) 일배체형[역주 20]과 관련된 페로몬이 관여하는 것으로 알려져 있다. 일부 맞선 사이트에서는 유전자 분석을 위한 면봉 샘플을 받고, MHC 서열을 이용하여 적합한 파트너를 찾는 정보도 제공한다. 과학 사이트와 소셜 사이트의 경계는 이제 종이 한 장 차이다.![역주 21]

데이터베이스

데이터베이스는 과학 문헌에서 얻은 결과물을 보관하는 수확물 창고와 같다.

데이터베이스는 컴퓨터에서 읽을 수 있는 형태로 체계적으로 정리된 정보 모음이다. 데이터베이스를 정의하는 특징은 다음과 같다:

- 내용;
- 온톨로지: 유효한 용어 및 그 정의 목록;
- 논리 구조 또는 데이터 간 상호 관계를 표현하는 스키마;
- 데이터의 형식;
- 데이터의 선택적 검색을 위한 경로, 결과물의 표시를 위한 경로, 그리고 분석을 위한 프로그램으로 전달하기 위한 경로;
- 다른 정보 리소스(다른 데이터베이스, 데이터의 원래 게시물 참조, 튜토리얼 배경 등)에 대한 링크.

모든 데이터베이스 프로젝트는 이것을 전부 조합해야 한다. 여기에 더해 다양한 독립적인 검색 방식도 가능하다: 누구나 분산형 또는 웹 접속 가능한 데이터베이스에 각자의 '프론트 엔드'[역주 22]를 작성할 수 있다. 그러나 항상 그런 것은 아니지만, 일반적으로 아카이브를 유지하는 기관만이 큐레이션(즉, 품질 관리 적용 및 형식 표준화), 데이터에 대한 주석 제공, 콘텐츠에 대한 통제권을 행사할 책임을 갖는다.

데이터베이스의 내용

대부분의 데이터베이스는 한정된 주제에 집중되어 있다. 물론 데이터베이스마다 다루는 범위가 다르다. 하지만 대부분은 통일된 주제를 가지고 있다.

예를 들어, 국제 염기서열 데이터베이스 협력체(International Nucleotide Sequence Database Collaboration)는 ENA(영국 힝스턴의 EBI), GenBank(미국 메릴랜드주 베데스다의 국립 생명공학 정보 센터), DDBJ(미시마의 국립 유전학 연구소)의 파트너십으로 유전체 및 메타유전체 서열을 포함한 염기 서열을 종합적으로 수집, 큐레이션, 주석 달기 등을 수행한다.[역주 23] FlyBase는 초파리 유전자와 유전체, 그리고 초파리(*D. melanogaster*)와 가까운 친척에 대한 연구를 수행하는 과학자 커뮤니티의 관심 자료가 망라된 데이터베이스이다. 플라이베이스에는 회의 및 강좌 일정이 표시된 게시판, 사진 및 동영상 아틀라스, 기타 관련 사이트 링크가 포함되어 있다.

국제 뉴클레오티드 서열 데이터베이스 협업체와 FlyBase는 서로 다른 관점에서 제시되고, 추가 자료, 시설 및 링크의 서로 다른 맥락에서 설정된 중복 자료를 포함한다.

특정 데이터베이스, 즉 원래 데이터를 수집하고 큐레이션과 아카이빙을 담당하는 데이터베이스를 기본 데이터베이스로 간주하고 싶은 유혹이 있을 수 있다. 1차(*primary*)[역주 24] 데이터베이스의 직원은 데이터를 생성한 실험 기법에 대한 전문 지식을 갖추고 있다. 2차 데이터베이스 또는 파생 데이터베이스는 1차 데이터베이스에서 데이터를 가져와 재조합하고, 주석을 달거나 형식을 바꾸고, 다시 표시하고, 다른 정보 환경, 다른 시설 및 다른 링크를 제공하는 데이터베이스이다. 그러나 주 데이터베이스와 보조 데이터베이스의 구분은 예전처럼 명확하지 않다.

데이터베이스 품질 관리

생의학 분야의 대부분 작업이 데이터베이스에 의존한다는 점을 고려할 때 데이터 품질이 연구의 품질에 직접적인 영향을 미친다는 것은 자명하다. 데이터베이스의 데이터나 주석(annotation) 등에 오류가 발생하면 다른 데이터베이스로 전파되는 경향이 있으며, 이를 제거하기가 매우 어렵다.

원칙적으로 데이터베이스 품질을 개선하기 위한 두 가지 접근 방식이 있다. 애초에 오류가 발생하지 않도록 하는 것과 오류가 발견되었을 때 제거하는 것이다.

'처음부터 제대로 하자'는 접근 방식의 일환으로서 데이터베이스 큐레이션 및 주석 달기가 새로운 직업으로 부상했다. 큐레이터는 전문화된 기술과 태도를 갖고서 활동한다. 큐레이터의 작업 품질은 데이터베이스의 품질로 직결된다.

그럼에도 불구하고, 과학 논문의 양이 방대하고 주제가 다양하기 때문에 데이터베이스 직원이 작업량을 적절히 따라잡기가 어렵다. 한 가지 대안은 논문을 발표하는 과학자가 자신의 연구 결과를 바탕으로 데이터베이스 항목을 수집하는 데 참여하는 것이다. 예를 들어, 단백질 데이터 은행(Protein Data Bank, PDB)은 저자로부터 기탁된 구조에 해당하는 주석을 포함하여 거의 완전한 항목을 받는 것이다. 데이터뱅크 직원이 유효성 검사 절차를 수행하지만 많은 양의 자료를 추가하는 경우는 거의 없게 된다.

하지만 큐레이터의 전문성과 검증의 성실성에도 불구하고 오류가 나타날 수 있다. 첫 번째 문제는 오류를 식별하는 것이고, 두 번째 문제는 오류를 제거하는 것이다. 오류를 식별하는 한 가지 방법은 선문가를 외부 큐레이터로 영입해서 자신의 전문 분야에서 데이터베이스 항목을 검토하는 것이다. 종종 데이터베이스 사용자도 오류를 발견하여 이를 알려준다.

데이터베이스의 품질이 변하는 것은 또 다른 문제를 초래한다. 계속 변화하는 대상에 대한 다양한 사본이 확산되면 발표된 연구 결과를 재현하기가 어려워진다.

데이터베이스의 '마스터 사본'에서 오류가 확인되면, 특히 데이터베이스 관리가 단일 기관이나 긴밀하게 연결된 파트너십에 있는 경우 오류를 수정할 수 있다.

그러나 출처에서의 수정만으로는 충분하지 않은데, 그 이유는 다음과 같다:

1. 많은 사용자가 로컬 버전의 데이터베이스를 만든다. 이러한 사본에는 다운로드 시점에 존재했던 오류가 포함되어 있다. 수정 사항의 배포 및 구현은 다운로드한 버전을 업데이트하는 빈도에 따라 달라진다.
2. 다른 많은 데이터베이스는 데이터를 통합, 재통합, 재배포하는 과정을 거치는데, 이 과정에서 특히 항목에 출처 사이트와 날짜가 신중하게 태그되지 않은 경우에는 오류가 수정되지 않을 수 있다.

한 가지 매력적인 아이디어는 웹을 샅샅이 뒤져 오류를 찾아내는 로봇 프로그램인 '노봇(Knowbot)'을 만드는 것이다. 노봇은 UNIX '데몬(daemon)'의 분산화된 형태이다.[역주 25] 하지만 보안 문제로 인해 대부분의 사이트에서 차단된다.

가능한 것은 데이터베이스 버전에 대한 '상태 확인'을 제공하는 프로그램이다. 두 가지 예가 있다:

- PDBREPORT 데이터베이스[3]에는 단백질 데이터 뱅크의 각 항목에 적용된 유효성 검사 소프트웨어인 WHAT_CHECK의 결과가 포함되어 있다. 이 프로그램은 형식의 유효성과 일관성을 테스트하고, 구조를 분석하여 결합 길이나 각도와 같은 입체 화학적 특성의 이상값을 감지하며, 수소 결합 패턴의 불일치를 찾는다. 실제로 결정학자들은 이상값이 반드시 구조 결정의 오류를 나타내는 것은 아니라고 지적해 왔다. (물론 이상값이 아닌 것도 오류일 수도 있고 아닐 수도 있다.)
- 유전자 온톨로지(GO; Gene Ontology)는 단백질 기능에 대한 분류 체계이다. GOChase는 GO 자체의 업데이트가 올바르게 전파되지 않아 발생하는 GO 기반 주석의 오류를 감지할 수 있는 웹 기반 유틸리티를 제공한다.[4]

GOChase는 네 가지 기능을 제공하고 있다:

1. 모든 GO 식별 번호의 재정 이력 추적. Box 6.4는 GO의 생물학적 프로세스 구성 요소에서 GO 식별 번호 GO:0006489에 대한 쿼리의 결과를 보여준다.
2. 사용되지 않는 용어의 수정. 다른 용어에 병합되었거나 다른 이유로 더 이상 사용되지 않는 쿼리 용어의 경우, 프로그램은 이를 대체할 새 용어를 반환한다.
3. GO ID 번호가 포함된 파일을 검사하고, 필요한 업데이트를 보고한다.
4. GO ID 번호가 주어지면, GOChase는 선택한 데이터베이스 세트에서 해당 용어에 주석이 달린 항목을 검색할 수 있다.

문헌 데이터베이스

MEDLINE®(의학 문헌 분석 및 검색 온라인 시스템)은 미국 국립의학도서관의 서지 데이터베이스이다. MEDLINE은 미국 국립 생명공학 정보 센터 데이터베이스 ENTREZ의 서지 구성 요소인 PubMed에 통합되어 있다.

MEDLINE은 연구, 교육 및 의료 서비스 제공과 관련된 분야의 과학 문헌을 다룬다. 여기에는 기초 과학의 관련 분야도 포함된다. MEDLINE은 기본적으로 환자 중심이 아니다. MedlinePlus®는 의료에 관한 다소 기술적이지 않은 정보 리소스이다. 예를 들어, 통풍 및 관련 질환 치료에 사용되는 약물인 알로퓨리놀(allopurinol)을 MedlinePlus에서 검색하면 이 약물을 사용할 수 있는 질환에 대한 설명, 복용량 권장 사항, 부작용 등에 대한 링크 페이지가 표시된다. MEDLINE에서 알로퓨리놀을 검색하면(PubMed를 통해) 약 8,000개의 학술적인 논문이 검색되는데, 이 중 대부분은 현재 임상 현장에서 알로퓨리놀 처방에 관한 직접적인 내용이 아니다.

개인이 읽을(또는 인용할) 논문을 검색하기 위해 PubMed를 사용하는 것 외에도, 여러 프로젝트에서 서지 결과를 다른 유형의 관련 데이터와 결합하여 파생 데이터베이스를 생성하기 위해 PubMed를 '마이닝'한다.

데이터베이스 구조

데이터베이스의 내부 구조는 쿼리에 대한 응답을 원활하게 하는 방식으로 콘텐츠의 상호 관계를 고려해야 한다. 일반적으로 사용되는 데이터베이스 구조의 유형은 다음과 같다:

- **계층 구조**에서는 항목이 여러 수준으로 분류되고 클러스터링된다. 원래의 린네 분류법과 트리 오브 라이프(http://www.tolweb.org/tree/)를 비롯한 많은 유사 분류법이 그 예이다. SCOP 및 CATH 데이터베이스는 진화 관계와 구조적 유사성을 기반으로 단백질 구조의 계층 구조를 제시한다. 우리는 마크업 언어 XML이 자연스런 계층 구조를 가진 정보 데이터베이스에 대한 적절한 형식을 제공한다는 것을 알게 될 것이다.
- IBM의 E.F. Codd는 1970년 유명한 논문으로 **관계형 데이터베이스**(*relational database*)를 소개했다. 관계형 데이터베이스의 기본 단위는 콘텐츠의 서로 다른 특성 간의 대응 집합인데, 이를 테이블이라고 부른다. Codd는

[3] See: http://swift.cmbi.ru.nl/gv/pdbreport/ and Hooft, R.W.W., Vriend, G., Sander, C. & Abola, E.E. (1996). Errors in protein structures. *Nature* **381**, 272.

[4] Park, Y.R., Park, C.H. & Kim, J.H. (2005). GOChase: correcting errors from Gene Ontology-based annotations for gene products. *Bioinformatics* **21**, 829–831; Park, Y.R., Kim, J., Lee, H.W., Yoon, Y.J. & Kim, J.H. (2011). GOChase-II: correcting semantic inconsistencies from Gene Ontology-based annotations for gene products. *BMC Bioinformatics* **12, Suppl 1**, S40; Gillis, J. & Pavlidis, P. (2013). Assessing identity, redundancy and confounds in Gene Ontology annotations over time. *Bioinformatics* **29**, 476–482.

BOX 6.4

ID GO:0006489 유전자의 온톨로지 이력, GOChase에 의해 출력됨

GOChase-HistoryResolver
Your input : GO:0006489
dolichyl diphosphate biosynthesis (GO:0006489): The formation from simpler components of dolichyl diphosphate, a diphosphorylated dolichol derivative.

GO:0019408: dolichol biosynthesis
GO:0006488: dolichol-linked oligosaccharide biosynthesis
GO:0046465: dolichyl diphosphate metabolism
GO:0006489: dolichyl diphosphate biosynthesis

Date	Action	GO History
Mar 01, 2001	Move to under	metabolism (GO:0008152)
	Move to under	biosynthesis (GO:0009058)
Oct 01, 2001	Move out from	metabolism (GO:0008152)
	Move to under	lipid metabolism (GO:0006629)
	Move to under	catabolism (GO:0009056)
	Move to under	protein metabolism (GO:0019538)
Aug 01, 2002	Move out from	biosynthesis (GO:0009058)
	Move to under	protein biosynthesis (GO:0006412)
Oct 01, 2002	Move out from	catabolism (GO:0009056)
	Move to under	biosynthesis (GO:0009058)
	New definition	GO:0006489 (dolichyl diphosphate biosynthesis)
	Term name change	dolichyl diphosphate biosynthesis (GO:0006489) changed from dolichyl-diphosphate biosynthesis (GO:0006489)
Jul 01, 2003	Move out from	protein biosynthesis (GO:0006412)
	Move out from	protein modification (GO:0006464)
	Move out from	protein metabolism (GO:0019538)
Aug 01, 2003	Move to under	protein biosynthesis (GO:0006412)
	Move to under	protein modification (GO:0006464)
	Move to under	protein metabolism (GO:0019538)
Jul 01, 2004	Move to under	metabolism (GO:0008152)

테이블에 대한 집합 이론적 연산(결합, 교집합, 차이, 데카르트 곱[역주 26])이 논리적으로 복잡한 쿼리를 처리하는지를 보여주었다. 관계형 데이터베이스를 관리하고 쿼리를 처리하기 위한 완성도 높은 기성 소프트웨어는 오픈 소스 및 상용 모두에서 사용할 수 있다.

아미노산의 관계형 데이터베이스에는 각 아미노산의 이름, 3 문자 및 1 문자 코드, 부피, 접근 가능한 표면적, 측쇄에 있는 원위 원자의 화학적 성질과 연관된 하나의 테이블이 있을 수 있다(Box 6.5 참조). 이 구조를 사용하면 측쇄에 원위 카르복실기가 있는 모든 아미노산의 3 문자 코드는 무엇인가와 같은 형식의 쿼리에 쉽게 답할 수 있다. 필요한 작업은 첫 번째 테이블에서 원위 그룹이 카르복실 값을 갖는 모든 행을 선택하고 해당 행에서 3 문자 코드 열을 보고하는 것이다. 또는 원위 메틸기가 있는 모든 아미노산의 표면적을 보여주는 하위 테이블을 쉽게 추출할 수 있다. 이를 **뷰**라고 한다. 복합 쿼리는 "원위 카르복실기 또는 아미드기가 있고 부피가 120 Å^2 보다 큰 모든 아미노산의 3 문자 코드는 무엇인가?"와 같은 형식이 될 수 있다.

두 번째 테이블은 수소 결합 전위를 그룹화하는 각 원위 원자와 연관시킬 수 있다. 공통 열(원위 원자 그룹화)은 이러한 속성의 상관관계를 반영하는 쿼리를 가능하게 한다. 예를 들어, 수소 결합 공여체 역할을 할 수 있는 모든 아미노산의 곁사슬 3 문자 코드는 무엇인가?

이 질문은 두 테이블의 정보를 결합해야 하는 문제이다. Codd의 용어로 말하면 두 테이블의 **조인**(*join*)이 필요하다.

일반적인 조인 작업은 두 테이블의 데카르트 곱을 구하는 것과 같다. (두 집합의 데카르트 곱은 각 집합에서 하나씩 정렬된 요소 쌍의 집합이다. 집합에 각각 n개 및 m개의 요소가 포함된 경우, 데카르트 곱에는 nm의 요소가 포함된다.) 첫 번째 테이블에는 20개의 항목이 있고, 두 번째 테이블에는 13개의 항목이 있다. 데카르트 곱에는 왼쪽에 표시되는 첫 번째 테이블의 정보와 오른쪽에 표시되는 두 번째 테이블의 정보를 결합하여 260개의 행이 포함된다. 다음은 몇 가지 예시 라인이다.

Alanine	Ala	A	88.6	115	methyl	amide	yes	yes
Alanine	Ala	A	88.6	115	methyl	amino	yes	yes

...

Alanine	Ala	A	88.6	115	methyl	methyl	no	no

...

Aspartic Acid	Asp	D	114.1	160	carboxyl	carboxyl	no	yes

수소 결합 수용체 역할을 할 수 있는 곁사슬을 가진 아미노산의 3 문자 코드를 보고하기 위해 **자연 결합**(*natural join*)[역주 27)]이라고 하는 작업을 수행하려고 한다. 이렇게 하면 결합된 테이블에서 열 6과 열 7이 서로 같은 행이 그대로 남는다. 표시된 4개의 행 중 하나는 6번과 7번 열 모두에 메틸을 포함하고, 다른 하나는 6번과 7번 열 모두에 카르복실을 포함한다. 나머지는 삭제된다. 남은 것들은 각 아미노산과 관련된 수소 결합 가능성을 나타내는 열을 포함하는 새로운 테이블을 형성한다.

그런 다음, 이 결합된 테이블에서 수소 결합 수용체가 포함된 행을 선택하고 3 문자 코드를 보고할 수 있다. 이러한 행 중 하나는 자연 조인에 따라 2개의 동일한 원거리 그룹 열을 병합한 후에는 다음과 같이 나타난다:

Aspartic acid	Asp	D	114.1	160	carboxyl	no	yes

이 행에서 3 문자 코드인 Asp를 추출할 수 있다.

관계형 데이터베이스 조직은 단순한 쿼리의 논리적 조합으로 구성된 복잡한 쿼리를 처리하는 데 적합하게 설계되어 있다. 다음은 다소 인위적인 예시이다: 부피가 100에서 120 사이면서 (수소 결합 공여체 역할을 할 수 있고 수소 결합 수용체 역할을 하지 않는) 또는 (표면적이 120 Å^2 보다 크고 원위 메틸기를 가진) 아미노산의 3 문자 코드는 무엇일까?

구조화된 쿼리 언어(SQL)는 이러한 유형의 쿼리로 관계형 데이터베이스를 검색하기 위해 상당히 잘 표준화된 문법이다. 논리적 연결이 포함된 복잡한 쿼리는 테이블에 대한 Codd의 연산 집합으로 변환할 수 있다. 이전 단락의 쿼리를 SQL의 한 종류로 표현하면 다음과 같다:

```
SELECT <3_letter_code> FROM <amino_acid_ table>
WHERE (sidechain_volume between 100 AND 120)
AND
((H-bond_donor = "yes" AND H-bond_acceptor = "no")
OR
(surface_area > 100 AND distal_group = "methyl"))
```

MySQL 프로그램은 오픈 소스 관계형 데이터베이스 관리 시스템이다. 생물정보학 커뮤니티에서 널리 사용된다.

주석

분자생물학 데이터베이스의 일반적인 항목에는 유전자 서열이 포함된다. 그러나 이 항목에는 단순히 염기 서열 이상의 정보가 담겨 있다. 여기에는 다음 사항도 포함된다:

- **참조 정보**: 항목의 출처가 된 출판물의 인용문, 데이터베이스에 있는 항목의 이력, 데이터베이스에서 할당된 액세스 정보.
- **해석 정보**: 예를 들어, 염기 서열 내 엑손의 경계.
- **다른 정보에 대한 링크**: 인코딩된 단백질과 해당 단백질

BOX 6.5

아미노산의 속성에 대한 관계형 데이터베이스의 두 테이블

Amino acid	Three-letter code	One-letter code	Volume	Surface area (Å^2)	Distal group
Alanine	Ala	A	88.6	115	methyl
Arginine	Arg	R	173.4	225	guanidinium
Asparagine	Asn	N	111.1	150	amide
Aspartic acid	Asp	D	114.1	160	carboxyl
Cysteine	Cys	C	108.5	135	sulphydryl
Glutamic acid	Glu	E	138.4	190	carboxyl
Glutamine	Gln	Q	143.8	180	amide
Glycine	Gly	G	60.1	75	hydrogen
Histidine	His	H	153.2	195	imidazole
Isoleucine	Ile	I	166.7	175	methyl
Leucine	Leu	L	166.7	170	methyl
Lysine	Lys	K	168.6	200	amino
Methionine	Met	M	162.9	185	methyl
Phenylalanine	Phe	F	189.9	210	phenyl
Proline	Pro	P	112.7	145	pyrrolidine
Serine	Ser	S	89.0	115	hydroxyl
Threonine	Thr	T	116.1	140	hydroxyl
Tryptophan	Trp	W	227.8	255	indole
Tyrosine	Tyr	Y	193.6	230	phenol
Valine	Val	V	140.0	155	methyl

Distal group	H-bond donor	H-bond acceptor
amide	yes	yes
amino	yes	no
carboxyl	no	yes
guanidinium	yes	yes
hydrogen	no	no
hydroxyl	yes	yes
indole	yes	yes
methyl	no	no
phenol	yes	yes
phenyl	no	no
pyrrolidine	yes	no
sulphydryl	yes	no

에 부여된 기능에 대한 정보가 포함된 단백질 서열 데이터베이스 또는 상동 유전자를 설명하는 동일 또는 다른 데이터베이스의 다른 항목에 대한 링크일 수 있다.

데이터베이스가 보다 주제별로 집중되고 분리되어 있을 때는 기본 데이터와 주석이 편안하고 명확하게 구분되었다. 주석은 자유 형식의 주석이 많았으며, 일부는 다른 주석보다 더 자연스럽게 표현되는 경향이 있었다. 최근에는 유전자 서열(및 기타 여러 항목)에 대한 광범위한 정보를 수집해야 할 필요성에 따라 많은 데이터베이스가 병합되었다. 병합과 온톨로지 및 컴퓨터가 해석할 수 있는 규격의 중요성 때문에 데이터베이스의 항목은 보다 형식적인 구조를 취하게 되었다. 데이터와 주석을 명확하게 구분하는 것이 점점 더 어려워지고 있다.

항목의 정보는 다양한 수준의 신뢰성을 가지고 있다. 핵산 서열은 확실한 조립이 가능한 넓은 적용 범위를 가진 최신 기술로 결정되며 매우 정확하다. 반면에 유전자 산물에 직접적인 실험 정보가 없을 때 기능을 할당하는 것은 데이터베이스 주석에서 해결해야 할 중요한 과제이다. 이전에 주석이 달렸던 상동 단백질에서 기능 주석을 옮기는 것이 일반적인 방식이다. 이 접근법은 다음과 같은 가정에 의존한다. (1) 상동 단백질은 서열과 구조가 유사하기 때문에 기능이 비슷하고, (2) 상동 단백질의 주석이 정확하다. 언제나 그렇지는 않지만, 이러한 가정은 대개 유효하다. 만약 가정과 다르면 주석 오류가 발생할 수 있다. 또한, '채용'[역주 28)] 현상으로 인해 서열이 매우 유사하거나 심지어 동일한 단백질이 다른 기능을 채택할 수 있다. 이는 잘못된 주석으로 이어질 수 있다.

마크업 언어

'Algorithms + Data Structures = Programs'
— N. Wirth

마크업 언어는 프로그램의 필수 구성 요소인 데이터 구조를 구현하며, 이는 실행 명령어만큼이나 중요하다. 데이터 구조는 프로그램이 작동하는 정보를 조직화한 것이다. 적절한 데이터 구조를 선택하는 것은 프로그래밍의 핵심 요소이다.

원래 마크업이라는 용어는 편집자가 원고에 주석을 달아서 최종적으로 게시된 텍스트에 명시적으로 나타나지 않으면서도 텍스트의 모양을 제어하는 것을 설명하는 용어였다. 예를 들면 다음과 같다. 특정 단어를 이탤릭체로 표시하기 위해 원고에 밑줄 긋는 것을 예로 들 수 있다. 컴퓨터 조판 시스템에는 서식 지정 명령이 포함되어 있다. UNIX의 'roff' 명령 계열은 초창기 사례이며, D. Knuth의 TeX 시스템은 '모든 가능한 기능'[역주 29)]으로 개발된 시스템이다. HTML(하이퍼텍스트 마크업 언어)은 주로 표현용 마크업 언어이다.

주석과 콘텐츠의 긴밀한 결합의 유용성은 표현 마크업을 넘어 파일 내 데이터 구성으로까지 확장되었다. 이러한 구조는 기존의 **위치 서식**에 대한 대안을 제공한다. 위치 서식 지정은 항목이 표시되는 위치를 지정하는 엄격한 규칙을 통해 파일에서 항목을 해석하는 방법을 지정하는 것이다. 위치 매팅의 일반적인 예는 다음과 같다: '염기 서열의 염기 수는 5−16열에 표시' 또는 '공백으로 구분된 항목은 유전자 이름, 출처 유기체, 염기 수, 염기 서열 순으로 표시' 등이 있다.

마크업 접근 방식은 각 항목을 로컬 설명자(local descriptor)와 연결하여 더 큰 유연성을 달성한다. 예를 들어,

<number of bases>5386</number of bases>

라인은 파일의 **어느 곳**에나 나타낼 수 있다. 프로그램이나 사람이 이를 읽을 수 있다면, 숫자 5386이 무엇을 의미하는지 알아챌 수 있다. 구문 <*descriptor*>value</*descriptor*>를 태그(tag)라고 한다. **태그**의 시작과 끝으로 둘러싸인 자료를 **요소**라고 한다. 구문의 표준화를 통해 이를 해석하는 소프트웨어의 구성을 단순화할 수 있다.

태그-항목 조합은 **스스로 설명**(*self-describing*)이 가능한 데이터를 제공한다. 또한 데이터 설명은 **지역적**, 즉 개별 데이터 항목과 인접해 있다. 이와 대조적으로, 이 책의 각 장의 시작 부분에 나타나는 요지는 해당 장이 참조하는 절에 국한되지 **않는** 내용이다.

형식의 유연성에는 대가가 따르는데, 가장 대표적인 대가는 파일의 크기가 커지고 번거로워진다는 것이다. 또한 데이터 관리자의 감독[역주 30)]이 전혀 필요가 없는 것도 아닌데, 왜냐하면 데이터의 온톨로지[역주 31)]에 허용 가능한 값의 범위가 명시되어 있어야 하기 때문이다. 다음처럼 프로그램에 억지를 부릴 수는 없다:

<number of bases>Tuesday</number of bases>

따라서, 마크업 언어로 된 모든 파일에는 허용되는 요소 및 속성 이름과 허용되는 값 범위의 목록인 **스키마**[역주 32)]가 필요하다. 이를 통해 적절한 형식과 일관성을 유지할 수 있도록 파일의 유효성을 검사할 수 있다. 표준화된 언어로 작성된 DTD(Document Type Definition, 문서 유형 정의서)는 그 자체로 스키마를 정의한다. 다음 예시를 보면:

<number of bases>Tuesday</number of bases>

는 **문법**은 올바르지만 어떤 합리적인 스키마에 입장에서는 잘못된 것이다.[역주 33)]

다양한 유형의 데이터에 특화된 많은 마크업 언어가 있다. 가장 일반적인 것 중 하나는 대부분의 데이터베이스와 정보 검색 시스템에서 사용하는 XML(extensible markup language, 확장 가능한 마크업 언어)이다. XML은 자료의 트리 기반 또는 계층 구조를 가정한다. 하위 수준의 태그와 요소는 상위 수준의 태그와 요소 안에 나타날 수 있다.

포유류 종에 대한 XML 데이터베이스에는 다음이 포함될 수 있다:

```
<mammals>
  <genus>Homo
    <species>sapiens common_name='human'
    </species>
    <species>neanderthalis
    common_name='neanderthal man'</species>
  </genus>
</mammals>
```

포유류, 속, 종의 세 가지 중첩된 태그 레벨에 유의하자. 종 요소에는 속성으로 일반 이름이 포함된다. 다른 스키마에서는 공통 이름이 종 내에서 별도의 태그가 될 수 있다.

계층적이지 않은 정보의 XML 데이터베이스를 구축하는 것은 더 어려울 수 있다. 영화에 대한 정보 데이터베이스를 생각해 보자. 영화 제목이 출연자 목록보다 계층 구조에서 더 높은 수준에 있는 XML 스키마를 정의할 수 있을 것이다. 그러면 영화 제목으로 데이터베이스를 검색하고 출연자를 검색하기 쉬워진다. 반대로 피터 셀러스가 출연한 모든 영화를 검색하는 것은 좀 더 어려울 것이다. 대안적인 스키마에서는 출연자가 영화보다 상위 레벨에 있을 수 있으므로 배우나 배우를 쉽게 검색할 수 있지만 제목으로 검색하고 출연진을 검색하기는 어려울 것이다. 영화 제목이나 출연자로 쿼리하려면 관계형 데이터베이스가 더 자연스러운 데이터 구성 방식이 될 것이다. 그러나 이러한 쿼리를 위한 기능이 XML과 완전히 호환되지 않는 것은 아니다. XML 스키마로 계층적으로 구조화된 데이터베이스라 하더라도, 비계층적인 접근 방식을 비롯한 다양한 접근 방식을 지원하기 위해 다양한 방법으로 인덱싱할 수 있다.

XML은 HTML과 달리 외관이나 표시와는 직접적으로 관련이 없다. 그러나 포맷팅 프로그램을 작성하여 XML 파일의 내용 표시를 제어하는 것이 가능하다. 예를 들어, 이전에 언급한 mammal–genus–species 예제에서는, 이러한 프로그램을 사용하여 종 및 속 이름을 이탤릭체로 표시할 수 있다. 다른 프로그램은 공통 이름을 굵은 글꼴로 표시하거나 일반 로마체로 표시할 수 있다. (XML을 HTML로 변환하는 프로그램이 있다.)

그에 비해 HTML 파일에서는 일반적인 이름을 굵은 글꼴로 표시하도록 태그가 결정되어 있기 때문에 <b>neanderthal man</b>와 같은 태그는 '**neanderthal man**'이 굵은 글꼴로 나타나도록 강제한다. 또한, HTML 형식에 새로운 태그를 만드는 것은 불가능하다(국제 위원회의 승인 없이). 다시 말해, HTML의 스키마는 고정되어 있다. 이것은 완전한 이식성의 이점을 가지고 있지만 융통성이 떨어지는 단점이 있다.

마크업 언어, 특히 XML과 HTML은 일반적으로 데이터베이스 구축 및 배포에서 표준이 되고 있다.

- 데이터 아카이빙과 기록 관리. XML은 다양한 분야와 응용 프로그램에서 정보를 구성하는 데 호환되는 일반적이고 유연한 구조를 제공한다. 데이터 유효성 검사(요소의 값이 스키마와 일치하는지 확인하는 것)는 직관적이다. 이 결과는 데이터 교환 형식을 제공하여 데이터베이스 상호 운용성을 용이하게 한다.
- 프로그램에 데이터 제공. XML 데이터 파일과 응용 프로그램 사이에 파서(parser)를 삽입하면 계산의 입력 단계를 단순화할 수 있다.
- 데이터 추출 및 표현의 용이성. 데이터 선택 및 HTML 파일로의 포맷팅은 자연스럽게 술술 매핑될 수 있는데, 이는 데이터를 인간 친화적이며 웹에서 배포 가능한 형태로 변환하기 쉬워진다. 이들은 데이터 구조와 표현 양쪽 모두에 깊이 관여한다.

데이터베이스 접속

분자생물학 분야의 많은 데이터베이스는 데이터에 대한 무료 공개 접속을 허용한다(Box 6.6 참조). 사용자는 대개 데이터를 읽을 수는 있지만 변경할 수는 없다. 데이터를 '읽는다'는 것은 일반적으로 브라우저에서 실행되는 프로그램을 통해 데이터의 표시를 보는 것을 의미한다. 동일한 데이터베이스에 대해서 개별적인 표시와 다른 링크 집합을 가진 많은 '프론트 엔드'가 있을 수 있다.

일부 데이터베이스는 사용자가 대량으로 항목을 추출할 수 있게 허용한다. 이 작업이 가능하려면 데이터가 일반적

BOX 6.6

과학 데이터에 대한 공용 이용

학술지 논문에 대한 공개 및 무료 이용과 논문에 포함된 데이터에 대한 공개 및 무료 이용은 서로 연관되어 있지만, 별개의 문제이다.

학계의 과학자들은 유전자 서열이나 단백질 구조와 같은 새로운 데이터를 밝혀내면 그 데이터를 공개적으로 이용할 수 있는 데이터베이스에 기탁해야 하는 입장이다. 이는 상업적 권리 또는 경쟁이 치열한 연구 분야에서 공유되지 않은 지식의 지적 이점을 희생할 잠재적인 가능성이 있다. 대표적인 예를 들면, 제약 및 생명공학 산업을 포함한 분자생물학 분야의 상업적 연구 분야에서는 일반적으로 과학자들이 창출한 결과를 독점적인 것으로 간주한다.

이러한 갈등은 학계 내에서도 새로운 갈등은 아니다. 18세기 초, Isaac Newton은 프린키피아의 새 판을 준비하기 위해 왕립 천문학자인 John Flamsteed에게 수집한 데이터에 대한 접근 권한을 요구했다. Flamsteed는 자신이 공식적인 정부 직책을 맡고 있을 때 수집한 데이터임에도 불구하고 데이터의 소유권을 주장하며 이를 거부했다.

오늘날 학술지와 연구비 지원 기관은 게놈 서열과 거대 분자 결정 구조 등 특정 종류의 데이터를 기탁할 것을 요구한다. 학술지에서는 적절한 데이터베이스에서 보관 확인을 받지 않은 논문은 접수하지 않는다. 이러한 규정이 현재는 일반적으로 받아들여지고 있지만, 그 제정 당시에는 논란이 있었다.

*Science*는 2001년 J.C. Venter와 동료들이 인간 게놈 초안 염기서열을 발표할 때 의무 기탁 정책에 예외를 두었다. 이 면제에 대한 비판은 다음을 참고하기 바란다.[i] 벼 균주 중 하나의 게놈을 출판할 때도 비슷한 면제가 적용됨에 따라 비슷한 비판이 제기되었다.[ii] 반대로 *Science*에서는 1918~19년 대유행한 인플루엔자 바이러스 균주의 게놈 서열을 공개적으로 접근 가능한 데이터베이스에 기탁하도록 요구한 바 있다. R. Kurzweil과 W. joy는 테러리스트들이 이 정보를 이용해서 바이러스를 재창조하고 무기로 사용할 수 있다는 이유를 들어 이 서열을 공개하지 않는 것에 대해 비판했다.[iii]

[i] Powledge, T.M. (2001). Changing the rules? *EMBO Rep.* **2**, 171–172.
[ii] Petsko, G.A. (2002). Grain of truth. Genome Biol 3, comment1007.1-comment1007.2.
[iii] *The New York Times*, September 17, 2005.

으로 이용 가능한 형식이어야 한다. 이를 위해 일부 데이터베이스는 각 항목이 일반 텍스트(플랫 파일이라고 함)로 표시되는 버전을 관리한다. 이 형식이 반드시 가장 유용한 내부 형식은 아니지만 일반적인 데이터 교환을 쉽게 해준다. 또 다른 컬렉션은 범용 데이터베이스 관리 시스템을 사용하여 유지 관리한다. 이러한 형식은 같은 소프트웨어를 실행하는 설치 환경 간에 쉽게 배포할 수 있다. 대표적인 예로 관계형 데이터베이스 형식을 들 수 있다.

대부분의 데이터베이스는 콘텐츠 수정 권한을 신중하게 통제해야 한다. 분자생물학 데이터베이스는 일반적으로 특정 기관 또는 제한된 컨소시엄에 의해 유지 관리된다. 외부 사용자는 정보를 제출하고 수정 또는 기타 변경 사항을 제안할 수는 있지만 데이터베이스를 직접 수정할 수는 없다. 특정 주제에 대한 데이터를 큐레이션하기 위해 외부 전문가를 초대할 수 있는 경우, 데이터베이스는 이러한 외부 큐레이터에게 수정 권한을 확장하는 메커니즘을 고려해야 한다.

링크

데이터베이스의 효용성은 내용뿐만 아니라 링크 품질에 따라 좌우된다. 내부 링크는 데이터베이스 자체를 탐색할 수 있게 해준다. 외부 링크는 참고 문헌이 포함된 문헌 데이터베이스를 비롯한 다른 데이터베이스로 연결한다.

예를 들어, *Polysiphonia urceolata*(동의어 *Confervax urceolata*)의 광수확 안테나 시스템에서 R-phycoerythrin α-사슬에 대한 UniProtKB 항목은 브라우저 창에서 여러 페이지에 걸쳐 표시된다. http://www.uniprot.org/uniprot/P84861 그림 6.2는 항목의 일부를 보여준다.

단백질 아미노산 서열은 단지 4줄만 포함하고 있다! 웹페이지에는 그림 6.2에 표시되지 않은 많은 링크가 있다. 여기에는 다음이 포함된다:

- 항목과 관련된 참고 정보(예: 서열 및 구조를 보고하는 논문에 대한 참고문헌 정보) 또는 항목과 직접적인 관련은 없지만 관련성이 있는 정보(예: 출처 생물의 분류에 대한 정보) 등.
- 다른 데이터베이스로의 링크, InterPro, Gene3D, Pfam, SUPFAM, PROSITE, 그리고 GO 등을 포함한다.
- UniProtKB에 등록된 유사한 단백질의 목록을 제공하며, 이는 최소 50%의 서열 일치도를 갖는 다른 단백질로

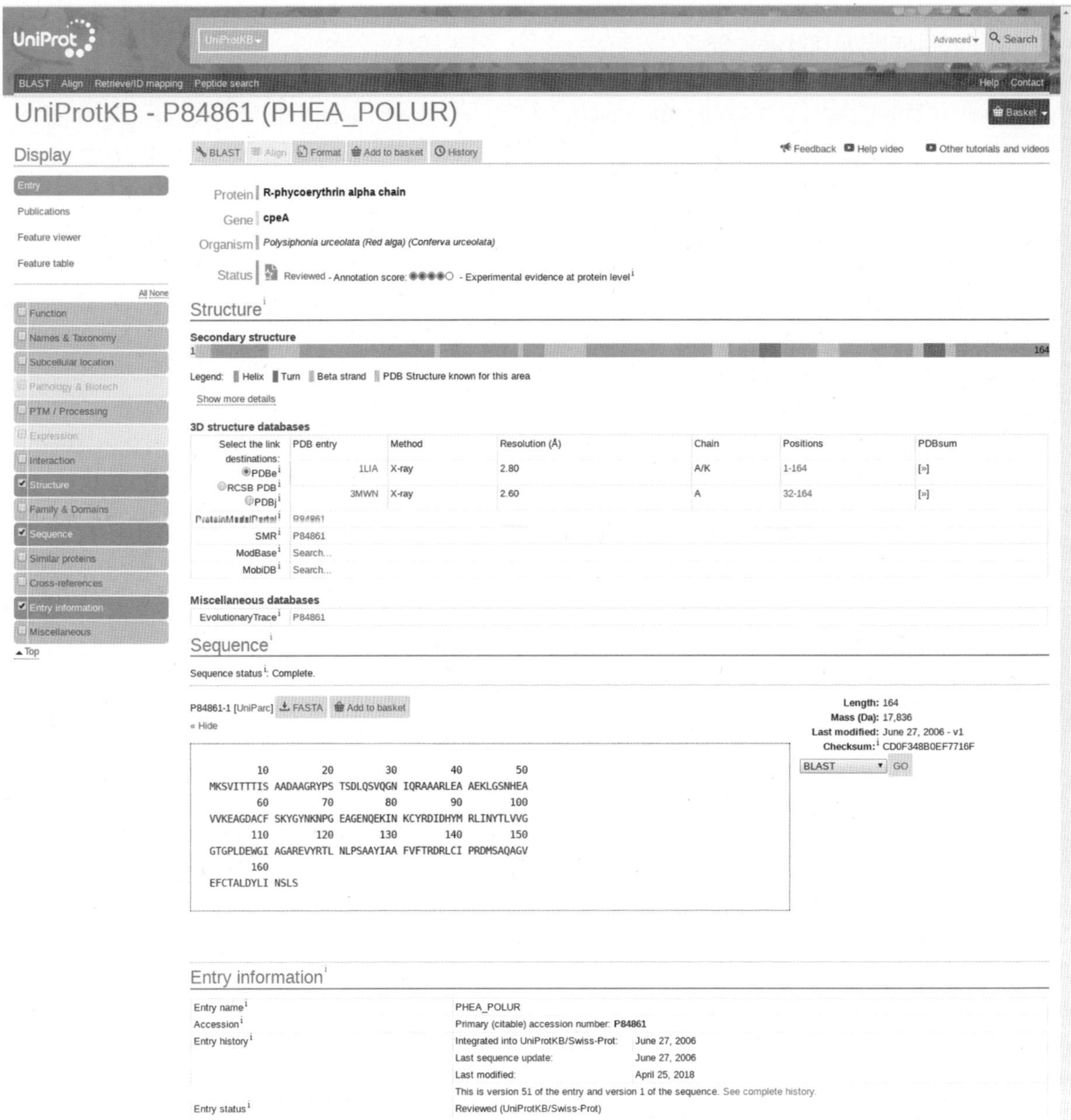

그림 6.2 UniProtKB에서 적조류, *Polysiphonia urceolata*(synonym of *Confervax urceolata*) (http://www.uniprot.org/uniprot/P84861)의 R-phycoerythrin의 α-사슬 항목의 일부. 이 항목의 서열은 전체 내용에서 상대적으로 작은 부분이다. 독자들은 브라우저에서 이 페이지를 열고 창의 왼쪽에 있는 상자에서 이 엔트리의 추가 구성 요소를 선택해야 한다.

식별된다.

- **특징 테이블**은 서열의 각 기능적 역할의 주석, 이중나선 및 시트의 스트랜드와 같은 2차 구조의 할당, 그리고 그것이 일부인 복합체의 4차 구조를 나타낸다.

또 다른 중요한 유형의 링크는 웹 페이지에서 제공하는 데이터 중에서 선택한 것을 분석하기 위해 계산을 실행시키는 기능이다.

유럽 생물정보학 연구소의 웹 페이지에서 아미노산 서열을 검색하는 경우를 생각해 보자. 초파리에서 세르핀(serpins)을 검색하면 8개의 항목이 표시된다(그림 6.3a). 상자를 체크한 후 이들 중 일부 또는 전부를 선택하여 다중 서열 정렬 프로그램인 Clustal Omega로 바로 전달할 수 있다. 시퀀스를 저장하거나 다른 창에 잘라내어 붙여 넣을

(a)

■	Entry	Entry name		Protein names	Gene names	Organism	Length
9 result(s) selected. (Clear selection)							
☑	O17365	O17365_CAEEL		SeRPin	**srp-2** C05E4.1, CELE_C05E4.1	Caenorhabditis elegans	359
☑	G5EFH4	G5EFH4_CAEEL		SeRPin	**srp-6** C03G6.19, CELE_C03G6.19	Caenorhabditis elegans	375
☑	G5EE40	G5EE40_CAEEL		SeRPin	**srp-1** C05E4.3, CELE_C05E4.3	Caenorhabditis elegans	366
☑	A9Z1L1	A9Z1L1_CAEEL		SeRPin	**srp-7** CELE_F20D6.4, F20D6.4	Caenorhabditis elegans	373
☑	G5ECY2	G5ECY2_CAEEL		SeRPin	**srp-3** CELE_Y32G9A.4, Y32G9A.4	Caenorhabditis elegans	362
☑	Q19651	Q19651_CAEEL		SeRPin	**srp-8** CELE_F20D6.3, F20D6.3	Caenorhabditis elegans	372
☑	Q6QUQ6	Q6QUQ6_CAEEL		SeRPin	**srp-7** CELE_F20D6.4, F20D6.4	Caenorhabditis elegans	366
☑	Q6QUQ5	Q6QUQ5_CAEEL		SeRPin	**srp-7** CELE_F20D6.4, F20D6.4	Caenorhabditis elegans	365
☑	G5EBT3	G5EBT3_CAEEL		SeRPin	**srp-7** CELE_F20D6.4, F20D6.4	Caenorhabditis elegans	366

(b)

```
CLUSTAL O(1.2.4) multiple sequence alignment

TR|G5EFH4|G5EFH4_CAEEL MSDSSSDEKMGLLLHSETDFGLSLLRQQN--LTESFVFSPLSIALALSLVHVAAKGETRD 58
TR|G5EE40|G5EE40_CAEEL -----MSFSLINSTFTEAQFGIKLLSDLTSDQLTPCVFSPVSILLSLALVHLGAKGHTRH 55
TR|G5ECY2|G5ECY2_CAEEL -----------MFDVAERRFALNFLNTLPV-HNESLVFSPLSIALVLSLVHTGVRGSSRD 48
TR|Q6QUQ6|Q6QUQ6_CAEEL ---------MALLLQSETDFGLGLLRQQN--ISESLAFSPLSIALALSLVHVAAKGETRD 49
TR|Q6QUQ5|Q6QUQ5_CAEEL ---------MALLLQSETDFGLGLLRQQN--ISESLAFSPLSIALALSLVHVAAKGETRD 49
TR|G5EBT3|G5EBT3_CAEEL ---------MALLLQSETDFGLGLLRQQN--ISESLAFSPLSIALALSLVHVAAKGETRD 49
TR|Q6QUR0|Q6QUR0_CAEEL ---------MSDNATSQTDFALKLLATLP--HSGSVVLSPLSISLGLALIHAGACGSTQK 49
TR|Q6QUQ4|Q6QUQ4_CAEEL ---------HEFLSKSEAEFALKLLHQQD--HSQSFVFSPIAISLALYSLYEAARGETRS 49
                                      ::  *.: :*           .:**::* * *  :: .. * ::

TR|G5EFH4|G5EFH4_CAEEL EIRKALLNGATDEELEQHFSNISAGLLVAEKGTEVNVANHIFSRKTFTIKKLYLNDVKKL 118
TR|G5EE40|G5EE40_CAEEL DIRNSVVNGSTDEQFIEHFSFINKLLNSSVNDVETLIANRLFVSPEQAIRKAFTDELREH 115
TR|G5ECY2|G5ECY2_CAEEL QIRNTLLSGATDEQLVEHFSFVSKEVKNGTKGVEVYLANKVYLKKGFTVNPTFLSTALKN 108
TR|Q6QUQ6|Q6QUQ6_CAEEL QIREALVKGSTDEQLEQHFANISAALLAAERGTEVKLANHVFTRAGFKIKQSYLDDVKKL 109
TR|Q6QUQ5|Q6QUQ5_CAEEL QIREALVKGSTDEQLEQHFANISAALLAAERGTEVKLANHVFTRAGFKIKQSYLDDVKKL 109
TR|G5EBT3|G5EBT3_CAEEL QIREALVKGSTDEQLEQHFANISAALLAAERGTEVKLANHVFTRAGFKIKQSYLDDVKKL 109
TR|Q6QUR0|Q6QUR0_CAEEL ELEDVLGGS----RIFEEFSGLMEAVGDTDNGVETKIVNRVFVNQAYTIHQDYLETVEKL 105
TR|Q6QUQ4|Q6QUQ4_CAEEL QIHDCLFKNATDGEMVTHFSNVSTALSAMKKDPQVKICNHIICRNGIKTESLCLDKVKLL 109
                       ::.. :  .    .:  .*: :   :    .. :. : *::        .    .

TR|G5EFH4|G5EFH4_CAEEL YNAGASQLNFEDQEASAEAINNFVSENTKGHIKKIINPDSISEELVAVLTNAFYFKANWQ 178
TR|G5EE40|G5EE40_CAEEL YNAETATIDFKKSQEAAKIMNQFISESTKGKIPDMIKPDNLKD-VDAILINAIFFQGDWR 174
TR|G5ECY2|G5ECY2_CAEEL YGADAKSLDLTTP-AAVQEINSFVNTATNGKIKNIATQDSIKD-AIALLINSIYFKADWD 166
TR|Q6QUQ6|Q6QUQ6_CAEEL YNAGASSLDFDNKEATAEAINNFVRENTGDHIKKIIGSDSINSDLVAVLTNALYFKADWQ 169
TR|Q6QUQ5|Q6QUQ5_CAEEL YNAGASSLDFDNKEATAEAINNFVRENTGDHIKKIIGSDSINSDLVAVLTNALYFKADWQ 169
TR|G5EBT3|G5EBT3_CAEEL YNAGASSLDFDNKEATAEAINNFVRENTGDHIKKIIGSDSINSDLVAVLTNALYFKADWQ 169
TR|Q6QUR0|Q6QUR0_CAEEL YKASGESLDFSQTEQAAKTMNTFVENHTNGKIKDLIPADSANN-AFAFLVNAMYFKADWQ 164
TR|Q6QUQ4|Q6QUQ4_CAEEL YNCEVSSHDLDNEKETIKTINKLIRENTDGHIKKINTKISIDKDQVVVFLSAACFEAQWQ 169
                       * .      ::    : : :* ::   * .:* .:    . ..   ..: .:  *:.:*
```

그림 6.3 (a) *C. elegans* serpins의 UniProtKB 검색. 8개의 서열이 검색되었다. 모두 선택한 후에 Align을 활성화하면 시스템이 서열을 직접 Clustal Omega로 전송하며, 결과는 (b)의 일부로 표시된다.

필요가 없다. 결과는 그림 6.3b에 나타낸다.

데이터베이스 상호 운용성

한 번에 여러 데이터베이스에 조회해야 하는 질문은 어떻게 처리할 수 있을까? 두 가지 일반적인 접근 방식이 있다:

- 데이터베이스 간의 상호 통신을 위한 방법을 개발하여 쿼리를 분석 및 배포하고 그에 대한 응답을 조합할 수 있게 한다.

```
TR|G5EFH4|G5EFH4_CAEEL TKFKKESTYKREFFSSENSKRETEFLHSRNSNRKYSENGQFQVLSLPYKDTSFALSIFLP 238
TR|G5EE40|G5EE40_CAEEL RKFGEPA--ESNFSISATENRLVPMLRET-RDYFYNKDDEWQVIGIPFKDKSAWFAIFLP 231
TR|G5ECY2|G5ECY2_CAEEL DKFDGMSVSEQDFTLHTGEKKKIKFMKEFMNDRSFSSDDVFDVLHVAYSDQRYQFSVFLP 226
TR|Q6QUQ6|Q6QUQ6_CAEEL NKFKKDSTFKSEFFSSADSKREIDFLHASSVSRDYAENDQFQVLSLPYKDNTFALTIFLP 229
TR|Q6QUQ5|Q6QUQ5_CAEEL NKFKKDSTFKSEFFSSADSKREIDFLHASSVSRDYAENDQFQVLSLPYKDNTFALTIFLP 229
TR|G5EBT3|G5EBT3_CAEEL NKFKKDSTFKSEFFSSADSKREIDFLHASSVSRDYAENDQFQVLSLPYKDNTFALTIFLP 229
TR|Q6QUR0|Q6QUR0_CAEEL SKFAKESTTGREFFTSEAESRQIPFLTDVDEHRDYTEDVLFQVLSLKYADPKFTLAIFLP 224
TR|Q6QUQ4|Q6QUQ4_CAEEL NKFHKLSTSKKEFFCTANSHRNIKFLHATG------------------------------ 199
                        **   :    :*     .  :   ::

TR|G5EFH4|G5EFH4_CAEEL KTRFGLSEALQNLDSVTIQQLMSNTSNTLVNIAMPKWKIETALGLNRALMAVGIEKAFTD 298
TR|G5EE40|G5EE40_CAEEL TRRFALAENLKSLNAAKFHNLINNVYQEYIFLTFPKFKMDYKINLKTALAKFGLAELFTE 291
TR|G5ECY2|G5ECY2_CAEEL KLRNSLKEALKKLNEKRFNDLLKTKKRTFMNTQLPKFTIEKDLNLKSHLQTLGITDIFSD 286
TR|Q6QUQ6|Q6QUQ6_CAEEL KTRFGLTESLKTLDSATIQHLLSNVSSTSVNVQIPKWKIETKLGLEEALQSLGIKKAFDN 289
TR|Q6QUQ5|Q6QUQ5_CAEEL KTRFGLTESLKTLDSATIQHLLSNVSSTSVNVQIPKWKIETKLGLEEALQSLGIKKAFDN 289
TR|G5EBT3|G5EBT3_CAEEL KTRFGLTESLKTLDSATIQHLLSNVSSTSVNVQIPKWKIETKLGLEEALQSLGIKKAFDN 289
TR|Q6QUR0|Q6QUR0_CAEEL KQRFGLVDALEKINGEYIQNLLNDLKSSYVSVQIPKFKIEKELDLKETLEAIGIKEIFAE 284
TR|Q6QUQ4|Q6QUQ4_CAEEL -----------------------------------------------------

TR|G5EFH4|G5EFH4_CAEEL SADLSNFADGIYISQAAHKALIEVDEDGTVAAAATTISFSLTSVFIPAEEPIEFTADHPF 358
TR|G5EE40|G5EE40_CAEEL QADLSGIGPGLQLASATHQALIEVDQVGTRAAAATEAKIFF--TSASSDEPLHIRVDHPF 349
TR|G5ECY2|G5ECY2_CAEEL SADLSGLAENLKISEGVHKAIIEVNEEGTTAAAVTMMKAVP--MSARMEQPVNFIADHPF 344
TR|Q6QUQ6|Q6QUQ6_CAEEL DADLGNMADGLYVSKVTHKALIEVDEEGTTAAAATVVSFVRKSARPSAIKPIVFQADHPF 349

TR|Q6QUQ5|Q6QUQ5_CAEEL DADLGNMADGLYVSKVTHKALIEVDEDGTVAVAATRCSIER--CRKKMKENIEFHAEHPF 347
TR|G5EBT3|G5EBT3_CAEEL DADLGNMADGLYVSKVTHKALIEVDEEGTKAAAATTVSISLKSAMFVMEEPKDFTADHPF 349
TR|Q6QUR0|Q6QUR0_CAEEL GADLSGIADKVFISSGIHKAIIEVDEDGTTAAAASAFKVQL--EMMIMAEPTQFVADHPF 342
TR|Q6QUQ4|Q6QUQ4_CAEEL ------------------------------------------------------------

TR|G5EFH4|G5EFH4_CAEEL LFILSKDNHPLFIGIHN- 375
TR|G5EE40|G5EE40_CAEEL LFAIIKDNSPLFLGTYT- 366
TR|G5ECY2|G5ECY2_CAEEL FFTITFLNHPIFVGVFNG 362
TR|Q6QUQ6|Q6QUQ6_CAEEL LFMLTQTNHPIFLGIHQ- 366
TR|Q6QUQ5|Q6QUQ5_CAEEL FFILHHGTSYIFLGVFTG 365
TR|G5EBT3|G5EBT3_CAEEL FFVLSKDNHPLFVGLHH- 366
TR|Q6QUR0|Q6QUR0_CAEEL LFAVLFENHTLFLGVHA- 359
TR|Q6QUQ4|Q6QUQ4_CAEEL ------------------
```

그림 6.3 (계속)

- 여러 데이터베이스를 기여자의 콘텐츠가 결합된 하나의 데이터베이스로 병합한다.

과거에, 각 데이터베이스가 선택한 주제로 예리하게 초점을 맞춘 데에는 그럴 만한 이유가 있었다. 소규모 전문가 그룹의 관심사와 전문성이 데이터베이스 프로젝트에 반영되었다. 데이터 표현과 구성은 정보의 자연스러운 속성에서 유래했다. 게다가, 초기에는 지원 수준도 상대적으로 적었다. 지원금 범주가 정해져 있지 않았기 때문에 데이터베이스는 연구 프로젝트와 경쟁해야 했고, 종종 연구 프로젝트로 위장해야만 했다(사실 지나친 표현은 아니지만). 이는 전문화를 촉진하는 또 다른 요인이 되었다.

그래서 복잡한 쿼리를 분리하고, 하위 쿼리를 별도의 데이터베이스로 '파밍(farming)'한 다음, 그 결과를 재조합하는 방식으로 복잡한 쿼리를 처리하기 위해 상당한 노력을 기울여 왔다. 그러나 이러한 노력이 완전히 만족스럽지 않았을 뿐만 아니라 정치적이라고 할 수 있는 이유로 인해서, 이 분야는 다른 방향으로 나아가고 있다.

최근 몇 년 동안 유전체 시퀀싱과 관련 생물정보학 및 데이터베이스 활동이 전반적으로 성장하고 노력이 집중되면서 정보 자원의 통합이 자연스럽게 촉진되었다. 예를 들어, UniPROT과 같은 일부 기관은 여러 개별 데이터베이스를 자신들이 설명하듯이 '보편적인 단백질 자원'으로 통합했다. 미국 국립 생명공학 정보 센터에서 운영하는 EN-

TREZ는 68개의 요소 데이터베이스를 통합하여 동시에 검색할 수 있는 기능을 제공한다. 물론 공통 관리 상부 구조는 이러한 데이터베이스의 통합을 쉽게 해준다. 통합의 분명한 장점 중 하나는 데이터 또는 주석의 일관성을 쉽게 확인하고 불일치를 조정할 수 있다는 것이다.

데이터 마이닝

지금까지 데이터베이스에서 정보를 검색하는 예에서는 사용자가 특정 기준 집합을 구성하고, 이러한 기준에 따라 선택된 관련 항목을 반환하는 과정을 설명했다. 이제 대량의 데이터를 사용할 수 있게 된 탐색 단계의 과학 분야를 예로 들어서 어떤 기본 패턴이 존재하는지 이해하는 것이 과제라고 생각해 보자. 첫 번째 단계는 이러한 패턴에 대한 가설을 생성하는 것이다. 아마도 전문가들은 무엇을 찾아야 할지 짐작할 수 있을 것이다. 그런 다음, 전문가의 가설을 테스트하고 구체화하기 위해서는 일련의 쿼리를 사용하여 정보 아카이브를 조사하고, 데이터의 관계와 연관성을 찾아야 한다. 이것이 과학이 발전해 온 전통적인 방식이다.

오늘날에는 프로그램의 능력을 통해 데이터 탐색을 어느 정도 수도할 수 있다. 예를 들어, 클래스를 정의하는 규칙을 명시적으로 지정할 수 없더라도 예제를 통한 '훈련'을 기반으로 해서 데이터를 클래스에 할당하도록 프로그램을 적용하는 것이 가능하다. 심지어 프로그램이 데이터에 내재된 패턴에 대한 가설까지도 제안할 수 있다. 이는 과학 연구의 부분적인 자동화에 해당한다.

기계 학습은 데이터를 분석하는 계산적 접근 방식으로, 관련 정보 리소스의 분석을 통해 컴퓨터 프로그램이 데이터의 속성을 추론할 수 있는 능력을 갖추도록 하는 것이다. (이는 다음 장의 주제이다.) 두 가지 상호 보완적인 측면이 있다:

(1) **지식 발견** — 데이터의 규칙성에 대한 서술 또는 심지어 그 설명, 그리고
(2) **성공적인 예측** 또는 예측 모델링.

이러한 목표를 구현하기 위한 정교한 수치적 방법에는 다음이 포함된다:

- **통계 기법**에는 클러스터링 및 분류 알고리즘, 주성분 분석(데이터 집합에서 대부분의 변동을 설명하는 소수의 복합 매개변수 식별)이 포함된다. 은닉 마르코프 모델은 단백질의 상동 아미노산 서열을 탐지하는 가장 강력한 방법이다.
- **인공 신경망**은 단백질의 2차 구조를 예측하기 위해 선택되는 방법이다.
- **서포트 벡터 머신**은 분류를 위한 알고리즘으로, 다양한 애플리케이션에서 신경망을 능가하는 성능을 발휘한다.

인공 신경망과 서포트 벡터 머신은 모두 **지도 학습**을 위한 데이터 구조이자 알고리즘이다. 지도 학습에서는 프로그램의 일반적인 프레임워크가 구성되지만 세부 사항은 매개변수 선택에 따라 달라진다. 알려진 분류의 여러 개체에 프로그램을 노출하고 예측이 올바른지 여부를 프로그램에 알려줌으로써(지도 단계), 프로그램은 최적의 성능을 제공하도록 매개 변수를 조정할 수 있다.

인공 신경망을 비롯한 일부 기계 학습 기술을 구현하는 컴퓨터 프로그램은 내부 구조가 복잡하다. 가변 파라미터가 많아 다양한 기능을 제공하며, 학습을 통해 파라미터를 최적화하면 입력 데이터를 분류할 때 놀라운 정확도를 달성할 수 있다. 한 가지 아쉬운 점은 훈련된 네트워크를 '분리'하여 데이터 구조에 대한 인사이트를 간단하고 이해하기 쉬운 형태로 표현하는 것이 일반적으로 불가능하다는 것이다. R. Hamming은 '컴퓨팅의 목표는 숫자가 아니라 통찰'이라고 쓴 바 있다. 오늘날 사람들은 이 두 가지를 모두 원한다. 일부 통계적 방법은 적어도 중요한 변수 또는 변수의 조합을 식별함으로써 그러한 통찰을 제공한다.

데이터베이스 구축 및 접속을 위한 프로그래밍 언어 및 도구

컴퓨터 프로그램은 컴퓨터가 실행할 명령 집합이다. 실행 시 명령은 컴퓨터를 작동시킬 수 있는 형태로 지정되어야 하는데, 즉 명령은 컴퓨터의 유한한 기본 연산 레퍼토리에 대응하는 형태여야 한다. 사람은 사람의 언어로 명령을 지

정하고 싶어 한다. 이에 따라 자연스러운 수학적 담론에 최대한 가까운 언어로 컴퓨터 프로그램을 작성하고, 이를 컴퓨터의 연산 집합으로 번역할 수 있는 '혼성(pidgin)'[역주 34] 언어가 개발되었다. FORTRAN은 그중 첫 번째 언어이다.

프로그래밍 언어는 표현 가능성의 범위가 제한되어 있고 오류에 대해 매우 엄격한 불관용성을 갖는 등 여러 가지 측면에서 자연스러운 인간 언어와 다르다.

오류에 대한 불관용성은 컴퓨터 프로그램에서 읽을 데이터의 준비와 형식 지정에도 유사하게 영향을 미친다. 프로그램의 입력으로 사용되려면, 데이터는 (1) 특정 규칙(예: 통제된 어휘로 제한된 용어)에 따라 제시되어야 하고, (2) 적절한 형식이 지정되어야 한다. 이러한 요구 사항을 설정하는 데 있어 사용자 친화성과 프로그램 친화성 사이에는 긴장이 있다.

예전만큼 선명하지는 않지만, 또 다른 구분법은 프로그램을 **시스템 프로그램**과 **응용 프로그램**으로 분류하는 것이다. 응용 프로그램은 일반적으로 한 명 이상의 사용자를 대상으로 한다. 특정 분야의 특정 문제를 해결한다. 컴퓨터에서 제한된 시간 동안 활성화된 후 답을 알려주고 사라진다. 반면 시스템 프로그램은 컴퓨터의 전반적인 워크플로우를 관리하고, 모든 사용자에게 공통적이며, 지속적으로 작동하고, 개별 응용 프로그램을 통해 다양한 문제를 해결하는 컴퓨터 사용에 일관성을 유지한다. 예를 들어, 2개 이상의 단백질 구조를 중첩하는 프로그램은 응용 프로그램에 해당한다. 일반적인 운영 환경을 만드는 프로그램(예: Unix 또는 Microsoft Windows)은 시스템 프로그램이다.

운영체제는 전반적인 '내부 관리 기능'[역주 35] 외에도 많은 특정 기능을 제공한다. 운영체제의 기능을 호출하는 명령 목록을 만드는 것은 **스크립트**라는 프로그램을 작성하는 것이다.

시스템과 응용 프로그램 사이의 경계는 점점 더 모호해지고 있다. 이 문단을 입력하는 편집기의 모든 기능은 텍스트를 수락하고 편집하는 문제에 특화되어 있다. 그러나 많은 사람들이 사용하고 있고, 운영체제와 함께 배포되었으며, 이 구절을 마친 후에도 활성 상태로 유지된다('백그라운드'). 반대로, 데이터베이스에서 유전자 서열 검색과 같은 다양한 문제를 해결하는 크고 강력한 패키지를 구성하는 많은 프로그래머는 (시스템 프로그램이 아닌) '프로그램 시스템'을 작성했다고 자랑한다.

전통 프로그래밍 언어

프로그래머가 C, C++, 심지어 FORTRAN으로 코드를 작성하면 **컴파일러**라는 별도의 프로그램이 이러한 언어로 된 코드를 적절한 컴퓨터 명령어 집합으로 변환한다. C++와 같은 언어는 컴파일러 기술의 성숙도와 컴퓨터 과학자들의 알고리즘에 대한 이해, 프로그래머 커뮤니티의 경험과 기술이 어우러져서 가용 리소스에 부담이 되는 대규모 계산에 가장 적합한 언어가 되었다.

네이티브 기계어로 작성하지 않을 때의 또 다른 장점은 코드 **이식성**, 즉 C, C++ 또는 FORTRAN으로 작성된 하나의 프로그램을 다양한 플랫폼에서 실행할 수 있다는 점이다. 물론 각각의 대상 기계어마다 고유한 컴파일러가 필요한 것은 사실이다. 하지만 컴파일러를 작성하는 작업은 기계마다 한 번만 수행하면 되며, 컴파일러 구성을 간소화하는 기성 소프트웨어가 있다. 그러면 전체 프로그램 목록이 실행 가능해진다.

완성된 코드가 최적화된 컴파일 버전보다 월등히 빠르게 실행될 수 있음에도 불구하고 더 이상 컴퓨터의 원래 언어[역주 36]로 프로그램을 작성하는 사람은 거의 없다. 컴파일된 버전의 실행 속도가 훨씬 빠르다는 사실은 컴퓨터 성능이 얼마나 저렴한지를 감안하면 큰 차이가 아닐 수도 있다. 또 다른 근본적인 문제는 결과물의 이식성이 부족하다는 점이다. 선형 대수학에 널리 사용되는 서브루틴 라이브러리인 LAPACK조차도 FORTRAN으로 작성되었다.[5]

스크립팅 언어

대부분의 매우 유용한 작업들은 최소한의 컴퓨터 리소스로도 충분하다. 예를 들어, 유전자 서열을 아미노산 서열로 번역하는 작업은 각 코돈의 간단한 테이블 조회만 필요하다(1장 참조). 이러한 경우, 간단한 프로그램만으로도 적절한 처리량을 달성할 수 있다. 따라서 중요한 것은 프로그래머의 시간을 절약하는 것이다. 컴퓨터 사용 시간은 무시할 수 있는 수준인 경우가 많다.

[5] 일부 사람들은 기계어로 직접 프로그래밍하는 것이 제공하는 완전한 제어를 선호했다. '기계어로 프로그래밍하는 것과 FORTRAN으로 프로그래밍하는 것 사이의 차이는 피아노를 연주하는 것과 녹음된 음악을 듣는 것 사이의 차이와 같다'는 주장도 있었다. 하지만, 이 관점은 시대착오적이다.

사실, 하드웨어와 소프트웨어의 상대적 비용은 꾸준한 추세를 보이고 있다. 하드웨어 구매 및 유지하는 데 드는 비용에 비해 소프트웨어를 만드는 데 드는 비용이 높은 방향으로 균형이 급격하게 기울고 있다. 프로그래밍 현업에서는 실행 효율성이 다소 떨어지더라도 올바르게 작동하는 코드를 작성하는 데 필요한 노력을 줄여주는 도구와 언어를 개발해 왔다.

우리는 PERL, PYTHON, RUBY와 같은 스크립팅 언어에 대해 논의했다. 적어도 초기 버전에서, 이러한 언어들은 인터프리터 언어였다. 즉, 명령을 수행하는 시스템 프로그램은 기계어로 컴파일하는 단계를 생략하고 명시된 연산을 한 줄 단위로 구현했다. 원칙적으로 이렇게 하면 실행 효율이 떨어진다. 그러나 이는 대부분의 경우 프로그램 작성 편의성과 '디버깅' 단계의 현저한 단축을 위해 지불해야 할 정당한 대가이다. 실행 시간의 차이는 눈에 띄지 않는 경우가 많다.

일부 언어는 인터프리터 모드 또는 컴파일 모드로 실행할 수 있다(예: LISP). PERL, PYTHON 또는 RUBY와 같이 인터프리터가 있는 언어가 상당한 장점과 대중적인 인기를 누리게 되면 컴파일러 또는 최소한 더 효율적인 인터프리터를 작성하게 될 것이다. 예를 들어, 행렬 대각선화 서브루틴을 여러 번 호출하는 등 무거운 작업을 위해 컴파일된 언어로 작성되고 최적화된 프로그램을 원래 인터프리터가 호출할 수 있다면, 컴파일을 해도 실행 속도가 크게 빨라지지 않는 경우가 많다.

스크립팅 언어를 사용하는 데 유용한 기술은 C나 C++와 같은 언어에 비해 비교적 쉽게 습득할 수 있다. 매우 복잡한 소프트웨어를 전문적으로 개발하지 않으려는 연구 과학자에게는 PERL이나 Python 또는 RUBY를 배우는 것이 좋은 타협안이다.

분자생물학에 특화된 프로그램 라이브러리

프로그래머는 일반적으로 잘 정립된 구성 요소를 결합하여 새로운 프로그램을 제작한다. 예를 들어, 알고리즘에는 목록을 정렬하거나 선형 방정식을 풀어야 하는 단계가 포함될 수 있다. 이러한 단계에 대한 하위 프로그램은 이미 널리 구할 수 있다. 모든 프로그램은 입출력을 위해 표준 라이브러리에 의존한다. 프로그램을 완전히 '처음부터' 작성하는 경우는 거의 없다.

수치 분석 및 텍스트 처리를 위한 표준 라이브러리 외에도 분자생물학에 특화된 라이브러리가 있다. 라이브러리마다 다른 프로그래밍 언어와 연관되어 있다. 예를 들어, Biopython(http://biopython.org)에는 생물정보학에서 흔히 사용되는 계산 작업을 구현하는 모듈이 파이썬으로 작성되어 있다. (PERL과 RUBY에도 유사한 라이브러리가 존재한다.) 일반적인 모듈은 핵산 서열을 단백질 서열로 변환하거나 서열 정렬을 수행한다. 모듈은 새 프로그램에 매끄럽게 통합될 수 있다.

Java — 웹을 통한 컴퓨팅

Java 언어는 C 및 C++ 언어와 많은 유사점을 가진 구문을 가지고 있다. 운영 환경은 다음과 같은 문제를 해결하도록 설계되었다.

웹사이트 제작자가 사용자에게 브라우저에서 대화형으로 실행할 수 있는 프로그램을 제공하고자 한다고 가정해 보겠다. 이 프로그램이 웹사이트의 컴퓨터에서 실행되고 많은 사용자가 이 기능을 동시에 이용하면 웹사이트가 실행되는 하드웨어에 부하가 걸리게 된다. 이 모드의 한 예로 유럽 생물정보학연구소의 서버는 매달 1,000만~1,300만 건의 작업 요청을 처리하며, 힝스턴과 헤멜 헴스테드에 있는 2개의 대규모 클러스터에서 실행된다. 각 클러스터에는 약 1,500개의 코어와 128 Gb RAM이 있다.

다른 대안은 각 사용자에게 컴퓨터 성능을 제공하도록 요청하는 것이다. 웹사이트를 떠나지 않고도 브라우저는 프로그램(애플릿이라고 함)을 동적으로 다운로드한다. 프로그램은 사용자의 컴퓨터에서 실행된다.

이 경우 보안 문제가 발생할 수 있는데, 사용자는 웹사이트에 사용자 컴퓨터의 리소스에 대한 접근 권한을 부여해야 한다. 실행 코드를 다운로드하고 로컬 파일에 접근할 수 있는 웹사이트는 컴퓨터를 다운시키거나 파일 시스템을 기웃거리면서 기밀 정보를 훔치거나 손상시키고 원하지 않는 광고 자료를 표시하는 등과 같은 침입 활동을 수행하여 사용자에게 상당한 해를 끼칠 수 있다.

사용자를 보호하는 방법의 기본 개념은 다음과 같다: 다운로드한 Java 프로그램은 사용자의 운영체제에서 직접 실행되는 대신 중간 에이전트를 포함한다. 사용자의 시스템은 Java 프로그램을 실행하는 내부 컴퓨터(가상 머신이라고 함)를 시뮬레이션한다. (실제 운영체제마다 Java로 작성된 프로그램에 대한 실행 환경을 제공하기 위해서는 자체 Java 가상 머신이 필요하다. 이때 Java 프로그램의 자동 이식성이 동반된다.) 가상 머신은 자신의 보증 하에 실행되는 Java 프로그램이 접근할 수 있는 리소스를 신중하게 제한한다. 로컬 가상 머신은 규칙을 적용하므로, 멀리 떨어진 웹사이트 프로그래머는 이를 따라야 한다.

Java는 **컴파일** 언어이다. 일반적으로 브라우저에서 실행되지만, Java 프로그램은 독립적으로 실행될 수 있다. 대조적으로, 자바스크립트 프로그램은 브라우저에 의해 **해석**(*interpreted*)[역주 37)]된다.

언어 처리

생물의학 연구는 데이터베이스의 데이터와 주석의 품질에 결정적으로 의존한다. 주석 중 일부는 데이터에서 생성되고, 나머지는 과학 문헌의 논문에서 추출된다. 문헌에서 주석을 추출하는 작업은 노동 집약적인 활동으로, 출판되는 논문의 증가 속도를 따라잡을 수 없다. 컴퓨터가 이 작업을 대신할 수 있을까? 컴퓨터용으로 엄격하게 정의되어진 형식으로 준비된 대부분의 입력과 달리, 인간과 인간의 의사소통을 목적으로 하는 문헌은 자연어로 표현되어 있으며, 많은 논문이 수식, 표, 그림을 포함하기도 한다.

자연어란 인간과 인간 사이의 구두 또는 서면이나 부호를 이용한 의사소통을 말한다. 컴퓨터에 의한 자연어 처리란 **최소한** 인간이 해석할 수 있는 구어 또는 문어 흐름을 분석하고, **최적의** 반응을 통해 명령에 따라 행동하거나 자연어로 적절한 응답을 제공하는 것을 의미한다.

자연어 처리는 수십 년 동안 컴퓨팅의 목표였다. 1950년대와 1960년대에 자동 언어 번역을 달성하고자 했던 초기의 희망은 실현되지 못했다[역주 38)](Box 6.7 참조).

> **BOX 6.7 자동 번역?**
>
> 자동 번역에 관한 엉뚱한 이야기 중 하나는 영어를 러시아어로 번역한 다음 다시 영어로 돌렸을 때, 'The spirit is willing but the flesh is weak(정신은 의지가 있지만 육체는 약하다)'가 'The vodka is fine but the meat is rotten(보드카는 괜찮지만 고기는 썩었다)'으로 돌아왔다는 것이다. (이것이 컴퓨터 번역 시스템에서 발생했다는 것은 도시 전설이다. 이 농담의 추적 가능한 최초 출판물은 실제로 100년 전 미국 신문에서 발행된 것이다. (1903년 1월 20일, The Decatur, Illinois, *USA Herald*, p. 5) 진짜 컴퓨터 번역 실패 사례 중 하나는 '... la Cour de Justice considère la création d'un sixième poste d'avocat genera'라는 문장을 '... the Court of Justice is considering the creation of a sixth general avocado station'으로 번역한 것이다.[iv, 역주 39)]
>
> iv Wheeler, P.J. & Lawson, V. (March, 1982). Computing ahead of the linguists. *Ambassador International* 21–22.

자연어 처리의 주요 어려움은 단어, 심지어 구문도 모호하다는 것이다(Box 6.8 참조). 변호사와 결혼한 남자가 아내에게 'press his suit'[역주 40)] 요청하면 의복이나 법적 조치 중 무엇을 원하는 것일까? 사람들은 이러한 구문의 의미를 맥락적 단서를 이용하여 모호함을 해결함으로써 이러한 문구에서 의미를 찾는다. 키츠(Keats)의 '나이팅게일에게 바치는 시',

(원문)

My heart aches, and a drowsy numbness pains
My sense, as though of hemlock I had drunk,
Or emptied some dull opiate to the drains
One minute past, and Lethe-wards had sunk

(직역)

내 심장이 아프고 졸린 무감각이 아프다
내 감각은 마치 헴록을 마신 것처럼,
또는 둔한 아편을 하수구에 비웠다.
1분이 지나고 레테 워즈가 가라앉았다.

(문학번역)

내 가슴은 저려오고, 졸리는 듯한 마비가 내 감각에 고통을 주는구나,
이는 마치 독(毒)미나리를 마시는 것처럼,
혹은 어떤 감각을 둔하게 하는 아편의 찌꺼기까지 들이켜

잠시 후 망각의 강 쪽으로 가라앉은 듯이:

의 세 번째 줄을 시인이 방금 아편을 부엌 싱크대에 쏟아 부었다는 의미로 이해하는 독자는 없을 것이다.[역주 42] Keats는 일부 단어들의 고풍적인 뜻을 일부러 사용했다.

컴퓨터 프로그램은 삶의 경험이나 상황과 관련된 단서(변호사의 남편이 옷을 들고 있는지, 서류 폴더를 들고 있는지 등)에 접근할 수 없다. 따라서 모호성을 극복하기가 어렵다. 담론의 범위를 제한하는 것이 단순화 방법이다. 예를 들어, 초기의 자연어 처리 시스템은 보스턴 레드삭스(미국 야구팀)의 정보 데이터베이스에 대한 인터페이스를 제공했다.

BOX 6.8 **모호한 헤드라인**

이른바 '헤드라인'은 강요되는 간결함으로 인해 모호성의 원인이 된다. 기계 파서는 다음의 제목을 잘못 이해했다.

British left waffles on Falklands

이 헤드라인에서 기계 파서는 'left'를 동사로, 'waffles'를 명사로 인식했다.[역주 41]

구글 번역(Google Translate)은 기계 번역의 특정 문제에 대한 비교적 성공적인 접근 방식이다.[역주 43] 이 기능은 인간 번역가가 생성한 대규모 문서 말뭉치를 검색하는 방식으로 작동한다. 이는 단순히 '찾아보기' 이상의 성능을 발휘한다. 정교한 인공 지능 알고리즘은 예상 가능한 번역의 모호성을 크게 개선하였다.

예를 들어, '가장 가까운 경찰서가 어디인가요?' 또는 '근처에 좋은 식당이 있나요?'와 같은 표준 관광 문장에서는 적절하지만 번역이 관용적이지 않은 경우도 종종 있다. 'la Cour de Justice considère la création d'un sixième poste d'avocat général(사법부는 일반 변호사 임용을 고려하고 있다)'와 같은 문장은 영어로 정확하게 번역한다. 그럼에도 불구하고 모호함에서 자유롭지 못하다: 예를 들어, 다음과 같은 문장을 (영어에서 프랑스어로) 잘못 번역했다:

Stolen painting found by tree.

→

Peinture volée trouvée par l'arbre.

발견 장소가 나무 근처가 아니라 나무가 그림을 발견했다고 번역했다.

놀랍지 않게도, 'My grandfather held onto the bannister while descending the apples and pears(나의 할아버지는 계단을 내려갈 때 난간을 잡고 있었다)'와 같이 문맥상 '힌트'가 분명한 문장에서도 콕니 운율 속어(Cockney rhyming slang)인 'apples and pears(사과와 배) → pommes et des poires(사과와 배)'를 문자 그대로 번역한다.[역주 44]

데이터 기반이면서 인공 지능을 사용하는 다른 온라인 자연어 번역기(예: DeepL: https://www.deepl.com/ 번역기)도 있다. 말할 필요도 없이, 각각의 번역기가 우수하다는 주장은 무수히 많으며 다양한 언어를 지원한다.

생물 의학 문헌 마이닝의 자연어 처리

생물정보학 분야의 자연어 처리는 관련 과학 문헌과 데이터베이스에서 정보를 추출하는 것을 목표로 삼고 있다. 생물의학 문헌 데이터베이스에 대한 텍스트 분석의 응용 분야는 다음과 같다:

키워드 및 키워드 조합 식별. 유전자 이름 목록과 질병 이름 목록이 주어지면, 유전자와 질병의 조합에 대한 언급이 포함된 논문을 식별하고 하나 이상의 논문에서 동시 발생을 기반으로 유전자-질병 조합 목록을 생성할 수 있어야 한다. 이 문제의 몇 가지 측면으로 인해 단순한 키워드 검색보다 더 어렵다. 많은 생물학적 실체에는 여러 동의어가 있다. 반대로, 많은 용어가 여러 기술 범주에 나타나며 구어체 용어로도 사용된다. 극단적인 예로 'common cold', 'cold sore', 'cold shock protein', 'kept in a cold room', 'cold finger', 'paroxysmal cold haemogloburia', 'cold turkey', 'cold compresses', 'colicigonenic plasmid Cold-CA23', 그리고 'Cold Spring Harbor Laboratory'와 같은 단어들이 기술 문서에 모두 등장한다.[역주 45] 생물 의학 문헌의 국한된 영역에서도 용어의 모호성을 해소하는 데는 어려움이 많다.

생물정보학자들은 동의어 사전, 문장을 구문 분석하여 단어에 품사를 할당하는 구문 분석기(앞 단락의 예시 중 2개에서만 cold는 명사임), 단어의 각 잠재적 의미에 수반되는 용어 그룹을 분석하여 문맥 정보를 조합하는 다양한 기계 학습 모델을 적용하고 있다.

지식 추출 — 단백질과 단백질의 상호작용. 단백질과 단백질의 상호작용에 대한 데이터베이스를 수집하는 방법에는 실험적 방법과 이론적 방법 등 여러 가지가 있다. 그중 하나는 과학 문헌에서 정보를 자동으로 추출하는 컴퓨터 프로그램을 작성하는 것이다. 예를 들어, '칼누크는 알츠하이머의 β-아밀로이드 전구체 단백질에 결합하여 생합성에 영향을 미친다'라는 제목의 논문이 신경화학 저널에 실렸다(물론 이 문장이 논문의 제목에 있든 본문에 있든 아무런 차이가 없다).[6] 사람이 이 논문을 읽으면, 단백질 상호작용 데이터베이스에 칼누크와 알츠하이머 β-아밀로이드 전구체 단백질의 쌍을 찾을 수 있다.

단백질 이름 목록을 가지고 있으면, 이 정보를 자동으로 추출하는 데 도움이 될 것이다. 문제는 처리된 텍스트 내에서 해당 형식의 패턴을 식별할 수 있는 프로그램을 작성하는 것이다:

<protein name> . . . <bind or some equivalent verb> . . . <protein name>

"..."은 다양한 종류의 개입 자료를 허용한다. 예를 들어, 다른 논문 제목 중 하나는 'Ubiquitin binds to and regulates a subset of SH3 domains(유비퀴틴이 SH3 도메인 하위 집합에 결합하고 조절한다)'이다.[7] 프로그램은 'binds' 동사를 인식하고 'to and regulates'를 무시해야 한다. 또는 다른 관점에서 조절 네트워크를 추론하려는 경우 다른 동사가 패턴을 구성할 수 있다.

유비퀴틴에 결합하는 단백질들과 관련하여, 유비퀴틴 논문의 제목은 비교적 일반적이다. 이 논문의 초록에서의 문장 "The yeast endocytic protein Sla1, as well as the mammalian proteins CIN85 and amphiphysin, carry ubiquitin-binding SH3 domain(효모 내분비 단백질 Sla1과 포유류 단백질 CIN85 및 amphiphysin은 유비퀴틴 결합 SH3 도메인을 운반한다)."는 적절하게 파싱된다면 유퀴틴에 결합하는 3개의 구체적인 SH3 도메인을 추출할 수 있을 것이다.

". . ." 패턴 내에서 무시해서는 안 되는 단어 중 하나는 'not'이다. 'Auxin-binding protein 1 does not bind auxin within the endoplasmic reticulum despite this being the predominant subcellular location for this hormone receptor(신결합 단백질 1은 소포체가 이 호르몬 수용체의 주요 세포 내 위치임에도 불구하고 소포체 내에서 옥신과 결합하지 않는다)'[8]이라는 문장은 원래의 패턴을 만족하지만 위양성(false positive)이다. 'not'의 존재 여부만 확인하는 것은 충분하지 않다. 'The human anti-apoptotic proteins cIAP1 and cIAP2 bind but do not inhibit caspases(인간 항세포사멸 단백질인 cIAP1 및 cIAP2는 카스파제와 결합하지만 억제하지는 않는다).'[9]와 같은 경우를 고려해야 한다.

데이터 마이닝을 더 잘 수행하려면 사용된 문장의 구조를 더 잘 분석해야 할 것이다. **구문 분석기**(*Syntactic Analyzer*)는 자연어 텍스트를 파싱하는 프로그램이다(Box 6.9 참조). 명사, 동사 등을 식별한다. 예를 들어, 어떤 명사 또는 명사구가 어떤 동사의 주어인지와 같이 단어 간의 관계를 지정한다.

자동 텍스트-마이닝 소프트웨어는 완벽하게 작동하지 않는다. 어떤 사람들은 결코 극복할 수 없는 근본적인 한계가 있다고 생각한다. 그럼에도 불구하고 문헌에서 정보를 추출하여 연구가 결정적으로 의존하는 데이터베이스에 완전하고 고품질의 주석을 작성하려면 다른 방법이 있을까? 사람이 직접 주석을 다는 것은 노동 집약적이고 오류가 발생하기 쉽다. 데이터베이스는 이 작업을 수행할 수 있는 충분한 수의 숙련된 주석 전문가로 인력을 충원할 수 없다. 컴퓨터 프로그램에 의한 성공적인 자연어 처리를 위한 유일하고 현실적인 대안은 분산 주석뿐이다: 저널 논문의 저자는 자신의 연구 결과에서 데이터베이스 주석을 직접 추출하는 것이다.

텍스트 마이닝의 생물의학 응용

논문 텍스트를 컴퓨터로 분석하는 데는 여러 가지 난제가 있다. 하지만 데이터베이스에 수집할 관련 정보를 식별하고 질병 치료를 위한 유용한 제안을 생성하는 데 성공한 결과가 나오고 있다.

[6] Lin, P., *et al.* (2007). *J. Neurochem.* **100**, 1505–1514.

[7] Stamenova, S.D., *et al.* (2007). *Mol. Cell* **25**, 273–284.

[8] Tian, H., Klämbt, D. & Jones, A.M. (1995). *J. Biol. Chem.*, **270**, 26962–26969.

[9] Eckelman, B.P. & Salveson, G.S. (2006). *J. Biol. Chem.*, **281**, 3253–3260.

BOX 6.9

구문 분석: 영어 텍스트 구문 분석

아래 문장을 구문 분석을 하면,

Mutations alter the base sequence of DNA.

구문 분석기는 다음과 같이 반환한다.

```
[ROOT
 [S
  [NP [NNS Mutations]
  [VP [VBP alter
   [NP
   [NP [DT the [JJ nucleotide]
   [NN sequence]]
   [PP [IN of
   [NP [NNP DNA]]]]]
  [. .]]]
```

이 내용을 트리 구조로 나타내면 아래와 같다:

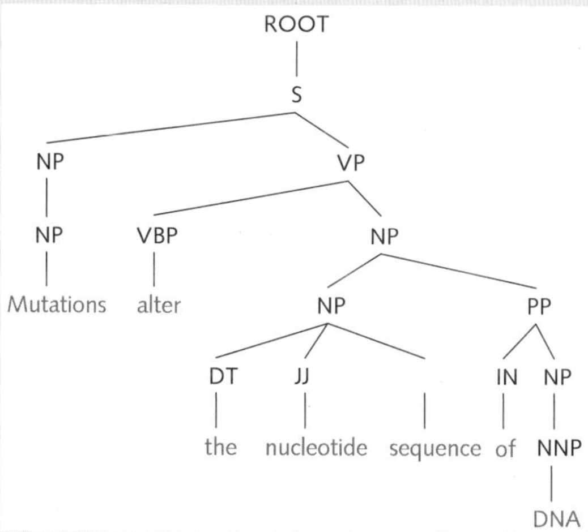

여기서 S = 주어, NP = 명사구, NNS = 복수명사, VP = 동사구, VBP = 동사(3인칭이 아닌 단수 현재시제), DT = 결정자(관사), JJ = 형용사, IN = 전치사, NNP = 고유명사, 단수. (전체 정의는 http://www.computing.dcu.ie/~acahill/tagset.html 참조)

한 가지 도전 과제는 목표한 유형의 정보가 포함된 논문을 식별하는 것이다. 예를 들어, 단백질 데이터베이스 UniProtKB는 단백질 기능 및 단백질 번역 후 변형에 대한 정보를 저장한다. 상호작용하는 단백질 데이터베이스(DIP) 등은 단백질과 단백질 간의 상호작용을 수집한다. 관련 정보가 포함된 논문을 식별하는 것은 이러한 데이터베이스의 큐레이터의 작업을 지원한다. 관련성이 있을 수 있는 용어 집합은 매우 광범위하기 때문에 단순한 키워드 검색만으로는 충분하지 않다. 예를 들어, 번역 후 변형을 식별하기 위해 '인산화(phosphorylation)'를 검색하면 관련성이 있는 단백질의 인산화를 설명하는 논문뿐만 아니라 관련성이 없는 포도당이나 과당의 인산화를 설명하는 논문도 검색된다.

사람이 직접 읽어야 하는 경우에도 논문을 선별하는 것은 이미 유용한 결과이다. 다음 단계는 논문에서 정보를 자동으로 추출하는 것이다. 이것이 현재의 연구 과제이자 초점이다. CASP[역주 46)]와 유사한 방식으로 평가하여 진행 상황을 추적한다.

컴퓨터로 논문을 분석할 때 가장 기본적인 작업은 유전자, 단백질, 대사산물, 약물, 질병(또는 더 일반적으로 표현형)의 이름과 같이 나타나는 이름을 식별하는 것이다. 이름 식별은 사전에 크게 의존하지만, 자연어 처리는 이름 자체를 인식하고 이름의 수식어를 인식하는 데 도움이 되는 의미 정보를 제공한다.

다음 단계는 연관성과 상호작용을 식별하는 것이다. 예를 들어, 유전자나 단백질을 질병과 연관시키거나, 더 일반적으로는 유전자나 단백질에 기능을 할당하려는 시도가 있다. 상호작용을 추출하려면 최소 패턴에 2개의 이름 + 1개의 상호작용, 즉 단어 또는 구문으로 지정된 상호작용이 포함되어야 한다. 우리는 이미 이 조합의 예를 보았다:

<protein name> . . .binds . . . <protein name>

다음과 같은 다른 많은 단백질–단백질 상호작용이 있다:

<protein name> ... regulates . . . <protein name>.

상호작용하는 단백질 세트와 겉으로 보기에 관련이 없는 2개 이상의 질병 사이의 상관관계는 질병의 기저 메커니즘에 숨겨진 관계를 보여줄 수 있다.

유전자 및 단백질에 대한 참조 식별하기

기본적인 작업은 텍스트 본문에서 유전자나 단백질과 같은 관련 대상의 이름을 식별하는 것이다. 어려운 점은 명칭의 범위가 넓고 모호하며, 유전자 이름의 일부로 상용어를 사용한다는 점이다. 또한 많은 유전자가 다른 포유류 종에서 동일한 이름을 가지고 있기 때문에 유전자가 유래한 종을 식별하는 문제는 매우 어렵다. 유전자와 약물 활성 간의 상관관계를 찾을 때 종의 차이를 인식하는 것은 매우 중요하다.

Chang, Schütze, Altman은 입력된 텍스트 내에서 유전자 및 단백질 이름을 식별하는 GAPSCORE라는 프로그램을 개발했다.[10] 단순히 사전을 만들고 그 항목을 찾는 것으로 충분하다고 생각할 수 있겠지만, 이는 잘못된 생각이다. 물론 사전은 모든 식별 절차의 핵심아다. 하지만 많은 유전자 이름에는 다른 의미가 있다. 예를 들어, 'ring'('Really Interesting New Gene'의 약자)은 생의학 문헌에서 '히스티딘 고리(histidine ring)' 또는 조직학에서 '시그넷 고리 세포(signet-ring cell)'와 같은 화학 구조의 맥락에서 나타날 수도 있다. 심지어 보석류로서 반지라는 단어의 일반적인 구어적 의미도 금속에 의한 접촉성 피부염과 관련하여 과학 문헌에 등장한다. 또한 사전에는 동의어 사전이 포함되어야 하는데, 예를 들어 PTEN과 MMAC1이 동의어임을 명시해야 한다. [PTEN은 인산분해효소 및 엔신 동종효소(TEnsin Homolog)의 약자이다. MMAC1은 여러 진행성 암에서 돌연변이 1(Multiple Advanced Cancers 1)의 약자이다.]

GAPSCORE는 다음의 통계 모델에 따라 단어에 점수를 매긴다:

- **사전 조회**: 알려진 유전자 이름의 목록.
- **형태**: 많은 유전자 이름은 NAT1 형식이며, 'in'으로 끝나는 다른 유전자 또는 단백질 이름도 있다. 많은 효소 이름은 -ase로 끝난다.
- **변형**: 최근 논문 제목에 'conformational changes of apo- and holocalmodulin(아포- 및 홀로칼모듈린의 형태 변화)'라는 문구가 포함되었는데, 접두사 apo와 holo는 단백질에만 사용된다.
- **구문/문맥**: 단백질 또는 유전자의 이름은 명사이어야 한다. 'expression', 'mutated' 또는 심지어 'gene' 등과 같이 특정 다른 단어와 연관되어 있을 가능성이 높다. 이러한 단어 조합을 최대한 효과적으로 활용하려면 구문 분석이 필요하다.
- **단어 형태**: 용어의 파생과 형성. 예를 들어, cdk ...로 시작하는 약어는 cyclin-dependent protein kinase일 가능성이 높다.

GAPSCORE에는 논문 제목만을 제출한 경우: 변형 성장인자-베타1(TGF-beta1)에 의한 신경 보호는 포스파티딜이노시톨-3-수산화효소/Akt 및 유사분열 인자-활성화 단백질 키나아제-세포 외 신호 조절 키나아제 신호전달 경로를 통한 핵 인자-카파B의 활성화와 관련이 있다.'[11]는 다음과 같은 결과를 반환했다:

Gene or protein name	Quality (score)
1 Mitogen-activated protein kinase	Excellent (1.00)
2 Phosphatidylinositol-3-OH kinase	Excellent (1.00)
3 Transforming growth factor-beta1	Excellent (1.00)
4 Nuclear factor-kappaB	Good (0.60)
5 Activation	Poor (0.07)
6 Neuroprotection	Poor (0.04)

주의: 그리스 문자 β와 κ는 철자 그대로 표기되어 있다.

상호작용 식별

R. Hofmann과 A. Valencia는 유전자, 단백질 및 이들의 상호작용을 식별하기 위해 자연어 처리를 통해 PubMed를 데이터 마이닝하는 시스템을 개발했다. 그 결과는 iHOP[12] 또는 단백질에 하이퍼링크된 정보(http://www.ihop-net.org/UniPub/iHOP/)라는 데이터베이스에서 확인할 수 있다.

iHOP 데이터의 기본 항목은 PubMed에 게재된 논문 초록의 문장이다. 2개의 다른 문장에 유전자 이름 또는 동의어가 나타나면 링크가 제공된다. 현재 이 시스템에는 1,500개의 유기체에서 80,000개의 유전자를 참조하는 120,000개의 문장이 포함되어 있다.

그림 6.4에는 iHOP과 그 탐색 기능의 예가 제시되어 있다.

상호작용 네트워크와 질병

일부 유전 질환은 단순한 멘델 유전으로 나타난다. 이는 단일 유전자의 영향이다. 하지만 다른 유전 질환은 여러 유전

[10] Chang, J.T., Schütze, H., & Altman, R.B. (2004). GAPSCORE: finding gene and protein names one word at a time. *Bioinformatics* **20**, 216–225.

[11] Zhu, Y., Culmsee, C., Klumpp, S. & Krieglstein, J. (2004). *Neuroscience* **123**, 897–906. http://bionlp. stanford.edu/gapscore/

[12] 안타깝게도, 이 약어는 미국의 한 레스토랑 체인을 지칭하기도 하다. 모호성 문제를 성공적으로 해결한 프로젝트에서 나온 아이러니한 결과이다.

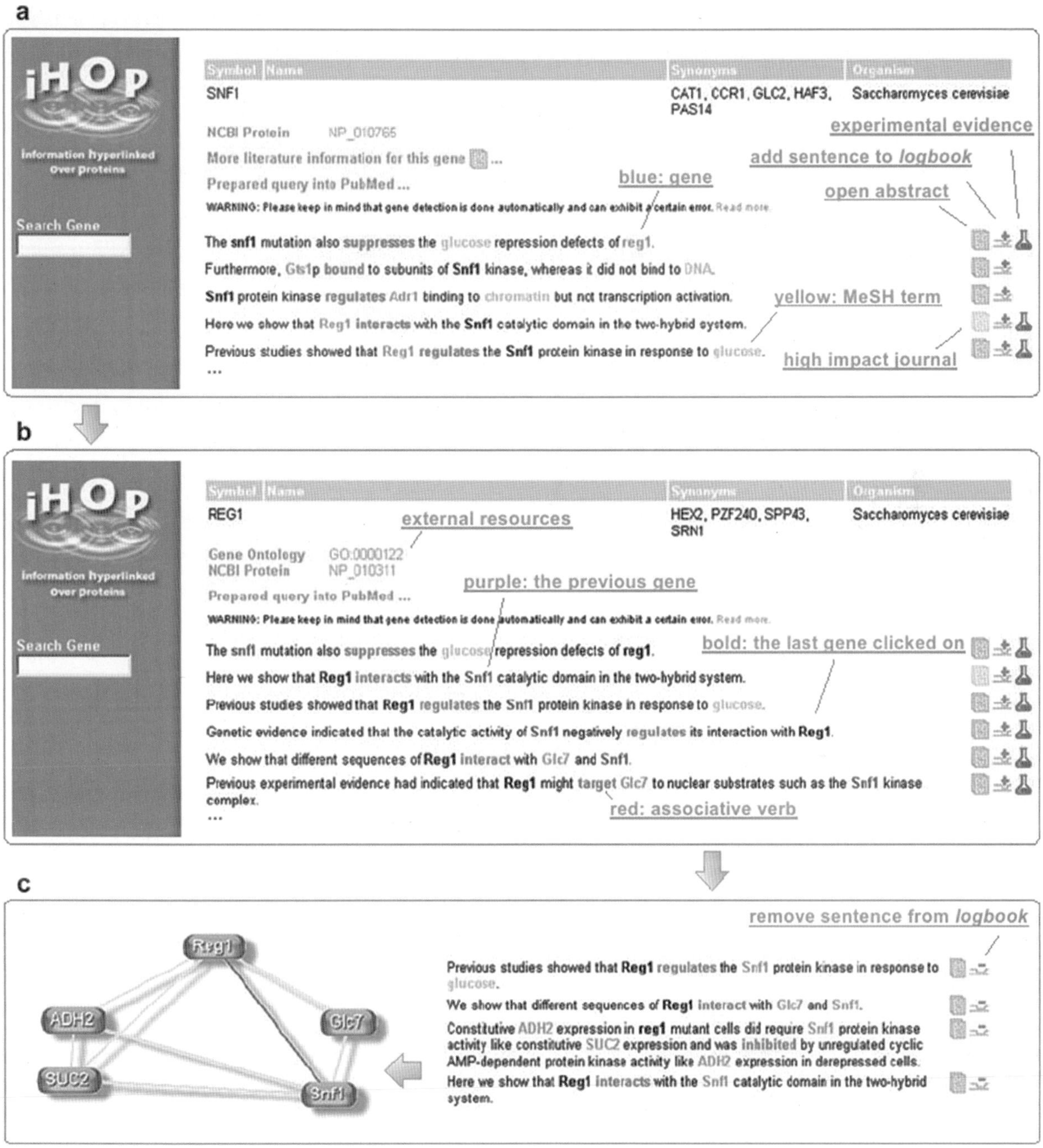

그림 6.4 iHOP 웹사이트 사용. (a) 유전자(이 경우 *SNF1*)를 선택하면 해당 유전자와 그 상호작용에 대한 정보가 표시된다. 프레임 (a)에는 *SNF1*을 설명하는 5개의 문장이 포함되어 있다(다른 많은 문장은 생략됨). 각 문장은 *SNF1*의 상호작용 및/또는 기능을 설명한다. 오른쪽에는 해당 문장이 나온 초록 전체에 대한 링크가 있다.

맨 위 문장은 현재 초점이 맞춰진 유전자 *SNF1*과 다른 유전자 reg1을 연결한다. reg1에 대한 언급을 클릭하면 초점이 해당 유전자로 이동하여 다른 창이 열린다.

(b) *Reg1*에 해당하는 창이다. 이 프레임의 맨 위 문장에는 *REG1*뿐만 아니라 *SNF1*도 포함되어 있다. 이전 창에 대한 정보가 새 창에서 문장의 순위와 순서를 결정한다. (c) iHOP을 탐색하는 과정에서 관계를 로그북 또는 유전자 모델로 수집할 수 있다. 선택한 단백질과 관련된 상호작용 네트워크가 별도의 창에 그래프로 나타난다.

출처: Hoffmann, R. & Valencia, A. (2005). Implementing the iHOP concept for navigation of biomedical literature. *Bioinformatics* **21 Suppl. 2**, ii252–ii258.

자의 돌연변이로 인해 발생할 수 있다. 이는 여러 취약점이 있는 경로 또는 네트워크의 개입을 시사한다. 더 복잡한 것은 공통 단백질 상호작용 네트워크를 공유하는 것으로 보이는 질병들이다.

Sam, Liu, Li, Friedman, Lussier는 자연어 처리에 기반한 데이터 마이닝 기법을 적용하여 단백질 상호작용 네트워크의 구성 요소 공유를 통해 질병 간의 관계를 파악했다.[13] 이들은 두 가지 데이터 세트를 결합했다:

1. 단백질과 질병 간의 관계. 이 데이터 세트는 154개의 질병과 1,931개의 단백질을 연결했다.
2. 단백질 상호작용 네트워크: 이진 상호작용과 직접적인 복합체 형성을 포함한 단백질 간의 관계 집합. 이 데이터 세트에는 1,140개의 단백질에서 20,317개의 상호작용 쌍이 포함되어 있다.

각 질병 조합에 대해 관련 단백질의 동일성 또는 상호작용을 확인했다. 즉, 한 단백질이 두 질병과 모두 연관되어 있을 수 있다. 또는 한 질병과 관련된 한 단백질이 다른 질병과 관련된 다른 단백질과 상호작용 네트워크에서 쌍을 이룰 수도 있다. 어느 쪽이든 두 질병 사이의 연관성에 기여한다.

공통 단백질과 상호작용을 모두 공유하는 한 쌍의 질병에는 색소성 피부염과 코케인 증후군이 있다(Box 6.10 및 그림 6.5 참조). 두 질환 모두 DNA 복구 시스템의 결함을 수반한다. 두 질환이 공유하는 단백질 중 XPB의 일부 돌연변이는 XP/CS 복합체라고 하는 복합 증후군을 유발하며, 두 가지 증상이 모두 나타난다. ERCC6의 돌연변이는 코케인 증후군과 관련이 있다. 다른 단백질과 상호작용하지 않는 종양 항원 p53은 일차 병변이 아니지만, 복구되지 않은 손상으로 인해 암에 대한 감수성이 강화될 수 있다.

이 연구 당시에는 복구 기능 장애의 영향인 색소성 피부염과 코케인 증후군 사이의 밀접한 연관성이 이미 알려져 있었다. 알려진 기능적 결함 외에 무엇이 두 질환과 관련된 표현형의 차이를 만들어내는지에 대해서는 아직 잘 밝혀지지 않았다. 이러한 점에서 복합 증상을 유발하는 돌연변이, 즉 XP/CS 복합체가 단서를 제공할 수 있다.

가설 생성

학술 문헌에는 의심할 수 없는 많은 관계가 암묵적으로 포함되어 있다. D.R. Swanson은 마그네슘과 간질을 연관시

[13] Sam, L., Liu, Y., Li, J., Friedman, C. & Lussier, Y.A. (2007). Discovery of protein interaction networks shared by diseases. *Pac. Symp. Biocomput.* **2007**, 76–87.

BOX 6.10 색소 침착성 피부염과 코케인 증후군: DNA 복구의 두 가지 질병

- 색소 침착성 피부염은 자외선에 의한 손상을 복구하는 능력에 결함이 있는 유전적 장애이다. 이로 인해 햇빛에 매우 민감하게 반응하여 짧은 시간만 노출되어도 일광 화상, 물집, 주근깨가 생기는 경향이 있다. 또한 악성 종양이 발생하기 쉬운데, 이는 종양 억제 유전자에 대한 복구되지 않은 손상으로 인해 발생하는 것으로 추정된다.
- *코케인 증후군*은 햇빛에 민감하다는 점에서 광선각화증과 유사하지만, 비정상적인 성장과 발달로 인한 저신장, 망막 및 기타 신경학적 퇴화, 조기 노화 등의 다른 증상도 수반한다. 피부암의 위험은 보통이며, 색소성 피부염처럼 높지 않다.
- *색소 침착성 피부염/코케인 복합 증후군*은 소수의 사례만 알려져 있다. 환자는 두 질환의 증상을 모두 보인다.

Disease	Genes in which mutations appear include:
Xeroderma pigmentosum	*XPA, XPB (ERCC3), XPC, XPD (ERCC2)*
	XPE (DDB2), XPF (ERCC4), XPG (RAD2, ERCC5)
Cockayne syndrome	*XPV (POLH), CSB ERCC6 (CSB), ERCC8 (CSA)*
XP/CS complex	*XPB (ERCC3), XPD (ERCC2), XPG (ERCC5)*

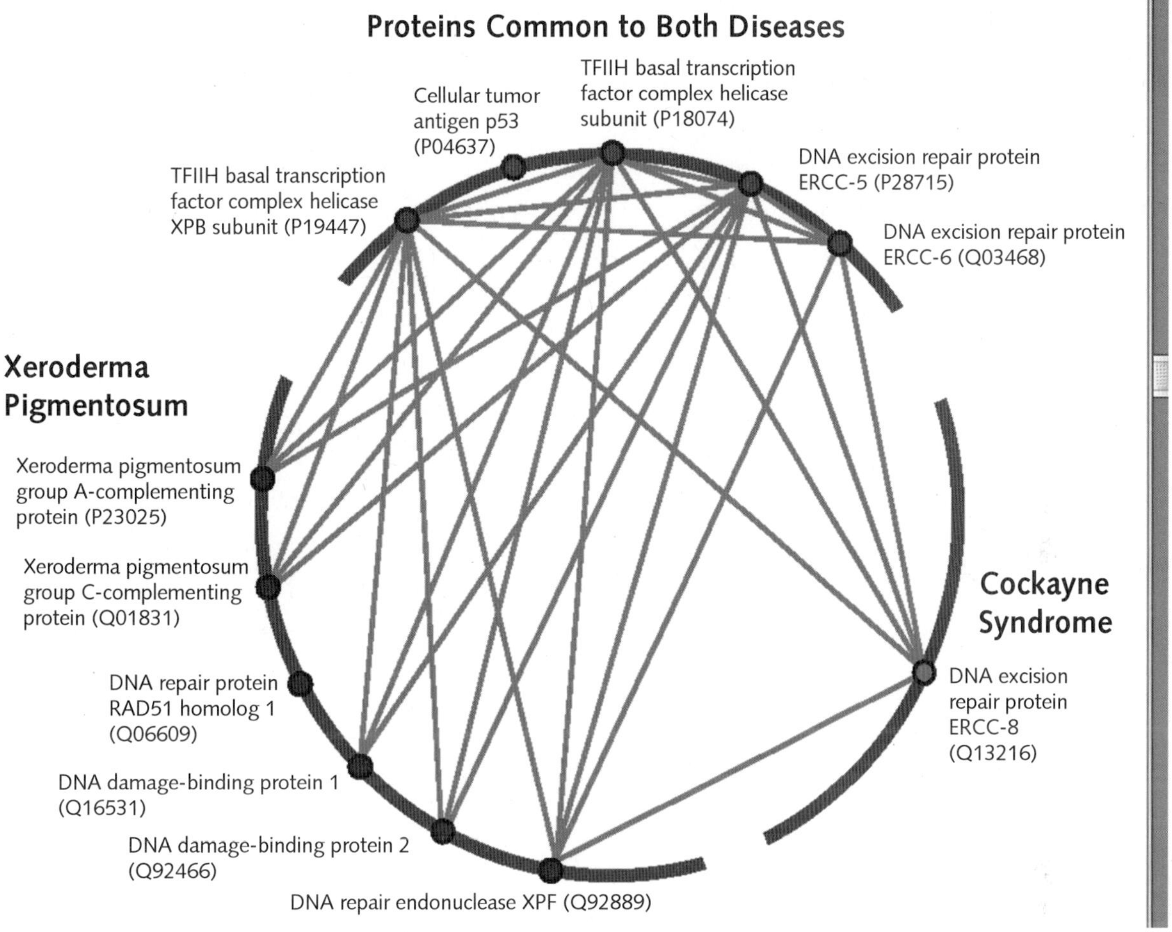

그림 6.5 색소 침착성 피부염 및 코케인 증후군과 관련된 단백질과 이들의 상호작용. 왼쪽 아래 원호: 색소 침착성 피부염과 관련된 단백질. 오른쪽 아래 원호: 코케인 증후군과 관련된 단백질. 위쪽 원호: 두 질환과 관련된 단백질. 선은 상호작용 쌍을 나타낸다. 색소 침착성 피부염에만 관련된 단백질과 코케인 증후군에만 관련된 단백질 사이에는 직접적인 상호작용이 하나만 있다는 점에 유의하라.

출처: Sam, L., Liu, Y., Li, J., Friedman, C. & Lussier, Y.A. (2007). Discovery of protein interaction networks shared by diseases. *Pacific Symposium on Biocomputing* **12**, 76–87.

킨 논문과 간질 및 편두통을 연관시킨 논문을 읽었다. 이 논문들을 종합한 결과, 그는 마그네슘과 편두통 사이에 관계가 있을 것이라고 생각했다. 후속 연구를 통해 이러한 연관성이 확인되었다. Swanson은 어유가 레이노 증후군 환자에게 도움이 될 수 있다는 제안을 포함하여 다른 성공도 거두었다(사지 혈관에 영향을 미치는 질환). 후속 연구에서도 이러한 제안이 확인되었다.

하지만 Swanson의 접근 방식을 자동화하는 것은 분명한 목표이지만 효과적인 방법을 구현하는 것은 쉽지 않다.

P. Srinivasan과 B. Libbus는 Swanson의 접근법을 적용하기 위한 소프트웨어를 개발했다. 이들은 활성 커큐민을 함유한 울금(*Curcuma longa*)이라는 식물의 뿌리줄기에서 추출한 향신료인 강황의 응용 분야를 찾았다.[14] 아시아에서는 강황이 요리에 널리 사용된다. 또한 강황의 의학적 특성도 잘 알려져 있다. 강황은 진통제이자 방부제로 화상, 위궤양, 피부 질환, 감기 치료에 사용된다.

[14] Srinivasan, P. & Libbus, B. (2004). Mining MEDLINE for implicit links between dietary substances and diseases. *Bioinformatics* **20**, **Supplement 1**, i290–i296.

검색어 'turmeric OR curcumin OR curcuma(강황 또는 커큐민 또는 커큐마)'로 PubMed를 검색한 결과 1,175개의 문서가 반환되었다. 이 중에서 자연어 처리를 사용하여 유전자 또는 게놈, 효소, 아미노산, 펩타이드 또는 단백질이라는 이름의 용어를 추출한 후, 해당 용어가 검색된 논문에서 얼마나 자주 나타나는지에 따라 순위를 매겼다. 그런 다음, 이러한 결과를 검색어로 사용하여 PubMed를 재현하고, 그 결과에서 질병 또는 증후군, 신생물 형성 과정(= 암을 지칭하는 용어)을 나타내는 용어를 추출하여 순위를 매겼다.

이 과정을 통해 유전자, 게놈, 효소 또는 단백질을 매개로 강황과 특정 질병을 연결할 수 있다는 아이디어가 떠올랐다(그림 6.6 참조). 이 결과는 강황이 질병과 어느 정도 관련이 있으며, 심지어 치료에 유용할 수도 있다는 제안을 구체화한다.

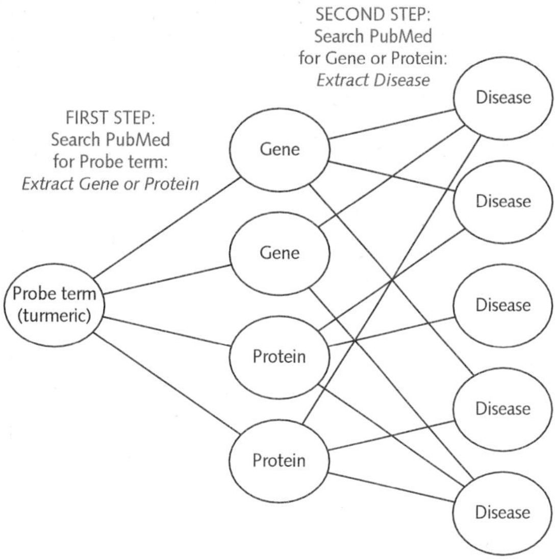

그림 6.6 강황과 같은 프로브(탐색) 용어를 일련의 질병과 연결하는 것이 목표이다. 2단계 절차로, 먼저 PubMed에서 프로브 용어로 탐색하고 유전자, 게놈, 효소 및 단백질의 이름을 복원한다. PubMed에서 강황과 관련된 것으로 식별한 논문에서 해당 용어가 나타나는 횟수에 비례하여 강황과 분자 사이의 링크는 '강도(strength)'를 갖는다. 두 번째 단계에서는 첫 번째 단계에서 식별된 각 분자에 대해 개별적으로 다시 PubMed를 조사한다. 이번에는 논문을 분석하여 질병의 이름을 추출한다. 여기서도 분자-질병 연관성의 순위는 PubMed가 두 번째 단계에서 식별한 논문에서 질병 용어가 나타나는 횟수에 비례한다. 2개의 강력한 연결 고리를 통해 강황과 질병이 연관되어 있다는 것은 강황과 질병 사이의 관계를 시사하는 것이다.

Srinivasan과 Libbus는 세 가지 질병에 대해 논의했다:

- 당뇨병성 망막증, 염증, 녹내장을 포함한 망막 질환;
- 크론병;
- 부상 후 염증을 포함한 척수 관련 질환 및 다발성 경화증과 유사한 자가면역 질환.

이 모든 질병의 공통적인 특징은 염증이다. 강황과 질병을 연결하는 일반적인 단백질 세트에는 TNFα, MAPK, NF-kappaB, COX-2 및 기타 cytokine과 interleukin이 포함된다. 강황과 질병 사이의 연관성에 관여하는 분자를 알면 과학자들은 강황이 작용할 것으로 예상되는 메커니즘을 이해할 수 있다. 이 결과는 단순한 상관관계가 아니라 강황과 질병의 관련성에 대한 근거를 뒷받침하며, 이는 다시 연관성을 평가하고 규명하기 위한 실험 설계와 프로브 물질인 강황의 임상적 유용성을 설명하는 데 도움이 된다.

텍스트 마이닝으로 도출한 녹내장 관련 네트워크

녹내장은 실명의 주요 원인이다. 녹내장은 시신경 손상으로 인해 발생하며, 보통 안압 상승으로 인해 발생하지만 항상 그런 것은 아니다. Soliman, Nasrauoi, Cooper[15]는 텍스트 마이닝을 사용하여 녹내장에 대한 상호작용 네트워크를 도출했다.

연구의 전체 단계는 다음과 같다:

1. 녹내장과 관련된 문헌에서 논문 말뭉치를 식별한다. 사용된 논문은 오픈 액세스를 제공하는 PubMed Central (PMC)에서 구할 수 있었다.
2. 논문을 문장으로, 문장을 단어로 분해한다. 관련 용어 유전자, RNA 분자 및 단백질 식별.
3. 2개 이상의 관련 용어가 포함된 문장에서 관계 추출.
4. 이러한 관계를 나타내는 네트워크를 형성하고 분석한다.

이전에 도출된 녹내장 네트워크는 전장 유전체 연관성 연구(GWAS)와 유전체 발현 연구(GWES)를 기반으로 했다. 이전 연구에서 보고되지 않은 관계를 파악하고자 했다.

15 Soliman, M., Nasrauoi, O. & Cooper, N.G.F. (2016). Building a glaucoma interaction network using a text mining approach. *BioData Mining* **9**, 17–41.

한 세대 전에는 데이터를 수집하고 필요한 프로그램의 구성 요소를 '처음부터' 작성하는 것이 일반적이었다. 이 프로젝트의 연구자들은 논문 자체가 포함된 데이터베이스와 녹내장과 관련이 있는 것으로 알려진 유전자 및 유전자 생성물 목록이 포함된 데이터베이스를 포함하여 사용 가능한 데이터베이스를 활용하였다. 기계의 텍스트 마이닝 및 구문 분석 구성 요소는 분석, 자연어 처리, 네트워크 분석 등 공개적으로 액세스할 수 있는 소프트웨어 패키지를 활용했다. 이러한 패키지는 매우 정교하여 이를 작성하는 데 전문적인 지식과 상당한 노력이 필요했다. 프로젝트를 수행하려면 사용 가능한 데이터와 도구를 정리해야 했다.

프로젝트는 다음과 같이 진행되었다:

- 적합한 문서 8,660개 수집. 각 논문은 문장으로 분리되어 총 13만 9,475개에 달했다. 문장은 '단어'로 구분되었다. 일부는 일반적인 영어 단어였다. 일부는 과학 용어였고, 일부는 유전자, RNA 또는 단백질의 이름을 의미했다.
- 문장 내에서 네트워크의 노드가 될 수 있는 유전자, RNA 분자 또는 단백질의 이름을 식별했다. 각 이름은 녹내장 관련 305개의 고정된 이름 목록과 대조하여 확인했다. 이 중 155개는 OMIM에,[16] 180개는 DisGeNet에 나타났다.[17] 두 목록 모두에 30개만 나타났다.
- 각 문장이 관계를 표현하는지 여부를 결정한다. 녹내장 관련 이름이 하나 이상 포함되지 않은 문장은 모두 제외되었다. 녹내장 관련 이름에 대한 언급이 2개 포함된 문장은 두 이름 사이의 관계를 표현할 수 있다. 일부 문장에는 녹내장 관련 이름에 대한 언급과 녹내장 관련 이름 목록 **외부**의 유전자 또는 유전자 제품을 식별하는 용어에 대한 또 다른 언급이 포함될 수 있다. 이러한 이름 간의 관계는 네트워크 그래프에서 노드 역할을 하는 용어 목록을 확장하고 새로운 용어를 네트워크 에지의 핵심 목록에 연결할 수 있다.

  관계 추출은 오픈 소스 프로그램인 ReVerb를 사용했다.[18] ReVerb는 제시된 모든 문장을 구문 분석하여 주어, 주동사, 목적어를 식별한다. 이 프로그램은 E와 E′는 엔티티이고 Rel은 문장의 주동사에서 파생된 관계인 E, Rel, E′ 형식의 삼중 항을 제공한다.
- 연결된 토큰 집합을 노드로, 관계를 에지로 변환하여 네트워크를 생성했다. 224개의 노드와 255개의 에지로 구성되었다. 이 네트워크는 일종의 '작은 세계' 네트워크의 특성을 가지고 있다. 즉, 노드당 링크 수의 분포가 거듭제곱 법칙을 따른다는 뜻이다: k개의 링크를 가진 노드의 수는 k^{α}에 대략 비례한다. 이 네트워크의 경우 α = 1.99이다. 이러한 네트워크는 링크 수가 많은 소수의 노드인 '허브'가 특징이다.

이러한 네트워크 내에서 지역 구조가 드러나는 하위 네트워크를 식별할 수 있다. 녹내장 상호작용 네트워크에는 이러한 클러스터가 5개 있다(그림 6.7 참조). 이 네트워크 분석에는 또 다른 정교한 오픈 소스 프로그램인 Gephi[19]가 사용되었다.

이 연구에서 발견된 관계의 한 예로 SHH(Sonic hedgehog)와 ATOH7(무조성 bHLH 전사인자 7, bHLH = 기본 나선-루프-나선 계열)을 들 수 있다. 소닉 헤지호그(Sonic Hedgehog)는 세포의 성장과 전문화, 전반적인 신체 패턴을 조절하는 데 많은 역할을 한다. 눈이 발달할 때 소닉 헤지호그는 눈이 중심에서 바깥쪽으로 발달하는 성장 패턴을 중재한다. 소닉 헤지호그는 망막 신경절 세포의 분화와 시신경 형성을 조절하는 ATOH7을 조절한다. 이 두 유전자는 망막 세포 분화 및 유지를 담당하는 조절 네트워크의 구성 요소이다.

16 https://www.ncbi.nlm.nih.gov/omim

17 www.disgenet.org

18 http://reverb.cs.washington.edu/

19 https://gephi.org/

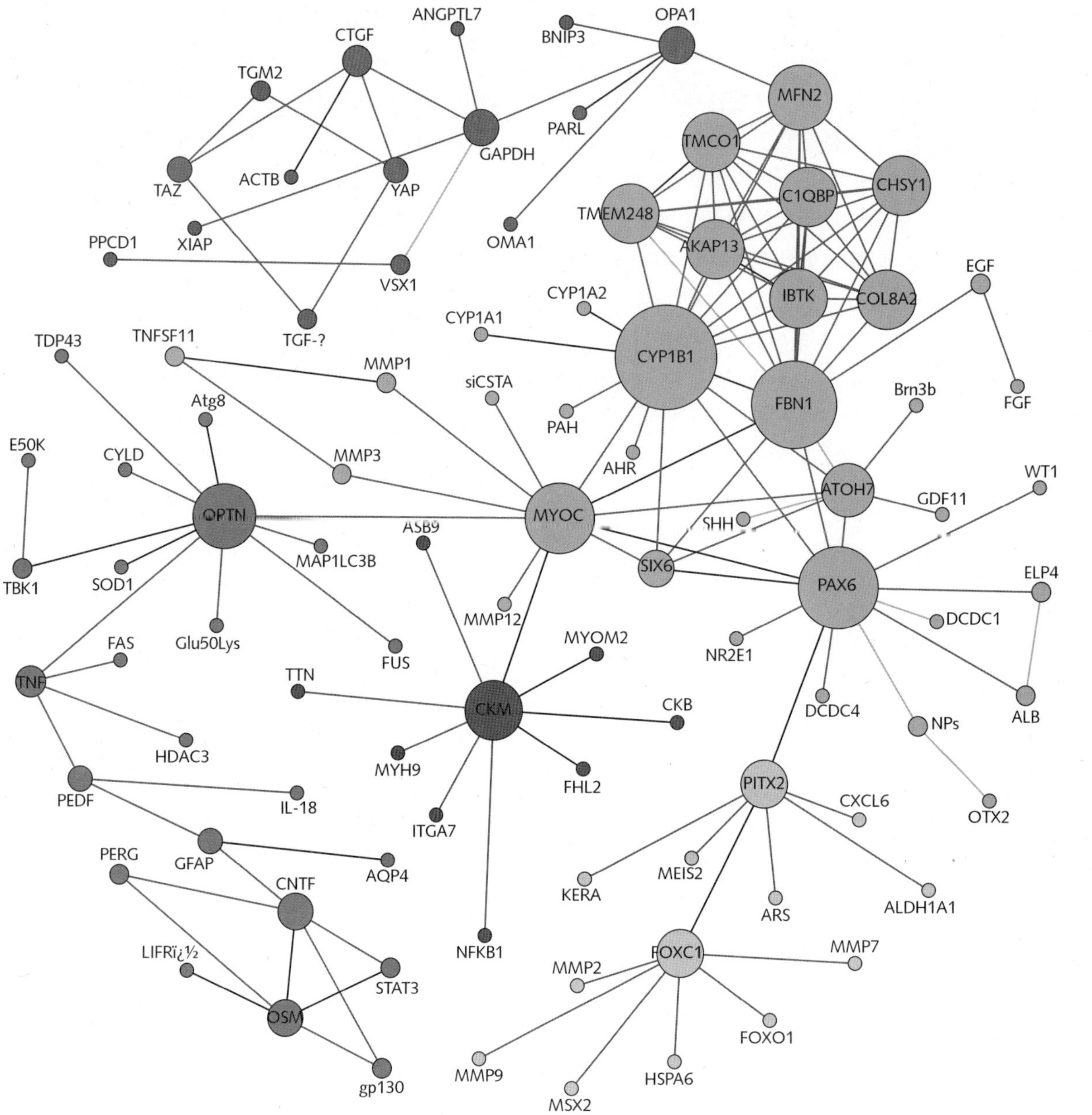

그림 6.7 간소화된 녹내장 상호작용 네트워크로, 5개의 커뮤니티 구조를 보여준다. 노드를 나타내는 원의 크기가 클수록 해당 노드가 많은 링크를 만든다. 가장 큰 원은 '허브(hub)'이다.

출처: Soliman, M., Nasrauoi, O. & Cooper, N.G.F. (2016). Building a glaucoma interaction network using a text mining approach *BioData Mining* **9**, 17–41.

연습문제

연습문제 6.1. 윈스턴 처칠의 연설 녹음 등 음성 클립 데이터베이스가 있다고 가정해보자. (a) 정확한 음성 인식, 즉 음성을 텍스트로 변환하는 소프트웨어가 있다면 이를 이용하여 문제를 해결할 수 있는 방법은 무엇일까? (b) 음성 → 텍스트 변환을 사용하지 않고 문제를 해결하려면 일반적으로 어떻게 해결할 수 있을까?

연습문제 6.2. 다음의 마크업 언어들이 어떤 유형의 데이터에 특화되어 있는지 말하시오: (a) VRML, (b) CML, (c) BSML, (d) LOGML.

연습문제 6.3. 문장 'Time flies like an arrow'는 애매모호하다. (a) Time을 (1)명사로 처리하거나, (2) 동사로 처리하거나, (3) 'flies'를 수정하는 형용사로 처리했을 때, 이 문장의 세 가지 가능한 의미를 설명하시오.

(b) 문법 규칙을 지키지 않아 이 중 어떤 의미가 거부되는지 판단할 수 있는가?

(c) 어떤 의미는 일상 경험과 일치하지 않아 거부될 수 있는가?

연습문제 6.4. 텍스트에서 효소 이름을 찾는 간단한 방법은 -ase로 끝나는 단어를 검색하는 것이다. 효소 이름이 아닌 -ase로 끝나는 10개의 영어 단어를 생각해보시오. 찾을 수 있는 가장 긴 -ase로 끝나는 단어는 무엇인가? 제안하는 단어 중 의학 문헌에 자주 나타날 가능성이 있는 단어가 있는가? (-ase로 끝나지만 효소 이름이 아님에도 의학 문헌에 자주 나타나는 두 가지 단어는 'disease'와 'case'이다. 이 연습을 Weblem으로 전환하려 하는 경우 온라인 rhyming 사전을 찾아보시오.)

역자주

역주 1) 'wrap'이라는 원문을 직역했는데, 정보를 전송하는 가장 효과적인 방법은 어떤 정보를 인간의 경험과 인간의 이해와 관련시키는 것이라는 것을 비유한 것이다.

역주 2) 모노그래프(monograph)는 보통 한 명의 저자나 예술가가 학술 주제를 통해 주제의 한 측면을 상세히 기술한 (참고서와 대비되는) 기록이다.

역주 3) 원문에서는 경제 모델(economic model)이지만, 우리나라에서 통용되는 수익 모델 또는 비즈니스 모델을 혼용한다.

역주 4) 게리맨더링(gerrymandering; 선거구조작)은 특정 후보자나 특정 정당에 유리하도록 선거구를 확정하는 것을 말한다. 여기서는 사용자의 검색어 필터링에 의해서 의도적으로 이념적 경계와 범위를 조작하는 것을 의미한다.

역주 5) 학술 출판에서 '백로그'라는 단어는 일반적으로 학술지에 게재 승인된 논문이 출판까지 상당한 시간 동안 기다리는 현상을 의미한다.

역주 6) 오픈 액세스는 공개 접근, 공개 이용, 무료 사용 등으로 번역되기도 하지만, 단순히 접근 경로나 저작권을 지칭하지 않고, 저자의 비용 부담, 이용자의 무료 접근, 시공간을 초월한 상시적 접근, 저자의 저작권 보유 등의 4대 원칙을 강조하는 정보 공유 체제 의미를 갖고 있으므로, 별도로 번역하지 않고 "오픈 액세스"로 표기한다.

역주 7) 원문에는 "The US congress(the analogue of Parliament)"라고 표기하여, 미국 의회를 Congress라고 쓴 후 괄호 안에 'Parliament와 유사'라는 설명을 덧붙였다. 한국에서는 구분 없이 '의회'로 번역하지만, 의원내각제인 영국의 Parliament와 대통령제인 미국의 Congress는 세부적으로 정치적 독립과 권한이 다른 개념이다. 번역에서는 불필요해서 괄호 설명을 삭제한다.

역주 8) 원문은 "The Public Library of Science"되어 있으나, 국내에서는 직역하여 소통하기 보다는 약어인 PLoS를 대부분 통용한다.

역주 9) 저자의 언어 유희로 원문은 'digital analogue'로 표현되어 있다. 아날로그는 디지털과 상반되는 단어이지만, 아날로그가 명사로 사용될 때는 유사성, 유비성이라는 의미를 가지며, '디지털 도서관이 전통적 도서관과 유사한 것'이라는 함의를 준다.

역주 10) '마법사의 제자(The Sorcerer's Apprentice)'는 Johann Wolfgang von Goethe의 시로, 이후 가장 유명하게는 디즈니의 "Fantasia"에서 애니메이션으로 재현되었다. 이 이야기에서, 마법사의 제자는 마법사가 없을 때 일을 더 쉽게 하기 위해 빗자루를 마법으로 움직이게 한다. 그러나 제자는 빗자루를 멈추는 방법을 몰랐기 때문에 물이 넘치고, 상황은 완전히 제어 불능 상태로 번지게 된다. 이 시는 주로 무엇인가를 제어하지 못하거나 그 결과를 예측하지 못한 채로 기술이나 지식을 이용할 때 불행한 결과를 초래할 수 있음을 나타내는 상징적인 이야기이다.

역주 11) 원문에서는 'back-of-the-envelope'으로 표현되었는데, 원래 사무실에서 수신한 봉투를 조명에 비춰보고서 읽어야 할 편지를 가려내던 상황에서 유래한 것으로, 순간적으로 계산하거나 예측하는 것을 의미한다. 즉, 빠르게 대략적인 계산을 하여 예측하는 것이다. 이 말은 종종 즉흥적인 계산이나 예측을 말하는데, 정확도는 높지 않지만 전반적인 아이디어를 얻는 데 도움을 준다.

역주 12) Gibbon은 '로마 제국의 역사와 몰락(History of the Decline and Fall of the Roman Empire)'라는 저서를 통해 유명해진 영국의 역사가이자 민족주의자이다. 그의 저서는 상세한 로마 역사와 문화에 대한 폭넓은 연구와 뒷받침되는 사실적인 증거들을 포함하고 있다. 그는 또한 일부 내용에 대해 자신의 개인적인 견해를 제시하기 위해 매우 긴 주석을 썼다. 이러한 방식으로, 그의 책은 현재에 이르러 매우 중요한 역사적 자료로 인정받고 있다.

역주 13) 핵형 분석, 전자현미경, 초파리 행동 모두 이미지 패턴 인식의 예이다. 핵형 분석은 현미경으로 찍은 염색체 사진에서 크기와 염색 패턴을 바탕으로 각 염색체 번호, 개수, 자세, 결함 여부를 판단한다. 고해상도 극저온 현미경은 이미지 분석을 통해 분자의 방향 패턴을 찾아 현미경 이미지를 재구성한다. 초파리 행동 관측은 동영상에 각 초파리 개체를 인식하고 운동성을 추적한다

역주 14) 연결망의 자료 구조는 데이터 항목을 나타내는 점(node)과 항목 간의 관계를 나타내는 선(edge)으로 구성된다. 이 글에서는 모든 논문이 점으로 표현하고, 각 논문들 사이의 정방향, 역방향 인용 관계는 선으로 표현한다.

역주 15) 최신 정보가 출처에 존재하면 사용자에게 전달된다. '끌어오기'는 사용자가 그 정보를 출처에 방문하여 찾아가는 방식이며, '밀어내기'는 정보 생산자(출처)에서 사용자에게 전달하는 방식이다.

역주 16) 원문은 'standing order'로 주로 '자동 이체'로 번역되지만, 맥락에 맞춰 '관심사'로 번역한다.

역주 17) 여기서는 "원하는 정보를 알림으로 알려 주고 싶은 사이트들이 그들의 정보를 웹에 방송한다"는 뜻으로 사용되었다. 다시 말해, 정보 제공 사이트에서 새로운 정보가 업데이트될 때마다 이를 인터넷 상에 '방송'하고, 이 방송을 받고자 하는 이용자는 이를 알림으로 받을 수 있는 것이다.

역주 18) 'betriebsausflüge'는 독일어로, 회사나 단체가 직원들에게 특별한 행사나 여행을 개최하는 것을 뜻한다. 일종의 업무 외 활동이며, 영어로는 'company outing'이나 'company trip'으로 번역될 수 있다.

역주 19) Bridal registry를 '예물 목록'으로 번역하였다. 미국이나 유럽에서 결혼을 앞둔 커플이 원하는 선물 목록을 만들면 친구나 가족들이 이를 확인해서 구매할 수 있도록 하는 서비스를 말한다. 이는 주로 온라인에서 이루어지며, 구매한 항목을 표시하는 '쓰기 권한'이 공유되어 중복 구매를 방지한다.

역주 20) 유전자형(genotype)은 유전자들의 조합으로 구성되며, 어떤 개체의 유전적 특성을 결정한다. 한편, 염색체가 특정 구역에서 발생하는 변이들의 연관성을 의미하는 일배체형(haplotype)은 개체의 염색체에 있는 연속적인 유전자들의 세트를 나타내며, 대개 같은 염색체에서 파생된다. 간단하게 말해, 하나의 염색체에 존재하는 연속적인 유전자들의 조합이 일배체형이며, 유전자형은 모든 염색체의 유전자 조합을 말한다.

역주 21) 역주: tenuous의 번역을 보통 모호, 미약 등으로 하는데, 여기서는 전체 맥락에 맞춰 동의어 중 flimsy의 뜻을 차용했다.

역주 22) 역주: '프론트 엔드'는 사용자가 직접 상호작용하는 시스템의 일부분을 가리킨다. 웹 개발에서는 웹사이트의 레이아웃, 디자인 그리고 사용자와의 상호작용을 담당하는 부분을 의미한다. 이와 대조적으로 '백 엔드'는 서버, 데이터베이스, 애플리케이션 등 사용자가 직접 볼 수 없는 부분을 담당한다. 여기서 언급된 '프론트 엔드'는 데이터베이스에 접근하고, 데이터를 검색하고, 결과를 사용자에게 보여주는 인터페이스를 의미한다.

역주 23) 역주: ENA, DDBJ는 각각 European Nucleotide Archive와 DNA Databank of Japan의 약어이다. GenBank와 더불어 염기서열 데이터베이스 협력 체계를 구성한 데이터베이스 이름이다.

역주 24) 역주: 원문의 primary는 '주요한'의 의미가 있지만, 한국어에서는 뒤에 나오는 2차와 대응해서 1차로 번역하는 경우가 많으므로 이에 따른다.

역주 25) 역주: UNIX daemons는 UNIX 및 유닉스 계열 운영 체제에서 백그라운드에서 실행되는 프로세스를 가리킨다. 이들은 사용자의 직접적인 조작 없이도 시스템의 다양한 기능을 지원하며, 이메일 서비스, 스케줄링, 로그 파일 관리 등 다양한 역할을 수행한다.

역주 26) 역주: '데카르트 곱' 또는 '카르테시안 곱'은 수학에서 두 집합의 모든 가능한 순서쌍을 모은 집합을 의미한다. 이 개념은 프랑스의 수학자 르네 데카르트(René Descartes)의 이름을 따온 것이다. 데이터베이스에서 데카르트 곱은 두 테이블의 모든 행 조합을 생성하는 데 사용된다. 카르테시안은 데카르트의 영어식 발음이다.

역주 27) 역주: 두 테이블 간의 공통 열(column)의 값이 일치하는 행(row)을 결합해서 새로운 테이블을 만드는 데 사용되는 데이터베이스 용어이다. 즉, 두 테이블에서 공통 열을 찾고 해당 열의 값이 일치하는 행만을 선택하여 새로운 테이블을 만드는 것이다. 이를 통해 데이터베이스 사용자는 두 테이블 간의 관련성을 파악하고 더 많은 정보를 얻을 수 있다.

역주 28) 역주: 채용(recruitment) 현상은 생물학에서 특정 단백질이나 유전자가 원래의 기능 외에 새로운 기능을 가지게 되는 과정을 말한다. 이는 진화 과정에서 중요한 역할을 하는데, 특히 단백질의 진화나 발달 경로에서 중요하다. 단백질 기능이 아닌 진화를 중심으로 연구하는 그룹에서는 Co-option이라는 용어를 사용한다.

역주 29) 역주: "all possible bells and whistles"는 어떤 제품이나 서비스가 가질 수 있는 모든 추가적인 기능이나 특징을 갖추고 있다는 것을 의미한다. 이는 그 제품이나 서비스가 가장 고급이거나 완벽한 버전을 설명하는 데 주로 사용된다. 이 표현은 종종 고급 자동차, 전자 제품, 소프트웨어 등에서 볼 수 있다.

역주 30) 역주: 원문은 adult supervision으로 되어 있으나, 맥락

상 관리자의 감독으로 번역하였다. 앞의 self-describing에 대응해서, 표현한 저자의 위트이다.

역주 31) 역주: 온톨로지(ontology)는 데이터 관리에서 주로 사용되는 개념으로, 특정 도메인 내의 개념들과 그들 사이의 관계를 나타내는 데이터 모델을 의미한다. 이는 엔티티의 행동과 그들 사이의 관계에 대한 더 많은 정보를 포함하며, 공식적인 이름, 정의, 엔티티의 속성 등을 포함할 수 있다. 이를 통해 알고리즘과 도구를 개발하여 과학적 도메인의 관심사를 계산적으로 접근할 수 있게 한다.

역주 32) 스키마(Schema): 데이터의 구조와 특성을 정의하는 방법론이다. 스키마는 데이터의 유효성을 검사하고, 데이터가 특정 규칙을 따르도록 하는 데 사용된다. 스키마는 데이터베이스, XML 문서 등에서 사용된다.

역주 33) '요일' 값들 중의 하나가 염기의 수에 할당되는 것은 잘못된 것이다.

역주 34) 피진(pidgin) 또는 피진어는 서로 다른 두 언어의 화자가 만나 의사소통을 위해 자연스레 형성한 혼성어를 부르는 말이다. 피진이 뿌리내려 모국어로서 사용되는 말을 크리올이라 한다. 여기서는 두 화자, 즉 사람과 컴퓨터 사이의 의사소통을 위한 혼성어이다.

역주 35) housekeeping을 문맥에 맞추어 번역

역주 36) CPU마다 다른 기계어를 뜻한다.

역주 37) 즉, 인터프리터 언어이다.

역주 38) 최근 ChatGPT 기술의 출현으로 괄목할 만한 성과를 얻었다.

역주 39) 이것은 번역 오류이다. "...la Cour de Justice considère la création d'un sixième poste d'avocat général"은 "The Court of Justice is considering the creation of a sixth Advocate General post"으로 번역되어야 한다. 이 문장은 법원에서 여섯 번째 일반검사 포스트를 만들 계획이 있음을 나타낸다(여섯 번째 아보카드 정차역이 아니라).

역주 40) "press his suit"는 "정장을 다려 달라"는 뜻으로 해석할 수 있지만, 동시에 누군가에 대해 "소송이나 법적 조치를 취하겠다"는 것으로 해석할 수 있다.

역주 41) "British left waffles on Falklands"는 "영국군 포클랜드에 와플을 두고 왔다"라는 뜻이 아니라 "영국 좌파 포클랜드 사안에 무기력"이라는 뜻이 적절한 해석이다. 이 신문 헤드라인은 실제 영국 언론사에서 애매모호성으로 유명하다. 만약 당시의 영국 정치나 역사에 대한 맥락을 모른다면, 이것은 영국인들이 포클랜드 제도에 갔다가 떠날 때 와플을 놓고 갔다는 것을 의미한다고 생각할 수 있다(기계처럼). 실제로는 포클랜드 제도(실제로는 아르헨티나의 포클랜드 침공에 따른 전쟁 상황)와 관련된 결정을 우왕좌왕하는 상황이 있었고, "the British Left"라는 당원들(영국 좌파) 중 누군가가 이 상황에서 주요 인물이었다는 것을 의미한다. "Waffling"은 결정력이 없는 것을 의미한다.

역주 42) 총 8연으로 된 시로서, 제1연의 시작 부분이다. 직역과 의역을 함께 비교해야 원문의 설명을 이해할 수 있다.

역주 43) 최근 OpenAI GPT는 괄목할 만한 발전을 보였다.

역주 44) "Cockney rhyming slang"은 런던의 동쪽 지역에서 발생한 특별한 형태의 영어 속어이다. 이 속어는 한 단어나 구문을 두 단어로 이루어진 구문으로 대체하는 방식을 사용한다. 이 두 단어 중 두 번째 단어가 원래 단어와 운을 맞추는데, 실제 대화에서는 종종 첫 번째 단어만 사용된다. "Apples and pears"는 이 Cockney rhyming slang의 한 예로, "stairs"를 의미한다. 따라서 문장 "My grandfather held onto the bannister while descending the apples and pears."에서 "apples and pears"는 "stairs"를 의미하므로, 이 문장은 "나의 할아버지는 계단을 내려갈 때 난간을 잡고 있었다."로 해석된다. (참고: 원문에서 apples and pairs로 표기되었는데, 저자의 오류로 생각된다.)

역주 45) '일반 감기', '구순 포진', '저온 쇼크 단백질', '저온실에 보관', '콜드 핑거(실험기기의 일종)', '발작성 저온 혈색소뇨증', '콜드 터키(중독 탈출법의 일종)', '냉찜질', '콜리시고닉 플라스미드 ColD-CA23', '콜드 스프링 하버 연구소'

역주 46) CASP(Critical Assessment of Structure Prediction)는 1994년부터 2년에 한 번씩 진행되는 전 세계적인 단백질 구조 예측 실험이다. 이 실험은 연구 그룹들에게 자신들의 구조 예측 방법을 객관적으로 테스트할 기회를 제공하며, 연구 커뮤니티와 소프트웨어 사용자에게 단백질 구조 모델링의 최신 동향에 대한 독립적인 평가를 제공한다. 이 실험은 아미노산 서열로부터 단백질의 3차원 구조를 식별하는 방법을 발전시키는 것이 주목표이지만, 많은 사람들은 이 실험을 이 분야의 "세계 챔피언십"으로 보고 있다. 전 세계의 100여 개 연구 그룹들이 CASP에 정기적으로 참여하며, 실험 준비를 위해 서버를 준비하고 상세한 예측을 수행하는 동안 몇 달 동안 다른 연구를 중단하는 것은 흔한 일이다.

CHAPTER 7

인공지능과 머신러닝

인공지능과 머신러닝이란 무엇인가?

컴퓨터의 성능 증가와 정교한 알고리즘이 발전함에 따라 컴퓨터가 점점 더 복잡한 문제를 해결할 수 있게 되었다. 최근의 획기적인 사건 중 하나는 컴퓨터 프로그램으로 인한 세계 바둑 챔피언의 패배였다. 인공지능(*artificial intelligence*)의 힘은 사회 전반에 중요한 영향을 미치고 있다. 물리학자 Stephen Hawking은 '인공지능은 인류의 종말을 초래할 수 있다'라고 경고했다.[1] 2018년 왕립 학회는 'You and AI'라는 주제로 공개 행사를 후원했다.

우리는 훨씬 더 좁은 관점에 주안점을 줄 것이다;

1. 생물정보학에서 어려운 문제를 해결하는 데 인공지능이 어떻게 도움을 줄 수 있을까?
2. 과학자들의 데이터 접근 방식은 인공지능에 의해 어떻게 변화될 것인가?

인공지능과 관련된 개념 중 하나는 머신러닝(*machine learning*)이다. 인공지능의 개념은 컴퓨터가 적어도 어떤 측면에서 '사고'로 간주될 수 있는 작업을 수행한다는 것이다(Box 7.1 참조). 그러나 프로그램의 정교함은 프로그래머의 지능을 다른 측면으로 번역한 것일 수 있다. 머신러닝은 여기서 한 걸음 더 나아간다; 머신러닝은 프로그램이 알고리즘의 성능을 개선하기 위해 주도적으로 행동해야 한다. Box 7.2는 이 차이를 간단한 사례로 설명한다.

BOX 7.1 튜링 테스트

1951년, 유명한 수학자이자 코드 브레이커, 컴퓨터 개척자인 Alan Turing은 머신이 지능적인 행동을 나타낼 수 있는 능력을 검증하기 위한 테스트를 제안했다. 만약 어떤 관찰자가 인간과 머신 간의 대화를 엿들을 경우, 관찰자는 대화 참여자 중 어느 쪽이 인간인지 구별할 수 있을까? 만약 구분하지 못하였다면, 머신은 이 테스트를 통과한 것이다. 이 테스트에서는 대화가 텍스트 전용 채널을 통해 이루어진다고 명시되었으므로 음성 단서는 제공되지 않는다.

그러나 많은 사람들은 이것이 지능적인 행동을 정확하게 측정하는 데 충분한 테스트가 아니라고 생각한다. 더 좋은 테스트를 생각해 볼 수 있을까?

BOX 7.2 영과 십자가 게임에서의 인공지능과 머신러닝

인공지능과 머신러닝을 구분하기 위해 전통적인 'noughts-and-crosses'(또는 'tic-tac-toe') 게임을 고려해보자. 이 게임은 3 × 3 배열의 격자에서 두 플레이어가 번갈아가며 채워 넣는 게임이다. 전통적으로 문자 X와 O를 사용하지만, 구별 가능한 2개의 기호라면 무엇이든 상관없다. 게임에서 이기려면 플레이어는 배열의 행, 열 또는 대각선에 연속된 세 문자를 만들어야 한다

[1] http://www.bbc.com/news/technology-30290540

(그림 7.1 참조). 양쪽 플레이어가 최적으로 플레이한다면 게임은 무승부가 될 것이다.

그림 7.1 이 그림에서는 2번 플레이어(O)의 차례이지만, 다음 차례에 1번 플레이어(X)가 이길 것이다. 왜냐하면 한 줄에 3개의 X를 만들 수 있는 두 가지 방법이 있으며, 2번 플레이어(O)는 그중 하나만 차단할 수 있기 때문이다.

비교적 낮은 수준이지만, 영과 십자가를 나타내어 게임을 할 수 있는 컴퓨터 프로그램은 인공지능을 보여준다. 이 프로그램은 결정을 내려야 한다.

영과 십자가 게임을 플레이하는 프로그램을 제작하는 두 가지 접근 방식을 고려해보자:

(1) *각 가능한 위치를 정수로 인코딩한다.* 예를 들어, 각 칸마다 1은 X를 나타내고, 2는 O를 나타내며, 3은 빈 칸(아직 플레이되지 않음)을 나타낸다. 연속된 행의 연속된 열에서 숫자를 컴파일하며, 텍스트를 읽는 순서대로 진행한다. 예를 들어, 그림 7.1에 표시된 위치는 131332321에 해당한다. 각 숫자에 대해 프로그래머 또는 어떤 전문가라도 움직임을 선택하고 위치와 관련된 권장 움직임을 탭으로 정리한다. 컴퓨터 프로그램이 위치를 제시하면 해당 위치에 해당하는 권장 움직임을 찾아보고 해당 움직임을 보고할 수 있다. (완료된 게임에 해당하는 위치를 제거하거나, 심지어 플레이 필드의 대칭성을 사용하여 테이블을 줄이는 것도 가능하다. 하지만 이 내용은 무시한다.)

(2) *컴퓨터가 누구든 상관없는 상대 A와 B가 서로의 상대와 영과 십자가 게임을 시뮬레이션하는 프로그램을 작성한다.* 각 게임의 각 위치에서 무작위로 합법적인 움직임을 선택한다. 각 게임 중에는 각 위치에서의 움직임 순서와 각 위치에서 이루어진 움직임을 일시적으로 기록한다. 게임이 끝나는 상황: 플레이어 A가 이겼다면, 각 위치에서 플레이어 A가 한 움직임의 점수에 1을 더하고, 플레이어 B가 한 움직임의 점수에서 1을 뺀다. 플레이어 B가 이겼다면, 각 위치에서 플레이어 A가 한 움직임의 점수에서 1을 빼고, 플레이어 B가 한 움직임의 점수에 1을 더한다. 게임이 무승부였다면 아무 작업도 수행하지 않는다. 더 이상 게임을 위한 차례를 진행할 필요는 없다. 기록된 것은 가능한 각각의 자리에서의 위치, 해당 위치에서의 가능한 움직임 및 각 위치에서의 가능한 움직임에 대한 점수이다. 이 점수는 여러 게임에서 누적된다.

프로그램은 이러한 결과를 사용하여 인공지능 또는 컴퓨터 상대에 대해 게임을 플레이할 수 있다. 프로그램의 차례가 오면 현재 위치를 확인한 다음 가장 높은 점수에 해당하는 움직임을 선택할 수 있다. 컴퓨터가 시뮬레이션의 초기 단계에서, 결과가 수렴하기 전에 게임을 플레이하면 전략이 최적화되지 않을 수 있다. 게임을 계속 시뮬레이션하고 이동 선호도들을 누적함으로써, 성능이 향상될 수 있다.

방법 1은 인공지능을 보여주지만 머신러닝은 아니다.

방법 2는 머신러닝을 보여준다.

분류 및 클러스터링

분류자(*classifier*)는 객체의 속성이 제시될 때 해당 객체를 미리 정의된 클래스 집합 중 하나에 할당하는 대리인이다. 이 대리인은 인간 관찰자일 수도 있고, 비디오에서 장면을 분석하는 컴퓨터 프로그램일 수도 있다. 일부의 경우, 분류자가 서로 다른 클래스를 채우는 데이터 집합에 대해 '훈련' 받은 것일 수도 있다.

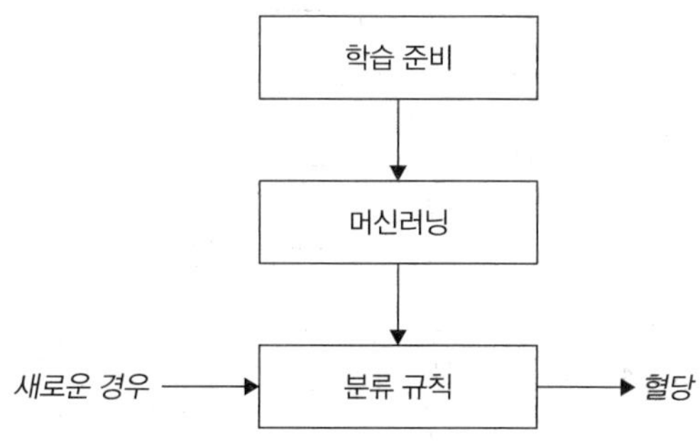

분류기를 테스트하기 위해선, 인식되는 사례를 무작위 훈련(training set)과 테스트 집합(test set)으로 나누어야 한다. 훈련 집합에서 분류기를 훈련한 후, 그 성능을 테스트 집합에서 평가한다. 이 절차를 수행하는 목적은 **과적합**(*overfitting*)을 확인하기 위해서이다(Box 7.3 참조).

대신, 우리는 제시된 사례가 어떤 단계의 집합에 속하는지 미리 알지 못하는 경우도 있다. 이제 사례들의 자연스러운 분할을 구성하는 단계 **결정** 작업이 더 어려워졌다. 이것을 **클러스터링**(*clustering*)이라고 한다. 일부 알고리즘은 클러스터의 수를 지정하는 제약을 허용한다. 클러스터가 한 번 결정되면, 이것들은 분류기의 기반으로 사용될 수 있다.

표 7.1은 분류와 클러스터링을 비교한다.

성공적인 클러스터링은 이후 제시되는 샘플 분류의 기반으로 사용될 수 있다.

분류를 위한 가장 간단한 경우는 단계들이 겹치지 않고 분리되는 초평면(hyperplane)이 있는 경우이다(그림은 2차원으로 제한되지만 더 높은 차원으로의 확장은 직선이다). 그림 7.2는 검은색과 회색의 두 종류의 점을 나타낸다.

BOX 7.3

과적합

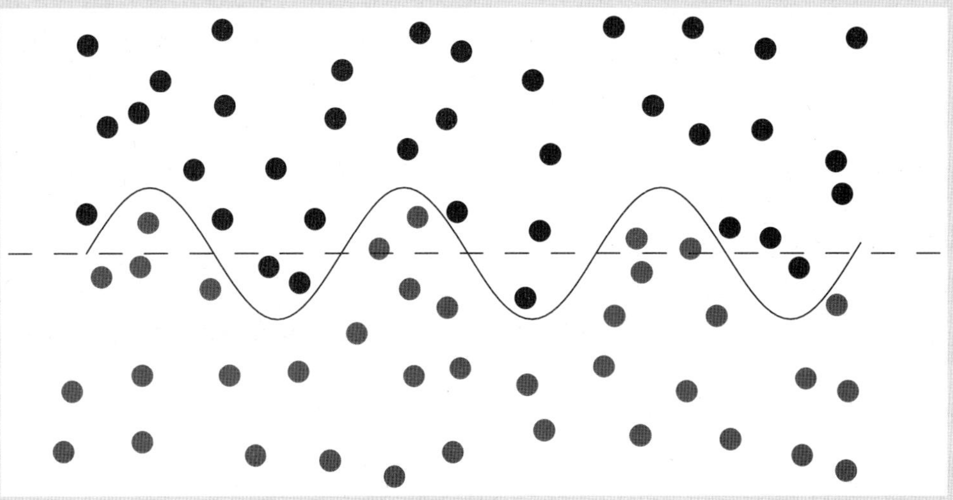

이러한 점 집합들은 *거의* 선형 분리 가능하지만 완전히는 아니다. 검은색 점과 회색 점의 분포가 서로 뒤섞이고 있다. 최상의 선형 분리자는 꺾인 선이지만 회색과 검은색 점의 분리는 완벽하지 않다. 더 일반적인 분리자 곡선으로 훈련하면 이 점 세트의 완벽한 분리를 달성하는 파형 라인을 얻을 수 있다.

그러나 이 훈련 세트가 큰 모집단에서 추출된 샘플이라고 가정했을 때. 다른 하위 집합을 선택하면 대체 분포가 생성된다. 새로운 분포는 동일한 정도의 중첩을 가질 수 있지만 이 중첩은 다른 분포일 수 있다. 파형 라인은 그것이 파생된 특정 훈련 세트에 대해서는 작동하지만 모집단에서 선택한 다른 점 세트에 대해서는 잘 작동하지 않을 수 있다. 이러한 절차를 과적합되었다고 하는데, 과적합은 머신러닝 문제에서 흔한 문제이다.

과적합을 방지하기 위한 방어 수단은 무작위로 알려진 점을 반으로 나눠서 "훈련" 세트로 사용하고 다른 반은 "테스트" 세트로 보류한다. 도표가 훈련 세트의 결과를 보여준다고 가정해보았을 때. 파형 라인은 훈련 세트를 완벽하게 분류한다. 테스트 세트의 점들도 완벽하게 분류할 수 있다면 성공적이다. 그러나 그렇지 않다면 이 절차는 지나치게 훈련된 것이다. 즉, 전체 모집단의 특성보다 특정 훈련의 구체적인 사항에 맞추어진 것이다. 아마도 꺾인 선이 모집단 전체에서 최상의 성능을 제공할 수 있을 것이다.

이러한 접근 방식을 교육 *중에* 적용하는 것이 가능하다. 분류자 규칙을 결정하는 절차가 연속적으로 더 상세하고 복잡한 일련의 규칙을 찾아 진행된다고 가정하자. 예를 들어, 훈련 세트를 사용하여 n 값이 증가하는 다항식 형태의 연속 분리 곡선을 결정할 수 있다. n이 증가함에 따라서 각 n에 대해 결정된 분류기의 정확도를 훈련 및 테스트 세트와 비교할 수 있다. 훈련 세트에서 분류기의 정확도가 테스트 세트보다 높아질 때 멈출 것이다.

표 7.1 분류 및 군집화

분류	군집화
분류에 대한 사전 지식	데이터로부터 결정되는 분류군
목표: 샘플을 하나의 분류군에 할당하기	목표: 분류군의 결정
분류가 지정된 샘플 세트의 필요	분류가 지정되지 않은 샘플 세트의 필요
머신러닝 환경에서:	
지도 학습	비지도 학습

선은 지역을 2개의 반평면으로 나눈다. 각 반평면은 단계 중 하나에 의해 독점적으로 점유된다. 어떤 점이 주어진 경우, 선이 어느 쪽에 해당하는지 쉽게 계산할 수 있다.

어떤 경우에는, 변동성의 주요 구성 요소가 차원의 하위 집합에서 발생한다. **주성분 분석**은 이러한 하위 집합을 식별하는 기술로서, 차원을 효과적으로 축소할 수 있게 해준다(Box 7.4 참조).

점들의 분포는 종종 그림 7.5a처럼 간단하지 않다. 이 경우, 대수적 변환을 통해 문제를 해결할 수 있다. 극좌표로 변환하고 r과 θ을 도면에 나타내면(그림 7.5b), 다시 겹쳐지지 않는 점의 구성을 얻을 수 있는데, 예를 들면 $r = 7$의 선으로 표시된다.

또 다른 간단한 예시: 그림 7.6 상단의 선 위에 분포된 점들은 선형으로 분리할 수 없다. 점을 2차원으로 맵핑: $x \rightarrow (x, x^2)$는 분리하는 선을 허용한다.

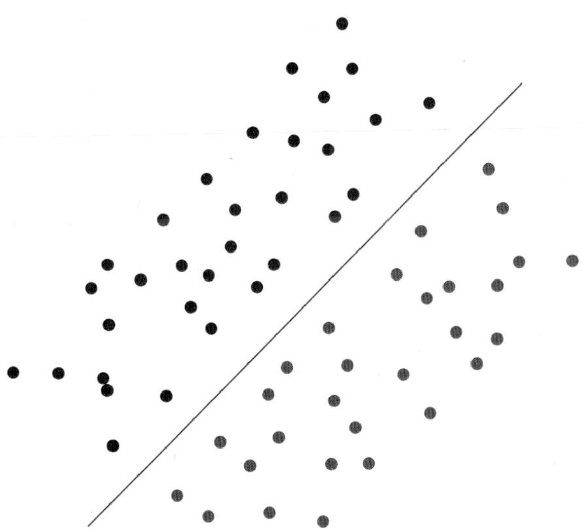

그림 7.2 선으로 분리할 수 있는 점의 분포.

이진 분류기

이진 분류기(*binary classifier*)는 일련의 샘플을 미리 지정해둔 2개의 단계 중 하나에 할당한다. 예를 들어, 동물들이 연속적으로 판사-사람 또는 카메라로 연결된 컴퓨터 프로그램을 통과한다고 가정하였을 때, 지나가는 각각의 동물이 개인지 고양이인지를 결정해야 한다. (다른 선택은 불가능하며, 개나 고양이 이외의 동물은 제시되지 않는다.)

관찰자는 개를 얼마나 정확하게 식별할 수 있을까?

관찰된 동물에 대하여 네 가지 가능성이 존재한다:

1. 동물은 개이고 관찰자는 올바르게 식별했다. 예측값은 양성이며, **실제값도 양성**이다. 심사원(관찰자)은 '네, 이것은 개입니다.'라고 말하고 올바른 답이다.
2. 동물은 고양이이고 관찰자는 올바르게 식별했다. 예측값은 음성이며, **실제값도 음성**이다. 심사원(관찰자)은 '아니요, 이것은 개가 아닙니다.'라고 말하고 올바른 답이다.
3. 동물이 고양이지만 관찰자는 개로 식별했다. **예측값은 양성**이지만 실제값은 음성이다. 심사원(관찰자)은 '네, 이것은 개입니다.'라고 말하지만 틀린 답이다.
4. 동물이 개이지만 관찰자는 고양이로 식별했다. **예측값은 음성**이지만 실제값은 양성이다. 심사원(관찰자)은 '아니요, 이것은 개가 아닙니다.'라고 말하지만 틀린 답이다.

만약 심사원(관찰자)이 모든 동물을 개라고 선언한다면, 모든 개는 정확하게 식별될 것이다. 진양성의 수는 개의 수와 같으며, 거짓된 음의 수는 없을 것이다. 하지만 식별 능력은 저조할 것이다. 더 나은 판단은 진양성과 진음성에 해당할 것이다.

실제 문제에 있어서, 어떤 생화학적 측정값이 질병과 불완전하지만 상관관계가 있다고 가정해 보자(그림 7.7 참

BOX 7.4

주성분 분석(PCA)

주성분 분석(Principal-component analysis)은 데이터 집합의 변동성 중 가장 큰 성분을 고립시키는 통계 기술이다. 몇 가지 특징이 우세하다면, 나머지는 문제의 차원을 줄이기 위해 무시 가능하다고 간주할 수 있다(그림 7.3 참조).

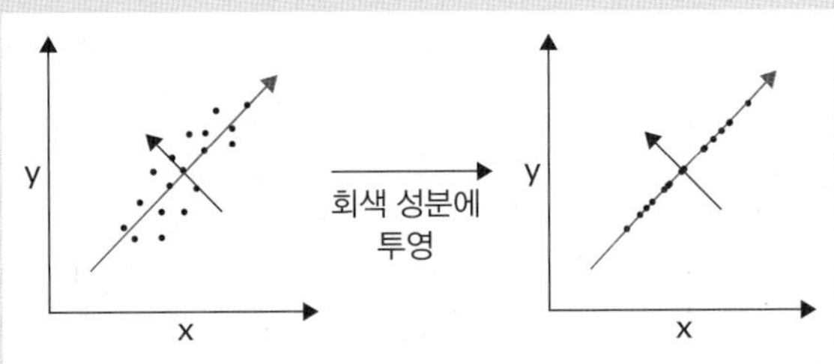

그림 7.3 이 점 세트의 분포 변동성은 주로 $x + y$의 값에 따라 날라지며, 수직 방향에서는 비교적 적은 변동성이 있다. 상관 행렬의 고윳값 가중치 고유 벡터(x와 y의 평균값이 0이라고 가정)는

$$\begin{bmatrix} \sum x^2 & \sum xy \\ \sum xy & \sum y^2 \end{bmatrix}$$

회색과 검은색 화살표에 해당한다. 회색 고유 벡터는 최대 변동성의 방향을 잡아내며, 이를 투영하면 관찰된 분포의 많은 부분을 반영하는 차원이 낮은 분포가 생성된다. 이 예제는 물론 매우 간단하지만, 이 방법을 매우 고차원의 경우에도 적용하면 상당한 단순화가 가능하다.

원하지 않는 것을 제거하려고 할 때, 좋은 것이나 가치 있는 것이 제거되는 위험이 있다. 그림 7.4에서 회색과 검은색 점 사이에 명확한 분리가 있다. 그러나 변동성의 가장 큰 성분은 이 분리선과 수직 방향이다. 반면에, '목욕물과 함께 아기를 버리는' 위험도 있다.

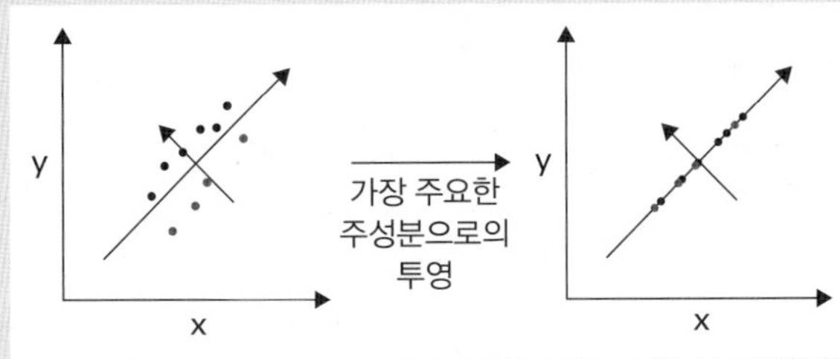

그림 7.4 명확한 회색과 검은 점 사이의 이차원 분포. 그러나 가장 큰 변동성은 분리선에 수직한 방향이다. 가장 주요한 주성분으로의 투영은 분리를 보존하지 않는다.

조). 회색 곡선은 질병을 앓고 있는 환자들의 테스트 값 분포일 수 있고, 검은색 곡선은 건강한 사람들의 테스트 값 분포일 수 있다. 새로운 환자의 검사 결과가 주어졌을 때, 이 데이터를 질병의 유무를 진단하는 데 가장 잘 활용하는 방법은 무엇일까?

의사는 수직 점선에 해당하는 값인 6.3을 선택하여 환자들을 분류하고자 할 수 있으며, 이 임계값을 초과하는 테스트 값이 있는 환자는 질병이 있을 것으로 예측하고, 이 임계값을 넘지 못하는 환자는 건강하다고 예측할 수 있다. 즉, 6.3의 임계값에 대해, 테스트 결과가 6.3 이상인 모든 환자는 질병이 있다고 진단될 것이다. 임계값을 어떻게 선택하든 간에 진짜 양성과 가짜 양성의 일정한 비율이 있을 것이며, 진짜 음성과 가짜 음성의 일정한 비율이 있을 것이다. 이 경우에서는 질병을 앓고 있는 환자 중 테스트 결과가 6.3 미만인 환자는 건강한 것으로 오진될 것이다. (그림 7.7의 사본에 해당 영역을 표시하시오.)

다음과 같은 통계량을 정의하는 것이 가능하다 (여기서 TP = 진양성의 수, 검사를 받은 환자 중에서; FN = 가짜 음성의 수; TN = 진음성의 수; FP = 가짜 양성의 수):

- **민감도**(*sensitivity*): 진양성 비율 = TP/(TP + FN). 이것은 질병이 존재한다는 예측이 맞을 확률. [TP + FN = 질병이 존재한다는 예측의 총 수 (정확한 + 부정확한)]
- **특이도**(*specificity*): 진음성 비율 = TN/(TN + FP). 질병이 존재하지 않는다는 예측이 맞을 확률. 여기서 TN은 올바른 예측을 나타내며, FP는 실제로 질병이 없는 데 질병이 있다고 예측한 경우. TN + FP는 질병이 존재하지 않는다고 예측한 총 횟수.

주의할 점은 분포가 겹치지 않는다면, 합리적인 임계값 선

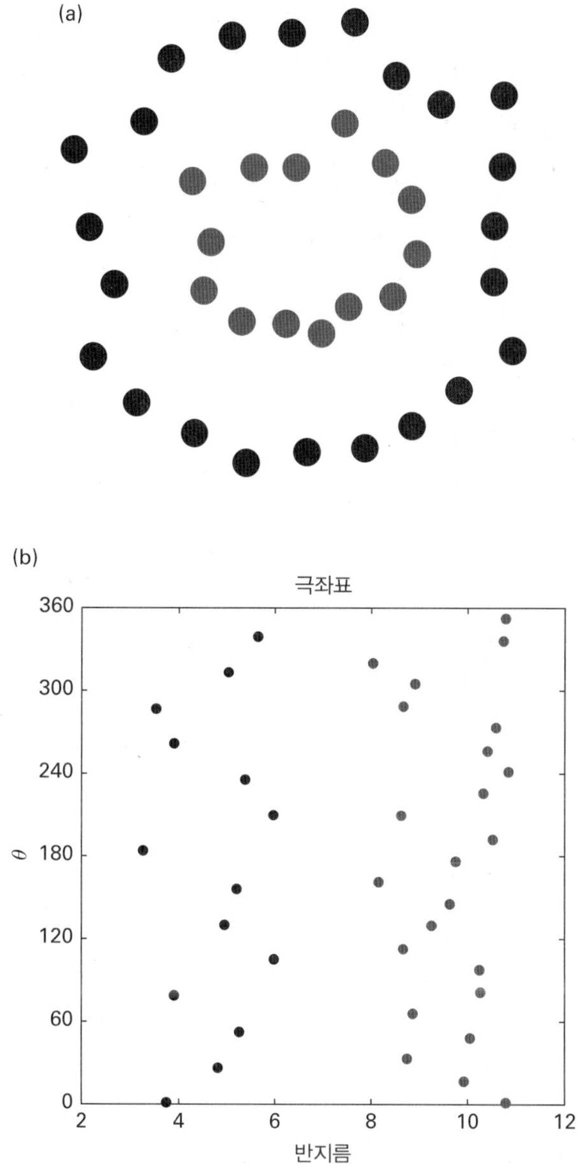

그림 7.5 직선으로 구분할 수 없는 점들의 집합. (b) 동일한 점들의 극좌표 플롯: (x, y)를 (r, θ)로 변환한 다음, r을 가로축으로 θ를 세로축으로 그래프를 작성. 이렇게 하면 점들을 직선으로 구분할 수 있다.

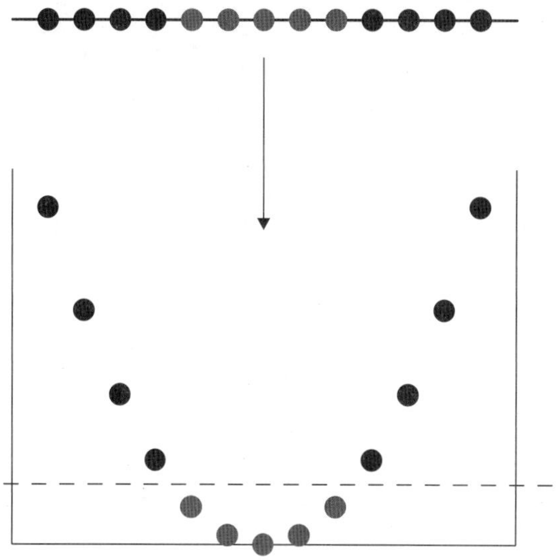

그림 7.6 구분 가능성을 달성하기 위한 또 다른 변환. 어떤 경우에는 고차원으로의 매핑이 선으로 구분하는 것을 가능하게 한다. 1차원 분포 xi를 이차원으로 변환하는 것: $x_i \rightarrow (x_i, x_i^2)$는 구분을 가능하게 한다.

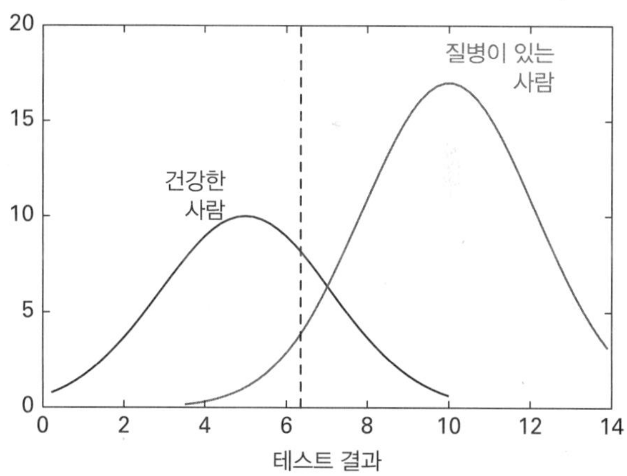

그림 7.7 생화학 검사를 받은 사람들은 질병이 있는지 없는지에 따라 결과가 다양하다. 질병이 있는 사람들은 회색 분포를 보이며, 건강한 사람들은 검은색 분포를 보인다. 결정 임계값(수직 점선)을 선택함으로써 진단을 위한 결정 절차를 제공한다.

택에 대해 가짜 양성(FP) 또는 가짜 음성(FN)이 없을 것이며(FP = FN = 0), 민감도와 특이도 모두 1이 될 것임을 의미한다.

임계값을 옮겼다고 가정하자, 그림 7.7의 끊어진 수직선을 $x = 4$만큼 왼쪽으로 이동시키는 것을 고려해야 한다. 그러면 시험 결과가 4에서 6.3 사이인 추가 환자들이 이 질병으로 진단받게 된다. 반대로, 시험 결과가 4 이상인 건강한 사람이 잘못 분류될 것이다. 즉, TP가 증가하고 FN 또한 증가할 것이다. 임계값이 좌측으로 이동함에 따라(즉, 감소) 민감도가 증가하고, 특이도는 감소한다.

점진적으로, 결정 임계값이 매우 큰 값이면 다음과 같다: 모든 환자가 건강한 것으로 분류될 것이며, 실제로 건강한 사람들도 포함되므로 거짓 양성이 없을 것이다. FP = 0. 따

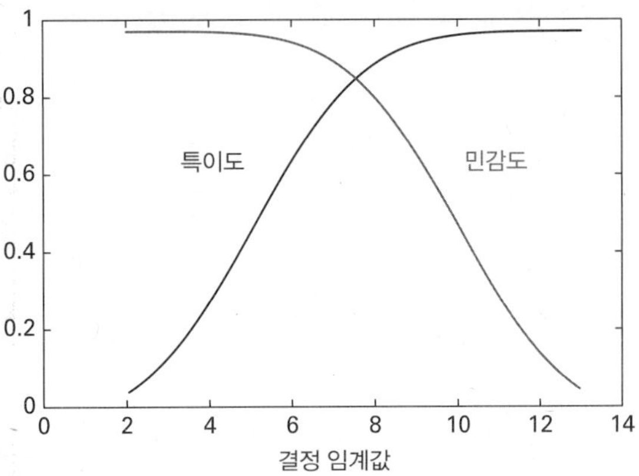

그림 7.8 결정 임계값에 따른 특이도와 민감도의 변화. 매우 낮은 결정 임계값을 선택하면 모든 사람이 질병을 가진 것으로 예측된다. 이 경우 특이도는 낮지만(다수의 거짓 긍정), 민감도는 높다(아무 환자도 빠뜨리지 않음). 반대로, 매우 높은 결정 임계값을 선택하면 매우 높은 특이도를 얻지만 매우 낮은 민감도를 얻게 된다.

라서 = TN/(TN + FP) = 1이 된다. 그러나 반대로, 민감도 = TP/(TP + FN) = 0이 된다. 왜냐하면, TP = 0이므로, 질병을 앓고 있는 모든 환자가 건강한 것으로 분류될 것이기 때문이다.

그림 7.8은 그림 7.7에 표시된 데이터에 대한 결정 임계값에 따른 특이도와 민감도의 변화를 보여준다.

특이도와 민감도 사이에는 분명한 상충관계/트레이드오프(Trade-off)가 존재한다. 결정 임계값의 최적값을 어떻게 선택할 수 있으며, 서로 다른 테스트로부터 제공되는 동일한 진단 질문에 대해서 이용 가능한 차별력을 비교할 수 있을까?

수신기 동작 특성(ROC) 곡선

한 차원에서 수행되는 R수신기 동작 특성(Receiver Operating Characteristic, ROC) 곡선은 결정 임계값의 다른 값을 적용하여 얻을 수 있는 차별화 능력을 평가한다. 이 곡선은 이진 분류기의 성능을 평가하는 그래프이다. 이것은 임계값 매개변수의 다른 값에 대한 민감도(진양성 비율)와 '1-특이도'(가짜 양성 비율) 간의 관계를 그래프로 나타낸다. 그림 7.9의 검은색 곡선은 그림 7.7의 그래프에 해당하는 데이터에 대해 서로 임계값 매개변수에 대한 민감도와 특이도를 그린다. 완벽한 테스트는 '모퉁이'를 나타내며 2개의 직선으로 이루어진다: (0, 0)에서 (0, 1)로 수직으로, 그리고 (0, 1)에서 (1, 1)로 수평으로 이동한다. 대각선 점선은 결과가 무작위인 테스트를 설명하며, 동전을 던지는 것과 같다. 회색으로 표시된 곡선은 검은색 실선보다 낮은 차별화 능력의 테스트에 해당한다. 검은색 곡선과 비교하였을 때 회색 곡선은 '모퉁이'에서 더 멀리 있으며, 무작위 테스트(점선 대각선)에 더 가깝다.

ROC 곡선으로부터, 우리는 다음 아래와 같은 항목을 얻을 수 있다:

- 2개의 테스트의 차별화 능력을 비교한 것이다. ROC 곡선 아래의 면적은 테스트의 품질을 나타내는 지수이다. 그림 7.9에서 완벽한 테스트인 '모퉁이' 곡선 (0, 0) → (0, 1) → (1, 1)의 면적은 1이다. 점선 아래의 면적은 0.5이다. 분명하게 검은색 곡선 아래의 면적이 회색 곡선 아래의 면적보다 크다.

ROC 곡선 아래의 면적이 높을수록 테스트의 차별화

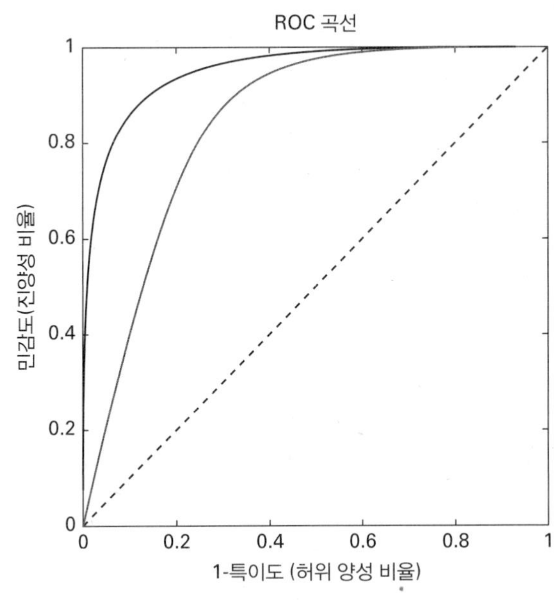

그림 7.9 수신기 조작 특성(ROC; Receiver Operating Characteristic) 곡선은 민감도(세로 좌표)에 대해 1-특이성(가로 좌표)을 표시한다. 민감도 = 1 및 1-특이도 = 0인 완벽한 테스트는 ROC 플롯에서 '모서리' 곡선으로 나타난다: (0, 0) → (0, 1) → (1, 1). 점선은 무작위 예측에 해당한다. 회색과 검은색 곡선은 무작위('모서리' 곡선에 더 가까움)보다는 좋지만 완벽하지는 않다. 하지만, ROC 곡선 아래 영역은 예측한 품질에 대한 지표이다. '모서리 곡선'은 최적의 면적 값 = 1을 제공한다.

능력이 좋으며, 경험적인 규칙들은 대략적으로 다음과 같다.

> 0.9 – 1.0의 영역을 가진 테스트는 매우 좋다.
> 0.7 – 0.8의 영역을 가진 테스트는 그저 그렇다.
> 0.5 – 0.6의 영역을 가진 테스트는 신뢰할 수 없다.

- 임계값 매개변수의 최적값을 선택하시오. (0, 0)에서 (1, 1)로 ROC를 따라 이동하는 것은 임계값을 증가시키는 것과 대응된다. 이에 여러 가지 방법이 제안된다:

1. 양성률과 특이도 차이의 제곱인 $(1 - \text{민감도})^2 + (1 - \text{특이도})^2$를 최소화한다. 이런 양은 ROC의 모든 점과 왼쪽 상단 모서리 (0, 1) 간의 거리의 제곱이다.
2. 유덴 지수를 최대화한다. 즉, ROC 위에서 대각선 점선 위쪽의 수직 거리가 가장 큰 점을 찾는다. 이는 민감도 + 특이도 – 1을 최대화하는 것과 같다.
3. 차별화 능력에 대한 순수한 통계적 분석과 비용-편익 분석을 결합한 방법이다. 허위 양성 진단 비용이 높은 희귀 질병의 경우, 특이도를 최대화하기 위해 높은 임계값을 선택하는 것이 제안된다. 높은 위험을 갖는 흔한 질병의 경우, 또는 놓치면 큰 위험이 따르는 경우에는 낮은 임계값을 선택하여 민감성을 최대화하는 것이 좋다. 또한, 양성 진단이 환자에게 위험하고 기능을 제한하며 비용이 많이 드는 치료를 받게 하는지, 아니면 단순히 추가 검사를 받게 하는지에 따라 달라질 것이다.

인공신경망

인공신경망은 생물학적 신경 시스템의 해부학과 생리학을 기반으로 한 일반적인 계산 구조 중 하나이다. 이는 다양한 패턴 인식, 분류 및 결정 문제에 성공적으로 적용되었다.

단일 뉴런(single neuron)은 방향성 있는 그래프의 노드로, 하나 이상의 들어오는 연결이 입력으로 할당되고, 적어도 한 개의 나가는 연결이 출력으로 지정된다:

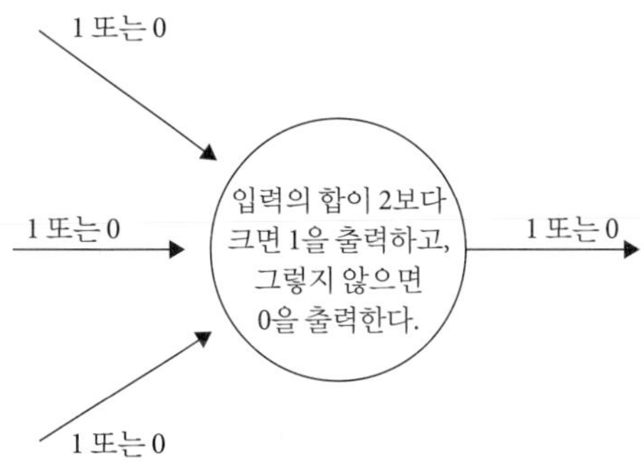

생리학적 비유에서는, 출력이 1이면 뉴런이 '발화했다(fired)'고 말하고, 출력이 0이면 뉴런이 '발화하지 않았다(didn't fire)'고 말한다. 모의 뉴런은 입력 및 출력 연결의 수와 발화 여부를 결정하는 공식에서 다를 수 있다(Box 7.5 참조).

네트워크를 형성하기 위해 여러 뉴런을 모아서 몇 개 뉴런의 출력을 다른 뉴런의 입력에 연결한다. 어떤 노드는 전체 네트워크에 입력을 제공하는 연결을 포함하고 있으며, 어떤 것은 네트워크에서 외부 세계로 출력 정보를 전달한다. 그리고 다른 것들은 외부와 직접 상호작용하지 않는 숨겨진 계층(*hidden layers*)으로 불린다.

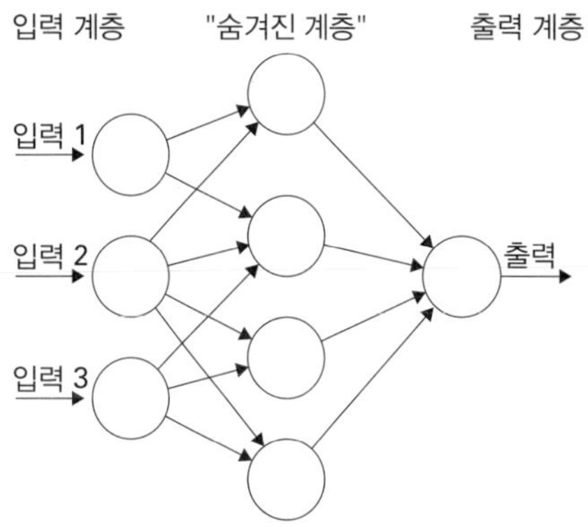

뉴런을 모아서 연결하고 조립하면 연결 강도를 다양하게 변화시킴으로써 무한한 수준의 복잡성을 얻을 수 있다. 즉, 입력의 단순한 합계를 취하는 대신, 가중합을 취합한다. 예를 들어, $10i_1 + 5i_2 + i_3$과 같이 가중합을 취하는 것은 뉴런을 입력 1에 가장 민감하게 만들고, 입력 3에 가장 민감하지 않게 만드는 것이다. 생물학적으로, 이는 시냅스의

BOX 7.5 신경망 논리

하나의 뉴런에 대한 이상적인 결정 과정은 선과 평면의 관점에서 기하학적 해석을 가진다. 다음 그림의 뉴런은 2개의 입력을 가진다. 만약 입력을 평면 상의 점 (x, y)의 좌표로 해석한다면, 뉴런은 입력 점이 어느 쪽에 있는지 '결정'한다. 출력은 $x + y < 2$인 경우에만 1이 된다. 즉, 점이 $x + y = 2$인 직선의 아래쪽과 왼쪽에 있을 때만 1이 된다.

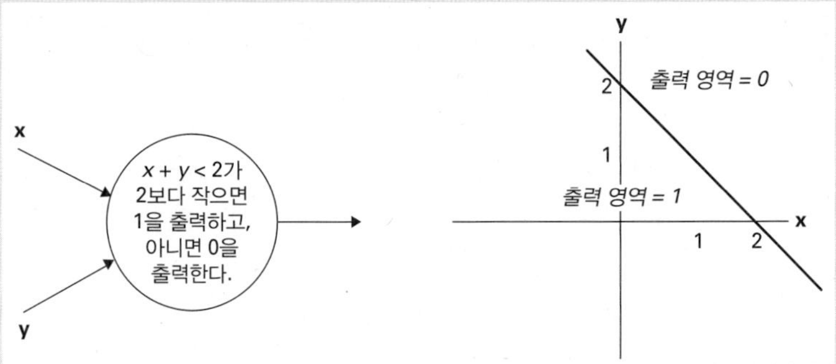

신경망(*neural network*)은 뉴런들의 연결 구조와 노드의 가중치 및 결정 공식으로 지정되는 뉴런들의 상호작용 조합이다. 신경망은 하나의 뉴런보다 더 복잡한 결정을 내릴 수 있다. 따라서 2개의 입력을 가진 하나의 뉴런이 어느 선의 어느 쪽에 점이 있는지 결정할 수 있다면, 3개의 뉴런은 삼각형 내부에 있는 점을 선택할 수 있다.

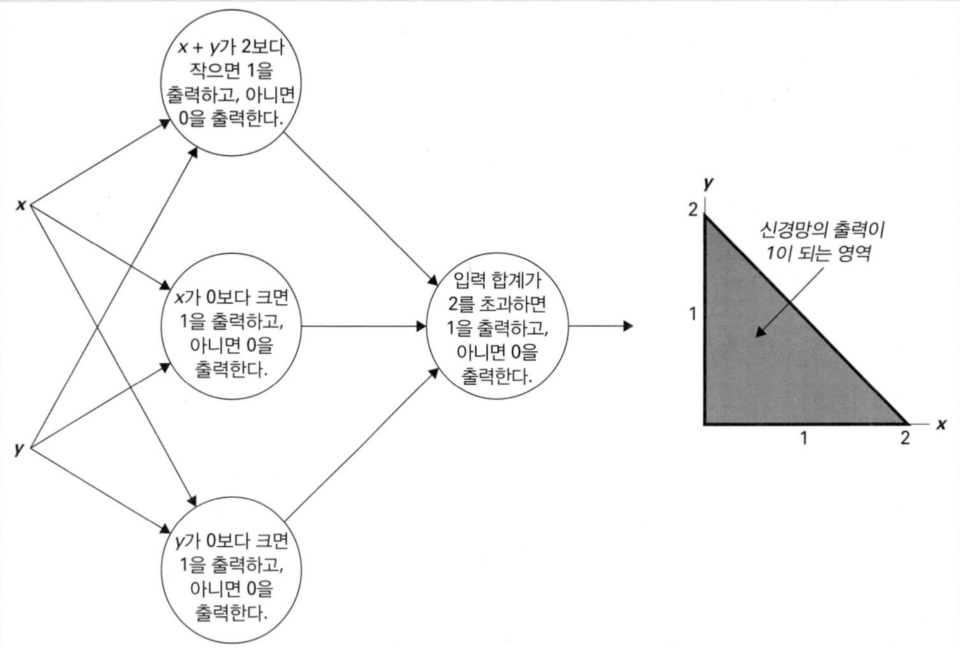

신경망은 출력이 입력에 대해 부드럽게 변화하는 함수일 때 더 강력하고 견고하다. 이러한 신경망은 더 일반적인 유형의 계산을 수행하고 패턴 인식을 더 잘 수행할 수 있다. 또한, 네트워크를 훈련하기 위해 출력이 매개변수의 미분 가능한 함수일 때 유용하며, 이를 위해서 뉴런의 출력에 대한 급격한 경계 함수 대신 부드러운 단계 함수 또는 시그모이드 함수가 사용된다.

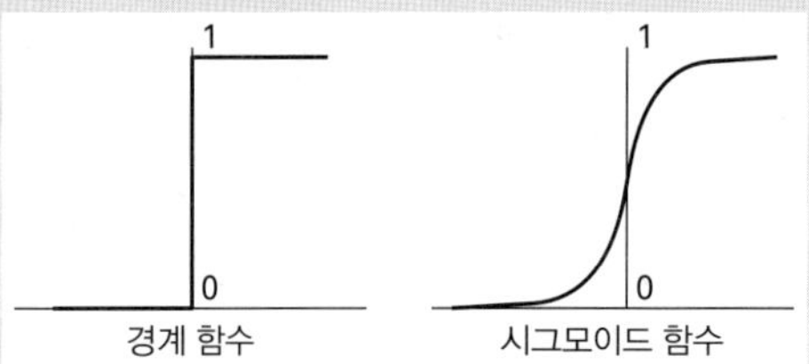

강도를 변경하는 것과 대응할 수 있다.

신경 네트워크의 중요한 특성 중 하나는 가중치를 **변수**(*variables*)로 간주할 수 있으며, 계산 또는 학습 과정을 통해 특정 결정이나 패턴 식별기에 적합한 가중치를 결정할 수 있다는 것이다. 네트워크를 훈련시키기 위해서는 시스템에 원하는 출력 샘플로 입력 집합을 제공하고 출력을 올바른 답과 비교해야 한다. 만약 관측된 출력이 원하는 출력과 다르다면 매개변수를 조정해야 한다. 네트워크의 토폴로지는 훈련 과정 동안 불변한다. 가중치를 0으로 설정하면 입력이 분리되는 효과가 있다.

2차 구조 예측에 적용된 신경망 유형은 그림 7.10에 나와 있다.

2차 구조 예측에서 주요한 발전 중 하나는 진화 정보의 적용으로 이루어졌다. 다중 서열 정렬 테이블에는 개별 서열보다 훨씬 더 많은 정보가 포함되어 있다는 것을 인식하였다. 관련된 단백질 간의 2차 구조 보존은 전체 가족을 고려할 때 서열–구조 간 상관 관계가 훨씬 견고하다는 것을 의미한다. 현재 대부분의 2차 구조 예측을 위한 신경망 기반 방법은 입력 계층에 단순히 연속적인 위치의 아미노산의 식별만 입력하는 것이 아니라 다중 서열 정렬에서 유래된 프로필을 입력한다.

또한, 인접 위치의 잔기의 형태 간 관계를 활용하기 위해서는 2개의 신경 네트워크를 동시에 실행하는 것이 유용하다는 것도 입증되었다. 그림 7.10에 표시된 것과 유사한 하나의 네트워크에 의한 여러 연속 잔기의 상태 예측은 두 번째 네트워크로부터 마지막 예측으로 결합된다.

자기-조직화 맵

자율 학습을 달성하는 신경망의 예로 T. Kohonen의 **자기-조직 맵**(SOM)이 있다. 2차원 자기-조직화 맵은 고차원 데이터의 유사한 항목을 군집화하고 관계를 평면에 투영한다(Box 7.6 참조). 결과를 시각화하기 쉽기 때문에 2차원으로 축소하는 것이 가장 편리하다. 하지만, 이것은 SOM 기술의 제한 사항이 아니다.

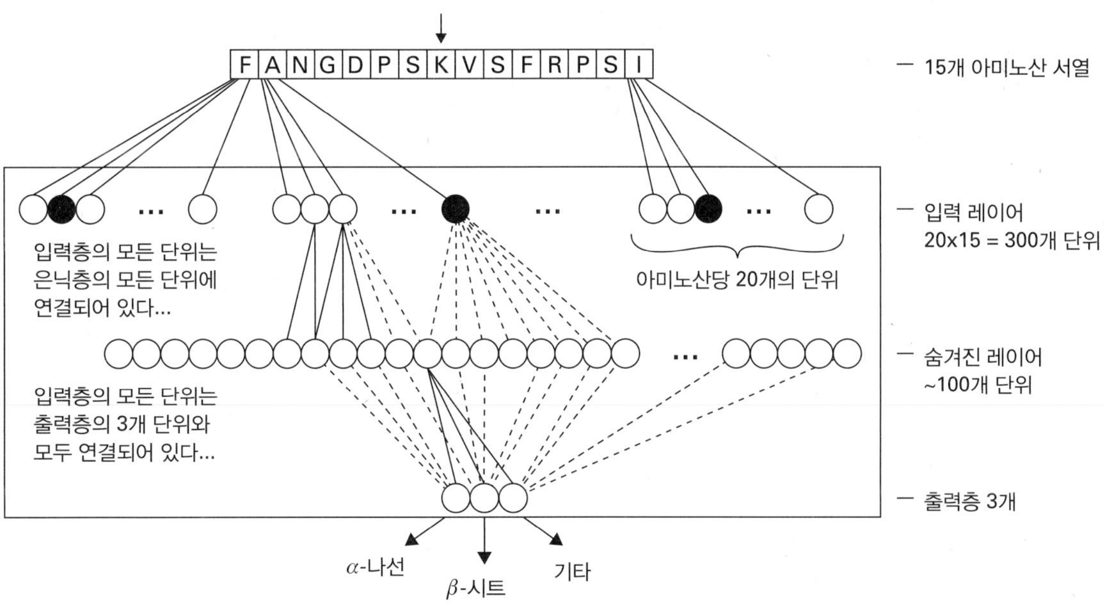

그림 7.10 2차 구조 예측에 적용 가능한 3개의 계층이 포함된 신경망:

1. *입력 계층*은 서열에서 15개의 연이은 아미노산으로 이루어진 슬라이딩 창을 볼 수 있다. 즉, 현재 창의 15개 아미노산 영역을 처리하고, 중앙 아미노산의 이차 구조를 예측한 다음, 창을 아미노산 서열을 따라 1개 아미노산 앞으로 이동시키고 이 프로세스를 반복한다. 현재 창의 15개 아미노산 각각에 대해 네트워크의 입력 계층에는 20개의 노드가 있으며, 그중 하나가 해당 위치의 아미노산에 따라 활성화된다.
2. 약 100개 정도의 유닛을 포함하는 *숨은 계층*이 입력 계층과 출력 계층을 연결한다. 숨은 계층의 각 노드는 모든 입력 및 출력 유닛에 연결되어 있다; 그림에는 모든 연결을 나타내지 않았다.
3. *출력 계층*은 중앙 아미노산이 나선, 스트랜드 또는 기타 구조에 있을 것으로 예측하는 3개의 노드로 구성된다.

의사결정 트리

그림 7.14는 회색과 검은색 두 가지 클래스의 점 분포를 보여준다. 그림 7.14(a)의 분포에 대해서는 점을 클래스로 나누는 분리선(separating line)을 그릴 수 있다. 점이 어떤 클래스에 속하는지에 대한 결정은 단일 질문에 답하는 것에 따라 결정된다. 그림 7.14(b)와 같은 경우에는 단일 질문으로는 불가능하다. 하지만, 회색 점을 분리하는 데 수직선과 수평선 두 개의 선을 그릴 수 있다. 이제 어떤 클래스에 점이 속하는지에 대한 결정은 두 연속적인 질문에 답하는 것에 따라서 결정된다. 분류 규칙은 다음과 같다: 먼저 점들을 수평선 위와 아래로 나누어 두 집합으로 나눈다. 그런 다음, 상위 클래스를 수직선 왼쪽과 오른쪽으로 나눈다. 이는 결정 트리에 해당한다(그림 7.15).

이러한 점 집합을 분류하는 것은 신경 네트워크에게는 간단한 일이 될 것이다. 그러나 결정 트리는 비수치 데이터를 다루는 데 특히 유용하다.

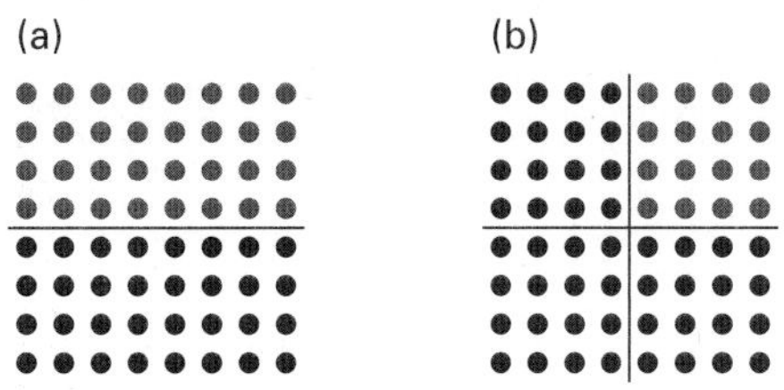

그림 7.11 (a) *하나의* 예/아니요 질문에 대한 답변으로 할당될 수 있는 점들의 분포. (b) 분류를 위해 *두 가지* 예/아니요 질문에 대한 답변이 필요한 점들의 분포.

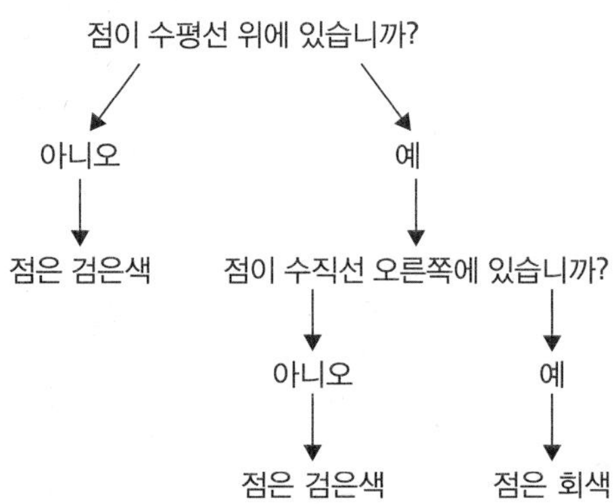

그림 7.12 그림 7.14(b)의 의사결정 트리 논리 흐름도.

다음 정보를 고려해보자. 목표는 곧 발생할 수 있는 심장마비 위험이 높은 사람과 낮은 사람을 분류하는 것이다.

60세 이상	흡연자	규칙적으로 격렬한 운동	높음
60세 이상	비흡연자	규칙적인 운동 안함	낮음
60세 이상	흡연자	규칙적인 운동 안함	높음
25세 이하	비흡연자	규칙적인 운동 안함	높음
25세 이하	흡연자	규칙적으로 격렬한 운동	낮음
25세 이하	흡연자	규칙적인 운동을 적당히 함	낮음
35세	흡연자	규칙적인 운동 안함	낮음
35세	비흡연자	규칙적으로 격렬한 운동	낮음
25세 이하	흡연자	규칙적인 운동 안함	높음
60세 이상	흡연자	규칙적인 운동 안함	높음

이보다 복잡한 경우에는 효율적인 결정 트리를 어떻게 구성해야 할지 명확하지 않다. 원칙적으로, 각 단계에서 가장 유용한 속성에 따라 분할을 시도할 수 있다. 어떻게 측정할 수 있을까?

분포에 포함된 정보의 일반적인 측정 방법은 **엔트로피**이다. 하나의 변수가 n 가지 다른 값을 가질 수 있고, 어떤 샘플에서 i 번째 가능한 값이 확률 p_i를 가진다고 가정해보자. (확률의 합은 반드시 1이어야 함에 주의.) C.E. Shannon은 엔트로피를 다음과 같이 정의했다:

$$-\sum p_i \log_2 p_i$$

- 만약 $p_j = 1$에 대해 j이고, 다른 모든 $p_{i \neq j} = 0$이라면, 엔트로피는 0이다($\log 1 = 0$).
- 만약 두 가지 가능한 값이 있고, $p_1 = p_2 = 0.5$이면, $\log_2 \frac{1}{2} = -1$을 고려했을 때 엔트로피는 다음과 같다.

$$-0.5 \times (-1) \ + \ -0.5 \times (-1) = 1$$

첫 번째 경우에는 우리는 완전한 정보를 가지고 있으며, 엔트로피는 최소이다. 두 번째 경우에는 엔트로피가 최대이다. 충분히 긴 동전 던지기의 시퀀스는 $p_{\text{head}} \sim p_{\text{tail}} \sim 0.5$와 같은 분포를 생성하며 엔트로피는 약 1이다.

결정 트리에서 변수를 선택하기 위해, 어떤 변수가 가장 유용한지를 어떻게 결정할까? 어떤 분할이 우리의 불확실성을 가장 많이 줄일까? 즉, 어떤 변수 선택이 가장 낮은 엔트로피를 생성할까? 전체 데이터 세트에 대해 엔트로피는

1이다. 우리가 최상위 수준의 결정 트리로 연령을 선택한다고 가정해보자. 이 변수에 대한 값의 분포는 다음과 같다.

나이	고위험군 비율	저위험군 비율	고위험군 확률	저위험군 확률
60세 이상	3/4	1/4	0.75	0.25
25세 이하	1/2	1/2	0.5	0.5
35세	0/2	2/2	1.0	0.0

나이를 첫 번째 결정 변수로 선택한 정보 이득은 각 카테고리의 엔트로피 합으로 나타난다.

$$\text{Entropy (age} \geq 60) = -0.75 \times \log_2 0.75 - 0.25 \times \log_2 0.25 = 0.811$$

$$\text{Entropy (age} \leq 25) = 1.0$$

$$\text{Entropy (age} = 35) = 0.0$$

Total entropy for age =
sum of probability of each value ×
entropy associated with that value =

$$0.4 \times 0.811 + 0.4 \times 1.0 + 0.2 \times 0.0 = 0.7244$$

나이를 분할 변수로 선택한 경우의 정보 이득(원래 값 1.0에서 엔트로피 감소)은 $1.0 - 0.7244 = 0.2756$이다.

다른 변수에 대한 유사한 계산 결과는 다음과 같다.

변수 선택	정보 이득
나이	0.2756
흡연 여부	0.035
운동 여부	0.174

첫 번째 변수로 나이를 선택하면 가장 큰 정보 이득을 얻을 수 있으므로, 결정 트리는 나이에 따라 분할을 시작해야 한다. 각 노드에서 이 과정을 계속하면 다음과 같은 트리가 생성된다.

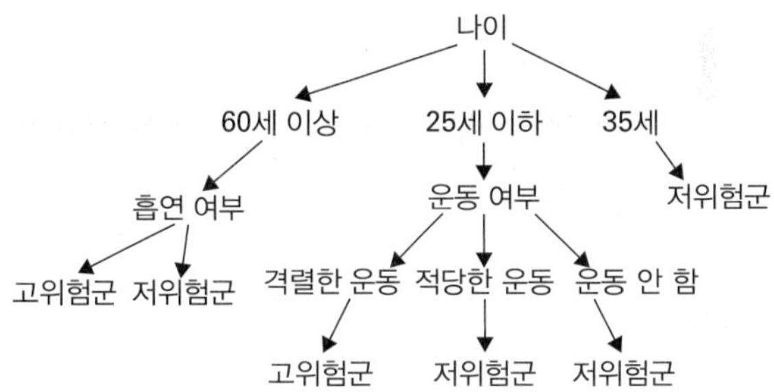

BOX 7.6 후각인식공간 분석을 위한 자기-조직화 맵의 적용

냄새는 우리 지각적 환경의 중요한 구성 요소로, 많은 포유류의 감각적 삶에서 중요한 역할을 한다. 분자적 관점에서 일련의 수용체 단백질 분자가 냄새의 인식과 구별을 중재한다. 일반적으로 포유류는 약 1,000개의 유사한 냄새수용체 단백질을 발현한다. 그러나 심리학적 관점에서 인간은 약 10,000가지 냄새를 구별할 수 있다. 하지만, 냄새를 분류하는 것은 어렵다. 냄새의 유사도를 가장 비슷한 것으로 결정할 수 있는 자연적인 거리 측정 또는 '측정 단위'가 없기 때문이다. 예를 들어, 바나나, 사과 및 딸기의 냄새 중 어떤 쌍이 가장 유사한지를 말할 수 있는 단위계는 없다. 뿐만 아니라 냄새 판단은 문화적 배경에 따라 다르며, 약물 또는 질병의 영향을 받을 수 있다. 냄새 감각의 감도 손실은 알츠하이머병의 초기 증상 중 하나이다.

최종적으로, 우리는 다음 아래와 같은 항목에 대해 매핑을 정의하기를 원한다. (1) 지각적 냄새 공간, (2) 활성 원리의 분자 구조, (3) 약 10,000가지 분자의 차별적인 결합이 약 1,000가지 이상의 냄새수용체 단백질 패널에 대한 냄새를 생성하는 조합 코드.

Madany Mamlouk, Martinetz 및 Bower는 T. Kohonen의 자기-조직화 맵을 냄새의 분류에 적용했다.[i] Aldrich Flavor and Fragrance Catalog[ii]에는 851개의 화학물질에 대한 데이터가 포함되어 있으며, 냄새 기술자에 의해 278가지 프로필이 지정되었다. 이것은 만일 존재한다면 고차원 공간이다. 각 화학물질의 특성은 수치적인 것이 아니라 어떤 지각적 성질을 가졌는지에 대한 기록이다. 다음은 작은 단편이다:

냄새	과일향	파인애플	달콤한	사과	코코넛	견과류
Hexyl butyrate	예	예	예	아니오	아니오	아니오
Methyl-2-Methylbutyrate	예	아니오	예	예	아니오	아니오
6-Amyl-α-pyrone	아니오	아니오	예	아니오	예	예

From: Madany Mamlouk, A. (2002). Quantifying Olfactory Perception, Diploma Thesis, University of Lübeck, Germany.

[i] Madany Mamlouk, A., Chee-Ruiter, C., Hofmann, U.G. & Bower, J.M. (2003). Quantifying olfactory perception: mapping olfactory perception space by using multidimensional scaling and self-organizing maps. *Neurocomputing* **52**, 591–597.

[ii] Sigma Aldrich Chemicals Company, Milwaukee, WI, USA, 1996.

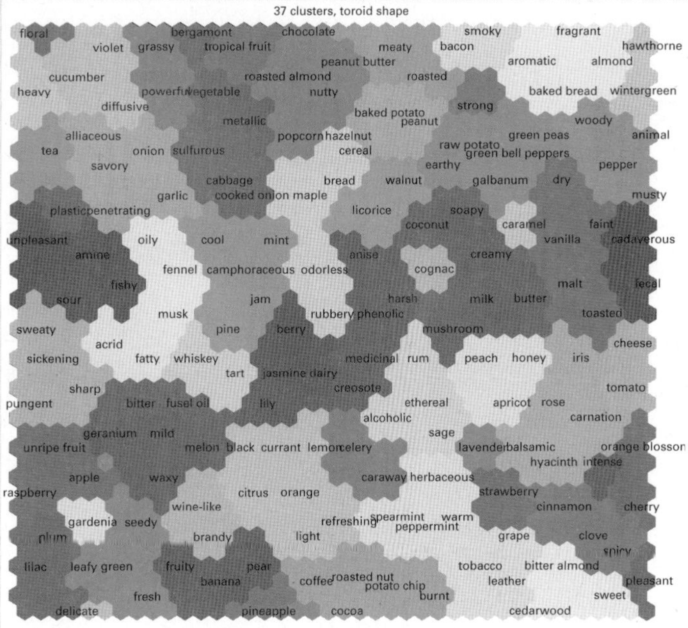

그림 7.13 지각적인 냄새가 나는 공간을 자기 조직화 지도 기법을 이용하여 군집화. 851종의 화학물질 군집은 37개 그룹으로 분류된다.

클러스터는 화학 구조의 유사성을 반영하는가? 맛과 향료 화학자들은 분자 모양과 분광학적 특성을 기반으로 한 냄새에 대하여 예측 규칙을 찾기 위해 노력해 왔다. 그러나 성공은 힘들었다. 일반적인 화학적 구성 수준에서 Madany Mamlouk 등은 데이터 세트의 질소와 황 함유 화합물을 클러스터로 매핑하고 분리된 그룹으로 분류된다는 것을 발견했다. 데이터 세트의 질소 및 황 함유 화합물을 클러스터로 매핑하여, 이들이 별도의 그룹으로 구분된다는 것을 발견했다.

851개의 화학물질 각각에는 278비트의 문자열이 대응된다. 이러한 프로파일 쌍 간의 해밍 거리는 유사하지 않은 행렬을 생성하는 가장 확실한 방법이다. 이 행렬에 적용하면, 다차원 스케일링이라는 통계 기술은 공간을 32차원으로 줄였지만 더 이상 줄이지는 않았다.

자기-조직화 맵 신경망은 데이터를 분류 및 클러스터링하고 이를 두 차원으로 투영시켰다(그림 7.11 참조). 놀랍지 않게도, *시트러스 과일*은 한 그룹을 형성한다. 냄새가 유사하게 고려되는 다소 미묘한 예로는 *캐러멜*과 *바닐라*가 있다. 또한, 이 지도는 다차원에서의 투영이므로 *오렌지*와 *상쾌한* 것도 이웃 관계이다.

사례 연구 7.1 신호 펩티드 식별

원핵 세포 및 진핵 세포에서, 핵 DNA에 의해 인코딩된 단백질은 세포질에서 합성되어 적절한 구조로 전달되거나 분비된다. 이 "주소 라벨" 또는 "우편번호"는 신호 펩티드로서, 일반적으로 N-끝 부분의 일부 시퀀스로, 보통 16–30 아미노산으로 이루어져 있다. 도착지에서는 신호 펩티드가 절단된다. 전형적인 신호 서열은 세 가지 영역을 포함한다: 양성 전하를 가진 N-영역, 중심의 소수성 H-영역, 극성이고 비충전된 C-영역 등이며, 여기에 절단 부위가 포함된다. 예를 들어, 분비되는 소 단백질 프로락틴 앞에 있는 신호 펩티드는 다음과 같다.

MDSKGSSQKGSR|LLLLLVVSNLLL|CQGVVS–prolactin

이것에서 |는 신호 펩티드의 N, H 및 C 영역을 구분한다.

비슷한 물리적-화학적 특성을 가진 다른 영역과 신호 펩티드를 구별하는 것은 어려울 수 있다. 특히 비극성 아미노산과 유사한 영역과의 구별이 어려울 수 있다.

Savojardo, Martelli, Fariselli, 그리고 Casadio는 신호 펩티드 인식을 위한 머신러닝 접근 방식을 개발하였으며, 이 방식은 딥 합성곱 신경망(DCNN)을 기반으로 한다.[i] DCNN은 입력 데이터에서 이웃한 요소들의 정보를 통합하는 신경망 유형이다.

훈련 세트에는 유카리아, 양성 및 음성 그람 세균에서 파생된 10,303개의 중복되지 않는 서열이 포함되었다. 각 서열은 분석에 들어가기 위해 96개의 N-말단 잔기로 단축되었다.

서열의 초기 인코딩은 96×20 노드 행렬이다(왼쪽의 그림 7.12 참조). 20개의 각 행은 아미노산을 선택하고, 96개의 각 열은 N-끝에서 시작하는 위치의 연속된 위치를 보고한다. 이 행렬 중 96개 노드는 각각 96개 행마다 20개 열 중 하나를 "활성화"한다. 이렇게 하면 아미노산 서열 정보가 하류 처리로 전달된다.

이러한 특징은 모티프 형태로 나타난다. 즉, 각 위치에서 각 아미노산의 존재를 점수화하는 위치별 행렬이다. 네트워크의 목표는 이러한 모티프를 정의하는 최적의 매개변수를 학습하는 것이다. 다양한 모티프의 숫자와 너비에 대한 교차 검증 테스트는 최적의 선택 사항을 밝혀냈다.

특징 추출기에는 이 방법의 합성 부분이 포함되어 있으며, 심층 합성 신경망은 다차원 입력을 분석하도록 설계되었다. 이 경우 입력 데이터는 이미지 처리와 마찬가지로 2차원이다. 첫 번째 작업은 입력 데이터에서 중요한 특징을 도출하는 것이다(그림 7.12 중앙 참조).

합성의 개념은 슬라이딩 윈도우에 서열 모티프를 마운트하고 각 위치에서 이를 점수화하는 것이다.[ii] 즉, 모티프는 연속된 잔기의 부분 문자열에서 얻은 정보에 반응한다.

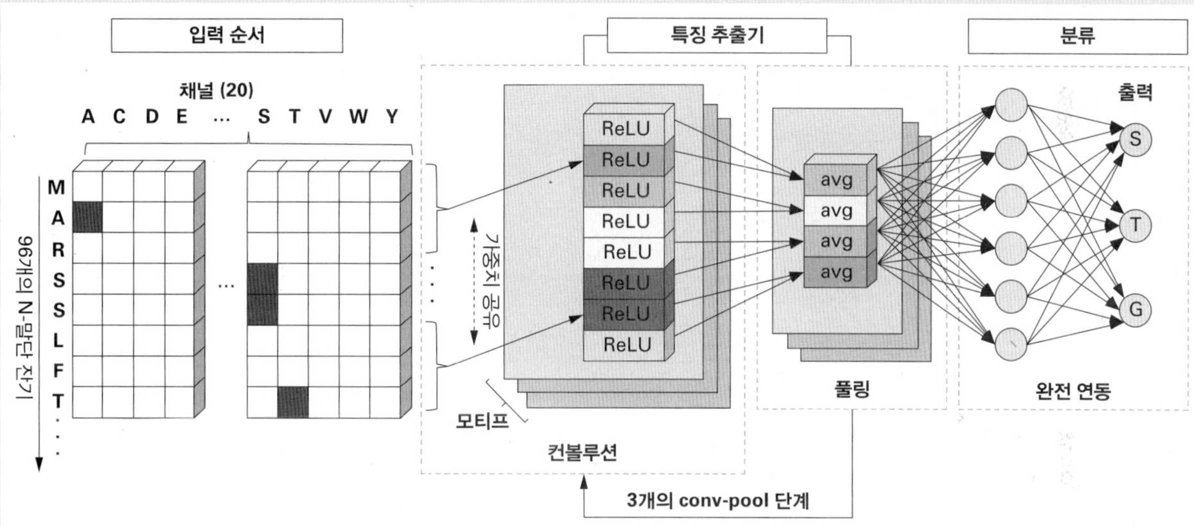

그림 7.14 신호 펩티드 여부를 결정하기 위한 N-말단 서열 분석 순서도. ReLU = 정류된 선형 단위—이것은 시뮬레이트된 뉴런에 대한 '스왑' 기준: 평활화되었다기보다는 단계 함수이다(Box 7.5 참조).

From: Savojardo, C., Martelli, P.L., Fariselli, P. & Casadio, R. (2017). DeepSig: deep learning improves signal peptide detection in proteins. *Bioinformatics* **34**, 1690–1696.

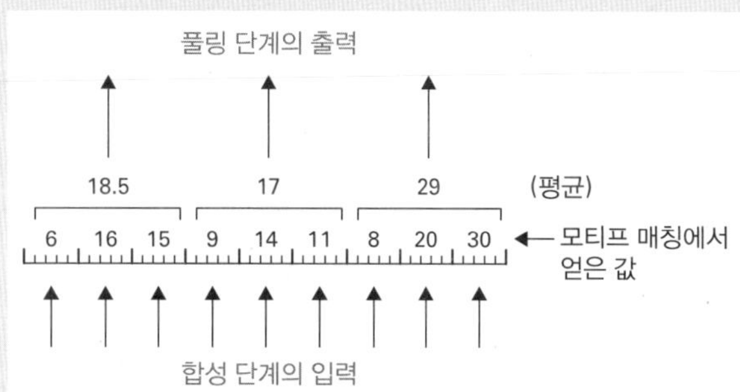

그림 7.15 합성 단계는 잔기의 하위 집합에 대해 모티프와의 일치도를 나타내는 숫자 값을 할당한다. 연속적인 여러 하위 집합에서 값을 평균하면 해당 지역에 대한 간결한 특성을 얻을 수 있다. 이 출력은 합성 단계로 다시 들어갈 수도 있고 분류 단계로 공급될 수도 있다(그림 7.12 참조).

[i] Savojardo, C., Martelli, P.L., Fariselli, P. & Casadio, R. (2018). DeepSig: deep learning improves signal peptide detection in proteins. *Bioinformatics* **34**, 1690–1696.

[ii] In signal processing, given a function defined on discrete integral points y_i, the local-averaging operation of replacing each y_i with $(y_{i-1} + 3y_i + y_{i+1})/5$ would effect smoothing. This is an example of a more general operation called convolution. The Patterson function of X-ray crystallography is an auto-correlation of the electron density.

특성 추출의 두 번째 단계인 풀링은 차원을 줄이기 위해 중첩되지 않는 이웃 집합에서 합성 출력을 결합한다. 풀링 작업은 평균화 또는 최댓값을 취하는 것이 가능하다(그림 7.13 참조).

이후의 분류 단계에서는 전통적인 신경망을 사용한다. 3개의 레이어가 있으며, 레이어 간의 연결이 포화된다. 특성 추출기에서 나온 출력이 신경망에 공급되며, 숨겨진 레이어가 있다. 출력은 세 가지 결정 중 하나이다: 신호 펩티드, 또는 트랜스멤브레인 세그먼트, 또는 아무것도 아니다.

결과의 품질 지표는 이진 분류의 측정 항목인 Matthews 상관 계수였다:

$$MCC = \frac{TP \times TN - FP \times FN}{\sqrt{(TP + FP)(TP + FN)(TN + FP)(TN + FN))}}$$

MCC(매튜스 상관 계수)의 경우, 무작위 예측은 0이 아닌 0을 얻을 것이다. (이것은 2개 이상의 클래스가 있는 과제에 대한 일반화가 가능하다.)

이 방법의 점수는 다음과 같다:

	진핵생물	그람 양성 박테리아	그람 음성 박테리아
MCC:	0.86	0.54	0.95

이 절차는 그람 양성 박테리아에 대해서는 그람 음성 박테리아와 유카리아테스에 비해 훨씬 더 좋은 결과를 제공한다. 두 가지 질문이 제기된다. (1) 그람 양성 박테리아에 대해 더 나은 작동 방법을 만들 수 있을까? (2) 이 절차가 유카리아테스와 그람 음성 박테리아에 대해 더 잘 작동하는 이유는 무엇일까? 질문 (1)에 대한 명백한 접근 방법은 그람 양성 박테리아의 데이터만을 사용하여 의사결정 절차를 훈련하는 것이다. 이것은 상당한 개선을 가져올 수 있을 것이다. (2)에 대한 답을 얻으려면 세 종류의 서열에 대한 사용 가능한 데이터 양과 그들의 변이를 살펴보는 것이 좋다.

서포트 벡터 머신(SVMs)

단계가 잘 구분된 단순한 경우(그림 7.2 참조)에도 분리선을 그리는 여러 가지 방법이 있다. 이러한 각 선에는 '여백'이 있으며, 이는 임의의 점에서 선까지의 최소 수직 거리이다.

서포트 벡터 머신(SVM)은 최적의 분리선을 선택하기 위한 방법을 제공하는데, 이는 여유(margin)를 최대화함으로써 이루어진다(그림 7.16). 분류를 위해 제출된 추가 점이 한계를 침범하는 경우, 올바르게 분류될 가능성이 가장 높다.

선에 가장 가까운 점을 서포트 벡터라고 한다. 서포트 벡터를 이동하면 결정 경계가 이동한다. 마진을 침범하지 않는 한 다른 벡터를 이동시켜도 결정 경계는 변하지 않는다.

그렇다면 분포가 겹칠 경우에는 어떻게 될까? 분리선을 선택하는 최적화 절차가 변경될 수 있다. 페널티 함수의 크고 작은 값은 '하드' 및 '소프트' 여백을 생성한다.

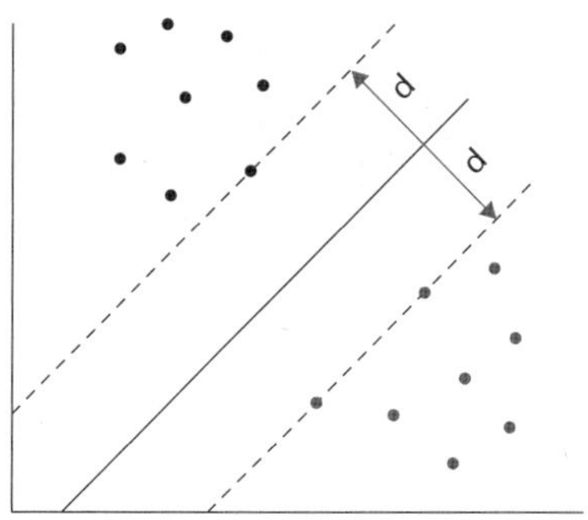

그림 7.16 그림에서 검은색 점과 회색 점을 나누는 어떤 선이든 최소한의 수직 거리 *d*를 측정한다. 최적의 분리 선(실선)은 마진 *d*를 최대화한다. 점선은 마진에 있는 *지원 벡터*라고 불리는 지점을 지난다.
d가 더 가까운 것처럼 보이는 글자 d의 위치에 검은색 점을 추가하시오. 여전히 분리 선을 그릴 수 있을까? 새로운 마진을 *d*에 대한 비율로 추정하시오. 예전의 나누는 선을 유지하고 마진 위반을 받아들이는 것이 더 나을 수도 있을 것이다.

커널 방법

선형적으로 분리할 수 없는 문제에 대해서는 데이터를 더 높은 차원으로 매핑하여 분리가 가능한 차원으로 변환할 수 있다. (분류 및 클러스터링 절에서 예시를 보였다; 그림 7.6 참조.)

그림 7.17은 간단한 예제를 보여준다. 왼쪽에 있는 4개의 점은 검은색과 회색 단계로 선형적으로 분리할 수 없다. 오른쪽에 나타난 함수를 사용하여 2차원 점 (x, y)을 3차원으로 매핑한다: $\Phi(x, y) = (x^2, \sqrt{2}xy, y^2)$. (사실상, (x, y)가 (x', y', z')로 매핑되며, 여기서 $x' = x^2$, $y' = \sqrt{2}$

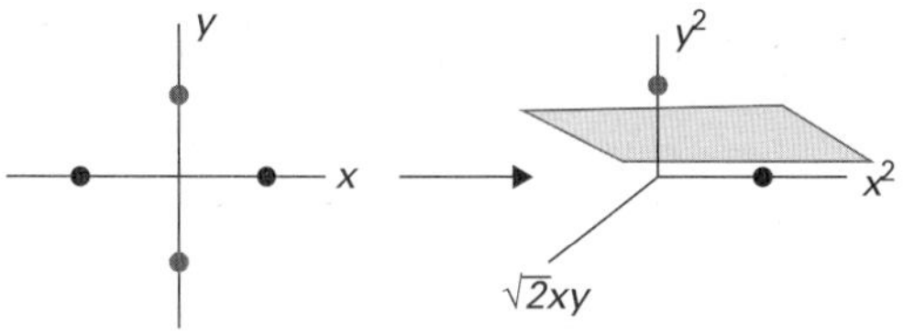

그림 7.17 비선형으로 분리 가능한 점 집합을 평면으로 분리 가능한 더 높은 차원으로 매핑하는 것이다. 2차원에서 3차원으로의 변환은 다음과 같다: $\Phi(x, y) = (x^2, \sqrt{2}xy, y^2)$.

xy, $z' = y^2$이다). 원래의 모든 점이 원래의 축 중 하나 위에 있으므로 $x = 0$ 또는 $y = 0$이며, 따라서 $xy = 0$이다. 따라서 오른쪽의 세 가지 차원에서 사실상 모든 점이 $\sqrt{2}xy = 0$인 2차원 하위 공간으로 매핑된다. 또한 Φ에서 제곱된 항 때문에 왼쪽의 회색 점 2개는 오른쪽에서 사실상 동일한 위치로 매핑되며, 왼쪽의 검은색 점 2개도 오른쪽에서 사실상 동일한 위치로 매핑된다. 그러나 여전히 분리하는 평면이 존재한다.

이 경우, 입체를 변환시켜 이동시킨다. 프로그램은 한 점당 2개가 아닌 3개의 숫자를 쉽게 다룰 수 있다. 그러나 다른 경우에는 유용한 변환은 점을 매우 높은 차원의 공간으로 매핑할 수 있다. 매핑의 결과를 계산하고 저장하는 것은 더 이상 편리하지 않을 것이다. 또한, 그림 7.17의 오른쪽 그래프처럼 간단히 그려서 표시하는 것은 불가능할 것이다.

무엇을 해야 하는지를 파악하기 위해서는, 분류를 위한 기준으로 점들을 그룹화하기 위한 거리가 필요하다는 것을 인식해야 한다. 이를 위해서는 두 점 사이의 내적(dot product)이 충분해야 한다. 점 **x**와 **y** 사이의 거리는 점곱의 조합으로 표현할 수 있다.

$$\mathbf{x}\text{와 } \mathbf{y} \text{ 사이의 거리 제곱} = (\mathbf{x} - \mathbf{y}) \cdot (\mathbf{x} - \mathbf{y})$$
$$= \mathbf{x} \cdot \mathbf{x} - 2\mathbf{x} \cdot \mathbf{y} + \mathbf{y} \cdot \mathbf{y}$$

커널(*Kernel*)은 원래의 점들을 입력으로 사용하는 함수인 $K(\mathbf{x}, \mathbf{y})$로, 일반화된 거리 측정 도구로 작용한다. 명시적인 변환과 관련된 경우, 커널은 변환된 점들 간의 점곱을 기록한다: $K(x, y) = \Phi(x) \cdot \Phi(y)$. 커널 함수를 사용하면 점들을 매우 고차원 공간으로 매핑하는 데 관련된 장애물을 제거할 수 있다. 우리는 개별 점들을 변환한 결과를 계산할 필요조차 없다. 커널을 평가하는 것만으로도 충분하며, 그림 7.17에서 보여진 경우 커널 함수의 인수는 **원래의 저차원 공간**에서의 점들이다.

그림 7.17에 설명된 사례의 경우,

$$\Phi(x, y) = (x^2, \sqrt{2}xy, y^2)$$

그리고

$$\begin{aligned} K[(x_1, y_1), (x_2, y_2)] &= (x_1y_1 + x_2y_2)^2 \\ &= (x_1^2y_1^2 + 2x_1y_1x_2y_2 + x_2^2y_2^2) \\ &= \Phi(x_1, y_1) \cdot \Phi(x_2, y_2) \end{aligned}$$

이것은 변환 Φ에서 $\sqrt{2}$가 나타나는 이유이며, 이는 커널이 점곱(dot product)을 올바르게 계산할 수 있도록 하는 데 사용된다.

변환된 데이터에서 분리 표면을 원래 변수 공간으로 되돌릴 수 있다. 그림 7.17의 경우, 분리 평면은 $y^2 = c^2$ 형태를 가지며, 어떤 상수 $c > 0$에 대한 것이다. ($x^2 = c^2$ 형태의 다른 분리 평면도 있다.) 이를 다시 왼쪽으로 매핑하면 $y = \pm c$ 2개의 분리선이 나타난다. 보다 복잡한 경우, 분리 초평면을 원래 데이터로 다시 매핑하면 매우 구불구불한 표면이 나타날 수 있다.

일반적인 커널 함수에는 다음과 같은 것들이 포함된다.

polynomial kernel:	$K(x, y) = (x \cdot y + 1)^d$
Gaussian radial basis function:	$k(x, y) = \exp(-\gamma \left\Vert x - y \right\Vert^2)$
sigmoid kernel:	$k(x, y) = \tanh(\alpha x^T y + c)$

이것은 신경망과 밀접한 관련이 있다(Box 7.5 참조). 최적의 커널 선택은 데이터의 성격에 따라 달라지며, 대부분의 경우 명확하지 않다.

클러스터링

클러스터링은 객체 집합을 분할하는 것으로, 각 클러스터 내의 쌍의 유사도가 서로 다른 클러스터에서의 쌍의 유사도보다 높은 구성을 의미한다. 분류는 클러스터링을 기반으로 할 수 있다. 클러스터 집합이 주어진 경우, 객체를 클러스터 중 하나에 할당하는 것은 분류 문제이다. 그러나 모든 분류 문제가 클러스터링에 의존하는 것은 아니다. 체스

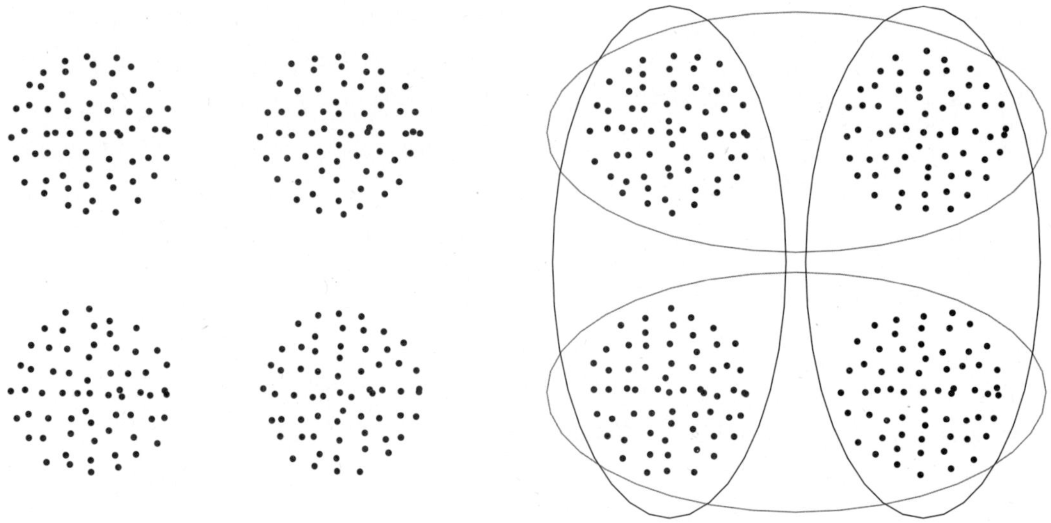

그림 7.19 클러스터는 몇 개인가? 4개? 2개?

판의 사각형을 검은색과 흰색 집합으로 분류하는 것은 가능하지만, 이것들을 공간적으로 클러스터링하는 것은 불가능하다.

클러스터링은 유일한 해결책이 되지 않으며 모호함이 있을 수 있다. 그림 7.19에서 왼쪽에 있는 점들의 집합은 오른쪽에 표시된 두 가지 유효한 방식으로 클러스터링될 수 있다. 이 분포를 4개의 클러스터로 나눌 수 있다. 많은 경우에는 유사도의 정도에 대한 합의가 있더라도 클러스터링은 주관적이다. 어떤 사람들은 더 큰 클래스를 선호하고 더 넓은 변화를 용인하며, 다른 사람들은 더 작고 더 규칙적인 클래스를 선호한다. 이들은 "그루퍼(*groupers*)" 또는 "스플리터(*splitters*)"라고 불린다.

어떤 경우에는 동일한 데이터의 다중 클러스터링이 유용하다. 그림 7.20은 다른 속성에 따라 아미노산의 겹치는 클러스터링을 보여준다.

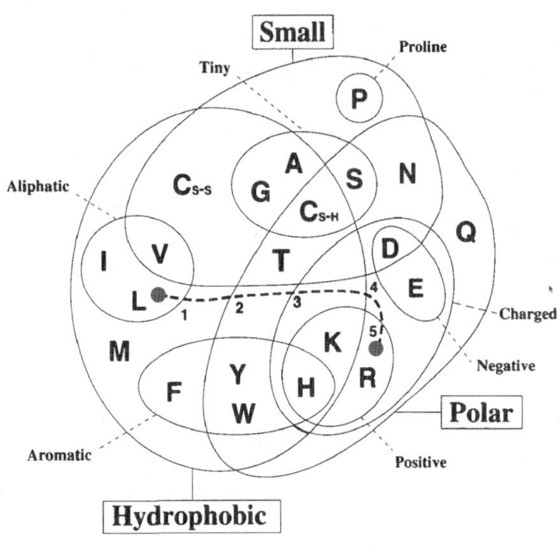

그림 7.20 다양한 물리화학적 특성에 따라 20개 표준 아미노산의 다중 클러스터링, 전하 및 크기와 같은 다른 물리화학적 특성에 따라 분류되었다. 2개의 아미노산 사이의 거리를 측정하는 가능한 방법은 하나의 아미노산에서 다른 아미노산으로 이동하여 건너가는 것이다. 예를 들어, 회색 원 사이의 L에서 R까지의 경로는 5개의 경계를 건너야 한다: (1) 지방성, (2) 극성, (3) 전하, (4) 소수성, (5) 양성.

From: Livingstone, C.D. & Barton, G.J. (1993). Protein sequence alignments: a strategy for the hierarchical analysis of residue conservation. *Bioinformatics* **9**, 745–756, by permission of Oxford University Press.

그림 7.21 매우 비대칭된 두 분포이다. 점들 사이의 거리를 계산할 때 Mahalanobis 거리를 사용한다.

한 집합을 클러스터링하는 것은 2개의 객체 간의 유사도를 확립하는 것에 의존한다. 집합의 구성원이 수치값 $\mathbf{x} = (x_1, x_2, \ldots x_n)$의 집합으로 특징화되면, 유사성의 측정은 유클리드 거리(Euclidean distance)로 나타낼 수 있다.

$$d(\mathbf{x}, \mathbf{x}') = \sqrt{(x_1 - x_1')^2 + (x_2 - x_2')^2 + \ldots (x_n - x_n')^2}$$

그림 7.21과 같이 분포가 매우 치우친 경우 어떻게 될까? 일부 회색 점과 검은색 점 중 일부 회색 점과 일부 검은색 점보다 더 가까운 쌍이 있다. 이와 같은 상황에서는 45° 각도의 방향으로 축소하여 분포를 조정할 수 있다. 이것은 Mahalanobis 거리의 특수한 경우이다.

$$d_{\text{Mahalanobis}}(\mathbf{x}, \mathbf{x}') = \sqrt{(\mathbf{x} - \mathbf{x}')\ \mathbf{S}^{-1}\ (\mathbf{x} - \mathbf{x}')}$$

상관 행렬의 역행렬에 따라 정의된다:

$$\mathbf{S} = \begin{bmatrix} \sum(x - \bar{x})^2 & \sum(x - \bar{x})(y - \bar{y}) \\ \sum(x - \bar{x})(y - \bar{y}) & \sum(y - \bar{y})^2 \end{bmatrix}$$

점들 사이의 거리를 측정할 때 $\bar{x}$는 x의 평균 값이고, $\bar{y}$는 y의 평균 값이다.

이제 클러스터를 정의할 수 있다. 여러 클러스터링 알고리즘 중 두 가지를 논의하여 발생하는 일부 문제와 고려해야 할 사항을 나타낸다.

하나의 접근 방식은 가장 가까운 이웃으로부터 클러스터를 구축하는 것인데, 이를 "*single-linkage clustering*"라고 한다.

1. 각 점을 클러스터로 간주한다.
2. 최소 거리를 갖는 클러스터 쌍을 찾는다. (초기에 각 클러스터가 하나의 점만 포함하는 경우, 클러스터 간 거리는 점 사이의 거리이다. 2개의 점 세트 간의 거리는 두 세트 내의 점 간의 최소 거리 또는 두 세트 내의 점 사이의 평균 거리로 정의될 수 있다. (계통적 트리에 대한 논의에서, 평균을 사용한 UPGMA 방법을 설명한 바 있다.) 최소 거리 클러스터를 하나의 클러스터로 결합한다.
3. 단계 2를 반복한다.

정지 규칙이 없으면, 이 절차는 모든 점을 포함하는 단일 클러스터로 끝난다. 간단한 규칙은 원하는 클러스터 수를 미리 지정하는 것이며, 단계 3을 다음과 같이 대체할 수 있다.

3. 정지 규칙이 없으면, 이 절차는 모든 점을 포함하는 단일 클러스터로 끝난다.

독자는 그림 7.19의 데이터 세트에 대한 이 알고리즘의 작동을 쉽게 시각화할 수 있어서 2개 또는 4개의 클러스터를 생성할 수 있다. 이 방법이 잘 작동하지 않을 수 있는 분포 유형은 무엇인가?

사례 연구 7.2 긴 RNA 전사체는 단백질 코딩인가?

세포는 대량의 RNA 전사물질을 포함하고 있다. 메신저 RNA는 단백질을 인코딩한다. 비코딩 RNA는 크기, 구조 및 기능 면에서 매우 다양하다. 일부는 tRNA 및 리보소의 RNA 구성요소와 같이 번역에 참여한다. 작은 비코딩 RNA 중에는 유전자 발현을 조절하는 것도 있으며, 일례로서 짧은 간섭 RNA(siRNA)가 있다. 그밖에, *긴 비코딩 RNA*는 길이가 200 bp 이상이며, 명백한 단백질 인코딩 능력이 없다. 이러한 RNA는 겉보기에 아직 단백질 분해 능력이 없는 종류로 형성된다.

long non-coding RNAs와 messenger RNAs를 구별하는 명확한 단서는 없다. Schneider *et al.*은 이 문제에 서포트 벡터 머신을 적용하였다.* 훈련 및 테스트 세트는 성숙한 messenger RNAs와 long non-coding RNAs에 해당하는 서열이 포함되었다.

어떤 기능이 유용할 것으로 생각되는 일반적인 아이디어에서 시작하여, 머신러닝 프로토콜은 가장 중요한 매개변수를 선택하고 분류기를 생성했으며 활성 기능은 다음과 같다:

1. 하위 시퀀스의 상대적 빈도: 16개의 모든 다이뉴클레오티드. 64개의 트리뉴클레오티드, 256개의 테트라뉴클레오티드의 상대 빈도.
2 서열에서 ORF(초기화 코돈인 ATG로 시작하며 종료 코돈을 포함하지 않는 단백질 인코딩 가능 서열)의 출현 여부. 또한, 각 RNA 서열에 대해 다음 데이터가 추출되었다: (a) 첫 번째 ORF의 길이, (b) 첫 번째 ORF의 상대적 길이(= ORF의 길이/전체 서열의 길이), (c) 가장 긴 ORF의 길이, (d) 가장 긴 ORF의 *상대적* 길이.

16 + 64 + 256 = 336개의 하위 서열 특징 집합은 주성분 분석을 통해 분포의 변동성을 가장 잘 설명하는 특징을 식별하기 위해 처리되었다. 10개의 특징을 선택하면 데이터의 약 65%를 설명할 수 있으며, 60개의 특징을 선택하면 약 95%를 설명할 수 있다. 다음 분석 단계에서 사용하기 위해 연구자들은 10, 20, 30, 40, 50 및 60 패턴의 선택을 준비했다. 10 패턴을 포함한 집합에는 디뉴클레오티드만 포함되었고, 60 패턴을 포함한 집합에는 트리뉴클레오티드 핵산만 포함되었다. 30, 40, 50 및 60 패턴을 포함하는 결과 중 하나에는 중단 코돈 중 하나(tga)가 나타난다.

이 6가지 하위 서열 특징 결과를 각각 첫 번째 ORF와 관련된 4가지 특징과 결합하여 총 24개의 다른 데이터 집합을 얻었다. 각각의 데이터 집합에 대해 지지 벡터 머신이 의사결정 절차를 생성했다. 훈련 세트와 중첩되지 않는 테스트 데이터 세트에서의 성능은 ROC 곡선을 사용하여 평가되었다. 가장 좋은 결과는 50개의 뉴클레오티드 하위 서열 빈도 및 첫 번째 ORF의 상대적 길이를 사용하고 방사형 커널을 사용하여 SVM을 적용한 경우에서 나타났다. 그림 7.18은 (a) 첫 번째 ORF 상대적 길이만 사용하여 훈련된 모델, (b) 50개의 선택된 뉴클레오티드 패턴 빈도를 사용하여 훈련된 모델, (c) 모든 이러한 특징을 사용하여 훈련된 모델에 대한 ROC 곡선을 보여준다. 결합 정보가 가장 좋은 결과를 제공한다.

이 방법의 가장 엄격한 테스트 중 하나는 훈련 세트와 중복되지 않는 다른 종에 SVM을 적용한 것이었다. 그 결과는 인상적이었다.

종	쥐	제브라피쉬	초파리
민감도(%)	94.64	97.19	98.57
특이도(%)	94.69	95.00	99.65
정확도(%)	94.67	96.09	99.11

민감도 = TP/(TP + FN) = (진양성 평가의 수)/(모든 양성 평가의 수); 특이도 = TN/(TN + FP) = (진음성 평가의 수)/(모든 음성 평가의 수); 정확도 = (TN + TP)/(TN + TP + FN + FP) = (올바른 평가의 수)/(모든 평가의 수); 모두 분수가 아닌 백분율로 표현된다.

* Schneider, H.W., Raiol, T., Brigido, M.M., Walter, M.E.M.T. & Stadler, P.F. (2017). A Support Vector Machine based method to distinguish long non-coding RNAs from protein coding transcripts. *BMC Genomics* **18**, 804.

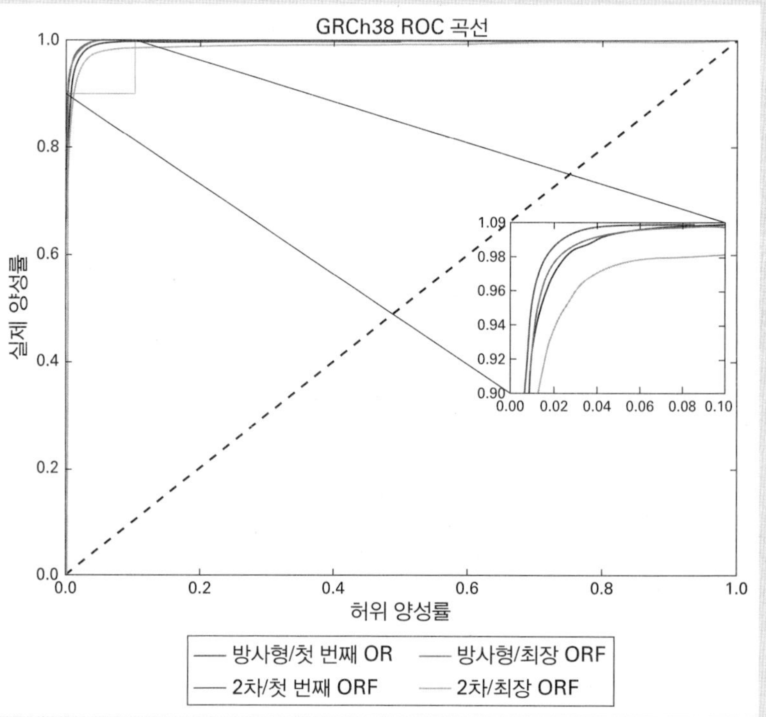

그림 7.18 수신기 작동 특성(ROC) 곡선은 각각의 경우 방사형 커널을 사용해서 마우스 전사 데이터 세트의 다른 특징 세트에서 훈련된 지원 벡터 머신의 결과 품질을 비교한다. 200 bp 미만의 서열을 제거했을 때, 학습 데이터 세트에는 57,191개의 단백질 코딩 전사체(PCTs)와 11,347개의 lncRNA가 포함되었다. 데이터는 무작위로 8,510개의 단백질 코딩 전사체와 8,510개의 lncRNA가 있는 학습 데이터 세트, 2,837개의 단백질 코딩 전사체와 2,837개의 lncRNA가 있는 테스트 데이터 세트로 나뉘었다. ROC 곡선은 다음과 같이 나타난다: 패턴 빈도만 사용한 경우가 세 가지 중 가장 나쁘지만, 객관적으로 나쁘지 않다. 첫 번째 ORF의 상대 길이만 사용한 경우가 약간 더 나아지고, 두 세트의 특징을 모두 결합한 경우가 세 가지 중 가장 적절하다. From: Schneider *et al.*[1]

그래프 스펙트럼 이론에 의한 클러스터링

클러스터와 그래프 간에는 밀접한 관계가 있다. 그래프 내에서 두 노드 간의 **경로**(*path*)는 하나의 노드에서 시작하여 다른 노드에서 끝나는 엣지(edge)들의 연속이다. 그래프의 **연결된 부분집합**은 부분집합 내의 모든 점 쌍 사이에 경로가 있다. 연결된 부분집합으로 그래프를 나누는 것은 집합의 분할 또는 클러스터링을 만든다. 그림 7.22에 나타난 매우 간단한 문제에서,[2] 노드 4, 6, 7의 순서는 노드 4와 7 사이의 경로를 정의한다. 이 그래프에는 2개의 연결된 부분집합이 있다.

원칙적으로 그래프는 비메트릭(non-metric)이다. 이것은 클러스터링에 대한 이점이 될 수 있다. 왜냐하면, 포인트 간의 연관성이 점의 실제 기하학적 특성과 관계없이 그래프 엣지를 통해 전파될 수 있기 때문이다. 또는 엣지에 거리 함수를 레이블하거나 그래프 내에서 엣지를 그리기 위해 거리에 대한 임계값을 사용함으로써, 기하학을 도입할 수 있다.

클러스터는 그래프에서 파생된 행렬에서 명백하게 나타난다.

- 그래프의 **인접 행렬 A**에서 (i, j) 요소는 노드 i와 j 사이에 엣지가 있으면 1이고, 그렇지 않으면 0이다.
- 그래프의 **차수 행렬 D**는 각 요소 $\mathbf{D}(i, i)$가 노드 i에 입장하는 엣지의 수인 대각 행렬이다. ($i \neq j$인 경우, $\mathrm{D}(i, j) = 0$이다.)
- 라플라시안 행렬 **L**은 $\mathbf{D} - \mathbf{A}$이다.

그림 7.22의 그래프의 경우, 라플라시안 행렬은 다음과 같다:

$$\mathbf{L} = \begin{bmatrix} 2 & -1 & -1 & 0 & 0 & 0 & 0 \\ -1 & 2 & -1 & 0 & 0 & 0 & 0 \\ -1 & -1 & 2 & 0 & 0 & 0 & 0 \\ 0 & 0 & 0 & 2 & -1 & -1 & 0 \\ 0 & 0 & 0 & -1 & 2 & -1 & 0 \\ 0 & 0 & 0 & -1 & -1 & 3 & -1 \\ 0 & 0 & 0 & 0 & 0 & -1 & 1 \end{bmatrix}$$

[2] Kannan, N. & Vishveshwara, S. (1999). Identification of side-chain clusters in protein structures by a graph spectral method. *J. Mol. Biol.* **292**, 441–464.

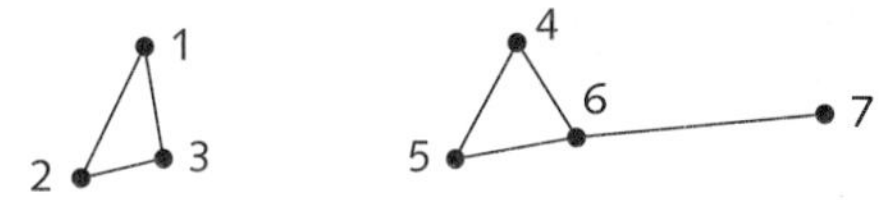

그림 7.22 점의 두 클러스터.

이 행렬은 **블록 형태**로 되어 있으며, 블록은 2개의 클러스터에 해당한다. 서로 다른 클러스터의 점들과 연관된 모든 행렬 요소는 0이다.

이것은 완벽한 것처럼 보이지만, 실제로는 그렇지 않다. 이것은 점의 번호 매기기와 클러스터를 정의하는 엣지를 알아야 한다는 점에서 중요한 영향을 받는다. 대부분의 점 순열은 블록 형태를 파괴할 것이다. 다행히 선형 대수학의 방법을 사용하면, 점의 인덱싱과 상관없이 클러스터링을 복원할 수 있다.

클러스터를 정의하는 엣지 **없이** 주어진 점 집합이라고 가정해보자. 점 사이의 거리를 측정한 후, 점 사이 거리에 따라 그들의 가까움을 강조하는 가중치를 각 점에 할당할 수 있다.

가중치 행렬 **W**는 인접 행렬 A의 일반화이다. 여기서 $d(i, j)$는 점 i와 j 사이의 거리이다.

$$\mathbf{W}(i,j) = \begin{cases} 1/d(i,j) & \text{if } d(i,j) \leq 1.3 \\ 0.01 & \text{if } d(i,j) > 1.3 \end{cases}$$

a_i를 **W**의 i행 요소의 합이라고 하자: **W**: $a_i = \sum_j$. 그러면 **D**의 일반화는 다음과 같다.

$$\mathbf{D}'(i,j) = \begin{cases} a_i & \text{if } i = j \\ 0 & \text{if } i \neq j \end{cases}$$

D′는 여전히 대각선 행렬이다.

새로운 라플라시안, $\mathbf{D}' - \mathbf{W}$는 다음과 같다:

$$\mathbf{L} = \begin{bmatrix} 1.71 & -1 & -0.67 & -0.01 & 0 & -0.01 & 0 \\ -1 & 1.54 & 0.5 & -0.01 & 0 & -0.01 & 0 \\ 0.67 & -0.5 & 1.21 & -0.01 & 0 & -0.01 & -0.01 \\ -0.01 & -0.01 & 0 & 0.94 & -0.5 & -0.4 & -0.01 \\ -0.01 & -0.01 & 0 & -0.5 & 1.21 & -0.67 & -0.01 \\ -0.01 & -0.01 & 0 & -0.4 & -0.67 & 2.3 & -1.2 \\ -0.01 & -0.01 & -0.01 & -0.01 & -0.01 & -1.2 & 125 \end{bmatrix}$$

이러한 행렬은 대각화될 수 있다. 이것은 다음 방정식을 푸는 것을 의미한다.

$$(\mathbf{L} - \lambda\mathbf{I})X = 0$$

여기서 **I**는 항등 행렬이고[$\mathbf{I}(i, j) = 1$ 만약 $i = j$이고, $i \neq j$이면 0], X는 벡터이다. 일반적으로 대각화해야 하는 행렬이 n개의 행과 열을 갖는 경우, 이 행렬은 고윳값(eigenvalues)이라고 불리는 n개의 λ 값을 가지며, 이에 대응하는 n개의 n-벡터 X, 즉 고유벡터(eigenvectors)를 가진다.

첫 번째와 두 번째 고윳값(내림차순으로 정렬된 순서)과 해당하는 고유벡터는 다음과 같다:

고윳값:	0.0000	0.7000	...	(7 고윳값)
고유벡터:	0.3780	0.4364	...	(7 고유벡터)
	0.3780	0.4364		
	0.3780	0.4364		
	0.3780	−0.3273		
	0.3780	−0.3273	...	
	0.3780	−0.3273		
	0.3780	−0.3273		

첫 번째 고유벡터는 점들을 구별하지 않는다. 그러나 두 번째 고유벡터는 서로 다른 클러스터 내의 점에 대해 다른 값을 가진다. 이것은 클러스터를 추출해준다. 클러스터의 목표 수를 지정할 필요는 없다.

만약 점들의 번호가 순서가 바뀌었다면 어떨까? 고유벡터와 고윳값은 불변하다. 다만 값들의 순서가 재번호에 따라 변경되어 표현될 뿐이다. 이것은 클러스터가 그림 7.22에서 동일한 클러스터 내의 점들이 연속적으로 번호 매겨져 있으므로 원래의 인접 행렬에서 명확하게 나타났던 문제를 해결한다.

원래의 점이 n차원 공간에 있다면, 라플라시안 행렬은 n개의 행과 열을 가지며, 대각화는 각각의 길이가 n개인 고유벡터를 생성한다. 가장 큰 k개의 고윳값에 해당하는 고유벡터를 선택함으로써 원래의 점을 길이가 $k < n$인 벡터로 매핑할 수 있다. [예를 들어, 표시된 2개의 고유벡터를 선택하면 원래의 데이터 점이 길이가 2인 2개의 벡터로 매핑된다: (0.3780, 0.4364) 및 (0.3780, −0.3273).] 즉, k개의 고유벡터를 선택하면 점이 k차원 공간으로 매핑된다. 많은 경우, 싱글 링크 클러스터링과 같은 알고리즘에 의해 그 공간에서 클러스터링 작업을 수행할 수 있다. 그림 7.22의 간단한 예제에서는 두 번째 고유벡터 하나만으로 클러스터를 정의하는 데 충분했다.

(그래프 스펙트럼 클러스터링은 데이터를 더 적은 차원의 공간으로 투영한다. 반면, 서포트 벡터 머신의 커널 방법은 데이터를 고차원 공간으로 투영한다.)

Kannan과 Vishveshwara[3]는 단백질의 측쇄 클러스터를 탐지하기 위해 그래프 스펙트럼 이론을 적용하였다. 그림 7.23은 bovine angiogenin [1AGI]에 대한 결과를 보여준다.

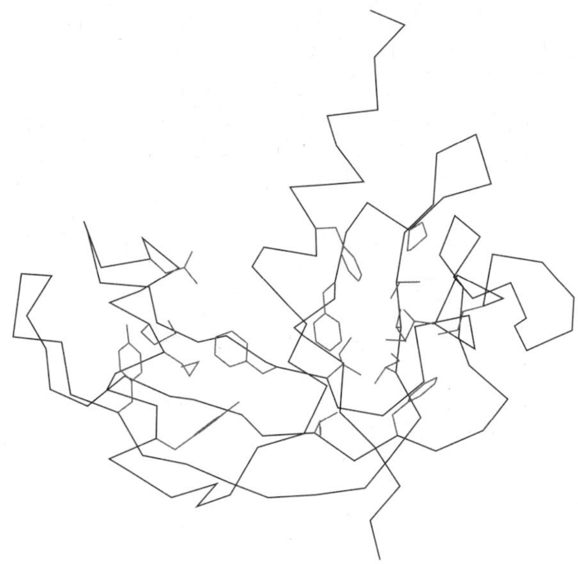

그림 7.23 Kannan과 Vishveshwara가 그래프 스펙트럼 방법을 사용하여 결정한 bovine angiogenin [1agi]의 소수성 군집을 보여준다.

Vishveshwara와 그의 동료들은 그래프 스펙트럼 기술을 생물정보학의 여러 다른 문제에도 적용했다. 예를 들어, 대사 반응 네트워크에서 클러스터를 감지하는 곳에서도 사용되었다.

[3] Acharya, K.R., Shapiro, R., Riordan, J.F. & Vallee, B.L. (1995) *Proc. Natl. Acad. Sci. USA* **92**, 2949–2953.

연습문제

연습문제 7.1. 그림 7.9에서 검은색 곡선에 대해, (a) (1 − 민감도)^2 + (1 − 특이도)^{2}를 최소화하는 최적 임계값 선택에 대응하는 곡선상의 지점을 대략적으로 추정해보시오. (b) 민감도 + 특이도 − 1 (Youden 지수)를 최대화한다. 목표는 대각선 점선으로부터 수직으로 가장 멀리 떨어져 있는 검은색 곡선 상의 지점을 찾는 것이다.

연습문제 7.2. 신호 펩티드를 감지하는 프로그램(사례 연구 7.1)은 그람 음성 세균보다 유카리아와 양성 세균에서 훨씬 더 우수한 성능을 발휘한다. 훈련 데이터 세트의 특성을 고려할 때, 어떻게 하면 그람 양성 세균에 대해 더 나은 성능을 발휘할 절차를 만들 수 있을까?

연습문제 7.3. 메신저 RNA와 장기 비코딩 RNA를 구분하는 절차(사례 연구 7.2)는 염기 서열 분석을 기반으로 했다. ORFs가 포함된 서열의 아미노산 서열 변환을 기반으로 분석을 수행할 경우, 성능이 향상되거나 저하될 것이라고 생각하는가? 당신의 답에 대한 이유는 무엇인가?

연습문제 7.4. 의사결정 트리에 관한 부분에서, 임박한 심장 발작의 위험에 따라 사람들을 분류하는 예제를 제시했다. 데이터는 다음과 같은 표를 시사한다. 이 표는 분할 변수의 다양한 선택에 따른 정보 이득(원래 값 1에서 엔트로피 감소)을 나타낸다.

변수 선택	정보 이득
나이	0.2756
흡연 여부	0.038
운동 여부	0.162

계산 결과 '나이'에 해당하는 0.2756이 텍스트에 나타난다. '흡연자'와 '운동'에 대한 계산을 제시한 후 결과를 확인하시오.

연습문제 7.5. 연습 문제 7.5. 두 입력 x와 y를 받고 $x + 2y \geq 2$일 때만 '발화'하는 뉴런의 기하학적 해석은 무엇인가?

연습문제 7.6. 그림 7.17에서 3차원으로 커널 매핑된 경우, 이것들은 평면으로 분리될 수 있었지만 실제로는 모든 점들이 2차원 하위 공간에 나타났다. 이 하위 공간으로 투영된 점들은 선으로 분리될 수 있는가?

연습 문제 7.7. 그림 7.22의 7-노드 그래프의 인접 행렬은 무엇인가?

연습문제 7.8. 100마리의 개와 100마리의 고양이가 포함된 샘플의 종을 올바르게 식별하는 경우 Matthews 상관 계수는 다음과 같다: (a) 완벽한 예측: TP = 100, TN = 100, FP = 0, FN = 0; (b) 무작위 예측(예를 들어): TP = 50, TN = 50, FP = 50, FN = 50; (c) 나쁘지는 않지만 불완전한 예측: TP = 75, TN = 75, FP = 25, FN = 25. 이 경우에 Matthews 상관 계수는 어떻게 되는가?

CHAPTER 8

시스템 생물학 개론

서론

생화학자들이 몇 세대에 걸쳐 물질을 분해해 왔다는 것은 반복할 만한 가치가 있다. 시스템 생물학은 이러한 것들을 다시 모으는 것을 목표로 한다. 시스템 생물학에 대한 관심은 부분적으로 새로운 고효율 데이터 스트림에 대한 반응이다. 역으로 그것은 이들의 개발 동기 부여에 기여하고 있다. 이러한 초점의 변화는 새로운 아이디어와 이를 표현할 수 있는 새로운 수학적 기법을 요구한다. 이 장은 예측되는 중간 과정으로, 이는 마지막 장들을 위한 배경지식을 제공한다.

대부분의 현대 생물학과 마찬가지로 시스템 생물학은 데이터 기반이다. 하지만 이러한 데이터가 우리를 이끄는 곳은 어디인가? 통합에 대한 초점은 세포, 유기체 및 생태학적 수준에서 생물학적 활동의 많은 구성 요소를 포함하고 있다.

통합의 기질은 상호작용이다. 우리는 네트워크 측면에서 상호작용의 패턴을 설명하고자 한다. 많은 네트워크가 이미 친숙하다. 웹은 널리 알려진 예이다. 당신이 사는 마을이나 도시의 도로 지도는 거리로 연결된 네트워크를 나타낸다. 생물학에서 물질대사 경로와 계통수는 네트워크이다.

그래프는 네트워크의 수학적 표현이다. 계통수와 같은 엄격한 계층적 네트워크는 특별한 유형의 그래프이다. 계통발생학적 관계의 반델트-드레스식 묘사(예 4.7 참조)는 보다 복잡한 형태의 그래프이다.

우리는 네트워크의 정적 및 동적 측면 모두에 관심을 가져야 한다. 런던과 같은 도시의 지하철 시스템을 보여주는 그래프는 역과 그 사이의 연결을 나타낸다. 친숙한 런던의 지하철 지도는 네트워크의 정적 구조를 알려준다. 역과 선로는 움직이지 않지만 기차와 승객은 움직이고 있다. 특정 시간에 네트워크의 교통 패턴은 동적 구조의 한 측면이다. 교통 패턴의 **변화**도 마찬가지이다. 정오와 자정에 런던 지하철의 정적 구조(역과 선로)는 동일하지만 동적 구조(교통 패턴)는 매우 다르다.

유사하게, 대장균 세포에서 단기적으로 잠재적인 대사 경로는 고정되어 있다. 이들은 발현된 효소의 활동과 촉매 작용을 필요로 하지 않는 신속하고 자발적인 반응에 따라 달라진다. 그러나 세포의 생리학적 상태에 따라 대사 경로 네트워크를 통한 실제 트래픽은 다를 수 있다. 실제로 신진대사 네트워크 자체는 내부 및 외부 변화에 반응하는 제어 네트워크를 감독하는 것으로 관리가 된다. 유명한 예는 배지 조성에 반응하는 *Lac* 오페론의 제어이다.

시스템 생물학의 초기 목표는 세포, 유기체 및 생태계의 활성 네트워크를 식별하고 구성 요소의 속성과 구성 요소 간의 상호작용을 이해하는 것이다. 어려운 도전은 다음과 같다. 우리는 세포 효소의 전체 목록을 알고 있고 효소가 촉매하는 반응과 관련 운동 매개변수를 정확히 알고 있다고 가정하자. 세포의 행동을 예측할 수 있는가? 일련의 조건(초기 대사체 농도)이 주어지면, 우리는 대사 트래픽 패턴을 계산적으로 모델링할 수 있는가?

여기에 조건 변화에 따라 유전자 발현 패턴을 제어하는 조절 네트워크를 중첩시킨다. 우리 모델이 이러한 것들을 포함하도록 확장될 수 있는가?

분명히 이것은 매우 야심 차고 도전적인 목표이다. 그러나 일부 시스템 생물학자들은 단순화된 가정하에서 대사 네트워크 일부분의 역학을 모델링하는 흥미로운 결과를 이미 얻었다.

우리는 어떻게 합리적인 목표를 설정할 수 있는가? 우리는 일부 동적 시스템이 안정적이고 작은 변화에 강하다는 것을 물리학에서 배운다. 예를 들어, 언덕 아래에 놓인 골프공은 언덕 위로 약간 변위되면 원래 위치로 돌아와서 정지한다. 다른 시스템은 안정적이지 않다. 언덕 꼭대기에서 위태롭게 균형을 잡은 골프공은 약간의 변위에도 굴러 떨어질 것이다.

생명체는 초기 조건뿐만 아니라 환경도 변하기 때문에 더 복잡하다. 세포가 안정적인지 여부를 묻는 것은 실제로 관련이 없다. 오히려 우리는 세포가 견고한지 여부를 물어야 한다. 그러한 질문에 답하기 전에 상당히 섬세한 문제인 견고성의 신중한 특성화에 약간의 주의를 기울여야 한다.

또한 우리는 물리학에서 적은 수의 입자로 구성된 시스템의 경우 고전 역학에서 입자 사이의 힘과 주어진 초기 조건을 알면 많은 경우에서 입자의 궤적을 정확하게 예측할 수 있다는 것을 배운다. 그러나 많은 입자의 경우, 예를 들어 자전거 타이어의 공기는 고전 역학에서도 통계적 규칙성을 도출하는 것 이상을 기대할 수 없다.

생물학에서 질병의 전염병을 모델링하는 것과 유사하다. 인구의 상태, 개인 질병의 전형적인 중증도 및 시간 경과, 전파 가능성을 알고 있다고 가정해 보자. 그러면 인구에서 질병의 확산을 예측할 수 있다. 우리는 특정 개인이 질병에 걸릴지 여부를 예측할 수 없지만 영향을 받는 개인의 수를 시간의 함수로 모델링하는 합리적인 작업을 수행할 수 있다. 특히 우리는 매개변수가 통제되지 않는 전염병이 인구 전체에 퍼지게 될 것인지 아니면 단지 자립하는 집단이 될 것인지를 결정하도록 노력할 수 있다.

그러한 아이디어는 시스템 생물학에 대한 우리의 토론을 위해 아래와 같은 프로그램을 제시한다.

- 데이터란 무엇인가?
- 어떻게 표현하고 분석할 수 있나?
- 우리가 데이터를 이해하려면 어떤 개념을 이해해야 하는가?
- 우리는 어떤 종류의 예측을 할 수 있는가?
  - 특정적?
  - 통계적?
  - 질적?
  - 양적?

네트워크와 그래프

세포 구성 요소의 통합 활동은 상호작용 네트워크에 따라 달라진다. 네트워크는 그래프로 표시된다(Box 8.1 참조).

그림 4.4의 스웨덴 지도에서 도시 간 경로는 시스템 생물학에서 나타나는 것과 유사한 그래프로 표시되는 네트워크이다. 각 도시는 노드이다. 이들을 연결하는 굵은 선은 경로를 나타낸다. 많은 독자에게 친숙한 다른 예는 런던 지

BOX 8.1 **그래프의 아이디어**

- 수학적으로 그래프는 정점 집합 *V*와 엣지 집합 *E*로 구성된다.
- 각 엣지는 한 쌍의 정점으로 지정된다.
- *방향성 그래프*에서 엣지는 *정점*의 쌍으로 정렬된다.
- *라벨*이 지정된 *그래프*에는 각 엣지와 연관된 값이 있다. (방향성 그래프는 라벨이 지정된 그래프의 특수한 경우이다. 화살을 라벨로 간주하라.)

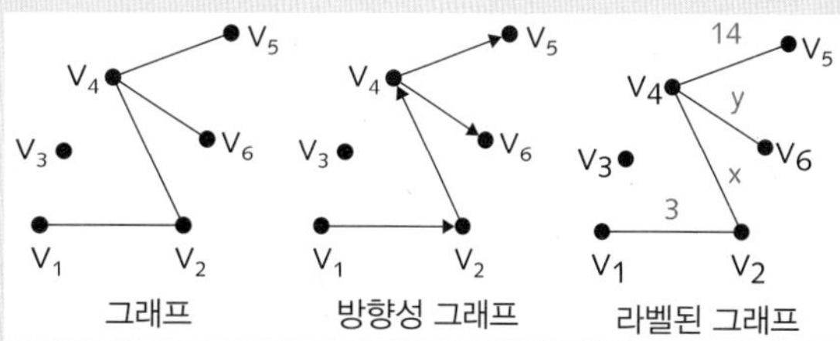

라벨이 없는 무방향 그래프는 네트워크의 연결성을 지정하지만, 정점 사이의 거리는 지정하지 않는다(현대 런던 지하철 지도에서와 같이 기하학이 아닌 위상임). 엣지의 라벨은 거리를 나타낼 수 있다. 일부 그래프는 물리적 구조에 해당하지 않으며 어떤 경우에도 엣지 라벨이 노드 간 거리만 나타낼 필요는 없다. 그들은 훨씬 더 일반적일 수 있다. 예를 들어, 대사 경로 네트워크의 링크는 흐름 용량을 반영하도록 라벨이 지정될 수 있다. 일부 계통수는 조상의 위상만을 나타낸다. 다른 것들은 엣지 라벨을 사용하여 종 간의 차이 정도를 지정한다. 계통수는 종종 마지막 공통 조상 이후의 시간을 나타내는 가지의 길이로 그려진다. 엣지에 라벨을 지정하기 위한 시각적 장치이다.

실제로, 다양한 그림 기법을 사용하면 그래프 표현의 선명도를 높일 수 있다. 노드에 충돌하는 엣지의 수에 비례해서 반지름이 다른 원으로 노드를 나타내는 것이 일반적이다. 따라서 '허브'라고 하는 고도로 연결된 노드가 두드러진다. 일부 응용 프로그램에서 너비가 다르게 그려진 엣지는 예를 들어 노드 간의 최대 채널 용량, 개인 간의 전자 메일 빈도 또는 친밀도를 나타내는 암시적 엣지 라벨 역할을 할 수 있다. 다양한 색상으로 노드 또는 엣지 등급을 구분할 수도 있다.

하철[1]의 지도와 다른 도시의 지하철 시스템 지도이다(Box 8.2 참조). 각 역은 그래프의 노드이고, 엣지는 역을 연결하는 선로에 해당된다. 현대 런던 지하철 지도는 네트워크의 위상(*topology*)을 보여준다. 해당 지역의 지리를 정량적으로 나타내지는 않는다. 1925년의 초기 지도는 지리적 정확성을 유지했다.[2] 이것은 시스템이 지금보다 단순했을 때 가능했다. 현재 파리의 지하철에 게시된 일부 지도는 지리적으로 상당히 정확하다. 네트워크로 간주하면 지리적으로 정확한 지도와 동일한 위상을 가진 단순화된 지도는 동일한 그래프에 해당한다.

런던 지하철 네트워크(대부분의 경우)는 두 역 사이를 횡단할 수 있는 경로가 있다는 점에서 연결되어 있다. 통근자들에게 친숙한 많은 질문이 생물학적 네트워크 분석에서 공유된다. 예: A역과 B역을 연결하는 가능한 노선은 무엇인가? 서로 다른 회선을 하위 네트워크로 간주하여 한 회선에서 다른 회선으로 전송하는 것이 얼마나 쉬운가; 즉, 연결 패턴의 본질은 무엇인가? 하나 이상의 링크에서 장애가 발생하였을 때 네트워크가 완전히 연결된 상태로 유지되는가? 만약 그렇다면, 이것은 견고함의 예가 될 것이다.

[1] http://www.bbc.co.uk/london/travel/downloads/tube_map.html을 보라. 연습문제 8.2는 이 지도를 이용해서 풀어보라.

[2] https://londonist.com/2016/05/the-history-of-the-tube-map과 https://www.timeout.com/london/blog/tfl-has-secretly-made-a-geographically-accurate-tube-map-091515를 보라.

BOX 8.2 네트워크의 예

- 서로 만난 사람들의 집합; 온라인 소셜 네트워크에 연결된 사람들에게 일반화 가능
- 도로지도, 철도지도, 항공 노선도 (순수 지형도가 아닌 것)
- 전기 배전 시스템
- 계통수
- 대사 경로
- 분자 내의 화학 결합 패턴
- 과학 문학의 인용 패턴
- 월드 와이드 웹

네트워크의 연결성

만약 V_A와 V_Z가 그래프의 꼭짓점인 경우, V_A에서 V_Z까지의 경로는 V_A, V_B, V_C, ...V_Z의 일련의 꼭짓점이므로, 그래프의 엣지는 각 연속 꼭짓점 쌍을 연결한다. 예를 들어, Box 8.1의 그래프에서 V_1, V_2, V_4, V_5는 V_1에서 V_5로 가는 경로이다. 초기 꼭짓점과 최종 꼭짓점을 포함하여 체인의 꼭짓점 수를 경로의 길이라고 한다. **주기**는 방향이 없는 그래프에서 길이 2보다 큰 경로로, 처음과 마지막 끝점이 같지만 중간 링크가 반복되지 않는다.

두 꼭짓점 사이의 경로를 포함하는 그래프를 **연결**이라고 한다. (런던 지하철이 한 예이다.) 또는 그래프를 **연결된** 여러 구성 요소로 나눌 수 있다. Box 8.1의 그래프에는 2개의 연결된 구성 요소가 포함되어 있다. 하나는 5개의 꼭짓

점을 포함하고 다른 하나는 단 하나의 꼭짓점만 포함한다. (극단적으로, 그래프는 많은 꼭짓점을 포함하지만 엣지는 전혀 포함하지 않을 수 있다.)

두 노드 사이의 **최단 경로**를 결정하고, 최단 경로 길이의 분포로 네트워크를 특성화하는 것이 종종 유용하다. '여섯 단계의 분리'(영화로 제작된 John Guare의 희곡 제목이기도 함)라는 문구는 세상 사람들이 그래프의 꼭짓점이고 그래프에 두 사람이 서로를 알 때마다 간선이 있어서 그래프가 연결된다면 길이가 6 이하인 두 꼭짓점 사이에 경로가 있다는 주장(원래 Marconi에 기인한 주장)을 나타낸다.

트리는 특별한 형태의 그래프이다. 트리는 각 꼭짓점 쌍 사이에 하나의 경로만 포함하는 연결된 그래프이다. 계층 구조는 하나의 트리이다. 응용 프로그램에는 명령 체인과 린네 분류가 포함된다. 일부 가계도는 수학적 의미에서 트리가 아니다. 일례로, 유럽의 왕실에서 충분히 알 수 있다. 트리는 사이클을 포함할 수 없다. 만약 그렇다면, 초기 지점(= 최종 지점)에서 각 중간 지점까지 2개의 경로가 있을 것이다. Box 8.1의 그래프에서 꼭짓점 V_1, V_2, V_4, V_5 및 V_6으로 구성된 하위 그래프는 트리이다. V_1에서 V_5로 엣지를 추가하면 V_1에서 V_5로의 대체 경로와 $V_1 \rightarrow V_2 \rightarrow V_4 \rightarrow V_5 \rightarrow V_1$의 사이클이 생성된다. 수정된 하위 그래프는 트리가 아니다.

연결 밀도 또는 꼭짓점당 평균 엣지 수는 그래프의 구조를 특징짓는다. N개 꼭짓점의 완전 연결 그래프는 꼭짓점당 $N - 1$개의 연결을 가진다. 엣지가 없는 그래프는 0이다. 고등 동물의 신경계는 많은 수의 뉴런을 포함할 뿐만 아니라 높은 연결성을 가짐으로써 그 힘을 얻는다.

일부 시스템에서는 연결 수에 대한 제한이 있다. 많은 인간 사회에서 개인이 꼭짓점이고 엣지가 서로 결혼한 사람들을 연결하는 그래프에서 각 노드는 연결성이 0 또는 1이다. 중성 탄화수소의 경우에서, 탄소와 수소 원자가 서로 결합한 원자를 연결하는 꼭짓점과 엣지이면 각 노드는 4개 이하의 연결을 가진다(탄소가 5개 또는 6개의 다른 원자에 결합한 예외적인 분자 이온이 있음). 다른 네트워크에서는 연결성을 관찰할 수 있는 규칙성을 따른다(Box 8.3 참조). 예를 들어, 월드 와이드 웹은 방향성 있는 그래프로 간주될 수 있다. 개별 문서는 노드이고, 하이퍼링크는 엣지이다. 수신과 출력 링크의 분포는 전력 법칙을 따르는 것을 관찰할 수 있다: $P(k)$=k 엣지의 확률은 k^{-q}에 비례하며, 여기서 수신 링크는 $q = 2.1$, 출력 링크의 경우 $q = 2.45$이다.

연결 밀도는 네트워크의 속성을 정의하는 데 매우 중요하다. 예를 들어, 인간 및/또는 동물 간에 질병을 확산시키는 상호작용은 네트워크를 형성한다. 질병이 전염병을 일으킬지 여부는 특정 상호작용에서 전염의 용이함뿐만 아니라 연결의 밀도에 따라 달라진다. 연결의 밀도—상호작용의 비율—가 증가함에 따라서, 시스템은 질병이 통제되는 상황에서부터 전체 인구를 통한 전염병 확산에 이르기까지 물리적 화학의 위상 변화와 유사하게 행동의 **질적 변화**를 나타낼 수 있다. 40일 동안 사람들을 고립시키는 '격리'라는 고전적 접근 방식은 질병 전파 네트워크의 연결성을 줄이는 방식으로 작동한다. 아무런 증상도 보이지 않는 보균자('장티프스 마리'[3]는 전형적인 사례임)는 질병 전파 네트워크의 허브 역할을 한다.

전쟁과 관련된 두 가지 역사적 전염병은 네트워크 연결

BOX 8.3

'소규모 세계' 네트워크

생물 네트워크, 월드 와이드 웹 및 전력 분배 배전망을 포함하여 많은 관찰된 네트워크는 높은 클러스터링과 짧은 경로 길이의 특성을 가지고 있다. 여기에는 '허브'라고 불리는 매우 많은 수의 연결을 가진 상대적으로 적은 수의 노드와 연결이 거의 없는 많은 노드가 포함된다. 이들은 모든 노드 사이에서 짧은 경로 길이를 생성하기 위해 결합된다. 이 기능에서 이들을 '소규모 세계' 네트워크라고 한다. 이러한 네트워크는 상당히 견고한 경향이 있으며, 임의의 노드가 실패한 후에도 연결 상태를 유지한다. 허브의 고장은 재앙이 될 수 있지만 허브가 너무 적기 때문에 그럴 가능성은 낮다. 1987년 런던의 킹스 크로스 지하철역 화재는 킹스 크로스가 허브였기에 지하철 네트워크에 막대한 영향을 미쳤다.

많은 네트워크, 특히 월드 와이드 웹은 노드를 지속적으로 추가하고 있다. 연결 분포는 네트워크가 성장함에 따라 상당히 일정하게 유지되는 경향이 있다. 이를 '규모 없는' 네트워크라고 한다.

에서 위상과 기하학의 차이를 보여준다. 펠로폰네소스 전쟁 초기에 아테네는 심각한 전염병에 시달렸다(투키디데스의 증상에 대한 자세한 설명에 따르면, 이 질병은 아마도 선페스트였을 것이다). 이 전염에 기여한 요인 중 하나는 군사적으로 더 취약한 주변 시골에서 사람들이 도시로 몰려들었기 때문이다. 제1차 세계대전 후 인플루엔자 유행으로 2천만~5천만 명이 사망했으며, 이는 전쟁 자체로 사망한 것보다 더 많은 수이다. 전쟁에서 돌아온 군인들의 장거리 여행은 이 질병을 퍼뜨리는 데 일조하였다. 모든 전염병에는 감염원과 고밀도의 전파 경로가 필요하다. 이러한 예는 제어 요인이 **연결** 밀도이고, 사람들의 밀도가 꼭 필요한 것이 아님을 보여준다.

전염병으로의 전환과 유사한 행동의 변화가 핵분열에서 나타난다. 우라늄-235 시료에서 붕괴되는 핵은 다른 원자의 핵분열을 유발할 수 있는 중성자를 생성한다. 시료가 작으면 시료를 안정적으로 유지하는 표면을 통해 많은 2차 중성자가 소실된다. 임계 질량을 초과하면 연쇄 반응을 일으키기에 충분한 중성자가 시료 내에서 포획된다. 원자가 그래프의 꼭짓점이고 엣지가 한 원자에서 다른 원자로의 중성자의 궤도라면, 행동의 변화는 네트워크의 연결 밀도를 높이는 효과로 볼 수 있다(Michael Frayn's의 희곡 '코펜하겐'의 배경에는 제2차 세계대전 전후에 핵폭발이 가능한지 여부를 결정하기 위해 임계 질량의 크기를 추정하려는 시도가 포함된다).

역학, 안정성 및 견고성

라벨이 없고, 방향이 지정되지 않은 그래프는 네트워크 위상의 **정적** 구조를 제공한다. 우리의 분자 상호작용 네트워크의 경우, 이것은 많은 물리적 상호작용에 대한 적절한 설명일 수 있다.

신진대사 경로 또는 도시의 교통 패턴과 같은 일부 네트워크의 경우 시스템의 **역학**은 개별 링크의 전송 용량에 따라 다르다. 이러한 용량은 그래프 엣지의 라벨로 표시할 수 있다. 이를 통해 네트워크를 통한 흐름 패턴을 모델링할 수 있다. 예를 들면, 경로 계획, 여행 혹은 배달이 포함된다. 최단 경로라도 최적의 처리량을 제공하지 않을 수 있다. 많은 도시에서 택시 운전사는 최적의 교통 경로에 대해 매우 민감하거나 무감각하다.

분자생물학에서 대사경로와 신호 전달 단계는 경로와 흐름 분석에 적합한 네트워크이다. 많은 알고리즘의 기반이 되는 그래프; 예를 들어 동적 프로그래밍(4장 참조)에 의한 최적의 시퀀스 정렬에는 '편집 스크립트'의 네트워크 생성과 그래프를 통한 최적의 경로 결정이 포함된다. 시퀀스 조합은 중첩 및 드 브루인 그래프를 사용한다.

네트워크는 정적 구조를 유지하면서도 여러 흐름 패턴을 지원하는 것 외에도 네트워크의 구성 요소와 연결을 모두 변경할 수 있다. 도시에서, 건설 현장은 도로를 폐쇄하거나 새로운 다리 또는 터널이 새로운 링크를 생성할 수 있다. 생물학에서 우리는 조건의 변화에 대응하여 세포의 네트워크를 재구성하는 것과 종의 진화에 따른 진화적 변화를 다룬다. 예를 들어, 기생충의 대사 네트워크는 숙주가 영양분을 공급하면 종종 경로를 잃는다. 반대로 이용 가능한 영양소의 변화는 새로운 기질을 활용하기 위하여 대사 네트워크를 강화하는 진화로 이어질 수 있다.

신호 경로에서 개별 제어 요소의 기작에 대해 많이 알려져 있지만, 통합을 이해하는 것이 현재의 연구 대상이다. 예를 들어, 건강한 세포와 유기체가 안정된 상태에 있다는 생각은 확실히 근사치에 지나지 않다(대부분의 경우 총체적인 이상화)(Box 8.4 참조). 신진대사 및 조절 네트워크의 실제 동적 상태에 대한 설명은 매우 민감한 문제이다. 세포가 안정성에 대한 뚜렷한 근사치를 달성하는 방법을 이해하는 것 또한 매우 까다롭다. 제어 과정의 엄청난 중복성이 그 기반에 놓여 있을 가능성이 크다. 조절은 많은 개별 제어 기작의 결과를 기반으로 한다. 여기서는 짧은 피드백 고리, 저기서는 다단계 계단식이다. 어쨌든 모든 개별 신호의 독립적인 동작이 결합돼서 전체적으로 통합된 결과를 얻는다. 그것은 Adam Smith에 따르면 개인의 행동을 국가 경제의 조절로 조정하는 '보이지 않는 손'의 작동과 같다.

[3] Mary Mallon(1869−1938)은 다음과 같은 불행한 특징의 조합을 제시했다. (1) 그녀는 장티푸스에 감염되었고, (2) 증상이 나타나지 않았으며, (3) 많은 가족들을 위해 요리사로 일했다.

BOX 8.4

안정성과 견고성

*안정성*은 조건의 작은 변동이 있을 때 거의 동일한 일련의 활동을 계속 수행할 수 있는 속성이다: '*침착하게 대처하라*'. 안정된 시스템이 반드시 정적 시스템일 필요는 없다.

*견고성*은 더 큰 교란에 의한 도전을 받은 후에도 유사한 목표를 달성하기 위해 동일하거나 필요한 경우, 보다 실질적으로 수정된 일련의 활동을 계속 수행할 수 있다는 속성이다. 항상 그런 것은 아니지만 때때로 이것은 다른 안정 상태의 달성을 포함한다. 예를 들면, 효모의 혐기성 대사에서 호기성 대사로의 전환이 있는데, 이는 주요한 생리학적 변화를 수반한다. '*이런!*'

네트워크에서 여러 유형의 동적 상태가 가능하다(Box 8.5 참조):

- 평형
- 정상 상태
- 주기적으로 변화하는 상태
- 개발 프로그램의 전개
- 혼돈스러운 상태
- 일방적 흐름 또는 분기
- 폐쇄

시스템 생물학을 위한 발상의 일부 출처

시스템 생물학에서 연구되는 네트워크의 정적 및 동적 측면을 다루는 데 있어서 몇 가지 관련 아이디어가 중요하다. 여기에는 **복잡성**, **엔트로피**, **무작위성**, **중복성**, **견고성**, **예측 가능성** 및 **혼돈**이 포함된다. 우리는 일상생활에서 이것들을 다루지만, 그것들을 정확하고 정량적으로 정의할 필요는 없다. 우리는 이러한 개념을 실제로 얼마나 잘 이해하고 있는가? 그들 사이의 관계는 무엇인가? 그리고 일반적으로 생물학, 특히 시스템 생물학을 조명하는 데 어떻게 사용할 수 있는가?

시퀀스의 복잡성

생물학에서 가장 단순 복잡한 대상은 시퀀스이다. 우리는 모두 무작위 시퀀스에 대해 들어봤고 아마도 무작위 시퀀스가 많을수록 더 복잡하다는 데 동의한다. 예를 들어, 게놈 서열은 '낮은 복잡성' 영역을 포함한다. 인간 게놈에서 그러한 영역은 단순 반복 또는 미소부수체 또는 AT나 GC가 풍부한 영역 또는 폴리 퓨린 및 폴리 피리미딘 지역과 같이 고도로 왜곡된 뉴클레오티드 조성의 영역을 포함한다. 이 영역은 특정 단백질을 암호화하는 유전자를 포함하는 영역보다 다소 무작위적일까? 시퀀스의 이러한 속성을 어떻게 측정할 수 있는가?

일련의 문자들을 확인해보자:

`agtctcta` ..., 또는 `aataaaaataaa` ...,
또는 `abzxuvj` ....

유용한 질문은 다음과 같다: 각 시퀀스에서 다음 문자를 지정하는 데 필요한 정보의 양을 결정하는 것은 무엇인가? 가능한 문자 집합—a, t, g, c—이 매우 작거나 분포가 매우 왜곡되는 경우, 또는—aataaaaataaa—집합이 매우 크고 서로 다른 문자의 비율이 더 균일한 경우보다 필요한 정보가 적다.

이러한 아이디어를 어떻게 양적으로 만들 수 있는가? 게놈 서열은 문자 a, t, g, c로 제한된다. 어떤 위치에서든 각 기호를 확인하기 위해서는 두 가지 '예 또는 아니오'라고 질문하는 것으로 충분하다. 예를 들면:

질문 1: 그것은 퓨린(또는 피리미딘)인가? (퓨린은 a 또는 g를 의미함.)

질문 2: 그것은 6-아미노(또는 6-케토)인가? (6-아미노는 a 또는 c를 의미함.)

이 두 가지 질문에 대한 답을 아는 것만으로도 네 가지 염기 중 하나를 고유하게 식별할 수 있다.

예를 1로, 아니오를 0으로 나타내는 각 '예 또는 아니오' 질문은 1개의 2진수 또는 1비트의 정보를 제공한다. 게놈 시퀀스의 각 뉴클레오티드를 2비트 이진 문자열로 암호화할 수 있다.

일반 알파벳의 문자를 식별하려면—*abcd ...z*—2개 이상의 예/아니요 질문이 필요하다. 따라서 전체 텍스트의 일반적인 문자열은 문자 a, t, g, c만 포함하는 동일한 길이의 일반적인 시퀀스보다 더 복잡하다고 생각하는 것이 타당하다.

아미노산을 지정하는 데 얼마나 많은 정보가 필요한지에 대한 질문은 유전자 코드 자체에 나타난다. 20개의 아미노산을 암호화하려면 몇 개의 뉴클레오티드가 필요한가? 유전자의 각 위치가 4개의 뉴클레오티드 중 하나를 포함할 수 있는 경우에 가능한 디뉴클레오티드는 16개뿐이므로 충분하지 않다. 따라서 각 아미노산에 대해 같은 수의 뉴클레오티드가 필요하다면, 관찰된 바와 같이 코돈당 적어도 3개의 뉴클레오티드가 있어야 한다. 아미노산이 단지 20개뿐이므로 삼중 코드는 중복을 포함한다.

[왜 더 적은 수의 아미노산으로 성공하지 못하는 이유는 무엇인가? 불합리하지 않은 15개의 아미노산(종결 신호 포함)으로 충분하다면, 정보의 관점에서 중복 코드가 가능할 것이다. 그러나 2염기 코돈/2염기 안티코돈 상호작용은 아마도 적절한 안정성을 가지지 못할 것이다.]

이러한 아이디어를 보다 공식적인 체계에 포함시키는 것이 가능해졌다.

섀넌의 엔트로피 정의

1948년 섀넌은 신호 전달 분석의 일환으로 **엔트로피** 개념을 정보 이론에 도입했다.[4] (우리는 7장의 결정 트리 절에서 섀넌 엔트로피에 대해 간략히 다루었다.) 텍스트에 상대 확률 p_i가 포함된 기호가 있다고 가정한다. 섀넌의 엔트로피 측정값은 다음과 같다:

$$H = -\sum_i p_i \log_2 p_i$$

엔트로피 H는 시퀀스를 전송하는 데 필요한 기호당 최소 평균 비트 수로 해석될 수 있다.

예를 들어, 등몰량 염기 조성을 갖는 게놈 서열의 경우, $p_a = p_t = p_g = p_c = 0.25$:

$$\begin{aligned} H &= -\sum_i p_i \log_2 p_i \\ &= -[0.25 \log_2 0.25 + 0.25 \log_2 0.25 \\ &\quad + 0.25 \log_2 0.25 + 0.25 \log_2 0.25] \\ &= 2 \end{aligned}$$

($\log_2 0.25 = \log_2 1/4 = -2$를 생각하라.)

등몰량 기본 구성을 갖는 유전자 서열에 대한 $H = 2$는 2비트 또는 '예 또는 아니오' 질문이 필요하다는 비공식 결과를 복구한다. 2개의 동일 확률 문자 a와 t로 제한된 시퀀스의 경우: $p_a = p_t = 0.5$, $H = -[0.5 \log_2 0.5 + 0.5 \log_2 0.5] = 1$. 유일한 선택이 a와 t라는 것을 알면, 하나의 '예 또는 아니오' 질문 또는 1비트로 결정할 수 있으므로 이것도 의미가 있다.

시퀀스가 왜곡된 뉴클레오티드 조성을 갖는 것으로 알려져 있다고 가정하자: $p_a = p_t = 0.42$, 그리고 $p_g = p_c = 0.08$. 그 다음:

$$\begin{aligned} H &= -[0.42 \log_2 0.42 + 0.42 \log_2 0.42 \\ &\quad + 0.08 \log_2 0.08 + 0.08 \log_2 0.08] \\ &= 1.63 \end{aligned}$$

$H = 1.63$ 값이 2보다 작다는 사실의 의미는 무엇인가? 그것은 평균적으로 2비트/문자보다 적은 시퀀스를 암호화할 수 있음을 시사한다.

전신용 모스 부호는 일반적인 영어 텍스트의 불균등한 문자 분포 빈도를 활용하여 짧은 시퀀스의 일반 문자와 긴 시퀀스의 흔하지 않은 문자를 암호화했다. 예를 들어, E = 점(길이 1) 그리고 J = 점-대시-대시-대시(길이 4)이다. 동일한 문자 분포에 해당하는 엔트로피 값보다 낮은 엔트로피 값을 활용하려면 가변 길이 암호화가 필요하다. 허프만은 상대적인 확률을 알고 있는 기호에 길이 최적화 코드를 할당하는 알고리즘을 고안했다.

[4] 섀넌 엔트로피는 무질서 또는 무작위성의 일반적인 개념을 통해 열역학 엔트로피와 연결된다. 이 관계는 '맥스웰의 악마'에 대한 토론에서 J.C. Maxwell과 L. Szilard를 포함한 물리학자들과 E.T. Jaynes에 의해 탐구되었다.

우리가 2비트 이하로 암호화할 수 있다는 사실이 우리에게 많은 여지를 주지 않기 때문에 단일 뉴클레오티드에 대한 모스 부호를 고안하는 것은 어렵다. 결국 우리는 단일 비트를 세분할 수 없다. 그러나 트리뉴클레오티드 수준에서 게놈 시퀀스를 암호화하는 것을 고려해 보자. 모노뉴클레오티드 빈도에서 예상되는 것 이외의 트리뉴클레오티드 빈도에는 편향이 없다고 가정하자(즉, $p_{atc} = p_a \times p_t \times p_c$ 등). 암호화할 트리뉴클레오티드는 64개이다. 삼중 항당 6비트이면 분명히 충분하지만, 왜곡된 분포의 경우 $p_a = p_t = 0.42$ 및 $p_g = p_c = 0.08$, $H = 4.9$이다. 우리는 6비트 대신 트리뉴클레오티드당 5비트를 사용하여 시퀀스를 암호화할 수 있다.

엔트로피는 각 전송 기호의 불확실성이 완전하지 않으므로 등몰 시퀀스보다 낮다: g 또는 c보다 a 또는 t일 가능성이 더 크다. 원칙적으로 우리는 암호화 효율성을 향상하기 위해 이 지식을 사용할 수 있다.

반대로, 올리고 뉴클레오티드(디뉴클레오티드, 트리플렛 등)의 분포를 관찰하는 것은 생물학적으로 중요한 패턴을 감지하는 데 유용한 방법이다. 단백질 코드 영역의 코돈 사용 패턴이 그 예이다. *ab initio* 유전자 식별을 위한 일부 알고리즘은 코딩 영역에서 헥사뉴클레오티드 빈도의 바이어스를 이용한다.

비록 실제 유전자 코드는 엔트로피 계산이 제시하는 이론적 효율성을 달성하지는 못하고, 실제로 비바이러스 게놈의 크기를 줄이기 위한 선택조차 없는 것처럼 보이지만, 유전자 코드의 중복성이 생물학적 의미를 지님은 분명하다. 많은 단일-염기 변이가 아미노산 코드를 바꾸게 하지는 않는다. 보존적인 돌연변이는 단백질이 작고 치명적이지 않은 변화로 진화할 수 있게 하는데, 이는 누적적으로 구조와 기능에 큰 변화를 가져올 수 있다. 그리고 물론 두 가닥의 DNA에서 유전 정보 2개의 사본을 갖는 중복은 복제 및 번역의 오류를 감지 및 수정하고, DNA 손상을 복구하는 데 사용된다.

시퀀스의 복잡성

시퀀스의 섀넌 엔트로피는 임의성이라는 개념과 관련이 있는데, 이는 우리가 일상 생활에서 잘 알고 있지만 정확히 어떤 의미인지에 대해서는 크게 고민하지 않는 또 다른 개념이다. 콜모고로프는 숫자 시퀀스의 복잡성에 대한 정량적 척도로서, **시퀀스를 재현할 수 있는 가장 짧은 컴퓨터 프로그램의 길이를 정의했다.** 따라서 시퀀스 0, 0, 0, 0, 0, 0, 0, ...은 매우 짧은 프로그램의 출력이므로 무작위와는 거리가 멀다:

단계 1: 0을 출력하라

단계 2: 단계 1로 돌아가라

다음과 같은 주기적 순서:

월요일, 화요일, 수요일, 목요일, 금요일, 토요일, 일요일, 월요일, ...

또한 복잡성이 낮다. 대조적으로 **진정한 무작위 순서는 순서 자체보다 더 짧은 설명이 없다.**

복잡성, 무작위성 및 압축성 간의 관계

비무작위 시퀀스의 사양을 단축하는 한 가지 방법은 그것을 압축하는 것이다. 우리는 디스크 공간을 절약하기 위해 컴퓨터 파일에 압축 알고리즘을 사용한다. 콜모고로프의 의미에서 시퀀스가 정말로 임의적이라면 압축할 수가 없다. 정의에 따르면, 비무작위 시퀀스는 압축될 수 있다.

압축의 한 가지 기본 원칙은 다음과 같다: **다음에 무엇이 올지 예측할 수 있다면 효과적으로 압축할 수 있다.**

0, 0, 0, 0, ... 및 월요일, 화요일, 수요일, 목요일, 금요일, 토요일, 일요일, 월요일 등의 순서는 너무 효과적으로 압축할 수 있고—동시에—무작위와는 거리가 멀다는 점은 어떤 요소의 후속 요소가 무엇인지 결정하기가 간단하다는 것이다. 다음 요소가 무엇인지 명확하게 결정할 수 없는 시퀀스라도 일부 라벨을 사용할 수 있다면 압축될 수 있다. 0, 0, 0, 0, . . .이나 월요일, 화요일, 수요일, 목요일, 금요일, 토요일, 일요일, 월요일, . . . 다음의 예측 규칙과 통계는 들어오는 데이터로부터 '즉석에서' 생성될 수 있다. 대부분의 경우 '내일 날씨가 오늘 날씨와 같을 것'이라는 규칙은 일련의 일기 예보를 효과적으로 압축하기에 충분할 것이다.

이러한 고려 사항을 종합하면, **데이터의 하위 집합에서 데이터 세트의 내용을 예측하는 것이 어려울수록 데이터 세트가 더 복잡해질 것이다**라는 일반적인 개념을 제안한다.

문자열 처리 및 분석을 위한 알고리즘은 이러한 기능을 처리해야 한다. 이를 성공적으로 다룬 것이 버로우-휠러(Burrows-Wheeler) 변환이다.

BOX 8.5 과정의 네트워크 상태

- 평형 상태에서 하나 이상의 순방향 및 역방향 과정이 보상 속도로 발생하여 서로 다른 물질의 양이 변하지 않게 한다:

$$A \rightleftharpoons B$$

화학 평형은 일반적으로 조건이나 반응물 또는 생성물의 농도 변화에 따라 자동 조정된다.

- *정상 상태*는 물질을 생산하는 과정의 총비율이 그것을 소비하는 과정의 총비율과 동일할 때 존재할 것이다. 예를 들어, 2단계 변환:

$$A \rightarrow B \rightarrow C$$

B의 생산 속도(과정 A → B)와 소비 속도(과정 B → C)가 동일하다면 B의 양을 일정하게 유지할 수 있다. 순효과는 A를 C로 변환하는 것이다.

순환 프로세스는 모든 구성 요소에서 안정된 상태를 유지할 수 있다.

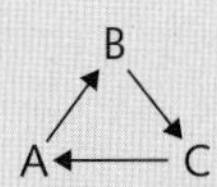

모든 반응이 한 방향으로 진행되는 순환 과정에서 정상 상태는 평형 상태와 매우 다르다. 그럼에도 불구하고, 어떤 경우에는 외부 조건을 변경하면 다른 이웃의 정상 상태로 전환되는 것이 엄연한 사실이다.

- *주기적으로 변화하는 상태*는 세포 주기의 조절, 일주기 리듬 및 동물의 번식 패턴과 식물의 개화 같은 계절적 변화에 나타난다. 일주기와 계절주기는 하루와 연도의 규칙적인 진행에 그들의 기원을 두고 있지만 일정 수준 내재화되어 진화했다.
- 대부분 대사산물의 농도가 천천히 변화하고, 시스템이 외부 조건의 작은 변화에 견고하다는 점에서 많은 평형 상태와 일부 정상 상태 조건은 안정적이다. 대안은 조건의 작은 변화가 매우 큰 반응을 유발할 수 있는 *혼란스러운 시스템*이다: 기상학자 Lorenz는 '브라질에서 나비의 날개짓이 텍사스에서 토네이도를 일으키는가?'라는 질문을 던졌다. 신중히 조절된 시스템에서 혼돈은 대개 피할 가치가 있고, 생명체는 그로 인해 생길 수 있는 변동에 대한 반응을 완화하도록 진화했을 가능성이 크다. 카오스 이론은 때로는 안정 상태에 대한 근사치를 산출한다: 이들을 *이상한 어트랙터(strange attractor)*라고 한다. 변화하는 환경 자극에 영향을 받는 동적 시스템의 안정성을 이해하는 것은 중요한 주제이지만 이 책의 범위를 벗어난다.
- *발달 프로그램의 전개*는 세포 또는 유기체의 일생 동안 발생한다. 많은 발달 사건은 외부 조건과 상대적으로 독립적이며, 주로 유전자 발현 패턴의 조절에 의해 제어된다.
- *일방적 흐름* 또는 *분기*. 세포 증식에 대한 조절 장애는 암에서 무제한 성장으로 이어진다.
- *폐쇄*는 그림의 일부이다. 세포 사멸은 정상적인 발달 과정의 일부로 또는 DNA 가닥 절단과 같이 유기체를 위협할 수 있는 손상에 대한 반응으로서 세포의 프로그램된 죽음이다. 세포 사멸 기작의 고장—예를 들어, 단백질 p53의 돌연변이—은 암의 중요한 원인이다.

버로우-휠러 변환

버로우-휠러 변환은 문자열의 순열을 생성한다. 이것은 되돌릴 수 있는데—원래 문자열은 변환된 문자열에서 복구될 수 있다. 유용한 응용 프로그램에는 문자열 압축 및 패턴 일치가 포함된다. 예를 들어, 이것은 참조 게놈에 대한 읽기 매핑을 위한 방법의 기초이다.

일반 알파벳의 m자 문자열에 알파벳이 아닌 종료 문자 `$`를 추가한다. 문자열의 버로우-휠러 변환을 계산하려면: `acaaca$`:

1. 문자열의 연속적인 순환 순열을 형성한다. 즉, 끝에서 문자를 반복적으로 가져와 처음으로 이동한다. 첫 번째 이동은 `acaaca$`를 `$acaaca`로 가져간다. 후속 순열은 총 7개의 문자열을 생성한다(`$`를 포함하는 문자 수와 동일하며 연속 행에 표시됨).

```
$  a  c  a  a  c  a
a  $  a  c  a  a  c
c  a  $  a  c  a  a
a  c  a  $  a  c  a
a  a  c  a  $  a  c
c  a  a  c  a  $  a
a  c  a  a  c  a  $   = original string
```

2. 이 줄을 알파벳순으로 정렬한다. $가 알파벳 문자보다 먼저 정렬된다고 가정한다. 이것은 **버로우-휠러 행렬**을 제공한다:

column:	1	2	3	4	5	6	7
	$	a	c	a	a	c	a
	a	$	a	c	a	a	c
	a	a	c	a	$	a	c
	a	c	a	$	a	c	a
	a	c	a	a	c	a	$
	c	a	$	a	c	a	a
	c	a	a	c	a	$	a

3. 마지막 열을 본다. acaaca$의 버로우-휠러 변환은 acca$aa이다.

버로우-휠러 변환 반전

버로우-휠러 변환은 반복되는 시퀀스를 함께 가져올 뿐만 아니라(정력이 수행함) 가역적이다.

우리는 버로우-휠러 행렬을 복구하려고 한다. 변환된 문자열은 이 행렬의 마지막 열이다. 변환된 문자열을 정렬하면 첫 번째 열이 제공된다.

col. 7	col. 1
a	$
c	a
c	a
a	a
$	a
a	c
a	c

연속 문자의 모든 쌍 목록을 제공한다. 문자열에서 주기적으로 처리되므로 연속 문자 쌍으로 마지막 다음에 첫 번째가 오는 것을 포함한다.

버로우-휠러 행렬의 첫 번째 열과 두 번째 열을 제공하기 위해 이 두 문자 문자열 목록을 정렬한다.

이제 프로세스를 계속하자. 변환된 문자열을 열 1로, 정렬 출력을 열 2와 3으로 가져온 후 결과를 정렬하여 버로우-휠러 행렬의 처음 세 열을 제공한다.

col. 7	col. 1		col. 1	col. 2
a	$		$	a
c	a		a	$
c	a		a	a
a	a	sort →	a	c
$	a		a	c
a	c		c	a
a	c		c	a

전체 버로우-휠러 행렬이 재구성될 때까지 계속한다. 행 중 하나는 끝에 $가 있다. 이것은 원본 텍스트이다. (2단계의 버로우-휠러 행렬의 행 5이다.)

col. 7	col. 1	col. 2		col. 1	col. 2	col. 3
a	$	a		$	a	a
c	a	$		a	$	$
c	a	a		a	a	a
a	a	a	sort →	a	a	c
$	a	c		a	c	c
a	c	a		c	a	a
a	c	a		c	a	a

버로우-휠러 변환은 반복을 함께 가져와 압축을 용이하게 한다

문자열 'tomorrow and tomorrow and tomorrow'을 고려하라. 문자열을 효율적으로 압축하기 위해서는 반복을 활용하는 것이 가능해야만 한다. 하지만 어떻게?

'tomorrow and tomorrow and tomorrow$'의 버로우-휠러 변환은 'wwwddnnoooaatttmmmrrrrrrooo $ooo'이다. **실행 길이 인코딩**으로 변환된 문자열을 압축할 수 있다. 즉, 반복되는 각 문자를 한 번 기록한 다음 반복되는 횟수를 기록한다. 변환은 되돌릴 수 있으므로 변환된 문자열을 압축하는 것은 원래 문자열을 압축하는 것과 같다.

문자열에서 패턴 검색을 위한 버로우-휠러 변환 사용

문자열 S와 패턴 P가 있다고 가정하자. S내에서 P의 발생을 찾고자 한다. S′를 S의 버로우-휠러 변환이라고 한다.

먼저 S의 정렬된 접미사 배열을 고려하자. S에 나타나는 모든 패턴 P는 접미사 중 하나의 접두사이다. 정렬로 인해 접두사로 P가 나오는 모든 항목은 접미사 배열에서 연속적이다. 예를 들어, S = acaaca$ 및 P = aca인 경우 P는 접미사 4와 5의 접두사이다.

$
a$
aaca$
aca$
acaaca$
ca$
caaca$

버로우-휠러 변환은 접미사 배열의 인덱스를 제공하므로 acaaca$의 정렬된 접미사 배열에서 aca로 시작하는 줄을 검색할 필요가 없다.

해당 문자가 S에서 이전에 나타나는 횟수를 지정하는 순위를 S의 각 알파벳 문자에 할당한다(즉, $는 아님).

String:	acaaca$
Rank:	001213

이전과 같이 위 첨자로 원래 문자열의 각 알파벳 문자에 순위를 첨부한다:

$$a^0c^0a^1a^2c^1a^3\$$$

그리고 위첨자를 복사하여 버로우-휠러 행렬을 계산한다.

column:	1	2	3	4	5	6	7
	$	a^0	c^0	a^1	a^2	c^1	a^3
	a^3	$	a^0	c^0	a^1	a^2	c^1
	a^1	a^2	c^1	a^3	$	a^0	c^0
	a^2	c^1	a^3	$	a^0	c^0	a^1
	a^0	c^0	a^1	a^2	c^1	a^3	$
	c^1	a^3	$	a^0	c^0	a^1	a^2
	c^0	a^1	a^2	c^1	a^3	$	a^0

중요한 관찰은 다음과 같다: 버로우-휠러 행렬에서 마지막 열의 *i* 번째 발생 문자는 첫 번째 열의 *i* 번째 발생과 동일한 순위를 가진다(원래 문자열의 버로우-휠러 변환). 첫 번째 열과 마지막 열 모두에서, a의 발생 순서는 a^3, a^1, a^2, a^0이고, c의 발생 순서는 c^1, c^0이다.

검색에 필요한 것은 버로우-휠러 매트릭스의 첫 번째 열과 마지막 열(이 예에서는 열 1과 7), 그리고 마지막 열의 문자와 관련된 순위뿐이다. 명확함을 위해 불필요하지만, 위첨자를 유지한다.

col. 1	col. 7	rank
$	a^3	3
a^3	c^1	1
a^1	c^0	0
a^2	a^1	1
a^0	$	0
c^1	a^2	2
c^0	a^0	0

우리는 aca를 찾기를 원한다. 거꾸로 검색해 보면: 마지막 a부터 시작하여 행 2–5가 a로 시작하는 것을 찾을 수 있다. 패턴에서 마지막 a 앞에 오는 문자는 c이다. 열 1의 문자는 전체 문자열에서 같은 행에 있는 열 7의 문자 앞에 온다. 행 2와 3의 경우, 열 1의 a는 순위 0과 1을 갖는 열 7의 c에 첫 번째와 두 번째 발생이 ca 하위 문자열의 일부임을 알고 있다. 우리는 또한 ca로 시작하는 c(순위 0과 1)의 처음 두 발생임을 알고 있다. 둘 다 열 7에 a가 있어 패턴 aca를 완성한다. 해당 순위는 2와 3이며, 이는 aca의 두 발생이 a의 첫 번째 및 세 번째 출현으로 시작됨을 나타낸다.

접미사 트리와 버로우-휠러 변환의 조합은 매우 시간 및 공간 효율적인 검색 알고리즘을 제공한다. 생물정보학에서의 한 가지 응용은 읽기를 검색하고 동일하거나 매우 밀접하게 관련된 종의 알려져 있는 참조 게놈 시퀀스에 매핑하여 게놈을 조립하는 것이다.

다른 유형의 생물학적 데이터 복잡성

지금까지 문자열에 대해 설명한 복잡성, 예측 가능성, 압축 가능성 및 임의성 간의 관계는 이미지, 3차원 구조 및 특히 네트워크를 비롯한 다른 유형의 객체의 정적 구조에 적용된다. 실제로 대부분의 생물학적 데이터 유형은 네트워크로 간주할 수 있다. 뉴클레오티드 서열조차도 개별 염기가 노드인 네트워크와 동일하며, 각 염기는 다음 염기를 가리키는 방향성 엣지로 연결된다. 그것은 완벽하게 적절한 그래프이다! 반대로, 시퀀스가 네트워크라는 것을 인식하면 유용하게 질문할 수 있다. 보다 일반적인 네트워크에 대한 시퀀스 복잡성의 아날로그를 정의할 수 있는가?

문자열의 경우, 섀넌 엔트로피는 일부 맥락에서 유용한 복잡성 지수이다. 섀넌 엔트로피를 네트워크에 적용하려면 네트워크를 1차원 배열로 표현해야 한다. 한 가지 가능성은 정점 각도의 분포이다: 일련의 숫자 d_i, 여기서 d_i는 i개의 입사 엣지가 있는 정점의 수이다. 그러나 이것과 같은 방식의 다른 시도는 작동하지 않는다. 문제는 생성 규칙이 단순하지만 섀넌 엔트로피에 따라 복잡해 보이는 네트워크가 있다는 것이다. M. Morzy, T. Kajdanowicz, P. Kazienko[5]는 콜모고로프를 따르고 그것을 생성할 수 있는 가장 짧은 프로그램의 관점에서 네트워크의 복잡성을 정의하는 것이 더 효과적이라고 주장한다. 상황은 문자열에 대한 섀넌 엔트로피와 콜모고로프 복잡성 간의 차이와 어느 정도 유사하다(Box 8.6 참조).

많은 유형의 생물학적 데이터는 시퀀스가 아니다. 여기에는 단백질 구조,[6] 유전자 발현 패턴 및 규제 네트워크와 같은 **정적** 데이터가 포함된다; 그리고 프로세스를 설명하는 **동적** 데이터.

[5] Morzy, M., Kajdanowicz, T. & Kazienko, P. (2017). On measuring the complexity of networks: Kolmogorov complexity versus entropy. *Complexity* **2017,** Article ID 3250301.

[6] Kolmogorov의 아이디어를 단백질 구조에 적용할 때의 역설은 단백질 구조의 가장 짧은 표현이 아미노산 또는 DNA 서열이라는 것이다!

정적 데이터의 경우, 콜모고로프의 접근 방식의 일반화가 복잡성을 정의하는 데 적합하다. **프로세스**의 복잡성에 대한 설명은 더욱 어렵다.

아마도 **프로세스**의 복잡성에 대한 분석에서 가장 잘 발전된 분야는 계산 문제의 복잡성 연구로부터 나온다. 1장에서 이에 대해 논의했다.

그러나 고전적인 계산 복잡도 이론은 프로그램을 **순차적**으로 실행하는 컴퓨터에 적용된다. 생물학적 컴퓨터는 많은 병렬 처리를 수행한다. 이를 통해 상당히 복잡한 문제를 해결할 수 있다. 예를 들어, 생물학적 시스템이 수행하는 규제 활동은 복잡한 비선형 최적화 계산이다. 아미노산 서열에 의해 지시되는 단백질 구조로의 폴리펩티드 사슬의 접힘이 그 예이다. Sydney Brenner가 설명한 또 다른 것은 중수에서 박테리아의 성장이다. H_2O를 D_2O로 바꾸는 것은 많은 효소 반응의 운동 상수를 바꾸는 효과가 있다. 비교적 짧은 기간 후에 세포는 재조정되고 활동과 성장을 재개한다.

정적 및 동적 복잡성

복잡성의 1차원은 시간이다. 정적 복잡성과 동적 복잡성을 구분할 수 있는가? 시스템의 정적 복잡성을 정의하고 측정할 수 있다면 동적 복잡성에 대한 접근 방식을 제공할 수 있다. 시스템의 정적 복잡성이 시간에 따라 어떻게 변하는지 물을 수 있다.

예를 들어, 숫자 목록을 순서대로 정렬하는 프로그램은 일련의 단계를 통해 숫자가 점점 더 큰 범위까지 정렬된 것처럼 보일 수 있다. 목록의 복잡성은 꾸준히 감소할 수 있다. 이는 **정적 데이터의 복잡성과 프로세스의 복잡성 사이에 중요한 연관성을 제공한다.** 우리는 프로세스의 과거 기록을 수집하고, 이를 정적 데이터의 연속 사례로 처리할 수 있다. 우리는 예측 가능성과 구조의 복잡성에 대한 아이디어를 이러한 역사적 기록에 적용하여 프로세스 동안 시스템의 복잡성 변화에 대한 통찰력을 제공할 수 있다.

실제 물리적 프로세스의 경우, 시간 경과에 따른 복잡성 변화는 몇 가지 일반적인 규칙에 따라 제어되는 것으로 보인다. 만약 당신이 사람들을 길거리에서 멈춰 세웠을 경우,

그들 중 일부는 닫힌 시스템에서 열역학 법칙에 따라 구조적 복잡성은 항상 자연적 과정에서 증가해야 한다고 말할 것이다. 다른 사람들은 태양계가 구조적으로 복잡하지만 조석 효과를 무시하고 동적으로 단순하다라고 말할 수도 있다. 이러한 서술들은 철저한 분석을 뒷받침하는가?

고전 뉴턴 역학 내에서, 우리는 입자 시스템의 궤적에 대한 정의와 설명에 대한 동적 복잡성 분석을 기반으로 할 수 있다. 입자의 초기 위치와 속도, 입자 사이의 힘에 대한 지식, 뉴턴의 운동 법칙을 함께 고려하면, 이러한 시스템의 역학을 간결하게 설명할 수 있다.

그러나 고전 역학의 틀 내에서도 이 간결한 설명은 혼돈 상태의 경우 무너질 수 있다. 혼돈 상태에서는 초기 조건의 아주 작은 변화가 후속 궤적에서 매우 큰 변화로 이어질 수 있다. 역학을 예측하려면 초기 조건에 대한 매우 정확한 설명과 힘에 대한 매우 정확한 지식이 필요하다. 역학을 설명하는 데 필요한 정보의 사양은 이러한 경우에 간결할 수 없다. 혼돈은 동적 복잡성의 극단적인 형태이다.[7]

이것을 보는 또 다른 방법은 시스템 생물학과 직접적으로 관련이 있다. 비혼돈 시스템의 역학은 초기 조건의 작은 변화에 강하다. 혼돈 시스템의 동역학은 초기 조건의 작은 변화에 강하지 않다.

예측 가능성과 혼돈

17세기 역학 법칙의 발견(뉴턴의 원리는 1687년에 출판됨)은 특히 태양계의 역학(그리고 일반적으로 우주의 전부는 아닐지라도 많은 부분)이 예측 가능하다는 희망을 불러일으켰다. 라플라스는 다음과 같은 견해를 밝혔다:

> '지금 이 순간 우주에 있는 모든 물체의 정확한 위치와 속도, 모든 힘을 알 수 있을 만큼 충분히 큰 의식을 상상할 수 있다면 이 의식에는 비밀이 있을 수 없다. 그것은 원인과 결과의 법칙으로부터 과거나 미래에 대해 무엇이든 계산할 수 있다.'

자유 의지와 책임에 대한 암시의 철학적 질문은 차치하고 계산 가능성의 문제도 있다. 태양계의 역학을 예측하기 위해서는 얼마나 많은 정보가 필요하고 얼마나 정확해야 하는가? 날씨? 우주? 혼돈 시스템에서 동적 전개를 정확하게 예측하려면 초기 조건에 대해 성취할 수 없을 정도로 정확한 지식이 필요하다. (원자 수준에서 Heisenberg의 불확정성 원리는 완벽한 결정론에 대한 라플라스의 희망을 꺾어 버렸다.)

고전 역학에서 혼란 시스템조차도 Poincaré의 재귀의 법칙에 종속된다는 것은 사실이다. 즉, 고정된 총에너지로 유지되는 입자의 폐쇄 시스템은 궁극적으로 임의의 초기 위치와 속도 집합으로 임의로 가깝게 복귀할 것이다. (열역학 제2법칙을 구하는 것은 재접근이 더 가까워질수록 필요한 시간이 더 길어진다는 것이다. 즉, 재귀를 달성하는 변동이 더 드물다는 것이다.) 더욱이 구성이 재귀된다는 것을 안다고 해서 입자의 궤적 계산이 단순화되지는 않는다.

예측 불가능성을 통해 카오스 이론은 복잡성과 관련된다. 그러나 카오스 이론은 질서와 심지어 '자발적인' 질서의 생성과도 완전히 양립할 수 없다. 시스템 진화의 시간 경과를 제어할 때 카오스 이론은 때때로 안정 상태 또는 안정 상태에 대한 근사치를 생성한다. 이들은 때때로 고유한 지점이고 다른 경우에는 주기적 및/또는 지역화된 상태이다. '혼돈의 가장자리에서' 진화하는 모델 시스템에서 명확한 질서 생성의 예가 있다.

혼돈 시스템에서 정적 또는 구조적 질서의 예도 있다. 무질서한 행동과 관련된 많은 시퀀스에는 **프랙탈** 구조가 있다. 이것은 객체를 부분적으로 해부하면 부분이 전체와 유사한 구조를 갖는다는 것을 의미한다. B. Mandelbrot는 익숙하고 아름다운 이미지를 많이 제작했다. 서로 다른 척도에서의 이러한 자기유사성은 우리가 그러한 구조의 일부를 알면 더 큰 부분을 예측할 수 있음을 의미한다. 이는 예측 가능성이 압축 가능성을 허용하고 복잡성을 효과적으로 줄여야 한다는 생각을 상기시켜야 한다. 실제로, 이러한 내부 구조적 관계가 압축에 적용되었다. 프랙탈 이미지 압축은 복구된 이미지가 시작 이미지와 정확히 동일하지는 않지만 지각적으로 이미지 크기를 동일한 형태로 줄이는 데 효과적인 도구이다.

생물학에서의 프랙탈 구조에는 식물의 가지 패턴과 척추동물의 순환계가 포함된다. 분자 수준에서 저장 다당류 글리코겐은 프랙탈 구조의 특징을 가지고 있다.

[7] 혼돈이라는 단어의 원래 의미(그리스어로 광대한 빈 공간을 의미함)는 구조적 의미를 암시하지만, Maxwell 이후 현대 물리학에서는 역학적인 의미를 부여했다.

네트워크 분석 및 비교

우리는 임의성, 복잡성, 비교 및 정렬을 포함하여 문자열의 속성을 탐구했다(Box 8.6 참조). 이러한 아이디어를 네트워크로 어느 정도까지 확장할 수 있는가? 문자열은 1차원이기에 근본적으로 훨씬 더 간단하다. 적절한 질문을 구성할 수 있는 경우에도 일반 네트워크에 대한 문제를 해결하는 데 발생하는 계산 문제는 문자열보다 훨씬 더 복잡하다. (문자열은 네트워크이다: 문자열로부터 각 문자가 노드이고 엣지가 문자열의 연속 문자를 연결하는 그래프를 고려해보자. 그러나 구어체 사용에 따라 네트워크라는 단어는 문자열보다 더 일반적인 구조의 그래프를 의미한다.)

특수한 1차원 구조를 활용하여 문자열 간의 유사성을 측정하는 두 가지 표준 도구는 해밍과 레벤슈타인 거리이다. 4장에서 다음을 상기해보자:

- 동일한 길이의 두 문자열 간의 **해밍 거리**는 서로 다른 위치의 수이다(삽입 또는 삭제 없음)

atcgtctc	해밍 거리 = 4
gtagtcag	

- 두 문자열 간의 **레벤슈타인 거리**(반드시 길이가 같을 필요는 없음)는 한 문자열을 다른 문자열로 변환하는 데 필요한 편집 작업(대체, 삽입, 삭제)의 최소 수이다.

ata-tttt	레벤슈타인 거리 = 3
ctgatttc	(2개의 치환, 1개의 삽입)

해밍 및 레벤슈타인 거리와 유사한 보다 일반적인 그래프에 대한 개념을 정의할 수 있는가? 방향이 없고 라벨이 지정되지 않은 그래프를 고려하자. 문자열과 비교할 때 손실되는 것은 정렬되는 개체의 선형 순서이다. 네트워크에 대한 시퀀스 작업의 일반화는 계산적으로 복잡하여 폐쇄형 솔루션에 저항한다. 그러나 많은 경우에서 적어도 적당한 크기의 문제를 실질적으로 해결하기 위한 합리적이고 효과적인 알고리즘이 있다.

두 그래프가 동형인지 여부에 대한 질문조차 어려운 문제이다(두 시퀀스가 같은지 여부를 결정하는 것은 매우 쉽다. 모든 위치에서 일치하는지 확인하기만 하면 된다.) 두 그래프는 동일한 엣지 연결을 가진 동일한 수의 정점을 포함하는 경우 **동형**이다. 문제는 동일한 수의 노드를 가진 2개의 그래프가 주어지면 해당 노드 쌍이 두 그래프에서 그들 간의 엣지를 가지거나 둘 모두에서 그들 간에 엣지가 없도록 그래프의 노드 간 대응 관계를 식별할 수 있는가이다. 최근 László Babai의 빠른 새 알고리즘 발표와 함께 뉴스에 등장했다(https://www.quantamagazine.org/20151214-graph-isomorphism-algorithm/).

더 어려운 문제는 두 그래프의 최대 공통 하위 그래프를 찾는 것인데, 이는 물론 계산적으로도 어렵다.

이러한 문제는 어떤 의미에서 해밍 거리와 유사하다. 만약 동일한 수의 노드를 포함하는 두 그래프의 최대 공통 하위 그래프를 추출할 수 있다면, 노드 총수에서 뺀 결과의 노드 수는 어떤 의미에서 문자열 사이의 해밍 거리와 유사한 그래프가 될 것이다.

한 그래프를 다른 그래프로 변환하는 데 필요한 작업 수를 세는 것은 레벤슈타인 거리와 유사하다. 컴퓨터 과학 문헌에서 이것은 '그래프 편집 문제'이다.[8] 기본 그래프 편집 작업 세트에는 일반적으로 다음이 포함된다(노드에 라벨이 지정된 그래프 고려).

- **노드 삽입**: 하나의 새 라벨 노드를 그래프에 도입한다.
- **노드 삭제**: 그래프에서 단일 노드를 제거한다(원래 그래프에서 만든 모든 엣지도 사라짐).
- **노드 치환**: 특정 노드의 라벨을 변경한다(분자생물학자에게 이는 삽입, 삭제 및 시퀀스의 돌연변이를 제안함).
- **엣지 삽입**: 한 쌍의 노드 사이에 새 엣지를 도입한다.
- **엣지 삭제**: 노드 쌍 사이의 단일 엣지를 제거한다.
- **엣지 치환**: 엣지의 라벨을 변경한다.

[8] Gao, X., Xiao, B., Tao, D. & Li, X. (2010). A survey of graph edit distance. *Pattern Anal Appl* **13,** 113–129를 참조.

BOX 8.6

섀넌 엔트로피와 콜모고로프 복잡성 간의 관계

섀넌 엔트로피와 콜모고로프 복잡성은 시퀀스의 두 가지 다른 기능을 측정한다. 문자열 abbaba 및 aaabbb를 고려하자. 둘 다 3개의 a와 3개의 b를 포함한다. 첫 번째는 무작위 시퀀스이고 두 번째는 정렬된다. 정렬된 시퀀스는 콜모고로프의 의미에서 복잡성이 낮다. 그러나 두 문자열은 동일한 섀넌 엔트로프를 갖는다.

$$p(\mathrm{a}) = p(\mathrm{b}) = 0.5;$$
$$H = -[0.5 \log_2 0.5 + 0.5 \log_2 0.5] = 1.$$

문자열의 엔트로피는 시퀀스가 아니라 문자열의 구성, 즉 서로 다른 문자의 비율에만 의존한다.

이것은 액체의 결빙(무작위 구성 상태에서 정렬된 구성 상태로의 변환)이 시스템의 엔트로피 감소를 동반한다는 것을 알고 있는 물리학자들에게는 직관에 반하는 것처럼 보일 수 있다. 그러나 고체가 고유한 구성을 하고 있지만 액체의 특정 구성 또한 고유하다는 점을 인지하라.

다음과 같이 3개의 a와 3개의 b로 구성된 여러 개의 임의 시퀀스 집합을 생성한다고 가정하자:

(1) abbaba, babaab, baabab, abaabb

그리고 4개의 동일한 정렬된 시퀀스 집합과 비교해보자:

(2) aaabbb, aaabbb, aaabbb, aaabbb.

동결에 대한 비유는 훨씬 더 크다. 단일 문자가 아닌 6자 문자열을 관심 대상으로 삼는 경우에서, (1)의 경우에 임의의 문자열은 다음과 같다:

$$p(\mathrm{abbaba}) = p(\mathrm{babaab}) = p(\mathrm{baabab}) = p(\mathrm{abaabb}) = 0.25$$
$$H = -[0.25 \log_2 0.25 + 0.25 \log_2 0.25 + 0.25 \log_2 0.25 + 0.25 \log_2 0.25] = 1$$

그러나 (2)의 경우에 정렬된 문자열은 다음과 같다:

$$p(\mathrm{aaabbb}) = 1.0; \qquad H = -[1.0 \log_2 1.0] = 0$$

이 경우 섀넌 엔트로피와 콜모고로프 복잡성은 일관된 그림을 제공한다.

행렬 대수에 의한 그래프 분석

그래프를 행렬로 나타내면 풍부한 알고리즘 문헌을 적용할 수 있다(Box 8.7 참조). 우리는 이미 5장에서 구조의 원자 클러스터를 식별하는 데 그래프 스펙트럼 이론을 적용했다.

그래프 동형

2개의 그래프가 주어지면 동형인지 여부를 결정하기가 어렵다. 인접 행렬에 의해 지정된 두 그래프의 경우 문제는 재정렬된 인접 행렬이 동일하도록 정점의 순열이 있는지 여부를 확인하는 것이다. 2개의 동형 그래프는 서로 다른 인접 행렬을 갖지만 이러한 인접 행렬의 대각선화는 동일한 결과를 제공한다. 고유 벡터와 고윳값은 순열과 무관하다. 혈액형을 기반으로 한 친자 확인 검사와 마찬가지로, 이것은 비동형을 감지할 수 있지만 동형을 증명하지는 못한다.

실용적인 지름길이 있는가? 즉, 동형 그래프에 대해서는 동일하고 비동형 그래프에 대해서는 다른 그래프 토폴로지의 계산하기 쉬운 '특징'을 찾을 수 있는가?

그렇게 할 수 있다면 매우 유용할 것이다. 네트워크를 분석하고 네트워크의 서로 다른 상태를 비교하는 한 가지 방법은 각 노드의 이웃을 추출하고 서로 다른 토폴로지가 몇 개인지 묻고 각 유형의 발생 횟수를 계산하는 것이다.

BOX 8.7 그래프 및 행렬: 몇 가지 정의

- *인접 행렬* $\mathcal{A}$에 의한 그래프 표현:
  - 인접 행렬의 행과 열은 노드에 의해 색인된다.
  - 행렬 항목이 엣지를 알려준다:

    노드 i와 j 사이에 엣지가 있는 경우, $\mathcal{A}_{ij} = 1$

    노드 i와 j 사이에 엣지가 없는 경우, $\mathcal{A}_{ij} = 0$

인접 행렬은 노드 또는 엣지 라벨이 없는 무방향 그래프의 구조를 완전히 지정한다. 그러나 노드의 특정 순서에 따라 다르다. 노드가 치환되면 인접 행렬의 행과 열도 치환된다. 인접 행렬은 노드의 재정렬에 대해 불변하지 않는다.

- *꼭짓점 벡터*: V_i = 노드 i에서 만나는 엣지의 수
- *꼭짓점 행렬*:

$$\mathcal{D}_{ii} = V_i; \quad \mathcal{D}_{ij} = 0 \text{ if } i \neq j$$

- *라플라시안 행렬*:

$$\mathcal{L} = \mathcal{D} - \mathcal{A}$$

우리는 이전에 7장에서 라플라시안 행렬을 접했다. $\mathcal{L}$에는 몇 가지 유용한 속성이 있다. $\mathcal{L}$는 대칭적이고 양의 정부호인데, 이는 실수 및 음이 아닌 고윳값만 가짐을 의미한다. 고윳값 0이 나타나는 횟수는 그래프에서 연결된 구성 요소의 수를 나타낸다.

- 다음과 같을 경우, 벡터 v_i가 S의 행이면 행렬 S는 *직교* 행렬이다.

  만약 $i = j$, $v_i \cdot v_j = 1$

  만약 $i \neq j$, $v_i \cdot v_j = 0$

- 만약 $E_{ij} = 0$ 만약 $i \neq j$이라면 행렬 E는 대각 행렬이다.
- 행렬(그래프에서 그리고, 따라서)에 대한 한 가지 중요한 작업은 대각선화이다. 임의의 실제 대칭 형렬 $A(A_{ij} = A_{ji})$를 대각선화할 수 있다.

$$A = S^{-1}ES$$

  여기서 S는 직교 행렬이고 E는 대각 행렬이다.

- E의 요소를 A의 *고윳값*이라고 한다.
- S의 열을 A의 *고유 벡터*라고 한다.
- 사각형 행렬 $\mathcal{A}$의 궤적은 대각선 요소의 합이다.

$$\mathcal{A}\text{의 궤적} = \sum_i \mathcal{A}_{ii}$$

- 대각선화는 추적 불변성을 남긴다:

  따라서: $\mathcal{A}$의 궤적 = $\mathcal{A}$의 고윳값 합

행렬의 고윳값은 그래프를 특징짓는 순열 독립적인 벡터를 제공한다. 이 원리는 전산 생물학 및 화학 정보학을 포함하여 많은 응용 분야를 가지고 있다—파마코어 문제는 최대 공통 하위 구조를 찾는 것과 관련된다.

그래프 동형의 간단한 특징은 계산 속도를 높이는 데 매우 유용하다.

1. 한 가지 가능성은 정점의 차수라고 하는 각 정점에서 만나는 엣지 수의 히스토그램을 그리는 것이다. 예를 들어, 2개의 그래프에 5개의 엣지가 만나는 정점의 수가 다른 경우 분명히 동형일 수 없다.

   그러나 그림 8.1에는 정점 각도의 히스토그램이 동일하지만 동형이 아닌 2개의 그래프가 포함되어 있다.

   - 다른 꼭짓점 분포는 비동형을 의미한다.
   - 동일한 꼭짓점 분포는 동형사상을 의미하지 않는다.

2. 인접 행렬을 대각화한다고 가정하자. 두 그래프가 인접 행렬의 서로 다른 고윳값 집합을 제공하는 경우 동형이 아니다. 고윳값 집합이 그래프 토폴로지의 충실한 특징이 될까?

   아니다.

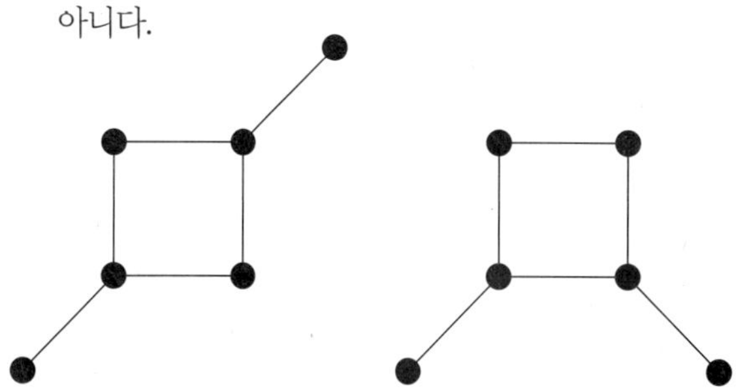

그림 8.1 2개의 비동형 그래프는 각각 차수가 3인 꼭짓점 2개, 차수가 2인 꼭짓점 2개, 차수가 1인 꼭짓점 2개를 포함한다.

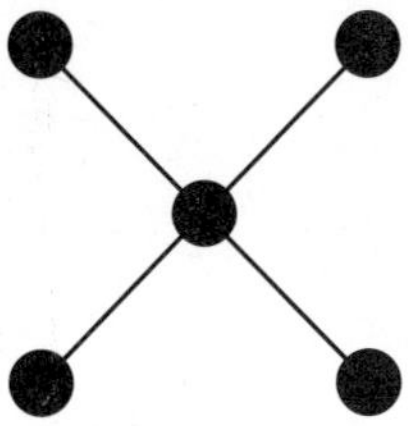

인접 행렬

$$\begin{matrix} 0 & 1 & 1 & 1 & 1 \\ 1 & 0 & 0 & 0 & 0 \\ 1 & 0 & 1 & 0 & 0 \\ 1 & 0 & 0 & 0 & 0 \\ 1 & 0 & 0 & 0 & 0 \end{matrix}$$

고윳값

2 0 0 0 –2

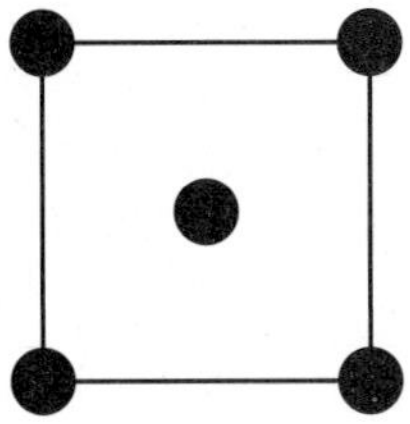

인접 행렬

$$\begin{matrix} 0 & 1 & 0 & 1 & 0 \\ 1 & 0 & 1 & 0 & 0 \\ 0 & 1 & 0 & 1 & 0 \\ 1 & 0 & 1 & 0 & 0 \\ 0 & 0 & 0 & 0 & 0 \end{matrix}$$

고윳값

2 0 0 0 –2

그림 8.2 인접 행렬의 고윳값이 동일한 2개의 비동형 그래프.

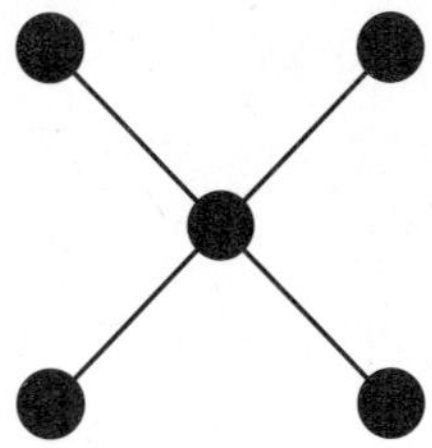

라플라시안 행렬

$$\begin{matrix} 4 & -1 & -1 & -1 & -1 \\ -1 & 1 & 0 & 0 & 0 \\ -1 & 0 & 1 & 0 & 0 \\ -1 & 0 & 0 & 1 & 0 \\ -1 & 0 & 0 & 0 & 1 \end{matrix}$$

고윳값

5 1 1 1 0

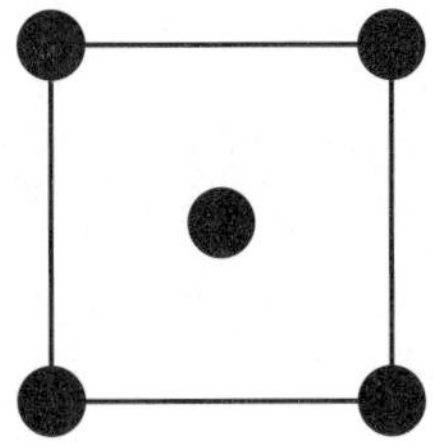

라플라시안 행렬

$$\begin{matrix} 2 & -1 & 0 & -1 & 0 \\ -1 & 2 & -1 & 0 & 0 \\ 0 & -1 & 2 & -1 & 0 \\ -1 & 0 & -1 & 2 & 0 \\ 0 & 0 & 0 & 0 & 0 \end{matrix}$$

고윳값

4 2 2 0 0

그림 8.3 라플라시안의 2세트의 고윳값이 다르므로 '별' 그래프와 '사각형 + 점' 그래프가 동형이 아님이 확인된다.

그림 8.2의 '별' 그래프와 '사각형 + 점' 그래프는 동형이 아니지만 인접 행렬의 고윳값은 동일하다.[9]

3. 라플라시안 행렬의 고윳값을 확인한다. '별' 그래프와 '사각형 + 점' 그래프의 라플라시안 고윳값은 다르다(그림 8.3 참조). ('사각형 + 점' 그래프의 라플라시안은 2개의 연결된 하위 집합인 사각형과 점을 포함하므로 2개의 0 고윳값을 가진다. '별' 그래프의 라플라시안은 연결된 하위 집합이 하나만 있는 경우 0 고윳값을 하나만 가진다.)

이는 라플라시안의 고윳값을 그래프 토폴로지의 가능한 '특징'으로 간주할 수 있음을 시사한다. 실제로 많은 경우에서 라플라시안 고윳값의 차이는 그림 8.3에서와 같이 그래프에서 비동형을 감지한다. 그러나 그 반대는 일반적으로 사실이 아니다. 라플라시안의 동일한 고윳값을 가진 모든 그래프가 동형인 것은 아니다.[10] (라플라시안의 동일한 고윳값을 가진 비동형 그래프를 **이소스펙트랄**이라고 한다.) 하지만 탄(Tan)은 라플라시안의 고윳값이 6개 미만의 정점을 갖는 모든 그래프를 위한 동형에 대해서 믿을만한 특징임을 보여주었다.[11]

두 그래프의 라플라시안 고윳값의 비동일성이 비동형주의의 필요 조건은 아니지만 충분 조건임은 확실하다. 실제로 그래프 스펙트럼은 단백질 구조와 상호작용, 대사 네트워크 및 규제 네트워크를 포함한 생물학적 네트워크를 분석하는 데 매우 유용하다(10장 참조).

[9] Skiena, S. (1990) *Implementing discrete mathematics: Combinatorics and graph theory with mathematica.* Addison-Wesley, Reading, MA, p. 85.

[10] 반증에 대해서는 Grone, R. & Merris, R (2008). Indecomposable Laplacian integral graphs. *Lin. Alg. Appl.* **428,** 1565–1570을 참조.

[11] Tan, J. (1998). On isospectral graphs. *Interdiscipl. Inform. Sci.* **4,** 117–124.

연습문제

연습문제 8.1. Box 8.2 (a)에 있는 그래프의 예 중 방향성 있는 그래프는 무엇인가? (b) 라벨이 있는 그래프는 무엇인가? (c) 각 예에서 노드 집합은 무엇인가? (d) 각 예에서 엣지 집합은 무엇인가?

연습문제 8.2. 런던 지하철에서: (a) 두 역 사이의 최대 경로 길이는 얼마인가? 즉, 두 역 사이를 최단 거리로 이동할 때 중간 정거장 수가 최대가 되는 역은 어디인가? (b) 디스트릭트 라인이 운행되지 않는 경우에 지하철로 접근할 수 없는 역은? (c) 쥬빌레 라인이 운행되지 않는 경우에 지하철로 접근할 수 없는 역은?

CHAPTER 9

대사 경로 소개

서론

대사산물은 생명체 내에서 효소의 촉매 작용이나 자발적 반응을 통해 변형된 분자이다. 대사산물을 단백질이나 핵산보다는 단순당이나 아미노산 등 작은 분자로 생각하는 것이 일반적이지만, 그 구분은 자의적이다.

작은 분자가 인체에 유입되는 경로는 음식과 약물을 섭취하거나, 환경 유래 독성 화학물질을 흡입함으로써 이루어지며, 또한 인체 마이크로바이옴에서 유래한 대사산물도 인체 내로 유입된다. 그 후 이러한 작은 분자들은 변형되어, 기존에 존재하던 대사산물에 통합되거나 배설된다. 대사체학은 다양한 대사산물의 농도를 측정한 값이 건강한 범위에 있는지 혹은 질병 범위에 해당하는지에 대해 분포를 비교함으로써, 임상 실무에 활용될 수 있다(Box 9.1 참조).

대사 경로는 다양한 대사산물이 변형되어질 수 있는 여러 가지 길을 보여주는 로드맵이다. 이러한 경로들은 하나의 네트워크를 형성하는데, 일반적으로 대사산물을 노드(node)로, 반응(reaction)을 엣지(edge)로 연결하여 그래프로 표현한다. 비가역 반응은 방향성이 있는 엣지에 해당한다. 그러한 엣지에 각 반응을 촉매하는 효소의 이름을 표기한다.

하나의 대사 네트워크를 구성하기 위해서는 일어날 수 있는 모든 반응을 알아야 하고, 모든 효소의 촉매 활성 과정도 알고 있어야 가능하다.

BOX 9.1 **대사체학을 활용한 임상진단**

과거에는 대사물질의 비정상적인 농도를 기반으로 해서 질병을 추론하였다. 기원전 4세기, 히포크라테스는 환자의 입에서 나는 달콤한 과일 냄새를 통해 당뇨병을 진단했다. 1506년 독일 의사 Ullrich Pinder는 소변의 색깔, 냄새, 심지어 맛의 변화가 질병과 연관되어 있다고 설명했다. 낭포성 섬유증은 적어도 중세 때부터 민간 전설로 알려졌고, 과학에서는 약 500년 동안 알려진 질병으로, 상피세포에서 cyclic AMP(cAMP)에 의해 조절되는 클로라이드 채널(chloride channel)의 돌연변이로 인해 발생하는 유전성 열성 상염색체 질환(inherited recessive autosomal condition)이다. 민간에서는 땀에 과도한 염분이 있는(유아의 이마에 뽀뽀할 때 짠맛이 나는) 어린이는 수명이 짧다는 사실을 오랫동안 인식해 왔다. (기술적으로 소금은 대사산물로 간주되지 않음) 페닐케톤뇨증(Phenylketonuria)은 신생아의 혈중 페닐알라닌 수치를 측정하여 확인되는 대사 장애 질병 중 하나이다.

대사체 '지문(fingerprints)', 즉 "대사산물 패널의 농도 분포"를 기반으로, 질병의 바이오마커를 식별하는 것이 유용하다. 대사체 지문은 어떤 경로에 문제가 발생해서 그러한 증상을 일으키는지에 대한 단서를 제공하고, 이를 통해 잠재적인 약물 표적을 발굴해 낼 수 있다. 많은 경우, 효소가 정상적으로 작동하지 않을 경우, (1) 그 효소가 촉매하는 반응 산물이 제대로 공급되지 않거나, 또는 (2) 그 반응에 사용되는 기질이나 그 반응을 통해 생산되는 부산물의 농도가 독성 수준까지 축적될 수 있다. 페닐케톤뇨증이 대표적인 예이다. 대조적으로, 하나의 생합성 효소가 종 전반에 걸쳐서 손실(species-wide loss)될 경우, 일반적으로 질병으로 간주되지 않지만, 필수영양소 목록에는 영향을 준다. "이것은 버그가 아니라 기능이다."

인간 대사체 데이터베이스(www.hmdb.ca) 홈페이지에서는 대사산물에 대한 임상 및 생화학적 데이터를 수집하며, 이에 국한되지 않는 다른 데이터베이스에 대한 링크를 제공한다. 대사체 데이터베이스 기관에서는 다음과 같은 결과를 제공해 왔다:

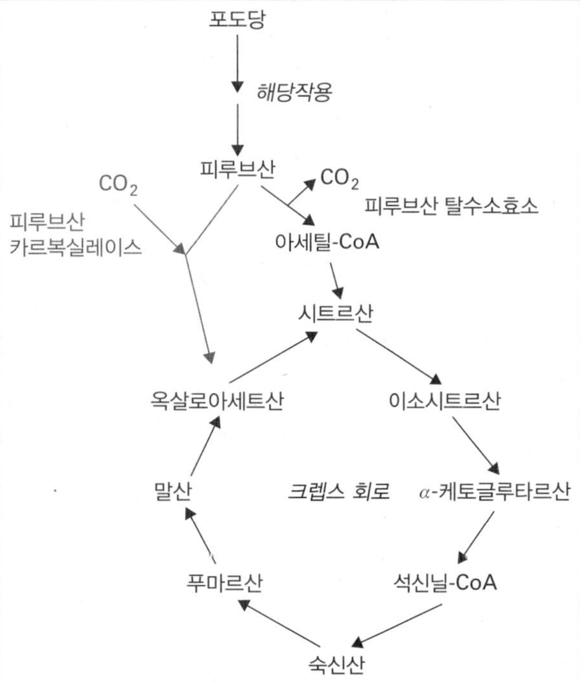

그림 9.1 해당작용과 크렙스 회로는 포도당 이화작용을 위한 대사 경로이다. 피루베이트 탈수소효소 복합체는 피루베이트를 아세틸-CoA로 변환하여 크렙스 회로에 진입하기 위해 옥살아세테이트와 반응한다. 글리콜라이시스 → 크렙스 회로 → 산화 인산화에 의해서 포도당이 이산화탄소와 물로 변환되며, ATP로 에너지를 포획한다. 이 계획의 일부 중간체는 생물합성 경로의 전구물질로 사용된다. 빠른 성장을 목표로 하는 종양은 에너지를 생산하기 위해 크렙스 회로를 계속 유지하는 것과 생물합성을 위해 크렙스 회로 중간체를 탈취하면서 소모하는 것 사이에서 타협해야 한다. 피루베이트를 옥살아세테이트로 돌리는 피루베이트 카복실레이스를 이용하여 크렙스 회로 중간체를 복원할 수 있다.

- **DrugBank** : 약물 및 약물 대사산물에 대한 유사한 정보를 포함
- **T3DB** : 일반적인 독소 및 환경오염 물질에 대한 정보를 포함
- **SMPDB** : 대사 및 질병 경로에 대한 다이어그램을 포함
- **FooDB** : 식품성분 및 첨가물에 대한 정보를 포함

암의 대사 재프로그래밍(metabolic reprogramming)은 정확한 진단과 치료에 영향을 주므로 더 중요하다. 예를 들어, 비소세포 폐암(non-small cell lung cancer) 환자의 암세포를 대사분석한 결과에서, 해당과정(glycolysis)과 크렙스(트리카르복실산) 회로에 의해 포도당의 활용이 증가했다.[i] 해당작용 효과는 원래 1920년대 Warburg에 의해 발견되었지만, 크렙스 주기 결과는 새롭고, 예상하지 못한 것이었다.

급속한 증식을 위해 암세포는 풍부한 에너지원과 탄수화물, 뉴클레오티드, 지질, 단백질 및 핵산의 생합성 전구체를 모두 필요로 한다. 이러한 전구체 중 일부는 크렙스 회로의 중간체(intermediates)이다. 크렙스 회로가 계속 순환하기 위해서는 이러한 중간체가 보충되어야 한다. 이러한 역할을 수행하는 대사 전환 중 하나는 피루브산의 옥살로아세트산으로의 아세틸화이며, 이는 피루브산 카르복실화 효소(pyruvate carboxylase)에 의해 촉매된다(그림 9.1 참조). 암 조직은 피루브산 카르복실화 효소의 활성도가 증가된다. 이러한 관찰은 또한 잠재적 치료법에 대한 단서를 제공한다: 피루브산 카르복실화 효소의 활성을 억제하면, 조직 배양에서 인간 비소세포 폐암(NSCLC) 세포의 증식을 감소시키고, 마우스 이종이식(mouse xenograft) 모델에서는 종양의 성장을 감소시킨다.

피루브산 카르복실화 효소 활성은 다른 암 및 제2형 당뇨병과도 연관되어 있다.

[i] Sellers, K., *et al*. (2015). Pyruvate carboxylase is critical for nonsmall-cell lung cancer proliferation. *J. Clin. Invest*. **125**, 687–698.

여러 세대에 걸쳐서 다양한 생화학자들에 의해 대사 경로 지도가 만들어졌다. 이러한 지도에는 가장 많이 연구된 모델 생물인 대장균, 효모, 마우스, 쥐 및 인간에 관한 대사 경로가 매우 종합적으로 표기되어 있다. 대장균, 효모, 마우스, 쥐 및 인간에 공통적으로 존재하는 대사 경로가 많으며, 많은 경우에서 그 대사 경로의 해당 반응을 촉매하는 효소는 다양한 종에서 동일하다. 실제로, 이러한 대표적인 생물 모델로부터 규명된 대사 경로는 연구가 아직 충분하게 되지 않은 생물 모델의 대사 경로 네트워크를 확립하는데, 가장 직접적이고 효과적으로 도움을 준다. 대사 경로를 규명하기 위해 "방사성 동위원소"를 활용했던 고전적인 방법을 사용하여 개별 반응을 연구하는 것은 여전히 매우 노동 집약적이다. 반면에, 게놈 서열을 분석한 후 효소의 아미노산 서열을 추론하고, 알려진 기능의 효소와 유사한 서열을 기반으로 해서, 특정 대사 경로에 효소명을 부여하여 대사 네트워크의 지도를 만드는 것이 훨씬 수월하다. 이러한 접근 방식을 활용하여 성공하면 좋지만, 문제는 종종 실패한다는 것이다.

따라서 대사 경로를 조립하는 데 있어서, 효소의 촉매 기능을 명확하게 아는 것이 매우 중요하다. 다양한 노력을 통해서 규명된 효소의 기능을 기반으로 해서, 대사 경로에 순서를 부과하여 대사 경로를 만들었다.

단백질 기능의 분류

효소위원회

단백질 기능에 대한 최초의 상세한 분류는 효소위원회(EC)에 의하여 수행되었다. 1955년, 국제생화학연합(International Union of Biochemistry, IUB)의 총회는 국제순수 및 응용화학 연맹(International Union of Pure and Applied Chemistry, IUPAC)과 협력하여 국제효소위원회를 설립한 후 명명법을 체계화하였다. 효소위원회(Enzyme Commission)는 분류법에 관한 논문을 최초로 발표하였으며, 현재는 웹에서도 볼 수 있다(http://www.chem.qmul.ac.uk/iubmb/enzyme/).

EC 번호(컴퓨터의 IP 번호와 유사한 형태)는 4단계의 분류 체계로 구성되어 있다. 예를 들면, EC 1.1.1.1은 알코올 탈수소효소에 해당하며, 다음과 같이 일반적인 반응을 촉매한다:

$$\text{알코올} + NAD^{+} = \text{상응하는 알데하이드 또는 케톤} + NADH + H^{+}$$

서로 다른 다양한 알코올이 포함된 일부 반응에서도, 위에 언급된 동일한 EC 번호를 갖는다. 그러나 대체 보조인자인 $NADP^{+}$를 사용하는 알코올 탈수소화 반응의 경우에는 EC 1.1.1.2 번호로 분류된다.

EC 번호의 첫 번째 숫자는 다음과 같은 효소들이 속한 6개의 주요 분할(등급, class) 중 하나를 나타낸다:

class 1. 산화환원효소(Oxidoreductases)
class 2. 전이효소(Transferases)
class 3. 가수분해효소(Hydrolases)
class 4. 분해효소(Lyases)
class 5. 이성질화 효소(Isomerases)
class 6. 결합효소(Ligases)

두 번째 및 세 번째 숫자의 중요성은 등급에 따라 다르다. 산화환원 효소의 경우, 두 번째 숫자는 기질을 나타내고 세 번째 숫자는 수용체(acceptor)를 나타낸다. 전이효소의 경우, 두 번째 숫자는 전달된 부분(moiety)의 종류를, 세 번째 숫자는 구체적으로 전달되는 내용이나 일부의 경우에서는 수용체를 나타낸다. 가수분해효소의 경우, 두 번째 숫자는 절단되는 결합의 종류(예: 에스터 결합)를 나타내고, 세 번째 숫자는 분자적 맥락(예: 카르복실 에스터 또는 티오에스터)를 나타낸다. [단백질 분해효소는 약간 다르게 취급되며, 세 번째 숫자는 메커니즘을 나타낸다. 세린 프로테아제(serine proteinases), 티올 프로테아제(thiol proteinases) 및 산성 프로테아제(acid proteinases)는 별도로 분류된다.] 분해효소의 경우, 두 번째 숫자는 생성되는 결합의 종류(예: C−C 또는 C−O)를 나타내고, 세 번째 숫자는 특정한 분자적 맥락을 나타낸다. 이성질화 효소의 경우, 두 번째 숫자는 반응의 유형, 세 번째 숫자는 특정 반응 유형을 나타낸다. 결합효소의 경우, 두 번째 숫자는 생성되는 결합의 종류를 나타내고, 세 번째 숫자는 해당 분자 유형을 나타낸다. 예를 들면, C−O 결합(tRNA 아실화 효소)은 EC 6.1로, C−S 결합(아실−CoA 유도체)은 EC 6.2로 표기한다. 네 번째 숫자는 특정한 효소 활성을 나타낸다.

EC는 다양한 반응의 사례가 포함된 목록을 제시하지만, 단백질의 기능 정보는 제공되고 있지 않다. EC는 다음과 같은 점을 강조한다. '오랜 기간 동안 혼동을 주었던 효소 명명법은 주로 촉매 반응의 명칭을 지정하는 것으로서, 그러한 반응을 촉매하는 단백질의 구조가 아님을 기억해야 할 필요가 있다'(http://www.chem.qmul.ac.uk/iubmb/nomenclature/). 다양한 단백질에 EC 번호를 지정하는 것은 별도의 일이다. 이와 같이 EC 번호가 할당된 사례들은 UniProt과 같은 단백질 데이터베이스에서 볼 수 있다.

일부 효소의 경우에는 매우 전문적인 체계로 분류되어 있다. 예를 들어, ND Rawlings 및 AJ Barrett 학자들에 의해 구축된 MEROPS 데이터베이스는 구조를 기반으로 분류된 펩티다아제 및 단백질 분해효소의 정보를 제공한다: https://www.ebi.ac.uk/merops/.

"유전자 온톨로지(Gene Ontology™) 컨소시엄" 구축-단백질 기능 분류

1999년, Michael Ashburner와 많은 공동 연구자들은 곧 완성될 초파리 유전체 서열을 분석하여 각 유전자를 에노테이션(annontation)해야 하는 문제에 직면했었다. Michael Ashburner 박사와 연구팀은 EC 분류체계가 효소에만 국한되었기 때문에, 유전자 에노테이션을 하는 데 EC 분류체계를 활용하는 것이 어렵다고 판단하였다. 이에 따라, Ashburner 박사는 "유전자 온톨로지 컨소시엄"을 조직하여 유전자 기능을 종합적으로 분류할 수 있는 표준화 체계를 구축하였다.[1] (온톨로지는 명확하게 규정된 상호관계를 기반으로, 정확하게 정의된 용어들을 공식적으로 인정한 용어집이다. 즉, 어떤 언어를 정리한 사전이 있다면, 그 언어의 문장 구성에 필요한 명확한 규칙을 설명하는 Syntax와 연계해서 이해하면 도움이 된다.)

유전자 온톨로지 컨소시엄(http://www.geneontology.org)은 유전자 기능과 그 관계를 체계적으로 분류한 용어 사전이다. EC 분류와 마찬가지로, 유전자 온톨로지(GO)도 다양한 기능을 정리한 목록을 제공한다. 단순하게, 특정 유전자나 단백질의 기능만을 부여하는 것은 아니다.

Gene Ontology를 구성하는 중요한 개념은 아래와 같이 세 가지로 나눈다:

- **분자 기능**: 분자 기능은 각 단백질 또는 각 RNA 분자가 스스로 특정 역할을 하는 것을 뜻한다. 예를 들어, 분자 기능은 "효소"라는 일반적으로 용어로 말하기도 하는 반면에, "알코올 탈수소"의 경우에는 보다 구체적으로 그 분자 기능을 설명할 수 있다. 이는 생화학자의 관점에서 본 기능이다.
- **생물학적 과정**: 살아있는 한 생명 체계 내에서 발생하는 다양한 활성을 보여주는 과정으로, 단백질이나 RNA에 의해서 이루어지는데, 이러한 과정에서 다른 단백질 혹은 RNA 분자와 협력하면서 이루어진다; 일반적으로 **신호전달**에서도 그러한 협력이 이루어지며, *cyclic AMP* **합성**과 같은 특별한 생물적 반응 과정에서도 그러하다. 이것은 세포의 관점에서 본 기능이다.

[1] Described in his memoir: Ashburner, M. (2006). *Won for all: How the* Drosophila *genome was sequenced.* Cold Spring Harbor Laboratory Press, Cold Spring Harbor, New York.

생명체 내에 이루어지는 많은 생물적 공정 과정은 세포 내의 소기관마다 다르게 이루어지기 때문에, 유전자 온톨로지 또한 소기관에 따라 다음과 같이 기능을 추적할 수 있다.

- **세포 구성 요소**: 세포 내 어떤 장소에서 활성을 보여주는지와 어떤 파트너와 상호작용하는지를 보여준다. 이는 **핵**처럼 일반적으로 사용되는 용어일 수도 있고, **리보솜**처럼 세포 내 특정 기관을 설명하는 구체적인 용어일 수도 있다.

그림 9.2에서 보는 바와 같이, GO 분류의 사례들이 잘 나와 있다. GO 체계는 엄격한 계층 구조가 아닌, 보다 일반적인 구조를 가지고 있다. 그들은 엣지로 연결된 노드로 이루어진 그래프이므로, '**방향성 비순환 그래프**(*directed acyclic graphs*)'를 형성한다. '**방향성**(*directed*)'은 엣지로 연결된 모든 노드 쌍이 경우, 여러 노드 중 한 개의 노드는 다른 노드보다 더 일반적인 클래스를 나타낸다. 이는 더 포괄적인(more inclusive) 곳에서 → 덜 포괄적인(less inclusive) 곳으로 방향성을 갖기 때문이다. '**비순환**(*acylic*)'의 의미는 '각각의 엣지에 의해 지정된 방향을 따라가는 경로가 이전 경로의 어떤 노드도 다시 만나지 않게 하는 것을 의미한다. 이는 엣지의 방향이 항상 일반적인 것에서 더 구체적인 것으로 향한다는 개념에 모순되기 때문이다.

효소위원회(Enzyme Commission)와 GO 분류의 비교

효소위원회 식별자(Enzyme Commission identifiers)는 엄격한 4단계의 분류 체계 또는 트리를 형성한다. 예를 들어, isopentenyl-diphosphate Δ-isomerase 효소는 EC 번호 5.3.3.2를 받게 된다. 첫 번째 보이는 5라는 숫자는 가장 일반적인 분류를 나타내며, 이성질체화 효소(isomerases)를 말한다; 5.3은 분자 내 이성질체화 효소를 포함한다; 5.3.3은 C=C 결합을 전이시키는 효소를 나타낸다; 그리고 전체 식별자(full identifier)인 5.3.3.2는 특정 반응을 지정한다. 분자 기능 온톨로지에서, GO는 isopentenyl-diphosphate Δ-isomerase에 식별자 0004452를 부여한다. (숫자 GO 식별자 자체는 특별한 의미가 없다.)

그림 9.3은 isopentenyl-diphosphate Δ-isomerase의 EC 및 GO 분류를 비교한 것이다. 그림 9.3의 오른쪽 부분은 GO:0004452에서 분자 기능 DAG의 루트 노드인 GO:0003674까지의 경로를 보여준다. 이 경우 4개의 중간 노드(intervening nodes)가 있으며, 위로 올라갈수록 점차 더 일반적인 범주가 나타난다. GO 분류 방식 체계에서는

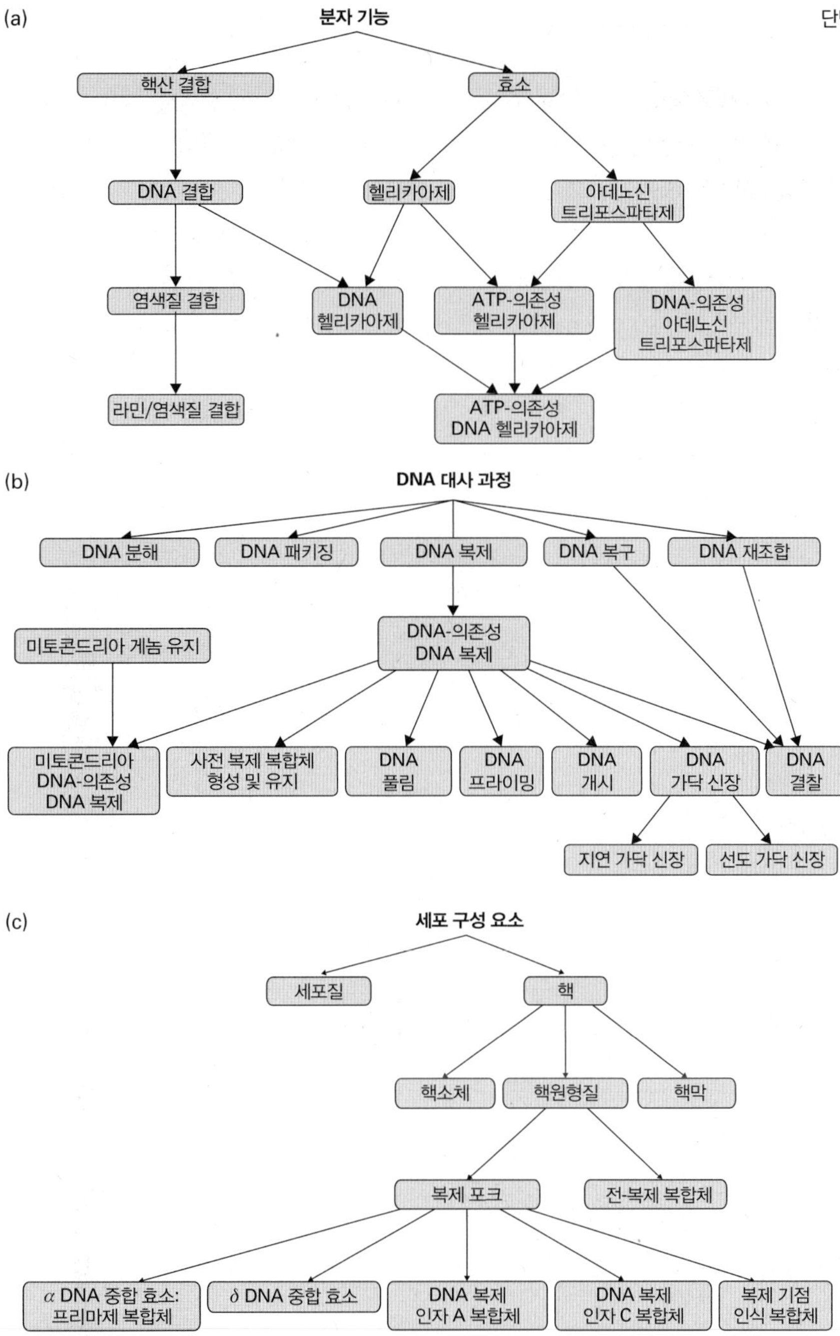

그림 9.2 GO의 세 가지 범주 중 일부를 선택하여 DNA와 상호작용하는 단백질의 기능을 보여준다. (a) 분자 기능: 단백질에 의한 일반적인 DNA 결합 및 DNA의 효소 조작을 포함한다. (b) 생물학적 과정: 복제를 포함한 DNA 대사. (c) 세포 구성 요소: 세포 내 다양한 위치. 이러한 그림은 GO 분류의 일반적인 구조를 나타낸다. 각 기능을 설명하는 용어는 그래프의 노드이다. 각 노드는 하나 이상의 부모를 가질 수 있으며, 하나 이상의 자손을 가질 수 있다. 화살표는 직접 조상-후손 관계를 나타낸다. 그래프의 경로는 각 노드가 다음의 부모인 연속된 노드이다. 노드는 '조부모'와 더 먼 조상을 가질 수 있다.

EC 등급과 달리, GO 그래프는 기술적인 의미에서 트리(tree)가 아니다. 왜냐하면, 조상에서 후손으로 이어지는 여러 경로가 있을 수 있기 때문이다. 예를 들어, (a)에서는 효소에서 ATP-의존 헬리케이스로 가는 두 가지 경로가 있다. 한 경로에서는 헬리케이스가 중간 노드이고, 다른 경로에서는 아데노신 삼인산효소(adenosine triphosphatase)가 중간 노드이다.

비록 그래프의 구조를 명확하게 하기 위해 노드가 개별 수준에서 표시되었지만, 특정 수준의 모든 노드가 반드시 공통된 유의성을 가질 필요는 없다. 린네식 분류학 트리(Linnaean taxonomic tree)의 과(family), 속(genus), 종(species) 수준 혹은 군사, 산업 또는 학술 조직의 순위와 같은 계층적 또는 트리 그래프로 표시된다. 서로 다른 노드 사이에 서로 다른 길이의 여러 경로가 있을 수 있다는 점을 고려하면, GO 용어는 공통된 중요성을 가질 수 없다.

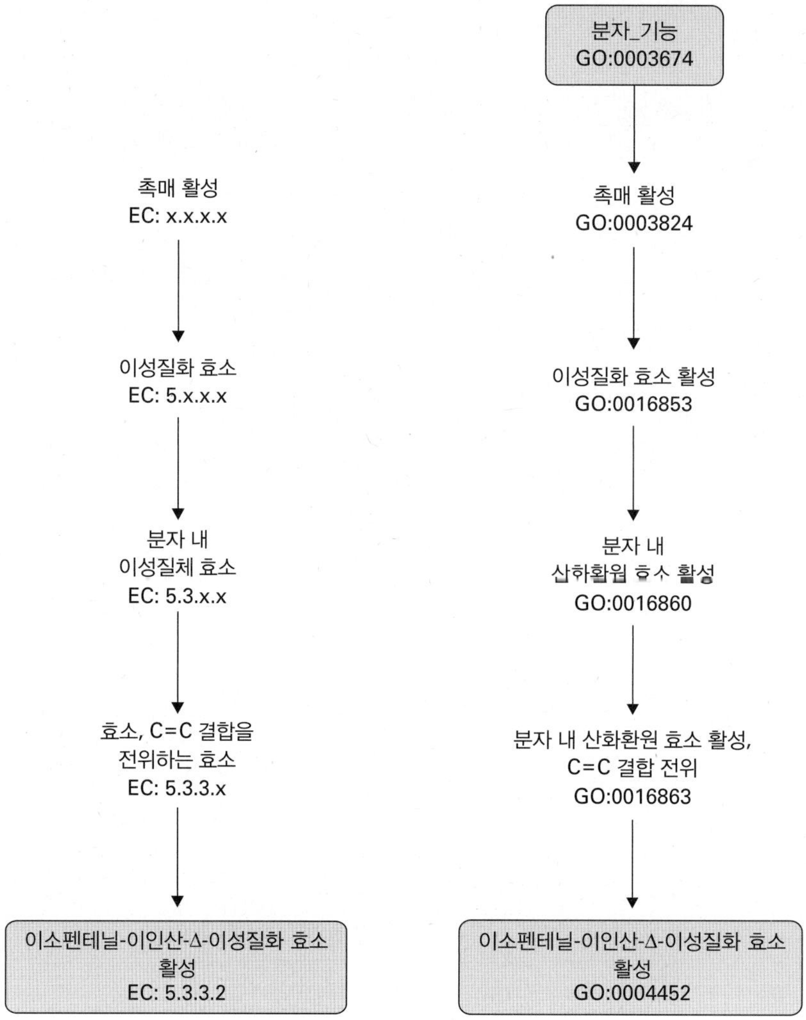

그림 9.3 이소펜테닐-디포스페이트 Δ-이소머라제의 효소위원회(EC)와 유전자 온톨로지 컨소시엄 분류의 비교.

이 효소를 산화환원효소(oxidoreductase)로 설명하는데, 이러한 GO 방식은 EC 분류 방식과 일치하지 않으며, EC 분류 체계에서는 산화환원효소와 이성질화 효소 중 하나를 최상위 순위에서 선택해야 한다.

단백질 기능 예측

단백질의 기능을 예측하는 문제가 얼마나 중요한지 혹은 예측하는 것이 얼마나 어려운지에 대해서 아무도 질문하지 않는다.

GO 분류에 단백질 기능을 에노테이션하는 방법은 "Gene Ontology Annoation, GOA"을 할 수 있는 GOA 홈페이지(https://www.ebi.ac.uk/GOA)에서 가능하다. 다양한 수준의 신뢰성을 갖고 있으며, '직접 실험하여 얻은 결과를 기반으로 추론하는 IDA(inferred from direct assay)'에서부터 '전자 에노테이션을 기반으로 추론하는 IEA (inferred from electronic annotation)'까지 가능하다. 실제로, 단백질의 기능을 명명하기 위해, 가장 보편적으로 사용하는 방법은 상동유전자(상동단백질, homologue)의 정보를 기반으로 하는 것이다. 상동유전자 사이에 유전자 서열의 차이를 보정하는 일과, EC 번호와 GO 분류 기능에서 어떤 유사성이 있는 지를 판단할 때, >35−50% 이상의 동일한 유전자 서열을 가질 경우, 대부분 기능이 보존된다고 보면 된다. 유전자 서열에서 많은 차이가 있는 경우에는, 유사성은 일반적인 기능에서만 보존될 수 있다. Fetrow와 Babbitt 박사의 연구팀에 의하면, '대부분의 경우, 부정확한 에노테이션은 보증된 것 보다 더 자세한 분자 기능이 있다고 할 때, 많이 발생한다.'[2]라고 하였다.

특정 방법은 특별한 경우에 성공한다. 호열성 메탄 생성 고세균(*Methanocaldococcus jannaschii*)의 shikimate kinase가 좋은 예이다. 이에 대해서는 이 장의 뒷부분에서

[2] Fetrow, J.S. & Babbitt, P.C. (2018). New computational approaches to understanding molecular protein function. *PLoS Comput Biol.* **14**, e1005756.

설명한다. 더 어려운 점은 완전한 단백질체에 적용할 수 있는 일반적인 방법을 수립하는 것이다. 이 분야의 선두 주자는 복잡한 신경망을 적용하는 방법을 사용한다.

CAFA(Critical Assessment of Functional Annotation)는 아미노산 서열로부터 단백질 기능을 예측하기 위한 계산 방법에 대하여 블라인드 테스트 평가 방식를 구성한다. 목표는 분자 기능, 생물학적 과정 및 세포 구성 요소의 세 가지 범주 모두에서. 유전자 온톨라지(GO) 용어를 예측하는 것이다. 하나 이상의 관련 구조가 알려진 경우, 약물 설계(잠재적 리간드 식별)에 사용되는 방법을 기능 예측할 때에도 적용할 수 있다.

효소에 의한 촉매작용

효소는 단백질-리간드 복합체의 사례이다. 효소는 기질과 보조 인자를 선택적으로 그리고 특정 기하학적 방향으로 결합한다. 이러한 방식으로, 기질이 단백질의 촉매에 관여하는 아미노산 잔기와 가깝게 배치되게 하거나 혹은 두 기질이 유리한 반응이 일어나도록 올바른 방향으로 서로 접근하게 한다. 만약 용액 속에서 자유로운 상태인 두 기질 분자가 무작위로 충돌한다면, 어떤 충돌이라도 반응을 일으킬 확률은 매우 낮을 것이다.

일부 촉매 반응은 촉매 반응이 없는 반응(uncatalysed reactions)과 동일한 경로를 따르지만, 활성화 장벽이 더 낮다(그림 9.4 참조). 일부 효소는 다른 반응 경로(different reaction pathway)를 촉매되지 않은 반응의 반응 과정과 매우 다른 중간체로 대체한다. 활성화 장벽 저하(activation-barrier lowering)에 의해 효소율이 향상되는 것을 이해하기 위해서, 초기에 효소-기질 복합체(enzyme-substrate complex)와 효소-전이 상태 복합체(enzyme-transition state complex)의 친화성을 지배하는 기브스(Gibbs) 자유 에너지의 변화(Box 9.2 참조)를 비교하시오:

> **BOX 9.2 기브스 자유 에너지**
>
> 기브스 자유 에너지 G는 열역학적인 양으로서, 기브스 자유 에너지 변화는 상수 온도와 압력에서 진행되는 반응이나 다른 과정의 '추진력(driving force)'을 측정한다. 기브스 자유 에너지 변화가 음수인 과정은 자발적일 것이다. 반응 좌표에서 기브스 자유 에너지의 장벽 높이는 그 장벽을 극복하는 어려움을 측정하고, 이에 따라 반응 속도를 결정한다.
>
> ‡ 위첨자(superscript)는 전이 상태의 특성을 나타낸다. 전이 상태는 반응 장벽의 상단에 있는 상태로서, 이는 반응물이 생성물로 변환되는 핵심적인 지점이다.

여기서 S = 기질, $S^‡$ = 전이 상태, E = 효소, ES = 효소-기질 복합체, $ES^‡$ = 효소-전이 상태 복합체이다.

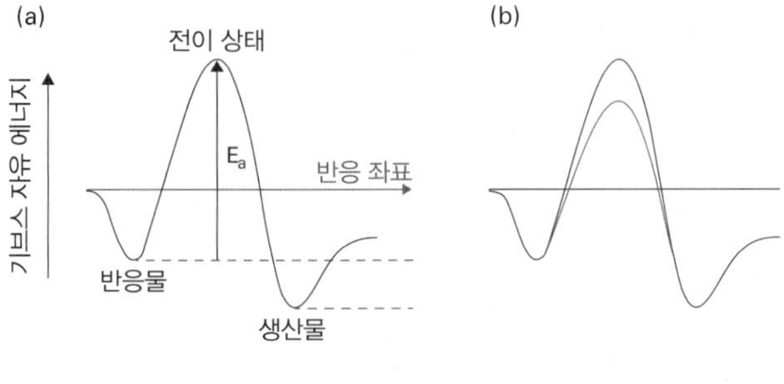

그림 9.4 '반응 좌표'(수평)에 대한 기브스 자유 에너지(수직) 그래프. 반응 좌표는 반응 진행을 추상적으로 측정한 것이다. 반응물과 생성물 모두 안정하며, 에너지 레벨에서 최저점에 있다.
(a) 반응물을 생성물로 전환하려면 장벽을 통과해야 한다. 장벽 상단의 배열(configuration)을 전이 상태(transition state)라고 한다. 반응물의 에너지 준위(활성화 에너지 E_a)보다 높은 장벽 높이가 반응 속도를 제어한다. 장벽이 높을수록 반응이 느려진다. (b) 촉매되지 않은 반응(검은색)과 촉매 반응(회색)을 비교한다. 촉매가 존재하는 경우 반응물과 생성물의 에너지는 변하지 않지만, 전이 상태를 안정화시키고, 장벽이 낮아지며, 반응률은 더 높아진다.

효소가 있을 때 활성화되는 자유 에너지 = $G(ES^{\ddagger}) - G(ES)$

효소가 없을 때 활성화되는 자유 에너지 = $G(S^{\ddagger}) - G(S)$

뺌: $\Delta\Delta G^{\ddagger}$을 구하기 위한 공식

= 전이 상태의 결합 친화도 − 기질의 결합 친화도

$= [G(ES\ddagger) - G(S^{\ddagger}) - G(E)] - [G(ES) - G(S) - G(E)]$

$= [G(ES\ddagger) - G(S^{\ddagger})] - [G(ES) - G(S)]$

효소의 반응 속도가 향상되기 위해서는 활성화 에너지($\Delta G^{\ddagger}$)가 감소해야 한다. 리간드 존재 시 $\Delta G^{\ddagger}$ 값은 전이 상태 $S^{\ddagger}$ − $[G(ES^{\ddagger}) - G(S^{\ddagger})]$에 대한 효소의 친화도와 기질 S − $[G(ES)-G(S)]$이다. (여기서 $\Delta G = G(ES) - G(S) - G(E)$는 결합 반응 $E + S = ES$의 기브스 자유 에너지 변화이다.)

효율적인 효소는 기질에 적절하게 결합하여 반응 과정을 시작하지만, 전이 상태에 더 단단하게 결합한다. 일부 효소는 단단하고, 기질보다 전이 상태에 더 나은 상보성(complementarity)을 갖는다. 다른 효소들은 기질에 결합하면서 형태적 변화가 일어난다: (1) 기질을 결합하는 데 적합한 형태에서, 전이 상태에 결합하는 데 적합한 형태로 형태적 변화가 일어나고, (2) 또는 반응 부위에서 물을 제거하기 위한 입체 구조적인 변화가 종종 일어난다. 이를 '유도 적합(induced fit)'이라고 한다.

활성 부위

많은 효소는 틈새 안에 있는 기질과 결합하는데, 종종 도메인 사이에 있지만 항상 그런 것은 아니다. 예를 들어, 대장균의 *N*-아세틸-L-글루타메이트 키나아제(*N*-acetyl-L-glutamate kinase)의 그림은 효소 내부 공간에 기질과 보조인자를 감싸고 있는 단일-도메인 단백질의 형태로 보인다(그림 9.5 참조). 이러한 활성 부위는 기질에 결합하며, 촉매 작용에 관여하는 특정 아미노산과 기질이 근접해 있다.

대부분 활성 부위는 단백질의 약 10 % 정도이다. 그렇다면, 나머지 단백질이 필요한 이유는 무엇일까?

이유는 다음과 같다:

1. 나머지 단백질이 필요한 이유는 효소의 활성 부위에 있는 아미노산 잔기를 올바른 공간 내(correct spatial relationship)로 가져오기 위해서이다. 활성 부위에 있는 아미노산 잔기는 일반적으로 서열에서 멀리 떨어져 있지만, 이들을 근접하게 만드는 것은 단백질의 사슬이 폴딩(folding) 현상이 일어나기 때문에 가능하다.

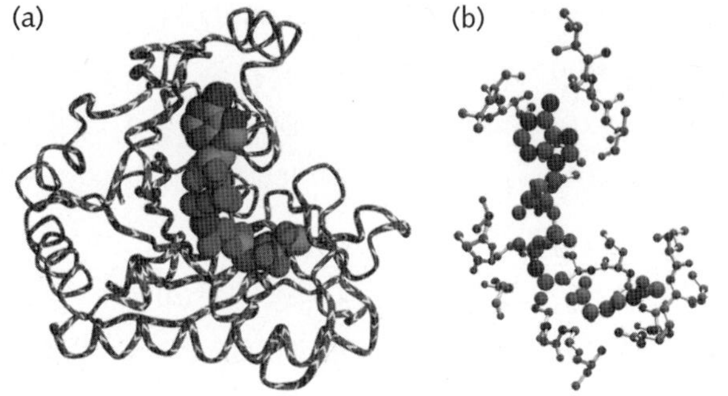

그림 9.5 효소-기질 복합체: 대장균의 *N*-아세틸-L-글루타메이트 키나아제가 기질인 *N*-아세틸글루타메이트와 억제성 보조 인자 유사체인 AMPPNP와 결합한 장면(천연 보조 인자인 ATP 대신에) [1GS5]. 또한 기질과 억제제가 효소 내에 최적 상태로 자리 잡게 한다. 이때 효소가 기질과 억제제를 최적의 근접 상태로 만들어서 인산 전달을 하게 한다. (a) 기질과 천연 유사체가 효소의 분자 공간을 차지하고 있는 모습이다. (b) 리간드(즉, 기질과 보조 인자)를 둘러싼 주쇄와 측쇄를 보인다. *N*-아세틸-L-글루타메이트 키나아제는 아르기닌 생합성의 한 단계를 촉매한다.

2. 많은 효소 메커니즘에서 단백질은 구조적 변화를 한다. 기계적 활성를 위한 지렛대(lever)와 지지대(fulcra)를 제공하려면 전체 구조가 필요하다.
3. 일부 단백질에서 활성 부위는 긴장된 형태로 존재한다. 단백질의 나머지 구조는 이를 안정화하기 위한 에너지를 제공해야 한다. 기질과의 상호작용하는 과정에서 이러한 긴장이 안정화되면, 결합 친화력(binding affinity)과 촉매력을 증진시킬 수 있다. 일반적으로, 효소는 기질이 결합된 상태에서 더 단단하고 열 안정성이 있으며, 단백질 분해효소에 저항하는 특성을 갖는다.

보조 인자

천연 아미노산은 다양한 화학적 특성을 가지고 있지만, 많은 생화학 반응에는 충분하지 않다. 많은 금속 이온과 작은 유기분자가 효소 또는 효소−기질 복합체에 부착되어 촉매 작용에 참여한다. 예를 들면, NAD^+ 및 $NADP^+$는 탈수소화 반응 동안 전자를 받아들인다. 예를 들어, 여러 금속 이온은 호흡 및 광합성의 전자전달 사슬에서 산화 및 환원을 가역적으로 반응한다.

보조 인자의 분류는 다양한 유형의 반응에 특화되어 있다(표 9.1 참조).

표 9.1 다양한 보조 인자의 생화학적 역할

보조 인자의 유형	예시	생물학적 역할
산화환원	NAD^+, $NADP^+$	전자 또는 수소 전달
	플라빈 아데닌 디뉴클레오티드 (FAD)	
	조효소 Q	
그룹 전달	티아민 피로인산	알데하이드 전달
	조효소 A	아실 전달
	피리독살 인산	아미노기 전달
	S-아데노실 메티오닌	메틸기 전달
	비오틴	카르복실기 전달
	테트라히드로엽산	메틸기 전달
	UDP-글루코스	글루코실기 전달

단백질-리간드 결합 평형

단백질과 리간드의 가역적 결합은 다음과 같은 형태의 평형을 뜻한다:

단백질과 리간드가 일대일 복합체의 경우는

"단백질 + 리간드 = 단백질 · 리간드(P + L = P · L)"

가 된다. 또는 n개의 동일한 리간드가 단일 단백질에 결합하는 경우는

"단백질 + n 리간드 = 단백질 · 리간드$_n$"

형태로 표현될 수 있다. 위와 같이 다양한 경우의 수가 가능하다. 많은 종류의 단백질은 동시에 2개 이상의 다른 리간드에 결합한다. 예를 들어, 효소가 기질과 보조 인자와 결합하는 사례를 통하여 알 수 있다. 복합체의 친화도에 대한 일반적인 지수를 해리상수(dissociation constant, K_D)라 한다. 즉, 결합 반응의 역반응에 대한 평형상수(equilibrium constant)이다.

$$\text{“단백질} \cdot \text{리간드 = 단백질 + 리간드”} \quad \text{해리상수}(K_D) = \frac{[P][L]}{[PL]}$$

[P], [L] 및 [PL]은 단백질 농도, 리간드 농도 및 단백질-리간드 복합체의 농도의 수치를 각각 나타내며, $mol \cdot L^{-1}$로 표현된다. 해리상수는 낮을수록 결합력이 더 강해진다. 해리상수는 "자유 리간드(free ligand)의 농도가 단백질의 절반이 리간드에 결합하고, 절반이 자유인 농도에 해당하는 지점을 뜻한다: [P] = [PL]. 일반적으로 농도를 기준으로 평형상수를 작성하지만 잘못된 것이다. 그 결과, 해리상수가 $mol \cdot L^{-1}$ 단위를 가지는 것처럼 보일 수 있다. 종종 '리간드는 나노몰 친화력(nanomolar affinity)으로 결합한다'로 이해되며, 아래와 같은 식으로 이해하면 된다:[3]

$$K_D = \frac{[P][L]}{[PL]} = 10^{-9}\ mol \cdot L^{-1}$$

효소의 미카엘리스 상수(Michaelis constant)는 효소-기질 복합체의 해리상수이다. 미카엘리스-멘텐 모델(Michaelis-Menten model)에서는 효소 + 기질에 대해 평형 상태에 있다고 가정한다(다음 절 참조).

해리상수는 해리(dissociation)의 표준 기브스 자유 에너지 변화와 관련이 있으며, 아래 관계식으로 표현된다:

$$PL = P + L \quad \Delta G^{\ominus} = \Delta H^{\ominus} - T\Delta S^{\ominus} = -RT \ln K_D$$

다른 조건이 같다면, 엔트로피항(entropy term)은 해리를 선호할 것이다. 왜냐하면, 두 물체가 묶인 경우보다 동역학적으로 독립적인 경우에 더 큰 구조적 자유도(conformational freedom)를 가지기 때문이다. 따라서 단백질과 리간드가 안정적인 복합체가 되려면, 엔탈피항(enthalpy

[3] 이것은 구어적인 표현 방식이지만, 엄밀히 말하면 다음과 같이 써야 한다: $K_D = \frac{[P][L]}{[PL]c^{\ominus}} = 10^{-9}$, with $c^{\ominus} = mol \cdot L^{-1}$. 평형상수는 무차원이어야 한다! (그렇지 않다면 로그를 어떻게 취할 수 있을까?)

표 9.2 단백질-리간드 복합체가 매우 다양한 친화력을 보여준다. 매우 낮은 해리상수는 매우 *견고*하게 결합한 복합체라는 점을 주목하시오.

생물학적 맥락	리간드	전형적인 K_D	298 K에서 ($\Delta G^{\ominus}$) $kJ \cdot mol^{-1}$
알로스테릭 활성화제	1가 양이온	10^{-4}~10^{-2}	11~23
조효소 결합	예를 들어, NAD^+	10^{-7}~10^{-4}	23~40
항원-항체 복합체	다양하게 존재	10^{-4}~10^{-16}	23~91
트롬빈 억제제	히루딘(hirudin)	5×10^{-14}	76
트립신 억제제	소 췌장 트립신 억제제	10^{-14}	80
스트렙타비딘	바이오틴(biotin)	10^{-15}	85.6

term)이 고유 엔트로피 페널티를 극복할 수 있는 적절한 인력(attractive forces)을 제공해야 한다. 그러한 엔트로피 항에 더 중요한 온도를 높이면 해리가 증진된다.

수치에 대한 느낌을 얻기 위해서: 300 K에서, 순수한 운동 엔트로피 이득(kinetic entropy gain)인 $T\Delta S^{\ominus}$는 약 20 $kJ \cdot mol^{-1}$이다. 이는 서로 끌어당기는 상호작용 관점에서, 수소 결합과 유사하거나 또는 소수성 표면(hydrophobic surface)의 약 200 $Å^2$를 묻는 것(burial)과 같다. 해리 반응의 $\Delta G^{\ominus}$ 값이 50 $kJ \cdot mol^{-1}$이면, 300 K에서 해리상수는 $K_D \sim 2 \times 10^{-9}$에 해당한다.

단백질-리간드 복합체의 해리상수는 매우 넓은 범위에 걸쳐 있다(표 9.2 참조).

여러 데이터베이스에서는 단백질과 작은 리간드의 상호작용 구조와 열역학(thermodynamics)에 대한 데이터를 수집한다. 다양한 예시 중 몇 가지는 다음과 같다.

Relibase	http://www.ccdc.cam.ac.uk/free_services/relibase_free/
PDBcal	http://www.pdbcal.org/
Protein Ligand Database	http://www-mitchell.ch.cam.ac.uk/pld/

단백질-단백질 상호작용에 대한 데이터베이스는 별도의 전문 분야이다.

효소 동역학

효소 동역학(enzyme kinetics)은 반응 속도를 측정하는 것이다. 이때, 다양한 조건, 즉 반응물 및 촉매의 농도가 이러한 반응 속도에 어떤 영향을 주는지도 측정한다. 전통적으로, 기질 농도 [S]에 따른 반응 속도 측정은 효소와 기질을 혼합하여 반응을 시킨 후, 기질의 양이 감소하는지를 측정하거나, 효소와 기질이 반응하여 나온 생성물의 양을 측정하면 된다. 예를 들어, NAD^+가 아닌 NADH가 340 nm에서 최대 흡수를 갖는다는 사실은 다음과 같은 형태의 탈수소화 반응을 쉽게 추적할 수 있게 했다:

$$\text{말산} + NAD^+ \rightleftharpoons \text{옥살아세트산} + NADH + H^+$$

위에서 말한 탈수소화 반응을 분광계(spectrophotometer)에서 실행하는 과정에서, 정기적인 시간 간격으로 340 nm에서 NADH의 흡광도를 측정함으로써, 이 반응을 추적하는 것이 매우 편리하였다.

V. Henri, L. Michaelis 및 M. Menten이 제시한 효소-촉매 반응(enzyme-catalysed reaction)의 간단한 모델에서는 **효소-기질**(*enzyme-substrate*) 복합체를 형성하기 위해 상호작용하는 효소와 기질 사이의 평형이 이루어진다. 이 효소-기질 복합체는 비가역적으로 분해되어 생성물을 방출하고 원래의 유리 효소(free enzyme)를 복원한다:

$$E + S \underset{k_{-1}}{\overset{k_1}{\rightleftharpoons}} ES \xrightarrow{k_2} P$$

여기서 E = 효소, S = 기질, ES = 효소-기질 복합체, P = 생성물, k_1, k_{-1} 및 k_2는 각 반응 단계의 속도상수(rate constant)를 나타낸다.

Michaelis와 Menten 박사는 생성물이 없을 때, 반응의 **초기 속도**(*initial* rate)인 v_0 값을 측정하여 알아내는 것이 중요하다는 점을 알리는 데 크게 기여하였다. 실제로 이를 위해서, 반응 후 시간 경과에 따라, 효소와 기질이 혼합되는 순간으로 다시 역으로 추정해야 한다. (또한 평형이 형성되기 전에, 효소와 기질이 혼합되고 상호작용하는 일시적인 단계도 있다. 이 단계는 단 몇 밀리초 동안 지속된다. 특별한 기술로만 관찰 가능하며, 초기 속도의 추정 결과에 영향을 미치지 않는다.) 이러한 상황에서는 역반응할 생성물이 없으므로, 생성물의 역반응이 없다. 이 가정은 또한 아마도 1913년에는 인식되지 않았던 생성물 억제나 효소 분해와 같은 잠재적으로 복잡한 특정 요인을 피할 수 있다.

Michaelis와 Menten은 첫 번째 단계의 순반응 및 역반응 속도가 생성물 형성보다 빠르다고 가정했다. 즉, $k_1 \gg k_2$, 그리고 $k_{-1} \gg k_2$이다. 이러한 단계에서, ES(효소기질복합체)가 E(효소) + S(기질)와 평형을 이루며, 생성물 P가 천천히 '생산'된다.

Michaelis와 Menten은 초기 속도(v_0)를 기질 농도 [S]의 함수로 설명하는 속도 방정식을 도출하였다.

$$v_0 = \frac{V_{max}[\mathrm{S}]}{K_\mathrm{M} + [\mathrm{S}]}$$

Michaelis 상수(K_M)은 다음과 같은 두 가지 중요한 의미를 갖는다. (1) K_M은 v_0가 $\frac{1}{2}V_{max}$가 되는 기질 농도이다. (2) ES-기질 복합체의 해리상수를 뜻한다. 여기에서, [S] = 기질 농도, [E] = 효소 농도, [ES] = 효소–기질 복합체 농도를 나타내며, 아래와 같은 식으로 표현한다. 정확하게 말하면, [E]는 기질과 반응하는 활성 부위의 농도이다; 즉 일부 효소 분자는 둘 이상의 활성 부위를 가질 수 있다.

$$\mathrm{ES} \rightleftharpoons \mathrm{E} + \mathrm{S} \qquad K_\mathrm{M} = \frac{[\mathrm{E}][\mathrm{S}]}{[\mathrm{ES}]}$$

그림 9.6은 기질 농도와 초기 속도 간의 관계에 대한 일반적인 특징을 보여준다. 이러한 형태의 곡선은 매우 일반적인 사례인데, 포화 상태(saturation)를 나타내거나 일반적으로 '수익률 감소의 법칙(law of diminishing returns)'을 따르는 많은 현상에서 볼 수 있는 그래프이다. I. Langmuir 박사는 표면에 분자가 흡수되는 것을 설명하는 버전을 도출했다. 이러한 그래프는 기말고사를 위해 공부한 시간에 따라 생물정보학 과목에서 받게 될 학점을 나타낼 수도 있다.

기질 농도 [S] 값이 낮은 경우, 선형 영역(linear region)이 존재하며, v_0는 [S]에 비례한다. 이러한 경우에, 효소

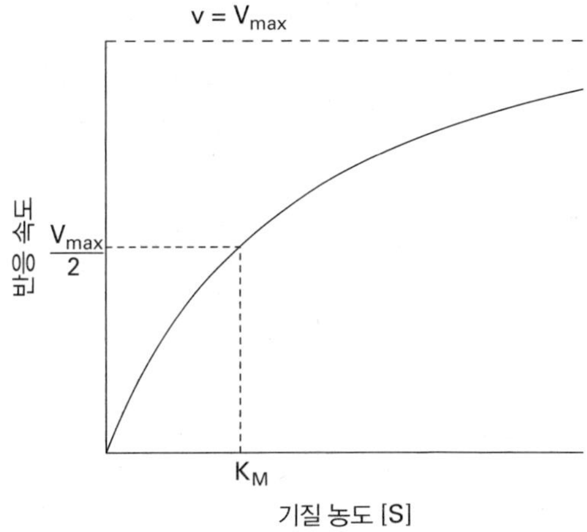

그림 9.6 고정된 양의 효소가 있을 때 기질 농도에 대한 효소 촉매 반응의 반응 속도의 일반적인 의존성. 그래프는 낮은 기질 농도에서 선형이고, 높은 기질 농도에서 최댓값에 접근한다. 이 곡선은 두 가지 매개변수, 즉 최대 속도 V_{max}와 최대 속도의 절반에 해당하는 기질 농도에 따라 달라진다. Michaelis-Menten 모델에서 V_{max}의 1/2 비율에 해당하는 기질 농도는 Michaelis 상수 K_M이며, 효소-기질 복합체의 해리상수와도 같다.

는 모든 기질 분자를 동등하게 수용한다. 속도-제한 단계(rate-limiting step)에서 기질과 자유 효소가 만난다. [S] 값이 증가함에 따라, [S]의 함수인 v_0는 점점 더 가파르게 상승한다. [S]가 더 증가하면, v_0는 한계 값인 V_{max}에 접근한다. 이러한 이유는 효소가 포화되었기 때문이다. 사실상 모든 효소는 효소–기질 복합체인 ES 형태로 존재한다. [Le Chate-lier의 원리를 E + S ⇌ ES 평형에 적용하여 보면 알 수 있다.] 효소는 반응 산물을 생산하기 위해 최선을 다하고 있다. 생성물의 출현율은 기질 농도와 관계없이 V_{max}이다. 반응 산물인 생성물이 더 이상 생기지 않는 안정기(plateau)에서 관찰된 속도는 기질 결합 후에 발생하는 반응의 일부 단계의 반응 속도에 해당한다.

효소–기질 조합에 대한 [S]의 함수로 v_0 값을 기록한 일련의 데이터가 주어지면, 곡선-피팅 소프트웨어(curve-fitting software)를 사용하여 K_M 및 V_{max} 값을 도출할 수 있다. (이전에는 Michaelis-Menten 방정식을 선형화하기 위해서, 대수 변환을 통해 변환된 데이터 그래프의 기울기와 절편에서 K_M 및 V_{max} 값을 결정할 수 있었다.) V_{max}와 K_M 값은 효소와 기질의 특성을 나타내며, 또한 효소가 어떠한 반응 조건(온도, pH, 이온강도)하에서 잘 작동하는지 알 수 있는 지표이다.

표 9.3 확산 제한 속도에 접근하는 일부 효소 사례

효소	기질	k_{cat} $^{s-1}$	K_M (mol · L^{-1})	k_{cat}/K_M (mol/L)$^{-1s-1}$
아세틸콜린에스테라아제	아세틸콜린	1.4×10^4	9×10^{-5}	1.6×10^8
카탈라아제	H_2O_2	4×10^7	1	4×10^7
푸마라아제	푸마레이트	8×10^2	5×10^{-6}	1.6×10^8

효소의 효과성 측정법

높은 기질 농도에서, v_0와 V_{max}는 존재하는 효소의 양과 비례한다. 효소의 양에 관계없이 효소와 일련의 반응 조건을 연구하여 효소의 특성을 어떻게 규명할 수 있을까?

효소의 대사회전수(turnover number) k_{cat}은 $\frac{V_{max}}{[E]_{total}}$ 비율이며, 여기서 $[E]_{total}$은 효소의 총 농도이다. 대사회전수의 값은 분자 기반의 '처리량'을 측정한 것이다. 이는 포화 조건, 즉 높은 기질 농도에서 **효소 1 분자당** 생성물로 전환된 기질의 분자의 수를 나타낸다.

보다 일반적으로 효소는 낮은 기질 농도에서 작동하며, 다음과 같은 식으로 관계를 설명할 수 있다.

$$[S] \ll K_M, \ v_0 = \left(\frac{k_{cat}}{K_M}\right)[E][S]$$

즉, 기질 농도 [S]가 K_M보다 훨씬 낮은 농도가 되면, $\left(\frac{k_{cat}}{K_M}\right)[E][S]$이 된다. $\left(\frac{k_{cat}}{K_M}\right)$은 낮은 기질 농도에서, 효소의 촉매 효율(catalytic efficiency)을 계산할 수 있다. 두 가지 요소가 $\left(\frac{k_{cat}}{K_M}\right)$ 값을 높이는 데 기여한다: (1) K_M이 낮다는 것은 기질과 효소의 친화력이 높다는 것을 의미하고, (2) 효소의 대사회전수 k_{cat}이 높다는 것은 형성된 효소-기질 복합체가 빠르게 생성물로 전환된다는 것을 의미한다.

다양한 효소들은 큰 범위의 k_{cat}/K_M 값을 보인다. 그러나 촉매 메커니즘 자체가 아무리 효율적이더라도, 반응 속도는 확산율에 따라 달라지는 효소와 기질이 만나는 비율에 따라서 제한된다. 모든 만남이 반응으로 이어지는 경우, 즉 촉매 작용이 **확산에 의해 제한되는** 경우, k_{cat}/K_M 값은 일반적인 조건에서 약 ~10^8-10^9(mol/L)$^{-1}$s^{-1}이 된다. 일부 효소는 이를 달성한다(표 9.3 참조). 이들 효소의 경우, 효소 자체의 촉매 효율성을 더 개선하여도 효소의 대사회전율을 향상시킬 수 없다.

효소의 아미노산 서열이 다양해짐에 따라 그 기능도 다양해질 수 있다. 많은 경우에서, 서로 다른 종의 상동성 효소(homologous enzymes)는 유사한 촉매 활성을 유지한다. 이는 이들이 정확히 동일한 효소 특이성을 갖고 있거나 혹은 동일한 동역학 상수(kinetic constant)를 유지한다는 의미는 아니다. 그러나 그 효소의 EC 및 GO 분석 기준에 따라 부여된 기능 목록은 효소별로 구별되며, 운동 매개변수(kinetic parameter)의 세부 사항에 의존하지 않는다. 따라서 서열의 차이가 크지 않을 경우, 효소는 일반적으로 동일한 EC 및 GO로 분류될 수 있다. 하지만, 예외는 있다!

효소는 새로운 기능을 어떻게 갖게 되는가?

효소에는 두 가지 유형의 특이성이 있다는 점을 기억해야 한다. 그들은 Fischer의 기질 특이성을 가지고 있다. 자물쇠와 열쇠 비유(lock-and-key analogy)는 기질 특이성을 설명하는 매우 훌륭한 방법이다. 그들은 또한 촉매 반응에 대해 특이성을 가진다.

진화 과정에서, 효소의 염기서열에서 분기(divergence)가 발생되어 염기서열에 차이가 나면, 기본적인 반응은 보존되면서도, 두 가지 유형의 특이성(기질 특이성과 촉매 반응 특이성)에는 변형이 일어날 수 있다. 예를 들어, 사람은 2개의 상동성 succinyl-CoA 합성효소를 갖는데, 하나는 GTP 형성과 관련이 있고, 다른 하나는 ATP 형성과 관련이 있다. (대부분의 생화학자는 이것을 단지 기질 특이성의 변화로 간주하지만, EC와 GO 기준에 따르면 그들은 서로 다른 반응을 촉매한다.)

다른 경우에서, 동종 단백질(homologous protein)은 서로 다른 기질 및 생성물과의 반응을 촉매하기 위해 분화되었다. 일부 경우에는 동종 단백질이 그러한 반응 메커니즘에 중요한 구성 요소를 보존한다. Enolase 효소 패밀리의

BOX 9.3

Enolase, Mandelate Racemase, 그리고 Muconate Lactonizing Enzyme은 각각 다른 반응을 촉매하지만 서로 관련된 메커니즘을 갖고 있다.

Enolase, mandelate racemase, 그리고 muconate lactonizing enzyme I은 상동 효소(homologous enzymes)이다. 그들은 TIM-barrel fold와 밀접하게 관련된 공통 구조를 가지고 있지만, 서로 다른 반응을 촉매한다.

서열과 구조만을 고려하는 것은 미묘한 유사성을 간과할 위험이 있다. 이 효소들은 공통적인 메커니즘의 특징을 갖고 있다: 각각은 카르복실산 옆에 위치한 수소를 뽑아 엔올레이트 중간체(enolate intermediate)를 형성한다(그림 9.7). 음전하를 띤 전이 상태에서 안정화가 보존된다. 반면에 후속 반응 경로(subsequent reaction pathway) 및 생성물의 성질은 효소마다 차이가 다르다. 이들 효소는 전체적으로 유사한 접힘을 가질 뿐만 아니라, 구조적으로 동일한 리간드(equivalent ligands)에 의해 결합된 2가 금속 이온이 필요하다. 그러나 활성 부위의 아미노산 잔기가 다르므로 다른 반응을 촉매하는 효소를 생성한다.

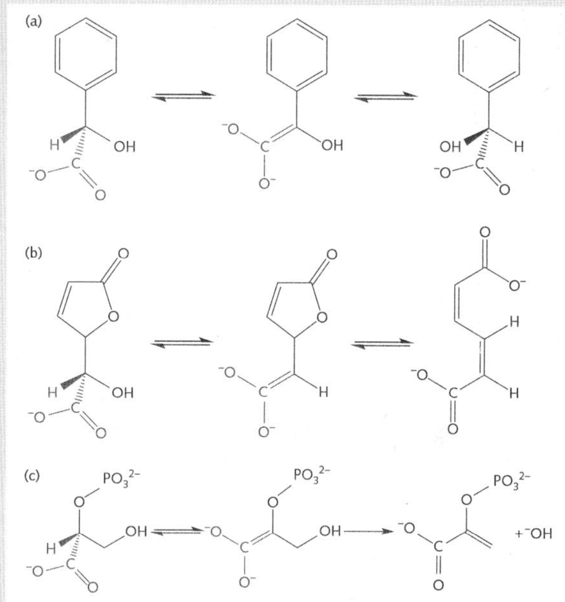

그림 9.7 엔올레이즈 효소 패밀리의 공통 메커니즘. (a) Mandelate racemase, (b) muconate lactonizing enzyme, (c) enolase.

일련의 단백질이 좋은 사례가 된다(Box 9.3 참조).

효소가 진화함에 따라 다음과 같이 변경될 수 있다:

- 운동 매개 변수(kinetic parameter)의 변경
- 기질 특이성의 변경
- 촉매되는 반응의 변경
- 제어 메커니즘의 변경

촉매 작용의 일반적인 메커니즘은 유지된다.

서로 다른 종간의 대사 경로를 비교할 때, 단백질 기능이 진화하는 데 따른 일반 원리를 이해하는 것이 가장 중요하다.

효소 활성 제어

대사 경로의 원활한 작동을 위해서, 효소 활동 전체를 조절하는 것이 중요하다. 동역학(kinetics)을 다루는 '고전적인' 효소학에 대한 논의에서는 억제제와 다른자리 입체성 효과(allosteric effector)에 의한 효소 반응 속도의 조절에 대해 논의한다. 그러나 억제(리간드와의 상호작용을 통해 성숙한 효소를 변형하여 효소 활성을 제어하는 것)는 다양한 조절 메커니즘 중 하나일 뿐이다. 잠재적으로 매우 다양한 조절 메커니즘이 있다. 예를 들어, 유전자 발현 혹은 단백질 번역 후 변형(post-translational modification) 수준에서도 조절할 수 있다. 다음 장에서 이에 대해 논의할 것이다.

제어 메커니즘도 진화한다.

변경된 단백질과 신규 단백질의 기능이 진화할 때 구조적 메커니즘

단백질 진화 메커니즘은 분화, 모집과 다양한 단백질의 도메인이 '혼합 및 매칭(mixing and matching)' 방법을 통해 변형 혹은 신규 기능을 갖게 된다.

유전적 분화

매우 유사한 단백질 패밀리에서, 돌연변이가 일어나도 단백질의 기능은 일반적으로 잘 보존되지만, 그 단백질의 특

이성은 변형된다. Box 9.4는 단백질 분해효소 중 트립신 패밀리의 진화에 대해 논의한다.

말산 및 젖산 탈수소효소는 서로 연관된 효소이며, 유사한 반응을 촉매한다. 이들 효소는 초기 생명이 탄생된 이

BOX 9.4 키모트립신 계열 세린 단백질 분해효소의 진화

chymotrypsin-family 세린 단백질 분해효소는 기능이 잘 보존되어 밀접하게 관련된 효소들이 많다. 또한, 매우 다양하게 분화되어 새로운 기능을 갖게 된 상동 단백질도 많다.

포유동물의 소화 효소인 트립신은 양전하를 띤 잔기 Arg 또는 Lys에 인접한 펩티드 결합의 가수분해를 촉매한다. [효소 활성 부위의 표면에 존재하는 틈이 특이성 포켓(*specificity pocket*)을 나타낸다. 이 기질 특이성 포켓은 분리되기 쉬운 결합에 인접한 아미노산 잔기의 측쇄 모양과 전하 분포와 상보적이다.] 인간, 소, 대서양 연어, 심지어 *Streptomyces griseus*를 포함한 많은 종에 유사한 서열, 구조, 기능 및 특이성을 가진 효소가 존재한다(그림 9.8 참조). *S. griseus* 미생물의 효소와 척추동물의 트립신 효소가 매우 유사하다는 점은 수평적으로 유전자가 이동했을 가능성을 시사한다. 3종류의 척추동물 효소에 대해, 각 염기서열 쌍은 정렬에서 64% 이상의 동일한 잔기를 갖고, 박테리아 상동체는 다른 효소와 30% 이상의 동일한 잔기를 가지고 있다; 이 효소들은 모두 매우 유사한 구조를 가지고 있다. 상동 단백질과 분석한 결과에서, 이들 효소는 서로 다른 종에서 *Othologues*이거나 혹은 상동 단백질이다. (다른 박테리아 상동체는 서열이 매우 다르다.)

진화는 또한 같은 종에서 서로 다른 특이성을 지닌 관련 효소를 만들어냈다. 키모트립신과 췌장 엘라스타아제는 트립신처럼 펩티드 결합을 절단한다. chymotrypsin은 크고 편평한 소수성 잔기(Phe, Trp)에 인접하여 펩티드 결합을 절단하고, 엘라스타아제는 작은 잔기(Ala)에 인접하여 펩티드 결합을 절단한다. 특이성의 변화는 특이성 포켓에 있는 잔기의 돌연변이에 의해 영향을 받는다. 또 다른 동일 단백질인 백혈구 엘라스타아제는 식세포 작용과 감염 방어에 필수적이다. 특정 조건에서는 폐기종(emphysema)으로 이어지는 폐 손상의 주요 원인이 된다.

같은 종의 상동 단백질을 파라로그(*paralogue*)라고 한다. 인간의 파라로그인 트립신, 키모트립신, 췌장 엘라스타아제는 음식 소화에 작용한다. 더 먼 관련이 있는 또 다른 일련의 파라로그는 혈액 응고(blood coagulation) 캐스케이드 반응을 조절한다. 모두 단백질 분해효소이지만, 소화 및 혈액 응고에 대한 활성화 및 제어하는 데 필요한 것은 매우 다르다. 그 결과, 단백질 효소 패밀리는 다양해졌으며, 이러한 각 역할에 맞게 특화되는 기능을 갖게 되었다.

제어 메커니즘도 진화한다. 많은 단백질 분해효소는 비활성 형태로 합성되며, 활성 부위를 노출시키기 위해 펩티드 절단에 의해 성숙된다. (악성 단백질 분해효소가 세포 내에서 돌아다니는 것은 좋지 않다.) 그러나 다양한 절단은 소화 및 혈액 응고에 관여하는 단백질 분해효소를 활성화한다. 트립신의 경우, 활성화에는 15개 잔기의 N 말단 펩티드가 절단된다. 트롬빈의 활성화에서, 단백질은 초기 N-말단 근처가 아닌 이중으로 절단되어 전구체 크기의 약 절반이 된다. 또한 트립신과 트롬빈은 다양한 억제제 세트와 상호작용한다. 트립신이 아닌 트롬빈은 알로스테릭 조절을 받는다.

트립신의 일부 상동체 단백질은 완전히 새로운 기능을 갖게 되었다:

- 합토글로빈(haptoglobin)은 단백질 분해 활성을 상실한 키모트립신 호모로그이다. 이는 샤페론 역할을 하여, 원하지 않는 단백질이 응집되는 것을 방지한다. 합토글로빈은 적혈구에서 방출된 헤모글로빈 조각과 긴밀한 복합체를 형성하며, 철분 손실 방지를 비롯한 여러 가지 유용한 효과가 있다
- 라이노바이러스(rhinovirus)의 세린 단백질 분해효소는 단백질 분해(proteolysis)를 위해 활성 부위의 분자 반대편에 있는 아미노산 잔기를 사용하여, RNA 합성에서 개시 복합체를 형성하는 별도의 독립적인 기능을 개발했다. 이는 활성 부위를 수정하는 것이 아니라, 새로운 부위를 생성하는 것이다.
- 세린 단백질 분해효소와 상동적인 하위 단위는 플라스미노겐 관련 성장 인자에 나타난다. 성장 인자 활성에서 이러한 하위 단위의 역할은 아직 알려져 있지 않지만, 필수 촉매 잔류물이 손실되었기 때문에 단백질 분해 기능이 될 수 없다
- 남극 어류의 부동액 당단백질(antifreeze glycoprotein)은 키모트립신과 상동성을 갖고 있다
- 곤충의 '면역' 단백질인 스콜렉신(scolexin)은 감염에 반응하여 혈림프의 응고를 유도하는 세린 단백질 분해효소와 관계가 먼 상동체이다.

키모트립신 계열에서는 밀접하게 관련된 단백질에서 유사한 기능을 가진 구조가 유지되고, 먼 관련이 있는 단백질 중 일부에서는 기능이 점진적으로 분기되는 것을 볼 수 있다.

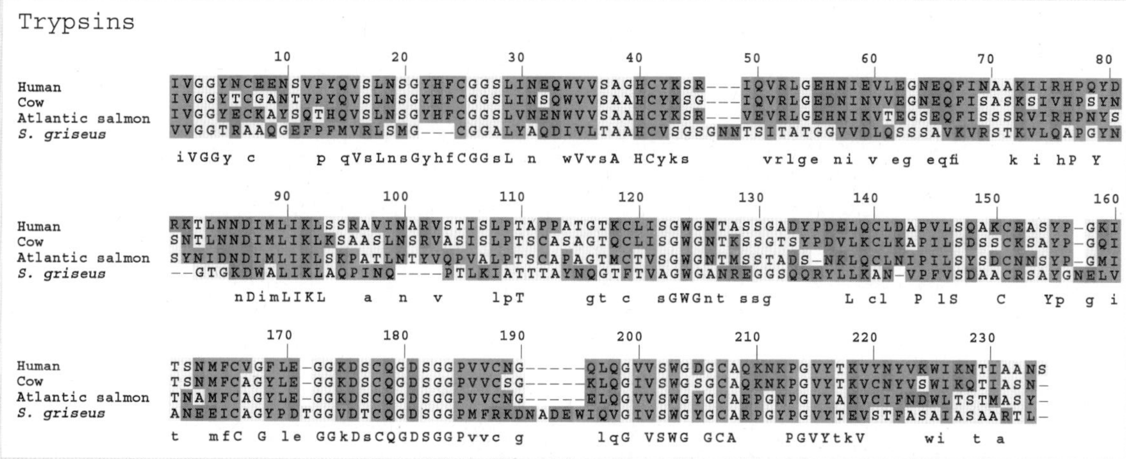

그림 9.8 인간, 소, 대서양 연어 및 *Streptomyces griseus*의 트립신효소의 다중 서열 분석. 블록 아래의 줄에서 대문자는 항상 보존된 아미노산을 나타내고, 소문자는 4개의 서열 중 3개에서 보존된 아미노산을 나타낸다(대부분의 경우에서 *S. griseus*가 예외이지만, 모든 경우에서는 아님).

후 긴 역사 과정의 초기 단계에서, **유전자 중복**(*gene duplication*)을 통해 발생하였으며, 이러한 말산 및 젖산 탈수소효소의 유전자 서열은 다양하게 변화되었다. (유사성을 가진 서열 간 비교를 통해 최적 정렬 분석을 한 결과, 인간의 말산 및 젖산 탈수소효소는 약 20%의 동일한 아미노산을 갖고 있다.) 그럼에도 불구하고, 지정 부위 돌연변이 유발(site-directed mutagenesis) 실험 방법을 통해서, 하나의 아미노산을 변경(Gln→Arg)한 후 분석한 결과, 세균(*Bacillus stearothermophilus*)의 젖산 탈수소효소 기질 특이성이 말산으로 변경될 수 있다는 것을 알게 되었다. (위의 연구 논문의 결과를 혐기성 원생생물인 *Trichomonad*가 읽었을 수도 있다. 그 이유는 이 혐기성 원생생물이 이 효소들의 진화 트리에서 다른 말산 탈수소효소보다는 젖산 탈수소효소에 훨씬 더 유사한 말산 탈수소효소를 개발했기 때문이다.) 사실상, 말산과 젖산 탈수소효소 사이의 관계는 효소 반응에서 어떤 변화가 있다기보다는, 기질 특이성에 더 큰 변화가 있다는 점에서 논쟁의 여지가 있다. 하지만 그들은 다른 EC 분류를 가지고 있다.

이러한 효소군은 변화하는 구조적 특징의 종류와 동일하게 유지되는 특징을 보여준다. 일부 경우에는, 촉매 원자가 분자 공간에서 동일한 위치를 차지하지만, 이를 나타내는 아미노산 잔기는 단백질 서열에서 서로 다른 지점에 위치할 수 있다. 또 다른 경우에는 촉매에 중요한 아미노산 잔기가 공간 내에서 특정 위치에 잘 보존된다. 그러나 촉매에 관련된 아미노산 잔기의 정체와 기능은 다양하다. 이러한 경우, 촉매에 관련된 아미노산 분자가 차지하는 공간 내에 일련의 보존된 기능적 위치가 있는 것 같다.

진화가 더 멀리 진행됨에 따라 몇몇 효소군은 훨씬 더 큰 분화와 차이를 보인다. 크고 다양한 phosphoesterases 효소군에 속하는 Apurinic/apyrimidinic endonuclease 슈퍼패밀리에는 DNA와 RNA를 절단하는 효소도 있고, 지질 인산화 효소도 포함된다. 심지어 촉매 잔기(catalytic residues) 조차도 phosphoesterases 효소군 내의 서로 다른 서브패밀리 사이에서 차이가 있다. 예를 들어, DNA 복구 효소 DNaseI의 기능에 필수적인 His 아미노산은 Exonuclease III에는 보존되지 않는다. 우리는 Enolase의 상동체 유전자를 좀 더 자세히 살펴볼 것이다.

반대로, 많은 기능은 관련 없는 단백질을 통하여 알게 된다. Chymotrypsin과 subtilisin 효소는 수렴진화(convergent evolution)에 의해서, 단백질 분해에 대하여 동일한 촉매 메커니즘을 생성했다(그림 5.20). 이러한 촉매 메커니즘은 자연적인 단백질 분해 활성을 가진 항체를 포함하여 다른 단백질과 공유되었다.

신규 기능 모집

많은 사람들이 단백질의 기능이 변경되려면 단백질의 서열에서 어느 정도 변경이 있어야 하는지 질문한다. 답은 전혀 필요 없다! 다양한 기능을 가진 단백질의 사례는 다음과 같다:

1. 오리의 안구 수정체 단백질(eye lens proteins)은 다른 조직에 존재하는 활성 젖산 탈수소효소 및 엔올라아제와 서열적으로 동일하다. 그러나 안구에서 이들 두 효소는 기질과 만나 반응하지 않는다. 그 이유는 오리의 안구에서, 두 효소는 구조적 및 광학적 기능을 제공하기 위해 모집된 경우이기 때문이다. 다른 조류 안구 수정체 단백질은 효소와 동일하거나 유사하다. 일부 경우에, 촉매 작용에 필수적인 아미노산의 잔기에 돌연변이가 발생한다. 이는 안구에서 이러한 단백질의 기능은 효소가 아니라는 것을 증명한다. 해당 종에서, 안구 내에서의 돌연변이가 일어나 불활성화된 효소로 존재하고, 또 다른 조직에서는 활성을 갖는 효소로 공존한다는 것은 해당 유전자가 복제되었음을 의미한다.
2. 일부 단백질은 다른 파트너와 상호작용해서, 다른 기능을 가진 올리고머를 생성한다. 대장균에서 자체적으로 리포에이트 탈수소효소로 기능하는 단백질은 피루브산 탈수소효소, 2-옥소글루타레이트 탈수소효소 및 글리신 절단 복합체의 필수 하위 단위로도 역할을 한다.
3. 단백질 분해효소인 Do는 저온에서는 샤페론으로 기능을 하고, 고온에서는 단백질 분해효소로 작용한다. 그 논리는 적당한 스트레스 조건에서 잘못 접힌 단백질(misfolded protein)을 회수하려고 하지만, 스트레스가 더 높은 조건에서는 포기하고 재활용된다.
4. 인산글루코스 이성질체 효소(=neuroleukin = 자가분비 운동성 인자 = 분화 및 성숙 매개체)의 활성은 위치에 따라 다르다. 이 단백질은 세포질에서는 해당효소(glycolytic enzyme)로서 기능한다. 그러나 세포 밖에서는 신경 성장인자 및 사이토카인 기능을 한다.

진화 과정에서, 분화와 모집이라고 하는 방법을 통해서 단백질 서열의 변화가 있을 때, 단백질의 기능에도 변화가 생기는 많은 사례들이 있다. 오리의 안구 수정체 단백질이나 인산글루코스 이성질체 효소(phosphoglucose isomerase)와 같은 단백질이 전혀 서열 변화 없이 새로운 기능을 채택하는 'pure recruitment'의 대표적인 예가 된다. 또한 단백질 서열에서 매우 작은 변화를 통해 단백질의 기능에서 매우 작은 변화가 있는 사례도 있다. (대부분의 사람은 이런 사례를 상대적으로 'pure divergenece'로 생각한다.) 또한 상대적으로 단백질 서열에 작은 변화만 있지만, 단백질 기능에는 큰 변화가 있는 사례도 있다. (대부분의 사람들은 이런 경우를 recruitment로 생각할 것이다.) 그러나 단백질 서열에도 변화가 많으며, 그에 따라서 단백질의 기능도 크게 변경되는 경우도 다수 있다.

도메인의 '혼합 및 조합'

많은 탈수소효소는 많은 반응을 촉매한다. 이러한 탈수소효소의 많은 반응은 NAD^+ 또는 $NADP^+$의 환원과 연결된다. 다수의 탈수소효소는 공통적으로 NAD-결합 도메인(NAD-binding domain)을 갖고 있는 다중 도메인 단백질(일부 다량체도 포함)이다. 또한 촉매 반응에 따라 달라지는 7개의 다른 계열의 다양한 파트너 촉매 도메인(partner catalytic domain)도 갖고 있다.

많은 다른 예시로는, 파트너의 변화 또는 폴리펩티드 사슬을 따라 도메인 순서의 변화만 발생하여도 촉매 반응이 활성화될 수 있고, 제거되거나 또는 수정될 수 있다. 단백질 진화가 새로운 접힘 패턴을 만드는 것보다 기존 구조를 새로운 기능에 적응시키는 것이 훨씬 쉬워 보인다. 도메인 재조합은 신규 기능의 진화에 큰 기회를 제공한다.

촉매 기능을 수정하는 도메인 재조합 외에도, 많은 효소의 진화에는 활성 조절을 목적으로 도메인을 추가하거나 혹은 다량체(multimer)를 형성하는 것이 포함된다. 대부분의 알로스테릭 효소와 헤모글로빈은 3차 및 4차 구조의 결합된 변화를 통해 조절을 달성하는 다중 도메인 단백질 또는 다량체이다. 효소는 원핵생물에서 상당히 단순한 형태로 나타난다. 그러나 진핵생물에서는 활성 조절에 관여하는 도메인이 추가되어 보다 복잡한 형태로 나타나는 것이 매우 일반적이다.

단백질 서열과 구조의 비교 분석 결과, 단백질 내에 존재하는 도메인이 단백질 진화의 중요한 단위임을 보여주었다. 단백질의 도메인은 다른 단백질에서 다른 조합으로 나타난다. 따라서 상대적으로 작은 도메인 패밀리 목록으로부터, 진화를 통해 많은 수의 완전한 단백질을 조립할 수 있게 되었다.

많은 대형 단백질은 서로 다른 단백질에서 서로 다른 조건과 순서로 나타나는 도메인의 직렬 배열(tandem assemblies)을 포함한다(그림 9.9 참조). 유전체 조사에 따르면, 많은 단백질이 다중 모듈형임을 시사한다. 대장균의 4,401개 유전자 중 287개는 2, 3 또는 4개의 도메인을 포함하는 단백질이다. 작은 분자의 대사에 관여하는 510개의 대장균 효소의 구조적 패턴은 전체 또는 부분적으로 213개의 도메인 패밀리로 설명될 수 있다. 완전하게 알려진 단백질 도메인으로 분류될 수 있는 399개 중, 68%는 단일 도메인 단백질이고, 24%는 2개의 도메인을 갖고 있으며, 나머지 7%는 3개의 도메인을 포함한다. 399개 중 4개만이, 4개, 5개 또는 6개의 도메인을 가지고 있다. 서로 다른 도메인 패밀리와 결합에 대한 뚜렷한 선호도가 있다.

다중 도메인 단백질은 genome annotation을 통해 기능을 부과하는 데 특별한 문제가 있다. 그 이유는 단백질의 도메인은 독립적인 기능을 갖거나, 서로 기능을 조정하거나, 하나의 기능을 제공하기 위해 협력적으로 작용할 수 있기 때문이다. 또한 단백질 도메인의 조합과 심지어 순서에 따라 단일 기능이 달라질 수 있기 때문이다. 반면, 일부 경우에서는 특정 도메인이 있거나 또는 단백질의 도메인 조합에 따라서 특정 기능을 갖게 된다. 예를 들어, NAD 결합 도메인은 거의 독점적으로 탈수소효소에서만 나타난다.

알려진 단백질 구조를 기반으로, 약 1,000개의 도메인 슈퍼패밀리를 발굴할 수 있었다. 약 23,000개의 인간 유전자 중, 거의 2/3에 해당하는 유전자가 이러한 알려진 도메인을 갖고 있다. 대략 1,000개 도메인 슈퍼패밀리는 인간 유전자에서 대략 30,000개와 매칭되는 도메인이 있다는 것을 설명해준다.

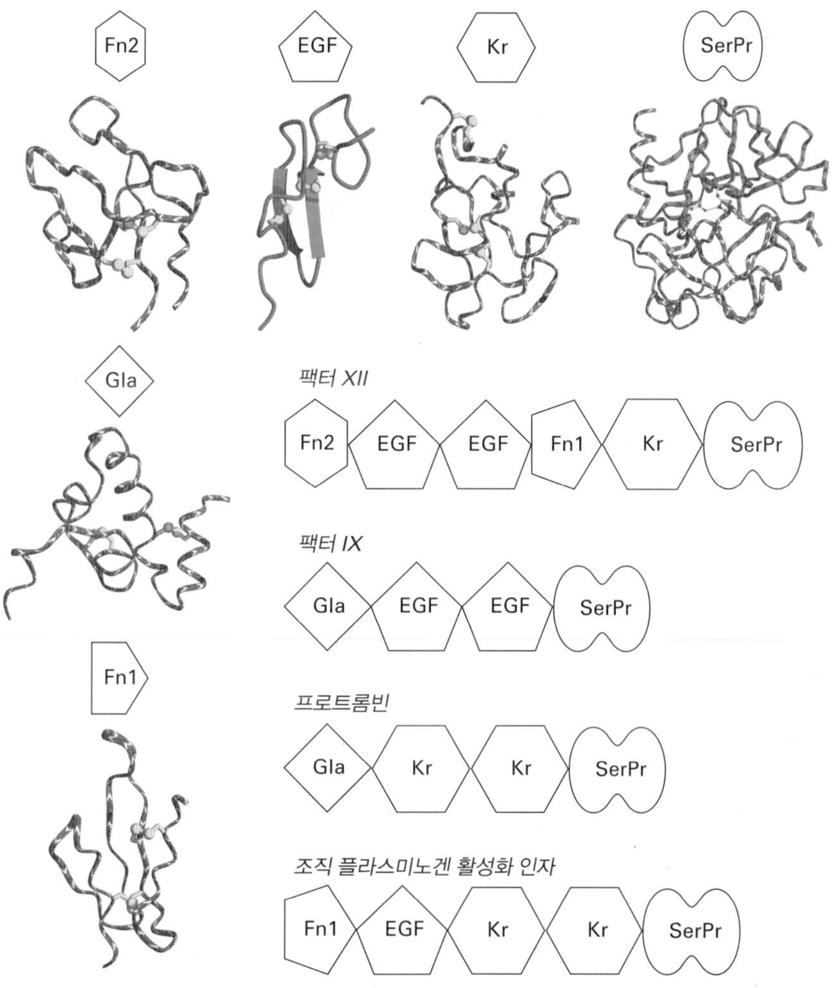

그림 9.9 혈액 응고 과정에 참여하는 여러 단백질이 모듈이나 도메인을 공유하는 구조를 보여준다. 모듈의 구성과 순서는 보존되지 않는다. 각 모듈은 그 자체로 비교적 작은 소형 장치이다. 세린 단백질 분해효소(SerPr)는 구조적 유사성을 지닌 두 부분을 포함하는데, 이는 유전자 복제 및 분화에 의해 발생했지만 거의 항상 따로 볼 수는 없다. (음, 거의 없다.)

알려진 유전자에 의해 인코딩된 도메인의 집단은 고르지 않게 분포되어 있다. 9개의 도메인 슈퍼패밀리가 인간 유전자에서 일치하는 도메인의 20%를 차지한다(표 9.4).

유사한 결과가 다른 진핵생물인 복어, 초파리 및 예쁜꼬마선충의 유전체에도 적용되지만, 순위는 동일하지 않다.

도메인의 분포는 단백질의 기능적 클래스에 따라 다르다. 특정 기능 클래스의 단백질 수는 게놈 크기에 따라 기하급수적으로 증가한다:

$$\text{전사 조절에 관여하는 단백질 수} = \text{상수} \times \text{게놈 크기}^{1.9}$$

$$\text{단백질 생합성에 관여하는 단백질의 수} = \text{상수} \times \text{게놈 크기}^{0.13}$$

표 9.4 인간 게놈에 할당할 수 있는 가장 공통적인 도메인

도메인 종류	인간 게놈의 일치 횟수
CH2 및 C2H2 징크 핑거(zinc fingers)	3,693
면역글로불린	1,778
P-루프 뉴클레오티드 삼인산 가수분해효소	1,024
G-단백질-결합 수용체: 패밀리 A	824
섬유결합 단백질 유형 III	802
EGF/라민	697
카데린	686
단백질 인산화효소	539
PH 도메인	491

출처: Chothia, C. & Gough, J. (2009). Genomic and structural aspects of protein evolution. *Biochem. J.* **419**, 15–28.

서열, 구조 및 기능의 분화에 관련된 대사 경로와 한계점

서열, 구조 및 기능 간의 관계는 이전 절의 예시가 제시하는 것보다 더 복잡하다(그림 9.10 참조). 실제로, 서열이 독특하게 구조를 결정하고, 구조가 유일하게 기능을 결정한다는 단순한 견해를 버려야 한다. 많은 효소는 (1) 다양한 기능을 가지고 있거나, 기질 특이성이나 심지어 촉매 특이성 면에서 다소 무차별적이거나, '은밀하게' 작동하는 경우도 있다. (2) 많은 효소는 유연하거나 심지어 무질서한 영역을 가지고 있다. 이러한 특징들은 동시에 나타날 수 있지만, 반드시 그렇지는 않다.

심지어 서열 차이가 상당히 자연스러운 구조적 차이로 이어진다고 하여도, 민감한 영역에서 작은 구조적 변화는 기능에 중대한 영향을 미칠 수 있다. 이러한 영역은 물론 활성 부위를 포함하지만, 그것에 국한되지 않을 수도 있다. 우리가 말산 및 젖산 탈수소효소의 경우에서 보았듯이, 최소한의 서열 변화만으로도 기능에서 큰 변화가 유도될 수 있다.

더욱이 진화하는 동안, 한 단백질 패밀리에서 분리된 다른 단백질은 독립적으로 새로운 기능을 만들어 내거나 혹은 기능이 손실되었다가 재발견될 수 있다. 이러한 경우, 기능의 유사성이 서열의 유사성을 의미하지는 않는다. 그러한 단백질 패밀리에 속하는 단백질의 서열을 기반으로 만든 계통수와 서로 다른 기능 간의 관계를 설명하는 그래프는 매우 다를 수 있다. 그러한 단백질들은 직접적으로 서로 매핑될 수 없다.

유전자 복제에 의한 진화

1970년 S. Ohno 박사는 유전자 복제(gene duplication)를 통해서 새로운 기능을 확보하는 것이 수월하게 될 것이라고 제안하였다. 한 유전자는 원래의 기능을 보존할 수 있으며, 유전자 복제에 의하여 만들어진 다른 하나는 새로운 기능을 가진 패럴로그(paralouge)로 분화할 수 있다. 사실 유전자의 복제는 흔하게 일어난다. 심지어 유전체 전체가 복제되기도 한다. Ohno 박사의 이론은 과학계에 매우 큰 영향을 주었다.

그럼에도 불구하고, 분화에 대한 진화의 궤적에 관해서 다양한 질문이 있다. 만약 진화가 기능이 없는 중간체(또는 기능이 불필요하여 선택 대상이 아닌 중간체)를 거쳐야 한다면, 이 중간체는 해로운 돌연변이에 취약할 것이다. 이것은 새로운 기능적 효소로 변화하기보다는 유사 유전자(pseudogene)로 바뀌는 것이 더 가능성이 높지 않을까? 물론 단일 돌연변이로 변화가 이루어질 수 있다면 좋겠지만, 그런 경우는 드물 것이다.

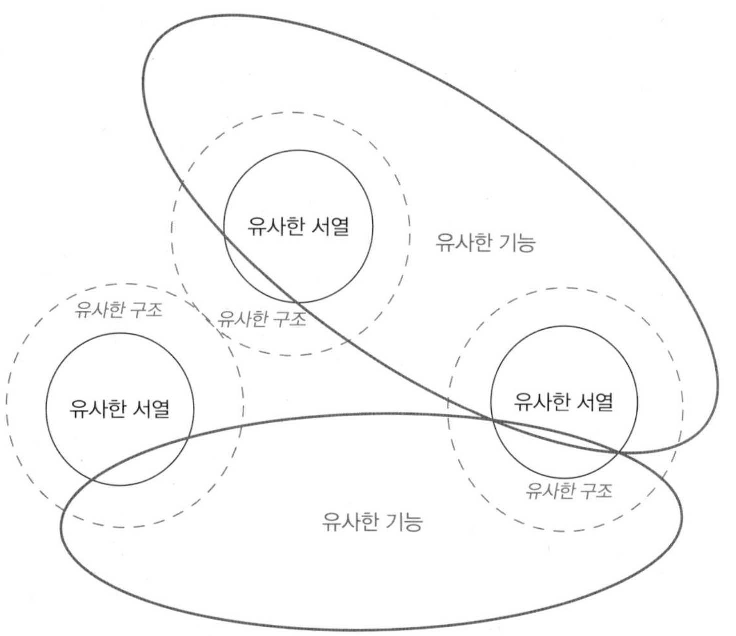

그림 9.10 서열, 구조 및 기능 사이의 관계:

- *유사한 서열을 사용하여 유사한 단백질 구조를 생성할 수 있으며,* 서열의 차이(분화)가 있을 때 점진적으로 단백질의 구조의 차이(분화)도 증가한다;
- *반대로 유사한 구조인데, 매우 다른 서열이 발견되는 경우가 많다.* 많은 경우, 한 단백질 패밀리 내에서의 관계는 단백질 구조에서만 발견될 수 있으며, 이럴 경우 단백질의 서열은 공통의 특징을 알 수 없을 정도로 분화되었다;
- *유사한 서열과 구조는 종종 유사한 기능을 갖는 단백질들을 생산하지만,* 예외도 있다;
- 반대로, *유사한 기능은 구조가 서로 다른 비상동성 단백질(nonhomologous protein)에 의해 수행되는 경우도 있다.* 그 예로는 다양한 종류의 단백질 분해효소, 당 키나아제(sugar kinases), 리실-tRNA 합성효소(lysyl-tRNA synthetases)가 있다.

여러 기능을 가진 효소는 가능한 해결 방법을 제공한다. 어떤 효소가 생리학적으로 필요한 활성 A와 부차적으로 필요하지 않을 수 있는 활성 B를 가지고 있다고 가정하자. 만약 조건이 변해서 활성 A와 B 모두가 필요한 상황이 된다면, 돌연변이와 선택은 두 활성 모두에 대해 효소를 최적화하도록 조정할 것이다. 단일 기능에 대한 최적화와 관련하여 이중 기능을 달성하려면 촉매 효율성을 어느 정도 희생해야 할 수도 있지만, 반드시 그런 것은 아니다. 만약 성장 조건이 변경돼서 활성 B는 필요하지만 A는 필요하지 않은 경우, 그러한 이중 효소는 활성 A와 활성 B에 최적화된 효소 간의 과도기적 중간 형태(transitional form)로 역할을 할 수 있다. 다중 활성 A와 B를 갖는 효소의 유전자 복제는 A 또는 B에 최적화된 패럴로그의 분화가 일어날 수 있다.

이 모델은 새로운 기능 개발을 위한 작동 물질이 이미 세포 내에 존재한다고 가정한다. 반대로, 세포가 다른 곳에서 한 유전자를 수평적으로 유전자 이동시켜서 신규 기능을 획득하는 것도 가능하다.

에놀라아제 슈퍼패밀리에는 다른 반응을 촉매하는 효소들이 있다. 그와 같이 서로 다른 반응을 촉매하는 효소가 동일한 반응을 촉매하는 효소보다 서로 더 유사하다. 이는 그 효소의 활성이 독립적으로 한 번 이상 만들어졌을 가능성이 있다. 따라서 공통 반응을 촉매하는 일부 단백질은 실제로 가까운 친척이 아니라, 관계성이 거의 없는 다른 단백질(유전자)로부터 유래하였을 수도 있다. 이러한 불일치는 서열이나 구조를 기준으로 효소를 분류하는 것이 매우 어려워서, 좌절하고, 분류 시도를 포기하게 된다.

Gerlt와 Babbitt 그리고 그들의 동료들은 네트워크 측면에서 알려진 단백질의 관계를 설명했다. 네트워크에서 이웃은 서열 유사성에 따라 다르다. 그림 9.11의 예제에서, 각 노드는 에놀라아제 슈퍼패밀리의 단백질을 나타낸다. 그 그래프에서 엣지는 두 노드를 연결하는데, 이는 서열 유사성이 임계값을 초과할 때마다(BLAST 연결 E $\leq 10^{-90}$) 생성된다. 단백질의 기능이 알려지지 않은 경우, 해당 노드는 검은색으로 나타낸다. 기능이 알려진 단백질에 해당하는 노드는 회색으로 표시된다. 엣지의 길이는 서열 쌍 간의 거리를 나타내는 척도이다.

그림에는 에놀라아제 자체가 없지만, 너무 많은 서열이 알려져 있기 때문에 압도적으로 커 보일 것이다. 그림 9.11에 나타나는 슈퍼패밀리 구성원은 약 12개의 주요 클러스터로 분리된다. 그중 일부는 거의 별개의 그룹으로 나뉘어져 있으며, 그들 사이에는 연결고리가 거의 없다. 거의 모든 경우에서, 클러스터의 요소는 모두 검은색(알 수 없는 기능)이거나, 단일 회색 음영(알려진 기능에 해당)이다. 이러한 클러스터의 모든 노드가 동일한 기능을 가지고 있다고 가정하는 것이 타당하다. 그러나 예외도 있다! 완전히 검은색 클러스터의 경우에는 클러스터에 속한 모든 단백질 멤버의 기능은 모른다.

에놀라제 자체가 추가된다면, 이 그림은 슈퍼패밀리의 서열과 기능 사이의 관계에 대한 개요를 표시할 것이다. 클러스터를 '잎'(=전체 공통 조상으로부터 멀리 떨어진 노드)

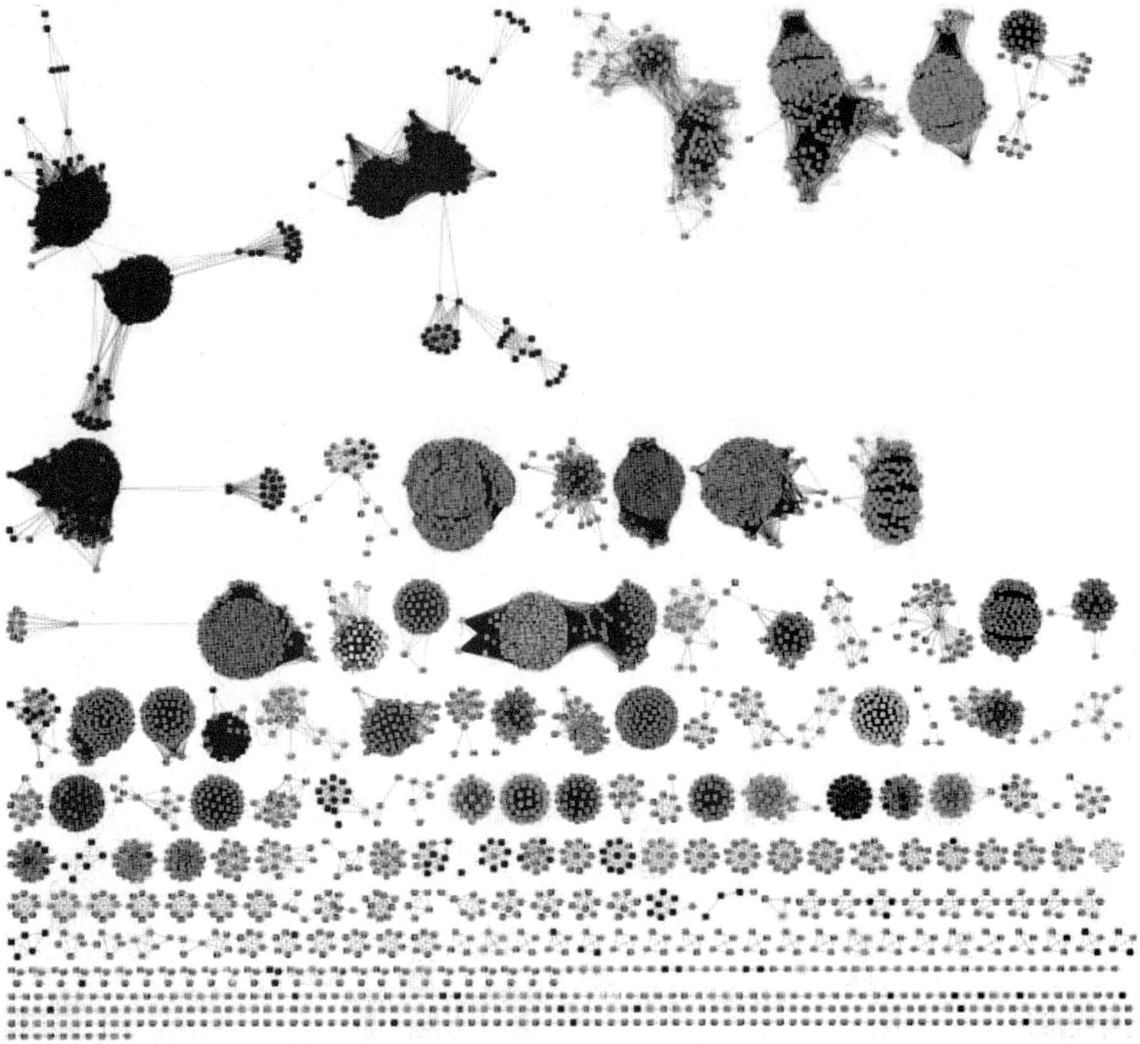

그림 9.11 에놀라아제 하위 그룹을 제외하고, 에놀라아제 슈퍼패밀리 멤버에 대한 서열 유사성을 기반으로 하는 네트워크. 원으로 표시된 각 노드는 단백질에 해당한다. 선(line)으로 표시된 엣지는 서열 유사성 분석 결과 E-값이 ≤ 10^{-90}보다 크거나 같은 노드 쌍을 연결한다. 검은색으로 표시된 노드의 기능은 알려져 있지 않은 반면에, 회색으로 색칠된 노드의 기능은 알려져 있다.

출처: Gerlt, J.A., Babbitt, P.C, Jacobson, M.P. & Almo, S.C. (2012). Divergent evolution in enolase superfamily: strategies for assigning functions. *J. Biol. Chem.* **287**, 29–34.

으로 사용하여 계통수를 그리는 것이 가능할 것이다. 이것은 클러스터의 분화 패턴을 보여준다. 각 클러스터 내에서 서열 동일성은 ≥ 35%이므로, 대부분의 경우 단일 대표 구조를 통해 전체 클러스터의 구조 예측이 가능하다. 이 결과는 알려진 진화 관계의 슈퍼패밀리의 하위 집합 그룹을 보여 줄 수 있다. 다중 서열 정렬과 함께 결합하면, 이 접근법은 슈퍼패밀리 진화에 대한 우리의 지식을 가능한 한 완전하고 명확하게 설명해 줄 것이다.

또한 흥미롭고 중요한 문제에 대한 향후 연구에 초점을 맞추는 방침을 제공할 것이다. 알려진 구조(모든 노드가 검은색)를 갖는 구성원이 없는 클러스터는 조사하기에 좋은 후보이다. 클러스터가 서로 다른 기능을 가진 구성원을 포함하는 특이한 속성을 가지고 있는 경우, 이러한 최소한의 시퀀스 변경이 기능을 어떻게 변경하는지 보는 것은 흥미로울 것이다. 2개 이상의 클러스터가 모두 공통 기능을 표시하는 경우, 이 기능은 서로 다른 계보에서 독립적으로 두 번(또는 그 이상) 발명되었을 수 있다. 이것을 정리하고 잘 분석하면 흥미로울 것이다

데이터와 분석 도구에 대한 포괄적이고 손쉬운 접근을 허용하기 위해서, Babbitt와 동료들은 http://sfld.rbvi.ucsf.edu/django/에서 SFLD(Structure-Function Linkage Database)를 개발했다. 데이터는 서열과 구조적 특징, operative chemistry 간의 관계를 중심으로 구성된다. 웹사이트는 탐색, 정보 검색, 다른 데이터베이스에 대한 링크 주소 이동하기 그리고 그림 9.11에 표시된 것과 같은 네트워크 계산과 같은 대화형 분석(interactive analysis)을 지원한다. 이를 대화식으로 수행하면 다양한 색상 구성표를 선택하거나 노드를 클릭하여 특정 분자에 대한 주석 정보를 검색할 수 있다. 예를 들어, 그림 9.11의 고정된 그림에서는 불가능하지만, 대화형 도구를 사용하여 수행할 수 있는 작업은 네트워크 내에서 특정 분자에 해당하는 노드를 식별하고 가장 유사한 동족체를 결정하는 것이다. 이 사이트에는 소개 비디오를 포함하여 문서와 교육 자료도 풍부하다.

대사 경로 데이터베이스

대사 반응의 전체 집합(full panoply)은 복잡한 네트워크를 형성한다. 네트워크의 **구조**는 대사산물이 노드이고, 기질과 각 반응의 생성물이 가장자리를 정의하는 그래프에 해당한다. 네트워크의 **역학**은 도시의 도로 교통 패턴과 유사하게 모든 개별 링크의 흐름 용량에 따라 달라진다.

대사 네트워크 내의 일부 패턴은 선형 경로이다. 다른 것들은 크렙스(트리카르복실산) 회로와 같은 폐쇄 루프를 형성한다. 많은 경로가 고도로 분기되어 있고, 촘촘하게 연결되어 있다. 그러나 대사 네트워크에는 인식 가능한 클러스터 또는 블록도 포함되어 있다. 예를 들어, 이화(catabolic) 및 동화(anabolic) 반응은 클러스터된 하위 네트워크를 형성한다. 클러스터 내에는 상대적으로 높은 밀도의 내적 연결이 있으며, 클러스터 간의 연결은 상대적으로 적다.

생화학자는 서로 다른 종에서 다양한 효소에 대해 많은 것을 연구하였다. 데이터베이스 BRENDA(www.brenda-enzymes.org)는 촉매 반응에 대한 설명, 미카엘리스 상수 및 V_{max}와 같은 '고전적인' 생화학적 동역학 정보를 포함하여 효소에 대한 정보를 수집하고, UniProt 및 wwPDB와 같은 다른 데이터베이스에 대한 링크를 제공한다.

여러 데이터베이스에는 다양한 생명체의 대사 경로에 대한 정보가 포함되어 있다. 이들은 다양한 데이터 선택과 다양한 구성 모드를 제공하는 다른 데이터베이스에 대한 링크를 통해 이 정보를 일관되고 논리적인 구조 내에서 수집하여 구성한다. EcoCyc은 대장균을 다룬다. 이는 다른 생명체를 다루는 많은 병렬 데이터베이스를 위한 모델이며, 통일된 웹 인터페이스와 연결되어 있다. BioCyc은 'umbrella' 컬렉션이다. KEGG, The Kyoto Encyclopedia of Genes and Genomes에는 여러 생명체의 정보가 있다.

데이터베이스	홈페이지
EcoCYC	http://ecocyc.org
BioCyc	http://www.biocyc.org
KEGG	http://www.genome.jp/kegg/

EcoCYC

EcoCYC는 대장균 K-12 MG1655 균주의 생물학에 대해서 우리가 알고 있는 정보를 나타내는 데이터베이스다. 다음 내용이 포함되어 있다.

- **유전체**: 전장 유전체 서열 및 각 유전자의 위치, 그리고 알려진 기능도 포함
- **전사 조절**: 오페론, 프로모터, 전사 인자 및 이들의 결합 부위

- 대사: 개별 단계의 효소학 세부 사항을 포함한 경로. 각 효소에 대한 반응, 활성제, 억제제 및 소단위 구조
- 막수송체: 단백질과 화물을 수송
- 다른 데이터베이스에 대한 링크: 단백질 및 핵산 서열 데이터, 문헌 참조 및 다양한 대장균 균주의 비교 분석

대장균 대사 네트워크의 작은 하위 집합은 아스파르트산염으로부터 메티오닌을 합성하는 경로다(Box 9.5 참조).

BOX 9.5 대장균(*E. coli*)에서의 메티오닌 합성

이 다이어그램은 L-아스파르트산염에서 메티오닌을 합성하는 7단계를 보여준다(대사물질은 검은색, 유전자는 진한 회색, 효소는 연한 회색). 시스템의 논리를 이해하려면, 반응 순서와 관련된 제어 네트워크(여기에는 표시되지 않음)가 훨씬 큰 네트워크에 내장되어 있다는 것을 염두에 두어야 한다.

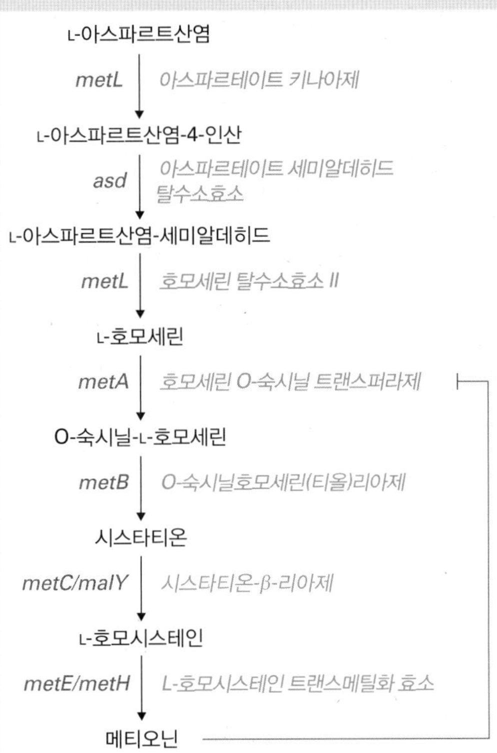

- 첫 번째 단계는 L-아스파르트산염의 인산화 과정이다. 이는 메티오닌, 라이신과 트레오닌의 생합성에 공통 단계이다. 대장균에는 각각 하나의 최종 생산물 아미노산에 특이적인 3개의 아스파르트산염 키나아제가 존재한다. 이들은 동일한 반응을 촉매하지만, 별도의 규제를 받는다.
- 세 번째 단계는 L-아스파르트산염-세미알데하이드를 L-호모세린으로 변환하는 것으로, 메티오닌 및 트레오닌 합성 경로에 공통이다. 2개의 호모세린 탈수소효소 효소가 별도로 인코딩되어 있다. 아스파르트산 키나아제와 호모세린 탈수소효소의 발현 조절은 모든 3개의 경로를 통제하는 데 충분하다.
- 합성된 후, 메티오닌은 S-아데노실메티오닌으로 변환되며, 메틸기 전이에 참여한다. S-아데노실메티오닌은 억제물질을 활성화시킨다. 이는 반응 생성물이 전구체 중 하나를 생성하는 효소와 직접 상호작용하는 고전적인 피드백 억제보다 더 복잡한 형태의 조절을 보여준다. 이 경우, 생성물은 억제제와 상호작용하여 전구체를 생산하는 효소의 발현을 감소시킨다.

EcoCyc 웹 페이지에는 이 다이어그램에 해당하는 정보가 포함되어 있으며, 각 항목들은 활성화되어 있다. 다른 내부 페이지에 링크되어 있으며, 대사산물, 보조인자, 효소, 유전자 및 조절 물질에 대한 정보까지 확장하여 제공한다. 줌인과 줌아웃 기능을 이용해서 좀 더 자세한 내용도 볼 수 있다. 예를 들어, 이전 다이어그램의 내용보다 덜 자세한 내용을 요청하면, 먼저 유전자와 효소에 대한 정보는 제거된 후, 그 다음 경로에서는 중요한 핵심 중간체(critical intermediates) 정보만을 보여주는 개요로 축소된다.

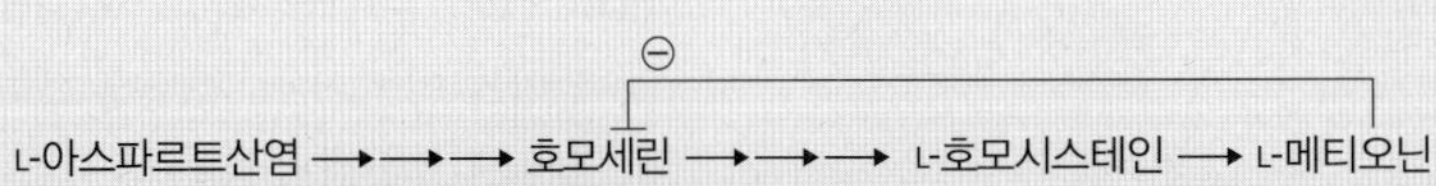

또한 다른 차원에서 탐색할 수 있다. 메티오닌 합성 경로는 더 큰 네트워크에 내장되어 있다. 이들 중 하나는 메티오닌뿐만 아니라 라이신, 트레오닌의 아미노산 합성을 포함하며, 아스파르트산염에서 시작된다(그림 9.12 참조).

독자들은 의도적이든 우연이든 스스로 ECOcyc 웹사이트를 탐색할 것을 권장한다.

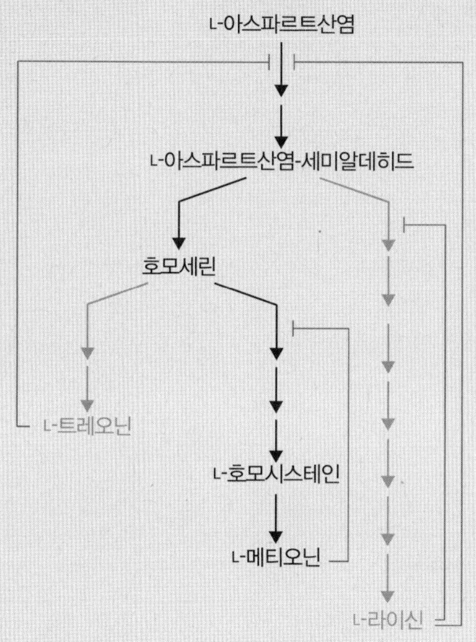

그림 9.12 아스파르트산염 세미알데하이드 브랜치로부터 아미노산 생합성의 경로. 그림 9.12 모식도에서 검은색 경로는 이전 사례에 해당하며, 회색 경로는 직접적인 맥락(immediate context)이다. 아스파르트산염 → 메티오닌으로 가는 경로는 여기에 표시된 네트워크의 하위 네트워크이다. 각 아미노산은 다른 합성경로에 영향을 미치지 않고, 아미노산 합성에 대하여 피드백 억제를 하는 조절 기능을 한다. 트레오닌과 라이신은 모두 세 가지 생성물의 합성의 첫 번째 단계를 개별적으로 억제하는 것처럼 보이지만, 이 단계는 3개의 별도의 아스파르트산염 키나아제에 의해 촉매되므로 전문화된 조절이 가능하다. ('Tees'는 억제 상호작용을 나타낸다.)

유전자와 게놈의 교토 백과사전(KEGG)

KEGG(Kyoto Encyclopedia of Genes and Genomes)는 개별 게놈, 유전자 산물 및 그 기능을 수집하지만, 이 책의 특별한 강점은 생화학적 정보와 유전 정보의 통합에 있다. KEGG는 분자 조립체, 대사 및 규제 네트워크와 같은 상호작용에 중점을 둔다. M. Kanehisa의 지시에 따라 개발되었다. 그림 9.13은 광합성 박테리아의 환원 카르복실산 순환인 KEGG의 경로를 보여준다. (이 경로는 기본적으로 역방향으로 진행되는 크렙스 회로이다.)

KEGG는 5가지 유형의 데이터를 포괄적인 시스템으로 구성한다:

1. 살아있는 세포 내 화합물 목록
2. 유전자 목록
3. 게놈 지도
4. 신호전달 지도
5. Orthologue 표

화합물 및 유전자의 목록(Item 1 및 2)에는 특정 분자 또는 서열에 대한 정보가 포함되어 있다. Item 3인 게놈 지도는 염색체에 나타나는 유전자 자체를 통합한다. 일부 경우에서, 한 유전자가 오페론에 있다는 것을 아는 것이 유전자의 기능에 대한 단서를 제공할 수 있다.

Item 4인 경로 지도는 대사 및 조절 모두에 대한 분자 활동의 잠재적인 네트워크를 설명한다. KEGG에 있는 대사 경로는 가능한 많은 대사 신호전달을 포함하는 것이 목표다. 또한 특정 생명체의 실제 대사 경로를 생성할 수 있는데, 해당 생명체의 단백질을 이미 알려진 기준 경로 내의 효소와 일치시킴으로써 가능하다.

한 생명체에 있는 한 효소는 그 생명체의 orthologue 표(item 5)에 있는 KEGG에 언급되며, 이 표는 그 효소를 다른 생명체의 관련 효소와 연결한다. 이를 통해서, 서로 다른 생명체의 대사 경로 사이의 관계를 분석할 수 있다.

KEGG는 이러한 형태의 정보 사이에 매우 밀집돼서 연결된 네트워크가 큰 장점이 되고, 또한 KEGG 시스템으로부터 접근 가능한 다른 많은 데이터베이스와 추가적으로 연결되었다는 점이 특장점이다. KEGG로 처리할 수 있는 질문 유형의 두 가지 예는 다음과 같다:

- 단순한 대사 경로가 유전자 복제 및 후속 분화에 의해 더 복잡한 경로로 진화한다고 생각되고 있다. 접힘 패턴을 공유하는 일련의 효소 세트에 대한 신호전달 목록을 검색하면, 연결된 패럴로그 정보도 볼 수 있다.
- KEGG를 통해서, 일부 생명체에서 일련의 효소를 가져와서 알려진 대사 경로에 통합될 수 있는지 여부를 확인할 수 있다. 대사 경로의 공백은 효소가 누락되었거나 예상하지 못한 대체 경로가 있음을 뜻한다. 예를 들어, 고세균 시키메이트 키나아제(shikimate kinase)는 박테리아 내에 상동 단백질이 없다(다음 절 참조).

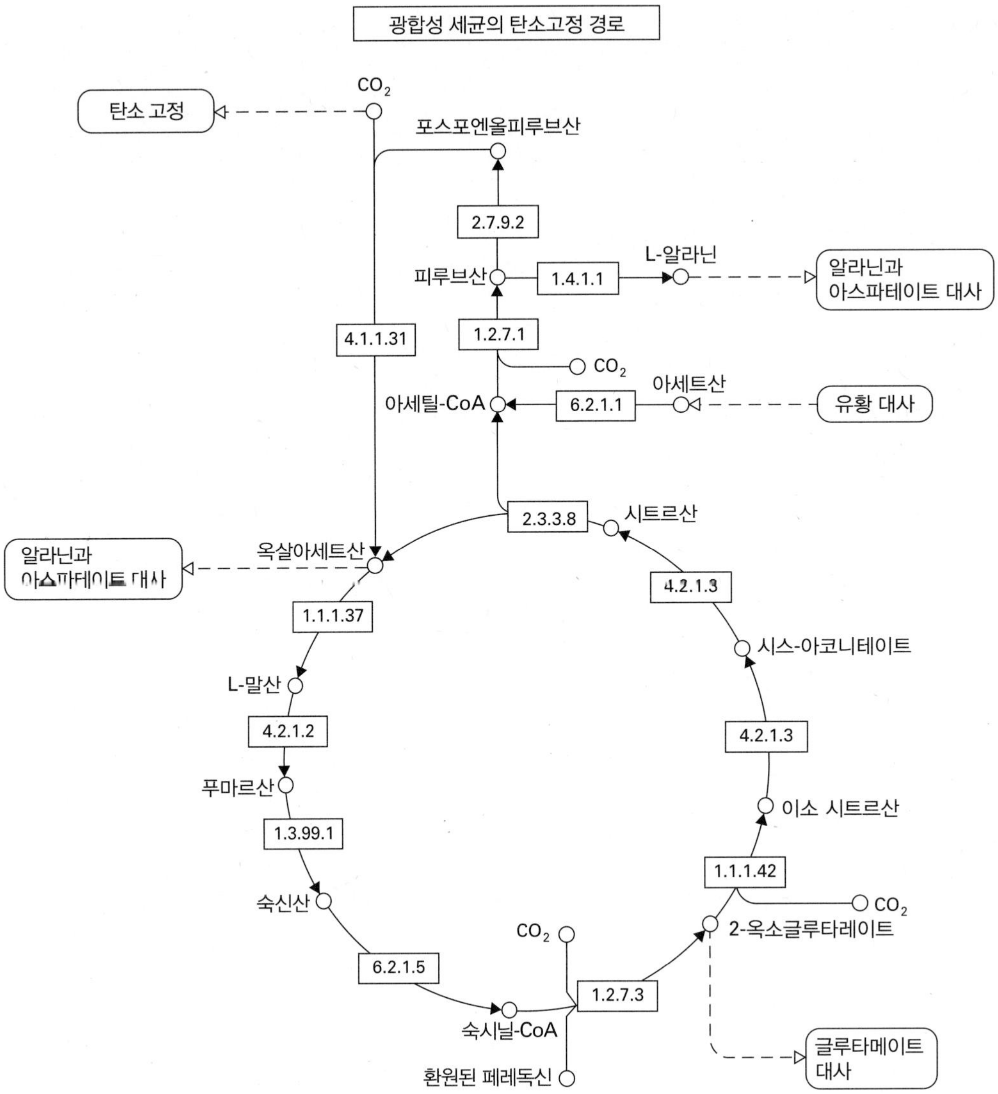

그림 9.13 KEGG로부터 유래한 대사 경로 지도. 이 그림은 환원 카르복실산염 회로(reductive carboxylate cycle)와 다른 대사 과정의 연결을 보여준다. 네모 상자 안의 숫자는 각 단계에서의 반응을 식별하는 EC 번호이다.

대사 경로의 진화와 계통 발생

대부분의 생명체는 많은 공통 대사 경로를 공유한다. 하지만 많은 개인차가 있다.

신호전달 비교

비교 유전체학에서 특히 흥미로운 부분은 다른 생명체의 대사 경로와 비교하는 것이다. 신호전달의 정렬 및 비교는 종간의 경로가 어떻게 갈라졌는지를 밝힐 수 있다. 신호전달이 같더라도 어떤 경우에는 효소가 일치하지 않을 수 있다.

신호전달을 비교하여 유전체 에노테이션을 하는 데 활용할 수 있다. 다른 생명체에서 어떤 기능을 하는지 알려진 단백질의 서열 유사성에 기초하여 종종 단백질의 기능을 부여할 수 있다. 하지만 때로는 다른 단백질들과 몇 가지 유사성이 부족하여, 어느 것이 진정한 상동 단백질인지 분명하지 않은 경우도 있다. 반대로, 한 생명체에는 대사 경로가 있지만, 필수 단계에 중요한 단백질에 에노테이션이 되어 있지 않은 효소가 있다. 이와 같이, 에노테이션이 되지 않은 단백질의 기능을 모를 때, 종종 관련 신호전달 체계와 비교하여 그 단백질의 기능이 무엇인지 유추할 수 있다.

만약 한 대사 경로에 필요한 효소 단백질이 서열 유사성이 높지 않아 정확하게 어떤 효소 단백질인지 알 수 없다면, 그 대사 경로에서 중요한 기능을 하는 비상동적인 효소로 진화되었을 수 있다. 예를 들어, 고세균류에 속하는 한 미생물(*Methanocaldococcus jannaschii*)은 4-dehydroquinate에서 코리스산염을 생합성하는 경로를 갖고 있다. 대사 경로의 대부분 단계에서 특정 기능을 하는 효소들은 박테리아 또는 진핵생물에서도 동일한 기능을 하는 상동체를 갖고 있다. 그러나 shikimate kinase 경우, 염기서열 유사성을 기반으로 동일 기능을 하는 단백질을 찾을 수 없었다. 그 대사 경로가 정상적으로 작동을 하는 것으로 봐서, 미생물 *M. jannaschii*는 shikimate kinase와 동일한 기능을 가진 어떤 단백질을 갖고 있음을 뜻한다. 어떻게 찾을 수 있을까?

비록 박테리아에서는 일반적으로 대사 경로에서 연속적인 유전자는 종종 게놈 내에 오페론에서도 연속되는 경우가 많지만, *M. jannaschii* 미생물의 경우에서는 그렇지 않다. 그러나 chorismate 생합성 경로의 연속된 단계에 관여하는 유전자는 다른 고세균인 Aeropyrum pernix에는 클러스터링되어 있고, 연속적으로 존재한다. 따라서 *A. pernix* 고세균에서 shikimate kinase의 역할을 하는 유전자를 제안할 수 있었고, 동일한 역할을 하는 상동 유전자를 *M. jannaschii*에서도 찾아낼 수 있었다.

실험을 통해 확인된 *M. jannaschii* 미생물의 한 유전자(*MJ1440*)가 shikimate kinase를 암호화할 것으로 예측되었다. 그러나 분석 결과에서, 박테리아 또는 진핵생물의 shikimate kinase와는 서열 유사성이 없었다. 그 이유는 고세균의 해당 대사 경로를 위해 다른 계열의 단백질로부터 하나의 단백질을 모집하여 사용된 것으로 여겨진다.[4]

일부 경우에는 특정 종 또는 스트레인(strain)의 미생물은 변형된 대사 경로를 갖고 있을 수 있다. 예를 들어, 여러 세대의 생화학 학생들이 기억하는 일반적인 크렙스(또는 트리카르복실산) 회로에는 2-옥소글루타레이트(일명 α-케토글루타레이트)가 숙시닐-CoA로 전환되는 과정이 포함되어 있다. 그러나 남세균에는 2-옥소글루타레이트 탈수소효소 효소가 없다. 대신, 그들은 숙신산 세미알데히드를 통해 2-옥소글루타레이트를 숙시네이트로 전환한다(그림 9.14 참조).

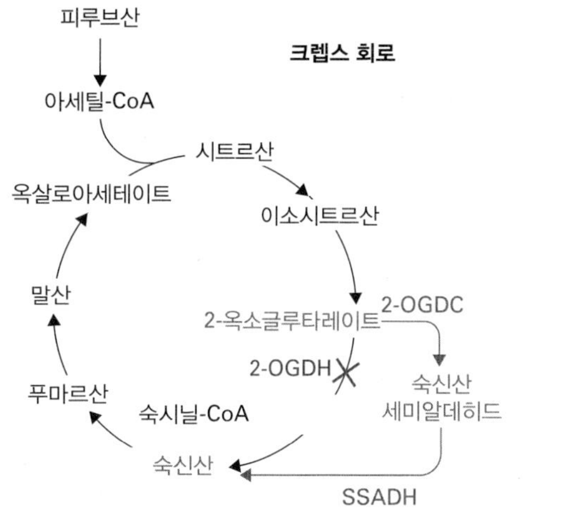

그림 9.14 표준 크렙스 회로와 시아노박테리아의 숙신산 세미알데히드 우회 경로. 2-OGDH = 2-oxoglutarate dehydrogenase; 2-ODGC = 2-oxoglutarate decarboxylase, SSADH = succinic semialdehyde dehydrogenase.

출처: Zhang, S. & Bryant, D.A. (2011). The tricarboxylic acid cycle in cyanobacteria. *Science* **334**, 1551–1553. Reprinted with permission from AAAS.

결국, 시아노박테리아의 크렙스 회로는 잘 알려진 회로와 유사하며, 비교적 아주 미미한 변형과 차이가 있다. 더 극단적인 경우, 다수의 생명체에서는 다른 생명체에는 전혀 존재하지 않는 대사 능력(metabolic competence)을 갖고 있다. 우리는 인간이 아닌 식물이 광합성과 세포벽 형성과 관련된 반응을 위한 효소를 가질 것으로 기대한다.

일부 생명체는 전반적으로 매우 동일한 대사 변형(metabolic transformation)을 이루어내지만, 대체 경로를 사용하여, 다양한 대사 중간산물로 전환되는 경우도 있다. 예를 들어, Embden-Meyerhof 및 Entner-Doudoroff 경로는 포도당에서 피루브산을 생산하는 대체 경로이다(그림 9.15 참조). 종종 여러 생명체는 대사 변형의 여러 단계를 공유하지만, 일부는 그 경로를 확장하거나 단축하기도 한다.

서로 다른 종의 대사 네트워크를 그래프로 비교하고, 그 차이를 양적으로 측정하면 대사 네트워크가 새롭게 분화하는지 여부를 예측할 수 있다(Box 9.6 참조). 우리는 대사 네트워크의 차이와 유전체 서열의 비교를 통해 측정된 종간의 차이가 일치할 것으로 예측된다.

[4] For more details, see companion volume: Lesk, A.M. (2017). *Introduction to genomics* 3rd edn. Oxford: Oxford University Press, pp. 378–379.

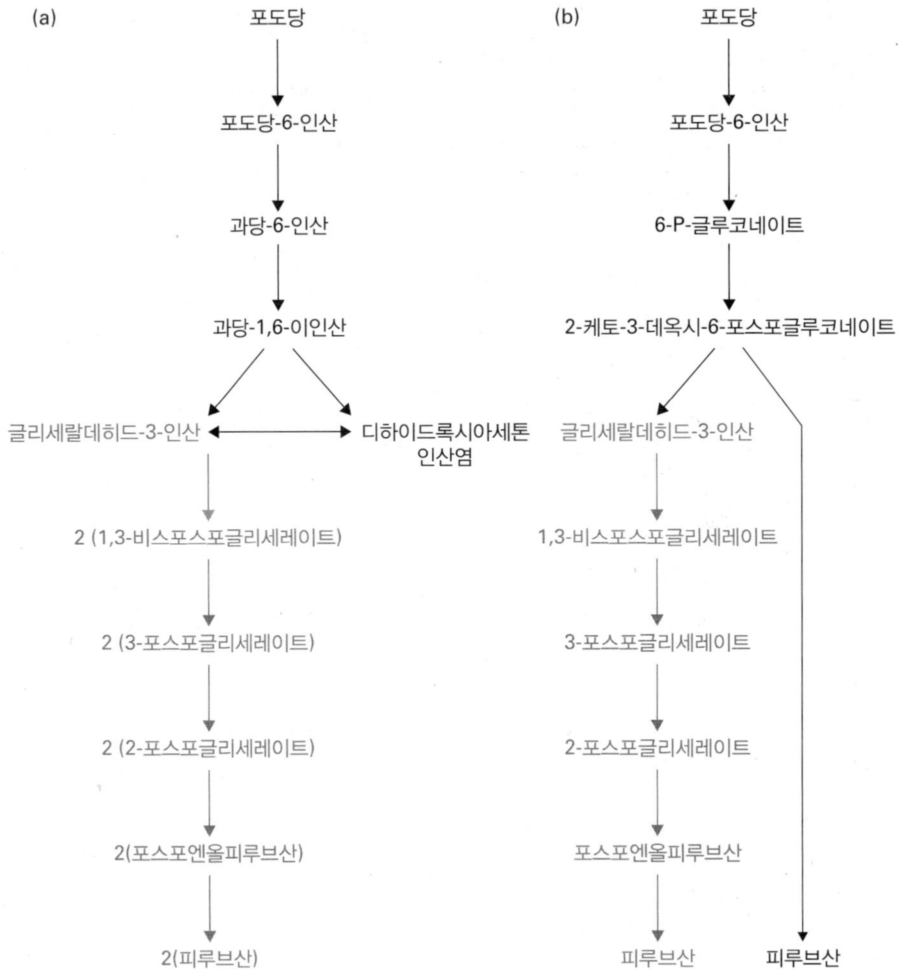

그림 9.15 (a) Embden-Meyerhof 해당작용 경로. (b) Entner-Doudoroff 경로. 포스포글리세레이트 변위효소는 2-케토-3-데옥시-6-포스포글루코네이트를 분해하여 글리세랄데히드-3-인산염과 피루브산 반응산물을 생성한다. 효소에 의해 글리세랄데히드-3-인산염이 피루브산으로 변환되는 것은 2개의 대사 경로(a, b)에서 동일하게 일어난다(회색 분기 참조).

대사 경로의 정렬

대사 경로는 단백질 서열로부터 보다 일반적인 네트워크로 대사 경로를 정렬함으로써, 하나의 개념을 일반화하는 흥미로운 사례를 제공한다.

2개 이상의 문자열의 정렬은 문자열 위치 사이에 상응하는 관계를 기반으로 하여 할당하는 것으로서, 일반적으로 상대적 순서를 유지해야 한다. 상대 순서(relative order)가 보존되어야 한다는 제약 조건은 다음을 의미한다:

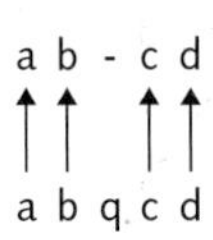

위와 같은 문자열은 허용되는 정렬이지만,

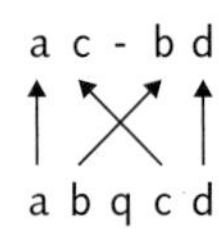

위와 같은 문자열은 허용되지 않는다. 상대적인 순서 제약(relative-order constraint)을 포함한 정렬 개념은 단백질 구조에도 상당히 직접적으로 적용된다. 그 이유는 폴리펩티드 체인의 선형 화학(linear chemistry) 때문이다. 구조적 정렬은 3차원적으로 접근하지만, 여전히 아미노산 서열

BOX 9.6 고균류의 탄수화물 대사

박테리아와 진핵생물에서 포도당에서 피루브산으로의 공통의 경로는 Embden-Meyerhoff 해당작용 경로이다(그림 9.15 참조). Bettina Siebers와 Peter Schönheit는 고세균에서 탄수화물 대사의 대사 경로를 연구하였다. 포도당이 피루브산으로 초기 전환되는 과정에서, 그들은 표준 Embden-Meyerhoff 해당경로나 Entner-Doudoroff 대안 경로와 많은 차이가 있음을 관찰했다.

Pyrococcus furiosus, Thermococcus celer, Archaeoglobus fulgidus strain 7324, *Desulfurococcus amylolyticus* 및 *Pyrobaculum aerophilum*은 modified Embden-Meyerhoff 경로를 사용한다(그림 9.16 참조). *Sulfolobus solfataricus*와 *Haloarcula marismortui*는 modified Entner-Doudoroff 경로를 사용한다(그림 9.17 참조). *Thermoproteus tenax*는 둘 다 사용한다.

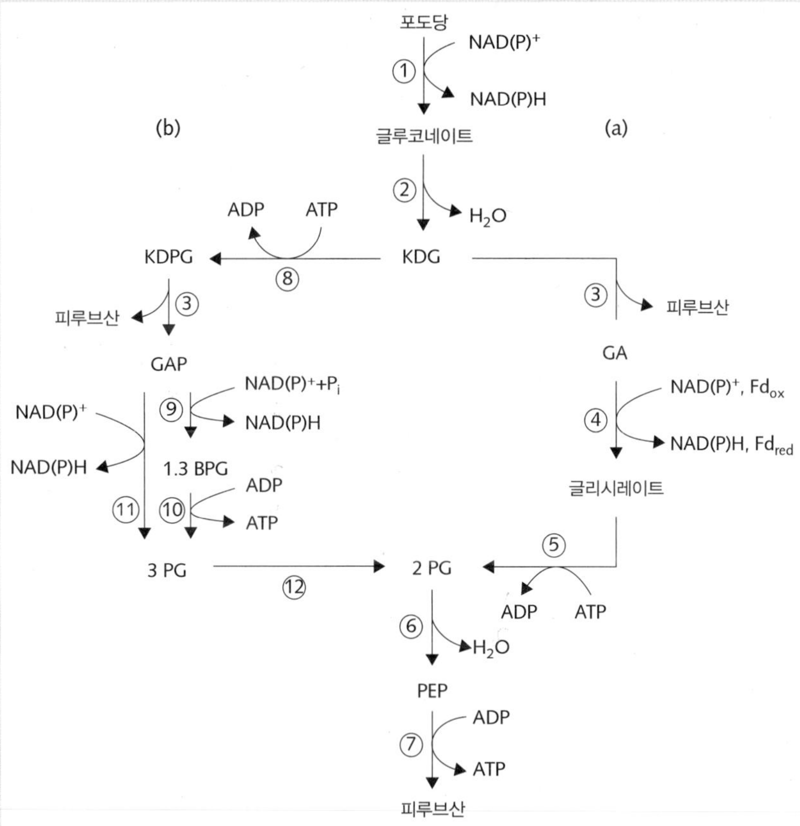

그림 9.16 고균류에서 Entner-Doudoroff(ED) 경로의 수정. (a) Thermoplasma acidophilum에서의 무인산화 ED 경로. (b) 친염성 고세균 반인산화 ED 경로. (a)와 (b)를 결합한 branched ED 경로는 *Sulfolobus solfataricus*와 *Thermoproteus tenax*에서 나타난다. 1,3-BPG, 1,3-bisphosphoglycerate; Fdox and Fdred, oxidized and reduced ferredoxin; GA, glyceraldehyde; GAP, glyceraldehyde-3 phosphate; KDG, 2-keto-3-deoxy-gluconate; KDPG, 2-keto-3-deoxy-6-phosphogluconate; PEP, phosphoenolpyruvate; 2-PG, 2-phosphoglycerate; 3-PG, 3-phosphoglycerate. 효소는 다음과 같이 번호를 붙였다: 1, glucose dehydrogenase; 2, gluconate dehydratase; 3, KD(P)G aldolase; 4, glyceraldehyde dehydrogenase (proposed for *T. acidophilum*, glyceraldehyde:ferredoxin oxidoreductase (proposed for *T. tenax*), or glyceraldehyde oxidoreductase (proposed for *Sulfolobus acidocaldarius*); 5, glycerate kinase; 6, enolase; 7, pyruvate kinase; 8, KDG kinase; 9, GAPDH; 10, phosphoglycerate kinase; 11, GAPN; 12, phosphoglycerate mutase.

대사물질 순서의 차이 외에도, 동일한 반응을 촉매하는 고세균 효소는 거의 항상 세균이나 원핵생물의 효소와 동족이 아니다. 이들 중 많은 효소는 다른 보조 인자를 사용한다. 박테리아 및 진핵생물의 phosphofructokinases(과당 6 인산을 과당 1,6 이인산으로 전환)는 ATP를 포스포릴 공여체로 사용한다. 이 반응을 촉매하는 고세균 효소는 ATP, ADP 심지어 무기 피로인산도 사용할 수 있다. 또한 친숙한 박테리아 효소 중 일부는 알로스테릭(allosteric) 조절을 받는다. 해당 고세균 효소에서는 제어 관계가 유지되지 않는다.

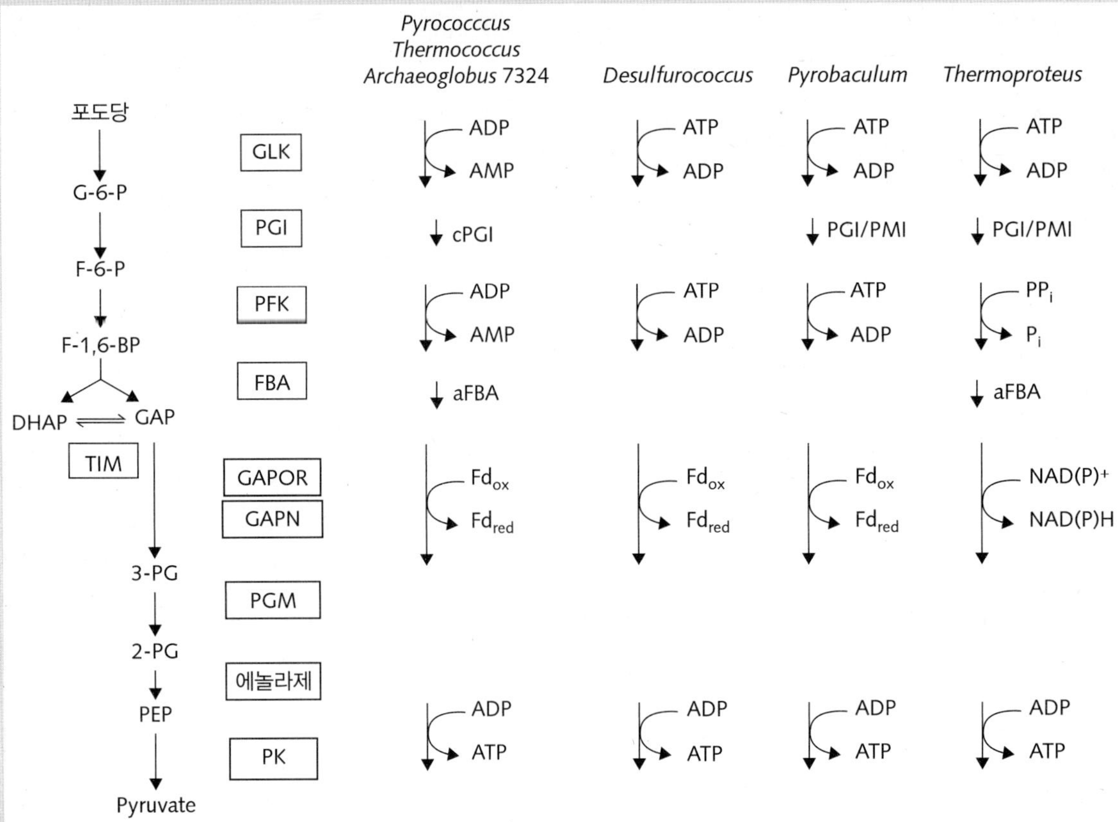

그림 9.17 고균류에서의 Embden-Meyerhof 경로의 수정. 이 경우 대부분의 반응은 수정되지 않은 경로와 동일하다. 효소는 박테리아 및 진핵생물에서 해당(corresponding) 반응을 촉매하는 효소와 동일하지 않다. 보조 인자의 차이에 주목하자. aFBA, archaeal class I FBA; cPGI, cupin PGI; DHAP, dihydroxyacetone phosphate; FBA, fructose-1,6-bisphosphatae aldolase; F-1,6-BP, fructose-1,6-bisphosphate; Fdox and Fdred, oxidized and reduced ferredoxin; F-6-P, fructose-6-phosphate; GAP, glyceraldehyde-3-phosphate; GAPN, nonphosphorylative glyceraldehyde-3-phosphate dehydrogenase; GAPOR, glyceraldehyde-3-phosphate-ferredoxin oxidoreductase; GLK, glucokinase (ADP- or ATP-dependent); G-6-P, glucose-6-phosphate; PEP, phosphoenolpyruvate; PFK, 6-phosphofructokinase; 2-PG, 2-phosphoglycerate; 3-PG, 3-phosphoglycerate; PGI/PMI, bifunctional phosphoglucose/phosphomannose isomerase); PGI, phosphoglucose isomerase; PGM, phosphoglycerate mutase; PK, pyruvate kinase; TIM, triosephosphate isomerase.

에 상응하여 3차원 데이터를 만들 수 있기 때문이다. (예외적인 경우로는 서로 다른 순서로 구성된 상동 도메인으로 이루어진 다중 도메인 단백질이 있을 수 있다.)

하지만, 생물정보학에서 관심을 끄는 많은 개체는 근본적으로 비선형 구조를 가지고 있다. 여기에는 전사 인자 사이의 조절 상호작용 세트와 같은 가장 일반적인 네트워크도 포함된다. 정렬의 개념은 어떻게 일반화될 수 있을까?

대사 경로는 흥미로운 예시이다. 어떤 경로는 선형 순서로 나타날 수 있고, 다른 경로는 고차원적일 수 있다.

정렬에 대한 논의는 대사 네트워크의 정적(static) 및 비정량적인 그림을 다룬다. 변형이 가능하거나 불가능하다. 네트워크에서 해당 단계를 촉매하는 효소가 두 종에서 매우 다른 키네틱(kinetic) 상수를 가지거나, 다른 종류의 조절을 받을 수도 있다. 비록 네트워크의 토폴로지가 동일하더라도, 이 경우에는 네트워크를 통한 동적인 트래픽 패턴이 매우 다를 수 있다. (즉, 그래프가 동형인 경우.)

선형 대사 경로 비교

많은 선형 대사 경로는 일반적인 대사 네트워크에서 발굴하여 활용할 수 있다. 원칙적으로, 선형 대사 경로의 정렬은 모든 다른 서열의 정렬과 정확하게 일치할 정도로 유사도가 높다. (예를 들어, 그림 9.15(a)와 (b)에 나와 있는 것처럼, 포도당에서 피루브산으로의 대체 대사 경로를 예측해서 정렬할 수 있다.) 우리가 잘 알고 있는 친숙한 대사 경로와 전혀 다른 비선형 대사 경로를 정렬하는 데 확장하여 적용할 수 있다.

대사 경로의 여러 단계를 어떻게 규명할 수 있을까? 이는 우리가 탐구하여 알고자 하는 질문의 종류에 따라 다르다.

가장 간단한 형태의 대사 경로는 대사물질의 순서이다. 각 생명체의 각 단계와 연관되는 것은 효소이다. 많은 경우에서, 대사 경로의 여러 단계는 동일한 효소에 의해 서로 다른 종(또는 다른 조직)에서 촉매된다. 하지만 항상 그렇지는 않다. 따라서 한 대사 경로의 여러 단계를 규명할 때, 기질과 생성물 이외에도 효소 정보를 포함하는 것이 흥미로울 것이다. 각각의 효소는 또한 유전자와 연관되어 있다. 예를 들어, 대장균의 트립토판 합성 경로와 같은 일부 경우에는 경로의 연속적인 단계에 해당하는 유전자들이 유전체 내에서 일렬로 배열되어 있다(그림 3.1 참조). 정렬 방법을 통해 이를 알 수 있다.

대사 경로의 진화 연구에서, 각 반응 단계마다 보조 인자와 연결하는 것도 유용할 것이다. 숙시닐-CoA 합성효소 반응은 크렙스 회로에서 숙시닐-CoA를 숙시네이트로 전환한다. 이 반응은 다른 종에서 GDP 또는 ADP의 인산화와 연결된다.

생명체들 사이에는 대사 경로에서 약간의 차이점이 있다는 사실은 상식이다. 비타민은 정의상 대사 경로의 산물이 아니다. 인간과 다른 영장류는 비타민 C를 스스로 합성할 수 없으므로, 비타민 C가 함유된 식단이 필요하다. 대부분의 동물은 비타민 C를 합성할 수 있다. 비타민 C를 합성할 수 없는 생명체(예, 인간과 영장류)는 L-글루네이트를 비타민 C로 전환하는 경로의 마지막 단계를 촉매하는 효소인 L-gulano-γ-lactone oxidase 효소를 갖고 있지 않다. 인간은 비활성된 유사 유전자를 갖고 있다. 영장류에서, L-gulano-γ-lactone oxidase 유전자를 구성하는 많은 부분이 결실되어 있다. 대사 관련 유전자를 서열 정렬법 관점에서 보았을 때, 비타민 C를 합성할 수 있는 생쥐를 사람과 비교 분석한 결과에서, 인간은 비타민-C를 합성할 수 있는 대사 경로가 결핍되어 있음을 알 수 있다.

이화 경로에도 유사하게 적용된다. 퓨린 대사의 최종산물인 질소 배출은 서로 다른 문(phyla)에 있는 다양한 동물마다 다르다(그림 9.18). 물에 대한 접근성이 높은 환경에 서식하는 생명체는 질소 배출을 위해서 더 많은 퓨린 대사 경로를 이용한다. 대부분의 포유류는 퓨린을 알란토인(allantoin)으로 분해한다. 이 알라토인은 요산(uric acid)으로부터 요산 산화효소에 의해 생산된다. 영장류와 달마티안 개는 정상적으로 기능하는 요산 산화효소가 부족하며, 결과적으로 해당 효소의 기질인 요산을 배출한다.

요산은 알란토인에 비해 용해도가 상대적으로 낮으므로, 사람에게서 신장 결석과 통풍을 포함한 여러 임상적인 문제를 유발한다. 약물 알로푸리놀은 하이포크산틴을 크산틴을 거쳐 요산으로 전환하는 효소인 크산틴 옥시다아제를 억제한다. 요산의 전구체인 하이포크산틴과 크산틴은 요산보다 잘 용해되어, 신장에서 훨씬 빨리 배출된다. 또한 하이포크산틴, 크산틴 및 요산이 혼합된 경우, 각 용질은 독립적인 용해도를 가진다. 따라서 동일한 전체 농도의 요산 단독 용액보다 하이포산틴, 크산틴 및 요산의 혼합 용액에서 침전물이 형성될 가능성이 더 적다.

HGPRT 효소는 핵산 합성을 위해 분해된 퓨린을 재활용한다. HGPRT 효소는 하이포크산틴과 구아닌을 AMP와 GMP로 변환한다. HGPRT의 효소 활성이 없으면 요산이 축적되며, 이는 유전 대사 질환인 Lesch-Nyhan 증후군과 관련이 있다. 통풍 및 신장 결석은 흔한 증상인데, 정신지체, 입술 깨물기, 손가락 물기 등과 같은 통제 불능의 행

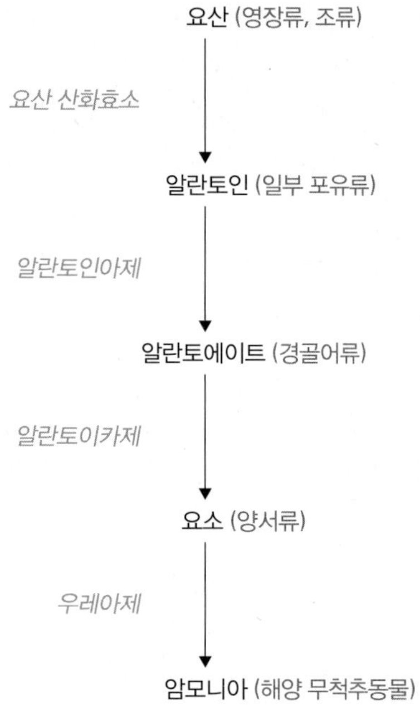

그림 9.18 동물에서의 퓨린 분해: 퓨린 대사 최종 생산물이 배설되는 연쇄 반응 과정.

해양 무척추동물에서, 퓨린은 암모니아로 전환되어 배설된다. 다른 동물문(phyla)은 퓨린 분해 경로를 다양하게 중단시켜서, 요소, 알란토인산, 알란토인 또는 요산을 배설한다. 요산의 상대적인 불용성으로 인해 인간에게서 통풍 및 신장 결석을 유발시킨다. 고요산혈증(hyperuricaemia)은 알로푸리놀 약물을 사용하여 치료할 수 있는데, 이 약물은 크산틴을 요산으로 변환하는 과정을 억제한다.

배설의 대안으로는 하이포크산틴과 구아닌을 뉴클레오티드로 변환하여 핵산 합성에 사용하는 방법이 있다. 이는 하이포크산틴-구아닌 포스포리보실 전이효소(HGPRT)에 의해 이루어진다. HGPRT의 돌연변이는 체내에 요산이 축적되어, Lesch-Nyhan 증후군을 유발한다.

동 증후군도 함께 온다. (Lesch-Nyhan 증후군은 생화학적 결함과 심리적 이상과의 명확한 상관관계를 보여준 최초의 사례이다.)

비선형 대사 경로 비교: 오탄당 인산 경로와 칼빈-벤슨 회로

오탄당 인산 경로와 광합성 과정의 칼빈-벤슨 회로(Calvin-Benson cycle)는 설탕 변환 경로와 함께 대표적인 2개의 대사 경로이다.

포도당 대사는 해당과정 및 크렙스 회로를 통해 진행되며, 포도당 산화를 통해 ATP을 생산한다. 오탄당 인산 경로는 NADPH와 리보스-5-인산을 생산하는 대체 경로이다. 핵산 합성을 위해, 환원력 또는 리보스-5-인산이 필요한 세포는 오탄당 인산 경로를 통해 포도당 대사 과정의 일부를 우회할 것이다. 오탄당 인산 경로의 여러 중간체들은 해당과정으로 다시 전달될 수 있다.

칼빈 벤슨 회로는 광합성 과정에서 CO_2를 고정하는 대사 경로이다. 리불로스-1.5-이인산 카복실라제(RUBISCO) 효소는 CO_2를 리불로스 -1.5-이인산과 연계하여 중간체를 형성한다. 이 중간체는 자발적으로 2개의 글리세랄데히드-3-인산염 분자로 분해된다. 생성된 글리세랄데히드-3-인산염 6개 분자 가운데 5개 분자는 리불로스-1.5-이인산 3개 분자를 재구성하는 데 사용되고, 나머지 하나는 에너지로 수확되어 축적된다. (3탄소 화합물 5개 → 5탄소 화합물 3개.)

오탄당 인산 경로와 칼빈-벤슨 회로는 많은 중간체를 공유한다. 여러 중간체는 각 신호전달 경로에 연결되어 가장 중요한 해당과정과 연결된다.

A. Sillero와 V.A. Selivanov, M. Cascante 박사 연구팀은 이 두 가지 대사 과정의 하위 네트워크의 대사 경로 모식도를 3차원적으로 발표했다. 이는 기존 교과서에서 2차원적으로 발표한 것보다 유사성을 더욱 명확하게 보여준다(그림 9.19 참조).

대사 네트워크의 역학 관계

우리는 지금까지 신진대사 네트워크를 정적 대상(static objects)으로 논의하였다. 네트워크는 종마다 다르지만, 특정 순간에 특정 생리학적 상태에 있는 모든 생명체의 경우 그 신진대사는 고정되어 있다. 그렇다면, 역학(dynamics)은 어떠할까? 신진대사 네트워크 내에서 송수신되는 메시지의 양을 볼 수 있는 트래픽 패턴에 대해 어떤 이야기를 할 수 있을까? 변화하는 조건에 대한 네트워크의 반응은 어떠할까? 견고할까? 그렇다면 이는 어떻게 달성될까?

대사 네트워크의 견고성

이론적으로, 네트워크는 중복성이 안정성을 제공한다는 메커니즘의 확장을 통해 견고성을 달성할 수 있다. 가장 직접

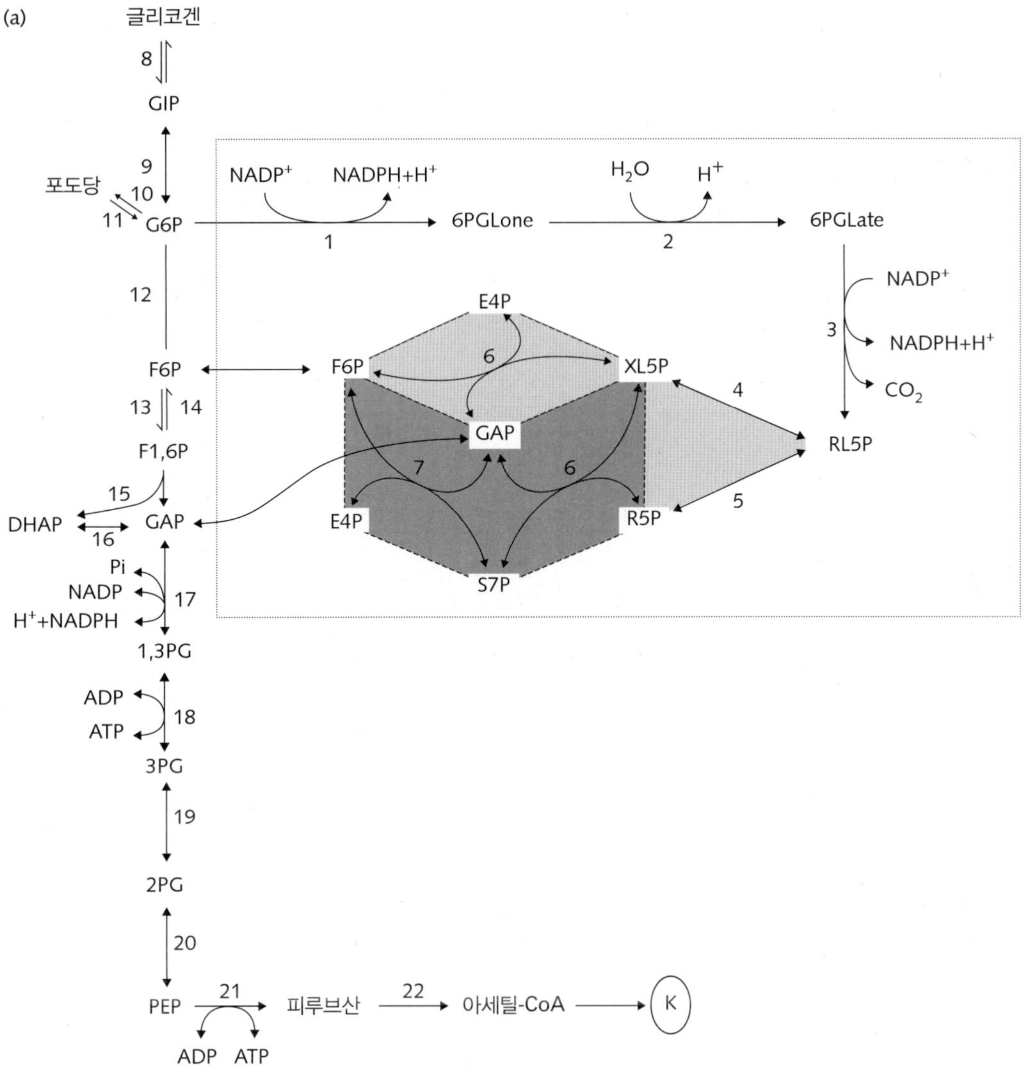

그림 9.19 (a) 펜토스 인산 경로. (b) 캘빈-벤슨 회로. (a)와 (b) 모두 도형 안의 숫자는 다음 효소들을 나타낸다: 1, glucose-6-P dehydrogenase; 2, gluconolactonase; 3, 6-P-gluconate dehydrogenase; 4, ribulose-5-P 3-epimerase; 5, ribulose-5-P-isomerase; 6, transketolase; 7, transaldolase; 8, enzymes acting in the interconversion between glucose 1-P and glycogen; 9, phosphoglucomutase; 10, glucose-6-phosphatase; 11, hexokinase; 12, phosphoglucose isomerase; 13, 6-phosphofructokinase; 14, fructose-1,6-bisphosphatase; 15, aldolase; 16, triosephosphate isomerase; 17, glyceraldehyde-3-P dehydrogenase; 18, phosphoglycerate kinase; 19, phosphoglycerate mutase; 20, enolase; 21, pyruvate kinase; 22, pyruvate dehydrogenase. K represents the Krebs cycle. In part (b): 23, phosphoribulose kinase; 24, RUBISCO; 25, transaldolase, 26, sedoheptulose-1,7-bisphosphatase.

출처: Sillero, A., Selivanov, V.A., and Cascante, M. (2006). Pentose phosphate and Calvin cycles: similarities and three-dimensional views. *Biochem. Mol. Biol. Educ.* **34**, 275–277. Copyright 2006 International Union of iochemistry and Molecular Biology.

적인 접근 방식은 단순한 **대체 중복성**이다: 만약 2개의 단백질이 각각 작업을 수행할 수 있는 경우, 하나가 제거되면 다른 하나가 그 기능을 대신하게 된다. 이는 런던 지하철에서 같은 노선을 달리는 두 번째 라인에 해당한다. 예를 들어, 순환 경로가 운행하지 않을 때 Paddington과 King's Cross 역 사이를 이동하는 승객은 같은 노선을 운행하는 Hammersmith & City 라인을 이용할 수 있다. 효모의 경우에서, 6,200개의 유전자(open reading frames) 중 80% 이상의 단일-유전자 녹아웃이 된 돌연변이도 생존 가능한 수준의 부상이다.

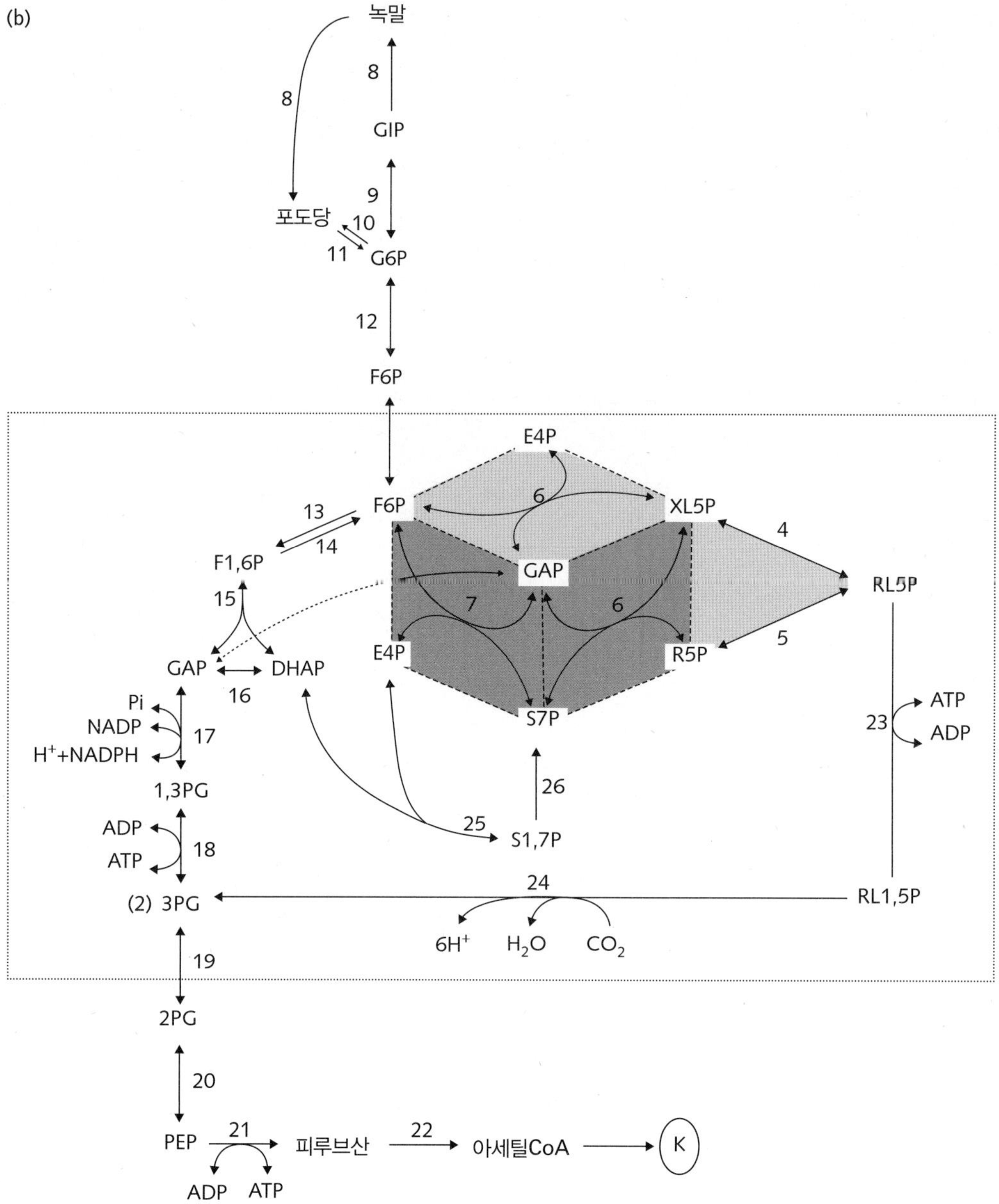

그림 9.19 *계속*

일부 복제된 유전자는 대체 중복성(substitutional redundancy)에 기여한다. 예를 들어, 당뇨병을 연구하는 모델인 생쥐와 쥐(하지만, 인간은 아님)는 비슷한 기능을 수행하지만, 대립하지 않는(non-allelic) 인슐린 유전자 2개를 가지고 있다. 대체 중복성은 정상적인 기능을 보일 뿐만 아니라, 유전자 발현도 잘 이루어져야 한다. 생쥐에서 인슐린 유전자 중 하나를 제거하면, 다른 인슐린 유전자의 발현이 보상적으로 증가하여 정상적인 표현형이 생성된다.

대체 중복성을 제공하는 조화로운 유전자 발현 패턴은 관련 없는 유전자들 보다, 복제된 유전자들 사이에서 나타날 가능성이 높다. 예를 들어, 대장균은 2개의 과당-1.6-이인산 알돌아아제를 갖고 있다. 특정 영양소가 있을 때만 발현되는 한 유전자는 정상적인 성장 조건에서는 필수적이지 않다. 그러나 다른 하나는 필수적이다. 이 경우 기능 중복성은 견고성을 제공하지 않다. 이 두 효소는 상동 유전자일 확률이 높지만, 최근에 유전자 복제에 의하여 만들어진 것이 아니면 먼 친척으로 분류할 수 있다. 하나는 박테리아와 진핵생물에 전형적으로 존재하는 과당-1.6-이인산 알돌아아제 효소 패밀리 중 하나인 반면, 다른 하나는 고세균에 존재하는 또 다른 패밀리에 속하는 알돌라아제 유전자이다. 대장균은 두 가지를 모두 포함하고 있다는 점에서 특이하다.

네트워크 견고성의 대체 메커니즘은 **분산 중복성**이다. 즉, 서로 다른 경로를 통해 동등한 효과를 얻을 수 있다. 정상적인 대장균에서, 대사과정에서 생성되는 NADPH의 약 2/3는 오탄당 인산 우회 경로를 통해 생산되며, 이 과정은 포도당-6-인산 탈수소효소를 필요로 한다. 이 효소에 대한 유전자를 녹아웃하면 대사 변화가 일어나고, 그 후 크렙스 회로에 의해 증가된 NADH가 트랜스수소화효소(transhydrogenase) 반응에 의해 NADPH로 전환된다. 해당 유전자가 녹아웃된 균주의 성장 속도는 모균주의 성장 속도와 비슷하다.

신진 대사의 동적 모델링

대사 네트워크의 역학을 모델링할 수 있을까? 그렇게 한다는 것은 무엇을 의미할까?

상대적으로 단순해 보이는 이 과제는 효소를 녹아웃시키는 효과를 예측하는 것이다. 쉬운 추측은 녹아웃된 효소의 기질이 축적될 것으로 예상하는 것이다. 하지만, 만약 대사 경로가 그 대사물질 주변에서 분기(branch)되면 효소 제거의 결과는 더 복잡해진다. 예를 들어, 페닐케톤뇨증(phenylketonuria)은 페닐알라닌 수산화효소라는 특정 효소의 기능 장애로 인해 발생한다. 페닐알라닌 수산화효소의 정상적인 기능은 페닐알라닌을 티로신으로 변환시키는 것이다. 페닐케톤뇨증에서는 페닐알라닌이 실제로 축적된다. 그러나 과량의 페닐알라닌은 페닐알라닌 트랜스아미나아제에 의해 페닐-피루브산으로 전환된다.

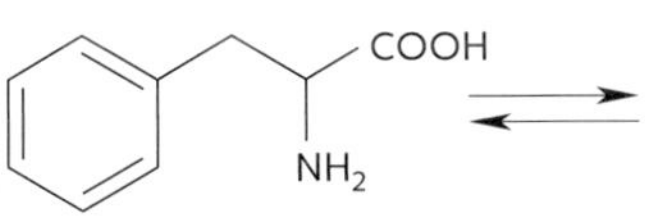

페닐알라닌

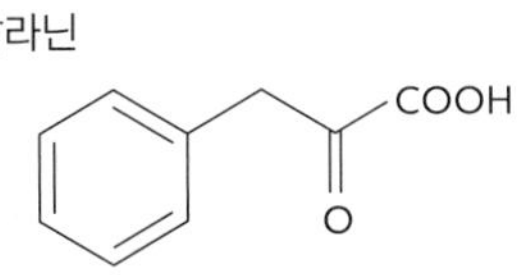

페닐피루브산

따라서 두 화합물 모두 축적된다. 페닐피루브산은 페닐알라닌보다 신장에서 더 쉽게 흡수되지 않아 소변으로 배출되는데, 여기에서 이 질환의 이름이 유래되었다. (페닐알라닌은 케톤이 아니다.)

단일 유전자 녹아웃의 효과를 예측하는 것보다, 더 어려운 것은 '초기 대사물질 농도가 주어진 경우, 시간에 따른 페닐피루빈산 농도를 예측하기 위해' 전체 대사 네트워크를 시뮬레이션하는 것이다. 이 아이디어는 각각의 반응 속도를 예측하고, Michaelis-Menten kinetics와 같은 간단한 모델 혹은 알로스테릭 효소 등의 더욱 복잡한 모델들을 가정해서 종합적으로 취합해야 한다. 이를 위해서는 억제제의 영향을 포함하여 모든 효소의 운동 상수를 정확하게 알아야 한다. 이는 세포를 구획으로 나눠서 생각하고, 혼잡한 세포 간 환경에서 확산 속도 문제를 다루기 위해 '기질 농도(substrate concentration)' 개념을 합리적으로 다룰 수 있는 능력이 필요하다. 장기적인 시뮬레이션을 통해 신진대사를 연구하기 위해서는 전사 조절의 동역학을 알아야 한다. 그 이유는 Michaelis-Menten 방정식과 유사한 간단한 모델이 없기 때문이다. 또한 동역학 매개변수도 정확하게 알아야 하며, 단순화된 가정(예: 정상 상태 근사치)도 문제없이 컴퓨터를 기반으로 계산할 수 있는 능력도 필요하다.

전체 세포의 대사 패턴을 정확하게 시뮬레이션하는 것은 신진대사의 동적 모델링 분야의 분명한 장거리 목표이다. 하지만, 이는 어려운 문제이다. 현재의 접근 방식은 다음과 같다:

- 간단한 네트워크의 상세한 수치 분석을 시도한다. 예를 들어, 대장균의 아스파르트산 → 트레오닌 경로(Box 9.4 참조)에 대한 시뮬레이션은 효소 변환 과정과 억제성 피드백을 일련의 결합 방정식으로 나타내었다.[5] 여기서 유전자 발현 패턴의 변화는 포함되지 않았다. 정상 상태 용액을 세포 추출물로부터 실험적으로 측정한 값과 비교하였다. 다음과 같은 것이 가능하였다:
    - 트레오닌 합성의 시간 경과와 초기 대사물질 농도 변화의 효과를 시뮬레이션해 본다.
    - 중간체의 정상 상태 농도를 예측한다.

[5] Chassagnole, C., Raïs, B., Quentin, E., Fell, D.A. & Mazat, J.P. (2001). An integrated study of threoninepathway enzyme kinetics in *Escherichia coli*. *Biochem. J.* **356**, 415–423.

  - 개별 효소 농도의 변화가 전체 처리량에 미치는 영향을 예측하고, **플럭스 제어 계수**(*flux control coefficients*)로 표현한다. 이러한 데이터는 특정 생성물의 생산량을 증가하기 위해 미생물 공장을 개발하는 데 도움이 될 수 있다. 플럭스 제어 계수는 플럭스의 백분율 변화를 효소 양의 백분율 변화로 나눈 값이다. 효소의 특성이 아니라, 대사 네트워크 내 반응의 특성이다. 1에 해당하는 플럭스 제어 계수는 속도 제한 단계에 해당한다.
  - 대사 경로의 다른 단계에서, 기질과 생성물이 균형에 근접한지를 구별한다.

- 개별 효소에 초점을 두는 게 아니라, 잠재적인 유속 세트에 초점을 둔다. 대사 네트워크를 그래프로 표현한다, 대사물질은 노드이다. 엣지는 다양한 반응에 해당한다: 만약 반응이 있을 경우 또는 다양한 반응(2개의 화합물을 상호 변환하는 반응)이 있을 경우, 엣지는 두 화합물을 연결한다. 목표는 각 엣지를 통과하는 유량을 예측하는 것이다. 최근 그러한 모델은 발현 조절을 포함하도록 일반화되었다. 유속 세트에는 일반적인 제약 조건이 있다:
  - 정상 상태 조건에서, 각 노드의 흐름은 합하여 0이 되어야 한다. 즉, 각 화합물에 대해서, 합성되거나 외부에서 공급되는 양은 소모되거나 분비되는 양과 같아야 한다;
  - 단일 플럭스(single flux)에 기여하는 모든 반응의 플럭스 제어 계수는 1이 되어야 한다;
  - 엣지를 통한 플럭스(flux-유동, 끊임없는 변화)는 엣지에 기여하는 모든 효소에 대한 Michaelis-Menten 매개변수인 V_{max}의 값에 의해 제한된다;
  - 각 반응의 열역학적 특성은 반응이 가역적인지 여부를 결정한다: 이것은 효소가 아니라 기질과 반응의 생성물이 갖는 특성이다; 비가역 반응의 플럭스는 ≥ 0이어야 한다는 점이다.

가능한 대사 상태의 공간이 연결되어 있는지 아니면 분리된 규칙으로 나뉘는지 확인하는 것은 흥미로울 것이다.

일반적으로, 많은 가능한 유동 방식(flow patterns) 또는 대사 상태가 제약조건과 일치한다. 실험적인 분석 결과와 비교할 단일 대사 상태를 결정하기 위해, 실행 가능한 상태에서 ATP 생산 또는 성장 속도에 최적인 상태를 선택할 수 있다. 다양한 관찰 가능한 양은 예측 가능하다.

- 실험배지 또는 유전자 녹아웃의 변화가 미치는 영향: 다양한 탄소원(carbon sources)에서 성장에 필수적인 효소는 무엇인가?
- 성장을 제한하는 요인은 무엇인가?
- ATP의 최대 이론적 수율(theoretical yields) 또는 탄소 동화 등은 무엇인가?
- 개별 경로를 통한 플럭스는 무엇인가? 이것은 측정하기 어렵지만 불가능한 것은 아니다.
- 서로 다른 효소의 플럭스 제어 계수는 무엇인가?
- 최적의 성장을 위해서 얼마나 많은 산소와 탄소원이 흡수되는가?

이러한 모델은 원핵생물 및 진핵생물을 포함한 여러 생명체를 위해 구축되었다. 예측은 일반적으로 실험과 잘 일치한다.

열대열원충(*Plasmodium falciparum*)의 대사 경로 시뮬레이션

말라리아 기생충인 *Plasmodium falciparum*의 대사 경로는 질병의 광범위한 발생률로 인해 관심을 가질 필요가 있다. 매년 500,000~1,000,000명이 말라리아로 사망한다.

*Plasmodium falciparum*은 여러 숙주를 포함하는 복잡한 생활사를 갖고 있다. 말라리아 기생충은 다양한 환경에 대처해야 한다. 숙주와 기생충의 대사체는 상호작용한다. 말라리아 기생충은 이러한 차이에 대처하기 위해 대사 재구성을 거친다.

*Plasmodium falciparum*의 탄소대사의 주요 경로는 해당과정과 5탄당 인산 경로이다(그림 9.20 참조). 인간(*P. falciparum*은 아님)에서, 5 탄당 인산 경로로 이어지는 첫 번째 효소는 포도당-6-인산 탈수소효소이다: 낮은 수준의 이 효소는 말라리아에 대하여 저항성을 어느 정도 부여한다.[6] 말라리아 치료에 사용되는 약용 식물에 존재하는 Ellagic acid는 *P. falciparum*의 해당 효소를 억제한다.

말라리아 기생충 대사의 역동적인 측면을 이해하기 위해, Penkler 연구팀은 *P. falciparum*에서 자세한 해당 작용

[6] See, Lesk, A.M., *Introduction to Genomics* Oxford, Oxford University Press, Box 1.5

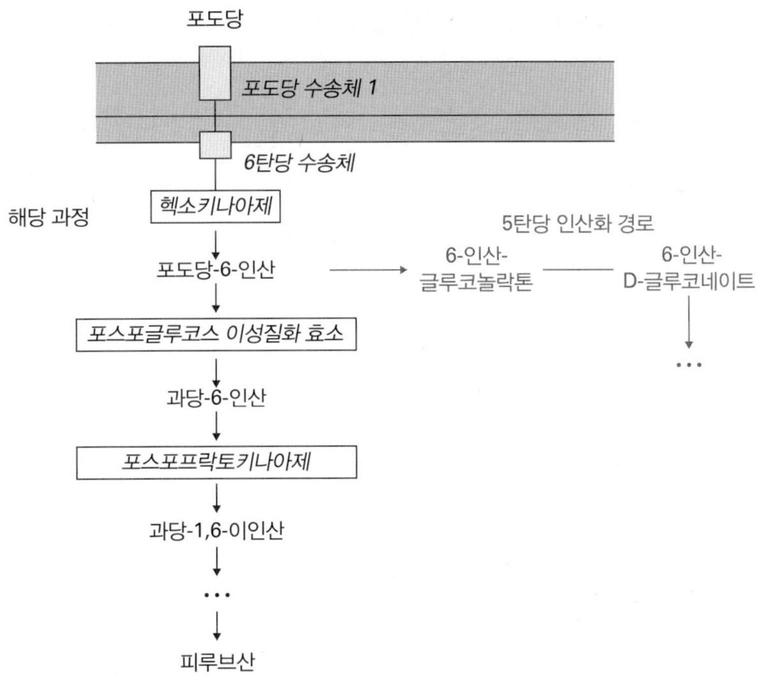

그림 9.20 *Plasmodium falciparum*에서의 포도당 대사. 세포 내로 포도당 흡수, 당분해(검은색), 펜토오스 인산염 경로(회색)의 첫 단계. 사람에서, 펜토오스 인산염 경로를 시작하는 회색으로 표시된 두 단계가 각각 포도당-6-인산 탈수소효소 및 6-포소포글루코놀락토나제에 의해 촉매된다. 그러나 열대말라리아 원충(*P. falciparum*)에서는 GluPho라고 불리는 단일 이중 기능성 효소가 2개의 효소 반응을 촉매한다.

모델을 구축했다.[7] 이 모델은 기질 소비 및 생성물 합성의 속도와 중간체의 농도를 정확하게 설명한다.

이로써 말라리아 기생충의 해당과정을 통한 흐름(flux)을 억제하는 최적의 신약 표적을 예측할 수 있다. 즉, 어떤 단계를 억제해서 속도를 늦추었을 때, 전체적인 처리량을 가장 크게 감소시킬 수 있는지를 예측할 수 있다. 최적의 표적은 포도당 수송체 자체이다; 해당 효소 중에, 헥소키나아제, 포스포프럭토키나아제 및 글리세린알데히드-3-인산 탈수소효소가 선택된다.

인간 대사체 데이터베이스는 선천성 대사 이상 연구 및 암에 대한 임상 적용을 지원한다

선천적 대사 이상은 일반적으로 특정 효소의 기능 장애에서 발생하지만, 촉매된 반응의 기질 및 생성물과 관련된 경로를 따라 전파된다. 일부 효소의 **과잉 활동**으로 인해 선천적인 대사 장애가 발생하는 경우는 훨씬 더 드물다. 예를 들어, 고인슐린증-고암모니아혈증(HI/HA) 증후군은 *GLUD1* 유전자의 돌연변이로 인해 유발된다. 이러한 질병은 제어 메커니즘(ATP 및 GTP에 의한 알로스테릭 억제)에 대한 민감도가 감소된 미토콘드리아 글루타메이트 탈수소효소가 생성되기 때문이다. 이 돌연변이로 인해 효소 활성이 **높아지게** 된다.

또한, 촉매 활성의 교란은 효소 자체의 돌연변이뿐만 아니라 발현 패턴의 변화로 인해서 발생할 수 있다.

암은 세포 증식과 세포의 접착 기능이 교란된 결과이며, 또한 종양세포 대사체가 재프로그래밍되어 나온 결과이다. 일부 대사산물은 암을 유발하는 데 기여한다. 반면, 다른 대사산물은 진단과 치료에 유용한 바이오마커가 된다. 정상 세포와 암세포 간의 대사적 차이를 이해함으로써, 잠재적인 약물 표적을 제시할 수 있다. 문제는 재프로그래밍이 정적이지 않다는 것이다: 즉 암 세포는 진화한다.

1927년에 발표된 Otto Warburg 박사 논문에서, 암이 대사와 상관관계가 있다고 발표하였다. 또한 암세포는 당

[7] Penkler, G., du Toit, F., Adams, W., Rautenbach, M., Palm, D.C. & van Niekerk, D. (2015). Construction and validation of a detailed kinetic model of glycolysis in *Plasmodium falciparum*. *FEBS J*. **282**, 1481–1511.

분해율(포도당을 피루브산으로 전환시키는 혐기성 경로)이 매우 높다는 것도 보고하였다. 건강한 세포는 주로 크렙스 회로(tricarboxylic acid)와 전자 수송 시스템을 통해 활성화된 피루브산을 이용하여 에너지를 생성한다. 이와 대조적으로, 종양 세포는 주로 혐기성 호흡을 통해 에너지를 생성한다.

건강한 세포와 종양 세포 간의 대사 과정에 차이가 있다는 아이디어를 발전시켜서, 최근에는 종양의 성장과 전이를 시작하거나, 촉진하는 **종양 대사산물** 개념에 초점을 맞추게 되었다. 이들 중 일부 종양 대사산물은 특정 유형의 종양과 우선적으로 연관되어 있다. 다음 표에는 그중 일부가 나열되어 있다.[8]

2-히이드록시글루디레이드	신경교종
푸마르산	신장세포암종
숙신산	부신경절종
사르코신	전립선암
아스파라긴	백혈병
콜린	전립선, 뇌, 유방암

이들 중 일부는 포도당의 호기성 소화에 관여한다. 이것은 Warburg 박사의 관찰과 일치한다. 다른 많은 종양 대사물질이 있으며, 이들 중 몇 가지는 특정 유형의 종양과도 관련이 있다. 특정 종류의 종양과 관련된 구체적인 경로를 발굴하기에 충분하다.

[8] Wishart, D.S., Mandal, R., Stanislaus, A. & Ramirez-Gaona, M. (2016). Cancer metabolomics and the Human Metabolome Database. *Metabolites* **6**, 10.

실제로, 데이터는 충분히 방대하고 복잡하기 때문에 이를 활용한 학술 및 임상 작업을 지원하기 위한 데이터베이스가 추가로 필요하다. Human Metabolome Database(HMDB, www.hmdb.ca)에는 대사의 선천적 오류 및 암 대사체학과 관련된 가장 포괄적인 데이터 세트가 포함되어 있다. 여기에는 자체 콘텐츠로부터 정보를 검색하기 위한 도구뿐만 아니라, KEGG와 OMIM을 포함한 다양한 관련 데이터베이스로의 링크도 포함된다. 해당 데이터베이스는 EcoCyc에서와 마찬가지로, '확대/축소' 기능을 포함해서 경로의 그래픽 디스플레이 및 탐색을 위한 특수 도구를 제공한다.

HMDB는 거의 1,000개 경로의 정상 대조군과 질병군의 특성을 구별한다. 여기에는 대사의 선천적인 오류와 암 대사체학이 모두 포함된다. 실제로, 선천적인 대사 오류와 암은 모두 대사체의 교란과 관련이 있으므로, 둘 사이에 상호작용이 있다는 것은 놀라운 일이 아니다. 암의 발달을 촉진할 수 있는 대사의 선천적 오류의 예로는 포도당 대사를 촉진하는 것이 있는데, 이는 암의 '단 것에 대한 욕구'를 충족시킨다. 특정 암에 대한 특정 경향(predisposition)을 부여하는 독특한 유전적 및 생화학적 프로필 데이터는 종양 형성 메커니즘에 대한 연구를 하는 데 큰 도움이 된다.

HMDB에는 암 바이오마커에 대한 자세한 정보와 암 치료에 사용되는 일반적인 약물의 대사과정 및 신호전달 경로에 대한 정보가 포함되어 있다. 이러한 약물 중 다수는 천연 대사산물과 관련된 저분자 화합물이다. 세 가지 유형의 관련 분자는 다음과 같다: 환경의 발암 물질; 내인성 대사산물, 암과 관련된 수준의 변화; 그리고 종양 치료에 사용되는 약물.

연습문제

연습문제 9.1. 효소 메커니즘의 Michaelis-Menten 모델은 기질 농도 [S]와 초기 속도 v_0 사이의 다음 관계를 의미한다:

$$v_0 = \frac{V_{max}[S]}{K_M + [S]}$$

(a) 만약 [S]가 K_M과 같다면, v_0는 $\frac{1}{2}$이다.

(b) 만약 [S]가 K_M보다 훨씬 크다면, v_0는 V_{max}와 같다.

(c) 만약 [S]가 $2K_M$과 같다면, v_0는 $\frac{2}{3}$이다.

연습 문제 9.2. 그림 9.11을 복사한 후, (a) 에놀라아제 효소 단백질 중에서 어떠한 기능도 알려지지 않은 클러스터에 원을 그리시오. (b) 에놀라아제 효소 구성원 중에 적어도 두 가지 다른 기능을 보이는 클러스터에 동그라미를 치시오.

CHAPTER 10

생명체의 조절과 제어체계

생명 과정이 어떻게 구성되고, 통제되는지를 이해하기 위해서, 우리는 유전체학, 단백질체학 및 다른 방법을 통해 얻은 결과를 기반으로 하여 생명체의 구조, 역학, 물질 이송과 궁극적으로는 생명체의 로직(logic)이 통합된 모식도가 필요하다. 세포에 있는 모든 단백질에 대해서, 우리는 그 특정 단백질, 그 단백질의 유전자, 그 유전자의 발현을 조절하는 분자 또는 발현된 단백질의 활성, 그리고 그 단백질과 상호작용하는 일련의 다른 단백질과 작은 분자에 대한 연구 결과를 모두 함께 통합적으로 해석해야 한다. 우리는 유전자 발현체계가 어떻게 구성되어 있고, 전사 활동이 어떻게 조절되는지를 설명하는 메커니즘을 기반으로 하여 제어 네트워크를 만들어 낼 수 있다.

DNA 서열로부터 RNA로 전사되고, 단백질로 번역된 후 변형된다. 또한 단백질 구조와 활성도 조절된다. 세포는 그림 10.1에 제시된 모식도의 각 단계에 많은 조절 메커니즘을 갖고 있다(그림 10.1 참조). 이러한 조절 과정의 일부는 세포의 내부 또는 외부 환경의 변화에 단기적으로 반응한다. 다른 경우는 좀 더 장기간에 걸쳐서 활성을 보이는데, 생물학적(circadian) 그리고 계절적(seasonal) 리듬이 있다. 또한 한 생물체의 일생 동안 전개되는 발달 프로그램이 포함된다.

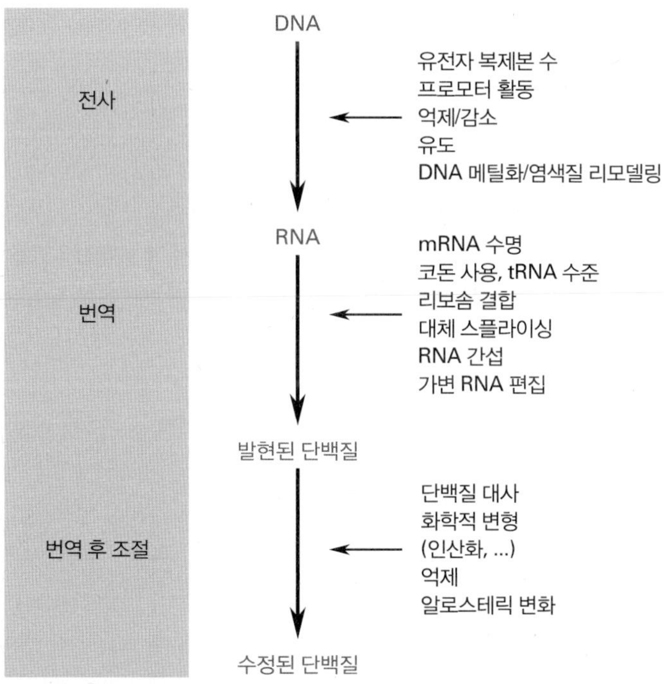

그림 10.1 세포는 DNA로부터 전사, 번역 및 단백질의 수정 및 조절을 수행한다. 이러한 경로의 각 단계에는 여러 유형의 제어 메커니즘이 장착되어 있으며, 세포의 전반적인 활성을 조직화하고 제어한다.

전사체학

전사체는 RNA 분자의 목록과 분포이다. 모든 RNA는 아니지만, 일부 RNA는 mRNA이며, 성숙 단계와 편집 과정 후에 단백질로 번역된다. 비-메신저 RNA(non-messenger RNA)는 매우 다양한 구조, 기능 및 상호작용을 보여준다. 전사체학(transcriptomics)의 목표는 다양한 세포 집단에서 서로 다른 RNA의 정체성과 상대적인 양을 측정하는 것이다. 건강한 상태와 질병 상태에 있는 서로 다른 조직에서 RNA 전사체의 패턴을 비교하거나, 서로 다른 외부 환경에서 다른 생리적 상태로부터 추출한 RNA의 전사체를 비교 분석하거나, 시간에 따른 RNA 전사체 분석을 통해서 다양한 유전자의 발현 양상의 변화를 볼 수 있다(Box 10.1 참조).

인간 유전체의 유전자 서열을 최초로 분석하였을 때, 게놈의 약 1.5%에 해당하는 약 23,000개의 단백질을 코딩하는 유전자만 있는 것으로 나타났다. 유전자의 수는 예상보다 적었다. 면밀하게 분석해도, 초기에 유전자의 수는 너무나 과도하게 추정되었고 믿을 만한 근거도 없었다. 가변 스플라이싱은 단백질의 수가 단백질을 코딩하는 유전자의 수에 제한되지 않는다는 것을 의미한다. (면역체계는 우리 몸에 있는 개별 단백질의 대부분을 생성한다. 하지만, RNA가 아닌 DNA 수준에서 다른 스플라이싱 시스템을 사용한다.) 단백질 외에도, 일부 DNA 영역은 비메신저 RNA 분자를 부호화한다. 비메신저 RNA는 rRNA, tRNA와 유전자 발현을 조절하는 데 활성을 보이는 RNA가 있다.

그럼에도 불구하고, 99% 이상의 단백질을 코딩화하지 않은 DNA(non-protein-coding DNA)의 기능은 미스터리였다. 비록 비암호화 영역 중 일부가 조절 기능을 갖고 있는 영역인 것이 분명하지만, 여전히 많은 양의 'junk' DNA에 대해 논의되고 있다. 왜냐하면, 복어 유전체(*Takifugu rubripes*)는 인간 유전체의 1/8 크기에 불과하지만, 복어는 인간과 비슷한 크기의 단백질 레퍼토리를 가지고 있기 때문이다. 이러한 불균형은 인간 유전체의 상당 부분이 필요하지 않을 수 있음을 시사한다. 복어가 우리 DNA의 7/8 가량이 없이도 생존할 수 있다면, 아마도 이 초과분의 대부분은 junk DNA로 존재할 가능성이 있다. 노벨상 수상자인 Sydney Brenner 생리학 박사는 쓸모가 없어도

BOX 10.1

전사체학의 응용

- *세포 내 상태와 대사 과정 규명.* 원핵생물에서는 세포 상태나 성장 조건에 따라 유전자 발현 패턴이 변하며, 이러한 변화는 포자 생성 또는 유산소(aerobic) 대사로부터 무산소(anaerobic) 대사로 변화하는 과정에서 작용 메커니즘에 대한 단서를 찾을 수 있다. 고등생물에서는 다양한 조직 또는 생리학적, 발생학적 상태 간 발현 패턴의 차이가 분화와 반응성에 대한 생물학적 과정을 밝혀준다.
- *관련 종의 비교.* 인간과 침팬지는 유전체 서열에서 매우 높은 유사성을 갖고 있다. 인간과 침팬지 사이의 큰 형질적 차이가 나타나는 이유는 단백질의 아미노산 서열 차이보다는 조절 수준, 단백질 및 RNA 발현 패턴에 있는 것으로 생각된다.
- *유전적 경고 신호.* 일부 질병은 유전형에 의해 완전히 결정되거나 불가역적으로 결정되는 것이 아니라, 유전자 또는 그들의 발현 패턴과 관련된 질병 발생의 확률과 관련되어 있다.
- *질병의 정확한 진단.* 다양한 백혈병 유형은 유전자 발현의 특정 패턴에 의해 구별될 수 있다. 질병의 정확한 유형을 파악하는 것은 예후 및 최적의 치료를 선택하는 데 중요하다.
- *유전자 기능 결정.* 어떤 대사 경로에 있는 유전자와 유사한 발현 패턴을 보이는 유전자는 해당 경로에 참여할 가능성이 높다.
- *약물 설계를 위한 대상 선정.* 특정 질병 상태에서 발현이 증가하는 단백질은 그 질병의 치료 약물 후보가 될 수 있다.
- *병원체 내성.* 항생제에 민감하고 내성이 있는 박테리아 균주 간의 유전형과 발현 패턴 비교 결과를 기반으로 해서 내성 메커니즘에 대한 단서를 찾아낼 수 있다.
- *유전자 발현의 시간적 변화 추적.* 다음과 같은 조건에서 유전자 발현 패턴을 추적할 수 있다: (1) 병원체 감염 후 반응, (2) 환경 변화에 대한 반응, (3) 세포 주기 동안의 변화 및 (4) 발생 과정에 따른 유전자 발현 패턴의 변화.

보관하는 junk와 쓸모가 없어서 버려지는 garbage를 구별하였다. 그렇다면, 인간의 junk DNA는 복어의 garbage가 되는가?

DNA의 비암호화 영역이 기능을 갖는 데는 두 가지 방법이 있다. 첫째로, 비암호화 DNA 영역이 전사되지 않아도, 염색질 내에서 유전자의 서열-의존적으로 물리적인 상호작용에 관여할 수 있다. 예를 들어, 비암호화 DNA 영역이 단백질 리간드에 노출되거나 혹은 차단될 수 있기 때문이다. 둘째로, 비암호화 DNA 영역이 전사되면 다양한 기능을 가진 RNA를 형성할 수 있으며, mRNA의 성숙, 단백질 합성 혹은 전사 과정을 조절하는 중요한 역할을 할 수 있다.

ENCODE 프로젝트

ENCODE(Encyclopedia of DNA Elements) 프로젝트의 목표는 전체 인간 게놈의 기능을 결정하는 것이다.

전 세계 수백 명의 과학자들이 ENCODE 컨소시엄에 참여하고 있다. 프로젝트 계획은 여러 단계로 구성되었다. 먼저, 인간 게놈의 약 30 Mb의 약 1%를 선택하여 연구하는 파일럿 프로젝트를 통해서 효과적인 방법 개발을 위한 실험대 역할을 했다. 그 후 프로젝트는 전체 게놈으로 확장되었다. 현재, 시스템은 생산 단계에 있다.

modENCODE는 프로젝트를 예쁜꼬마선충과 초파리까지 확대하여 추진하고 있다. modERN(model organism encyclopedia of regulatory networks)은 예쁜꼬마선충과 초파리의 조절 네트워크를 통합하여 연구한다. mouseENCODE는 또 다른 확장이다. *Nature* ENCODE Explorer는 그러한 프로젝트 및 결과에 대하여 접근할 수 있는 Web Access를 제공한다(http://www.nature.com/encode/).

ENCODE 분석 결과의 카테고리는 다음과 같다:

- 유전체에서 전사 조절 단백질과 결합하는 DNA 영역의 조절 부위에 대한 매핑과 사전. 840만 조절 영역은 단백질을 코딩하는 DNA 서열보다 2배 많은 DNA에 해당한다. 단백질과 DNA의 친화력은 다대일(many-to-one)이다. 즉, 많은 단백질이 동일한 조절 영역에 결합할 수 있다;
- 조절 네트워크 구조의 스케치. 유전자 발현을 향상시키거나 억제하는 상호작용에는 피드백 루프를 포함하여 상세하고 복잡한 논리가 있다. 많은 상호작용을 통하여 최종 결정을 하는 데 영향을 준다;
- DNase 1 절단으로부터 보호되지 않는 염색질의 노출 부위 매핑. 이러한 부위는 일반적으로 유전자에 인접한 조절 영역을 표시하고, 유전자의 발현을 조절하는 단백질이 결합하는 부위를 제공한다.

ENCODE는 게놈 전체로부터 발현되는 전사체 데이터를 생산하고, 각 전사체가 세포 내 어디에 위치하는지를 규명하였다. 가장 놀라운 결론은 세포 내의 모든 곳에서 전사가 일어난다는 점이다. 유전체의 3/4에 해당하는 RNA가 검출되었다. 세포는 예상하였던 것보다 더 많은 비암호화 RNA를 갖고 있다. 이들 중 다수는 단백질 코딩 영역에 인접한 영역에서 발생한다. 많은 전사물(transcripts, RNAs)이 가변적인 스플라이싱 패턴을 보여주며, RNAome을 더욱 풍부하게 한다.

이러한 전사물은 어떤 역할을 할까?

일부 과학자들은 기능이 무엇인지 확인하기 전에, 전사체에 기능을 부여하는 것을 회피한다. 문제의 일부는 모종의 기능이 있다고 주장되는 많은 전사물이 포유류 사이에서도 보존되지 않는다는 것이다. 단백질에 적용되는 규칙, 즉 자연은 중요한 것을 보존하지만 중요하지 않은 것은 보존하지 않는다는 규칙이 이러한 전사물에 반드시 적용되는 것은 아니다. 서열—구조—기능과의 상관관계는 RNA와 단백질에서 매우 다를 수 있다. 전사된 영역이 단순한 'junk RNA'가 아니라, 기능을 갖고 있을 것이라는 주장은 세포 특이적인 차별적 발현 패턴을 분석해야 알 수 있다. 또한 발생과 조직이 분화하는 과정 혹은 질병 상태에서 일어나는 전사 과정이 어떻게 조절되는지에 따라 다르다.

이러한 기준에 따르면, 심지어 전사된 많은 유사 유전자도 기능하는 것으로 보인다. 예를 들어, 원래 단백질 코딩 서열에서 유래된 유사 유전자는 전사되어 siRNA로 형성돼서 유전자 발현을 조절하는 기능을 한다. 일부의 경우에, 유전체는 기능성 단백질에 대한 유전자도 갖고 있으며, 또한 상동 유사 유전자가 역방향으로 갖고 있다. 이 상황에서, 유사 유전자가 전사되면 정상 유전자의 전사물은 역상보적(reverse complement)으로 되어 있다. 그러한 두 RNA는 쌍을 이루어서 번역을 억제할 수 있다. 더 나아가서, RNAi 유전자 침묵 과정에서 중요한 단백질인 Dicer는 RNA 이중나선을 siRNA로 조각낼 수 있다. 이들 siRNA를 RNA-유도된 사일런싱 복합체에 혼입시키면 활성 단백질을 코딩하는 유전자로부터 전사된 mRNA를 분해한다. ('메시지가 마음에 들지 않으면, 메신저를 죽여라.')

RNA 서열 결정

RNAseq 대 마이크로어레이

전사체 탐색을 위한 두 가지 주요 기술은 마이크로어레이(microarray)와 RNA 염기서열 분석(RNAseq)이다. 마이크로어레이는 1980년대에 발명되었으며, 한 세대 동안 방대한 데이터를 생산했다. 현재는 RNA 염기서열 분석이 마이크로어레이 기술을 대체하기 시작했다.

RNAseq는 마이크로어레이에 비해서 다음과 같은 장점이 있다:

1. 가장 큰 차이점은 마이크로어레이는 연구자가 찾고자 하는 것보다 미리 명확하고 상세한 조건(specification)을 제시해야 한다는 것이다. 마이크로어레이를 구성하려면, 연구자는 반드시 연구 목적에 맞는 프로브 시퀀스를 선택해야 한다. 비록 많은 연구 목표가 이러한 변이를 발견하는 것임에도 불구하고, 마이크로어레이는 예상하지 못한 표적을 감지하지 못한다. 암은 종종 마이크로어레이가 인식하지 못하는 새로운 유전적 변이를 생성한다. 반면에, RNAseq은 선입견이나 제한 없이 시료에 포함된 모든 정보를 알려준다. 마이크로어레이가 아닌 RNAseq 방법은 신규 돌연변이를 찾아낸다. 예를 들어, 전좌(translocation) 및 전사 후 편집을 발굴할 수 있다. 또한 질병 과정과 관련된 신규 RNA를 발견할 수 있으며, 스플라이스 변이를 식별할 수 있다.
2. 원칙적으로, 염기서열 분석 방법은 각 서열이 혼합된 결과에서 나타나는 빈도를 기록함으로써 RNA 농도를 더 잘 측정한다. 염기서열 분석은 정량적으로 더 정확할 뿐만 아니라, 더 높은 동적 범위를 갖는다.

   비록 RNAseq 방법은 서로 다른 cDNA의 상대적인 양을 정확하게 알려주지만, 서로 다른 RNA 분자로부터 역전사 반응을 통해 생산된 cDNA의 양에는 잠재적인 편향이 있다. 예를 들어, RNA의 내부 2차 구조는 프라이머 결합을 방해할 수 있다. 또한 RNA로부터 역전사 반응을 통해 합성된 cDNA의 서열에 오류가 있을 수도 있다. (이것은 마이크로어레이 실험에서도 동일한 문제이다.)
3. RNAseq을 조정하여 희귀한 전사물을 찾을 수 있다.
4. 하나의 세포 집단이 숙주와 병원체가 모두 포함되어 있을 경우, 두 종류의 전사체를 동시에 측정할 수 있다. 반면에, 특별히 설계된 칩(chip)이 없으면, 마이크로어레이는 숙주로부터 유래한 프로브만 포함할 가능성이 높다.

부분적으로는 이러한 이유로 인해, 몇 년 동안 다양한 논문에서 '마이크로어레이의 종말(The death of microarrays)'이 주장되었다. 이에 대한 당연한 반박은 '마이크로어레이의 죽음에 대한 보고는 지나치게 과장되어 있다'는 것이다.[1] 그럼에도 마이크로어레이 실험 방법은 계속해서 사용되고 있다. 특히 마이크로어레이를 통해 특정 질문에 답하고, 마이크로어레이 기술의 한계가 허용될 수 있는 상황에서는 여전히 유용하다. 마이크로어레이가 적절하고 확립된 기술인 프로젝트는 RNAseq 기술로 전환하지 않을 수 있다. '문제가 없으면 고치지 말아라'의 태도가 중요하다.

DNA 마이크로어레이

DNA 마이크로어레이 또는 DNA 칩은 여러 서열이 존재하는 시료를 동시에 검사하는 장치이다.

기본 개념: 하나의 올리고뉴클레오티드가 알려진 특정 서열을 가지고 있는지 여부를 감지하기 위해서, 상보적인 서열을 가진 올리고에 결합할 수 있는지 여부를 시험해야 한다('일대일' 시험). 혼합물에서 쿼리 올리고(query oligo)의 존재 또는 부재를 감지하려면, 혼합물을 펼친 후 쿼리에 상보적인 올리고에 대한 결합에 대하여 혼합물의 각 구성 요소를 시험한다('다대일' 시험). 이 방법은 노던블롯(northern blot)과 서던블롯(southern blot)에 해당한다. 혼합물에서 많은 올리고의 존재 또는 부재를 감지하려면, 쿼리 목록의 각 시퀀스에 상보적인 올리고 세트를 합성하고, 상보적인 올리고 세트의 각 구성원에 대한 결합에 대해 혼

[1] Mark Twain의 건강에 대한 소문이 돌고 난 후, 이에 대한 언급이 있었다.

합물의 각 구성 요소를 시험한다('다대다' 시험). 마이크로어레이는 '다대다' 시험을 병렬로 수행할 수 있으므로, 효율적인 고처리율(high-throughput) 실험 방법으로 유용하다.

많은 수의 DNA 올리고머가 규칙적인 2차원 배열로 단단한 지지대에 부착된다. 분석할 혼합물을 형광 태그로 준비하면, 하이브리드를 검출할 수 있다. (칩에 고정된 물질이 **프로브**이고, 분석될 시료가 **표적**이 된다.) 프로브를 표적 혼합물에 노출시킨 후, 혼합물의 일부 성분이 부착된 어레이의 각 요소에는 태그가 표시된다. 우리는 배열의 각 지점에서 올리고머 프로브의 서열을 알고 있으므로, 결합된 표적의 위치를 측정하면 해당 서열을 지정할 수 있게 된다. 이 과정을 통해 시료에 있는 구성 요소를 식별한다.

다른 유형의 칩은 고정된 DNA 유형에 따라 다르다.

1. **발현 칩**(*expression chip*)에서, 고정화된 올리고는 알려진 유전자의 mRNA에서 유래한 일반적으로 20−80 염기쌍 길이의 cDNA이다. 목표로 하는 시료는 정상 조직 또는 질병 조직에서 유래한 mRNA가 혼합된 것일 수 있다.
2. **유전체 혼성화**(*Genomic hybridization*)는 유전자의 획득 또는 손실 또는 복제 수의 변화를 감지한다. 칩 위에 고정된 프로브 서열은 알려진 염색체 위치로부터 유래한 genomic DNA이며, 500−5,000 염기쌍 길이를 갖고 있다. 표적 혼합물은 정상 또는 질병 상태에서 추출한 genomic DNA를 갖고 있다. 예를 들어, 일부 유형의 암은 마이크로어레이로 식별할 수 있는 알려진 염색체 결실에서 발생한다.
3. **돌연변이 마이크로어레이**(*Mutation microarray*) 분석은 단일 뉴클레오티드 다형성(SNP)을 검출한다.

마이크로어레이 실험의 결과는 형광의 색상과 강도가 혼성화 결과를 반영하는 이미지로 표시된다. 두 세트의 표적 올리고는 적색 및 녹색 형광단으로 태그가 지정된다. 딱 한 종류의 프로브만 결합되면, 반점이 빨간색으로 나타난다. 다른 프로브만 혼성화되면 반점이 녹색으로 나타난다. 만약 2종류의 프로브가 다 결합되면, 반점이 빨간색 + 녹색 = 노란색으로 나타난다(그림 10.2 참조).

일반적으로, 실험은 2개의 서로 다른 시료, 즉 모든 정보를 알고 있는 대조군(조절) 시료와 처리군 시료의 발현 패턴을 비교분석한다. 연구자는 다른 실험 조건 및/또는 서로

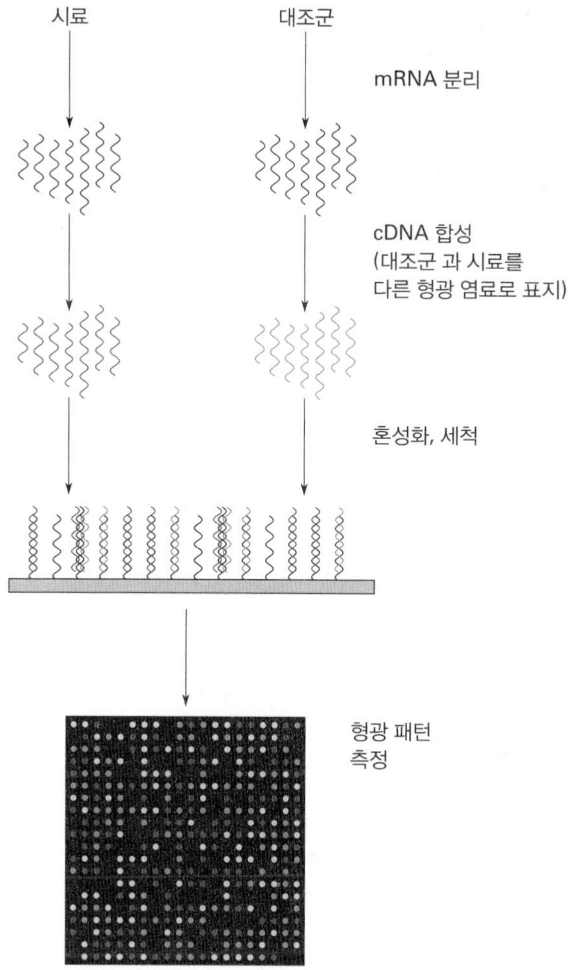

그림 10.2 마이크로어레이 실험 방법의 도식. 분석 대상 시료는 조절 조건과 비교된다. 각각의 실험 재료로부터 mRNA를 분리한 후, 형광 태그가 있는 시약을 사용하여 cDNA로 전환한다. 이때, 비교 대상인 시료와 조절 시료에는 서로 다른 색상의 형광 태그를 부여한다. 마이크로어레이에 혼성화(결합)된 후 결합되지 않은 물질을 세척하면, 결합된 대상 올리고뉴클레오티드가 특정 위치에 나타난다. 빨간색(더 짙은) 점은 분석 대상 시료에서 유래한 올리고뉴클레오티드가 결합했다는 것을 나타낸다. 초록색(더 연한) 점은 대조군 시료에서 유래한 올리고뉴클레오티드가 결합했다는 뜻이다. 노란색(가장 연한) 점은 양쪽에서의 결합을 나타낸다. 여기에 표현된 각 프로브는 지지체에 부착된 파도 모양의 검은색 선으로 나타내어졌지만, 실제로는 단일 올리고뉴클레오티드의 많은 복사본을 포함하고 있다. 정확한 측정을 위해서는 프로브 농도가 목표 농도를 훨씬 초과해야 한다. 만약 빨간색으로 태깅된 표적과 초록색으로 태깅된 표적이 한 지점에 있는 올리고뉴클레오티드 프로브와 상보적이라면, 동일한 위치 내에서 서로 다른 프로브 분자에 결합될 수 있다.

다른 생리학적 상태에서 성장한 생명체를 비교하거나, 서로 다른 생명체의 DNA를 비교하거나, 서로 다른 조직으로 분리한 DNA를 비교하거나, 질병이 있는 환자와 건강한 사

람(대조군)을 비교하거나, 일련의 발달 단계를 비교하고자 한다.

데이터 해석의 초기 목표는 유전자 발현의 양상을 한눈에 볼 수 있는 **유전자 발현표**를 확보하는 것이다. 이 유전자 발현표는 상대적 발현 수준을 보여주는 행렬이다: 행렬표의 행은 서로 다른 유전자를 뜻하며, 열은 서로 다른 시료에 해당한다. 이 유전자 발현 매트릭스는 마이크로어레이 자체의 단순한 '복제 플레이트'가 아니다. 마이크로어레이는 중복 및 대조군이 필요하기 때문에, 마이크로어레이의 여러 지점에서 얻은 데이터는 각 유전자의 상대적 발현양을 측정하는 데에 영향을 준다.

유전자 발현 매트릭스의 요소는 검출된 전사체의 양을 나타낸다. 마이크로어레이는 표적 올리고뉴클레오티드의 농도를 비교할 수 있다. 이를 통해 대조구와 비교하였을 때 변경된 조건(처리구)에 따라 표적 유전자의 발현양이 어떻게 차이가 나는지를 비교분석할 수 있게 한다. 불행하게도 정확도는 낮다. 또한 마이크로어레이에 의해 검출된 mRNA 양이 실제 발현되는 단백질의 양에 정량적으로 반영되지는 않다. 실제로, 보통 mRNAs는 마이크로어레이 분석을 위해서 보다 안정적인 cDNA로 역전사시킨 후에 사용한다. 이러한 역전사 단계의 수율은 일정하지 않다. 따라서 마이크로어레이 데이터는 반정량적이다(semiquantitative). 비록 존재와 부재의 구별이 가능하지만, 통제된 실험에서도 발현의 상대적 수준을 결정하는 것이 더 어렵고, 절대 발현 수준을 측정하는 것은 현재 마이크로어레이 기술의 능력을 넘어선다. 두 시료 사이의 유전자 발현 수준의 변화가 대략 1.5–2배 정도일 경우에는 일반적으로 유의미한 차이로 간주한다.

유전자 발현 매트릭스 분석에 대한 두 가지 일반적인 접근법은 *(1)* **유전자에 초점을 맞춘 비교**; 즉, 발현 매트릭스의 행을 비교해서 서로 다른 유전자의 발현 패턴 분포를 비교; *(2)* **시료에 초점을 맞춘 비교**; 즉, 발현 매트릭스의 **열**을 비교하여 서로 다른 시료의 발현 양상을 비교한다.

1. **유전자에 초점을 맞춘 비교: 유전자 발현 패턴은 시료마다 어떻게 다를까?** 한 유전자가 질병에 관여하거나 변화된 조건에 반응해서 생리적 상태가 변화하는 것으로 알려져 있다고 가정해 보자. 알려진 유전자와 함께 발현되는 다른 유전자는 질병이나 상태 변화에 기여하는 관련 과정에 참여할 수 있다. 보다 일반적으로, 유전자 발현 매트릭스(서로 다른 유전자)의 2개 이상의 행에서 유사한 발현 패턴을 보일 경우, 그들 유전자는 공통적으로 조절을 받고 있다는 것을 시사하고, 아마도 기능적으로 관련이 있어, 물리적으로 상호작용도 할 가능성을 시사한다.
2. **시료에 초점을 맞춘 비교: 시료의 유전자 발현 패턴은 어떻게 다를까?** 다른 시료 사이에서 일관된 차이가 있다면, 이는 그 시료가 나타내는 그룹(class)이 어떤 특징이 있다는 뜻이다. 서로 다른 그룹(예: 병에 걸린 사람과 건강한 사람)의 시료가 일관되게 다른 표현 패턴을 보일까? 그렇다면, 새로운 시료가 주어진 경우 진단에 사용할 수 있다. 관찰된 유전자 발현 패턴을 기반으로 해서 적절한 그룹(class)에 할당한다.

서로 다른 행 또는 열의 유사성을 어떻게 측정할까? 유전자 발현 행렬의 각 행 또는 열은 여러 차원의 공간에서 벡터로 간주될 수 있다. 각 항목이 서로 다른 시료에서 동일한 유전자를 참조하는 행 벡터(행은 유전자에 해당)는 시료 수만큼 많은 요소를 가진다. 각 항목이 단일 시료에서 다른 유전자를 참조하는 열 벡터(열은 시료에 해당)는 보고된 유전자 수만큼의 다양한 요소를 가진다. 서로 다른 행 벡터 사이 또는 서로 다른 열 벡터 사이의 '각도(angle)'를 계산하여 유사성을 측정할 수 있다. 각도가 작을수록 패턴이 더 유사하다.

유전자 벡터와 시료 벡터는 다차원 공간의 점에 해당한다. 차원의 수는 유전자의 수 또는 시료의 수를 뜻한다. 3차원 이상의 공간에서 쉽게 점을 시각화하지 못할 수도 있지만, 기하학에 대한 모든 직관은 잘 작동한다. 예를 들어, 포인트의 하위 집합이 유전자 세트 또는 시료 세트를 특징짓는 높은 상호 유사성을 갖고 있는 자연 클러스터 지점을 형성하는지 여부를 묻는 것은 자연스러운 일이다.

유전자 발현 어레이 분석에서, 클러스터를 식별한 후 유사한 유전자와 시료를 함께 가져올 수 있다. 이는 유전자 발현 매트릭스의 행과 열을 재정렬하는 것과 같다. 결과는 표현 패턴의 차이에 따라서 색상이 지정되어 차트로 표시되는 경우가 많다(그림 10.3 참조).

시료의 출처, 이미 알려진 내용, 알고자 하는 내용에 따라 데이터 분석은 다양한 방향으로 진행될 수 있다.

1. 가장 간단한 사례는 알려진 특성을 지닌 서로 다른 두

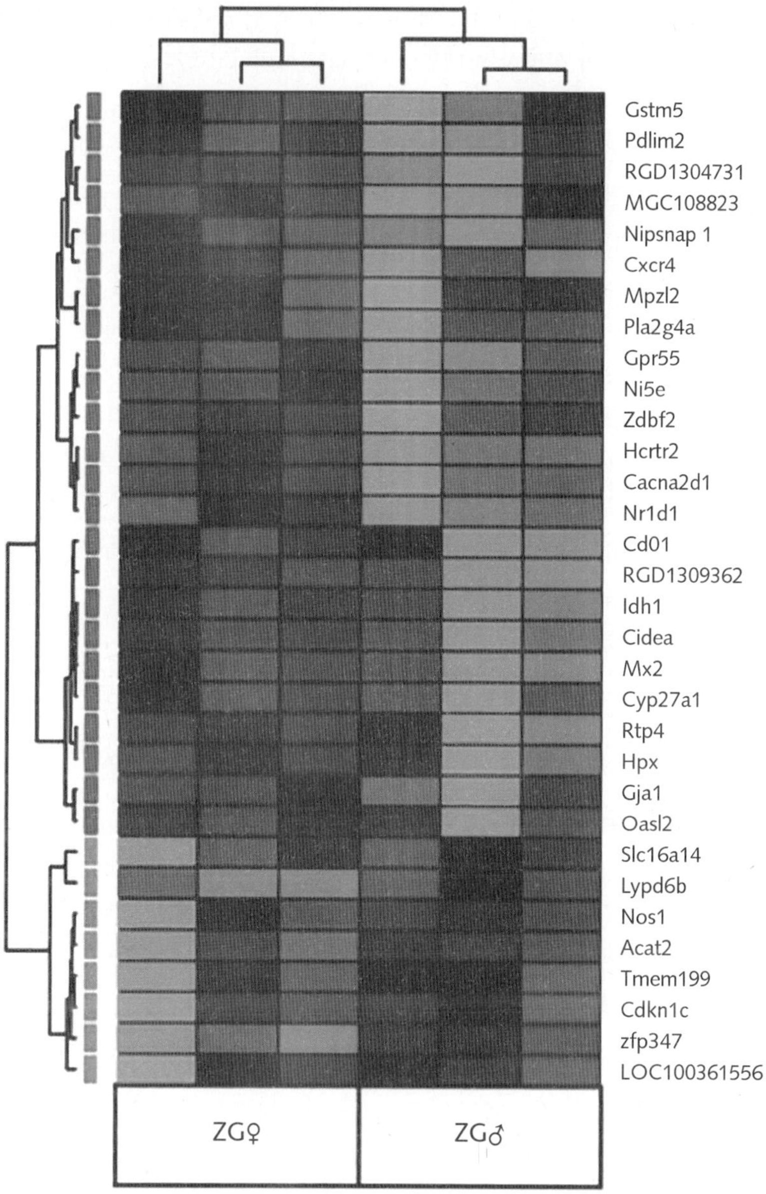

그림 10.3 성인 쥐의 부신 피질은 수컷과 암컷 사이에 크기가 다르고, 호르몬 분비 수준의 기능적 차이와 관련이 있다. Trejter 및 동료들은 부신 피질 내부의 다양한 조직에서 약 27,000개의 유전자에 대한 전체 전사체 분석을 수행하였다. 이 도표는 부신 피질의 외부층인 zona glomerulosa(ZG)에서 수컷과 암컷 간에 발현 차이가 있는 유전자를 도식화한 것이다. 채색된 구역은 상대적 발현이 증가한 것을 나타내고, 줄무늬 있는 구역은 감소한 것을 나타낸다. 마이크로어레이는 약 27,000개의 유전자 중에서 발현 차이가 있는 유전자를 상대적으로 식별할 수 있게 한다. 이 도표에서 데이터는 발현 차이 수준(유전자 벡터, 행에 따라)과 수컷 및 암컷 동물의 발현에 따라 군집화되어 있다(시료 벡터, 열에 따라). 유전자 및 수컷/암컷에 따른 클러스터링은 독립적이라는 점에 주목하자: 열의 배열을 변경하지 않고도 행의 배열을 변경할 수 있으며, 그 반대도 가능하다. 상단과 좌측의 트리는 각각 시료 벡터 및 유전자 벡터에 따른 결과의 유사성을 나타낸다. 상단의 시료-벡터 트리는 수컷과 암컷 쥐의 시료를 분리한다. 유전자 벡터는 스테로이드 생성에 관여하는 유전자의 세 가지 그룹(class)을 보여준다. 차트의 상단에 있는 클러스터링 1과 2는 이온 수송에 관여하는 유전자이다. 군집 3에 있는 유전자는 호르몬 반응에 관여한다.

출처: Trejter, M., Hochol, A., Tyczewska, M., Ziolkowska, A., Jopek, K., Szyszka, M., Malendowicz, L.K. and Rucinski M. (2015). Sex-related gene expression profiles in the adrenal cortex in the mature rat: microarray analysis with emphasis on genes involved in steroidogenesis. *Int. J. Mol. Med.* **35**, 702–714.

세트의 시료를 사용하여 신중하게 통제된 연구이다. 예를 들어, 약물의 존재 여부와 상관없이 성장한 박테리아, 어린 초파리 또는 성체 초파리, 건강한 인간 및 질환자로부터 시료를 채취할 수 있다. 우리는 질문에 집중할 수 있다: 유전자 발현 패턴의 어떤 차이점이 두 상태의 특징을 나타내는가? 다른 시료가 주어졌을 때, 적절한 그룹(class)에 할당할 수 있도록 분류 규칙을 설계할 수 있는가? 이것은 질병의 진단에 유용할 것이다. 적절한 데이터의 가용성에 따라서, 이러한 접근 방식은 2개 이상의 그룹 시스템으로 확장될 수 있다.

2. 다른 실험 상황에서, 다른 범주에 다른 시료를 사전 할당하지 못할 수 있다. 대신, 그러한 분석을 통해 시료를 분류하여 추출하는 것을 원한다. 유전자 발현 데이터를 해석하는 데 있어 본질적인 문제이자 심각한 문제는 유전자의 수가 시료 수보다 훨씬 많다는 사실이다. 우리는 단 몇 개의 측정 지점(시료)에서, 매우 많은 변수(유전자)의 한 공간과 다른 공간(표현형)의 관계를 이해하려고 노력하고 있다. 관찰된 결과가 매우 부족해서, 적절한 적용 범위를 거의 제공하지 않는다. 통계적 방법은 우리 결론의 중요성에 대한 확신을 주기 위해 분석에 큰 부담을 준다. 그럼에도 불구하고, 목표는 시료 그룹을 식별하기 위해 데이터를 클러스터링한 다음, 시료를 특징짓는 유전자 간의 차이점을 조사하는 것이다.

집단 수와 집단 간의 경계를 동시에 해결하려는 알고리즘을 포함하여 많은 집단화 알고리즘이 마이크로어레이 데이터에 적용된다. 모든 알고리즘은 시료의 희소성으로 인해 발생하는 어려움이 있다. 때때로 변이의 큰 부분을 차지하는 소수의 유전자 조합을 식별하여 문제를 단순화할 수 있나. 이것을 **차원 축소**(*reduction of dimensionality*)라 한다 (Box 10.2 참조).

BOX 10.2

차원 축소

상당히 고차원의 유전자 발현 데이터가 있을 때, (1) 제한된 시료 수로 공간을 커버하는 것은 희박하며, (2) 시료 지점의 분포를 시각화하는 것이 어려운 상황도 있다. 경우에 따라, 분포는 주로 몇 가지 동등한 변수에 의존할 수 있으며, 이를 찾아서 데이터를 변환하는 것이 매우 유리하다.

간단한 예시로 기본 아이디어를 설명할 수 있다. 해변에서 소풍을 즐기는 사람들의 분포를 고려해보자. 각 사람의 위치를 코끼리의 코 끝의 x, y 및 z 좌표로 표현한다. x 축을 해변과 평행하게, y 축을 해변과 수평 및 수직으로, 그리고 z 축을 수직으로 설정한다. 분명히 z 좌표는 관련이 없다: 이것은 실제로 3차원이 아닌 2차원 분포이다. 사람들을 그룹으로 분류하면(가족 또는 서핑 클럽과 같은), x 및 y 좌표가 모든 중요한 데이터를 갖고 있고, z 좌표는 사람들의 키 또는 모래 위에 서 있느냐 앉아 있느냐와 같은 무의미한 정보만을 갖고 있다. 3차원에서 2차원으로 차원을 줄이려면, 단순히 z 좌표를 무시하면 된다. (실제로, 바닷물이 들어와서 해변의 면적이 좁아진다면, 해변을 따라 발생하는 차원이 대부분의 정보를 포함하므로 차원성을 2에서 1로 더 줄일 수 있을 것이다.)

또 다른 경우로, 사람들이 해변과 평행한 수직 암벽을 등반하는 것을 가정해보자. 이 역시 실제로 3차원이 아닌 2차원 분포이지만, 이 경우에는 x와 z 좌표가 정보를 담고 있다.

더 복잡한 경우에서, 차원 축소는 단순히 무시할 좌표를 선택하는 것 이상의 것이 필요하다. 사람들이 스키 슬로프에 분포해 있는 경우를 가정해보자. 3차원에서 2차원으로 분포를 줄이려 할 경우에 단순히 좌표를 무시해서는 안 되고, 데이터를 슬로프에 평행한 경사면으로 투영해야 한다.

이러한 차원 축소 방법의 핵심은 데이터를 중요한 변동 성분을 포함하는 더 낮은 차원 공간으로 투영하는 것이다.

실제 데이터 분석의 실제 문제는 이러한 단순한 예제보다 어렵다. 우선, 시작 차원은 3보다 훨씬 높고, 차원 축소는 잠재적으로 훨씬 크다. 또 다른 문제는 우리가 물리적 공간에서 사람들의 분포인 해변, 암벽 또는 스키 슬로프를 쉽게 시각화할 수 있는 이미지를 갖고 있지 않기 때문에 차원 축소를 어떻게 달성할지 명확하지 않다는 것이다.

그럼에도 불구하고, 답할 필요가 있는 질문은 무엇일까? 최소한의 차원을 사용하여 가장 큰 차별화를 보여주기 위해 데이터를 어느 방향으로 투영해야 하는지이다. 특이 값 분해(SVD, singular value decomposition)를 이용한 주요 구성 요소 분석(PCA, principal-component analysis)이라고 하는 수학적 방법을 사용하면 이러한 문제를 해결할 수 있다. 이 방법들은 데이터의 변동성을 가장 잘 나타내는 새로운 좌표 시스템을 자동으로 선택하고, 각 새로운 좌표축마다 해당 좌표가 데이터의 전반적 변이를 설명하는 데 얼마나 기여하는지를 계산한다(Box 7.4 참조).

RNA 전사체 분석(RNAseq)

마이크로어레이 실험에서 측정된 데이터는 고속대량유전자서열분석법(high-throughput sequencing methods)으로 얻을 수 있다. 유전자 서열 분석법의 주요 장점은 '가설이 없다'는 것이다. 즉, 칩 위에서 형광색으로 볼 수 있게 프로브 올리고 세트를 설계할 필요가 없다. RNAseq 분석을 통해서 나온 전사체 서열 데이터는 바로 활용가능하다.

현재 관행은 RNA 서열을 cDNA로 역전사하고, DNA 염기서열 분석 기술을 적용해서 RNA 서열을 결정하는 것이다. 하지만, 직접 RNA 염기서열 분석이 새로운 기술로서 부상하고 있다.

RNAseq의 목표는 세포 내에 존재하는 RNA를 종합적으로 분석하는 데 있다. RNAseq은 시료에서 추출한 모든 RNA를 DNA로 변환하기 위해 역전사 효소를 사용한 다음 DNA를 염기서열 분석함으로써, 전사체 정보를 결정하는 방법이다(Box 10.3 참조). 발현된 모든 단백질은 일부 메신저 RNA에 해당하지만, 모든 RNA가 단백질을 인코딩하는 것은 아니다. 유전체의 약 75%는 전사되지만, 유전체의 약

BOX 10.3 RNA 염기서열 분석

그림 10.4는 RNAseq 실험 방법을 요약한 것이다. 추출된 RNA가 cDNA로 변환되고, 그 후 단편화되고 염기서열이 분석된다. 만약 해당 생물체의 완전한 유전체가 있다면, 단편들의 시퀀스를 유전체에 매핑해서 서열을 쉽게 조립할 수 있다. 단편들이 쌓인 것은 엑손을 나타낸다. RNA와 유전체 간의 매핑에서의 갭은 인트론을 나타낸다: Junction read는 인트론-엑손 경계를 겹치는 단편(sequence fragment)을 의미한다. 이것은 기준 유전체에 완전히 매핑되지 않는다(그림 10.5 참조).

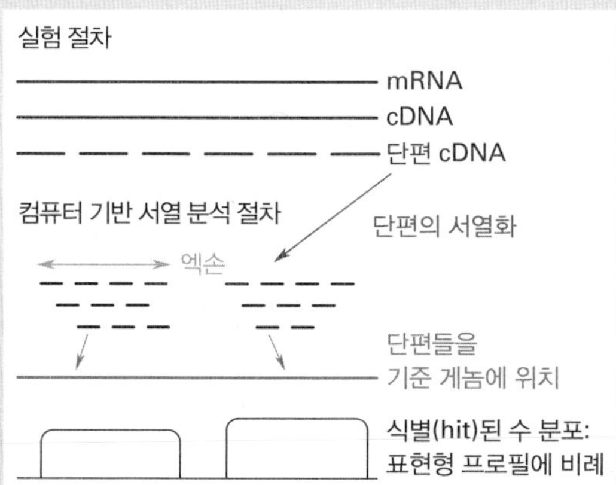

그림 10.4 RNAseq 분석의 절차와 구성. 첫째, 실험 절차: RNA 추출과 역전사 실험을 통해서 얻은 cDNA를 조각으로 절단하여 서열 분석. 둘째, 컴퓨터 기반 생물정보학적 분석 절차(dry component): 기준 유전체 서열이 있을 경우, 확보된 서열을 기준 유전체 서열에 매핑해서 조립한다. 대략적인 전사 패턴의 정보에 따라 목록을 작성한다. 추출된 RNA(과발현, 저발현 RNA) 발현 패턴과 연계된 유전자를 식별해서, 발현된 단백질과 연계하여 어떤 단백질인지 식별할 수 있다. mRNA의 전사체 패턴(profile)을 기반으로 해서, 발현된 단백질의 분포를 추정할 수 있지만 추론은 간접적이고 대략적이라는 한계가 있다.

전체 게놈이 존재하지 않는 경우에 어셈블리 문제를 해결하기 위한 여러 소프트웨어 시스템이 존재한다.

자연에서는 RNA를 DNA로 역전사하는 과정이 텔로미어 연장, 이동(transposition), 미토콘드리아 플라스미드 복제 및 레트로바이러스 증식에 필수적이다. 실험실에서는 전사체 염기서열 분석에 사용된다. 그러나 역전사효소는 DNA 중합효소의 교정 활동(proofreading activity)이 부족하기 때문에 RNA를 DNA로 변환하는 과정에서 오류가 발생하기 쉽다. 이러한 상황을 개선하기 위해서, J.W. Ellefson, A.D. Ellington 및 그 동료들은 유도적 진화를 통해 RNA 주형(template)을 수용할 수

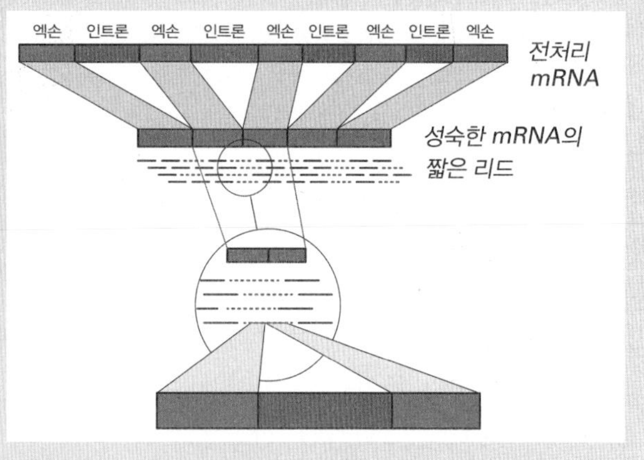

그림 10.5 'Junction read'는 인트론-엑손 경계에 걸쳐 있는 유전자의 서열 조각이다. 성숙한 메신저 RNA에서는 서열이 연속적이지만, 게놈 DNA에서는 단편화되어 있다. 일부 서열(점선으로 표시된 부분)은 junction read이다. 즉, 'Juntion read' 서열은 성숙한 mRNA의 두 엑손 사이의 경계에 있는 중복된 서열이다. 따라서 전처리 mRNA 또는 게놈 DNA로 다시 매핑되지 않는다.

있게 DNA 중합효소를 수정했다.[i] 결과적으로 고품질의 역전사효소가 만들어졌다.

다양한 전사체 데이터베이스가 있다. 주요 기관들 중 일부는 다음과 같은 데이터베이스를 운영한다:

NCBI-ENTREZ 시스템: gene expression omnibus(http://www.ncbi.nlm.nih.gov/geo/).

EBI(유럽 생물정보연구소): ExpressionAtlas(http://www.ebi.ac.uk/rdf/services/atlas/).

이 외에도 다양한 데이터베이스가 있다. 일부는 일반적으로 주요 저장소에 대한 다른 '프론트 엔드'를 제공하며, 다른 것들은 특정 생물체, 조직 또는 질병에 특화되어 있다.

암과 관련된 발현 패턴(profile)의 연구는 주요 산업 중 하나다(Box 10.4 참조). 일부 데이터베이스는 암의 전사체에 특화되어 있으며, 서열 데이터와 임상 정보를 연결하고 있다. Cancer Genome Atlas (TCGA)(http://cancergenome.nih.gov/), International Cancer Genome Consortium (ICGC), Cancer Genome Project http://www.sanger.ac.uk/genetics/CGP/), Therapeutically Applicable Research to Generate Effective Treatments(http://target.cancer.gov/) 등은 암에서 관찰된 변이들을 정리하고 보관하여 이용 가능한 대규모 프로젝트 중 일부다.

[i] Ellefson, J.W., Gollihar, J., Shroff, R., Shivram, H., Iyer, V.R. & Ellington, A.D. (2016). Synthetic evolutionary origin of a proof-reading reverse transcriptase. *Science* **352**, 1590–1593.

1.5%만이 단백질을 암호화한다. 사실, 전사체는 그 자체로 매우 높은 관심의 대상이다. 그러나 단백질을 코딩한 전사체의 경우에도, RNA 염기서열 분석 또한 발현된 단백질의 실제 서열을 얻는 편리한 방법이며, 고속대량유전자서열분석법을 사용한다. 그리고 RNAseq는 감염된 환자에서 질병이 진행되는 동안 C형 간염 또는 HIV-1과 같은 RNA 바이러스의 변이와 차이점을 연구하는 데 완벽한 방법이다.

BOX 10.4 암 전사체학

암에 적용되는 DNA 염기서열 분석과 RNA 염기서열 분석은 상호보완적인 도구이다. 전사체의 변화는 유전체에 변화가 발생하여 생긴 결과이다. 환자가 암에 걸리기 전에, DNA 염기서열 분석을 통해 위험 요인을 식별할 수 있다. 예를 들어, *BRCA1*, *BRCA2* 및 *PALB2* 유전자의 돌연변이를 검출해서 암의 위험 요인을 사전에 식별한다. 해당 단백질은 일반적으로 DNA 복구 과정을 향상시킨다.

일단 암이 발생하면, 임상적으로 많은 어려움이 있다. 따라서 전사체와 단백질체의 변화를 이해하면 특정 암 진단을 정확하게 하고 치료 방안을 결정하는 데 큰 도움을 준다. 서열의 특징은 질병의 예상 경과에 대한 지침이 된다. 예를 들어, NKp44는 급성 골수성 백혈병에 대한 면역 방어에 관여하는 자연살해세포에서 발현되는 수용체이다. 암 발병 예측은 발현된 NKp44의 스플라이스 변형 프로필에 따라 달라진다. 이와 같은 NKp44의 스플라이스 변형은 RNAseq를 통해 식별할 수 있지만, 유전체 염기서열 분석을 통해서는 불가능하다.

환자 개개인을 넘어서서, 임상 결과의 기초가 되는 생물학적 기본 원리를 밝히는 것이 과제이다. 고속대량유전자서열분석 기술(High-throughput sequencing)은 그러한 기본 원리를 규명하는 데 도움을 줄 것이고, 효과적인 임상 적용이 이루어질 것이다.

암은 하나의 특정 질병이 아닌 여러 질병이다. 암 환자가 갖고 있는 전형적이고 공통적인 특징을 갖고 있지만, 모든 환자는 개별적인 분자 변이 세트를 가지고 있다. 실제로, 흔히 관찰되는 약물에 대한 내성의 발달은 암세포의 유전적 차이와 변화가 있다는 것을 말한다. 암의 유전적 병변에는 점돌연변이, 삽입/삭제, 전좌, 스플라이스 변이체의 변화, 유전자 융합 및 발현양의 변화가 포함된다. 병변 세트를 아는 것은 암을 분류하고, 치료를 지시하고, 바이오마커를 사용하여 치료 진행 상황을 시험하고, 예후에 대한 지침을 제공하는 데 도움이 된다. RNAseq은 동일한 환자의 정상 조직에 비해 암세포에서 과발현되는 유전자를 식별할 수 있다.

암세포의 유전체에서 일어나는 전형적인 변화 중 하나는 유전자 융합이다. 이와 같은 유전자 융합은 일반적으로 잠복해 있는 종양 유전자(주로 키나아제)를 활성화할 수 있다. 융합은 전좌, 삽입/삭제, 역전을 포함한 다양한 메커니즘을 통해 발생할 수 있다. 우리는 만성 골수성백혈병과 관련된 필라델피아 염색체를 살펴보았다(1장 참조). RNAseq는 이상 유전자(aberrant gene)가 전사되는 경우에 유전자 융합이 일어났다는 것을 감지할 수 있다. 이와 같은 분자적 가해자(molecular offender)를 아는 것은 표적 치료에 대한 접근 방식을 제공할 수 있다. 예를 들어, 일부 유형의 폐암에서는 염색체 역전으로 인해 2개의 유전자가 융합된다: *EML4*(Echinoderm Microtubule-associated protein-like 4)와 *ALK*(Anaplastic Lymphoma Kinase). crizotinib이라는 약물은 융합 단백질의 키나아제 활성을 특이적으로 억제한다.

특정 RNA가 존재하는지 확인하기 위해, 역전사효소 중합효소 연쇄반응(RT-PCR, 실시간 PCR과 혼동하지 말 것) 기술은 프라이머에 의해 지정된 특정 RNA를 cDNA로 변환한 후, PCR 방법으로 그 특정 cDNA를 증폭한다. 특정 RNA의 유무를 판별하는 매우 민감한 방법이다.

RNA 염기서열 분석은 전체 게놈 염기서열 분석이 할 수 없는 세포의 단백질에 대해 무엇을 말해 줄 수 있을까? 반대로, RNA 염기서열 분석이 세포의 단백질에 대해 알려주지 않는 것은 무엇일까?

RNA 염기서열 분석은 스플라이스 변형 및 RNA 편집 결과에 관해서 알 수 있다. 원래 시료에 존재하는 각 RNA 단편의 양을 측정함으로써, 대략적인 전사 및 발현 양상을 도출할 수 있다. 비록 RNAseq 분석법을 이용하여 특정 조건에 있는 시료로부터 과발현과 저발현된 유전자를 식별할 수 있지만, RNA의 절대 정량을 측정하는 것은 불가능하다.

RNAseq 분석법은 세포 내 다양한 단백질의 양을 간접적으로만 알려줄 수 있다. 그 이유는 세포 내 단백질이 서로 다른 mRNA의 양과의 상관관계가 정확하게 일치하지 않기 때문이다. RNAseq는 단백질의 4차 구조나 RNA에서 단백질로 번역된 후 변형(post-translational modifications)에 대해 알려줄 수 없다.

GTEx 프로젝트

GTEx(유전자형-조직 발현) 프로젝트는 인간 게놈과 다양한 조직 특이적 유전자 발현과의 관계를 이해하기 위해서 구축된 대규모 국제 컨소시엄이다. GTEx 프로젝트를 통해 인간 게놈 염기서열 분석을 수행하고, RNA 염기서열 분석 방법을 이용해서 53개 인체 조직 유래 유전자 발현 패턴을 분석한다. 개인의 의료 기록도 활용된다. GTEx 프로젝트의 목표는 GWAS(전장 유전체 연관분석 연구)를 보완하고 확장하는 것이다.

이를 통해서, 돌연변이가 질병을 일으킬 수 있는 메커니즘에 대한 단서를 찾을 수 있다. 또는 더 일반적으로 표현형에 영향을 미치는 원리를 찾는 데 도움을 줄 수 있다. 예를 들어, GWAS만으로는 특정 유전자의 과발현/저발현 결과를 기반으로 질병과 관련성이 있는지 여부를 알 수 없다. 어떤 경우에는 GWAS '검출된 유전자 변이'(hits)가 인트론 또는 유전자 간 영역에 있어서 표현형(phenotype)과의 관계를 이해하기 어렵다.

GTEx 데이터 기반으로 추론하여, 유전자 발현의 변이와 상관관계가 있는 게놈 영역인 *eQTL*(*quantitative trait loci*) 정보를 얻는 것이다. 두 가지 유형의 eQTL은 다음과 같다:

- *cis-eQTLs:* 로컬 제어 영역으로서, 조절하는 유전자의 전사가 시작되는 곳에서 1 Mb 이내에 존재한다. cis-eQTL은 프로모터와 인핸서 요소에 많다(Box 10.5 참조). cis-eQTL은 조직 특이성이 거의 없다.
- *trans-eQTLs:* 비로컬 제어 영역(원거리 조절 영역). 이와 같은 eQTLs은 유전체의 어느 위치에나 있을 수 있다. 그러나 적어도 일부 경우에는 간접적으로 작동해서, 하나 혹은 더 멀리 떨어진 영역에 작용할 수 있는 일부 전사물의 발현에 대한 제어를 행사할 수 있다는 증거가 있다.

BOX 10.5 전사 조절에서의 단백질-DNA 상호작용 부위

*프로모터*는 전사 시작 지점 근처에 나타나며, 동일한 염기서열 상에서 전사되는 영역의 5′ 쪽에 위치한다. 프로모터는 일반적으로 100에서 1,000개의 염기쌍으로 이루어져 있다. 프로모터는 RNA 중합효소의 개시 결합 부위이다.

*오퍼레이터*는 DNA 상에서 조절 단백질과 결합하는 부위이다. 억제자 또는 억제자는 RNA 중합효소가 오퍼레이터에 결합하는 곳을 막아 전사를 억제한다.

인핸서(*enhancer*)는 프로모터와 협력하여 전사된 영역의 발현 수준을 증가시키는 DNA 영역이다. 인핸서는 RNA 중합효소와 상호작용하여 중합효소가 프로모터에 결합하는 결합력을 강화하여 발현 수준을 증가시킨다.

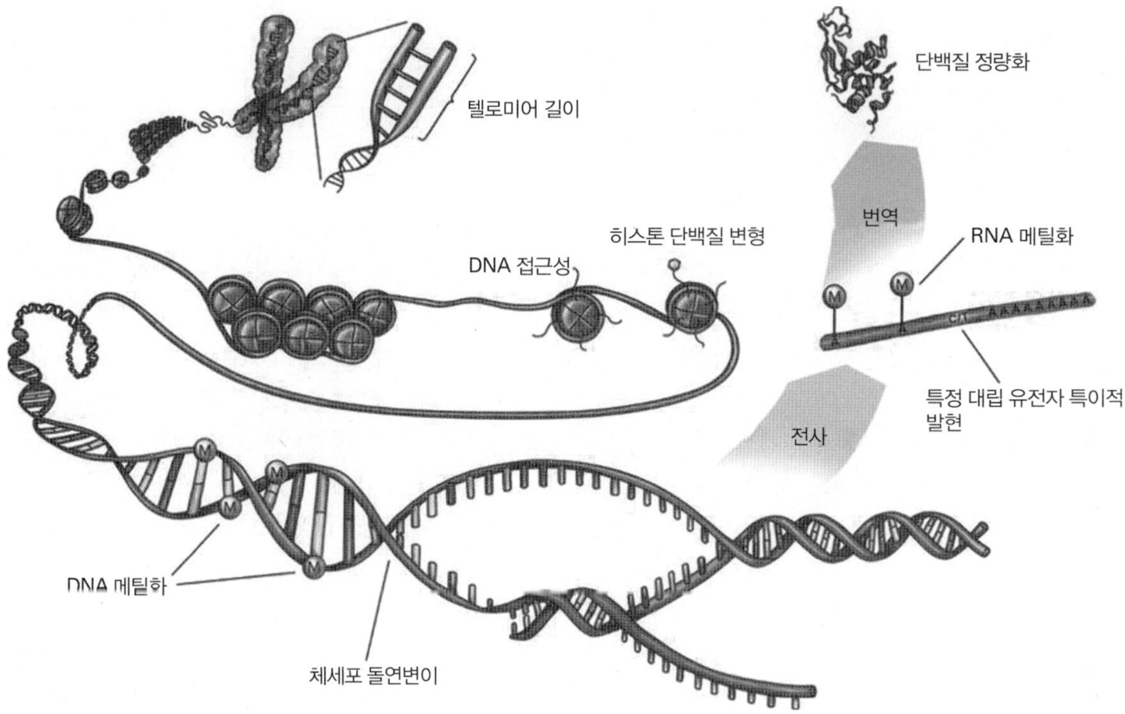

그림 10.6 유전자형 및 발현과 관련된 메커니즘.

(Reprinted by permission from Nature Springer: *Nature Genetics*, Enhancing GTEx by bridging the gaps between genotype, gene expression, and disease, vol. **49**, eGTEx Project, 1664–1670. Copyright 2018.)

Pierce와 Coetzee[2]는 파킨슨병 연구에서 GWAS와 GTEx 데이터를 통합하여 분석을 수행했다. GWAS는 통계적으로 유의미한 많은 SNP를 확인했지만, 대다수가 비암호화 영역에 있어서 질병과의 인과관계를 추론하기 어려웠다. GWAS 결과와 eQTL의 상관관계 분석을 통해 주로 MHC 클래스 II 유전자에 관심을 가졌고, 그 후 MHC 클래스 I 유전자에도 관심을 갖게 되었다. MHC 클래스 II 유전자 연구 이야기는 상당히 복잡하고 완전히 이해되지는 않지만, 한 가지 가능한 해석은 "뇌 면역에 중요한 기능을 하는 것으로 알려진 미세아교세포에서 MHC 클래스 II의 발현은 뉴런에 치명적인 루이소체 세포 내 단백질 응집체의 주요 구성 요소인 α-시누클레인(α-synuclein)의 발현에 대한 면역 반응을 활성화하는 것으로" 여겨진다.

[2] Pierce, S. & Coetzee (2017). Parkinson's disease-associated genetic variation is linked to quantitative expression of inflammatory genes. *PLOS One* **12**, e0175882.

향상된 GTEx 프로젝트

eGTEx 프로젝트는 전사 제어 메커니즘과 관련된 유전자 발현 패턴을 측정하는 내용이 추가되었다.

- DNA 접근성
- 히스톤 변형
- DNA 메틸화
- 특정 대립유전자의 특이적 발현 (그림 10.6 참조)
- 전사 후 RNA 변형
- 단백질체 변이
- 체세포 변이
- 텔로미어 길이

다양한 생리학적 상태에서의 발현 패턴

생물학의 근본적인 질문은 세포의 다양한 활성을 원활하게 통합하는 메커니즘을 규명하는 데 있다. 유전자 발현 패턴을 측정하면 세포 내 활성 메커니즘을 이해하는 데 도움을 준다. 유전자 발현 패턴은 세포 내에 구성 요소 목록을 제공하지만, 그러한 세포 내 구성 요소가 어떻게 상호작용하는지는 추론적으로만 알 수 있다.

한 생명체의 대체 생리학적 상태를 비교하면, 전체 게놈에서 특정 생명 과정에 중요한 일련의 유전자 리스트 정보를 확보할 수 있다. 미생물의 생리적 상태 변화의 예는 다이옥시이다.

다이옥시 또는 이중 성장은 미생물이 선호하는 영양소를 소진한 후 대체 영양분을 먹고 성장하기 위해 스스로 '재정비'할 때 미생물의 대사 상태로 전환되는 것이다. 미생물은 미생물의 생장 준비기간(lag period)이 포함된 2단계의 성장 곡선을 보인다.

유전자 발현 패턴의 변화에 대한 몇 가지 예는 상당히 심도 있는 연구를 통해서 면밀하게 규명되었다. 유전자 발현의 몇 가지 사례는 다음과 같다.

- 효모의 2단계 세포 성장
- 대장균의 lac 오페론 제어
- 박테리오파지 λ에서 용해성 상태와 용원성 상태 사이의 전환

이 장의 뒷부분에서 이에 대해 논의할 것이다.

대부분의 경우에서, 생리적 상태의 변화는 변화하는 외부 조건에 대한 반응이며 종종 되돌릴 수 있다. 대신 발생 과정에서 사용되는 프로그램은 주로 내부 단서에 의해 관리된다. (일주기 리듬과 계절 리듬 중 어느 것에 더 큰 친화력이 있다고 생각하는가?)

초파리 생활사 기간에 유전자 발현 패턴의 변화

Stathopoulos와 Levine[3] 연구팀은 '... 수정란에서 복잡한 생명체의 발생 과정은 생물학에서 알려진 가장 정교한 과정이며, "생물학 교과서에 설명하는 생명체의 모든 전략"이 활용된다.'라고 하였다.

곤충은 생활사 전주기 과정에서, 인간과 다른 포유류 심지어 양서류의 배아 후 발달보다 더 구체적이고 심오한 곤충의 형태에서 큰 변화 과정이 있다. 이러한 변태 과정을 통해 어린 초파리와 성충 초파리가 서로 다른 생태적 지위를 차지하여 생존하게 된다. 파리 생활사의 주요 단계는 배 발생 과정, 애벌레 단계, 번데기 및 성체이다(그림 10.7 참조). 형태형성 과정은 번데기 단계에서 발생한다: 파리는 번데기 안에 고립된 채 그들의 '사춘기'를 보낸다(사춘기의 자녀를 둔 많은 부모들의 부러움의 대상이다).

초파리 발달 과정은 분자수준에서 엄청난 연구가 수행되어 왔다. 그러한 연구 과정을 통해, 초파리가 어떻게 많은 분자 신호를 번역함으로써, 그토록 커다란 형태적 변화를 어떻게 이루어내는지에 대한 메커니즘을 깊이 이해하게 되었다. 특정 기관(특히, 눈과 다리)의 발생 과정은 보다 더 세밀하게 연구 수행과 분석을 했다.

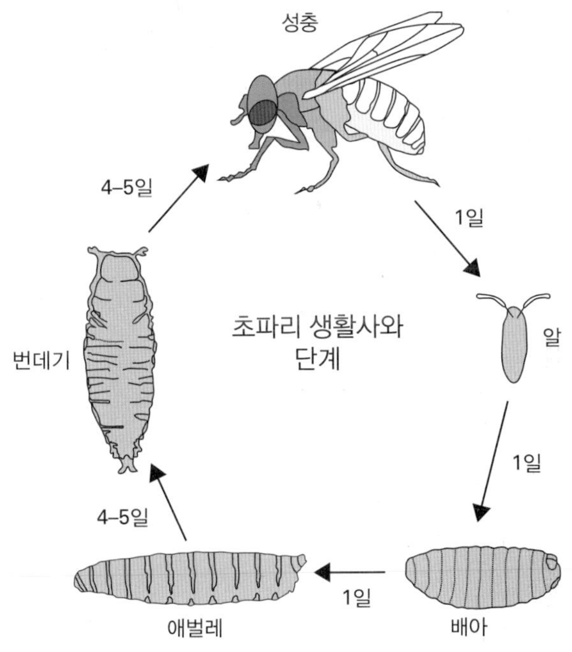

그림 10.7 초파리의 생활사.

From: Wolf, M.J. (2012). Modeling dilated cardiomyopathies in *Drosophila*. *Trends Cardiovasc. Med.* **22**, 55–61.

서로 다른 발생 단계에서 유전자 발현 양상을 측정한 결과로부터, 발생 과정의 어느 단계에서 어떤 유전자들이 발현되어 활성을 보이는지 알게 되었다. 초파리에서 가장 주목할 점은 일부 유전자의 발현이 시작되는 시점에 변화를 주는데, 이는 배 발생 단계와 번데기 시기, 그리고 유충과 성충 과정에서도 유사성을 보인다.

[3] Stathopoulos, A. & Levine, M. (2002). Whole-genome expression profiles identify gene batteries in *Drosophila*. *Dev. Cell* **3**, 464–465.

Arbeitman과 공동연구자들은 초파리 생활사의 서로 다른 단계에서 전사체 패턴에 변화를 조사하였다. 전사체 패턴을 분석한 결과, 대규모의 유전자 발현이 일어나고 있음을 초기 연구를 통해 알게 되었다. 마이크로어레이 분석을 통해서 보다 체계적이고 철저한 연구를 할 수 있었다.

초파리의 대표적인 유전자인 4,028개의 cDNA(초파리가 갖고 있는 유전자의 1/3에 해당함)를 분석한 결과에서, 발생 단계부터 성충에 이르기까지 66개의 특정 시간대의 발현 패턴을 알게 되었다(그림 10.8 참조). 발현 수준은 초파리의 모든 생활사의 각 단계로부터 추출한 집체된 mRNA(pooled mRNa)와 비교해서 (가중치) 평균적으로 발현되는 양을 나타낸다. 유전자 발현의 양을 측정하는 간격은 1시간이 지난 배 발생 단계 시료에서부터 수일이 지난 성충에 이르기까지 다양하다. 즉, 초파리의 수정된 알부터 시작하여 무려 40일이 경과된 모든 과정을 측정하였다.

단계	대략적인 측정 간격
배아	1시간
유충	5시간
번데기	8시간
성체	3–4일

시험한 대부분의 유전자(4,028개 중 3,483개, 즉 86%)는 생애의 어느 단계(들)에서 유전자 발현 수준이 유의미하게 변화하였다. 이 중 3,219개는 최대치와 최소치 사이에서 4배 이상으로 발현양의 차이를 보였다.

초파리에서, 다른 종에서와 같이 공통 과정에 관여하는 유전자들은 종종 유사한 발현 패턴을 보이는데, 돌연변이

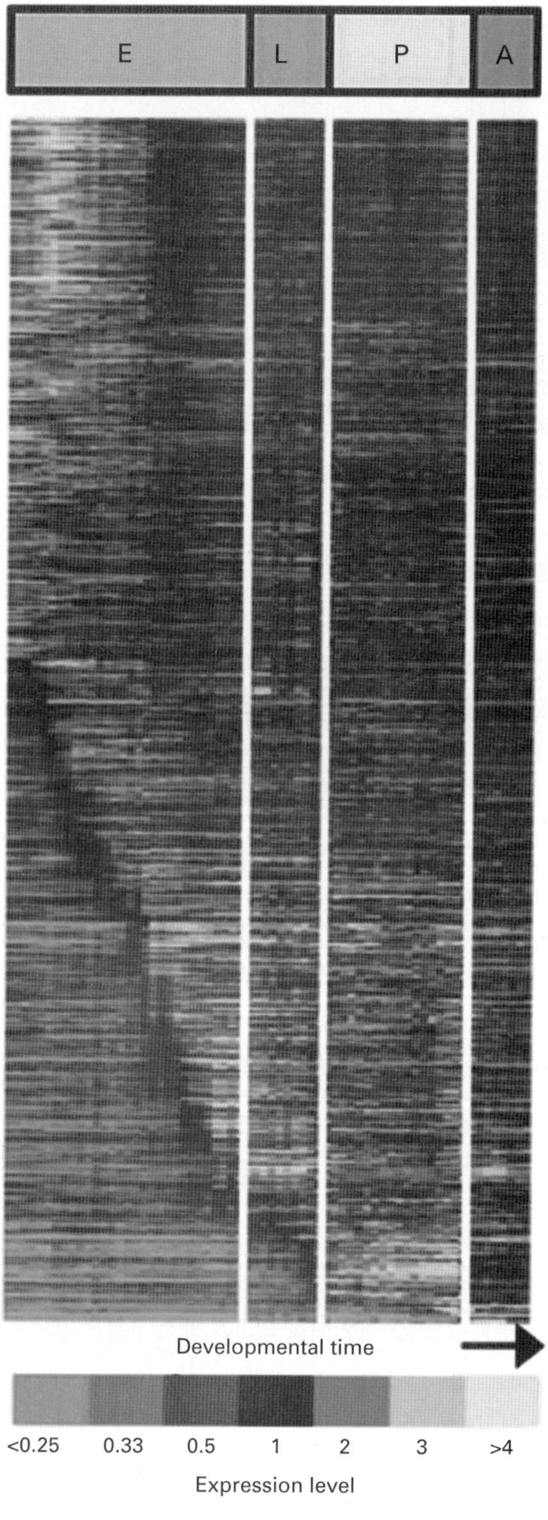

그림 10.8 초파리 생활사의 각 발달 단계에서의 유전자 발현 프로필, 발현 수준의 변화에 따라 정렬되었다. E는 배아; L은 애벌레; P는 번데기; A는 성충을 나타낸다. 모든 발생 단계에서의 mRNA 집체(pool) 시료에 상대적인 발현 수준을 나타내기 위해 색의 진하기로 표시된 발현 수준의 스케일: 검은색은 발현 수준의 작은 변화를, 짙은 파란색에서 연한 파란색은 조절(대조군) 대비 점차적으로 감소된 것을, 짙은 노란색에서 연한 노란색은 조절 대비 점진적으로 증가된 것을 나타낸다. 측정 간격의 변화로 인해 가로축을 지배하는 발생 시간 척도가 실제 달력 시간과 일치하지 않는다. 배아기는 약 1일, 애벌레기는 약 4일, 번데기는 5일, 성충기는 데이터 수집 종료까지 30일이 지속된다. 노란색의 분포를 살펴보면, 일부 유전자는 특정 단일 단계에서 높은 수준으로 발현되지만, 다른 유전자는 하나 이상의 단계에서 높은 수준으로 발현된다. 초파리 생애 전반에 걸쳐 상당한 수준으로 발현되는 유전자는 여기서 집체 시료(pooled sample) 수준 이상으로 검은색과 노란색 영역만 포함하는 행으로 보인다. 파란색 영역은 없다.

출처: Arbeitman, M.N., *et al*. (2002). Gene expression during the life cycle of *Drosophila melanogaster*. *Science* **297**, 2270–2275. Reprinted with permission from AAAS.

초파리의 발현 패턴에도 유사한 변화(perturbations)가 있다. 예를 들어, **눈이 없거나**(*eyes absent*) 줄어든 눈의 표현형에서 차이를 보이는 돌연변이 초파리의 유전자 발현 패턴은 33개의 유전자를 포함하는 유전자 클러스터의 발현 패턴과 연관되어 있다. 이러한 33개 유전자 중에서 11개 유전자는 이미 눈의 분화와 광전달(phototransduction)에서 중요한 기능을 하는 것으로 알려졌다. 다른 22개 유전자 또한 이들 유전자의 기능에 관여할 것으로 판단되며, 그러한 분석 결과는 그와 같은 가설을 제공하는 데 기여할 만큼 믿을 만한 단서를 제공한다.

초파리의 다른 발생 단계에서는 다른 유전자들이 다른 기능을 담당한다

다른 유전자들은 발생 단계에서 시간에 따라 다른 유전자 발현 패턴을 보인다. 대부분의 발달 조절 유전자들은 전체 시스템이 시작되는 배아 단계에서 발현된다. 초기 배아에서 발현되는 유전자에는 전사 인자, 신호 및 신호전달에 관여하는 단백질, 세포 부착 분자, 채널 및 수송 단백질, 생합성 효소가 포함된다. 이들 중 1/3은 모계로부터 유래된 유전자이다. 또한 해당 유전자들 중 다수는 6−7시간 내에 발현 수준이 감소한다.

연구된 유전자들 중에는 하나의 주요 발생 단계에 특정 그룹(36.3%)이 포함되며, 이들은 한 번의 시기에 유전자가 최대로 발현된다. 이들 중 일부 유전자들은 이후에도 (낮은 수준으로) 지속적으로 발현된다. 다른 유전자들은 급격하게 증가하는 발현 양상을 보인다.

또 다른 그룹의 유전자들(40.3%)은 2개의 발현 정점을 보인다. 일반적으로 두 가지 발현 패턴을 보인다: 배아 발생 **초기**에 처음으로 과발현되는 유전자들은 일반적으로 번데기 단계에 두 번째로 발현을 보이고, 번데기 단계에서도 계속 증가되는 패턴을 보인다. 배아 발생 **후기**에 발현이 처음 시작된 유전자는 일반적으로 번데기 후기에 발현이 두 번째로 나타나며, 발현 수준이 성체 단계까지 계속된다. 나머지 23.4%의 유전자는 발현 수준에서 다중 정점을 보인다.

배아 단계와 번데기 단계, 애벌레 단계와 성체 단계 사이의 유전자 발현 패턴에 유사성이 보이는 점은 흥미롭다. 이러한 결과는 특정한 추론이 가능하다. 배아와 번데기 모두에서 신체 구조가 형성되고, 신체 활동이 최소화된다. 이와는 대조적으로, 애벌레와 성체 단계는 더 활동적이지만 해부학적 형태는 유지되고 있으며, 유충은 성체와 달리 몸집이 크게 자라지 않는다. 형태형성 과정 관점에서, '돌아가

사례 연구 10.1 유전체 정보, 단백질체 기술과 구조생물학 분석법을 활용한 결핵의 항생제 내성 기전에 관한 연구

결핵은 결핵균(*Mycobacterium tuberculosis*)에 의해 발생하는 전염병이다. 백신과 약물의 개발에도 불구하고, 결핵은 여전히 강력한 살인자로 남아 있다. 결핵은 전염병으로 인한 사망의 가장 흔한 원인으로 연간 약 200만 명의 희생자를 내고 있다. 연간 900만 건의 새로운 사례(세계보건기구 추정) 중 80%가 아시아와 사하라 사막 이남의 아프리카 개발도상국에서 발생한다. HIV 감염은 저항성을 낮춰서 결핵 감염의 사망률을 악화시킨다.

대부분의 박테리아 감염에 대한 우리 몸의 최전선 방어에는 박테리아를 삼킨 후 다양한 화학 및 생화학 물질로 공격하는 면역체계의 세포인 대식세포(macrophages)가 포함된다. 결핵균은 예외적으로 대식세포 내에서 생존할 수 있게 적응되었다. 일부 적응 전략은 결핵균 구조와 관련되었다: 즉, 결핵균 그리고 결핵균과 유사한 균의 세포는 밀랍 코트로 자신을 둘러싸고 있다. 그 밀랍 코트는 낮은 투과성을 갖고 있어서, 낮은 pH 및 산화 스트레스를 포함하여 대식세포 내의 열악한 환경으로부터 보호한다. 결핵균 박테리아는 유전자 발현 패턴을 크게 변경해서, 결핵균의 생리학적 상태를 주변 환경에 적응할 수 있게 한다.

결핵 발병률은 효과적인 약물 개발에 따라 수십 년간 쇠퇴하다가 1980년대 중반부터 증가하기 시작했다. 그 이유 중 하나는 저항성 균주가 출현했기 때문이다.

결핵의 예방과 치료에 사용되는 주요 약물은 이소니아지드(isonicotinic acid hydrazide)이다. 이소니아지드는 세포벽의 합성을 방해하여 결핵균을 공격하는데, 세포벽이 없으면 결핵균은 생존할 수 없다. 이소니아지드의 표적에는 NADH-의존성 enoyl acyl carrier protein reductase(InhA)와 β-keto-acyl ACP 합성효소(KasA)가 포함된다. 이 효소는 세포벽의 주요 구성 요소인 마이콜산의 합성에 참여한다.

이소니아지드 약물은 결핵균 세포에 흡수된 후 활성 형태로 전환되어야 한다. 전환에 영향을 미치는 효소인 KatG는 저항성과 관련된 효소이다. 이 효소(KatG)의 기능은 과산화물을 해독

하는 것이다.

이소니아지드에 대한 저항성 메커니즘을 규명하기 위해 여러 가지 방법이 적용되었다. 만약 효소의 기질이 먼저 결합할 경우:

1. 발현에 변화가 있는 유전자의 서열은 감수성 및 저항성 균주에서 밝혀졌고, 돌연변이도 관찰되었다.
2. 유전자 발현 패턴의 변화는 마이크로어레이를 사용하여 감지되었다.
3. InhA에 결합된 이소니아지드의 결정 구조가 결정되었다.

S94A 돌연변이는 저항성을 어떻게 얻는가? 억제제가 없는 경우, 효소는 기질에 먼저 결합한 다음 보조 인자와 결합하거나 보조인자를 먼저 결합한 다음 기질에 결합할 수 있다. 기질은 효소에서 억제제와 동일한 부위를 차지하기 때문에 보조 인자가 먼저 결합해야만 억제 복합체가 형성될 수 있다. 두 가지 경로가 가능하다. 첫 번째 경로는 생성물에만 연결되고, 다른 경로는 억제 복합체를 생성한다(E = 효소, S = 기질, C = 보조 인자, I = 억제제):

기질이 먼저 결합하는 경우:

(1a) E + S → ES + C → ESC → E + C + P
(1b) E + S → ES + I ✕

부조 인자가 먼저 결합하는 경우:

(2a) E + C → EC + S → ESC → E + C + P
(2b) E + C → EC + I → ESI = 억제 복합체

기질이 먼저 결합하면(1a와 1b), 억제 복합체가 형성될 수 없다. 보조 인자가 먼저 결합하면(2a와 2b), 안정적인 억제 복합체가 형성돼서 효소를 효소-기질-보조 인자 경쟁 게임에서 영구적으로 제거할 수 있다.

S94A 돌연변이는 보조 인자 NADH에 대한 효소의 친화성을 감소시킨다. 이는 기질 결합 첫 번째 경로(1a 및 1b)를 향상시키고, 생성된 억제 복합체의 양을 낮추며(2b), 억제 복합체의 해리 속도(dissociation rate)를 향상시킨다.

S94A 및 기타 돌연변이가 부가물(adduct)의 친화력을 감소시키는 것도 가능하다.

항결핵 약물 개발은 계속되는 도전이다. 본 연구는 다양한 기술을 조화롭게 적용해서 효과적인 약물을 개발하는 좋은 사례가 된다.

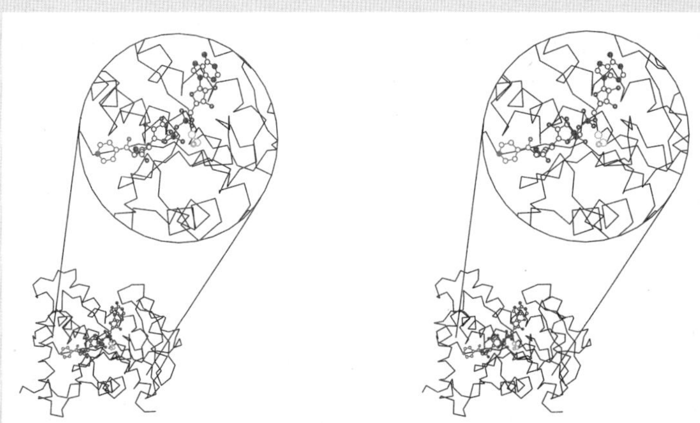

그림 10.9 억제제(1zid)와 복합체를 이루는 long fatty acid chain enoyl-acp 환원효소(InhA)의 구조. 리간드는 활성화된 이소니아지드와 NADH의 부가물이다. **(A2)** The isoniazid moiety of the inhibitor is shown to the left in the blown-up circle, and the sidechain of Ser94 in the centre of the blown-up circle. 돌연변이 S94A는 이소니아지드 저항성에 기여한다.

(See: Rozwarski, D.A., Grant, G.A., Barton, D.H., Jacobs, W.R., Jr & Sacchettini, J.C. (1998). Modification of the NADH of the isoniazid target (InhA) from *Mycobacterium tuberculosis*. *Science* **279**, 98–102.)

서 이번에 제대로 해'라는 개념과 일치하는 것은 번데기 단계에서 약간의 탈분화가 발생하는 것이다.

이런 종류의 아이디어는 평생 동안 다른 발현 패턴을 보이는 유전자의 특성에 비춰서 검토할 수 있다. 예를 들어, 대부분의 대사 유전자의 최대 발현 수준은 유충 및 성충 단계에서 발생한다. 애벌레와 성충의 근육 발달에 관여하는 또 다른 유전자 세트는 유사한 2개의 정점 발현 패턴을 가지고 있다. 보다 정확한 분석이 가능하고, 근육 발달을 위한 조절 계층 구조의 단계가 서로 다른 시간에 최고점을 나타내며, 나중에 발현되는 유전자가 조절 계층 구조의 하류에 있음을 보인다. 유충과 번데기 모두 유사한 발생 시간 순서를 보인다. 곤충의 체절이 형성되는 두 단계인 배 발생 단계와 번데기 단계는 동일한 자원을 사용할 뿐만 아니라, 동일한 메커니즘의 일부가 사용된다.

1. 유전자 발현 패턴의 변화

Wilson과 동료 연구자들은[4] 이소니아지드에 최대 8시간 노출된 *M. tuberculosis*의 감수성 및 저항성 변종을 조사하였다. 마이크로어레이는 결핵균 게놈에서 확인된 거의 모든 ORF가 포함되었다. (결핵균 게놈의 길이는 약 4.4 Mb이고, 약 4,000개의 유전자를 포함한다.) 생화학적 연구를 통해서 이미 일부 단백질이 결핵균의 내성에 관련되어 있음을 시사했지만, 가능한 한 많은 약물 표적을 식별하기 위해 일반적인 스크리닝이 수행되었다.

항결핵제(isoniazid) 약품에 노출되었을 때, 결핵균에서 두 종류의 유전자의 전사를 크게 향상시켰다. 한 세트의 유전자는 지방산 합성효소 복합체(FAS-II)의 구성 요소를 암호화하는 오페론 유사 클러스터를 포함하여 세포벽 합성에 관여하였다. 또한 산화 스트레스를 처리하는 알킬 하이드록시퍼옥사이드 환원효소(AhpC)의 하위 단위를 포함한 추가 유전자도 상향 조절되었다. 실험의 논리는 처리된 세포가 약물의 효과를 인식하고 있으며, 피드백 메커니즘이 활성 감소에 대한 보상을 위해 강화된 발현을 통해 작용하고 있다는 것이다.

[4] Wilson, M., DeRisi, J., Kristensen, H.H., Imboden, P., Rane, S., Brown, P.O. & Schoolnik, G.K. (1999). Exploring drug-induced alterations in gene expression in *Mycobacterium tuberculosis* by microarray hybridization. *Proc. Natl. Acad. Sci. U.S.A.* **96**, 12833–12838.

2. 항결핵제에 대하여 내성을 부여하는 돌연변이

변경된 발현 프로필을 바탕으로 해서, Ramaswamy *et al.* (2003)은 124개의 결핵균 분리주에서 총 2.6 Mb를 염기서열 분석했다.[5] 여기에는 이소니아지드의 활성화를 방해하는 KatG의 돌연변이와 활성화된 형태에 따른 억제를 피하기 위한 InhA의 돌연변이가 포함된다.

산화 스트레스는 감염에 대한 숙주의 자연 방어의 일부이므로, KatG의 단순한 녹아웃은 결핵균에 대한 위험한 전략이 될 수 있다. 이상적으로 결핵균은 항결핵제 활성화에 관련된 효소의 활성을 감소시키지만, 작은 과산화물에 대해서는 활성을 유지한다. 이런 식으로, 결핵균은 대식세포 내의 환경에서 일반적인 적합성을 유지하면서 약물에 대한 감수성을 감소시킬 것이다. 정확하게, 이 균형은 내성 균주에서 가장 흔한 KatG 돌연변이인 S315T에 의해 달성된다.

InhA에서 가장 흔한 돌연변이는 S94A이다(94 아미노산 S가 A로 돌연변이 발생). 활성화된 항결핵제의 억제 효과는 이 변형된 단백질에서 감소한다.

3. 결정학

Rozwarski *et al.* 연구팀(1998)은 활성화된 형태의 이소니아지드와 InhA[6] 단백질 사이의 복합체 구조를 규명하였다(그림 10.9). 구조 분석 결과에서, 이소니아지드 약물은 InhA의 활성 부위에 결합된 NAD의 니코틴아미드 고리에 공유결합된다. S94의 측쇄도 표시된다. 억제 복합체에서 단백질은 NAD 활성화된 항결핵제 부가물(isoniazid adduct)에 결합한다. 이러한 분자의 편집은 오직 효소에서만 발생할 수 있다(용액에서 활성화된 이소니아지드와 NADH는 반응하지 않음).

[5] Ramaswamy, S.V., Reich, R., Dou, S.J., Jasperse, L., Pan, X., Wanger, A., Quitugua, T. & Graviss, E.A. (2003). Single nucleotide polymorphisms in genes associated with isoniazid resistance in *Mycobacterium tuberculosis*. *Antimicrob. Agents Chemother.* **47**, 1241–1250.

[6] Rozwarski, D.A., Grant, G.A., Barton, D.H., Jacobs, W.R. Jr. & Sacchettini, J.C. (1998). Modification of the NADH of the isoniazid target (InhA) from *Mycobacterium tuberculosis*. *Science* **279**, 98–102.

단백질 복합체 및 응집체

세포 내의 생명이 어떻게 구성되고 조절되는지에 대해 이해하려면, 다양한 단백질–단백질 상호작용과 단백질–핵산 상호작용을 알아야 한다. 상호작용을 감지하기 위한 초고속 대용량 처리 기술 개발이 최근에 큰 관심을 받고 있다.

상호작용하는 단백질과 핵산은 다양한 구조와 기능을 갖고 있다:

- 단량체(monomers)가 독립적으로 기능하는 것처럼 보이는 단순한 이량체(dimers) 또는 올리고머.
- Cross-talk 기능을 갖는 올리고머의 사례는 '리간드가 수용체에 결합하면 수용체의 이합체화가 일어나는 경우'와 헤모글로빈, phosphofructokinase, aspartate carbamoyltransferase 효소와 같은 알로스테릭 단백질이다.
- 액틴이나 케라틴 같은 큰 섬유질 단백질.
- 바이러스 캡시드와 같은 비섬유질 구조 집합체.
- F1-ATPase, 피루브산 키나아제, GroEL-GroES 샤페론 및 액틴-마이오신 상호작용과 같은 동적 특성을 지닌 대형 응집체.
- 리보솜, 뉴클레오솜, 전사 조절 복합체, 스플라이싱 및 복구 입자, 바이러스를 포함한 단백질–핵산 복합체 등, 많은 경우에서 초기 결합 후에 추가 단백질이 동원되어 큰 복합체를 형성한다.
- 단량체이든 올리고머이든 상관없이 많은 단백질은 다른 단백질과 상호작용하여 기능하다. 여기에는 단백질 기질을 가진 모든 효소와 많은 항체, 억제제 및 조절 단백질이 포함된다.
- 잘못 접힌 단백질이나 돌연변이 단백질은 응집되기 쉬우므로, 단백질 상호작용은 종종 질병과 관련이 있다(Box 10.6 참조).

단백질–단백질 복합체의 특성

화학양론—단백질 복합체의 구성은 무엇일까?

안정된 올리고머 단백질은 한 단백질의 다수의 복사본을 갖고 있거나 다른 단백질과 결합할 수 있다. 단일 단백질의 응집체 중에서, 홀수 분자를 포함하는 복합체는 짝수 분자를 포함하는 복합체보다 덜 흔하다. 올리고머(동일한 단백질의 몇 가지 복사본을 포함하는 복합체–이량체, 삼량체 등)는 일반적으로 대칭을 이룬다. 예를 들어, 인슐린은 3중 및 2중 축(three-fold/two-fold axes)을 가진 육량체(hexamer)를 형성한다.

다수의 동일한 서브유닛을 포함하는 일부 원핵생물의 단백질은 관련이 있지만, 동일하지 않은 서브유닛을 갖고 있는 진핵생물의 단백질과 상동성을 갖고 있다. 이러한 경우는 유전자 복제와 분화에 의해 발생된다. 프로테아좀이

BOX 10.6 단백질 응집과 관련된 질환

질환	응집 단백질	설명
낫 모양 적혈구 빈혈증	데옥시아헤모글로빈-S	돌연변이가 표면에 소수성 패치를 생성
고전적 아밀로이드증	면역글로불린 경량체, 트랜스티레틴 등	세포외 섬유성 침착물
Z-안티트립신과 관련된 폐기종	돌연변이 α_1-안티트립신	구조 불안정성이 응집을 촉진
헌팅턴병	변형된 헌팅틴	여러 폴리글루타민 반복 질환 중 하나
파킨슨병	α-시누클레인	루이소체에서 발견
알츠하이머병	$A\beta$, τ	$A\beta$ = 40–42잔기 조각
스폰지형 무구균성 뇌병변 (encephalopathies)	프리온 단백질	핵산을 포함하지 않음에도 전염성 있음

한 가지 좋은 사례이다. 일부 바이러스는 서열은 같지만 다른 구조를 갖는 단백질과 결합함으로써, 복제 없이 다양성을 달성한다.

단백질 복합체의 수는 매우 다양하며, 그 단백질 복합체가 갖고 있는 분자도 매우 다양하다. 일부 복합체는 단백질이 몇 개만 포함되어 있지만, 다른 복합체는 매우 크다: 예를 들어, 피루브산 탈수소효소에는 수백 개의 아단위가 포함되어 있고, 일부 바이러스 캡시드(단백질 껍질)에는 수천 개가 포함되어 있다.

소해면상뇌증(Bovine spongiform encephalopathy, BSE 또는 광우병), 알츠하이머병 및 헌팅턴병을 포함하여 많은 매우 큰 단백질 복합체는 임상적으로 중요하다(Box 10.6 참조). 아밀로이드증은 일반적으로 평범한 교차 β 시트 구조를 갖는 세포외 원섬유가 쌓여서 발생하는 질병이다. 그와 같은 질병은 불안정한 돌연변이, 단백질의 과잉 생산, 신부전의 부족한 정화 능력을 포함하여 다양한 원인에서 발생한다. 잘못 접힌 단백질은 응집되기 쉽고, 돌연변이 단백질은 잘못 접히기 쉽다. 면역글로불린 경량체(폴리펩티드 사슬) 과잉 생산하는 골수종에서 큰 국소 농도가 발생하는데, 이 또한 단백질이 응집되는 위험성이 높아진다.

친화력—단백질 복합체는 얼마나 안정적인 친화도를 갖고 있는가?

복합체의 친화도에 대한 공통 지수는 결합 반응의 반대 반응에 대한 평형상수인 **해리상수**(*dissociation constant*) K_D이다:

$$\text{단백질} \cdot \text{리간드} = \text{단백질} + \text{리간드} \quad K_D = \frac{[\text{P}][\text{L}]}{[\text{PL}]}$$

[P], [L] 및 [PL]은 각각 단백질, 리간드 및 단백질–리간드 복합체의 농도의 수치를 나타내며, $\text{mol} \cdot L^{-1}$로 표시된다. K_D가 낮을수록 결합력이 증가한다. K_D는 단백질의 절반이 리간드에 결합하고, 절반이 자유인 자유 리간드의 농도에 해당한다: [P] = [PL]. (효소의 Michaelis 상수는 효소–기질 복합체의 해리상수이다.)

K_D는 해리 상태의 기브스(Gibbs) 자유에너지 변화와 관련이 있으며, 이 관계는 다음과 같다:

$$\text{PL} = \text{P} + \text{L} \quad \Delta G^{\ominus} = \Delta H^{\ominus} - T\Delta S^{\ominus} = -RT \ln K_D$$

단백질–리간드 복합체의 해리상수는 넓은 범위에 걸쳐져 있다(표 9.2 참조).

구조적 연구로 친화력에 기여하는 수용성 단백질 사이의 상호작용의 몇 가지 중요한 특징이 규명되었다(Box 10.7 참조);

- **단백질을 하나로 묶는 것은 무엇인가?** '핵심 원리': 소수성 표면의 매장(burial), 수소 결합 및 염다리(salt bridges).
- **단백질은 복합체 형성 시 형태를 변화시키는가?** 일부 경우에는 그렇다. 이러한 경우, 상호작용 에너지는 구조적 변화에 대한 '비용을 지불'해야 하며, 경계면(interface)은 더 커지는 경향이 있다.
- **특이성을 결정하는 요인은 무엇인가?** 폐색 표면(occluding surfaces)의 상보성은 형태, 수소결합 전위 및 전하 분포에서 나타난다. 단백질 파트너의 구조로부터 단백질 복합체를 예측하는 것을 **도킹 문제**(*docking problem*)라고 한다. 이 문제에 대한 신뢰할 수 있는 해결책과 함께 구조 유전체학의 발전은 단백질체의 상호작용 파트너에 대한 *in silicio* 스크리닝을 가능하게 할 것이다.

단백질–단백질 복합체 형성과 해리의 동력학 및 "평균 수명"

단백질–단백질 복합체의 해리상수는 구성 요소가 결합 상태에서 소비하는 시간의 비율과 결합이 해제되는 시간의 비율을 나타낸다. 그러나 결합 상태에 있는 복합체의 평균 수명은 K_D에 영향을 주지 않고서 변할 수 있다. 결합 및 해리에 대한 개별 속도상수인 k_{on} 및 k_{off}를 정의하면, 해리상수는 다음과 같은 비율을 보인다:

$$\text{P} + \text{L} \underset{k_{\text{off}}}{\overset{k_{\text{on}}}{\rightleftarrows}} [\text{PL}] \qquad K_D = k_{\text{off}}/k_{\text{on}}$$

k_{off}와 k_{on} 모두 값이 큰 경우에는 짧은 평균 수명을 보이고, k_{off}와 k_{on} 모두 값이 작은 경우에는 긴 평균 수명을 보인다. 이러한 경우 동일한 K_{D}를 생성할 수 있다. 수명은 중요하다: 복합체를 정제하려면, 단백질이 상호작용하는 평균 수명이 복합체 정체 기간보다 길어야 한다. 반대로, 단백질–단백질 복합체가 신호 전송을 중재하는 경우, 짧은 수명은 자연적으로 '초기화 과정(reset mechanism)'을 제공하여, 신호가 너무 오랫동안 'on'되어 있는 것을 방지한다.

> **BOX 10.7**
>
> ### 단백질–단백질 경계면의 특징
>
> - *단백질 표면 매립*: 복합체 형성으로 매립된 표면은 복합체의 용매 접근 가능 표면적(solvent-accessible surface area, ASA)과 개별 구성 요소의 ASA 합계 사이의 차이이다.
>
>   일반적인 단백질–단백질 경계면에는 22개의 아미노산 잔기와 90개의 원자가 포함될 수 있으며, 그중 20%는 주쇄 원자이고 가끔 물 분자가 된다. 이원 단백질 복합체에 묻혀 있는 표면적의 히스토그램은 1600 $Å^2$를 중심으로 하는 정점을 보여준다.
>
>   단백질–단백질 복합체의 안정성을 위한 최소 매립(burided) 표면은 약 1000 $Å^2$이다. 2000 $Å^2$ 이상이 묻혀 있는 복합체는 복합체 형성 시 형태 변화를 수반하는 경향이 있다.
>
>   매립된 소수성 표면의 가 $Å^2$는 안정하 자유에너지(약 105 J)에 기여한다.
>
> - *경계면(interface)의 구성*: 단백질–단백질 경계면의 화학적 특성은 단량체 구형 단백질의 표면과 내부 특성 사이의 중간이다. 경계면은 하전된 원자를 줄여 중성 극성 원자가 풍부하다. 그러한 경계면에 존재하는 아미노산 조성은 남아 있는 노출된 표면에 비해서, 방향족 아미노산의 잔기(His, Phe, Tyr, Trp)에 풍부하다. Leu, Ile, Val, Met 및 Arg(예외적으로, Lys는 아님)와 같은 지방족 측쇄에는 다소 덜 풍부하다.
> - 경계면의 *상보성*은 특이성을 결정하는 원인이 된다. 상보성은 폐색 표면의 우수한 packing에도 중요하며, 수소결합 및 하전된 원자가 적절하게 근접한 위치로 만드는 데 관련이 있다. 일반적으로, 경계면 면적 170 $Å^2$당 하나의 수소결합이 있다. 분리된 물 분자는 많은 경계면의 공간 내에 고립되어 존재한다. 일반적으로, 경계면 100 $Å^2$당 1개의 물 분자가 있다.

단백질–단백질이 결합되어 있는 'On Rate'는 확산 속도에 의해 제한된다. 일반적인 조건에서 k_{on} 값은 $k_{on} \leq 10^{-9}$ $M \cdot s^{-1}$이다. 예를 들어, 특히 결합을 위해 구조적 변화가 필요할 경우, k_{on} 값은 상당히 작을 수 있다. 일반적인 k_{on} 값은 $10^{-}-10^{-7}$ $M^{-1} \cdot s^{-1}$이며, 일반적으로 단백질이 상호작용하여 결합하는 기간(수명)은 대략 ~1초이다.

단백질–단백질 복합체는 3차원적으로 어떻게 구성되어 있을까?

두 단백질이 복합체를 형성할 때, 각 단백질은 다른 단백질의 표면에 '발자국'을 남긴다. 이러한 발자국은 '두 단백질의 상호작용에 관여하는 단백질의 표면'에 해당하는 부분을 말한다. 두 단백질이 모두 **동일**한 표면을 사용하여 상호작용하면, 복합체가 **닫히게** 된다. (단백질과 단백질 사이에 "악수"를 하게 되면, 닫힌 복합체라고 말할 수 있다.) 두 단백질이 서로 **다른** 표면을 통해 상호작용하면, 복합체는 **열려** 있는 것이다. 이것이 말하는 생물학적 중요성은 "닫힌 단백질 복합체가 상호작용으로 결합하는 바로 그 부분에 또 다른 단백질이 와서 결합하는 것을 허용하지 않는다."는 것이다. 열린 단백질 복합체는 잠재적으로 상호작용이 가능한 단백질의 표면이 가려지지 않는다는 것을 의미하며, 또 다른 단백질 소단위체가 결합함으로써 단백질 복합체가 성장할 수 있다. 따라서 열려 있지만 닫혀 있지 않은 단백질 복합체는 반복적으로 단백질이 결합하여 형성된 응집체가 형성되는 것이 가능하다.

단백질은 단백질 복합체가 형성 시 복합체의 구조를 변경하는가?

일부 단백질 복합체는 견고한 소단위 단백질이 함께 모여서 형성된다. 이 복합체의 소단위는 복합체 내에서 동일한 구조를 갖는다. 다른 단백질 복합체는 복합체 형성 시 구조적 변화가 온다. 개별적으로 안정적이지 않은 소단위의 단백질이 복합체를 형성하여 안정된다.

단백질 상호작용 네트워크

상호작용 네트워크가 구성되는 단위는 다음과 같다:

- 물리적 네트워크의 경우, 단백질–단백질 또는 단백질–핵산 복합체이다.
- 논리적 네트워크의 경우, 프로세스의 활동이 외부 조건의 변화 또는 다른 프로세스의 활동에 의해 영향을 받는 동적 연결이다.

이러한 두 네트워크는 병렬로 존재한다. 그럼에도 불구하고, 특히 그것들이 겹치는 경우에도, 구분을 명확하게 유지하는 것이 좋다. 일부 분자는 물리적 네트워크와 논리적 네트워크 **모두**에 참여한다. 예를 들어, 인간 헤모글로빈은 사량체를 형성(물리적 상호작용)하지만, 동맥에 있는지 혹은 정맥에 있는지에 따라 산소 친화도를 변경한다(논리적 상호작용).

대부분의 실험은 쌍별 상호작용만 나타낸다. 남은 과제는 쌍별 상호작용을 네트워크에 통합한 후 시스템의 구조와 역학을 연구하는 것이다. 많은 기술을 이용하여 단백질-단백질의 물리적 상호작용을 직접 감지할 수 있다. 여기에는 다음과 같은 방법이 포함된다:

- **X-선 및 NMR 구조 분석**: 본 기술은 복합체의 구성 요소를 동정할 수 있을 뿐만 아니라, 복합체를 구성하는 단백질이 어떻게 상호작용하는지 알 수 있으며, 단백질이 서로 결합하는 즉시 형태적 변화가 일어나는지 알 수 있다.
- **이중 하이브리드 스크리닝 시스템**: Gal4와 같은 전사 활성화 인자는 DNA-결합 도메인과 활성화 도메인을 갖고 있다. 이 두 도메인이 분리되어 있고, 하나의 테스트 단백질이 DNA-결합 도메인에 융합되고 두 번째 테스트 단백질이 활성화 도메인에 융합되었다고 가정해보자. 그런 다음, 활성화 인자의 구성 요소가 두 테스트 단백질 사이에 복합체를 형성하여 함께 모이는 경우에만 리포터 단백질이 발현된다(그림 10.10 참조). 초고속 스크리닝 방법은 많은 수의 잠재적인 '먹이' 단백질과 상호작용하는 '미끼' 단백질을 병렬적으로 탐색과 발굴을 할 수 있다(Box 10.8 참조).
- **화학적 가교(*Chemical crosslinking*) 기술**: 먹이-미끼(Prey-balt)를 화학적으로 연결시킨 후, 복합체를 분리하는 방법이다. 그 후 단백질 분해와 질량분석법을 이용하여 그 복합체 내의 구성 요소를 식별할 수 있다.
- **공동 면역 침전법(*Co-immunoprecipitation*) 기술**: 공동 면역침전 방법은 '미끼' 단백질에 대하여 생성된 항체는 미끼와 상호작용하는 다른 '먹이' 단백질과 함께 미끼를 결합한다. 상호작용하는 단백질은 웨스턴 블로팅 또는 질량분석법을 이용하여 정제 및 분석할 수 있다.
- **염색질 면역 침전법(*Chromatin Immunoprecipitation*) 기술**: 염색질 면역 침전은 단백질에 결합하는 DNA 서열을 식별한다. 포름알데히드를 사용하여, 단백질과 DNA를 교차 결합시키면, 세포 내에 존재하는 복합체를 고정할 수 있다. 그런 다음, 염색질을 분리한 후, 그 염색질 DNA를 작은 조각으로 만들면 특정 항체에 결합하는 단백질을 분리할 수 있다. 이러한 과정을 통해서 DNA 서열과 함께 항체-단백질-DNA 복합체를 분리할 수 있다. 그 후 DNA의 염기서열 분석을 통해 각 단백질이 결합하는 특정 DNA 서열을 식별할 수 있다.
- **파지 표시(*Phage display*) 기술**: 많은 수의 단백질에 해당되는 각각의 유전자를 파지 외피 단백질의 유전자에 각각 융합을 시켜서 파지 집단을 생산한다. 이 파지 집단의 각 파지는 표면에 단백질을 노출한다. 고정된 '미끼' 단백질에 대한 친화성을 이용한 정제 방법은 잠재적인 '먹이' 단백질을 표시하는 파지를 선택한다. 상호작용하는 파지에서 추출한 DNA는 이러한 단백질의 아미노산 서열을 알 수 있다. 파지 디스플레이 기술을 이용하여 고친화성 항체를 탐색하는 데 사용되고 있다(그림 10.11 참조).
- **표면 플라즈몬 공명(*Surface Plasmon Resonance*) 분석법**: 이 방법은 단백질이 부착된 금 표면에서 반사되는 빛을 분석하는 기술이다. 리간드가 고정된 단백질에 결합하면 신호가 바뀐다. (이 방법은 금 표면에 인접한 매질의 굴절률에서 국부적인 변화를 감지한다. 이것은 고정

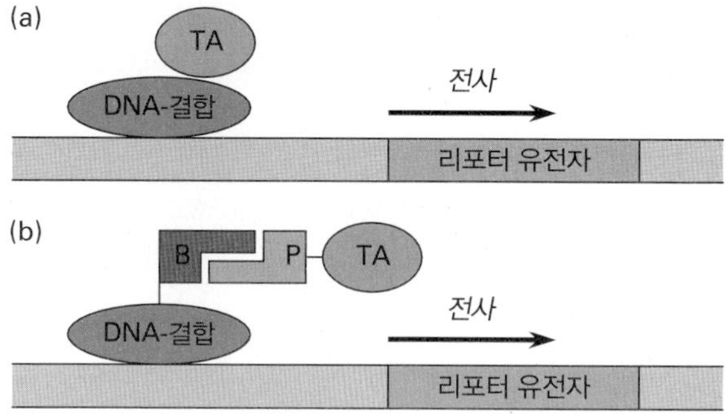

그림 10.10 (a) 전사 활성인자는 DNA-결합 도메인과 전사 활성인자 도메인이라는 2개의 도메인을 갖고 있다. 이들은 함께 리포터 유전자의 발현을 유도한다. β-갈락토시다아제를 코딩하는 lacZ는 발색 기질을 이용하여 β-갈락토시다아제를 쉽게 검출할 수 있다는 장점에 의해 리포터 유전자로 자주 활용된다. (b) DNA-결합 도메인과 전사 활성화 도메인이 복합체를 형성할 수 있는 서로 다른 단백질로 분리되면 전사가 진행된다. '미끼' 단백질 B는 DNA-결합 도메인에 융합되고, '먹이' 단백질 P는 전사 활성화 도메인(TA)에 융합된다. 미끼와 먹이 사이에 복합체가 형성되면, DNA-결합과 TA 도메인이 결합되어 전사가 유도된다.

BOX 10.8

이차원-하이브리드 스크리닝 시스템으로 검출된 단백질 상호작용[ii]

	H. pylori	*S. cerevisiae*	예쁜꼬마선충	초파리
총 단백질체 크기	1,576	5,585	33,469	13,843
테스트된 단백질 수	732	987/790	1,415	4,685
검출된 상호작용 수	1,465	936/800	2,131	4,876

효모에 대한 두 세트의 숫자는 독립적인 연구 결과이다.

[ii] 출처: Aloy, P. & Russell, R.B. (2004). Ten thousand interactions for the molecular biologist. *Nat Biotechnol*. **22**, 1317–1321

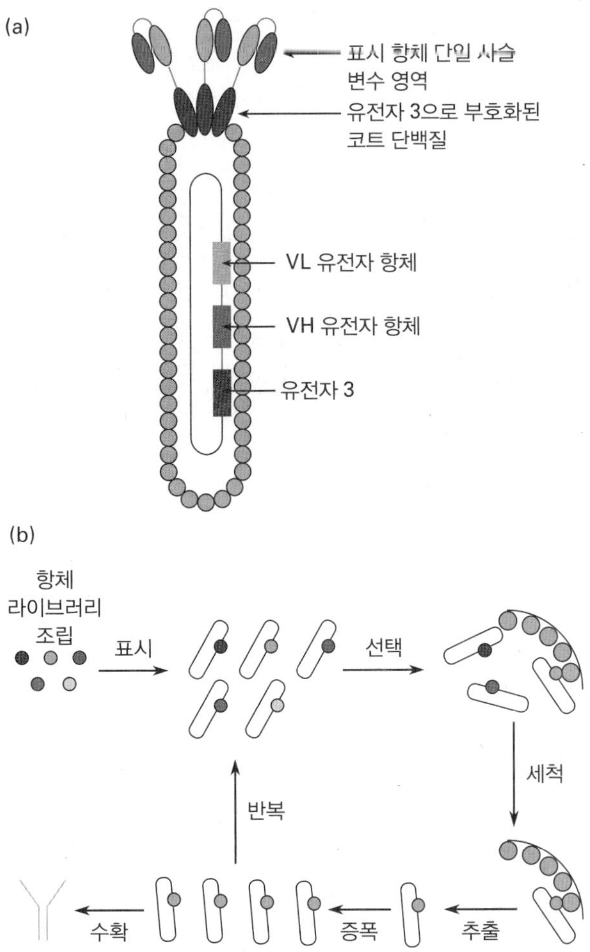

그림 10.11 (a) 작은 외피 단백질 유전자에 융합된 항체의 항원-결합 도메인에 대한 유전자(단일-사슬 Fv를 코딩함)를 갖는 사상 파지(filamentous phage)의 개략도. 직렬 유전자의 발현은 항체 단편이 부착된 외피 단백질을 생성한다. 구조물은 파지 표면에 나타난다. (b) 파지 표시 방법을 이용한 고친화도 항체의 준비, 선택 및 수확 과정. 먼저, 각각 서로 다른 단백질을 표시하는 대규모 파지 집단을 만든다. 이들 중 하나는 대상에 대한 친화력을 가지고 있다. 지지체에 고정된 표적 단백질에 바이러스 집단을 노출시킨 후 세척하면, 복합체를 형성하는 단백질이 유지된다. 최적화를 위해 이 과정을 반복한다. 높은 친화력으로 표적에 결합하는 파지를 선택하고 성장시킨 다음, 수확하고 서열을 분석한다. 단백질을 선택할 수 있는 것뿐만 아니라, 이를 암호화하는 유전자를 찾아낼 수 있다는 점이 더 중요하다.

된 질량과 관련이 있다.)

- **형광 공명 에너지 전달**(*Fluorescence Resonance Energy Transfer*) **기술**: 본 방법은 형광 공명 에너지 전달을 이용한 기술이다. 두 단백질이 서로 다른 발색단(chromophore)에 의해 연결되면, 최대 약 60 Å의 거리에서 자극(excitation) 에너지의 전달을 관찰할 수 있다.

다른 실험 방법은 보완적인 정보와 기술을 다음과 같이 제공한다:

- **도메인 재결합 네트워크**(*Domain recombination networks*) **기술**: 도메인 재조합 네트워크 방법은 다음과 같은 원리를 이용한다. 많은 진핵 단백질에는 여러 도메인이 포함되어 있다. 진핵생물 진화의 특징은 도메인이 다른 파트너와 함께 다른 단백질에 나타날 수 있다는 것이다. 어떤 경우에는, 대사 경로의 다음 단계를 촉매하는 박테리아 오페론의 단백질들이 진핵세포에서 단일 다중도메인 단백질로 융합된다. 진핵 단백질의 단백질 상호작용 네트워크 도메인은 박테리아의 각 단백질과 개별적으로 동일하다. (진핵세포에서 융합되고 원핵생물에서 분리된 단백질의 예도 알려져 있다.)

2개 도메인의 상동체가 동일한 단백질에 나타날 때마다 두 단백질 도메인 간의 상호작용이 발생한다. 이러한 점을 기반으로 하여 하나의 네트워크가 생성될 수 있다. 이는 단백질의 도메인 사이에 기능적으로 연결되어 있다는 것을 보여주는 증거이다. 즉, 그 단백질 도메인이 다른 단백질에 있는 모든 다른 종에서도 도메인 사이에 기능적으로 연결되고 있음을 뜻한다.

- **공동발현 패턴**(*Coexpression patterns*) **기술**: 마이크로어레이 데이터의 클러스터링 분석법을 이용하여 공통적으로 발현되는 패턴을 가진 단백질을 찾아낼 수 있다. 병렬적으로 발현되는 단백질이 동일한 조직에서 발현하는 패턴을 보일 수도 있고, 다른 생리적 상태에서 과발현되거나 저발현될 수도 있다. 이처럼, 동시에 발현되는 단백질은 어떤 기능이 서로 연결되어 있음을 암시하고 있음을 보여주는 증거이기도 한다. 이소니아지드에 대한 결핵균(*M. tuberculosis*)의 반응 연구를 분석한 결과에서(사례연구 10.1), 결핵균의 지방산 합성 복합체 관련 유전자들은 협력적으로 과발현된다. 결핵균의 지방산 합성 복합체 유전자들은 오페론과 같은 유전자 클러스터를 형성하는데, 실제로 이러한 단백질들은 물리적 복합체를 형성한다. 반면에, alkyl hydroperoxidase(AHPC) 또한 이소니아지드 약제에 반응하여 과발현된다. 이렇게 과발현된 AHPC는 이소니아지드에 의해서 받은 산화 스트레스를 경감하는 데 기여한다. 이소니아지드가 지방산 합성 복합체 유전자와 물리적으로 상호작용하거나 지방산 합성과 관련된 대사 변형 단계를 중재한다는 증거는 없다. 이것이 이소니아지드에 대해 반응하는 2번째 독립적인 사례이다.
- **계통 분포 패턴**(*Phylogenetic distribution patterns*) **분석법**: 단백질의 **계통 발생 프로필**은 해당 단백질과 그 유사체가 나타나는 유기체들의 집합이다. 공통의 구조적 복합체 혹은 대사 경로에 관여하는 단백질들은 기능적으로 연결되어 있어, 공동 진화했을 것으로 생각된다. 따라서 분자계통학적 정보를 공유하는 단백질들은 기능적으로 연결되어 있거나, 최소한 세포 내부에서 공통의 조상을 가질 가능성이 높다. 계통 발생적 분포 패턴을 공유하는 단백질 사이에는 서열이나 구조적 유사성이 필요하지 않다. 이와 같은 계통 분석 방법의 주요 장점은 **비상동 단**백질과의 관계로부터 단백질의 기능에 대한 정보를 도출하는 것이다.

직접적인 물리적 단백질–단백질 상호작용, 2-하이브리드 상보성, 도메인 재조합, 동시 발현 패턴, 계통 발생학적 프로파일 등을 포함하여 단백질 간의 관계를 정의하는 많은 방법이 있다. . . 각각은 단백질 상호작용 네트워크의 기초를 제공한다. 각 상호작용 세트를 통합하여 형성된 네트워크는 다소 중복되지만 다르다. 그와 같은 네트워크는 세포에 존재하는 단백질 사이의 연결(links)에 대해서 다른 견해를 제시한다. 서로 다른 유형의 상호작용을 결합해서 보다 종합적인 네트워크를 형성할 수 있다. 예를 들어, DIP 데이터베이스(http://dip.doe-mbi.ucla.edu/)는 실험적으로 결정된 단백질–단백질 상호작용의 선별된 모음이다(기타 내용은 Box 10.9 참조). DIP 데이터베이스는 107종의 생물로부터 17,048개 단백질 사이의 44,349개 상호작용에 대한 데이터를 포함한다.

그림 10.12는 이미 밝혀진 단백질의 구조에서 함께 발견된 단백질 세트를 기반으로 해서, 효모 단백질의 상호작용 네트워크의 일부를 보여준다.

BOX 10.9 **웹 사이트 정보: 상호작용 데이터베이스**

Intact: An open source molecular interaction database
http://www.ebi.ac.uk/intact/

DIP: Database of Interacting Proteins
http://dip.doe-mbi.ucla.edu/

MIPS Comprehensive Yeast Genome Database
http://mips.gsf.de/

BIND: Biomolecular Interaction Network Database
http://www.bind.ca/

subtiwiki: an integrated database for *Bacillus subtilis*
http://subtiwiki.uni-goettingen.de/

GRID: General Repository for Interaction Datasets
http://biodata.mshri.on.ca/grid/servlet/Index

PathCalling: Protein–protein interactions in *S. cerevisiae*
http://portal.curagen.com/extpc/com.curagen.portal.servlet.Yeast

HPID: The Human Protein Interaction Database
http://www.hpid.org/

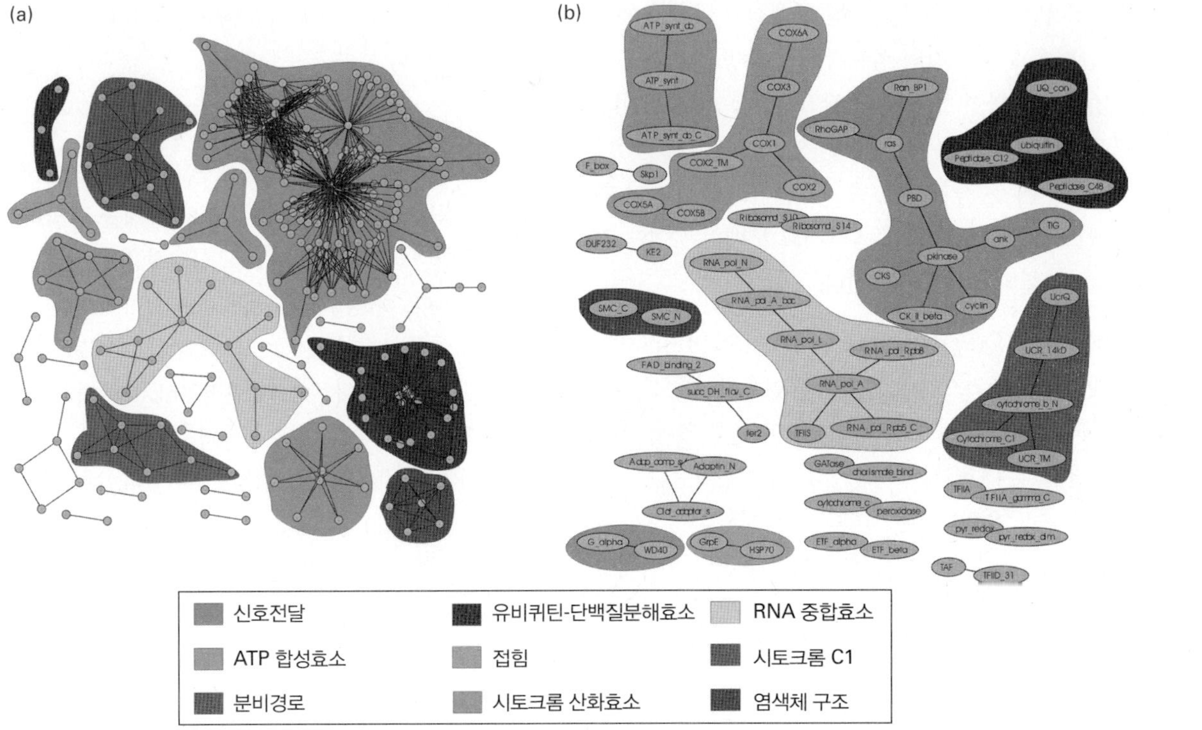

그림 10.12 효모 단백질의 상호작용 네트워크의 일부. (a) 개별 단백질의 상호작용. (b) (a)에 연결된 다양한 기능 범주의 다양한 단백질 패밀리 기반으로 하는 하위 네트워크 내의 상호작용. 본 그림은 구조적 데이터와 모델링을 기반으로 한다. 각각의 관계는 단백질 간의 물리적 상호작용을 의미한다. 일부 상호작용에는 안정한 복합체(예: RNA 중합효소 II)가 포함된다. 다른 것들은 일시적인 복합체를 포함한다.

출처: Aloy, P. and Russell, R. (2005). Structure-based systems biology: a zoom lens for the cell. *FEBS Lett*. **579**, 1854–1858.

*Bacillus subtilis*의 프리모좀 어셈블리의 구성 요소

Bacillus subtilis 미생물에서 DNA 복제의 첫 번째 단계는 개시(initiator) 단백질을 복제 기점의 역할을 하는 특정 DNA 서열에 결합시키는 것이다. 그런 다음, 이들은 프리모솜이라는 핵단백질 복합체를 모집한다. 프리모솜의 주요 구성 요소는 육량체 복제 분해효소인 DnaC이다.[7]

진행 과정의 각 단계는 다음과 같다:

1. 적절한 단일가닥 DNA 서열에 개시 단백질인 DnaA 또는 PriA가 결합한다.
2. 기타 단백질 DnaB, DnaC 및 DnaI가 모집된다. DnaB와 DnaI는 DnaC 활동의 조절자이다.
3. DnaC는 단일가닥 DNA에 실린 후에, 육량체 집단을 형성한다.
4. DNA 합성을 위해 DnaG가 동원된다.

[7] *E. coli*와 *B. subtilis*은 단백질의 명칭이 다르다는 점에 유의하자.

그림 10.13은 DnaC의 바로 이웃으로 제한된 네트워크의 작은 부분을 보여준다.

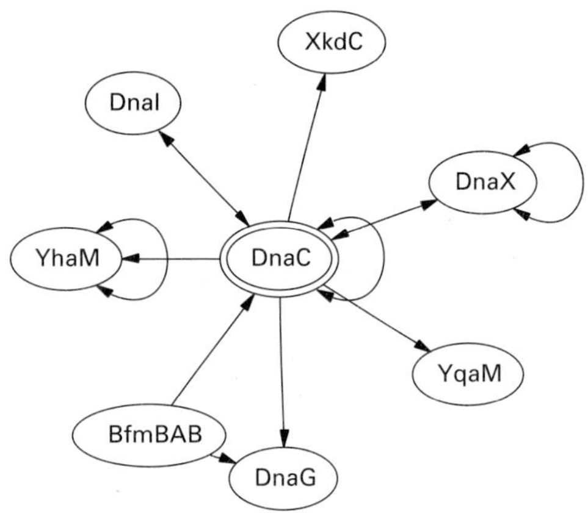

그림 10.13 DnaC 및 DnaC와 직접 상호작용하는 단백질. 파트너를 연결하는 화살표는 '미끼(bait)'에서 '먹이(prey)'를 가리킨다. 양방향 화살표는 상호 실험(reciprocal experiments)에서 상호작용이 감지된 경우를 나타낸다. 원래 웹 사이트에서 화살표는 상호작용에 대한 증거에 따라 색상으로 구분되어 있다.

Reproduced by permission http://genome.jouy.inra.fr/.

조절 네트워크

조절 네트워크는 살아있는 생명체의 다양한 과정에 영향을 준다. 제어 상호작용은 선형 신호전달 과정으로 구성되며, 제어 네트워크는 그물 모양(reticulated)으로 이루어진다.

모든 개별 규제 조치(regulatory action)에는 (1) 자극, (2) 표적에 대한 신호 전송, (3) 반응, (4) 휴식 상태로 복원하기 위한 '재기동' 메커니즘이 필요하다(그림 10.14 참조). 제어하기 위한 많은 조치는 단백질–단백질 복합체에 의해 매개된다. 일시적인 단백질–단백질 복합체는 흔하게 규제되는데, 그 이유는 단백질–단백질 복합체가 해리되어도 자연스러운 재기동 메커니즘을 제공하기 때문이다.

일부 자극은 유전적 프로그램에 의해서 발생한다. 일부 조절 이벤트는 현재 내부 대사산물 농도에 대한 반응이다. 다른 자극은 세포 외부에서 발생한다: 표면 수용체에 의해 감지된 신호는 막을 가로질러 세포 내 표적으로 전달된다.

그와 같은 신호전달 과정에서 제어가 일어날 수 있다:

- '신호전달이 전개되는 현장에서:' 다음과 같은 여러 메커니즘에 의해 억제된다. 예를 들어, (1) 억제자에 의한 조절; (2) 이량체화, 즉 리간드-유도 구조적 변화가 일어나면서 신호조절을 하는 경우와 알로스테릭 효과를 통한 조절; (3) GDP-GTP 교환 또는 키나아제-인산화효소 스위치 기반 조절(Box 10.10 참조); (4) 대사회전 속도(turnover rates)의 차등화에 따른 조절.
- '세포의 신호전달 지휘 본부에서:' 유전자의 발현 과정에서 제어한다.

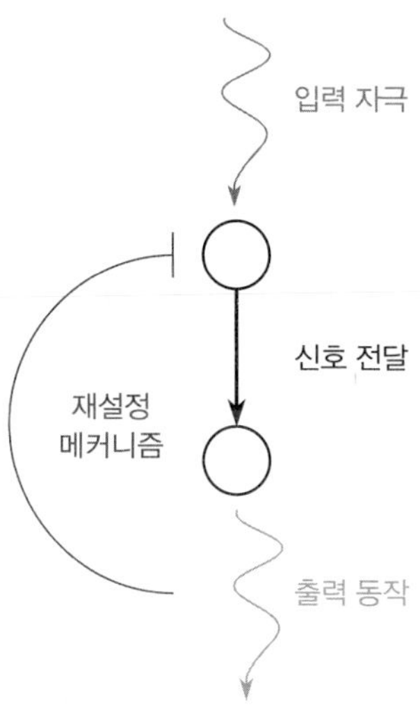

그림 10.14 조절 네트워크의 기본 단계. 입력 신호가 노드에 의해 수신되고, 노드는 신호를 이후 단계 노드로 전송해서 출력 동작을 유발한다. 그 다음에는 이전 단계 노드가 비활성 상태로 재설정된다. 이러한 기본 다이어그램의 조합은 세포의 복잡한 조절 네트워크를 생성한다.

하나의 신호가 많은 반응을 유발할 수 있다. 각 반응은 자극성이 높아 활성이 증가되거나 억제성을 보여 활성도가 감소될 수 있다. 신호전달은 자극을 약화시키거나 증폭시킬 수 있다. 또한 세포 내에서 신호전달은 매우 복잡하며, 동시에 광범위하게 활용된다.

신호전달 및 전사 수준의 제어

신호전달 네트워크는 다음과 같은 다양한 메커니즘에 의해 '전달된 신호가 사용되는 말단 현장에서' 제어를 한다. 이러한 제어 단백질의 예는 다음과 같다: (1) 2개 수용체의 이량체 형성; (2) 다른 자리입체성 효과를 포함하지만, 이에 제한되지 않는 리간드-유도 형태 변화; (3) GDP-GTP 교환 또는 키나아제-인산화효소 스위치; 차등 대사회전 속도. 이 구성 요소는 1초 미만의 시간 단위로 빠르게 작동한다. 전사 수준에서 조절 네트워크는 유전자 발현에 대한 통제를 통해 '신호 전달 본부에서' 제어한다. 이러한 조절체계의 구성 요소는 더 느리고, 몇 분 단위로 작동한다.

제어 경로의 일반적인 특징은 다음과 같다:

- 단일 신호는 단일 반응 또는 다양한 반응을 유발할 수 있다.
- 단일 반응은 단일 신호에 의해 제어되거나 여러 신호에 의해서 영향을 받을 수 있다.
- 각 반응은 자극적(활성도 증가), 또는 억제적이다(활성도는 감소)일 수 있다.
- 신호 전송은 자극을 약화시키거나 증폭시킬 수 있다.

BOX 10.10 G-단백질-결합 수용체(GPCRs)과 G 단백질

G-단백질-결합 수용체(G-protein-coupled receptors)는 세포 표면에서 메시지를 수용하고 신호를 세포 내부로 전달하는 데 관여하는 막횡단 단백질 패밀리에 속한다. 일부 GPCR은 시각, 후각, 미각을 포함한 감각 수용에 관여한다. 다른 GPCR은 호르몬과 신경전달 물질에 반응한다. 옵신 및 박테리오로돕신과 같은 일부 GPCR은 발색단과 결합한다. 박테리오로돕신은 신호 분자가 아니라 빛에 의해 구동되는 양성자 펌프이다(그림 5.7 참조).

GPCR은 일반적인 토폴로지로 배열된 7개의 막관통 나선을 포함하는 하위 구조를 공유한다(그림 5.8 참조). 막횡단 부분은 일반적으로 N- 및 C-말단 도메인의 측면에 위치한다. N-말단 도메인은 항상 세포 외부에 있으며, C-말단 도메인은 내부에 위치한다.

G-단백질-결합 수용체와 G 단백질은 많은 신호전달의 초기 단계에 관여한다. G-단백질-결합 수용체는 세포외 측에서 신호 유발 리간드와 결합하고, 세포 내부에서 신호의 하류 수용자인 이종-삼량체 G 단백질과 결합한다(그림 10.15 참조)

G 단백질은 $G_\alpha G_\beta G_\gamma$의 세 가지 하위 단위로 구성된다. 휴면 상태인 비활성 상태에서 G_α는 GDP에 결합한다. 리간드 활성화 GPCR은 특정 G 단백질에 결합하고, G_α 하위 단위에서 GDP-GTP 교환을 촉매한다. 이는 삼량체를 불안정하게 만들어 G_α를 해리시킨다:

$$G_\alpha(\text{GDP})G_\beta G_\gamma \rightleftharpoons G_\alpha(\text{GTP}) + G_\beta G_\gamma$$

분리된 구성 요소인 G_α 및 $G_\beta G_\gamma$는 아데닐산 사이클라제(adenylyl cyclase)와 같은 하류 표적을 활성화한다.

단일 활성화된 GPCR은 많은 G 단백질 분자와 연속적으로

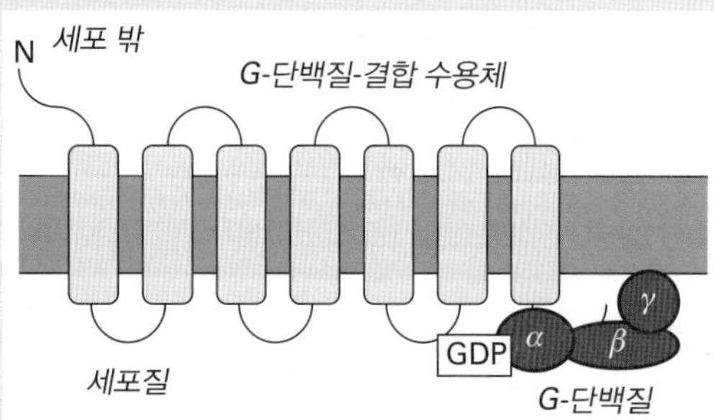

그림 10.15 G-단백질-결합 수용체는 7-helix 막횡단 단백질이다. 7-helix 막횡단 단백질은 G 단백질, $\alpha\beta\gamma$ 삼량체와 세포 내에서 상호작용한다. GPCR 기능의 공통 메커니즘은 세포 외부로부터 온 신호에 의해, 또는 일부 경우에서는 빛 흡수에 의해 형태 변화가 일어난다. 활성화 상태의 GPCR은 세포 내 G 단백질과 상호작용하여 신호 연쇄반응을 촉발한다. 활성화 메커니즘에는 GDP–GTP 교환이 일어난다.

상호작용하여 신호를 증폭시킬 수 있다. 그러므로, 신호가 효과를 발휘한 후에는 신호를 끄는 것이 필수적이다. GPCR 수용체가 항상 활성화되는 돌연변이는 수많은 질병을 유발한다. 이러한 증상은 항상 활성화가 일어나는 악성 수용체와 그 효과를 적절하게 억제하지 못하는 피드백 메커니즘 사이의 전쟁으로 인해 그와 같은 질병이 유발된다.

GPCR마다 휴식 상태(resting state)를 복원하는 메커니즘이 다르다. 예를 들어, 로돕신은 이성체화된 발색단이 절단되어 비활성화된다. 이종-삼합체 G 단백질은 G_α의 GTPase 활성을 통해 재설정되면, $G_\alpha(\text{GTP}) \rightarrow G_\alpha(\text{GDP})$로 전환된다. $G_\alpha(\text{GDP})$는 수용체에 결합하지 않아 신호전달 경로를 차단한다. 대신, $G_\alpha(\text{GDP})$는 $G_\beta G_\gamma$ 하위 단위를 다시 결합한다. 이렇게 하면, 시스템이 다음 자극을 기다리도록 재설정된다. G_α의 GTPase 활성은 G 단백질 신호전달 조절자(G-protein signalling, RGS)라고 불리는 단백질 종류에 의해 자극된다.

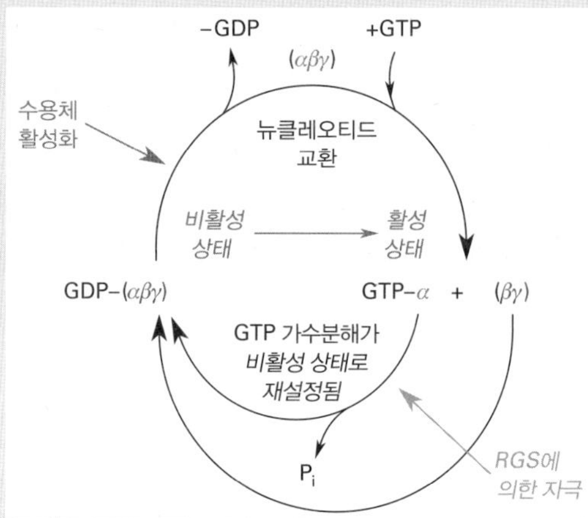

GPCR은 가장 큰 수용체 패밀리로 알려졌다. 그 패밀리는 진핵생물만큼 오래되었으며, 규모가 크고 다양하다. 포유류 게놈에는 약 1,500~2,000개의 GPCR이 포함되어 있고, 전체 게놈의 약 3~5%를 차지한다. 예쁜꼬마선충의 유전체에서도 유사한 비율로 GPCR 유전자를 코딩하고 있다.

각각의 GPCR은 특정 G-단백질 표적과 상호작용한다. 포유류 게놈에는 G_α, G_β 및 G_γ 하위 단위의 여러 상동체가 포함되어 있어 다양한 조합이 가능하다. 실제로 얼마나 많이 존재하는지는 알 수 없지만 GPCR의 수보다 적을 가능성이 높다. 따라서 많은 GPCR은 단일 G 단백질을 표적으로 삼아야 한다. 예를 들어, 모든 후취 수용체(odorant receptors, 인간의 경우 수백 개)는 동일한 G_α를 표적으로 한다.

GPCR은 고혈압, 천식, 알레르기 치료에 사용되는 일부 약물을 포함하여 많은 약물의 표적이다.

규제 네트워크의 구조 생물학

모든 규제 상호작용에는 하나 이상의 단백질과 핵산이 포함된다. 조절 메커니즘의 예에는 리간드에 결합하는 단백질, 인산화/탈인산화와 같은 화학적 변형, 형태 변경 또는 위의 모든 것이 포함된다. X-선 결정학, NMR 분광법 및 극저온전자현미경은 제어 프로세스의 기본 메커니즘 중 일부를 규명하는 데 활용되었다.

조절에 관여하는 많은 분자는 다중 도메인 단백질이다. 도메인은 독립적인 안정성을 갖고, 진화적 재조합을 통해 다른 파트너와 함께 나타날 수 있는 단백질의 한 부분이다. 다중 도메인 단백질은 각 도메인이 상대적으로 다른 분자와 자유롭게 상호작용할 수 있는 도메인의 선형 서열을 포함한다. 따라서 도메인을 기반으로 해서 단백질을 조립하면, 일련의 기능을 하나의 분자로 결합할 수 있다. 다양한 도메인을 '혼합 및 일치(Mixing and matching)' 원리를 기반으로 해서 분석하면, 단백질의 도메인이 매우 다양하게 기능적으로 조합해 왔다는 진화적 개념을 가질 수 있다(5장 참조).

조절 단백질의 한 가지 중요한 특징은 '인식'이다. **상호작용 도메인**은 파트너에 결합하는 과정에 특이성을 부여하는 단백질의 일부이다. 조절 단백질은 제한된 수의 상호작용 도메인 유형을 포함하며, 이들은 분기되어 개별 특이성을 갖는 대가족으로 분화된다. 예를 들어, 인간 게놈에는 115개의 SH2 도메인과 253개의 SH3 도메인이 포함되어 있다. [Src-상동성 도메인 SH2 및 SH3는 세포질 티로신 키나제(cytoplasmic tyrosine kinases)의 src 패밀리 도메인에 대한 상동성으로 명명되었다.] 많은 개별 상호작용 도메인은 제어 캐스케이드의 연속 단계에 참여할 때 다른 파트너와 상호작용한다. 초기 상호작용 또한 대규모 규제 복합체를 형성하기 위해 추가 단백질의 모집을 유발할 수 있다.

많은 상호작용 도메인은, 예를 들어 특정 티로신, 세린 또는 트레오닌이 인산화된 리간드에 우선적으로 결합하는 것과 같이, 리간드의 번역 후 변형이 된 상태에 민감하다. 이들 및 기타 번역 후 수정은 스위치 역할을 하며, 신호전달 과정을 활성화하거나 중단/재설정한다.

단백질-단백질 복합체 형성을 통해서, 세포는 외부 매질에서 신호 분자를 감지하고, 신호 분자 자체가 세포에 들어갈 필요 없이 세포 내부에 신호 분자가 도착했음을 보고

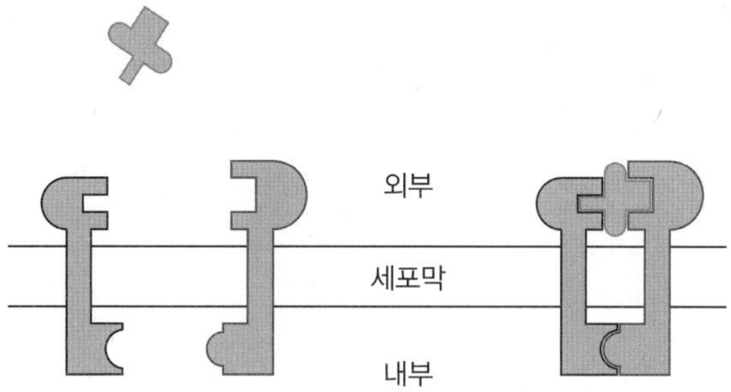

그림 10.16 수용체 이합체화는 리간드가 세포에 들어갈 필요 없이 리간드와 결합할 때 세포 내 사건을 활성화하는 신호전달 메커니즘이다. (왼쪽) 분리된 수용체는 막 내에서 2차원적으로 자유롭게 확산된다. 리간드는 수용체를 찾아 세포외 공간에서 3차원적으로 확산된다. 리간드의 한 부분은 하나의 수용체 분자에 결합한다. 그 다음에는 리간드의 다른 부분이 두 번째 수용체 분자에 결합한다(오른쪽). 이는 두 수용체 분자의 세포외 도메인을 근접하게 끌어당겨 세포 내 도메인도 병치시킨다. 세포 내 도메인은 키나아제 활성을 가지며, 파트너를 교차 인산화한다. 이는 신호의 세포 내 검출을 유발한다.

할 수 있다. 많은 수용체는 독창적인 이량체화 메커니즘을 사용한다: 수용체에는 외부, 막관통 및 내부 구획(segment)이 있다. 외부 리간드는 수용체의 두 분자에 결합한다. 외부 부분의 병렬 위치(juxtaposition)는 내부 부분도 함께 가져온다. 내부 부분은 막 횡단 구획에 의해 외부 영역에 묶여 있기 때문이다(그림 10.16 참조). 내부 부분 사이의 상호작용은 단백질의 인산화와 같은 과정을 활성화하는 구조적 변화를 유발한다. 이는 원래 자극을 증폭할 수 있는 신호전달 과정을 시작할 수 있다.

그림 10.17은 펩티드 결합(단백질에 부착될 수 있음), 단백질-단백질 복합체, 호르몬 결합 시 세포외 이량체 형성, 유전자 발현을 조절하는 단백질-핵산 복합체 등 리간드와의 상호작용 도메인 복합체 유형을 보여준다.

조절 메커니즘을 이해하려면, 큰 단백질과 단백질-핵산 복합체의 구조가 필요하다. X-선 회절은 몇 가지 큰 성공을 거두었지만, 적절한 크기의 결정(crystal)으로 성장시킬 수 있어야 한다. 최근에 극저온전자현미경 기반의 새로운 이미지 촬영 기술 덕분에 더 큰 집단(assemblies)을 고해상도의 결정 구조 이미지로 확보할 수 있게 되었다.

남아 있는 한계는 일시적인 복합체(transient complexes)의 구조를 결정하는 데 어려움이 있고, 또한 조립 시 상당한 구조적 변화가 일어나기 때문에 구조를 결정하는 것이

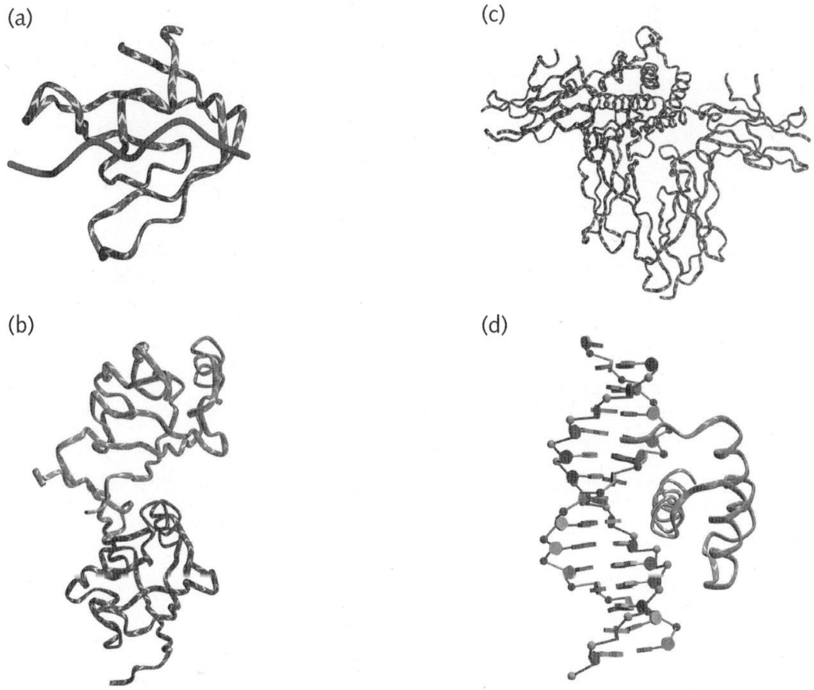

그림 10.17 신호전달 조절과 관련된 상호작용. (a) 펩티드(일반 회색 선)[1CKA]와 결합하는 SH3 도메인. SH3 도메인은 조절 단백질의 공통적인 구성 요소로 작용한다. SH3 도메인의 기능에는 신호전달, 단백질 및 소포 수송, 세포골격의 구성, 세포 분극 및 세포 소기관 생합성이 포함된다. (b) 도메인–도메인 상호작용: 신트로핀 및 neuronal nitric oxide(상부) synthease(하부)의 PDZ 도메인[1QAV]. (c) 두 분자와 복합체를 이루는 인간 성장호르몬(단단하게 감겨 있음)의 수용체[3HHR]가 이량체화된 외부 도메인을 설명하는 이미지이다. (d) Hox 유전자인 Antennapedia의 homeodomain-DNA 복합체[9ANT] 모식도이다. 나선이 DNA의 주요 홈(major groove)에 잘 들어맞는다는 점에 주목하자.

어렵다. 이러한 상황은 현재 분자생물학의 많은 부분과 공유된다: 우리는 크기가 점점 커지는 정적 구조를 파악하고 있지만, 동적인 면을 처리하는 방법이 개발되기를 기다리고 있다.

비교적 단순한 규제 통제 네트워크의 사례

생물학의 두 가지 고전적인 제어 시스템은 분자 수준에서 잘 알려져 있다: 대장균 *Lac* 오페론 및 박테리오파지 λ의 용해/용원성 스위치. 이러한 시스템 또한 발달 경로의 가장 단순한 예시이다.

- *Lac* 오페론은 대장균 게놈에 나란히 나타나는 일련의 유전자로서, 배지 내 유당(lactose)과 포도당의 존재에 따라 공동으로 조절된다.
- 파지 λ는 대체 유전자 발현 프로파일에 의해 영향을 받아서, 능동적 또는 수동적 생활 방식을 채택할 수 있다. 아마도 가장 단순한 삶의 형태일 것이다.

대장균에서 유당 오페론의 조절

대장균의 락토스 오페론은 유당의 흡수 및 활용과 관련된 여러 단백질을 암호화한다. 조절 메커니즘은 배지 내에 포도당은 없고, 유당만 있을 때, 유당 오페론을 활성화한다.

대장균의 락토스 오페론은 구조 유전자와 조절 영역을 갖고 있다(그림 10.8(a) 참조). 락토스 오페론의 세 영역은 단백질을 암호화한다(표 10.1). *lacZ*, *lacY* 그리고 *lacA*는 단일 mRNA로 공동 전사되며, 별도로 번역된다.

lacI 유전자는 lac 억제자 단백질을 암호화하며, 이는 오퍼레이터의 상류(upstream)에 위치해 있다. 항상 일정하게

발현이 된다.

락토스 오페론의 조절 영역은 스위치처럼 작용하여 단백질 암호화(protein-encoding) 유전자의 전사를 켜고 끄는 기능을 한다. 유전자 제어는 CAP 단백질(CAP, catabolite activation protein)이 CAP 부위에, 그리고 lac 억제자 단백질이 오퍼레이터 부위에 결합함으로써 이루어진다. 포도당이 없을 경우, cyclic AMP(cAMP) 및 락토스 유사체(analogues)가 다량 생성되어, 각각 CAP 및 lac 억제자 단백질에 결합해 그들의 결합 친화도를 조절한다.

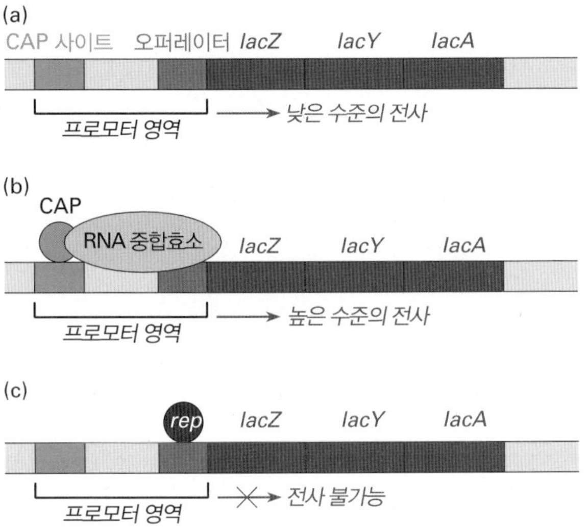

그림 10.18 락토스 오페론의 상태. (a) 프로모터 영역에는 단백질 코딩 유전자 *lacZ*, *lacY*, *lacA*의 상류에 조절 부위가 포함되어 있다. (b) 프로모터 upstream 부위에 CAP가 결합하면 RNA 중합효소의 결합 친화력이 향상되어 전사가 활성화된다. (c) 억제 인자(rep)의 결합은 RNA 중합효소의 결합을 차단하여 전사를 중단시킨다. 2개의 추가 보조 억제자 결합 부위는 표시되지 않는다. [그림 10.18(c)는 단순화한 것이다. lac 억제 인자는 실제로 3개 부위에 결합한다. Science 잡지 1996년 3월 1일호 표지에는 DNA의 ~100 bp 부분에 있는 두 부위와 CAP 단백질에 결합하는 lac 억제 인자의 모델이 나와 있다. DNA가 고리 모양으로 구부러져 있다.]

표 10.1 대장균의 락토스오페론에 포함된 유전자.

유전자	효소	기능
lacZ	β-갈락토시다아제	젖당 → 포도당 + 갈락토스, 젖당 → 알로락토스
lacY	β-갈락토시드 투과효소	세포 내로 젖당을 능동수송
lacA	β-갈락토시드 트랜스아세틸라아제	알려지지 않음, 아마도 해독작용과 관련?

- 유당 결합은 억제자의 형태를 강하게 결합하는 형태에서 약하게 결합하는 형태로의 구조 변화를 유도한다. **유당이 없을 때만 lac 억제자가 프로모터에 결합한다.**
- 포도당의 존재는 cyclic AMP(cAMP)의 농도를 낮춰서 CAP의 형태를 약하게 결합하는 형태로 구조를 변화시킨다. **포도당이 없을 때만 *CAP*가 프로모터에 결합한다.**

알로락토스는 억제자에 결합하여 DNA 상의 부위에 대한 친화력을 줄이는 분자다. 알로락토스는 유당의 이성질체로, 락토스로부터 β-갈락토시다아제에 의해 생성된다. 다른 대체 유당 유사체들(analogues)도 전사를 촉진시킨다. Isopropylthiogalactoside(IPTG)는 실험실에서 유용한 유당 유사체 중 하나인데, 그 이유는 두 가지이다: (1) IPTG는 *lacY* 유전자로 암호화된 수송체가 기능하지 않거나, 발현되지 않아도 세포 내로 들어간다. (2) IPTG는 대사되지 않으므로, 실험 과정 중에 농도가 일정하다.

그 조절 스위치는 배지 내 설탕의 종류에 반응한다.

- 만약 포도당과 유당이 함께 존재한다면, 어떤 제어 단백질도 프로모터에 결합하지 않는다(그림 10.18(a)). RNA 중합효소는 약하게만 결합한다. 전사 정도는 낮은 기본 수준으로 발생한다.
- 포도당이 없고 유당이 존재할 경우, CAP−cAMP 복합체가 프로모터에 결합한다. CAP−cAMP와 RNA 중합효소의 결합은 협력적이다. CAP−cAMP와의 상호작용은 RNA 중합효소의 친화력을 증가시켜서, 기본 수준의 약 40배로 전사를 자극한다(그림 10.18(b)).
- 유당이 없으면, 억제자가 작동 부위에 결합한다. 이는 RNA 중합효소 결합을 차단하고, 전사를 차단한다(그림 10.18(c)).

오퍼레이터 부위는 CAP 부위와 전사 시작점 사이에 있다. 그 결과, **유당 부재는 포도당 부재보다 우선한다.** 즉, 유당이 없으면 포도당이 있든 없든 간에 억제물질이 결합하여 전사가 멈춘다.

그 결과로 배지에 유당만 있는 경우에만 *lac* 오페론의 단백질을 발현시키는 것이다. 사실상 박테리아는 '우리 박테리아는 포도당에서 자라는 것을 선호한다.'라고 말한다. 박테리아는 포도당이 있으면, 유당이 있더라도, 유당 운반 및 대사에 대한 유전자의 높은 발현 수준을 원하지 않는다.

오직 유당이 존재하고 포도당이 존재하지 않을 때에만, 유당을 운반하고 분해하는 유전자들이 발현된다.

요약하면, (−는 '부재'를 의미하고, +는 '존재'를 의미):

포도당 \ 유당	−	+
−	억제	강력한 전사
+	억제	기초적인 수준의 전사

유당 오페론 스위치는 '발사 후 망각형(fire-and-forget)' 메커니즘의 한 예이다. 일단 mRNA가 합성되면, DNA에서 일어나는 일은 그것에 영향을 미치지 않는다. 그러나 lac 오페론(*lacZ*, *lacY*, *lacA*)의 단백질을 암호화한 유전자에 대한 mRNA의 반감기는 약 ~3분이다. 연속적이거나 반복적인 유도가 없으면, 유당 대사 효소의 합성이 몇 분 안에 중단된다. 이렇게 하면 오페론 스위치가 재설정된다.

lac 오페론의 논리 도식도

그림 10.19는 *lac* 오페론 제어 논리를 네트워크로 나타낸다. 이 도식도는 포도당의 유무에 대한 반응을 보여주는 표와 거의 동일하다.

박테리오파지 λ의 유전자 조절

λ는 대장균을 감염시키는 바이러스인 박테리오파지이다(그림 10.20 참조). 성숙한 비리온은 바이러스 DNA를 캡슐화하는 20면체 머리를 포함한다. 꼬리는 숙주를 인식하여 부착한 후, 바이러스 DNA를 주입하는 주사기 역할을 한다. 비리온(virion)은 약 15가지의 다른 단백질을 포함한다.

게놈은 58,402 bp 길이의 이중가닥 DNA 단일 분자로서, 7개의 오페론으로 구성된 50개의 유전자를 포함한다. 박테리아에서와 마찬가지로, 오페론은 협력적으로 전사를 제어하는 데 관여하는 일련의 연속적인 유전자 셋으로 구성되어 있다.

대장균 세포에 부착하고서 파지 DNA를 주입한 후, 파지는 다음의 두 가지 경로 중 하나를 따를 수 있다.

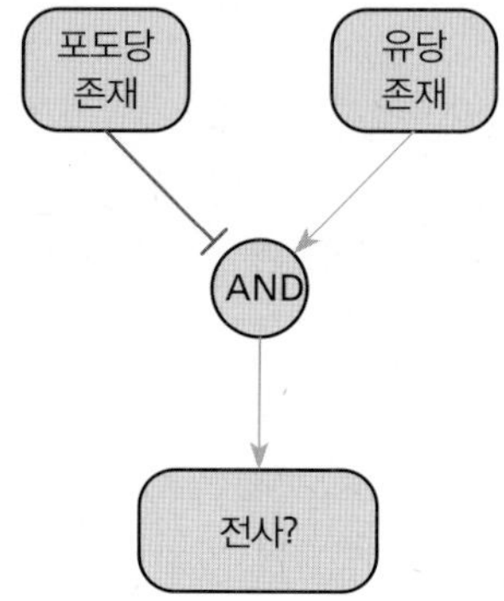

그림 10.19 *lac* 오페론의 논리 다이어그램. 화살표는 긍정적 조절을 나타내는 반면에, 'T 모양'은 부정적 조절을 나타낸다. 'AND'를 포함하는 원은 포도당이 존재하지 않고('tee' 비활성), 유당이 존재(화살표)하는 경우에만 양의 신호(positive signal)를 통과한다. 많은 조절 회로의 경우에서, 노드에 대한 많은 입력을 알고 있지만 논리(logic)는 모른다.

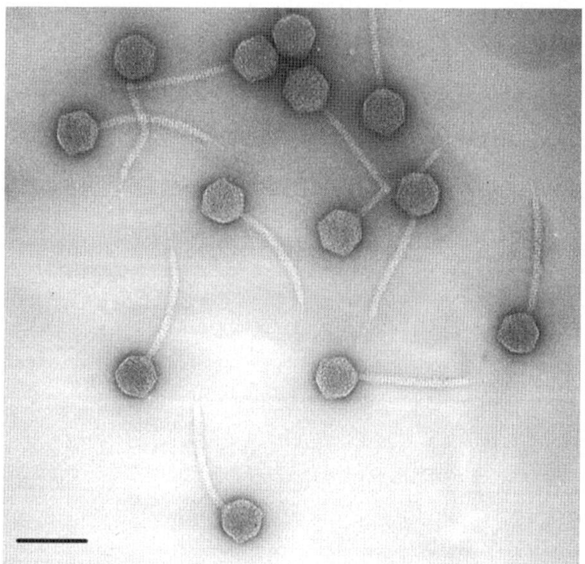

그림 10.20 박테리오파지 λ. 왼쪽 하단의 막대(bar)는 100 nm를 나타낸다.

(Picture courtesy Prof. R.B. Inman, University of Wisconsin. 출처: ICTVdB - The Universal Virus Database, version 4. http://www.ncbi.nlm.nih.gov/ICTVdb/ICTVdB/)

- **용해** 상태: 딸 파지(daughter phage) 입자의 복제 및 세포 내 재구성은 약 45분 후에 숙주 세포의 파열이 일어나고, 약 100개의 자손을 방출된다. 여러 세트의 명확한 유전자들의 발현 패턴은 이 과정 동안 발생 프로그램의 제어를 받는다.
- **용원성** 상태: 파지 DNA는 박테리아 게놈에 통합되어

prophage를 형성한다. 단 하나의 파지 유전자가 발현된다: cI 단백질은 바이러스 증식을 시작하는 데 관련된 파지 유전자의 발현을 억제하는 억제자 역할을 함으로써 용원성 상태를 유지한다.

여기서 우리는 용해성(lytic) 상태와 용원성(lysogenic) 상태 사이의 스위치 역할을 하는 λ 조절 네트워크의 하위 조절자에 초점을 맞출 것이다. (M. Ptashne과 동료들, 그리고 대규모 바이러스 학자 커뮤니티는 파지 λ의 분자생물학에 관하여 매우 상세하게 설명했다.)

바이러스의 전략은 번성하는 숙주 개체군을 이용하여 용해를 통해 번식하지만, 용원성(lysogeny)을 채택해서 '번식하기에 여유가 없는(lean)' 기간을 통과한다.

건강한 숙주 집단이 주어지면, 자손 바이러스가 추가 세균 세포를 감염시키므로 용균 상태(lytic state)가 지속된다.

파지의 용원성 상태는 정상적인 조건에서 안정적이다. 박테리아 게놈에 통합된 바이러스 DNA는 박테리아 DNA와 함께 복제된다. 이를 통해서, 감염된 박테리아의 개체군을 만든다. 비록 바이러스가 온전한 자손 파지를 형성하기 위해 완전히 번식하지는 않지만, 바이러스 DNA는 세포가 분열하는 과정에서 동반자(passenger)로서 복제된다.

잠자는 숲속의 미녀(바이러스)는 숙주 세포를 위협하는 UV 방사선과 같은 손상에 의해 깨어날 수 있다. 바이러스는 숙주를 위험에 빠뜨리는 조건을 피하기 위해 활성 복제를 재개한다. 물론 이렇게 하면, 숙주 세포는 살아남지 못할 것이다.

DNA-단백질 상호작용에 의해 구현되어야만 하는 전환 스위치의 특성은 무엇일까?

- 조절 스위치의 상태는 상호 호환되지 않아야 한다. 각각의 상태는 서로를 억제해야 한다.
- **일정한 조건**에서, 각 상태는 자체적으로 유지되어야 한다. 즉, 둘 중 하나의 선택만 강제되는 것이 아니다. 일단 선택하면, 선택한 상태는 조건이 변경될 때까지 지속된다.
- **변화하는 조건**에 따라서, 한 상태에서 다른 상태로 이동할 수 있어야 한다. 우리는 복잡한 일련의 결과로 이어지는 단순한 방아쇠를 찾을 것으로 기대한다.

이 논리를 구현하기 위해서, 시스템에는 다음과 같은 변수가 있다:

- **DNA 서열**: 특히 프로모터와 오퍼레이터 부위의 서열 (Box 10.11 참조).
- **DNA 구조의 국소적 유연성**: Loops를 형성하는 DNA의 능력으로, DNA 서열에서 멀리 떨어져 있는 부위에 결합하여 DNA와 상호작용하는 단백질에 의해 연결된다.
- **DNA-단백질 상호작용**: RNA 중합효소 및 조절 단백질

BOX 10.11

박테리오파지 λ의 용원-용균 전환에 관여하는 단백질과 상대적 친화도

단백질	상대적 친화도
RNA 중합효소 자체	cro 프로모터 > cl 프로모터
cro	OR3 > OR2 ≃ OR1
cl	OR1 ≃ OR2 > OR3
2×cl	OR1 + OR2 높은 친화도에 의해 협력적 결합 증진
2×cro	상호 협력적 결합 없음
cro + RNA 중합효소	cro 프로모터 > 0, cl 프로모터 = 0
cl + RNA 중합효소	cl 프로모터 > 0, cro 프로모터 = 0
고농도 cl + RNA 중합효소	cl 프로모터 = 0, cro 프로모터 = 0

을 포함하여 다양한 부위에 대한 다양한 단백질의 상대적 친화도.

- DNA–단백질 복합체 간의 상호작용:
  - 긍정적 협력성(positive cooperativity): DNA 상에서 단백질–단백질 상호작용을 안정화시켜 DNA-단백질 복합체의 결합 강화;
  - 부정적 협력성(negative cooperativity 또는 anticooperativity), 특히 한 단백질이 결합하여 다른 단백질의 결합 부위를 차단하는 것.

어떻게 작동할까? 어떤 단백질이 DNA에 결합하고, 어디에 결합할지는 다음에 따라 다르다:

- 서로 다른 단백질에 대한 서로 다른 부위의 고유 친화도(intrinsic affinity). 일반적인 원칙은 DNA-결합 단백질이 가장 높은 친화력을 가진 이용 가능한 부위를 선택한다는 것이다. 일부 경우에는 초기에 결합을 한 후, 이중나선을 따라 1차원 확산을 통해 단백질이 DNA의 최적의 결합 부위를 매우 효율적으로 찾을 수 있다.
- 단백질 결합의 협동성;
- 부위에 대한 단백질의 경쟁.

결합 부위의 가용성은 부위 또는 부위 근처에서 다른 단백질의 결합에 의한 폐쇄로 인해 단백질이 결합할 부위가 없을 수 있다. 반대로, 이웃한 부위에 결합된 또 다른 단백질과의 유리한 상호작용을 통해서 친화력(협동 결합)을 향상시킬 수 있다. 이러한 효과는 조절 단백질 간의 상호작용 또는 RNA 중합효소와 조절 단백질의 상호작용을 포함할 수 있다.

준비물

1. 단백질
   - RNA 중합효소, DNA를 RNA로 전사하는 효소. RNA 중합효소는 이용 가능한 프로모터 부위에 결합한다.
   - *cro*, cI의 합성을 억제하는 전사 조절인자.
   - *cI* 또는 억제자, cro의 발현을 억제하고 자신의 발현을 조절하는 전사 조절인자.
2. 파지 DNA의 부위
   - 인접한 두 프로모터의 접근성은 cI 및 cro의 전사를 제어한다.
   - 3개의 작동자 부위(각 프로모터 내에 하나씩, 세 번째는 둘 다 겹치며, cro 및 cI에 대한 결합 부위)이다. 그림 10.21은 (a) DNA의 프로모터 및 오퍼레이터 부위

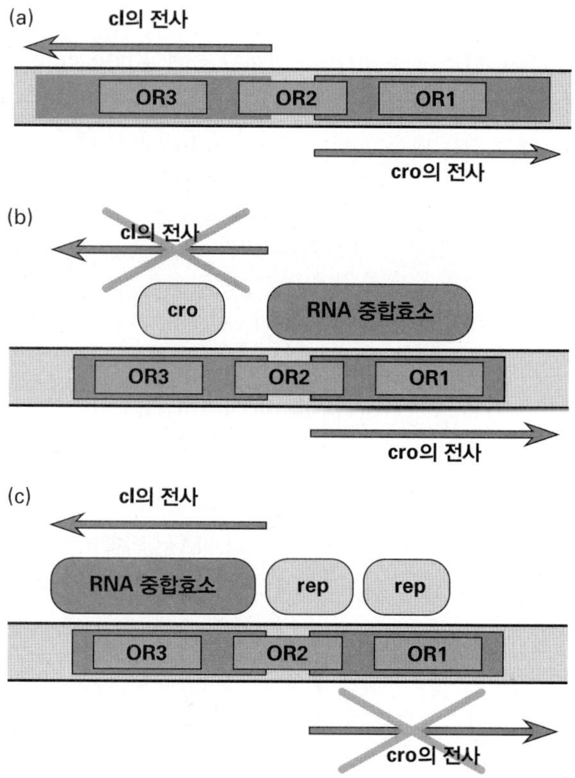

그림 10.21 (a) *cro* 및 *cI*에 대한 프로모터를 포함하는 파지 λ 게놈의 영역. (b) 용해 상태에서는 *cro*가 발현되고, *cI*의 발현은 중단된다. (c) 용원성 상태에서는 *cro*가 꺼지고 *cI*가 발현된다. OR1, OR2 및 OR3은 조절 단백질의 결합 부위인 오퍼레이터 부위를 말한다. 각각의 길이는 약 15~20개 염기쌍, 즉 대략 두 바퀴의 DNA이다. OR1은 *cro* 프로모터와 겹치고, OR3은 *cI* 프로모터와 겹치며, OR2는 둘 모두와 중복된다. 오퍼레이터 부위에 대한 *cro* 및 *cI*의 상대적 친화력은 다음과 같다:

단백질	상대적 친화도	효과
cro	OR3 > OR1 = OR2	cro가 OR3에 결합시 cI 합성방지
cI	OR1 ≃ OR2 > OR3	2cI가 OR1/OR2에 결합시 cro 합성이 방지됨

용균 상태와 용해 상태는 *cro*와 *cI* 발현 여부에 따라서 다음과 같이 대체된다:

상태	cro	cI
용해성	on	off
용원성	off	on

의 배치, 그리고 (b), (c) cro 또는 cI가 발현되는 2개의 상호 배타적인 상태를 보여준다.

시스템의 작동은 다양한 단백질과 다양한 단백질 조합에 대한 다양한 오퍼레이터 위치의 친화성의 상대적 값에 따라 달라진다

특히 이 체계는 서로 다른 오퍼레이터 부위에 대한 cI 및 cro의 상대적 친화도를 통해 그림 10.21(b) 및 (c)의 구성을 설명한다. 두 상태의 상호 비호환성(mutual incompatibility)은 전사 조절 단백질이 오퍼레이터에 결합해서 두 유전자 중 하나를 억제하고 다른 유전자의 발현을 강화함으로써 발생한다. cI가 OR1 및 OR2에 우선적으로 협력해서 결합하면, *cro*의 전사가 중단되고, DNA에 RNA 중합효소가 유리한 상호작용을 통해 *cI*의 전사가 자극된다. 더 높은 cI 농도에서 OR1 및 OR2 부위를 적정(titration)한 후, cI는 OR3에 결합하고, cI 전사를 중단한다. 이는 주변의 cI 농도를 조절하는 역할을 한다. 세포당 cI 농도가 ~100 분자일 때는 이미 용해된 λ를 포함하는 대장균 세포의 파지 λ에 의한 용해성 감염을 방지하기에 충분히 높다.

다음 모식도는 이 두 구성 요소 간의 논리적 관계를 보여주고 있다. 고농도의 cro는 추가 발현을 억제한다. cI로부터의 자극 및 억제 link의 조합은 cI 농도의 조절을 나타낸다. 자동 자극 링크(autistimulatory link)는 낮은 cI 농도에서 활성화되며, 자동 억제 링크(autorepressive link)는 높은 cI 농도에서 활성화된다. 파지 단백질 cII도 cI의 발현을 활성화하지만 다른 프로모터를 사용한다.

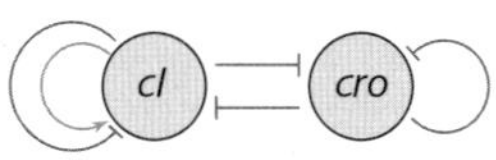

cI는 OR1/OR2에 사량체로 결합한다. OR1, OR2 및 OR3에는 OL1, OL2 및 OL3 ~2.3 kb의 추가 프로모터와 오퍼레이터 세트가 있다. OR1/OR2와 다른 하나에 결합된 cI의 사량체, OL1/OL2에 결합된 cI의 사량체는 팔량체가 되고, DNA에 대한 친화력이 증가된다. 이를 위해서는 DNA가 고리 모양을 만들어서 2개의 사량체가 배치될 수 있게 한다.

'용해성-용원성' 전환 스위치가 어떻게 작동되는가?

- 용원성 단계에서 용해성 단계로 변경한다: 자외선을 조사하거나 또는 DNA 복제에 대해 다른 방해를 주면, 박테리아 단백질 RecA가 cI를 절단한다. 이는 OR1/OR2 부위를 자유롭게 해서, RNA 중합효소와 결합할 수 있고, *cro*가 발현된다. Cro는 OR3 부위에 가장 높은 친화력을 갖고 결합하여 cI의 합성을 차단한다. cro의 농도가 높아지면, OR1 및 OR2에도 결합하여 자체 발현을 차단한다. 또한 cro가 발현되면 일련의 반응이 시작되어 용해성 단계로 전환된다.

  용해성 파지 λ의 발생 과정 중 일부는 바이러스 단백질에 의한 박테리아 중합효소의 변형을 통해 발생하며, 종결 신호에 대한 반응을 변경한다. 이러한 결과는 용해주기의 연속적인 단계에서 바이러스 유전자의 전사 영역을 확장시킨다.
- 용해성 상태에서 용원성 상태로의 전환은 감염 시에만 발생할 수 있으며, 이는 반드시 용해성 이벤트에서 나온 파지에 의한 것이다. 파지는 용해성(기본 값)을 유지하거나 용원성이 될 수 있다.

선택은 주로 파지 단백질 cII의 농도에 의해 결정되는 것으로 보인다. cII는 다음의 전사를 활성화한다:

- 억제자인 cI, (하지만 그림 10.21에 나와 있는 것과는 다른 오퍼레이터를 통해서);
- int 단백질은 파지 DNA를 박테리아 유전체에 통합하는 데 필요하다;
- 안티센스(antisense) RNA는 바이러스에 의해 박테리아 RNA 중합효소를 변형하는 것을 방지한다. 이러한 과정을 통해 용해성 과정이 중단된다.

용원성으로 전환되기 위해서는 cII 농도가 축적되어야 한다. cII와 cIII의 농도는 주로 바이러스 DNA의 양에 따라 달라지는 것으로 보인다. 하나의 박테리오파지 바이러스에 감염된 박테리아 세포 중 약 1%가 용원성이 된다. 2개 이상의 바이러스에 동시에 감염된 박테리아 세포 중 약 50%가 용원성이 된다.

다중 감염 정도가 높다는 것은 박테리아 대 박테리오파지 바이러스의 비율이 낮다는 것을 의미한다. 이러한 조건에서 파지가 용해성을 유지하면, 자손 단계(progeny phase)에서 감염될 숙주를 찾을 수 없을 정도로 박테리아 개체수가 고갈될 위험이 있다. 숙주 세포인 세균이 굶은 상태에 있을 경우에 보다 높은 용원성이 빈번하게 발생할 수 있다는 점도 같이 고려되어야 한다.

박테리아의 단백질 분해효소인 HflB는 cII를 파괴하고, 바이러스 단백질 cIII는 HflB를 억제한다. 독자들은 세포가 용해(lysis)를 촉진하는 분자를 왜 합성하는지 그리고 파지가 용원성(lysogeny)을 촉진하는 분자를 왜 합성하는지 궁금할 것이다. 세균과 바이러스 모두 자신의 후손 수를 줄이기 위해 행동하는 것으로 보인다. 장기적으로 봤을 때, 전체의 개체 수에 있어서 이익이 될 수 있다. 용원화 단계에 있는 박테리아 세포의 집단에서, 때때로 세포가 자발적으로 용해 상태가 된다. 후손 박테리오파지는 박테리아 개체군을 손상시키지 않는다—용원성 세균이 파지 감염에 '면역력'을 부여한다는 점을 기억하자—외부 침입에 취약한 박테리아와의 경쟁으로부터 박테리아 개체군을 보호할 수 있다. 사회생물학자는 이것을 이타주의의 예로 본다.

흥미로운 점은 복잡한 조절 네트워크에 관여하는 일부 하위 단백질에 의해 '파지 λ가 용해성 단계로 갈지 아니면 용원성 단계로 갈지 여부를 선택하게 된다는 것이다.

효모(*Saccharomyces cerevisiae*)의 이중영양적 생장 단계로의 전환

효모는 다양한 환경 조건에 맞게 효모의 신진대사를 적응할 수 있다. 포도당이 있는 경우, 산소가 있는 상황에서도 효모는 Ebden-Meyerhof 발효 경로를 선호적으로 사용하여 포도당을 에탄올로 환원한다. 이용 가능한 포도당의 고갈은 산화 대사로의 '이중영양적 교체(diauxic shift)'을 일으키고, 발효 생성물을 크렙스(트리카르복실산) 회로와 미토콘드리아 산화적 인산화를 통해서 보낸다(그림 10.22 참조).

(Jacques Monod는 거의 80년 전에 파리에서 박사후 연수 과정을 밟는 동안 이중영양적(diauxic) 생장을 발견하였다. 그는 1941년 논문에서 관찰한 내용을 설명하였다. 전쟁 후 연구 경력을 다시 시작하였고, 그와 파스퇴르연구소의 동료들은 유전자 조절 메커니즘에 대한 근본적인 발견을 하였다.)

이중영양적 생장 단계로의 전환은 단순히 기존 단백질

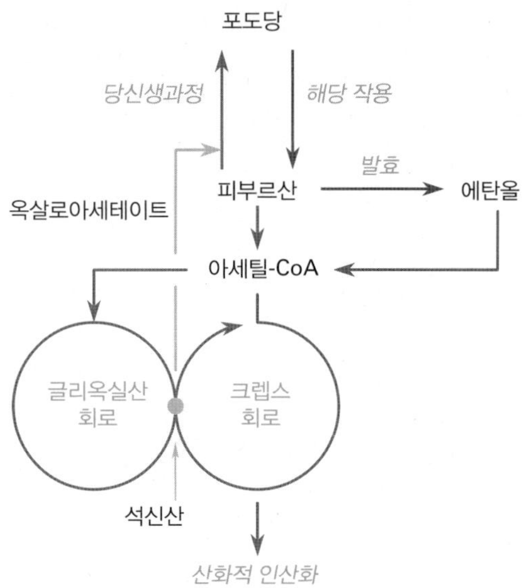

그림 10.22 이중영양적 생장에 의해 영향을 받는 효모의 일부 대사 경로. 충분한 포도당이 있으면, 효모는 해당과정과 발효를 통해 포도당을 에탄올로 전환하는 혐기성 대사 체계를 채택한다. 포도당이 고갈되면 크렙스 회로와 산화적 인산화를 통해 에탄올이 CO_2와 H_2O로 변환되는 호기성 대사 상태로 전환된다. 에너지 방출의 대체 경로의 경우, 피루브산이 분기 화합물이 된다. 그러나 다른 에너지원의 활용으로의 전환은 두 가지 수반되는 문제를 야기한다. (1) 에탄올의 산화는 필수 생합성 경로에 대한 전구체(precursors)를 제공하지 않는다. 에탄올의 산화는 모든 탄소를 CO_2로 전환시킨다. 일부는 글리옥실레이트 회로와 포도당 신생합성을 통해 유지되고, 3-탄소 및 4-탄소 화합물 심지어 포도당으로 변환되어야 한다. 아세틸-CoA는 이러한 전환의 분기 화합물이다—이는 크렙스 회로와 글리옥실레이트 회로 모두에 들어간다. 글리옥실레이트 회로는 크렙스 회로와 여러 중간체를 공유하지만, 탄소를 보존하기 위해 CO_2를 생성하는 탈카르복실화 과정을 생략한다. 크렙스 및 글리옥실레이트 회로에 공통적인 대사산물 중 하나인 석신산(Succinate, 회색 점)은 미토콘드리아에서 옥살로 아세트산로 전환된다. 그런 다음, 수많은 생합성 경로에 공급된다. (2) 이 그림에 표시된 대사 경로 외에도, 효모는 산화 스트레스에 대한 방어 경로도 활성화해야 한다. 위험은 O_2의 부분적인 환원에 의해 생성된 활성 산소종(hydrogen peroxide H_2O_2 및 hydroxyl radical O_2^-)에 의한 잠재적인 화학적 공격으로 인해 발생한다. 방어를 위해 효모는 활성 산소종의 해독에 관여하는 유전자의 발현을 증가시킨다. 이들 유전자의 유도 메커니즘은 전사 인자 *Yap1p*에 따라 달라진다. 활성 산소종의 농도가 증가하면 *Yap1p*에 이황화 다리(disulphide bridges)가 형성된다. 이로 인해, 구조적 변화가 발생하고, 핵 내 신호가 생성된다. 그 결과 세포질에 존재하던 전사 인자가 핵 내로 이동해서 핵의 활성화한다.

을 사용하여 대체 경로를 통해 대사 흐름의 방향을 바꾸는 것이 아니라, 발현 패턴에 상당한 변화를 수반한다. 각성된 대사 경로의 효소뿐만 아니라 다양한 다른 유전자도 포함된다. 호흡 대사로 전환되면서 생긴 또 다른 결과는 산화적 손상의 위험이며, 산화적 스트레스에 대한 반응은 많은 유전자의 높은 발현양이 요구된다.

효모 세포는 포도당 농도를 효과적으로 감지한다. 포도당 자체가 많은 유전자의 발현을 억제하는 억제 물질 역할을 하므로, 포도당이 결핍되었을 때 이 억제는 해제되고 다양한 유전자를 '활성화하는' 역할을 한다.

높은 포도당 수치가 억제로 이어지는 메커니즘의 중요한 구성 요소는 Mig1이라는 전사 조절 단백질의 인산화 여부에 달려있다. 인산화된 전사조절 단백질 Mig1은 세포질에 남게 된다. 탈인산화되면 핵으로 들어가서 다양한 유전자의 프로모터에 결합하여 발현을 억제한다. Mig1을 인산화시키는 키나아제 Snf1-Snf4의 활성화 여부는 세포 내의 AMP/ATP 농도 비율에 따라 달라진다. 높은 포도당 수준에서의 성장은 당분해를 통해 높은 수준의 ATP를 생성해서, Snf1-Snf4 키나아제를 비활성화 상태로 유지한다. 이는 Mig1을 활성 탈인산화 형태로 남겨서, 포도당에 민감한 유전자를 억제한다.

1997년 중요한 논문에서 J.L. DeRisi, V.R. Iyer 및 P.O. Brown은 효모(*S. cerevisiae*)의 이중영양적 생장 대사 과정 변화에서 유전자 발현의 변화에 대해 보고했다. 그들은 포도당이 풍부한 배지에서 기하급수적으로 성장하는 동안, 유전자 발현 패턴이 안정적임을 관찰했다. 이는 초기 혐기성 증가 집단이 일련의 유전자 발현 수준으로 특징지어질 수 있는 상태에 있는 것으로 간주하는 것을 정당화한다. (또는 유전자 발현 수준의 변화가 혐기성 및 호기성 체계 간의 차이에 비해 클 경우, 발현 패턴 측면에서 이중영양적 생장 대사 과정 변화를 분석하기 어렵다. 실제로 변동이 있을 경우, 효모 밀도 전체에 대한 평균이 계산된다.)

포도당이 고갈되면, 발현 패턴도 변한다(그림 10.23, MJ Brauer, AJ Saldanha, K. Dolinski 및 D. Botstein가 수행함). 이러한 변화는 그러한 유전자의 거의 30%에 해당하는 많은 부분에 영향을 미친다:

혐기성/호기성 상태에서의 발현 비율	>2	< 1/2	>4	< 1/4
유전자 수	710	1030	83	203

차별적으로 발현되는 유전자는 여러 기능을 하는 단백질 집단과 연관되어 있다. 혐기성 대사에서 호기성 대사로 전환 시:

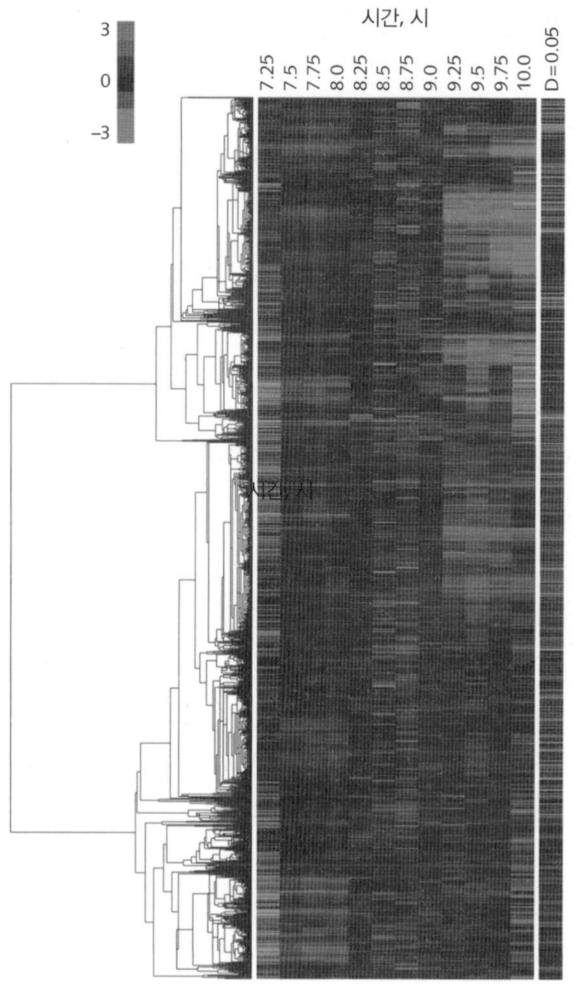

그림 10.23 포도당에서 성장한 후 이중영양적 생장 과정에서 효모의 유전자 발현 패턴. 열 머리글은 이중 이동이 진행되는 시료에서 포도당이 고갈된 후의 시간(시)을 나타낸다.

출처: Brauer, M.J., Saldanha, A.J, Dolinski, K. and Botstein, D. (2005). Homeostatic adjustment and metabolic remodelling in glucose-limited yeast cultures. *Mol. Biol. Cell*, **16** 2503–2517.

- **대사 경로의 재설정.** 피루브산 탈카르복실 효소의 합성은 중단되는 반면에, 피루브산 카르복실 효소의 합성이 향상된다. 이는 아세트알데하이드에서 옥살로아세테이트로의 피루브산 반응을 전환한다. 과당-1,6-비스포스파타아제 효소와 포스포에놀피루브산 카르복실 효소 유전자의 합성이 증가되면, 해당과정에서 두 단계의 방향을 바꾼다. 새로운 크렙스 및 글리옥실산 순환 반응과 산화적

인산화를 수행하는 효소를 암호화하는 유전자의 발현도 향상된다(그림 10.23의 왼쪽 아래).

- **단백질 합성과 관련된 유전자는 발현 수준 감소.** 여기에는 리보솜 단백질, tRNA 합성효소, 개시 및 신장 인자에 대한 유전자가 포함된다. 예외적으로, 미토콘드리아 리보솜 분자를 암호화하는 유전자는 일반적으로 발현이 향상된다.
- **다수의 생합성 경로와 관련된 유전자의 발현 감소.** 여기에는 아미노산 및 핵산 생합성에 관여하는 효소를 암호화하는 유전자가 포함된다.
- **활성산소 종(*ROS*)으로부터 오는 산화 스트레스에 대한 방어에 관여하는 유전자의 발현 증가.** 암호화된 단백질에는 catalases, peroxidases, superoxide dismutases, 그리고 glutathione S-transferases가 포함된다.

규제 네트워크의 논리적 구조

통제 또는 조절 네트워크를 **활동**의 집합체로 생각하라. 거대분자—단백질–단백질 및 단백질–핵산 복합체—조절 네트워크의 물리적 조립체에 의해 부분적으로 다음과 같이 매개된다:

1. **단방향(*unidirectional*) 경향이 있다.** 전사 활성 인자는 대사 효소의 발현을 자극할 수 있지만, 그 효소는 전사 인자(transcription factor)의 발현 조절에 직접 관여하지 않을 수 있다.
2. **논리적 구성 요소가 있다.** 조절 네트워크의 연결성(connectivity)을 설명하는 것만으로는 충분하지 않다. 모든 조절 행위는 목표 대상의 활동을 자극하거나 억제할 수 있다. 2개의 상호작용이 결합되어 대상을 활성화하는 경우, 활성화에는 두 자극이 모두 필요하거나(논리적 'and') 자극 중 하나로도 충분할 수 있다(논리적 'or').
3. **동적 패턴을 생성한다.** 신호는 지정된 시간 코스와 함께 조합을 이루는 효과를 생성할 수 있다. 세포 주기 조절이 전형적인 예시이다.

조절 네트워크의 구조는 그래프로 설명할 수 있으며, 여기서 엣지는 제어 경로의 여러 단계를 나타낸다. 조절 네트워크는 방향 그래프이다. 꼭짓점 B에 대한 꼭짓점 A의 영향은 A와 B를 연결하는 방향성 엣지로 표현된다. 정점 A에서 정점 B로 향하는 모서리를 A에서 **나가는 연결**과 B로 **들어오는 연결**이라고 한다. 전통적으로, 화살표는 자극적 상호작용을 나타내고, T-기호는 억제적 상호작용을 나타낸다. 정점(vertex)을 자신에게 연결하는 엣지는 자가 조절을 나타낸다. 양방향 화살표는 두 노드의 상호 자극을 나타낸다. 이것은 방향이 지정되지 않은 엣지와 동일하지 않다.

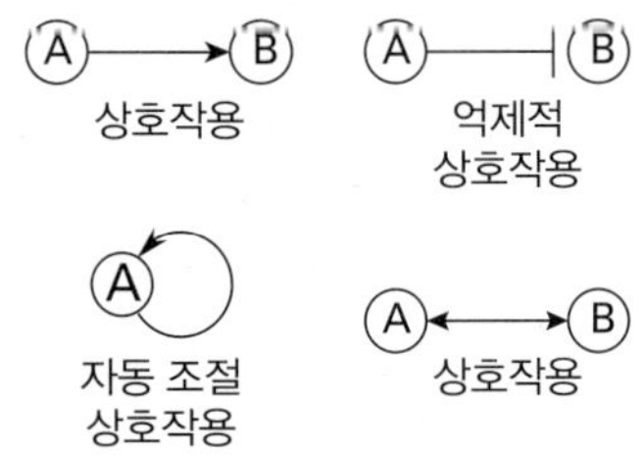

대장균의 전사 조절 네트워크

전사 조절 메커니즘에 대한 조사는 대장균의 lac 오페론에 대한 F. Jacob과 J. Monod의 연구로부터 시작되었다. 다른 유기체, 특히 효모에 대한 연구와 함께, 대장균 조절 네트워크에 대한 포괄적인 연구와 함께 해당 분야는 급성장했다. 대장균은 4,398개의 단백질에 대한 유전자를 포함하고 있으며, 그중 167개는 인정받은 전사 인자다. 전사 인자와 이들이 조절하는 유전자 사이에는 2,369개의 조절 상호작용이 있다(그림 10.24 참조).

유전자보다 훨씬 적은 수의 알려진 조절 상호작용이 있다. 대장균의 많은 유전자는 많은 유전자를 제어하는 하나의 조절 상호작용에 따라 조정된 제어 하에 오페론으로 구성된다. 대장균은 약 2,700개의 오페론을 포함한다고 추정된다. 결론적으로, 더 많은 상호작용이 앞으로도 발견될 것으로 예상된다.

이와 같은 네트워크(대장균의 락오페론)는 많은 연구의 대상이 되었다. 이들 중 일부는 네트워크의 로컬 구조를 다루며, 공통적이고 반복적인 유형의 작은 부분 그래프 혹은 모티프를 파생한다. 포크, 산개 패턴, 그리고 피드-포워드 루프는 대장균 및 다른 생물의 조절 네트워크에서의 모티

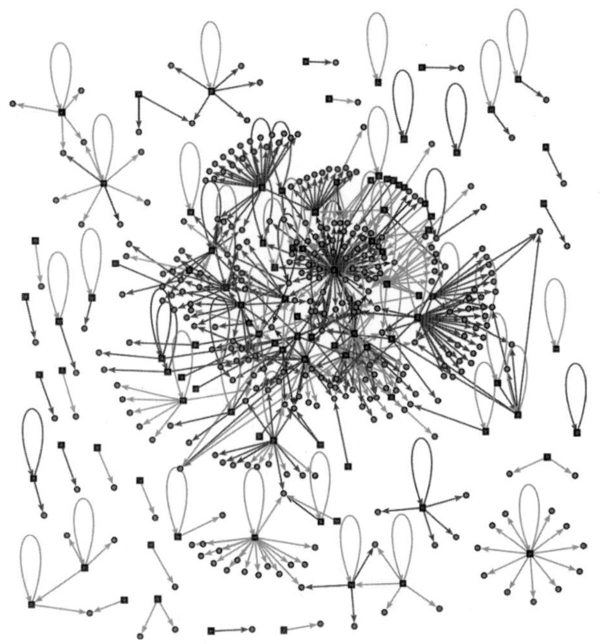

그림 10.24 방향성 그래프로 표시되는 대장균 전사 조절 네트워크. 노드의 경우, 전사 인자는 사각형으로 표시된다; 조절 오페론은 작은 원형으로 표시된다; 연결; 진회색, 활성 인자; 옅은 회색, 억제자; 검정색, 불확실함.

출처: Dobrin, R., Beg, Q.K., Barabási, A.L. and Oltvai, Z.N. (2004). Aggregation of topological motifs in the *Escherichia coli* transcriptional regulatory network. *BMC Bioinformat.* **5**, 10.

프이다(Box 10.12 참조). 이 네트워크에는 많은 수의 자가 조절적 연결이 포함되어 있다. 자가 조절 활성인자인 경우에는 응답을 증폭시키고, 자가 조절 억제자인 경우에는 그 반응을 감소시킨다. (높은 밀도의 억압적 자동 조절 상호작용은 네트워크가 활성화되는 매체의 '점성'으로 여겨진다.)

효모(*S. cerevisiae*)의 전사 조절 네트워크

효모의 전사 조절에 관한 연구는 대략적으로 알려진 *S. cerevisiae*의 단백질 중 절반에 해당하는 3,562개의 유전자로 이루어진 네트워크를 대상으로 진행되었다.[8] 이 유전자들은 142개의 전사 조절자를 암호화하며, 그 외에는 3,420개의 전사 조절자를 제외한 대상 유전자들을 암호화한다. 이러한 유전자 사이에는 서로에 대한 조절자의 영향 및 조절자가 비조절적인 대상에 미치는 영향을 포함하여 7,074개의 알려진 조절 상호작용이 있다.

전체 네트워크 구조를 분석한 결과는 다음과 같다:

- 표적 유전자에 들어오는 연결의 분포는 평균값이 2.1이며, 기하급수적으로 분포된다. 대부분의 표적 유전자는 약 2개의 전사 조절자로부터 직접 입력을 받는다. 유전자가 k 전사 조절자에 의해 제어될 확률, $k = 1, 2, \ldots$, 는 $e^{-\alpha k}$에 비례하며, $\alpha = 0.8$이다.
- 발신 연결의 분포는 49.8의 평균값을 가지며, 거듭제곱 법칙을 따른다. 주어진 전사 조절 인자가 k개의 유전자를 제어할 확률은 $k^{-\beta}$에 비례하며, $\beta = 0.6$이다. 거듭제곱 법칙적 행동(power-law behaviour)은 몇 개의 노드('hub')에는 많은 연결이 있고, 많은 노드에는 적은 연결이 있는 토폴로지를 특징으로 한다. 조절 네트워크에서, 허브는 상당히 위쪽에 있는 경향이 있어서, 광범위한 통제를 통해 조절의 중요한 초점을 형성한다.
- 전사 조절자와 표적 유전자 사이의 최소 경로에 있는 중간 노드의 평균수는 4.7이다. 두 노드 사이의 경로에서 중간 노드의 최대 수는 12이다.
- 노드의 결집 계수(clustering coefficient)는 네트워크 내의 로컬 연결의 정도를 측정한 것이다. 노드의 모든 이웃이 서로 연결되어 있으면, 노드의 결집 계수 = 1이다. 노드의 이웃 쌍이 서로 연결되어 있지 않으면, 노드의 결집 계수 = 0이다. 모든 노드에서 평균화된 평균 결집 계수는 네트워크의 전체 밀도를 측정한 것이다. 효모 전사 조절 네트워크의 경우, 평균 결집 계수는 0.11이다.

그림 10.25는 그러한 네트워크의 일부를 만화처럼 스케치한 것으로서, 네트워크의 일반적인 특징 중 일부를 다소 느슨하게 나타낸다. 노드는 원으로 표시되는 **전사 조절 인자**와 사각형으로 표시되는 **표적 유전자**로 나뉜다. 표적 유전자는 출력 연결이 없다는 점에서 구별된다. 전사인자 사이에는 광범위한 상호 조절이 있어, 이 모식도에서 이해하기 쉽게 표시할 수 있는 것보다 훨씬 높은 상호 연결 밀도가

[8] Luscombe, N.M., Babu, M.M., Yu, H., Snyder, M., Teichmann, S.A. & Gerstein, M. (2004). Genomic analysis of regulatory network dynamics reveals large topological changes. *Nature* **431**, 308–312.

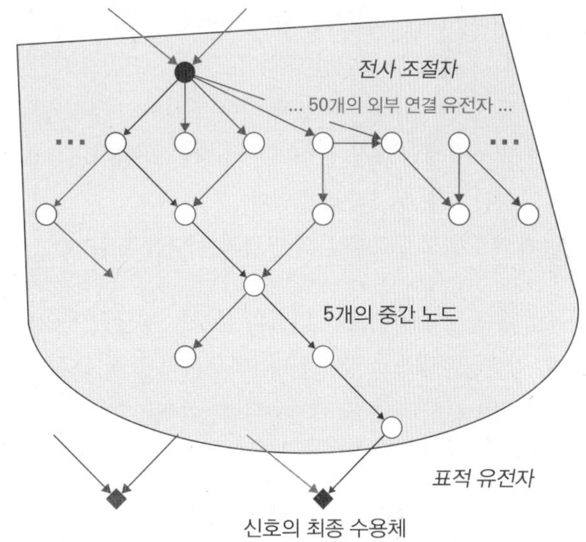

그림 10.25 효모 상호작용 네트워크의 다양한 경로의 'average' 부분의 일부 특징을 보여주는 단순화된 스케치이다. 전사 조절자는 원으로 나타난다. 표적 유전자는 사각형으로 나타난다. 전사 조절 인자는 일반적으로 약 50개의 유전자에 직접적인 영향을 미치며, 채워진 검은색 원에서부터 그 아래 선의 원까지 여러 연결로 표시된다. 두 번째 행의 가로 화살표로 표시된 노드의 이웃 중 약 10개는 다른 이웃과 연결된다. 신호의 최종 수용체는 일반적으로 약 5개의 중간 노드(검은색)를 포함하는 경로의 끝에 있다. 이 궁극적인 표적 유전자는 평균적으로 약 2개의 입력을 받는다. 이 다이어그램은 실제로는 매우 조밀한 네트워크의 작은 부분만을 보여준다.

있다. 음영 처리된 영역 내에서, 전사 인자들이 들끓는 수프처럼 작용하여 신호를 표적 유전자에 보내는 것을 상상해보자. 음영 영역(shaded area)은 전사 조절자의 **논리적** 클러스터링만을 나타낸다. 전사 조절자가 물리적으로 어디에 위치하는지에 대한 제안은 없다; 실제로 전사 조절 인자는 DNA와 상호작용하며, 발현을 조절하는 단백질과는 물리적으로 거의 상호작용하지 않는다.

각 전사 조절자는 평균 약 50개의 유전자에 직접 영향을 주지만, 연결의 멱법칙 분포(power-law distributions)를 따르는 다른 'small-world' 네트워크와 마찬가지로 분포가 매우 왜곡되어 있다. 일부 '허브'에는 출력 연결이 매우 많지만, 대부분의 노드에는 거의 없다. 전사 인자 사이의 일부 조절 간의 연결은 점선 화살표로 표시된다. 약 10%의 경우에서, 동일한 전사 인자의 두 이웃이 서로 상호작용한다. 5개의 중간 노드를 통해, 하나의 조절 인자(검은색 원)에서 최종 수용체(검은색 사각형)까지의 경로가 검은색으로 표시된다. 중간 노드는 검은색으로 그려진 경로 내부와 이 경로 외부에 모두 연결된 다른 전사 조절자를 나타낸다. 경로의 원점으로 사용된 전사 인자도 입력 연결을 받는다. 비록 외부 연결이 없는 상태에서 표적 유전자를 식별하는 것이 가능하지만, 신호전달의 궁극적인 개시자를 식별하는 것이 더 어렵고, 의미 있는 질문이 되지 않을 수도 있다.

궁극적인 수용체는 조절 입력을 받지만, 출력 링크(output links)가 없는 표적 유전자이다. 해당 수용체는 (평균적으로) 두 번째 제어 입력을 받을 것으로 예상된다. 검은색 대상 노드는 선택한 경로를 따라 검은색 화살표를 통해 입력을 받고, 두 번째 입력을 제안하는 점선 화살표(dotted arrow)를 통해서 입력을 받는다. 물론 두 번째 입력은 채워진 검은색 원(filled black circle)의 다른 경로를 포함하여 검은색 경로와 공통 노드를 공유하는 경로를 통해 도착할 수 있다.

수없이 많고 다양한 효모 신호전달 정보로 가득찬 고밀도의 네트워크(dense forest)는 제시하지 않았다. 대략적 계산법(back-of-the-envelope)에 의하면, 약 3,500개의 노드가 각각 평균적으로 2개의 입력 연결을 받는다. 약 140개의 전사 인자가 있으며, 평균 50개의 출력 연결을 만든다. 입력 연결의 수는 출력 연결 수와 같아야 하며, 실제로 $3500 \times 2 = 140 \times 50 = 7000$이다.

전사 조절제에 대한 상호작용의 비율이 높다는 것은 개별 조절 분자를 단일한 전용 활동(대부분 대사 효소와 관련하여 할 수 있는 것처럼)과 연관시킬 것으로 기대할 수 없음을 의미한다. 대신, 네트워크의 활동에는 많은 개별 조절 분자의 조정된 활동이 포함된다.

효모 조절 네트워크의 적응성

효모 조절 네트워크는 효묘의 활동을 재구성하여 다양성과 반응성을 달성한다. 이것은 세포 주기, 포자 형성(sporulation), 이중영양성(혐기성 발효 대사에서 호기성 호흡으로의 변화, DNA 손상 및 스트레스 반응)과 같은 다양한 생리학적 체제에서 효모 유전자 발현 패턴을 제어하는 네트워크 활동의 변화를 비교함으로써 알 수 있다. 세포 주기 및 포자 형성은 내인성 유전자 발현 프로그램의 전개가 포함된다. 나머지는 환경 변화에 대한 반응이다.

BOX 10.12

생물학적 제어 네트워크의 공통 모티프

일반적인 규제 네트워크의 복잡성이 높을 때, 특정 공통 패턴이 자주 나타난다. 네트워크 구조에서, 이러한 요소는 더 높은 수준의 구성에 기여하는 빌딩 블록을 형성한다. Shen-Orr, Milo, Mangan 및 Alon[iii]는 *fork*, *scatter*, *'one-two punch*(복싱링에서 유래한 문구)' 등의 예를 설명했다. 이는 네트워크 구조의 '2차 구조'로 간주될 수 있다.

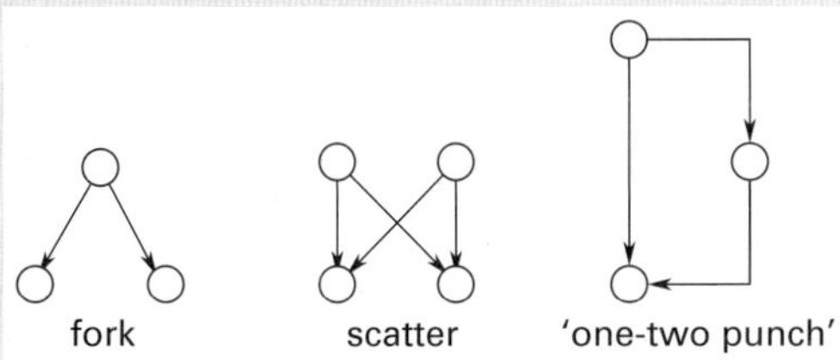

단일 입력 모티프라고도 불리는 *fork*는 단일 수신 신호를 2개의 출력으로 전송한다. 연속적인 fork, 즉 더 높은 분기 정도를 갖는 fork는 단일 충동으로 대규모 유전자 세트를 활성화하는 효과적인 방법이다. Binary fork의 일반화에는 공통 제어 하에 더 많은 하류 유전자(downstream gene, more tines to the fork) 또는 제어 노드의 자동 조절이 포함된다. Fork는 일반 동원(mobilization)을 달성할 수 있다. 더욱이, 조절 유전자가 활성화에 대한 서로 다른 임계값을 갖는 경우, 신호 구축의 역학은 서로 다른 유전자의 발현이 연속적으로 시작되는 시간적 패턴을 생성할 수 있다.

다중 입력 모티프라고도 불리는 *분산* 배치(*scatter* configuration)는 논리적 'or' 연산처리로 기능할 수 있다. 입력 신호 중 *하나가* 활성화되면, 두 하류 표적이 모두 활성화된다. 표시된 정사각형 분산 패턴의 일반화에는 두 레이어 모두에 서로 다른 수의 노드가 포함될 수 있다. 분산 패턴은 fork의 중첩(superposition)이라는 점에 유의하자.

'Feed-forward loop'라고도 불리는 *'one-two punch'*는 수직 링크를 통해 직접 출력에 영향을 미친다; 또한 중간 링크를 통해 간접적으로 그리고 계속해서 영향을 미친다. 이 모티프는 표적 활성화에 직접 경로와 간접 경로(논리적 'and')의 동시 입력이 필요한 경우, 흥미로운 시간적 동작을 보여줄 수 있다. 중간 신호의 형성에는 시간이 필요하므로, 직접 신호가 간접 신호보다 먼저 도착한다. 따라서 복합체에 대한 짧은 펄스 입력은 출력을 활성화하지 않는다. 간접 신호가 축적될 때쯤에는 직접 신호가 더 이상 활성화되지 않는다. 이를 통해서, 시스템은 잡음 입력에서 일시적인 자극을 걸러낼 수 있다. 반대로, 외부 트리거(trigger)를 철회하면, 시스템의 활성 상태가 빠르게 종료될 수 있다(그림 10.26 참조).

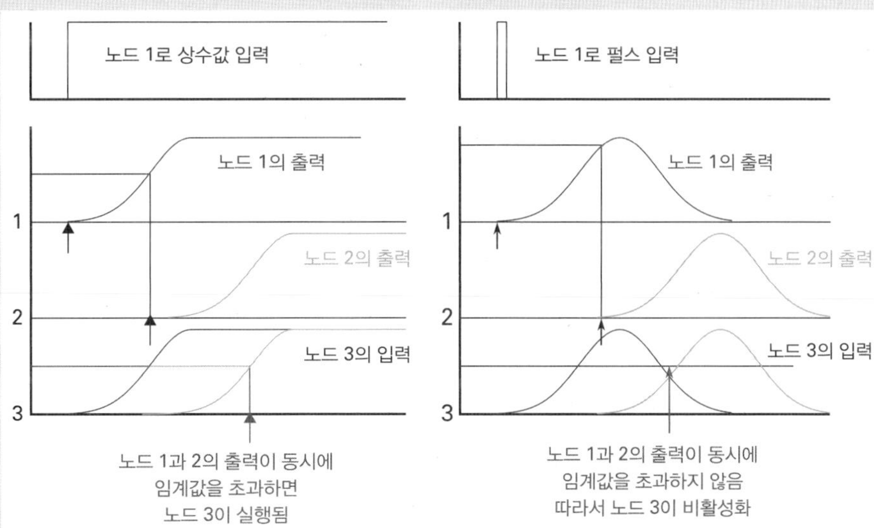

그림 10.26 하류(downstream) 노드에 적절한 'AND' 논리가 장착된 'one-two punch' 또는 feed-forward loop는 일시적인 잡음을 필터링할 수 있다. (a) 상수값 입력 (b) 펄스 입력. (가로선 = 하위 노드의 발화 임계값.)

[iii] Shen-Orr, S.S., Milo, R., Mangan, S. & Alon, U. (2002). Network motifs in the transcriptional regulation network of *Escherichia coli*. *Nat. Genet.* **31**, 64–68.

서로 다른 상태는 유전자 발현 패턴의 유사점과 차이점, 그리고 활성화된 조절 네트워크의 구성 요소에 의해 특징지어진다. 표적 유전자의 발현에는 상당한 변화가 있다. 표적 유전자의 약 4분의 1은 개별 생리학적 상태에 특화되어 있다. 즉, 총 3,420개의 표적 유전자 가운데 거의 절반(1,514개)의 발현은 다른 상태에서 큰 변화를 나타내지 않는다. 다른 상태에서 변화된 발현 수준을 보이는 1,906개 가운데 거의 절반(803개)이 단일 생리학적 상태에 특화되어 있다.

대조적으로, 서로 다른 상태는 전사 조절자의 사용에서 훨씬 더 많은 중복을 보여준다. 예를 들어, 세포 주기 제어의 경우에 280개의 표적 유전자(8%)가 70개의 전사 조절자(49%)에 의해 차별적으로 조절된다. 분명히, 표적 유전자에는 훨씬 더 특이적으로 발현이 조절되었다. 일반적으로, 전사 인자의 절반은 5가지 생리학적 상태 중 적어도 3가지에서 활성화된다. 그러나 전사 조절자(노드)의 높은 중복 사용과 대조적으로, 네트워크 내 활동(연결)의 중복은 상대적으로 낮다. 상호작용 네트워크의 다른 구성 요소는 다른 상태에서 다른 유전자 발현 패턴이 일어난다.

서로 다른 생리학적 상태에서는 다른 단백질 세트가 합성되어 유지되는 반면에, 조절 네트워크는 대부분 동일한 구조를 사용하지만 활성 패턴을 재구성해서 각 생리 상태에 맞게 적응한다. 전사 인자를 '하드웨어'로, 연결을 재프로그래밍 가능한 '소프트웨어'로 생각하자. 분자는 변하지 않지만, 상호작용은 한다: 여러 상태에서, 많은 전사 조절자가 상호작용의 대부분 또는 상당 부분을 변경한다. 특히, 제어 초점을 형성하는 많은 발신 연결 노드가 있는 네트워크의 허브를 형성하는 전사 조절기 세트는 시스템의 지속적인 특징은 아니다. 일부 네트워크 허브는 모든 상태에 공통적이지만, 다른 네트워크 허브는 다른 생리적 체제를 제어하기 위해 앞으로 나아간다. 그와 같은 활동 재구성의 결과로서 조절 상호작용의 절반 이상이 다른 생리적 상태에서 나타나게 된다.

활성 상호작용 패턴의 변화가 미치는 영향은 다른 상태에서 네트워크의 토폴로지 특성을 변경하는 것이다. 예를 들어, 공황 상태에서 DNA 손상 및 스트레스는 개별 전사 조절자의 통제 하에 있는 유전자의 평균수가 증가한다. 조절자와 표적 사이의 평균 최소 경로의 길이가 감소한다. 또한 클러스터링 밀도가 낮아진다(즉, 전사 인자 간의 상호 조절이 적음). 이는 빠르고 일반적인 동원(mobilization)의 필요성으로 이해될 수 있다. 라디오를 통해 '전진! 전진! 전진!'이라고 외치는 것과 같은 의미이다. 예를 들어, 정상적인 상황에서 세포 주기에 대한 제어는 발현 패턴의 시간적 과정을 보다 세밀하게 제어할 수 있는 보다 품위 있고 정확한 규제 상태를 허용한다. 세포 주기 제어 및 포자 형성에서, 전사 인자 사이에는 훨씬 더 조밀한 상호 조절이 있으며, 전사 조절 인자와 표적 유전자 사이의 최소 경로 길이는 더 길다.

서로 다른 생리학적 상태는 fork, scatter, 'one-two punch'와 같은 공통 모티프의 사용법에서도 차이가 난다(Box 10.12 참조). Scatter 모티프는 스트레스, 이중영양적 생장 및 DNA에 손상이 있는 조건에서 더 많이 사용된다. 신속한 조치가 필요한 상황에 적합하다. 중간체 축적 요건으로 인해 대응이 지연될 수 있다. 반대로, 'one-two punch' 모티프는 세포 주기 제어에서 더 일반적이다. 이는 세포가 다음 단계로 들어가기 전에, 한 단계로부터 유래한 신호가 안정화되어야 한다는 필요성과 일치한다.

진화의 대부분은 더 큰 전문화 방향으로 진행된다. 인간의 눈이 전형적인 예이다. 그것은 복잡하고 정밀하게 조정된 구조로서, 한때 다윈의 이론에 반하는 증거로 제시되었던 특징이기도 하다. 많은 진화 경로는 전문화된 적응과 일반화된 적응성 사이의 균형(trade-off)을 보여준다.

조절 네트워크는 예외이다. 진화는 전문적이고 다재다능한 구조를 만들어냈다. 조절 네트워크의 재구성 가능성은 다양한 조건에 특화된 많은 다른 구조를 생성함으로써, 조건의 변화에 견고하게 대응할 수 있게 한다.

연습문제

연습문제 10.1. 영역 1,700 $Å^2$의 전형적인 단백질–단백질 경계면에서, (a) 얼마나 많은 분자 간 수소결합이 형성될 것으로 예상하는가? (b) 경계면에서 몇 개의 고정된 물 분자를 찾을 것으로 예상하는가? (c) 만약 묻힌 지역 전체가 소수성이라면, 그것이 안정화의 자유에너지에 어떤 기여를 할 것으로 추정하는가?

연습문제 10.2. 효모 조절 네트워크(그림 10.25)의 단순화된 부분의 사본에서, 네트워크 조절 모티프의 사례를 나타낸다. (a) fork; (b) 'one-two punch'; (c) 하나의 화살표를 추가하여 scatter(분산) 모티프를 만든다.

연습문제 10.3. 전체 효모 전사 조절 네트워크에서, 표적 유전자로 들어오는 연결의 수는 기하급수적 분포를 따른다. 즉, 유전자가 k 전사 조절자에 의해 제어될 확률은 $e^{-\alpha k}$에 비례하며, $\alpha = 0.8$, $k = 1, 2, \ldots$. 4개의 입력 연결을 받는 표적 유전자 수와 2개의 입력 연결을 받는 표적 유전자 수의 비율은 얼마인가?

결론

현재의 상황에서 미래의 생물정보학은 어떻게 될까요? 분명한 것은 데이터 수집이 지속적으로 가속화될 것입니다. 새로운 고처리량 기술은 생명현상의 통합과 제어를 밝혀줄 추가적인 유형의 데이터를 제공할 것입니다. 결과의 저장, 배포, 분석에 활용에 있어 점점 더 강력한 컴퓨팅 시설이 적용될 것입니다. 새로운 데이터베이스가 웹을 통해 등장할 것이며, 데이터베이스 간의 연결은 더더욱 긴밀하고 효과적으로 발전하게 될 것입니다. 개선된 알고리즘이 개발되어 제공된 정보를 분석하고 해석하며, 데이터 지식에서 지혜로 변환되어질 것입니다. 인공지능의 강력한 힘이 더 커짐에 따라 과학의 실천 방식도 변화하게 될 것입니다. 애플리케이션의 실현성은 더 높아지고, 'blue sky' 즉 기초연구에서부터 산업 및 임상 실습에 이르기까지 더욱 빠른 속도로 성숙될 것입니다.

염기서열 분석 능력은 가속화할 것이고, 서열 데이터의 양은 엄청난 규모에 도달할 것입니다. 대다수의 사람들이 자신의 게놈 서열을 완전하게 분석하게 될 시기를 계획하는 것이 그리 이르다고 생각되지 않습니다. 질병으로 인해 유도된 변화로부터 얻어진 추론은 임상 실무에 많은 기여를 할 것입니다. 다른 종의 DNA 서열과 메타유전체학은 추가적인 방대한 데이터의 소스가 될 것입니다. 전자현미경의 발전으로 인해 점점 더 큰 구조들이 원자 수준의 해상도로 분석되어질 것입니다.

현대 생명체로부터 얻을 수 있는 데이터의 상당히 밀집된 부분집합이 수집됨에 따라서, 서열과 구조에 대한 우리의 지식이 거의 완전해지는 임계점에 도달할 것입니다. (물론 모든 것을 알 수 있다는 것에는 의문의 여지가 없습니다). 임의로 게놈의 일부를 조사하거나 새로운 단백질의 구조를 결정할 때, 새로운 것을 발견하는 것보다 이미 알려진 것을 찾아낼 가능성이 훨씬 높아졌을 때 실질적으로 인식될 것입니다. 자연은 결국 무한한 가능성을 지닌 시스템이지만, 선택은 한계가 있습니다.

한 개체의 일생 동안의 유전적 발달 과정, 인간 정신의 활동과 같은 생물학적 정보 전달의 고차원적인 일부는 우리가 정량적으로 설명하고 분자 및 그 상호작용 수준에서 분석할 수 있는 과정에 포함될 것입니다.

Michelangelo가 그린 시스틴 성당 천장의 프레스코화를 보면, Eve에게 지식의 나무 열매를 건네는 뱀은 다리를 나무에 두 번 감아서 이중나선 형태로 표현되어 있습니다.

우리는 또 다른 이중나선 구조에 구현된 지식에 대한 새로운 유혹이 더 좋은 결과를 가져오기를 바랄 수밖에 없습니다.

찾아보기

숫자